面 向 21 世 纪 课 程 教 材
Textbook Series for 21st Century

数字电子技术基础

SHUZI DIANZI JISHU JICHU

（第六版）

清华大学电子学教研组 编
主 编 阎石
修订者 阎石 王红

高等教育出版社·北京

内容简介

本书是为高等学校开设数字电子技术基础课程编写的教材。书中全面、系统地介绍了数字电子技术的基础知识。新版教材是在原书第五版的基础上修订而成的。

全书由数制和码制、逻辑代数基础、门电路、组合逻辑电路、半导体存储电路、时序逻辑电路、脉冲波形的产生和整形电路、数—模和模—数转换等八章和附录组成。在修订后的教材里，将原来可编程逻辑器件和硬件描述语言两章的内容纳入到了组合逻辑电路和附录当中。同时，在各章中还配有丰富的例题、思考题和习题。

本书自第一版发行以来，经历了五次修订。其中第二版获国家教委优秀教材一等奖，第三版获国家优秀教材奖，第四版获北京市高等教育教学成果一等奖，第五版获北京市精品教材奖并被评为北京高等教育经典教材。

本书可作为高等院校电气类、电子信息类、自动化类、仪器仪表类各专业的教材，也可供其他理工科专业选用或供社会读者阅读。

图书在版编目(CIP)数据

数字电子技术基础/阎石，王红编；清华大学电子学教研组编.--6版.--北京：高等教育出版社，2016.4(2021.5重印)
ISBN 978-7-04-044493-3

Ⅰ.①数…　Ⅱ.①阎…　②王…　③清…　Ⅲ.①数字电路-电子技术-高等学校-教材　Ⅳ.①TN79

中国版本图书馆CIP数据核字(2015)第308741号

策划编辑　欧阳舟　　责任编辑　韩　颖　　封面设计　李卫青　　版式设计　童　丹
插图绘制　黄建英　　责任校对　刘娟娟　　责任印制　赵　振

出版发行　高等教育出版社
社　　址　北京市西城区德外大街4号
邮政编码　100120
印　　刷　高教社(天津)印务有限公司
开　　本　787mm×1092mm　1/16
印　　张　31.75
字　　数　770千字
购书热线　010-58581118
咨询电话　400-810-0598
网　　址　http://www.hep.edu.cn
　　　　　http://www.hep.com.cn
网上订购　http://www.hepmall.com.cn
　　　　　http://www.hepmall.com
　　　　　http://www.hepmall.cn
版　　次　1981年7月第1版
　　　　　2016年4月第6版
印　　次　2021年5月第13次印刷
定　　价　54.40元

物 料 号　44493-00

作者声明

第六版前言

《数字电子技术基础》第六版是在原书第五版的基础上修订而成的。为了适应数字电子技术的不断发展和应用水平的不断提高，主要从以下几方面对原教材作了修订。

一、在基本保持原有理论体系的情况下，对体系结构作了较大调整。将原来“触发器”和“半导体存储器”两章的主要内容合并为现在的“第五章　半导体存储电路”，同时取消了原有的“可编程逻辑器件”和“硬件描述语言”两章。这样就将原来十一章的内容整合成了现在的八章。

二、大幅度地压缩和删减了对集成电路内部结构的详细介绍，以及某些不重要的或者陈旧的内容，例如触发器电路结构中一些不常见的类型、存储电路中各种双极型存储单元、I^2L 电路、各种 PLD 器件内部结构的详细介绍、Multisim 的使用等。

PLD 最主要的特点在于它的“可编程”特性。鉴于其内部包含的各种基本逻辑单元、各种逻辑模块电路以及可编程互联单元等在其他章节中均有详细介绍，所以把 PLD 可以看作是一种规模更大的通用逻辑模块电路，既可以用它作组合逻辑电路的通用模块使用，也可用作时序逻辑电路的通用模块使用。因此，在组合逻辑电路和时序逻辑电路中引入 PLD 作为可编程的通用逻辑模块以后，就不再将 PLD 的内容单独写成一章了。而且，PLD 作为一种工业产品，不仅种类和型号繁杂，而且还在不断升级换代。因此，对各种类型 PLD 器件的内部电路结构逐一作详细介绍就显得不十分重要了。

在第四章中引入 PLD 的同时，也引进了硬件描述语言的基本概念。目前常用的硬件描述语言无论是 VHDL 还是 Verilog，都有全面、严格的语法和规定，本书中不可能作全面、系统的详细介绍。需要深入了解和使用这些硬件描述语言时，可以参阅有关书籍或登录相关网站获取所需资料。为此，在修订后的教材中就不再将硬件描述语言的介绍单列为一章了。

三、根据目前数字电子技术的发展和应用情况，适量地补充了部分内容。其中包括第八章中的流水线型 A/D 转换器、$\Sigma-\Delta$ 型 A/D 转换器、第五章中的动态存储器工作原理、第三章中低压 CMOS 系列的介绍等。

四、在脉冲产生和整形电路中，有些多年沿用的电路名称不甚合理，容易引起概念混淆。在本次修订过程中，对这些电路名称作了调整。例如“施密特触发器”、“单稳态触发器”中都含有“触发器”字样，而“触发器”一词已经在存储电路中作为双稳态存储单元电路的名称使用了。“施密特触发器”、“单稳态触发器”和“触发器”不仅各具有不同的工作特性，而且它们的英文名称原本就不同。在修订后的教材中，只将双稳态存储单元电路叫做“触发器”，而在其他电路名称中将不再出现“触发器”字样。

本次修订工作中，第四章和第六章的修订由王红完成，阎石负责其余部分的修订和全书的统稿工作。北京大学王志军教授不辞辛劳地仔细审阅了全部书稿，并提出了许多宝贵的意见和建议，谨向他致以最诚挚的谢意。同时，也向所有支持和帮助本书修订出版工作的同志们表示衷心感谢。

修订后的教材中难免还有疏漏、不妥、甚至错误之处，恳求读者给予批评指正。

阎　石

2014 年 10 月

第一版前言

这套教材是参照高等学校工科基础课电工、无线电类教材会议在1977年11月制定的“电子技术基础”(自动化类)编写大纲和各兄弟院校后来对该大纲提出的修改意见编写的,以《模拟电子技术基础》和《数字电子技术基础》两书出版。本书是其数字电子技术基础部分。全书共有九章,分为上、下两册。上册包括门电路、数字电路的逻辑分析、组合逻辑电路、时序逻辑电路及脉冲波形的产生和整形等五章。这是数字电路的基本部分。下册包括金属-氧化物-半导体集成电路、数模和模数转换、数字电路中的若干实际问题以及综合读图练习等四章,作为选讲部分。在安排教学内容时,可以视具体要求和学时的多少,作必要的增删。

在处理不断出现的新器件和基本内容的矛盾时,我们采取的措施是:以小规模和中规模集成电路为主来组织内容,并适当介绍大规模集成电路;而在基本数字脉冲单元方面,则仍以分立元件为主。

考虑到目前的数字电子技术课程多半安排在模拟电子技术课程之后,所以在用到模拟电路中的有关内容时,就直接作为结论加以引用了。

本书是由清华大学电子学教研组的同志们集体编写的,其中第一章由金国芬、阎石执笔,第二章由余孟尝执笔,第三章由赵佩芹执笔,第四、六章由许道荣执笔,第五章由李大义执笔,第七章由周明德执笔,第八章由吴年予执笔,第九章由赵佩芹、张乃国执笔,阎石同志担任主编。全部编写工作都是在教研组主任童诗白教授亲自组织与具体指导下完成的。

在本教材的整理和定稿过程中,承许多兄弟院校的老师对征求意见稿提出宝贵意见。审稿会上,在主审单位西安交通大学沈尚贤教授的主持下,华中工学院、南京工学院、浙江大学、山东工学院、昆明工学院、东北工学院、合肥工业大学、贵州工学院、上海交通大学、天津大学、华北电力学院、哈尔滨工业大学、吉林工业大学、大连工学院、重庆大学、湖南大学、太原工学院、华南工学院、同济大学、成都科技大学等兄弟院校的老师们仔细阅读了原稿,指出许多错误和欠妥之处。在评审和复审过程中,又经沈尚贤教授和西安交通大学电子学教研室胡瑞雯、林雪亮、古新生等同志写出详细的修改意见,在此谨致以诚挚的谢意。

由于我们对先进的数字电子技术了解不够,本教材又缺乏一定的教学实践,虽然已经根据兄弟院校老师们的意见对征求意见稿作了修改,但必然还存在不少缺点和错误,殷切期望各方面的读者能给予批评和指正。

编　者

1981年1月

第二版说明

本书原分上、下两册出版。考虑到教学上的方便，同时考虑到第八章（电子电路中元器件的选择和抗干扰问题）和第九章（数字电路应用举例）的内容不在教学大纲的要求之内，因此决定将第一至第七章及附录合印成一册出版。

编　者

1984 年 9 月

第三版序

自《数字电子技术基础》(第一版)出版至今,已经过去七年了。由于电子技术及其应用又有了很大的发展,同时国家教育委员会主持制定了电子技术基础课程的教学基本要求,因而对原书进行全面的修订就势在必行了。

修订工作主要是针对以下几个方面进行的:

从内容上,进一步削减了分立元件电路和讲述集成电路内部结构及其详细工作过程的内容,增强了 CMOS 电路和中、大规模集成电路应用的比重。同时,还适当介绍了一些近年来迅速发展起来的新型器件和电路,如高速 CMOS 电路、半定制集成电路等。

鉴于原书中各章的习题与内容配合得不够紧密,而且新版教材的内容又改动很大,所以这次更换了绝大部分的习题。另外,为便于读者自行检查学习效果,每章除思考题与习题之外还增加了自我检验题,并在全书的最后给出了这些题目的答案。自我检验题所涉及的内容都是各章的基本概念、基本原理和基本的分析、设计方法。

从体系上,在基本沿用原书体系的基础上,作了一些局部调整。首先调换了第一、二章的先后次序。因为门电路一章的分量比较重,概念和难点比较集中,而逻辑代数基础的内容很容易为学生所接受,所以将两章的次序对调符合由浅入深的原则。其次,把原来的第四章分成了触发器和时序逻辑电路两章,这样既解决了原来第四章篇幅过大的问题,同时又不影响教材体系的系统性和完整性。再次,考虑到大规模集成电路往往是既包含组合逻辑电路又包含时序逻辑电路的数字系统,所以把大规模集成电路的内容也单独列成了一章。这样,就形成了新版教材的九章体系。

从要求上,正文部分基本上按基本要求编写,略有超出。一部分虽属比较重要但已超出基本要求的内容写在每章的附录中。这些内容既可供那些学时较多、要求较高的院校作为课堂讲授的选讲内容,又可以供学生作为自学的阅读材料。

本书是与童诗白主编的《模拟电子技术基础》(第二版)配套的教材,同时又有相对的独立性。如果将这两本教材配合使用,那么既可以先讲模拟部分、后讲数字部分,也可以先讲数字部分、后讲模拟部分。在先讲数字电路时,只要预先讲过《模拟电子技术基础》(第二版)的第一章即可转入本书的讲授。为了使两学期的学时平衡,可将第八章 A/D、D/A 转换的内容移到第二学期的模拟部分之后再讲。

第三版的修订工作全部由阎石完成。修订工作得到了童诗白教授的悉心指导。

西安交通大学沈尚贤教授、张庆男副教授、古新生副教授和林雪亮副教授在百忙中仔细地审阅了全部书稿并提出了许多宝贵的意见。多年来,我们的教材工作得到了沈尚贤教授和西安交通大学电子学教研室各位老师的热情关怀和大力支持,在本书出版之际,谨向他们致以最诚挚的谢意。

许多兄弟院校的师生为本书的修订工作提出过积极的建议和殷切的期望。在收集资料的过程中,得到了上海元件五厂、国营七四九厂、北京半导体器件三厂、上海无线电十四厂、国营四四三五厂有关同志的热情支持,在此一并向他们表示感谢。

新版教材中一定还有不少缺点和不足之处,恳请各界读者给予批评指正。

编　者

1988 年 5 月

第四版前言

本书是在《数字电子技术基础》第三版的基础上，按照国家教育委员会高等工业学校电子技术课程教学指导小组于1993年修订的“电子技术基础课程教学基本要求”重新修订而成的。

自《数字电子技术基础》第三版发行以来，数字电子技术的研究和应用又取得了新的进展，其中尤以可编程逻辑器件的广泛应用令世人瞩目。由于可编程逻辑器件等新型器件仍然是制作在硅片上的半导体器件，所以过去用于分析半导体器件工作原理的理论基础对这些新器件也仍然适用。同时，原书中讲授的基本逻辑单元的工作原理以及组合逻辑电路和时序逻辑电路的基本概念、分析方法、设计方法也是使用这些新器件时必须具备的理论基础。

鉴于上述情况，第四版教材在基本保持原书理论体系的基础上，以较大篇幅增补了可编程逻辑器件的内容，单独写成为第八章。将原来的第七章“大规模集成电路”改成“半导体存储器”，仅限于讨论半导体存储器的有关内容。另外，还补充了压控振荡器、快闪存储器等内容，并对自我检测题、思考题和习题作了修改和补充。关于可编程逻辑器件开发工具及其应用的内容准备安排到实验课中结合实际操作讲解，故未在新版教材中作具体介绍。

考虑到许多院校在安排教学计划时都有先上数字电路、后上模拟电路的要求，这次修订时适当增加了半导体二极管、三极管和理想运算放大器基本知识的内容，这样无论是否已经学过模拟电子技术基础，都可以选用这本书作为数字电子技术基础课程的教材。

目录中注有“*”号的部分是建议作为选讲的内容。在学时较少或要求不高的情况下，建议首先删减这些内容。删去这些内容不会影响理论体系的完整性和内容的连贯性。

此次修订工作全部由阎石教授完成。北京工业大学陆培新教授不辞辛苦地认真审阅了全部书稿，并提出了许多宝贵意见。从本书初版的编写到历次的修订，一直得到童诗白教授的热情支持和悉心指导。作者谨向他们表示衷心的感谢。借此机会也向所有关心、支持和帮助过本书编写、修改、出版、发行工作的同志们致以诚挚的谢意。

修订后的教材中一定还有许多不完善之处，殷切地期望读者给予批评和指正。

编　者

1997年12月

第五版前言

本书第四版出版以来的8年间，数字电子技术的应用一直在继续向着广度和深度扩展。时至今日，"数字化"的浪潮几乎席卷了电子技术应用的一切领域。由于电子产品的更新周期日益缩短，新产品开发速度日益加快，因而对电子设计自动化（EDA）提出了更高的要求，也有力地促进了EDA技术的发展和普及。在数字集成电路方面，尽管电路的集成度仍然如摩尔定律（Moore's Law）所预言的那样，以每1~2年翻一番的速度增长，使电路的复杂程度越来越高、规模越来越大，但是它仍然没有走出"硅片"的范畴。因此，本门课程所讲的基本知识、基本理论和基本方法也没有发生根本性的改变。而在基本技能方面，则对使用EDA工具的能力提出了更高的要求。

2004年秋天在"教育部电子信息科学与电气信息类基础课程教学指导分委员会"的主持下，重新修订了"数字电子技术基础课程教学基本要求"。基本要求再次强调了本门课程的性质是"电子技术方面入门性质的技术基础课"，其任务在于"使学生获得数字电子技术方面的基本知识、基本理论和基本技能，为深入学习数字电子技术及其在专业中的应用打下基础"。

根据数字电子技术本身的发展状况和修订后的基本要求，在基本保持本书第四版原有内容、体系和风格的基础上，主要做了以下几方面的修改和补充：

一、将原来第一章"逻辑代数基础"中数制和编码的内容分离出来，单独编为第一章"数制和码制"，并补充了有关二进制补码运算原理的内容。

二、重新改写了第三章"门电路"和第五章"触发器"。在"门电路"一章里，将CMOS电路放在了更主要的位置。在"触发器"一章中，改为按触发方式将触发器分类讲授，更加强调外部特性而淡化内部的具体电路结构。

三、根据修订的基本要求，增加了第九章"硬件描述语言"，初步介绍了有关硬件描述语言的基本知识。同时，还在有些章节中增加了使用Multisim 7分析和仿真数字逻辑电路的简单内容。这里只是希望给读者一些初步的概念，因为真正掌握这两部分内容还必须通过后续课程的学习和实践应用才能达到。

四、在多数小结的末尾增加了复习思考题。删去了第四版中每章后面的自我检测题以及一些非基本的内容（如动态移位寄存器、非精密的压控振荡器、串行输入的D/A转换器、串行输出的A/D转换器等）。

五、采用了国际上流行的图形逻辑符号。其中基本运算和复合运算的符号采用了特定外形的图形符号。这种特定外形的图形符号已经补充到1991年修订的IEEE/ANSI（The Institute of Electrical and Electronics Engineers/American National Standards Institute，电气与电子工程师协会/美国国家标准化组织）标准中，而且与IEC（The International Electrotechnical Commission，国际电工协会)的标准是兼容的。我国现行的图形逻辑符号国家标准(GB 4728.12—85)是参照修订前的IEEE和IEC标准制定的,尚未见做相应的修改。为便于教学,中、大规模集成电路的图形符号仍旧采用国外教材、技术资料和EDA软件中普遍使用的习惯画法,即示意性框图画法。

目录中注有"*"号的部分是建议作为选讲的内容。略去这些内容不影响理论体系的完整性和内容的连贯性。

在本次的修订工作中,王红执笔编写了第九章和第六章的6.6节、第十章的10.6节,其余章节的修改和编写工作全部由阎石完成。北京工业大学陆培新教授不辞辛劳地认真审阅了全部书稿,并提出了不少宝贵意见。许多教师和同学也热情地为本次修订工作提出了很好的意见和建议。作者谨向他们致以诚挚的谢意。

从本书初版的编写到历次的修订都得到了我的老师童诗白教授的悉心指导。如今童诗白教授已经离开了我们,作者以深切的怀念和感激之情铭记着老师的教诲,愿继续努力做好教材的编写和修订工作,以谢师恩。

修订后的第五版教材一定还会有许多不尽如人意之处,恳请读者批评指正。

阎　石
2005年岁末

本书中的文字符号及其说明

一、电压符号

v_I 输入电压(相对于电路公共参考点的电压)

V_{IH} 输入高电平

V_{IL} 输入低电平

v_O 输出电压(相对于电路公共参考点的电压)

V_{OH} 输出高电平

V_{OL} 输出低电平

V_T 温度电压当量

V_{CC} 电源电压(一般用于双极型半导体器件)

$V_{CE(sat)}$ 三极管集电极与发射极间的饱和导通压降(一般用于双极型三极管)

V_{DD} 电源电压(一般用于 MOS 器件)

v_{BE} 三极管基极相对于发射极的电压

v_{CE} 三极管集电极相对于发射极的电压

v_{DS} MOS 管漏极相对于源极的电压

v_{GS} MOS 管栅极相对于源极的电压

V_{NA} 脉冲噪声电压幅值

V_{NH} 输入高电平噪声容限

V_{NL} 输入低电平噪声容限

V_{TH} 门电路的阈值电压

V_{T+} 施密特触发特性的正向阈值电压

V_{T-} 施密特触发特性的负向阈值电压

$V_{GS(th)N}$ N 沟道 MOS 管的开启电压

$V_{GS(th)P}$ P 沟道 MOS 管的开启电压

V_{REF} 参考电压(或基准电压)

二、电流符号

$i_B(I_B)$ 基极电流瞬时值(直流量)

I_{BS} 饱和基极电流

$i_C(I_C)$ 集电极电流瞬时值(直流量)

$i_D(I_D)$ 漏极电流瞬时值(直流量)

i_I 输入电流

I_{IH}　高电平输入电流

I_{IL}　低电平输入电流

$i_L(I_L)$ 负载电流瞬时值(直流量)

i_O　输出电流

I_{OH}　高电平输出电流

I_{OL}　低电平输出电流

I_{CC}　电源(V_{CC})平均电流

I_{CCH}　输出为高电平时的电源电流

I_{CCL}　输出为低电平时的电源电流

I_{DD}　电源(V_{DD})平均电流

三、功率符号

P_C　CMOS 电路中负载电容充、放电功耗

P_D　CMOS 电路的动态功耗

P_S　CMOS 电路的静态功耗

P_T　CMOS 电路的瞬时导通功耗

P_{TOT}　CMOS 电路的总功耗

四、脉冲参数符号

f　周期性脉冲的重复频率

q　占空比

t_f　下降时间

t_h　保持时间

t_r　上升时间

t_{re}　恢复时间

t_{set}　建立时间

t_W　脉冲宽度

V_m　脉冲幅度

五、电阻、电容符号

C_{GD}　MOS 管栅极与漏极间的电容

C_{GS}　MOS 管栅极与源极间的电容

C_h　保持电容

C_I　输入电容

C_L　负载电容

$R_{CE(sat)}$ 三极管集电极与发射极间的饱和导通电阻(一般用于双极型三极管)

R_I　输入电阻

R_L　负载电阻

R_O　输出电阻

R_{OFF}　器件截止时的内阻

R_{ON}　器件导通时的内阻

R_U 上拉电阻

六、器件及参数符号

A 放大器

A_v 放大器的电压放大倍数

C_{pd} CMOS 电路的功耗电容

D 二极管

FF 触发器

pd 延迟-功耗积

PLD 可编程逻辑器件

G 门

S 开关

T 三极管

  T_N N 沟道 MOS 管

  T_P P 沟道 MOS 管

TG 传输门

t_{pd} 平均传输延迟时间

t_{PHL} 输出由高电平变为低电平时的传输延迟时间

t_{PLH} 输出由低电平变为高电平时的传输延迟时间

七、其他符号

B 二进制

CLK 时钟

CS 片选

D 十进制

EN 允许(使能)

GND 接地端

H 十六进制

OE 输出允许(使能)

R/W' 读/写

Σ 求和

目录

绪论

电子技术是一门研究电子器件及其应用的学科,涉及的领域极其广阔。可以毫不夸张地说,时至今日,电子技术的应用已经渗透到了人类活动的一切领域。从电视、电话、移动通信、计算机、医疗仪器、现代的家用电器到各种先进的仪器设备,其中无不包含着电子技术的研究成果。

电子技术发展历程的简短回顾

从1904年第一只真空二极管问世算起,虽然已经过了一百余年,但是电子技术及其应用仍然充满着蓬勃发展的生机。回顾电子技术发展的历史不难发现,电子技术的发展和进步,是与电子器件的更新紧密相连的。电子器件是一种通过控制电子在其中的运动而工作的器件。20世纪初期,首先得到应用的是真空电子管(简称真空管)。真空管的电极封装在一个真空的玻璃或金属外壳中,依靠将阴极加热产生电子流而进行工作。由于真空管的成功应用,带来了通讯技术的大发展,催生了无线电通讯、无线电广播和电视。

由于真空管工作时必须将阴极加热至很高的温度才能发射出电子流,所以不仅功耗大,而且寿命短,同时体积和重量也比较大。1947年沃尔特·布兰坦(Walter Brattain)、约翰·巴丁(John Bardeen)和威廉·肖克利(William Shockley)发明了晶体管,也就是通常所说的半导体三极管。和电子管相比,晶体管不仅功耗小、寿命长,而且体积和重量也大大减小了。因此,晶体管在几乎所有电子技术应用领域中逐步取代了电子管,从而导致了电子设备大规模的更新换代。同时,也有力地扩展了电子技术的应用领域。用晶体管制作的电子计算机开始崭露头角,在越来越多的领域中得到了应用。发明晶体管的几位科学家由于这项发明而获得了诺贝尔奖。

虽然使用了晶体管以后电子设备的体积和重量更小了,但是仍然满足不了许多应用领域(例如移动通信设备、各种便携式设备、航空航天仪器和设备等)对电子电路微型化的需求。1958年,杰克·科尔比(Jack Kilby)发明了集成电路。他将若干个晶体管、电阻和相互间的连接线成功地制作在一片很小的硅片上,成为“集成电路”,从而开辟了电子电路微型化的新途径。

随着微电子技术的不断进步,集成电路的集成度迅速提高。1965年戈登·摩尔(Gordon E. Moore)在《Electronics》杂志上发表的一篇文章中提出,在未来的十年中,集成电路中晶体管的数目将以每年翻一番的速度迅速增长(20世纪80年代末期以后,又将集成度翻番的时间放慢到了18个月),每个晶体管的价格也相应地降低为原来的一半。这一科学的预测已经为后来的实践所证明,并且被称作“摩尔定律”。到了20世纪70年代,大规模集成电路的集成度已经达到了每片数千万个晶体管。大规模集成电路的普及应用不仅又一次导致了电子设备大规模更新换代,而且极大地拓展了电子技术的应用领域。

今天我们已经能将上亿个晶体管集成在一片邮票大小的半导体硅片上,组成十分复杂的电子电路,甚至可以把过去的一台计算机制作在一片半导体硅片上,作成单片机,从而实现了计算机的微型化。我们还可以轻易地把一个复杂的电子系统集成在一个半导体硅片上,作成"片上系统"(System on Chip,简写成 SoC),然后"植入"到各行各业的各种设备中,使这些设备的性能得到质的飞跃。如今集成电路不仅出现在各种电子仪器设备中,而且几乎无所不在。在科技发展的历史上,还从来没有任何一种技术能像微电子技术这样,对人类生产和生活产生如此广泛和深远的影响。因此,集成电路的发明者也当之无愧地获得了诺贝尔奖。

为了提高集成度,就必须缩小晶体管的尺寸,提高加工精度。到了 2010 年,集成电路的微细加工精度已经到达了 32 nm。由于集成度的提高最终将受到加工工艺极限的限制和晶体管物理极限的限制,因而摩尔定律也终将失效。从 20 世纪 80 年代开始,各国的科学家已经开始探索制作集成度更高的、可以替代半导体集成电路的器件了。

数字电子电路和"数字化"浪潮

当我们仔细观察自然界中存在的各种物理量时不难发现,就其变化规律的特点而言,它们不外乎两大类。其中一类物理量的变化在时间上或数量上是连续的,我们把这一类物理量称为模拟量。例如加热炉里的温度,水库水位的高度,都属于这一类。

另外一类物理量的变化在时间上和数量上都是离散的。也就是说,它们的变化在时间上是不连续的,总是发生在一系列离散的瞬间。而且它们数值的大小和每次的增减变化都是某一个最小数量单位的整数倍。例如我们统计每天从装配线上输出的汽车数量,得到的就是一个数字量。

当我们把模拟量和数字量转换成电压(或电流)信号时,得到的电压(或电流)信号也分为模拟信号和数字信号两大类。工作在模拟信号下的电子电路称为模拟电子电路(简称模拟电路),而工作在数字信号下的电子电路称为数字电子电路(简称数字电路)。

由于在数字电路中普遍采用的是二进制信号,每一位数字仅有 **0** 和 **1** 两个取值,所以只要电路能正确区分出两个不同状态就可以了,允许有一定的偏差。这就大大降低了对电路制造精度、工作条件以及运行环境的要求。而为了提高信号的精度,可以通过增加二进制数的位数来解决。相对而言,模拟电路在制造精度、工作条件和运行环境要求等方面比数字电路要严格得多。因此,首先制成的集成电路是数字集成电路。迄今为止,大多数的大规模和超大规模集成电路都属于数字集成电路。

自从数字集成电路问世以来,数字电路的应用得到了迅速的发展。尤其是在实现了计算机微型化以后,为了充分发挥数字电路在信号处理方面的强大优势,我们可以先将模拟信号按比例地转换成数字信号,然后送到数字电路(包括计算机)进行处理,最后再将处理结果根据需要转换成模拟信号输出。自 20 世纪 70 年代以来,这种用数字电路处理模拟信号的所谓"数字化"浪潮已经席卷了几乎所有的电子技术应用领域。

鉴于数字电路和模拟电路在基本概念、基本原理以及分析方法和设计方法上都有明显的不同,所以目前很多高等学校在教学计划中都分别设置了数字电子技术基础和模拟电子技术基础两门课程。本书是为数字电子技术基础课程编写的教材,只着重介绍有关数字电路的基本概念、基本原理、基本的分析方法和设计方法。同时,在讲解的过程中也介绍一些典型的应用电路。

可编程逻辑器件和EDA技术的应用

早期生产的数字集成电路逻辑功能都是固定不变的。要想改变它的逻辑功能，就必须改变内部各单元电路之间的连接，而这种连接在集成电路制作过程中已经固定下来了。虽然我们可以根据不同的功能需要设计和生产出相应的集成电路，但这种办法不仅成本高，而且设计和生产的周期很长。如果能够制作一种可以允许用户自行修改内部连接的集成电路，则只需要生产这种类型的通用集成电路，就能够满足不同用户的需要。于是可编程逻辑器件（Programmable Logic Device，简称PLD）便应运而生。PLD内部的电路结构可以通过写入编程数据来设置。不仅如此，有些PLD中写入的编程数据还可以擦除重写。PLD最初出现在20世纪60年代的后期，80年代以后有了迅猛的发展。现在已经可以把数千万个晶体管组成的、成百上千个各种类型的基本单元电路集成于一片PLD中。用这些基本单元电路足以组成一个十分复杂的数字系统，构成所谓的“片上系统”。目前PLD的应用已经相当普遍，特别是在新产品的研制和小批量产品的生产中，使用PLD的优势尤为明显。

显然，如此复杂的编程工作是无法用手工操作完成的。因此PLD的编程工作，包括编程数据的生成和写入，必须使用EDA（Electronics Design Automation）技术方可完成。PLD编程使用的EDA工具包含硬件和软件两部分。硬件部分由计算机和编程器组成。首先，必须将设计要求输入计算机。为此，开发了用于描述电路功能的硬件描述语言（Hardware Description Language，简称HDL）和相应的编译程序。此外还必须有能够适应于选用器件的PLD的编程软件，以便完成编程数据的生成和写入。早期的PLD在编程时，需要先把计算机生成的编程数据输入编程器，然后再写入置于编程器上的PLD中。如今在大规模集成的PLD当中，越来越多地采用了“在系统可编程”（In System Programmable，简称ISP）技术。这种器件在写入编程数据时，已经不需要使用编程器了，计算机生成的编程数据可以直接写入其中。而且，不需要将PLD从已经安装好的系统里取出，即可完成对它的编程操作。

从广义上讲，微处理器和单片机也是可编程的大规模数字集成电路。但是它们和PLD不同，对微处理器和单片机编程并不改变电路的内部连接结构，只是根据要求实现的功能写入相应的运行程序。这部分内容已超出本书讨论的范畴，在微型计算机原理等后续课程中会有全面而详细的介绍。

第一章

数制和码制

内容提要

本章首先介绍有关数制和码制的一些基本概念和术语，然后给出常用的数制和码制。此外，还将具体讲述不同数制之间的转换方法和二进制数算术运算的原理和方法。

1.1 概　　述

数字电路所处理的各种数字信号都是以数码形式给出的。不同的数码既可以用来表示不同数量的大小，又可以用来表示不同的事物或事物的不同状态。

用数码表示数量的大小时，仅仅使用一位数码往往不够用，因而经常需要用进位计数制的方法组成多位数码使用。多位数码中每一位的构成方法和从低位到高位的进位规则称为数制。在绪论中我们曾经提及，数字电路中使用最多的数制是二进制，其次是在二进制基础上构成的十六进制和十进制。有时也用到八进制。

当两个数码分别表示两个数量大小时，可以进行数量间的加、减、乘、除等运算。这一类运算称为算术运算。鉴于目前数字电路中的算术运算最终都是以二进制运算进行的，所以在这一章里我们还将比较详细地讨论在数字电路中是采用什么方式完成二进制算术运算的。

在用不同数码表示不同事物或事物的不同状态时，这些数码已经不再具有表示数量大小的含义了，它们只是不同事物的代号而已。我们将这些数码称之为代码。例如在举行长跑比赛时，为便于识别运动员，通常要给每一位运动员编一个号码。显然，这些号码仅仅表示不同的运动员而已，没有数量大小的含义。

为了便于记忆和查找，在编制代码时总要遵循一定的规则，这些规则就称为码制。每个人都可以根据自己的需要选定编码规则，编制出一组代码。但是考虑到信息交换的需要，还必须制定一些大家共同使用的通用代码。例如目前国际上通用的美国信息交换标准代码（ASCII 码）就属于这一种。

1.2 几种常用的数制

一、十进制

十进制是日常生活和工作中最常使用的进位计数制。在十进制数中，每一位有 0~9 十个数码，所以计数的基数是 10。超过 9 的数必须用多位数表示，其中低位和相邻高位之间的关系是

“逢十进一”，故称为十进制。例如

$$143.75=1\times10^{2}+4\times10^{1}+3\times10^{0}+7\times10^{-1}+5\times10^{-2}$$

所以任意一个多位的十进制数 D 均可展开为

$$D=\sum k_{i}\times10^{i} \tag{1.2.1}$$

式中 k_i 是第 i 位的系数，它可以是0~9这十个数码中的任何一个。若整数部分的位数是 n，小数部分的位数为 m，则 i 包含从 $n-1$ 到0的所有正整数和从 -1 到 $-m$ 的所有负整数，整数部分的最高位为 $n-1$，最低位为0；小数部分的最高位为 -1，最低位为 $-m$。

若以 N 取代式(1.2.1)中的10，即可得到多位任意进制（N 进制）数展开式的普遍形式

$$D=\sum k_{i}N^{i} \tag{1.2.2}$$

式中 i 的取值与式(1.2.1)的规定相同。N 称为计数的基数，k_i 为第 i 位的系数，N^i 称为第 i 位的权。

二、二进制

目前在数字电路中应用最广泛的是二进制。在二进制数中，每一位仅有 **0** 和 **1** 两个可能的数码，所以计数基数为2。低位和相邻高位间的进位关系是“逢二进一”，故称为二进制。

根据式(1.2.2)，任何一个二进制数均可展开为

$$D=\sum k_{i}2^{i} \tag{1.2.3}$$

并可用上式计算出它所表示的十进制数的大小。例如

$$\begin{aligned}(\mathbf{101.11})_{2}&=\mathbf{1}\times2^{2}+\mathbf{0}\times2^{1}+\mathbf{1}\times2^{0}+\mathbf{1}\times2^{-1}+\mathbf{1}\times2^{-2}\\&=(5.75)_{10}\end{aligned}$$

上式中分别使用下脚注2和10表示括号里的数是二进制数和十进制数。有时也用B(Binary)和D(Decimal)代替2和10这两个脚注。

三、八进制

在某些场合有时也使用八进制。八进制数的每一位有0~7八个不同的数码，计数的基数为8。低位和相邻的高位之间的进位关系是“逢八进一”。任意一个八进制数可以展开为

$$D=\sum k_{i}8^{i} \tag{1.2.4}$$

并可利用上式计算出与之等效的十进制数值。例如

$$\begin{aligned}(12.4)_{8}&=1\times8^{1}+2\times8^{0}+4\times8^{-1}\\&=(10.5)_{10}\end{aligned}$$

有时也用O(Octal)代替下脚注8，表示八进制数。

四、十六进制

十六进制数的每一位有十六个不同的数码，分别用0~9、A(10)、B(11)、C(12)、D(13)、E(14)、F(15)表示。因此，任意一个十六进制数均可展开为

$$D=\sum k_{i}16^{i} \tag{1.2.5}$$

并可由此式计算出它所表示的十进制数值。例如

$$\begin{aligned}(2A.7F)_{16}&=2\times16^{1}+10\times16^{0}+7\times16^{-1}+15\times16^{-2}\\&=(42.496\,093\,7)_{10}\end{aligned}$$

式中的下脚注 16 表示括号里的数是十六进制数,有时也用 H(Hexadecimal)代替这个脚注。

由于目前在微型计算机中普遍采用 8 位、16 位和 32 位二进制并行运算,而 8 位、16 位和 32 位的二进制数可以用 2 位、4 位和 8 位的十六进制数表示,因而用十六进制符号书写程序十分简便。

表 1.2.1 是十进制数 0~15 与等值二进制、八进制、十六进制数的对照表。

表 1.2.1 不同进制数的对照表

十进制(Decimal)	二进制(Binary)	八进制(Octal)	十六进制(Hexadecimal)
00	**0000**	00	0
01	**0001**	01	1
02	**0010**	02	2
03	**0011**	03	3
04	**0100**	04	4
05	**0101**	05	5
06	**0110**	06	6
07	**0111**	07	7
08	**1000**	10	8
09	**1001**	11	9
10	**1010**	12	A
11	**1011**	13	B
12	**1100**	14	C
13	**1101**	15	D
14	**1110**	16	E
15	**1111**	17	F

复习思考题

R1.2.1 写出 4 位二进制数、4 位八进制数和 4 位十六进制数的最大数。

R1.2.2 与 4 位二进制数、4 位八进制数、4 位十六进制数的最大值等值的十进制数各为多少?

1.3 不同数制间的转换

一、二-十转换

将二进制数转换为等值的十进制数称为二-十转换。转换时只要将二进制数按式(1.2.3)

展开,然后将所有各项的数值按十进制数相加,就可以得到等值的十进制数了。例如

$$
\begin{aligned}
(\mathbf{1011.01})_2 &= \mathbf{1}\times 2^3+\mathbf{0}\times 2^2+\mathbf{1}\times 2^1+\mathbf{1}\times 2^0+\mathbf{0}\times 2^{-1}+\mathbf{1}\times 2^{-2}\\
&=(11.25)_{10}
\end{aligned}
$$

二、十-二转换

所谓十-二转换,就是将十进制数转换为等值的二进制数。

首先讨论整数的转换。

假定十进制整数为$(S)_{10}$,等值的二进制数为$(k_n k_{n-1}\cdots k_0)_2$,则依式(1.2.3)可知

$$
\begin{aligned}
(S)_{10} &= (k_n 2^n+k_{n-1}2^{n-1}+\cdots+k_1 2^1+k_0 2^0)_2\\
&=2(k_n 2^{n-1}+k_{n-1}2^{n-2}+\cdots+k_1)_2+k_0
\end{aligned}
\tag{1.3.1}
$$

上式表明,若将$(S)_{10}$除以 2,则得到的商为 $k_n 2^{n-1}+k_{n-1}2^{n-2}+\cdots+k_1$,而余数即 k_0。

同理,可将式(1.3.1)除以 2 得到的商写成

$$
(k_n 2^{n-1}+k_{n-1}2^{n-2}+\cdots+k_1)_2=2(k_n 2^{n-2}+k_{n-1}2^{n-3}+\cdots+k_2)_2+k_1 \tag{1.3.2}
$$

由式(1.3.2)不难看出,若将$(S)_{10}$除以 2 所得的商再次除以 2,则所得余数即 k_1。

依此类推,反复将每次得到的商再除以 2,就可求得二进制数的每一位了。

例如,将$(173)_{10}$化为二进制数可如下进行

$$
\begin{array}{r|l l}
2 & 173 & \cdots\cdots\cdots\cdots\text{余数}=\mathbf{1}=k_0\\
2 & 86 & \cdots\cdots\cdots\cdots\text{余数}=\mathbf{0}=k_1\\
2 & 43 & \cdots\cdots\cdots\cdots\text{余数}=\mathbf{1}=k_2\\
2 & 21 & \cdots\cdots\cdots\cdots\text{余数}=\mathbf{1}=k_3\\
2 & 10 & \cdots\cdots\cdots\cdots\text{余数}=\mathbf{0}=k_4\\
2 & 5 & \cdots\cdots\cdots\cdots\text{余数}=\mathbf{1}=k_5\\
2 & 2 & \cdots\cdots\cdots\cdots\text{余数}=\mathbf{0}=k_6\\
2 & 1 & \cdots\cdots\cdots\cdots\text{余数}=\mathbf{1}=k_7\\
 & 0 &
\end{array}
$$

故 $(173)_{10}=(\mathbf{10101101})_2$。

其次讨论小数的转换。

若$(S)_{10}$是一个十进制的小数,对应的二进制小数为$(0.k_{-1}k_{-2}\cdots k_{-m})_2$,则据式(1.2.3)可知

$$
(S)_{10}=(k_{-1}2^{-1}+k_{-2}2^{-2}+\cdots+k_{-m}2^{-m})_2
$$

将上式两边同乘以 2 得到

$$
2(S)_{10}=k_{-1}+(k_{-2}2^{-1}+k_{-3}2^{-2}+\cdots+k_{-m}2^{-m+1})_2 \tag{1.3.3}
$$

式(1.3.3)说明,将小数$(S)_{10}$乘以 2 所得乘积的整数部分即 k_{-1}。

同理,将乘积的小数部分再乘以 2 又可得到

$$
2(k_{-2}2^{-1}+k_{-3}2^{-2}+\cdots+k_{-m}2^{-m+1})_2=k_{-2}+(k_{-3}2^{-1}+\cdots+k_{-m}2^{-m+2})_2 \tag{1.3.4}
$$

亦即乘积的整数部分就是 k_{-2}。

依此类推,将每次乘 2 后所得乘积的小数部分再乘以 2,便可求出二进制小数的每一位了。

例如,将$(0.8125)_{10}$化为二进制小数时可如下进行

$$
\begin{array}{r}
0.8125 \\
\times \quad\quad 2 \\
\hline
1.6250
\end{array} \cdots\cdots 整数部分 = \mathbf{1} = k_{-1}
$$

$$
\begin{array}{r}
0.6250 \\
\times \quad\quad 2 \\
\hline
1.2500
\end{array} \cdots\cdots 整数部分 = \mathbf{1} = k_{-2}
$$

$$
\begin{array}{r}
0.2500 \\
\times \quad\quad 2 \\
\hline
0.5000
\end{array} \cdots\cdots 整数部分 = \mathbf{0} = k_{-3}
$$

$$
\begin{array}{r}
0.5000 \\
\times \quad\quad 2 \\
\hline
1.0000
\end{array} \cdots\cdots 整数部分 = \mathbf{1} = k_{-4}
$$

故$(0.8125)_{10} = (\mathbf{0.1101})_2$。

三、二-十六转换

将二进制数转换为等值的十六进制数称为二-十六转换。

由于 4 位二进制数恰好有 16 个状态，而把这 4 位二进制数看作一个整体时，它的进位输出又正好是逢十六进一，所以只要从低位到高位将整数部分每 4 位二进制数分为一组并代之以等值的十六进制数，同时从高位到低位将小数部分的每 4 位数分为一组并代之以等值的十六进制数，即可得到对应的十六进制数。

例如，将$(\mathbf{01011110.10110010})_2$化为十六进制数时可得

$$
\begin{array}{lcccc}
 & (\mathbf{0101} & \mathbf{1110.} & \mathbf{1011} & \mathbf{0010})_2 \\
 & \downarrow & \downarrow & \downarrow & \downarrow \\
= & (\ 5 & E. & B & 2\ )_{16}
\end{array}
$$

若二进制数整数部分最高一组不足 4 位时，用 **0** 补足 4 位；小数部分最低一组不足 4 位时，也需用 **0** 补足 4 位。

四、十六-二转换

十六-二转换是指将十六进制数转换为等值的二进制数。转换时只需将十六进制数的每一位用等值的 4 位二进制数代替就行了。

例如，将$(8FA.C6)_{16}$化为二进制数时得到

$$
\begin{array}{lccccc}
 & (\ 8 & F & A. & C & 6\ )_{16} \\
 & \downarrow & \downarrow & \downarrow & \downarrow & \downarrow \\
= & (\mathbf{1000} & \mathbf{1111} & \mathbf{1010.} & \mathbf{1100} & \mathbf{0110})_2
\end{array}
$$

五、八进制数与二进制数的转换

将二进制数转换为八进制数的二-八转换和将八进制数转换为二进制数的八-二转换，在方

法上与二-十六转换和十六-二转换的方法基本相同。

在将二进制数转换为八进制数时，只要将二进制数的整数部分从低位到高位每 3 位分为一组并代之以等值的八进制数，同时将小数部分从高位到低位每 3 位分为一组并代之以等值的八进制数就可以了。二进制数最高一组不足 3 位或小数部分最低一组不足 3 位时，仍需以 **0** 补足 3 位。

例如，若将$(\mathbf{011110.010111})_2$化为八进制数，则得到

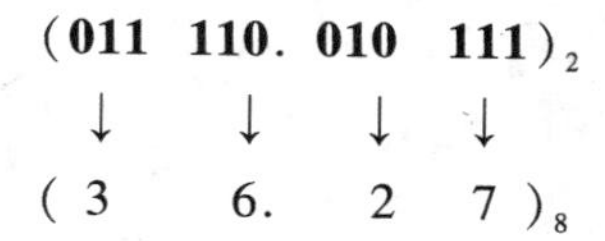

反之，若将八进制数转换为二进制数，则只要将八进制数的每一位代之以等值的 3 位二进制数即可。例如，将$(52.43)_8$转换为二进制数时，得到

$$(5\quad 2.\quad 4\quad 3)_8$$
$$\downarrow\quad\downarrow\quad\downarrow\quad\downarrow$$
$$(\mathbf{101}\quad \mathbf{010.}\quad \mathbf{100}\quad \mathbf{011})_2$$

六、十六进制数与十进制数的转换

在将十六进制数转换为十进制数时，可根据式(1.2.5)将各位按权展开后相加求得。在将十进制数转换为十六进制数时，可以先转换为二进制数，然后再将得到的二进制数转换为等值的十六进制数。这两种转换方法上面已经讲过了。

复习思考题

R1.3.1 在十-二转换中，整数部分的转换方法和小数部分的转换方法有何不同？

R1.3.2 怎样将八进制数转换为十六进制数和将十六进制数转换为八进制数？

R1.3.3 怎样才能将十进制数转换为八进制数？

1.4 二进制算术运算

1.4.1 二进制算术运算的特点

当两个二进制数码表示两个数量大小时，它们之间可以进行数值运算，这种运算称为算术运算。二进制算术运算和十进制算术运算的规则基本相同，唯一的区别在于二进制数是“逢二进一”而不是十进制数的“逢十进一”。

例如，两个二进制数 **1001** 和 **0101** 的算术运算有

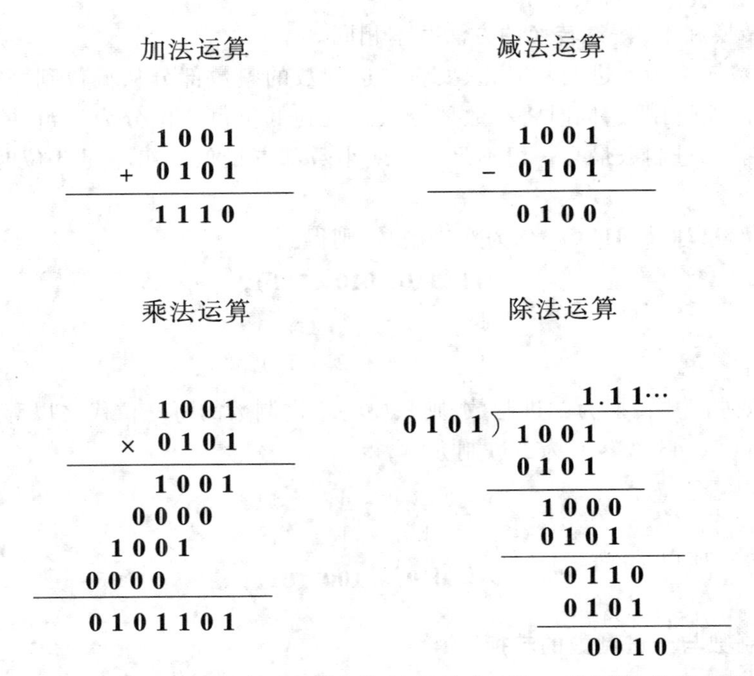

从上面的例子中可以看到二进制算术运算的两个特点，即二进制数的乘法运算可以通过若干次的“被乘数（或零）左移 1 位”和“被乘数（或零）与部分积相加”这两种操作完成；而二进制数的除法运算能通过若干次的“除数右移 1 位”和“从被除数或余数中减去除数”这两种操作完成。

如果我们再能设法将减法操作转化为某种形式的加法操作，那么加、减、乘、除运算就全部可以用“移位”和“相加”两种操作实现了。利用上述特点能使运算电路的结构大为简化。这也是数字电路中普遍采用二进制算术运算的重要原因之一。

1.4.2 反码、补码和补码运算

我们已经知道，在数字电路中是用逻辑电路输出的高、低电平表示二进制数的 **1** 和 **0** 的。那么数的正、负又如何表示呢？通常采用的方法是在二进制数的前面增加一位符号位。符号位为 **0** 表示这个数是正数，符号位为 **1** 表示这个数是负数。这种形式的数称为原码。

在做减法运算时，如果两个数是用原码表示的，则首先需要比较两数绝对值的大小，然后以绝对值大的一个作为被减数、绝对值小的一个作为减数，求出差值，并以绝对值大的一个数的符号作为差值的符号。不难看出，这个操作过程比较麻烦，而且需要使用数值比较电路和减法运算电路。如果能用两数的补码相加代替上述的减法运算，那么计算过程中就无需使用数值比较电路和减法运算电路了，从而使运算器的电路结构大为简化。

为了说明补码运算的原理，我们先来讨论一个生活中常见的事例。例如，你在 5 点钟的时候发现自己的手表停在 10 点上了，因而必须把表针拨回到 5 点。由图 1.4.1 可以看出，这时有两种拨法：第一种拨法是往回拨 5 格，10−5=5，拨回到了 5 点；另一种拨法是往前拨 7 格，10+7=17。由于表盘的最大数只有 12，超过 12 以后的“进位”将自动消失，于是就只剩下减去 12 以后的余数了，即17−12=5，也将表针拨回到了 5 点。这个例子说明，10−5 的减法运算可以用10+7的加法运算代替。因为 5 和 7 相加正好等于产生进位的模数 12，所以我们称 7 为−5 对模 12 的补数，也称为补码（Complement）。

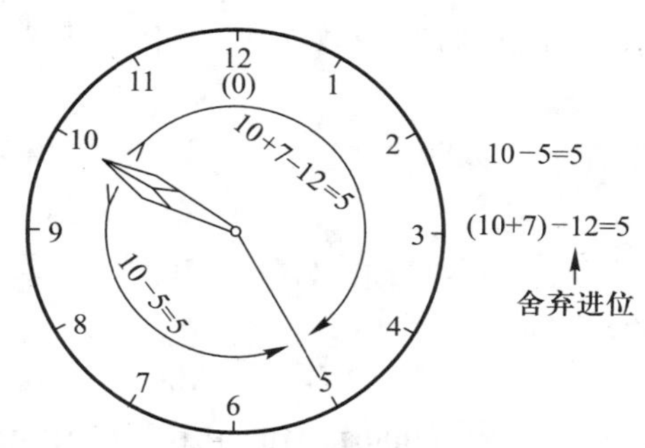

图 1.4.1 说明补码运算原理的例子

从这个例子中可以得出一个结论，就是在舍弃进位的条件下，减去某个数可以用加上它的补码来代替。这个结论同样适用于二进制数的运算。

图 1.4.2 给出了 4 位二进制数补码运算的一个例子。由图可见，**1011－0111＝0100** 的减法运算，在舍弃进位的条件下，可以用 **1011＋1001＝0100** 的加法运算代替。因为 4 位二进制数的进位基数是 16（**10000**），所以 **1001**（9）恰好是－**0111**（－7）对模 16 的补码。

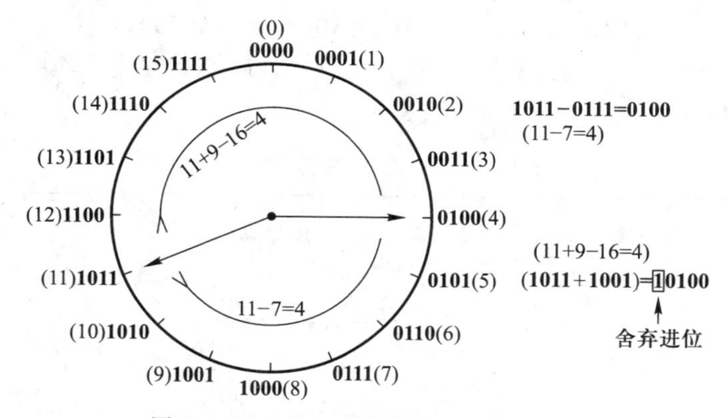

图 1.4.2 4 位二进制数补码运算的例子

基于上述原理，对于有效数字（不包括符号位）为 n 位的二进制数 N，它的补码 $(N)_{\text{COMP}}$ 表示方法为

$$(N)_{\text{COMP}}=\begin{cases}N & （当 N 为正数）\\ 2^n-N & （当 N 为负数）\end{cases} \tag{1.4.1}$$

即正数（当符号位为 **0** 时）的补码与原码相同，负数（当符号位为 **1** 时）的补码等于 2^n-N。符号位保持不变。

在一些国外的教材中，也将式（1.4.1）定义的补码称为“2 的补码”（2's Complement）。

为了避免在求补码的过程中做减法运算，通常是先求出 N 的反码 $(N)_{\text{INV}}$，然后在负数的反码上加 1 而得到补码。二进制 N 的反码 $(N)_{\text{INV}}$ 是这样定义的

$$(N)_{\text{INV}}=\begin{cases}N & （当 N 为正数）\\ (2^n-1)-N & （当 N 为负数）\end{cases} \tag{1.4.2}$$

由上式可知，当 N 为负数时，$N+(N)_{\text{INV}}=2^n-1$，而 2^n-1 是 n 位全为 **1** 的二进制数，所以只要将 N 中每一位的 **1** 改为 **0**、**0** 改为 **1**，就得到了 $(N)_{\text{INV}}$。以后我们将会看到，将二进制数的每一位

求反，在电路上是很容易实现的。国外的有些教材中又将式(1.4.2)定义的反码称为“1 的补码”(1's Complement)。

由式(1.4.2)又可得到，当 N 为负数时，$(N)_{INV}+1=2^n-N$，而由式(1.4.1)又知，当 N 为负数时，$(N)_{COMP}=2^n-N$，由此得到

$$(N)_{COMP}=(N)_{INV}+1 \tag{1.4.3}$$

即二进制负数的补码等于它的反码加 1。

【例 1.4.1】 写出带符号位二进制数 **00011010**(+26)、**10011010**(-26)、**00101101**(+45)和 **10101101**(-45)的反码和补码。

解： 根据式(1.4.2)和式(1.4.3)得到

原　码	反　码	补　码
00011010	**00011010**	**00011010**
10011010	**11100101**	**11100110**
00101101	**00101101**	**00101101**
10101101	**11010010**	**11010011**

表 1.4.1 是带符号位的 3 位二进制数原码、反码和补码的对照表。其中规定用 **1000** 作为-8 的补码，而不用来表示-0。

表 1.4.1　原码、反码、补码对照表

十进制数	二进制数		
	原码(带符号数)	反　码	补　码
+7	**0111**	**0111**	**0111**
+6	**0110**	**0110**	**0110**
+5	**0101**	**0101**	**0101**
+4	**0100**	**0100**	**0100**
+3	**0011**	**0011**	**0011**
+2	**0010**	**0010**	**0010**
+1	**0001**	**0001**	**0001**
+0	**0000**	**0000**	**0000**
-1	**1001**	**1110**	**1111**
-2	**1010**	**1101**	**1110**
-3	**1011**	**1100**	**1101**
-4	**1100**	**1011**	**1100**
-5	**1101**	**1010**	**1011**
-6	**1110**	**1001**	**1010**
-7	**1111**	**1000**	**1001**
-8	**1000**	**1111**	**1000**

下面再来讨论两个用补码表示的二进制数相加时，和的符号位如何得到。为此，我们在例1.4.2中列举出了两数相加时的四种情况。

【例1.4.2】 用二进制补码运算求出13+10、13-10、-13+10和-13-10。

解： 由于13+10和-13-10的绝对值为23，所以必须用有效数字为5位的二进制数才能表示，再加上一位符号位，就得到6位的二进制补码。

由式(1.4.1)和式(1.4.3)可知，+13的二进制补码应为**001101**(最高位为符号位)，-13的二进制补码为**110011**，+10的二进制补码为**001010**，-10的二进制补码为**110110**。计算结果分别为

$$\begin{array}{r} +13 \\ +10 \\ \hline +23 \end{array} \quad \begin{array}{r} \mathbf{0\ \ 01101} \\ \mathbf{0\ \ 01010} \\ \hline \mathbf{0\ \ 10111} \end{array} \qquad \begin{array}{r} +13 \\ -10 \\ \hline +3 \end{array} \quad \begin{array}{r} \mathbf{0\ \ 01101} \\ \mathbf{1\ \ 10110} \\ \hline (1)\mathbf{0\ \ 00011} \end{array}$$

$$\begin{array}{r} -13 \\ +10 \\ \hline -3 \end{array} \quad \begin{array}{r} \mathbf{1\ \ 10011} \\ \mathbf{0\ \ 01010} \\ \hline \mathbf{1\ \ 11101} \end{array} \qquad \begin{array}{r} -13 \\ -10 \\ \hline -23 \end{array} \quad \begin{array}{r} \mathbf{1\ \ 10011} \\ \mathbf{1\ \ 10110} \\ \hline (1)\mathbf{1\ \ 01001} \end{array}$$

从上面的例子中可以看出，若将两个加数的符号位和来自最高有效数字位的进位相加，得到的结果(舍弃产生的进位)就是和的符号。这个道理仍然可以用图1.4.2所示的图形加以说明。

需要强调指出，在两个同符号数相加时，它们的绝对值之和不可超过有效数字位所能表示的最大值，否则会得出错误的计算结果。

复习思考题

R1.4.1 二进制正、负数的原码、反码和补码三者之间是什么关系？

R1.4.2 为什么两个二进制数的补码相加时，和的符号位等于两数的符号位与来自最高有效数字位的进位相加的结果(舍弃产生的进位)？

R1.4.3 如何求二进制数补码对应的原码？

1.5 几种常用的编码

一、十进制代码

为了用二进制代码表示十进制数的0~9这十个状态，二进制代码至少应当有4位。4位二进制代码一共有十六个(**0000~1111**)，取其中哪十个以及如何与0~9相对应，有许多种方案。表1.5.1中列出了常见的几种十进制代码，它们的编码规则各不相同。

表 1.5.1 几种常见的十进制代码

编码种类 / 十进制数	8421 码（BCD 代码）	余 3 码	2421 码	5211 码	余 3 循环码
0	0000	0011	0000	0000	0010
1	0001	0100	0001	0001	0110
2	0010	0101	0010	0100	0111
3	0011	0110	0011	0101	0101
4	0100	0111	0100	0111	0100
5	0101	1000	1011	1000	1100
6	0110	1001	1100	1001	1101
7	0111	1010	1101	1100	1111
8	1000	1011	1110	1101	1110
9	1001	1100	1111	1111	1010
权	8421		2421	5211	

8421 码又称 BCD(Binary Coded Decimal)码，是十进制代码中最常用的一种。在这种编码方式中，每一位二值代码的 **1** 都代表一个固定数值，将每一位的 **1** 代表的十进制数加起来，得到的结果就是它所代表的十进制数码。由于代码中从左到右每一位的 **1** 分别表示 8、4、2、1，所以将这种代码称为 8421 码。每一位的 **1** 代表的十进制数称为这一位的权。8421 码中每一位的权是固定不变的，它属于恒权代码。

余 3 码的编码规则与 8421 码不同，如果把每一个余 3 码看作 4 位二进制数，则它的数值要比它所表示的十进制数码多 3，故而将这种代码称为余 3 码。

如果将两个余 3 码相加，所得的和将比十进制数和所对应的二进制数多 6。因此，在用余 3 码做十进制加法运算时，若两数之和为 10，正好等于二进制数的 16，于是便从高位自动产生进位信号。

此外，从表 1.5.1 中还可以看出，0 和 9、1 和 8、2 和 7、3 和 6、4 和 5 的余 3 码互为反码，这对于求取对 10 的补码是很方便的。

余 3 码不是恒权代码。如果试图将每个代码视为二进制数，并使它等效的十进制数与所表示的代码相等，那么代码中每一位的 **1** 所代表的十进制数在各个代码中不能是固定的。

2421 码是一种恒权代码，它的 0 和 9、1 和 8、2 和 7、3 和 6、4 和 5 也互为反码，这个特点和余 3 码相仿。

5211 码是另一种恒权代码。待学了第六章中计数器的分频作用后可以发现，如果按 8421 码接成十进制计数器，则连续输入计数脉冲时，4 个触发器输出脉冲对于计数脉冲的分频比从低位到高位依次为 5:2:1:1。可见，5211 码每一位的权正好与 8421 码十进制计数器 4 个触发器输出脉冲的分频比相对应。这种对应关系在构成某些数字系统时很有用。

余 3 循环码是一种变权码，每一位的 **1** 在不同代码中并不代表固定的数值。它的主要特点是相邻的两个代码之间仅有一位的状态不同。

二、格雷码

格雷码（Gray Code）又称循环码。从表 1.5.2 的 4 位格雷码编码表中可以看出格雷码的构成方法，这就是每一位的状态变化都按一定的顺序循环。如果从 **0000** 开始，最右边一位的状态按 **0110** 顺序循环变化，右边第二位的状态按 **00111100** 顺序循环变化，右边第三位按 **0000111111110000** 顺序循环变化。可见，自右向左，每一位状态循环中连续的 **0**、**1** 数目增加一倍。由于 4 位格雷码只有 16 个，所以最左边一位的状态只有半个循环，即 **0000000011111111**。按照上述原则，我们就很容易得到更多位数的格雷码。

与普通的二进制代码相比，格雷码的最大优点就在于当它按照表 1.5.2 的编码顺序依次变化时，相邻两个代码之间只有一位发生变化。这样在代码转换的过程中就不会产生过渡“噪声”。而在普通二进制代码的转换过程中，则有时会产生过渡噪声。例如，第四行的二进制代码 **0011** 转换为第五行的 **0100** 过程中，如果最右边一位的变化比其他两位的变化慢，就会在一个极短的瞬间出现 **0101** 状态，这个状态将成为转换过程中出现的噪声。而在第四行的格雷码 **0010** 向第五行的 **0110** 转换过程中则不会出现过渡噪声。这种过渡噪声在有些情况下甚至会影响电路的正常工作，这时就必须采取措施加以避免。在第 4.9 节中我们还将进一步讨论这个问题。

表 1.5.2 4 位格雷码与二进制代码的比较

编码顺序	二进制代码	格雷码
0	**0000**	**0000**
1	**0001**	**0001**
2	**0010**	**0011**
3	**0011**	**0010**
4	**0100**	**0110**
5	**0101**	**0111**
6	**0110**	**0101**
7	**0111**	**0100**
8	**1000**	**1100**
9	**1001**	**1101**
10	**1010**	**1111**
11	**1011**	**1110**
12	**1100**	**1010**
13	**1101**	**1011**
14	**1110**	**1001**
15	**1111**	**1000**

十进制代码中的余 3 循环码就是取 4 位格雷码中的十个代码组成的，它仍然具有格雷码的优点，即两个相邻代码之间仅有一位不同。

三、美国信息交换标准代码(ASCII)

美国信息交换标准代码(American Standard Code for Information Interchange,简称 ASCII 码)是由美国国家标准化协会(ANSI)制定的一种信息代码,广泛地用于计算机和通信领域中。ASCII 码已经由国际标准化组织(ISO)认定为国际通用的标准代码。

ASCII 码是一组 7 位二进制代码($b_7b_6b_5b_4b_3b_2b_1$),共 128 个,其中包括表示 0~9 的十个代码,表示大、小写英文字母的 52 个代码,32 个表示各种符号的代码以及 34 个控制码。表 1.5.3 是 ASCII 码的编码表,每个控制码在计算机操作中的含义列于表 1.5.4 中。

表 1.5.3　美国信息交换标准代码(ASCII 码)

$b_4b_3b_2b_1$	$b_7b_6b_5$							
	000	**001**	**010**	**011**	**100**	**101**	**110**	**111**
0000	NUL	DLE	SP	0	@	P	、	p
0001	SOH	DC1	!	1	A	Q	a	q
0010	STX	DC2	“	2	B	R	b	r
0011	ETX	DC3	#	3	C	S	c	s
0100	EOT	DC4	$	4	D	T	d	t
0101	ENQ	NAK	%	5	E	U	e	u
0110	ACK	SYN	&	6	F	V	f	v
0111	BEL	ETB	‘	7	G	W	g	w
1000	BS	CAN	(	8	H	X	h	x
1001	HT	EM	)	9	I	Y	i	y
1010	LF	SUB	*	:	J	Z	j	z
1011	VT	ESC	+	;	K	[	k	{
1100	FF	FS	,	<	L	\	l	|
1101	CR	GS	–	=	M	]	m	}
1110	SO	RS	.	>	N	∧	n	~
1111	SI	US	/	?	O	–	o	DEL

表 1.5.4　ASCII 码中控制码的含义

代　码	含　义	
NUL	Null	空白,无效
SOH	Start of heading	标题开始
STX	Start of text	正文开始
ETX	End of text	文本结束
EOT	End of transmission	传输结束
ENQ	Enquiry	询问

续表

代码	含义	
ACK	Acknowledge	承认
BEL	Bell	报警
BS	Backspace	退格
HT	Horizontal tab	横向制表
LF	Line feed	换行
VT	Vertical tab	垂直制表
FF	Form feed	换页
CR	Carriage return	回车
SO	Shift out	移出
SI	Shift in	移入
DLE	Date Link escape	数据通信换码
DC1	Device control 1	设备控制 1
DC2	Device control 2	设备控制 2
DC3	Device control 3	设备控制 3
DC4	Device control 4	设备控制 4
NAK	Negative acknowledge	否定
SYN	Synchronous idle	空转同步
ETB	End of transmission block	信息块传输结束
CAN	Cancel	作废
EM	End of medium	媒体用毕
SUB	Substitute	代替,置换
ESC	Escape	扩展
FS	File separator	文件分隔
GS	Group separator	组分隔
RS	Record separator	记录分隔
US	Unit separator	单元分隔
SP	Space	空格
DEL	Delete	删除

复习思考题

R1.5.1 8421 码、2421 码、5211 码、余 3 码和余 3 循环码在编码规则上各有何特点?

R1.5.2 你能写出 3 位和 5 位格雷码的顺序编码吗?

R1.5.3 你能用 ASCII 代码写出“Welcome!”吗?

本章小结

不同的数码既可以用来表示不同数量的大小,又可以用来表示不同的事物。

在用数码表示数量的大小时,采用的各种计数进位制规则称为数制。常用的数制有十进制、二进制、八进制和十六进制几种。各种进制所表示的数值可以按照本章介绍的方法互相转换。

由于数字电路的基本运算都采用二进制运算,所以这一章里还比较详细地介绍了二进制数的符号在数字电路中的表示方法,原码、反码和补码的概念,以及采用补码进行带符号数加法运算的原理。

在用数码表示不同的事物时,这些数码已没有数量大小的含义,所以将它们称为代码。本章中所列举的十进制代码、格雷码、ASCII 码是几种常见的通用代码。此外,我们完全可以根据自己的需要,自行编制专用的代码。

习 题

[题 1.1] 为了将 600 份文件顺序编码,如果采用二进制代码,最少需要用几位?如果改用八进制或十六进制代码,则最少各需要用几位?

[题 1.2] 将下列二进制整数转换为等值的十进制数。

(1) $(\mathbf{01101})_2$; (2) $(\mathbf{10100})_2$; (3) $(\mathbf{10010111})_2$; (4) $(\mathbf{1101101})_2$。

[题 1.3] 将下列二进制小数转换为等值的十进制数。

(1) $(\mathbf{0.1001})_2$; (2) $(\mathbf{0.0111})_2$; (3) $(\mathbf{0.101101})_2$; (4) $(\mathbf{0.001111})_2$。

[题 1.4] 将下列二进制数转换为等值的十进制数。

(1) $(\mathbf{101.011})_2$; (2) $(\mathbf{110.101})_2$; (3) $(\mathbf{1111.1111})_2$; (4) $(\mathbf{1001.0101})_2$。

[题 1.5] 将下列二进制数转换为等值的八进制数和十六进制数。

(1) $(\mathbf{1110.0111})_2$; (2) $(\mathbf{1001.1101})_2$; (3) $(\mathbf{0110.1001})_2$; (4) $(\mathbf{101100.110011})_2$。

[题 1.6] 将下列十六进制数转换为等值的二进制数。

(1) $(8C)_{16}$; (2) $(3D.BE)_{16}$; (3) $(8F.FF)_{16}$; (4) $(10.00)_{16}$。

[题 1.7] 将下列十进制数转换为等值的二进制数和十六进制数。

(1) $(17)_{10}$; (2) $(127)_{10}$; (3) $(79)_{10}$; (4) $(255)_{10}$。

[题 1.8] 将下列十进制数转换为等值的二进制数和十六进制数。要求二进制数保留小数点以后 8 位有效数字。

(1) $(0.519)_{10}$; (2) $(0.251)_{10}$; (3) $(0.0376)_{10}$; (4) $(0.5128)_{10}$。

[题 1.9] 将下列十进制数转换为等值的二进制数和十六进制数。要求二进制数保留小数点以后 4 位有效数字。

(1) $(25.7)_{10}$; (2) $(188.875)_{10}$; (3) $(107.39)_{10}$; (4) $(174.06)_{10}$。

[题 1.10] 写出下列二进制数的原码、反码和补码。

(1) $(+1011)_2$; (2) $(+00110)_2$; (3) $(-1101)_2$; (4) $(-00101)_2$。

[题 1.11] 写出下列带符号位二进制数(最高位为符号位)的反码和补码。

(1) $(011011)_2$; (2) $(001010)_2$; (3) $(111011)_2$; (4) $(101010)_2$。

[题 1.12] 用 8 位的二进制补码表示下列十进制数。

(1) +17; (2) +28; (3) -13; (4) -47; (5) -89; (6) -121。

[题 1.13] 计算下列用补码表示的二进制数的代数和。如果和为负数,请求出负数的绝对值。

(1) **01001101+00100110**; (2) **00011101+01001100**;

(3) **00110010+10000011**; (4) **00011110+10011100**;

(5) **11011101+01001011**; (6) **10011101+01100110**;

(7) **11100111+11011011**; (8) **11111001+10001000**。

[题 1.14] 用二进制补码运算计算下列各式。式中的 4 位二进制数是不带符号位的绝对值。如果和为负数,请求出负数的绝对值。(提示:所用补码的有效位数应足够表示代数和的最大绝对值。)

(1) **1010+0011**; (2) **1101+1011**;

(3) **1010-0011**; (4) **1101-1011**;

(5) **0011-1010**; (6) **1011-1101**;

(7) **-0011-1010**; (8) **-1101-1011**。

[题 1.15] 用二进制补码运算计算下列各式。(提示:所用补码的有效位数应足够表示代数和的最大绝对值。)

(1) 3+15; (2) 8+11; (3) 12-7; (4) 23-11;

(5) 9-12; (6) 20-25; (7) -12-5; (8) -16-14。

第二章

逻辑代数基础

内容提要

本章介绍用于分析数字电路逻辑功能的数学方法——逻辑代数。首先将介绍逻辑代数的基本公式、常用公式和几个重要的定理，然后讲授逻辑函数的各种描述方法以及这些描述方法之间的互相转换。最后，介绍逻辑函数的化简方法。

2.1 概　　述

在上一章中我们已经讲过，不同的数码不仅可以表示数量的不同大小，而且还能用来表示不同的事物。在数字逻辑电路中，用 1 位二进制数码的 **0** 和 **1** 表示一个事物的两种不同逻辑状态。例如，可以用 **1** 和 **0** 分别表示一件事情的是和非、真和伪、有和无、好和坏，或者表示电路的通和断、电灯的亮和暗、门的开和关等等。这种只有两种对立逻辑状态的逻辑关系称为二值逻辑。

所谓"逻辑"，在这里是指事物间的因果关系。当两个二进制数码表示不同的逻辑状态时，它们之间可以按照指定的某种因果关系进行推理运算。我们将这种运算称为逻辑运算。

1849 年英国数学家乔治·布尔（George Boole）首先提出了进行逻辑运算的数学方法——布尔代数。后来，由于布尔代数被广泛应用于解决开关电路和数字逻辑电路的分析与设计中，所以也将布尔代数称为开关代数或逻辑代数。本章所讲的逻辑代数就是布尔代数在二值逻辑电路中的应用。下面我们将会看到，虽然有些逻辑代数的运算公式在形式上和普通代数的运算公式雷同，但是两者所包含的物理意义有本质的不同。逻辑代数中也用字母表示变量，这种变量称为逻辑变量。逻辑运算表示的是逻辑变量以及常量之间逻辑状态的推理运算，而不是数量之间的运算。

虽然在二值逻辑中，每个变量的取值只有 **0** 和 **1** 两种可能，只能表示两种不同的逻辑状态，但是我们可以用多变量的不同状态组合表示事物的多种逻辑状态，处理任何复杂的逻辑问题。

2.2 逻辑代数中的三种基本运算

逻辑代数的基本运算有**与**（AND）、**或**（OR）、**非**（NOT）三种。为便于理解它们的含义，先来看一个简单的例子。

图 2.2.1 中给出了三个指示灯的控制电路。在图(a)电路中,只有当两个开关同时闭合时,指示灯才会亮;在图(b)电路中,只要有任何一个开关闭合,指示灯就亮;而在图(c)电路中,开关断开时灯亮,开关闭合时灯反而不亮。

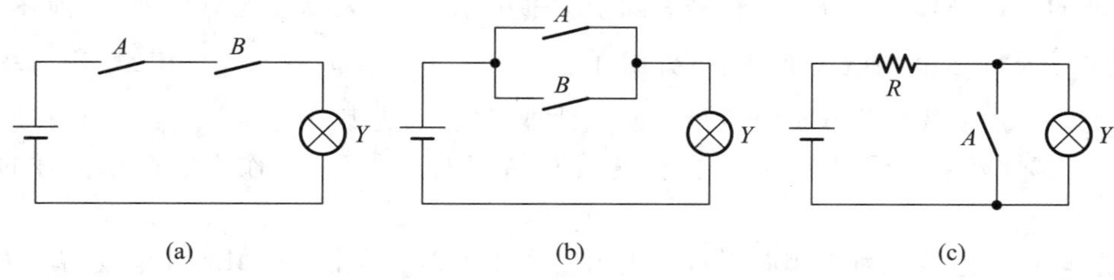

图 2.2.1　用于说明**与**、**或**、**非**定义的电路

如果把开关闭合作为条件(或导致事物结果的原因),把灯亮作为结果,那么图 2.2.1 中的三个电路代表了三种不同的因果关系:

图(a)的例子表明,只有决定事物结果的全部条件同时具备时,结果才发生。这种因果关系称为逻辑**与**,或称逻辑相乘。

图(b)的例子表明,在决定事物结果的诸条件中只要有任何一个满足,结果就会发生。这种因果关系称为逻辑**或**,也称逻辑相加。

图(c)的例子表明,只要条件具备了,结果便不会发生;而条件不具备时,结果一定发生。这种因果关系称为逻辑**非**,也称逻辑求反。

若以 A、B 表示开关的状态,并以 **1** 表示开关闭合,以 **0** 表示开关断开;以 Y 表示指示灯的状态,并以 **1** 表示灯亮,以 **0** 表示不亮,则可以列出以 **0**、**1** 表示的**与**、**或**、**非**逻辑关系的图表,如表 2.2.1、表 2.2.2 和表 2.2.3 所示。这种图表称为逻辑真值表(truth table),简称真值表。

表 2.2.1　与逻辑运算的真值表

A	B	Y
0	**0**	**0**
0	**1**	**0**
1	**0**	**0**
1	**1**	**1**

表 2.2.2　或逻辑运算的真值表

A	B	Y
0	**0**	**0**
0	**1**	**1**
1	**0**	**1**
1	**1**	**1**

表 2.2.3　非逻辑运算的真值表

A	Y
0	**1**
1	**0**

在逻辑代数中,将**与**、**或**、**非**看作是逻辑变量 A、B 间的三种最基本的逻辑运算,并以“·”表示**与**运算,以“+”表示**或**运算,以变量右上角的“′”表示**非**运算。因此,A 和 B 进行**与**逻辑运算时可写成

$$Y=A\cdot B \tag{2.2.1}$$

A 和 B 进行**或**逻辑运算时可写成

$$Y=A+B \tag{2.2.2}$$

对 A 进行**非**逻辑运算时可写成

$$Y=A' \tag{2.2.3}$$

同时，将实现**与**逻辑运算的单元电路称为**与**门，将实现**或**逻辑运算的单元电路称为**或**门，将实现**非**逻辑运算的单元电路称为**非**门（也称为反相器）。

逻辑**非**的运算符号尚无统一的标准。除了本书中采用“$'$”表示**非**运算以外，目前在国内、外的某些电子技术教材和 EDA 软件中，也采用 $\overline{A}$、$\sim A$、$\neg A$ 表示 A 的**非**运算。用“$'$”作为**非**运算符号比起在变量上加横线作为**非**运算符号更便于计算机输入，尤其在逻辑运算式中存在多重**非**运算时，这种优越性就更加明显。因此，在教材和 EDA 软件中使用“$'$”作为**非**运算符号的越来越多了。

与、**或**、**非**逻辑运算还可以用图形符号表示。图 2.2.2 中给出了被 IEEE（电气与电子工程师协会）和 IEC（国际电工协会）认定的两套**与**、**或**、**非**的图形符号，其中一套是目前在国外教材和 EDA 软件中普遍使用的特定外形符号，如图 2.2.2（a）所示。另一套是矩形轮廓的符号，如图 2.2.2（b）所示。本书中采用特定外形符号。

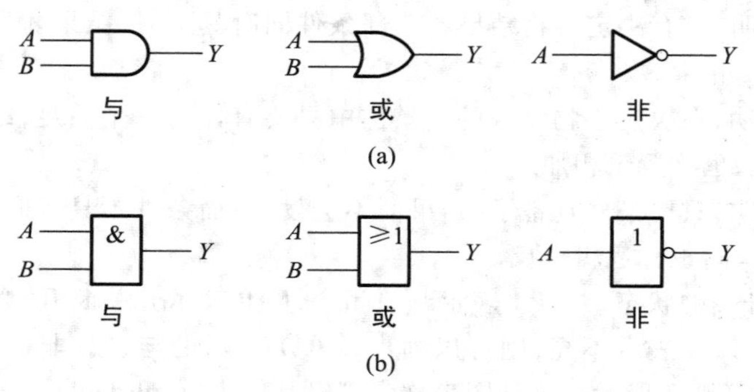

图 2.2.2　**与**、**或**、**非**的图形符号

（a）特定外形符号　（b）矩形轮廓符号

实际的逻辑问题往往比**与**、**或**、**非**复杂得多，不过它们都可以用**与**、**或**、**非**的组合来实现。最常见的复合逻辑运算有**与非**（NAND）、**或非**（NOR）、**与或非**（AND-NOR）、**异或**（EXCLUSIVE OR）、**同或**（EXCLUSIVE NOR）等。表 2.2.4～表 2.2.8 给出了这些复合逻辑运算的真值表。图 2.2.3 是它们的图形逻辑符号和运算符号。这些图形符号同样也有特定外形符号和矩形轮廓符号两种。

表 2.2.4　与非逻辑的真值表

A	B	Y
0	0	1
0	1	1
1	0	1
1	1	0

表 2.2.5　或非逻辑的真值表

A	B	Y
0	0	1
0	1	0
1	0	0
1	1	0

表 2.2.6 与或非逻辑的真值表

A	B	C	D	Y
0	0	0	0	1
0	0	0	1	1
0	0	1	0	1
0	0	1	1	0
0	1	0	0	1
0	1	0	1	1
0	1	1	0	1
0	1	1	1	0
1	0	0	0	1
1	0	0	1	1
1	0	1	0	1
1	0	1	1	0
1	1	0	0	0
1	1	0	1	0
1	1	1	0	0
1	1	1	1	0

表 2.2.7 异或逻辑的真值表

A	B	Y
0	0	0
0	1	1
1	0	1
1	1	0

表 2.2.8 同或逻辑的真值表

A	B	Y
0	0	1
0	1	0
1	0	0
1	1	1

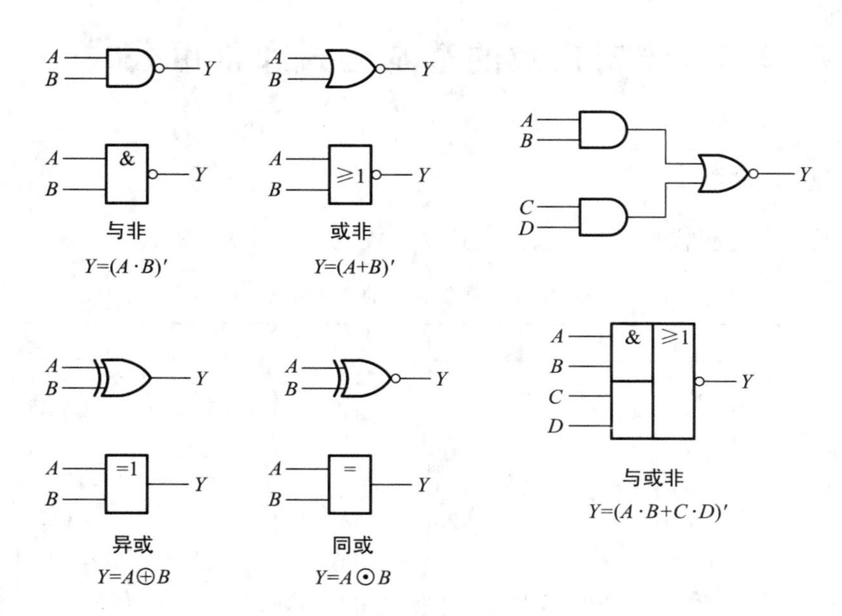

图 2.2.3 复合逻辑的图形符号和运算符号

由表 2.2.4 可见，将 A、B 先进行**与**运算，然后将结果求反，最后得到的即为 A、B 的**与非**运算结果。因此，可以把**与非**运算看作是**与**运算和**非**运算的组合。图2.2.3 中图形符号上的小圆圈表示**非**运算。

在**与或非**逻辑中，A、B 之间以及 C、D 之间都是**与**的关系，只要 A、B 或 C、D 任何一组同时为 **1**，输出 Y 就是 **0**。只有当每一组输入都不全是 **1** 时，输出 Y 才是 **1**。

异或是这样一种逻辑关系：当 A、B 不同时，输出 Y 为 **1**；而当 A、B 相同时，输出 Y 为 **0**。**异或**也可以用**与**、**或**、**非**的组合表示。

$$A \oplus B = A \cdot B' + A' \cdot B \tag{2.2.4}$$

同或和**异或**相反，当 A、B 相同时，Y 等于 **1**，A、B 不同时，Y 等于 **0**。**同或**也可以写成**与**、**或**、**非**的组合形式

$$A \odot B = A \cdot B + A' \cdot B' \tag{2.2.5}$$

而且，由表 2.2.7 和表 2.2.8 可见，**异或**和**同或**互为反运算，即

$$A \oplus B = (A \odot B)' ; A \odot B = (A \oplus B)' \tag{2.2.6}$$

为简化书写，允许将 $A \cdot B$ 简写成 AB，略去逻辑相乘的运算符号"·"。

复习思考题

R2.2.1　你能各举出一个现实生活中存在的**与**、**或**、**非**逻辑关系的事例吗？

R2.2.2　两个变量的**异或**运算和**同或**运算之间是什么关系？

2.3　逻辑代数的基本公式和常用公式

2.3.1　基本公式

表 2.3.1 给出了逻辑代数的基本公式。这些公式也称为布尔恒等式。

表 2.3.1　逻辑代数的基本公式

序号	公　式	序号	公　式
1	$\mathbf{0} \cdot A = 0$	10	$\mathbf{1}' = \mathbf{0} ; \mathbf{0}' = \mathbf{1}$
2	$\mathbf{1} \cdot A = A$	11	$\mathbf{1} + A = \mathbf{1}$
3	$A \cdot A = A$	12	$\mathbf{0} + A = A$
4	$A \cdot A' = \mathbf{0}$	13	$A + A = A$
5	$A \cdot B = B \cdot A$	14	$A + A' = \mathbf{1}$
6	$A \cdot (B \cdot C) = (A \cdot B) \cdot C$	15	$A + B = B + A$
7	$A \cdot (B + C) = A \cdot B + A \cdot C$	16	$A + (B + C) = (A + B) + C$
8	$(A \cdot B)' = A' + B'$	17	$A + B \cdot C = (A + B) \cdot (A + C)$
9	$(A')' = A$	18	$(A + B)' = A' \cdot B'$

式(1)、(2)、(11)和(12)给出了变量与常量间的运算规则。

式(3)和(13)是同一变量的运算规律，也称为重叠律。

式(4)和(14)表示变量与它的反变量之间的运算规律,也称为互补律。

式(5)和(15)为交换律,式(6)和(16)为结合律,式(7)和(17)为分配律。

式(8)和(18)是著名的德·摩根(De.Morgan)定理,亦称反演律。在逻辑函数的化简和变换中经常要用到这一对公式。

式(9)表明,一个变量经过两次求反运算之后还原为其本身,所以该式又称为还原律。

式(10)是对 **0** 和 **1** 求反运算的规则,它说明 **0** 和 **1** 互为求反的结果。

这些公式的正确性可以用列真值表的方法加以验证。如果等式成立,那么将任何一组变量的取值代入公式两边所得的结果应该相等。因此,等式两边所对应的真值表也必然相同。

【例 2.3.1】　用真值表证明表 2.3.1 中式(17)的正确性。

解：　已知表 2.3.1 中的式(17)为

$$A+B\cdot C=(A+B)\cdot(A+C)$$

将 A、B、C 所有可能的取值组合逐一代入上式的两边,算出相应的结果,即得到表 2.3.2 所示的真值表。可见,等式两边对应的真值表相同,故等式成立。

表 2.3.2　式(17)的真值表

$A\ B\ C$	$B\cdot C$	$A+B\cdot C$	$A+B$	$A+C$	$(A+B)\cdot(A+C)$
0 0 0	**0**	**0**	**0**	**0**	**0**
0 0 1	**0**	**0**	**0**	**1**	**0**
0 1 0	**0**	**0**	**1**	**0**	**0**
0 1 1	**1**	**1**	**1**	**1**	**1**
1 0 0	**0**	**1**	**1**	**1**	**1**
1 0 1	**0**	**1**	**1**	**1**	**1**
1 1 0	**0**	**1**	**1**	**1**	**1**
1 1 1	**1**	**1**	**1**	**1**	**1**

2.3.2　若干常用公式

表 2.3.3 中列出了几个常用公式。这些公式是利用基本公式导出的。直接运用这些导出公式可以给化简逻辑函数的工作带来很大方便。

表 2.3.3　若干常用公式

序号	公　式
21	$A+A\cdot B=A$
22	$A+A'\cdot B=A+B$
23	$A\cdot B+A\cdot B'=A$
24	$A\cdot(A+B)=A$
25	$A\cdot B+A'\cdot C+B\cdot C=A\cdot B+A'\cdot C$ $A\cdot B+A'\cdot C+BCD=A\cdot B+A'\cdot C$
26	$A\cdot(A\cdot B)'=A\cdot B';A'\cdot(AB)'=A'$

现将表 2.3.3 中的各式证明如下。

1. 式(21)　$A+A\cdot B=A$

证明：$A+A\cdot B=A\cdot(\mathbf{1}+B)=A\cdot\mathbf{1}=A$

上式说明，在两个乘积项相加时，若其中一项以另一项为因子，则该项是多余的，可以删去。

2. 式(22)　$A+A'\cdot B=A+B$

证明：$A+A'\cdot B=(A+A')\cdot(A+B)=\mathbf{1}\cdot(A+B)=A+B$

这一结果表明，两个乘积项相加时，如果一项取反后是另一项的因子，则此因子是多余的，可以消去。

3. 式(23)　$A\cdot B+A\cdot B'=A$

证明：$A\cdot B+A\cdot B'=A(B+B')=A\cdot\mathbf{1}=A$

这个公式的含义是，当两个乘积项相加时，若它们分别包含 B 和 B' 两个因子而其他因子相同，则两项定能合并，且可将 B 和 B' 两个因子消去。

4. 式(24)　$A\cdot(A+B)=A$

证明：
$$\begin{aligned}A\cdot(A+B)&=A\cdot A+A\cdot B=A+A\cdot B\\&=A\cdot(\mathbf{1}+B)=A\cdot\mathbf{1}=A\end{aligned}$$

该式说明，变量 A 和包含 A 的和相乘时，其结果等于 A，即可以将和消掉。

5. 式(25)　$A\cdot B+A'\cdot C+B\cdot C=A\cdot B+A'\cdot C$

证明：
$$\begin{aligned}A\cdot B+A'\cdot C+B\cdot C&=A\cdot B+A'\cdot C+B\cdot C(A+A')\\&=A\cdot B+A'\cdot C+A\cdot B\cdot C+A'\cdot B\cdot C\\&=A\cdot B\cdot(\mathbf{1}+C)+A'\cdot C\cdot(\mathbf{1}+B)\\&=A\cdot B+A'\cdot C\end{aligned}$$

这个公式说明，若两个乘积项中分别包含 A 和 A' 两个因子，而这两个乘积项的其余因子组成第三个乘积项时，则第三个乘积项是多余的，可以消去。

从上式不难进一步导出

$$A\cdot B+A'\cdot C+B\cdot C\cdot D=A\cdot B+A'\cdot C$$

6. 式(26)　$A\cdot(A\cdot B)'=A\cdot B';A'\cdot(A\cdot B)'=A'$

证明：$A\cdot(A\cdot B)'=A\cdot(A'+B')=A\cdot A'+A\cdot B'=A\cdot B'$

上式说明，当 A 和一个乘积项的**非**相乘，且 A 为乘积项的因子时，则 A 这个因子可以消去。

$$\begin{aligned}A'\cdot(A\cdot B)'&=A'\cdot(A'+B')=A'\cdot A'+A'\cdot B'=A'\cdot(\mathbf{1}+B')\\&=A'\end{aligned}$$

此式表明，当 A' 和一个乘积项的**非**相乘，且 A 为乘积项的因子时，其结果就等于 A'。

从以上的证明可以看到，这些常用公式都是从基本公式导出的结果。当然，还可以推导出更多的常用公式。

复习思考题

R2.3.1　在逻辑代数的基本公式当中哪些公式的运算规则和普通代数的运算规则是相同的？哪些是不同的、需要特别记住的？

2.4 逻辑代数的基本定理

2.4.1 代入定理

在任何一个包含变量 A 的逻辑等式中,若以另外一个逻辑式代入式中所有 A 的位置,则等式仍然成立。这就是所谓的代入定理。

因为变量 A 仅有 **0** 和 **1** 两种可能的状态,所以无论将 $A=\mathbf{0}$ 还是 $A=\mathbf{1}$ 代入逻辑等式,等式都一定成立。而任何一个逻辑式的取值也不外 **0** 和 **1** 两种,所以用它取代式中的 A 时,等式自然也成立。因此,可以将代入定理看作无需证明的公理。

利用代入定理很容易把表 2.3.1 中的基本公式和表 2.3.3 中的常用公式推广为多变量的形式。

【例 2.4.1】 用代入定理证明德·摩根定理也适用于多变量的情况。

解: 已知二变量的德·摩根定理为

$$(A+B)'=A'\cdot B' \quad 及 \quad (A\cdot B)'=A'+B'$$

今以 $(B+C)$ 代入左边等式中 B 的位置,同时以 $(B\cdot C)$ 代入右边等式中 B 的位置,于是得到

$$(A+(B+C))'=A'\cdot(B+C)'=A'\cdot B'\cdot C'$$

$$(A\cdot(B\cdot C))'=A'+(B\cdot C)'=A'+B'+C'$$

对一个乘积项或逻辑式求反时,应在乘积项或逻辑式外边加括号,然后对括号内的整个内容求反。

此外,在对复杂的逻辑式进行运算时,仍需遵守与普通代数一样的运算优先顺序,即先算括号里的内容,其次算乘法,最后算加法。

2.4.2 反演定理

对于任意一个逻辑式 Y,若将其中所有的“·”换成“+”,“+”换成“·”,**0** 换成 **1**,**1** 换成 **0**,原变量换成反变量,反变量换成原变量,则得到的结果就是 Y'。这个规律称为反演定理。

反演定理为求取已知逻辑式的反逻辑式提供了方便。

在使用反演定理时,还需注意遵守以下两个规则:

① 仍需遵守“先括号、然后乘、最后加”的运算优先次序。

② 不属于单个变量上的反号应保留不变。

回顾一下 2.3.1 节中讲过的德·摩根定理便可发现,它只不过是反演定理的一个特例而已。正是由于这个原因,才将它称为反演律。

【例 2.4.2】 已知 $Y=A(B+C)+CD$,求 Y'。

解: 根据反演定理可写出

$$\begin{aligned}Y' &= (A'+B'C')(C'+D') \\ &= A'C'+B'C'+A'D'+B'C'D' \\ &= A'C'+B'C'+A'D'\end{aligned}$$

如果利用基本公式和常用公式进行运算,也能得到同样的结果,但是要麻烦得多。

【例 2.4.3】 若 $Y=((AB'+C)'+D)'+C$,求 Y'。

解: 依据反演定理可直接写出

$$\begin{aligned}Y' &= (((A'+B)C')'D')'C' \\ &= ((A'C'+BC')+D)C' \\ &= A'C'+BC'+C'D\end{aligned}$$

2.4.3 对偶定理

若两逻辑式相等,则它们的对偶式也相等,这就是对偶定理。

所谓对偶式是这样定义的:对于任何一个逻辑式 Y,若将其中的"·"换成"+","+"换成"·",**0** 换成 **1**,**1** 换成 **0**,则得到一个新的逻辑式 Y^D,这个 Y^D 就称为 Y 的对偶式,或者说 Y 和 Y^D 互为对偶式。

例如,若 $Y=A(B+C)$, 则 $Y^D=A+BC$

若 $Y=(AB+CD)'$, 则 $Y^D=((A+B)(C+D))'$

若 $Y=AB+(C+D)'$, 则 $Y^D=(A+B)(CD)'$

为了证明两个逻辑式相等,也可以通过证明它们的对偶式相等来完成,因为有些情况下证明它们的对偶式相等更加容易。

【例 2.4.4】 试证明表 2.3.1 中的式(17),即

$$A+BC=(A+B)(A+C)$$

解: 首先写出等式两边的对偶式,得到

$$A(B+C) \quad 和 \quad AB+AC$$

根据乘法分配律可知,这两个对偶式是相等的,亦即 $A(B+C)=AB+AC$。由对偶定理即可确定原来的两式也一定相等,于是式(17)得到证明。

如果仔细分析一下表 2.3.1 就能够发现,其中的公式(1)和(11)、(2)和(12)、(3)和(13)、(4)和(14)、(5)和(15)、(6)和(16)、(7)和(17)、(8)和(18)皆互为对偶式。因此,只要能证明公式(1)~(8)成立,则公式(11)~(18)已无需另做证明。

复习思考题

R2.4.1 代入定理中对代入逻辑式的形式和复杂程度有无限制?

R2.4.2 利用反演定理对给定逻辑式求反时,应如何处理变换的优先顺序和式中所有的非运算符号?

2.5 逻辑函数及其描述方法

2.5.1 逻辑函数

从上面讲过的各种逻辑关系中可以看到,如果以逻辑变量作为输入,以运算结果作为输出,那么当输入变量的取值确定之后,输出的取值便随之而定。因此,输出与输入之间乃是一种函数关系。这种函数关系称为逻辑函数(logic function),写作

$$Y=F(A,B,C,\cdots)$$

由于变量和输出(函数)的取值只有 **0** 和 **1** 两种状态,所以我们所讨论的都是二值逻辑函数。

任何一件具体的因果关系都可以用一个逻辑函数来描述。例如,图 2.5.1 所示是一个举重裁判电路,可以用一个逻辑函数描述它的逻辑功能。

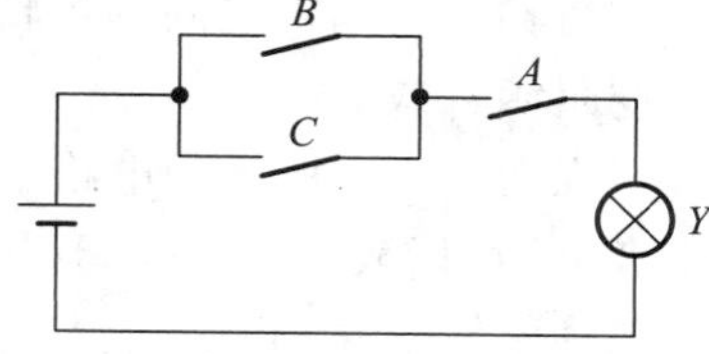

图 2.5.1 举重裁判电路

比赛规则规定,在一名主裁判和两名副裁判中,必须有两人以上(而且必须包括主裁判)认定运动员的动作合格,试举才算成功。比赛时主裁判掌握着开关 A,两名副裁判分别掌握着开关 B 和 C。当运动员举起杠铃时,裁判认为动作合格了就合上开关,否则不合。显然,指示灯 Y 的状态(亮与暗)是开关 A、B、C 状态(合上与断开)的函数。

若以 **1** 表示开关闭合,**0** 表示开关断开;以 **1** 表示灯亮,以 **0** 表示灯暗,则指示灯 Y 是开关 A、B、C 的二值逻辑函数,即

$$Y=F(A,B,C)$$

2.5.2 逻辑函数的描述方法

常用的逻辑函数描述方法有逻辑真值表、逻辑函数式(简称逻辑式或函数式)、逻辑图、波形图、卡诺图和硬件描述语言等。这一节只介绍前面四种方法,用卡诺图和硬件描述语言描述逻辑函数的方法将在后面做专门介绍。

一、逻辑真值表

将输入变量所有的取值下对应的输出值找出来,列成表格,即可得到真值表。

仍以图 2.5.1 所示的举重裁判电路为例,根据电路的工作原理不难看出,只有 $A=1$,同时 B、C 至少有一个为 **1** 时 Y 才等于 **1**,于是可列出图 2.5.1 所示电路的真值表,见表 2.5.1。

表 2.5.1 图 2.5.1 所示电路的真值表

输 入			输 出
A	B	C	Y
0	**0**	**0**	**0**
0	**0**	**1**	**0**
0	**1**	**0**	**0**

续表

输入			输出
A	B	C	Y
0	1	1	0
1	0	0	0
1	0	1	1
1	1	0	1
1	1	1	1

二、逻辑函数式

将输出与输入之间的逻辑关系写成**与**、**或**、**非**等运算的组合式，即逻辑代数式，就得到了所需的逻辑函数式。

在图 2.5.1 所示的电路中，根据对电路功能的要求和**与**、**或**的逻辑定义，"B 和 C 中至少有一个合上"可以表示为$(B+C)$，"同时还要求合上 A"，则应写作$A\cdot(B+C)$。因此得到输出的逻辑函数式为

$$Y=A(B+C) \tag{2.5.1}$$

三、逻辑图

将逻辑函数式中各变量之间的**与**、**或**、**非**等逻辑关系用图形符号表示出来，就可以画出描述函数关系的逻辑图(logic diagram)。

为了画出描述图 2.5.1 电路功能的逻辑图，只要用逻辑运算的图形符号代替式(2.5.1)中的代数运算符号便可得到图 2.5.2 所示的逻辑图。

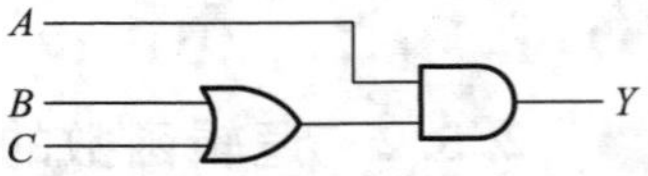

图 2.5.2 描述图 2.5.1 电路逻辑功能的逻辑图

四、波形图

如果将逻辑函数输入变量每一种可能出现的取值与对应的输出值按时间顺序依次排列起来，就得到了描述该逻辑函数的波形图。这种波形图(waveform)也称为时序图(timing diagram)。在逻辑分析仪和一些计算机仿真工具中，经常以这种波形图的形式给出分析结果。此外，也可以通过实验观察这些波形图，以检验实际逻辑电路的功能是否正确。

如果用波形图来描述式(2.5.1)的逻辑函数，则只需将表 2.5.1 给出的输入变量与对应的输出变量取值依时间顺序排列起来，就可以得到所要的波形图了(如图 2.5.3 所示)。

五、各种描述方法间的相互转换

从上面的讨论中可以看到，这几种描述方式各具有不同的特点。因此，在实际应用中，需要选择一种最合适的方式来描述所讨论的逻辑函数。当讨论的逻辑函数不是用我们所希望的描述方式给出时，就必须将给出的描述方式转换成我们所需要的描述方式。

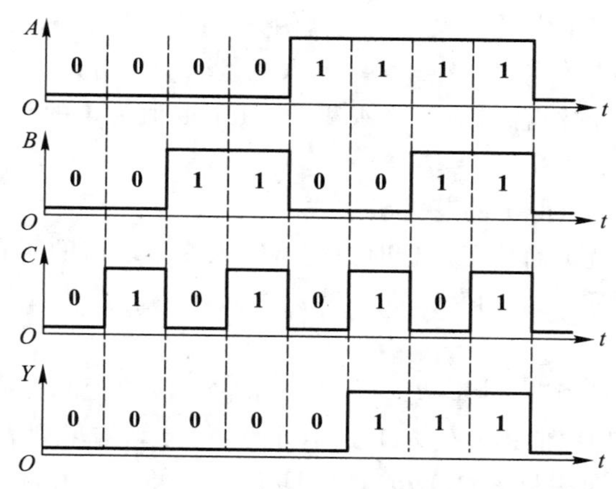

图 2.5.3 描述图 2.5.1 电路逻辑功能的波形图

既然同一个逻辑函数可以用多种不同的方法描述,那么这几种方法之间必能相互转换。

1. 真值表与逻辑函数式的相互转换

首先讨论从真值表得到逻辑函数式的方法。为了便于理解转换的原理,先来讨论下面一个具体的例子。

【例 2.5.1】 已知一个奇偶判别函数的真值表如表 2.5.2 所示,试写出它的逻辑函数式。

表 2.5.2 例 2.5.1 的函数真值表

A	B	C	Y
0	**0**	**0**	**1**……→$A'B'C'=$**1**
0	**0**	**1**	**0**
0	**1**	**0**	**0**
0	**1**	**1**	**1**……→$A'BC=$**1**
1	**0**	**0**	**0**
1	**0**	**1**	**1**……→$AB'C=$**1**
1	**1**	**0**	**1**……→$ABC'=$**1**
1	**1**	**1**	**0**

解: 由真值表可见,只有当 A、B、C 三个输入变量中两个同时为 **1** 或三个同为 **0** 时,Y 才为 **1**。因此,在输入变量取值为以下四种情况时,Y 将等于 **1**:

$$A=\mathbf{0}、B=\mathbf{0}、C=\mathbf{0}$$

$$A=\mathbf{0}、B=\mathbf{1}、C=\mathbf{1}$$

$$A=\mathbf{1}、B=\mathbf{0}、C=\mathbf{1}$$

$$A=\mathbf{1}、B=\mathbf{1}、C=\mathbf{0}$$

而当 $A=\mathbf{0}$、$B=\mathbf{0}$、$C=\mathbf{0}$ 时,必然使乘积项 $A'B'C'=\mathbf{1}$;当 $A=\mathbf{0}$、$B=\mathbf{1}$、$C=\mathbf{1}$时,必然使乘积项 $A'BC=\mathbf{1}$;当 $A=\mathbf{1}$、$B=\mathbf{0}$、$C=\mathbf{1}$时,必然使乘积项 $AB'C=\mathbf{1}$;当 $A=\mathbf{1}$、$B=\mathbf{1}$、$C=\mathbf{0}$时,必然使 $ABC'=\mathbf{1}$,因此 Y 的逻辑函数应当等于这四个乘积项之和,即

$$Y=A'B'C'+A'BC+AB'C+ABC'$$

通过例 2.5.1 可以总结出由真值表写出逻辑函数式的一般方法，这就是：

① 找出真值表中使逻辑函数 $Y=1$ 的那些输入变量取值的组合。

② 每组输入变量取值的组合对应一个乘积项，其中取值为 **1** 的写入原变量，取值为 **0** 的写入反变量。

③ 将这些乘积项相加，即得 Y 的逻辑函数式。

由逻辑式列出真值表就更简单了。这时只需将输入变量取值的所有组合状态逐一代入逻辑式求出函数值，列成表，即可得到真值表。

【例 2.5.2】　已知逻辑函数 $Y=A+B'C+A'BC'$，求它对应的真值表。

解：　将 A、B、C 的各种取值逐一代入 Y 式中计算，将计算结果列表，即得表 2.5.3 所示的真值表。初学时为避免差错，可先将 $B'C$、$A'BC'$ 两项算出，然后将 A、$B'C$ 和 $A'BC'$ 相加求出 Y 的值。

表 2.5.3　例 2.5.2 的真值表

A	B	C	$B'C$	$A'BC'$	Y
0	0	0	0	0	0
0	0	1	1	0	1
0	1	0	0	1	1
0	1	1	0	0	0
1	0	0	0	0	1
1	0	1	1	0	1
1	1	0	0	0	1
1	1	1	0	0	1

2. 逻辑函数式与逻辑图的相互转换

从给定的逻辑函数式转换为相应的逻辑图时，只要用逻辑图形符号代替逻辑函数式中的逻辑运算符号并按运算优先顺序将它们连接起来，就可以得到所求的逻辑图了。

而在从给定的逻辑图转换为对应的逻辑函数式时，只要从逻辑图的输入端到输出端逐级写出每个图形符号的输出逻辑式，就可以在输出端得到所求的逻辑函数式了。

【例 2.5.3】　已知逻辑函数为 $Y=(A+B'C)'+A'BC'+C$，画出其对应的逻辑图。

解：　将式中所有的**与**、**或**、**非**运算符号用图形符号代替，并依据运算优先顺序将这些图形符号连接起来，就得到了图 2.5.4 所示的逻辑图。

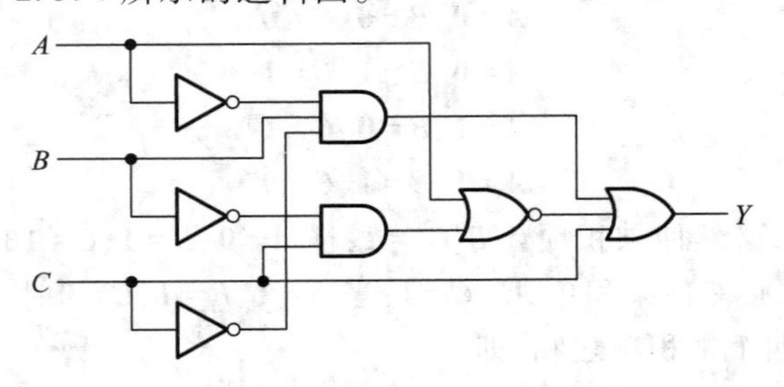

图 2.5.4　例 2.5.3 的逻辑图

【例 2.5.4】 已知函数的逻辑图如图 2.5.5 所示,试求它的逻辑函数式。

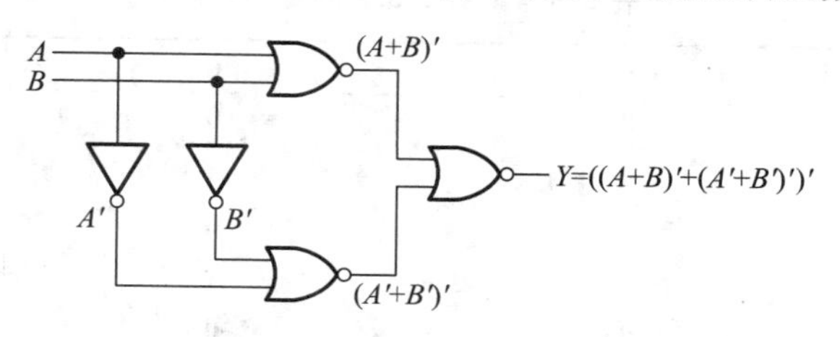

图 2.5.5 例 2.5.4 的逻辑图

解: 从输入端 A、B 开始逐个写出每个图形符号输出端的逻辑式,得到 $Y=((A+B)'+(A'+B')')'$。将该式变换后得到

$$Y=((A+B)'+(A'+B')')'=(A+B)(A'+B')$$
$$=AB'+A'B=A\oplus B$$

可见,输出 Y 和 A、B 间是**异或**逻辑关系。

3. 波形图与真值表的相互转换

在从已知的逻辑函数波形图求对应的真值表时,首先需要从波形图上找出每个时间段里输入变量与函数输出的取值,然后将这些输入、输出取值对应列表,就得到了所求的真值表。

在将真值表转换为波形图时,只需将真值表中所有的输入变量与对应的输出变量取值依次排列画成以时间为横轴的波形,就得到了所求的波形图,如我们前面已经做过的那样。

【例 2.5.5】 已知逻辑函数 Y 的波形图如图 2.5.6 所示,试求该逻辑函数的真值表。

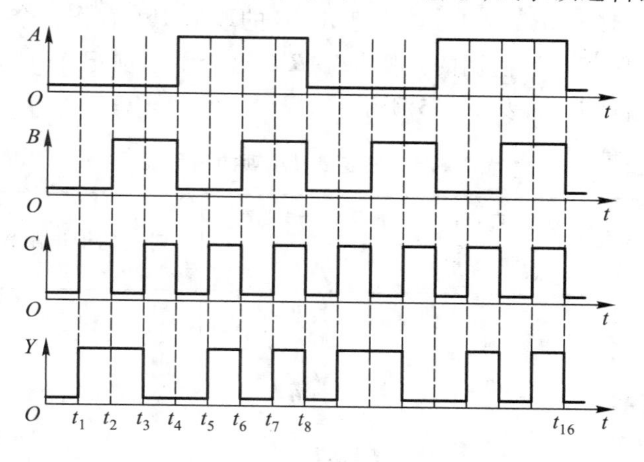

图 2.5.6 例 2.5.5 的波形图

解: 从 Y 的波形图上可以看出,在 $0\sim t_8$ 时间区间里输入变量 A、B、C 所有可能的取值组合均已出现了,而且 $t_8\sim t_{16}$ 区间的波形只不过是 $0\sim t_8$ 区间波形的重复。因此,只要将 $0\sim t_8$ 区间每个时间段里 A、B、C 与 Y 的取值对应列表,即可得表 2.5.4 所示的真值表。

表 2.5.4　例 2.5.5 的真值表

A	B	C	Y
0	0	0	0
0	0	1	1
0	1	0	1
0	1	1	0
1	0	0	0
1	0	1	1
1	1	0	0
1	1	1	1

2.5.3　逻辑函数的两种标准形式

在讲述逻辑函数的标准形式之前，先介绍一下最小项和最大项的概念，然后再介绍逻辑函数的“最小项之和”及“最大项之积”这两种标准形式。

一、最小项和最大项

1. 最小项

在 n 变量逻辑函数中，若 m 为包含 n 个因子的乘积项，而且这 n 个变量均以原变量或反变量的形式在 m 中出现一次，则称 m 为该组变量的最小项。

例如，A、B、C 三个变量的最小项有 $A'B'C'$、$A'B'C$、$A'BC'$、$A'BC$、$AB'C'$、$AB'C$、ABC'、ABC 共 8 个（即 2^3 个）。n 变量的最小项应有 2^n 个。

输入变量的每一组取值都使一个对应的最小项的值等于 **1**。例如，在三变量 A、B、C 的最小项中，当 $A=\mathbf{1}$、$B=\mathbf{0}$、$C=\mathbf{1}$时，$AB'C=\mathbf{1}$。如果把 $AB'C$ 的取值 **101** 看作一个二进制数，那么它所表示的十进制数就是 5。为了今后使用的方便，将 $AB'C$ 这个最小项记作 m_5。按照这一约定，就得到了三变量最小项的编号表，如表 2.5.5 所示。

表 2.5.5　三变量最小项的编号表

最小项	使最小项为 1 的变量取值			对应的十进制数	编号
	A	B	C		
$A'B'C'$	0	0	0	0	m_0
$A'B'C$	0	0	1	1	m_1
$A'BC'$	0	1	0	2	m_2
$A'BC$	0	1	1	3	m_3
$AB'C'$	1	0	0	4	m_4
$AB'C$	1	0	1	5	m_5
ABC'	1	1	0	6	m_6
ABC	1	1	1	7	m_7

根据同样的道理,我们将 A、B、C、D 这 4 个变量的 16 个最小项记作 $m_0 \sim m_{15}$。

从最小项的定义出发可以证明它具有如下的重要性质:

① 在输入变量的任何取值下必有一个最小项,而且仅有一个最小项的值为 **1**。

② 全体最小项之和为 **1**。

③ 任意两个最小项的乘积为 **0**。

④ 具有相邻性的两个最小项之和可以合并成一项并消去一对因子。

若两个最小项只有一个因子不同,则称这两个最小项具有相邻性。例如,$A'BC'$ 和 ABC' 两个最小项仅第一个因子不同,所以它们具有相邻性。这两个最小项相加时定能合并成一项并将一对不同的因子消去

$$A'BC'+ABC'=(A'+A)BC'=BC'$$

*2. 最大项

在 n 变量逻辑函数中,若 M 为 n 个变量之和,而且这 n 个变量均以原变量或反变量的形式在 M 中出现一次,则称 M 为该组变量的最大项。

例如,三变量 A、B、C 的最大项有 $(A'+B'+C')$、$(A'+B'+C)$、$(A'+B+C')$、$(A'+B+C)$、$(A+B'+C')$、$(A+B'+C)$、$(A+B+C')$、$(A+B+C)$ 共 8 个(即 2^3 个)。对于 n 个变量则有 2^n 个最大项。可见,n 变量的最大项数目和最小项数目是相等的。

输入变量的每一组取值都使一个对应的最大项的值为 **0**。例如,在三变量 A、B、C 的最大项中,当 $A=\mathbf{1}$、$B=\mathbf{0}$、$C=\mathbf{1}$ 时,$(A'+B+C')=\mathbf{0}$。若将使最大项为 **0** 的 ABC 取值视为一个二进制数,并以其对应的十进制数给最大项编号,则 $(A'+B+C')$ 可记作 M_5。由此得到的三变量最大项编号表,如表 2.5.6 所示。

表 2.5.6 三变量最大项的编号表

最大项	使最大项为 **0** 的变量取值			对应的十进制数	编号
	A	B	C		
$A+B+C$	**0**	**0**	**0**	0	M_0
$A+B+C'$	**0**	**0**	**1**	1	M_1
$A+B'+C$	**0**	**1**	**0**	2	M_2
$A+B'+C'$	**0**	**1**	**1**	3	M_3
$A'+B+C$	**1**	**0**	**0**	4	M_4
$A'+B+C'$	**1**	**0**	**1**	5	M_5
$A'+B'+C$	**1**	**1**	**0**	6	M_6
$A'+B'+C'$	**1**	**1**	**1**	7	M_7

根据最大项的定义同样也可以得到它的主要性质,这就是:

① 在输入变量的任何取值下必有一个最大项,而且只有一个最大项的值为 **0**。

② 全体最大项之积为 **0**。

③ 任意两个最大项之和为 **1**。

④ 只有一个变量不同的两个最大项的乘积等于各相同变量之和。

如果将表 2.5.5 和表 2.5.6 加以对比则可发现，最大项和最小项之间存在如下关系

$$M_i = m_i' \tag{2.5.2}$$

例如，$m_0 = A'B'C'$，则 $m_0' = (A'B'C')' = A+B+C = M_0$

二、逻辑函数的最小项之和形式

首先将给定的逻辑函数式化为若干乘积项之和的形式，亦称“积之和”(sum of products，简称 SOP)形式。然后，再利用基本公式 $A+A'=\mathbf{1}$ 将每个乘积项中缺少的因子补全，这样就可以将**与或**的形式化为最小项之和的标准形式。这种标准形式在逻辑函数的化简以及计算机辅助分析和设计中得到了广泛的应用。

例如，给定逻辑函数为

$$Y = ABC' + BC$$

则可化为

$$Y = ABC' + (A+A')BC = ABC' + ABC + A'BC = m_3 + m_6 + m_7$$

或写作

$$Y(A,B,C) = \sum m(3,6,7)$$

【例 2.5.6】 将逻辑函数 $Y = AB'C'D + A'CD + AC$ 展开为最小项之和的形式。

解：

$$\begin{aligned} Y &= AB'C'D + A'(B+B')CD + A(B+B')C \\ &= AB'C'D + A'BCD + A'B'CD + ABC(D+D') + AB'C(D+D') \\ &= AB'C'D + A'BCD + A'B'CD + ABCD + ABCD' + AB'CD + AB'CD' \end{aligned}$$

或写作

$$Y(A,B,C,D) = \sum m(3,7,9,10,11,14,15)$$

*三、逻辑函数的最大项之积形式

利用逻辑代数的基本公式和定理，首先我们一定能把任何一个逻辑函数式化成若干多项式相乘的**或与**形式(也称“和之积”形式)。然后再利用基本公式 $AA'=\mathbf{0}$ 将每个多项式中缺少的变量补齐，就可以将函数式的**或与**形式化成最大项之积的形式了。

【例 2.5.7】 将逻辑函数 $Y = A'B + AC$ 化为最大项之积的形式。

解： 首先可以利用基本公式 $A+BC=(A+B)(A+C)$ 将 Y 化成**或与**形式

$$\begin{aligned} Y &= A'B + AC \\ &= (A'B+A)(A'B+C) \\ &= (A+B)(A'+C)(B+C) \end{aligned}$$

然后在第一个括号内加入一项 CC'，在第二个括号内加入 BB'，在第三个括号内加入 AA'，于是得到

$$\begin{aligned} Y &= (A+B+CC')(A'+BB'+C)(AA'+B+C) \\ &= (A+B+C)(A+B+C')(A'+B+C)(A'+B'+C) \end{aligned}$$

或写作

$$Y(A,B,C,D) = \prod M(0,1,4,6)$$

复习思考题

R2.5.1 逻辑函数的描述方法有哪几种？你能把由任何一种描述方法给出的逻辑函数转换为由其他任何一种描述方法表示的逻辑函数吗？

R2.5.2 在逻辑函数的真值表和波形图中，任意改变各组输入和输出取值的排列顺序对函数有无影响？

2.6 逻辑函数的化简方法

2.6.1 公式化简法

在进行逻辑运算时常常会看到，同一个逻辑函数可以写成不同的逻辑式，而这些逻辑式的繁简程度又相差甚远。逻辑式越是简单，它所表示的逻辑关系越明显，同时也有利于用最少的电子器件实现这个逻辑函数。因此，经常需要通过化简的手段找出逻辑函数的最简形式。

例如，有两个逻辑函数

$$Y=ABC+B'C+ACD \tag{2.6.1}$$

$$Y=AC+B'C \tag{2.6.2}$$

将它们的真值表分别列出后即可见到，它们是同一个逻辑函数。显然，下式比上式简单得多。

在**与或**逻辑函数式中，若其中包含的乘积项已经最少，而且每个乘积项里的因子也不能再减少时，则称此逻辑函数式为最简形式。对**与或**逻辑式最简形式的定义对其他形式的逻辑式同样也适用，即函数式中相加的乘积项不能再减少，而且每项中相乘的因子不能再减少时，则函数式为最简形式。

化简逻辑函数的目的就是要消去多余的乘积项和每个乘积项中多余的因子，以得到逻辑函数式的最简形式。常用的化简方法有公式化简法、卡诺图化简法以及适用于编制计算机辅助分析程序的 Q-M 法等。

公式化简法的原理就是反复使用逻辑代数的基本公式和常用公式消去函数式中多余的乘积项和多余的因子，以求得函数式的最简形式。

公式化简法没有固定的步骤。现将经常使用的方法归纳如下。

一、并项法

利用表 2.3.3 中的公式 $AB+AB'=A$ 可以将两项合并为一项，并消去 B 和 B' 这一对因子。而且，根据代入定理可知，A 和 B 均可以是任何复杂的逻辑式。

【例 2.6.1】 试用并项法化简下列逻辑函数

$$Y_1=A(B'CD)'+AB'CD$$
$$Y_2=AB'+ACD+A'B'+A'CD$$

$$Y_3=A'BC'+AC'+B'C'$$
$$Y_4=BC'D+BCD'+BC'D'+BCD$$

解：

$$Y_1=A((B'CD)'+B'CD)=A$$
$$Y_2=A(B'+CD)+A'(B'+CD)=B'+CD$$
$$Y_3=A'BC'+(A+B')C'=(A'B)C'+(A'B)'C'=C'$$
$$Y_4=B(C'D+CD')+B(C'D'+CD)$$
$$=B(C\oplus D)+B(C\oplus D)'=B$$

二、吸收法

利用表 2.3.3 中的公式 $A+AB=A$ 可将 AB 项消去。A 和 B 同样也可以是任何一个复杂的逻辑式。

【例 2.6.2】 试用吸收法化简下列逻辑函数

$$Y_1=((A'B)'+C)ABD+AD$$
$$Y_2=AB+ABC'+ABD+AB(C'+D')$$
$$Y_3=A+(A'(BC)')'(A'+(B'C'+D)')+BC$$

解：

$$Y_1=((A'B)'+C)B\cdot AD+AD=AD$$
$$Y_2=AB+AB(C'+D+(C'+D'))=AB$$
$$Y_3=(A+BC)+(A+BC)(A'+(B'C'+D)')=A+BC$$

三、消项法

利用表 2.3.3 中的公式 $AB+A'C+BC=AB+A'C$ 及 $AB+A'C+BCD=AB+A'C$ 将 BC 或 BCD 项消去。其中 A、B、C、D 均可以是任何复杂的逻辑式。

【例 2.6.3】 用消项法化简下列逻辑函数

$$Y_1=AC+AB'+(B+C)'$$
$$Y_2=AB'CD'+(AB')'E+A'CD'E$$
$$Y_3=A'B'C+ABC+A'BD'+AB'D'+A'BCD'+BCD'E'$$

解：

$$Y_1=AC+AB'+B'C'=AC+B'C'$$
$$Y_2=(AB')CD'+(AB')'E+(CD')(E)A'$$
$$=AB'CD'+(AB')'E$$
$$Y_3=(A'B'+AB)C+(A'B+AB')D'+BCD'(A'+E')$$
$$=(A\oplus B)'C+(A\oplus B)D'+CD'(B(A'+E'))$$
$$=(A\oplus B)'C+(A\oplus B)D'$$

四、消因子法

利用表 2.3.3 中的公式 $A+A'B=A+B$ 可将 $A'B$ 中的 A'消去。A、B 均可以是任何复杂的逻辑式。

【例 2.6.4】 试利用消因子法化简下列逻辑函数

$$Y_1=B'+ABC$$
$$Y_2=AB'+B+A'B$$

$$Y_3=AC+A'D+C'D$$

解：

$$Y_1=B'+ABC=B'+AC$$

$$Y_2=AB'+B+A'B=A+B+A'B=A+B$$

$$\begin{aligned}Y_3&=AC+A'D+C'D=AC+(A'+C')D=AC+(AC)'D\\&=AC+D\end{aligned}$$

五、配项法

① 根据基本公式中的 $A+A=A$ 可以在逻辑函数式中重复写入某一项，有时能获得更加简单的化简结果。

【例 2.6.5】 试化简逻辑函数 $Y=A'BC'+A'BC+ABC$。

解： 若在式中重复写入 $A'BC$，则可得到

$$\begin{aligned}Y&=(A'BC'+A'BC)+(A'BC+ABC)\\&=A'B(C+C')+BC(A+A')\\&=A'B+BC\end{aligned}$$

② 根据基本公式中的 $A+A'=\mathbf{1}$ 可以在函数式中的某一项上乘以 $(A+A')$，然后拆成两项分别与其他项合并，有时能得到更加简单的化简结果。

【例 2.6.6】 试化简逻辑函数 $Y=AB'+A'B+BC'+B'C$。

解： 利用配项法可将 Y 写成

$$\begin{aligned}Y&=AB'+A'B(C+C')+BC'+(A+A')B'C\\&=AB'+A'BC+A'BC'+BC'+AB'C+A'B'C\\&=(AB'+AB'C)+(BC'+A'BC')+(A'BC+A'B'C)\\&=AB'+BC'+A'C\end{aligned}$$

在化简复杂的逻辑函数时，往往需要灵活、交替地综合运用上述方法，才能得到最后的化简结果。

【例 2.6.7】 化简逻辑函数

$$Y=AC+B'C+BD'+CD'+A(B+C')+A'BCD'+AB'DE$$

解：

$$Y=AC+B'C+BD'+CD'+A(B+C')+A'BCD'+AB'DE$$

（根据 $A+AB=A$，消去 $A'BCD'$）

$$=AC+B'C+BD'+CD'+A(B'C)'+AB'DE$$

（根据 $A+A'B=A+B$，消去 $A(B'C)'$ 中的 $(B'C)'$ 因子）

$$=AC+B'C+BD'+CD'+A+AB'DE$$

（根据 $A+AB=A$，消去 AC 和 $AB'DE$）

$$=A+B'C+BD'+CD'$$

（根据 $AB+A'C+BC=AB+A'C$，消去 CD'）

$$=A+B'C+BD'$$

2.6.2 卡诺图化简法

从前面公式化简法的例题中可以看出，用公式运算的方法化简不同的逻辑函数时，没有固定的方法和步骤，存在很大的灵活性。用这种方法化简复杂的逻辑函数时，必须具备熟练掌握和灵活运用逻辑代数的公式和定理的能力，方能得到满意的化简结果。因此，我们希望能找到一种对任何逻辑函数都适用的，而且具有固定操作步骤和方法的化简方法。

于是我们想到，既然任何逻辑函数都可以展开为最小项之和的形式，那么采用合并最小项的方法化简逻辑函数，就应当是适用于任何逻辑函数的、通用的化简方法。

下面介绍的卡诺图化简法就是一种基于合并最小项的化简方法。

一、逻辑函数的卡诺图表示法

将 n 变量的全部最小项各用一个小方块表示，并使具有逻辑相邻性的最小项在几何位置上也相邻地排列起来，所得到的图形称为 n 变量最小项的卡诺图。因为这种表示方法是由美国工程师卡诺（M.Karnaugh）首先提出的，所以将这种图形称为卡诺图（Karnaugh Map）。

图 2.6.1 中画出了二到五变量最小项的卡诺图。图形两侧标注的 **0** 和 **1** 表示使对应小方格内的最小项为 **1** 的变量取值。同时，这些 **0** 和 **1** 组成的二进制数所对应的十进制数大小也就是对应的最小项的编号。

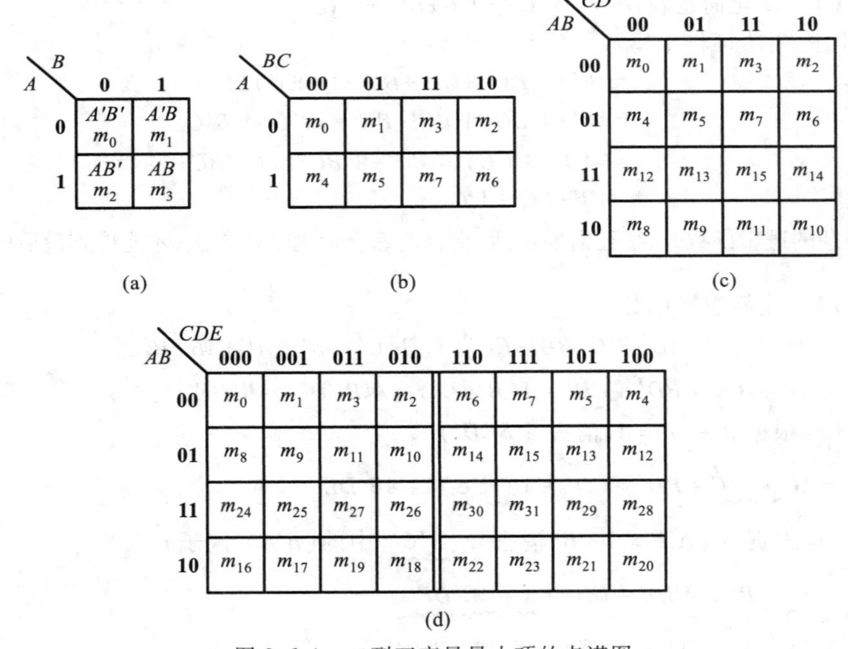

图 2.6.1 二到五变量最小项的卡诺图

(a) 两变量（A、B）最小项的卡诺图 (b) 三变量（A、B、C）最小项的卡诺图

(c) 四变量（A、B、C、D）最小项的卡诺图 (d) 五变量（A、B、C、D、E）最小项的卡诺图

为了保证图中几何位置相邻的最小项在逻辑上也具有相邻性，这些数码不能按自然二进制数从小到大地顺序排列，而必须按图中的方式排列，以确保相邻的两个最小项仅有一个变量是不

同的。

从图 2.6.1 所示的卡诺图上还可以看到,处在任何一行或一列两端的最小项也仅有一个变量不同,所以它们也具有逻辑相邻性。因此,从几何位置上应当将卡诺图看成是上下、左右闭合的图形。

在变量数大于、等于五以后,仅仅用几何图形在两维空间的相邻性来表示逻辑相邻性已经不够了。例如,在图 2.6.1(d)所示的五变量最小项的卡诺图中,除了几何位置相邻的最小项具有逻辑相邻性以外,以图中双竖线为轴左右对称位置上的两个最小项也具有逻辑相邻性。

既然任何一个逻辑函数都能表示为若干最小项之和的形式,那么自然也就可以设法用卡诺图来表示任意一个逻辑函数。具体的方法是:首先将逻辑函数化为最小项之和的形式,然后在卡诺图上与这些最小项对应的位置上填入 **1**,在其余的位置上填入 **0**,就得到了表示该逻辑函数的卡诺图。也就是说,任何一个逻辑函数都等于它的卡诺图中填入 **1** 的那些最小项之和。

【例 2.6.8】 用卡诺图表示逻辑函数

$$Y=A'B'C'D+A'BD'+ACD+AB'$$

解: 首先将 Y 化为最小项之和的形式

$$\begin{aligned}Y &=A'B'C'D+A'B(C+C')D'+A(B+B')CD+AB'(C+C')(D+D')\\ &=A'B'C'D+A'BCD'+A'BC'D'+ABCD+AB'CD+AB'CD'+AB'C'D\\ &\quad +AB'C'D'\\ &=m_1+m_4+m_6+m_8+m_9+m_{10}+m_{11}+m_{15}\end{aligned}$$

画出四变量最小项的卡诺图,在对应于函数式中各最小项的位置上填入 **1**,其余位置上填入 **0**,就得到如图 2.6.2 所示的函数 Y 的卡诺图。

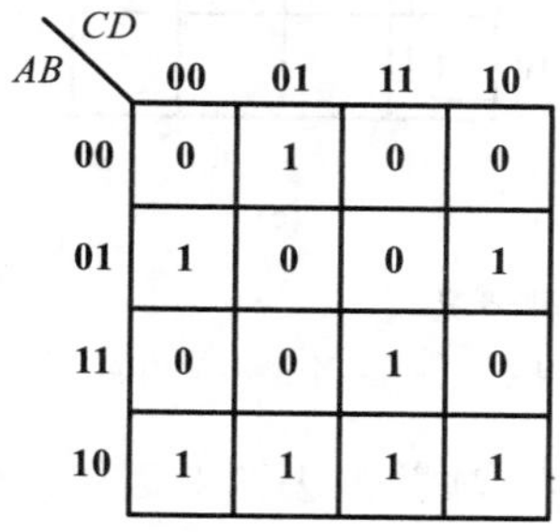

图 2.6.2 例 2.6.8 的卡诺图

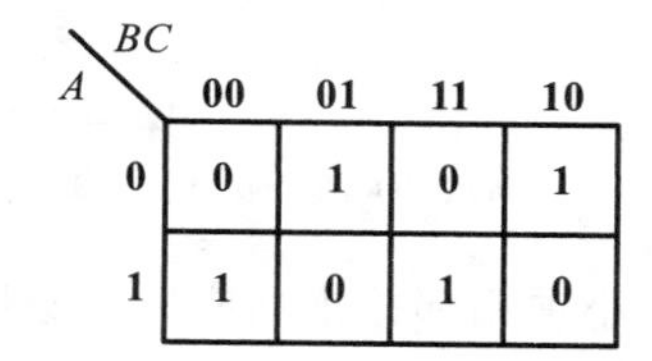

图 2.6.3 例 2.6.9 的卡诺图

【例 2.6.9】 已知逻辑函数 Y 的卡诺图如图 2.6.3 所示,试写出该函数的逻辑式。

解: 因为函数 Y 等于卡诺图中填入 **1** 的那些最小项之和,所以有

$$Y=AB'C'+A'B'C+ABC+A'BC'$$

二、用卡诺图化简逻辑函数

利用卡诺图化简逻辑函数的方法称为卡诺图化简法或图形化简法。化简时依据的基本原理就是具有相邻性的最小项可以合并,并消去不同的因子。由于在卡诺图上几何位置相邻与逻辑上的相邻性是一致的,因而从卡诺图上能直观地找出那些具有相邻性的最小项并将其合并化简。

1. 合并最小项的原则

若两个最小项相邻，则可合并为一项并消去一对因子。合并后的结果中只剩下公共因子。

在图 2.6.4(a)和(b)中画出了两个最小项相邻的几种可能情况。例如，图(a)中 $A'BC(m_3)$ 和 $ABC(m_7)$ 相邻，故可合并为

$$A'BC+ABC=(A'+A)BC=BC$$

合并后将 A 和 A' 一对因子消掉了，只剩下公共因子 B 和 C。

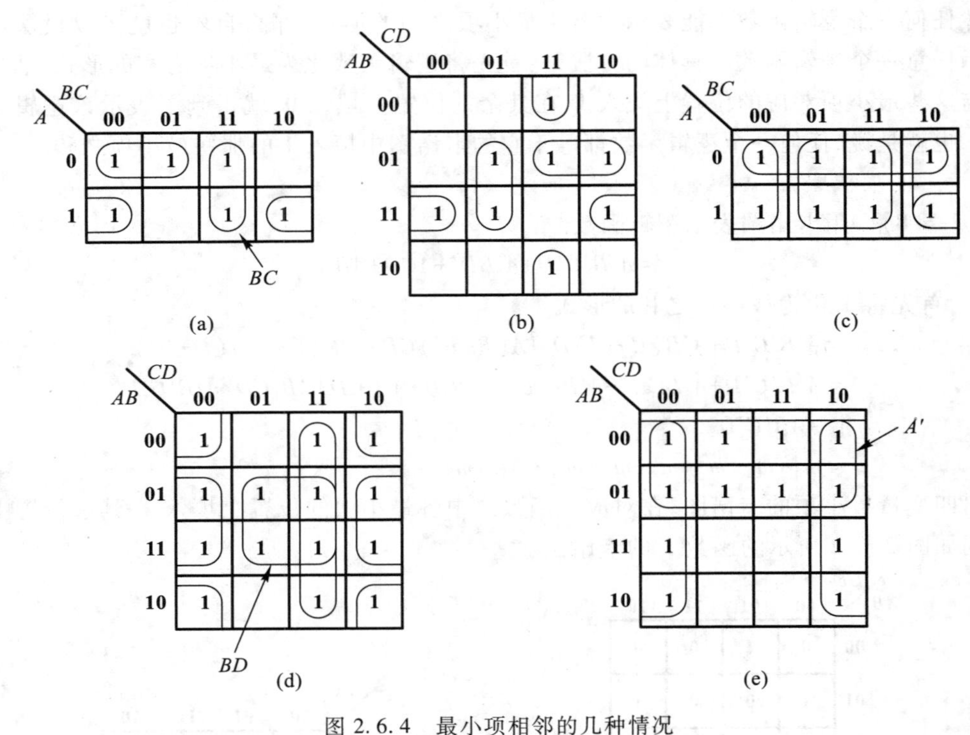

图 2.6.4　最小项相邻的几种情况

(a)、(b) 两个最小项相邻　(c)、(d) 四个最小项相邻　(e) 八个最小项相邻

若四个最小项相邻并排列成一个矩形组，则可合并为一项并消去两对因子。合并后的结果中只包含公共因子。

例如，在图 2.6.4(d)中，$A'BC'D(m_5)$、$A'BCD(m_7)$、$ABC'D(m_{13})$和$ABCD(m_{15})$相邻，故可合并。合并后得到

$$\begin{aligned}&A'BC'D+A'BCD+ABC'D+ABCD\\&=A'BD(C+C')+ABD(C+C')\\&=BD(A+A')=BD\end{aligned}$$

可见，合并后消去了 A、A'和 C、C'两对因子，只剩下四个最小项的公共因子 B 和 D。

若八个最小项相邻并且排列成一个矩形组，则可合并为一项并消去三对因子。合并后的结果中只包含公共因子。

例如，在图 2.6.4(e)中，上边两行的八个最小项是相邻的，可将它们合并为一项 A'。其他的

因子都被消去了。

至此,可以归纳出合并最小项的一般规则,这就是:如果有 2^n 个最小项相邻($n=1,2,\cdots$)并排列成一个矩形组,则它们可以合并为一项,并消去 n 对因子。合并后的结果中仅包含这些最小项的公共因子。

2. 卡诺图化简法的步骤

用卡诺图化简逻辑函数时可按如下步骤进行:

(1) 将函数化为最小项之和的形式。

(2) 画出表示该逻辑函数的卡诺图。

(3) 找出可以合并的最小项。

(4) 选取化简后的乘积项。选取的原则是:

① 这些乘积项应包含函数式中所有的最小项(应覆盖卡诺图中所有的 **1**)。

② 所用的乘积项数目最少。也就是可合并的最小项组成的矩形组数目最少。

③ 每个乘积项包含的因子最少。也就是每个可合并的最小项矩形组中应包含尽量多的最小项。

【例 2.6.10】 用卡诺图化简法将下式化简为最简**与或**函数式

$$Y=AC'+A'C+BC'+B'C$$

解: 首先画出表示函数 Y 的卡诺图,如图 2.6.5 所示。

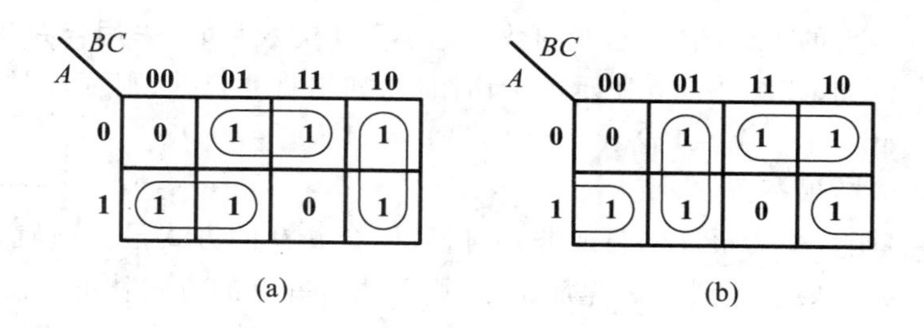

图 2.6.5 例 2.6.10 的卡诺图

事实上在填写 Y 的卡诺图时,并不一定要将 Y 化为最小项之和的形式。例如,式中的 AC' 一项包含了所有含有 AC' 因子的最小项,而不管另一个因子是 B 还是 B'。从另外一个角度讲,也可以理解为 AC' 是 ABC' 和 $AB'C'$ 两个最小项相加合并的结果。因此,在填写 Y 的卡诺图时,可以直接在卡诺图上所有对应 $A=\mathbf{1}$、$C=\mathbf{0}$ 的空格里填入 **1**。按照这种方法,就可以省去将 Y 化为最小项之和这一步骤了。

其次,需要找出可以合并的最小项。将可能合并的最小项用线圈出。由图 2.6.5(a)和(b)可见,有两种可取的合并最小项的方案。如果按图 2.6.5(a)的方案合并最小项,则得到

$$Y=AB'+A'C+BC'$$

而按图 2.6.5(b)的方案合并最小项得到

$$Y=AC'+B'C+A'B$$

两个化简结果都符合最简**与或**式的标准。

此例说明,有时一个逻辑函数的化简结果不是唯一的。

【例 2.6.11】　用卡诺图化简法将下式化为最简**与或**逻辑式

$$Y=ABC+ABD+AC'D+C'D'+AB'C+A'CD'$$

解:　首先画出 Y 的卡诺图,如图 2.6.6 所示。然后将可能合并的最小项圈出,并按照前面所述的原则选择化简后**与或**式中的乘积项。由图可见,应将图中下边两行的 8 个最小项合并,同时将左、右两列最小项合并,于是得到

$$Y=A+D'$$

从图 2.6.6 中可以看到,A 和 D'中重复包含了 m_8、m_{10}、m_{12}和 m_{14}这 4 个最小项。但据$A+A=A$可知,在合并最小项的过程中允许重复使用函数式中的最小项,以利于得到更简单的化简结果。

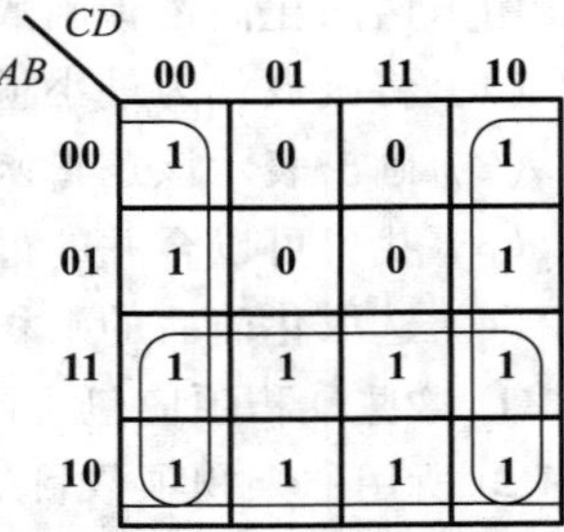

图 2.6.6　例 2.6.11 的卡诺图

另外,还要补充说明一个问题。在以上的两个例子中,我们都是通过合并卡诺图中的 **1** 来求得化简结果的。但有时也可以通过合并卡诺图中的 **0** 先求出 Y'的化简结果,然后再将 Y'求反而得到 Y。

这种方法所依据的原理我们已在 2.5.4 节中做过说明。因为全部最小项之和为 **1**,所以若将全部最小项之和分成两部分,一部分(卡诺图中填入 **1** 的那些最小项)之和记作 Y,则根据 $Y+Y'=\mathbf{1}$ 可知,其余一部分(卡诺图中填入 **0** 的那些最小项)之和必为 Y'。

在多变量逻辑函数的卡诺图中,当 **0** 的数目远小于 **1** 的数目时,采用合并 **0** 的方法有时会比合并 **1** 来得简单。例如,在图 2.6.6 所示的卡诺图中,如果将 **0** 合并,则可立即写出

$$Y'=A'D,\quad Y=((Y'))'=(A'D)'=A+D'$$

与合并 **1** 得到的化简结果一致。

此外,在需要将函数化为最简的**与或非**式时,采用合并 **0** 的方式最为适宜,因为得到的结果正是**与或非**形式。如果要求得到 Y'的化简结果,则采用合并 **0** 的方式就更简便了。

*2.6.3　奎恩-麦克拉斯基化简法(Q-M 法)

从上一小节的内容中不难看出,虽然卡诺图化简法具有直观、简单的优点,但它同时又存在着很大的局限性。首先,在函数的输入逻辑变量较多时(例如大于 5 以后),便失掉了直观的优点。其次,在许多情况下要凭设计者的经验确定应如何合并最小项才能得到最简单的化简结果,因而不便于借助计算机完成化简工作。

公式化简法的使用虽然不受输入变量数目的影响,但由于化简的过程没有固定的、通用的步骤可循,所以同样不适用于计算机辅助化简。

由奎恩(W.V.Quine)和麦克拉斯基(E.J.McCluskey)提出的用列表方式进行化简的方法则有一定的规则和步骤可循,较好地克服了公式化简法和卡诺图化简法在这方面的局限性,因而适用于编制计算机辅助化简程序。通常将这种化简方法称为奎恩-麦克拉斯基法,简称 Q-M 法。

Q-M 法的基本原理仍然是通过合并相邻最小项并消去多余因子而求得逻辑函数的最简**与**

或式。下面再结合一个具体的例子简要地介绍一下 Q-M 法的基本原理和化简的步骤。

假定需要化简的五变量逻辑函数为

$$Y(A,B,C,D,E)=AB'CDE'+A'C'D'E'+A'B'C'D+A'BDE'+BCDE+ABC'(D\oplus E)' \tag{2.6.3}$$

则使用 Q-M 法的化简步骤如下：

（1）将函数化为最小项之和形式，列出最小项编码表。

将式(2.6.3)化为最小项之和形式后得到

$$\begin{aligned}Y(A,B,C,D,E)&=A'B'C'D'E'+A'B'C'DE'+A'B'C'DE+A'BC'D'E'\\&+A'BC'DE'+A'BCDE'+A'BCDE+AB'CDE'+ABC'D'E'+ABC'DE+ABCDE\\&=\sum m(0,2,3,8,10,14,15,22,24,27,31)\end{aligned} \tag{2.6.4}$$

用 **1** 表示最小项中的原变量，用 **0** 表示最小项中的反变量，就得到了表 2.6.1 所示的最小项编码表。

表 2.6.1 式(2.6.4)最小项的编码表

最小项编号	0	2	3	8	10	14
代码	**00000**	**00010**	**00011**	**01000**	**01010**	**01110**
最小项编号	15	22	24	27	31	
代码	**01111**	**10110**	**11000**	**11011**	**11111**	

（2）按包含 **1** 的个数将最小项分组，如表 2.6.2 中最左边一列所示。

表 2.6.2 列表合并最小项

合并前的最小项 ($\sum m_i$)							第一次合并结果（含 $n-1$ 个变量的乘积项）							第二次合并结果（含 $n-2$ 个变量的乘积项）						
编号	A	B	C	D	E		编号	A	B	C	D	E		编号	A	B	C	D	E	
0	**0**	**0**	**0**	**0**	**0**	√	0,2	**0**	**0**	**0**	—	**0**	√	0,2 8,10	**0**	—	**0**	—	**0**	P_8
2	**0**	**0**	**0**	**1**	**0**	√	0,8	**0**	—	**0**	**0**	**0**	√	0,8 2,10	**0**	—	**0**	—	**0**	P_8
8	**0**	**1**	**0**	**0**	**0**	√	2,3	**0**	**0**	**0**	**1**	—	P_2							
3	**0**	**0**	**0**	**1**	**1**	√	2,10	**0**	—	**0**	**1**	**0**	√							
10	**0**	**1**	**0**	**1**	**0**	√	8,10	**0**	**1**	**0**	—	**0**	√							
24	**1**	**1**	**0**	**0**	**0**	√	8,24	—	**1**	**0**	**0**	**0**	P_3							
14	**0**	**1**	**1**	**1**	**0**	√	10,14	**0**	**1**	—	**1**	**0**	P_4							
22	**1**	**0**	**1**	**1**	**0**	P_1	14,15	**0**	**1**	**1**	**1**	—	P_5							
15	**0**	**1**	**1**	**1**	**1**	√	15,31	—	**1**	**1**	**1**	**1**	P_6							
27	**1**	**1**	**0**	**1**	**1**	√	27,31	**1**	**1**	—	**1**	**1**	P_7							
31	**1**	**1**	**1**	**1**	**1**	√														

（3）合并相邻的最小项。

将表 2.6.2 中最左边一列里每一组的每一个最小项与相邻组里所有的最小项逐一比较，若仅有一个因子不同，则定可合并，并消去不同的因子。消去的因子用"—"号表示，将合并后的结果列于表 2.6.2 的第二列中。同时，在第一列中可以合并的最小项右边标以"√"号。

按照同样的方法再将第二列中的乘积项合并，合并后的结果写在第三列中。

如此进行下去，直到不能再合并为止。

（4）选择最少的乘积项。

只要将表 2.6.2 中合并过程中没有用过的那些乘积项相加，自然就包含了函数 Y 的全部最小项，故得

$$Y(A,B,C,D,E)=P_1+P_2+P_3+P_4+P_5+P_6+P_7+P_8 \tag{2.6.5}$$

然而，上式并不一定是最简的**与或**表达式。为了进一步将式（2.6.5）化简，将 $P_1 \sim P_8$ 各包含的最小项列成表 2.6.3。因为表中带圆圈的最小项仅包含在一个乘积项中，所以化简结果中一定包含它们所在的这些乘积项，即 P_1、P_2、P_3、P_7 和 P_8。而且，选取了这五项之和以后，已包含了除 m_{14} 和 m_{15} 以外所有 Y 的最小项。

表 2.6.3　用列表法选择最少的乘积项

P_j \ m_i	0	2	3	8	10	14	15	22	24	27	31
P_1								①			
P_2		**1**	①								
P_3				**1**					①		
P_4					**1**	**1**					
P_5						**1**	**1**				
P_6							**1**				**1**
P_7										①	**1**
P_8	①	**1**		**1**	**1**						

剩下的问题就是要确定化简结果中是否应包含 P_4、P_5 和 P_6 了。为此，可将表 2.6.3 中有关 P_4、P_5、P_6 的部分简化成表 2.6.4 的形式。

表 2.6.4　表 2.6.3 的 P_4、P_5、P_6 部分

P_j \ m_i	14	15
P_4	**1**	
P_5	**1**	**1**
P_6		**1**

由表 2.6.4 中可以看到，P_4 行所有的 **1** 和 P_6 行所有的 **1** 皆与 P_5 中的 **1** 重叠，亦即 P_5 中的

最小项包含了 P_4 和 P_6 的所有最小项,故可将 P_4 和 P_6 两行删掉。因此,可将式(2.6.5)中的 P_4 和 P_6 两项去掉,从而得到最后的化简结果

$$Y(A,B,C,D,E)=P_1+P_2+P_3+P_5+P_7+P_8$$
$$=AB'CDE'+A'B'C'D+BC'D'E'$$
$$+A'BCD+ABDE+A'C'E' \tag{2.6.6}$$

从上面的例子中可以看到,虽然 Q-M 法的化简过程看起来比较繁琐,但由于它有确定的流程,适用于任何复杂逻辑函数的化简,这就为编制计算机辅助化简程序提供了方便。因此,几乎很少有人用手工方法使用 Q-M 法去化简复杂的逻辑函数,而是使用基于 Q-M 法的基本原理去编制各种计算机软件,然后在计算机上完成逻辑函数的化简工作。

复习思考题

R2.6.1 卡诺图化简法所依据的基本原理是什么?

R2.6.2 卡诺图两侧变量取值的标注次序应遵守什么规则?

R2.6.3 Q-M 法所依据的基本原理是什么?

R2.6.4 公式化简法、卡诺图化简法、Q-M 化简法各有何优缺点?

2.7 具有无关项的逻辑函数及其化简

2.7.1 约束项、任意项和逻辑函数式中的无关项

在处理具体的逻辑问题时,有时会遇到两种特殊情况。其中一种情况是输入变量的取值不是任意的。对输入变量取值的限制称为约束。我们把具有这种特点的逻辑函数称为具有约束的逻辑函数,同时把这一组输入变量称为具有约束的一组逻辑变量。

下面让我们来讨论一下图 2.7.1 给出的一个实例。图中的水箱由大、小两台水泵 M_L 和 M_S 供水。水箱中设置了 3 个水位检测元件 A、B、C。水位低于检测元件时,检测元件给出低电平;水位高于检测元件时,检测元件给出高电平。

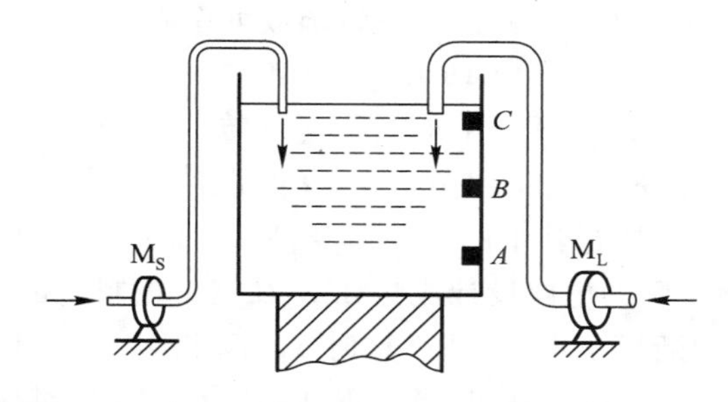

图 2.7.1 用于说明具有约束的逻辑函数的实例

现以 Y_L 和 Y_S 分别表示 M_L 和 M_S 的启动控制信号，取值为 **1** 时水泵启动，取值为 **0** 时水泵停止。根据要求，当水位超过 C 点时（ABC 的取值为 **111**）水泵停止工作，Y_S = **0**、Y_L = **0**；水位低于 C 点而高于 B 点时（ABC 的取值为 **110**），小水泵 M_S 单独工作，Y_S = **1**；水位低于 B 点而高于 A 点时（ABC 的取值为 **100**），大水泵 M_L 单独工作，Y_L = **1**；水位低于 A 点时（ABC 的取值为 **000**），M_S 和 M_L 同时工作，Y_S = **1**、Y_L = **1**。因此，M_S 和 M_L 的启动控制信号 Y_S 和 Y_L 是 A、B、C 这三个逻辑变量的逻辑函数，并可写成

$$Y_L = A'B'C' + AB'C' = B'C' \tag{2.7.1}$$

$$Y_S = A'B'C' + ABC' \tag{2.7.2}$$

由于不可能出现水位高于 C 点而低于 B 点和 A 点的情况，也不可能出现水位高于 B 点而低于 A 点的情况，所以 ABC 的取值不可能出现 **001**、**010**、**011**、**101** 这四种情况。由此可见，A、B、C 是一组具有约束的逻辑变量，Y_S 和 Y_L 是两个具有约束的逻辑函数。

通常用约束条件来描述约束的具体内容。显然，用上面的这样一段文字叙述约束条件是很不方便的，最好能用简单、明了的逻辑语言表述约束条件。

由于每一组输入变量的取值都使一个、而且仅有一个最小项的值为 **1**，所以当限制某些输入变量的取值不能出现时，可以用它们对应的最小项恒等于 **0** 来表示。这样，上面例子中的约束条件可以表示为

$$\begin{cases} A'B'C = 0 \\ A'BC' = 0 \\ A'BC = 0 \\ AB'C = 0 \end{cases}$$

或写成

$$A'B'C + A'BC' + A'BC + AB'C = 0$$

同时，将这些恒等于 **0** 的最小项称为函数 Y_S 和 Y_L 的约束项。

在存在约束项的情况下，由于约束项的值始终等于 **0**，所以既可以将约束项写进逻辑函数式中，也可以将约束项从函数式中删掉，而不影响函数值。

有时还会遇到另外一种情况，就是在输入变量的某些取值下函数值是 **1** 还是 **0** 皆可，并不影响电路的功能。在这些变量取值下，其值等于 **1** 的那些最小项称为任意项。

为了进一步说明任意项的物理概念，让我们来看一个电动机控制的例子。现以三个逻辑变量 A、B、C 分别表示一台电动机的正转、反转和停止的命令，A = **1** 表示正转，B = **1** 表示反转，C = **1** 表示停止。表示正转、反转和停止工作状态的逻辑函数可写成

$$Y_1 = AB'C' \quad （正转） \tag{2.7.3}$$

$$Y_2 = A'BC' \quad （反转） \tag{2.7.4}$$

$$Y_3 = A'B'C \quad （停止） \tag{2.7.5}$$

因为任何时候电动机只能执行其中的一种命令，所以 A、B、C 当中出现两个以上为 **1** 时，电动机将无法工作。为此，将实际的电路设计成当 A、B、C 三个控制变量出现两个以上同时为 **1** 或者全部为 **0** 时电路能自动切断供电电源，那么这时 Y_1、Y_2 和 Y_3 等于 **1** 还是等于 **0** 已无关紧要，电动机肯定会受到保护而停止运行。例如，当出现 $A=B=C=$ **1** 时，对应的最小项 $ABC(m_7)$ = **1**。如果把最小项 ABC 写入 Y_1 式中，则当 $A=B=C=$ **1** 时 Y_1 = **1**；如果没有把 ABC 这一项写入 Y_1 式

中，则当 $A=B=C=1$ 时 $Y_1=0$。因为这时 $Y_1=1$ 还是 $Y_1=0$ 都是允许的，所以既可以把 ABC 这个最小项写入 Y_1 式中，也可以不写入。因此，我们把 ABC 称为逻辑函数 Y_1 的任意项。同理，在这个例子中 $A'B'C'$、$A'BC$、$AB'C$、ABC' 也是 Y_1、Y_2 和 Y_3 的任意项。这种存在任意项的逻辑函数也叫做不完全定义的逻辑函数。

因为使约束项的取值等于 **1** 的输入变量取值是不允许出现的，所以约束项的值始终为 **0**。而任意项则不同，在函数的运行过程中，有可能出现使任意项取值为 **1** 的输入变量取值。

我们将约束项和任意项统称为逻辑函数式中的无关项。这里所说的“无关”是指是否把这些最小项写入逻辑函数式无关紧要，可以写入也可以删除。

上一节中曾经讲到，在用卡诺图表示逻辑函数时，首先将函数化为最小项之和的形式，然后在卡诺图中这些最小项对应的位置上填入 **1**，其他位置上填入 **0**。既然可以认为无关项包含于函数式中，也可以认为不包含在函数式中，那么在卡诺图中对应的位置上就可以填入 **1**，也可以填入 **0**。为此，在卡诺图中用×（或∅）表示无关项。在化简逻辑函数时既可以认为它是 **1**，也可以认为它是 **0**。

2.7.2 无关项在化简逻辑函数中的应用

化简具有无关项的逻辑函数时，如果能合理利用这些无关项，一般都可得到更加简单的化简结果。

为达到此目的，加入的无关项应与函数式中尽可能多的最小项（包括原有的最小项和已写入的无关项）具有逻辑相邻性。

合并最小项时，究竟把卡诺图中的×作为 **1**（即认为函数式中包含了这个最小项）还是作为 **0**（即认为函数式中不包含这个最小项）对待，应以得到的相邻最小项矩形组合最大、而且矩形组合数目最少为原则。

【例 2.7.1】 化简具有约束的逻辑函数

$$Y=A'B'C'D+A'BCD+AB'C'D'$$

给定约束条件为

$$A'B'CD+A'BC'D+ABC'D'+AB'C'D+ABCD+ABCD'+AB'CD'=\mathbf{0}$$

在用最小项之和形式表示上述具有约束的逻辑函数时，也可写成如下形式

$$Y(A,B,C,D)=\sum m(1,7,8)+d(3,5,9,10,12,14,15)$$

式中以 d 表示无关项，d 后面括号内的数字是无关项的最小项编号。

解： 如果不利用约束项，则 Y 已无可化简。但适当地加进一些约束项以后，可以得到

$$\begin{aligned}Y&=(A'B'C'D+\underbrace{A'B'CD}_{\text{约束项}})+(A'BCD+\underbrace{A'BC'D}_{\text{约束项}})\\&\quad+(AB'C'D'+\underbrace{ABC'D'}_{\text{约束项}})+(\underbrace{ABCD'}_{\text{约束项}}+\underbrace{AB'CD'}_{\text{约束项}})\\&=(A'B'D+A'BD)+(AC'D'+ACD')\\&=A'D+AD'\end{aligned}$$

可见，利用了约束项以后，使逻辑函数得以进一步化简。但是，在确定该写入哪些约束项时尚不够直观。

如果改用卡诺图化简法，则只要将表示 Y 的卡诺图画出，就能从图上直观地判断对这些约束项应如何取舍。

图 2.7.2 是例 2.7.1 的逻辑函数的卡诺图。从图中不难看出，为了得到最大的相邻最小项的矩形组合，应取约束项 m_3、m_5 为 **1**，与 m_1、m_7 组成一个矩形组。同时取约束项 m_{10}、m_{12}、m_{14} 为 **1**，与 m_8 组成一个矩形组。将两组相邻的最小项合并后得到的化简结果与上面推演的结果相同。卡诺图中没有被圈进去的约束项（m_9 和 m_{15}）是当作 **0** 对待的。

【例 2.7.2】　试化简具有无关项的逻辑函数

$$Y(A,B,C,D)=\sum m(2,4,6,8)+d(10,11,12,13,14,15)$$

解：　画出函数 Y 的卡诺图，如图 2.7.3 所示。

由图可见，若认为其中的无关项 m_{10}、m_{12}、m_{14} 为 **1**，而无关项 m_{11}、m_{13}、m_{15} 为 **0**，则可将 m_4、m_6、m_{12} 和 m_{14} 合并为 BD'，将 m_8、m_{10}、m_{12} 和 m_{14} 合并为 AD'，将 m_2、m_6、m_{10} 和 m_{14} 合并为 CD'，于是得到

$$Y=BD'+AD'+CD'$$

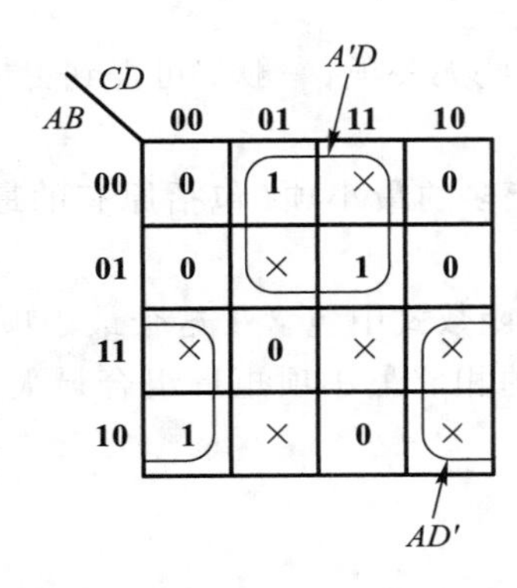

图 2.7.2　例 2.7.1 的卡诺图

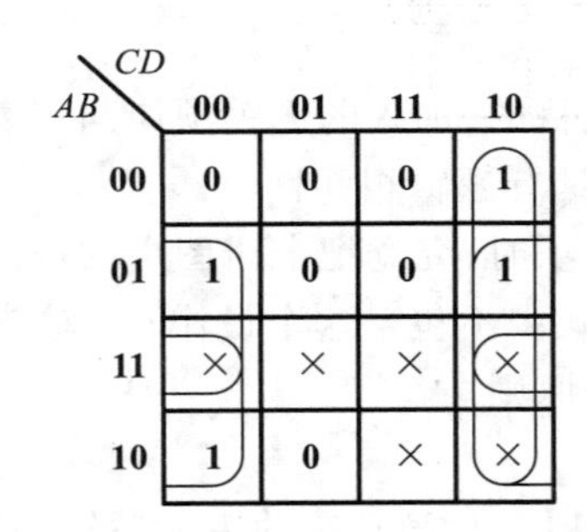

图 2.7.3　例 2.7.2 的卡诺图

复习思考题

R2.7.1　什么是逻辑函数的约束项、任意项和逻辑函数式的无关项？

R2.7.2　将一个约束项写入逻辑函数式或不写入逻辑函数式，对函数的输出是否有影响？将一个任意项写入逻辑函数式或不写入逻辑函数式，对函数的输出有无影响？

R2.7.3　怎样利用无关项才能得到更简单的逻辑函数化简结果？

2.8　多输出逻辑函数的化简

在化简多输出逻辑函数的过程中，我们发现，如果不是孤立地分别对每一个输出函数进行化

简，而是从整体上综合考虑进行化简，有时会获得更加简单的化简结果，使得所用门电路的数目和所有门电路总的输入端数目均为最少。例如有下面的一组多输出逻辑函数需要化简

$$
\begin{aligned}
Y_1(A,B,C,D) &= \sum(1,4,5,6,7,10,11,12,13,14,15) \\
Y_2(A,B,C,D) &= \sum(1,3,4,5,6,7,12,14,) \\
Y_3(A,B,C,D) &= \sum(3,7,10,11,)
\end{aligned}
\tag{2.8.1}
$$

如果用卡诺图分别化简每一个函数，并按图 2.8.1 所示合并最小项，就可得到如下的化简结果

$$
\begin{aligned}
Y_1(A,B,C,D) &= B+AC+A'C'D \\
Y_2(A,B,C,D) &= A'D+BD' \\
Y_3(A,B,C,D) &= A'CD+AB'C
\end{aligned}
\tag{2.8.2}
$$

根据式(2.8.2)画出的逻辑图如图 2.8.2 所示。

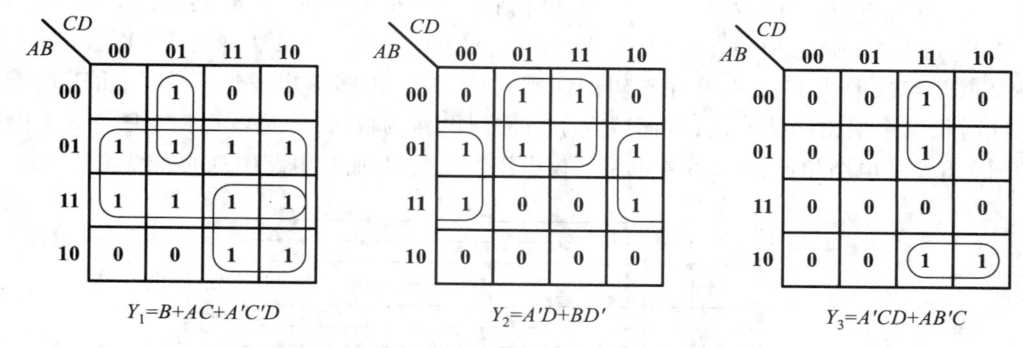

图 2.8.1　用于化简式(2.8.1)逻辑函数的卡诺图

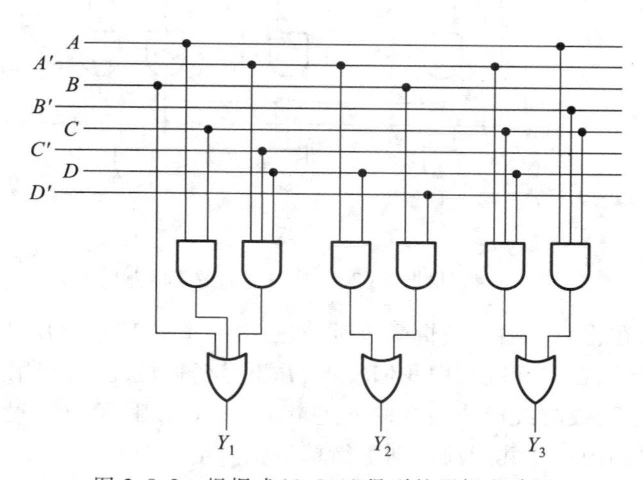

图 2.8.2　根据式(2.8.2)得到的逻辑电路图

如果我们改用图 2.8.3 所示的方式合并最小项，即找出 Y_1、Y_2、Y_3 之间存在的共用项并加以利用，就可以得到如式(2.8.3)所示的另一种化简结果，即

$$
\begin{aligned}
Y_1(A,B,C,D) &= B+\underline{AB'C}+A'C'D \\
Y_2(A,B,C,D) &= \underline{A'C'D}+\underline{A'CD}+BD' \\
Y_3(A,B,C,D) &= \underline{A'CD}+\underline{AB'C}
\end{aligned}
\tag{2.8.3}
$$

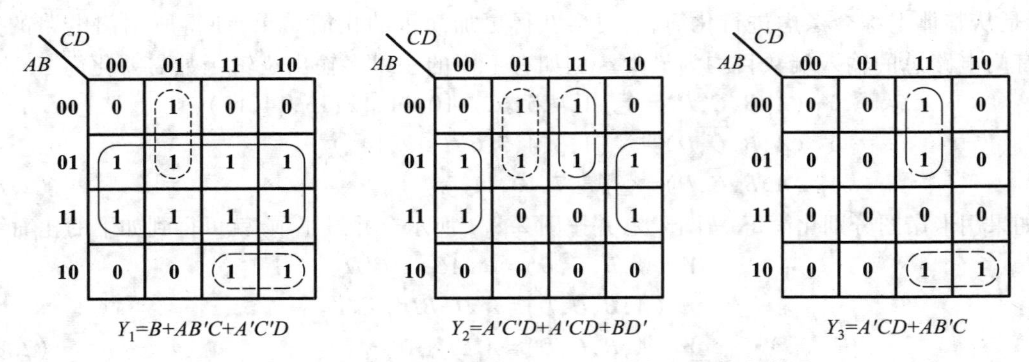

图 2.8.3 利用公共项化简式(2.8.1)逻辑函数的卡诺图

由于 Y_1 和 Y_3 中都含有 $AB'C$ 这一项，所以我们将 $AB'C$ 称作 Y_1 和 Y_3 共有的共用项。同理，$A'C'D$ 是 Y_1 和 Y_2 共有的共用项，$A'CD$ 是 Y_2 和 Y_3 共有的公共项。虽然现在 Y_1、Y_2、Y_3 每个函数本身不是最简**与或**形式了，但是在用逻辑图实现式(2.8.3)的多输出逻辑函数时，由于每个共用项可以同时供两个输出函数使用，从而减少了所需门电路的数目，于是就得到了图 2.8.4 中的电路。和图 2.8.2 的电路相比，图 2.8.4 电路不仅少用了 2 个门，而且电路中总的连线数目也减少了。

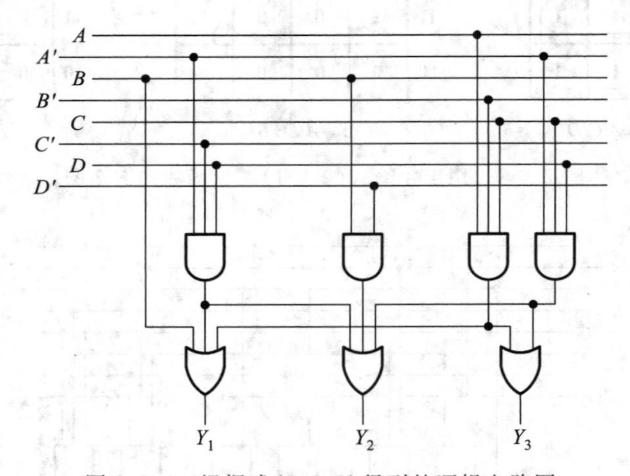

图 2.8.4 根据式(2.8.3)得到的逻辑电路图

以上的例子说明，在化简多输出逻辑函数时，通过寻找并合理地利用共用项，有时可以得到更简单的化简结果。然而在实际应用中我们发现，并不是任何情况下，利用共用项都能够得到更简单的化简结果。对于两级**与或**形式的多输出逻辑函数，可以利用 Q-M 化简法进行化简，找出可以利用的共用项，并利用这些共用项得到更简单的化简结果。①

2.9 逻辑函数形式的变换

在前面所讲的逻辑函数化简方法中，都是以最简**与或**式作为化简目标的。然而在用电

① 可参阅参考资料[3]中的第 4 章。

路实现这些逻辑函数时,这种最简**与或**式有时并不是理想的形式。这是因为在电路实现的过程中,往往可供选择的电子器件种类有限,所以必须把逻辑函数的形式变换为与所用器件相适应的形式。

在使用标准化的数字集成电路组成所需要的逻辑电路时,不仅受到所提供的门电路类型的限制,而且由于很难找到具有 4 个以上输入端的**与**门和**或**门,因而当**与或**逻辑函数式的输入变量数和乘积项数很大时,就无法用一个两级的**与或**电路实现这个逻辑函数。在 PLD 当中,虽然某些 PAL 型 PLD 可以满足生成多输入变量、多乘积项的**与或**逻辑函数的需要,但是在用来实现输入变量数和乘积项数较少的**与或**逻辑函数时,器件内部的资源将得不到充分利用。因此,在 FPGA 型 PLD 的结构中,所提供的门电路都是输入端不多、逻辑功能种类有限的几种。可见,在使用 PLD 实现逻辑函数的过程中,同样会遇到逻辑函数形式变换的问题。所幸这种变换工作现在已经完全可以由 PLD 的编程软件来完成了。

例如我们需要用门电路实现式(2.9.1)的逻辑函数。

$$Y=AB'C'+A'BC' \tag{2.9.1}$$

如果有 3 输入端的**与**门和 2 输入端的**或**门可以选用,则可以很方便地与上式对应地接成图 2.9.1 的两级**与或**逻辑电路。

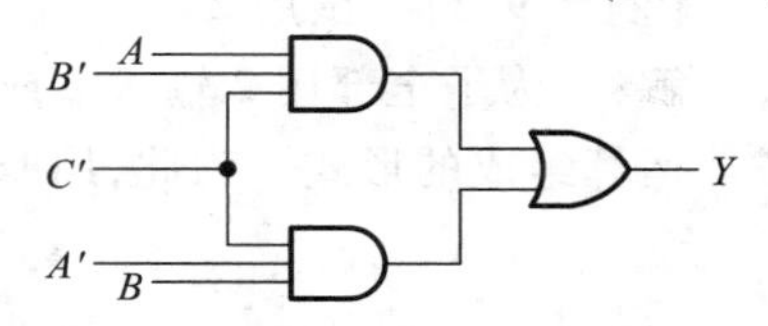

图 2.9.1 按照式(2.9.1)接成的逻辑电路

但如果限定只能使用 2 输入端的**与非**门,这时就需要将式(2.9.1)变换为全部由两变量**与非**运算组成的形式。为此,可利用摩根定理将式(2.9.1)进行两次求反运算,变换成**与非-与非**形式,得到

$$\begin{aligned} Y &= AB'C'+A'BC' \\ &= ((AB'C'+A'BC')')' \\ &= ((AB'C')'(A'BC')')' \\ &= ((((AB')')'C')'(((A'B)')'C')')' \end{aligned} \tag{2.9.2}$$

按照上式就得到了全部由 2 输入端**与非**门组成的逻辑电路,如图 2.9.2 所示。其中 G_3 和 G_4 两个**与非**门被接成了反相器使用。

如果有**异或**门和**与**门可以使用,则应当将式(2.9.1)变换成下面的形式

$$\begin{aligned} Y &= AB'C'+A'BC' \\ &= (AB'+A'B)C' \\ &= (A\oplus B)C' \end{aligned} \tag{2.9.3}$$

根据上式就得到了图 2.9.3 的逻辑电路。

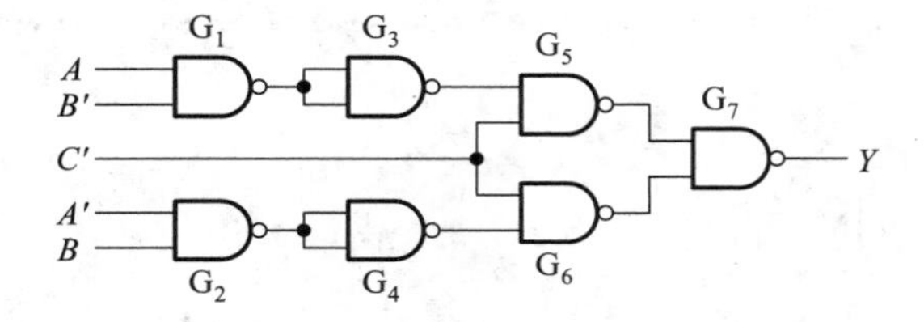

图 2.9.2 按照式(2.9.2)接成的逻辑电路

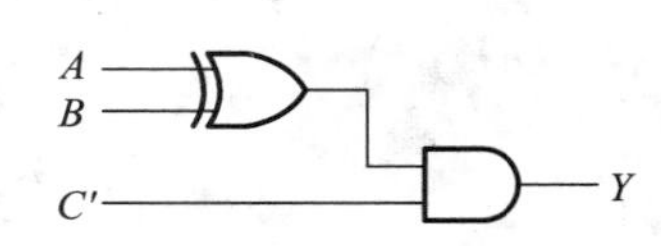

图 2.9.3 按照式(2.9.3)接成的逻辑电路

【例 2.9.1】 试用 2 输入端**与非**门产生如下的逻辑函数

$$Y=AC+BC' \tag{2.9.4}$$

解： 为了全部用 2 输入端**与非**门实现这个电路，就必须将式(2.9.4)变换成全部由两变量**与非**运算组成的形式。为此，利用摩根定理将式(2.9.4)变换为

$$\begin{aligned} Y &= AC+BC' \\ &= ((AC+BC')')' \\ &= ((AC)'(BC')')' \end{aligned} \tag{2.9.5}$$

根据上式就得到了图 2.9.4 的电路。

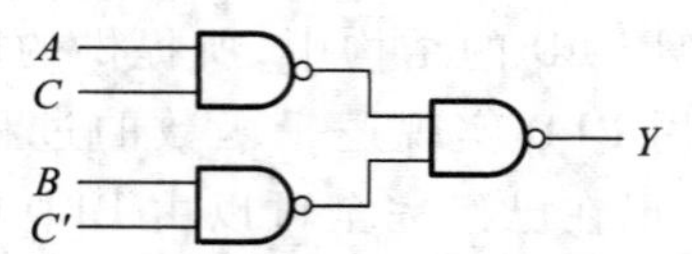

图 2.9.4　按照式(2.9.5)接成的逻辑电路

【例 2.9.2】 试用 2 输入端**或非**门产生式(2.9.4)给出的逻辑函数。

解： 为了全部用 2 输入端**或非**门实现这个电路，则需要将式(2.9.4)变换成全部由两变量**或非**运算组成的形式。为此，用摩根定理将式(2.9.4)变换为

$$\begin{aligned} Y &= AC+BC' \\ &= ((AC)'(BC')')' \\ &= ((A'+C')(B'+C))' \\ &= (B'C'+A'C)' \\ &= ((B+C)'+(A+C')')' \end{aligned} \tag{2.9.6}$$

按照式(2.9.6)接成的逻辑电路如图 2.9.5 所示。

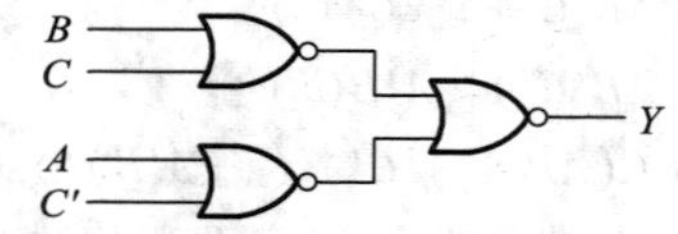

图 2.9.5　按照式(2.9.6)接成的逻辑电路

复习思考题

R2.9.1　用什么方法可以把逻辑函数的**与或**形式变换为**与非-与非**形式？

R2.9.2　用什么方法可以把逻辑函数的**与或**形式变换为**与或非**形式？

R2.9.3　用什么方法可以把逻辑函数的**与或**形式变换为**或非-或非**形式？

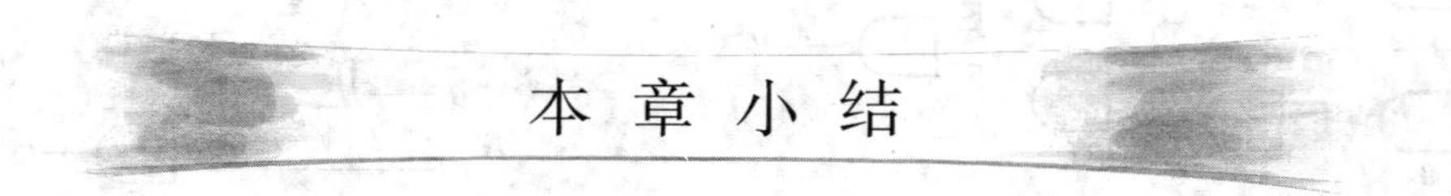

本 章 小 结

这一章所讲的内容主要是逻辑代数的公式和定理、逻辑函数的描述方法、逻辑函数的化简和

变换这三部分。

为了进行逻辑运算,必须熟练掌握表 2.3.1 中的基本公式。至于表 2.3.3 中的常用公式,完全可以由基本公式导出。尽管如此,掌握尽可能多的常用公式仍然是十分有益的,因为直接引用这些公式可以大大提高运算效率。

在逻辑函数的描述方法中,共介绍了五种描述方法,即真值表、逻辑函数式、逻辑图、波形图和卡诺图。这几种方法之间可以任意地互相转换。根据具体的使用情况,可以选择最适当的一种方法描述所研究的逻辑函数。

在逻辑函数化简方法当中,一共介绍了三种方法——公式化简法、卡诺图化简法和 Q-M 法。公式化简法的优点是它的使用不受任何条件的限制。但由于这种方法没有固定的步骤可循,所以在化简复杂的逻辑函数时,不仅需要熟练地运用各种公式和定理,而且需要有一定的运算技巧和经验。

卡诺图化简法是一种通过合并最小项进行化简的方法。它的优点是简单、直观,而且有一定的化简步骤可循。初学者容易掌握这种方法,而且化简过程中也易于避免出差错。然而在逻辑变量超过 5 个以上时,将失去简单、直观的优点,因而也就没有多大的实用价值了。

Q-M 法的基本原理仍然是通过合并最小项的方法来化简逻辑函数。但由于 Q-M 法有一定的化简步骤,所以适合于机器运算。这种方法已经被用于编制分析和设计数字电路的计算机程序。

在具体设计数字电路的过程中,通常可供使用的器件类型是有限的,这就需要利用逻辑函数的公式和定理,将函数式化成与所用器件逻辑类型相适应的形式,而不一定是最简的**与或**形式。变换后的逻辑函数式可能既不是由单一的**与非**运算组成的,也不是由单一的**或非**运算组成的,而且可能是多级函数式。因此,究竟将函数式化成什么形式最有利,要根据选用哪些类型的电子器件而定。此外,在化简一组多输出逻辑函数时,不应仅以孤立地求出每个函数输出的最简形式为目标,而应通过找出并合理利用共用项,以求得总体最简的化简结果。

鉴于现代的数字电路规模日益庞大,产品更新的周期越来越短,因而使用已有的电路模块组成所需要的逻辑电路已经成为设计人员经常使用的方法。这种方法不仅可以提高设计速度,而且有利于降低设计成本。在后面的章节里还将看到,采用模块电路进行设计时,同样需要将逻辑函数式变换成与所用模块电路相适应的形式。

目前用于数字集成电路设计和 PLD 开发的 EDA 软件中,一般都具备逻辑函数化简和变换的功能。在使用这些 EDA 软件进行设计时,逻辑函数的化简和变换工作都是由计算机完成的。

习　题

[题 2.1]　试用列真值表的方法证明下列**异或**运算公式。

(1) $A\oplus \mathbf{0}=A$　　(2) $A\oplus \mathbf{1}=A'$

(3) $A\oplus A=\mathbf{0}$　　(4) $A\oplus A'=\mathbf{1}$

(5) $(A\oplus B)\oplus C=A\oplus(B\oplus C)$　　(6) $A(B\oplus C)=AB\oplus AC$

(7) $A\oplus B'=(A\oplus B)'=A\oplus B\oplus \mathbf{1}$

[题 2.2] 证明下列逻辑恒等式(方法不限)

(1) $AB'+B+A'B=A+B$

(2) $(A+C')(B+D)(B+D')=AB+BC'$

(3) $((A+B+C')'C'D)'+(B+C')(AB'D+B'C')=\mathbf{1}$

(4) $A'B'C'+A(B+C)+BC=(AB'C'+A'B'C+A'BC')'$

[题 2.3] 已知逻辑函数 Y_1 和 Y_2 的真值表如表 P2.3(a)、(b)所示,试写出 Y_1 和 Y_2 的逻辑函数式。

表 P2.3(a)

A	B	C	Y_1
0	0	0	1
0	0	1	1
0	1	0	0
0	1	1	0
1	0	0	1
1	0	1	1
1	1	0	0
1	1	1	1

表 P2.3(b)

A	B	C	D	Y_2
0	0	0	0	0
0	0	0	1	1
0	0	1	0	1
0	0	1	1	0
0	1	0	0	1
0	1	0	1	0
0	1	1	0	0
0	1	1	1	1
1	0	0	0	1
1	0	0	1	0
1	0	1	0	0
1	0	1	1	1
1	1	0	0	0
1	1	0	1	1
1	1	1	0	1
1	1	1	1	0

[题 2.4] 已知逻辑函数的真值表如表 P2.4(a)、(b)所示,试写出对应的逻辑函数式。

表 P2.4(a)

A	B	C	Y
0	0	0	0
0	0	1	1
0	1	0	1
0	1	1	0
1	0	0	1
1	0	1	0
1	1	0	0
1	1	1	0

表 P2.4(b)

M	N	P	Q	Z
0	0	0	0	0
0	0	0	1	0
0	0	1	0	0
0	0	1	1	1
0	1	0	0	0
0	1	0	1	0
0	1	1	0	1
0	1	1	1	1
1	0	0	0	0
1	0	0	1	0
1	0	1	0	0
1	0	1	1	1
1	1	0	0	1
1	1	0	1	1
1	1	1	0	1
1	1	1	1	1

[题 2.5] 列出下列逻辑函数的真值表。

(1) $Y_1=A'B+BC+ACD'$

(2) $Y_2=A'B'CD'+(B\oplus C)'D+AD$

［题 2.6］ 写出图 P2.6(a)、(b)所示电路的输出逻辑函数式。

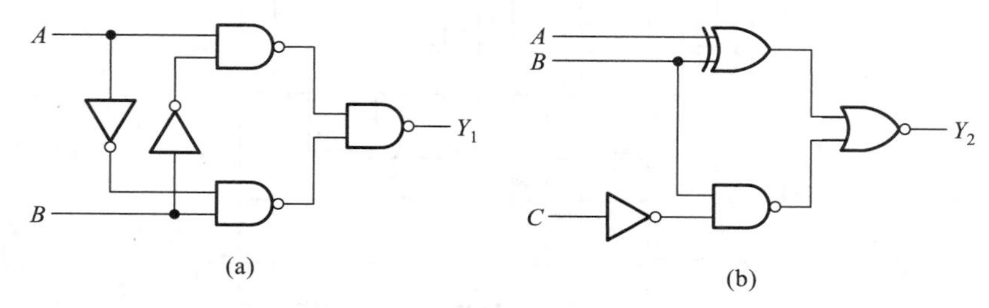

图 P2.6

［题 2.7］ 写出图 P2.7(a)、(b)所示电路的输出逻辑函数式。

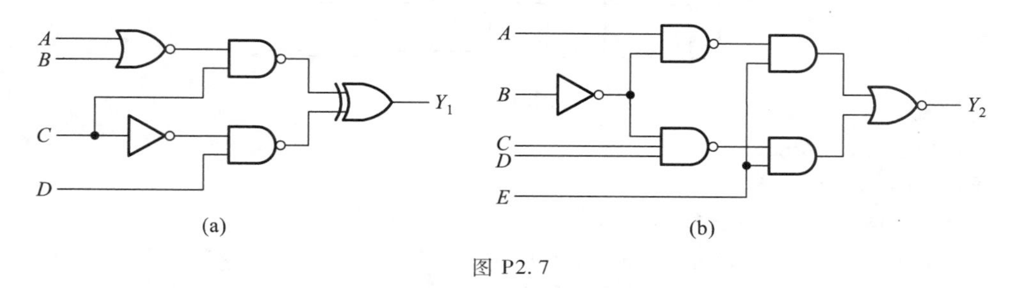

图 P2.7

［题 2.8］ 已知逻辑函数 Y 的波形图如图 P2.8 所示，试求 Y 的真值表和逻辑函数式。

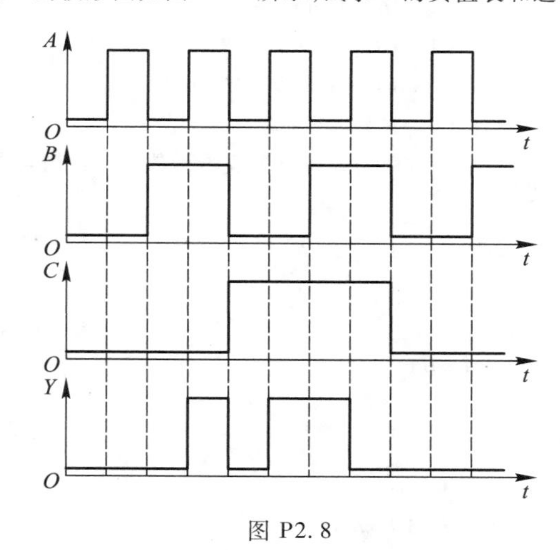

图 P2.8

［题 2.9］ 给定逻辑函数 Y 的波形图如图 P2.9 所示，试写出该逻辑函数的真值表和逻辑函数式。

［题 2.10］ 将下列各函数式化为最小项之和的形式。

(1) $Y=A'BC+AC+B'C$　　(2) $Y=AB'C'D+BCD+A'D$

(3) $Y=A+B+CD$　　(4) $Y=AB+((BC)'(C'+D'))'$

(5) $Y=LM'+MN'+NL'$　　(6) $Y=((A\odot B)(C\odot D))'$

［题 2.11］ 将下列各式化为最大项之积的形式。

(1) $Y=(A+B)(A'+B'+C')$

(2) $Y=AB'+C$

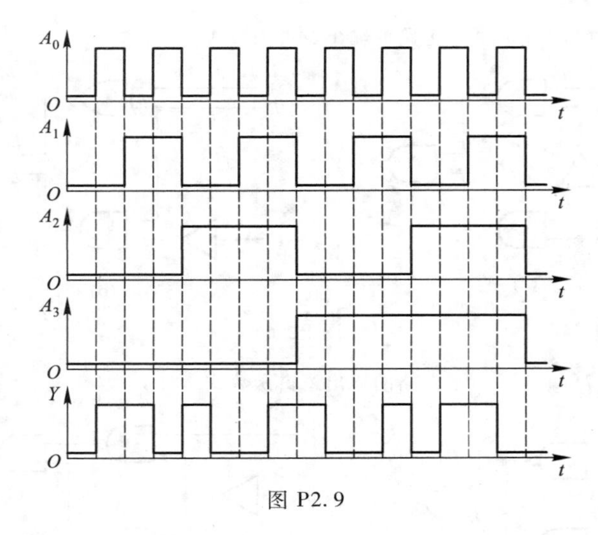

图 P2.9

(3) $Y=A'BC'+B'C+AB'C$

(4) $Y=BCD'+C+A'D$

(5) $Y(A,B,C)=\sum m(1,2,4,6,7)$

(6) $Y(A,B,C,D)=\sum m(0,1,2,4,5,6,8,10,11,12,14,15)$

[题 2.12] 利用逻辑代数的基本公式和常用公式化简下列各式。

(1) $ACD'+D'$

(2) $AB'(A+B)$

(3) $AB'+AC+BC$

(4) $AB(A+B'C)$

(5) $E'F'+E'F+EF'+EF$

(6) $ABD+AB'CD'+AC'DE+A$

(7) $A'BC+(A+B')C$

(8) $AC+BC'+A'B$

[题 2.13] 用逻辑代数的基本公式和常用公式将下列逻辑函数化为最简**与或**形式。

(1) $Y=AB'+B+A'B$

(2) $Y=AB'C+A'+B+C'$

(3) $Y=(A'BC)'+(AB')'$

(4) $Y=AB'CD+ABD+AC'D$

(5) $Y=AB'(A'CD+(AD+B'C')')(A'+B)$

(6) $Y=AC(C'D+A'B)+BC((B'+AD)'+CE)'$

(7) $Y=AC'+ABC+ACD'+CD$

(8) $Y=A+(B+C')'(A+B'+C)(A+B+C)$

(9) $Y=BC'+ABC'E+B'(A'D'+AD)'+B(AD'+A'D)$

(10) $Y=AC+AC'D+AB'E'F+B(D\oplus E)+BC'DE'+BC'D'E+ABE'F$

[题 2.14] 写出图 P2.14 中各卡诺图所表示的逻辑函数式。

[题 2.15] 用卡诺图化简法化简以下逻辑函数。

(1) $Y_1=C+ABC$

(2) $Y_2=AB'C+BC+A'BC'D$

(3) $Y_3(A,B,C)=\sum m(1,2,3,7)$

(4) $Y_4(A,B,C,D)=\sum m(0,1,2,3,4,6,8,9,10,11,14)$

[题 2.16] 用卡诺图化简法将下列函数化为最简**与或**形式。

(1) $Y=ABC+ABD+C'D'+AB'C+A'CD'+AC'D$

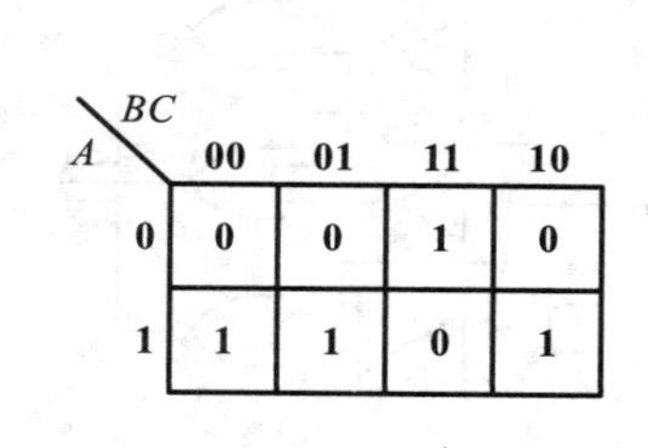

A \ BC	00	01	11	10
0	0	0	1	0
1	1	1	0	1

(a)

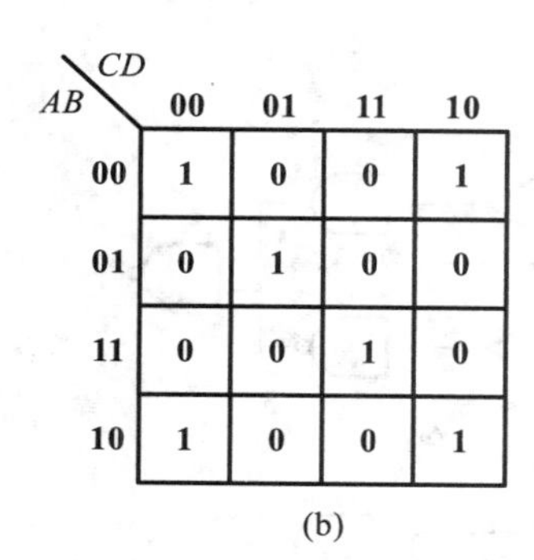

AB \ CD	00	01	11	10
00	1	0	0	1
01	0	1	0	0
11	0	0	1	0
10	1	0	0	1

(b)

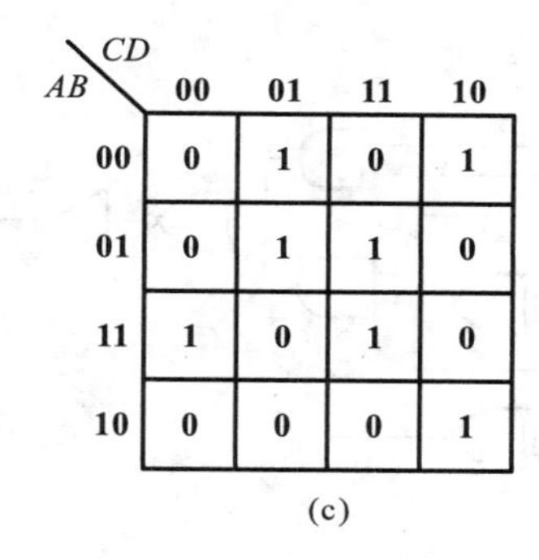

AB \ CD	00	01	11	10
00	0	1	0	1
01	0	1	1	0
11	1	0	1	0
10	0	0	0	1

(c)

AB \ CDE	000	001	011	010	110	111	101	100
00	1	0	0	0	0	1	1	0
01	0	1	1	0	0	0	0	1
11	0	0	0	0	0	1	1	0
10	1	0	1	1	0	0	0	0

(d)

图 P2.14

（2）$Y=AB'+A'C+BC+C'D$

（3）$Y=A'B'+BC'+A'+B'+ABC$

（4）$Y=A'B'+AC+B'C$

（5）$Y=AB'C'+A'B'+A'D+C+BD$

（6）$Y(A,B,C)=\sum m(0,1,2,5,6,7)$

（7）$Y(A,B,C,D)=\sum m(0,1,2,5,8,9,10,12,14)$

（8）$Y(A,B,C)=\sum m(1,4,7)$

［题 2.17］　化简下列逻辑函数（方法不限）。

（1）$Y=AB'+A'C+C'D'+D$

（2）$Y=A'(CD'+C'D)+BC'D+AC'D+A'CD'$

（3）$Y=((A'+B')D)'+(A'B'+BD)C'+A'C'BD+D'$

（4）$Y=AB'D+A'B'C'D+B'CD+(AB'+C)'(B+D)$

（5）$Y=(AB'C'D+AC'DE+B'DE'+AC'D'E)'$

［题 2.18］　写出图 P2.18 中各逻辑图的逻辑函数式，并化简为最简**与或**式。

［题 2.19］　对于互相排斥的一组变量 A、B、C、D、E、（即任何情况下，A、B、C、D、E 不可能有两个或两个以上同时为 **1**），试证明 $AB'C'D'E'=A$，$A'BC'D'E'=B$，$A'B'CD'E'=C$，$A'B'C'DE'=D$，$A'B'C'D'E=E$。

［题 2.20］　将下列具有约束项的逻辑函数化为最简**与或**形式。

（1）$Y_1=AB'C'+ABC+A'B'C+A'BC'$

给定约束条件为 $A'B'C'+A'BC=\mathbf{0}$

（2）$Y_2=(A+C+D)'+A'B'CD'+AB'C'D$，给定约束条件为 $AB'CD'+AB'CD+ABC'D'+ABC'D+ABCD'+ABCD=\mathbf{0}$。

（3）$Y_3=CD'(A\oplus B)+A'BC'+A'C'D$，给定约束条件为 $AB+CD=\mathbf{0}$。

（4）$Y_4=(AB'+B)CD'+((A+B)(B'+C))'$，给定约束条件为

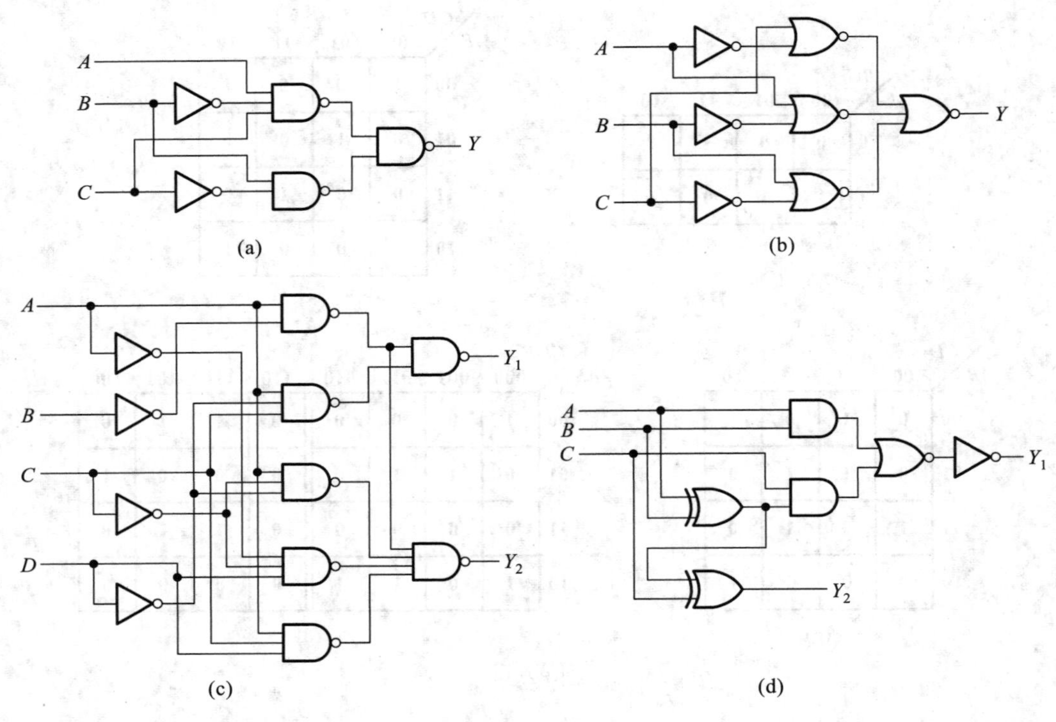

图 P2.18

$ABC+ABD+ACD+BCD=\mathbf{0}$。

［题 2.21］ 将下列具有无关项的逻辑函数化为最简的**与或**逻辑式。

(1) $Y_1(A,B,C)=\sum m(0,1,2,4)+d(5,6)$

(2) $Y_2(A,B,C)=\sum m(1,2,4,7)+d(3,6)$

(3) $Y_3(A,B,C,D)=\sum m(3,5,6,7,10)+d(0,1,2,4,8)$

(4) $Y_4(A,B,C,D)=\sum m(2,3,7,8,11,14)+d(0,5,10,15)$

［题 2.22］ 试证明两个逻辑函数间的**与**、**或**、**异或**运算可以通过将它们的卡诺图中对应的最小项做**与**、**或**、**异或**运算来实现，如图 P2.22 所示。

［题 2.23］ 利用卡诺图之间的运算（参见上题）将下列逻辑函数化为最简**与或**式。

(1) $Y=(AB+A'C+B'D)(AB'C'D+A'CD+BCD+B'C)$

(2) $Y=(A'B'C+A'BC'+AC)(AB'C'D+A'BC+CD)$

(3) $Y=(A'D'+C'D+CD')\oplus(AC'D'+ABC+A'D+CD)$

(4) $Y=(A'C'D'+B'D'+BD)\oplus(A'BD'+B'D+BCD')$

［题 2.24］ 化简下列一组多输出逻辑函数。要求尽可能利用共用项，将这一组逻辑函数从总体上化为最简，并将化简结果与 Y_1，Y_2 各自独立化简的结果进行比较。

$Y_1(A,B,C,D)=\sum m(0,1,8,9,10,12,13,14)$

$Y_2(A,B,C,D)=\sum m(0,1,2,3,6,7,10,14)$

［题 2.25］ 化简下列一组多输出逻辑函数。要求尽可能利用共用项，将这一组逻辑函数从总体上化为最简，并将化简结果与 Y_1、Y_2 和 Y_3 各自独立化简的结果进行比较。

$Y_1(A,B,C,D)=\sum m(0,8,9,10,11,14,15)$

$Y_2(A,B,C,D)=\sum m(0,2,3,6,7,10,11,12,13,15)$

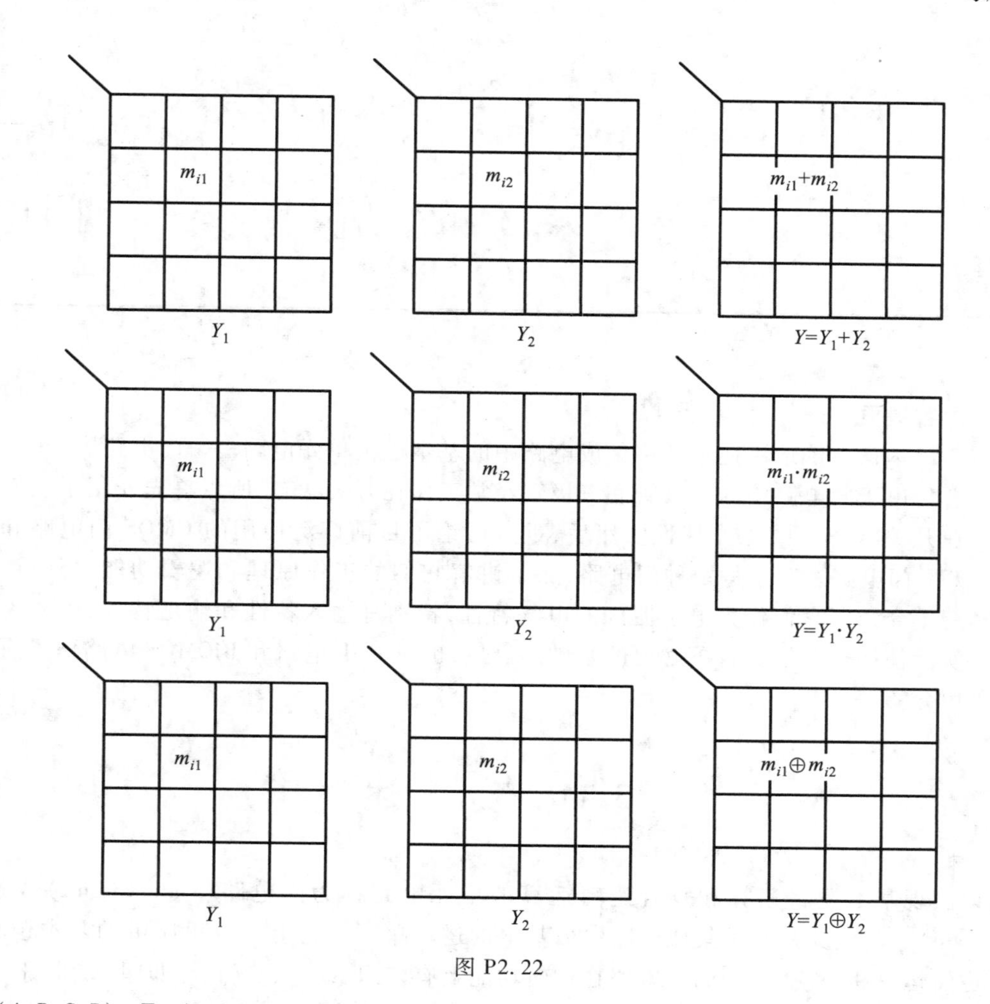

图 P2.22

$Y_3(A,B,C,D)=\sum m(0,1,3,5,7,10,11,12,13,14,15)$

[题 2.26] 将下列逻辑函数式化为**与非-与非**形式，并画出全部由**与非**逻辑单元组成的逻辑电路图。

(1) $Y=AB+BC+AC$　　(2) $Y=(A'+B)(A+B')C+(BC)'$

(3) $Y=(ABC'+AB'C+A'BC)'$　　(4) $Y=A(BC)'+((AB')'+A'B'+BC)'$

[题 2.27] 将下列逻辑函数化为**或非-或非**形式，并画出全部用**或非**逻辑单元组成的逻辑电路图。

(1) $Y=AB'C+BC'$

(2) $Y=(A+C)(A'+B+C')(A'+B'+C)$

(3) $Y=(ABC'+B'C)'D'+A'B'D$

(4) $Y=((CD')'(BC)'(ABC)'D')'$

第三章

门电路

内容提要

本章系统地讲述了数字集成电路中的基本逻辑单元电路——门电路。

由于门电路中的二极管和三极管经常工作在开关状态，所以首先介绍了它们在开关状态下的工作特性。然后，重点讨论了目前广泛使用的 CMOS 门电路和 TTL 门电路。对于每一种门电路，除了讲解它们的工作原理和逻辑功能以外，还着重介绍了它们作为电子器件的电气特性，特别是输入特性和输出特性，以便为实际使用这些器件打下必要的基础。最后，也对 ECL 电路和 BiCMOS 电路作了简单介绍。

3.1 概　　述

用以实现基本逻辑运算和复合逻辑运算的单元电路称为门电路(Gate Circuit)或逻辑门(Logic Gate)。门电路是数字集成电路中最基本的逻辑单元。与上一章里所讲的基本逻辑运算和复合逻辑运算相对应，常用的门电路在逻辑功能上有**与**门、**或**门、**非**门、**与非**门、**或非**门、**与或非**门、**异或**门等几种。

在电子电路中，用高、低电平分别表示二值逻辑的 **1** 和 **0** 两种逻辑状态。获得高、低输出电平的基本原理可以用图 3.1.1 中的两个电路说明。在图 3.1.1(a)所示的单开关电路中，当开关

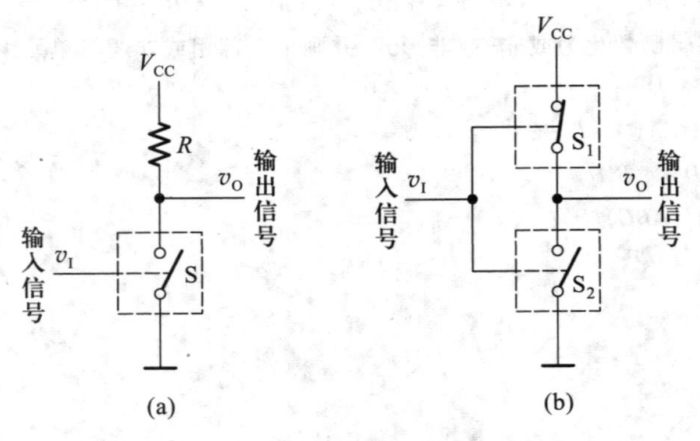

图 3.1.1　用来获得高、低电平的基本开关电路

(a) 单开关电路　(b) 互补开关电路

S 断开时,输出电压 v_O 为高电平(V_{CC});而当 S 接通以后,输出便为低电平(等于零)。开关 S 是用半导体三极管组成的。只要能通过输入信号 v_I 控制三极管工作在截止和导通两个状态,它们就可以起到图中开关 S 的作用。

单开关电路的主要缺点是功耗比较大。当 S 导通使 v_O 为低电平时,电源电压全部加在电阻 R 上,消耗在 R 上的功率为 V_{DD}^2/R。为了克服这个缺点,将单开关电路中的电阻用另外一个开关代替,就形成了图 3.1.1(b)所示的互补开关电路。在互补开关电路中,S_1 和 S_2 两个开关虽然受同一个输入信号 v_I 控制,但它们的开关状态是相反的。当 v_I 使 S_2 接通的同时,使 S_1 断开,则 v_O 为低电平;当 v_I 使 S_1 接通的同时,使 S_2 断开,则 v_O 为高电平。因为无论 v_O 是高电平还是低电平,S_1 和 S_2 总有一个是断开的,所以流过 S_1 和 S_2 的电流始终为零,电路的功耗极小。因此,这种互补式的开关电路在数字集成电路中得到了广泛应用。

以高、低电平表示两种不同逻辑状态时,有两种定义方法。如果以高电平表示逻辑 **1**,以低电平表示逻辑 **0**,则称这种表示方法为正逻辑。反之,若以高电平表示逻辑 **0**,而以低电平表示逻辑 **1**,则称这种表示方法为负逻辑,如图 3.1.2 所示。今后除非特殊说明,本书中一律采用正逻辑。

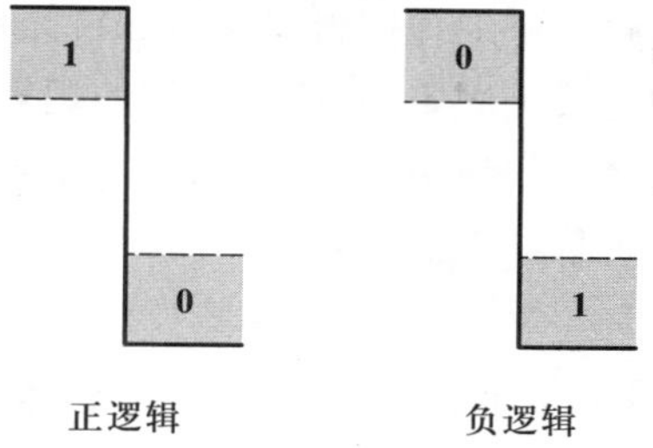

图 3.1.2 正逻辑与负逻辑表示法

因为在实际工作时只要能区分出来高、低电平就可以知道它所表示的逻辑状态了,所以高、低电平都有一个允许的范围,如图 3.1.2 所示。正因为如此,在数字电路中无论是对元、器件参数精度的要求还是对供电电源稳定度的要求,都比模拟电路要低一些。而提高数字电路的运算精度可以通过增加数字信号的位数达到。

用以实现基本逻辑运算和复合逻辑运算的单元电路称为门电路。与上一章里所讲的基本逻辑运算和复合逻辑运算相对应,常用的门电路在逻辑功能上有**与**门、**或**门、**非**门、**与非**门、**或非**门、**与或非**门、**异或**门等几种。由于任何复杂的逻辑运算都可以用这些门电路的基本逻辑运算组合而成,所以这些门电路也自然地成为数字集成电路中的基本单元。

在最初的数字逻辑电路中,每个门电路都是用若干个分立的半导体器件和电阻、电容连接而成的。不难想象,用这种单元电路组成大规模的数字电路是非常困难的,这就严重地制约了数字电路的普遍应用。

1961 年美国得克萨斯仪器公司(TI)率先将数字电路的元、器件制作在同一片硅片上,制成了集成电路(Integrated Circuits,简称为 IC)。由于集成电路的体积小、重量轻、可靠性高,因而在数字电路的大多数应用领域里迅速取代了分立器件电路。随着集成电路工艺水平的不断进步,集成电路的集成度也不断提高。今天我们已经可以把十分复杂的数字系统制作在一个很小的硅片上,构成"片上系统"(System on Chip,简称 SOC)。

根据集成度的高、低,可以将数字集成电路划分为小规模集成电路(Small Scale Integration,简称为 SSI)、中规模集成电路(Medium Scale Integration,简称为 MSI)、大规模集成电路(Large Scale Integration,简称为 LSI)、超大规模集成电路(Very Large Scale Integration,简称为 VLSI)和甚大规模集成电路(Ultra Large Scale Integration,简称为 ULSI)。通常认为 SSI 电路包含的门电路不超过 10 个,MSI 电路中包含的门电路数目为 10~100 个,LSI 电路中包含的门电路数目为 100~10 000 个,VLSI 电路中包含的门电路数目为 10 000~100 000 个,ULSI 电路包含的门电路数目在

100 000 个以上。

从制造工艺的类型上又可以将数字集成电路分为双极型、单极型和混合型三种。在数字集成电路发展的历史过程中，首先得到推广应用的是双极型的 TTL 电路。然而 TTL 电路存在着一个严重的缺点，就是功耗比较大。因此，TTL 电路只能制成小规模和中规模的集成电路。

在单极型数字集成电路当中，目前用得最多的要属 CMOS 集成电路了。CMOS 集成电路是“互补金属-氧化物半导体（Complementaly Metal-Oxide Semiconductor，简称 CMOS）集成电路”的简称。它出现于 20 世纪 60 年代后期，由于使用了单极型的 MOS 管，所以属于单极型集成电路。CMOS 电路最突出的优点是功耗极低，非常适合于制作大规模集成电路，而降低功耗对于各种便携式电子设备尤为重要。因此，CMOS 电路便逐渐取代了 TTL 电路而成为数字集成电路的主流产品。

此外，还可以根据逻辑功能的特点将数字集成电路产品分为标准化系列逻辑器件、专用集成电路和可编程逻辑器件（PLD）几种类型。每一种标准化系列逻辑器件和专用集成电路内部电路的连接是固定的，所以它们的逻辑功能也是固定不变的。而可编程逻辑器件则不同，它们内部单元之间的连接是通过“写入”编程数据来确定的。因此，写入不同的编程数据就可以得到不同的逻辑功能。

3.2　半导体二极管门电路

3.2.1　半导体二极管的开关特性

由于半导体二极管（Diode）具有单向导电性，即外加正向电压时导通，外加反向电压时截止，所以它相当于一个受外加电压极性控制的开关。用它取代图 3.1.1 中的开关 S，可以得到图 3.2.1 所示的二极管开关电路。

假定输入信号的高电平 $V_{IH}=V_{CC}$，低电平 $V_{IL}=0$，并假定二极管 D 为理想开关元件，即正向导通电阻为 0，反向内阻为无穷大，则当 $v_I=V_{IH}$ 时，D 截止，$v_O=V_{OH}=V_{CC}$；而当 $v_I=V_{IL}=0$ 时，D 导通，$v_O=V_{OL}=0$。

因此，可以用 v_I 的高、低电平控制二极管的开关状态，并在输出端得到相应的高、低电平输出信号。

然而，我们在分析各种实际的二极管电路时发现，由于二极管的特性并不是理想的开关特性，所以并不是任何时候都能满足上面对二极管特性所做的假定。根据半导体物理理论得知，二极管的特性可以近似地用式（3.2.1）的 PN 结方程和图 3.2.2 所示的伏安特性曲线描述，即

$$i=I_S(e^{v/V_T}-1) \tag{3.2.1}$$

其中 i 为流过二极管的电流，v 为加到二极管两端的电压，$V_T=\dfrac{nkT}{q}$。这里的 k 为玻尔兹曼常数，T 为热力学温度，q 为电子电荷。n 是一个修正系数。对于一般分立器件二极管的缓变结，$n\approx2$；而对于一般数字集成电路中的 PN 结，$n\approx1$。常温下（即结温为 27 ℃，$T=300$ K）$V_T\approx26$ mV。式中的 I_S 称为反向饱和电流，它和二极管的材料、工艺和几何尺寸有关，对每只二极管是一个定值。

由式(3.2.1)和图 3.2.2 所示的曲线不难看出,实际的半导体二极管反向电阻不是无穷大,正向电阻也不是 0。而且,电压和电流之间是非线性关系。此外,由于存在着 PN 结表面的漏电阻以及半导体的体电阻,所以真正的二极管的伏安特性与式(3.2.1)所给出的曲线略有差异。

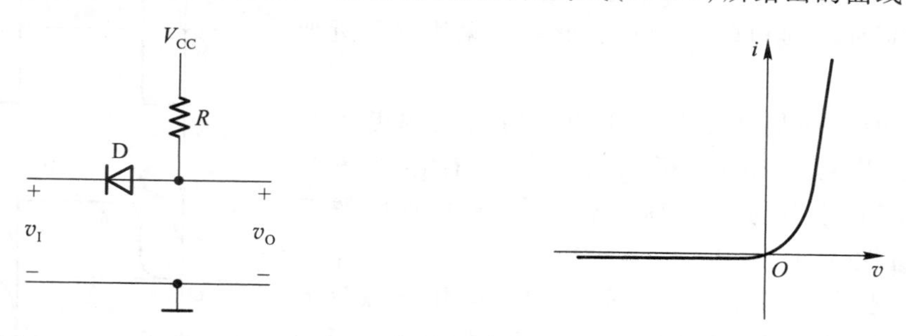

图 3.2.1 二极管开关电路

图 3.2.2 二极管的伏安特性

在分析二极管组成的电路时,虽然可以选用精确的二极管模型电路并通过计算机辅助分析求出准确的结果,然而在多数情况下,需要通过近似的分析迅速判断二极管的开关状态。为此,经常需要利用近似的简化特性,以简化分析和计算过程。

图 3.2.3 给出了二极管的三种近似的伏安特性曲线和对应的等效电路。

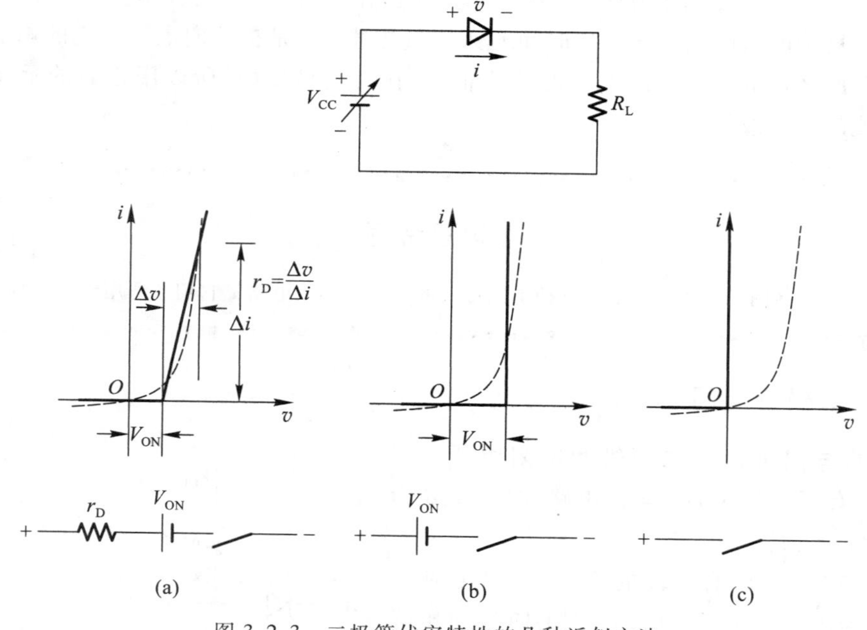

图 3.2.3 二极管伏安特性的几种近似方法

当外电路的等效电源 V_{CC} 和等效电阻 R_L 都很小时,二极管的正向导通压降和正向电阻都不能忽略,这时可以用图 3.2.3(a)中的折线作为二极管的近似特性,并得到如图 3.2.3(a)中所示的等效电路。

当二极管的正向导通压降和外加电源电压相比不能忽略,而与外接电阻相比二极管的正向电阻可以忽略时,可采用图 3.2.3(b)中所示的近似特性和等效电路。当加到二极管两端的电压

小于 V_{ON} 时，流过二极管的电流近似地看作为0。当外加电压大于 V_{ON} 以后，二极管导通，而且电流增加时二极管两端的电压基本不变，仍等于 V_{ON}。在下面将要讨论到的开关电路中，多数都符合这种工作条件（即外加电源电压较低而外接电阻较大），因此经常采用这种近似方法。

当二极管的正向导通压降和正向电阻与电源电压和外接电阻相比均可忽略时，可以将二极管看作理想开关，用图3.2.3(c)中与坐标轴重合的折线近似代替二极管的伏安特性。

在动态情况下，亦即加到二极管两端的电压突然反向时，电流的变化过程如图3.2.4所示。由于外加电压由反向突然变为正向时，要等到PN结内部建立起足够的电荷梯度后才开始有扩散电流形成，因而正向导通电流的建立要稍微滞后一点。当外加电压突然由正向变为反向时，因为PN结内尚有一定数量的存储电荷，所以有较大的瞬态反向电流流过，如图3.2.4所示。随着存储电荷的消散，反向电流迅速衰减并趋近于稳态时的反向饱和电流。瞬态反向电流的大小和持续时间的长短取决于正向导通时电流的大小、反向电压和外电路电阻的阻值，而且与二极管本身的特性有关。

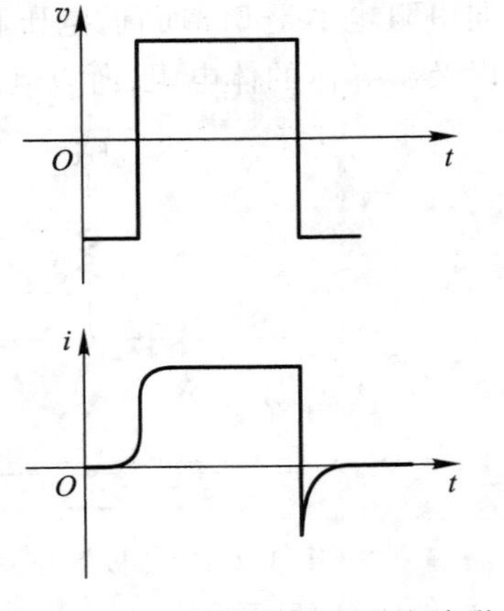

图3.2.4 二极管的动态电流波形

反向电流持续的时间用反向恢复时间 t_{re} 来定量描述。t_{re} 是指反向电流从它的峰值衰减到峰值的十分之一所经过的时间。由于 t_{re} 的数值很小，在几纳秒以内，所以用普通的示波器不容易看到反向电流的瞬态波形。

复习思考题

R3.2.1 为什么在图3.2.3中给出了三种不同形式的二极管等效电路？它们各适用于什么场合？

3.2.2 二极管与门

最简单的**与**门可以用二极管和电阻组成。图3.2.5所示是有两个输入端的**与**门电路，图中 A、B 为两个输入变量，Y 为输出变量。

设 $V_{CC}=5$ V，A、B 输入端的高、低电平分别为 $V_{IH}=3$ V，$V_{IL}=0$ V，二极管 D_1、D_2 的正向导通压降 $V_{DF}=0.7$ V。由图可见，A、B 当中只要有一个是低电平0 V，则必有一个二极管导通，使 Y 为0.7 V。只有 A、B 同时为高电平3 V时，Y 才为3.7 V。将输出与输入逻辑电平的关系列表，即得表2.3.1。

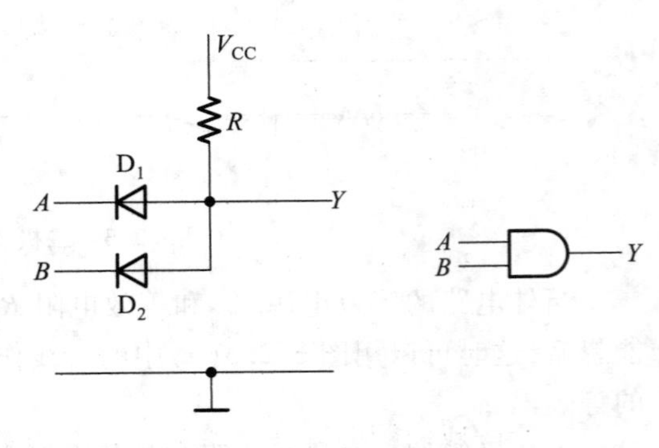

图3.2.5 二极管**与**门

如果规定3 V以上为高电平，用逻辑**1**表示；

0.7 V 以下为低电平，用逻辑 **0** 表示，则可将表 3.2.1 改写成表 3.2.2 的真值表。显然，Y 和 A、B 是**与**逻辑关系。通常也用**与**逻辑运算的图形符号作为**与**门电路的逻辑符号。

表 3.2.1 图 3.2.5 所示电路的逻辑电平

A/V	B/V	Y/V
0	0	0.7
0	3	0.7
3	0	0.7
3	3	3.7

表 3.2.2 图 3.2.5 所示电路的真值表

A	B	Y
0	**0**	**0**
0	**1**	**0**
1	**0**	**0**
1	**1**	**1**

这种**与**门电路虽然很简单，但是存在着严重的缺点。首先，输出的高、低电平数值和输入的高、低电平数值不相等，相差一个二极管的导通压降。如果把这个门的输出作为下一级门的输入信号，将发生信号高、低电平的偏移。其次，当输出端对地接上负载电阻时，负载电阻的改变有时会影响输出的高电平。因此，这种二极管**与**门电路仅用作集成电路内部的逻辑单元，而不用在集成电路的输出端直接去驱动负载电路。

3.2.3 二极管或门

最简单的**或**门电路如图 3.2.6 所示，它也是由二极管和电阻组成的。图中 A、B 是两个输入变量，Y 是输出变量。

若输入的高、低电平分别为 $V_{IH}=3\text{ V}$、$V_{IL}=0\text{ V}$，二极管 D_1、D_2 的导通压降为0.7 V，则只要 A、B 当中有一个是高电平，输出就是 2.3 V。只有当 A、B 同时为低电平时，输出才是 0 V。因此，可以列出表 3.2.3 的电平关系表。如果规定高于 2.3 V 为高电平，用逻辑 **1** 表示；而低于 0 V 为低电平，用逻辑 **0** 表示，则可将表 3.2.3 改写为表 3.2.4 所示的真值表。显然，Y 和 A、B 之间是**或**逻辑关系。

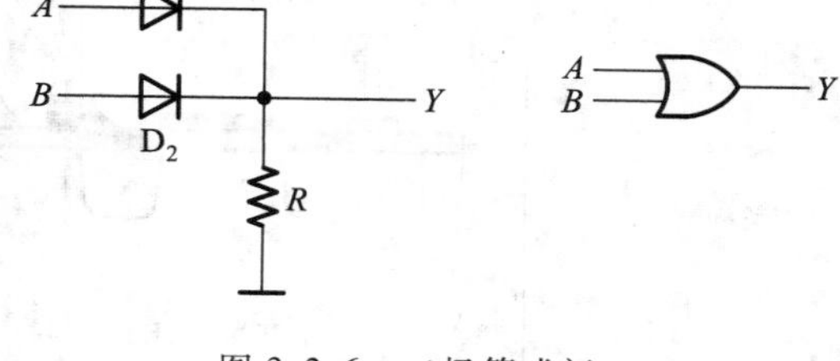

图 3.2.6 二极管或门

表 3.2.3 图 3.2.6 所示电路的逻辑电平

A/V	B/V	Y/V
0	0	0
0	3	2.3
3	0	2.3
3	3	2.3

表 3.2.4 图 3.2.6 所示电路的真值表

A	B	Y
0	**0**	**0**
0	**1**	**1**
1	**0**	**1**
1	**1**	**1**

二极管**或**门同样存在着输出电平偏移的问题，所以这种电路结构也只用于集成电路内部的逻辑单元。可见，仅仅用二极管门电路无法制作具有标准化输出电平的集成电路。

复习思考题

R3.2.2 为什么不宜将多个二极管门电路串联起来使用?

3.3 CMOS 门电路

3.3.1 MOS 管的开关特性

在 CMOS 集成电路中,以金属-氧化物-半导体场效应晶体管(Metal-Oxide-Semiconductor Field-Effect Transistor,简称 MOS 管)作为开关器件。

一、MOS 管的结构和工作原理

图 3.3.1 所示是 MOS 管的结构示意图和符号。在 P 型半导体衬底(图中用 B 标示)上,制作两个高掺杂浓度的 N 型区,形成 MOS 管的源极 S(Source)和漏极 D(Drain)。第三个电极称为栅极 G(Gate),通常用金属铝或多晶硅制作。栅极和衬底之间被二氧化硅绝缘层隔开,绝缘层的厚度极薄,在 0.1 μm 以内。

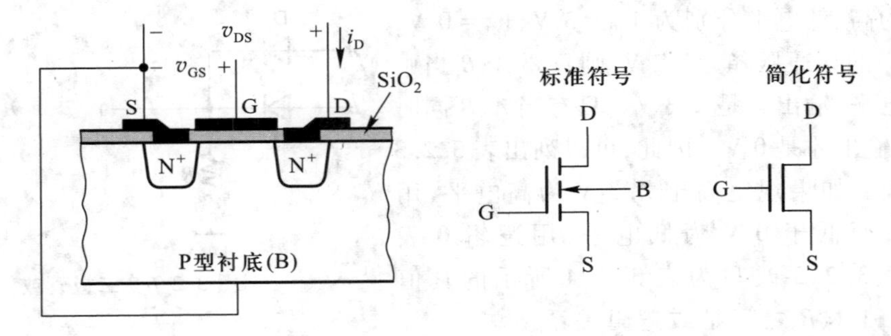

图 3.3.1 MOS 管的结构和符号

如果在漏极和源极之间加上电压 v_{DS},而令栅极和源极之间的电压$V_{GS}=0$,则由于漏极和源极之间相当于两个 PN 结背向地串联,所以 D-S 间不导通,$i_D=0$。

当栅极和源极之间加有正电压 v_{GS},而且 v_{GS}大于某个电压值 $V_{GS(th)}$ 时,由于栅极与衬底间电场的吸引,使衬底中的少数载流子——电子聚集到栅极下面的衬底表面,形成一个 N 型的反型层。这个反型层就构成了 D-S 间的导电沟道,于是有 i_D 流通。$V_{GS(th)}$ 称为 MOS 管的开启电压。因为导电沟道属于 N 型,而且在 $v_{GS}=0$ 时不存在导电沟道,必须加以足够高的栅极电压才有导电沟道形成,所以将这种类型的 MOS 管称为 N 沟道增强型 MOS 管。

随着 v_{GS}的升高,导电沟道的截面积也将加大,i_D 增加。因此,可以通过改变 v_{GS} 控制 i_D 的大小。

为防止有电流从衬底流向源极和导电沟道,通常将衬底与源极相连,或将衬底接到系统的最低电位上。

二、MOS管的输入特性和输出特性

若以栅极-源极间的回路为输入回路,以漏极-源极间的回路为输出回路,则称为共源接法,如图3.3.2(a)所示。由图3.3.1可见,栅极和衬底间被二氧化硅绝缘层所隔离,在栅极和源极间加上电压v_{GS}以后,不会有栅极电流流通,可以认为栅极电流等于零。因此,就不必要再画输入特性曲线来表示了。

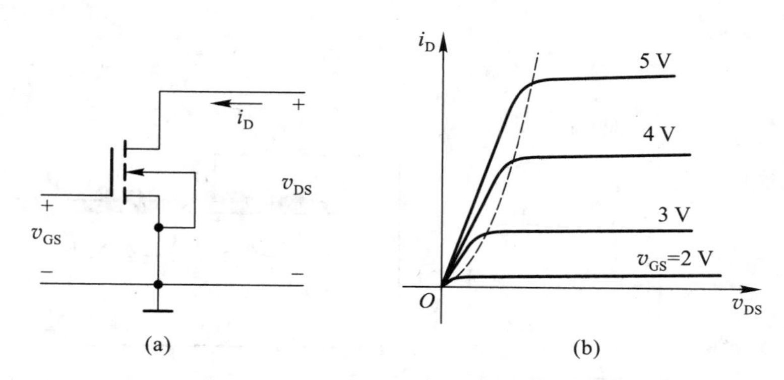

图3.3.2 MOS管共源接法及其输出特性曲线
(a) 共源接法 (b) 输出特性曲线

图3.3.2(b)给出了共源极接法下的输出特性曲线。这个曲线又称为MOS管的漏极特性曲线。

漏极特性曲线分为三个工作区。当$v_{GS}<V_{GS(th)}$时,漏极和源极之间没有导电沟道,$i_D\approx 0$。这时D-S间的内阻非常大,可达$10^9\ \Omega$以上。因此,将曲线上$v_{GS}<V_{GS(th)}$的区域称为截止区。

当$v_{GS}>V_{GS(th)}$以后,D-S间出现导电沟道,有i_D产生。曲线上$v_{GS}>V_{GS(th)}$的部分又可分成两个区域。

图3.3.2(b)所示漏极特性上虚线左边的区域称为可变电阻区。在这个区域里,当v_{GS}一定时,i_D与v_{DS}之比近似地等于一个常数,具有类似于线性电阻的性质。等效电阻的大小和v_{GS}的数值有关。在$v_{DS}\approx 0$时,MOS导通电阻R_{ON}和v_{GS}的关系由下式给出

$$R_{ON}\Big|_{v_{DS}=0}=\frac{1}{2K(v_{GS}-V_{GS(th)})} \tag{3.3.1}$$

上式表明,在$v_{GS}\gg V_{GS(th)}$的情况下,R_{ON}近似地与v_{GS}成反比。为了得到较小的导通电阻,应取尽可能大的v_{GS}值。

图3.3.2(b)中漏极特性曲线上虚线以右的区域称为恒流区。恒流区里漏极电流i_D的大小基本上由v_{GS}决定,v_{DS}的变化对i_D的影响很小。i_D与v_{GS}的关系由下式给出

$$i_D=I_{DS}\left(\frac{v_{GS}}{V_{GS(th)}}-1\right)^2 \tag{3.3.2}$$

其中 I_{DS} 是 $v_{GS}=2V_{GS(th)}$ 时的 i_D 值。

不难看出，在 $v_{GS} \gg V_{GS(th)}$ 的条件下，i_D 近似地与 v_{GS}^2 成正比。表示 i_D 与 v_{GS} 关系的曲线称为 MOS 管的转移特性曲线，如图 3.3.3 所示。这条曲线也可以从漏极特性曲线做出。在恒流区中 v_{DS} 为不同数值时对转移特性的影响不大。

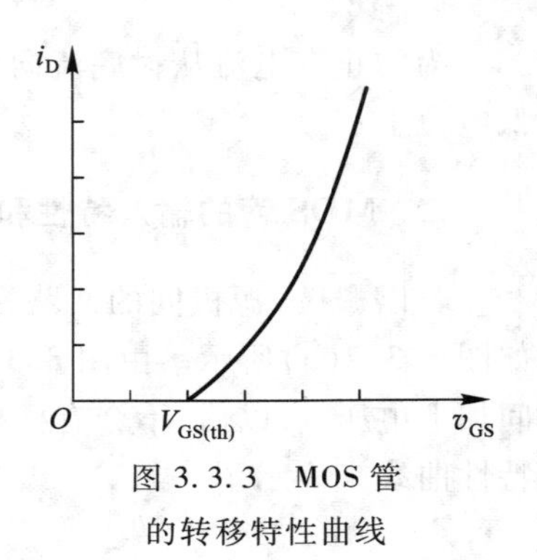

图 3.3.3　MOS 管的转移特性曲线

三、MOS 管的基本开关电路

以 MOS 管取代图 3.1.1(a) 中的开关 S，便得到了图 3.3.4 所示的 MOS 管开关电路。

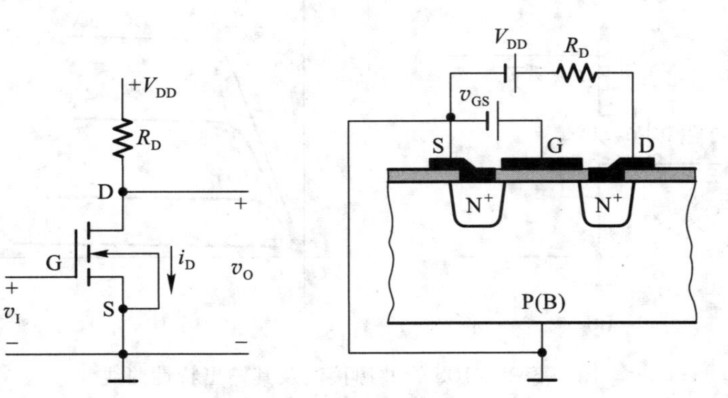

图 3.3.4　MOS 管的基本开关电路

当 $v_I=v_{GS}<V_{GS(th)}$ 时，MOS 管工作在截止区。只要负载电阻 R_D 远远小于 MOS 管的截止内阻 R_{OFF}，在输出端即为高电平 V_{OH}，且 $V_{OH} \approx V_{DD}$。这时 MOS 管的 D-S 间就相当于一个断开的开关。

当 $v_I>V_{GS(th)}$ 并且在 v_{DS} 较高的情况下，MOS 管工作在恒流区，随着 v_I 的升高 i_D 增加，而 v_O 随之下降。由于 i_D 与 v_I 变化量之比不是正比关系，所以 v_I 为不同数值下 Δv_O 与 Δv_I 之比（即电压放大倍数）也不是常数。这时电路工作在放大状态。

当 v_I 继续升高以后，MOS 管的导通内阻 R_{ON} 变得很小（通常在 1 kΩ 以内，有的甚至可以小于 10 Ω），只要 $R_D \gg R_{ON}$，则开关电路的输出端将为低电平 V_{OL}，且 $V_{OL} \approx 0$。这时 MOS 管的 D-S 间相当于一个闭合的开关。

综上所述，只要电路参数选择得合理，就可以做到输入为低电平时 MOS 管截止，开关电路输出高电平；而输入为高电平时 MOS 管导通，开关电路输出低电平。

四、MOS 管的开关等效电路

由于 MOS 管截止时漏极和源极之间的内阻 R_{OFF} 非常大，所以截止状态下的等效电路可以用断开的开关代替，如图 3.3.5(a) 所示。MOS 管导通状态下的内阻 R_{ON} 约在 1 kΩ 以内，而且与 v_{GS} 的数值有关。因为这个电阻阻值有时不能忽略不计，所以在图 3.3.5(b) 导通状态的等效电路中画出了导通电阻 R_{ON}。

图中的 C_I 代表栅极的输入电容。C_I 的数值约为几皮法。由于开关电路的输出端不可避免地会带有一定的负载电容，所以在动态工作情况下（即 v_I 在高、低电平间跳变时），漏极电流 i_D

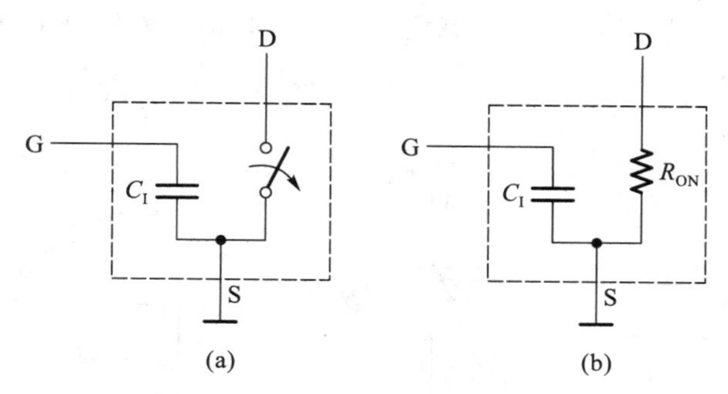

图 3.3.5 MOS 管的开关等效电路

(a) 截止状态 (b) 导通状态

的变化和输出电压 v_{DS} 的变化都将滞后于输入电压的变化。

五、MOS 管的四种类型

1. N 沟道增强型

前面已经提及,图 3.3.1 中的 MOS 管属于 N 沟道增强型。这种类型的 MOS 管采用 P 型衬底,导电沟道是 N 型。在 $v_{GS}=0$ 时没有导电沟道,开启电压 $V_{GS(th)}$ 为正。工作时使用正电源,同时应将衬底接源极或者接到系统的最低电位上。

在图 3.3.1 给出的符号中,用 D-S 间断开的线段表示 $V_{GS}=0$ 时没有导电沟道,即 MOS 管为增强型。衬底 B 上的箭头指向 MOS 管内部,表示导电沟道为 N 型。栅极引出端画在靠近源极一侧。

2. P 沟道增强型

图 3.3.6 是 P 沟道增强型 MOS 管的结构示意图和符号。它采用 N 型衬底,导电沟道为 P 型。$v_{GS}=0$ 时不存在导电沟道,只有在栅极上加以足够大的负电压时,才能把 N 型衬底中的少数载流子——空穴吸引到栅极下面的衬底表面,形成 P 型的导电沟道。因此,P 沟道增强型 MOS 管的开启电压 $V_{GS(th)}$ 为负值。这种 MOS 管工作时使用负电源,同时需将衬底接源极或接至系统的最高电位上。

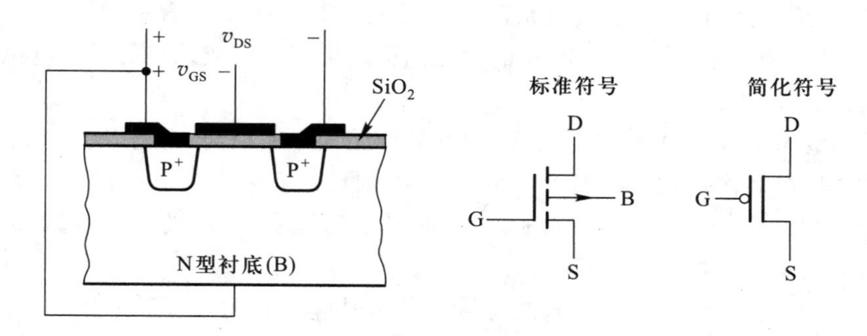

图 3.3.6 P 沟道增强型 MOS 管的结构与符号

P 沟道增强型 MOS 管的符号如图 3.3.6 中所示,其中衬底上指向外部的箭头表示导电沟道为 P 型。

图 3.3.7 是 P 沟道增强型 MOS 管的漏极特性。用 P 沟道增强型 MOS 管接成的开关电路如图 3.3.8 所示。当 $v_I=0$ 时，MOS 管不导通，输出为低电平 V_{OL}。只要 R_D 远小于 MOS 管的截止内阻 R_{OFF}，则 $V_{OL}\approx -V_{DD}$。

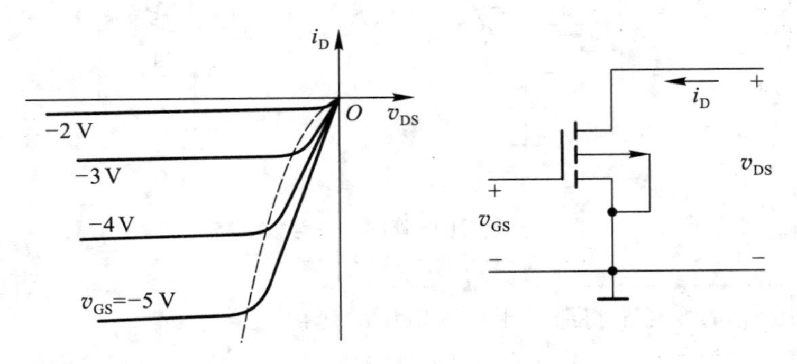

图 3.3.7　P 沟道增强型 MOS 管的漏极特性

当 $v_I<V_{GS(th)}$ 时，MOS 管导通，输出为高电平 V_{OH}。只要 R_D 远大于 MOS 管的导通内阻 R_{ON}，则 $V_{OH}\approx 0$。

3. N 沟道耗尽型

N 沟道耗尽型 MOS 管的结构形式与 N 沟道增强型 MOS 管的相同，都采用 P 型衬底，导电沟道为 N 型。所不同的是在耗尽型 MOS 管中，栅极下面的二氧化硅绝缘层中掺进了一定浓度的正离子。这些正离子所形成的电场足以将衬底中的少数载流子——电子吸引到栅极下面的衬底表面，在 D-S 间形成导电沟道。因此，在 $v_{GS}=0$ 时就已经有导电沟道存在了。v_{GS} 为正时导电沟道变宽，i_D 增大；v_{GS} 为负时导电沟道变窄，i_D 减小。直到 v_{GS} 小于某一个负电压值 $V_{GS(off)}$ 时，导电沟道才消失，MOS 管截止。$V_{GS(off)}$ 称为 N 沟道耗尽型 MOS 管的夹断电压。

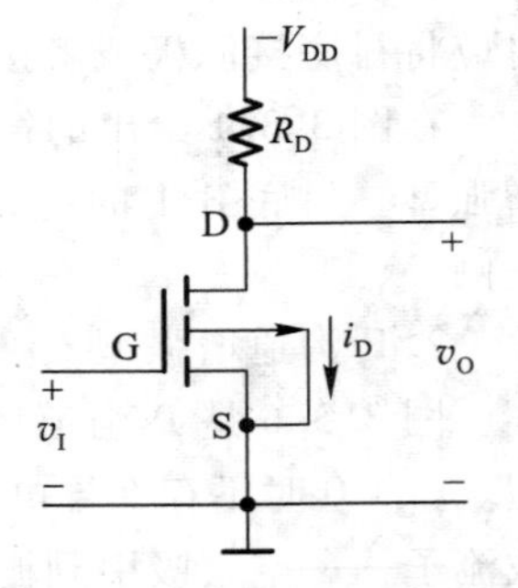

图 3.3.8　用 P 沟道增强型 MOS 管接成的开关电路

图 3.3.9 是 N 沟道耗尽型 MOS 管的符号，图中 D-S 间是连通的，表示 $v_{GS}=0$ 时已有导电沟道存在。其余部分的画法和增强型 MOS 管相同。

在正常工作时，N 沟道耗尽型 MOS 管的衬底同样应接至源极或系统的最低电位上。

4. P 沟道耗尽型

P 沟道耗尽型 MOS 管与 P 沟道增强型 MOS 管的结构形式相同，也是 N 型衬底，导电沟道为 P 型。所不同的是在 P 沟道耗尽型 MOS 管中，$v_{GS}=0$ 时已经有导电沟道存在了。当 v_{GS} 为负时导电沟道进一步加宽，i_D 的绝对值增加；而 v_{GS} 为正时导电沟道变窄，i_D 的绝对值减小。当 v_{GS} 的正电压大于夹断电压 $V_{GS(off)}$ 时，导电沟道消失，管子截止。

图 3.3.10 是 P 沟道耗尽型 MOS 管的符号。工作时应将它的衬底和源极相连，或将衬底接至系统的最高电位上。

四种类型 MOS 管的比较见表 3.3.1。

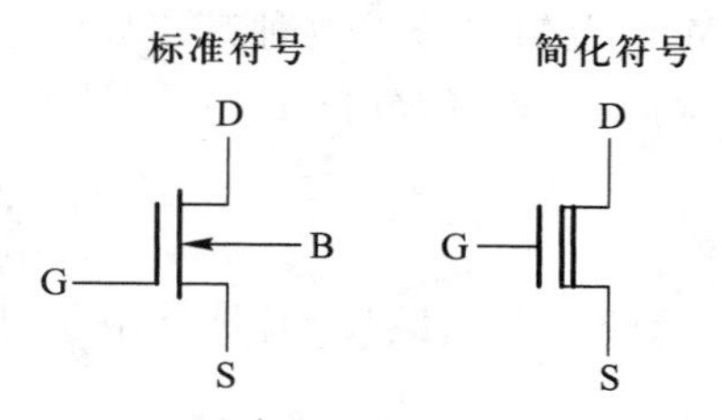

图 3.3.9 N沟道耗尽型MOS管的符号

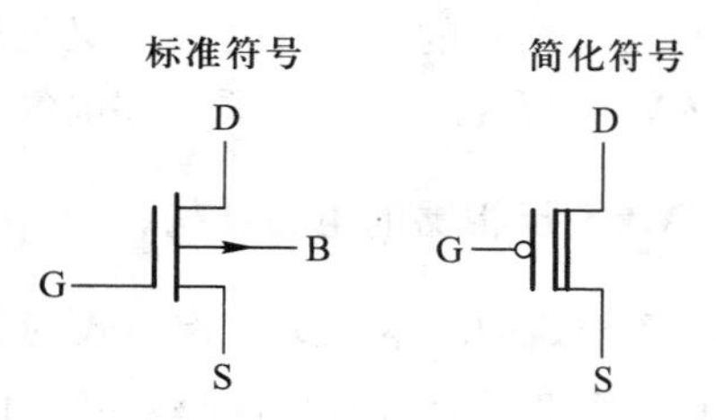

图 3.3.10 P沟道耗尽型MOS管的符号

表 3.3.1 四种类型MOS管的比较

MOS管类型	衬底材料	导电沟道	开启电压	夹断电压	电压极性		标准符号	简化符号
					v_{DS}	v_{GS}		
N沟道增强型	P型	N型	+		+	+		
P沟道增强型	N型	P型	−		−	−		
N沟道耗尽型	P型	N型		−	+	±		
P沟道耗尽型	N型	P型		+	−	∓		

复习思考题

R3.3.1 在什么条件下才可以将图3.3.4中的MOS管近似地看作一个理想开关？

R3.3.2 N沟道增强型MOS管和P沟道增强型MOS管在导通状态下V_{GS}和V_{DS}的极性有何不同？

R3.3.3 什么是开启电压$V_{GS(th)}$？什么是夹断电压$V_{GS(off)}$？

3.3.2 CMOS反相器的电路结构和工作原理

CMOS反相器(亦称为**非门**)的电路结构是CMOS电路的基本结构形式。同时,CMOS反相器和下面将会介绍到的 CMOS 传输门又是构成复杂 CMOS 逻辑电路的两种基本单元。因此，我们需要对 CMOS 反相器的工作原理和电气特性做比较全面和深入的分析。

一、CMOS 反相器的电路结构

CMOS 反相器的基本电路结构形式为图 3.3.11 所示的有源负载反相器，其中 T_1 是 P 沟道增强型 MOS 管，T_2 是 N 沟道增强型 MOS 管。

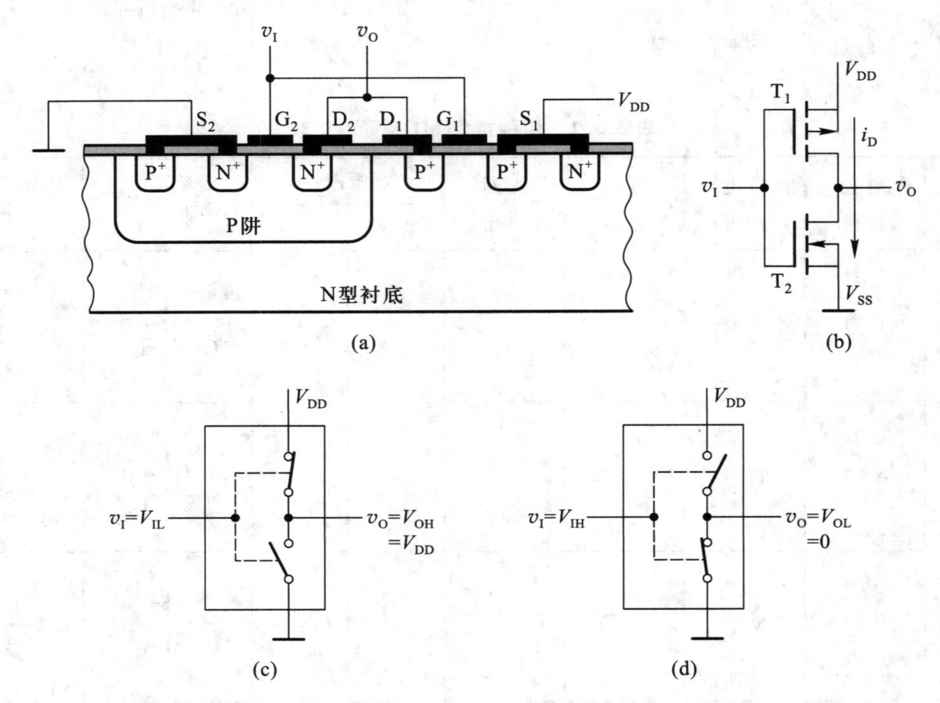

图 3.3.11　CMOS 反相器

(a) 结构示意图　(b) 电路图　(c) 输入低电平时近似的等效电路　(d) 输入高电平时近似的等效电路

如果 T_1 和 T_2 的开启电压分别为 $V_{GS(th)P}$ 和 $V_{GS(th)N}$，同时令 $V_{DD}>V_{GS(th)N}+|V_{GS(th)P}|$，那么当 $v_I=V_{IL}=0$ 时，有

$$\begin{cases}|v_{GS1}|=V_{DD}>|V_{GS(th)P}| & (\text{且 } v_{GS1} \text{ 为负})\\ v_{GS2}=0<V_{GS(th)N}\end{cases}$$

故 T_1 导通，而且导通内阻很低（在 $|v_{GS1}|$ 足够大时可小于 1 kΩ）；而 T_2 截止，内阻很高（可达 10^8 ~ 10^9 Ω）。因此，可以用图 3.3.11(c) 近似的等效电路表示此时电路的工作状态，输出为高电平 V_{OH}，且 $V_{OH}\approx V_{DD}$。

当 $v_I=V_{OH}=V_{DD}$ 时，则有

$$\begin{cases}v_{GS1}=0<|V_{GS(th)P}|\\ v_{GS2}=V_{DD}>V_{GS(th)N}\end{cases}$$

故 T_1 截止而 T_2 导通，输出为低电平 V_{OL}，且 $V_{OL}\approx 0$。电路的工作状态可以用图 3.3.11(d) 近似的等效电路表示。

可见，输出与输入之间为逻辑**非**的关系。正因为如此，通常也将**非**门称为反相器(Inverter)。

无论 v_I 是高电平还是低电平，T_1 和 T_2 总是工作在一个导通而另一个截止的状态，即所谓互补状态，所以把这种电路结构形式称为互补对称式金属-氧化物-半导体电路(Complementary-Symmetry Metal-Oxide-Semiconductor Circuit，简称 CMOS 电路)。

由于静态下无论 v_I 是高电平还是低电平，T_1 和 T_2 总有一个是截止的，而且截止内阻又极高，流过 T_1 和 T_2 的静态电流极小，因而 CMOS 反相器的静态功耗极小。这是 CMOS 电路最突出的一大优点。

二、电压传输特性和电流传输特性

在图 3.3.11(b)所示的 CMOS 反相器电路中，设 $V_{DD}>V_{GS(th)N}+|V_{GS(th)P}|$，且 $V_{GS(th)N}=|V_{GS(th)P}|$，$T_1$ 和 T_2 具有同样的导通内阻 R_{ON} 和截止内阻 R_{OFF}，则输出电压随输入电压变化的曲线，亦即电压传输特性如图 3.3.12 所示。

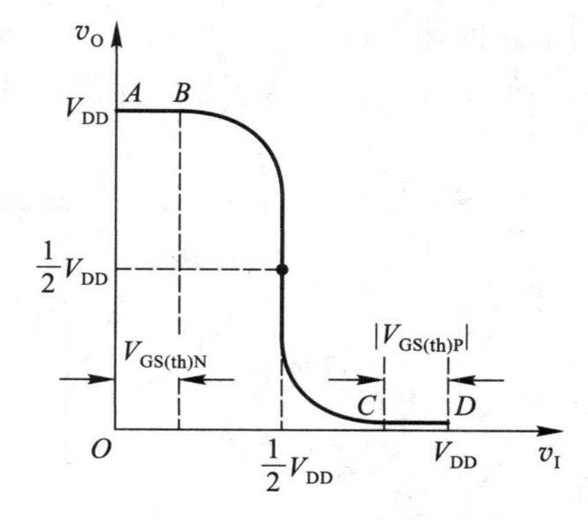

图 3.3.12 CMOS 反相器的电压传输特性

当反相器工作于电压传输特性的 AB 段时，由于 $v_I<V_{GS(th)N}$，而 $|v_{GS1}|>|V_{GS(th)P}|$，故 T_1 导通并工作在低内阻的电阻区，T_2 截止，分压的结果使 $v_O=V_{OH}\approx V_{DD}$。

在特性曲线的 CD 段，由于 $v_I>V_{DD}-|V_{GS(th)P}|$，使 $|v_{GS1}|<|V_{GS(th)P}|$，故 T_1 截止。而 $v_{GS2}>V_{GS(th)N}$，T_2 导通。因此 $v_O=V_{OL}\approx 0$。

在 BC 段，即 $V_{GS(th)N}<v_I<V_{DD}-|V_{GS(th)P}|$ 的区间里，$v_{GS2}>V_{GS(th)N}$、$|v_{GS1}|>|V_{GS(th)P}|$，T_1 和 T_2 同时导通。如果 T_1 和 T_2 的参数完全对称，则 $v_I=\frac{1}{2}V_{DD}$ 时两管的导通内阻相等，$v_O=\frac{1}{2}V_{DD}$，即工作于电压传输特性转折区的中点。我们将电压传输特性转折区中点所对应的输入电压称为反相器的阈值电压(threshold voltage)，用 V_{TH} 表示。因此，CMOS 反相器的阈值电压为 $V_{TH}\approx\frac{1}{2}V_{DD}$。

从图 3.3.12 所示的曲线上还可以看到，CMOS 反相器的电压传输特性上不仅 $V_{TH}=\frac{1}{2}V_{DD}$，而且转折区的变化率很大，因此它更接近于理想的开关特性。

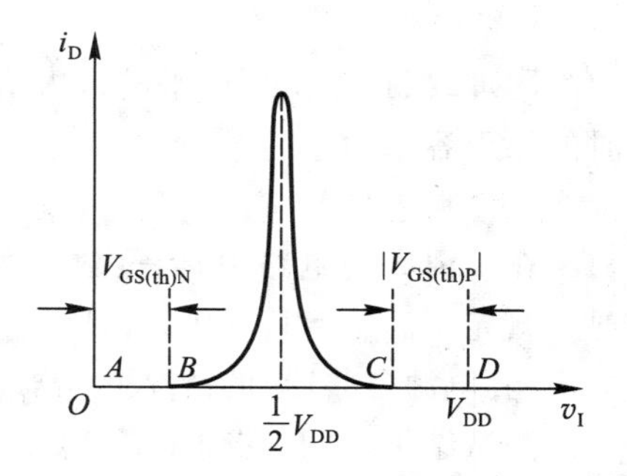

图 3.3.13 CMOS 反相器的电流传输特性

图 3.3.13 所示为漏极电流随输入电压而变化的曲线，即所谓电流传输特性。这个特性也可以分成三个工作区。在 AB 段，因为 T_2 工作在截止状态，内阻非常高，所以流过 T_1 和 T_2 的漏极电流几乎等于零。

在 CD 段，因为 T_1 为截止状态，内阻非常高，所以流过 T_1 和 T_2 的漏极电流也几乎为零。

在特性曲线的 BC 段中，T_1 和 T_2 同时导通，有电流 i_D 流过 T_1 和 T_2，而且 $v_I=\frac{1}{2}V_{DD}$ 附近 i_D 最大。考虑到 CMOS 电路的这一特点，在使用这类器件时不应使之长期工作在电流传输特性的 BC 段（即 $V_{GS(th)N}<v_I<V_{DD}-|V_{GS(th)P}|$），以防止器件因功耗过大而损坏。

三、输入端噪声容限

从图 3.3.12 所示的 CMOS 反相器电压传输特性上可以看到，当输入电压 v_I 偏离正常的低电平（$V_{OL}\approx 0$）而升高时，输出的高电平并不立刻改变。同样，当输入电压 v_I 偏离正常的高电平（$V_{OH}\approx V_{DD}$）而降低时，输出的低电平也不会立刻改变。因此，在保证输出高、低电平基本不变（变化的大小不超过规定的允许限度）的条件下，允许输入信号的高、低电平有一个波动范围，这个范围称为输入端的噪声容限。

图 3.3.14 给出了噪声容限的计算方法。因为在将许多门电路互相连接组成系统时，前一级门电路的输出就是后一级门电路的输入，所以根据输出高电平的最小值 $V_{OH(min)}$ 和输入高电平的最小值 $V_{IH(min)}$ 便可求得输入为高电平时的噪声容限为

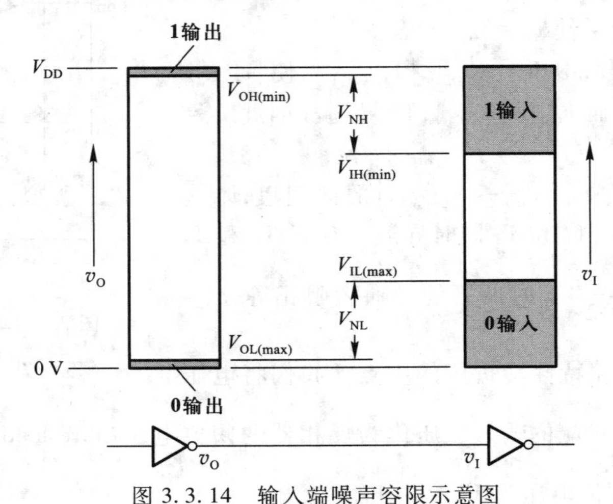

图 3.3.14　输入端噪声容限示意图

$$V_{NH}=V_{OH(min)}-V_{IH(min)} \tag{3.3.3}$$

同理，根据输出低电平的最大值 $V_{OL(max)}$ 和输入低电平的最大值 $V_{IL(max)}$ 可求得输入为低电平时的噪声容限为

$$V_{NL}=V_{IL(max)}-V_{OL(max)} \tag{3.3.4}$$

在 CMOS 门电路中，当负载为另外的门电路的情况下（负载电流几乎等于零，相当于空载情况），规定 $V_{OH(min)}=V_{DD}-0.1\ V$，$V_{OL(max)}=V_{SS}+0.1\ V$。$V_{SS}$ 表示 N 沟道 MOS 管的源极电位。在这个源极接地（电源公共端）的情况下，$V_{OL(max)}=0.1\ V$。

测试结果表明，在输出高、低电平的变化不大于限定的 10% V_{DD} 情况下，输入信号高、低电平允许的变化量约为 30%V_{DD}。因此得到 $V_{NH}=V_{NL}\approx 30\%V_{DD}$。可见，CMOS 电路的噪声容限大小是和 V_{DD} 有关的。V_{DD} 越高，噪声容限越大。图 3.3.15 中给出了 V_{NH} 和 V_{NL} 随 V_{DD} 变化的情况。不同系列 CMOS 电路的 V_{NH} 和 V_{NL} 具体数值可以用式（3.3.3）和式（3.3.4）求出。

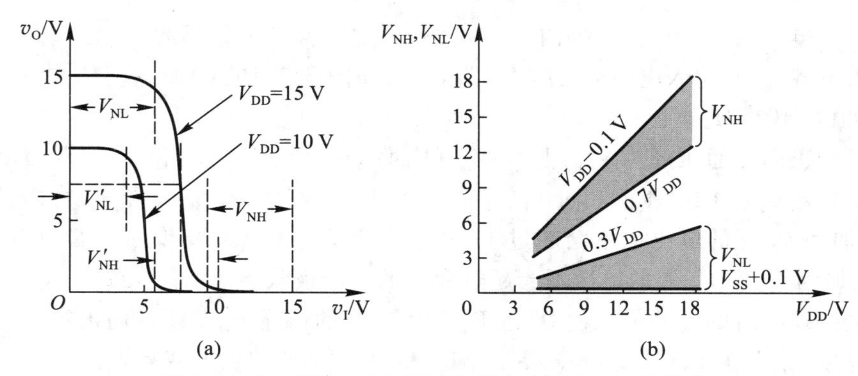

图 3.3.15 CMOS 反相器输入噪声容限与 V_{DD} 的关系

(a) 不同 V_{DD} 下的电压传输特性 (b) V_{NH}、V_{NL} 随 V_{DD} 变化的曲线

3.3.3 CMOS 反相器的静态输入特性和输出特性

为了正确地处理门电路与门电路、门电路与其他电路之间的连接问题，必须了解门电路输入端和输出端的伏安特性，也就是通常所说的输入特性和输出特性。

一、输入特性

所谓输入特性，是指从反相器输入端看进去的输入电压与输入电流的关系。

因为 MOS 管的栅极和衬底之间的绝缘介质非常薄(约 1 000 Å)，极易被击穿(耐压约 100 V)，所以必须采取保护措施，防止因接触到带静电电荷物体时发生静电放电而损坏。

在目前生产的 CMOS 集成电路中都采用了各种形式的输入保护电路，图 3.3.16 所示的保护电路就是常用的两种。在 74HC 系列的 CMOS 器件中，多采用类似于图 3.3.16(a)所示的输入保护电路(实际的电路有时更复杂一些)。图中的 D_1 和 D_2 都是双极型二极管，它们的正向导通压降 $V_{DF}=0.5\sim0.7$ V，反向击穿电压约为 30 V。由于 D_2 是在输入端的 N 型扩散电阻区和 P 型衬底间自然形成的，是一种所谓分布式二极管结构，所以在图 3.3.16(a)中用一条虚线和两端的两个二极管表示。这种分布式二极管结构可以通过较大的电流。R_S 的阻值一般在 1.5~2.5 kΩ 之间。C_1 和 C_2 分别表示 T_1 和 T_2 的栅极等效电容。

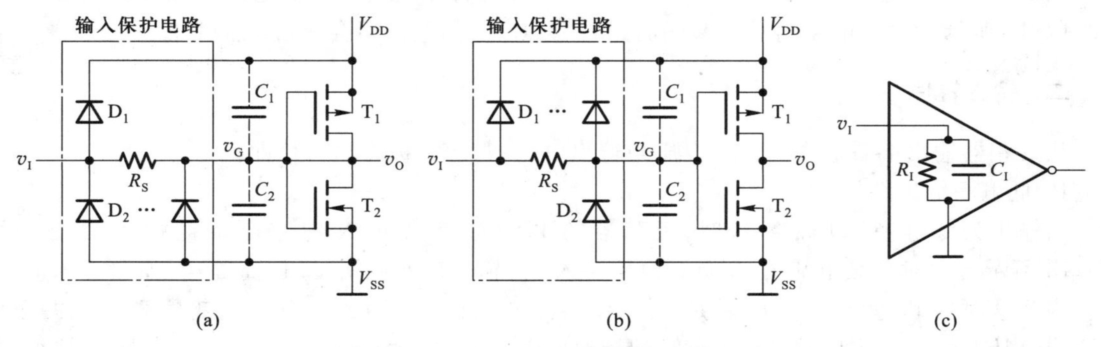

图 3.3.16 CMOS 反相器的输入保护电路

(a) 74HC 系列的输入保护电路 (b) 4000 系列的输入保护电路

(c) 正常工作范围内 CMOS 反相器的输入等效电路

在输入信号电压的正常工作范围内($0\leqslant v_I\leqslant V_{DD}$)输入保护电路不起作用。输入端的等效电路可以用输入电容 C_I 和输入电阻 R_I 并联电路表示,如图 3.3.16(c)所示。C_I 的典型数值约为 5 pF,R_I 的数值在 10 MΩ 以上。

若二极管的正向导通压降为 V_{DF},则 $v_I>V_{DD}+V_{DF}$时,D_1 导通,将 T_1 和 T_2 的栅极电位 v_G 钳在 $V_{DD}+V_{DF}$,保证加到 C_2 上的电压不超过 $V_{DD}+V_{DF}$。而当 $v_I<-0.7$ V 时,D_2 导通,将栅极电位 v_G 钳在$-V_{DF}$,保证加到 C_1 上的电压也不会超过 $V_{DD}+V_{DF}$。因为多数 CMOS 集成电路使用的 V_{DD}不超过 18 V,所以加到 C_1 和 C_2 上的电压不会超过允许的耐压极限。

在输入端出现瞬时的过冲电压使 D_1 或 D_2 发生击穿的情况下,只要反向击穿电流不过大,而且持续时间很短,那么在反向击穿电压消失后 D_1 和 D_2 的 PN 结仍可恢复工作。

当然,这种保护措施是有一定限度的。通过 D_1 或 D_2 的正向导通电流过大或反向击穿电流过大,都会损坏输入保护电路,进而使 MOS 管栅极被击穿。因此,在可能出现上述情况时,还必须采取一些附加的保护措施,并注意器件的正确使用方法。

根据图 3.3.16(a)所示的输入保护电路可以画出它的输入特性曲线,如图 3.3.17(a)所示。在$-V_{DF}<v_I<V_{DD}+V_{DF}$范围内,输入电流 $i_I\approx 0$。当 $v_I>V_{DD}+V_{DF}$或者 $v_I<-V_{DF}$以后,i_I 的绝对值随 v_I 绝对值的增加而迅速加大。电流的绝对值将由输入信号的电压和内阻所决定。

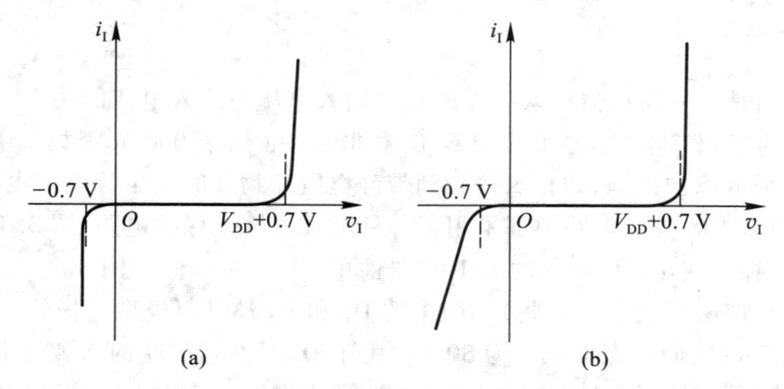

图 3.3.17　CMOS 反相器的输入特性

(a) 图 3.3.16(a)电路的输入特性　(b) 图 3.3.16(b)电路的输入特性

图 3.3.16(b)是另一种常见于 4000 系列 CMOS 器件中的输入保护电路,它的输入特性如图 3.3.17(b)所示。这个电路同样能保证加到 C_1 和 C_2 上的电压不会超过 $V_{DD}+V_{DF}$。

二、输出特性

从反相器输出端看进去的输出电压与输出电流的关系,称为输出特性。

1. 低电平输出特性

当输出为低电平,即 $v_O=V_{OL}$时,反相器的 P 沟道管截止、N 沟道管导通,工作状态如图 3.3.18 所示。这时负载电流 I_{OL}从负载电路注入 T_2,输出电平随 I_{OL}增加而提高,如图 3.3.19 所示。因为这时的 V_{OL}就是 v_{DS2}、I_{OL}就是 i_{D2},所以 V_{OL}与 I_{OL}的关系曲线实际上也就是 T_2 管的漏极特性曲线。从曲线上还可以看到,由于 T_2 的导通内阻与 v_{GS2}的大小有关,v_{GS2}越大导通内阻越小,所以同样的 I_{OL}值下 V_{DD}越高,T_2 导通时的 v_{GS2}越大,V_{OL}也越低。在 74HC、74AHC 系列 CMOS 集成电路中,当 $V_{DD}=5$ V 时,N 沟道 MOS 管导通电阻的典型数值小于 1 kΩ。

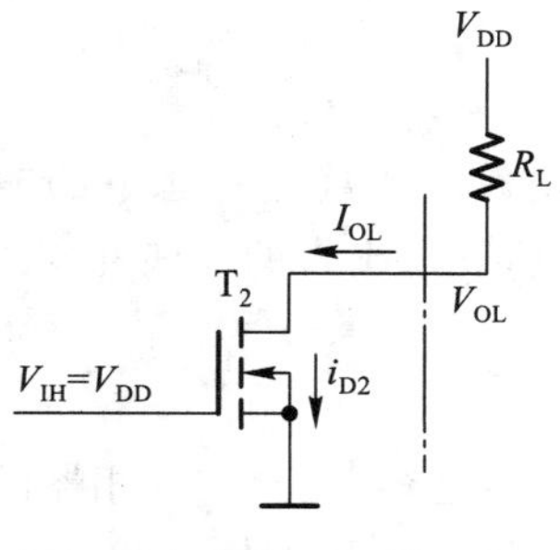

图 3.3.18 $v_O=V_{OL}$时 CMOS 反相器的工作状态

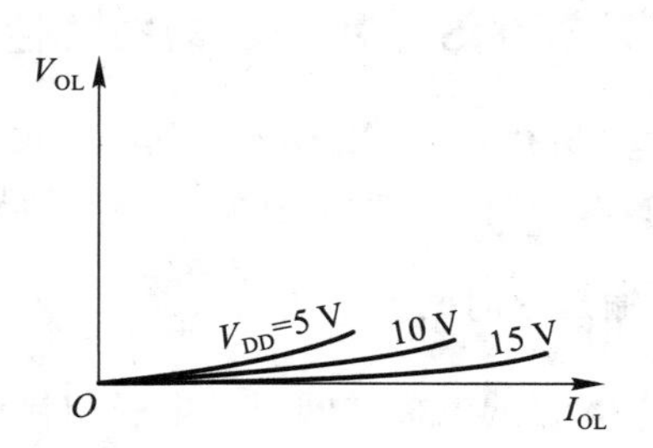

图 3.3.19 CMOS 反相器的低电平输出特性

2. 高电平输出特性

当 CMOS 反相器的输出为高电平，即 $v_O=V_{OH}$时，P 沟道管导通而 N 沟道管截止，电路的工作状态如图 3.3.20 所示。这时的负载电流 I_{OH}是从门电路的输出端流出的，与规定的负载电流正方向相反，在图 3.3.21 所示的输出特性曲线上为负值。

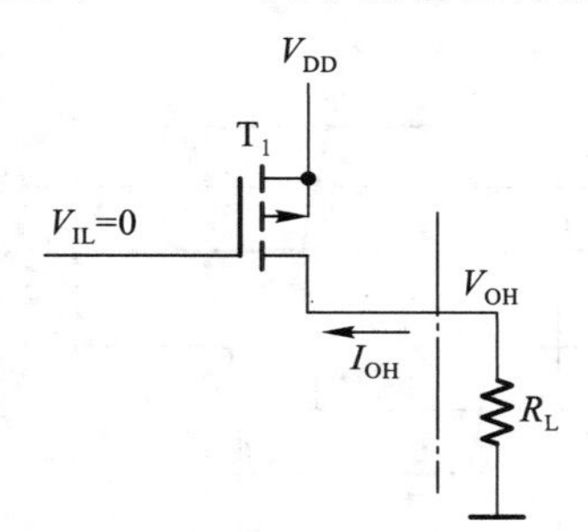

图 3.3.20 $v_O=V_{OH}$时 CMOS 反相器的工作状态

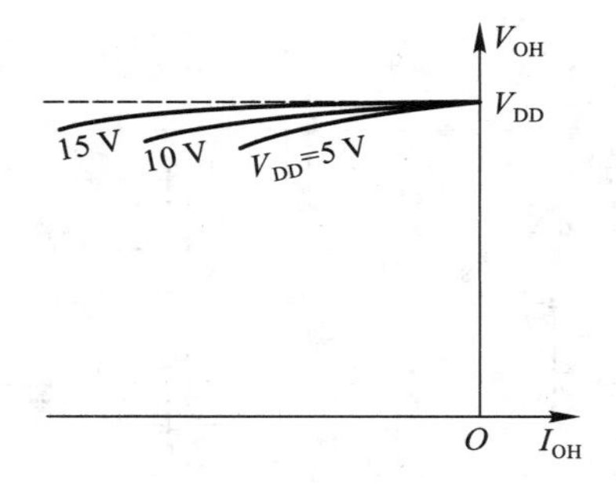

图 3.3.21 CMOS 反相器的高电平输出特性

由图 3.3.20 可见，这时 V_{OH}的数值等于 V_{DD}减去 T_1 管的导通压降。随着负载电流的增加，T_1的导通压降加大，V_{OH}下降。如前所述，因为 MOS 管的导通内阻与 v_{GS}大小有关，所以在同样的 I_{OH}值下 V_{DD}越高，则 T_1 导通时 v_{GS1}越负，它的导通内阻越小，V_{OH}也就下降得越少，如图 3.3.21 所表示的那样。在 74HC、74AHC 系列 CMOS 集成电路中，当 $V_{DD}=5$ V 时，P 沟道 MOS 管导通电阻的典型数值小于 1 kΩ。

以上分析说明，反相器输出的高、低电平是与负载电流的大小有关的。在查阅器件手册给出的这些高、低电平数据时，一定要注意这些数据是在什么负载电流下得出的。

复习思考题

R3.3.4 若将图 3.3.16(a)所示反相器的输入端经过 100 kΩ 电阻接地，这时输入端电压 v_I 等于多少？

R3.3.5 若将图 3.3.16(a)所示反相器的输入端悬空，这时输入端电压 v_I 是多少？

3.3.4　CMOS 反相器的动态特性

在 CMOS 反相器的静态特性一节里，我们所讨论的是电路处于稳定状态下的输入特性和输出特性。而动态特性所要讨论的是当电路状态转换过程中所表现出来的一些性质。

一、传输延迟时间 t_{PHL}、t_{PLH}

由于 MOS 管的电极之间以及电极与衬底之间都存在寄生电容，尤其在反相器的输出端更不可避免地存在着负载电容（当负载为下一级反相器时，下一级反相器的输入电容和接线电容就构成了这一级的负载电容），当输入信号发生跳变时，输出电压的变化必然滞后于输入电压的变化。我们把输出电压变化落后于输入电压变化的时间称为传输延迟时间，并且将输出由高电平跳变为低电平时的传输延迟时间记做 t_{PHL}，将输出由低电平跳变为高电平时的传输延迟时间记做 t_{PLH}。在 CMOS 电路中，t_{PHL} 和 t_{PLH} 是以输入和输出波形对应边上等于最大幅度 50% 的两点间时间间隔来定义的，如图 3.3.22 所示。因为 CMOS 电路的 t_{PHL} 和 t_{PLH} 通常是相等的，所以也经常以平均传输延迟时间 t_{pd} 表示 t_{PHL} 和 t_{PLH}。

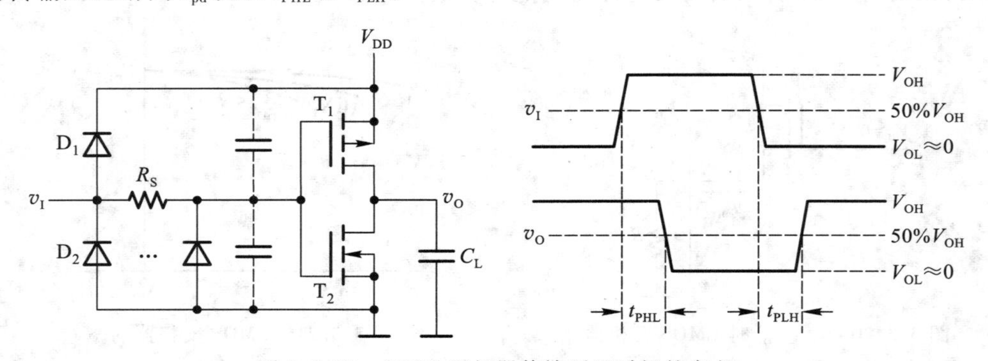

图 3.3.22　CMOS 反相器传输延迟时间的定义

一般情况下，t_{PHL}、t_{PLH} 主要是由于负载电容的充放电所产生的，所以为了缩短传输延迟时间，必须减小负载电容和 MOS 管的导通电阻。由式（3.3.1）可知，为了减小 MOS 管的导通电阻，应当尽可能地提高电源电压和输入信号的高电平。

美国 TI 公司生产的 74HC 系列 CMOS 反相器 74HC04 在 $V_{DD}=5$ V、负载电容 $C_L=50$ pF 的条件下，t_{pd} 仅为 9 ns。而改进系列的 74AHC04，t_{pd} 只有 5 ns。

二、交流噪声容限

如上所述，由于负载电容和 MOS 管寄生电容的存在，输入信号状态变化时必须有足够的变化幅度和作用时间才能使输出改变状态。当输入信号为窄脉冲，而且脉冲宽度接近于门电路传输延迟时间的情况下，为使输出状态改变，所需要的脉冲信号幅度将远大于直流输入信号的幅度。因此，反相器对这类窄脉冲的噪声容限——交流噪声容限远高于前面所讲过的直流噪声容限。而且，传输延迟时间越长，交流噪声容限也越大。

由于传输延迟时间与电源电压和负载电容有关，所以交流噪声容限也受电源电压和负载电容的影响。图 3.3.23 所示的曲线表示了反相器 74HC04 在负载电容不变的情况下 V_{DD} 对交流噪声容限影响的大致趋势。图中以 V_{NA} 表示交流噪声容限，以 t_W 表示噪声电压的持续时间。可以看出，噪声电压作用时间越短、电源电压越高，则交流噪声容限越大。

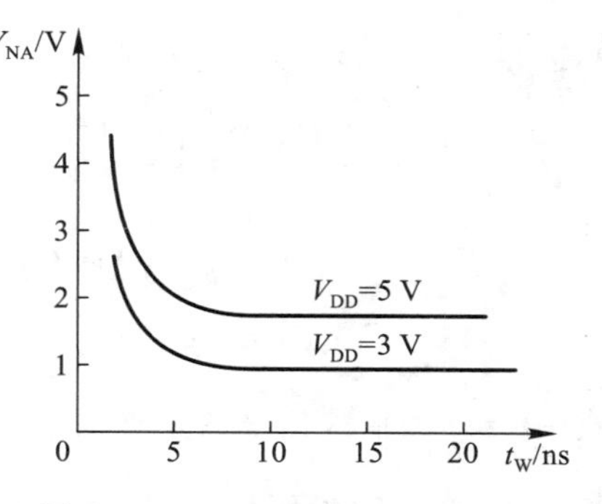

图 3.3.23 CMOS 反相器的交流噪声容限

三、动态功耗

当 CMOS 反相器从一种稳定工作状态突然转变到另一种稳定状态的过程中，将产生附加的功耗，我们称之为动态功耗。

动态功耗由两部分组成，一部分是对负载电容充、放电所消耗的功率 P_C，另一部分是由于两个 MOS 管 T_1 和 T_2 在短时间内同时导通所消耗的瞬时导通功耗 P_T。

首先我们来计算负载电容充、放电的功耗 P_C。在图 3.3.24 中，用 C_L 表示接到反相器输出端的所有电容，其中包括下一级门电路的输入电容、接线电容、还可能有其他负载电路的电容等。

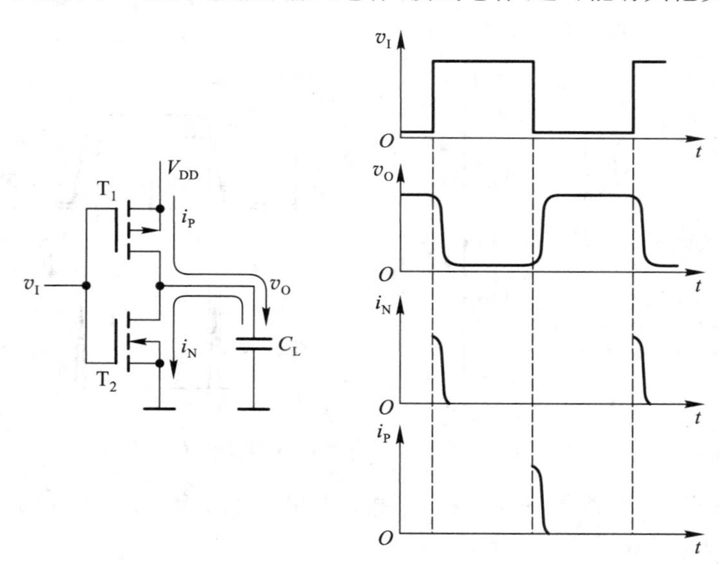

图 3.3.24 CMOS 反相器对负载电容的充、放电电流波形

当输入电压由高电平跳变为低电平时，T_1 导通、T_2 截止，V_{DD} 经 T_1 向 C_L 充电，产生充电电流 i_P。而当输入电压由低电平跳变为高电平时，T_2 导通、T_1 截止，C_L 通过 T_2 放电，产生放电电流 i_N。根据图 3.3.24 所示的波形可以写出 i_N 和 i_P 所产生的平均功耗为

$$P_C = \frac{1}{T}\left[\int_0^{T/2} i_N v_O \mathrm{d}t + \int_{T/2}^{T} i_P (V_{DD} - v_O)\mathrm{d}t\right]$$

而其中

$$i_N = -C_L \frac{\mathrm{d}v_O}{\mathrm{d}t}$$

$$i_P = C_L \frac{\mathrm{d}v_O}{\mathrm{d}t} = -C_L \frac{\mathrm{d}(V_{DD} - v_O)}{\mathrm{d}t}$$

故得到

$$\begin{aligned}P_C &= \frac{1}{T}\left[C_L\int_{V_{DD}}^{0} - v_O \mathrm{d}v_O + C_L\int_{V_{DD}}^{0} - (V_{DD} - v_O)\mathrm{d}(V_{DD} - v_O)\right]\\ &= \frac{C_L}{T}\left[\frac{1}{2}V_{DD}^2 + \frac{1}{2}V_{DD}^2\right]\\ &= C_L f V_{DD}^2 \end{aligned} \tag{3.3.5}$$

式中$f=\dfrac{1}{T}$为输入信号的重复频率。

式(3.3.5)说明,对负载电容充、放电所产生的功耗与负载电容的电容量、信号重复频率以及电源电压的平方成正比。

下面再来计算瞬时导通功耗 P_T。如果取 $V_{DD}>V_{GS(th)N}+|V_{GS(th)P}|$,$V_{IH}\approx V_{DD}$、$V_{IL}\approx 0$,那么当 v_I 从 V_{IL}过渡到 V_{IH}和从 V_{IH}过渡到 V_{IL}的过程中,都将经过短时间的 $V_{GS(th)N}<v_G<V_{DD}-|V_{GS(th)P}|$的状态。在此状态下 T_1 和 T_2 同时导通,有瞬时导通电流 i_T 流过 T_1 和 T_2,如图 3.3.25 所示。

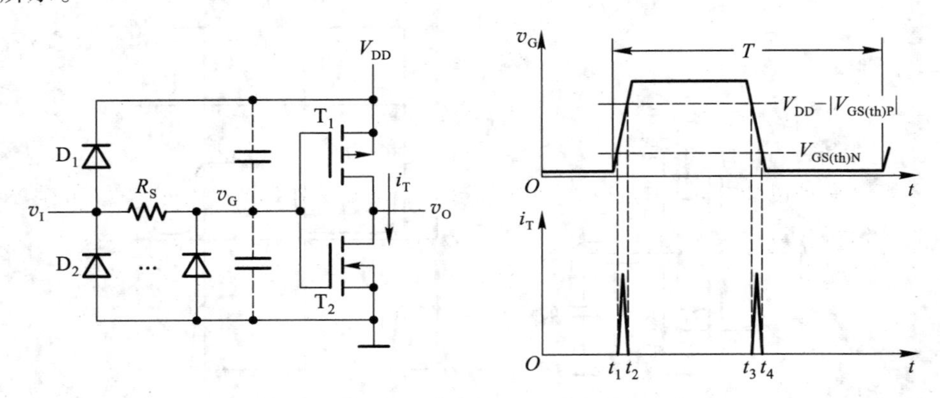

图 3.3.25 CMOS 反相器的瞬时导通电流

从图 3.3.25 可以看出,瞬时导通功耗 P_T 和电源电压 V_{DD}、输入信号 v_I 的重复频率 f 以及电路内部参数有关。P_T 的数值可以用下式计算

$$P_T = C_{PD} f V_{DD}^2 \tag{3.3.6}$$

C_{PD}称为功耗电容,它的具体数值由器件制造商给出。需要说明的是 C_{PD}并不是一个实际的电容,而仅仅是用来计算空载(没有外接负载)瞬时导通功耗的等效参数。而且,只有在输入信号的上升时间和下降时间小于器件手册中规定的最大值时,C_{PD}的参数才是有效的。74HC 系列门电路的 C_{PD}数值通常为 20 pF 左右。

总的动态功耗 P_D 应为 P_C 与 P_T 之和,于是得到

$$\begin{aligned}P_D &= P_C + P_T\\ &= (C_L + C_{PD}) f V_{DD}^2\end{aligned} \tag{3.3.7}$$

CMOS 反相器工作时的全部功耗 P_{TOT}应等于动态功耗 P_D 和静态功耗 P_S 之和。前面已经讲过,静态下无论输入电压是高电平还是低电平,T_1 和 T_2 总有一个是截止的。因为 T_1 或 T_2 截止时的漏电流极小,所以这个电流产生的功耗可以忽略不计。由图 3.3.26 可见,在实际的反相器

电路中不仅有输入保护二极管,还存在着寄生二极管(参阅图 3.3.11(a)的结构图)。这些二极管的反向漏电流比 T_1 或 T_2 截止时的漏电流要大得多,它们构成了电源静态电流的主要成分。图 3.3.26 中用虚线标出了这些漏电流的流通路径。

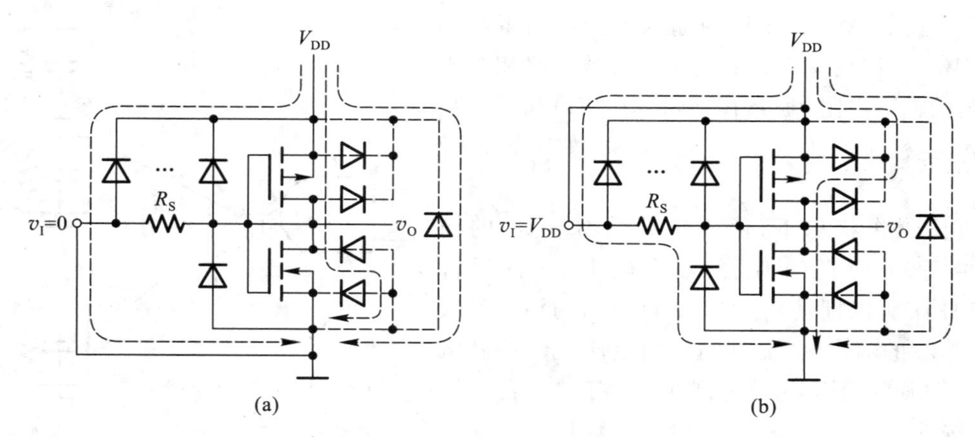

图 3.3.26 CMOS 反相器的静态漏电流

(a) $v_I=0$ (b) $v_I=V_{DD}$

因为这些二极管都是 PN 结型的,它们的反相电流受温度影响比较大,所以 CMOS 反相器的静态功耗也随温度的改变而变化。

静态功耗通常是以指定电源电压下的静态漏电流的形式给出。例如 TI 公司生产的 74HC 系列 CMOS 反相器在常温(+25 ℃)下、$V_{DD}=6$ V 时的静态电源电流不超过 0.33 μA。可见,在工作频率较高的情况下,CMOS 反相器的动态功耗要比静态功耗大得多,这时的静态功耗可以忽略不计。

【例 3.3.1】 计算 CMOS 反相器的总功耗 P_{TOT}。已知电源电压 $V_{DD}=5$ V,静态电源电流 $I_{DD}=1$ μA,负载电容 $C_L=100$ pF,功耗电容 $C_{PD}=20$ pF。输入信号近似于理想的矩形波,重复频率 $f=100$ kHz。

解: 因为输入信号接近于理想的矩形波,它的上升时间和下降时间一定比手册上规定的输入电压的上升时间和下降时间短,所以瞬时导通功耗可以用式(3.3.6)计算。

根据式(3.3.7)得到总的动态功耗为

$$\begin{aligned} P_D &= (C_L+C_{PD})f\,V_{DD}^2 \\ &= (100+20)\times 10^{-12}\times 100\times 10^3\times 5^2\ \text{W} = 0.3\ \text{mW} \end{aligned}$$

而静态功耗为

$$P_S = I_{DD}V_{DD} = 10^{-6}\times 5\ \text{W} = 0.005\ \text{mW}$$

故得总的功耗 P_{TOT} 为

$$P_{TOT} = P_D + P_S = 0.305\ \text{mW}$$

从本例中还可以看出,一般情况下静态功耗远小于动态功耗,所以在计算总功耗 P_{TOT} 时经常可以忽略静态功耗而只计算动态功耗。

四、扇出

“扇出”以数字表示一个电路的输出端能够驱动同类型负载电路输入端的数目。前已述及，在输入信号的正常工作范围内输入保护电路不起作用，从 CMOS 电路的输入端看进去的等效电路相当于一个很高的输入电阻（通常在 $10^{10}\sim10^{12}\ \Omega$）和一个很小的输入电容（通常为 5 pF 左右）并联，如图 3.3.27 所示。

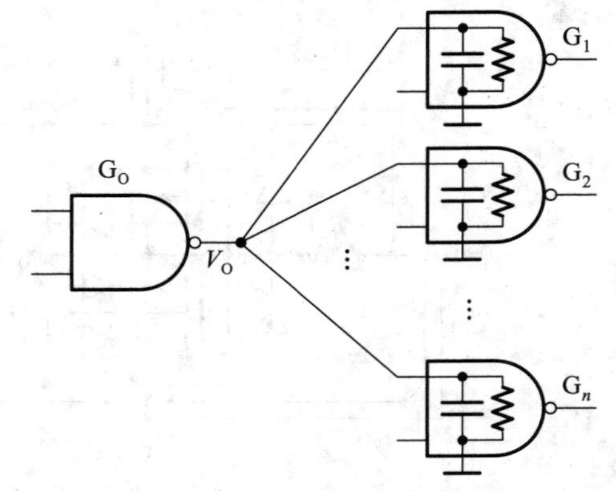

图 3.3.27 CMOS 电路的扇出连接

在直流工作状态下，由于负载门 $G_1\sim G_n$ 的输入电阻极高，而驱动门 G_0 的输出电阻很低（通常小于 1 kΩ），所以即使将很多个负载门的输入端接到驱动门 G_0 的输出端，驱动门输出电压 V_O 的高、低电平也变化很小，不会超出允许的正常工作范围。因此，若只按直流工作状态考虑，扇出的数目将是非常大的。

然而在动态工作情况下，就大不相同了。当驱动门的输出 V_O 从低电平切换为高电平时，必须给负载电容（所有负载门的输入电容之和）充电，V_O 才能上升为高电平；而当 V_O 从高电平切换为低电平时，负载电容必须经 G_0 的输出端放电，V_O 才能下降为低电平。而且，还必须保证在 V_O 切换至高电平以后的持续时间内，V_O 能上升到负载电路要求的输入高电平最小值 $V_{IN(min)}$ 以上；而在 V_O 切换至低电平以后的持续时间内，V_O 能下降到负载电路要求的输入低电平最大值 $V_{IN(max)}$ 以下。因此，能否做到这一点，不仅取决于负载电容的大小，而且与 V_O 的高、低电平持续时间有关，亦即与 V_O 的高、低电平切换频率有关。

接到 G_0 端的输入端越多，负载电容也越大，V_O 上升和下降的速度也随之变慢。在 G_0 开关工作频率一定的情况下，如果负载电容过大，则 V_O 在切换为高、低电平以后的持续时间里，将来不及上升到 $V_{IN(min)}$ 以上，或下降到 $V_{IN(max)}$ 以下。因此，接到驱动门 G_0 输出端的输入端数目不能过多，据此即可得出此时 CMOS 电路的扇出数。在低频（小于 1 MHz）的工作条件下，CMOS 电路的扇出数一般可达 50 以上。随着开关工作频率的升高，扇出数将随之下降。

此外，以上的讨论也告诉我们，为了确保电路可靠工作，在负载电容确定的情况下，电路的最高开关工作频率也随之而定。

复习思考题

R3.3.6 CMOS 电路的动态功耗和哪些电路参数有关？

R3.3.7 你能说明 CMOS 电路功耗电容的物理意义吗？

R3.3.8 CMOS 电路的扇出数是由哪些因素决定的？

3.3.5 其他类型的 CMOS 门电路

一、各种逻辑功能的 CMOS 门电路

在 CMOS 门电路的系列产品中，除反相器外常用的还有**或非**门、**与非**门、**或**门、**与**门、**与或非**门、**异或**门等几种。

为了画图的方便，并能突出电路中与逻辑功能有关的部分，以后在讨论各种逻辑功能的门电路时就不再画出每个输入端的保护电路了。

图 3.3.28 是 CMOS **与非**门的基本结构形式，它由两个并联的 P 沟道增强型 MOS 管 T_1、T_3 和两个串联的 N 沟道增强型 MOS 管 T_2、T_4 组成。

当 $A=\mathbf{1}$、$B=\mathbf{0}$ 时，T_3 导通、T_4 截止，故 $Y=\mathbf{1}$。而当 $A=\mathbf{0}$、$B=\mathbf{1}$ 时，T_1 导通、T_2 截止，也使 $Y=\mathbf{1}$。只有在 $A=B=\mathbf{1}$ 时，T_1 和 T_3 同时截止、T_2 和 T_4 同时导通，才有 $Y=\mathbf{0}$。因此，Y 和 A、B 间是**与非**关系，即 $Y=(A\cdot B)'$。

图 3.3.29 是 CMOS **或非**门的基本结构形式，它由两个并联的 N 沟道增强型 MOS 管 T_2、T_4 和两个串联的 P 沟道增强型 MOS 管 T_1、T_3 组成。

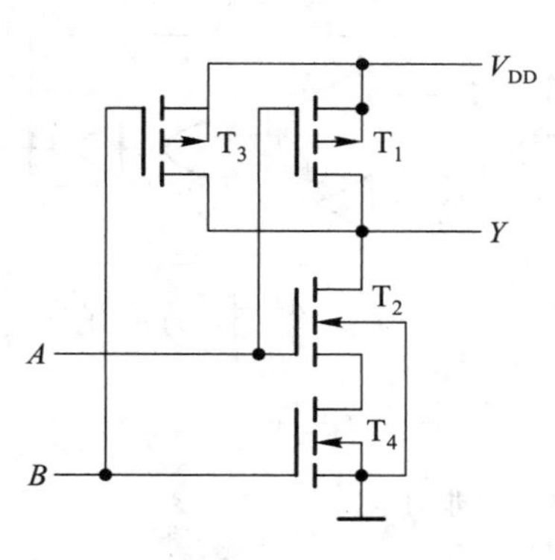

图 3.3.28 CMOS 与非门

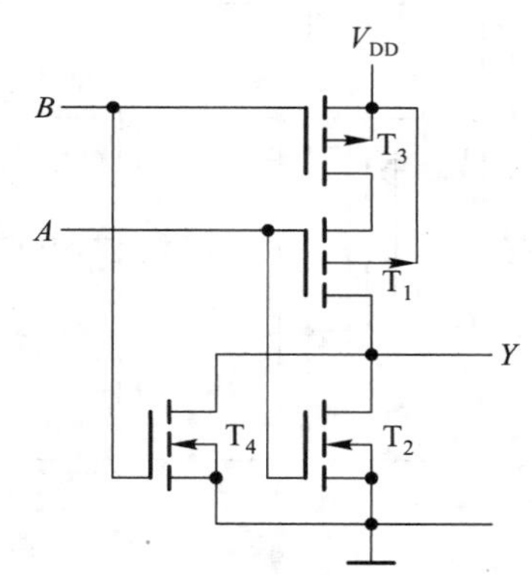

图 3.3.29 CMOS 或非门

在这个电路中，只要 A、B 当中有一个是高电平，输出就是低电平。只有当 A、B 同时为低电平时，才使 T_2 和 T_4 同时截止、T_1 和 T_3 同时导通，输出为高电平。因此，Y 和 A、B 间是**或非**关系，即 $Y=(A+B)'$。

利用**与非**门、**或非**门和反相器又可组成**与**门、**或**门、**与或非**门、**异或**门等。例如，在图 3.3.28 **与非**门的输出端再接入一级反相器，就得到了**与**门。

图 3.3.28 所示的**与非**门电路虽然结构很简单，但也存在着严重的缺点。首先，它的输出电阻 R_O 受输入端状态的影响。假定每个 MOS 管的导通内阻均为 R_{ON}，截止内阻 $R_{OFF}\approx\infty$，则根据前面对图 3.3.28 的分析可知：

若 $A=B=\mathbf{1}$，则 $R_O=R_{ON2}+R_{ON4}=2R_{ON}$；

若 $A=B=\mathbf{0}$，则 $R_O=R_{ON1}/\!/R_{ON3}=\frac{1}{2}R_{ON}$；

若 $A=\mathbf{1}$、$B=\mathbf{0}$，则 $R_O=R_{ON3}=R_{ON}$；

若 $A=\mathbf{0}$、$B=\mathbf{1}$，则 $R_O=R_{ON1}=R_{ON}$。

可见，输入状态的不同可以使输出电阻相差 4 倍之多。

其次，输出的高、低电平受输入端数目的影响。输入端数目越多，串联的驱动管数目也越多，输出的低电平 V_{OL} 也越高。而当输入全部为低电平时，输入端越多负载管并联的数目越多，输出高电平 V_{OH} 也更高一些。

此外，输入端工作状态不同时对电压传输特性也有一定的影响。

图 3.3.29 所示的**或非**门电路中也存在类似的问题。

为了克服这些缺点，在实际生产的 CMOS 电路中均采用带缓冲级的结构，就是在门电路的每个输入端、输出端各增设一级反相器。加进的这些具有标准参数的反相器称为缓冲器。

需要注意的一点是，输入、输出端加进缓冲器以后，电路的逻辑功能也发生了变化。图 3.3.30 所示的**与非**门电路是在图 3.3.29 所示的**或非**门电路的基础上增加了缓冲器以后得到的。在原来**与非**门的基础上增加缓冲级以后就得到了**或非**门电路，如图 3.3.31 所示。图 3.3.30 和图 3.3.31 就是实际生产的**与非**门和**或非**门器件的内部电路结构。

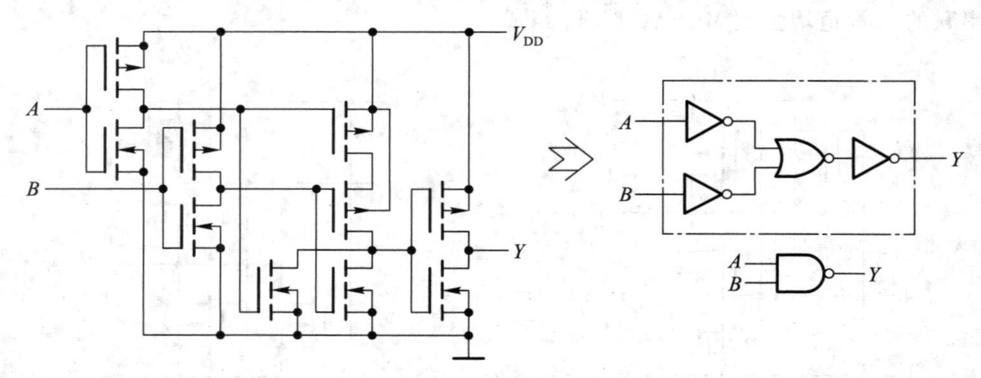

图 3.3.30 带缓冲级的 CMOS **与非**门电路

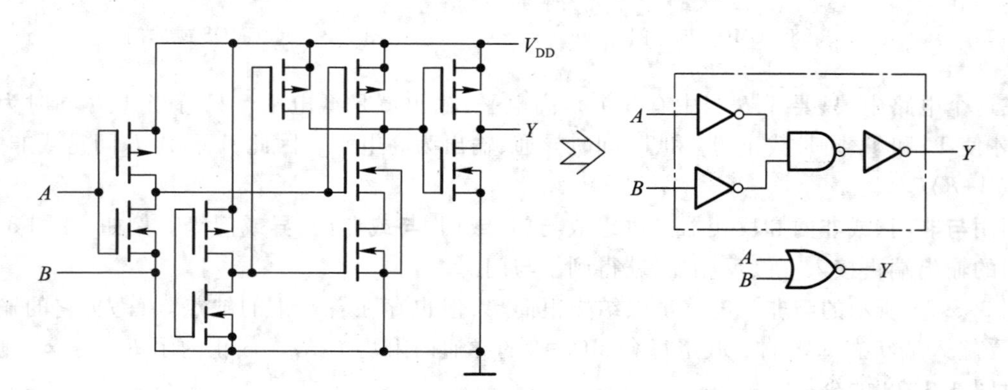

图 3.3.31 带缓冲级的 CMOS **或非**门电路

这些带缓冲级的门电路其输出电阻、输出的高、低电平以及电压传输特性将不受输入端状态的影响。而且，电压传输特性的转折区也变得更陡了。此外，前面讲到的 CMOS 反相器的输入特性和输出特性对这些门电路自然也适用。

二、漏极开路输出门电路(OD 门)

在 CMOS 电路中,为了满足输出电平变换、吸收大负载电流以及实现**线与**连接等需要,有时将输出级电路结构改为一个漏极开路输出的 MOS 管,构成漏极开路输出(Open-Drain Output)门电路,简称 OD 门。

图 3.3.32(a)是 OD 输出**与非**门 74HC03 的电路结构示意图。它的输出电路是一个漏极开路的 N 沟道增强型 MOS 管 T_N。图(b)是它的逻辑符号,用门电路符号内的菱形记号表示 OD 输出结构。菱形下方的横线表示输出低电平时为低输出电阻。

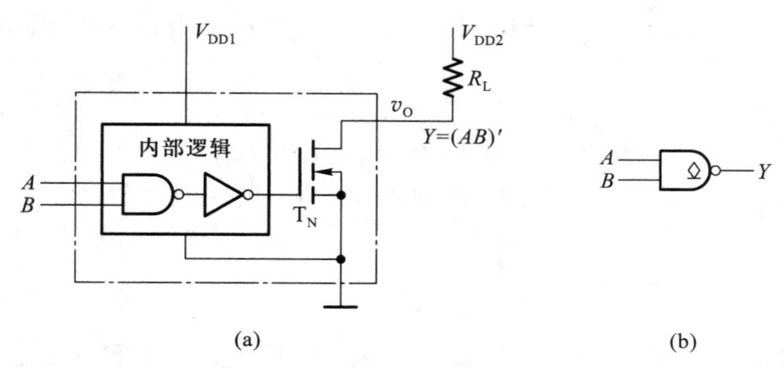

图 3.3.32 OD 输出的**与非**门
(a) 电路结构 (b) 逻辑符号

OD 门工作时必须将输出端经上拉电阻 R_L 接到电源上,如图 3.3.32(a)中所示。设 T_N 的截止内阻和导通内阻分别为 R_{OFF} 和 R_{ON},则只要满足 $R_{OFF} \gg R_L \gg R_{ON}$,就一定能使得 T_N 截止时 $v_O = V_{OH} \approx V_{DD2}$,$T_N$ 导通时 $v_O = V_{OL} \approx 0$。因为 V_{DD2} 可以选为不同于 V_{DD1} 的数值,所以就很容易地将输入的高、低电平 V_{DD1}/0 V变换为输出的高、低电平 V_{DD2}/0 V 了。OD 门的另一个重要应用是可以将几个 OD 门的输出端直接相连,实现**线与**逻辑。图 3.3.33 是用两个 OD 输出**与非**门 G_1 和 G_2 接成**线与**逻辑的例子。由图 3.3.33(a)可见,当 Y_1 或 Y_2 任何一个为低电平时,Y 都为低电平;只有 Y_1、Y_2 同时为高电平时,Y 才为高电平,所以 Y_1、Y_2 和 Y 之间是**与**逻辑关系,即

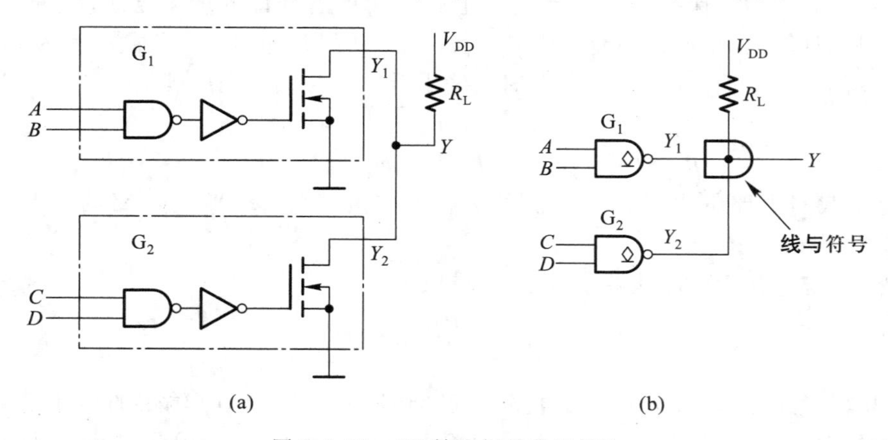

图 3.3.33 OD 输出门的**线与**接法
(a) **线与**连接方法 (b) **线与**逻辑符号

$$\begin{aligned} Y &= Y_1 \cdot Y_2 \\ &= (AB)'(CD)' = (AB+CD)' \end{aligned}$$

这样就将两个 OD 输出**与非**门接成了一个**与或非**电路。**线与**的逻辑符号是画在**线与**连接点处的**与**门轮廓，如图 3.3.33(b) 所示。

下面我们来讨论一下外接电阻阻值的计算方法。由图 3.3.34 中可以看到，在**线与**输出端接有其他门电路作为负载的情况下，当所有的 OD 门同时截止、输出为高电平时，由于 OD 门输出端 MOS 管截止时的漏电流和负载门的高电平输入电流同时流过 R_L，并在 R_L 上产生压降，所以为保证输出高电平不低于规定的数值，R_L 不能取得过大。由此可计算出 R_L 的最大允许值 $R_{L(max)}$。若每个 OD 门输出管截止时的漏电流为 I_{OH}，负载门每个输入端的高电平输入电流为 I_{IH}，要求输出高电平不低于 V_{OH}，则可得到

$$V_{DD} - (nI_{OH} + mI_{IH}) R_L \geq V_{OH}$$

$$R_L \leq (V_{DD} - V_{OH}) / (nI_{OH} + mI_{IH}) = R_{L(max)} \tag{3.3.8}$$

式中的 n 是并联 OD 门的数目，m 是负载门电路高电平输入电流的数目。

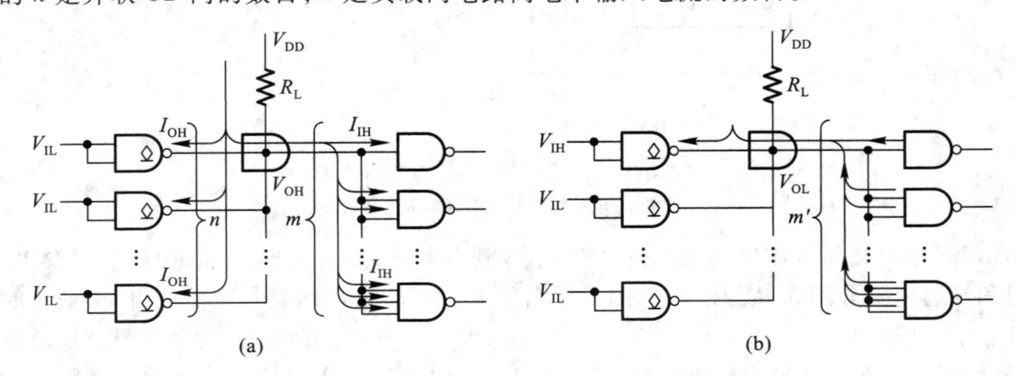

图 3.3.34 OD 门外接上拉电阻的计算

(a) R_L 最大值的计算 (b) R_L 最小值的计算

当输出为低电平，而且并联的 OD 门当中只有一个门的输出 MOS 管导通时，负载电流将全部流入这个导通管。为了保证负载电流不超过输出 MOS 管允许的最大电流，R_L 的阻值不能太小。据此又可以计算出 R_L 的最小允许值 $R_{L(min)}$。若 OD 门允许的最大负载电流为 $I_{OL(max)}$，负载门每个输入端的低电平输入电流为 I_{IL}，此时的输出低电平为 V_{OL}，则应满足

$$(V_{DD} - V_{OL}) / R_L + m' |I_{IL}| \leq I_{OL(max)}$$

$$R_L \geq (V_{DD} - V_{OL}) / (I_{OL(max)} - m' |I_{IL}|) = R_{L(min)} \tag{3.3.9}$$

这里的 m' 是负载门电路低电平输入电流的数目。在负载为 CMOS 门电路的情况下，m 和 m' 相等。

为了保证**线与**连接后电路能够正常工作，应取

$$R_{L(max)} \geq R_L \geq R_{L(min)}$$

【**例 3.3.2**】 在图 3.3.35 所示的电路中，已知 G_1、G_2、G_3 为 OD 输出的**与非**门 74HC03，输出高电平时的漏电流最大值为 $I_{OH(max)} = 5\ \mu A$，输出低电平为 $V_{OL(max)} = 0.33$ V 时允许的最大负载电流为 $I_{OL(max)} = 5.2$ mA。负载门 $G_4 \sim G_6$ 为 74HC00，它的高电平输入电流最大值 $I_{IH(max)}$ 和低电平输入

电流最大值 $I_{IL(max)}$ 均为 1 μA。若 $V_{DD}=5$ V,要求 $V_{OH}\geqslant 4.4$ V、$V_{OL}\leqslant 0.33$ V,试求 R_L 取值的允许范围。

解： 由式(3.3.8)可知

$$R_{L(max)}=(V_{DD}-V_{OH})/(nI_{OH(max)}+mI_{IH(max)})$$
$$=(5-4.4)/(3\times5\times10^{-6}+6\times10^{-6})\ \Omega$$
$$=28.6\ \mathrm{k}\Omega$$

又由式(3.3.9)得到

$$R_{L(min)}=(V_{DD}-V_{OL})/(I_{OL(max)}-m'\,|I_{IL(max)}|)$$
$$=(5-0.33)/(5.2\times10^{-3}-6\times10^{-6})\ \Omega$$
$$=0.90\ \mathrm{k}\Omega$$

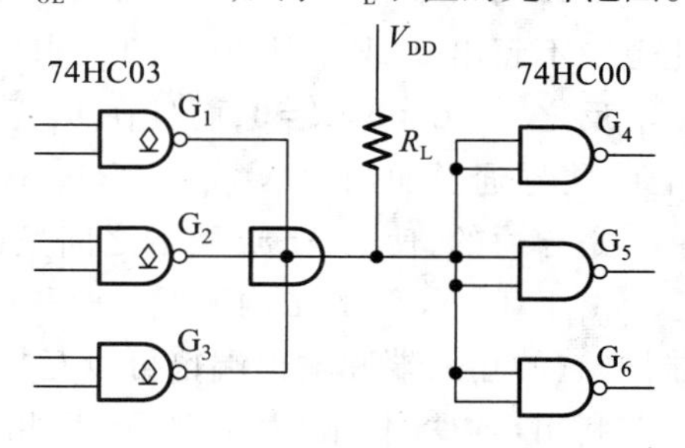

图 3.3.35 例 3.3.2 的电路

故 R_L 允许的取值范围为

$$28.6\ \mathrm{k}\Omega>R_L>0.90\ \mathrm{k}\Omega$$

三、CMOS 传输门

利用 P 沟道 MOS 管和 N 沟道 MOS 管的互补性可以接成如图 3.3.36 所示的 CMOS 传输门。CMOS 传输门如同 CMOS 反相器一样,也是构成各种逻辑电路的一种基本单元电路。

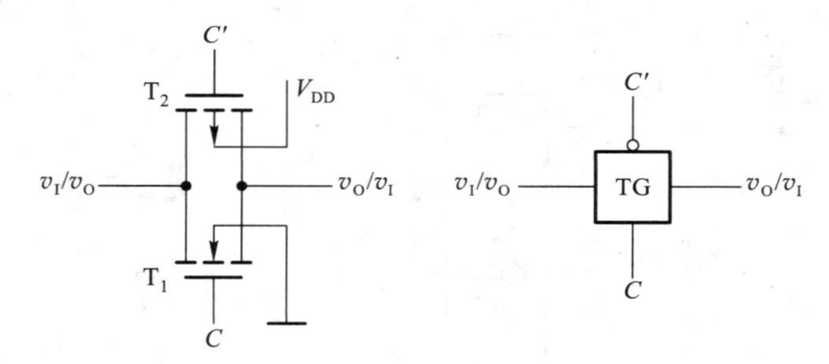

图 3.3.36 CMOS 传输门的电路结构和逻辑符号

图 3.3.36 中的 T_1 是 N 沟道增强型 MOS 管,T_2 是 P 沟道增强型 MOS 管。因为 T_1 和 T_2 的源极和漏极在结构上是完全对称的,所以栅极的引出端画在栅极的中间。T_1 和 T_2 的源极和漏极分别相连作为传输门的输入端和输出端。C 和 C' 是一对互补的控制信号。

如果传输门的一端接输入正电压 v_I,另一端接负载电阻 R_L,则 T_1 和 T_2 的工作状态将如图 3.3.37 所示。

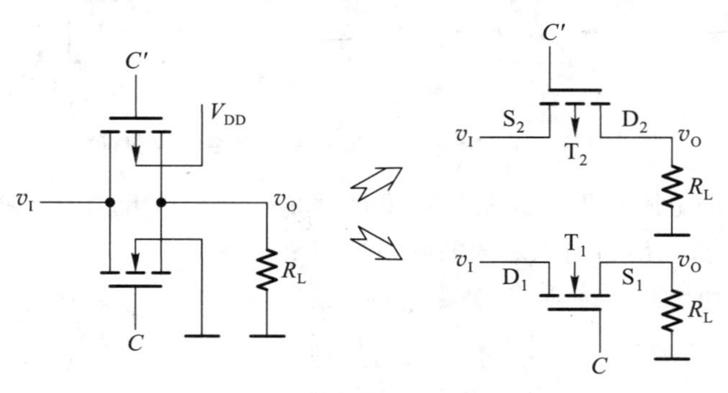

图 3.3.37 CMOS 传输门中两个 MOS 管的工作状态

设控制信号 C 和 C' 的高、低电平分别为 V_{DD} 和 0V，那么当 $C=\mathbf{0}$、$C'=\mathbf{1}$ 时，只要输入信号的变化范围不超出 $0\sim V_{DD}$，则 T_1 和 T_2 同时截止，输入与输出之间呈高阻态（$>10^9\ \Omega$），传输门截止。

反之，若 $C=\mathbf{1}$、$C'=\mathbf{0}$，而且在 R_L 远大于 T_1、T_2 的导通电阻的情况下，则当 $0<v_I<V_{DD}-V_{GS(th)N}$ 时 T_1 将导通。而当 $|V_{GS(th)P}|<v_I<V_{DD}$ 时 T_2 导通。因此，v_I 在 $0\sim V_{DD}$ 之间变化时，T_1 和 T_2 至少有一个是导通的，使 v_I 与 v_O 两端之间呈低阻态（小于 1 kΩ），传输门导通。

由于 T_1、T_2 管的结构形式是对称的，即漏极和源极可互易使用，因而 CMOS 传输门属于双向器件，它的输入端和输出端也可以互易使用。

利用 CMOS 传输门和 CMOS 反相器可以组合成各种复杂的逻辑电路，如**异或**门、数据选择器、寄存器、计数器等。

图 3.3.38 就是用反相器和传输门构成**异或**门的一个实例。由图可知

当 $A=1$、$B=0$ 时，TG_1 截止而 TG_2 导通，$Y=B'=\mathbf{1}$；

当 $A=\mathbf{0}$、$B=\mathbf{1}$ 时，TG_1 导通而 TG_2 截止，$Y=B=\mathbf{1}$；

当 $A=B=\mathbf{0}$ 时，TG_1 导通而 TG_2 截止，$Y=B=\mathbf{0}$；

当 $A=B=\mathbf{1}$ 时，TG_1 截止而 TG_2 导通，$Y=B'=\mathbf{0}$。

因此，Y 与 A、B 之间是**异或**逻辑关系，即 $Y=A\oplus B$。

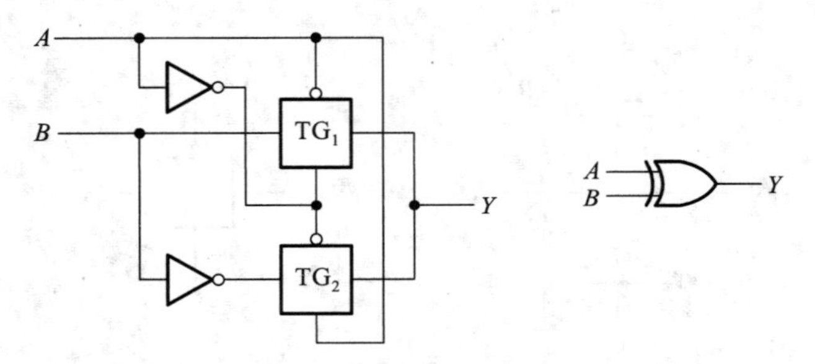

图 3.3.38　用反相器和传输门构成的**异或**门电路

传输门的另一个重要用途是作模拟开关，用来传输连续变化的模拟电压信号。这一点是无法用一般的逻辑门实现的。模拟开关的基本电路是由 CMOS 传输门和一个 CMOS 反相器组成的，如图 3.3.39 所示。和 CMOS 传输门一样，它也是双向器件。

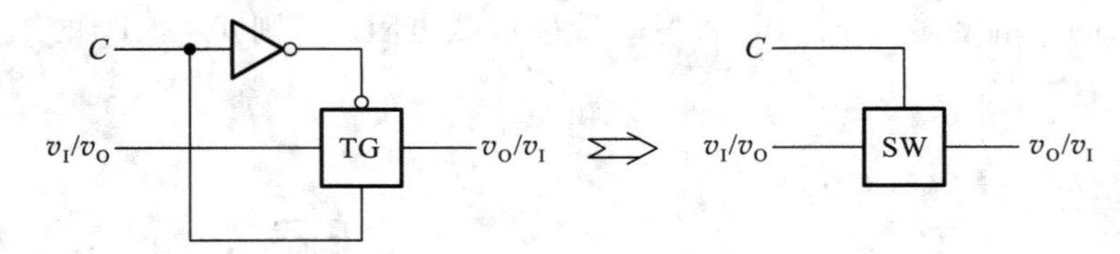

图 3.3.39　CMOS 双向模拟开关的电路结构和符号

假定接在输出端的电阻为 R_L（如图 3.3.40 所示），双向模拟开关的导通内阻为 R_{TG}。当 $C=\mathbf{0}$（低电平）时开关截止，输出与输入之间的联系被切断，$v_O=0$。

当 $C=\mathbf{1}$（高电平）时，开关接通，输出电压为

$$v_O=\frac{R_L}{R_L+R_{TG}}v_I \tag{3.3.10}$$

我们将 v_O 与 v_I 的比值定义为电压传输系数 K_{TG}，即

$$K_{TG}=\frac{v_O}{v_I}=\frac{R_L}{R_L+R_{TG}} \tag{3.3.11}$$

为了得到尽量大而且稳定的电压传输系数，应使 $R_L \gg R_{TG}$，而且希望 R_{TG}不受输入电压变化的影响。然而式(3.3.1)表明，MOS管的导通内阻 R_{ON}是栅源电压 v_{GS}的函数。从图 3.3.37 可见，T_1 和 T_2 的 v_{GS}都是随 v_I 的变化而改变的，因而在不同 v_I 值下 T_1 的导通内阻 R_{ON1}、T_2 的导通内阻 R_{ON2}以及它们并联而成的 R_{TG}皆非常数。

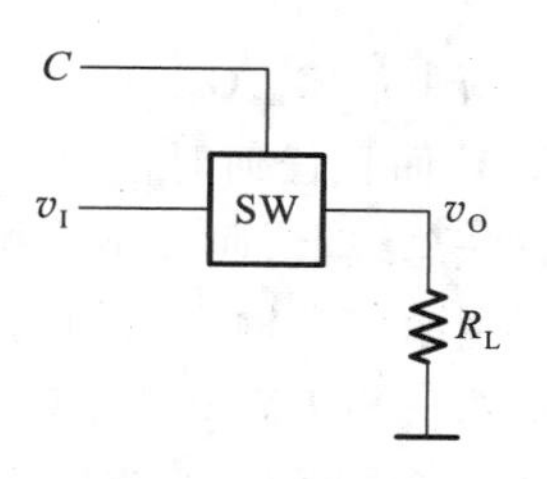

图 3.3.40 CMOS 模拟开关接负载电阻的情况

为了进一步减小 R_{TG}的变化，又对图 3.3.37 所示的电路做了改进。目前某些精密 CMOS 模拟开关的导通电阻已经降低到了 1 Ω 以内。例如 TI 公司生产的双通道模拟开关 TS3A24159，其导通电阻仅 0.3 Ω，而且可以在 1.65~3.6 V 的电源电压下工作。

四、三态输出的 CMOS 门电路

三态输出门电路的输出除了有高、低电平这两个状态以外，还有第三个状态——高阻态。图 3.3.41(a)是三态输出反相器的电路结构图。因为这种电路结构总是接在集成电路的输出端，所以也将这种电路称为输出缓冲器(Output Buffer)。

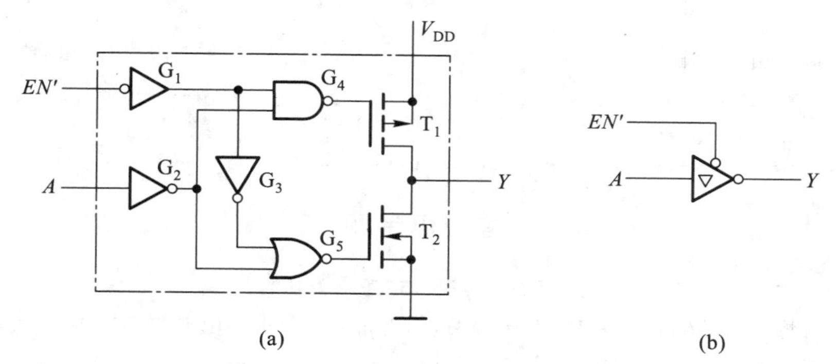

图 3.3.41 三态输出的 CMOS 反相器

(a) 电路结构 (b) 逻辑符号

从这个电路图中可以看到，为了实现三态控制，除了原有的输入端 A 以外，又增加了一个三态控制端 EN'。当 $EN'=0$ 时，若 $A=\mathbf{1}$，则 G_4、G_5 的输出同为高电平，T_1 截止、T_2 导通，$Y=\mathbf{0}$；若 $A=\mathbf{0}$，则 G_4、G_5 的输出同为低电平，T_1 导通、T_2 截止，$Y=\mathbf{1}$。因此，$Y=A'$，反相器处于正常工作状态。而当 $EN'=\mathbf{1}$ 时，不管 A 的状态如何，G_4 输出高电平而 G_5 输出低电平，T_1 和 T_2 同时截止，输出呈现高阻态。

图 3.3.41(b)是三态输出反相器的逻辑符号。反相器符号内的三角形记号表示三态输出结构，EN'输入端处的小圆圈表示 EN'为低电平有效信号，即只有在 EN'为低电平时，电路方处于正常工作状态。如果 EN'为高电平有效，则没有这个小圆圈。这种三态输出结构有时也用于其他逻辑功能 CMOS 集成电路的输出端。

在一些比较复杂的数字系统(例如微型计算机)当中，为了减少各个单元之间的连线数目，希望能用同一条导线分时传递若干个门电路的输出信号。这时可采用图 3.3.42 所示的连接方

式。图中的 G_1、G_2、…、G_n 均为三态输出反相器，只要工作过程中控制各个反相器的 EN 端轮流等于 **1**，而且任何时候仅有一个等于 **1**，就可以轮流地把各个反相器的输出信号送到公共的传输线——总线上，而互不干扰。这种连接方式称为总线结构。

利用三态输出结构的门电路还能实现数据的双向传输。图 3.3.43 是数据双向传输电路的结构图。当 $EN=\mathbf{1}$ 时，G_1 工作而 G_2 为高阻态，数据 D_0 经过 G_1 反相后送到总线上去。当 $EN=\mathbf{0}$ 时，G_2 工作而 G_1 为高阻态，来自总线的数据 D_1 经过 G_2 反相后送入电路内部。

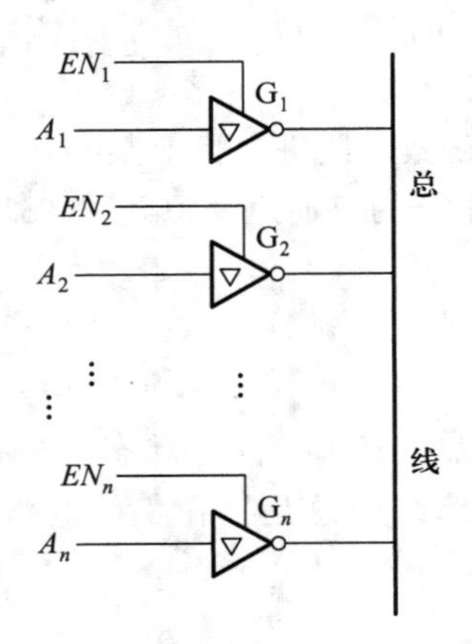

图 3.3.42 用三态输出反相器接成总线结构

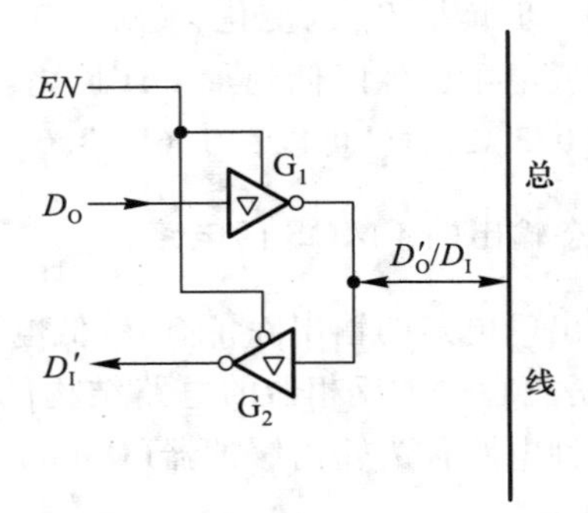

图 3.3.43 用三态输出反相器实现数据双向传输

复习思考题

R3.3.9 什么是“线与”电路结构？它是如何实现“**与**”逻辑关系的？

R3.3.10 能否将两个互补输出结构的普通 CMOS 门电路输出端并联，接成**线与**结构？

R3.3.11 三态输出的缓冲器有哪些用途？

3.3.6 CMOS 集成电路的正确使用

一、输入电路的静电防护

虽然在 CMOS 电路的输入端已经设置了保护电路，但由于保护二极管和限流电阻的几何尺寸有限，它们所能承受的静电电压和脉冲功率均有一定的限度。

CMOS 集成电路在储存、运输、组装和调试过程中，难免会接触到某些带静电高压的物体。例如工作人员如果穿的是由容易产生静电的织物制成的衣裤，则这些服装摩擦时产生的静电电压有时可高达数千伏。假如将这个静电电压加到 CMOS 电路的输入端，将足以将电路损坏。

为防止由静电电压造成的损坏，应注意以下几点：

(1) 在储存和运输 CMOS 器件时不要使用易产生静电高压的化工材料和化纤织物包装。通常都将器件插在导电的泡沫塑料上,并采用金属屏蔽层作包装材料。在从包装中取下时,应避免用手触摸器件的引脚,并将器件放置在接地的导电平面上。

(2) 在将 CMOS 器件插入电路板或从电路板中拔出时,应关掉电源。

(3) 组装、调试时,应使电烙铁和其他工具、仪表、工作台台面等良好接地。操作人员的服装和手套等应选用无静电的原料制作。

(4) 不用的输入端不应悬空。

二、输入电路的过流保护

由于输入保护电路中的钳位二极管电流容量有限,一般为 1mA,所以在可能出现较大输入电流的场合必须采取以下保护措施:

(1) 输入端接低内阻信号源时,应在输入端与信号源之间串进保护电阻,保证输入保护电路中的二极管导通时电流不超过 1mA。

(2) 输入端接有大电容时,亦应在输入端与电容之间接入保护电阻,如图 3.3.44 所示。

在输入端接有大电容的情况下,若电源电压突然降低或关掉,则电容 C 上积存的电荷将通过保护二极管 D_1 放电,形成较大的瞬态电流。串进电阻 R_P 以后,可以限制这个放电电流不超过 1 mA。R_P 的阻值可按 $R_P = v_C/1\ \text{mA}$ 计算。此处 v_C 表示输入端外接电容 C 上的电压(单位 V)。

(3) 输入端接长线时,应在门电路的输入端接入保护电阻 R_P,如图 3.3.45 所示。

因为长线上不可避免地伴生有分布电容和分布电感,所以当输入信号发生突变时只要门电路的输入阻抗与长线的阻抗不相匹配,则必然会在 CMOS 电路的输入端产生附加的正、负振荡脉冲。因此,需串入 R_P 限流。根据经验,R_P 的阻值可按 $R_P = V_{DD}/1\ \text{mA}$ 计算。输入端的长线长度大于 10 m 以后,长度每增加 10 m,R_P 的阻值应增加 1 kΩ。

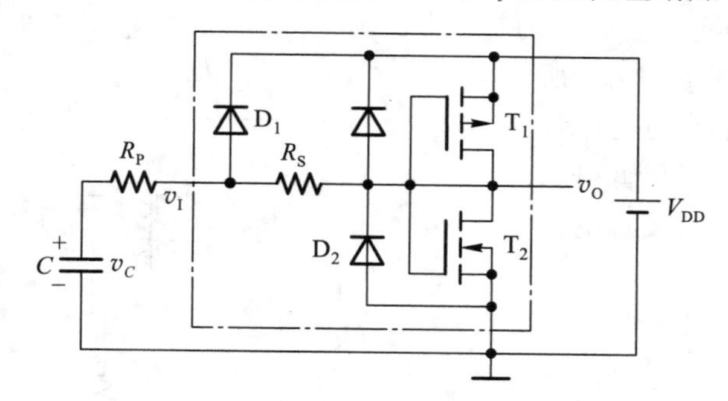

图 3.3.44 输入端接大电容时的防护

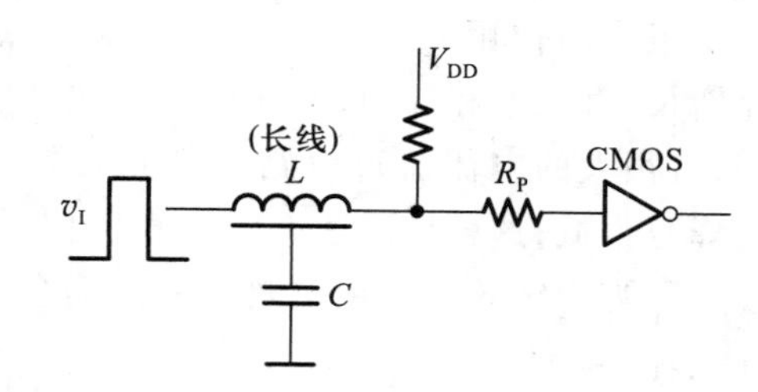

图 3.3.45 输入端接长线时的防护

*三、CMOS 电路锁定效应的防护

锁定效应(Latch-Up),或称为可控硅效应(Silicon Controlled Rectifer)是 CMOS 电路中的一个特有问题。发生锁定效应以后往往会造成器件的永久失效,因而了解锁定效应的产生原因及其防护方法是十分必要的。

图 3.3.46 是图 3.3.44 所示 CMOS 反相器的结构示意图。从图上可以看到，为了在同一片 N 型衬底上同时制作 P 沟道和 N 沟道两种类型的 MOS 管，并利用反相 PN 结实现隔离，就必须先在 N 型衬底上形成一个 P 型区——P 阱，然后再于 P 阱上制作两个 N 型区，形成 N 沟道 MOS 管的源极和漏极。P 阱里的另一个 N 型区是输入保护二极管 D_2 的负极。这样一来便在三个 N 型区-P 阱-N 型衬底之间形成了一个纵向多发射极的 NPN 型寄生三极管 T_N①。

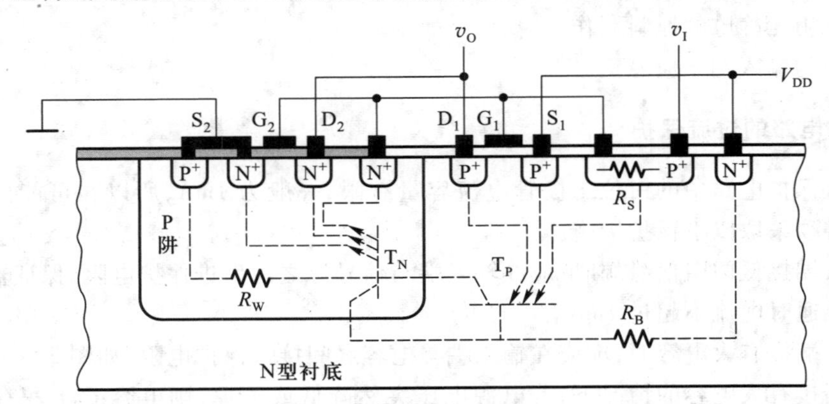

图 3.3.46　CMOS 反相器电路中的双极型寄生三极管效应

为了得到 P 沟道 MOS 管，又在 N 型衬底上另外制作了两个 P 型区，作为 P 沟道管的源极和漏极。图 3.3.46 中最右边一个 P 型区是输入保护电阻。这样在三个 P 型区-衬底-P 阱之间又形成了一个横向多发射极的 PNP 型寄生三极管 T_P。

若以 R_W 表示 P 阱的电阻，以 R_B 表示衬底的电阻，其他高掺杂区的内阻略而不计，则 T_N、T_P 和 R_W、R_B 一起便形成了图 3.3.47 所示的正反馈电路。这种电路结构就是通常所说的可控硅整流器(Silicon Controlled Rectifier)，简称可控硅或 SCR(也称晶闸管)。

如果 T_P 和 T_N 的电流放大系数的乘积 $\beta_1 \cdot \beta_2>1$，那么当 T_P 有基极电流 i_{BP} 流过时，集电极有电流 $i_{CP}=\beta_1 \cdot i_{BP}$。假定 R_W 的分流作用可以忽略，则 T_N 的基极电流为 $i_{BN}=i_{CP}=\beta_1 \cdot i_{BP}$。如果再忽略 R_B 的分流作用，这时将有 $i_{BP}=i_{CN}=\beta_1 \cdot \beta_2 \cdot i_{BP}$，所以由于正反馈作用 i_{BP} 被放大了。于是 T_N、T_P 的电流都迅速增长，直至饱和导通，并在电源与地之间形成低电阻通路，有很大的电流流过电路。除非切断电源或将电源电压降至很低，这种导通状态将一直保持下去，因此将这种现象称为锁定效应。锁定效应的持续会造成器件的永久性损坏。

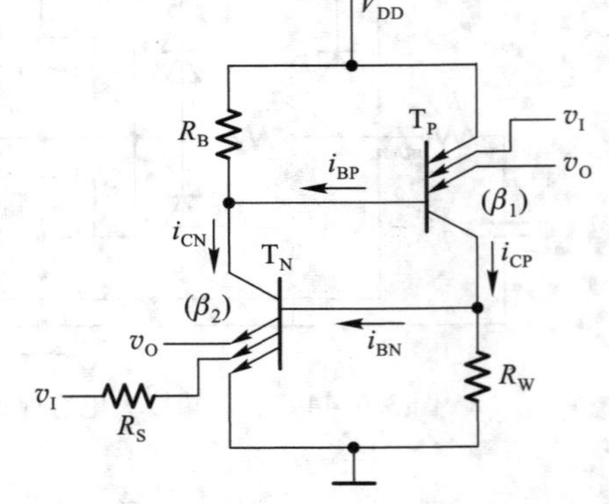

图 3.3.47　由寄生三极管形成的可控硅结构

同理，T_N 有基极电流注入时也会引发锁定效应。

那么什么条件下 T_P 或 T_N 会导通呢？从图 3.3.47 上可以看出：

(1) 若 $v_I>V_{DD}+V_F$(V_F 表示 T_N 和 T_P 发射结的正向导

① 有关 NPN、PNP 双极型三极管的内容见本章的 3.5.1 节。

通压降),则 T_P 导通,并进而引起 T_N 导通,产生锁定效应。

(2) 若 $v_I<-V_F$,则 T_N 导通,并进而引起 T_P 导通,产生锁定效应。

(3) 若 $v_O>V_{DD}+V_F$,则 T_P 导通,并进而引起 T_N 导通,产生锁定效应。

(4) 若 $v_O<-V_F$,则 T_N 导通,并进而引起 T_P 导通,产生锁定效应。

(5) 若 V_{DD}大于 PN 结的反向击穿电压,则 T_N 或 T_P 也会导通,并引发锁定效应。

因此,为防止发生锁定效应,在 CMOS 电路工作时始终应保证 v_I、v_O、V_{DD}的数值符合如下规定:

$$-V_F<v_I<V_{DD}+V_F$$

$$-V_F<v_O<V_{DD}+V_F$$

$$V_{DD}<V_{DD(BR)}\text{(}V_{DD}\text{端的击穿电压)}$$

通过不断改进集成电路的版图设计和生产工艺,增加内部的保护环节,在目前生产的 CMOS 集成电路中已经能够基本上消除锁定效应的发生了。但是,在某些功率较大的工业控制设备中,如果工作过程中有远大于正常允许范围的电压或电流冲击加到集成电路的输入端、输出端或电源上时,仍然有发生锁定效应的危险。在这类工作环境下,还可以考虑采取下述的一些防护措施:

(1) 虽然 CMOS 器件输入端和输出端的内部通常都有二极管钳位电路作为保护电路,但是这些保护电路可承受的电压和电流有限。因此,需要在输入端和输出端附加钳位电路,以确保加到输入端和输出端上的电压不会达到引发锁定效应的数值,如图 3.3.48 所示。图中的二极管应选用导通压降较低、短时间内允许通过较大电流的二极管,例如锗二极管或肖特基势垒二极管。

(2) 当 V_{DD}可能出现瞬时高压时,在 CMOS 电路的电源输入端加去耦电路,如图 3.3.49 所示。在去耦电阻 R 选得足够大的情况下,还可以将电源电流限制在锁定状态的维持电流以下,即使有触发电流流入 T_N 或 T_P,自锁状态也不能维持下去,从而避免了锁定效应的发生。这种方法的缺点是降低了电源的利用率。

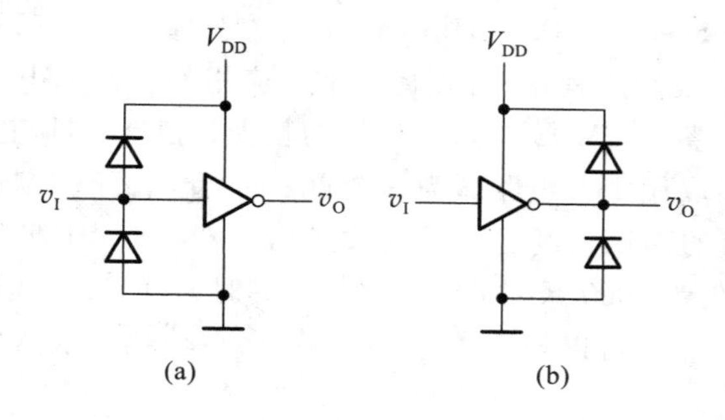

图 3.3.48 CMOS 电路的钳位保护电路
(a) 输入端的钳位电路 (b) 输出端的钳位电路

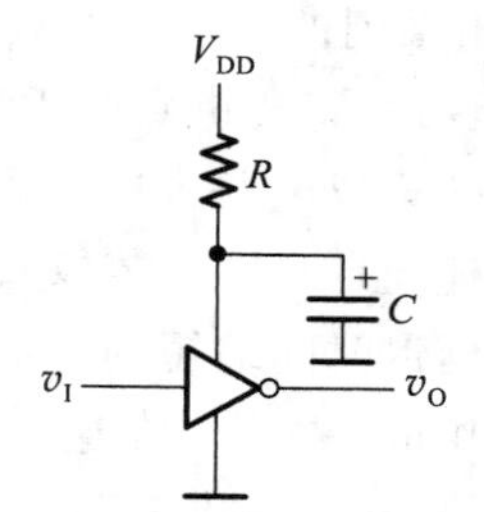

图 3.3.49 在 CMOS 电路的电源上加去耦保护

(3) 当系统由几个电源分别供电时,各电源的开、关顺序必须合理。启动时应先接通 CMOS 电路的供电电源,然后再接通输入信号和负载电路的电源。关机时应先关掉信号源和负载的电源,再切断 CMOS 电路的电源。

复习思考题

R3.3.12　为防止 CMOS 电路中发生静电击穿,应当注意哪些问题?

R3.3.13　什么是 CMOS 电路的锁定效应? 应如何防止锁定效应的发生?

3.3.7　CMOS 数字集成电路的各种系列

自 20 世纪 60 年代初 CMOS 电路研制成功以后,为了推广应用并降低成本,半导体器件制造公司陆续地将数字系统中经常用到的一些电路模块制成为标准化的集成电路产品,并批量生产投放市场。在这些模块电路当中,有各种逻辑功能的门电路,以及后面几章里将会讲到的触发器、编码器、译码器、数据选择器、寄存器、计数器等等。虽然这些集成电路器件的逻辑功能是固定的,但通常都具有较强的通用性。设计人员可以直接选择需用的器件,组成所设计的数字系统

随着 CMOS 电路制造工艺的不断改进,CMOS 集成电路的性能也得到了迅速提高。迄今为止,各国的半导体器件制造厂商已经先后推出了多种系列的标准化数字集成电路产品。下面主要以 TI 公司生产的各种 CMOS 数字集成电路为主,简单介绍一下不同系列产品的特点。其他公司也有类似的产品,但是在具体的性能和参数上可能会有些差异。

4000/14000 系列:

最早投放市场的 CMOS 数字集成电路产品是由 RCA 公司生产的 4000 系列和 Motorola 公司生产的 14000 系列。由于受到当时制造工艺水平的限制,虽然它有较宽的工作电压范围(3~18 V),但传输延迟时间很长,可达 100 ns 左右。而且,带负载能力也较弱。例如,工作在 5 V 的电源电压时,输出为高电平时输出的最大负载电流和输出为低电平时吸收的最大负载电流都只有 0.5 mA 左右。因此,目前它已基本上被后来出现的 HC/HCT 系列产品所取代。

74HC/HCT 系列:

74HC(High-Speed CMOS)/HCT(High-Speed CMOS,TTL Compatible)是 TI 公司生产的高速 CMOS 逻辑系列的简称。在数字集成电路的发展历程中,首先得到推广应用的不是 CMOS 集成电路,而是后面将要讲到的 TTL 集成电路。鉴于 CMOS 电路在降低功耗上远胜于 TTL 电路,所以在 CMOS 集成电路推广应用的初期,便以取代 TTL 电路作为一个重要目标。由于在制造工艺上采用了硅栅自对准工艺以及缩短 MOS 管的沟道长度等一系列改进措施,74 HC/HCT 系列产品的传输延迟时间缩短到了 10 ns 的水平,仅为 4000 系列的十分之一。同时,它的带负载能力也提高到了 4 mA 左右。在这两个重要指标上完全可以与 TTL 电路匹敌,而在功耗上依然保持着绝对的优势。

为了能在同一个系统中与 TTL 电路兼容,74 HC/HCT 系列采用了与 TTL 电路相同的电源电压等级(5 V±0.5 V)。而且,只要 CMOS 器件与 TTL 器件的型号中尾部的数字代码相同,那么两者在逻辑功能、器件外形尺寸以及引脚排列上,都是兼容的。例如 CMOS 器件 74 HC04 和 TTL 器件 74 LS04 都包含 6 个反相器,不仅输入、输出信号电平可以兼容,甚至每个反相器输入端和输出端引脚的排列顺序也完全相同。

74HC 系列和 74HCT 系列在传输延迟时间和带负载能力上基本相同,只是在工作电压范

围和对输入信号电平的要求有所不同。74HC 系列可以在 2~6 V 间的任何电源电压下工作。在提高工作速度作为主要要求的情况下,可以选择较高的电源电压;而在降低功耗为主要要求的情况下,可以选用较低的电源电压。但由于 74HC 系列门电路要求的输入电平与后面要讲到的 TTL 电路输出电平不相匹配,所以 74HC 系列电路不能与 TTL 电路混合使用,只适用于全部由 74HC 系列电路组成的系统。74HCT 系列工作在单一的 5 V 电源电压下,它的输入、输出电平与 TTL 电路的输入、输出电平完全兼容,因此可以用于 74HCT 与 TTL 混合的系统。

74 AHC/AHCT 系列:

74AHC(Advanced High-Speed CMOS)/AHCT(Advanced High-Speed CMOS, TTL Compatible)逻辑系列是改进的高速 CMOS 逻辑系列的简称。改进后的这两种系列不仅比 74HC/HCT 的工作速度提高了一倍,而且带负载能力也提高了近一倍。同时 74AHC/AHCT 系列产品又能与 74HC/HCT 系列产品兼容,这就为系统的器件更新带来了很大方便。因此,74AHC/AHCT 系列是目前比较受欢迎的、应用最广的 CMOS 器件。就像 74HC 与 74HCT 系列的区别一样,74AHC 与 74AHCT 系列的区别也主要表现在工作电压范围和对输入电平的要求不同上。

74 LVC 系列:

74LVC(Low-Voltage CMOS)系列是 TI 公司 20 世纪 90 年代推出的低压 CMOS 逻辑系列的简称。74LVC 系列不仅能工作在 1.65~3.3 V 的低电压下,而且传输延迟时间也缩短至 3.8 ns。同时,它又能提供更大的负载电流,在电源电压为 3 V 时,最大负载电流可达 24 mA。此外,74LVC 的输入可以接受高达 5 V 的高电平信号,能很容易地将 5 V 电平的信号转换为 3.3 V 以下的电平信号,而 74LVC 系列提供的总线驱动电路又能将 3.3 V 以下的电平信号转换为 5 V 的输出信号,这就为 3.3 V 系统与 5 V 系统之间的连接提供了便捷的解决方案。

低压 CMOS 技术不仅可以用于制作各种中、小规模的数字集成电路,更适用于制作大规模集成电路。因为在制作大规模集成电路时,为了在有限的芯片面积上制作更多的单元电路,每个单元电路和单元之间隔离区的尺寸都非常小,耐压非常低,所以必须在低压下才能可靠工作。此外,由于每个单元电路的功耗和电源电压的平方成正比,为了保证整个芯片的功耗不超过允许限度,也必须降低电源电压。因此,低压 CMOS 技术在大规模集成电路的生产中得到了日益广泛的应用。

74ALVC 系列:

74ALVC(Advanced Low-Voltage CMOS)系列是 TI 公司于 1994 年推出的改进的低压 CMOS 逻辑系列。ALVC 在 LVC 基础上进一步提高了工作速度,并提供了性能更加优越的总线驱动器件。LVC 和 ALVC 是目前 CMOS 电路中性能最好的两个系列,可以满足高性能数字系统设计的需要。尤其在移动式的便携电子设备(如笔记本电脑、移动电话、数码照相机等)中,LVC 和 ALVC 系列的优势更加明显。

74 AVC 系列:

74 AVC(Advanced Very-Low-Voltage CMOS)系列是超低压 CMOS 电路的简称。它不仅提供了更宽的工作电压范围,可以在 1.2~3.6 V 的电源电压下工作,而且也将传输延迟时间缩短到了 2 ns。这就为未来制作性能更加优越的低压电子设备展示了广阔的前景。

此外,为了满足在野外长时间用电池工作的电子设备的特殊需要,还有一些微电压、微功耗的数字集成电路产品,这里就不逐一列举了。

表 3.3.2 是以 TI 公司生产的几种不同系列反相器为例,列出了不同 CMOS 系列集成电路主要性能参数的比较表。器件名称 54/74HC04 中,“54/74”是 TI 公司产品的标志,“HC”是不同系列的名称,后面的数码“04”表示器件具体的逻辑功能,在这里表示这个器件是“六反相器”(即其中有六个同样的反相器)。只要器件名称中最后的数码相同,它们的逻辑功能就是一样的。但是不同系列的电气性能参数就大不一样了。“54”和“74”系列的区别主要在于允许的环境工作温度不同。“54”系列允许的环境工作温度为-55~+125℃,而“74”系列的允许环境工作温度为-40~+85℃。

表 3.3.2 几种 CMOS 系列数字集成电路性能的比较(以 74××04 为例)

参数名称和符号	74HC04	74HCT04	74AHC04	74AHCT04	74LVC04	74ALVC04
电源电压范围 V_{DD}/V	2~6	4.5~5.5	2~5.5	4.5~5.5	1.65~3.6	1.65~3.6
输入高电平最小值 $V_{IH(min)}$/V	3.15	2	3.15	2	2	2
输入低电平最大值 $V_{IL(max)}$/V	1.35	0.8	1.35	0.8	0.8	0.8
输出高电平最小值 $V_{OH(min)}$/V	4.4	4.4	4.4	4.4	2.2	2.0
输出低电平最大值 $V_{OL(max)}$/V	0.33	0.33	0.44	0.44	0.55	0.55
高电平输出电流最大值 $I_{OH(max)}$/mA	-4	-4	-8	-8	-24	-24
低电平输出电流最大值 $I_{OL(max)}$/mA	4	4	8	8	24	24
高电平输入电流最大值 $I_{IH(max)}$/μA	1	1	1	1	5	5
低电平输入电流最大值 $I_{IL(max)}$/μA	-1	-1	-1	-1	-5	-5

续表

参数名称和符号	74HC04	74HCT04	74AHC04	74AHCT04	74LVC04	74ALVC04
平均传输延迟时间 t_{pd}/ns	9	14	5.3	5.5	3.8	2
输入电容最大值 C_I/pF	10	10	10	10	5	3.5
功耗电容 C_{pd}/pF	20	20	12	14	8	23

注：1. 表中给出的参数（除电源电压范围以外）中，74HC/HCT 和 74 AHC/AHCT04 是 $V_{DD}=4.5$ V 下的参数，74LVC04 和 74ALVC04 是 $V_{DD}=3$ V 下的参数。

2. $V_{OH(min)}$ 和 $V_{OL(max)}$ 是在表中给出的最大负载电流下的输出电压。

复习思考题

R3.3.14 74HC 系列器件和 74HCT 系列器件的主要区别是什么？

3.4 TTL 门电路

3.4.1 双极型三极管的开关特性

TTL 是三极管-三极管逻辑（Transistor-Transistor Logic）的简称。

因为 TTL 集成电路中采用双极型三极管作为开关器件，所以在介绍 TTL 电路之前，我们首先需要了解一下双极型三极管的开关特性。

一、双极型三极管的结构

一个独立的双极型三极管由管芯、三个引出电极和外壳组成。三个电极分别称为基极（base）、集电极（collector）和发射极（emitter）。外壳的形状和所用材料各不相同。管芯由三层 P 型和 N 型半导体结合在一起而构成，有 NPN 型和 PNP 型两种，它们的示意图如图 3.4.1 所示。因为在工作时有电子和空穴两种载流子参与导电过程，故称这类三极管为双极型三极管（Bipolar Junction Transistor，简称 BJT）。

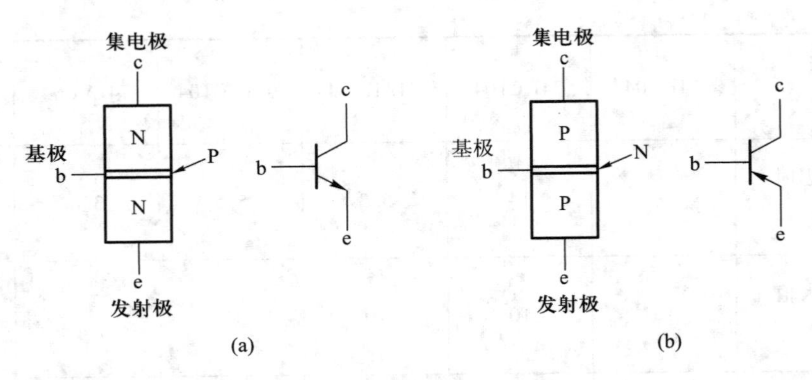

图 3.4.1　双极型三极管的两种类型

(a) NPN 型　(b) PNP 型

二、双极型三极管的输入特性和输出特性

若以基极 b 和发射极 e 之间的发射结作为输入回路，则可以测出表示输入电压 v_{BE} 和输入电流 i_B 之间关系的特性曲线，如图 3.4.2(a)所示。这个曲线称为输入特性曲线。由图可见，这个曲线近似于指数曲线。为了简化分析计算，经常采用图中虚线所示的折线来近似。图中的 V_{ON} 称为开启电压。硅三极管的 V_{ON} 为 0.5～0.7 V，锗三极管的 V_{ON} 为 0.2～0.3 V。

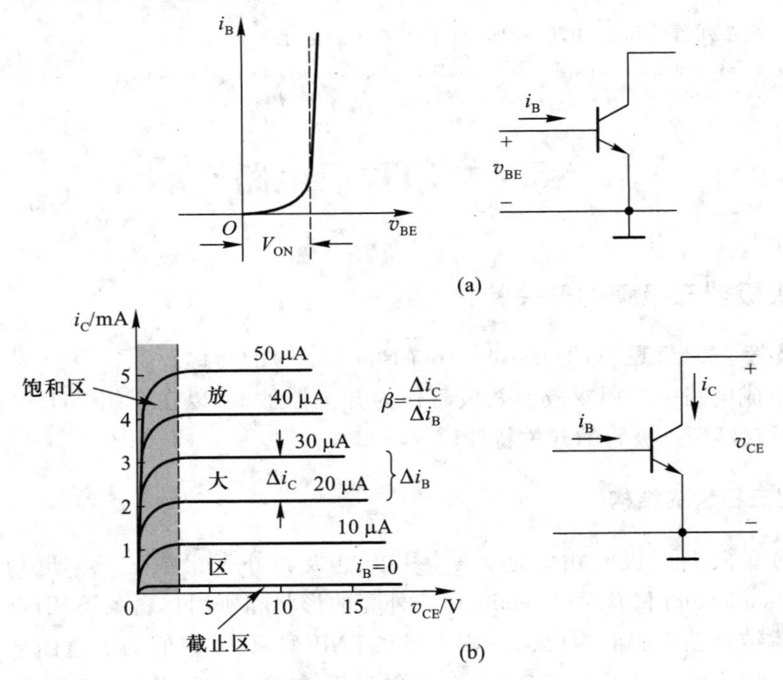

图 3.4.2　双极型三极管的特性曲线

(a) 输入特性曲线　(b) 输出特性曲线

若以集电极 c 和发射极 e 之间的回路作为输出回路，则可测出在不同 i_B 值下表示集电极电流 i_C 和集电极电压 v_{CE} 之间关系的曲线，如图 3.4.2(b) 所示。这一族曲线称为输出特性曲线。由图可知，集电极电流 i_C 不仅受 v_{CE} 的影响，还受输入的基极电流 i_B 的控制。

输出特性曲线明显地分成三个区域。特性曲线右边水平的部分称为放大区（或者叫线性区）。放大区的特点是 i_C 随 i_B 成正比地变化，而几乎不受 v_{CE} 变化的影响。i_C 和 i_B 的变化量之比称为电流放大系数 β，即 $\beta=\Delta i_C/\Delta i_B$。普通三极管的 β 值多在几十到几百的范围内。

曲线靠近纵坐标轴的部分称为饱和区。饱和区的特点是 i_C 不再随 i_B 以 β 倍的比例增加而趋向于饱和。硅三极管开始进入饱和区的 v_{CE} 值约为 0.6~0.7 V。在深度饱和状态下，集电极和发射间的饱和压降 $V_{CE(sat)}$ 在 0.2 V 以下。

图 3.4.2(b) 中 $i_B=0$ 的一条输出特性曲线以下的区域称为截止区。截止区的特点是 i_C 几乎等于零。这时仅有极微小的反向穿透电流 I_{CEO} 流过。硅三极管的 I_{CEO} 通常都在 1 μA 以下。

三、双极型三极管的基本开关电路——三极管反相器

用 NPN 型三极管取代图 3.1.1(a) 中的开关 S，就得到了图 3.4.3 所示的三极管开关电路。只要电路的参数配合得当，必能做到 v_I 为低电平时三极管工作在截止状态，输出为高电平；而 v_I 为高电平时三极管工作在饱和状态，输出为低电平。因此，这就是一个反相器电路。

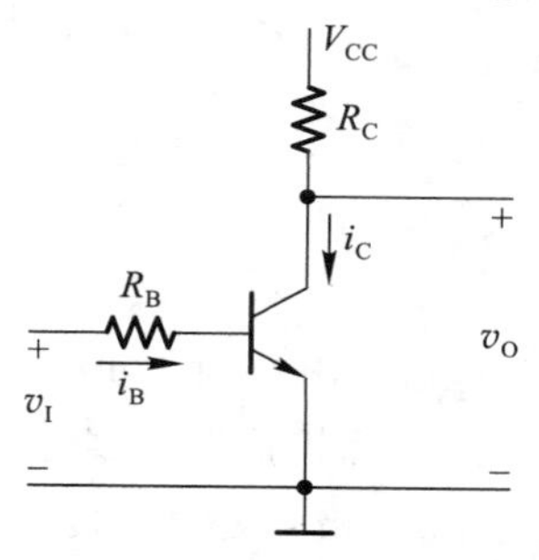

图 3.4.3 双极型三极管的基本开关电路

当输入电压 $v_I=0$ 时，三极管的 $v_{BE}=0$。由图 3.4.2(a) 所示的输入特性曲线可知，这时 $i_B=0$，三极管处于截止状态。如果采用图 3.4.2(a) 中折线化的近似输入特性，则近似地认为在 $v_I<V_{ON}$ 时三极管已处于截止状态，$i_B\approx 0$。由输出特性曲线可以看到，$i_B=0$ 时 $i_C\approx 0$，电阻 R_C 上没有压降。因此，三极管开关电路的输出为高电平 V_{OH}，且 $V_{OH}\approx V_{CC}$。

当 $v_I>V_{ON}$ 以后，有 i_B 产生，同时有相应的集电极电流 i_C 流过 R_C 和三极管的输出回路，三极管开始进入放大区。根据折线化的输入特性可近似地求出基极电流为

$$i_B=\frac{v_I-V_{ON}}{R_B} \tag{3.4.1}$$

若三极管的电流放大系数为 β，则得到

$$\begin{aligned} v_O &= v_{CE}=V_{CC}-i_C R_C \\ &= V_{CC}-\beta i_B R_C \end{aligned} \tag{3.4.2}$$

式(3.4.1)和式(3.4.2)说明，随着 v_I 的升高 i_B 增加，R_C 上的压降增加，而 v_O 相应地减小。当 R_C 和 β 足够大而 R_B 不是特别大时，v_O 的变化 Δv_O 会远远大于 v_I 的变化 Δv_I。Δv_O 与 Δv_I 的比值称为电压放大倍数，用 A_v 表示，亦即 $A_v=-\frac{\Delta v_O}{\Delta v_I}$。负号表示 v_O 与 v_I 的变化方向相反。

在给出输出特性曲线的条件下，也可以用非线性电路的图解法，求出给定电路参数下 v_O 的具体数值。为便于说明图解法的原理，现将图 3.4.3 所示电路改画成图 3.4.4(a) 所示的形式。如果从 MN 两点把输出回路划分为左右两部分，分别画出它们在 MN 处的伏安特性，则电路必然

工作在两个特性的交点处。左边部分的伏安特性就是三极管的输出特性。右边的伏安特性是一条直线，MN两端的电压随 i_C 的增加而线性地下降。只要找出直线上的两点，就可以画出这条直线。当 $v_{CE}=0$ 时 $i_C=\frac{V_{CC}}{R_C}$，给出直线上的一点；而当 $v_{CE}=V_{CC}$ 时 $i_C=0$，给出直线上另一点，连接这两点的直线即右边部分电路的伏安特性。这条直线称为负载线。当 I_B 值确定以后，与 I_B 值对应的一条输出特性曲线和负载线的交点就是开关电路实际所处的工作点。这一点对应的 i_C 和 v_{CE} 值也就是所求的集电极电流和输出电压的数值。

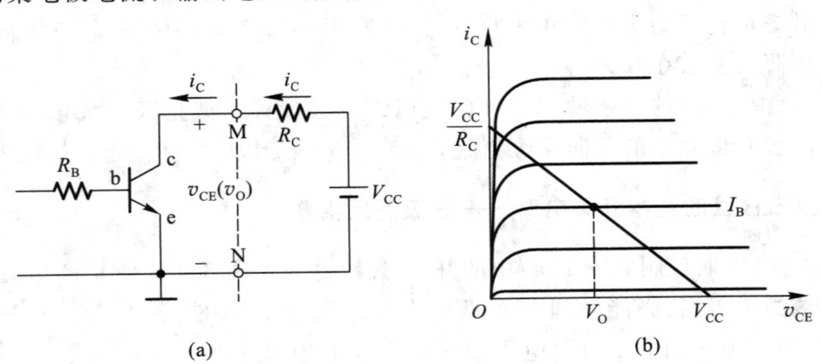

图 3.4.4　用图解法分析图 3.4.3 电路

(a) 电路图　(b) 作图方法

v_I 继续升高时 i_B 增加，R_C 上的压降也随之增大。当 R_C 上的压降接近电源电压 V_{CC} 时，三极管上的压降将接近于零，三极管的c−e之间最后只有一个很小的饱和导通压降和很小的饱和导通内阻，三极管处于深度饱和状态，开关电路处于导通状态，输出端为低电平，$v_O=V_{OL}\approx 0$。

若以 $V_{CE(sat)}$ 表示三极管深度饱和时的压降，以 $R_{CE(sat)}$ 表示深度饱和时的导通内阻，则由图3.4.4(a)可求出深度饱和时三极管所需要的基极电流为

$$I_{BS}=\frac{V_{CC}-V_{CE(sat)}}{\beta(R_C+R_{CE(sat)})} \tag{3.4.3}$$

I_{BS} 称为饱和基极电流。为使三极管处于饱和工作状态，开关电路输出低电平，必须保证 $i_B\geqslant I_{BS}$。用于开关电路的三极管一般都具有很小的 $V_{CE(sat)}$（通常小于0.1 V）和 $R_{CE(sat)}$（通常为几到几十欧姆）。在 $V_{CC}\gg V_{CE(sat)}$、$R_C\gg R_{CE(sat)}$ 的情况下，可将式(3.4.3)近似为

$$I_{BS}\approx\frac{V_{CC}}{\beta R_C} \tag{3.4.4}$$

从图3.4.2(b)所示的输出特性上不难看出，三极管饱和区内的 β 值比线性区内的 β 值小得多，而且不是常数。手册上往往只给出线性区的 β 值。如果用线性区的 β 值代入式(3.4.3)计算，则得到的 I_{BS} 值比实际需要的 I_{BS} 值要小。

综上所述，只要合理地选择电路参数，保证当 v_I 为低电平 V_{IL} 时 $v_{BE}<V_{ON}$，三极管工作在截止状态；而 v_I 为高电平 V_{IH} 时 $i_B>I_{BS}$，三极管工作在深度饱和状态，则三极管的c−e间就相当于一个受 v_I 控制的开关。三极管截止时相当于开关断开，在开关电路的输出端给出高电平；三极管饱和导通时相当于开关接通，在开关电路的输出端给出低电平。

四、三极管反相器的开关等效电路

根据以上的分析，我们可以将三极管开关状态下的等效电路画成如图3.4.5所示的形式。由于截止状态下的 i_B 和 i_C 等于零，所以等效电路画成图(a)的形式。图(b)为饱和导通下的等效电路，图中的 V_{ON} 是发射结 b-e 的开启电压，$V_{CE(sat)}$ 和 $R_{CE(sat)}$ 是 c-e 间的饱和导通压降和饱和导通内阻。在电源电压远大于 $V_{CE(sat)}$，而且外接负载电阻远大于 $R_{CE(sat)}$ 的情况下，可以将饱和导通状态的等效电路简化为图(c)的形式。

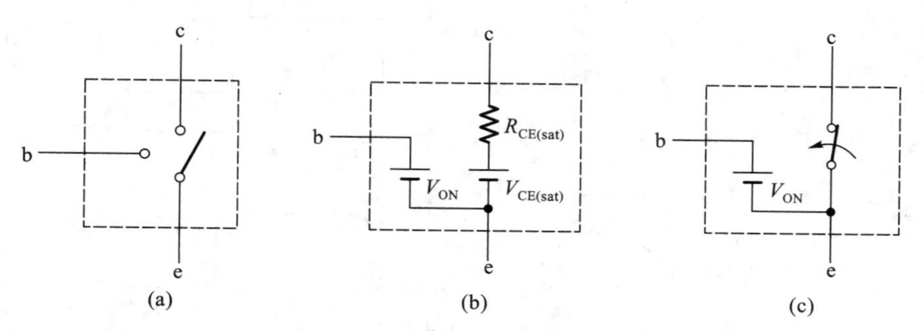

图 3.4.5 双极型三极管的开关等效电路

(a) 截止状态 (b)、(c) 饱和导通状态

用双极型三极管的等效电路代替图 3.4.3 中的三极管，就得到了图 3.4.6 中的三极管反相器的等效电路。在这个电路中，当输入为低电平，并且 $V_{IL}<V_{ON}$ 时，三极管处于截止状态，输出为高电平，$V_{OH}\approx V_{CC}$。当输入为高电平 $V_{IH}>V_{ON}$，并且 $i_B>I_{BS}$ 时，三极管处于饱和导通状态，输出为低电平，$V_{OL}\approx 0$。

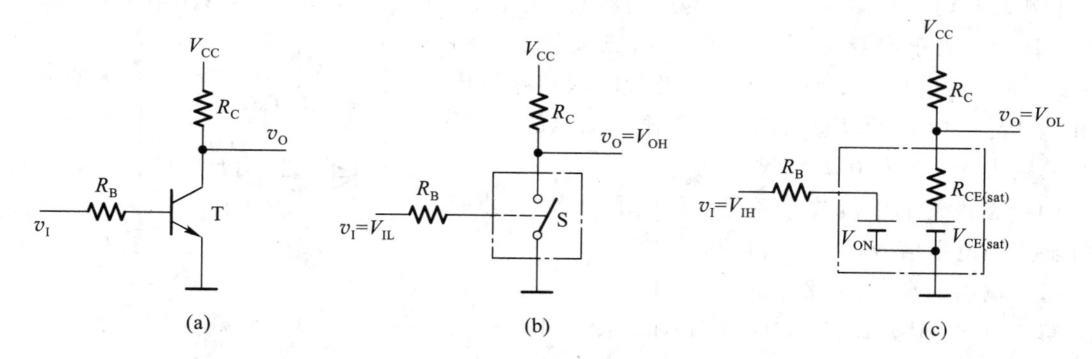

图 3.4.6 双极型三极管反相器的等效电路

(a)反相器电路 (b)输入低电平时的等效电路

(c)输入高电平时的等效电路

由图可见，输入高电平时电源电压全部加在电阻 R_C 上，电路的功耗很大；而输入低电平时三极管截止，电路的输出电阻很大(等于 R_C)。因此，这个电路不宜作为集成电路的基本单元。在下一节里我们将会看到，在双极型的 TTL 集成电路中，反相器的输出端也采用了类似于 CMOS 反相器的结构，即使用另一只三极管代替 R_C，并且保证无论输出为高电平还是低电平时，输出级两个串联的三极管当中，总是一个导通而另一个截止。

五、双极型三极管反相器的动态开关特性

在动态情况下，亦即三极管在截止与饱和导通两种状态间迅速转换时，三极管内部电荷的建立和消散都需要一定的时间，因而集电极电流 i_C 的变化将滞后于输入电压 v_I 的变化。在接成三极管开关电路以后，开关电路的输出电压 v_O 的变化也必然滞后于输入电压 v_I 的变化，如图 3.4.7 所示。这种滞后现象也可以用三极管的 b-e 间、c-e 间都存在结电容效应来理解。

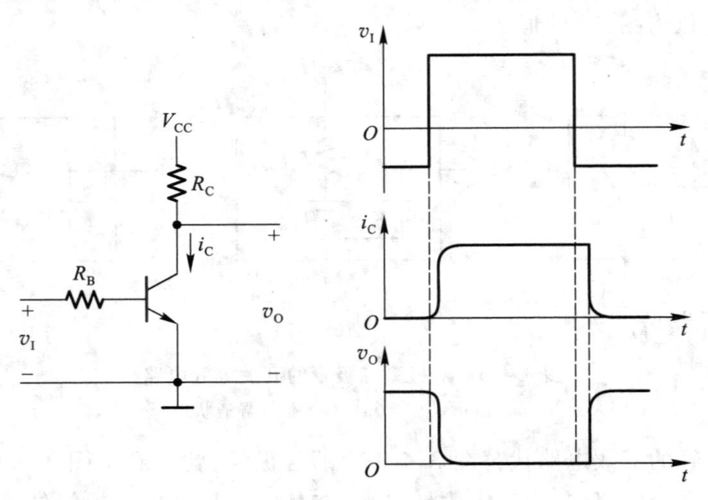

图 3.4.7 双极型三极管的动态开关特性

【例 3.4.1】 在图 3.4.8 所示的反相器电路中，已知 $V_{CC}=5\ \text{V}$，$R_1=4\ \text{k}\Omega$，$R_2=1.6\ \text{k}\Omega$，二极管 D_1、D_2、D_3 的正向导通压降为 0.7 V，三极管发射结(be 结)的开启电压 $V_{ON}=0.7\ \text{V}$。三极管的饱和导通压降和饱和导通内阻可以忽略不计。若输入信号的高、低电平分别为 3.4 V 和 0.2 V，试计算

(1) 三极管的电流放大系统 β 值应取为多少，才能保证输入高电平信号时三极管饱和导通？

(2) 输出的高、低电平值。

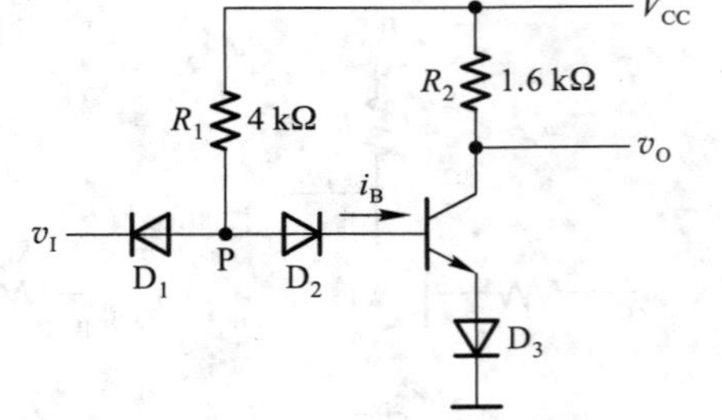

图 3.4.8 例 3.4.1 电路

解： (1) 根据式(3.4.4)可知，如果图 3.4.8 电路中的三极管工作在饱和状态，则可得

$$\beta=(V_{CC}-V_{D3})/R_2I_{BS}$$

由于输入高电平信号时二极管 D_1 截止，于是得到

$$I_{BS}=(V_{CC}-V_{D2}-V_{D3}-V_{ON})/R_1$$

$$\begin{aligned}\beta&=(V_{CC}-V_{D3})R_1/(V_{CC}-V_{D2}-V_{D3}-V_{ON})R_2\\&=(5-0.7)\times4/(5-0.7-0.7-0.7)\times1.6\\&=3.7\end{aligned}$$

因此，三极管的电流放大系数必须大于 3.7。

(2) 输入为低电平 0.2 V 时，D_1 导通，P 点为 0.9 V，三极管处于截止状态，故输出的高电平为 $V_{OH}=V_{CC}$。

输入为高电平 3.4 V 时，三极管导通，P 点为 2.1 V，二极管 D_1 截止。在 β 值远大于 3.7 的情况下，三极管处于饱和导通状态，输出为低电平 $V_{OL}=V_{D3}=0.7$ V。

复习思考题

R3.4.1 三极管工作在放大区、截止区、饱和区的条件是什么？三个区的工作特性各有何特点？

3.4.2 TTL 反相器的电路结构和工作原理

一、电路结构

反相器是 TTL 集成门电路中电路结构最简单的一种。图 3.4.9 中给出了 74 系列 TTL 反相器的典型电路。因为这种类型电路的输入端和输出端均为三极管结构，所以称为三极管-三极管逻辑电路(Transistor-Transistor Logic)，简称 TTL 电路。

图 3.4.9 所示电路由三部分组成：T_1、R_1 和 D_1 组成的输入级，T_2、R_2 和 R_3 组成的倒相级，T_4、T_5、D_2 和 R_4 组成的输出级。

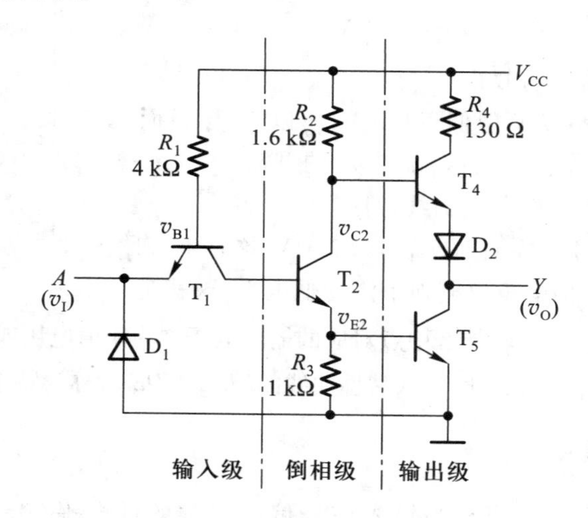

图 3.4.9 TTL 反相器的典型电路

设电源电压 $V_{CC}=5$ V，输入信号的高、低电平分别为 $V_{IH}=3.4$ V，$V_{IL}=0.2$ V。PN 结的伏安特性可以用折线化的等效电路代替，并认为开启电压 V_{ON} 为0.7V。

由图 3.4.9 可见，当 $v_I=V_{IL}$ 时，T_1 的发射结必然导通，导通后 T_1 的基极电位被钳在 $v_{B1}=V_{IL}+V_{ON}=0.9$ V。因此，T_2 的发射结不会导通。由于 T_1 的集电极回路电阻是 R_2 和 T_2 的 b-c 结反向电阻之和，阻值非常大，因而 T_1 工作在深度饱和状态，使 $V_{CE(sat)}\approx 0$。这时 T_1 的集电极电流极小，在定量计算时可略而不计。T_2 截止后 v_{C2} 为高电平，而 v_{E2} 为低电平，从而使 T_4 导通、T_5 截止，

输出为高电平 V_{OH}。

当 $v_I=V_{IH}$时，如果不考虑 T_2 的存在，则应有 $v_{B1}=V_{IH}+V_{ON}=4.1$ V。显然，在存在 T_2 和 T_5 的情况下，T_2 和 T_5 的发射结必然同时导通。而一旦 T_2 和 T_5 导通之后，v_{B1}便被钳在了 2.1 V，所以 v_{B1}在实际上不可能等于 4.1 V，只能是 2.1 V 左右。T_2 导通使 v_{C2}降低而 v_{E2}升高，导致 T_4 截止、T_5 导通，输出变为低电平 V_{OL}。可见，输出和输入之间是反相关系，即 $Y=A'$。

由于 T_2 集电极输出的电压信号和发射极输出的电压信号变化方向相反，所以将这一级称为倒相级。输出级的工作特点是在稳定状态下 T_4 和 T_5 总是一个导通而另一个截止，这就有效地降低了输出级的静态功耗并提高了驱动负载的能力。通常将这种形式的电路称为推拉式（push-pull）电路或图腾柱（totem-pole）输出电路。为确保 T_5 饱和导通时 T_4 可靠地截止，又在 T_4 的发射极下面串进了二极管 D_2。

D_1 是输入端钳位二极管，它既可以抑制输入端可能出现的负极性干扰脉冲，又可以防止输入电压为负时 T_1 的发射极电流过大，起到保护作用。这个二极管允许通过的最大电流约为 20 mA。

二、电压传输特性

如果把图 3.4.9 所示反相器电路输出电压随输入电压的变化用曲线描绘出来，就得到了图 3.4.10 所示的电压传输特性。

在曲线的 AB 段，因为 $v_I<0.6$ V，所以$v_{B1}<1.3$ V，T_2 和 T_5 截止而 T_4 导通，故输出为高电平

$$V_{OH}=V_{CC}-v_{R2}-v_{BE4}-v_{D2}\approx 3.4\ \text{V}$$

我们将这一段称为特性曲线的截止区。

在 BC 段里，由于 $v_I>0.7$ V 但低于1.3 V，所以 T_2 导通而 T_5 依旧截止。这时 T_2 工作在放大区，随着 v_I 的升高 v_{C2}和 v_O 线性地下降。这一段称为特性曲线的线性区。

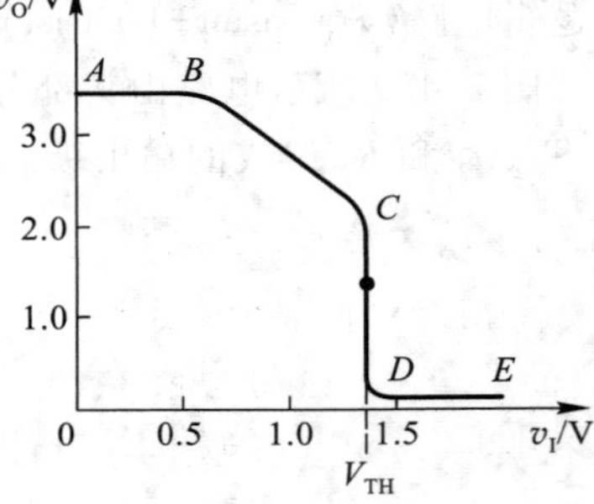

图 3.4.10　TTL 反相器的电压传输特性

当输入电压上升到 1.4 V 左右时，v_{B1}约为 2.1 V，这时 T_2 和 T_5 将同时导通，T_4 截止，输出电位急剧地下降为低电平，这就是称为转折区的 CD 段工作情况。转折区中点对应的输入电压称为阈值电压或门槛电压，用 V_{TH}表示。

此后 v_I 继续升高时 v_O 不再变化，进入特性曲线的DE段。DE 段称为特性曲线的饱和区。

三、输入端噪声容限

从电压传输特性上可以看到，当输入信号偏离正常的低电平（0.2 V）而升高时，输出的高电平并不立刻改变。同样，当输入信号偏离正常的高电平（3.4 V）而降低时，输出的低电平也不会马上改变。因此，和 CMOS 反相器类似，同样也存在一个允许的噪声容限，即保证输出高、低电平基本不变（或者说变化的大小不超过允许限度）的条件下，允许输入电平有一定的波动范围。

噪声容限的定义方法也和 CMOS 反相器一样。由式（3.3.3）和式（3.3.4）知，输入为高电平和低电平时的噪声容限为

$$V_{NH}=V_{OH(min)}-V_{IH(min)}$$

$$V_{NL}=V_{IL(max)}-V_{OL(max)}$$

74 系列门电路的典型参数为 $V_{OH(min)}=2.4\ V$, $V_{OL(max)}=0.4\ V$, $V_{IH(min)}=2.0\ V$, $V_{IL(max)}=0.8\ V$,故得到 $V_{NH}=0.4\ V$, $V_{NL}=0.4\ V$。

复习思考题

R3.4.2 为什么 74 系列 TTL 反相器的电压传输特性上有一个线性区?

3.4.3 TTL 反相器的静态输入特性和输出特性

一、输入特性

在图 3.4.9 给出的 TTL 反相器电路中,如果仅仅考虑输入信号是高电平和低电平而不是某一个中间值的情况,则可忽略 T_2 和 T_5 的 b-c 结反向电流以及 R_3 对 T_5 基极回路的影响,将输入端的等效电路画成如图 3.4.11 所示的形式。

当 $V_{CC}=5\ V$, $v_I=V_{IL}=0.2\ V$ 时,输入低电平电流为

$$I_{IL}=-\frac{V_{CC}-v_{BE1}-V_{IL}}{R_1}\approx-1\ mA \tag{3.4.5}$$

$v_I=0$ 时的输入电流称为输入短路电流 I_{IS}。显然,I_{IS} 的数值比 I_{IL} 的数值要略大一点。在做近似分析计算时,经常用手册上给出的 I_{IS} 近似代替 I_{IL} 使用。

当 $v_I=V_{IH}=3.4\ V$ 时,T_1 管处于 $v_{BC}>0$、$v_{BE}<0$ 的状态。在这种工作状态下,相当于把原来的集电极 c_1 当作发射极使用,而把原来的发射极 e_1 当作集电极使用了。因此称这种状态为倒置状态。倒置状态下三极管的电流放大系数 β_i 极小(在 0.01 以下),如果近似地认为 $\beta_i=0$,则这时的输入电流只是 be 结的反向电流,所以高电平输入电流 I_{IH} 很小。74 系列门电路每个输入端的 I_{IH} 值在 40 μA 以下。

根据图 3.4.11 的等效电路可以画出输入电流随输入电压变化的曲线——输入特性曲线,如图 3.4.12 所示。

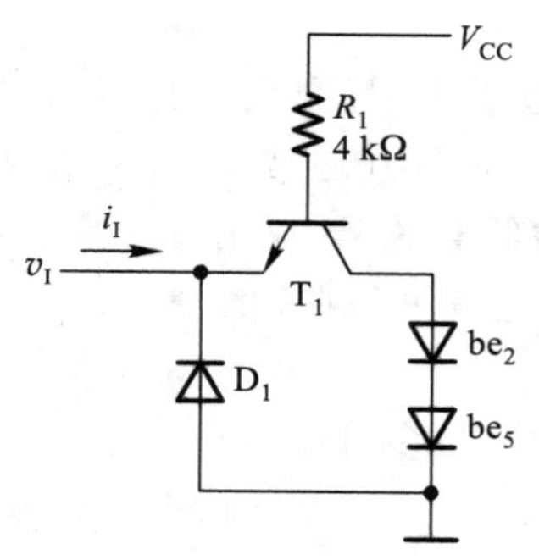

图 3.4.11 TTL 反相器的输入端等效电路

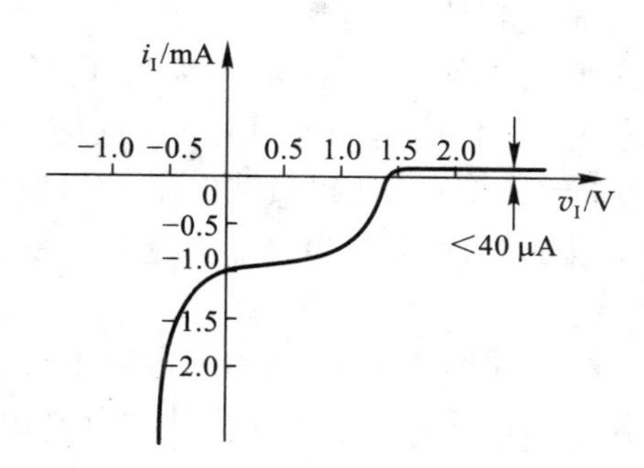

图 3.4.12 TTL 反相器的输入特性

输入电压介于高、低电平之间的情况要复杂一些，但考虑到这种情况通常只发生在输入信号电平转换的暂短过程中，所以就不做详细的分析了。

二、输出特性

1. 高电平输出特性

前面已经讲过，当 $v_O = V_{OH}$ 时，图 3.4.9 电路中的 T_4 和 D_2 导通，T_5 截止，输出端的等效电路可以画成图 3.4.13 所示的形式。由图可见，这时 T_4 工作在射极输出状态，电路的输出电阻很小。在负载电流较小的范围内，负载电流的变化对 V_{OH} 的影响很小。

随着负载电流 i_L 绝对值的增加，R_4 上的压降也随之加大，最终将使 T_4 的b-c结变为正向偏置，T_4 进入饱和状态。这时 T_4 将失去射极跟随功能，因而 V_{OH} 随 i_L 绝对值的增加几乎线性地下降。图 3.4.14 给出了 74 系列门电路在输出为高电平时的输出特性曲线。从曲线上可见，在 $|i_L|<5$ mA 的范围内 V_{OH} 变化很小。当 $|i_L|>5$ mA 以后，随着 i_L 绝对值的增加 V_{OH} 下降较快。

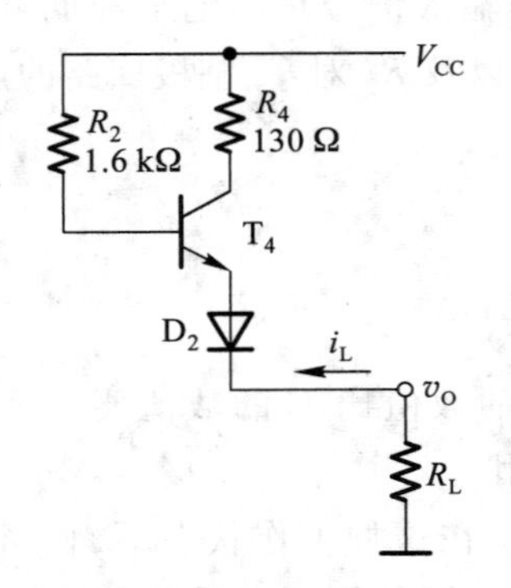

图 3.4.13　TTL 反相器高电平输出等效电路

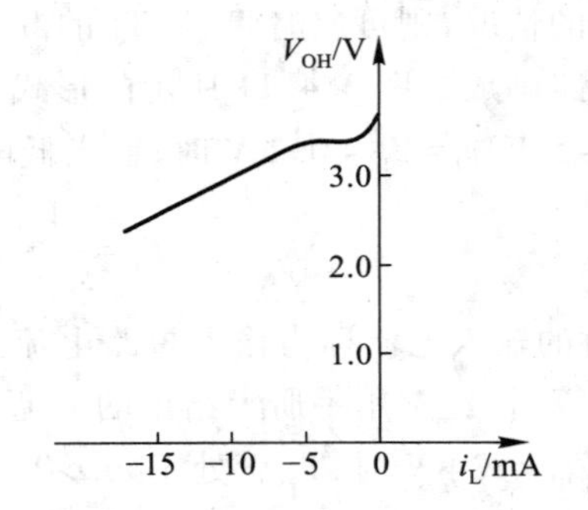

图 3.4.14　TTL 反相器高电平输出特性

由于受到功耗的限制，所以手册上给出的高电平输出电流的最大值要比5 mA小得多。74 系列门电路的运用条件规定，输出为高电平时，最大负载电流不能超过 0.4 mA。如果 $V_{CC}=5$ V，$V_{OH}=2.4$ V，那么当 $I_{OH}=-0.4$ mA 时门电路内部消耗的功率已达到 1 mW。

2. 低电平输出特性

当输出为低电平时，门电路输出级的 T_5 管饱和导通而 T_4 管截止，输出端的等效电路如图 3.4.15 所示。由于 T_5 饱和导通时 c-e 间的饱和导通内阻很小（通常在 10 Ω 以内），饱和导通压降很低（通常约 0.1 V），所以负载电流 i_L 增加时输出的低电平 V_{OL} 仅稍有升高。图 3.4.16 是低电平输出特性曲线，可以看出，V_{OL} 与 i_L 的关系在较大的范围里基本呈线性。

【例 3.4.2】　在图 3.4.17 所示的电路中，试计算门 G_1 最多可以驱动多少个同样的反相器电路。这些反相器的输入特性和输出特性分别由图 3.4.12、图 3.4.14 和图 3.4.16 给出。要求 G_1 输出的高、低电平满足 $V_{OH}\geq 3.2$ V，$V_{OL}\leq 0.2$ V。

解：　首先计算保证 $V_{OL}\leq 0.2$ V 时可以驱动的反相器数目 N_1。

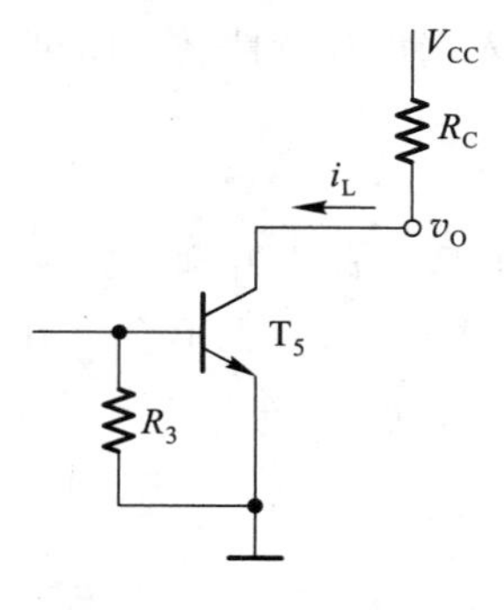

图 3.4.15 TTL 反相器低电平输出等效电路

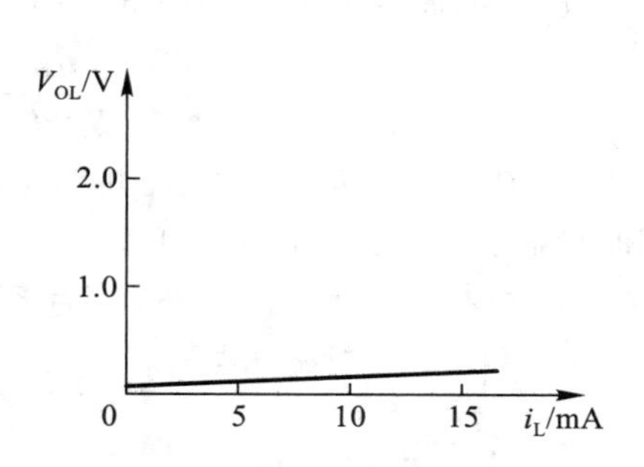

图 3.4.16 TTL 反相器低电平输出特性

由图 3.4.16 所示低电平输出特性上查到，$V_{OL}=0.2$ V时的负载电流 $i_L=16$ mA。这时 G_1 的负载电流是所有负载门的输入电流之和。由图 3.4.12 所示的输入特性上又可查到，当 $v_I=0.2$ V 时每个门的输入电流为 $i_I=-1$ mA，于是得到电流绝对值间的关系

$$N_1 \mid i_I \mid \leqslant i_L$$

即

$$N_1 \leqslant \frac{i_L}{\mid i_I \mid}=\frac{16}{1}=16$$

N_1 即为可以驱动的负载个数。

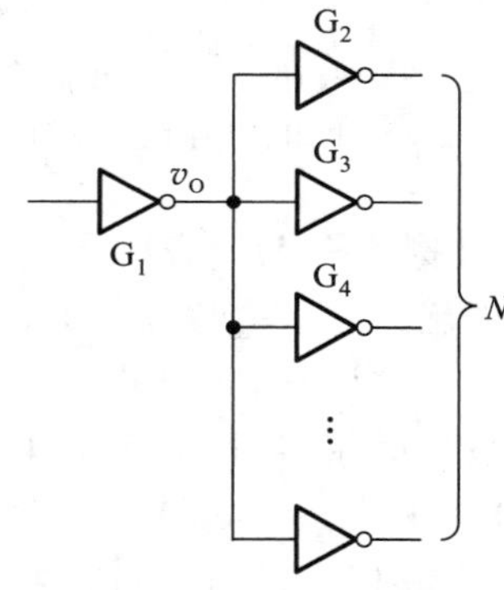

图 3.4.17 例 3.4.2 的电路

其次，再计算保证 $V_{OH} \geqslant 3.2$ V 时能驱动的负载门数目 N_2。由图 3.4.14 所示高电平输出特性上查到，$V_{OH}=3.2$ V 时，对应的 i_L 为-7.5 mA。但手册上同时又规定 $\mid I_{OH} \mid < 0.4$ mA，故应取 $\mid i_L \mid \leqslant 0.4$ mA计算。由图 3.4.12 所示的输入特性可知，每个输入端的高电平输入电流 $I_{IH}=40$ μA，故可得

$$N_2 I_{IH} \leqslant \mid i_L \mid$$

即

$$N_2 \leqslant \frac{\mid i_L \mid}{I_{IH}}=\frac{0.4}{0.04}=10$$

综合以上两种情况可得出结论：在给定的输入、输出特性曲线下，74 系列的反相器可以驱动同类型反相器的最大数目是 $N=10$。

从这个例子中还能看到，由于门电路无论在输出高电平还是输出低电平时均有一定的输出电阻，所以输出的高、低电平都要随负载电流的改变而发生变化。这种变化越小，说明门电路带负载的能力越强。有时也用输出电平的变化不超过某一规定值时允许的最大负载电流来定量表示门电路带负载能力的大小。

三、输入端负载特性

在具体使用门电路时，有时需要在输入端与地之间或者输入端与信号的低电平之间接入电阻 R_P，如图 3.4.18 所示。

由图 3.4.18 可知，因为输入电流流过 R_P，这就必然会在 R_P 上产生压降而形成输入端电位 v_I。而且，R_P 越大 v_I 也越高。

图 3.4.19 所示的曲线给出了 v_I 随 R_P 变化的规律，即输入端负载特性。由图可知

$$v_I=\frac{R_P}{R_1+R_P}(V_{CC}-v_{BE1}) \tag{3.4.6}$$

上式表明，在 $R_P \ll R_1$ 的条件下，v_I 几乎与 R_P 成正比。但是当 v_I 上升到1.4 V以后，T_2 和 T_5 的发射结同时导通，将 v_{B1} 钳位在了 2.1 V 左右，所以即使 R_P 再增大，v_I 也不会再升高了。这时 v_I 与 R_P 的关系也就不再遵守式(3.4.6)的关系，特性曲线趋近于 $v_I=1.4$ V 的一条水平线。

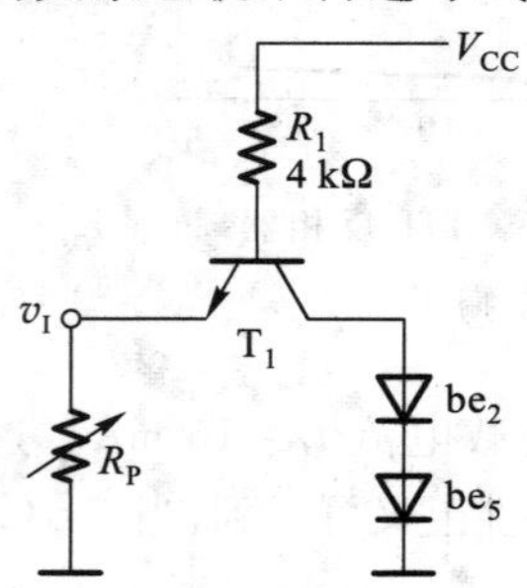

图 3.4.18　TTL 反相器输入端经电阻接地时的等效电路

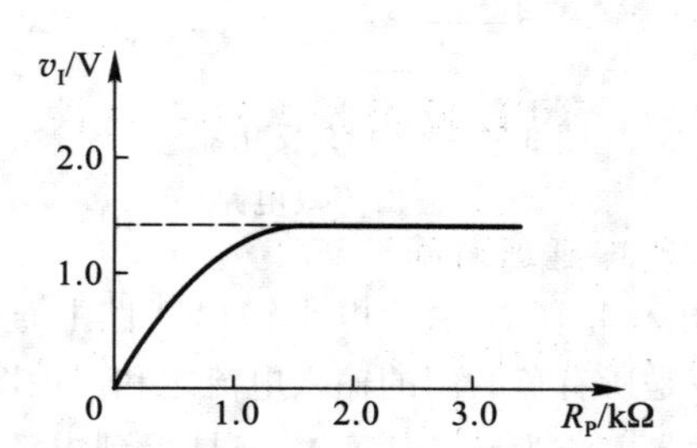

图 3.4.19　TTL 反相器输入端负载特性

【例 3.4.3】　在图 3.4.20 所示的电路中，为保证门 G_1 输出的高、低电平能正确地传送到门 G_2 的输入端，要求 $v_{O1}=V_{OH}$ 时 $v_{I2}\geqslant V_{IH(min)}$，$v_{O1}=V_{OL}$ 时 $v_{I2}\leqslant V_{IL(max)}$，试计算 R_P 的最大允许值是多少。已知 G_1 和 G_2 均为 74 系列反相器，$V_{CC}=5$ V，$V_{OH}=3.4$ V，$V_{OL}=0.2$ V，$V_{IH(min)}=2.0$ V，$V_{IL(max)}=0.8$ V。G_1 和 G_2 的输入特性和输出特性如图 3.4.12 和图 3.4.14、图 3.4.16 所示。

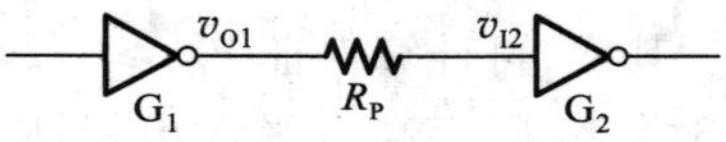

图 3.4.20　例 3.4.3 的电路

解：　首先计算 $v_{O1}=V_{OH}$、$v_{I2}\geqslant V_{IH(min)}$ 时 R_P 的允许值。由图 3.4.20 可得

$$V_{OH}-I_{IH}R_P\geqslant V_{IH(min)}$$

$$R_P\leqslant\frac{V_{OH}-V_{IH(min)}}{I_{IH}} \tag{3.4.7}$$

从图 3.4.12 所示的输入特性曲线上查到 $v_I=V_{IH}=2.0$ V 时的输入电流 $I_{IH}=0.04$ mA，代入式(3.4.7)得到

$$R_P\leqslant\frac{3.4-2.0}{0.04\times10^{-3}}\Omega=35\ \text{k}\Omega$$

其次，再计算 $v_{O1}=V_{OL}$、$v_{I2}\leqslant V_{IL(max)}$ 时 R_P 的允许值。由图 3.4.18 可见，当 R_P 的接地端改接至 V_{OL}时，应满足如下关系式

$$\frac{R_P}{R_1}\leqslant\frac{V_{IL(max)}-V_{OL}}{V_{CC}-v_{BE1}-V_{IL(max)}}$$

故得到

$$R_P\leqslant\frac{V_{IL(max)}-V_{OL}}{V_{CC}-v_{BE1}-V_{IL(max)}}\cdot R_1 \tag{3.4.8}$$

将给定参数代入上式后得出 $R_P\leqslant0.69$ kΩ。

综合以上两种情况，应取 $R_P\leqslant0.69$ kΩ。也就是说，G_1 和 G_2 之间串联的电阻不应大于

690 Ω,否则当 $v_{O1}=V_{OL}$时 v_{I2}可能超过 $V_{IL(max)}$值。

复习思考题

R3.4.3 TTL 反相器空载(输出端开路)时的输出电压是否还是 3.4 V 左右?为什么?

R3.4.4 TTL 反相器的输入端悬空时输入端电压 v_I 等于多少?这时输出是高电平还是低电平?

3.4.4 TTL 反相器的动态特性

一、传输延迟时间

在 TTL 电路中,由于二极管和三极管从导通变为截止或从截止变为导通都需要一定的时间,而且还有二极管、三极管以及电阻、连接线等的寄生电容存在,所以把理想的矩形电压信号加到 TTL 反相器的输入端时,输出电压的波形不仅要比输入信号滞后,而且波形的上升沿和下降沿也将变坏,如图 3.4.21 所示。

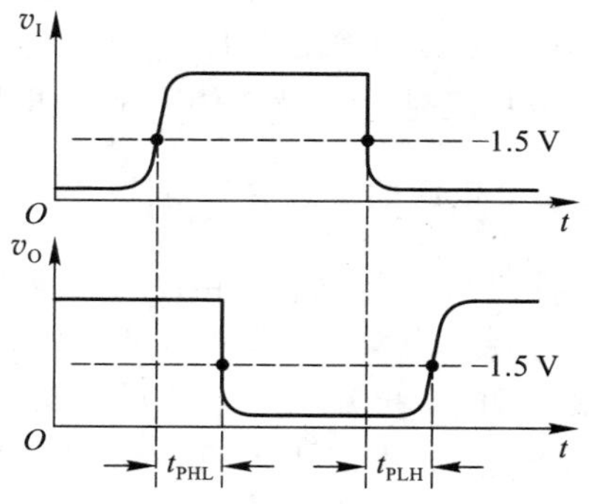

图 3.4.21 TTL 反相器的动态电压波形

像在 CMOS 电路中所做的一样,我们将输出电压波形滞后于输入电压波形的时间称为传输延迟时间,并且将输出电压由低电平跳变为高电平时的传输延迟时间记作 t_{PLH},将输出电压由高电平跳变为低电平时的传输延迟时间记作 t_{PHL}。t_{PLH}和 t_{PHL}的定义方法如图 3.4.21 所示。

在 74 系列 TTL 门电路中,由于输出级的 T_5 管导通时工作在深度饱和状态,所以它从导通转换为截止时(对应于输出由低电平跳变为高电平时)的开关时间较长,致使 t_{PLH}略大于 t_{PHL}。

因为传输延迟时间和电路的许多分布参数有关,不易准确计算,所以 t_{PLH}和 t_{PHL}的数值最后都是通过实验方法测定的。这些参数可以从产品手册上查出。例如 TI 公司生产的六反相器 SN7404 的典型参数为 $t_{PHL}=8$ ns,而 $t_{PLH}=12$ ns。

二、交流噪声容限

和 CMOS 反相器一样,TTL 电路的交流噪声容限也大于直流噪声容限。这是由于 TTL 电路中存在三极管的开关时间和分布电容的充放电过程,因而输入信号状态变化时必须有足够的变化幅度和作用时间才能使输出状态改变。在输入信号为窄脉冲,而且脉冲宽度接近于门电路传输延迟时间的情况下,为使输出状态改变所需要的脉冲幅度将远大于信号为直流时所需要的信号变化幅度。

图 3.4.22 是输入为不同宽度的窄脉冲时 TTL 反相器的交流噪声容限曲线。图中以 t_W 表示输入脉冲宽度,以 V_{NA}表示输入脉冲的幅度。在图(a)中将输出高电平由额定值降至 2.0 V 时输

入正脉冲的幅度定义为正脉冲噪声容限。在图(b)中将输出低电平由额定值上升至 0.8 V 时输入负脉冲的幅度定义为负脉冲噪声容限。

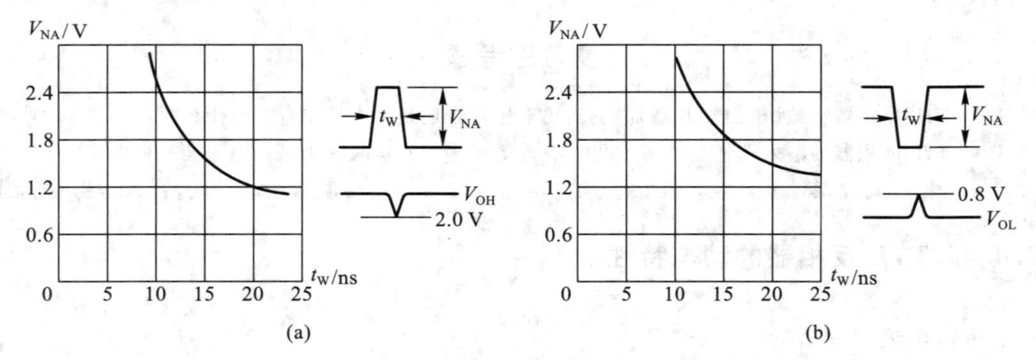

图 3.4.22　TTL 反相器的交流噪声容限

(a) 正脉冲噪声容限　(b) 负脉冲噪声容限

因为绝大多数的 TTL 门电路传输延迟时间都在 50 ns 以内，所以当输入脉冲的宽度达到微秒的数量级时，在信号作用时间内电路已达到稳态，应将输入信号按直流信号处理。

三、电源的动态尖峰电流

通过对 TTL 反相器电路的计算发现，在稳定状态下，输出电平不同时它从电源所取的电流也不一样。由图 3.4.23(a)可见，当 $v_O=V_{OL}$ 时 v_I 为高电平，若 $V_{IH}\geqslant 3.4$ V，则 T_1、T_2 和 T_5 导通，T_4 截止，电源电流 I_{CCL} 等于 i_{B1} 和 i_{C2} 之和。前面已经讲过，当 T_2 和 T_5 同时导通时 v_{B1} 被钳位在 2.1 V 左右。假定 T_5 发射结的导通压降为 0.7 V，T_2 饱和导通压降 $V_{CE(sat)}=0.1$ V，则 $v_{C2}=0.8$ V。于是得到

$$I_{CCL}=i_{B1}+i_{C2}=\frac{V_{CC}-v_{B1}}{R_1}+\frac{V_{CC}-v_{C2}}{R_2} \tag{3.4.9}$$

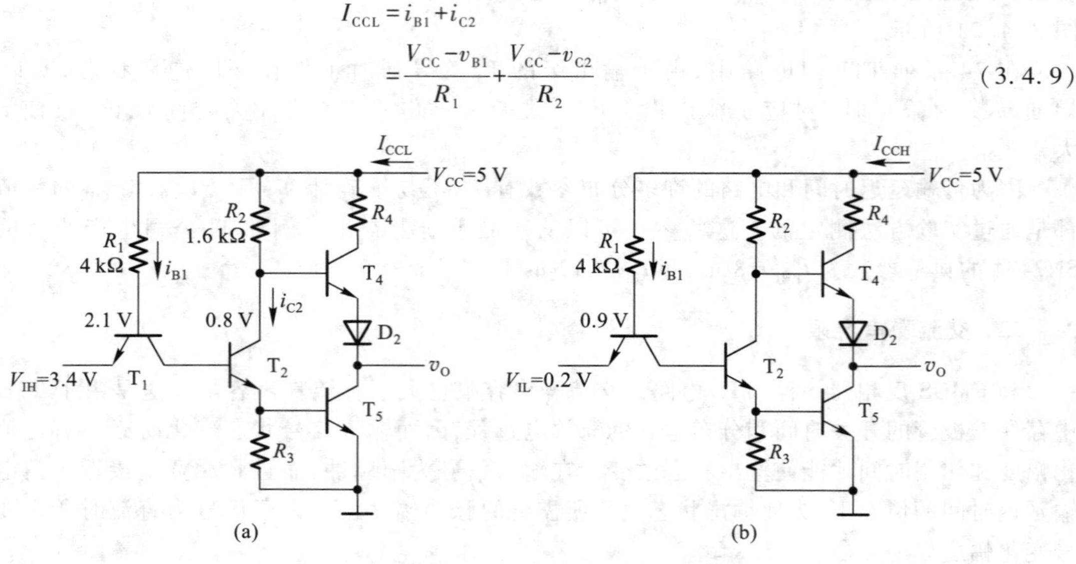

图 3.4.23　TTL 反相器电源电流的计算

(a) $v_O=V_{OL}$ 的情况　(b) $v_O=V_{OH}$ 的情况

故得

$$I_{CCL}=\left(\frac{5-2.1}{4\times10^3}+\frac{5-0.8}{1.6\times10^3}\right)\ \text{A}$$
$$=(0.73+2.63)\ \text{mA}\approx3.4\ \text{mA}$$

在 $v_O=V_{OH}$ 时，设 $v_I=V_{IL}=0.2\ \text{V}$，由图 3.4.23(b)可见，这时 T_1 和 T_4 导通，T_2 和 T_5 截止。因为输出端没有接负载，T_4 没有电流流过，所以电源电流 I_{CCH} 等于 i_{B1}。如果取 T_1 发射结的导通压降为 0.7 V，则 $v_{B1}=0.9\ \text{V}$，于是得到

$$\begin{aligned}I_{CCH}&=i_{B1}\\&=\frac{V_{CC}-v_{B1}}{R}\\&=\frac{5-0.9}{4\times10^3}\ \text{A}\approx1\ \text{mA}\end{aligned}\tag{3.4.10}$$

动态情况下，特别是当输出电压由低电平突然转变成高电平的过渡过程中，由于 T_5 原来工作在深度饱和状态，所以 T_4 的导通必然先于 T_5 的截止，这样就出现了短时间内 T_4 和 T_5 同时导通的状态，有很大的瞬时电流流经 T_4 和 T_5，使电源电流出现尖峰脉冲，如图 3.4.24 所示。

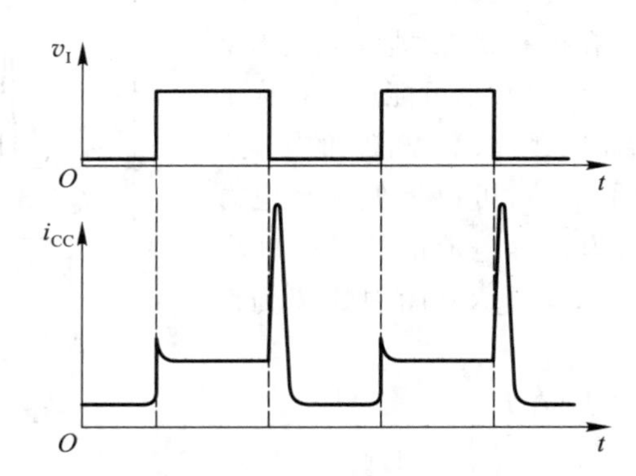

图 3.4.24 TTL 反相器的电源动态尖峰电流

由图 3.4.25 可见，如果 v_I 从高电平跳变成低电平的瞬间 T_5 尚未脱离饱和导通状态而 T_4 已饱和导通，则电源电流的最大瞬时值将为

$$\begin{aligned}I_{CCM}&=i_{C4}+i_{B4}+i_{B1}\\&=\frac{V_{CC}-V_{CE(sat)4}-v_{D2}-V_{CE(sat)5}}{R_4}+\frac{V_{CC}-v_{BE4}-v_{D2}-V_{CE(sat)5}}{R_2}\\&\quad+\frac{V_{CC}-v_{B1}}{R_1}\end{aligned}\tag{3.4.11}$$

故得到

$$I_{CCM}=\frac{5-0.1-0.7-0.1}{130}\ \text{A}+\frac{5-0.7-0.7-0.1}{1.6\times10^3}\ \text{A}+\frac{5-0.9}{4\times10^3}\ \text{A}$$
$$=34.7\times10^{-3}\ \text{A}=34.7\ \text{mA}$$

电源尖峰电流带来的影响主要表现为两个方面。首先，它使电源的平均电流增加了。而且从图 3.4.24 上不难看出，信号的重复频率越高、门电路的传输延迟时间 t_{PLH} 越长，电流平均值增加得越多。在计算系统的电源容量时必须注意这一点。

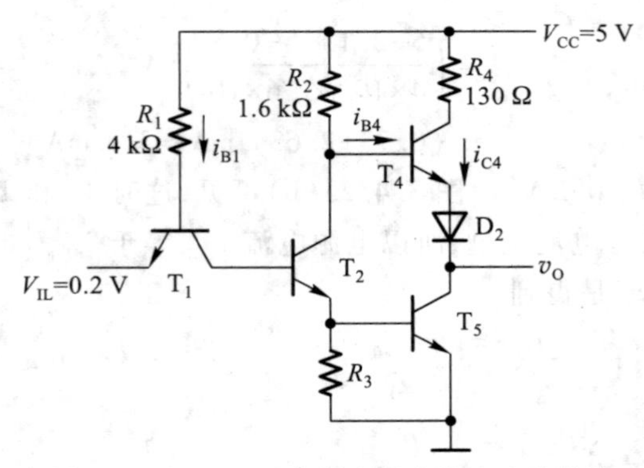

图 3.4.25　TTL 反相器电源尖峰电流的计算

其次，当系统中有许多门电路同时转换工作状态时，电源的瞬时尖峰电流数值很大，这个尖峰电流将通过电源线和地线以及电源的内阻形成一个系统内部的噪声源。因此，在系统设计时应采取有效的措施将这个噪声抑制在允许的限度以内。

从图 3.4.24 上还可以看到，在输出电压由高电平变为低电平的过程中也有一个不大的电源尖峰电流产生，但由于 T_4 导通时一般并非工作在饱和状态，能够较快地截止，所以 T_4 和 T_5 同时导通的时间极短，不可能产生很大的瞬态电源电流。在计算电源容量时，可以不考虑它的影响。

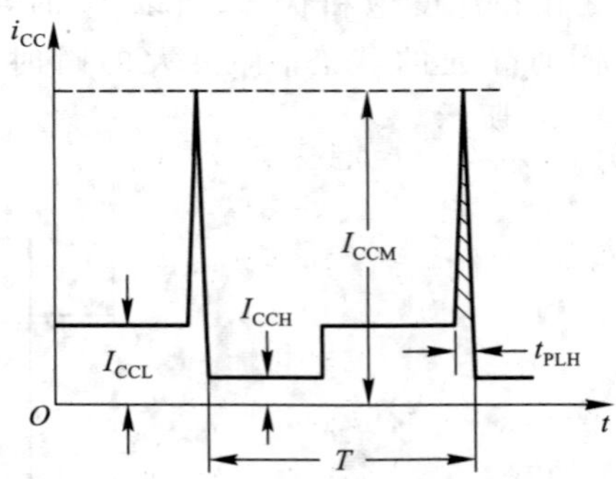

图 3.4.26　电源尖峰电流的近似波形

为便于计算尖峰电流的平均值，可以近似地将电源的尖峰电流视为三角波，并认为尖峰电流的持续时间等于传输延迟时间 t_{PLH}，如图 3.4.26 所示。图中的 T 为信号重复周期。

一个周期内尖峰脉冲的平均值为

$$I_{PAV}=\frac{\frac{1}{2}(I_{CCM}-I_{CCL})t_{PLH}}{T} \tag{3.4.12}$$

或以脉冲重复频率 $f=\frac{1}{T}$ 表示为

$$I_{PAV}=\frac{1}{2}f\cdot t_{PLH}\cdot(I_{CCM}-I_{CCL}) \tag{3.4.13}$$

如果每个周期中输出高、低电平的持续时间相等，在考虑电源动态尖峰电流的影响之后，电源电流的平均值将为

$$I_{CCAV}=\frac{1}{2}(I_{CCH}+I_{CCL})+\frac{1}{2}f\cdot t_{PLH}\cdot(I_{CCM}-I_{CCL}) \tag{3.4.14}$$

【例 3.4.4】　若 74 系列 TTL 反相器的电路参数如图 3.4.9 所给出，并知 t_{PLH} = 15 ns，试计算在 f = 5 MHz 的矩形波输入电压信号作用下电源电流的平均值。输入电压信号的占空比（高电平持续时间与周期之比）为 50%。

解： 在图 3.4.9 所示的电路参数下，根据式(3.4.9)、(3.4.10)和(3.4.11)已计算出 $I_{CCL}=3.4\ mA$，$I_{CCH}=1\ mA$，$I_{CCM}=34.7\ mA$。将这些数值及给定的 f、t_{PLH} 值代入式(3.4.14)得到

$$I_{CCAV}=\left[\frac{1}{2}(1+3.4)+\frac{1}{2}\times5\times10^{6}\times15\times10^{-9}\times(34.7-3.4)\right]\ mA$$
$$=(2.2+1.17)\ mA$$
$$=3.37\ mA$$

这个结果比单纯地用 I_{CCH} 和 I_{CCL} 平均所得到的数值增加了 53%。由此可见，在工作频率较高时不能忽视尖峰电流对电源平均电流的影响。

复习思考题

R3.4.5 为什么 TTL 门电路的 t_{PLH} 大于 t_{PHL}？

R3.4.6 TTL 电路的电源尖峰电流是怎样产生的？它对系统的工作可能有哪些影响？

3.4.5 其他类型的 TTL 门电路

一、其他逻辑功能的门电路

与 CMOS 门电路相仿，在 TTL 门电路的定型产品中除了反相器以外也有**与**门、**或**门、**与非**门、**或非**门、**与或非**门和**异或**门几种常见的类型。尽管它们逻辑功能各异，但输入端、端出端的电路结构形式与反相器基本相同，因此前面所讲的反相器的输入特性和输出特性对这些门电路同样适用。

1. 与非门

图 3.4.27 是 74 系列**与非**门的典型电路。它与图 3.4.9 所示反相器电路的区别在于输入端改成了多发射极三极管。

多发射极三极管的结构如图3.4.28(a)所示，它的基区和集电区是共用的，而在 P 型的基区上制作了两个(或多个)高掺杂的 N 型区，形成两个互相独立的发射极。多发射极三极管工作过程的详细分析比较复杂。为了简化处理，可以用图 3.4.28(b)中的近似等效电路表示多发射极三极管①。从图中不难看出，这时的多发射极三极管 T_1 和电阻 R_1 组成了一个二极管**与**门电路。

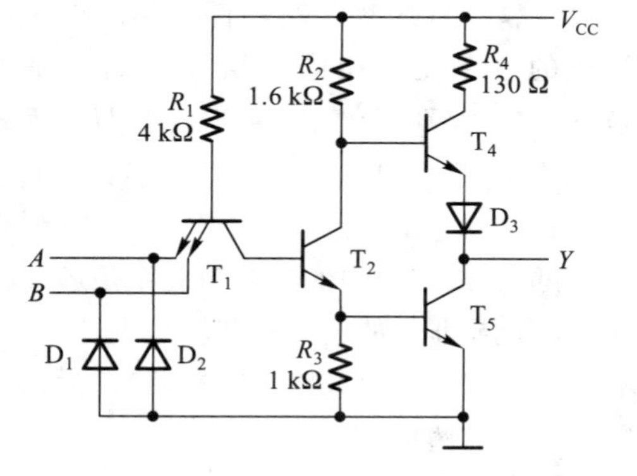

图 3.4.27 TTL **与非**门电路

在图 3.4.27 所示的**与非**门电路中，只要 A、B 当中有一个接低电平，则 T_1 必有一个发射结导通，并将 T_1 的基极电位钳在 0.9 V(假定 $V_{IL}=0.2\ V$，$v_{BE}=0.7\ V$)。这时 T_2 和 T_5 都不导通，输出为高电平 V_{OH}。

① 输入高电平时 T_1 处于倒置状态，即发射极与集电极互换。因倒置状态下 β 值极小，故可用近似的等效电路表示多发射极三极管。

只有当 A、B 同时为高电平时，T_2 和 T_5 才同时导通，并使输出为低电平 V_{OL}。因此，Y 和 A、B 之间为**与非**关系，即 $Y=(A \cdot B)'$。

可见，TTL 电路中的**与**逻辑关系是利用 T_1 的多发射极结构实现的。

与非门输出电路的结构和电路参数与反相器相同，所以反相器的输出特性也适用于**与非**门。

在计算**与非**门每个输入端的输入电流时，应根据输入端的不同工作状态区别对待。在把两个输入端并联使用时，由图 3.4.27 中可以看出，低电平输入电流仍可按式(3.4.5)计算，所以和反相器相同。而输入接高电平时，由图 3.4.28(b)可见，e_1 和 e_2 分别接至两个反向偏置的二极管，所以总的输入电流为单个输入端的高电平输入电流的两倍。

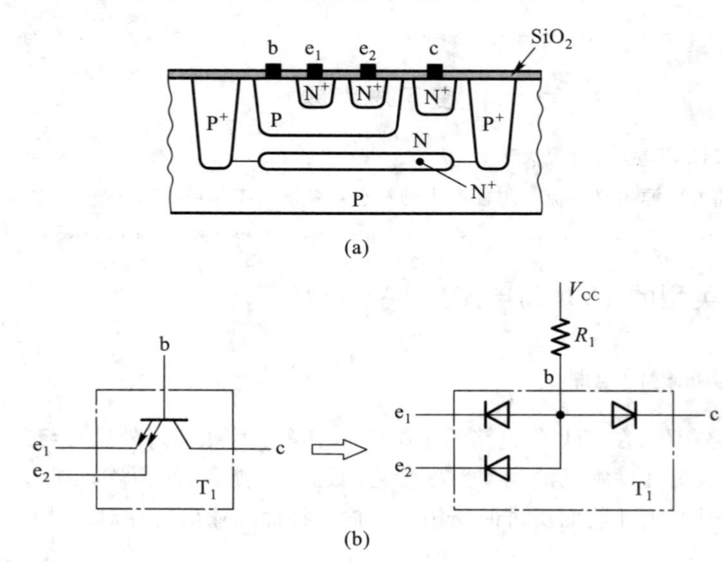

图 3.4.28　多发射极三极管

(a) 结构示意图　(b) 近似的等效电路

2. 或非门

或非门的典型电路如图 3.4.29 所示。图中 T^*、T_2^* 和 R_1^* 所组成的电路和 T_1、T_2、R_1 组成的电路完全相同。当 A 为高电平时，T_2 和 T_5 同时导通，T_4 截止，输出 Y 为低电平。当 B 为高电平时，T_2^* 和 T_5 同时导通而 T_4 截止，Y 也是低电平。只有 A、B 都为低电平时，T_2 和T_2^* 同时截止，T_5 截止而 T_4 导通，从而使输出成为高电平。因此，Y 和 A、B 间为**或非**关系，即 $Y=(A+B)'$。

可见，**或非**门中的**或**逻辑关系是通过将 T_2 和 T_2^* 两个三极管的输出端并联来实现的。

由于**或非**门的输入端和输出端电路结构与反相器相同，所以输入特性和输出特性也和反相器一样。在将两个**或**输入端并联时，无论高电平输入电流还是低电平输入电流，都是单个输入端输入电流的两倍。

3. 与或非门

若将图 3.4.29 所示的**或非**门电路中的每个输入端改用多发射极三极管，就得到了图 3.4.30 所示的**与或非**门电路。

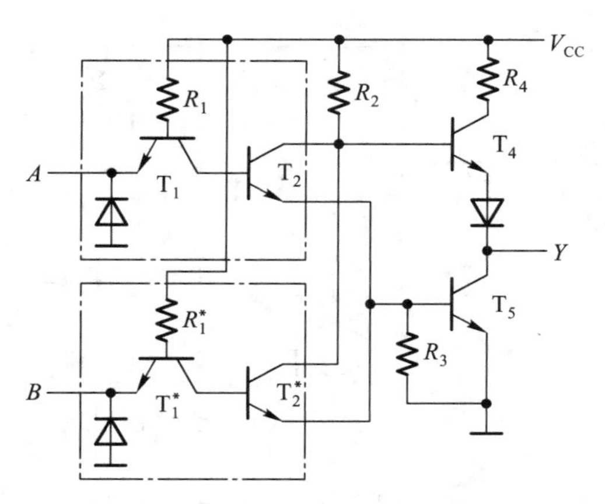

图 3.4.29 TTL 或非门电路

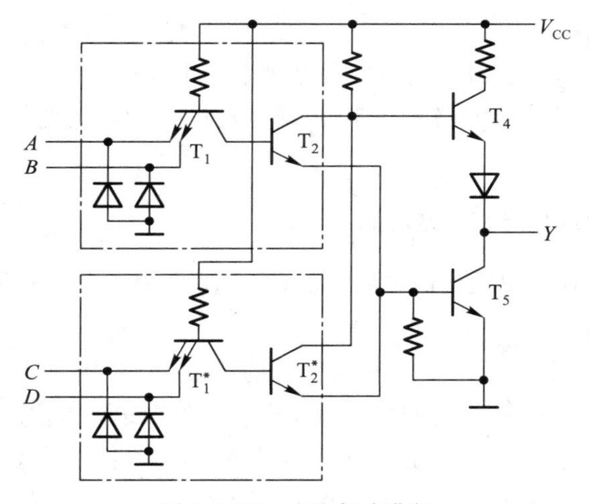

图 3.4.30 TTL 与或非门

由图 3.4.30 可见，当 A、B 同时为高电平时，T_2、T_5 导通而 T_4 截止，输出 Y 为低电平。同理，当 C、D 同时为高电平时，T_2^*、T_5 导通而 T_4 截止，也使 Y 为低电平。只有 A、B 和 C、D 每一组输入都不同时为高电平时，T_2 和 T_2^* 同时截止，使 T_5 截止而 T_4 导通，输出 Y 为高电平。因此，Y 和 A、B 及 C、D 间是**与或非**关系，即 $Y=(AB+CD)'$。

4. **异或门**

异或门典型的电路结构如图 3.4.31 所示。图中虚线以右部分和**或非**门的倒相级、输出级相同，只要 T_6 和 T_7 当中有一个基极为高电平，都能使 T_8 截止、T_9 导通，输出为低电平。

若 A、B 同时为高电平，则 T_6、T_9 导通而 T_8 截止，输出为低电平。反之，若 A、B 同时为低电平，则 T_4 和 T_5 同时截止，使 T_7 和 T_9 导通而 T_8 截止，输出也为低电平。

当 A、B 不同时（即一个是高电平而另一个是低电平），T_1 正向饱和导通、T_6 截止。同时，由于 A、B 中必有一个是高电平，使 T_4、T_5 中有一个导通，从而使 T_7 截止。T_6、T_7 同时截止以后，T_8 导通、T_9 截止，故输出为高电平。因此，Y 和 A、B 间为**异或**关系，即 $Y=A\oplus B$。

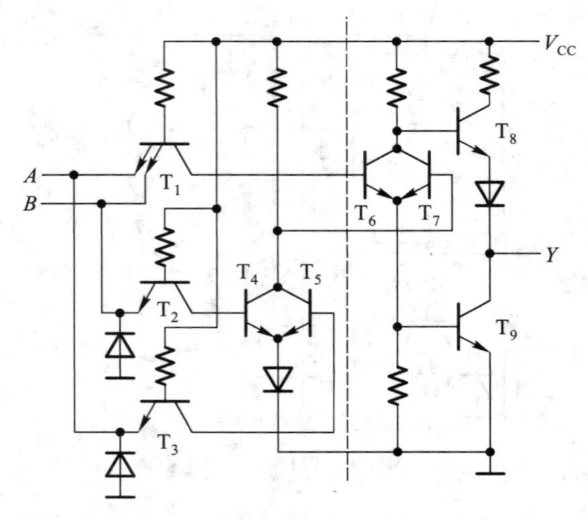

图 3.4.31　TTL 异或门

与门、**或**门电路是在**与非**门、**或非**门电路的基础上于电路内部增加一级反相级所构成的。因此，**与**门、**或**门的输入电路及输出电路和**与非**门、**或非**门的相同。这两种门电路的具体电路和工作原理就不一一介绍了。

二、集电极开路输出的门电路(OC 门)

和 CMOS 电路中的 OD 输出结构门电路类似，在 TTL 电路中也有一种集电极开路(Open Collector)输出结构的门电路。

虽然推拉式输出电路结构具有输出电阻很低的优点，但使用时有一定的局限性。首先，我们不能把它们的输出端并联接成**线与**结构。由图 3.4.32 可见，倘若一个门的输出是高电平而另一个门的输出是低电平，则输出端并联以后必然有很大的负载电流同时流过这两个门的输出级。这个电流的数值将远远超过正常工作电流，可能使门电路损坏。

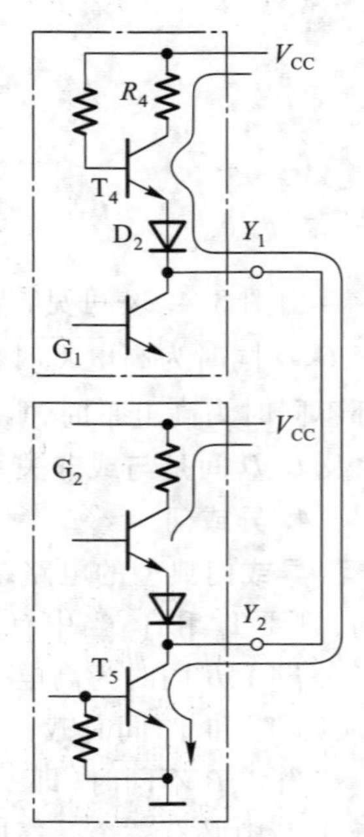

图 3.4.32　推拉式输出级并联的情况

其次，在采用推拉式输出级的门电路中，电源一经确定(通常规定工作在+5 V)，输出的高电平也就固定了，因而无法满足对不同输出高电平的需要。此外，推拉式电路结构也不能满足驱动较大电流及较高电压负载的要求。

克服上述局限性的方法就是将输出级改为集电极开路的三极管结构，做成集电极开路输出的门电路，简称 OC 门。

图 3.4.33 给出了 OC 门的电路结构和图形符号。它的图形符号与 OD 门所用的符号相同。OC 门在工作时同样需要外接负载电阻和电源。只要电阻的阻值和电源电压的数值选择得当，就能够做到既保证输出的高、低电平符合要求，输出端三极管的负载电流又不过大。

OC 门的使用方法和前面讲过的 OD 门的使用方法类似。利用 OC 门同样能接成**线与**结构以及实现输出与输入之间的电平变换。

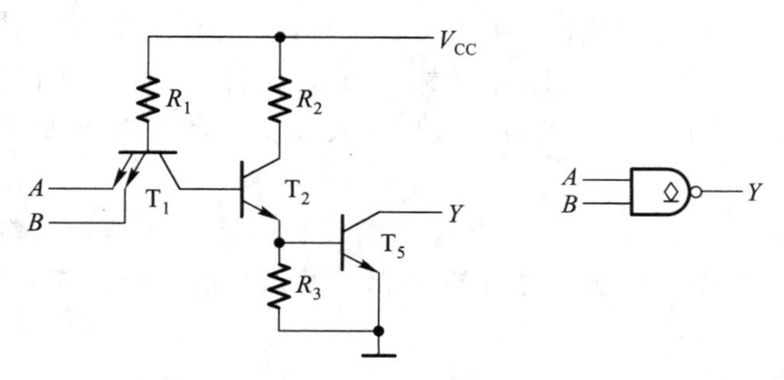

图 3.4.33 集电极开路输出 TTL **与非**门的电路和图形符号

图 3.4.34 是将两个 OC 结构**与非**门输出并联的例子。由图可知,只有 A、B 同时为高电平时 T_5 才导通,Y_1 输出低电平,故 $Y_1=(A\cdot B)'$。同理,$Y_2=(C\cdot D)'$。若将 Y_1、Y_2 两条输出线直接接在一起组成**线与**结构,则只要 Y_1、Y_2 有一个是低电平,Y 就是低电平,只有 Y_1、Y_2 同时为高电平时,Y 才是高电平,于是得到

$$Y=Y_1\cdot Y_2=(AB)'\cdot(CD)'=(AB+CD)'$$

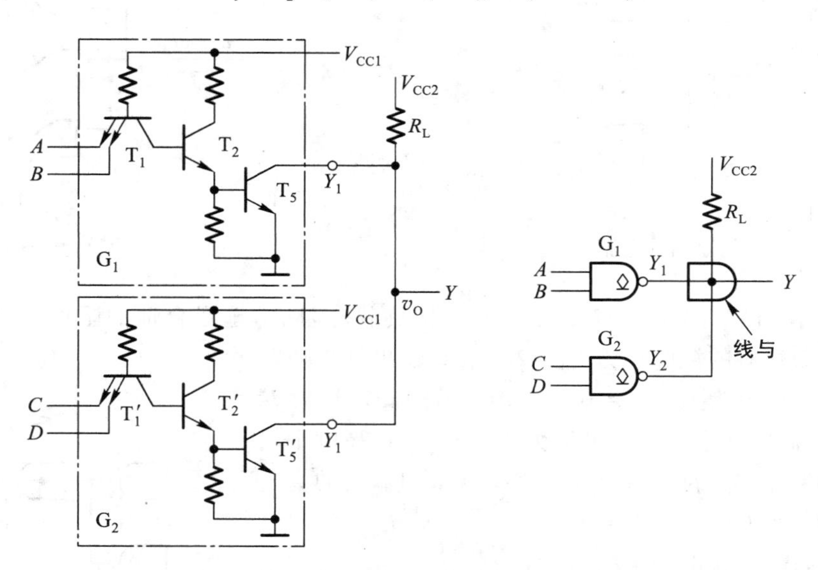

图 3.4.34 OC 门输出并联的接法及逻辑图

由于 T_5 和 T_5' 同时截止时输出的高电平为 $V_{OH}=V_{CC2}$,而 V_{CC2} 的电压数值可以不同于门电路本身的电源 V_{CC1},所以只要根据要求选择 V_{CC2} 的大小,就可以得到所需的 V_{OH} 值。

另外,有些 OC 门的输出管设计得尺寸较大,足以承受较大电流和较高电压。例如,SN7407 输出管允许的最大负载电流为 40 mA,截止时耐压 30 V,足以直接驱动小型继电器。

OC 门外接电阻的计算方法和 OD 门外接电阻的计算方法基本相同。唯一不同的一点是在多个负载门输入端并联的情况下,低电平输入电流的数目不一定与输入端的数目相等。

由图 3.4.27 所示**与非**门的电路结构图中可知,将输入端并联后总的低电平输入电流和每个

输入端单独接低电平时的输入电流是一样的。因此,在用式(3.3.9)计算 $R_{L(min)}$ 时,式中的 m' 等于负载门的个数,而不是输入端的数目,如图 3.4.35 所示。

而对于图 3.4.29 所示的**或非**门,将输入端并联以后,总的低电平输入电流等于每个输入端单独接低电平时的输入电流乘以并联输入端的数目,而不是乘以门的数目。因此,在用式(3.4.9)计算 $R_{L(min)}$ 时,式中的 m' 等于输入端的个数,而不是负载门的数目,如图 3.4.36 所示。

当输入为高电平时,无论负载是 m 个**与**输入端并联还是 m 个**或**输入端并联,总的高电平输入电流都等于单个输入端高电平输入电流的 m 倍。所以在用式(3.3.8)计算 $R_{L(max)}$ 时,式中的 m 都等于并联的输入端数目。

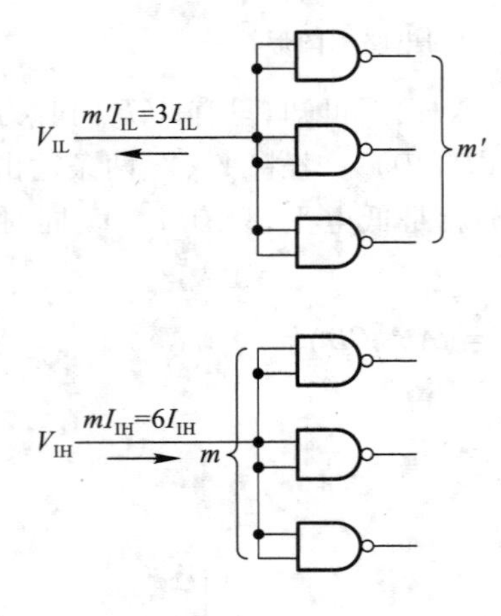

图 3.4.35 **与**输入端并联时的总输入电流

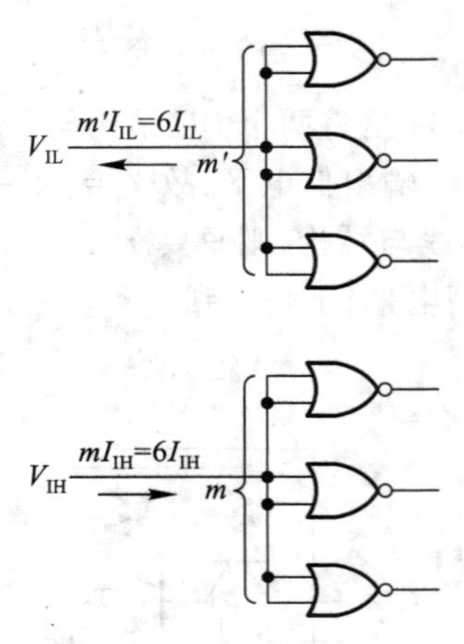

图 3.4.36 **或**输入端并联时的总输入电流

【例 3.4.5】 试为图 3.4.37 电路中的外接负载电阻 R_L 选定合适的阻值。已知 G_1、G_2 为 OC 门,输出管截止时的漏电流为 $I_{OH}=200\ \mu A$,输出管导通时允许的最大负载电流为 $I_{OL(max)}=16\ mA$。G_3、G_4 和 G_5 均为 74 系列**与非**门,它们的低电平输入电流为 $I_{IL}=-1\ mA$,高电平输入电流为 $I_{IH}=40\ \mu A$。给定 $V_{CC}=5\ V$,要求 OC 门输出的高电平 $V_{OH}\geqslant 3.0\ V$,低电平 $V_{OL}\leqslant 0.4\ V$。

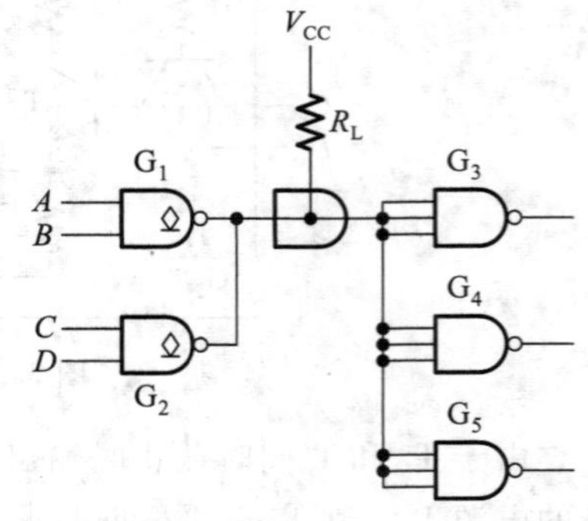

图 3.4.37 例 3.4.5 的电路

解: 根据式(3.3.8),得

$$R_{L(max)}=\frac{V_{CC}-V_{OH}}{nI_{OH}+mI_{IH}}$$

$$=\frac{5-3}{2\times0.2+9\times0.04}\ k\Omega=2.63\ k\Omega$$

又由式(3.3.9)可得到

$$R_{L(min)}=\frac{V_{CC}-V_{OL}}{I_{OL(max)}-m'\,|I_{IL}|}$$

$$=\frac{5-0.4}{16-3\times1}\ \text{k}\Omega$$
$$=0.35\ \text{k}\Omega$$

选定的 R_L 值应在 2.63 kΩ 与 0.35 kΩ 之间，故取

$$R_L = 1\ \text{k}\Omega$$

三、三态输出门电路（TS 门）

在 TTL 电路中同样也有一种三态输出结构的门电路。TTL 电路中的三态输出门是在普通门电路的基础上附加控制电路而构成的。

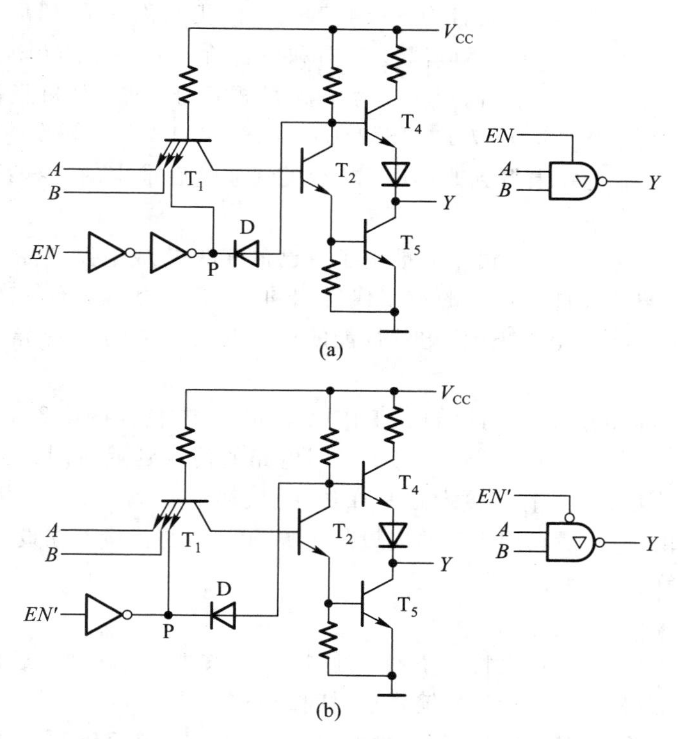

图 3.4.38 三态输出门的电路图和图形符号

（a）控制端高电平有效 （b）控制端低电平有效

图 3.4.38 是 TTL 三态输出门的电路结构图及图形符号，其中图（a）电路的控制端 *EN* 为高电平时（$EN=\mathbf{1}$），P 点为高电平，二极管 D 截止，电路的工作状态和普通的**与非**门没有区别。这时 $Y=(A\cdot B)'$，可能是高电平也可能是低电平，视 A、B 的状态而定。而当控制端 *EN* 为低电平时（$EN=\mathbf{0}$），P 点为低电平，T_5 截止。同时，二极管 D 导通，T_4 的基极电位被钳在 0.7 V，使 T_4 截止。由于 T_4、T_5 同时截止，所以输出端呈高阻状态。

因为图 3.4.38（a）电路在 $EN=\mathbf{1}$ 时为正常的**与非**工作状态，所以称为控制端高电平有效。而在图 3.4.38（b）电路中，$EN'=\mathbf{0}$ 时为工作状态，故称这个电路为控制端低电平有效。

三态输出门的应用已经在 CMOS 三态输出门的应用中介绍过，这里不再重复。

复习思考题

R3.4.7　TTL **与非**门输入端并联时总的输入电流的计算方法和**或非**门输入端并联时总的输入电流的计算方法有何不同?

R3.4.8　OC门外接负载电阻允许阻值的计算和OD门外接负载电阻允许阻值的计算有何区别?

3.4.6　TTL数字集成电路的各种系列

TI公司最初生产的TTL电路取名为SN54/74系列,我们称它为TTL基本系列。(54系列和74系列的区别主要在于工作环境温度范围和电源允许的变化范围不同。后来在高速CMOS集成电路中沿用了这种命名方法。)为了满足提高工作速度和降低功耗的需要,继54/74系列之后又相继生产了74H、74L、74S、74LS、74AS、74ALS、74F等改进系列。由于74H系列和74L系列在综合性能上并未得到改善,所以不久就被随后推出的74S系列和74LS系列所取代。

继TI公司之后,许多半导体公司相继推出了自己的TTL集成电路产品,并且采用了SN54/74系列的技术标准。只要器件名称中的数字代码相同,则不同公司生产的产品在逻辑功能、外形尺寸和引脚排列都相同。只是在个别电气性能的指标上,会有些小的差异。

74系列:

74系列TTL电路基本单元的电路结构、工作原理和特性在前面的第3.4.2~3.4.5节中已经作过详细的介绍了。74系列集成电路中,每一级门电路的传输延迟时间约为9 ns,而功率消耗在10 mW左右。所以无论在工作速度上还是在功耗上,都不能令人满意。因此,虽然至今仍然有74系列的产品提供,但一般只用于某些旧设备中原有器件的替换。在设计新的数字系统时,都理所当然地会选择改进系列的器件。

74S系列:

74S(Schottky TTL)系列又称肖特基系列。通过对74系列门电路动态过程的分析看到,三极管导通时工作在深度饱和状态是产生传输延迟时间的一个主要原因。如果能使三极管导通时避免进入深度饱和状态,那么传输延迟时间将大幅度减小。为此,在74S系列的门电路中,采用了抗饱和三极管(或称为肖特基钳位三极管——Schottky-clamped Transistor)。

抗饱和三极管是由普通的双极型三极管和肖特基势垒二极管(Schottky Barrier Diode,简称SBD)组合而成的,如图3.4.39所示。

由于SBD的开启电压很低,只有0.3~0.4 V,所以当三极管的b-c结进入正向偏置以后,SBD首先导通,并将b-c结的正向电压钳位在0.3~0.4 V。使v_{CE}保持在0.4 V左右,从而有效地制止了三极管进入深度饱和状态。

图3.4.40是74S系列**与非**门(74S00)的电路结构图,其中T_1、T_2、T_3、T_5和T_6都是抗饱和三极管。因为T_4的b-c结不会出现正向偏置,亦即不会进入饱和状态,所以不必改用抗饱和三极管。电路中仍采用了较小的电阻阻值。

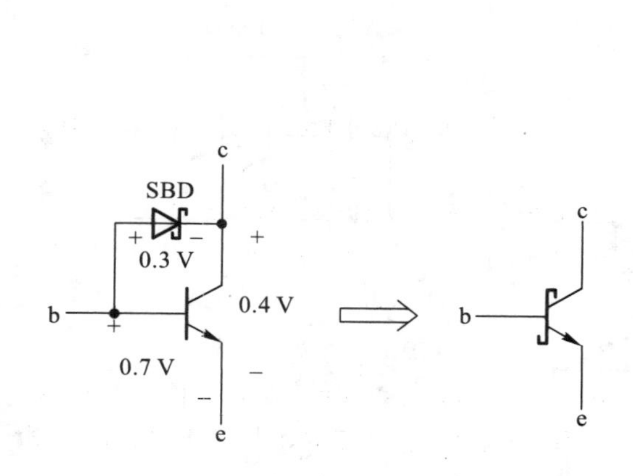

图 3.4.39 抗饱和三极管

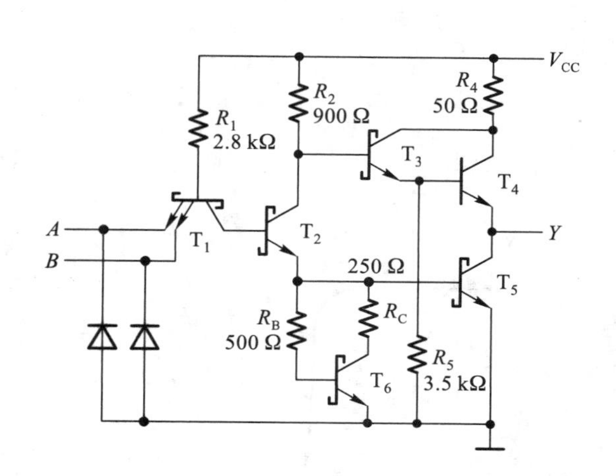

图 3.4.40 74S 系列与非门(74S00)的电路结构

电路结构的另一个特点是用 T_6、R_B 和 R_C 组成的有源电路代替了 74 系列中的电阻 R_3，为 T_5 管的发射结提供了一个有源泄放回路。当 T_2 由截止变为导通的瞬间，由于 T_6 的基极回路中串接了电阻 R_B，所以 T_5 的基极必然先于 T_6 的基极导通，使 T_2 发射极的电流全部流入 T_5 的基极，从而加速了 T_5 的导通过程。而在稳态下，由于 T_6 导通后产生的分流作用，减少了 T_5 的基极电流，也就减轻了 T_5 的饱和程度，这又有利于加快 T_5 从导通变为截止的过程。

当 T_2 从导通变为截止以后，因为 T_6 仍处于导通状态，为 T_5 的基极提供了一个瞬间的低内阻泄放回路，使 T_5 得以迅速截止。因此，有源泄放回路的存在缩短了门电路的传输延迟时间。经过上述改进后，74S 系列的平均传输延迟时间缩短到了 3 ns。

此外，引进有源泄放电路还改善了门电路的电压传输特性。因为 T_2 的发射结必须经 T_5 或 T_6 的发射结才能导通，所以不存在 T_2 导通而 T_5 尚未导通的阶段，而这个阶段正是产生电压传输特性线性区的根源，因此 74S 系列门电路的电压传输特性上没有线性区，更接近于理想的开关特性，如图 3.4.41 所示。从图上可以看到，74S 系列门电路的阈值电压比 74 系列要低一些。这是因为 T_1 为抗饱和三极管，它的 b-c 间存在 SBD，所以 T_5 开始导通所需要的输入电压比 74 系列门电路要低一点。

采用抗饱和三极管和减小电路中电阻的阻值也带来了一些缺点。首先是电路的功耗加大了。74S 系列门电路的平均功耗达 20 mW，是 74 系列的两倍。其次，由于 T_5 脱离了深度饱和状态，导致了输出低电平升高(最大值可达 0.5 V 左右)。

74LS 系列：

为了得到更小的延迟-功耗积，即要求不仅传输延迟时间短，而且要求功耗低，在兼顾功耗与速度两方面的基础上又进一步开发了 74LS(Low-power Schottky TTL)系列(也称为低功耗肖特基系列)。

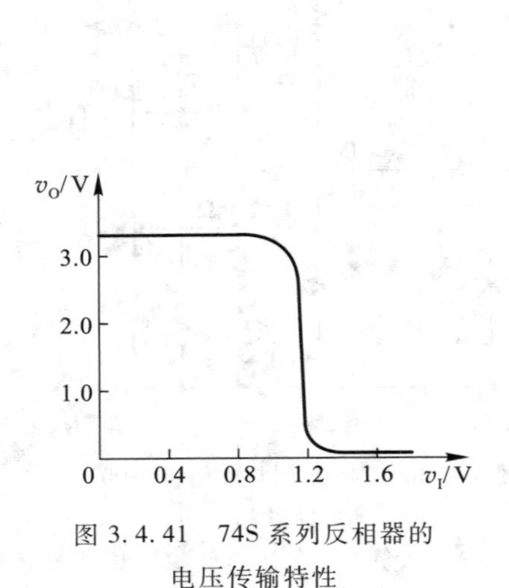

图 3.4.41　74S 系列反相器的电压传输特性

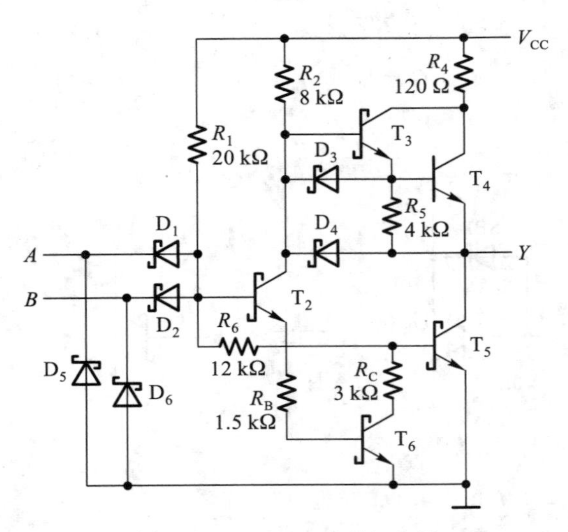

图 3.4.42　74LS 系列与非门（74LS00）的电路结构

图 3.4.42 是 74LS 系列与非门（74LS00）的典型电路。为了降低功耗，大幅度地提高了电路中各个电阻的阻值。同时，将 R_5 原来接地的一端改接到输出端，以减小 T_3 导通时 R_5 上的功耗。74LS 系列门电路的功耗仅为 74 系列的五分之一，74H 系列的十分之一。为了缩短传输延迟时间、提高开关工作速度，沿用了 74S 系列提高工作速度的两个方法——使用抗饱和三极管和引入有源泄放电路。同时，还将输入端的多发射极三极管用 SBD 代替①，因为这种二极管没有电荷存储效应，有利于提高工作速度。此外，为进一步加速电路开关状态的转换过程，又接入了 D_3、D_4 这两个 SBD。当输出端由高电平跳变为低电平时，D_4 经 T_2 的集电极和 T_5 的基极为输出端的负载电容提供了另一条放电回路，既加快了负载电容的放电速度，又为 T_5 管增加了基极驱动电流，加速了 T_5 的导通过程。同时，D_3 也通过 T_2 为 T_4 的基极提供一个附加的低内阻放电通路，使 T_4 更快地截止，这也有利于缩短传输延迟时间。由于采用了这一系列的措施，虽然电阻阻值增大了很多，但传输延迟时间仍可达到 74 系列的水平。74LS 系列的延迟-功耗积仅为 74 系列的五分之一，74S 系列的三分之一。

74LS 系列门电路的电压传输特性也没有线性区，而且阈值电压要比 74 系列低，为 1 V 左右。

74AS 系列：

74AS（Advanced Schottky TTL）系列是为了进一步缩短传输延迟时间而设计的改进系列。它的电路结构与 74LS 系列相似，但是电路中采用了很低的电阻阻值，从而提高了工作速度，使传输延迟时间缩短至 1.7 ns。它的缺点是功耗较大，但是比 74S 系列的功耗要小很多，约为 8 mW。

74ALS 系列：

74ALS（Advanced Low-power Schottky TTL）系列是为了获得更小的延迟-功耗积而设计的改

① 严格地讲，74LS 系列属于 DTL（Diode-Trasistor Logic）电路，因为它的输入端不是三极管结构，而是二极管结构。

进系列,它的延迟-功耗积是TTL电路所有系列中最小的一种。为了降低功耗,电路中采用了较高的电阻阻值。同时,通过改进生产工艺缩小了内部各个器件的尺寸,获得了减小功耗、缩短延迟时间的双重收效。此外,在电路结构上也做了局部的改进。这样就使得它的门电路功耗降至1.2 mW,而传输延迟时间只有4 ns。

74F系列:

74F(Fast TTL)系列通过采用新的生产工艺减小了器件内部的各种寄生电容,从而有效地提高了开关工作速度,使门电路的平均传输延迟时间缩短至只有3 ns,而功耗仍能维持在较低水平。由于它在速度和功耗两方面都介于74AS和74ALS系列之间。因此,它为设计人员提供了一种在速度与功耗之间折中的选择。

在过去相当长的一段时间里74LS系列曾经是TTL的主流系列。可以预料,74ALS系列将逐渐取代74LS系列而成为TTL电路的主流产品。

表3.4.1中列出了TTL电路不同系列的四2输入**与非**门(74××00)的主要性能参数。对于不同系列的TTL电路和高速CMOS电路产品,只要型号最后的数字相同,它们的逻辑功能就是一样的,但是电气性能参数就大不相同了。因此,它们之间不是任何情况下都可以互相替换的。

表3.4.1 各种系列TTL电路(74××00)特性参数比较

参数名称与符号	系列					
	74	74S	74LS	74AS	74ALS	74F
输入低电平最大值 $V_{IL(max)}$/V	0.8	0.8	0.8	0.8	0.8	0.8
输出低电平最大值 $V_{OL(max)}$/V	0.4	0.5	0.5	0.5	0.5	0.5
输入高电平最小值 $V_{IH(min)}$/V	2.0	2.0	2.0	2.0	2.0	2.0
输出高电平最小值 $V_{OH(min)}$/V	2.4	2.7	2.7	2.7	2.7	2.7
低电平输入电流最大值 $I_{IL(max)}$/mA	-1.0	-2.0	-0.4	-0.5	-0.2	-0.6
低电平输出电流最大值 $I_{OL(max)}$/mA	16	20	8	20	8	20
高电平输入电流最大值 $I_{IH(max)}$/μA	40	50	20	20	20	20
高电平输出电流最大值 $I_{OH(max)}$/mA	-0.4	-1.0	-0.4	-2.0	-0.4	-1.0
传输延迟时间 t_{pd}/ns	9	3	9.5	1.7	4	3
每个门的功耗/mW	10	19	2	8	1.2	4
延迟-功耗积 pd/pJ	90	57	19	13.6	4.8	12

* 3.5 ECL 集成电路

ECL 电路是发射极耦合逻辑(Emitter Coupled Logic)电路的简称。ECL 电路是一种非饱和型的高速逻辑电路,其中的开关元件是双极型三极管,所以它属于双极型集成电路。

从上一节对 TTL 电路的讨论中可以看到,为了降低功耗和得到尽可能低的输出低电平,三极管导通时被设计在深度饱和状态或临近饱和状态。而三极管的饱和导通状态是产生电路传输延迟的最主要原因。为了提高电路的工作速度,在 ECL 电路中,将三极管的导通状态设计在非饱和的线性区,从而有效地提高了电路的开关速度。ECL 电路是目前各种类型数字集成电路中速度最快的,也是唯一能将传输延迟时间缩短至 1 ns 以内的一种。目前 ECL 电路主要用于高速和超高速的数字系统(例如高速计算机)当中。

由于 ECL 电路的工作过程可以看作是通过电路中每个三极管的集电极电流信号逐级传递进行的,所以也把这种电路称之为电流型逻辑(Current-Mode Logic)电路,简称为 CML 电路。

ECL 电路的缺点也是显而易见的。由于三极管导通时处于线性放大区,管压降必然比较高,这就导致了功耗大幅度地增加,因而限制了 ECL 电路集成度的提高。标准化的 ECL 系列产品主要是一些中、小规模的集成电路。在制作双极型的高速、超高速大规模集成电路中,通常都采用在 ECL 电路基础上改进的各种电路结构(例如大量采用发射极的“**线与**结构”和集电极的“**线与**结构”等),以达到简化电路结构和降低功耗的目的。

3.5.1 ECL 电路的基本结构和工作原理

ECL 是一种非饱和型的高速逻辑电路。图 3.5.1 为 ECL **或/或非**门的典型电路和逻辑符号。因为图中 T_5 管的输入信号是通过发射极电阻 R_E 耦合过来的,所以将这种电路称为发射极耦合逻辑电路。

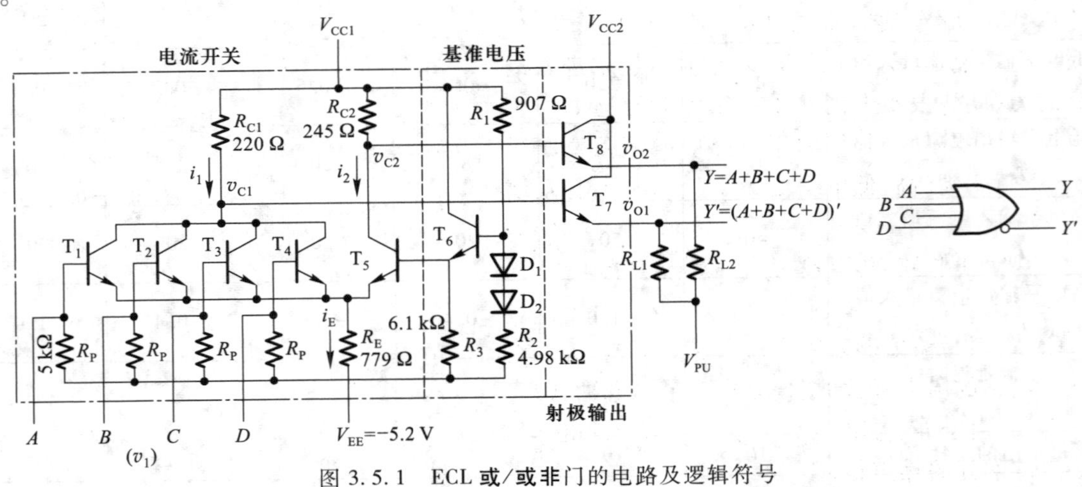

图 3.5.1　ECL **或/或非**门的电路及逻辑符号

这个电路可以按图中的虚线所示划分成三个组成部分:电流开关、基准电压源和射极输出电路。

正常工作时取 $V_{EE}=-5.2$ V，$V_{CC1}=V_{CC2}=0$ V，T_6 管发射极给出的基准电压 $V_{BB}=-1.3$ V，输入信号的高、低电平各为 $V_{IH}=-0.92$ V、$V_{IL}=-1.75$ V。

当全部输入端同时接低电平时，$T_1\sim T_4$ 的基极都是-1.75 V，而此时 T_5 的基极电平更高些(-1.3 V)，故 T_5 导通并将发射极电平钳位在 $v_E=V_{BB}-V_{BE}=-2.07$ V(假定发射结的正向导通压降为0.77 V)。这时 $T_1\sim T_4$ 的发射结上只有0.32 V，故 $T_1\sim T_4$ 同时截止，v_{C1} 为高电平而 v_{C2} 为低电平。

当输入端有一个(假定为A)接至高电平时，T_1 的基极为-0.92 V，高于 V_{BB}，所以 T_1 一定导通，并将发射极电平钳位在 $v_E=v_I-V_{BE}=-1.69$ V。此时加到 T_5 发射结上的电压只有0.4 V，故 T_5 截止，v_{C1} 为低电平而 v_{C2} 为高电平。

由于 $T_1\sim T_4$ 的输出回路是并联在一起的，所以只要其中有一个输入端接高电平，就能使 v_{C1} 为低电平而 v_{C2} 为高电平。因此，v_{C1} 与各输入端之间的逻辑关系是**或非**，v_{C2} 与各输入端之间的逻辑关系是**或**。

然而在图3.5.1给定的参数下，v_{C1} 和 v_{C2} 的高、低电平不等于输入信号的高、低电平，因而无法直接作为下一级门电路的输入信号。为此，又在电路的输出端增设了由 T_7 和 T_8 组成的两个射极输出电路，以便把 v_{C1} 和 v_{C2} 的高、低电平转换成-0.92 V和-1.75 V。

基准电压源是由 T_6 组成的射极输出电路，它为 T_5 的基极提供固定的基准电平。为了补偿 V_{BE6} 的温度飘移，还在 T_6 的基极回路里接入了两个二极管 D_1 和 D_2。

图中的 R_L 为外接的负载电阻，V_{PU} 为牵引电源。V_{PU} 可以取成 V_{EE}，也可以取不同于 V_{EE} 的数值。

图3.5.2是图3.5.1所示ECL**或/或非**门的电压传输特性，曲线的转折区发生在 $v_I=-1.2\sim-1.4$ V的地方。转折区的中点在 $v_I=V_{BB}$ 处，这时 v_{C1} 与 v_{C2} 基本相等，因而 v_{O1} 与 v_{O2} 也相差无几。

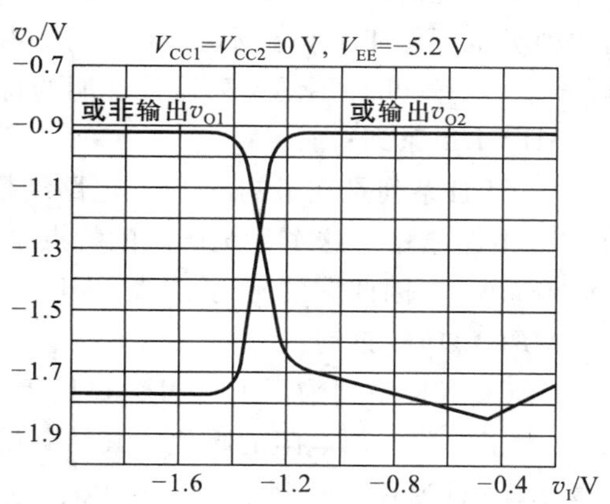

图3.5.2 ECL**或/或非**门的电压传输特性

与TTL电路相比，ECL电路有如下几个优点：

第一，ECL电路是目前各种数字集成电路中工作速度最快的一种。根据图3.5.1中的电路参数不难算出，$T_1\sim T_4$ 导通时集电结电压 $V_{CB}\approx0$ V，T_5 导通时集电结电压 $V_{CB}\approx0.3$ V，即导通时均未进入饱和状态，这就从根本上消除了由于饱和导通而产生的电荷存储效应。同时，由于电路中电阻阻值取得很小，逻辑摆幅(高、低电平之差)又低，从而有效地缩短了电路各节点电位的上升时间和下降时间。目前ECL门电路的传输延迟时间已能缩短至0.1 ns以内。

第二，因为输出端采用了射极输出结构，所以输出内阻很低，带负载能力很强。国产CE10K系列门电路的扇出系数(能驱动同类门电路的数目)达90以上。

第三，由于 $i_{C1\sim C4}$ 和 i_{C5} 的大小设计得近乎相等，所以在电路开关过程中电源电流变化不大，电路内部的开关噪声很低。

第四，ECL电路多设有互补的输出端，同时还可以直接将输出端并联以实现**线或**逻辑功能，因而使用时十分方便、灵活。

然而,ECL 电路的缺点也是很突出的,这主要表现在:

第一,功耗大。由于电路里的电阻阻值都很小,而且三极管导通时又工作在非饱和状态,所以功耗很大。每个门的平均功耗可达 100 mW 以上。从一定的意义上说,可以认为 ECL 电路的高速度是用多消耗功率的代价换取的。而且,功耗过大也严重地限制了集成度的提高。

第二,输出电平的稳定性较差。因为电路中的三极管导通时处于非饱和状态,而且输出电平又直接与 T_7、T_8 的发射结压降有关,所以输出电平对电路参数的变化以及环境温度的改变都比较敏感。

第三,噪声容限比较低。ECL 电路的逻辑摆幅(输出高、低电平之差)只有 0.8 V,直流噪声容限仅 200 mV 左右,因此抗干扰能力较差。

复习思考题

R3.5.1　试比较 ECL 电路和 TTL 电路在性能上各有何优缺点。

3.5.2　ECL 集成电路的各种系列

虽然 ECL 电路与 TTL 电路几乎同时研发成功并投入使用,但由于 ECL 电路是专门针对超高速数字系统的应用而设计的,因而它的应用范围和普及程度远不如 TTL 电路,标准化系列产品的种类也不像 TTL 电路那样丰富。这里仅以 Motorola 公司生产的几种 ECL 电路系列产品为例,介绍一下这几种不同系列器件性能的特点。

MECLⅢ系列:

MECLⅢ系列是在最初的 ECL 电路结构基础上,经过两次改进而形成的,它采用图 3.5.1 中的 ECL 电路结构。这个系统产品的特点是速度比较高(传输延迟时间仅为 1 ns)而功耗比较高(达 60 mW)。因此它的延迟-功耗积比较大,综合的性能有待进一步改进。

MECL 10K 系列:

MECL 10K 系列采用了与 MECL Ⅲ相同的电路结构。为了降低功耗,以得到较小延迟-功耗积,加大了电路内部电阻的阻值。其结果虽然在速度上有些损失,但是由于功耗的大幅度降低,使得功耗-延迟积下降到了 25 mW 以下。

MECL 10KH 及 MECL 100K 系列:

为了进一步提高电路的综合性能,MECL 10KH 系列在 MECL 10K 系列的基础上,对电路结构进一步作了改进,包括在共发射极电路的发射极电路中引进恒流源电路,以及在基准电压源电路部分采用温度补偿电路等。在不增加功耗的情况下,将 MECL 10KH 系统传输延迟时间缩短到了 1 ns。而 MECL 100K 系列对 MECL 10KH 系列的电路参数和制作工艺又作了改进,获得了小于 1 ns 的传输延迟时间,使电路的开关速度达到了 GHz 的水平。最好的情况下,ECL 电路的传输延迟时间甚至可以缩短到 0.3 ns。

表 3.5.1 中给出了以上几种 ECL 系列电路主要性能参数的比较。

表 3.5.1 几种 ECL 系列集成电路主要性能的比较

参数名称及符号	MECL Ⅲ系列	MECL 10K 系列	MECL 10KH 系列	MECL 100K 系列
逻辑摆幅/V	0.8	0.8	0.8	0.8
传输延迟时间 t_{pd}/ns	1	2	1	0.75
门电路平均功耗 /mW	60	25	25	40
延迟-功耗积 pd/pJ	60	50	25	30

3.6 Bi-CMOS 电路

Bi-CMOS 电路是双极型 CMOS(Bipolar-CMOS)电路的简称。

从前面几节的内容中我们已经知道，由于 CMOS 集成电路具有功耗极低、集成度高的优点，所以在许多应用领域里正在逐渐取代 TTL 等功耗较大的数字集成电路。然而 MOS 管的导通电阻比较大，输出高电平将随着负载电流的增大而大幅度下降，而输出低电平也将随着负载电流的增大而大幅度升高。因此，CMOS 电路难以满足输出大驱动电流的需要。而双极型三极管却具有 MOS 管不具备的低导通内阻和快速的优点。为了使电路同时吸收双极型电路与 CMOS 电路的优点，设计人员便将两种生产工艺相结合，制造出了 Bi-CMOS 电路。

这种电路结构的特点是逻辑部分采用 CMOS 结构，输出级则采用双极型三极管。因此，它兼有 CMOS 电路的低功耗、高集成度和双极型电路高驱动能力的优点。Bi-CMOS 电路主要用在需要输出大驱动电流的场合，例如计算机的总线接口，数字系统输出端的缓冲器、驱动器和锁存器，以及无线通信设备的终端等。因此，中、小规模集成的 Bi-CMOS 标准化系列产品逻辑功能一般都比较简单。除了标准化的系列产品以外，Bi-CMOS 电路还经常用在大规模集成电路的输出端，以提高器件的驱动能力。

3.6.1 Bi-CMOS 电路的基本结构和工作原理

图 3.6.1 是 Bi-CMOS 反相器的两种电路结构形式。图(a)是结构最简单的一种，其中两个双极型输出管的基极接有下拉电阻。当 $v_I = V_{IH}$ 时，T_2 和 T_4 导通，T_1 和 T_3 截止，输出为低电平 V_{OL}。当 $v_I = V_{IL}$ 时，T_1 和 T_3 导通而 T_2 和 T_4 截止，输出为高电平 V_{OH}。

为了加快 T_3 和 T_4 的截止过程，要求 R_1 和 R_2 的阻值尽量小，而为了降低功耗，要求 R_1 和 R_2 的阻值应尽量大，两者显然是矛盾的。为此，目前的 Bi-CMOS 反相器多半采用图 3.6.1(b)所示的电路结构，以 T_2 和 T_4 取代图 3.6.1(a)中的 R_1 和 R_2，形成有源下拉式结构。当 $v_I = V_{IH}$ 时，T_2、T_3 和 T_6 导通，T_1、T_4 和 T_5 截止，输出为低电平 V_{OL}。当 $v_I = V_{IL}$ 时，T_1、T_4 和 T_5 导通，T_2、T_3 和 T_6

截止，输出为高电平 V_{OH}。由于 T_5 和 T_6 的导通内阻很小，所以负载电容 C_L 的充、放电时间很短，从而有效地减小了电路的传输延迟时间。

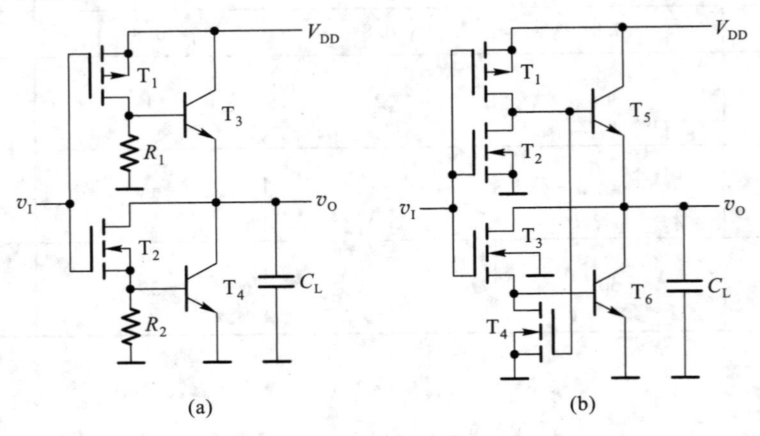

图 3.6.1　Bi-CMOS 反相器

（a）最简单的电路结构　（b）常用的电路结构

图 3.6.2 是 Bi-CMOS 与非门的电路原理图。由图可知，只要 A、B 当中有一个为低电平，必然使 T_8 导通、T_9 截止，输出高电平。只有 A、B 同时为高电平，才能使 T_9 导通、T_8 截止，输出低电平。

Bi-CMOS 或非门的电路结构如图 3.6.3 所示，它的逻辑功能请读者自行分析。

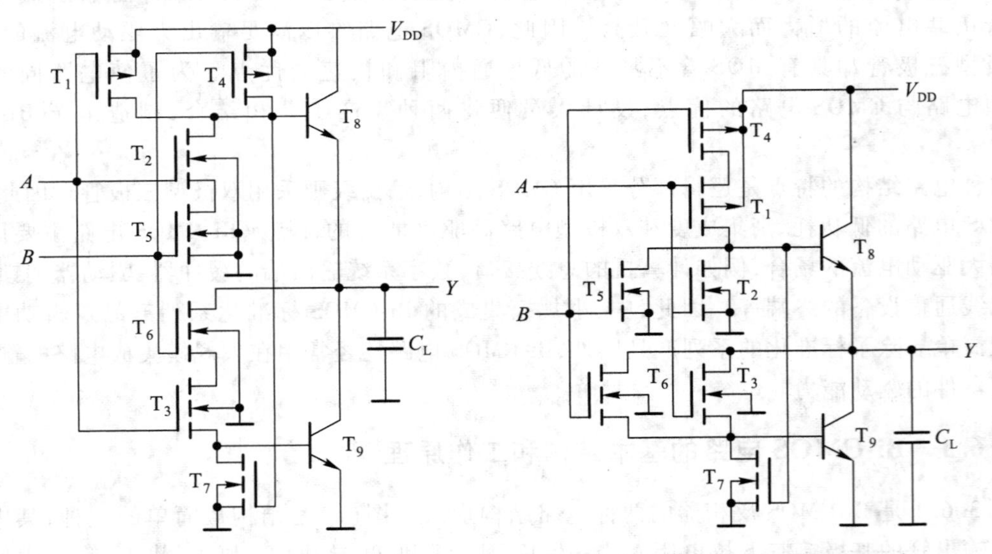

图 3.6.2　Bi-CMOS 与非门电路　　　图 3.6.3　Bi-CMOS 或非门电路

3.6.2　Bi-CMOS 集成电路的各种系列

20 世纪 90 年代以来各种系列的 Bi-CMOS 集成电路产品相继上市。早期产品的电源电压取为 5 V，以使其输入、输出电平与 74 系列 TTL 电路与 74HCT、74AHCT 系列 CMOS 电路的电平兼容。随着低压 CMOS 电路日益广泛地应用,也陆续出现了一些可以工作在低压下的 Bi-CMOS 集成电路产品。这些低压系列产品可以在 3.3 V、2.5 V、甚至 1.2 V 的电源电压下工作,而且能提供高达 32 mA 或者 64 mA 的驱动电流,并且具有很小的传输延迟时间。

下面以 TI 公司生产的几种 74 系列 Bi-CMOS 集成电路产品为例,简单介绍一下不同系列产品在主要性能上的特点。

74ABT 系列:

74ABT 系列是 5 V 逻辑的 Bi-CMOS 集成电路产品。它是最早推出的 74BCT 系列的改进系列。74ABT 系列器件的电源电压取为 5 V,在 5 V±10%范围内可以正常工作。逻辑电平与 74 系列 TTL 电路以及 74HCT、74AHCT 系列 CMOS 电路兼容。这个系列产品的品种不多,主要是输出缓冲/驱动器,作为总线接口电路使用。例如 74ABT240A 是具有 3 态输出的 8 线缓冲/驱动器,高电平驱动电流最大值为 32 mA,低电平驱动电流最大值达 64 mA。它的传输延迟时间为3 ns,最小值可达 1 ns。

74ALB 系列:

74ALB 系列是一种低压系列,它的电源电压额定值选在 3.3 V,在 3.3 V±10%范围内可以正常工作。由于它输入、输出的逻辑电平与工作在 5 V 电源下的 TTL 和 HCT、AHCT 系列的逻辑电平兼容,所以它能够很方便地实现 5 V 逻辑电平系统和 3.3 V 逻辑电平系统之间的转换。例如 74ALB16244 是 16 位的 3 态输出缓冲/驱动器,工作在 3.3 V 电压下能提供 25 mA 的驱动电流,平均传输延迟时间仅为 1.3 ns,最小值可达 0.6 ns,是这几种系列中速度最快的一种。

74ALVT 系列:

74ALVT 系列也是一种低压 Bi-CMOS 系列,主要用于接口电路。它既可以在 3.3 V 电源电压下工作,也可以在 2.5 V 的电源电压下工作。

当它工作在 3.3 V 电源电压时,能够提供比 74ALB 系列更大的驱动电流。高电平输出电流的最大值为 32 mA,低电平输出电流的最大值可达 64 mA。但是它的传输延迟时间比较大,约为 3.2 ns。此外,它的逻辑电平同样与 5 V 电源系列器件的逻辑电平兼容,也可以用于 5 V 逻辑电平和 3.3 V 逻辑电平之间的转换。

当它工作在 2.5 V 电源电压时,仍然可以提供 32 mA 的高电平输出电流和 64 mA 的低电平输出电流。但是传输延迟时间比起工作在 3.3 V 是略有增加,而且由于输出高电平的最小值低于 5 V 系列输入高电平的最小值,所以它不能用于从 2.5 V 逻辑电平到 5 V 逻辑电平的转换。不过由于它的输入端可以接受 5 V 逻辑电平的高、低电平信号,因而仍然可以用于从 5 V 逻辑电平到 2.5 V 逻辑电平的转换。

表 3.6.1 中给出了几种 Bi-CMOS 集成电路系列主要性能参数的比较。

表 3.6.1 几种 Bi-CMOS 集成电路系列主要性能比较

参数名称及符号	系列			
	74ABT	74ALB	74ALVT	
电源电压 V_{CC}/V	5	3.3	3.3	2.5
输入高电平最小值 $V_{IH(min)}$/V	2	2	2	2

续表

参数名称及符号	系列			
	74ABT	74ALB	74ALVT	
输入低电平最大值 $V_{IL(max)}$/V	0.8	0.6	0.8	0.8
输出高电平最小值 $V_{OH(min)}$/V	2	2	2	1.7
输出低电平最大值 $V_{OL(max)}$/V	0.55	0.2	0.55	0.4
高电平输出电流最大值 $I_{OH(max)}$/mA	32	25	32	32
低电平输出电流最大值 $I_{OL(max)}$/mA	64	25	64	64
传输延迟时间 t_{pd}/ns	3	1.3	3.2	3.6

3.7　不同类型数字集成电路间的接口

在目前 CMOS、TTL、ECL 等多种类型集成电路并存的情况下，经常会遇到不同类型器件互相对接的问题。此外，由于低压系列集成电路的出现，除了原有的 5 V 系列逻辑电平以外，3.3 V 和 2.5 V 系列的逻辑电平也已经成为通用的标准。因此，当不同逻辑电平的器件在同一个系统中使用时，还需要解决不同逻辑电平之间的转换问题。

鉴于 CMOS 电路和 TTL 电路是目前应用最广的两种，所以下面通过如何实现这两种电路间的对接，说明处理不同类型电路之间接口的原则和方法。

3.7.1　CMOS 电路和 TTL 电路的接口

由图 3.7.1 可知，无论是用 TTL 电路驱动 CMOS 电路还是用 CMOS 电路驱动 TTL 电路，驱动门必须能为负载门提供合乎标准的高、低电平和足够的驱动电流，也就是必须同时满足下列各式

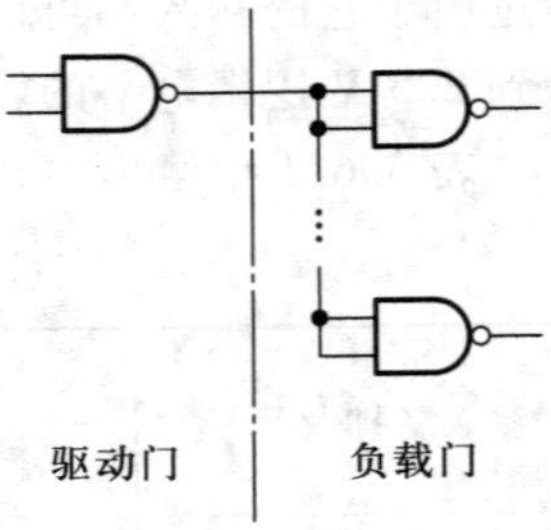

驱动门　　负载门

$$V_{OH(min)} \geqslant V_{IH(min)} \tag{3.7.1}$$

$$V_{OL(max)} \leqslant V_{IL(max)} \tag{3.7.2}$$

$$|I_{OH(max)}| \geqslant nI_{IH(max)} \tag{3.7.3}$$

驱动门　负载门

图 3.7.1　驱动门与负载门的连接

$$I_{OL(max)} \geqslant m \mid I_{IL(max)} \mid \tag{3.7.4}$$

其中 n 和 m 分别为负载电流中 I_{IH}、I_{IL}的个数。

为便于对照比较，图 3.7.2 中列出了各种 TTL 和 CMOS（包括 Bi-CMOS）系列门电路在电源电压为 5 V 时的 $V_{OH(min)}$、$V_{OL(max)}$、$V_{IH(min)}$和 $V_{IL(max)}$值，以便于相互比较。

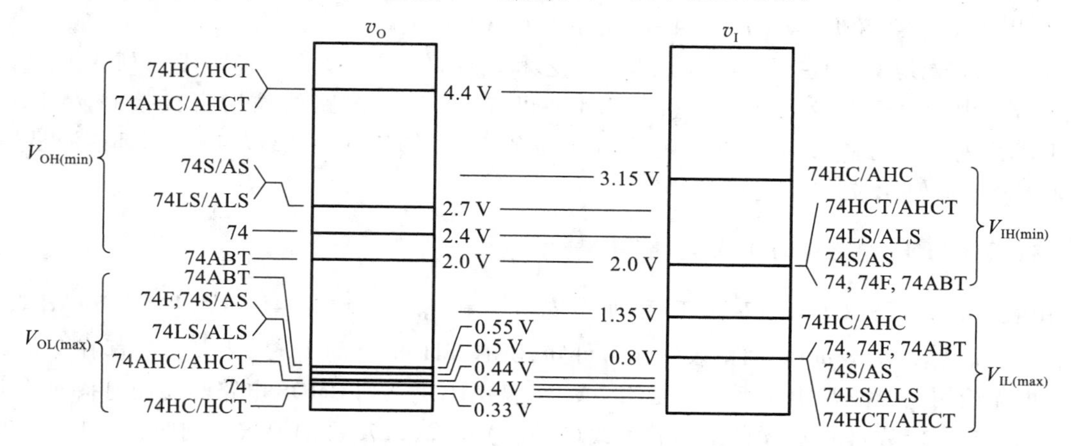

图 3.7.2 各种 CMOS 与 TTL 系列门电路的输出、输入电平

一、用 TTL 电路驱动 CMOS 电路

1. 用 TTL 电路驱动 74HC 和 AHC 系列 CMOS 电路

根据表 3.3.2 和表 3.4.1 给出的数据可知，所有 TTL 电路的高电平最大输出电流都在 0.4 mA 以上，低电平最大输出电流都在 8 mA 以上，而 74HC 和 AHC 系列 CMOS 电路的高、低电平输入电流都在 1 μA 以下。因此，用任何一种系列的 TTL 电路驱动 74HC 和 74AHC 系列 CMOS 电路，都能在 n、m 大于 1 的情况下满足式（3.7.3）和式（3.7.4）的要求，并可以由式（3.7.3）和式（3.7.4）求出 n 和 m 的最大允许值。同时，由图 3.7.2 中还可以看到，所有 TTL 系列的 $V_{OL(max)}$ 均低于 74HC 和 74AHC 系列的 $V_{IL(max)}=1.35$ V，所以也满足式（3.7.2）的要求。然而所有 TTL 系列的 $V_{OH(min)}$ 值都低于 74HC 和 74AHC 系列的$V_{IH(min)}=3.15$ V，达不到式（3.7.1）的要求。为此，在用 TTL 电路驱动 74HC 和 74AHC 系列 CMOS 电路时，必须设法将 TTL 电路输出高电平的最小值提高到 3.15 V 以上。

最简单的解决方法是在 TTL 电路的输出端与电源之间接入上拉电阻 R_U，如图 3.7.3 所示。当 TTL 电路的输出为高电平时，输出级的负载管和驱动管同时截止，故有

$$V_{OH} = V_{DD} - R_U(I_O + nI_{IH}) \tag{3.7.5}$$

式中的 I_O 为 TTL 电路输出级 T_5 管截止时的漏电流。由于 I_O 和 I_{IH}都很小，所以只要 R_U 的阻值不是特别大，输出高电平将被提升至 $V_{OH} \approx V_{DD}$。

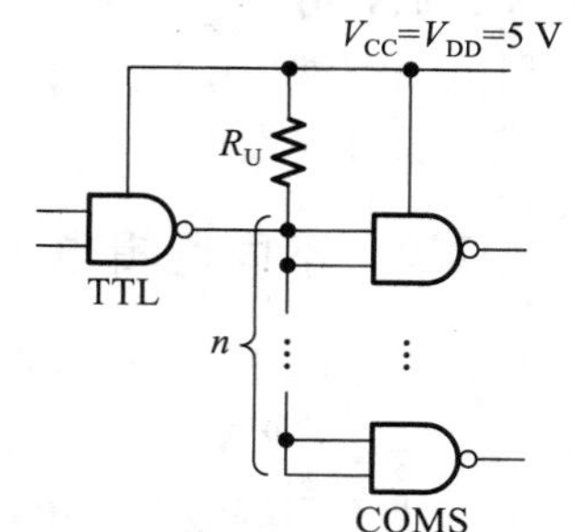

图 3.7.3 用接入上拉电阻提高 TTL 电路输出的高电平

在 CMOS 电路的电源电压较高时，它所要求的 $V_{IH(min)}$ 值将超过推拉式输出结构 TTL 电路输出端能够承受的电压。例如，4000

系列 CMOS 电路在 $V_{DD}=15$ V 时，要求的 $V_{IH(min)}=11$ V。因此，TTL 电路输出的高电平必须大于 11 V。在这种情况下，应采用集电极开路输出结构的 TTL 门电路（OC 门）作为驱动门。OC 门输出端三极管的耐压较高，可达 30 V 以上。

R_U 取值范围的计算方法与 OC 门外接上拉电阻的计算方法相同，这里不再重复。

2. 用 TTL 电路驱动 74HCT 和 74AHCT 系列 CMOS 门电路

为了能方便地实现直接驱动，通过改进工艺和设计，使 74HCT 和 74AHCT 系列的 $V_{IH(min)}$ 值降至 2 V。由图 3.7.2 及表 3.3.2 和表 3.4.1 可知，将 TTL 电路的输出直接接到 74HCT 和 74AHCT 系列电路的输入端时，在一定的 m、n 取值下，式（3.7.1）~（3.7.4）全部都能满足。因此，无需外加任何元、器件。

二、用 CMOS 电路驱动 TTL 电路

由表 3.3.2 可知，74HC/74HCT 系列的 $I_{OH(max)}$ 和 $I_{OL(max)}$ 均为 4 mA，74AHC/74AHCT 的 $I_{OH(max)}$ 和 $I_{OL(max)}$ 均为 8 mA。而由表 3.4.1 可知，所有 TTL 电路的 $I_{IH(max)}$ 和 $I_{IL(max)}$ 都在 2 mA 以下，所以无论用 74HC/74HCT 系列还是用 74AHC/74AHCT 系列 CMOS 电路驱动任何系列的 TTL 电路，都能在一定数目的 n、m 范围内满足式（3.7.3）和式（3.7.4）的要求。同时，从图 3.7.2 上还可以看到，用 74HC/74HCT 系列或 74AHC/74AHCT 系列 CMOS 电路驱动任何系列的 TTL 电路时，都能满足式（3.7.1）和式（3.7.2）的要求。

因此，无论用 74HC/74HCT 系列还是用 74AHC/74AHCT 系列的 CMOS 电路，都可以直接驱动任何系列的 TTL 电路。可以驱动负载门的个数可以由式（3.7.3）和式（3.7.4）求出。

在驱动电路的最大输出电流不足以满足负载电路的要求，亦即不能满足式（3.7.3）和式（3.7.4）时，就需要在驱动电路和负载电路之间加入一个接口电路，将驱动电路的输出电流扩展至负载电路要求的数值，如图 3.7.4（a）所示。在 CMOS 电路和 Bi-CMOS 电路中，都有输出电流较大的缓冲/驱动器产品，可以直接选作接口电路使用。例如缓冲/驱动器 74HCT125 就是作为接口电路而设计的 CMOS 集成电路。它包含 4 个具有 3 态控制的同相输出/缓冲驱动电路，可以提供 25 mA 的驱动电流。又如 Bi-CMOS 电路 74ABT240A 也是为接口电路而设计的缓冲/驱动器，它的高电平输出电流最大值为 32 mA，低电平输出电流最大值达 64 mA。

在得不到合适的缓冲/驱动器集成电路的情况下，也可以使用分立器件组成的电流放大器实现电流扩展，如图 3.7.4（b）所示。只要放大器的电路参数选择得当，定可做到在驱动门输出高电平时 i_B 小于驱动门高电平输出电流的最大值，同时电流放大器输出的高、低电平和输出驱动电流满足负载电路的要求。

3.7.2　不同逻辑电平电路间的接口

早期的 TTL 和 CMOS 电路都采用了 5 V 的电源电压，而后来出现的低压 CMOS 电路经常在 3.3 V、2.5 V、1.8 V、甚至 1.2 V 的低电压下工作。当不同电压等级的电路被用于同一系统时，就需要解决不同等级逻辑电平之间的接口问题。

解决这类问题的一种简便方法是利用具有漏极开路（OD）输出的缓冲/驱动器，将驱动电路给出的逻辑电平信号转换为负载电路所需要的逻辑电平信号。图 3.7.5（a）就是一个用低压逻辑电平信号驱动高压逻辑电平负载的例子。驱动电路 74ALVC00 工作在 1.8 V 的电源电压下，

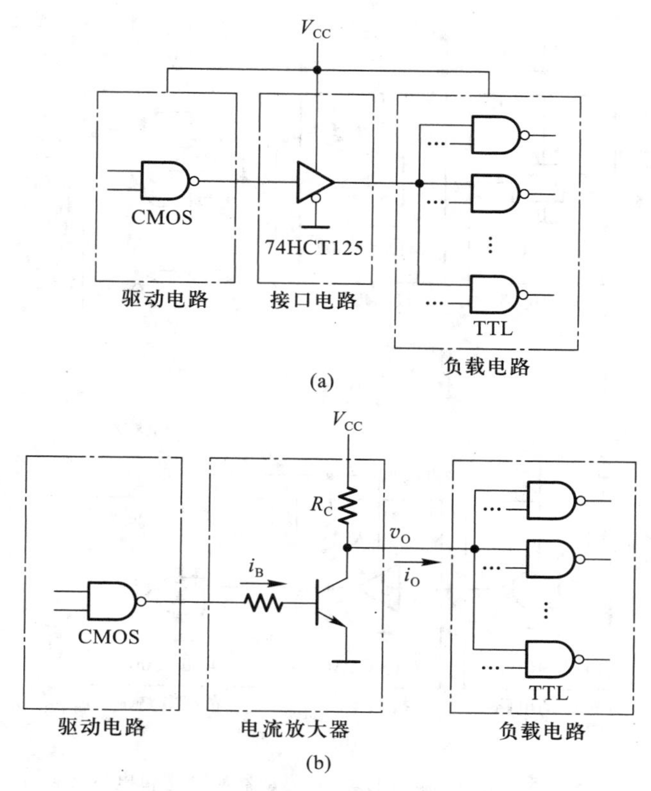

图 3.7.4 用 CMOS 电路驱动 TTL 电路时的接口电路

输出高电平的最大值在 1.8 V 以下。由于负载电路为 74HC 系列电路，输入高电平的最小值为 3.15 V，所以 74ALVC00 的输出逻辑电平不能满足负载电路的要求。因此我们在驱动电路与负载电路之间接入了 74LVC1G07 作为接口电路。74LVC1G07 是具有 OD 输出的缓冲/驱动器，能够将输入的 1.8 V 逻辑电平信号转换为 5 V 逻辑电平的输出信号。OD 输出门上拉电阻阻值的计算方法在前面的第 3.3.5 节中已经讲过。

在用高压逻辑电平信号驱动低压逻辑电平的负载时，同样也可以采用具有 OD 输出的缓冲/驱动器作为接口电路，如图 3.7.5(b)所示。

如果驱动电路的输出端本身就是 OD 输出结构，而且能够承受符合要求的电压和输出电流，这时就无需另外接入接口电路了。

此外，还可以选用双电源供电的总线接口电路，实现输入与输出之间不同电压等级逻辑电平的转换。图 3.7.6 是采用 TI 公司生产的双电源总线接口电路 74AVC1T45 实现逻辑电平转换的例子。74AVC1T45 由 V_{CCA} 和 V_{CCB} 两个电源分别为输入电路和输出电路供电。V_{CCA} 和 V_{CCB} 可以分别在 1.2~3.6 V 区间内工作，以满足对输入逻辑电平和输出逻辑电平的不同要求。本例中 V_{CCA} 选为与驱动电路相同的电源电压等级 2.5 V，而 V_{CCB} 选为与负载电路相同的电源电压等级 3.3 V。这样通过 74AVC1T45 这个接口电路，就可以用 2.5 V 逻辑电平信号驱动 3.3 V 逻辑电平的负载了。

74AVC1T45 是双向传输的总线接口。当控制端 C 接低电平时，A 为输出端、B 为输入端；当控制端 C 接高电平时，B 为输出端、A 为输入端。

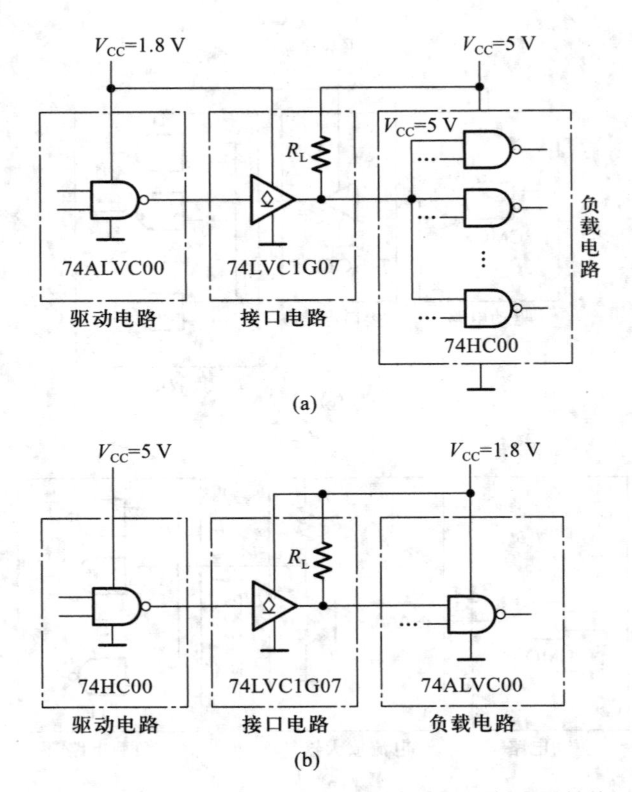

图 3.7.5　用 OD 输出的缓冲/驱动器实现逻辑电平转换

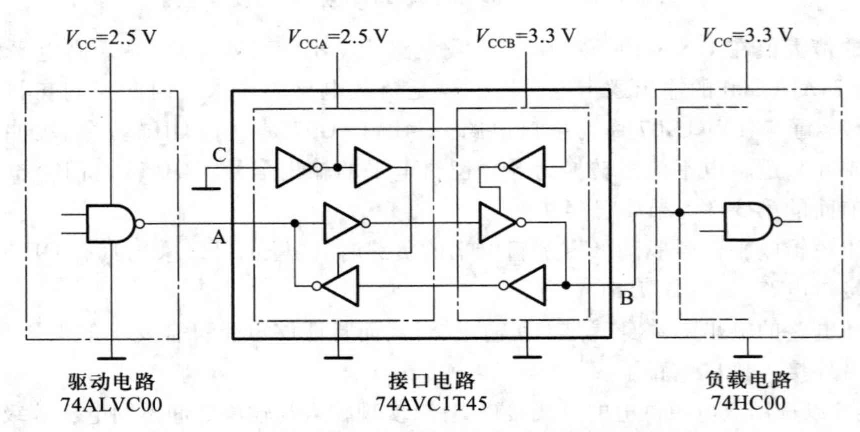

图 3.7.6　用双电源总线接口电路实现逻辑电平转换

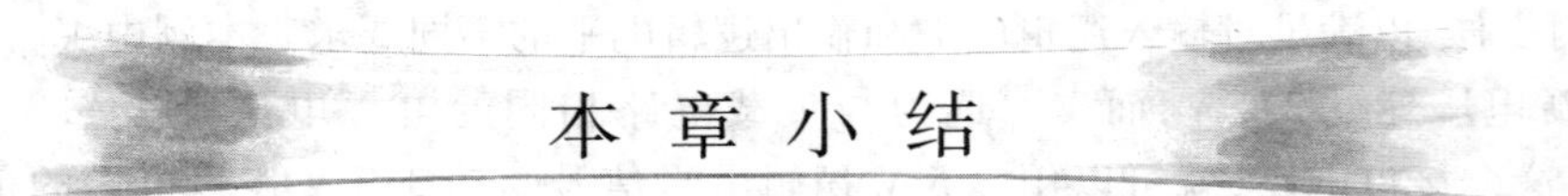

本 章 小 结

门电路是构成各种复杂数字电路的基本逻辑单元，掌握各种门电路的逻辑功能和电气特性，对于正确使用数字集成电路是十分必要的。

本章重点介绍了目前应用最广的 CMOS 和 TTL 两类集成门电路。在学习这些集成电路时应将重点放在它们的外部特性上。外部特性包含两个内容,一个是输出与输入间的逻辑关系,即所谓逻辑功能;另一个是外部的电气特性,包括电压传输特性、输入特性、输出特性和动态特性等。虽然文中也讲到了一些有关集成电路内部结构和工作原理的内容,但其目的在于帮助读者加深对器件外特性的理解,以便更好地运用这些外特性。

在后面的几章我们将会看到,各种数字集成电路的逻辑功能越来越复杂,电路的规模也越来越大。但只要是 CMOS 电路,它们的输入端和输出端的电路结构就和这一章里所讲的 CMOS 门电路相同;只要是 TTL 电路,它们的输入端和输出端电路结构就和这一章里所讲的 TTL 电路相同。本章所讲的各种类型门电路的外部电气特性对那些逻辑功能更复杂的集成电路也同样适用。

在使用 CMOS 器件时应特别注意掌握正确的使用方法,否则容易造成损坏。

目前生产和使用的数字集成电路种类很多,我们可以从制造工艺、输出结构和逻辑功能三个方面把常见的标准化系列产品分别归类如下:

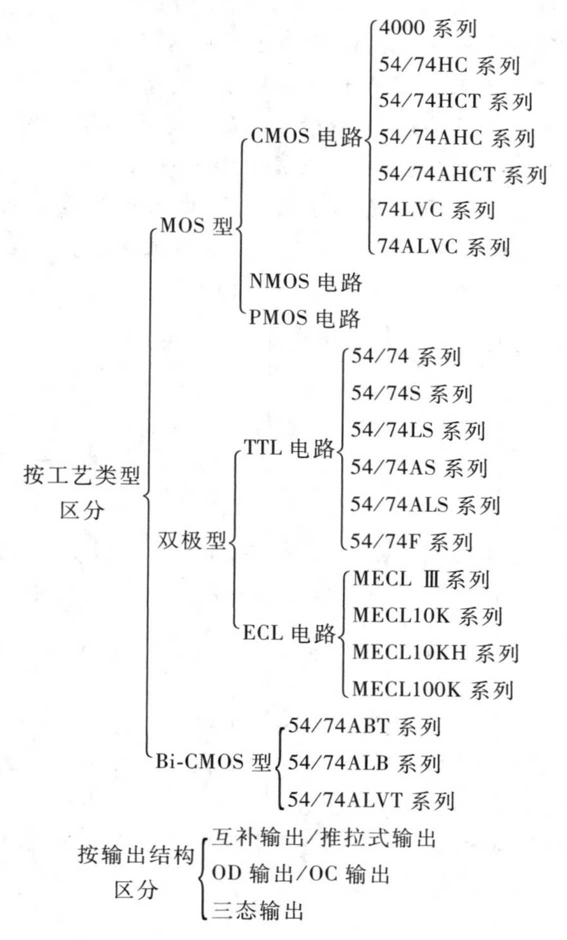

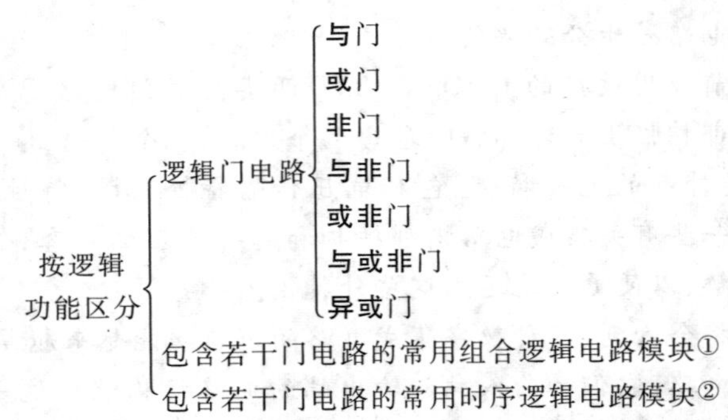

为了适应低压技术在数字集成电路中日益广泛的应用，作为全球微电子产业标准制定机构的 JEDEC 固态技术协会（Joint Electron Device Engineering Council，Soild State Technology Association）选择了 3.3±0.3 V、2.5±0.2 V、1.8±0.15 V、1.5±0.1 V 和 1.2±0.1 V 作为未来的数字逻辑电路电源电压的标准。同时，规定了在这些电源电压额定值下，输入和输出逻辑电平的测试标准，如下图所示。为便于对照比较，也将 5 V 电源电压下规定的逻辑电平参数收入了该图中。不同厂商产品的这些性能参数会有些差异，但都不应低于这些标准。

不难想象，按上述三方面属性和各种逻辑电平的不同组合，可以得到非常多的集成电路品种。这也正是数字集成电路产品的型号十分浩瀚的原因所在。

PMOS 电路是指全部使用 P 沟道 MOS 管组成的电路。由于它的制造工艺比较简单，所以在早期的 MOS 集成电路中曾经被广泛采用。但是 PMOS 电路有两个严重的缺点，一个是它的开关工作速度比较低；另一个是它使用的是负电压电源，输出信号为负电平，不便于和 TTL 电路连接。因此，随着 NMOS 工艺的成熟，PMOS 电路便很少被采用了。

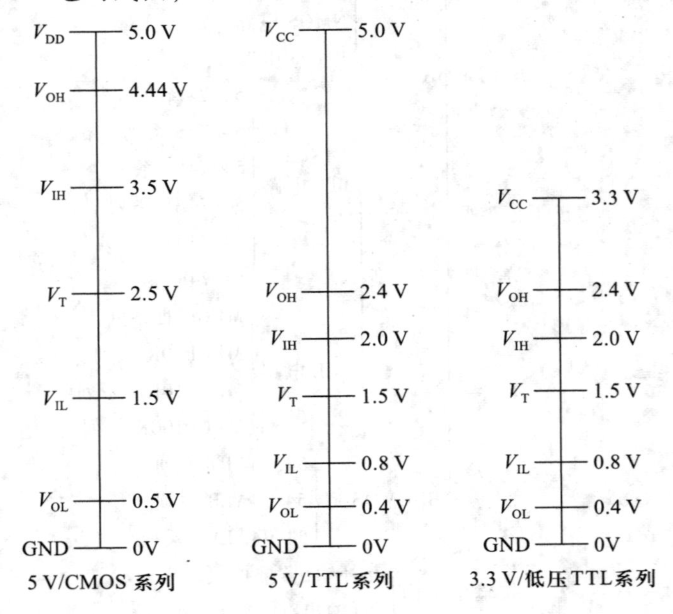

① 参见本书第四章内容。
② 参见本书第六章内容。

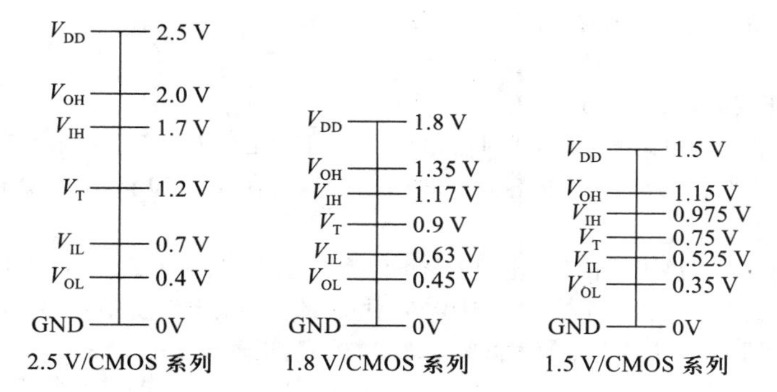

NMOS 电路则是全部使用 N 沟道 MOS 管组成的集成电路。NMOS 管不仅开关工作速度快，而且在工作的稳定性等方面均优于 PMOS 管。然而它的功耗远大于 CMOS 电路，所以在常用的标准化系列产品中，NMOS 电路产品也不多见。

习　题

［题 3.1］ 在图 3.2.5 所示的正逻辑**与**门和图 3.2.6 所示的正逻辑**或**门电路中，若改用负逻辑，试列出它们的逻辑真值表，并说明 Y 和 A、B 之间是什么逻辑关系。

［题 3.2］ 试画出图 P3.2 中各个门电路输出端的电压波形。输入端 A、B 的电压波形如图中所示。

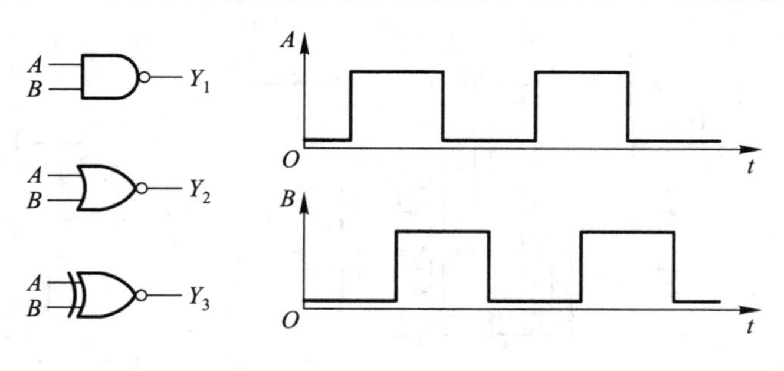

图 P3.2

［题 3.3］ 试说明能否将**与非**门、**或非**门、**异或**门当做反相器使用？如果可以，各输入端应如何连接？

［题 3.4］ 画出图 P3.4 所示电路在下列两种情况下的输出电压波形：

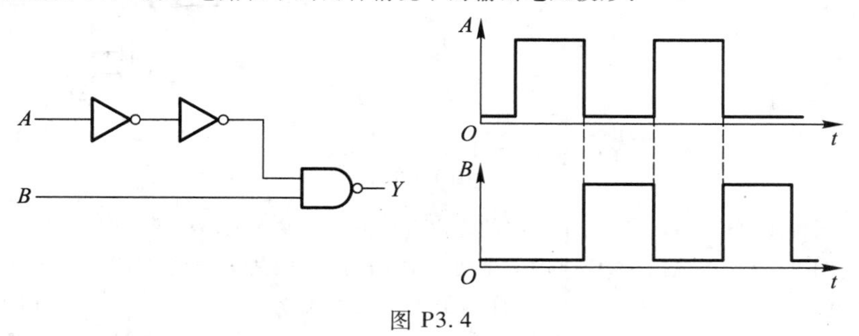

图 P3.4

（1）忽略所有门电路的传输延迟时间；

（2）考虑每个门都有传输延迟时间 t_{pd}。

输入端 A、B 的电压波形如图中所示。

［题 3.5］ 已知 CMOS 门电路的电源电压 $V_{DD}=5$ V，静态电源电流 $I_{DD}=2$ μA，输入信号为 200 kHz 的方波（上升时间和下降时间可忽略不计），负载电容 $C_L=200$ pF，功耗电容 $C_{pd}=20$ pF，试计算它的静态功耗、动态功耗、总功耗和电源平均电流。

［题 3.6］ 若 CMOS 门电路工作在 5 V 电源电压下的静态电源电流为 5 μA，在负载电容 C_L 为 100 pF、输入信号频率为 500 kHz 时的总功耗为 1.56 mW，试计算该门电路的功耗电容的数值。

［题 3.7］ 试分析图 P3.7 中各电路的逻辑功能，写出输出的逻辑函数式。

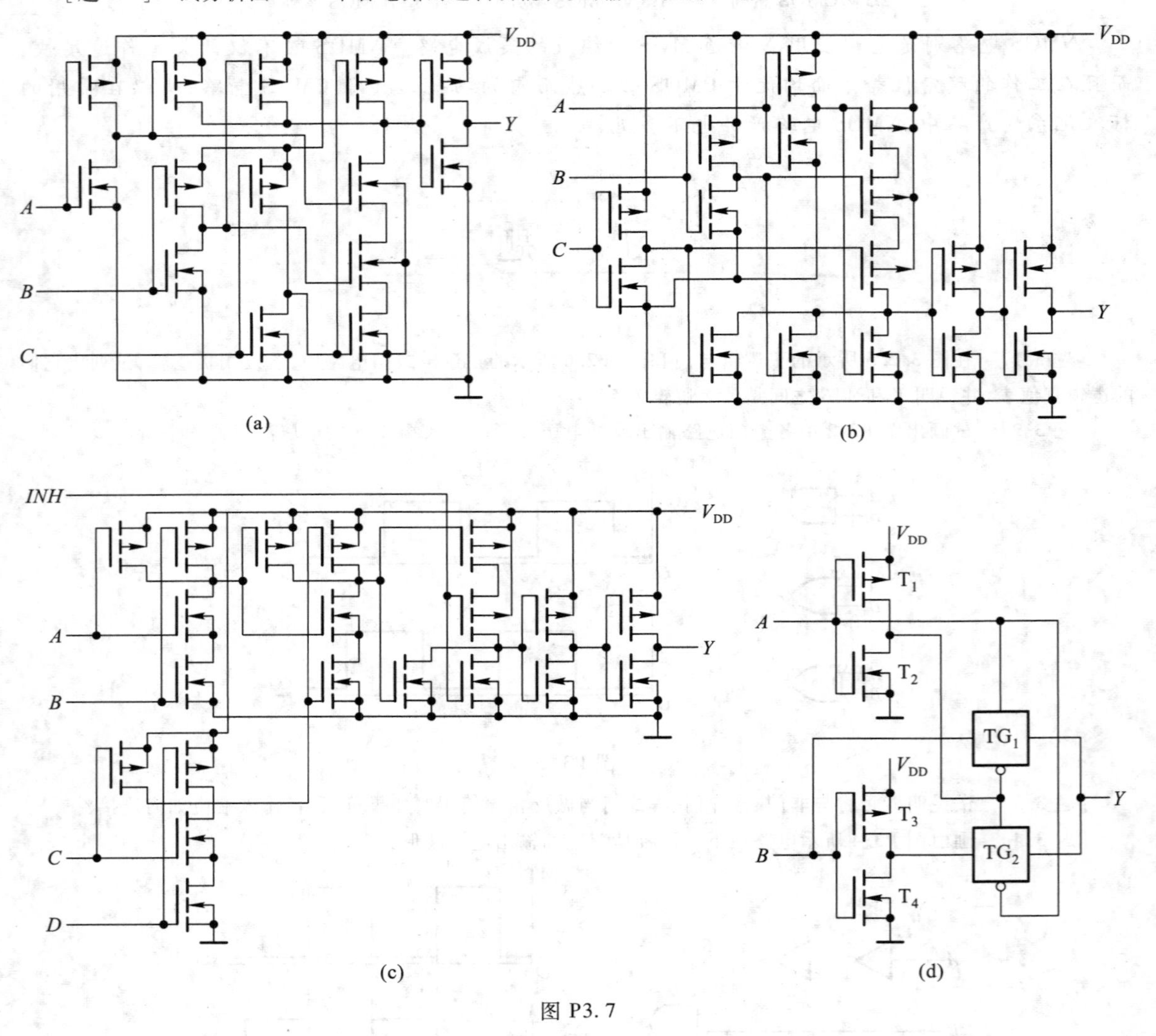

图 P3.7

［题 3.8］ 试画出图 P3.8(a)、(b)两个电路的输出电压波形。输入电压波形如图(c)所示。

［题 3.9］ 在图 P3.9 所示电路中，G_1 和 G_2 是两个 OD 输出结构的**与非**门 74HC03。74HC03 输出端 MOS 管截止时的漏电流为 $I_{OH(max)}=5$ μA；导通时允许的最大负载电流为 $I_{OL(max)}=5.2$ mA，这时对应的输出电压 $V_{OL(max)}=0.33$ V。负载门 $G_3\sim G_5$ 是 3 输入端**或非**门 74HC27，每个输入端的高电平输入电流最大值为 $I_{IH(max)}=$

1 μA,低电平输入电流最大值为 $I_{IL(max)}=-1$ μA。试求在 $V_{DD}=5$ V、并且满足 $V_{OH}\geqslant4.4$ V、$V_{OL}\leqslant0.33$ V 的情况下,R_L 取值的允许范围。

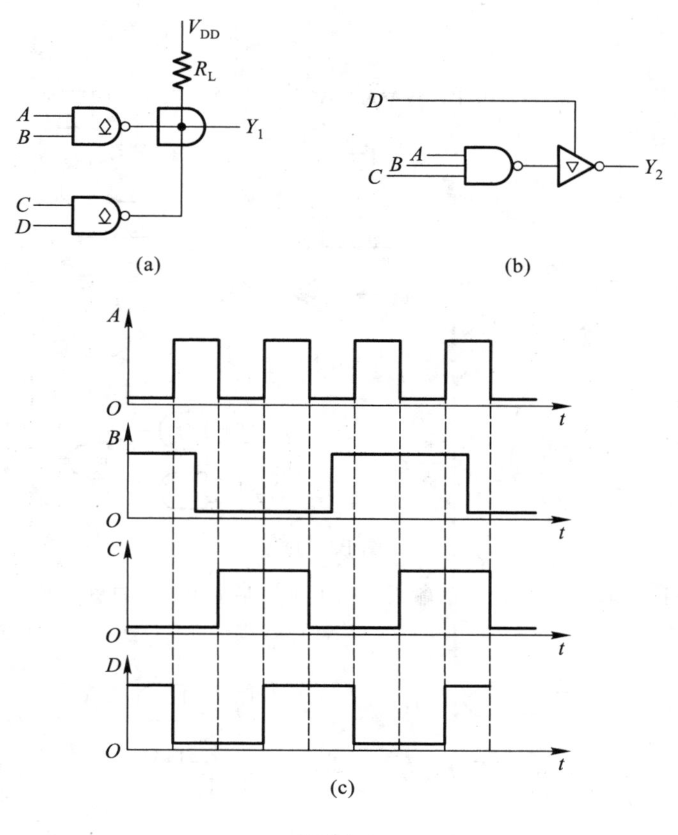

图 P3.8

[题 3.10] 图 P3.10 中的 $G_1\sim G_4$ 是 OD 输出结构的**与非**门 74HC03,它们接成**线与**结构。试写出**线与**输出 Y 与输入 A_1、A_2、B_1、B_2、C_1、C_2、D_1、D_2 之间的逻辑关系式,并计算外接电阻 R_L 取值的允许范围。

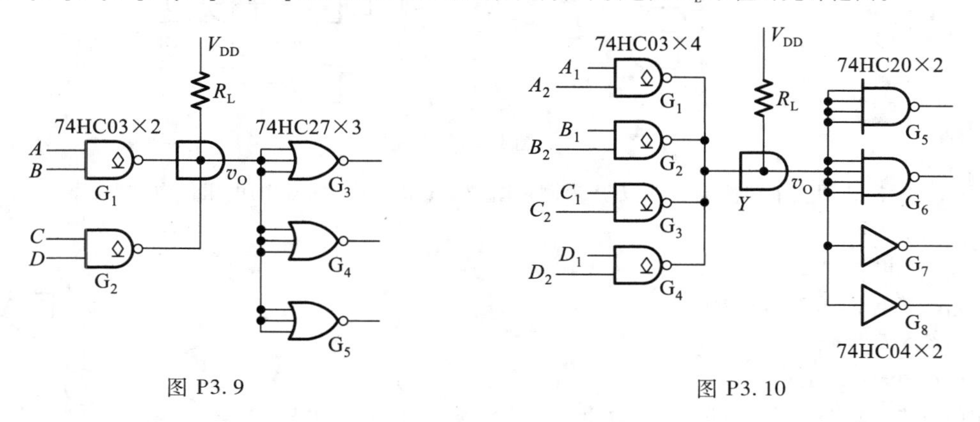

图 P3.9　　　　图 P3.10

已知 $V_{DD}=5$ V,74HC03 输出高电平时漏电流的最大值为 $I_{OH(max)}=5$ μA,低电平输出电流最大值为 $I_{OL(max)}=5.2$ mA,此时的输出低电平为 $V_{OL(max)}=0.33$ V。负载门每个输入端的高、低电平输入电流最大值为±1 μA。要

求满足 $V_{OH} \geq 4.4$ V、$V_{OL} \leq 0.33$ V。

［题 3.11］　指出图 P3.11 中各门电路的输出是什么状态（高电平、低电平或高阻态）。已知这些门电路都是 74 系列 TTL 电路。

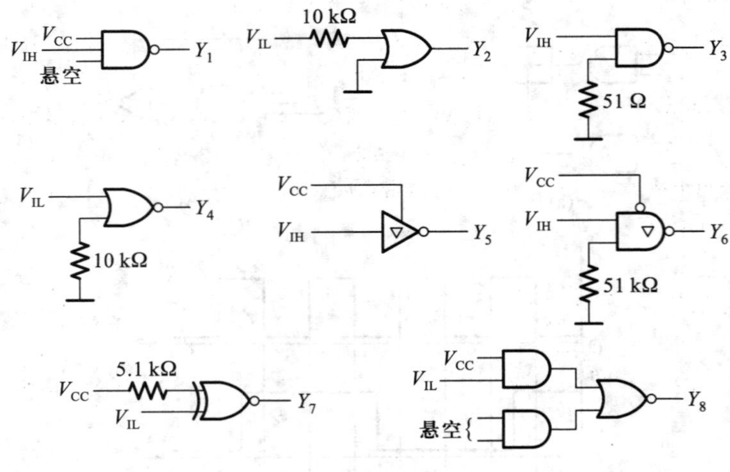

图 P3.11

［题 3.12］　说明图 P3.12 中各门电路的输出是高电平还是低电平。已知它们都是 74HC 系列的 CMOS 电路。

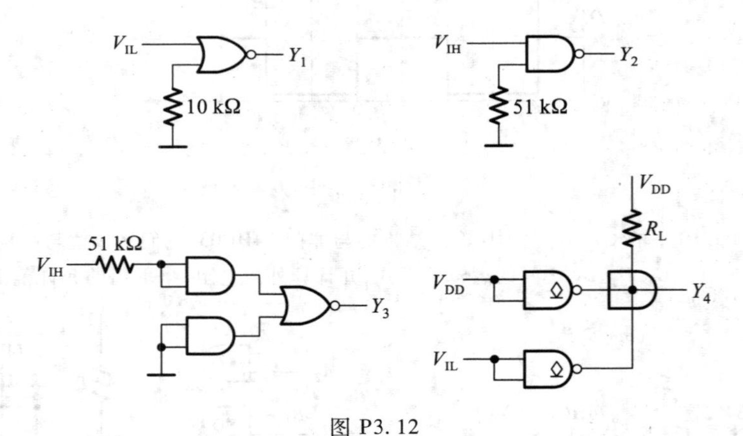

图 P3.12

［题 3.13］　试说明在下列情况下，用万用表测量图P3.13 中的 v_{I2}端得到的电压各为多少：

（1）v_{I1}悬空；

（2）v_{I1}接低电平（0.2 V）；

（3）v_{I1}接高电平（3.2 V）；

（4）v_{I1}经 51Ω 电阻接地；

（5）v_{I1}经 10kΩ 电阻接地。

图中的**与非**门为 74 系列的 TTL 电路，万用表使用 5V 量程，内阻为 20 kΩ/V。

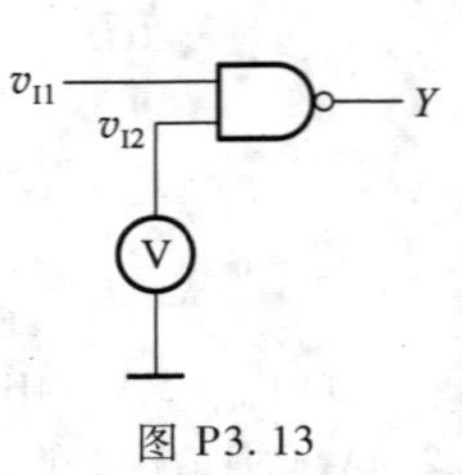

图 P3.13

［题 3.14］　若将上题中的**与非**门改为 74 系列 TTL **或非**门，试问在上列五种情况下测得的 v_{I2}各为多少？

［题 3.15］ 若将图 P3.13 中的门电路改为 CMOS **与非**门，试说明当 v_{I1} 为题［3.13］给出的五种状态时测得的 v_{I2} 各等于多少？

［题 3.16］ 在图 P3.16 所示的由 74 系列 TTL **与非**门组成的电路中，计算门 G_M 能驱动多少同样的**与非**门。要求 G_M 输出的高、低电平满足 $V_{OH} \geqslant 3.2$ V，$V_{OL} \leqslant 0.4$ V。**与非**门的输入电流为 $I_{IL} \leqslant -1.6$ mA，$I_{IH} \leqslant 40$ μA。$V_{OL} \leqslant 0.4$ V 时输出电流最大值为 $I_{OL(max)} = 16$ mA，$V_{OH} \geqslant 3.2$ V时输出电流最大值为 $I_{OH(max)} = -0.4$ mA。G_M 的输出电阻可忽略不计。

［题 3.17］ 在图 P3.17 所示由 74 系列**或非**门组成的电路中，试求门 G_M 能驱动多少同样的**或非**门。要求 G_M 输出的高、低电平满足 $V_{OH} \geqslant 3.2$ V，$V_{OL} \leqslant 0.4$ V。**或非**门每个输入端的输入电流为 $I_{IL} \leqslant -1.6$ mA，$I_{IH} \leqslant 40$ μA。$V_{OL} \leqslant 0.4$ V 时输出电流的最大值为 $I_{OL(max)} = 16$ mA，$V_{OH} \geqslant 3.2$ V 时输出电流的最大值为 $I_{OH(max)} = -0.4$ mA。G_M 的输出电阻可忽略不计。

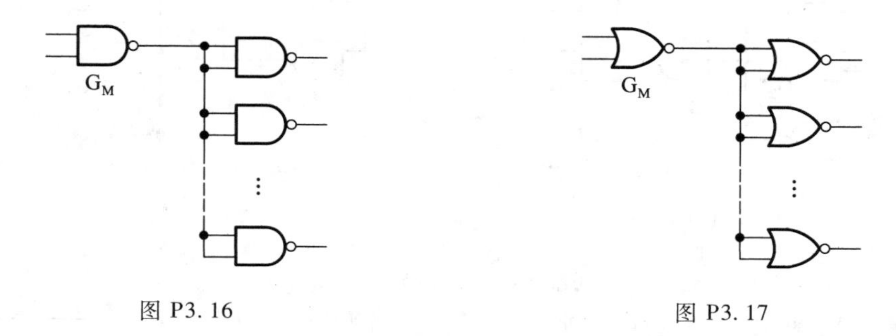

图 P3.16　　　　图 P3.17

［题 3.18］ 在图 P3.18 所示电路中 R_1、R_2 和 C 构成输入滤波电路。当开关 S 闭合时，要求门电路的输入电压 $V_{IL} \leqslant 0.4$ V；当开关 S 断开时，要求门电路的输入电压 $V_{IH} \geqslant 4$ V，试求 R_1 和 R_2 的最大允许阻值。$G_1 \sim G_5$ 为 74LS 系列 TTL 反相器，它们的高电平输入电流 $I_{IH} \leqslant 20$ μA，低电平输入电流 $|I_{IL}| \leqslant 0.4$ mA。

［题 3.19］ 试绘出图 P3.19 所示电路的高电平输出特性和低电平输出特性。已知 $V_{CC} = 5$ V，$R_L = 1$ kΩ。OC 门截止时输出管的漏电流 $I_{OH} = 200$ μA。$V_I = V_{IH}$ 时 OC 门输出管饱和导通，其饱和压降为 $V_{CE(sat)} = 0.1$ V，饱和导通内阻为 $R_{CE(sat)} = 20$ Ω。

［题 3.20］ 计算图 P3.20 电路中上拉电阻 R_L 的阻值范围。其中 G_1、G_2、G_3 是 74LS 系列 OC 门，输出管截止时的漏电流 $I_{OH} \leqslant 100$ μA，输出低电平 $V_{OL} \leqslant 0.4$ V 时允许的最大负载电流 $I_{OL(max)} = 8$ mA。G_4、G_5、G_6 为 74LS

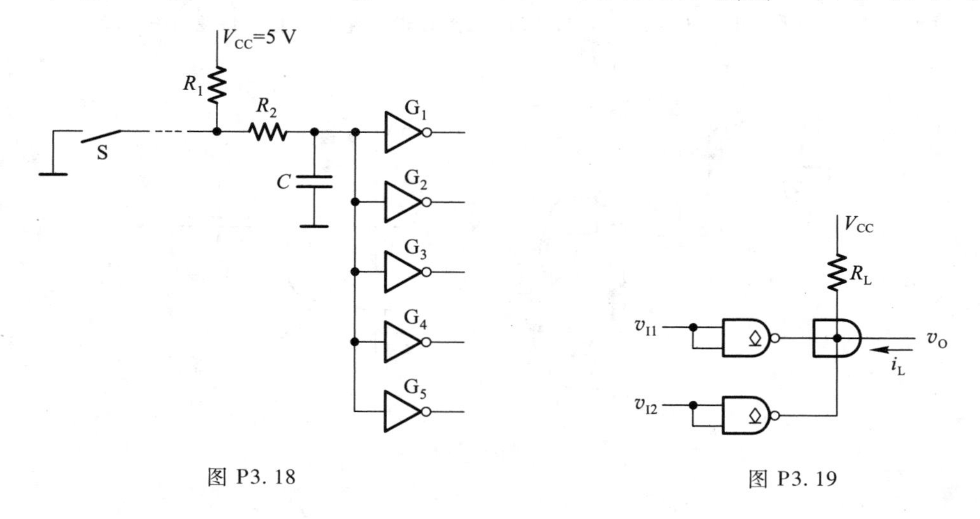

图 P3.18　　　　图 P3.19

系列与非门，它们的输入电流为 $|I_{IL}|\leqslant 0.4$ mA、$I_{IH}\leqslant 20$ μA。给定 $V_{CC}=5$ V，要求 OC 门的输出高、低电平应满足 $V_{OH}\geqslant 3.2$ V、$V_{OL}\leqslant 0.4$ V。

[题 3.21]　在图 P3.21 所示电路中，已知 G_1 和 G_2 为 74LS 系列 OC 输出结构的**与非**门，输出管截止时的漏电流最大值为 $I_{OH(max)}=100$ μA，低电平输出电流最大值为 $I_{OL(max)}=8$ mA，这时输出的低电平为 $V_{OL(max)}=0.4$ V。$G_3\sim G_5$ 是 74LS 系列的**或非**门，它们高电平输入电流最大值为 $I_{IH(max)}=20$ μA，低电平输入电流最大值为 $I_{IL(max)}=-0.4$ mA。给定 $V_{CC}=5$ V，要求满足 $V_{OH}\geqslant 3.4$ V、$V_{OL}\leqslant 0.4$ V，试求 R_L 取值的允许范围。

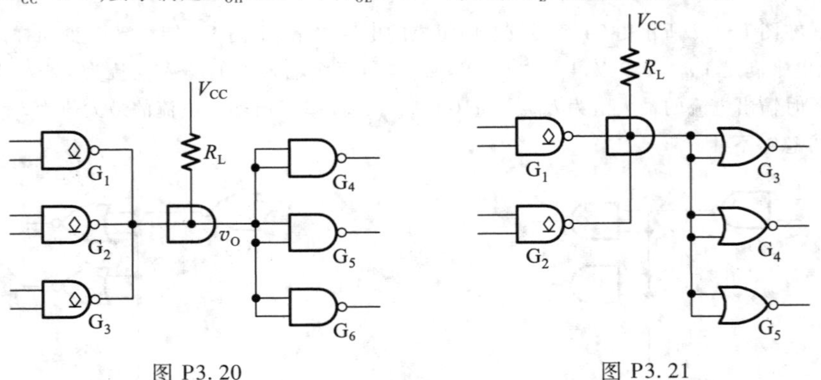

图 P3.20　　　　图 P3.21

[题 3.22]　图 P3.22 所示是一个继电器线圈驱动电路。要求在 $v_I=V_{IH}$ 时三极管 T 截止，而 $v_I=0$ 时三极管 T 饱和导通。已知 OC 门输出管截止时的漏电流 $I_{OH}\leqslant 100$ μA，导通时允许流过的最大电流 $I_{OL(max)}=10$ mA，管压降小于 0.1 V，导通内阻小于 20 Ω。三极管 $\beta=50$，饱和导通压降 $V_{CE(sat)}=0.1$ V，饱和导通内阻 $R_{CE(sat)}=20$ Ω。继电器线圈内阻 240 Ω，电源电压 $V_{CC}=12$ V、$V_{EE}=-8$ V，$R_2=3.2$ kΩ，$R_3=18$ kΩ，试求 R_1 的阻值范围。

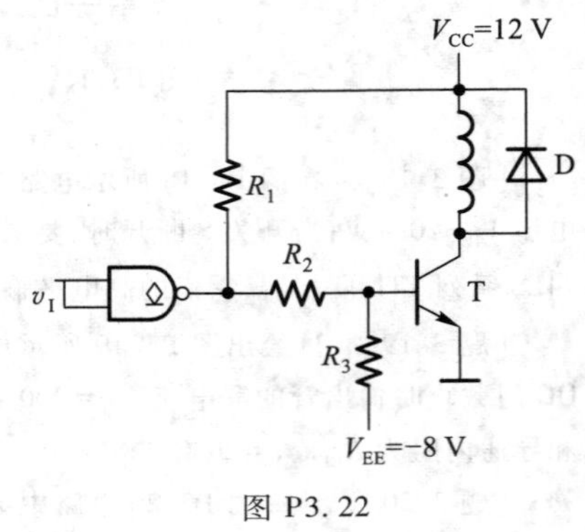

图 P3.22

[题 3.23]　在图 P3.23(a)所示电路中已知三极管导通时 $V_{BE}=0.7$ V，饱和压降 $V_{CE(sat)}=0.3$ V，饱和导通内阻为 $R_{CE(sat)}=20$ Ω，三极管的电流放大系数 $\beta=100$。OC 门 G_1 输出管截止时的漏电流约为 50 μA，导通时允许的最大负载电流为 16mA，输出低电平 ≤0.3 V。$G_2\sim G_5$ 均为 74 系列 TTL 电路，其中 G_2 为反相器，G_3 和 G_4 是**与非**门，G_5 是**或非**门，它们的输入特性如图P3.23(b)所示。试问：

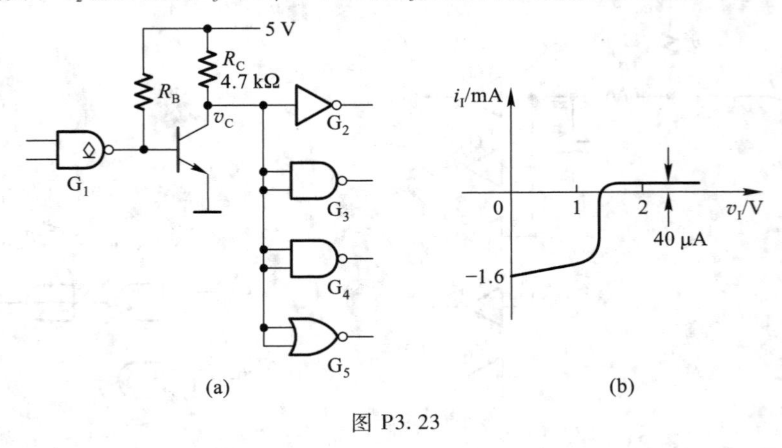

图 P3.23

（1）在三极管集电极输出的高、低电压满足 $V_{OH} \geq 3.5$ V、$V_{OL} \leq 0.3$ V 的条件下，R_B 的取值范围有多大？

（2）若将 OC 门改成推拉式输出的 TTL 门电路，会发生什么问题？

［题 3.24］　图 P3.24 是用 TTL 电路驱动 CMOS 电路的实例，试计算上拉电阻 R_L 的取值范围。TTL **与非**门在 $V_{OL} \leq 0.3$ V 时的最大输出电流为 8 mA，输出端的 T_5 管截止时有 50 μA 的漏电流。CMOS **或非**门的高电平输入电流最大值和低电平输入电流最大值均为 1 μA。要求加到 CMOS **或非**门输入端的电压满足 $V_{IH} \geq 4$ V，$V_{IL} \leq 0.3$ V。给定电源电压 $V_{DD} = 5$ V。

［题 3.25］　图 P3.25 是一个用 CMOS 反相器 74AHCT04 驱动 TTL **与非**门的电路。试计算当 TTL **与非**门分别为 7400、74LS00 和 74ALS00 时，最多能够驱动多少个 TTL **与非**门。74AHCT04 的性能参数见表 3.3.2，7400、74LS00 和 74ALS00 的性能参数见表 3.4.1。

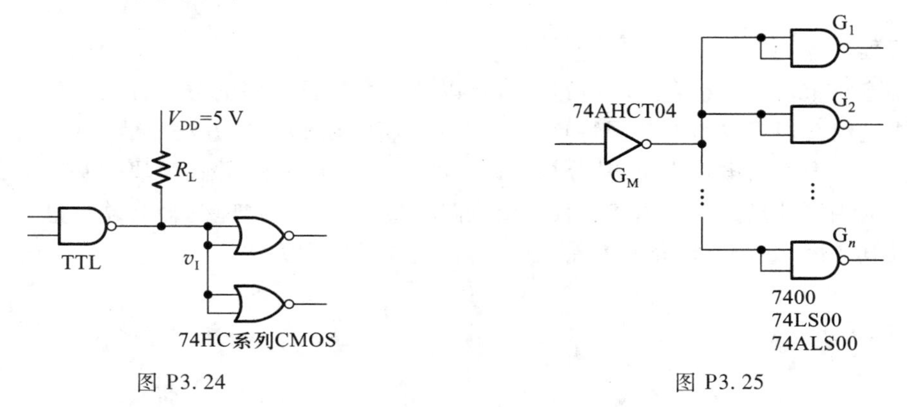

图 P3.24　　　　图 P3.25

［题 3.26］　计算图 P3.26 所示电路中接口电路输出端 v_C 的高、低电平，并说明接口电路参数的选择是否合理。三极管的电流放大系数 $\beta = 40$，饱和导通压降 $V_{CE(sat)} = 0.1$ V，饱和导通内阻 $R_{CE(sat)} = 20\ \Omega$。CMOS **或非**门的电源电压 $V_{DD} = 5$ V，空载输出的高、低电平分别为 $V_{OH} = 4.95$ V、$V_{OL} = 0.05$ V，门电路的输出电阻小于 200 Ω，高电平输出电流的最大值和低电平输出电流的最大值均为 4 mA。TTL **或非**门的高电平输入电流 $I_{IH} = 40$ μA，低电平输入电流 $I_{IL} = -1.6$ mA。

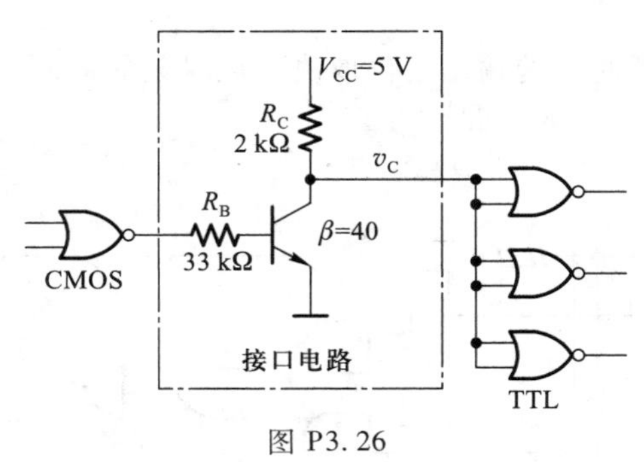

图 P3.26

［题 3.27］　试说明下列各种门电路中哪些可以将输出端并联使用（输入端的状态不一定相同）：

（1）具有推拉式输出级的 TTL 电路；

（2）TTL 电路的 OC 门；

（3）TTL 电路的三态输出门；

（4）互补输出结构的 CMOS 门；

（5）CMOS 电路的 OD 门；

（6）CMOS 电路的三态输出门。

第四章

组合逻辑电路

内容提要

本章将重点介绍组合逻辑电路的特点以及组合逻辑电路的分析方法和设计方法。首先讲述组合逻辑电路的共同特点和一般的分析方法和设计方法。然后就几种常用且经典的组合逻辑电路模块,从分析或设计的角度进行解读,并在模块的基础上,初步介绍如何用硬件描述语言描述组合逻辑电路。最后着重从物理概念上说明竞争-冒险现象及其成因,并扼要地介绍消除竞争-冒险现象的常用方法。

4.1 概 述

一、组合逻辑电路的特点

根据逻辑功能的不同特点,可以将数字电路分成两大类,一类称为组合逻辑电路(Combinational Logic Circuit,简称组合电路),另一类称为时序逻辑电路(Sequential Logic Circuit,简称时序电路)。

在组合逻辑电路中,任意时刻的输出仅仅取决于该时刻的输入,与电路原来的状态无关。这就是组合逻辑电路在逻辑功能上的共同特点。

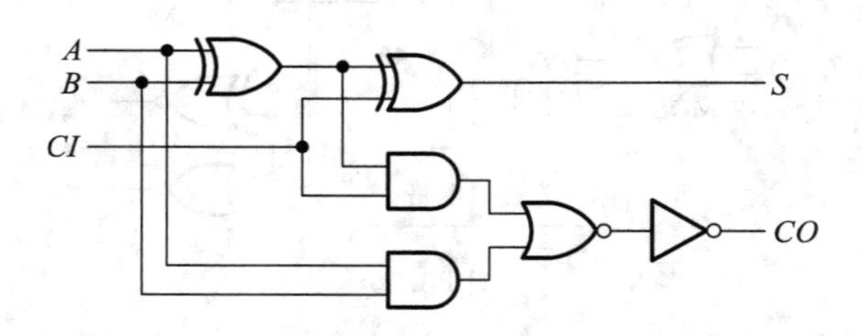

图 4.1.1 组合逻辑电路实例

图 4.1.1 就是一个组合逻辑电路的例子。它有三个输入变量 A、B、CI 和两个输出变量 S、CO。将图 4.1.1 的逻辑功能写成逻辑函数式的形式即可得到,

$$\begin{cases} S=(A\oplus B)\oplus CI \\ CO=(A\oplus B)CI+AB \end{cases} \tag{4.1.1}$$

由上式可知，无论任何时刻，只要 A、B 和 CI 的取值确定了，则 S 和 CO 的取值也随之确定，与电路过去的工作状态无关。

从组合电路逻辑功能的特点不难想到，既然它的输出与电路的历史状况无关，那么电路中就不能包含有存储单元。这就是组合逻辑电路在电路结构上的共同特点。

二、逻辑功能的描述

对于任何一个多输入、多输出的组合逻辑电路，都可以用图 4.1.2 所示的框图表示。

图 4.1.2　组合逻辑电路的框图

图中 a_1、a_2、…、a_n 表示输入变量，y_1、y_2、…、y_m 表示输出变量。输出与输入间的逻辑关系可以用一组逻辑函数表示

$$\begin{cases} y_1 = f_1(a_1, a_2, \cdots, a_n) \\ y_2 = f_2(a_1, a_2, \cdots, a_n) \\ \vdots \\ y_m = f_m(a_1, a_2, \cdots, a_n) \end{cases} \tag{4.1.2}$$

或者写成向量函数的形式

$$Y = F(A) \tag{4.1.3}$$

在 2.5.2 节中已经讲过，逻辑函数的描述方法除逻辑式以外，还有真值表、逻辑图、波形图等几种。因此，在分析或设计组合逻辑电路时，可以根据需要采用其中任何一种方式进行描述。

除了对组合逻辑电路的逻辑功能进行描述，在设计和实现中，还需要对其动态参数——传输延迟时间 $\boldsymbol{t}_{pd}$ 等进行描述。

4.2　组合逻辑电路的分析方法

所谓分析一个给定的组合逻辑电路，就是要通过分析找出电路的逻辑功能来。

通常采用的分析方法是从电路的输入到输出逐级写出逻辑函数式，最后得到表示输出与输入关系的逻辑函数式。然后用公式化简法或卡诺图化简法将得到的函数式化简或变换，以使逻辑关系简单明了。为了使电路的逻辑功能更加直观，有时还可以将逻辑函数式转换为真值表的形式。

【例 4.2.1】　试分析图 4.2.1 所示电路的逻辑功能，指出该电路的用途。

解：　根据给出的逻辑图可写出 Y_2、Y_1、Y_0 和 D、C、B、A 之间关系的逻辑式

$$\begin{cases} Y_2 = ((DC)'(DBA)')' = DC + DBA \\ Y_1 = ((D'CB)'(DC'B')'(DC'A')')' = D'CB + DC'B' + DC'A' \\ Y_0 = ((D'C')'(D'B')')' = D'C' + D'B' \end{cases} \tag{4.2.1}$$

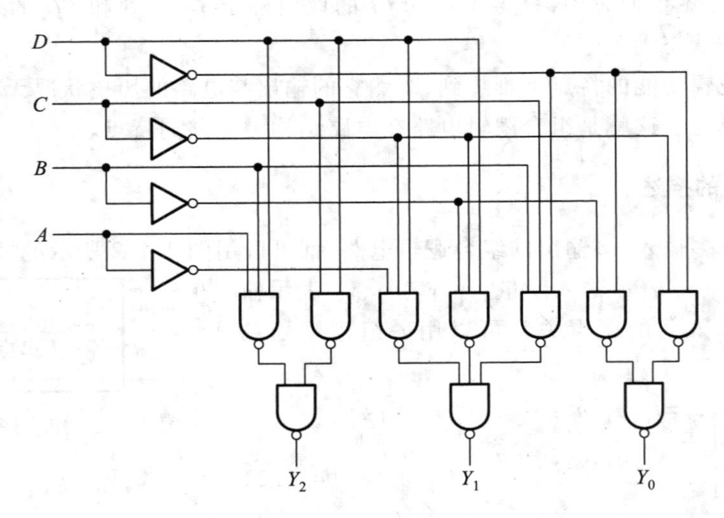

图 4.2.1　例 4.2.1 的电路

从上面的逻辑函数式中我们还不能立刻看出这个电路的逻辑功能和用途。为此,还需将式(4.2.1)转换成真值表的形式,得到表 4.2.1。

表 4.2.1　图 4.2.1 所示电路的逻辑真值表

输入				输出		
D	C	B	A	Y_2	Y_1	Y_0
0	0	0	0	0	0	1
0	0	0	1	0	0	1
0	0	1	0	0	0	1
0	0	1	1	0	0	1
0	1	0	0	0	0	1
0	1	0	1	0	0	1
0	1	1	0	0	1	0
0	1	1	1	0	1	0
1	0	0	0	0	1	0
1	0	0	1	0	1	0
1	0	1	0	0	1	0
1	0	1	1	1	0	0
1	1	0	0	1	0	0
1	1	0	1	1	0	0
1	1	1	0	1	0	0
1	1	1	1	1	0	0

由表 4.2.1 可以看到，当 $DCBA$ 表示的二进制数小于或等于 5 时 Y_0 为 **1**，当这个二进制数在 6 和 10 之间时 Y_1 为 **1**，而当这个二进制数大于或等于 11 时 Y_2 为 **1**。因此，这个逻辑电路可以用来判别输入的 4 位二进制数数值的范围。可见，一旦将电路的逻辑功能列成真值表，它的功能也就一目了然了。

从电路图也可分析出该电路最重要的动态参数——传输延迟时间。假定每个门电路的传输延迟时间是 t_{pd}，则整个电路的传输延迟时间是 $3t_{pd}$。

4.3 组合逻辑电路的基本设计方法

根据给出的实际逻辑问题，完成实现这一逻辑功能的最简逻辑电路，是设计组合逻辑电路时要完成的工作。

这里所说的“最简”，是指电路所用的器件数最少，器件种类最少，而且器件之间的连线也最少。

一、进行逻辑抽象

在许多情况下，提出的设计要求是用文字描述的一个具有一定因果关系的事件。这就需要通过逻辑抽象的方法，用一个逻辑函数来描述这一因果关系。

逻辑抽象的工作通常是这样进行的：

(1) 分析事件的因果关系，确定输入和输出变量。一般总是把引起事件的原因定为输入，而把事件的结果作为输出。

(2) 对输入变量和输出变量进行二进制编码，其编码的规则和含义由设计者根据事件选定。

(3) 对给定的因果关系列出真值表。在完成输入和输出变量的二进制编码后，根据给定的因果关系，进行逻辑关系的描述。

真值表是所有描述方法中最直接的描述方式，因此经常首先根据给定的因果关系列出真值表。至此，便将一个实际的逻辑问题抽象成了一个逻辑函数。而且，这个逻辑函数通常首先是以真值表的形式给出的。

二、写出逻辑函数式

为便于对逻辑函数进行化简和变换，需要把真值表转换为对应的逻辑函数式。转换的方法已在第二章中讲过。

三、选定器件类型

可以采用不同类型的器件实现逻辑函数。按集成度的分类，目前的数字电路可以分为小规模集成电路、中规模集成电路以及大规模集成电路。

小规模集成电路主要指第三章中所介绍的基本和复合逻辑门电路，是数字逻辑电路的一些基本逻辑单元。中规模集成电路是一些常用的逻辑功能模块，每个中规模集成电路都能实现一定输入/输出变量之间的某种特定的逻辑功能。大规模集成电路内部集成了众多典型的基本逻辑单元，为实现复杂的逻辑运算提供了资源。

既可以用小规模集成的门电路组成逻辑电路，也可以用中规模集成的常用组合逻辑器件或大规模集成的可编程逻辑器件实现设计电路。在设计实现中，应该根据对电路的具体要求和器件的资源情况决定采用哪一种类型的器件。

四、将逻辑函数化简或转换成适当的描述形式

在使用小规模集成的逻辑门电路进行电路实现时，为获得最简单的设计结果，应将函数式化成最简形式，即函数式相加的乘积项最少，而且每个乘积项中的因子也最少。如果对所用器件的种类有附加的限制（例如只允许用单一类型的**与非门**），则还应将函数式变换成与器件种类相适应的形式（例如将函数式化作**与非-与非**形式）。

如何使用中规模器件和大规模器件设计实现组合逻辑电路，将在本章的 4.5、4.6 和 4.7 节进行介绍。

五、根据化简或转换后的逻辑式，画出逻辑电路的连接图

至此，原理性设计（或称逻辑设计）已经完成。

六、设计验证

对已经得到的原理图进行分析，或借助计算机仿真软件进行功能和动态特性仿真，验证其是否符合设计要求。

七、工艺设计

为了将逻辑电路实现为具体的电路装置，还需要做一系列的工艺设计工作，包括设计印刷电路板、机箱、面板、电源、显示电路等。最后还必须完成组装、调试。这部分内容请读者自行参阅有关资料，这里就不做具体的介绍了。

图 4.3.1 中以方框图的形式总结了逻辑设计的基本方法。应当指出，上述的设计步骤并不是一成不变的。例如，有的设计要求直接以真值表的形式给出，就不用进行逻辑抽象了。又如，有的问题逻辑关系比较简单、直观，也可以不经过逻辑真值表而直接写出逻辑函数式。

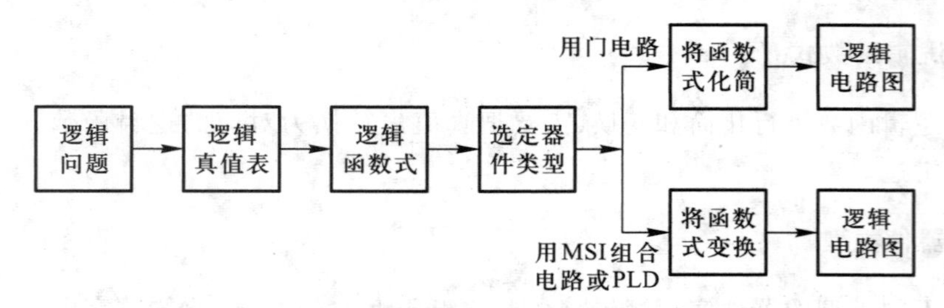

图 4.3.1　组合逻辑电路的基本设计过程

【例 4.3.1】　使用逻辑门电路设计一个监视交通信号灯工作状态的逻辑电路。每一组信号灯均由红、黄、绿三盏灯组成，如图 4.3.2 所示。正常工作情况下，任何时刻必有一盏灯点亮，而且只允许有一盏灯点亮。而当出现其他五种点亮状态时，电路发生故障，这时要求发出故障信号，以提醒维护人员前去修理。

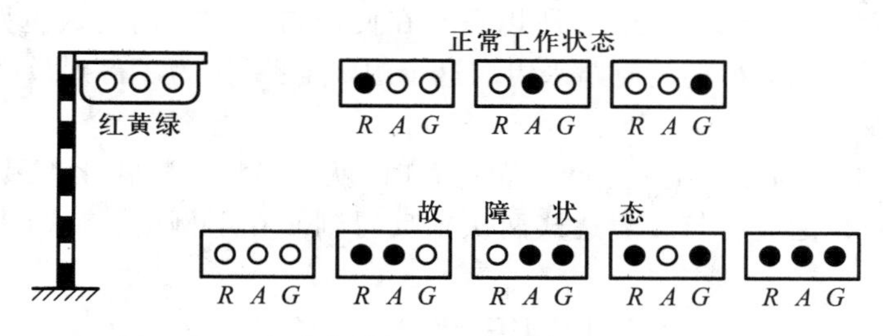

图 4.3.2 交通信号灯的正常工作状态和故障状态

解： （1）首先进行逻辑抽象。

取红、黄、绿三盏灯的状态为输入变量，分别用 R、A、G 表示，并规定灯亮时为 **1**，不亮时为 **0**。取故障信号为输出变量，以 Z 表示之，并规定正常工作状态下 Z 为 **0**，发生故障时 Z 为 **1**。

根据题意可列出表 4.3.1 所示的逻辑真值表。

表 4.3.1 例 4.3.1 的逻辑真值表

R	A	G	Z
0	0	0	1
0	0	1	0
0	1	0	0
0	1	1	1
1	0	0	0
1	0	1	1
1	1	0	1
1	1	1	1

（2）写出逻辑函数式。

由表 4.3.1 知

$$Z=R'A'G'+R'AG+RA'G+RAG'+RAG \tag{4.3.1}$$

（3）选定器件类型为小规模集成门电路。

（4）将式(4.3.1)化简后得到

$$Z=R'A'G'+RA+RG+AG \tag{4.3.2}$$

（5）根据式(4.3.2)的化简结果画出逻辑电路图，得到图 4.3.3 所示的电路。

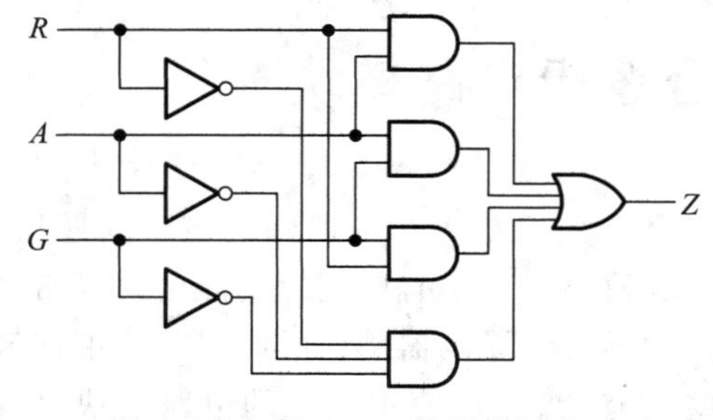

图 4.3.3 例 4.3.1 的逻辑图之一

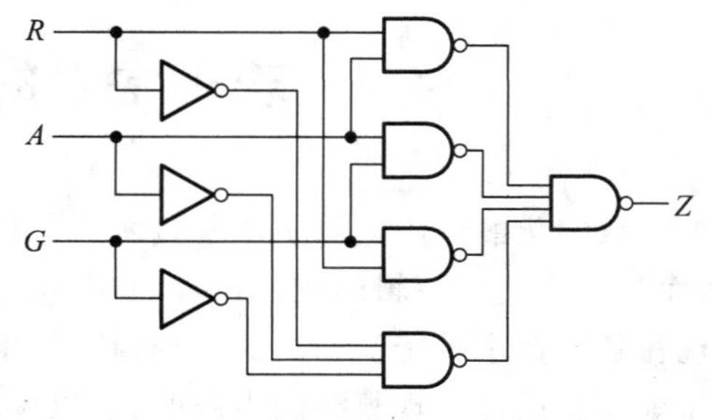

图 4.3.4 例 4.3.1 的逻辑图之二

由于式(4.3.2)为最简**与或**表达式,所以只有在使用**与**门和**或**门组成电路时才得到最简单的电路。如果要求用其他类型的门电路来组成这个逻辑电路,则为了得到最简单的电路,化简的结果亦需相应地改变。

例如,在要求全部用**与非**门组成这个逻辑电路时,就应当将函数式化为最简**与非-与非**表达式。这种形式通常可以通过将**与或**表达式两次求反得到。在上例中,将式(4.3.2)两次求反后得到

$$\begin{aligned} Z &= ((R'A'G'+RA+RG+AG)')' \\ &= ((R'A'G')'(RA)'(RG)'(AG)')' \end{aligned} \tag{4.3.3}$$

根据式(4.3.3)即可画出全部用**与非**门和反相器组成的逻辑电路,如图 4.3.4 所示。

如果要求用**与或非**门实现这个逻辑电路,那么就必须将式(4.3.2)化为最简**与或非**表达式。在第一章里我们曾经讲过,最简的**与或非**表达式可以通过合并卡诺图上的 **0**,然后求反而得到。为此,将函数 Z 的卡诺图画出,如图 4.3.5 所示。将图中的 **0** 合并、求反得到

$$Z = (RA'G'+R'AG'+R'A'G)' \tag{4.3.4}$$

按照式(4.3.4)画出的用**与或非**门组成的逻辑电路图如图 4.3.6 所示。

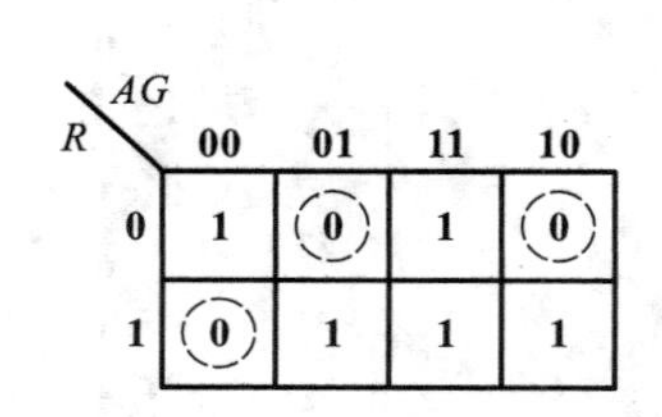

图 4.3.5 例 4.3.1 的卡诺图

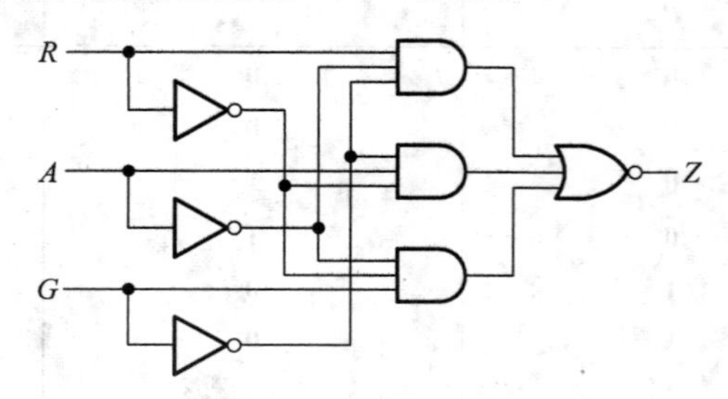

图 4.3.6 例 4.3.1 的逻辑图之三

复习思考题

R4.3.1 什么是“逻辑抽象”？它包含哪些内容？

R4.3.2 对于同一个实际的逻辑问题,两个同学经过逻辑抽象得到的逻辑函数不完全相同,这是为什么？

4.4 若干常用的组合逻辑电路模块

随着数字化的浪潮席卷了电子技术应用的一切领域,人们在实践中遇到的逻辑问题层出不穷,因而为解决这些逻辑问题而设计的逻辑电路也不胜枚举。其中有些逻辑功能电路经常、大量地出现在各种数字系统当中。这些逻辑功能电路包括编码器、译码器、数据选择器、数值比较器、运算器等。在设计实现复杂的电路时,可以调用这些已有的、经过使用验证的电路模块,作为设计电路的组成部分。下面从设计或分析的角度分别介绍这些常用的组合逻辑模块。

4.4.1 编码器

在数字系统中，为了区分一系列不同的事务，将其中的每个事物用一个二值代码表示，这就是编码的含义。在二值逻辑电路中，信号都是以高、低电平的形式给出的。因此，编码器（Encoder）的逻辑功能就是将输入的每一个高、低电平信号编成一个对应的二进制代码。

一、普通编码器

目前经常使用的编码器有普通编码器和优先编码器两类。在普通编码器中，任何时刻只允许输入一个编码信号，否则输出将发生混乱。

现以 3 位二进制普通编码器为例，分析一下普通编码器的工作原理。图 4.4.1 是 3 位二进制编码器的框图，它的输入是 $I_0 \sim I_7$ 八个高电平信号，输出是 3 位二进制代码 $Y_2Y_1Y_0$。为此，又将它称为 8 线-3 线编码器。输出与输入的对应关系由表 4.4.1 给出。

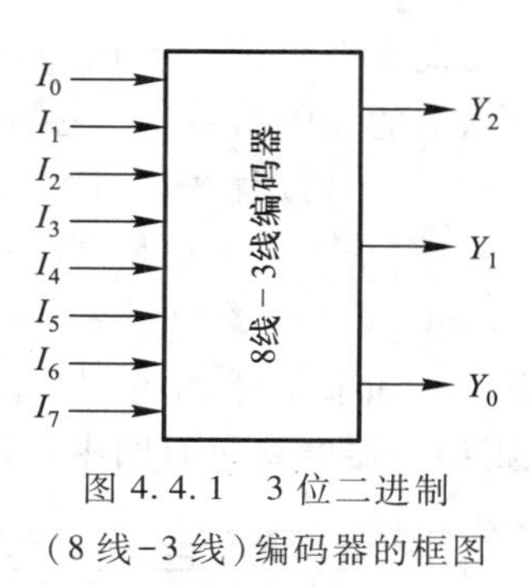

图 4.4.1 3 位二进制（8 线-3 线）编码器的框图

表 4.4.1 3 位二进制编码器的真值表

输入								输出		
I_0	I_1	I_2	I_3	I_4	I_5	I_6	I_7	Y_2	Y_1	Y_0
1	0	0	0	0	0	0	0	0	0	0
0	1	0	0	0	0	0	0	0	0	1
0	0	1	0	0	0	0	0	0	1	0
0	0	0	1	0	0	0	0	0	1	1
0	0	0	0	1	0	0	0	1	0	0
0	0	0	0	0	1	0	0	1	0	1
0	0	0	0	0	0	1	0	1	1	0
0	0	0	0	0	0	0	1	1	1	1

将表 4.4.1 所示的真值表写成对应的逻辑式得到

$$\begin{cases} Y_2 = I_0'I_1'I_2'I_3'I_4I_5'I_6'I_7' + I_0'I_1'I_2'I_3'I_4'I_5I_6'I_7' \\ \qquad + I_0'I_1'I_2'I_3'I_4'I_5'I_6I_7' + I_0'I_1'I_2'I_3'I_4'I_5'I_6'I_7 \\ Y_1 = I_0'I_1'I_2I_3'I_4'I_5'I_6'I_7' + I_0'I_1'I_2'I_3I_4'I_5'I_6'I_7' \\ \qquad + I_0'I_1'I_2'I_3'I_4'I_5'I_6I_7' + I_0'I_1'I_2'I_3'I_4'I_5'I_6'I_7 \\ Y_0 = I_0'I_1I_2'I_3'I_4'I_5'I_6'I_7' + I_0'I_1'I_2'I_3I_4'I_5'I_6'I_7' \\ \qquad + I_0'I_1'I_2'I_3'I_4'I_5I_6'I_7' + I_0'I_1'I_2'I_3'I_4'I_5'I_6'I_7 \end{cases} \tag{4.4.1}$$

如果任何时刻 $I_0 \sim I_7$ 当中仅有一个取值为 **1**，即输入变量取值的组合仅有表 4.4.1 中列出的八种状态，则输入变量为其他取值下其值等于 **1** 的那些最小项均为约束项。利用这些约束项将式（4.4.1）化简，得到

$$\begin{cases} Y_2 = I_4 + I_5 + I_6 + I_7 \\ Y_1 = I_2 + I_3 + I_6 + I_7 \\ Y_0 = I_1 + I_3 + I_5 + I_7 \end{cases} \tag{4.4.2}$$

图 4.4.2 就是根据式(4.4.2)得出的编码器电路。这个电路是由三个**或**门组成的。

二、优先编码器

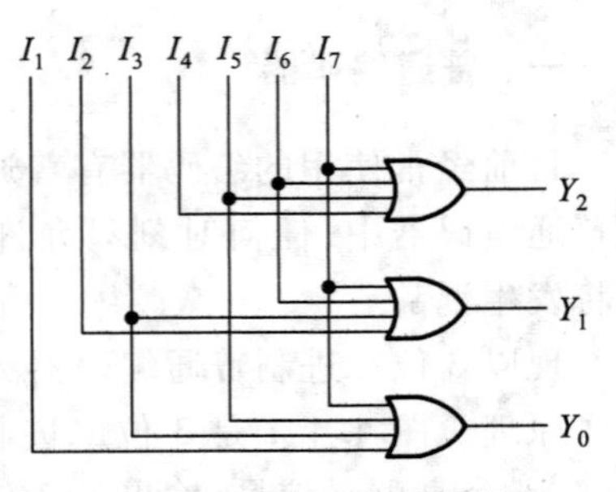

图 4.4.2 3 位二进制编码器

在优先编码器(priority encoder)电路中,允许同时输入两个以上的编码信号。不过在设计优先编码器时已经将所有的输入信号按优先顺序排了队,当几个输入信号同时出现时,只对其中优先权最高的一个进行编码。

图 4.4.3(a)给出了 8 线-3 线优先编码器 74HC148 的逻辑图。如果不考虑由门 G_1、G_2 和 G_3 构成的附加控制电路,则编码器电路只有图中虚线框以内的这一部分。

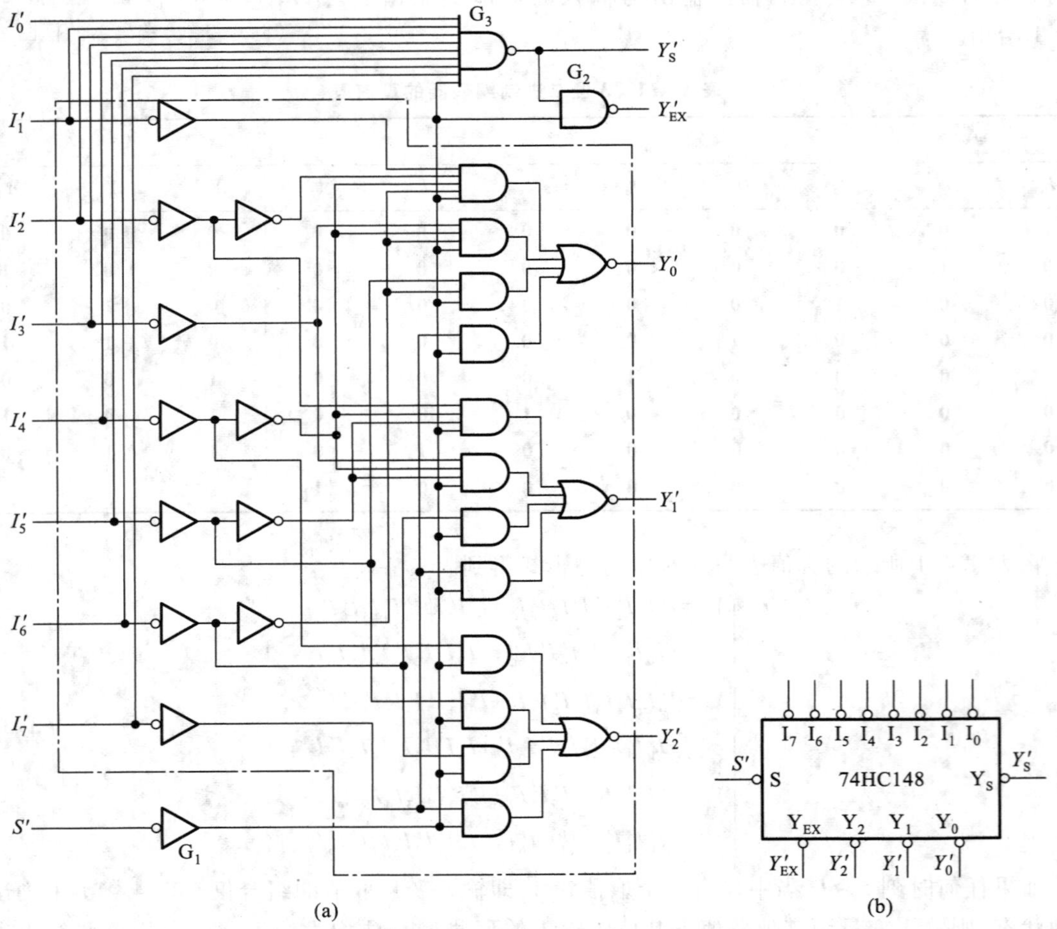

图 4.4.3 8 线-3 线优先编码器 74HC148

(a) 内部逻辑图 (b) 逻辑框图

由图 4.4.3(a)写出输出逻辑式,即得到

$$\begin{cases} Y_2' = ((I_4+I_5+I_6+I_7)S)' \\ Y_1' = ((I_2I_4'I_5'+I_3I_4'I_5'+I_6+I_7)S)' \\ Y_0' = ((I_1I_2'I_4'I_6'+I_3I_4'I_6'+I_5I_6'+I_7)S)' \end{cases} \quad (4.4.3)$$

为了扩展电路的功能和增加使用的灵活性,在 74HC148 的逻辑电路中附加了由门 G_1、G_2和G_3组成的控制电路。其中 S'为选通输入端,只有在 $S'=\mathbf{0}$ 的条件下,编码器才能正常工作。而在 $S'=\mathbf{1}$ 时,所有的输出端均被封锁在高电平。

选通输出端 Y_S' 和扩展端 Y_{EX}'用于扩展编码功能。由图可知

$$Y_S' = (I_0'I_1'I_2'I_3'I_4'I_5'I_6'I_7'S)' \quad (4.4.4)$$

上式表明,只有当所有的编码输入端都是高电平(即没有编码输入),而且 $S=\mathbf{1}$ 时,Y_S' 才是低电平。因此,Y_S' 的低电平输出信号表示"电路工作,但无编码输入"。

由图 4.4.3(a)还可以写出

$$\begin{aligned} Y_{EX}' &= ((I_0'I_1'I_2'I_3'I_4'I_5'I_6'I_7'S)'S)' \\ &= ((I_0+I_1+I_2+I_3+I_4+I_5+I_6+I_7)S)' \end{aligned} \quad (4.4.5)$$

这说明只要任何一个编码输入端有低电平信号输入,且 $S=\mathbf{1}$,Y_{EX}'即为低电平。因此,Y_{EX}'的低电平输出信号表示"电路工作,而且有编码输入"。

根据式(4.4.3)、(4.4.4)和(4.4.5)可以列出表 4.4.2 所示的 74HC148 的功能表。它的输入和输出均以低电平作为有效信号。为了强调说明以低电平作为有效输入信号,有时也将反相器图形符号中表示反相的小圆圈画在输入端,如图 4.4.3(a)中左边一列反相器的画法。

表 4.4.2　74HC148 的功能表

输入									输出				
S'	I_0'	I_1'	I_2'	I_3'	I_4'	I_5'	I_6'	I_7'	Y_2'	Y_1'	Y_0'	Y_S'	Y_{EX}'
1	×	×	×	×	×	×	×	×	**1**	**1**	**1**	**1**	**1**
0	**1**	**1**	**1**	**1**	**1**	**1**	**1**	**1**	**1**	**1**	**1**	**0**	**1**
0	×	×	×	×	×	×	×	**0**	**0**	**0**	**0**	**1**	**0**
0	×	×	×	×	×	×	**0**	**1**	**0**	**0**	**1**	**1**	**0**
0	×	×	×	×	×	**0**	**1**	**1**	**0**	**1**	**0**	**1**	**0**
0	×	×	×	×	**0**	**1**	**1**	**1**	**0**	**1**	**1**	**1**	**0**
0	×	×	×	**0**	**1**	**1**	**1**	**1**	**1**	**0**	**0**	**1**	**0**
0	×	×	**0**	**1**	**1**	**1**	**1**	**1**	**1**	**0**	**1**	**1**	**0**
0	×	**0**	**1**	**1**	**1**	**1**	**1**	**1**	**1**	**1**	**0**	**1**	**0**
0	**0**	**1**	**1**	**1**	**1**	**1**	**1**	**1**	**1**	**1**	**1**	**1**	**0**

由表 4.4.2 中不难看出,在 $S'=\mathbf{0}$ 电路正常工作状态下,允许 $I_0' \sim I_7'$ 当中同时有几个输入端为低电平,即有编码输入信号。I_7' 的优先权最高,I_0' 的优先权最低。当 $I_7'=\mathbf{0}$ 时,无论其他输入端有无输入信号(表中以×表示),输出端只给出 I_7' 的编码,即 $Y_2'Y_1'Y_0'=\mathbf{000}$。当 $I_7'=\mathbf{1}$、$I_6'=\mathbf{0}$ 时,无论其余输入端有无输入信号,只对 I_6' 编码,输出为 $Y_2'Y_1'Y_0'=\mathbf{001}$。其余的输入状态请读者自行分析。

表 4.4.2 中出现的三种 $Y_2'Y_1'Y_0'=\mathbf{111}$ 的情况可以用 Y_S' 和 Y_{EX}' 的不同状态加以区分。

在中规模集成电路设计实现后，习惯上采用逻辑框图来表示中规模集成电路器件，如图 4.4.3(b)中所示。在逻辑框图内部只标注输入、输出原变量的名称。如果以低电平作为有效的输入或输出信号，则于框图外部相应的输入或输出端处加画小圆圈，并在外部标注的输入或输出端信号名称上加非“′”。

在常用的优先编码器电路中，除了二进制编码器以外，还有一类称为二-十进制优先编码器。它能将 $I_0'\sim I_9'$ 10 个输入信号分别编成 10 个 BCD 代码。在 $I_0'\sim I_9'$ 10 个输入信号中 I_9' 的优先权最高，I_0' 的优先权最低。

图 4.4.4(a)是二-十进制优先编码器 74HC147 的内部逻辑图。由图得到

$$\begin{cases} Y_3'=(I_8+I_9)' \\ Y_2'=(I_7I_8'I_9'+I_6I_8'I_9'+I_5I_8'I_9'+I_4I_8'I_9')' \\ Y_1'=(I_7I_8'I_9'+I_6I_8'I_9'+I_3I_4'I_5'I_8'I_9'+I_2I_4'I_5'I_8'I_9')' \\ Y_0'=(I_9+I_7I_8'I_9'+I_5I_6'I_8'I_9'+I_3I_4'I_6'I_8'I_9'+I_1I_2'I_4'I_6'I_8'I_9')' \end{cases} \tag{4.4.6}$$

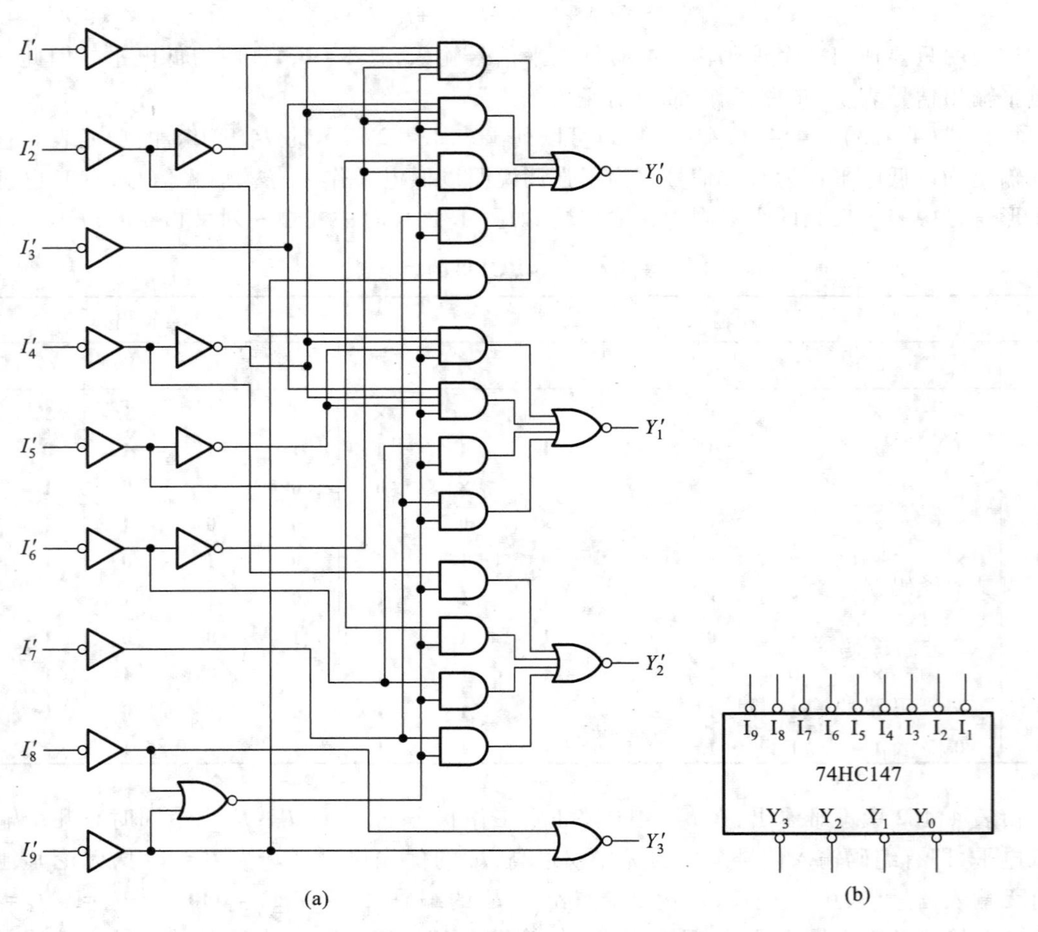

图 4.4.4　二-十进制优先编码器 74HC147
(a) 内部逻辑图　(b) 逻辑框图

将式(4.4.6)化为真值表的形式,即得到表4.4.3。由表可知,编码器的输出是反码形式的BCD码。优先权以I_9'为最高,I_1'为最低。当$I_1' \sim I_9'$均为无效输入(均为**1**)时,隐含表示了I_0'为有效输入,编码输出$Y_3'Y_2'Y_1'Y_0'=\mathbf{1111}$。

表4.4.3 二-十进制编码器74HC147的功能表

输入									输出			
I_1'	I_2'	I_3'	I_4'	I_5'	I_6'	I_7'	I_8'	I_9'	Y_3'	Y_2'	Y_1'	Y_0'
1	1	1	1	1	1	1	1	1	1	1	1	1
×	×	×	×	×	×	×	×	0	0	1	1	0
×	×	×	×	×	×	×	0	1	0	1	1	1
×	×	×	×	×	×	0	1	1	1	0	0	0
×	×	×	×	×	0	1	1	1	1	0	0	1
×	×	×	×	0	1	1	1	1	1	0	1	0
×	×	×	0	1	1	1	1	1	1	0	1	1
×	×	0	1	1	1	1	1	1	1	1	0	0
×	0	1	1	1	1	1	1	1	1	1	0	1
0	1	1	1	1	1	1	1	1	1	1	1	0

复习思考题

R4.4.1 在需要使用普通编码器的场合能否用优先编码器取代普通编码器?在需要使用优先编码器的场合能否用普通编码器取代优先编码器?

4.4.2 译码器

译码器(Decoder)的逻辑功能是将每个输入的二进制代码译成对应的输出高、低电平信号或另外一个代码。因此译码是编码的反操作。常用的译码器电路有二进制译码器、二-十进制译码器和显示译码器三类。

一、二进制译码器

二进制译码器的输入是一组二进制代码,输出是一组与输入代码一一对应的高、低电平信号。

图4.4.5是3位二进制译码器的框图。输入的3位二进制代码共有8种状态,译码器将每个输入代码译成对应的一根输出线上的高、低电平信号。因此,也将这个译码器称为3线-8线译码器。

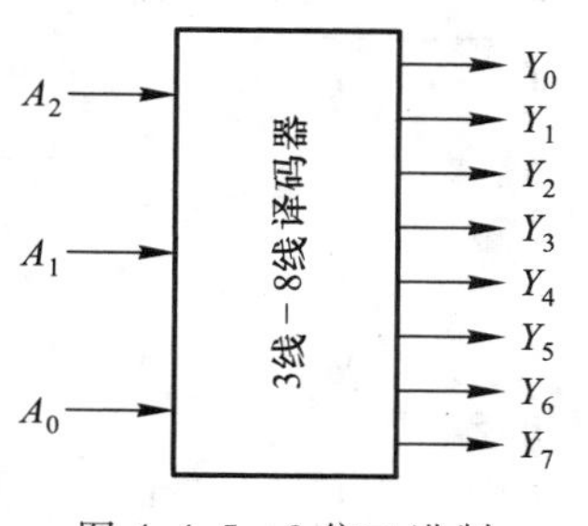

图4.4.5 3位二进制(3线-8线)译码器的框图

图4.4.6是采用二极管**与**门阵列构成的3位二进制译码器,图中的A_2、A_1、A_0是输入端,$Y_0 \sim Y_7$是8个输出端。

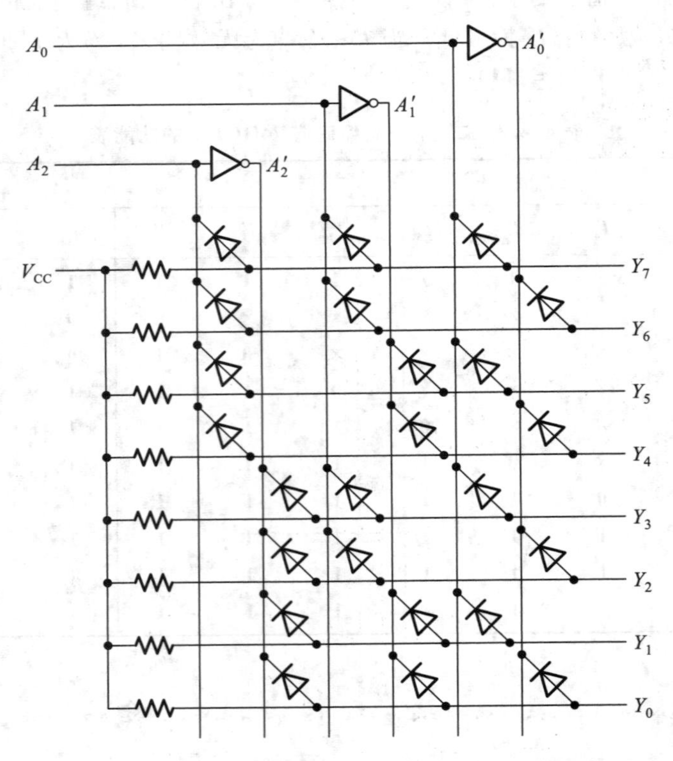

图 4.4.6　用二极管与门阵列组成的 3 线-8 线译码器

假定电源电压 $V_{CC}=5$ V，输入信号的高、低电平分别为 3 V 和 0 V，二极管的导通压降为 0.7 V。当 $A_2A_1A_0=$ **000** 时，A_2、A_1、A_0 为 0 V，A'_2、A'_1、A'_0 为 3 V。这时只有 Y_0 输出高电平（3.7 V），其余的输出端均为低电平（0.7 V），于是将输入的 **000** 代码译成了 Y_0 端的高电平信号。

同理，译码器也将其他的每一个输入代码译成对应输出端的高电平信号（也可视为一个 8 位的二进制代码）。它们之间的对应关系如表 4.4.4 所示。

表 4.4.4　3 位二进制译码器的真值表

输入			输出							
A_2	A_1	A_0	Y_7	Y_6	Y_5	Y_4	Y_3	Y_2	Y_1	Y_0
0	**0**	**0**	**0**	**0**	**0**	**0**	**0**	**0**	**0**	**1**
0	**0**	**1**	**0**	**0**	**0**	**0**	**0**	**0**	**1**	**0**
0	**1**	**0**	**0**	**0**	**0**	**0**	**0**	**1**	**0**	**0**
0	**1**	**1**	**0**	**0**	**0**	**0**	**1**	**0**	**0**	**0**
1	**0**	**0**	**0**	**0**	**0**	**1**	**0**	**0**	**0**	**0**
1	**0**	**1**	**0**	**0**	**1**	**0**	**0**	**0**	**0**	**0**
1	**1**	**0**	**0**	**1**	**0**	**0**	**0**	**0**	**0**	**0**
1	**1**	**1**	**1**	**0**	**0**	**0**	**0**	**0**	**0**	**0**

用二极管**与**门阵列构成的译码器虽然比较简单,但也存在两个严重的缺点。其一是电路的输入电阻较低而输出电阻较高,其二是输出的高、低电平信号发生偏移(偏离输入信号的高、低电平)。因此,通常只在一些大规模集成电路内部采用这种结构,而在一些中规模集成电路译码器中多半采用三极管集成门电路结构。

74HC138 就是用 CMOS 门电路组成的 3 线-8 线译码器,它的逻辑图如图 4.4.7(a)所示,逻辑功能表见表 4.4.5。

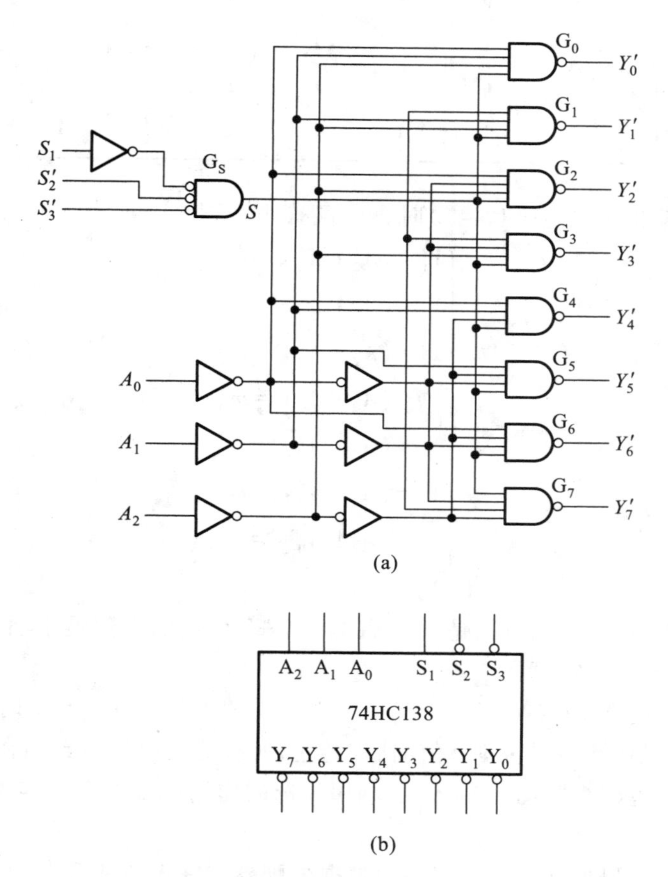

图 4.4.7 用**与非**门组成的 3 线-8 线译码器 74HC138
(a) 内部逻辑图 (b) 逻辑框图

表 4.4.5 3 线-8 线译码器 74HC138 的功能表

输入					输出							
S_1	$S_2'+S_3'$	A_2	A_1	A_0	Y_0'	Y_1'	Y_2'	Y_3'	Y_4'	Y_5'	Y_6'	Y_7'
0	×	×	×	×	**1**	**1**	**1**	**1**	**1**	**1**	**1**	**1**
×	**1**	×	×	×	**1**	**1**	**1**	**1**	**1**	**1**	**1**	**1**
1	**0**	**0**	**0**	**0**	**0**	**1**	**1**	**1**	**1**	**1**	**1**	**1**
1	**0**	**0**	**0**	**1**	**1**	**0**	**1**	**1**	**1**	**1**	**1**	**1**

续表

输入					输出							
S_1	$S_2'+S_3'$	A_2	A_1	A_0	Y_0'	Y_1'	Y_2'	Y_3'	Y_4'	Y_5'	Y_6'	Y_7'
1	**0**	**0**	**1**	**0**	**1**	**1**	**0**	**1**	**1**	**1**	**1**	**1**
1	**0**	**0**	**1**	**1**	**1**	**1**	**1**	**0**	**1**	**1**	**1**	**1**
1	**0**	**1**	**0**	**0**	**1**	**1**	**1**	**1**	**0**	**1**	**1**	**1**
1	**0**	**1**	**0**	**1**	**1**	**1**	**1**	**1**	**1**	**0**	**1**	**1**
1	**0**	**1**	**1**	**0**	**1**	**1**	**1**	**1**	**1**	**1**	**0**	**1**
1	**0**	**1**	**1**	**1**	**1**	**1**	**1**	**1**	**1**	**1**	**1**	**0**

当门电路 G_S 的输出为高电平($S=\mathbf{1}$)时,可由逻辑图写出

$$\begin{cases} Y_0'=(A_2'A_1'A_0')'=m_0' \\ Y_1'=(A_2'A_1'A_0)'=m_1' \\ Y_2'=(A_2'A_1A_0')'=m_2' \\ Y_3'=(A_2'A_1A_0)'=m_3' \\ Y_4'=(A_2A_1'A_0')'=m_4' \\ Y_5'=(A_2A_1'A_0)'=m_5' \\ Y_6'=(A_2A_1A_0')'=m_6' \\ Y_7'=(A_2A_1A_0)'=m_7' \end{cases} \tag{4.4.7}$$

由上式可以看出,$Y_0' \sim Y_7'$ 同时又是 A_2、A_1、A_0 这三个变量的全部最小项的译码输出,所以也将这种译码器称为最小项译码器。

74HC138 有 3 个附加的控制端 S_1、S_2' 和 S_3'。当 $S_1=\mathbf{1}$、$S_2'+S_3'=\mathbf{0}$ 时,G_S 输出为高电平($S=\mathbf{1}$),译码器处于工作状态。否则,译码器被禁止,所有的输出端被封锁在高电平,如表 4.4.5 所示。这 3 个控制端也称为"片选"输入端,利用片选的作用可以将多片连接起来以扩展译码器的功能。

带控制输入端的译码器又是一个完整的数据分配器。在图 4.4.7(a)所示电路中如果将 S_1 作为"数据"输入端(同时令 $S_2'=S_3'=\mathbf{0}$),而将 $A_2A_1A_0$ 作为"地址"输入端,那么从 S_1 送来的数据只能通过由 $A_2A_1A_0$ 所指定的一根输出线送出去。这就不难理解为什么把 $A_2A_1A_0$ 称为地址输入了。例如,当 $A_2A_1A_0=\mathbf{101}$ 时,门 G_5 的输入端除了接至 G_S 输出端的一个以外全是高电平,因此 S_1 的数据以反码的形式从 Y_5' 输出,而不会被送到其他任何一个输出端上。

在门电路的图形符号中,有时为了强调"低电平有效",也在输入端处加上小圆圈,同时在信号名称上加非号,如图 4.4.7(a)中的 G_S 那样。从逻辑功能上讲,这个小圆圈所代表的含义是输入信号经过反相以后才加到后面的逻辑符号上的,所以它代替了输入端的一个反相器,如图 4.4.8 所示。因此,可以把这种画法看作是一种用输入端的小圆圈代替反相器的简化画法。

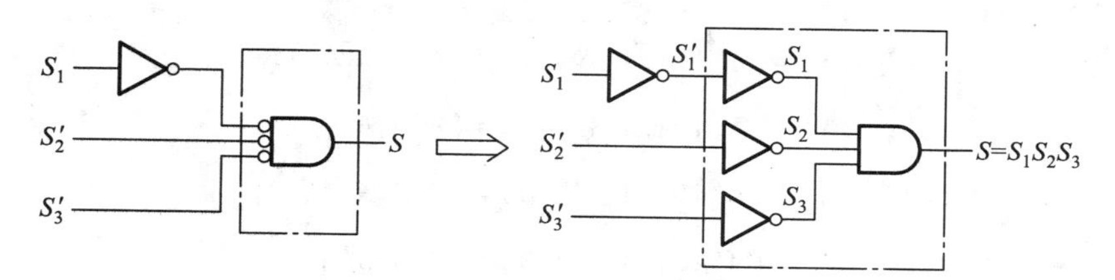

图 4.4.8 门电路输入端反相记号的等效替代

二、二-十进制译码器

二-十进制译码器的逻辑功能是将输入 BCD 码的 10 个代码译成 10 个高、低电平输出信号。

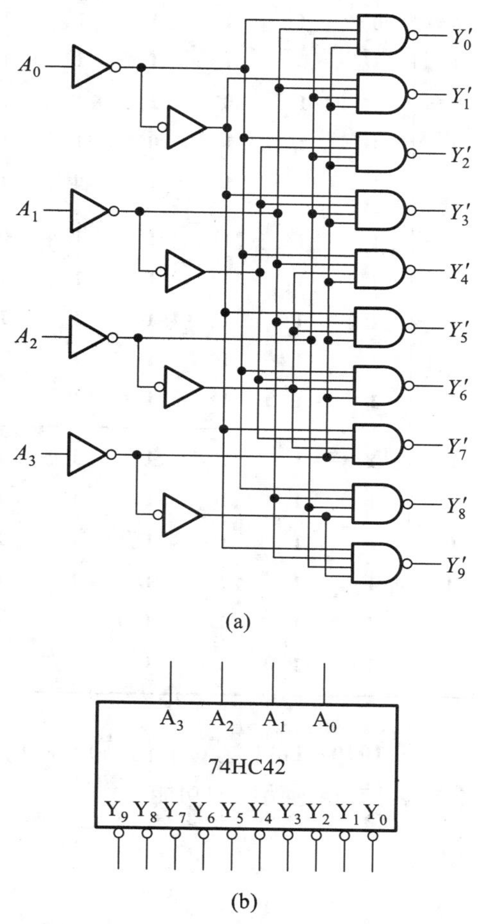

图 4.4.9 二-十进制译码器 74HC42

(a) 内部逻辑图 (b) 逻辑框图

图 4.4.9 是二-十进制译码器 74HC42 的逻辑图。根据逻辑图得到

$$\begin{cases} Y'_0=(A'_3A'_2A'_1A'_0)' & Y'_5=(A'_3A_2A'_1A_0)' \\ Y'_1=(A'_3A'_2A'_1A_0)' & Y'_6=(A'_3A_2A_1A'_0)' \\ Y'_2=(A'_3A'_2A_1A'_0)' & Y'_7=(A'_3A_2A_1A_0)' \\ Y'_3=(A'_3A'_2A_1A_0)' & Y'_8=(A_3A'_2A'_1A'_0)' \\ Y'_4=(A'_3A_2A'_1A'_0)' & Y'_9=(A_3A'_2A'_1A_0)' \end{cases} \tag{4.4.8}$$

并可列出电路的真值表,如表 4.4.6 所示。

表 4.4.6 二-十进制译码器 74HC42 的真值表

序号	输入				输出									
	A_3	A_2	A_1	A_0	Y'_0	Y'_1	Y'_2	Y'_3	Y'_4	Y'_5	Y'_6	Y'_7	Y'_8	Y'_9
0	0	0	0	0	0	1	1	1	1	1	1	1	1	1
1	0	0	0	1	1	0	1	1	1	1	1	1	1	1
2	0	0	1	0	1	1	0	1	1	1	1	1	1	1
3	0	0	1	1	1	1	1	0	1	1	1	1	1	1
4	0	1	0	0	1	1	1	1	0	1	1	1	1	1
5	0	1	0	1	1	1	1	1	1	0	1	1	1	1
6	0	1	1	0	1	1	1	1	1	1	0	1	1	1
7	0	1	1	1	1	1	1	1	1	1	1	0	1	1
8	1	0	0	0	1	1	1	1	1	1	1	1	0	1
9	1	0	0	1	1	1	1	1	1	1	1	1	1	0
伪码	1	0	1	0	1	1	1	1	1	1	1	1	1	1
	1	0	1	1	1	1	1	1	1	1	1	1	1	1
	1	1	0	0	1	1	1	1	1	1	1	1	1	1
	1	1	0	1	1	1	1	1	1	1	1	1	1	1
	1	1	1	0	1	1	1	1	1	1	1	1	1	1
	1	1	1	1	1	1	1	1	1	1	1	1	1	1

对于 BCD 代码以外的伪码(即 **1010**~**1111** 这 6 个代码)$Y'_0 \sim Y'_9$ 均无低电平信号产生,译码器拒绝“翻译”,所以这个电路结构具有拒绝伪码的功能。

三、显示译码器

1. 七段字符显示器

为了能以十进制数码直观地显示数字系统的运行数据,目前广泛使用了七段字符显示器,或称为七段数码管。这种字符显示器由七段可发光的线段拼合而成。常见的七段字符显示器有半导体数码管和液晶显示器两种。

图 4.4.10 是半导体数码管 BS201A 的外形图和等效电路。这种数码管的每个线段都是一个发光二极管(Light Emitting Diode,简称 LED),因而也将它称为 LED 数码管或 LED 七段显示器。

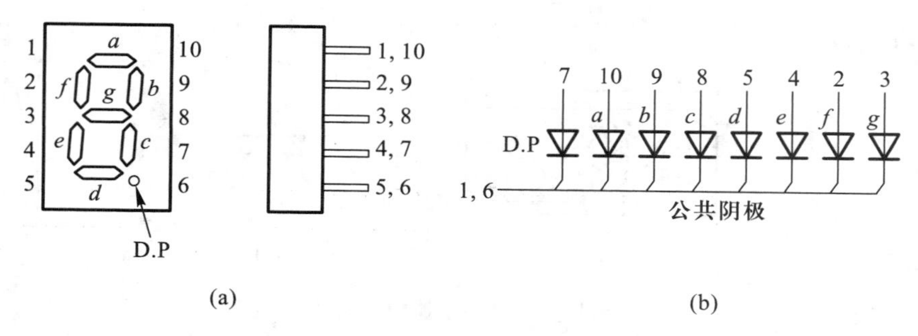

图 4.4.10 半导体数码管 BS201A
(a) 外形图 (b) 等效电路

发光二极管使用的材料与普通的硅二极管和锗二极管不同,有磷砷化镓、磷化镓、砷化镓等几种,而且半导体中的杂质浓度很高。当外加正向电压时,大量的电子和空穴在扩散过程中复合,其中一部分电子从导带跃迁到价带,把多余的能量以光的形式释放出来,便发出一定波长的可见光。

磷砷化镓发光二极管发出光线的波长与磷和砷的比例有关,含磷的比例越大波长越短,同时发光效率也随之降低。目前生产的磷砷化镓发光二极管(如 BS201、BS211 等)发出光线的波长在 6 500Å 左右,呈橙红色。

在 BS201 等一些数码管中还在右下角处增设了一个小数点,形成了所谓八段数码管,如图 4.4.10(a)所示。此外,由图 4.4.10(b)的等效电路可见,BS201A 的八段发光二极管的阴极是做在一起的,属于共阴极类型。为了增加使用的灵活性,同一规格的数码管一般都有共阴极和共阳极两种类型可供选用。

半导体数码管不仅具有工作电压低、体积小、寿命长、可靠性高等优点,而且响应时间短(一般不超过 0.1 μs),亮度也比较高。它的缺点是工作电流比较大,每一段的工作电流在 10 mA 左右。

另一种常用的七段字符显示器是液晶显示器(Liquid Crystal Display,简称 LCD)。液晶是一种既具有液体的流动性又具有光学特性的有机化合物,它的透明度和呈现的颜色受外加电场的影响,利用这一特点便可做成字符显示器。

在没有外加电场的情况下,液晶分子按一定取向整齐地排列着,如图 4.4.11(a)所示。这时液晶为透明状态,射入的光线大部分由反射电极反射回来,显示器呈白色。在电极上加上电压以后,液晶分子因电离而产生正离子,这些正离子在电场作用下运动并碰撞其他液晶分子,破坏了液晶分子的整齐排列,使液晶呈现混浊状态。这时射入的光线散射后仅有少量反射回来,故显示器呈暗灰色。这种现象称为动态散射效应。外加电场消失以后,液晶又恢复到整齐排列的状态。如果将七段透明的电极排列成 8 字形,那么只要选择不同的电极组合并加以正电压,便能显示出各种字符来。

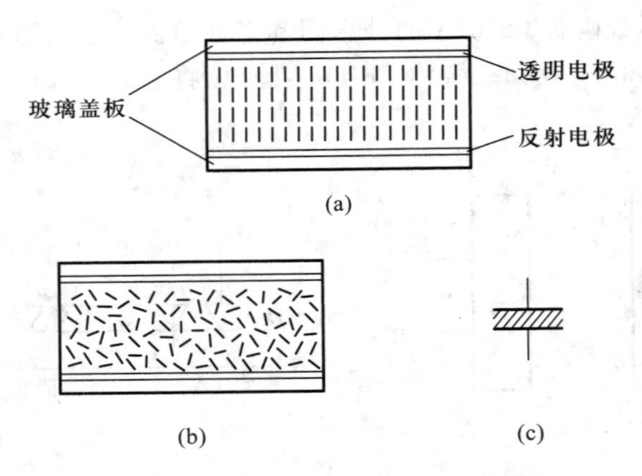

图 4.4.11　液晶显示器的结构及符号

(a) 未加电场时　(b) 加电场以后　(c) 符号

为了使离子撞击液晶分子的过程不断进行,通常在液晶显示器的两个电极上加以数十至数百周的交变电压。对交变电压的控制可以用**异或**门实现,如图 4.4.12(a)所示。v_I 是外加的固定频率的对称方波电压。当 $A=\mathbf{0}$ 时,LCD 两端的电压 $v_L=0$,显示器不工作,呈白色;当 $A=\mathbf{1}$ 时,v_L 为幅度等于两倍 v_I 的对称方波,显示器工作,呈暗灰色。各点电压的波形示于图 4.4.12(b)中。

液晶显示器的最大优点是功耗极小,每平方厘米的功耗在 1 μW 以下。它的工作电压也很低,在 1 V 以下仍能工作。因此,液晶显示器在电子表以及各种小型、便携式仪器、仪表中得到了广泛的应用。但是,由于它本身不会发光,仅仅靠反射外界光线显示字形,所以亮度很差。此外,它的响应速度较低(在 10~200 ms 范围),这就限制了它在快速系统中的应用。

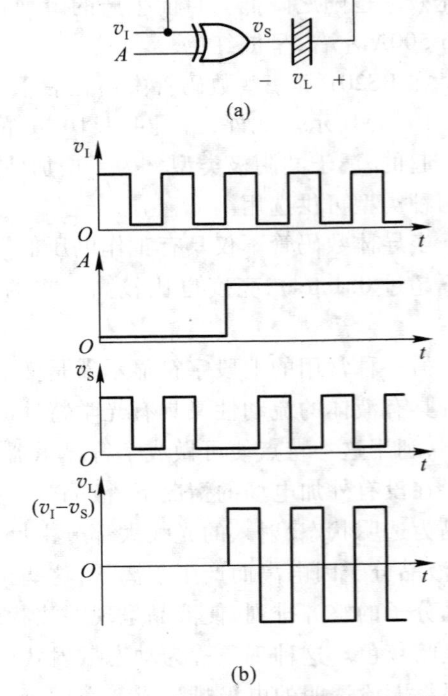

图 4.4.12　用**异或**门驱动液晶显示器

(a) 电路　(b) 电压波形

2. BCD-七段显示译码器

半导体数码管和液晶显示器都可以用 TTL 或 CMOS 集成电路直接驱动。为此,就需要使用显示译码器将 BCD 代码译成数码管所需要的驱动信号,以便使数码管用十进制数字显示出 BCD 代码所表示的数值。

今以 $A_3A_2A_1A_0$ 表示显示译码器输入的 BCD 代码,以 $Y_a \sim Y_g$ 表示输出的 7 位二进制代码,并规定用 **1** 表示数码管中线段的点亮状态,用 **0** 表示线段的熄灭状态,则根据显示字形的要求便得到了表 4.4.7 所示的真值表。表中除列出了 BCD 代码的 10 个状态与 $Y_a \sim Y_g$ 状态的对应关系以外,还规定了输入为 **1010**~**1111** 这六个状态下显示的字形。

表 4.4.7　BCD－七段显示译码器的真值表

输入					输出							
数字	A_3	A_2	A_1	A_0	Y_a	Y_b	Y_c	Y_d	Y_e	Y_f	Y_g	字形
0	0	0	0	0	1	1	1	1	1	1	0	0
1	0	0	0	1	0	1	1	0	0	0	0	1
2	0	0	1	0	1	1	0	1	1	0	1	2
3	0	0	1	1	1	1	1	1	0	0	1	3
4	0	1	0	0	0	1	1	0	0	1	1	4
5	0	1	0	1	1	0	1	1	0	1	1	5
6	0	1	1	0	0	0	1	1	1	1	1	6
7	0	1	1	1	1	1	1	0	0	0	0	7
8	1	0	0	0	1	1	1	1	1	1	1	8
9	1	0	0	1	1	1	1	0	0	1	1	9
10	1	0	1	0	0	0	0	1	1	0	1	
11	1	0	1	1	0	0	1	1	0	0	1	
12	1	1	0	0	0	1	0	0	0	1	1	
13	1	1	0	1	1	0	0	1	0	1	1	
14	1	1	1	0	0	0	0	1	1	1	1	
15	1	1	1	1	0	0	0	0	0	0	0	

由表 4.4.7 可以看到，现在与每个输入代码对应的输出不是某一根输出线上的高、低电平，而是另一个 7 位的代码了，所以它已经不是我们在这一节开始所定义的那种译码器了。但从广义上讲，都可以称为译码器。

从得到的真值表画出表示 $Y_a \sim Y_g$ 的卡诺图，即得到图 4.4.13。在卡诺图上采用“合并 **0** 然后求反”的化简方法将 $Y_a \sim Y_g$ 化简，得到

$$\begin{cases} Y_a = (A_3'A_2'A_1'A_0 + A_3A_1 + A_2A_0')' \\ Y_b = (A_3A_1 + A_2A_1A_0' + A_2A_1'A_0)' \\ Y_c = (A_3A_2 + A_2'A_1A_0')' \\ Y_d = (A_2A_1A_0 + A_2A_1'A_0' + A_2'A_1'A_0)' \\ Y_e = (A_2A_1' + A_0)' \\ Y_f = (A_3'A_2'A_0 + A_2'A_1 + A_1A_0)' \\ Y_g = (A_3'A_2'A_1' + A_2A_1A_0)' \end{cases} \tag{4.4.9}$$

图 4.4.14 给出了 BCD－七段显示译码器 7448 的逻辑图。如果不考虑逻辑图中由 $G_1 \sim G_4$ 组成的附加控制电路的影响（G_2 和 G_4 的输出为高电平），则 $Y_a \sim Y_g$ 与 A_3、A_2、A_1、A_0 之间的逻辑关系与式（4.4.9）完全相同。

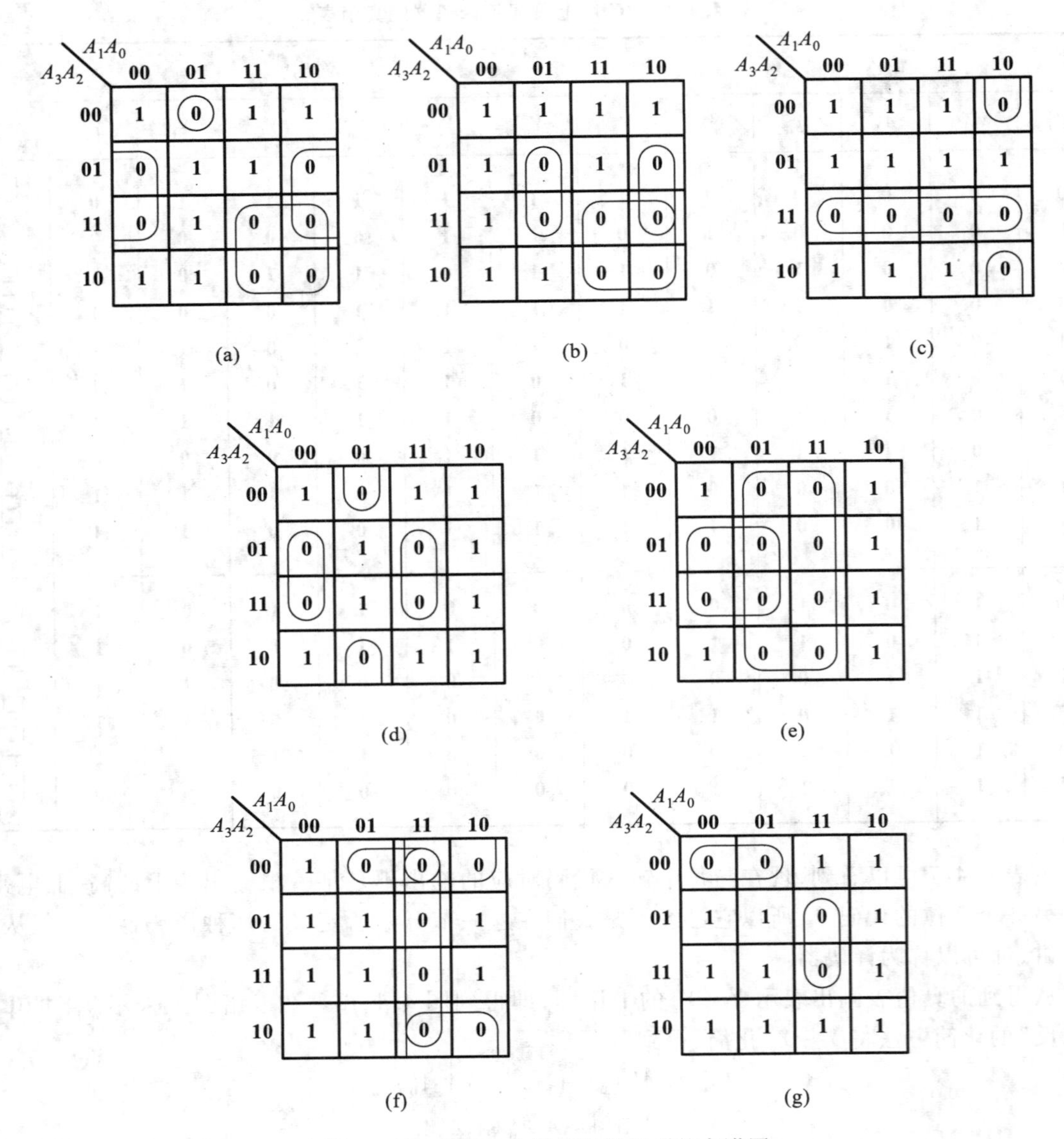

图 4.4.13　BCD-七段显示译码器的卡诺图

附加控制电路用于扩展电路功能。下面介绍一下附加控制端的功能和用法。

灯测试输入 LT'：

当有 $LT'=\mathbf{0}$ 的信号输入时，G_4、G_5、G_6和 G_7的输出同时为高电平，使 $A_{10}=A_{11}=A_{12}=\mathbf{0}$。对后面的译码电路而言，与输入为 $A_0=A_1=A_2=\mathbf{0}$ 一样。由式(4.4.9)可知，$Y_a \sim Y_g$ 将全部为高电平。同时，由于 G_{19}的两组输入中均含有低电平输入信号，因而 Y_g 也处于高电平。可见，只要令 $LT'=\mathbf{0}$，便可使被驱动数码管的七段同时点亮，以检查该数码管各段能否正常发光。平时应置 LT'为高电平。

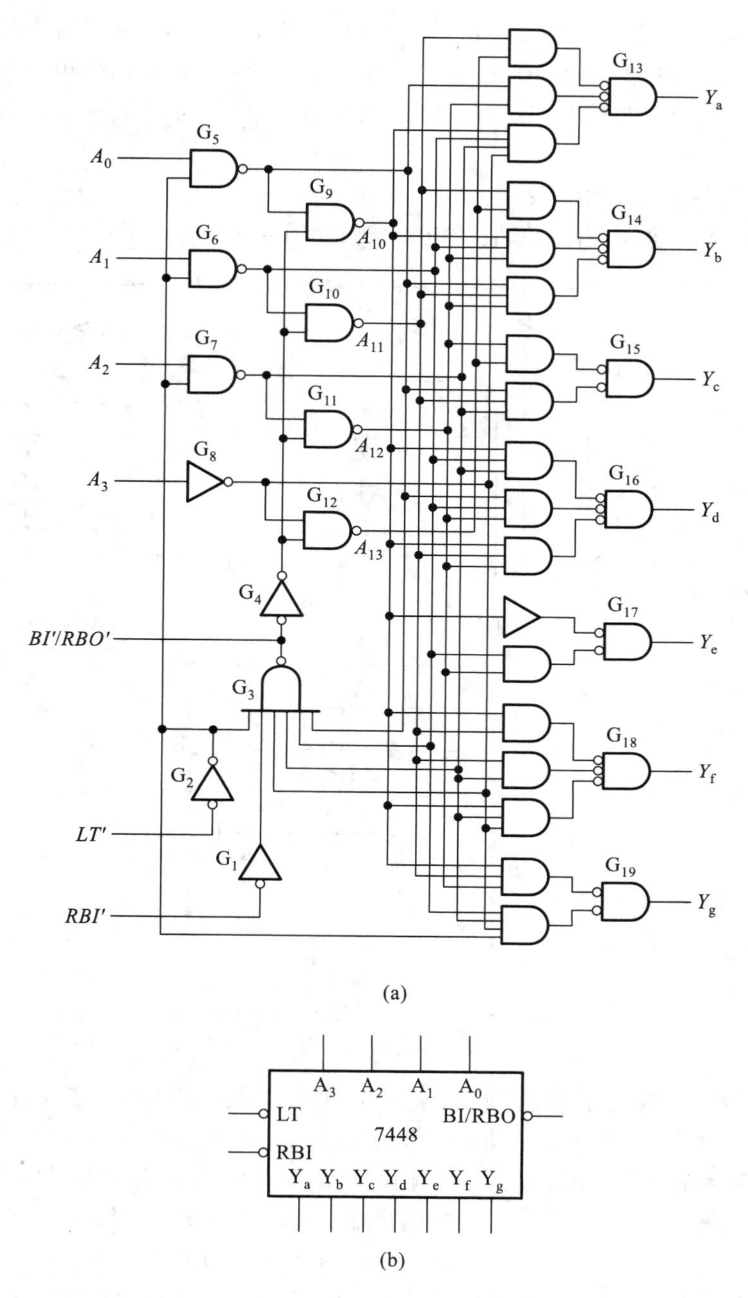

图 4.4.14 BCD-七段显示译码器 7448 的逻辑图

(a)内部逻辑图 (b)逻辑框图

灭零输入 RBI'：

设置灭零输入信号 RBI' 的目的是为了能把不希望显示的零熄灭。例如，有一个 8 位的数码显示电路，整数部分为 5 位，小数部分为 3 位，在显示 13.7 这个数时将呈现 00013.700 字样。如果将前、后多余的零熄灭，则显示的结果将更加醒目。

由图 4.4.14 可知，当输入 $A_3=A_2=A_1=A_0=\mathbf{0}$ 时，本应显示出 **0**。如果需要将这个零熄灭，则可加入 $RBI'=\mathbf{0}$ 的输入信号。这时 G_3 的输出为低电平，并经过 G_4 输出低电平使 $A_{13}=A_{12}=A_{11}=A_{10}=\mathbf{1}$。由于 $G_{13}\sim G_{19}$ 每个**与或非**门都有一组输入全为高电平，所以 $Y_a\sim Y_g$ 全为低电平，使本来应该显示的 **0** 熄灭。

灭灯输入/灭零输出 BI'/RBO'：

这是一个双功能的输入/输出端，它的电路结构如图 4.4.15(a) 所示。

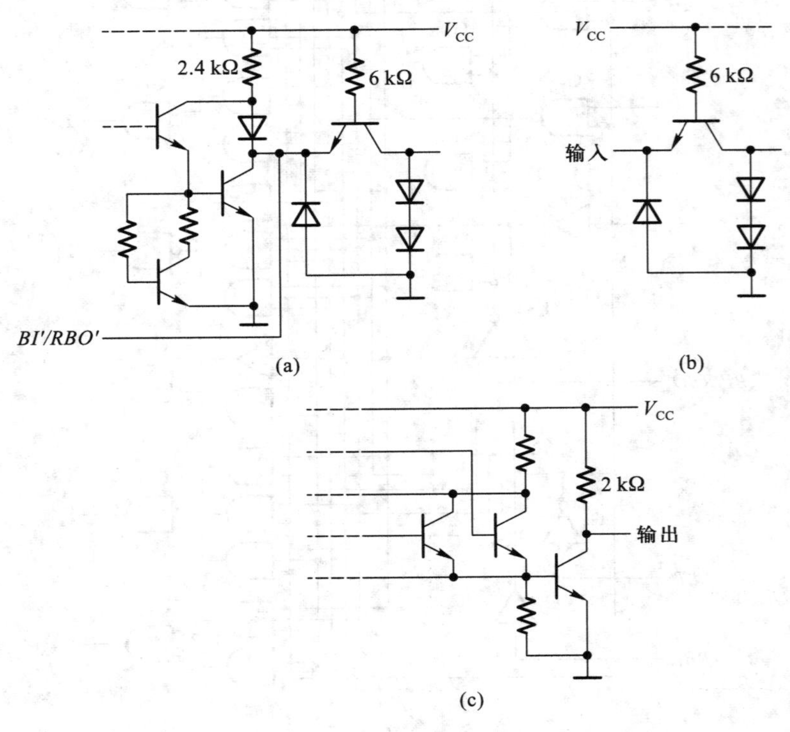

图 4.4.15　7448 的输入、输出电路

(a) BI'/RBO' 端　(b) 输入端　(c) 输出端

BI'/RBO' 作为输入端使用时，称灭灯输入控制端。只要加入灭灯控制信号 $BI'=\mathbf{0}$，无论 $A_3A_2A_1A_0$ 的状态是什么，定可将被驱动数码管的各段同时熄灭。由图 4.4.14 可见，此时 G_4 肯定输出低电平，使 $A_{13}=A_{12}=A_{11}=A_{10}=\mathbf{1}$，$Y_a\sim Y_g$ 同时输出低电平，因而将被驱动的数码管熄灭。

BI'/RBO' 作为输出端使用时，称为灭零输出端。由图 4.4.14 可得到

$$RBO'=(A_3'\cdot A_2'\cdot A_1'\cdot A_0'\cdot LT'\cdot RBI')' \tag{4.4.10}$$

上式表明，只有当输入为 $A_3=A_2=A_1=A_0=\mathbf{0}$，而且有灭零输入信号（$RBI'=\mathbf{0}$）时，$RBO'$ 才会给出低电平。因此，$RBO'=\mathbf{0}$ 表示译码器已将本来应该显示的零熄灭了。

用 7448 可以直接驱动共阴极的半导体数码管。由图 4.4.15(c) 所示的 7448 输出电路可以看到，当输出管截止、输出为高电平时，流过发光二极管的电流是由 V_{CC} 经 2 kΩ 上拉电阻提供的。当 $V_{CC}=5$ V 时，这个电流只有 2 mA 左右。如果数码管需要的电流大于这个数值时，则应在 2 kΩ 的上拉电阻上再并联适当的电阻。图 4.4.16 给出了用 7448 驱动 BS201A 半导体数码管的连接方法。

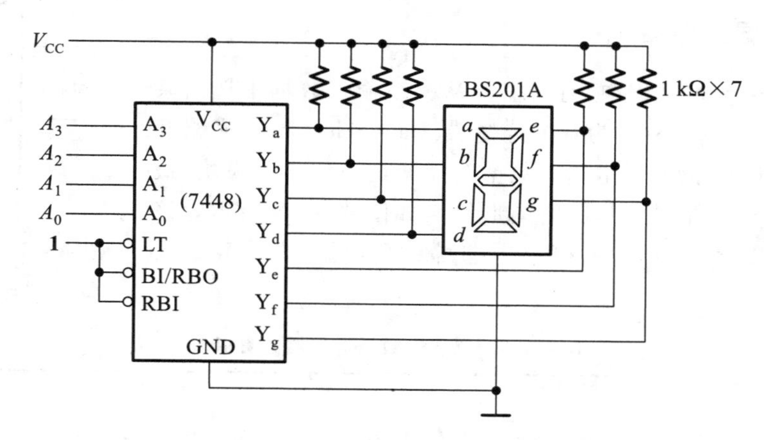

图 4.4.16 用 7448 驱动 BS201A 的连接方法

将灭零输入端与灭零输出端配合使用,即可实现多位数码显示系统的灭零控制。图 4.4.17 示出了灭零控制的连接方法。只需在整数部分把高位的 RBO' 与低位的 RBI' 相连,在小数部分将低位的 RBO' 与高位的 RBI' 相连,就可以把前、后多余的零熄灭了。在这种连接方式下,整数部分只有高位是零,而且被熄灭的情况下,低位才有灭零输入信号。同理,小数部分只有在低位是零,而且被熄灭时,高位才有灭零输入信号。

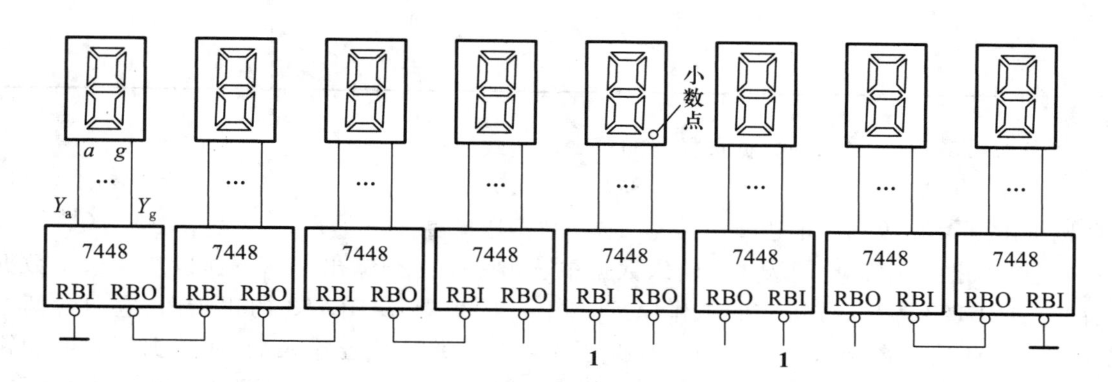

图 4.4.17 有灭零控制的 8 位数码显示系统

复习思考题

R4.4.2 用二-十进制译码器(如图 4.4.9 所示的结构形式)附加门电路能否得到任何形式的四变量逻辑函数?为什么?

R4.4.3 用 4 线-16 线译码器(输入为 A_3、A_2、A_1、A_0,输出为 $Y'_0 \sim Y'_{15}$)能否取代图 4.4.6 中的 3 线-8 线译码器?如果可以取代,那么电路应如何连接?

4.4.3　数据选择器

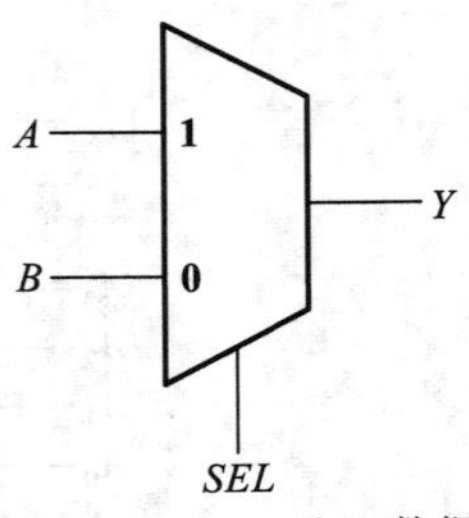

图 4.4.18　二选一数据选择器的逻辑图形符号

在数字信号的传输过程中，有时需要从一组输入数据中选出某一个来，这时就要用到一种称为数据选择器（Data Selector）或多路开关（Multiplexer，MUX）的逻辑电路。数据选择器是一种常用模块，最小的是二选一数据选择器。其逻辑图形符号如图 4.4.18 所示。该符号表示通过 SEL 确定 Y 从 A 和 B 中选哪一个数据，真值表如表 4.4.8。

表 4.4.8　二选一数据选择器的真值表

SEL	A	B	Y
0	**0**	**0**	**0**
0	**0**	**1**	**1**
0	**1**	**0**	**0**
0	**1**	**1**	**1**
1	**0**	**0**	**0**
1	**0**	**1**	**0**
1	**1**	**0**	**1**
1	**1**	**1**	**1**

由表 4.4.8 可得，二选一数据选择器的逻辑表达式为

$$Y = SEL \cdot A + SEL' \cdot B \tag{4.4.11}$$

则可用图 4.4.19 所示的逻辑图实现二选一数据选择器。

4 选 1 数据选择器则是从 4 个输入数据中选出一个送到输出端。下面以双 4 选 1 数据选择器 74HC153 为例，分析它的工作原理。图 4.4.20 是 74HC153 的逻辑图，它包含两个完全相同的 4 选 1 数据选择器。两个数据选择器有公共的地址输入端，而数据输入端和输出端是各自独立的。通过给定不同的地址代码（即 A_1A_0 的状态），即可从 4 个输入数据中选出所要的一个，并送至输出端 Y。图中的 S_1' 和 S_2' 是附加控制端，用于控制电路工作状态和扩展功能。

由图 4.4.20(a) 可见，当 $A_0 = \mathbf{0}$ 时传输门 TG_1 和 TG_3 导通，而 TG_2 和 TG_4 截止。当 $A_0 = \mathbf{1}$ 时 TG_1 和 TG_3 截止，而 TG_2 和 TG_4 导通。同理，当 $A_1 = \mathbf{0}$ 时 TG_5 导通、TG_6 截止。而 $A_1 = \mathbf{1}$ 时 TG_5 截止、TG_6 导通。因此，在 A_1A_0 的状态确定以后，$D_{10} \sim D_{13}$ 当中只有一个能通过两级导通的传输门到达输出端。例如，当 $A_1A_0 = \mathbf{01}$ 时，第一级传输门中的 TG_2 和 TG_4 导通，第二级传输门的 TG_5 导通，只有 D_{11} 端的输入数据能通过传输门 TG_2 和 TG_5 到达输出端 Y_1。

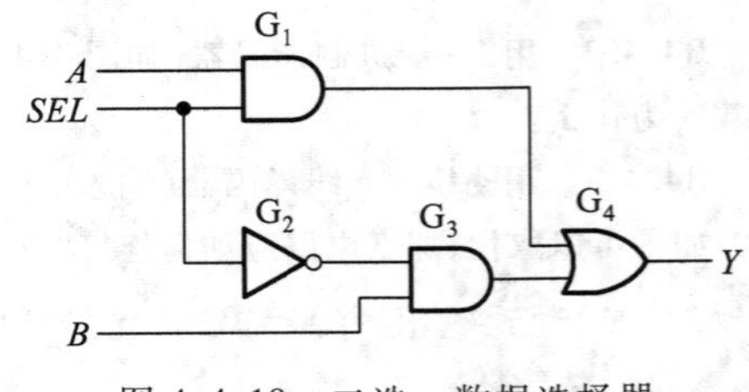

图 4.4.19　二选一数据选择器

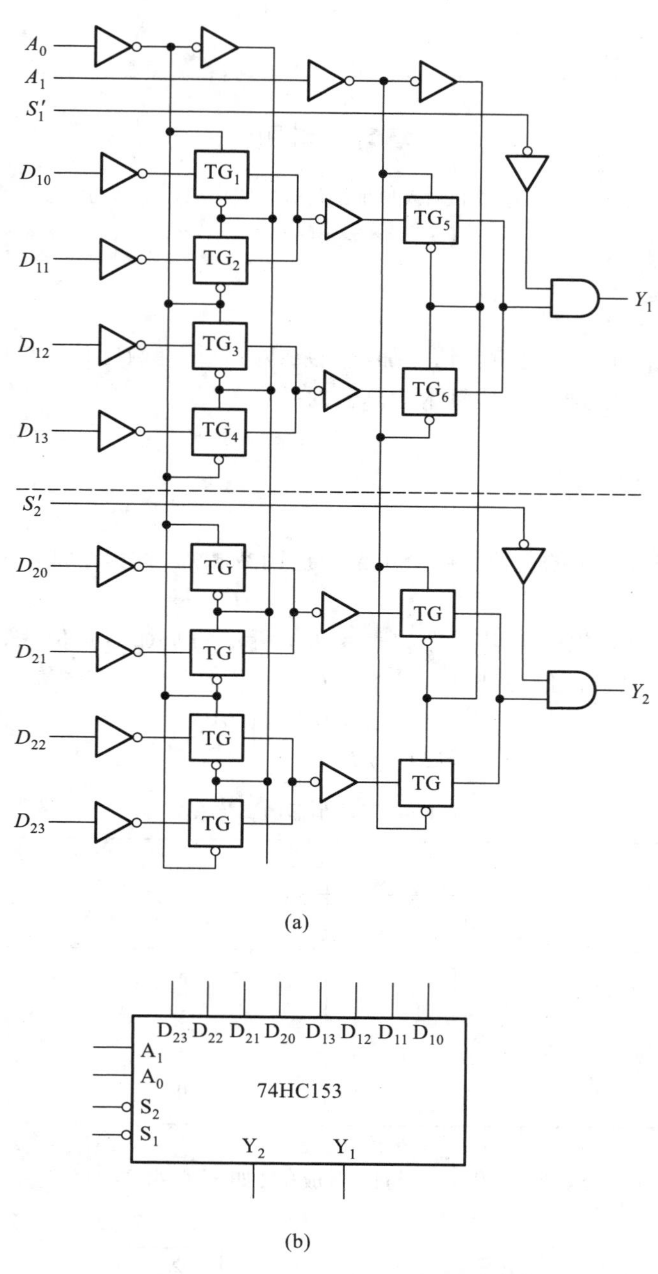

图 4.4.20 双 4 选 1 数据选择器 74HC153

(a) 内部逻辑图 (b) 逻辑框图

输出的逻辑式可写成

$$Y_1 = [D_{10}(A_1'A_0') + D_{11}(A_1'A_0) + D_{12}(A_1A_0') + D_{13}(A_1A_0)] \cdot S_1 \tag{4.4.12}$$

同时,上式也表明 $S'=\mathbf{0}$ 时数据选择器工作,$S'=\mathbf{1}$ 时数据选择器被禁止工作,输出被封锁为低电平。

复习思考题

R4.4.4　数据选择器输入数据的位数和输入地址的位数之间应满足怎样的定量关系？

4.4.4　加法器

两个二进制数之间的算术运算无论是加、减、乘、除，目前在数字计算机中都是化做若干步加法运算进行的。因此，加法器是构成算术运算器的基本单元。

一、1 位加法器

1. 半加器

如果不考虑有来自低位的进位将两个 1 位二进制数相加，称为半加。实现半加运算的电路称为半加器。

按照二进制加法运算规则可以列出如表 4.4.9 所示的半加器真值表，其中 A、B 是两个加数，S 是相加的和，CO 是向高位的进位。将 S、CO 和 A、B 的关系写成逻辑表达式则得到

$$\begin{cases} S = A'B + AB' = A \oplus B \\ CO = AB \end{cases} \tag{4.4.13}$$

表 4.4.9　半加器的真值表

输入		输出	
A	B	S	CO
0	0	0	0
0	1	1	0
1	0	1	0
1	1	0	1

因此，半加器是由一个**异或**门和一个**与**门组成的，如图 4.4.21 所示。

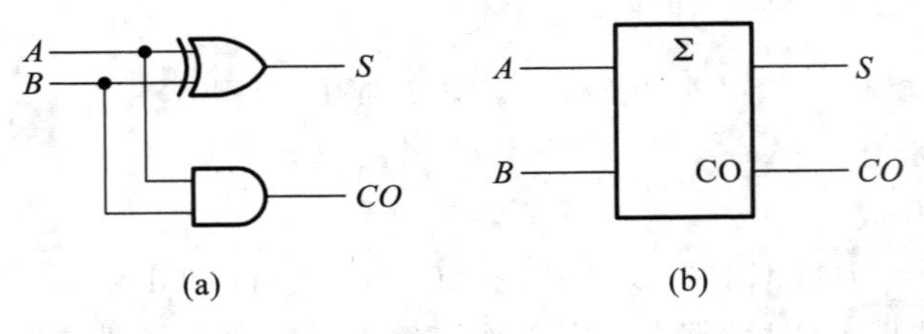

图 4.4.21　半加器

(a) 逻辑图　(b) 符号

2. 全加器

在将两个多位二进制数相加时,除了最低位以外,每一位都应该考虑来自低位的进位,即将两个对应位的加数和来自低位的进位 3 个数相加。这种运算称为全加,所用的电路称为全加器。

根据二进制加法运算规则可列出 1 位全加器的真值表,如表 4.4.10 所示。

表 4.4.10 全加器的真值表

输入			输出	
CI	*A*	*B*	*S*	*CO*
0	0	0	0	0
0	0	1	1	0
0	1	0	1	0
0	1	1	0	1
1	0	0	1	0
1	0	1	0	1
1	1	0	0	1
1	1	1	1	1

画出图 4.4.22 所示 S 和 CO 的卡诺图,采用合并 **0** 再求反的化简方法得到

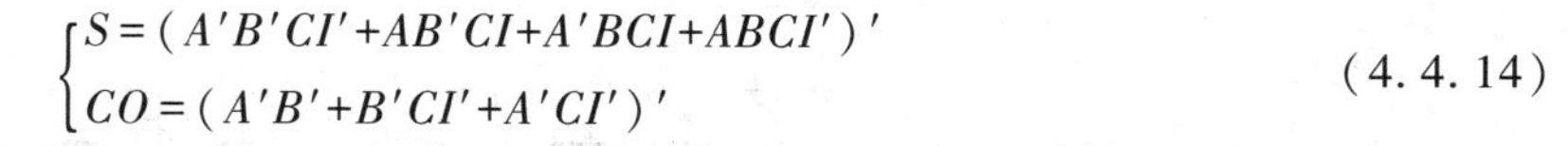

$$\begin{cases} S=(A'B'CI'+AB'CI+A'BCI+ABCI')' \\ CO=(A'B'+B'CI'+A'CI')' \end{cases} \tag{4.4.14}$$

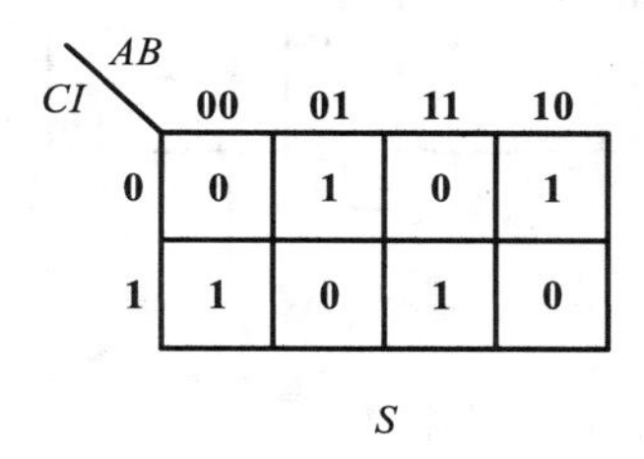

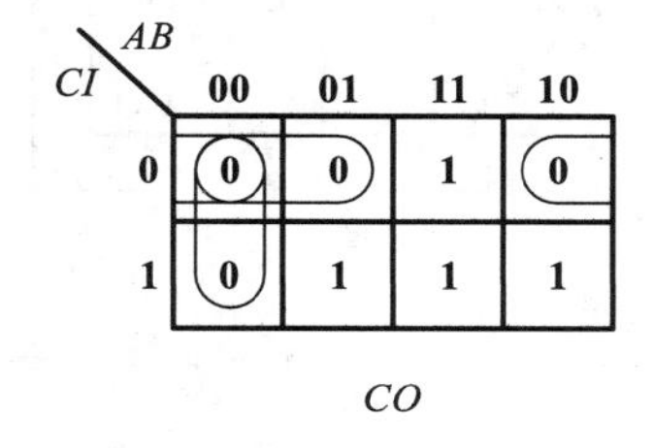

图 4.4.22 全加器的卡诺图

图 4.4.23(a)所示双全加器 74LS183 的逻辑图就是按式(4.4.14)组成的。全加器的电路结构还有多种其他形式,但它们的逻辑功能都必须符合表 4.4.10 给出的全加器真值表。

二、多位加法器

1. 串行进位加法器

两个多位数相加时每一位都是带进位相加的,因而必须使用全加器。只要依次将低位全加器的进位输出端 CO 接到高位全加器的进位输入端 CI,就可以构成多位加法器了。

图 4.4.24 就是根据上述原理接成的 4 位加法器电路。显然,每一位的相加结果都必须等到低一位的进位产生以后才能建立起来,因此将这种结构的电路称为串行进位加法器(或称为行波进位加法器)。

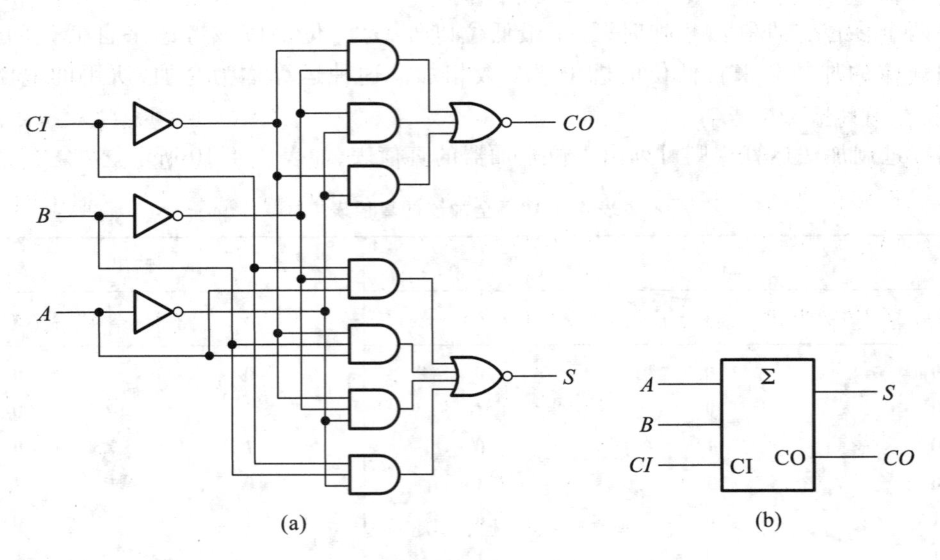

图 4.4.23　双全加器 74LS183

(a) $\frac{1}{2}$逻辑图　(b) 图形符号

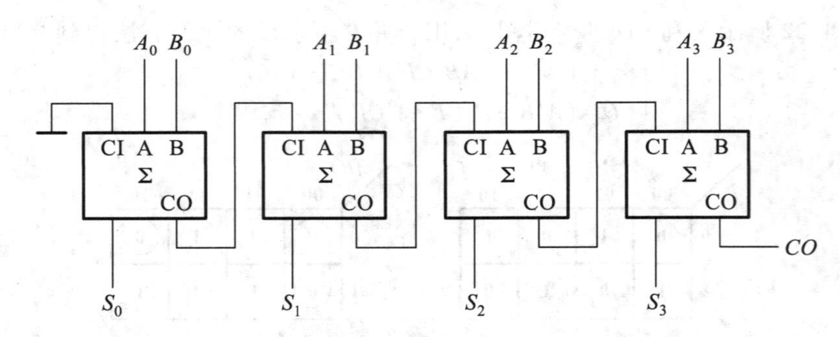

图 4.4.24　4 位串行进位加法器

这种加法器的最大缺点是运算速度慢。在最不利的情况下,做一次加法运算需要经过 4 个全加器的传输延迟时间(从输入加数到输出状态稳定建立起来所需要的时间)才能得到稳定可靠的运算结果。但考虑到串行进位加法器的电路结构比较简单,因而在对运算速度要求不高的设备中,这种加法器仍不失为一种可取的电路。

2. 超前进位加法器

串行进位加法器充分体现了电路设计的重用,反复使用了代入定理,但也带来了运算速度慢的弊端。为了提高运算速度,必须设法减小由于进位信号逐级传递所耗费的时间。那么高位的进位输入信号能否在相加运算开始时就知道呢?

我们知道,加到第 i 位的进位输入信号是这两个加数第 i 位以下各位状态的函数,所以第 i 位的进位输入信号 $(CI)_i$ 一定能由 $A_{i-1}A_{i-2}\cdots A_0$ 和 $B_{i-1}B_{i-2}\cdots B_0$ 唯一地确定。根据这个原理,就可以通过逻辑电路事先得出每一位全加器的进位输入信号,而无需再从最低位开始向高位逐位传递进位信号了,这就有效地提高了运算速度。采用这种结构形式的加法器称为超前进位(Carry Look-ahead)加法器,也称为快速进位(Fast Carry)加法器。

下面具体分析一下这些超前进位信号的产生原理。从表4.4.10所示的全加器的真值表中可以看到,在两种情况下会有进位输出信号产生。第一种情况是 $AB=\mathbf{1}$,这时 $(CO)=\mathbf{1}$。第二种情况是 $A+B=\mathbf{1}$ 且 $(CI)=\mathbf{1}$,也产生 $(CO)=\mathbf{1}$ 的信号,这时可以把来自低位的进位输入信号 (CI) 直接传送到进位输出端 (CO)。事实上在 $AB=\mathbf{1}$ 时同样也可以将 CI 直接传送到输出端。于是两个多位数中第 i 位相加产生的进位输出 $(CO)_i$ 可表示为

$$(CO)_i=A_iB_i+(A_i+B_i)(CI)_i \tag{4.4.15}$$

若将 A_iB_i 定义为进位生成函数 G_i,同时将 (A_i+B_i) 定义为进位传送函数 P_i,则式(4.4.15)可改写为

$$(CO)_i=G_i+P_i(CI)_i \tag{4.4.16}$$

将上式展开后得到

$$\begin{aligned}(CO)_i&=G_i+P_i(CI)_i\\&=G_i+P_i[G_{i-1}+P_{i-1}(CI)_{i-1}]\\&=G_i+P_iG_{i-1}+P_iP_{i-1}[G_{i-2}+P_{i-2}(CI)_{i-2}]\\&\ \vdots\\&=G_i+P_iG_{i-1}+P_iP_{i-1}G_{i-2}+\cdots+P_iP_{i-1}\cdots P_1G_0\\&\quad+P_iP_{i-1}\cdots P_0(CI)_0\end{aligned} \tag{4.4.17}$$

从全加器的真值表(表4.4.10)写出第 i 位和 S_i 的逻辑式

$$S_i=A_iB_i'(CI)_i'+A_i'B_i(CI)_i'+A_i'B_i'(CI)_i+A_iB_i(CI)_i \tag{4.4.18}$$

有时也将上式变换为**异或**函数

$$\begin{aligned}S_i&=(A_iB_i'+A_i'B_i)(CI)_i'+(A_iB_i+A_i'B_i')(CI)_i\\&=(A_i\oplus B_i)(CI)_i'+(A_i\oplus B_i)'(CI)_i\\&=A_i\oplus B_i\oplus(CI)_i\end{aligned} \tag{4.4.19}$$

根据式(4.4.17)和式(4.4.19)构成的4位超前进位加法器74HC283如图4.4.25所示。现以第1位($i=1$)为例,分析一下它的逻辑功能。门 G_{22} 的输出 X_1、门 G_{23} 的输出 Y_1 及和 S_1 分别为

$$\begin{aligned}X_1&=(A_1B_1)'(A_1+B_1)=A_1\oplus B_1\\Y_1&=((A_0+B_0)'+(CI)_0'(A_0B_0)')'=A_0B_0+(A_0+B_0)(CI)_0\\&=G_0+P_0(CI)_0=(CO)_0=(CI)_1\\S_1&=X_1\oplus Y_1=A_1\oplus B_1\oplus(CI)_1\end{aligned}$$

可见,$(CO)_0$ 和 S_1 的结果与式(4.4.17)和式(4.4.19)完全相符。

从图4.4.25上还可以看出,从两个加数送到输入端到完成加法运算只需三级门电路的传输延迟时间,而获得进位输出信号仅需一级反相器和一级**与或非**门的传输延迟时间。然而必须指出,运算时间得以缩短是用增加电路复杂程度的代价换取的。当加法器的位数增加时,电路的复杂程度也随之急剧上升。

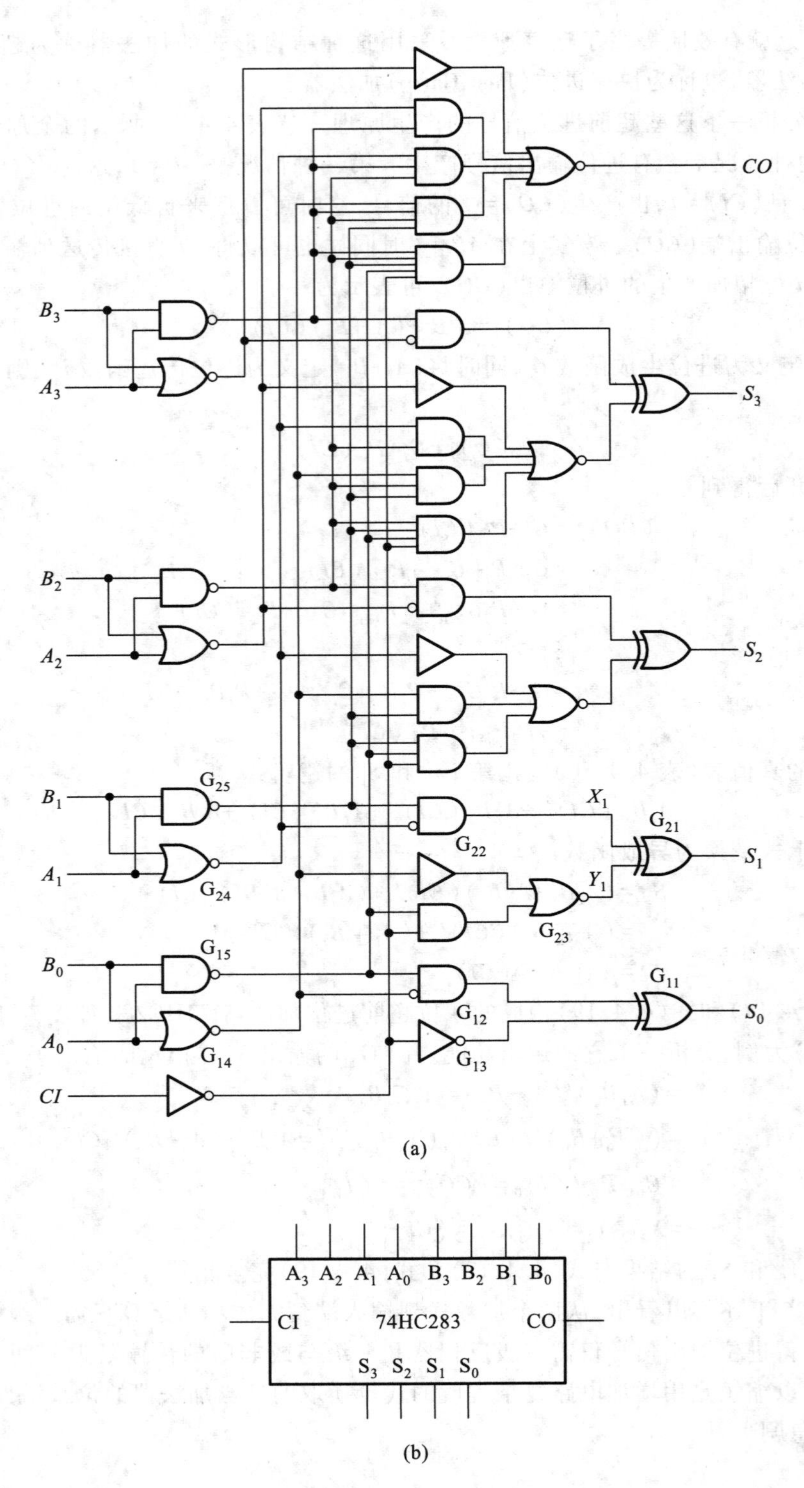

图 4.4.25　4 位超前进位加法器 74HC283

(a) 内部逻辑图　(b) 逻辑框图

复习思考题

R4.4.5 串行进位加法器和超前进位加法器有何区别？它们各有何优缺点？

4.4.5 数值比较器

在一些数字系统(例如数字计算机)当中经常要求比较两个数值的大小。为完成这一功能所设计的各种逻辑电路统称为数值比较器。

一、1 位数值比较器

首先讨论两个 1 位二进制数 A 和 B 相比较的情况。这时有三种可能：

(1) $A>B$(即 $A=\mathbf{1}$、$B=\mathbf{0}$)，则 $AB'=\mathbf{1}$，故可以用 AB' 作为 $A>B$ 的输出信号 $Y_{(A>B)}$。

(2) $A<B$(即 $A=\mathbf{0}$、$B=\mathbf{1}$)，则 $A'B=\mathbf{1}$，故可以用 $A'B$ 作为 $A<B$ 的输出信号 $Y_{(A<B)}$。

(3) $A=B$，则 $A\odot B=\mathbf{1}$，故可以用 $A\odot B$ 作为 $A=B$ 的输出信号 $Y_{(A=B)}$。

图 4.4.26 给出的是一种实用的 1 位数值比较器电路。

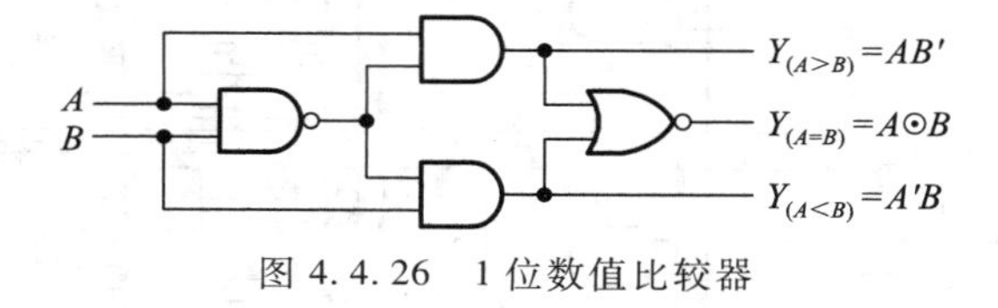

图 4.4.26 1 位数值比较器

二、多位数值比较器

在比较两个多位数的大小时，必须自高而低地逐位比较，而且只有在高位相等时，才需要比较低位。

例如，A、B 是两个 4 位二进制数 $A_3A_2A_1A_0$ 和 $B_3B_2B_1B_0$，进行比较时应首先比较 A_3 和 B_3。如果 $A_3>B_3$，那么不管其他几位数码各为何值，肯定是 $A>B$。反之，若 $A_3<B_3$，则不管其他几位数码为何值，肯定是 $A<B$。如果 $A_3=B_3$，这就必须通过比较下一位 A_2 和 B_2 来判断 A 和 B 的大小了。依此类推，定能比出结果。

如果 A、B 是两个多位数的高 4 位数，那么，当 A、B 相等时，就需要以低位的比较结果来决定两个数的大小了。根据上述原理，我们就得到了表示 $A>B$、$A<B$ 和 $A=B$ 的逻辑函数式为

$$\begin{aligned}Y_{(A>B)}=&A_3B_3'+(A_3\odot B_3)A_2B_2'+(A_3\odot B_3)(A_2\odot B_2)A_1B_1'\\&+(A_3\odot B_3)(A_2\odot B_2)(A_1\odot B_1)A_0B_0'\\&+(A_3\odot B_3)(A_2\odot B_2)(A_1\odot B_1)(A_0\odot B_0)I_{(A>B)}\end{aligned}\tag{4.4.20}$$

$$\begin{aligned}Y_{(A<B)}=&A_3'B_3+(A_3\odot B_3)A_2'B_2+(A_3\odot B_3)(A_2\odot B_2)A_1'B_1\\&+(A_3\odot B_3)(A_2\odot B_2)(A_1\odot B_1)A_0'B_0\\&+(A_3\odot B_3)(A_2\odot B_2)(A_1\odot B_1)(A_0\odot B_0)I_{(A<B)}\end{aligned}\tag{4.4.21}$$

$$Y_{(A=B)} = (A_3 \odot B_3)(A_2 \odot B_2)(A_1 \odot B_1)(A_0 \odot B_0) I_{(A=B)} \tag{4.4.22}$$

$I_{(A>B)}$、$I_{(A<B)}$ 和 $I_{(A=B)}$ 是来自低位的比较结果。相比较的两数都只有 4 位,没有来自低位的比较结果时,应令 $I_{(A>B)} = I_{(A<B)} = \mathbf{0}, I_{(A=B)} = \mathbf{1}$。由于 A 和 B 比较的结果只有 $A>B$、$A<B$ 和 $A=B$ 三种可能,所以"不是 $A>B$ 或者 $A=B$,就是 $A<B$"、"不是 $A<B$ 或者 $A=B$,就是 $A>B$",因此又得到如下关系式

$$Y_{(A>B)} = (Y_{(A<B)} + Y_{(A=B)})' \tag{4.4.23}$$

$$Y_{(A<B)} = (Y_{(A>B)} + Y_{(A=B)})' \tag{4.4.24}$$

图 4.4.27 是 4 位数值比较器 74HC85 的逻辑图。这个电路就是按照式(4.4.20)~(4.4.24)接成的。利用 $I_{(A>B)}$、$I_{(A<B)}$ 和 $I_{(A=B)}$ 这三个输入端,可以将两片以上的 74HC85 组合成位数更多的数值比较器电路。

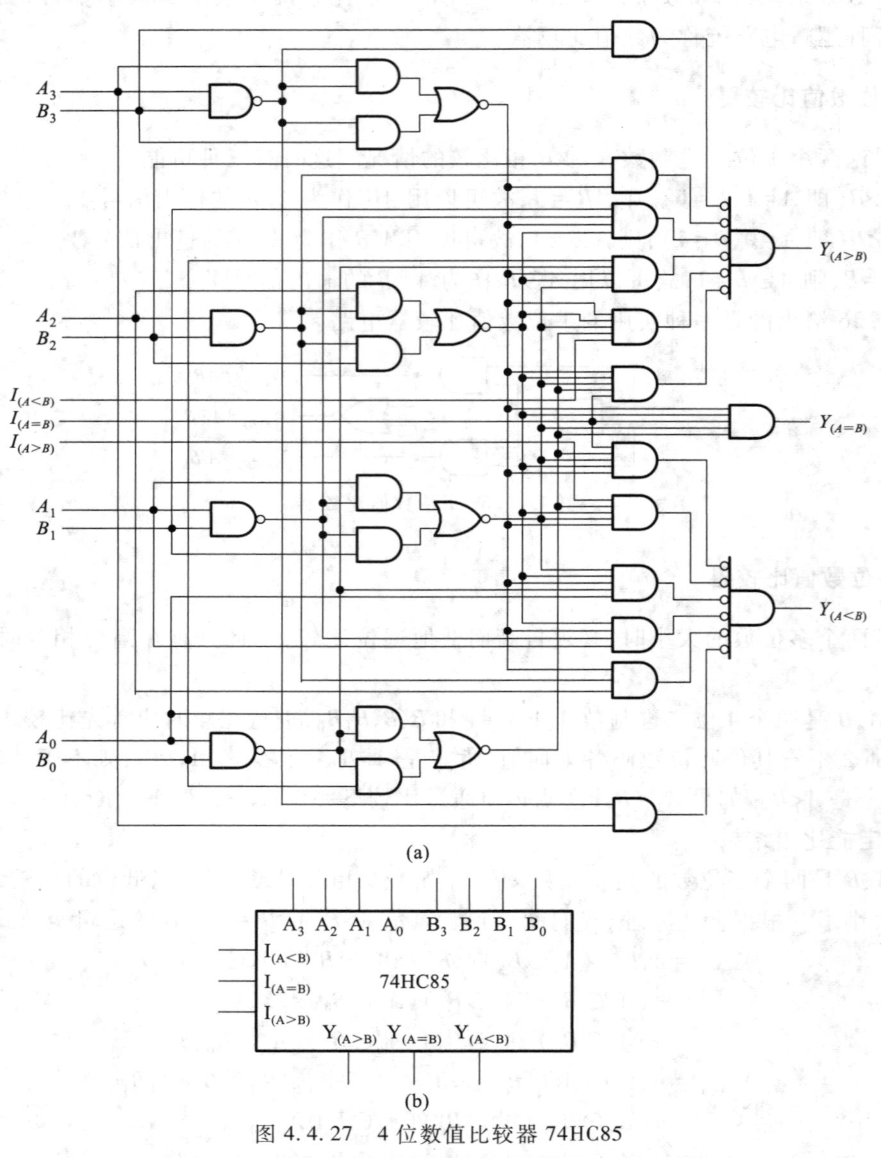

图 4.4.27 4 位数值比较器 74HC85

(a) 内部逻辑图 (b) 逻辑框图

复习思考题

R4.4.6 如果用4位数值比较器比较两个3位的二进制数，可以有多少种接法？

4.5 层次化和模块化的设计方法

对于较复杂的组合逻辑电路，往往不适合用一组方程式直接描述它们的逻辑功能，因而需要用层次化和模块化的设计方法。

层次化的设计方法是指“自顶向下”对整个设计任务进行分层和分块的划分，降低每层的复杂度，简化每个模块的功能；或“自底向上”地对每一个有限复杂度的模块进行实现或调用。模块化的设计方法是指将经过设计和验证的能完成一定功能的逻辑电路封装成为模块，在后续的设计中都可反复使用。

这两种方法核心是首先将电路逐级分解为若干个简单的模块，然后再将这些模块设计好并连接起来。两种方法在设计实现中往往一起使用，这些简单的模块电路都可以用4.3节所讲的方法设计出来。

本节将介绍自底向上的方法。把上一节介绍的一些常用中规模模块作为已有的电路模块，利用它们进行一些电路设计和实现。最常见的一类设计方法是应用附加的控制端实现功能扩展，如下面三个例子。

【例4.5.1】 试用4.4节中介绍的8线-3线优先编码器74HC148接成16线-4线优先编码器，将$A'_0 \sim A'_{15}$16个低电平输入信号编为**0000~1111** 16个4位二进制代码，其中A'_{15}的优先权最高，A'_0的优先权最低。

解： 由于每片74HC148只有8个编码输入，所以需两个74HC148才能组合成一个16线-4线优先编码器。现将$A'_{15} \sim A'_8$8个优先权高的输入信号接到第(1)片的$I'_7 \sim I'_0$输入端，而将$A'_7 \sim A'_0$8个优先权低的输入信号接到第(2)片的$I'_7 \sim I'_0$。

按照优先顺序的要求，只有$I'_{15} \sim I'_8$均无输入信号时，才允许对$I'_7 \sim I'_0$的输入信号编码。因此，只要将第(1)片的“无编码信号输入”信号Y'_S作为第(2)片的选通输入信号S'就行了。

此外，当第(1)片有编码信号输入时，它的$Y'_{EX} = \mathbf{0}$，无编码信号输入时$Y'_{EX} = \mathbf{1}$，正好可以用它作为输出编码的第4位，以区分8个高优先权输入信号和8个低优先权输入信号的编码。编码输出的低3位应为两片输出Y'_2、Y'_1、Y'_0的逻辑**与非**。

依照上面的分析，便得到了图4.5.1所示的逻辑图。

由图4.5.1可见，当$A'_{15} \sim A'_8$中任一输入端为低电平时，例如$A'_{11} = \mathbf{0}$，则片(1)的$Y'_{EX} = \mathbf{0}$，$Z_3 = \mathbf{1}$，$Y'_2Y'_1Y'_0 = \mathbf{100}$。同时片(1)的$Y'_S = \mathbf{1}$，将片(2)封锁，使它的输出$Y'_2Y'_1Y'_0 = \mathbf{111}$。于是在最后的输出端得到$Z_3Z_2Z_1Z_0 = \mathbf{1011}$。如果$A'_{15} \sim A'_8$中同时有几个输入端为低电平，则只对其中优先权最高

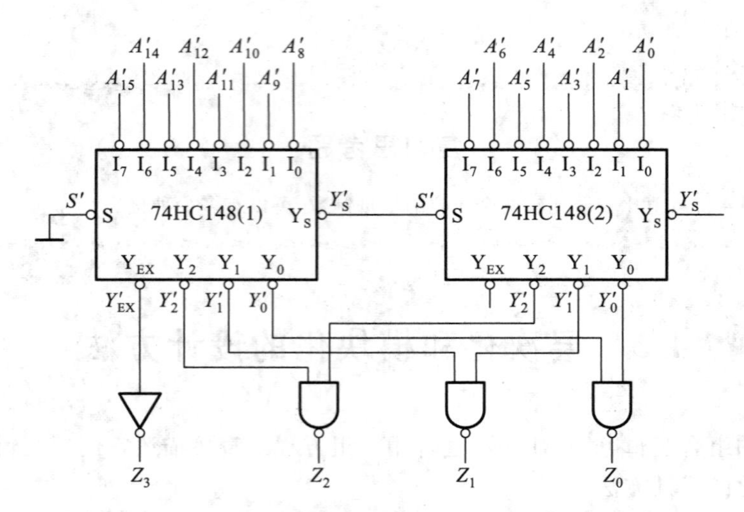

图 4.5.1　用两片 74HC148 接成的 16 线-4 线优先编码器

的一个信号编码。

当 $A'_{15} \sim A'_{8}$ 全部为高电平(没有编码输入信号)时,片(1)的 $Y'_{S}=\mathbf{0}$,故片(2)的 $S'=\mathbf{0}$,处于编码工作状态,对 $A'_{7} \sim A'_{0}$ 输入的低电平信号中优先权最高的一个进行编码。例如 $A'_{5}=\mathbf{0}$,则片(2)的 $Y'_{2}Y'_{1}Y'_{0}=\mathbf{010}$。而此时片(1)的 $Y'_{EX}=\mathbf{1}, Z_{3}=\mathbf{0}$。片(1)的 $Y'_{2}Y'_{1}Y'_{0}=\mathbf{111}$。于是在输出得到了 $Z_{3}Z_{2}Z_{1}Z_{0}=\mathbf{0101}$。

【例 4.5.2】　试用 3 线-8 线译码器 74HC138 组成 4 线-16 线译码器,将输入的 4 位二进制代码 $D_{3}D_{2}D_{1}D_{0}$ 译成 16 个独立的低电平信号 $Z'_{0} \sim Z'_{15}$。

解:　由图 4.5.2 可见,74HC138 仅有 3 个地址输入端 A_{2}、A_{1}、A_{0}。如果想对 4 位二进制代码译码,只能利用一个附加控制端(S_{1}、S'_{2}、S'_{3}当中的一个)作为第四个地址输入端。

取第(1)片 74HC138 的 S'_{2} 和 S'_{3} 作为它的第四个地址输入端(同时令 $S_{1}=\mathbf{1}$),取第(2)片的 S_{1} 作为它的第四个地址输入端(同时令 $S'_{2}=S'_{3}=\mathbf{0}$),取两片的 $A_{2}=D_{2}$、$A_{1}=D_{1}$、$A_{0}=D_{0}$,并将第(1)片的 S'_{2} 和 S'_{3} 接 D_{3},将第(2)片的 S_{1} 接 D_{3},如图 4.5.2 所示,于是得到两片 74HC138 的输出分别为

$$\begin{cases} Z'_{0}=(D'_{3}D'_{2}D'_{1}D'_{0})' \\ Z'_{1}=(D'_{3}D'_{2}D'_{1}D_{0})' \\ \vdots \\ Z'_{7}=(D'_{3}D_{2}D_{1}D_{0})' \end{cases} \tag{4.5.1}$$

$$\begin{cases} Z'_{8}=(D_{3}D'_{2}D'_{1}D'_{0})' \\ Z'_{9}=(D_{3}D'_{2}D'_{1}D_{0})' \\ \vdots \\ Z'_{15}=(D_{3}D_{2}D_{1}D_{0})' \end{cases} \tag{4.5.2}$$

式(4.5.1)表明,当 $D_{3}=\mathbf{0}$ 时第(1)片 74HC138 工作而第(2)片 74HC138 禁止,将 $D_{3}D_{2}D_{1}D_{0}$ 的 $\mathbf{0000} \sim \mathbf{0111}$ 这 8 个代码译成 $Z'_{0} \sim Z'_{7}$ 8 个低电平信号。而式(4.5.2)表明,当 $D_{3}=\mathbf{1}$ 时,第(2)

片 74HC138 工作，第(1)片 74HC138 禁止，将 $D_3D_2D_1D_0$ 的 **1000～1111** 这 8 个代码译成 $Z'_8 \sim Z'_{15}$ 8 个低电平信号。这样就用两个 3 线-8 线译码器扩展成一个 4 线-16 线的译码器了。

同理，也可以用两个带控制端的 4 线-16 线译码器接成一个 5 线-32 线译码器。

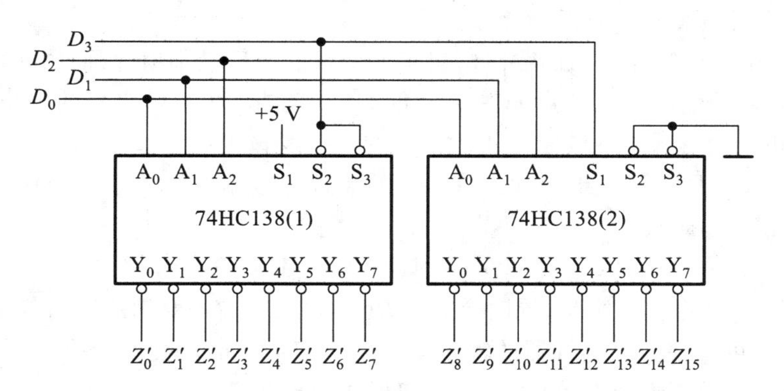

图 4.5.2　用两片 74HC138 接成的 4 线-16 线译码器

【例 4.5.3】　试用两片 74HC85 组成一个 8 位数值比较器。

解：　根据多位数比较的规则，在高位相等时取决于低位的比较结果。因此只要将两个数的高 4 位 $C_7C_6C_5C_4$ 和 $D_7D_6D_5D_4$ 接到第(2)片 74HC85 上，而将低 4 位 $C_3C_2C_1C_0$ 和 $D_3D_2D_1D_0$ 接到第(1)片 74HC85 上，同时把第(1)片的 $Y_{(A>B)}$、$Y_{(A<B)}$ 和 $Y_{(A=B)}$ 接到第(2)片 $I_{(A>B)}$、$I_{(A<B)}$ 和 $I_{(A=B)}$ 就行了。

因为第(1)片 74HC85 没有来自低位的比较信号输入，所以将它的 $I_{(A>B)}$ 和 $I_{(A<B)}$ 端接 **0**，同时将它的 $I_{(A=B)}$ 端接 **1**。这样就得到了图 4.5.3 所示的 8 位数值比较电路。

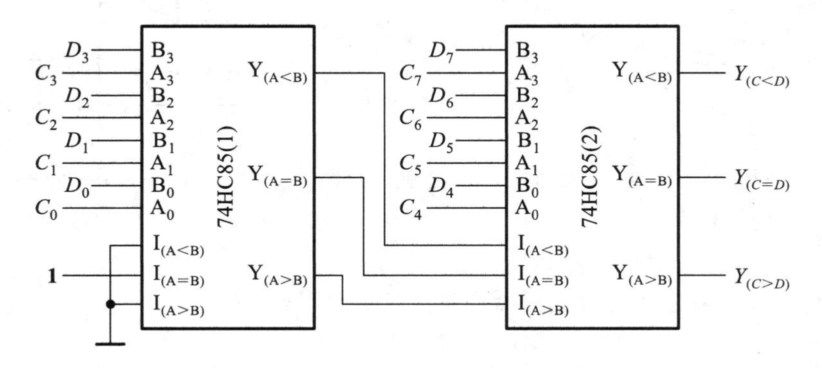

图 4.5.3　将两片 74HC85 接成 8 位数值比较器

目前生产的数值比较器产品中，也有采用其他电路结构形式的。因为电路结构不同，扩展输入端的用法也不完全一样，使用时应注意加以区别。

除了功能扩展，也可以用数据选择器和译码器等作为设计组合逻辑电路的通用模块完成电路设计和实现。使用中规模集成的常用组合逻辑电路模块设计电路时，需要将函数式变换为适当的形式，以便能使用最少的器件和最简单的连线接成所要求的逻辑电路。

4.4.2 节详细介绍了二进制译码器的电路结构和工作原理。由图 4.4.7 所示的 3 线-8 线译码器中可以看到，当控制端 $S=\mathbf{1}$ 时，若将 A_2、A_1、A_0 作为 3 个输入逻辑变量，则 8 个输出端给出的就是这 3 个输入变量的全部最小项 $m'_0\sim m'_7$。利用附加的门电路将这些最小项适当地组合起来，便可产生任何形式的三变量组合逻辑函数。

同理，由于 n 位二进制译码器的输出给出了 n 变量的全部最小项，因而用 n 变量二进制译码器和**或**门（当译码器的输出为原函数 $m_0\sim m_{2^n-1}$ 时）或者**与非**门（当译码器的输出为反函数 $m'_0\sim m'_{2^n-1}$ 时）定能获得任何形式输入变量数不大于 n 的组合逻辑函数。

由 4.4.3 节可知，具有两位地址输入 A_1、A_0 的 4 选 1 数据选择器输出与输入间的逻辑关系可以写成

$$Y=D_0(A'_1A'_0)+D_1(A'_1A_0)+D_2(A_1A'_0)+D_3(A_1A_0) \tag{4.5.3}$$

若将 A_1、A_0 作为两个输入变量，同时令 $D_0\sim D_3$ 为第三个输入变量的适当状态（包括原变量、反变量、**0** 和 **1**），就可以在数据选择器的输出端产生任何形式的三变量组合逻辑函数。同理，用具有 n 位地址输入的数据选择器，可以产生任何形式输入变量数不大于 $n+1$ 的组合逻辑函数。

【例 4.5.4】　试用 4 选 1 数据选择器实现例 4.3.1 的交通信号灯监视电路。

解：　已知例 4.3.1 要求产生的逻辑函数为式（4.3.1），即

$$Z=R'A'G'+R'AG+RA'G+RAG'+RAG$$

将上式稍加变换即可化成与式（4.4.12）在 $S=\mathbf{1}$ 时完全对应的形式

$$Z=R'(A'G')+R(A'G)+R(AG')+1\cdot(AG) \tag{4.5.4}$$

将式（4.5.3）与式（4.5.4）对照一下便知，只要令数据选择器的输入为

$$\begin{cases}A_1=A\\A_0=G\end{cases}\quad\begin{cases}D_0=R'\\D_1=D_2=R\\D_3=\mathbf{1}\end{cases}$$

如图 4.5.4 所示，则数据选择器的输出就是式（4.5.4）所要求的逻辑函数 Z。

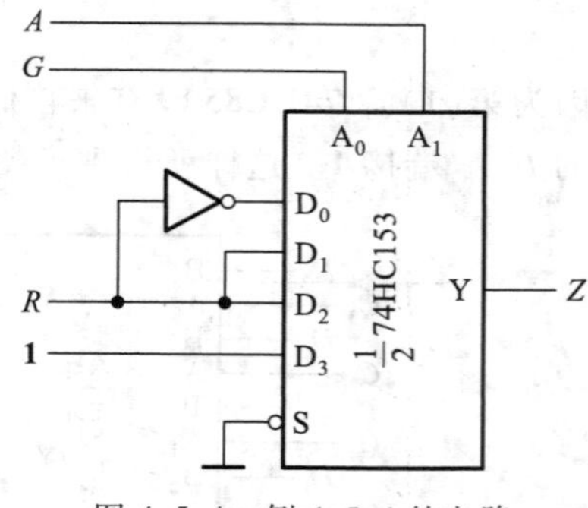

图 4.5.4　例 4.5.4 的电路

【例 4.5.5】　试用 8 选 1 数据选择器产生三变量逻辑函数

$$Z=A'B'C'+AC+A'BC \tag{4.5.5}$$

解：　8 选 1 数据选择器有 3 位地址输入（$n=3$），能产生任何形式的四变量以下的逻辑函数，故定可生成式（4.5.5）的三变量逻辑函数。

图 4.5.5 中点划线框内部分是 8 选 1 数据选择器 74HC151 的逻辑图，在控制端输入 $S'=\mathbf{0}$（$S=\mathbf{1}$）的情况下，输出的逻辑式为

$$\begin{cases}Y=D_0(A'_2A'_1A'_0)+D_1(A'_2A'_1A_0)+D_2(A'_2A_1A'_0)+D_3(A'_2A_1A_0)+\\\quad D_4(A_2A'_1A'_0)+D_5(A_2A'_1A_0)+D_6(A_2A_1A'_0)+D_7(A_2A_1A_0)\\W=Y'\end{cases} \tag{4.5.6}$$

将式(4.5.5)化成与式(4.5.6)中 Y 对应的形式得到

$$
\begin{aligned}
Z &= A'B'C'+AC+A'BC \\
&= \mathbf{1}\cdot(A'B'C')+\mathbf{0}\cdot(A'B'C)+\mathbf{0}\cdot(A'BC')+\mathbf{1}\cdot(A'BC)+ \\
&\quad \mathbf{0}\cdot(AB'C')+\mathbf{1}\cdot(AB'C)+\mathbf{0}\cdot(ABC')+\mathbf{1}\cdot(ABC)
\end{aligned}
\tag{4.5.7}
$$

将以上两式对照一下可知,只要令数据选择器的输入为

$$
\begin{cases} A_2=A \\ A_1=B, \\ A_0=C \end{cases} \quad \begin{cases} D_0=D_3=D_5=D_7=\mathbf{1} \\ D_1=D_2=D_4=D_6=\mathbf{0} \end{cases}
$$

则数据选择器的输出 Y 就是所需要的逻辑函数 Z。电路的接法如图 4.5.5 所示。

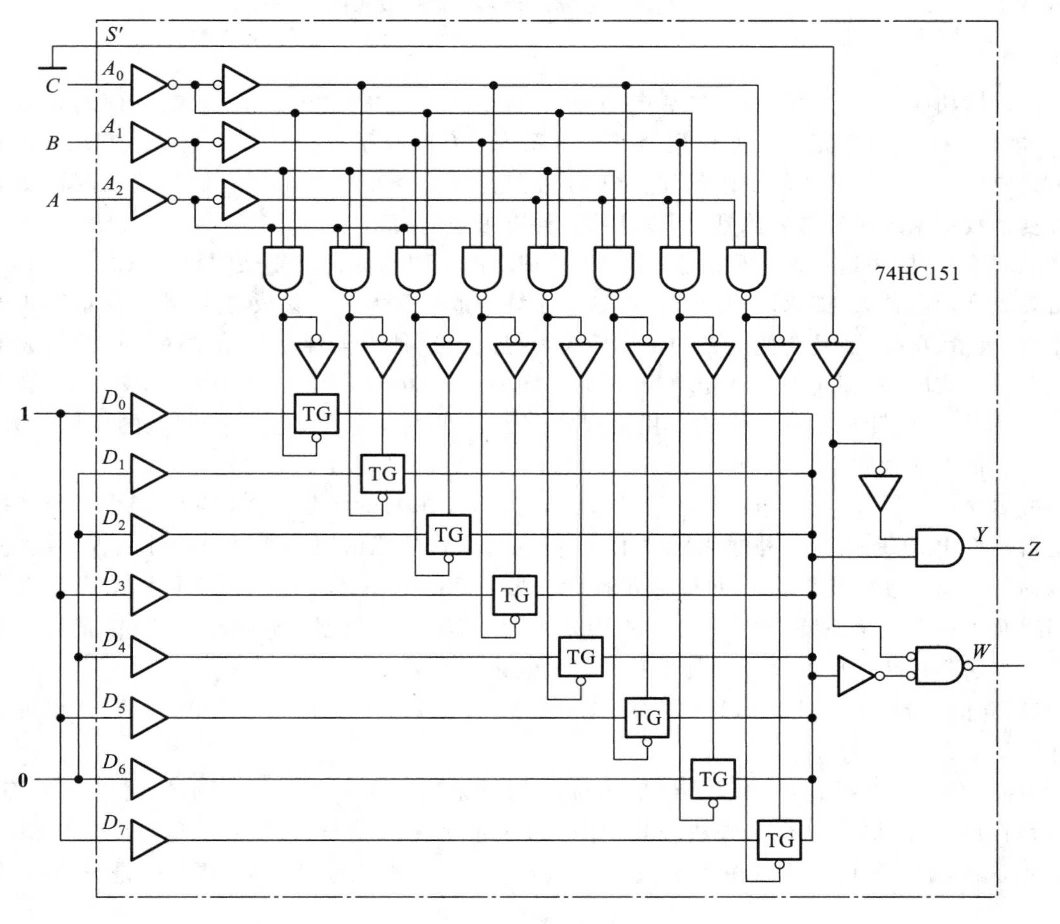

图 4.5.5 例 4.5.5 的电路

上述例子都是采用“自底向上”的设计方法,在已有的中规模集成电路的基础上来完成设计和实现。在采用“自顶向下”的设计方法时,首先也是要对整个设计任务进行分块划分,然后再分别对每个模块进行设计实现。在选用大规模集成电路器件进行设计时,通常都采用“自顶向下”的设计方法。其中包括底层的设计都是利用 EDA 工具来辅助完成的。

复习思考题

R4.5.1 如果用同样的一个4选1数据选择器产生同样的一个三变量逻辑函数,电路接法是否是唯一的?

4.6 可编程逻辑器件

从逻辑功能的特点上将数字集成电路分类,可以分为通用型和专用型两类。前面介绍到的中、小规模数字集成电路(如74系列及其改进系列、CC4000系列、74HC系列等)都属于通用型数字集成电路。它们的逻辑功能都比较简单,而且是固定不变的。由于它们的这些逻辑功能在组成复杂数字系统时经常要用到,所以这些器件有很强的通用性。

从理论上讲,用这些通用型的中、小规模集成电路可以组成任何复杂的数字系统。随着集成电路集成度越来越大,如果能把所设计的数字系统做成一片大规模集成电路,则不仅能减小电路的体积、重量、功耗,而且会使电路的可靠性大为提高。这种为某种专门用途而设计的集成电路称为专用集成电路,即所谓的ASIC(Application Specific Integrated Circuit的缩写)。然而,在用量不大的情况下,设计和制造这样的专用集成电路不仅成本很高,而且设计、制造的周期也太长。这是一个很大的矛盾。

可编程逻辑器件(Programmable Logic Device,简称PLD)的研制成功解决了这个矛盾。可编程逻辑器件PLD是作为一种通用器件生产,但它的逻辑功能由用户通过对器件编程来设定的。而且,有些PLD的集成度很高,足以满足设计一般数字系统的需要。这样就可以由设计人员自行编程而将一个数字系统"集成"在一片PLD上,作成"片上系统"(System on Chip,简称SoC),而不必去请芯片制造厂商设计和制作专用集成电路芯片了。

自20世纪80年代以来PLD的发展非常迅速,本节将以一种典型的PLD为例,介绍可编程器件的基本工作原理。

为便于画图,在描述可编程器件的内部结构时采用了图4.6.1中所示的逻辑图形符号,这也是目前国际、国内通行的画法。其中图(a)表示多输入端**与**门,图(b)是**与**门输出恒等于**0**时的简化画法,图(c)是多输入端**或**门,图(d)是互补输出的缓冲器,图(e)是三态输出缓冲器。

我们已经知道,任何一个逻辑函数式都可以变换成**与-或**表达式,因而任何一个逻辑函数都能用一级**与**逻辑电路和一级**或**逻辑电路来实现。PLD的最初的研制思想就是源于此。最早使用的PLD是现场可编程逻辑阵列(Programmable Logic Array,简称为PLA)。它出现于20世纪70年代的后期。

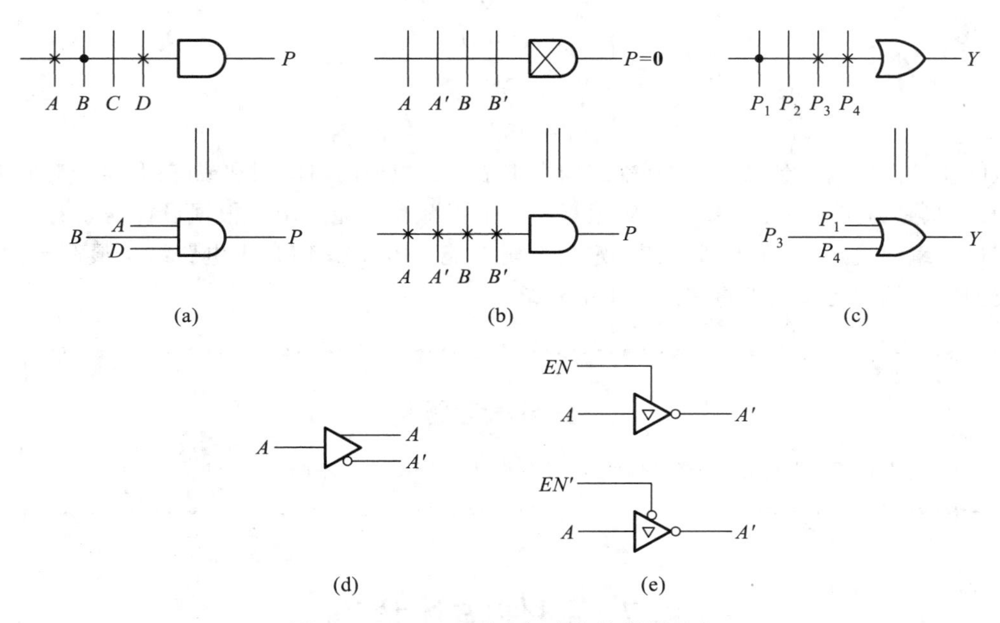

图 4.6.1 PLD 电路中门电路的惯用画法

(a) **与**门 (b) 输出恒等于 **0** 的**与**门 (c) **或**门 (d) 互补输出的缓冲器 (e) 三态输出的缓冲器

可编程逻辑阵列 PLA 由可编程的**与**逻辑阵列和可编程的**或**逻辑阵列以及输出缓冲器组成,如图 4.6.2 所示。图中的**与**逻辑阵列最多可以产生 8 个可编程的乘积项,**或**逻辑阵列最多能产生 4 个组合逻辑函数。如果编程后的电路连接情况如图中所表示的那样,则当 $OE'=\mathbf{0}$ 时可得到

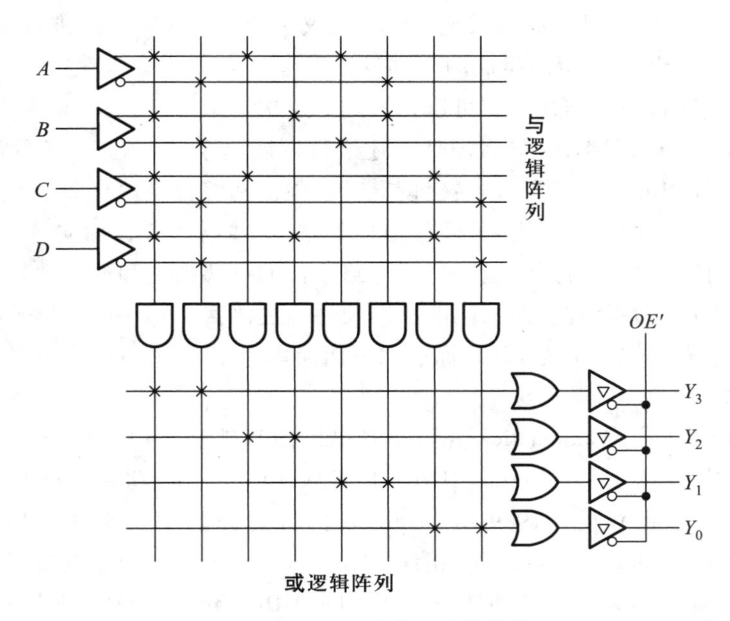

图 4.6.2 PLA 的基本电路结构

$$Y_3=ABCD+A'B'C'D'$$
$$Y_2=AC+BD$$
$$Y_1=A\oplus B$$
$$Y_0=C\odot D$$

从图 4.6.2 可以看到,PLA 的基本结构提供了一定规模的**与阵列**和**或阵列**,生产时并未定义逻辑功能,只是为实现一定规模的逻辑运算提供了资源和可能。用户根据设计需要对**与**阵列和**或**阵列进行编程设定,从而得到某种特定的逻辑功能。PLA 是 PLD 中电路结构最简单的一种,其他类型的可编程逻辑器件将在附录 1 中介绍。

复习思考题

R4.6.1 可编程逻辑器件和标准化的通用集成电路以及 ASIC 有何不同?

4.7 硬件描述语言

随着集成度的提高,可编程逻辑器件(PLD)及专用集成电路(ASIC)的出现,数字电路的设计手段也发生了变化,由传统的手工设计方式,逐渐转变为以计算机辅助设计为主要手段的“电子设计自动化”,即通常所说的“EDA”。

硬件描述语言(HDL)就是设计人员利用 EDA 工具描述电子电路的一种方法。利用硬件描述语言并借助 EDA 工具,可以完成从系统、算法、协议的抽象层次对电路进行建模、电路的仿真、性能分析直到 IC 版图或 PCB 版图生成的全部设计工作。

针对数字电子电路,硬件描述语言可以在不同的层次对结构、功能和行为进行描述。常见的硬件描述语言包括 Verilog、VHDL 等。硬件描述语言发展至今已有近 30 年的历史,已经成功地应用于电子电路设计和分析的各个阶段:建模、仿真、验证和综合等。自 20 世纪 80 年代以来,出现了由各个公司自行开发和使用的多种硬件描述语言,这些语言各自面向特定的设计领域和层次。但众多的语言使用户无所适从,也降低了电路设计的可移植性和通用性。因此,需要一种面向设计的多领域、多层次并得到普遍认同的标准硬件描述语言。VHDL 和 Verilog HDL 语言适应了这种趋势的要求,先后被确定为 IEEE 标准。下面简单介绍一下 Verilog HDL 以及用来对组合逻辑电路进行描述的方法。

1983 年 Gateway Design Automation 公司在 C 语言的基础上,为其仿真器产品 Verilog-XL 开发了一种专用硬件描述语言——Verilog HDL。随着 Verilog-XL 成功和广泛的使用,Verilog HDL 为众多数字电路设计者所接受。1989 年,Cadence 公司收购了 GDA 公司。1990 年,Cadence 公司成立了 OVI(Open Verilog International)组织,以促进 Verilog HDL 语言的推广和发展。IEEE 于 1995 年制定了 Verilog HDL 的 IEEE 标准——Verilog HDL 1364—1995;2001 年又发布了 Verilog HDL 1364—2001 标准,并在其中加入了 Verilog HDL-A 标准,使 Verilog 有了描述模拟电路的

能力。

Verilog HDL 从 C 语言中继承了多种操作符和结构，源文本文件由空白符号分隔的词法符号流组成。词法符号的类型有空白符、注释、操作符、数字、字符串、标识符和关键字等，从形式上看和 C 语言有许多相似之处。

一、基本程序结构

和其他高级语言一样，Verilog HDL 语言采用模块化的结构，以模块集合的形式来描述数字电路系统。模块（module）是 Verilog HDL 语言中描述电路的基本单元。模块对应硬件上的逻辑实体，描述这个实体的功能或结构，以及它与其他模块的接口。它所描述的可以是简单的逻辑门，也可以是功能复杂的系统。模块的基本语法结构如下：

```
module<模块名>(<端口列表>)
<定义>
<模块条目>
endmodule
```

根据<定义>和<模块条目>的描述方法不同，可将模块分成行为描述模块、结构描述模块或者是二者的组合。行为描述模块通过编程语言定义模块的状态和功能。结构描述模块将电路表达为互相连接的子模块，各个子模块必须是 Verilog HDL 支持的基元或已定义过的模块。

二、模块的两种描述方式

1. 行为描述方式

行为描述方式和其他软件编程语言的描述方式类似，通过行为语句来描述电路要实现的功能，表示输入与输出间转换的行为，不涉及具体结构，是一种行为建模的描述方式。

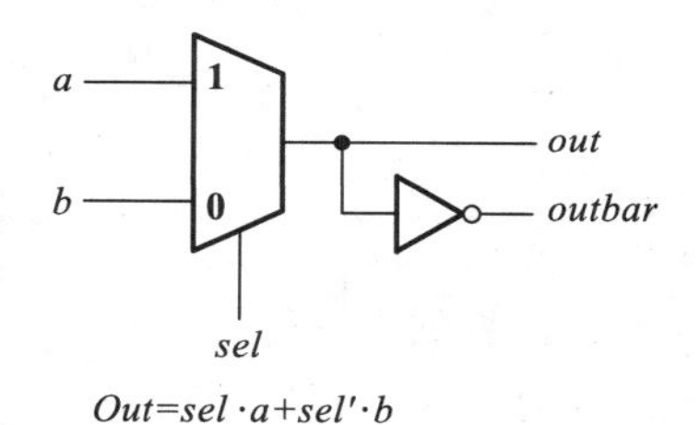

图 4.7.1 2 选 1 数据选择器

以图 4.7.1 所示的 2 选 1 数据选择器为例，若用 Verilog HDL 对它作行为描述，则可写成下面的程序模块。

```
module mux_2_to_1(a, b, out, outbar, sel);
              //这是一个 2 选 1 数据选择器，名为 mux_2_to_1
    input a, b, sel;          //定义该模块的输入端口为 a, b 和 sel
    output out, outbar;       //定义该模块的输出端口为 out 和 outbar
    assign out = sel ? a : b; //如果 sel=1，将 a 赋值给 out
                              //如果 sel=0，将 b 赋值给 out
    assign outbar = ~out;     //将 out 取反后赋值给 outbar
    endmodule                 //模块描述结束
```

2. 结构描述方式

结构描述方式是将硬件电路描述成一个分级子模块相互连的结构。通过对组成电路的各个子模块间相互连接关系的描述来说明电路的组成。各个模块还可以对其他模块进行调用，也就是模块的实例化。其中调用模块成为层次结构中的上级模块，被调用模块成为下级模块。从结构上而言,任何硬件电路都是由一级级不同层次的若干单元组成,因此结构描述方式很适合对电路的层次化结构描述。在结构描述中,门和 MOS 开关是电路最低层的结构。在 Verilog HDL 中有 26 个内置的基本单元,又称基元,见表 4.7.1。

表 4.7.1　Verilog HDL 中的基元

基元分类	基　　元
多输入门	and, nand, or, nor, xor, xnor
多输出门	buf, not
三态门	bufif0, bufif1, notif0, notif1
上拉、下拉电阻	pullup, pulldown
MOS 开关	cmos, nmos, pmos, rcmos, rnmos, rpmos
双向开关	tran, tranif0, tranif1, rtran, rtranif0, rtranif1

仍以 2 选 1 数据选择器为例,若给出它的门级电路原理图 4.7.2,采用结构描述方式可以写成下面的程序模块。

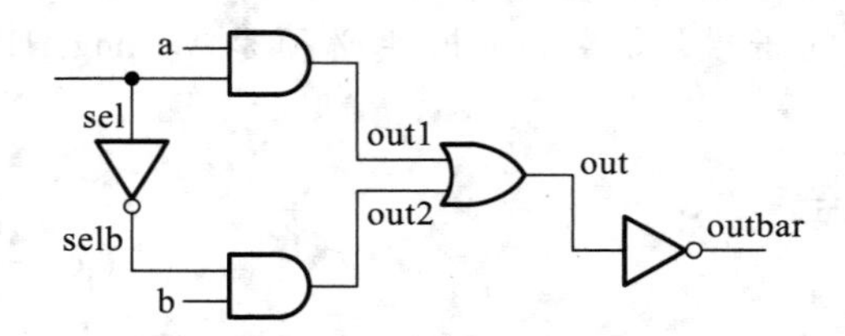

图 4.7.2　2 选 1 数据选择器的电路原理图

```
module muxgate (a, b, out, outbar, sel);
                                        //这是一个 2 选 1 数据选择器,名为 muxgate
      input a, b, sel;                  //定义输入端口为 a, b 和 sel
      output out, outbar;               //定义输出端口为 out 和 outbar
      wire out1, out2, selb;            //定义内部的三个连接点 out1, out2, selb
         and a1 (out1, a, sel);         //调用一个与门 a1
         not i1 (selb, sel);            //调用一个反相器 i1
         and a2 (out2, b,selb);         //调用一个与门 a2
         or o1 (out, out1, out2);       //调用一个或门 o1
         assign outbar = ~out;
   endmodule
```

三、描述组合逻辑电路的实例

在这一节里,我们通过两个简单的例子来说明用 Verilog HDL 描述组合逻辑电路的示例。

【例 4.7.1】 用 Verilog HDL 的结构描述方式对图 4.7.3 的 4 位加法器进行描述。

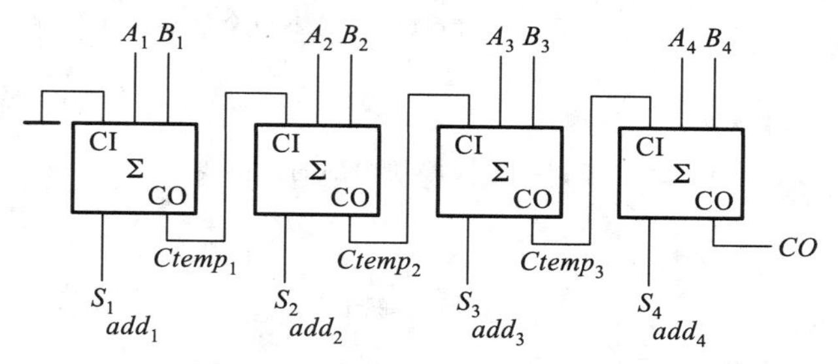

图 4.7.3 例 4.7.1 的 4 位加法器

在第一个例子中,用硬件描述语言来描述 4.4.4 节中用串行进位方式构成的 4 位全加器。4 位全加器的逻辑图如图 4.7.3 所示。

```
//对 4 位串行进位加法器的顶层结构的描述
  module Four_bit_fulladd (A, B, CI, S, CO);   //4 位全加器模块名称和端口名
    parameter size=4;                          //定义参数
    input  [size:1] A, B;
    output  [size:1] S;
    input  CI;
    output CO;
    wire  [1:size-1] Ctemp                     //定义模块内部的连接线
  onebit_fulladd                               //调用 1 位全加器
    add1(A[1], B[1], CI,S[1], Ctemp[1]),//实例化, 调用 1 位全加器
    add2(A[2], B[2], Ctemp[1], S[2], Ctemp[2]),//实例化,调用 1 位全加器
    add3(A[3], B[3], Ctemp[2], S[3], Ctemp[3]),//实例化,调用 1 位全加器
    add4(A[4], B[4], Ctemp[3], S[4], CO);//实例化 4
  endmodule                                      //结束
```

上面的程序仅对图 4.7.3 电路进行了顶层描述,在程序中调用 1 位全加器 onebit_fulladd。如图中的 1 位全加器采用图 4.7.4 的电路结构,则可以用下面的程序模块进行描述。

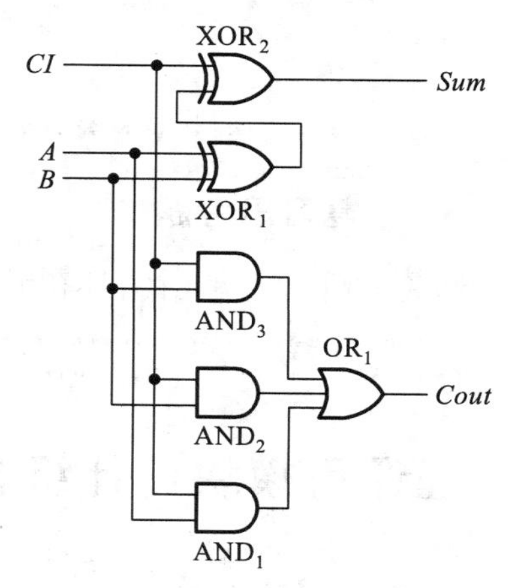

图 4.7.4 例 4.7.1 中的 1 位全加器电路

```
//对 1 位全加器的内部结构的描述
module onebit_fulladd (A, B, CI, Sum, Cout); //1 位全加器模块名称和端口名
    input A, B, CI;
    output Sum, Cout;
    wire Sum_temp, C_1, C_2, C_3; //定义模块内部的连接线
    xor
    XOR1( Sum_temp, A, B),
    XOR2( Sum, Sum_temp, CI); //两次调用异或门实现 Sum=A⊕B⊕CI
    and          //调用 3 个与门 AND1, AND2, AND3
    AND3( C_3, A, B),
    AND2( C_2, B, CI);
    AND1( C_1, A, CI),
    or
    OR1( Cout, C_1, C_2, C_3);
                    //调用或门实现 Cout=AB+A(CI)+B(CI)
    endmodule       //结束
```

例 4.7.1 采用了结构描述方式，也可以发挥硬件描述语言的优势，采用功能描述方式，见例 4.7.2。

【例 4.7.2】 用 Verilog HDL 的行为描述方式对 4 位加法器进行描述。

```
module Four_bit_fulladd (A, B, CI, S, CO); //4 位全加器模块名称和端口名
      parameter size=4;                   //定义参数
      input  [size:1] A, B;               //定义加数和被加数的位数为 4
      output  [size:1] S;                 //定义和的位数为 4
      input  CI;
      output CO;
      assign {CO, S} = A + B + CI         //加运算后的结果为 5 位
   endmodule                                  //结束
```

复习思考题

R4.7.1 Verilog HDL 中的行为描述方式和结构描述方式有什么不同?

4.8 用可编程通用模块设计组合逻辑电路

随着 PLD 集成度的不断提高，PLD 的编程也日益复杂，设计的工作量也越来越大。在这种

情况下,PLD 的编程工作必须在开发系统的支持下才能完成。为此,一些 PLD 的生产厂商和软件公司相继研制成了各种功能完善、高效率的 PLD 开发工具,成为 EDA(Electronic Design Automation)工具中的一类主要分支。

PLD 开发工具包括软件和硬件两部分。

软件是指 PLD 专用的编程语言和相应的汇编程序或编译程序。

早期使用的多为一些汇编型软件。这类软件要求以化简后的**与或**逻辑式输入,不具备自动化简功能,而且对不同类型 PLD 的兼容性较差。例如,由 MMI 公司研制的 PALASM 以及随后出现的 FM(Fast-Map)等就属于这一类。

进入 20 世纪 80 年代以后,功能更强、效率更高、兼容性更好的编译型开发系统软件很快地得到了推广应用。其中比较流行的有 Data I/O 公司研制的 ABEL 和 Logical Device 公司的 CUPL。这类软件输入的源程序采用专用的高级编程语言——硬件描述语言 HDL 编写,有自动化简和优化设计功能。除了能自动完成设计以外,还有电路模拟和自动测试等附加功能。

20 世纪 80 年代后期又出现了功能更强的开发系统软件。这种软件不仅可以用高级编程语言输入,而且可以用电路原理图输入。这对于想把已有的电路(例如用中、小规模集成器件组成的一个数字系统)写入 PLD 的人来说,提供了最便捷的设计手段。例如,Data I/O 公司的 Synario 就属于这样的软件。

20 世纪 90 年代以来,PLD 开发系统软件开始向集成化方向发展。为了给用户提供更加方便的设计手段,一些生产 PLD 产品的主要公司都推出了自己的集成化开发系统软件(软件包)。这些集成化开发系统软件通过一个设计程序管理软件将一些已经广为应用的优秀 PLD 开发软件集成为一个大的软件系统,在设计时技术人员可以灵活地调用这些资源完成设计工作。属于这种集成化的软件系统有 Altera 公司的 Quatus Ⅱ、Lattice 公司的 Lattice Diamond、Xilinx 公司的 ISE Design Suite 等。

所有这些 PLD 开发系统软件都可以在 PC 机或工作站上运行。虽然它们对计算机内存容量的要求不同,但都没有超过目前 PC 机一般的内存容量。

开发系统的硬件部分包括计算机和编程器。编程器是对 PLD 进行写入和擦除操作的专用装置,能提供写入或擦除操作所需要的电源电压和控制信号,并通过串行接口从计算机接收编程数据,最终写进 PLD 中。早期生产的编程器往往只适用于一种或少数几种类型的 PLD 产品,而目前生产的编程器都有较强的通用性。

PLD 的编程工作大体上可按如下步骤进行。

第一步,进行逻辑抽象。首先要把需要实现的逻辑功能表示为逻辑函数的形式——逻辑方程、真值表、状态转换表(图)。

第二步,选定 PLD 的类型和型号。选择时应考虑到是否需要擦除改写;是否要求能在系统编程;是组合逻辑电路还是时序逻辑电路;电路的规模和特点(有多少输入端和输出端,多少个触发器,**与或**函数中乘积项的最大数目,是否要求对输出进行三态控制等);对工作速度、功耗的要求;是否需要加密等。

第三步,选定开发系统。选用的开发系统必须能支持选定器件的开发工作。与 PLD 器件相比,开发系统的价格要昂贵得多。因此,应该充分利用现有的开发系统,在系统所能支持的 PLD

种类和型号中选择适用的器件。

第四步，以开发系统软件能接受的逻辑功能描述方式（例如逻辑图、硬件描述语言、波形图等）编写计算机输入文件。

第五步，上机运行。将源程序输入计算机，运行相应的编译程序或汇编程序，产生 JEDEC 下载文件和其他程序说明文件。进行仿真分析，检查设计结果是否符合要求，并做必要的修改。

所谓 JEDEC 文件是一种由电子器件工程联合会制定的记录 PLD 编程数据的标准文件格式。一般的编程器都要求以这种文件格式输入编程数据。

第六步，下载。所谓下载，就是将 JEDEC 文件由计算机送给编程器，再由编程器将编程数据写入 PLD 中。

第七步，测试。将写好数据的 PLD 从编程器上取下，用实验方法测试它的逻辑功能，检查它是否达到了设计要求。

为方便用户使用，又将编程器中的控制电路与原来 PLD 的电路集成于一体，开发出了在系统可编程（In System Programmable，简称 ISP）的可编程逻辑器件，简称 ispPLD。在使用 ispPLD 进行设计时，不再需要使用编程器，只要从它的通信接口直接将计算机生成的编程数据写入其中就行了。

下面就举例说明如何用硬件描述语言设计一个较复杂的组合逻辑电路。

【例 4.8.1】 图 4.8.1 是某化工厂的化学液体罐。在罐体上安装了 9 个液位检测传感器，每隔 1 m 间隔安装 1 个。该种液位检测传感器的工作原理是：液面高于传感器时，传感器输出逻辑高电平 **1**；当液位低于传感器时，传感器输出逻辑低电平 **0**。请按照如下要求分别设计监测电路模块和报警接口电路模块，以便随时监测液面高度并完成液位超高报警：

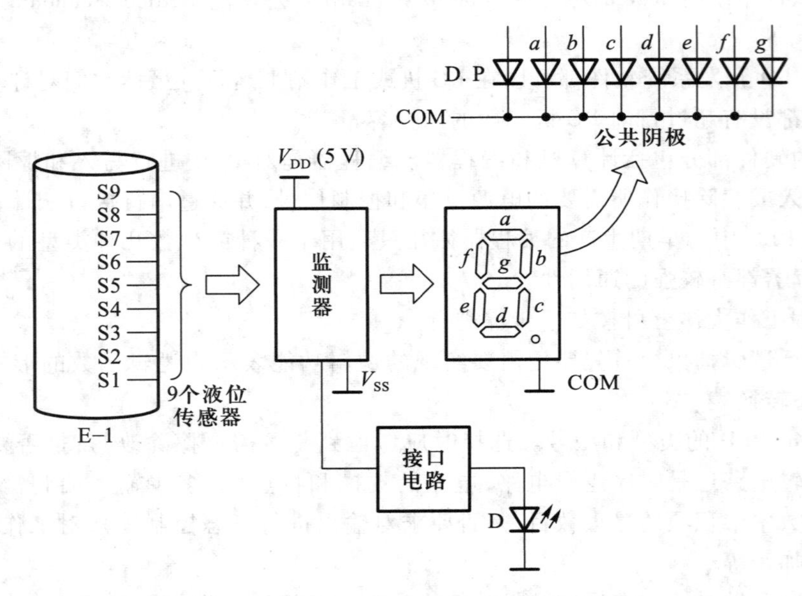

图 4.8.1　例 4.8.1 的电路框图

当监测电路检测到液面高度后,实时地将高度显示在一位共阴极的七段显示数码管上(1~9 m);当液面高度超出最高检测传感器的位置9 m后,点亮发光二极管D报警。

解: 整个设计可以分两层设计,顶层为两个模块,编码模块和译码模块。

编码模块完成9个液位感器信号S1~S9的4位二进制的编码 $F_3F_2F_1F_0$;译码模块将优先编码器的输出 $F_3F_2F_1F_0$ 作为输入,输出7段显示码 $Y_aY_bY_cY_dY_eY_fY_g$。

```
//顶层设计

//模块一:编码模块
module code_9to4 (F,S); //定义编码模块的名字和接口
output [3:0] F;
input [9:1] S;
reg [3:0] F;
always@ (S)                //优先编码的真值表
  case (S)
    9'b000000001: F=4'b0001; //液面超过 S1,编码 1(0001)
    9'b000000011: F=4'b0010; //液面超过 S2,编码 2(0010)
    9'b000000111: F=4'b0011; //液面超过 S3,编码 3(0011)
    9'b000001111: F=4'b0100; //液面超过 S4,编码 4(0100)
    9'b000011111: F=4'b0101; //液面超过 S5,编码 5(0101)
    9'b000111111: F=4'b0110; //液面超过 S6,编码 6(0110)
    9'b001111111: F=4'b0111; //液面超过 S7,编码 7(0111)
    9'b011111111: F=4'b1000; //液面超过 S8,编码 8(1000)
    9'b111111111: F=4'b1001; //液面超过 S9,编码 9(1001)
    default : F=4'bx;
endcase
endmodule

//模块二:7 段显示译码模块
module bin27seg (data , y );
input [3:0] data;
output [6:0] y ;
reg [6:0] y ;
always @ (data )
begin
y = 7'b0000000;
case (data )
4'b0000: y = 7'b0111111; //显示 0
4'b0001: y = 7'b0000110; //显示 1
4'b0010: y = 7'b1011011; //显示 2
4'b0011: y = 7'b1001111; //显示 3
4'b0100: y = 7'b1100110; //显示 4
```

```
4'b0101: y = 7'b1101101; //显示 5
4'b0110: y = 7'b1111100; //显示 6
4'b0111: y = 7'b0000111; //显示 7
4'b1000: y = 7'b1111111; //显示 8
4'b1001: y = 7'b1100111; //显示 9
default: y = 7'b0000000;//熄灭
endcase
endmodule
```

完成设计描述后，借助 EDA 工具进行功能仿真和时序仿真进行设计验证，验证完毕后进行电路综合和下载。

4.9 组合逻辑电路中的竞争-冒险

4.9.1 竞争-冒险现象及其成因

在前面的章节里我们系统地讲述了组合逻辑电路的分析方法和设计方法。这些分析和设计都是在输入、输出处于稳定的逻辑电平下进行的。为了保证系统工作的可靠性，有必要再观察一下当输入信号逻辑电平发生变化的瞬间电路的工作情况。

首先让我们看两个最简单的例子。在图 4.9.1(a)所示的**与**门电路中，稳态下无论 $A=\mathbf{1}$、$B=\mathbf{0}$ 还是 $A=\mathbf{0}$、$B=\mathbf{1}$，输出皆为 $Y=\mathbf{0}$。但是在输入信号 A 从 **1** 跳变为 **0** 时，如果 B 从 **0** 跳变为 **1**，而且 B 首先上升到 $V_{IL(max)}$ 以上，这样在极短的时间 Δt 内将出现 A、B 同时高于 $V_{IL(max)}$ 的状态，于是便在门电路的输出端产生了极窄的 $Y=\mathbf{1}$ 的尖峰脉冲，或称为电压毛刺，如图中所示(在画波形时考虑了门电路的传输延迟时间)。显然，这个尖峰脉冲不符合门电路稳态下的逻辑功能，因而它是系统内部的一种噪声。

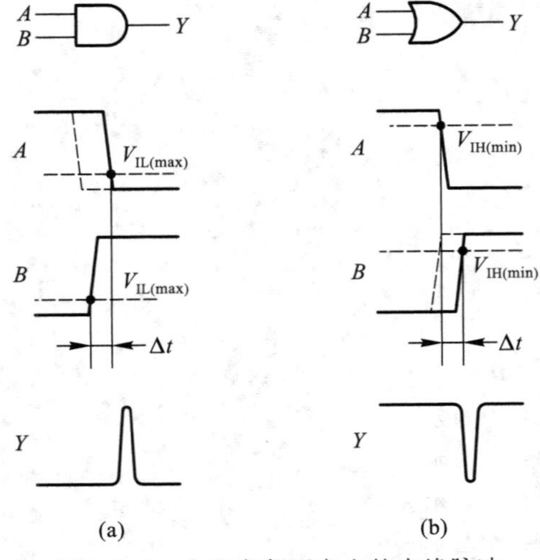

图 4.9.1 由于竞争而产生的尖峰脉冲

同样，在图 4.9.1(b)所示的**或**门电路中，稳态下无论 $A=\mathbf{0}$、$B=\mathbf{1}$ 还是 $A=\mathbf{1}$、$B=\mathbf{0}$，输出都应该是 $Y=\mathbf{1}$。但如果 A 从 **1** 变成 **0** 的时刻和 B 从 **0** 变成 **1** 的时刻略有差异，而且在 A 下降到 $V_{IH(min)}$ 时 B 尚未上升到 $V_{IH(min)}$，则在暂短的 Δt 时间内将出现 A、B 同时低于 $V_{IH(min)}$ 的状态，使输出端产生极窄的 $Y=\mathbf{0}$ 的尖峰脉冲。这个尖峰脉冲同样也是违背稳态下逻辑关系的噪声。

我们将门电路两个输入信号同时向相反的逻辑电平跳变（一个从 **1** 变为 **0**，另一个从 **0** 变为 **1**）的现象称为竞争。

应当指出，有竞争现象时不一定都会产生尖峰脉冲。例如，在图 4.9.1(a)所示的**与**门电路中，如果在 B 上升到 $V_{IL(max)}$ 之前 A 已经降到了 $V_{IL(max)}$ 以下（如图中虚线所示），这时输出端不会产生尖峰脉冲。同理，在图 4.9.1(b)所示的**或**门电路中，若 A 下降到 $V_{IH(min)}$ 以前 B 已经上升到 $V_{IH(min)}$ 以上（如图中虚线所示），输出端也不会有尖峰脉冲产生。

如果图 4.9.1 所示的**与**门和**或**门是复杂数字系统中的两个门电路，而且 A、B 又是经过不同的传输途径到达的，那么在设计时往往难于准确知道 A、B 到达次序的先后，以及它们在上升时间和下降时间上的细微差异。因此，我们只能说只要存在竞争现象，输出就有可能出现违背稳态下逻辑关系的尖峰脉冲。

由于竞争而在电路输出端可能产生尖峰脉冲的现象就称为竞争-冒险。

图 4.9.2 是一个 2 线-4 线译码器的电路和它的电压波形图。由图上可以看到，在 A、B 的稳定状态下输出 Y_0 和 Y_3 都应为 **0** 状态。然而由于门 G_4 和 G_5 的传输延迟时间不同，在 AB 从 **10** 跳变为 **01** 的过程中，Y_0 端有尖峰脉冲产生。此外，由于 A、B 在变化过程中到达 $V_{IL(max)}$ 的时刻不同，Y_3 端也有尖峰脉冲出现。

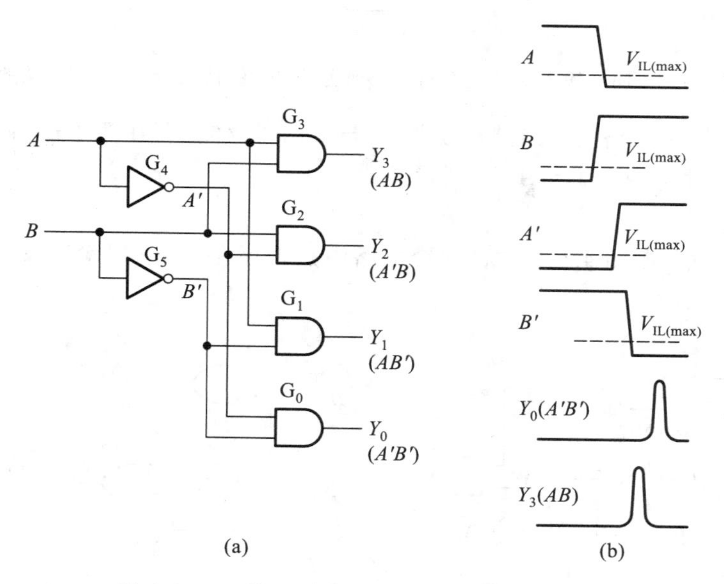

图 4.9.2 2 线-4 线译码器中的竞争-冒险现象

(a) 电路图 (b) 电压波形图

倘若译码器的负载是一个对尖峰脉冲敏感的电路（例如下一章将要讲到的触发器），那么这种尖峰脉冲将可能使负载电路发生误动作。对此应在设计时采取措施加以避免。

4.9.2　检查竞争-冒险现象的方法

在输入变量每次只有一个改变状态的简单情况下,可以通过逻辑函数式判断组合逻辑电路中是否有竞争-冒险现象存在。

如果输出端门电路的两个输入信号 A 和 A' 是输入变量 A 经过两个不同的传输途径而来的(如图 4.9.3 所示),那么当输入变量 A 的状态发生突变时输出端便有可能产生尖峰脉冲。因此,只要输出端的逻辑函数在一定条件下能简化成

$$Y=A+A' \quad 或 \quad Y=AA'$$

则可判定存在竞争-冒险现象。

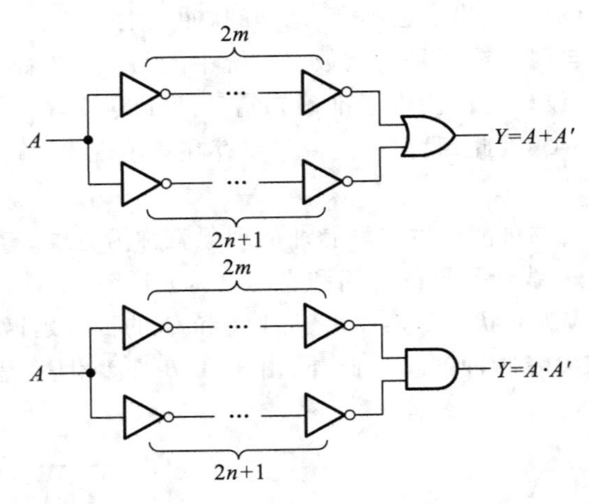

图 4.9.3　同一输入变量经不同途径到达输出门的情况(m、n 均为正整数)

如果图 4.9.3 所示电路的输出端是**或非**门、**与非**门,同样也存在竞争-冒险现象。这时的输出应能写成 $Y=(A+A')'$ 或者 $Y=(AA')'$ 的形式。

【例 4.9.1】　试判断图 4.9.4 中的两个电路中是否存在竞争-冒险现象。已知任何瞬间输入变量只可能有一个改变状态。

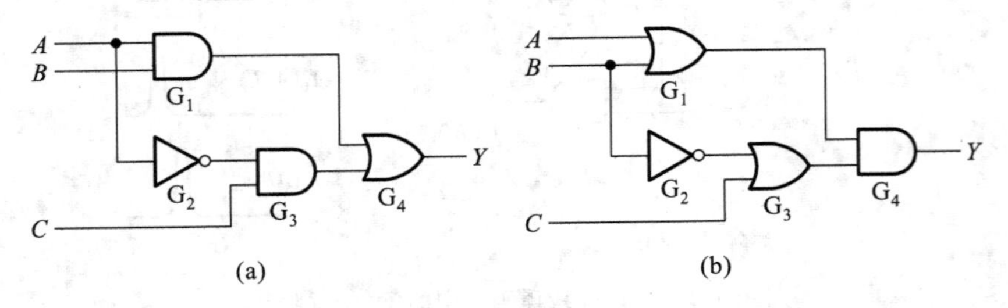

图 4.9.4　例 4.9.1 的电路

解:　图 4.9.4(a)电路输出的逻辑函数式可写为

$$Y=AB+A'C$$

当 $B=C=\mathbf{1}$ 时,上式将成为

$$Y=A+A'$$

故图 4.9.4(a)电路中存在竞争-冒险现象。

图 4.9.4(b)电路的输出为

$$Y=(A+B)(B'+C)$$

在 $A=C=\mathbf{0}$ 的条件下,上式简化为

$$Y=BB'$$

故图 4.9.4(b)电路中也存在竞争-冒险现象。

这种方法虽然简单,但局限性太大,因为多数情况下输入变量都有两个以上同时改变状态的可能性。如果输入变量的数目又很多,就更难于从逻辑函数式上简单地找出所有产生竞争-冒险现象的情况了。

将计算机辅助分析的手段用于分析数字电路以后,为我们从原理上检查复杂数字电路的竞争-冒险现象提供了有效的手段。通过在计算机上运行数字电路的模拟程序,能够迅速查出电路是否会存在竞争-冒险现象。目前已有这类成熟的程序可供选用。

另一种方法是用实验来检查电路的输出端是否有因为竞争-冒险现象而产生的尖峰脉冲。这时加到输入端的信号波形应该包含输入变量的所有可能发生的状态变化。

即使是用计算机辅助分析手段检查过的电路,往往也还需要经过实验的方法检验,方能最后确定电路是否存在竞争-冒险现象。因为在用计算机软件模拟数字电路时,只能采用标准化的典型参数,有时还要做一些近似,所以得到的模拟结果有时和实际电路的工作状态会有出入。因此可以认为,只有实验检查的结果才是最终的结论。

4.9.3 消除竞争-冒险现象的方法

一、接入滤波电容

由于竞争-冒险而产生的尖峰脉冲一般都很窄(多在几十纳秒以内),所以只要在输出端并接一个很小的滤波电容 C_f(如图 4.9.5(a)所示),就足以把尖峰脉冲的幅度削弱至门电路的阈值电压以下。在 TTL 电路中,C_f 的数值通常在几十至几百皮法的范围内。对于输出电阻较高的 CMOS 电路,C_f 的数值可以选得更小一些。

这种方法的优点是简单易行,而缺点是增加了输出电压波形的上升时间和下降时间,使波形变坏。

二、引入选通脉冲

第二种常用的方法是在电路中引入一个选通脉冲 p,如图 4.9.5(a)所示。因为 p 的高电平出现在电路到达稳定状态以后,所以 $G_0 \sim G_3$ 每个门的输出端都不会出现尖峰脉冲。但需注意,这时 $G_0 \sim G_3$ 正常的输出信号也将变成脉冲信号,而且它们的宽度与选通脉冲相同。例如,当输入信号 AB 变成 **11** 以后,Y_3 并不马上变成高电平,而要等到 p 端的正脉冲出现时才给出一个正脉冲。

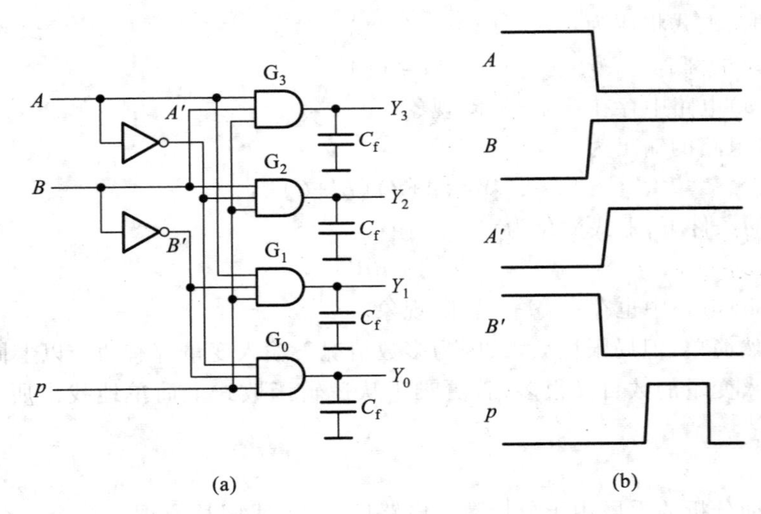

图 4.9.5　消除竞争-冒险现象的几种方法
（a）电路接法　（b）电压波形

三、修改逻辑设计

以图 4.9.4(a)所示电路为例，我们已经得到了它输出的逻辑函数式为 $Y=AB+A'C$，而且知道在 $B=C=\mathbf{1}$ 的条件下，当 A 改变状态时存在竞争-冒险现象。

根据逻辑代数的常用公式可知

$$Y=AB+A'C=AB+A'C+BC \qquad (4.9.1)$$

我们发现，在增加了 BC 项以后，在 $B=C=\mathbf{1}$ 时无论 A 如何改变，输出始终保持 $Y=\mathbf{1}$。因此，A 的状态变化不再会引起竞争-冒险现象。

因为 BC 一项对函数 Y 来说是多余的，所以将它称为 Y 的冗余项，同时将这种修改逻辑设计的方法称为增加冗余项的方法。增加冗余项以后的电路如图 4.9.6 所示。

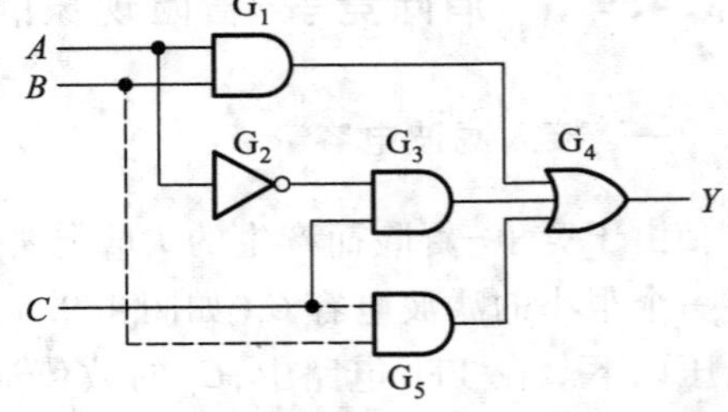

图 4.9.6　用增加冗余项消除竞争-冒险现象

用增加冗余项的方法消除竞争-冒险现象适用范围是很有限的。由图 4.9.6 所示电路中不难发现，如果 A 和 B 同时改变状态，即 AB 从 **10** 变为 **01** 时，电路仍然存在竞争-冒险现象。可见，增加了冗余项 BC 以后仅仅消除了在 $B=C=\mathbf{1}$ 时，由于 A 的状态改变所导致的竞争-冒险。

将上述三种方法比较一下不难看出，接滤波电容的方法简单易行，但输出电压的波形随之变坏。因此，只适用于对输出波形的前、后沿无严格要求的场合。引入选通脉冲的方法也比较简单，而且不需要增加电路元件。但使用这种方法时必须设法得到一个与输入信号同步的选通脉冲，对这个脉冲的宽度和作用的时间均有严格的要求。至于修改逻辑设计的方法，倘能运用得当，有时可以收到令人满意的效果。例如，在图 4.9.6 所示的电路中，如果门 G_5 在电路中本来就已存在，那么只需增加一根连线，把它的输出引到门 G_4 的一个输入端就行了，既不必增加门电路，又不给电路的工作带来任何不利的影响。然而，这样有利的条件并不是任何时候都存在，而且这种方法能解决的问题也是很有限的。

复习思考题

R4.9.1 你能用最简单的语言说明什么是竞争-冒险现象以及它的产生原因吗？

R4.9.2 有哪些方法可以消除竞争-冒险现象？这些方法各有何优缺点？

本章小结

在这一章里我们讲述了组合逻辑电路的特点、组合逻辑电路的分析方法和设计方法、若干常用组合逻辑电路的原理和使用方法、组合逻辑电路中的竞争-冒险现象，并介绍了可编程逻辑器件和硬件描述语言的基本概念。

因为针对每一种逻辑功能都可以设计出一个相应的逻辑电路，所以逻辑电路的种类已难于胜数。为便于掌握这些电路的共同特点和内在联系，按逻辑功能的不同特点把它们分成了组合逻辑电路和时序逻辑电路两大类。

组合逻辑电路在逻辑功能上的特点是任意时刻的输出仅仅取决于该时刻的输入，而与电路过去的状态无关。它在电路结构上的特点是只包含门电路，而没有存储（记忆）单元。显然，符合上述特点的组合逻辑电路仍然是非常多的，不可能逐一列举。

考虑到有些种类的组合逻辑电路使用得特别频繁，为便于使用，把它们制成了标准化的中规模集成器件，供用户直接选用。这些器件包括编码器、译码器、数据选择器、加法器、数值比较器、奇偶校验/发生器、BCD与二进制代码转换器等。为了增加使用的灵活性，也为了便于功能扩展，在多数中规模集成的组合逻辑电路上都设置了附加的控制端（或称为使能端、选通输入端、片选端、禁止端等）。这些控制端既可用于控制电路的状态（工作或禁止），又可作为输出信号的选通输入端，还能用作输入信号的一个输入端以扩展电路功能。合理地运用这些控制端能最大限度地发挥电路的潜力。灵活地运用这些器件还可以设计出任何其他逻辑功能的组合逻辑电路。此外，在使用大规模集成的可编程逻辑器件设计组合逻辑电路以及设计大规模集成电路芯片的过程中，也经常把这些常用组合逻辑电路作为典型的模块电路，用来构建所需要的逻辑电路。有关可编程逻辑器件的详细内容我们将在本书的附录中做具体介绍。

尽管各种组合逻辑电路在功能上千差万别，但是它们的分析方法和设计方法都是共同的。掌握了分析的一般方法，就可以识别任何一个给定电路的逻辑功能；掌握了设计的一般方法，就可以根据给定的设计要求设计出相应的逻辑电路。因此，学习本章内容时应将重点放在分析方法和设计方法上，而不必去记忆各种具体的逻辑电路。

在使用中规模集成电路设计组合逻辑电路时，总的步骤和使用小规模集成电路时是一样的，但在有些步骤的做法上不完全相同。

第一步进行逻辑抽象、第二步写出逻辑函数式，和使用小规模集成电路时没有区别。

第三步，将逻辑函数变换为适当的形式，而不是要求化为最简形式。因为每一种中规模集成的组合逻辑电路都有确定的逻辑功能，并可以写成逻辑函数式的形式，所以为了使用这些器件构成所需的逻辑电路，必须把要产生的逻辑函数变换成与所用器件的逻辑函数式类似的形式。

将变换后的逻辑函数式与选用器件的函数式对照比较，有以下4种可能的情况：

1. 两者形式完全相同，使用这种中规模集成器件效果最为理想。

2. 两者形式类同，所选器件的逻辑函数式包含更多的输入变量和乘积项。这时只需对多余的变量输入端和乘积项做适当处理，也能很方便地得到所要的逻辑电路。

3. 所选用的中规模集成器件的逻辑函数式是要求产生的逻辑函数的一部分，这时可以通过扩展的方法(将几片联用或附加少量其他器件)组成要求的逻辑电路。

4. 如果可用的中规模集成电路品种有限，而这些器件的逻辑函数或又与要求产生的逻辑函数在形式上相差甚远，就不宜采用这些器件来设计所需的逻辑电路了。

根据逻辑函数式对照比较的结果，即可确定所用的器件各输入端应当接入的变量或常量(**1**或**0**)，以及各片之间的连接方式。

第四步，按照上面对照比较的结果，画出设计的逻辑电路图。

我们将上述使用中规模集成器件设计组合逻辑电路的方法称为逻辑函数式对照法。

在使用可编程逻辑器件PLD进行设计时，总的步骤和使用中小规模集成电路时不完全相同。

第一步进行逻辑抽象，和使用中小规模集成电路时没有区别，明确输入/出变量，确定逻辑关系。

第二步，选定PLD的类型和型号。

第三步，选定开发系统。选用的开发系统必须能支持选定器件的开发工作。

第四步，以开发系统软件能接受的逻辑功能描述方式(例如逻辑图、硬件描述语言、波形图等)编写计算机输入文件。

第五步，上机运行。将源程序输入计算机，运行相应的编译程序或汇编程序，产生下载文件和其他程序说明文件。进行仿真分析，检查设计结果是否符合要求，并做必要的修改。

第六步，下载。所谓下载，就是由编程器将编程数据写入PLD中。

第七步，测试。将写好数据的PLD从编程器上取下，用实验方法测试它的逻辑功能，检查它是否达到了设计要求。

竞争-冒险是组合逻辑电路工作状态转换过程中经常会出现的一种现象。如果负载是一些对尖峰脉冲敏感的电路，则必须采取措施防止由于竞争而产生的尖峰脉冲。如果负载电路对尖峰脉冲不敏感(例如负载为光电显示器件)，就不必考虑这个问题了。

习　题

[题4.1]　分析图P4.1电路的逻辑功能，写出输出的逻辑函数式，列出真值表，说明电路逻辑功能的特点。

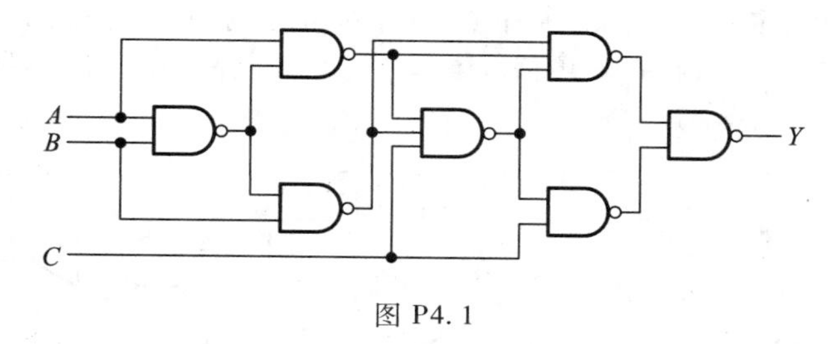

图 P4.1

［题 4.2］ 图 P4.2 是一个多功能函数发生电路。试写出当 $S_0S_1S_2S_3$ 为 **0000~1111** 16 种不同状态时输出 Y 的逻辑函数式。

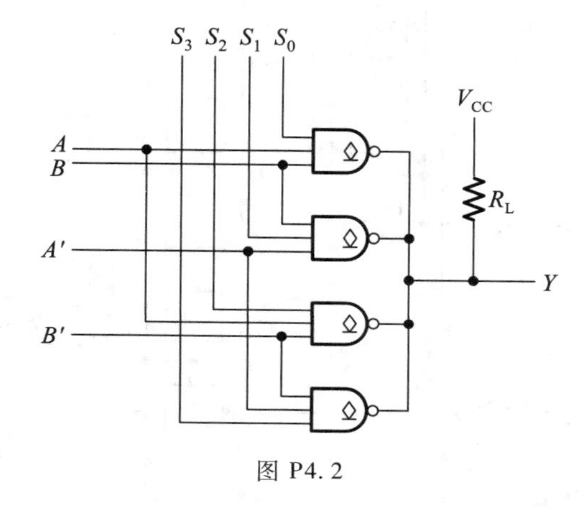

图 P4.2

［题 4.3］ 分析图 P4.3 电路的逻辑功能，写出 Y_1、Y_2 的逻辑函数式，列出真值表，指出电路完成什么逻辑功能。

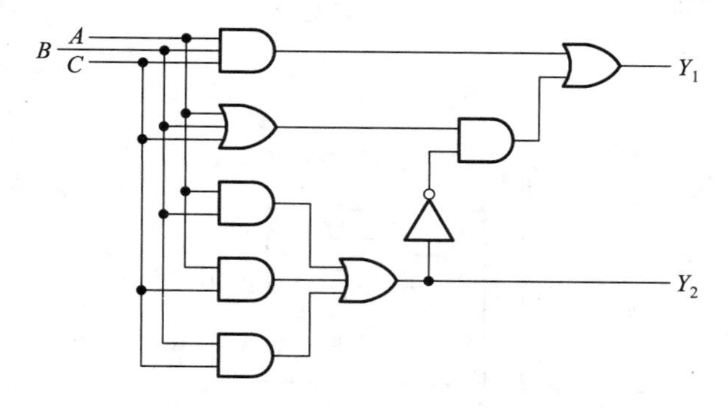

图 P4.3

［题 4.4］ 图 P4.4 是对十进制数 9 求补的集成电路 CC14561 的逻辑图，写出当 $COMP=\mathbf{1}$、$Z=\mathbf{0}$ 和 $COMP=\mathbf{0}$、$Z=\mathbf{0}$ 时 Y_1、Y_2、Y_3、Y_4 的逻辑式，列出真值表。

［题 4.5］ 用**与非**门设计四变量的多数表决电路。当输入变量 A、B、C、D 有 3 个或 3 个以上为 **1** 时输出为 **1**，输入为其他状态时输出为 **0**。

［题 4.6］ 有一水箱由大、小两台水泵 M_L 和 M_S 供水，如图 P4.6 所示。水箱中设置了 3 个水位检测元件 A、B、C。水面低于检测元件时，检测元件给出高电平；水面高于检测元件时，检测元件给出低电平。现

要求当水位超过 C 点时水泵停止工作；水位低于 C 点而高于 B 点时 M_S 单独工作；水位低于 B 点而高于 A 点时 M_L 单独工作；水位低于 A 点时 M_L 和 M_S 同时工作。试用门电路设计一个控制两台水泵的逻辑电路，要求电路尽量简单。

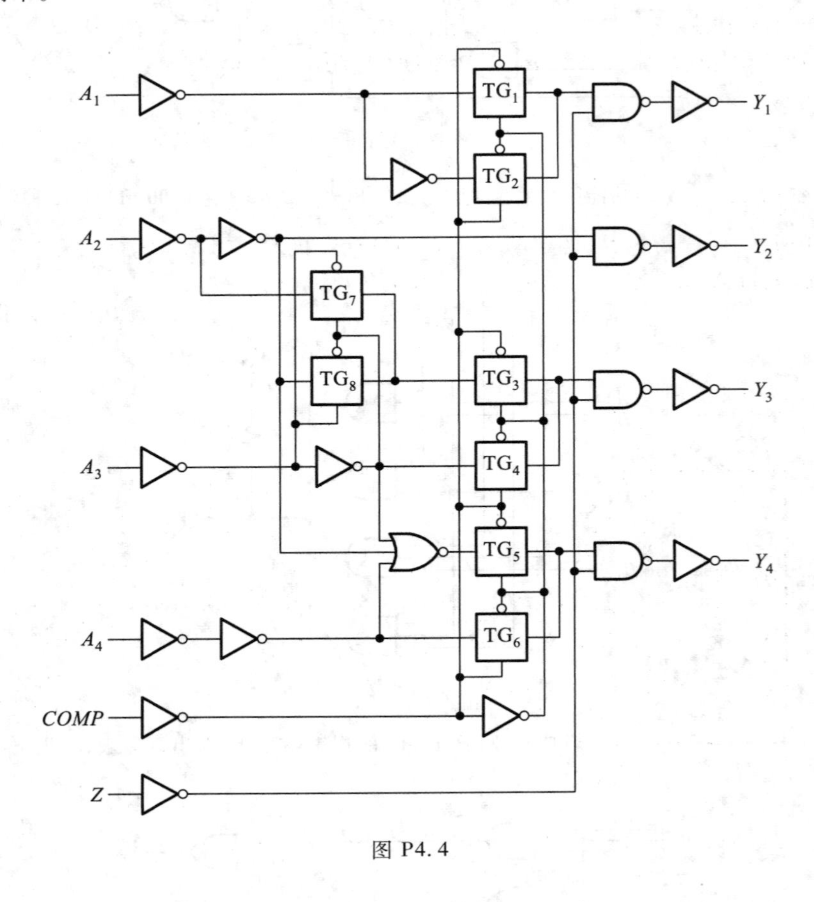

图 P4.4

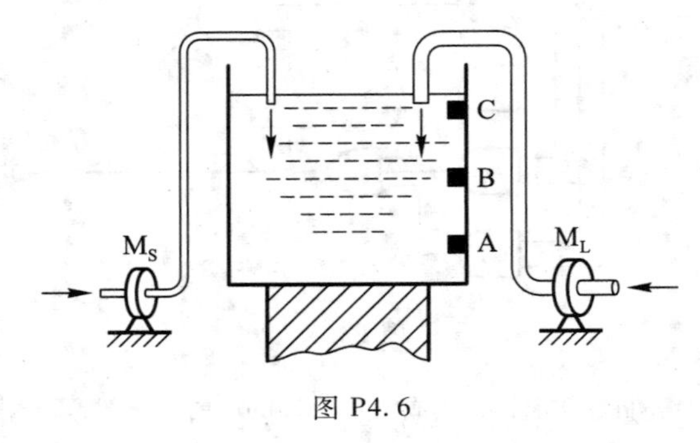

图 P4.6

［题 4.7］　设计一个代码转换电路，输入为 4 位二进制代码，输出为 4 位格雷码。可以采用各种逻辑功能的门电路来实现。4 位格雷码见本书第 1.5 节的表 1.5.2。

［题 4.8］　试画出用 4 片 8 线-3 线优先编码器 74HC148 组成 32 线-5 线优先编码器的逻辑图。74HC148 的逻辑图见图 4.4.3。允许附加必要的门电路。

［题 4.9］　某医院有一、二、三、四号病室 4 间，每室设有呼叫按钮，同时在护士值班室内对应地装有一号、

二号、三号、四号 4 个指示灯。

现要求当一号病室的按钮按下时，无论其他病室的按钮是否按下，只有一号灯亮。当一号病室的按钮没有按下而二号病室的按钮按下时，无论三、四号病室的按钮是否按下，只有二号灯亮。当一、二号病室的按钮都未按下而三号病室的按钮按下时，无论四号病室的按钮是否按下，只有三号灯亮。只有在一、二、三号病室的按钮均未按下而按下四号病室的按钮时，四号灯才亮。试用优先编码器 74HC148 和门电路设计满足上述控制要求的逻辑电路，给出控制四个指示灯状态的高、低电平信号。

［题 4.10］ 写出图 P4.10 中 Z_1、Z_2、Z_3 的逻辑函数式，并化简为最简的**与或**表达式。译码器 74HC42 的逻辑图见图 4.4.9。

［题 4.11］ 画出用两片 4 线-16 线译码器 74LS154 组成 5 线-32 线译码器的接线图。图 P4.11 是 74LS154 的逻辑框图，图中的 S_A'、S_B'是两个控制端（亦称片选端），译码器工作时应使 S_A'和 S_B'同时为低电平。当输入信号 $A_3A_2A_1A_0$ 为 **0000~1111** 这 16 种状态时，输出端从 Y_0' 到 Y_{15}'依次给出低电平输出信号。

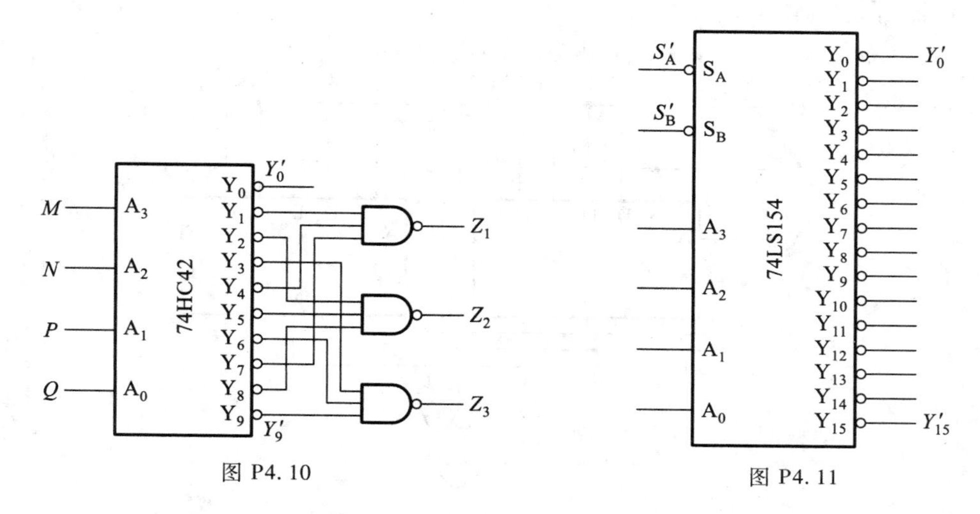

图 P4.10　　　　图 P4.11

［题 4.12］ 试画出用 3 线-8 线译码器 74HC138（见图 4.4.7）和门电路产生如下多输出逻辑函数的逻辑图。

$$\begin{cases} Y_1 = AC \\ Y_2 = A'B'C + AB'C' + BC \\ Y_3 = B'C' + ABC' \end{cases}$$

［题 4.13］ 画出用 4 线-16 线译码器 74LS154（参见题 4.11）和门电路产生如下多输出逻辑函数的逻辑图。

$$\begin{cases} Y_1 = A'B'C'D + A'B'CD' + AB'C'D' + A'BC'D' \\ Y_2 = A'BCD + AB'CD + ABC'D + ABCD' \\ Y_3 = A'B \end{cases}$$

［题 4.14］ 用 3 线-8 线译码器 74HC138（见图 4.4.7）和门电路设计 1 位二进制全减器电路。输入为被减数、减数和来自低位的借位；输出为两数之差和向高位的借位信号。

［题 4.15］ 试用两片双 4 选 1 数据选择器 74HC153 和 3 线-8 线译码器 74HC138 接成 16 选 1 的数据选择器。74HC153 的逻辑图见图 4.4.20，74HC138 的逻辑图见图 4.4.7。

［题 4.16］ 分析图 P4.16 电路，写出输出 Z 的逻辑函数式。74HC151 为 8 选 1 数据选择器，它的逻辑图见图 4.5.5，输出的逻辑函数式见式（4.5.6）。

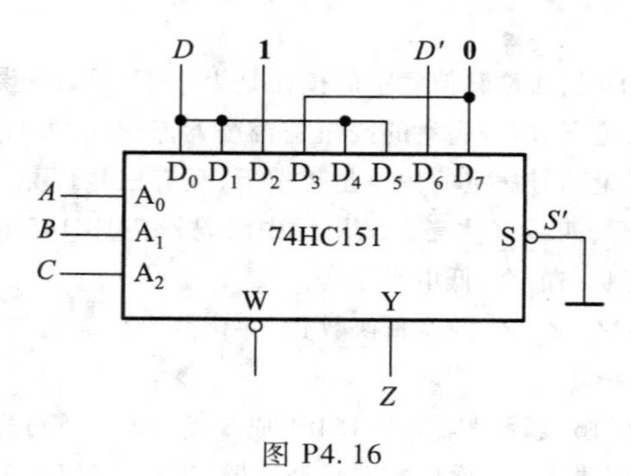

图 P4.16

［题 4.17］　图 P4.17 是用两个 4 选 1 数据选择器组成的逻辑电路，试写出输出 Z 与输入 M、N、P、Q 之间的逻辑函数式。已知数据选择器的逻辑函数式为

$$Y=[D_0A_1'A_0'+D_1A_1'A_0+D_2A_1A_0'+D_3A_1A_0]S$$

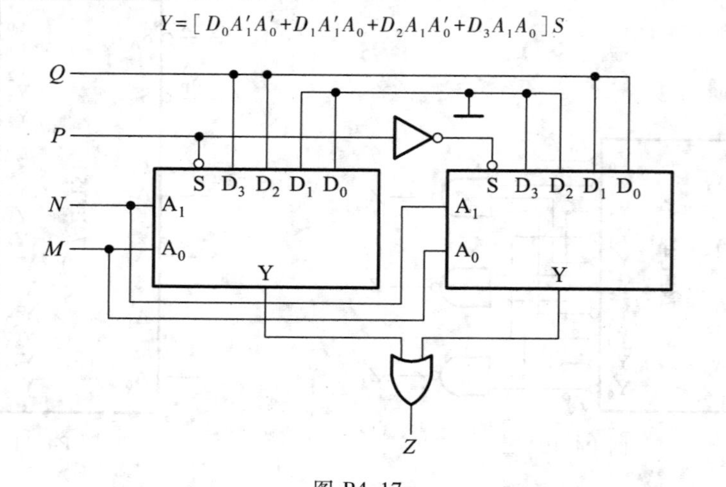

图 P4.17

［题 4.18］　试用 4 选 1 数据选择器产生逻辑函数

$$Y=AB'C'+A'C'+BC$$

［题 4.19］　用 8 选 1 数据选择器 74HC151（见图 4.5.5）产生逻辑函数

$$Y=AC'D+A'B'CD+BC+BC'D'$$

［题 4.20］　用 8 选 1 数据选择器 74HC151（见图 4.5.5）产生逻辑函数

$$Y=AC+A'BC'+A'B'C$$

［题 4.21］　设计用 3 个开关控制一个电灯的逻辑电路，要求改变任何一个开关的状态都能控制电灯由亮变灭或者由灭变亮。要求用数据选择器来实现。

［题 4.22］　人的血型有 A、B、AB、O 四种。输血时输血者的血型与受血者血型必须符合图 P4.22 中用箭头指示的授受关系。试用数据选择器设计一个逻辑电路，判断输血者与受血者的血型是否符合上述规定。（提示：可以用两个逻辑变量的四种取值表示输血者的血型，用另外两个逻辑变量的四种取值表示受血者的血型。）

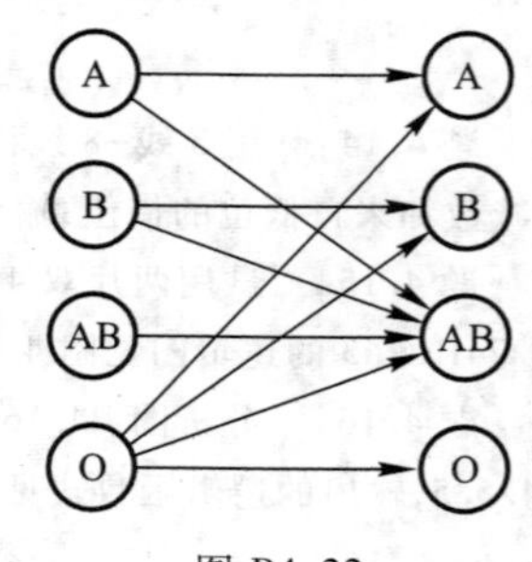

图 P4.22

［题 4.23］　用 8 选 1 数据选择器 74HC151（见图 4.5.5）设计一个组合逻辑电路。该电路有 3 个输入逻辑变量 A、B、C 和 1 个工作状态控制变量 M。当 $M=$

0 时电路实现“意见一致”功能（A、B、C 状态一致时输出为 **1**，否则输出为 **0**），而 $M=\mathbf{1}$ 时电路实现“多数表决”功能，即输出与 A、B、C 中多数的状态一致。

［题 4.24］　用 8 选 1 数据选择器设计一个函数发生器电路，它的功能如表 P4.24 所示。

表 P4.24　题 4.24 电路的功能表

S_1	S_0	Y
0	**0**	AB
0	**1**	$A+B$
1	**0**	$A \oplus B$
1	**1**	A'

［题 4.25］　试用 4 位并行加法器 74LS283 设计一个加/减运算电路。当控制信号 $M=\mathbf{0}$ 时它将两个输入的 4 位二进制数相加，而 $M=\mathbf{1}$ 时它将两个输入的 4 位二进制数相减。两数相加的绝对值不大于 15。允许附加必要的门电路。

［题 4.26］　能否用一片 4 位并行加法器 74LS283 将余 3 代码转换成 8421 的二-十进制代码？如果可能，应当如何连线？

［题 4.27］　试利用两片 4 位二进制并行加法器 74LS283 和必要的门电路组成 1 个二-十进制加法器电路。（提示：根据 BCD 码中 8421 码的加法运算规则，当两数之和小于、等于 9（**1001**）时，相加的结果和按二进制数相加所得到的结果一样。当两数之和大于 9（即等于 **1010**～**1111**）时，则应在按二进制数相加的结果上加 6（**0110**），这样就可以给出进位信号，同时得到一个小于 9 的和。）

［题 4.28］　若使用 4 位数值比较器 74LS85（见图 4.4.27）组成十位数值比较器，需要用几片？各片之间应如何连接？

［题 4.29］　试用两个 4 位数值比较器组成三个数的判断电路。要求能够判别三个 4 位二进制数 $A(a_3a_2a_1a_0)$、$B(b_3b_2b_1b_0)$、$C(c_3c_2c_1c_0)$ 是否相等、A 是否最大、A 是否最小，并分别给出“三个数相等”、“A 最大”、“A 最小”的输出信号。可以附加必要的门电路。

［题 4.30］　已知 4 位数值比较器 74LS85 的传输延迟时间（从加上两个输入比较数到产生输出比较结果所需时间）小于 45 ns。要求用六片 74LS85 接成一个 24 位数值比较电路，传输延迟时间不得大于 90 ns。

［题 4.31］　若将十进制代码中的 8421 码、余 3 码、余 3 循环码、2421 码和 5211 码分别加到二-十进制译码器 74HC42（见图 4.4.9）的输入端，并按表 1.5.1 的排列顺序依次变化时，输出端是否都会产生尖峰脉冲？试简述理由。

［题 4.32］　试分析图 P4.32 电路中当 A、B、C、D 单独一个改变状态时是否存在竞争-冒险现象？如果存在竞争-冒险现象，那么都发生在其他变量为何种取值的情况下？

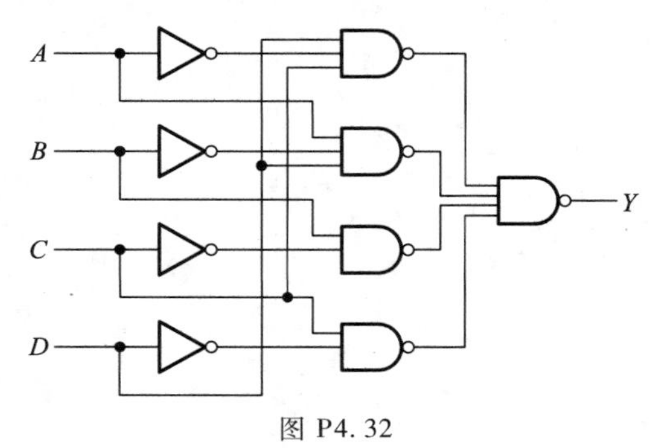

图 P4.32

[题 4.33] 用 Verilog HDL 语言实现对[题 4.7]所要设计的电路的描述。

[题 4.34] 用 Verilog HDL 语言的行为描述方式描述一个 4 选 1 数据选择器。

[题 4.35] 用 Verilog HDL 语言描述一个 4 位超前进位加法器。

[题 4.36] 请根据下面所给的语言描述,画出对应的逻辑电路图。

```
module binaryToESeg;
    wire eSeg, p1, p2, p3, p4;
    reg A, B, C, D;
    nand  g1 (p1, C, ~D),
          g2 (p2, A, B),
          g3 (p3, ~B, ~D),
          g4 (p4, A, C),
          g5 (eSeg, p1, p2, p3, p4);
        endmodule
```

第五章

半导体存储电路

内容提要

本章将系统介绍各种半导体存储电路的结构、工作原理和使用方法。首先介绍基本的存储单元，然后介绍由这些存储单元组成的寄存器和随机存储器，包括静态随机存储器和动态随机存储器。最后还将介绍各种只读存储器。

5.1 概　　述

在复杂的数字电路中，不仅需要对各种数字信号进行算术运算和逻辑运算，而且还需要在运算过程中不断地将运算数据和运算结果保存起来。因此，存储电路就成为计算机以及所有复杂数字系统不可缺少的组成部分。

通常将只能存储一位数据的电路叫做存储单元，将用于存储一组数据的存储电路叫做寄存器（Register），将用于存储大量数据的存储电路叫做存储器（Memory）。寄存器和半导体存储器中都包含了许多存储单元。

半导体存储电路中使用的存储单元可以分为静态存储单元和动态存储单元两大类。静态存储单元由门电路连接而成，其中包括各种电路结构形式的锁存器和触发器。只要不切断供电电源，静态存储单元的状态会一直保持下去。动态存储单元则是利用电容的电荷存储效应来存储数据的。由于电容的充放电需要一定的时间，因而它的工作速度低于静态存储单元。而且，电容上存储的电荷会随着时间的推移而逐渐泄漏，必须定期进行“刷新”（即将原来的数据重新写入），才能保证数据不会丢失。虽然如此，由于动态存储单元的电路结构十分简单，所以仍然被广泛用于大容量的存储器当中。

寄存器由一组触发器组成，每个触发器的输入和输出都有引出端，可以直接和周围电路连接，快速地进行数据交换。由 n 个触发器组成的寄存器可以存储一组 n 位的二值数据。

存储器的种类虽然很多，但它们的基本结构形式都是由存储矩阵和读/写控制电路两部分组成的。首先，根据工作方式的不同，可以将存储器分为随机存储器（Random Access Memory，简称 RAM）和只读存储器（Read-Only Memory，简称 ROM）两大类。随机存储器的工作特点是可以随时从其中快速地读出或写入数据。随机存储器又分成静态随机存储器（Static Random Access Memory，简称 SRAM）和动态随机存储器（Dynamic Random Access Memory，简称 DRAM），静态随机存储器中采用的是静态存储单元，而动态存储器中采用的则是动态存储单元。

只读存储器的工作方式与随机存储器不同，在正常的读/写工作状态下，只能从其中读出所存储的数据。因此，只读存储器一般都用来存储一些固定的数据。只读存储器中又有“掩模ROM”(Mask Read-Only Memory)、“可编程 ROM”(Programmable Read-Only Memory，简称 PROM)和“可擦除的可编程 ROM”(Erasable Programmable Read-Only Memory，简称 EPROM)几种不同类型。掩模 ROM 中的数据在制作芯片时已经确定，无法更改。而 PROM 中的数据可以由用户根据自己的需要写入，但一经写入以后就不能再修改了。EPROM 中的数据则不但可以由用户自己写入，而且还能擦除重写，所以具有更大的使用灵活性。早期的 EPROM 曾经采用紫外线照射的方法进行擦除，但不仅擦除操作非常费时，而且器件的成本也比较高，所以现在已经完全被使用电信号擦除的 EPROM(Electrically Erasable Programmable Read-Only Memory，简称 E^2PROM)所取代。目前在 U 盘和各种便携式移动设备中广泛使用的“闪存”(Flash Memory)就是一种 E^2PROM。虽然 EPROM 中的数据可以擦除改写，但由于擦除改写的速度相对读出的速度慢得多，所以通常仍然将它用作只读存储器。

5.2　*SR* 锁存器

SR 锁存器(Set-Reset Latch)是静态存储单元当中最基本、也是电路结构最简单的一种。通常它由两个**或非**门或者**与非**门组成。图 5.2.1(a)中给出了用两个**或非**门组成的 *SR* 锁存器的电路。

第三章里讲过的各种门电路虽然都有两种不同的输出状态(高、低电平，亦即 **1**、**0**)，但都不能自行保持。例如在图 5.2.1(a)所示的电路中，如果只有一个**或非**门 G_1，那么当另一个输入端接低电平时，输出 v_{O1} 的高、低电平将随输入 v_{I1} 的高、低电平而改变。因此，它不具备记忆功能。

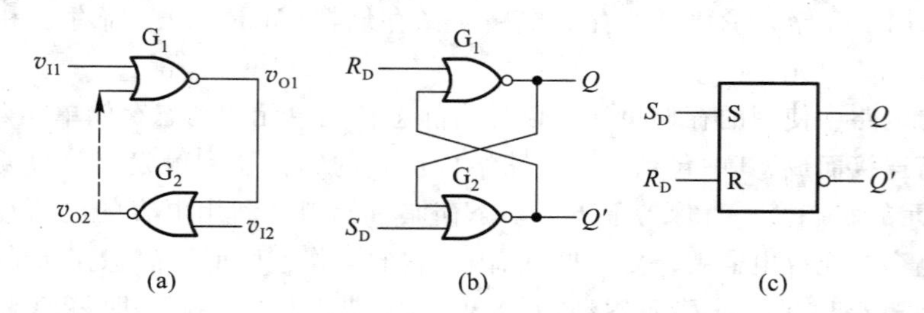

图 5.2.1　用**或非**门组成的锁存器
(a)、(b) 电路结构　(c) 图形符号

如果用另一个**或非**门 G_2 将 v_{O1} 反相(同时将 G_2 的另一个输入端接低电平)，则 G_2 的输出 v_{O2} 将与 v_{I1} 同相。现将 v_{O2} 接回 G_1 的另一个输入端，这时即使原来加在 v_{I1} 输入端上的信号消失了，v_{O1} 和 v_{O2} 的状态也能保持下去。这样就得到了图 5.2.1(a)中由两个**或非**门所组成的 *SR* 锁存器电路。

由于 G_1 和 G_2 在电路中的作用完全相同，所以习惯上将电路画成图 5.2.1(b)所示的对称形式。Q 和 Q' 称为输出端，并且定义 $Q=\mathbf{1}$、$Q'=\mathbf{0}$ 为锁存器的 **1** 状态，$Q=\mathbf{0}$、$Q'=\mathbf{1}$ 为锁存器的 **0** 状态。S_D 称为置位端或置 **1** 输入端，R_D 称为复位端或置 **0** 输入端。根据正逻辑约定(高电平表示逻辑 **1** 状态，低电平表示逻辑 **0** 状态)可知：

当 $S_D=\mathbf{1}$、$R_D=\mathbf{0}$ 时，$Q=\mathbf{1}$、$Q'=\mathbf{0}$。在 $S_D=\mathbf{1}$ 信号消失以后(即 S_D 回到 **0**)，由于有 Q 端的高电

平接回到 G_2 的另一个输入端，因而电路的 **1** 状态得以保持。

当 $S_D=\mathbf{0}$、$R_D=\mathbf{1}$ 时，$Q=\mathbf{0}$、$Q'=\mathbf{1}$。在 $R_D=\mathbf{1}$ 信号消失以后，电路保持 **0** 状态不变。

当 $S_D=R_D=\mathbf{0}$ 时，电路维持原来的状态不变。

当 $S_D=R_D=\mathbf{1}$ 时，$Q=Q'=\mathbf{0}$，这既不是定义的 **1** 状态，也不是定义的 **0** 状态。而且，在 S_D 和 R_D 同时回到 **0** 以后无法断定锁存器将回到 **1** 状态还是 **0** 状态。因此，在正常工作时输入信号应遵守 $S_DR_D=\mathbf{0}$ 的约束条件，亦即不允许输入 $S_D=R_D=\mathbf{1}$ 的信号。

将上述逻辑关系列成真值表，就得到表5.2.1。因为锁存器新的状态 Q^*（也称为次态）不仅与输入状态有关，而且与锁存器原来的状态 Q（也称为初态）有关，所以将 Q 也作为一个变量列入了真值表，并将 Q 称为状态变量，将这种含有状态变量的真值表称为锁存器的特性表（或功能表）。

SR 锁存器也可以用**与非**门构成，如图 5.2.2 所示。这个电路是以低电平作为输入信号的，所以用 S'_D 和 R'_D 分别表示置 **1** 输入端和置 **0** 输入端。在图5.2.2(b)所示的图形符号上，用输入端的小圆圈表示用低电平作输入信号，或者称低电平有效。表 5.2.2 是它的特性表。

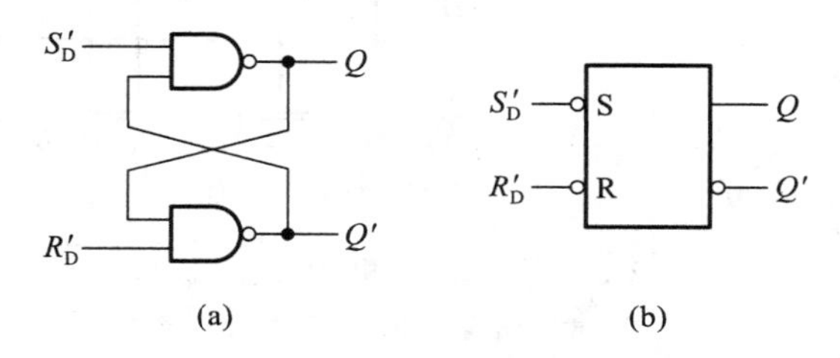

图 5.2.2 用**与非**门组成的 *SR* 锁存器

(a) 电路结构 (b) 图形符号

表 5.2.1 用或非门组成的 *SR* 锁存器的特性表

S_D	R_D	Q	Q^*
0	**0**	**0**	**0**
0	**0**	**1**	**1**
1	**0**	**0**	**1**
1	**0**	**1**	**1**
0	**1**	**0**	**0**
0	**1**	**1**	**0**
1	**1**	**0**	**0**①
1	**1**	**1**	**0**①

① S_D、R_D 的 **1** 状态同时消失后状态不定。

表 5.2.2 用与非门组成的 *SR* 锁存器的特性表

S'_D	R'_D	Q	Q^*
1	**1**	**0**	**0**
1	**1**	**1**	**1**
0	**1**	**0**	**1**
0	**1**	**1**	**1**
1	**0**	**0**	**0**
1	**0**	**1**	**0**
0	**0**	**0**	**1**①
0	**0**	**1**	**1**①

① S'_D、R'_D 的 **0** 状态同时消失以后状态不定。

由于 $S'_D=R'_D=\mathbf{0}$ 时出现非定义的 $Q=Q'=\mathbf{1}$ 状态，而且当 S'_D 和 R'_D 同时回到高电平以后锁存器的状态难以确定，所以在正常工作时同样应当遵守 $S_DR_D=\mathbf{0}$ 的约束条件，即不应加以 $S'_D=R'_D=\mathbf{0}$ 的输入信号。

由图 5.2.1(b)和图 5.2.2(a)中可见，在 *SR* 锁存器中，输入信号直接加在输出门上，所以输入信号在全部作用时间里（即 S_D 或 R_D 为 **1** 的全部时间），都能直接改变输出端 Q 和 Q' 的状态。

正是由于这个缘故，也将 S_D（S'_D）称为直接置位端，将 R_D（R'_D）称为直接复位端，并且将这个电路称为直接置位、复位锁存器（Set-Reset Latch）。

【例 5.2.1】　在图 5.2.3(a)所示的 SR 锁存器电路中，已知 S'_D 和 R'_D 的电压波形如图 5.2.3(b)中所示，试画出 Q 和 Q' 端对应的电压波形。

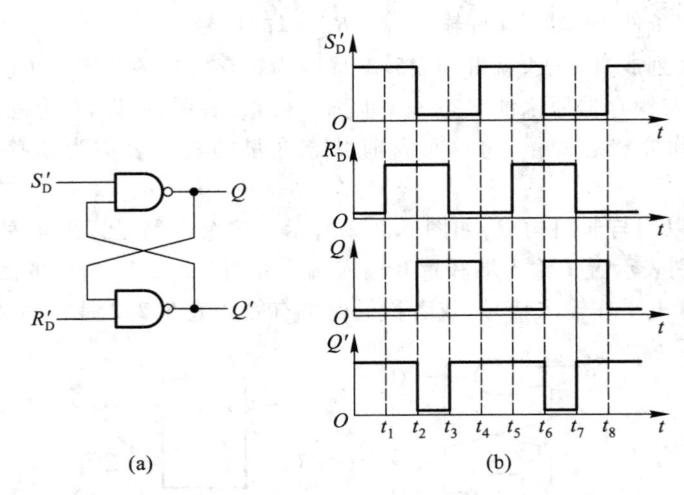

图 5.2.3　例 5.2.1 的电路和电压波形

(a) 电路结构　(b) 电压波形图

解：　实质上这是一个用已知的 R'_D 和 S'_D 的状态确定 Q 和 Q' 状态的问题。只要根据每个时间区间里 S'_D 和 R'_D 的状态去查锁存器的特性表，即可找出 Q 和 Q' 的相应状态，并画出它们的波形图。

对于这样简单的电路，从电路图上也能直接画出 Q 和 Q' 端的波形图，而不必去查特性表。

从图 5.2.3(b)所示的波形图上可以看到，虽然在 $t_3 \sim t_4$ 和 $t_7 \sim t_8$ 期间输入端出现了 $S'_D = R'_D = \mathbf{0}$ 的状态，但由于 S'_D 首先回到了高电平，所以锁存器的次态仍是可以确定的。

复习思考题

R5.2.1　为什么 SR 锁存器的输入信号需要遵守 $SR = \mathbf{0}$ 的约束条件？

5.3　触　发　器

触发器与锁存器的不同在于，它除了置 **1**、置 **0** 输入端以外，又增加了一个触发信号输入端。只有当触发信号到来时，触发器才能按照输入的置 **1**、置 **0** 信号置成相应的状态，并保持下去。我们将这个触发信号称为时钟信号（***CLOCK***），记作 ***CLK***。当系统中有多个触发器需要同时动作时，就可以用同一个时钟信号作为同步控制信号了。

触发信号的工作方式可以分为电平触发、边沿触发和脉冲触发三种。下面将会看到，在不同的触发方式下，触发器的动作过程各具有不同的动作特点。掌握这些动作特点，对于正确使用触发器是十分必要的。

5.3.1 电平触发的触发器

一、电路结构和工作原理

图 5.3.1(a)是电平触发 *SR* 触发器基本的电路结构形式。[①] 这个电路由两部分组成：由**与非**门 G_1、G_2 组成的 *SR* 锁存器和由**与非**门 G_3、G_4 组成的输入控制电路。

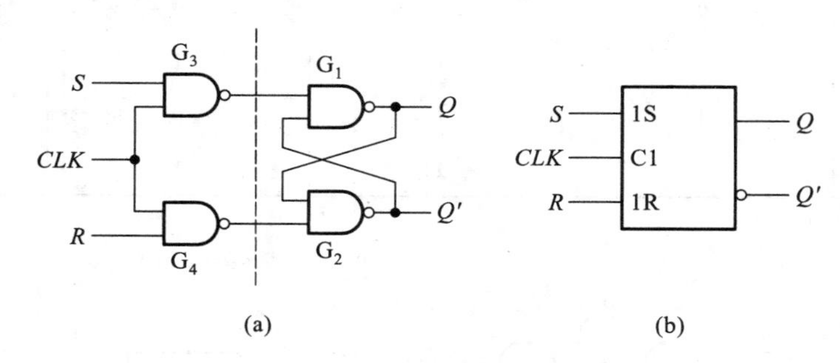

图 5.3.1 电平触发 *SR* 触发器(门控 *SR* 锁存器)

(a) 电路结构 (b) 图形符号

由图可知，当 $CLK=\mathbf{0}$ 时，门 G_3、G_4 的输出始终停留在 **1** 状态，*S*、*R* 端的信号无法通过 G_3、G_4 而影响输出状态，故输出保持原来的状态不变。只有当触发信号 *CLK* 变成高电平以后，*S*、*R* 信号才能通过门 G_3、G_4 加到由门 G_1、G_2 组成的锁存器上，"触发"电路发生变化，使 *Q* 和 *Q'* 根据 *S*、*R* 信号而改变状态。因此，将 *CLK* 的这种控制方式称为电平触发方式。

在图 5.3.1(b)所示的图形符号中，用框内的 C1 表示 *CLK* 是编号为 1 的一个控制信号。1S 和 1R 表示受 C1 控制的两个输入信号，只有在 C1 为有效电平时(C1 = **1**)，1S 和 1R 信号才能起作用。框图外部的输入端处没有小圆圈表示 *CLK* 以高电平为有效信号。(如果在 *CLK* 输入端画有小圆圈，则表示 *CLK* 以低电平作为有效信号。)

图 5.3.1(a)电路的特性表如表 5.3.1 所示。从表中可见，只有当 $CLK=\mathbf{1}$ 时，触发器输出端的状态才受输入信号的控制，而且在 $CLK=\mathbf{1}$ 时这个特性表与 *SR* 锁存器的特性表是一样的。同时，电平触发 *SR* 触发器的输入信号同样应当遵守 $SR=\mathbf{0}$ 的约束条件。否则当 *S*、*R* 同时由 **1** 变为 **0**，或者 $S=R=\mathbf{1}$ 时 *CLK* 回到 **0**，触发器的次态将无法确知。

在某些应用场合，有时需要在 *CLK* 的有效电平到达之前预先将触发器置成指定的状态，为此，在实用的电路上往往还设置有异步置 **1** 输入端 S'_D 和异步置 **0** 输入端 R'_D，如图 5.3.2 所示。

---

① 在本书第四版以前的书中，曾经把这个电路叫做同步 ***RS*** 触发器。目前在一些外文教材和器件手册中，也把这个电路叫做门控 ***SR*** 锁存器(Gated ***SR*** Latch)，同时把时钟信号叫做"使能"控制信号(***ENABLE***)，记作 ***EN***。

表 5.3.1　电平触发 SR 触发器的特性表

CLK	S	R	Q	Q^*
0	×	×	**0**	**0**
0	×	×	**1**	**1**
1	**0**	**0**	**0**	**0**
1	**0**	**0**	**1**	**1**
1	**1**	**0**	**0**	**1**
1	**1**	**0**	**1**	**1**
1	**0**	**1**	**0**	**0**
1	**0**	**1**	**1**	**0**
1	**1**	**1**	**0**	**1**①
1	**1**	**1**	**1**	**1**①

① CLK 回到低电平后状态不定。

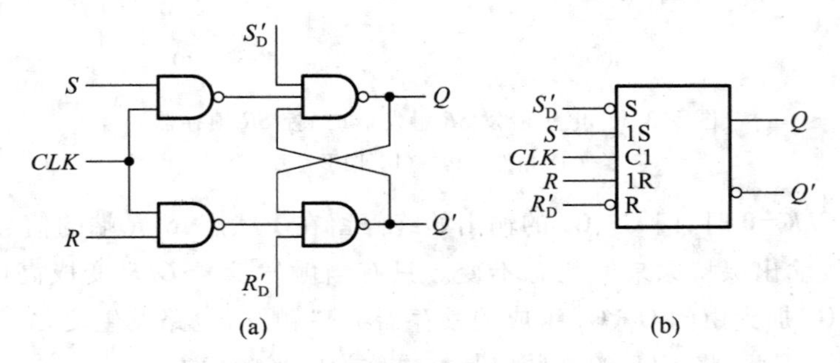

图 5.3.2　带异步置位、复位端的电平触发 SR 触发器
(a) 电路结构　(b) 图形符号

只要在 S'_D 或 R'_D 加入低电平，即可立即将触发器置 **1** 或置 **0**，而不受时钟信号的控制。因此，将 S'_D 称为异步置位（置 **1**）端，将 R'_D 称为异步复位（置 **0**）端。触发器在时钟信号控制下正常工作时应使 S'_D 和 R'_D 处于高电平。

此外，在图 5.3.2 所示电路的具体情况下，用 S'_D 或 R'_D 将触发器置位或复位应当在 $CLK=\mathbf{0}$ 的状态下进行，否则在 S'_D 或 R'_D 返回高电平以后预置的状态不一定能保存下来。

二、电平触发方式的动作特点

（1）只有当 CLK 变为有效电平时，触发器才能接受输入信号，并按照输入信号将触发器的输出置成相应的状态。

（2）在 $CLK=\mathbf{1}$ 的全部时间里，S 和 R 状态的变化都可能引起输出状态的改变。在 CLK 回到 **0** 以后，触发器保存的是 CLK 回到 **0** 以前瞬间的状态。

根据上述的动作特点可以想象到，如果在 $CLK=\mathbf{1}$ 期间 S、R 的状态多次发生变化，那么触发器输出的状态也将发生多次翻转,这就降低了触发器的抗干扰能力。

【例 5.3.1】 已知电平触发 SR 触发器的输入信号波形如图 5.3.3 所示,试画出 Q、Q'端的电压波形。设触发器的初始状态为 $Q=\mathbf{0}$。

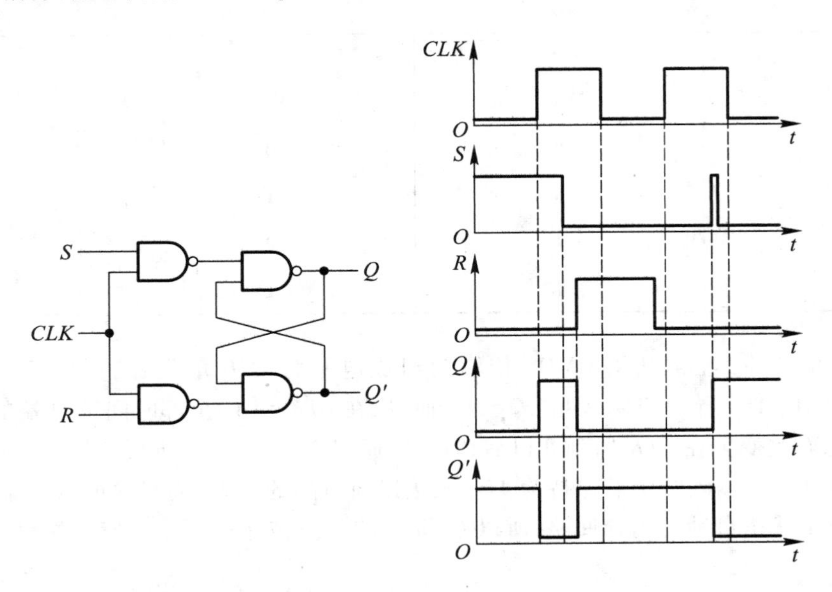

图 5.3.3 例 5.3.1 的电压波形图

解: 由给定的输入电压波形可见,在第一个 CLK 高电平期间先是 $S=\mathbf{1}$、$R=\mathbf{0}$,输出被置成 $Q=\mathbf{1}$、$Q'=\mathbf{0}$。随后输入变成了 $S=R=\mathbf{0}$,因而输出状态保持不变。最后输入又变为 $S=\mathbf{0}$、$R=\mathbf{1}$,将输出置成 $Q=\mathbf{0}$、$Q'=\mathbf{1}$,故 CLK 回到低电平以后触发器停留在 $Q=\mathbf{0}$、$Q'=\mathbf{1}$的状态。

在第二个 CLK 高电平期间,若 $S=R=\mathbf{0}$,则触发器的输出状态应保持不变。但由于在此期间 S 端出现了一个干扰脉冲,因而触发器被置成了 $Q=\mathbf{1}$。

为了能适应单端输入信号的需要,在一些集成电路产品中把图 5.3.1(a)所示的电路改接成图 5.3.4 的形式,得到电平触发的 D 触发器。(有些书刊和资料中也将这个电路称为 D 型锁存器。)

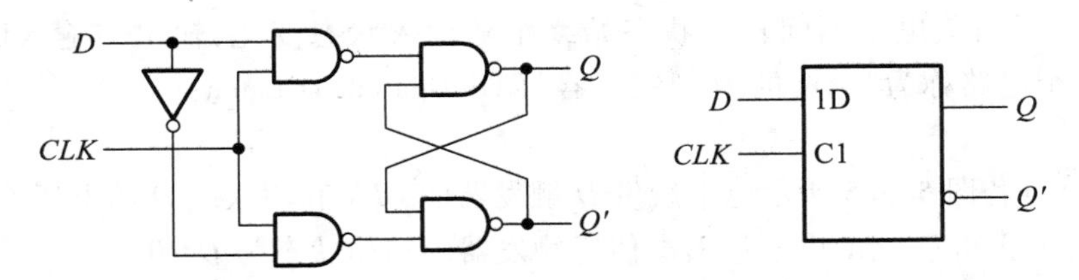

图 5.3.4 电平触发 D 触发器(D 型锁存器)

由图可见,若 $D=\mathbf{1}$,则 CLK 变为高电平以后触发器被置成 $Q=\mathbf{1}$,CLK 回到低电平以后触发器保持 **1** 状态不变。若 $D=\mathbf{0}$,则 CLK 变为高电平以后触发器被置成 $Q=\mathbf{0}$,CLK 回到低电平以后

触发器保持 **0** 状态不变。因为它仍然工作在电平触发方式下，所以同样具有电平触发的动作特点。它的特性表如表 5.3.2 所示。

表 5.3.2　电平触发 *D* 触发器（*D* 型锁存器）的特性表

CLK	*D*	*Q*	Q^*
0	×	**0**	**0**
0	×	**1**	**1**
1	**0**	**0**	**0**
1	**0**	**1**	**0**
1	**1**	**0**	**1**
1	**1**	**1**	**1**

在 CMOS 电路中，经常利用 CMOS 传输门组成电平触发 *D* 触发器，如图 5.3.5 所示。当 *CLK*=1 时，传输门 TG_1 导通、TG_2 截止，*Q*=*D*。而且，在 *CLK*=**1** 的全部时间里 *Q* 端的状态始终跟随 *D* 端的状态而改变。在 *CLK* 回到 **0** 以后，TG_2 导通、TG_1 截止。由于反相器 G_1 输入电容的存储效应，短时间内 G_1 输入端仍然保持为 TG_1 截止以前瞬间的状态，而且这时反相器 G_1、G_2 和传输门 TG_2 形成了状态自锁的闭合回路，所以 *Q* 和 *Q′*的状态被保存下来。它的特性表与表 5.3.2 相同。

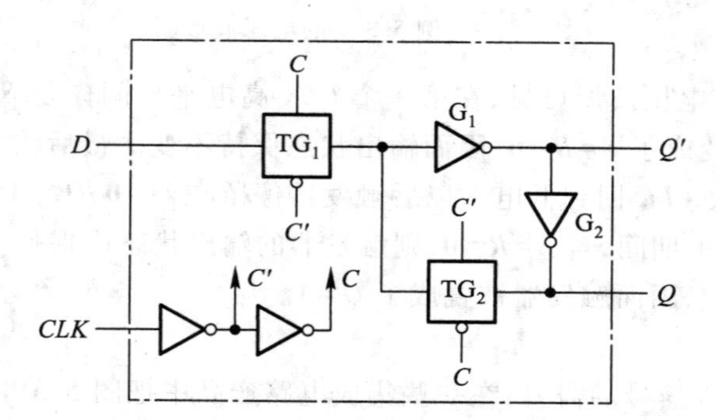

图 5.3.5　利用 CMOS 传输门组成的电平触发 *D* 触发器（透明 *D* 型锁存器）

因为在 *CLK* 的有效电平期间输出状态始终跟随输入状态变化，输出与输入的状态保持相同，所以又将这个电路称为“透明的 *D* 型锁存器”（Transparent D-Latch）。

【例 5.3.2】　若图 5.3.5 所示电平触发 *D* 触发器的 *CLK* 和输入端 *D* 的电压波形如图 5.3.6 中所给出，试画出 *Q* 和 *Q′*端的电压波形。假定触发器的初始状态为 *Q*=**0**。

解：　根据表 5.3.2 所示的特性表可知，电平触发 *D* 触发器在 *CLK*=**1** 期间输出 *Q* 与输入 *D* 的状态相同，而当 *CLK* 变为低电平以后，触发器将保持 *CLK* 变为低电平之前的状态。这样就可以画出 *Q* 和 *Q′*的电压波形了，如图 5.3.6 所示。

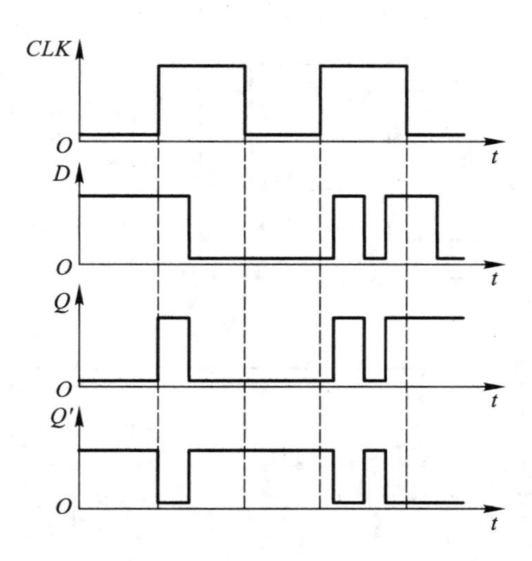

图 5.3.6 例 5.3.2 的电压波形

复习思考题

R5.3.1 为什么电平触发 SR 触发器也应当遵守 $SR=\mathbf{0}$ 的约束条件？在什么情况下会发生触发器的次态无法确知的问题？

5.3.2 边沿触发的触发器

一、电路结构和工作原理

为了提高触发器的可靠性，增强抗干扰能力，希望触发器的次态仅仅取决于 CLK 信号下降沿（或上升沿）到达时刻输入信号的状态。而在此之前和之后输入状态的变化对触发器的次态没有影响。为实现这一设想，人们相继研制成了各种边沿触发（edge-triggered）的触发器电路。目前已用于数字集成电路产品中的边沿触发器电路有用两个电平触发 D 触发器构成的边沿触发器、维持阻塞触发器、利用门电路传输延迟时间的边沿触发器等几种较为常见的电路结构形式。

图 5.3.7(a)是用两个电平触发 D 触发器组成边沿触发 D 触发器的原理性框图，图中的 $\mathrm{FF_1}$ 和 $\mathrm{FF_2}$ 是两个电平触发的 D 触发器（也称为 D 型锁存器）。由图可见，当 CLK 处于低电平时，CLK_1 为高电平，因而 $\mathrm{FF_1}$ 的输出 Q_1 跟随输入端 D 的状态变化，始终保持 $Q_1=D$。与此同时，CLK_2 为低电平，$\mathrm{FF_2}$ 的输出 Q_2（也就是整个电路最后的输出 Q）保持原来的状态不变。

当 CLK 由低电平跳变至高电平时，CLK_1 随之变成了低电平，于是 Q_1 保持为 CLK 上升沿到达前瞬间输入端 D 的状态，此后不再跟随 D 的状态而改变。与此同时，CLK_2 跳变为高电平，使 Q_2

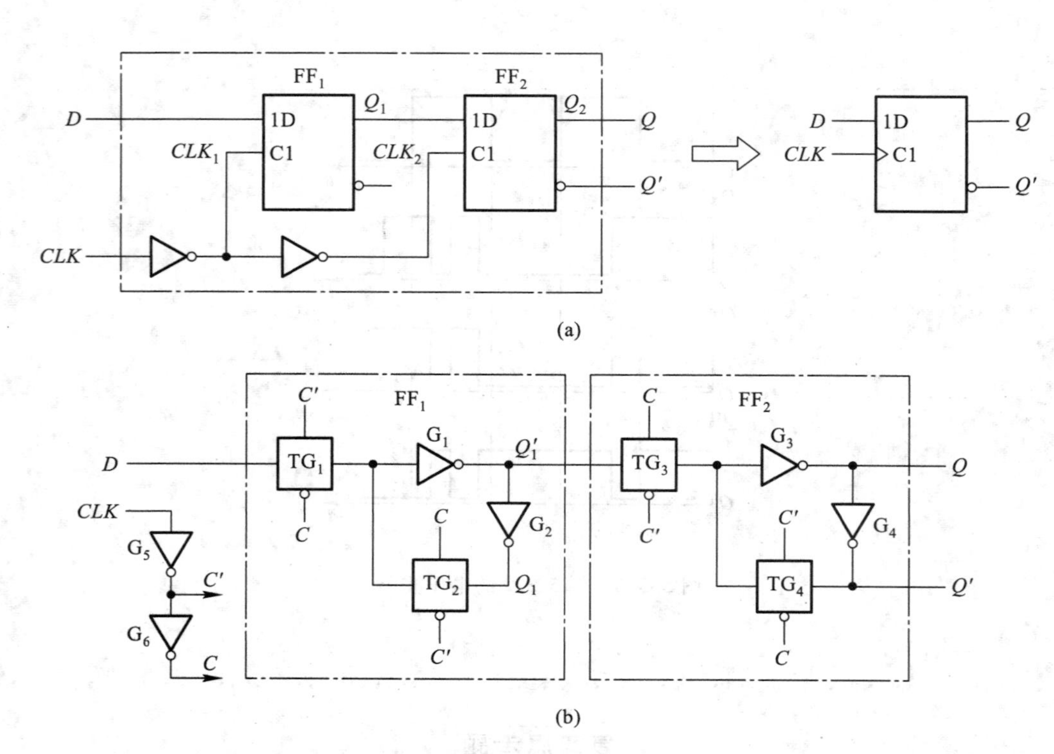

图 5.3.7 用两个电平触发 D 触发器组成的边沿触发器

(a) 原理性框图 (b) 实际的 CMOS 边沿触发 D 触发器

与它的输入状态相同。由于 FF_2 的输入就是 FF_1 的输出 Q_1，所以输出端 Q 便被置成了与 CLK 上升沿到达前瞬时 D 端相同的状态，而与以前和以后 D 端的状态无关。

目前在 CMOS 集成电路中主要采用这种电路结构形式制作边沿触发器①。图 5.3.7(b)就是 CMOS 边沿触发 D 触发器的典型电路，其中 FF_1 和 FF_2 是两个利用 CMOS 传输门组成的电平触发 D 触发器。当 $CLK=\mathbf{0}$ 时，$C=\mathbf{0}$、$C'=\mathbf{1}$，TG_1 导通、TG_2 截止，D 端的输入信号送入 FF_1，使 $Q_1=D$。而且，在 $CLK=\mathbf{0}$ 期间 Q_1 的状态将一直跟随 D 的状态而变化。同时，由于 TG_3 截止 TG_4 导通，FF_2 保持原来的状态不变。

当 CLK 的上升沿到达时，$C=\mathbf{1}$、$C'=\mathbf{0}$，TG_1 变为截止、TG_2 变为导通。由于反相器 G_1 输入电容的存储效应，G_1 输入端的电压不会立刻改变，于是 Q_1 在 TG_1 变为截止前的状态被保存了下来。同时，随着 TG_4 变为截止、TG_3 变为导通，Q_1 的状态通过 TG_3 和 G_3、G_4 送到了输出端，使 $Q^*=D$（CLK 上升沿到达时 D 的状态）。因此，这是一个上升沿触发的 D 触发器。

在图形符号中，用 CLK 输入端处框内的“>”表示触发器为边沿触发方式。在特性表中，则用 CLK 一栏里的“↑”表示边沿触发方式，而且是上升沿触发，如表 5.3.3 中所示。（如果将图 5.3.7(a)中 CLK 输入端的一个反相器去掉，则变成下降沿触发，这时应在 CLK 输入端加画小圆圈，并在特性表中以“↓”表示。）

---

① 如果需要了解其他几种电路结构的边沿触发器，可参阅本书第四版的第 5.5 节。

表 5.3.3 图 5.3.7 边沿触发器的特性表

CLK	D	Q	Q^*
×	×	×	Q
↑	**0**	**0**	**0**
↑	**0**	**1**	**0**
↑	**1**	**0**	**1**
↑	**1**	**1**	**1**

为了实现异步置位、复位功能,需要引入 S_D 和 R_D 信号。因为 S_D 和 R_D 是以高电平作为置 **1** 和置 **0** 输入信号的,所以必须把图 5.3.7(b)中的 4 个反相器改成**或非**门,形成图 5.3.8 所示的电路。S_D 和 R_D 端的内部连线在图中以虚线示出。

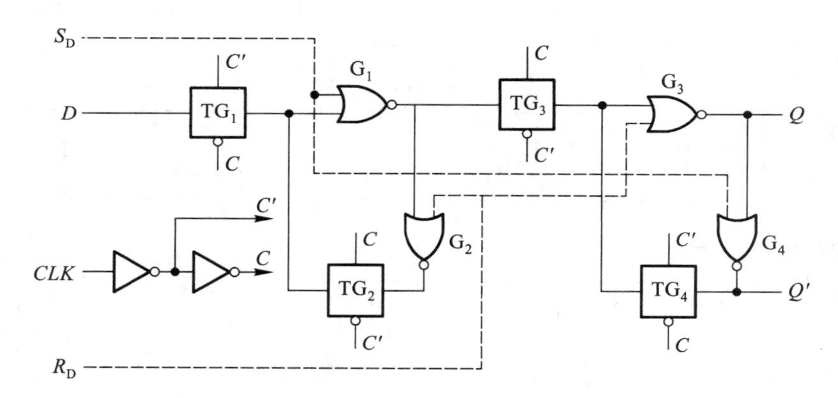

图 5.3.8 带有异步置位、复位端的 CMOS 边沿触发 D 触发器

【例 5.3.3】 在图 5.3.7 所示的边沿触发器电路中,若 D 端和 CLK 的电压波形如图 5.3.9 所示,试画出 Q 端的电压波形。假定触发器的初始状态为 $Q=\mathbf{0}$。

解: 由边沿触发器的动作特点可知,触发器的次态仅仅取决于 CLK 上升沿到达时刻 D 端的状态,即 $D=\mathbf{1}$ 则 $Q^*=\mathbf{1}$,$D=\mathbf{0}$则 $Q^*=\mathbf{0}$,于是便得到了图 5.3.9 中的 Q 端电压波形图。

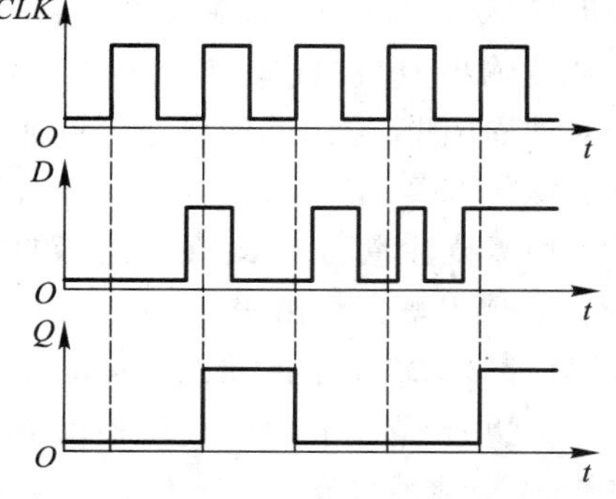

图 5.3.9 例 5.3.3 的电压波形图

二、边沿触发方式的动作特点

通过对上述边沿触发器工作过程的分析可以看出,边沿触发方式的动作特点,这就是触发器的次态仅取决于时钟信号的上升沿(也称为正边沿)或下降沿(也称为负边沿)到达时输入的逻辑状态,而在这以前或以后,输入信号的变化对触发器输出的状态没有影响。

这一特点有效地提高了触发器的抗干扰能力,因而也提高了电路的工作可靠性。

复习思考题

R5.3.2　边沿触发的动作特点和电平触发的动作特点有何不同?

5.3.3　脉冲触发的触发器

一、电路结构和工作原理

如果将图5.3.7(a)中边沿触发器里的两个电平触发 *D* 触发器换成电平触发的 *SR* 触发器,如图5.3.10(a)所示,那么这个新组成的电路又有怎样的动作特点呢?下面我们就来讨论一下它的触发过程。

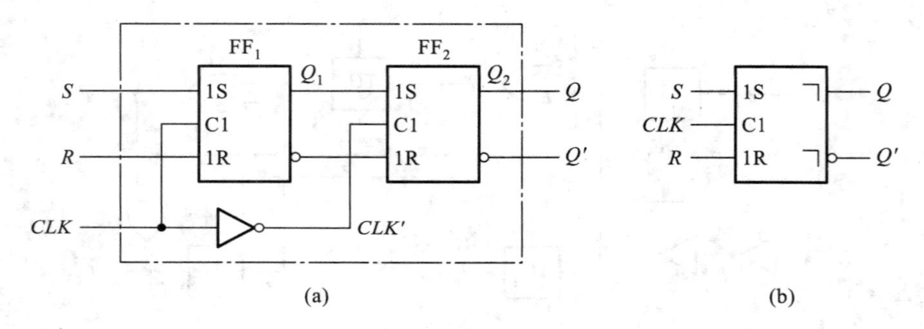

图5.3.10　脉冲触发的 *SR* 触发器

图5.3.10(a)的电路是脉冲触发 *SR* 触发器的典型电路(以前也把这个电路称作主从 *SR* 触发器)。FF_1 和 FF_2 分别称为主触发器和从触发器。当 $CLK=\mathbf{0}$ 时,FF_1 保持原状态不变。在 *CLK* 变为高电平后,$CLK=\mathbf{1}$、$CLK'=\mathbf{0}$,主触发器的输出 Q_1 将按照 *S* 和 *R* 输入端信号被置成相应的状态,而从触发器保持原来的状态不变。当 *CLK* 回到低电平,亦即下降沿到来时,从触发器的输出 Q_2 被置成与此刻 Q_1 相同的状态,而主触发器开始保持状态不变。由此可见,在一个时钟周期里,输出端的状态只可能改变一次,而且发生在 *CLK* 的下降沿。这一点和边沿触发器类似。

但需要注意的是,现在输入端的主触发器 FF_1 是一个电平触发的 *SR* 触发器,而不是电平触发的 *D* 触发器了。由于在 *CLK* 高电平期间主触发器输出的状态可能随 *S* 和 *R* 状态的变化而发生多次翻转,输出端的状态不可能始终与输入状态保持一致。因此,在脉冲触发 *SR* 触发器中,不能像边沿触发器那样,仅仅根据 *CLK* 下降沿到来时刻输入端 *S* 和 *R* 状态确定输出端 *Q* 的状态,而必须考察全部 $CLK=\mathbf{1}$ 期间主触发器状态的变化情况。这一点就是脉冲触发方式和边沿触发方式的区别所在。

例如,在图5.3.10(a)的电路中,当 $CLK=\mathbf{1}$ 期间输入信号先是 $S=\mathbf{0}$、$R=\mathbf{1}$,主触发器被置成 $Q_1=\mathbf{0}$;随后又变为 $S=\mathbf{1}$、$R=\mathbf{0}$,于是主触发器被置成了 $Q_1=\mathbf{1}$。而在 *CLK* 下降沿到来之前输入

又变成了 $S=\mathbf{0}$、$R=\mathbf{0}$，这时主触发器将保持 $Q_1=\mathbf{1}$ 不变。这样在 CLK 下降沿到来时，输出便被置成 $Q=Q_2=\mathbf{1}$。显然，如果只根据 CLK 下降沿到来时的输入状态，是无法正确地确定输出状态的。

在 CLK 高电平期间输入 S、R 不变的情况下，可以列出脉冲触发 SR 触发器的特性表，如表 5.3.4。表中用 CLK 一行里的“⎍↓”符号表示脉冲触发方式，而且 CLK 以高电平为有效电平（即 CLK 高电平时接受输入信号），输出端状态的变化则发生在 CLK 下降沿。这种情况也称为正脉冲触发。

表 5.3.4 脉冲触发 SR 触发器的特性表

CLK	S	R	Q	Q^*
×	×	×	×	Q
⎍↓	**0**	**0**	**0**	**0**
⎍↓	**0**	**0**	**1**	**1**
⎍↓	**1**	**0**	**0**	**1**
⎍↓	**1**	**0**	**1**	**1**
⎍↓	**0**	**1**	**0**	**0**
⎍↓	**0**	**1**	**1**	**0**
⎍↓	**1**	**1**	**0**	**1**①
⎍↓	**1**	**1**	**1**	**1**①

① CLK 回到低电平后输出状态不定。

在图 5.3.10(b)的图形符号中，用框内的“┐”表示脉冲触发方式。因为需要等到 CLK 的有效电平消失以后（即回到低电平），输出状态才改变，所以也把这种触发方式叫做延迟触发。

如果在图 5.3.10(a)电路 CLK 输入端增加一个反相器，则电路将变为 CLK 以低电平为有效信号，这时输出状态的变化将发生在 CLK 的上升沿。在功能表的 CLK 一栏中，用“⊔↑”表示。同时，在图形符号中 CLK 输入端处增画一个小圆圈。

【例 5.3.4】 在图 5.3.10(a)的正脉冲触发 SR 触发器中，若 CLK、S 和 R 的电压波形如图 5.3.11 中所给出，试求 Q 和 Q'端的电压波形。设触发器的初始状态为 $Q=\mathbf{0}$。

解： 首先根据 $CLK=\mathbf{1}$ 期间 S、R 的状态可得到 Q_1、Q'_1 的电压波形。然后，根据 CLK 下降沿到达时 Q_1、Q'_1 的状态即可画出 Q、Q'的电压波形了。由图可见，在第六个 CLK 高电平期间，Q_1 和Q'_1的状态虽然改变了两次，但输出端的状态并不改变。

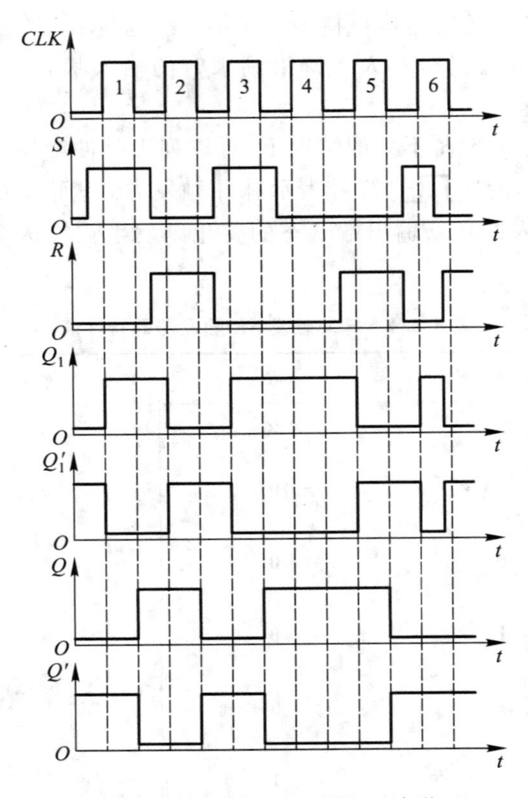

图 5.3.11　例 5.3.4 的电压波形

由于主触发器是一个电平触发 *SR* 触发器，所以在 *CLK* 的有效电平期间不应当施加 $S=R=\mathbf{1}$ 的输入信号，即仍需遵守 $SR=\mathbf{0}$ 的约束条件。前已述及，之所以规定这个约束条件，是因为当 *CLK* 的有效电平消失以后，或者 *S*、*R* 端的高电平同时回到低电平时，不能确定触发器的次态。为了解除这一约束，如果我们规定当输入为 $S=R=\mathbf{1}$ 时，触发器的次态为初态的反状态，即 $Q^*=Q'$，这样触发器的次态也能确定了。

不难想到，在 *SR* 触发器的基础上，如果当 $S=R=\mathbf{1}$ 时，将 *Q* 和 *Q'* 接回到输入端，用 *Q'* 代替 *S* 端的输入信号，用 *Q* 代替 *R* 端的输入信号，就可以实现上述要求了。图 5.3.12(a)就是根据这个原理，在一个正脉冲触发 *SR* 触发器的基础上改接而成的。为了强调这个电路在逻辑功能上与 *SR* 触发器的区别，将两个输入端分别用 *J* 和 *K* 标示，并将具有这种逻辑功能的触发器称为 *JK* 触发器。图 5.3.12(b)是正脉冲触发 *JK* 触发器的图形逻辑符号。

下面就来具体分析一下图 5.3.12(a)电路在各种输入状态下的触发过程。

若 $J=\mathbf{1}$、$K=\mathbf{0}$，则 $CLK=\mathbf{1}$时主触发器 FF_1 置 **1**(原来是 **0** 则置成 **1**，原来是 **1** 则保持 **1**)，待 $CLK=\mathbf{0}$以后从触发器 FF_2 亦随之置**1**，即 $Q^*=\mathbf{1}$。

若 $J=\mathbf{0}$、$K=\mathbf{1}$，则 $CLK=\mathbf{1}$时主触发器置**0**，待 $CLK=\mathbf{0}$以后从触发器也随之置 **0**，即 $Q^*=\mathbf{0}$。

若 $J=K=\mathbf{0}$，则由于门 G_1、G_2 被封锁，触发器保持原状态不变，即 $Q^*=Q$。

若 $J=K=\mathbf{1}$ 时，需要分别考虑两种情况。第一种情况是 $Q=\mathbf{0}$。这时门 G_2 被 *Q* 端的低电平封锁，$CLK=\mathbf{1}$ 时仅 G_1 输出低电平信号，故主触发器置 **1**。$CLK=\mathbf{0}$ 以后从触发器也跟着置 **1**，即 $Q^*=\mathbf{1}$。

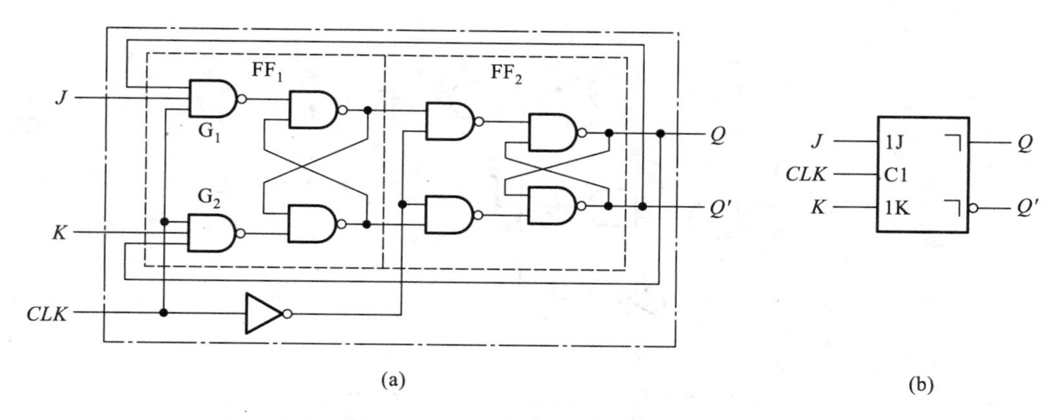

图 5.3.12 正脉冲触发的 *JK* 触发器

（a）电路结构图 （b）图形逻辑符号

第二种情况是 $Q=\mathbf{1}$。这时门 G_1 被 Q'端的低电平封锁，因而在 $CLK=\mathbf{1}$ 时仅 G_2 能给出低电平信号，故主触发器被置 **0**。当 $CLK=\mathbf{0}$以后从触发器跟着置 **0**，故 $Q^*=\mathbf{0}$。

综合以上两种情况可知，无论 $Q=\mathbf{1}$ 还是 $Q=\mathbf{0}$，当 $J=K=\mathbf{1}$ 时，触发器的次态可统一表示为 $Q^*=Q'$。就是说，当 $J=K=\mathbf{1}$ 时，*CLK* 下降沿到达后触发器将翻转为与初态相反的状态。

将上述的逻辑关系用真值表表示，即得到表 5.3.5 所示的脉冲触发 *JK* 触发器的特性表。

表 5.3.5 脉冲触发 *JK* 触发器的特性表

CLK	*J*	*K*	*Q*	Q^*
×	×	×	×	*Q*
⎍	**0**	**0**	**0**	**0**
⎍	**0**	**0**	**1**	**1**
⎍	**1**	**0**	**0**	**1**
⎍	**1**	**0**	**1**	**1**
⎍	**0**	**1**	**0**	**0**
⎍	**0**	**1**	**1**	**0**
⎍	**1**	**1**	**0**	**1**
⎍	**1**	**1**	**1**	**0**

在有些集成电路触发器产品中，输入端 *J* 和 *K* 不止是一个。在这种情况下，J_1 和 J_2、K_1 和 K_2 是**与**的逻辑关系，如图 5.3.13(a)所示。如果用特性表描述它的逻辑功能，则应以 $J_1 \cdot J_2$ 和 $K_1 \cdot K_2$ 分别代替表 5.3.5 中的 *J* 和 *K*。图 5.3.13(b)中给出了多输入端 *JK* 触发器常见的两种逻辑符号。

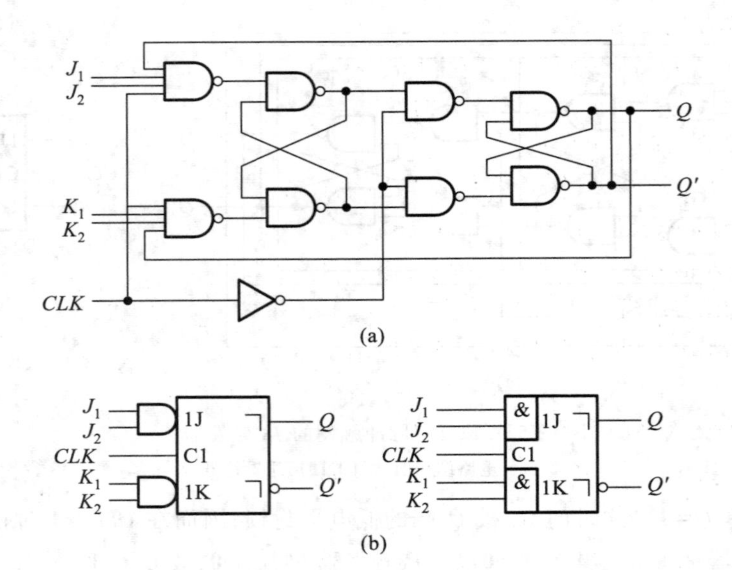

图 5.3.13　具有多输入端的主从 JK 触发器
(a) 电路结构　(b) 逻辑符号

【例 5.3.5】　在图 5.3.12 给出的脉冲触发 JK 触发器电路中，若 CLK、J、K 的波形如图 5.3.14 所示，试画出 Q、Q'端对应的电压波形。假定触发器的初始状态为 $Q=\mathbf{0}$。

解： 由于每一时刻 J、K 的状态均已由波形图给定，而且 $CLK=\mathbf{1}$ 期间 J、K 的状态不变，所以只要根据 CLK 下降沿到达时 JK 的状态去查主从 JK 触发器的特性表，就可以逐段画出 Q 和 Q'端的电压波形了。可以看出，触发器输出端状态的改变均发生在 CLK 信号的下降沿，而且即使 $CLK=\mathbf{1}$ 时 $J=K=\mathbf{1}$，CLK 下降沿到来时触发器的次态也是确定的。

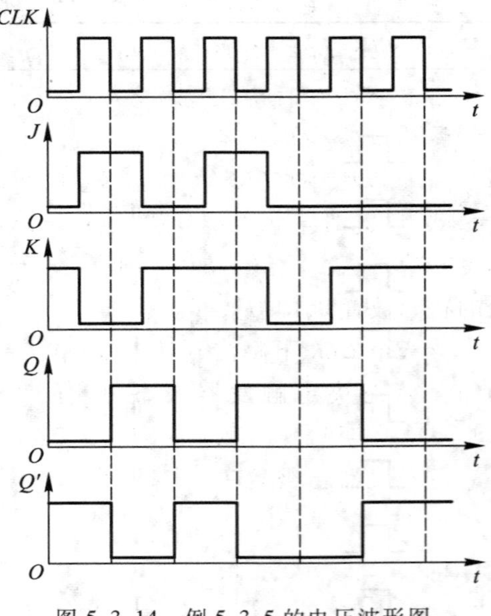

图 5.3.14　例 5.3.5 的电压波形图

二、脉冲触发方式的动作特点

通过上面的分析可以看到，脉冲触发方式具有两个值得注意的动作特点：

(1) 触发器的翻转分两步动作。第一步，当 CLK 以高电平为有效信号时，在 $CLK=\mathbf{1}$ 期间主触发器接收输入端（S、R 或 J、K）的信号，被置成相应的状态，而从触发器不动；第二步，CLK 下降沿到来时从触发器按照主触发器的状态翻转，所以 Q、Q'端状态的改变发生在 CLK 的下降沿。（若 CLK 以低电平为有效信号，则 Q 和 Q'状态的变化发生在 CLK 的上升沿。）

(2) 因为主触发器本身是一个电平触发 SR 触发器，所以在 $CLK=\mathbf{1}$ 的全部时间里输入信号都将对主触发器起控制作用。

由于存在这样两个动作特点，在 $CLK=\mathbf{1}$期间输入信号发生过变化以后，CLK 下降沿到达时从触发器的状态不一定能按此刻输入信号的状态来确定，而必须考虑整个 $CLK=\mathbf{1}$期间里输入信号的变化过程才能确定触发器的次态。

在图 5.3.12 所示的脉冲触发 JK 触发器中也存在类似的问题，即 $CLK=\mathbf{1}$ 的全部时间里主触发器都可以接收输入信号。不过由于 Q、Q'端接回到了输入门上，所以在 $Q=\mathbf{0}$ 时主触发器只能接受置**1**输入信号，在 $Q=\mathbf{1}$时主触发器只能接受置 **0** 信号。其结果就是在 $CLK=\mathbf{1}$期间主触发器只有可能翻转一次，一旦翻转了就不会翻回原来的状态。但在 SR 触发器中，由于没有 Q、Q'端接到输入端的反馈线，所以 $CLK=\mathbf{1}$ 期间 S、R 状态多次改变时主触发器状态也会随着多次翻转。

因此，在使用脉冲触发的触发器时必须注意：只有在 $CLK=\mathbf{1}$ 的全部时间里输入状态始终未变的条件下，用 CLK 下降沿到达时输入的状态决定触发器的次态才肯定是对的。否则，必须考虑 $CLK=\mathbf{1}$期间输入状态的全部变化过程，才能确定 CLK 下降沿到达时触发器的次态。

【例 5.3.6】 在图 5.3.12 所示的脉冲触发 JK 触发器中，已知 CLK、J、K 的电压波形如图 5.3.15 所示，试画出与之对应的输出端电压波形。设触发器的初始状态为 $Q=\mathbf{0}$。

解： 由图 5.3.15 可见，第一个 CLK 高电平期间始终为 $J=\mathbf{1}$、$K=\mathbf{0}$，CLK 下降沿到达后触发器置 **1**。

第二个 CLK 的高电平期间 K 端状态发生过变化，因而不能简单地以 CLK 下降沿到达时 J、K 的状态来决定触发器的次态。因为在 CLK 高电平期间出现过短时间的 $J=\mathbf{0}$、$K=\mathbf{1}$状态，此时主触发器便被置 **0**，所以虽然 CLK 下降沿到达时输入状态回到了 $J=K=\mathbf{0}$，但从触发器仍按主触发器的状态被置 **0**，即 $Q^{*}=\mathbf{0}$。

第三个 CLK 下降沿到达时 $J=\mathbf{0}$、$K=\mathbf{1}$。如果以这时的输入状态决定触发器次态，应保持 $Q^{*}=\mathbf{0}$。但由于 CLK 高电平期间曾出现过 $J=K=\mathbf{1}$状态，CLK 下降沿到达之前主触发器已被置 **1**，所以 CLK 下降沿到达后从触发器被置 **1**。

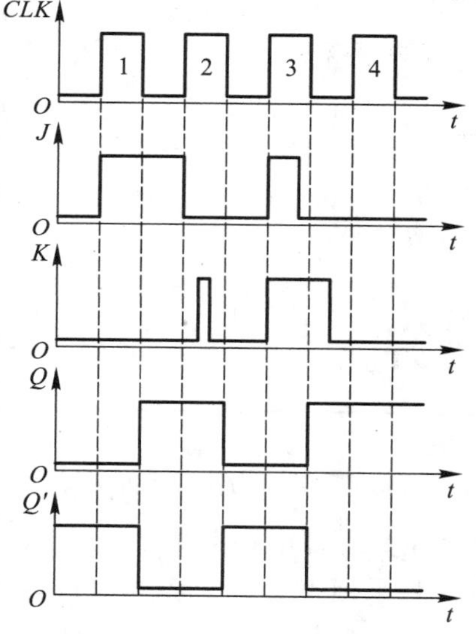

图 5.3.15 例 5.3.6 的电压波形图

复习思考题

R5.3.3 脉冲触发方式有哪些动作特点？它和电平触发方式、边沿触发方式有何不同？

R5.3.4 脉冲触发 JK 触发器和脉冲触发 SR 触发器在逻辑功能上有什么区别？用 JK 触发器代替 SR 触发器在逻辑功能上能否满足要求？

R5.3.5 为什么说脉冲触发 SR 触发器的主触发器在 $CLK=\mathbf{1}$ 期间可能多次改变状态，而脉冲触发 JK 触发

器的主触发器在 $CLK=\mathbf{1}$ 期间只可能翻转一次？

R5.3.6 在图 5.3.1(a)的电平触发 SR 触发器电路中，能否通过将 Q 端接至**与非**门 G_4 的输入、将 Q'接至**与非**门 G_3 的输入而得到 JK 触发器？

5.3.4 触发器按逻辑功能的分类

从上一节中可以看到，由于每一种触发器电路的信号输入方式不同（有单端输入的，也有双端输入的），触发器的次态与输入信号逻辑状态间的关系也不相同，所以它们的逻辑功能也不完全一样。

按照逻辑功能的不同特点，通常将时钟控制的触发器分为 SR 触发器、JK 触发器、T 触发器和 D 触发器等几种类型。

一、SR 触发器

凡在时钟信号作用下逻辑功能符合表 5.3.6 特性表所规定的逻辑功能者，无论触发方式如何，均称为 SR 触发器。

表 5.3.6 SR 触发器的特性表

S	R	Q	Q^*
0	0	0	0
0	0	1	1
0	1	0	0
0	1	1	0
1	0	0	1
1	0	1	1
1	1	0	不定
1	1	1	不定

显然，上几节中讲到的图 5.3.1 和图 5.3.10 电路都属于 SR 触发器。而图 5.2.1 和图 5.2.2 所示的锁存器电路不受触发信号（时钟）控制，所以它们不属于这里所定义的 SR 触发器。

如果把表 5.3.6 特性表所规定的逻辑关系写成逻辑函数式，则得到

$$\begin{cases} Q^* = S'R'Q + SR'Q' + SR'Q = SR' + S'R'Q \\ SR = \mathbf{0} \quad \text{（约束条件）} \end{cases}$$

利用约束条件将上式化简，于是得出

$$\begin{cases} Q^* = S + R'Q \\ SR = \mathbf{0} \quad \text{（约束条件）} \end{cases} \tag{5.3.1}$$

式(5.3.1)称为 SR 触发器的特性方程。

虽然用特性表描述触发器的逻辑功能比较直观，但是不能用特性表进行逻辑运算。在下一章里将会看到，在进行时序逻辑电路的分析和设计时，就必须使用特性方程描述触发器的逻辑功能了。

二、JK 触发器

凡在时钟信号作用下逻辑功能符合表 5.3.7 特性表所规定的逻辑功能者，无论其触发方式如何，均称为 JK 触发器。

表 5.3.7 JK 触发器的特性表

J	K	Q	Q^*
0	0	0	0
0	0	1	1
0	1	0	0
0	1	1	0
1	0	0	1
1	0	1	1
1	1	0	1
1	1	1	0

前面讲过的图 5.3.12 和图 5.3.13 所示电路都属于 JK 触发器。

根据表 5.3.7 可以写出 JK 触发器的特性方程，化简后得到

$$Q^* = JQ' + K'Q \tag{5.3.2}$$

三、T 触发器

在某些应用场合下，需要这样一种逻辑功能的触发器，当控制信号 $T=1$ 时每来一个时钟信号它的状态就翻转一次；而当 $T=0$ 时，时钟信号到达后它的状态保持不变。具备这种逻辑功能的触发器称为 T 触发器。它的特性表如表 5.3.8 所示。

表 5.3.8 T 触发器的特性表

T	Q	Q^*
0	0	0
0	1	1
1	0	1
1	1	0

从特性表写出 T 触发器的特性方程为

$$Q^* = TQ' + T'Q \tag{5.3.3}$$

它的图形逻辑符号如图 5.3.16 所示。

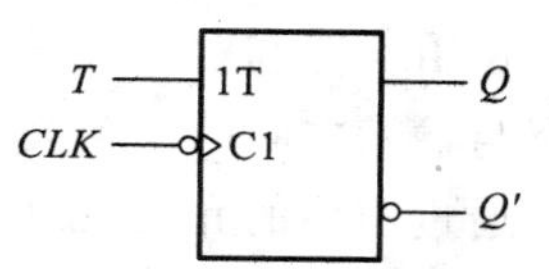

图 5.3.16 T 触发器的图形逻辑符号

事实上只要将 JK 触发器的两个输入端连在一起作为 T 端，就可以构成 T 触发器。正因为如此，在触发器的定型产品中通常

没有专门的 T 触发器。

当 T 触发器的控制端接至固定的高电平时（即 T 恒等于 **1**），则式（5.3.3）变为

$$Q^{*}=Q'$$

即每次 CLK 信号作用后触发器必然翻转成与初态相反的状态。

四、D 触发器

凡在时钟信号作用下逻辑功能符合表 5.3.9 特性表所规定的逻辑功能者，无论触发方式如何，均称为 D 触发器。前面讲过的图 5.3.4、图 5.3.5 和图 5.3.7 中的触发器，在逻辑功能上同属于这种类型。

从特性表写出 D 触发器的特性方程为

$$Q^{*}=D \tag{5.3.4}$$

表 5.3.9　D 触发器的特性表

D	Q	Q^{*}
0	**0**	**0**
0	**1**	**0**
1	**0**	**1**
1	**1**	**1**

将 JK、SR、T 三种类型触发器的特性表比较一下不难看出，其中 JK 触发器的逻辑功能最强，它包含了 SR 触发器和 T 触发器的所有逻辑功能。因此，在需要使用 SR 触发器和 T 触发器的场合完全可以用 JK 触发器来取代。例如，在需要 SR 触发器时，只要将 JK 触发器的 J、K 端当作 S、R 端使用，就可以实现 SR 触发器的功能；在需要 T 触发器时，只要将 J、K 连在一起当作 T 端使用，就可以实现 T 触发器的功能，如图 5.3.17 所示。因此，目前生产的触发器定型产品中只有 JK 触发器和 D 触发器这两大类。

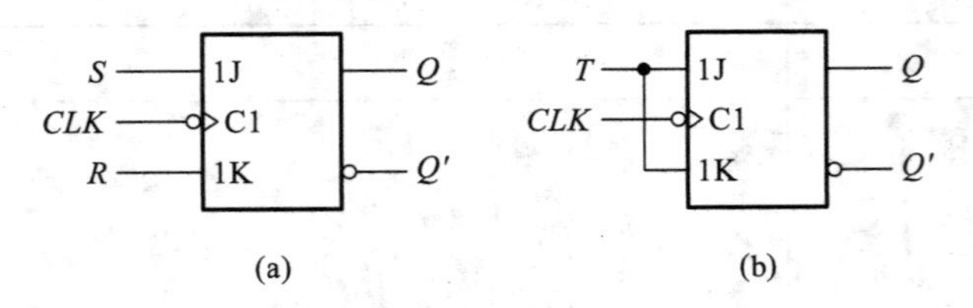

图 5.3.17　将 JK 触发器用作 SR、T 触发器

（a）用作 SR 触发器　（b）用作 T 触发器

逻辑功能和触发方式是触发器的两个最重要的特性。逻辑功能是指稳态下触发器的次态和初态与输入之间的逻辑关系，而触发方式则指出了触发器在动态翻转过程中的动作特点。

通过前面的介绍可以看到，触发器的触发方式是由电路结构形式决定的。因此，触发器的触发方式和电路结构形式之间有固定的对应关系。然而触发器的触发方式和逻辑功能之间并无固定的对应关系。也就是说，同一种逻辑功能的触发器可以采用不同的触发方式；同一种触发方式

的触发器可以具有不同逻辑功能。

例如图 5.3.4(a)中的电路和图 5.3.7(a)中的电路都是 D 触发器，但是两者的触发方式不同，前者属于电平触发，而后者属于边沿触发，所以在触发过程中它们的动作特点是不一样的。

又例如，同样是边沿触发器，不仅可以作成图 5.3.7 中的 D 触发器，也可以作成如图 5.3.18 中所示的 JK 触发器。将这个电路与图 5.3.8 所示的 D 触发器电路对照一下即可发现，图 5.3.18 电路只不过是在图 5.3.8 电路上附加了门 G_1、G_2 和 G_3 而已，电路的其余部分完全相同。从逻辑图可以写出图 5.3.18 所示触发器的特性方程

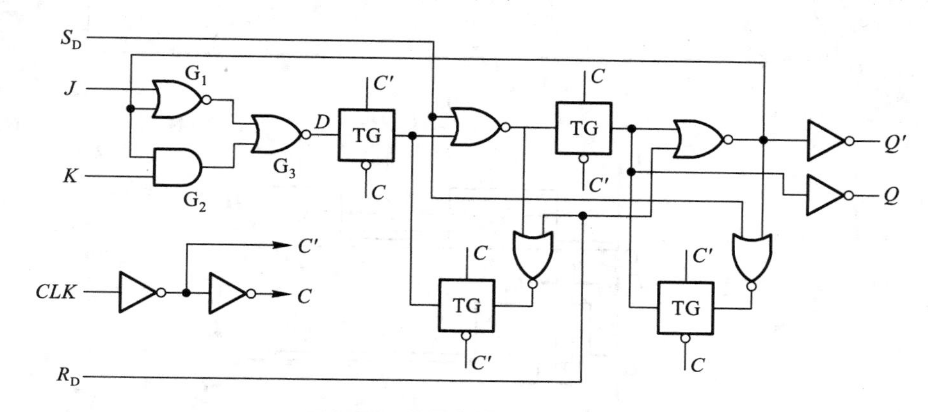

图 5.3.18 用两个电平触发 D 触发器构成的边沿触发 JK 触发器(CC4027)

$$Q^* = D = ((J+Q)'+KQ)' = JQ'+K'Q$$

故符合 JK 触发器规定的逻辑功能。

复习思考题

R5.3.7 为什么从满足逻辑功能的要求上可以用 JK 触发器代替 SR 触发器，而不能用 SR 触发器代替 JK 触发器？

R5.3.8 将 JK 触发器用作 SR 触发器和 T 触发器时，应如何连接？

5.3.5 触发器的动态特性

为了保证触发器在时钟信号到来时能可靠地翻转，有必要进一步分析一下触发器的动态翻转过程，从而找出对输入信号、时钟信号以及两者互相配合关系的要求。通常用建立时间、保持时间、传输延迟时间以及最高时钟频率等几个参数具体描述触发器的动态特性。

下面就以图 5.3.19(a)中的边沿触发 D 触发器为例，说明这些动态参数的含义。为了叙述的方便，假定图中传输门从控制信号(C 和 C')跳变到它的输出状态改变的延迟时间、反相器的传输延迟时间都是 t_d。

一、建立时间(Setup time)t_{su}

建立时间是指输入信号应当先于时钟信号 CLK 动作沿到达的时间。为了保证触发器可靠

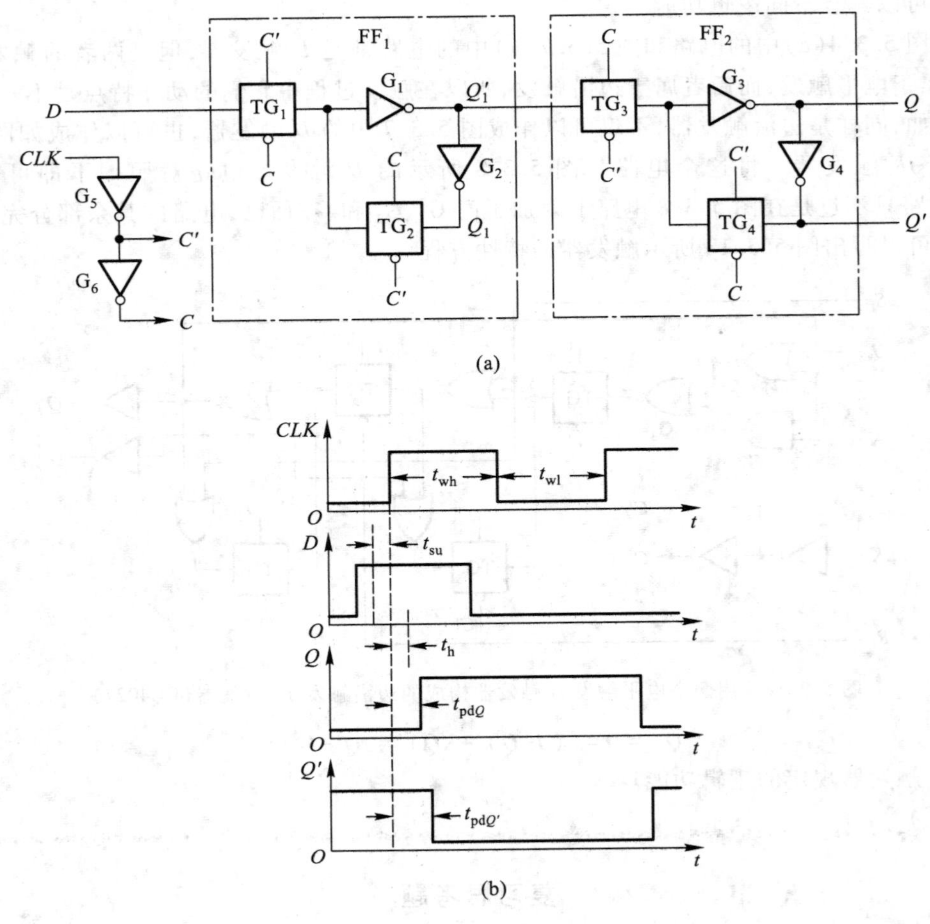

图 5.3.19　边沿触发 D 触发器动态特性的分析
（a）电路图　（b）电压波形图

地翻转，在 C 和 C' 状态改变以前 FF_1 中 Q_1 的状态必须稳定地建立起来，使 $Q_1=D$。由于加到 D 端的输入信号需要经过传输门 TG_1 和反向器 G_1 和 G_2 的传输延迟时间才能到达 Q_1 端，而在 CLK 的上升沿到达后，只需经过反相器 G_5 的传输延迟时间 C' 的状态即开始改变，因此 D 端的输入信号必须先于 CLK 的上升沿至少 $2t_d$ 的时间到达，故 $t_{su}=2t_d$。

二、保持时间（Hold time）t_h

保持时间是指时钟信号 CLK 动作沿到达后，输入信号仍然需要保持不变的时间。由图 5.3.19(a) 可见，在 C 和 C' 改变状态使 TG_1 变为截止、TG_2 变为导通之前，D 端的输入信号应当保持不变。为此，至少在 CLK 上升沿到达后 $2t_d$ 的时间内输入信号应当保持不变，即保持时间应为 $t_h=2t_d$。

三、传输延迟时间（Propagation delay time）t_{pd}

传输延迟时间是指从 CLK 动作沿到达开始，直到触发器输出的新状态稳定建立所需要的时间。从图 5.3.19(a)可见,FF_2 输出端 Q 的新状态需要经过 C、C'、TG_3 和 G_3 的传输延迟以后才能建立起来,所以输出端 Q 的传输延迟时间 $t_{pdQ}=4t_d$。而 Q'端还要再经过 G_4 的延迟才能建立起来,因而输出端 Q 的传输延迟时间应为 $t_{pdQ'}=5t_d$。

四、最高时钟频率(Maximum clock frequency)f_{max}

最高时钟频率是指触发器在连续、重复翻转的情况下,时钟信号可以达到的最高重复频率。从上面的分析得知,在图 5.3.19(a)的电路中,为了保证触发器能可靠地翻转,CLK 的低电平持续时间 t_{wl}必须大于建立时间,所以 t_{wl}的最小值应为 $t_{wl(min)}=2t_d$。

而在 CLK 变成高电平以后,直到 Q'新状态建立起来以前,TG_3 必须保持导通状态,因而 C 和 C'状态不能改变。考虑到需要经过 G_5 的传输延迟时间 t_d 以后 C 和 C'状态才开始改变,所以 CLK 的高电平持续时间 t_{wh}必须大于 $t_{pdQ'}-t_d$,故 t_{wh}的最小值应为 $t_{wh(min)}=4t_d$。由此即可得到最高时钟频率为

$$f_{max}=1/(t_{wl(min)}+t_{wh(min)})=1/(6t_d)$$

若 CLK 波形的占空比为 50%,则应取 $t_{wl}=t_{wh}=4t_d$,这时的最高时钟频率将是 $1/(8t_d)$。

这里需要提醒一点,就是在以上的分析过程中,我们假设了所有门电路的传输延迟时间是相等的,而实际上每个门电路的传输延迟时间是各不相同的。因此,上面得到的分析结果只能用于定性说明有关的物理概念。

通过对这个例子的分析还可以看到,触发器的动态参数取决于电路结构形式以及其中每个门电路的传输延迟时间,所以各种触发器的动态参数随电路结构形式和内部电路参数的不同而异。而且,这些电路参数又有一定的分散性。实际上每种集成电路触发器产品的动态参数最后都要通过实验来测定,然后给出参数的范围。

复习思考题

R5.3.9 用于描述触发器动态特性的参数有哪些?它们的物理含义都是什么?

5.4 寄 存 器

寄存器(Register)能够寄存一组二值代码,它被广泛应用于数字计算机和各种复杂数字系统当中。

由于一个触发器能够储存一位二值代码,所以用 N 个触发器组成的寄存器能够储存一组 N 位的二值代码。为了满足与周围相连电路快速进行数据交换的需要,寄存器通常都采取所谓"透明"的电路结构形式,即每个触发器的输入端和输出端都被直接引出。在采用 LSI 工艺实现的数字系统中,这些寄存器通常都已经集成在 LSI 器件内部了。此外,也有作成标准化集成电路产品的寄存器可供选用。

对寄存器中的触发器只要求它们具有置 **1**、置 **0** 的功能即可,因而无论是用电平触发的触发

器，还是用脉冲触发或边沿触发的触发器，都可以组成寄存器。

图 5.4.1 是一个用电平触发的 D 触发器组成的 4 位寄存器的实例——74LS75 的逻辑图。由电平触发的动作特点可知，在 CLK 的高电平期间 Q 端的状态跟随 D 端状态而变，在 CLK 变成低电平以后，Q 端将保持 CLK 变为低电平时刻 D 端的状态。

74HC175 则是用 CMOS 边沿触发器组成的 4 位寄存器，它的逻辑图如图 5.4.2 所示。根据边沿触发的动作特点可知，触发器输出端的状态仅仅取决于 CLK 上升沿到达时刻 D 端的状态。可见，虽然 74LS75 和 74HC175 都是 4 位寄存器，但由于采用了不同结构类型的触发器，所以动作特点是不同的。

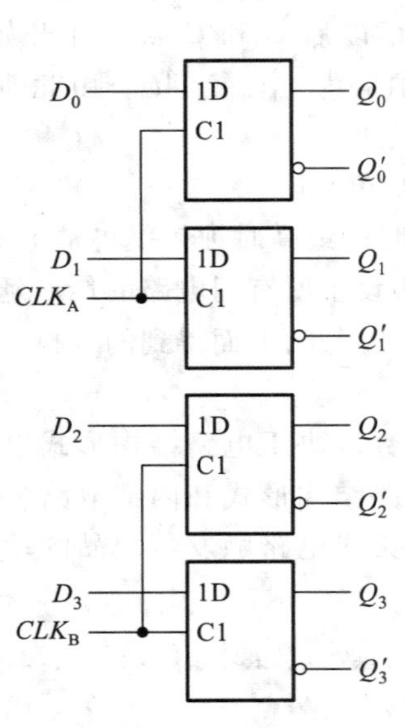

图 5.4.1　74LS75 的逻辑图

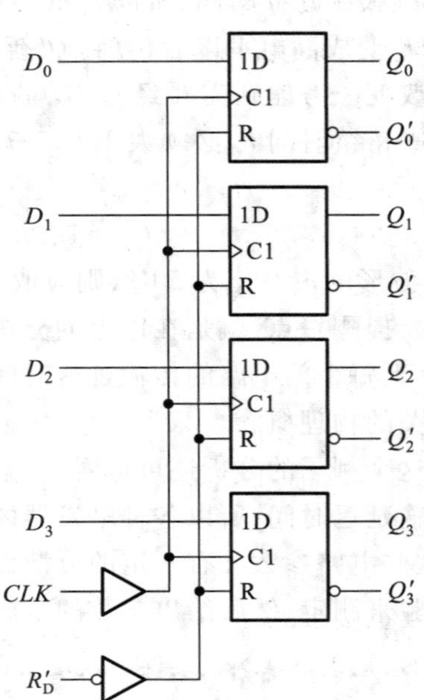

图 5.4.2　74HC175 的逻辑图

为了增加使用的灵活性，在有些寄存器电路中还附加了一些控制电路，使寄存器又增添了异步置 **0**、输出三态控制和“保持”等功能。这里所说的“保持”，是指 CLK 信号到达时触发器不随 D 端的输入信号而改变状态，保持原来的状态不变。

在上面介绍的两个寄存器电路中，接收数据时所有各位代码是同时输入的，而且触发器中的数据是并行地出现在输出端的，因此将这种输入、输出方式称为并行输入、并行输出方式。

5.5　存　储　器

存储器是一种能够存储大量二值信息（或称为数据）的器件。由于计算机以及其他一些数字系统的工作过程中，都需要对大量的数据进行存储，所以存储器也就成了计算机和这些数字系统不可缺少的组成部分。在这里我们只讨论用半导体集成电路制成的各种半导体存储器。

由于计算机需要处理的数据量越来越大，运算速度越来越高，这就要求存储器具有更大的存储容量和更快的存取速度。因此,存储容量和存取速度是衡量存储器性能的两个最重要的指标。

因为半导体存储器的存储单元数目极其庞大而器件的引脚数目有限,所以在电路结构上就不可能像寄存器那样把每个存储单元的输入和输出直接引出。为了解决这个矛盾,在存储器中给每个存储单元编了一个地址,只有被输入地址代码指定的那些存储单元才能与公共的输入/输出引脚接通,进行数据的读出或写入。

半导体存储器的种类很多,首先从存、取功能上可以分为随机存储器(Random-Access Memory,简称 RAM)和只读存储器(Read-Only Memory,简称 ROM)两大类。

随机存储器与只读存储器的根本区别在于,正常工作状态下就可以随时快速地向存储器里写入数据或从中读出数据。根据所采用的存储单元工作原理的不同,又将随机存储器分为静态存储器(Static Random-Access Memory,简称 SRAM)和动态存储器(Dynamic Random-Access Memory,简称 DRAM)。由于动态存储器存储单元的结构非常简单,所以它所能达到的集成度远高于静态存储器。但是动态存储器的存取速度不如静态存储器快。由于断电以后随机存储器中数据将随之消失,所以不宜用它保存那些需要长期保存的数据。

只读存储器在正常工作状态下只能从中读取数据,不能快速地随时修改或重新写入数据。ROM 的优点是电路结构简单,而且在断电以后数据不会丢失。它的缺点是只适用于存储那些固定数据的场合。只读存储器中又有掩模 ROM、可编程 ROM(Programmable Read-Only Memory,简称 PROM)和可擦除的可编程 ROM(Erasable Programmable Read-Only Memory,简称 EPROM)几种不同类型。掩模 ROM 中的数据在制作时已经确定,无法更改。PROM 中的数据可以由用户根据自己的需要写入,但一经写入以后就不能再修改了。EPROM 里的数据则不但可以由用户根据自己的需要写入,而且还能擦除重写,所以具有更大的使用灵活性。但由于擦除改写的速度较慢,而且需要置于不同于正常读出的工作状态,所以通常仍将 EPROM 用作只读存储器。

另外,从制造工艺上又可以将存储器分为双极型和 MOS 型。鉴于 MOS 电路(尤其是 CMOS 电路)具有功耗低、集成度高的优点,所以目前大容量的存储器都是采用 MOS 工艺制作的。

5.5.1 静态随机存储器(SRAM)

一、SRAM 的结构和工作原理

SRAM 电路通常由存储矩阵、地址译码器和读/写控制电路(也称输入/输出电路)三部分组成,如图 5.5.1 所示。

存储矩阵由许多存储单元排列而成,每个存储单元能存储 1 位二值数据(**1** 或 **0**),在译码器和读/写电路的控制下,既可以写入 **1** 或 **0**,又可以将存储的数据读出。

地址译码器一般都分成行地址译码器和列地址译码器两部分。行地址译码器将输入地址代码的若干位译成某一条字线的输出高、低电平信号,从存储矩阵中选中一行存储单元;列地址译码器将输入地址代码的其余几位译成某一根输出线上的高、低电平信号,从字线选中的一行存储单元中再选 1 位(或几位),使这些被选中的单元经读/写控制电路与输入/输出端接通,以便对这些单元进行读、写操作。

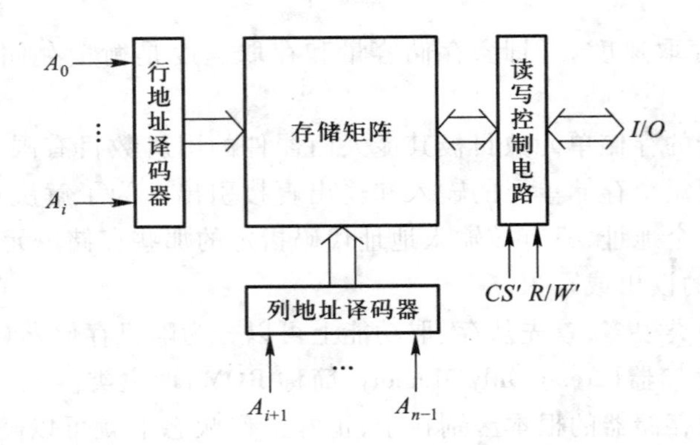

图 5.5.1　SRAM 的结构框图

读/写控制电路用于对电路的工作状态进行控制。当读/写控制信号 $R/W'=\mathbf{1}$ 时，执行读操作，将存储单元里的数据送到输入/输出端上。当 $R/W'=\mathbf{0}$ 时，执行写操作，加到输入/输出端上的数据被写入存储单元中。图中的双向箭头表示一组可双向传输数据的导线，它所包含的导线数目等于并行输入/输出数据的位数。多数 RAM 集成电路是用一根读/写控制线控制读/写操作的，但也有少数的 RAM 集成电路是用两个输入端分别进行读和写控制的。

在读/写控制电路上都设有片选输入端 CS'。当 $CS'=\mathbf{0}$ 时 RAM 为正常工作状态；当 $CS'=\mathbf{1}$ 时所有的输入/输出端均为高阻态，不能对 RAM 进行读/写操作。

在多位数据并行输出的存储器中，习惯上将并行输出的一组数据叫做一个“字”（word），存储器的每个地址中存放一个字。存储器的容量用存储单元的数量表示，通常写成“（字数）×（每个字的位数）”的形式。

图 5.5.2 是一个 1024×4 位 SRAM 的结构框图，其中 4096 个存储单元排列成 64 行×64 列的矩阵。10 位输入地址代码分成两组译码。$A_4\sim A_9$ 6 位地址码加到行地址译码器上，用它的输出信号从 64 行存储单元中选出指定的一行。另外 4 位地址码加到列地址译码器上，利用它的输出信号再从已选中的一行里挑出要进行读/写的 4 个存储单元。

$I/O_1\sim I/O_4$ 既是数据输入端又是数据输出端。读/写操作在 R/W' 和 CS' 信号的控制下进行。当 $CS'=\mathbf{0}$，且 $R/W'=\mathbf{1}$ 时，读/写控制电路工作在读出状态。这时由地址译码器选中的 4 个存储单元中的数据被送到 $I/O_1\sim I/O_4$。

当 $CS'=\mathbf{0}$，且 $R/W'=\mathbf{0}$ 时，执行写入操作。这时读/写控制电路工作在写入工作状态，加到 $I/O_1\sim I/O_4$ 端的输入数据便被写入指定的 4 个存储单元中去。

若令 $CS'=\mathbf{1}$，则所有的 I/O 端均处于禁止态，将存储器内部电路与外部连线隔离。因此，可以直接将 $I/O_1\sim I/O_4$ 与系统总线相连，或将多片存储器的输入/输出端并联运用。

二、SRAM 的静态存储单元

静态存储单元是在 SR 锁存器的基础上附加门控管而构成的。因此，它是靠锁存器的自保功能存储数据的。

图 5.5.3 是用六只MOS管组成的 CMOS 静态存储单元。其中的 $T_1\sim T_4$ 组成 SR 锁存器，用于记忆 1 位二值代码。其中 T_1、T_2 和 T_3、T_4 分别接成了反相器 G_1 和 G_2。为了减少输入、输出连线的数目，将 G_1 的输出端与 G_2 的输入端相连，既可在写入时作为置 **1** 输入端，又可在读出时作为

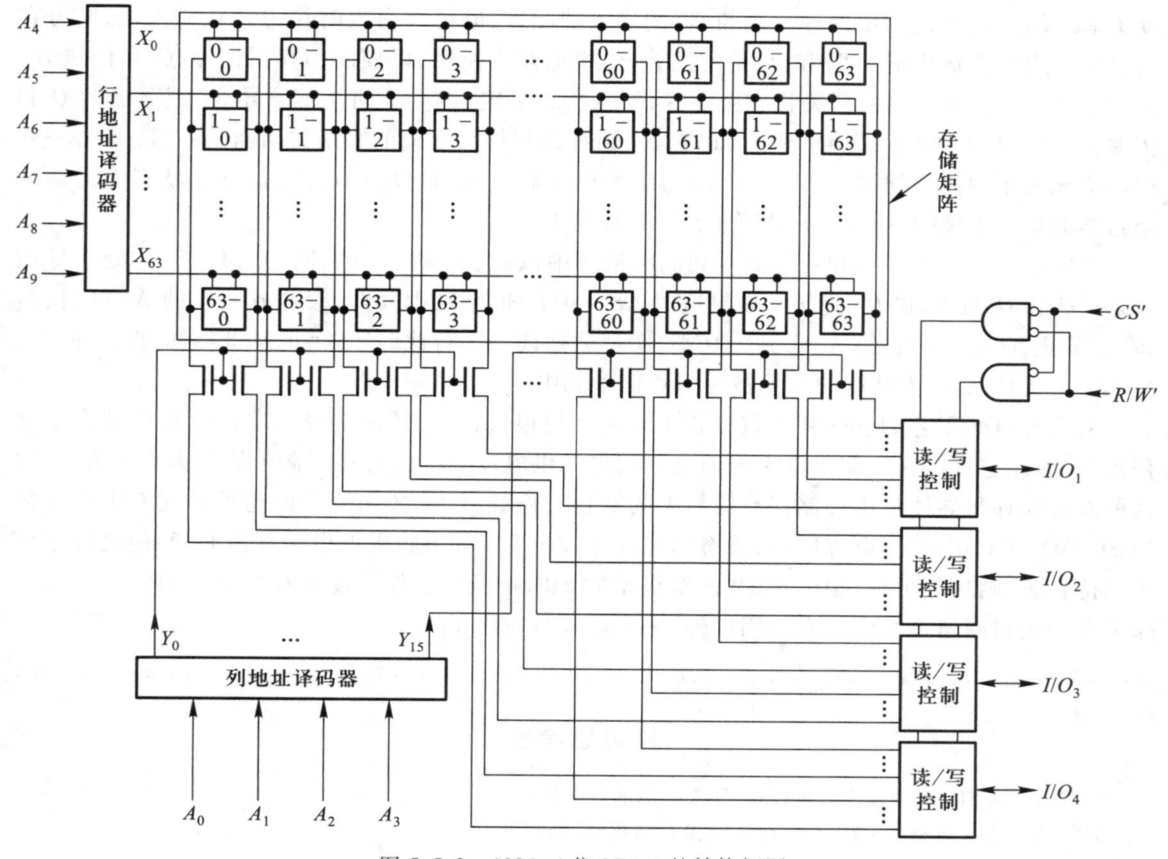

图 5.5.2 1024×4 位 SRAM 的结构框图

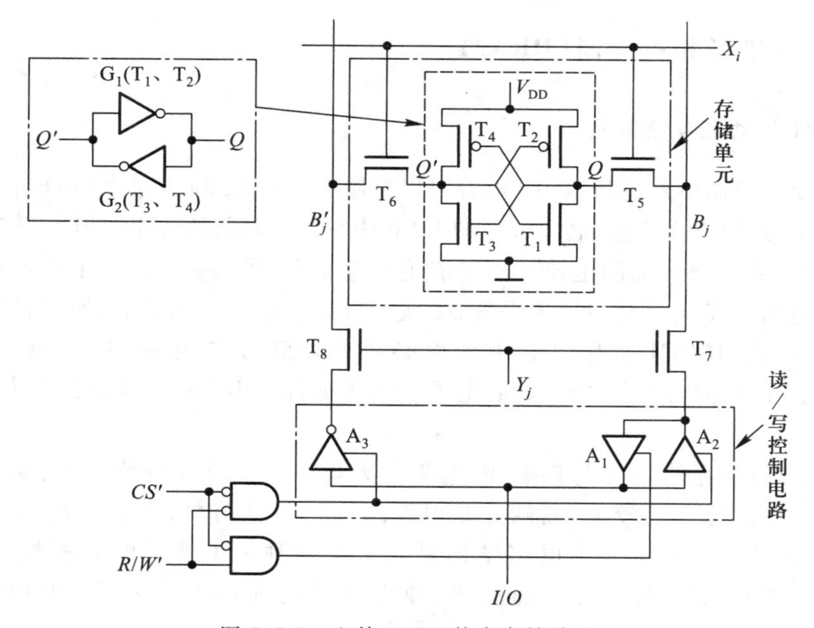

图 5.5.3 六管 CMOS 静态存储单元

置 **1** 输出端。同理，将 G_2 的输出端与 G_1 的输入端相连，既可在写入时作为置 **0** 输入端，又可在读出时作为置 **0** 输出端。T_5 和 T_6 是门控管，作模拟开关使用，以控制锁存器的 Q、Q'和位线 B_j、B_j' 之间的联系。T_5、T_6 的开关状态由字线 X_i 的状态决定。$X_i = \mathbf{1}$ 时 T_5、T_6 导通，锁存器的 Q 和 Q'端与位线 B_j、B_j' 接通；$X_i = \mathbf{0}$ 时 T_5、T_6 截止，锁存器与位线之间的联系被切断。T_7、T_8 是每一列存储单元公用的两个门控管，用于和读/写缓冲放大器之间的连接。T_7、T_8 的开关状态由列地址译码器的输出 Y_j 来控制，$Y_j = \mathbf{1}$ 时导通，$Y_j = \mathbf{0}$ 时截止。

存储单元所在的一行和所在的一列同时被选中以后，$X_i = \mathbf{1}$、$Y_j = \mathbf{1}$，T_5、T_6、T_7、T_8 均处于导通状态。Q 和 Q'与 B_j 和 B_j' 接通。如果这时 $CS' = \mathbf{0}$、$R/W' = \mathbf{1}$，则读/写缓冲放大器的 A_1 接通、A_2 和 A_3 截止，Q 端的状态经 A_1 送到 I/O 端，实现数据读出。若此时 $CS' = \mathbf{0}$、$R/W' = \mathbf{0}$，则 A_1 截止、A_2 和 A_3 导通，加到 I/O 端的数据被写入存储单元中。

采用 CMOS 工艺的 SRAM 不仅正常工作时功耗很低，而且还能在降低电源电压的状态下保存数据，因此它可以在交流供电系统断电后用电池供电以继续保持存储器中的数据不致丢失，用这种方法弥补半导体随机存储器数据易失的缺点。例如，Intel 公司生产的超低功耗 CMOS 工艺的 SRAM5101L 用+5 V 电源供电，静态功耗仅 1~2 μW。如果将电源电压降至+2 V 使之处于低压保持状态，则功耗可降至 0.28 μW。双极型的 SRAM 虽然工作速度比较快，但功耗很大，所以除了在某些超高速系统中还有应用以外，一般就很少应用了。

复习思考题

R5.5.1　从 SRAM 中读出数据以后，原来存储的数据是否还保持不变？

R5.5.2　若一个 SRAM 有 10 位地址线、8 位数据线，则它的存储容量有多大？

*5.5.2　动态随机存储器(DRAM)

一、DRAM 的动态存储单元

DRAM 的动态存储单元是利用MOS电容可以存储电荷的原理制成的。由于存储单元的结构能做得非常简单，所以在大容量、高集成度的 RAM 中得到了普遍的应用。但由于 MOS 电容的容量很小(通常仅为几皮法)，而漏电流又不可能绝对等于零，所以电荷保存的时间有限。为了及时补充漏掉的电荷以避免存储的信号丢失，必须定时地给电容补充电荷，通常将这种操作称为刷新或再生。因此，DRAM 工作时必须辅以必要的刷新控制电路(控制电路通常是做在 DRAM 芯片内部的)，同时也使操作复杂化了。尽管如此，DRAM 仍然是目前大容量 RAM 的主流产品。

早期采用的动态存储单元为四管电路或三管电路。这两种电路的优点是外围控制电路比较简单，读出信号也比较大，而缺点是电路结构仍不够简单，不利于提高集成度。单管动态存储单元是所有存储单元中电路结构最简单的一种。虽然它的外围控制电路比较复杂，但由于在提高集成度上所具有的优势，使它成为目前所有大容量 DRAM 首选的存储单元。

图 5.5.4 是单管动态MOS存储单元的电路结构图。存储单元由一只 N 沟道增强型MOS管 T 和一个电容 C_S 组成。

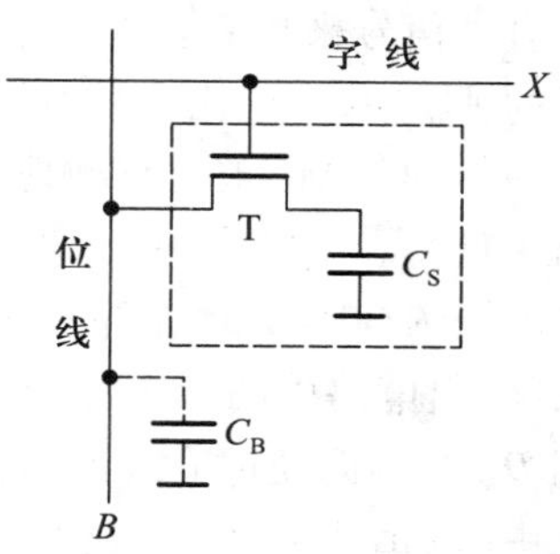

图 5.5.4 单管动态MOS存储单元

在进行写操作时，字线给出高电平，使 T 导通，位线上的数据便经过 T 被存入 C_S 中。

在进行读操作时，字线同样应给出高电平，并使 T 导通。这时 C_S 经 T 向位线上的电容 C_B 提供电荷，使位线获得读出的信号电平。设 C_S 上原来存有正电荷，电压 v_{C_S} 为高电平，而位线电位 $v_B=0$，则执行读操作以后位线电平将上升为

$$v_B=\frac{C_S}{C_S+C_B}v_{C_S} \tag{5.5.1}$$

因为在实际的存储器电路中位线上总是同时接有很多存储单元，使 $C_B \gg C_S$，所以位线上读出的电压信号很小。

例如，读出操作以前 $v_{C_S}=5$ V，$C_S/C_B=1/50$，则位线上的读出信号将仅有 0.1 V。而且在读出以后 C_S 上的电压也只剩下 0.1 V，所以这是一种破坏性读出。因此，需要在 DRAM 中设置灵敏的检测放大器，一方面将从位线上读出信号加以放大，另一方面将存储单元里原来存储的信号恢复。

二、DRAM 的总体结构

为了在提高集成度的同时减少器件引脚的数目，目前的大容量 DRAM 多半都采用 1 位输入、1 位输出和地址分时输入（亦称“地址多路复用”）的方式。

图 5.5.5 是一个 1 M×1 位 DRAM 总体结构的框图。从总体上讲，它除了包含存储矩阵、地址译码器和输入/输出电路三个组成部分以外，还增加了一套刷新控制电路。

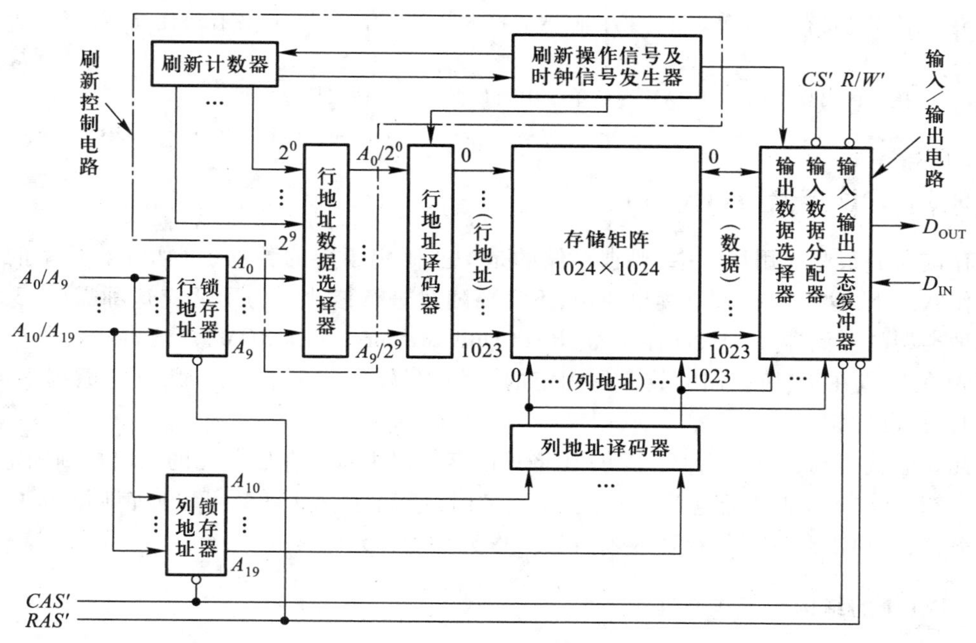

图 5.5.5 1 M×1 位 DRAM 的结构框图

在进行读/写操作时，地址代码是分两次从同一组引脚输入的。分时操作由 RAS' 和 CAS' 两个时钟信号来控制。首先令 $RAS'=\mathbf{0}$，输入地址代码的 $A_0 \sim A_9$ 位，然后令 $CAS'=\mathbf{0}$，再输入地址代码的 $A_{10} \sim A_{19}$ 位。$A_0 \sim A_9$ 被送到行地址锁存器，行地址译码器的输出从存储矩阵的 1024 行中选中一行；$A_{10} \sim A_{19}$ 被送往列地址锁存器，列地址译码器的输出再从行地址译码器选中的一行中选出一位。

当 $R/W'=\mathbf{1}$ 时进行读操作，被输入地址代码选中单元中的数据经过输出数据选择器和输入/输出电路中的三态缓冲器到达数据输出端 D_{OUT}。当 $R/W'=\mathbf{0}$ 时进行写操作，加到数据输入端 D_{IN} 的数据经过输入数据分配器和输入/输出电路中的三态缓冲器写入由输入地址指定的单元中去。

刷新控制电路包括刷新操作信号及时钟信号发生器、刷新计数器和行地址数据选择器等几部分。对存储单元刷新操作的基本形式是以行为单位逐行进行的。启动刷新操作后，刷新计数器从 0 开始计数。计数器输出的 10 位二进制代码经过行地址数据选择器加到行地址译码器上，行地址译码器的输出依次给出 1024（0～1023）个行地址。在刷新控制信号的操作下，被选中一行中所有单元中的数据将被重新写回到原来的单元中。这种刷新操作是自动进行的，每隔 10 ms 左右必须进行一次，以确保存储单元里的数据不至于丢失。在刷新操作过程中不能进行正常的数据读/写。

为了提高刷新操作的效率，以适应各种应用场合的需要，在有些 DRAM 中还对刷新操作形式作了许多改进，这里就不作具体介绍了。

复习思考题

R5.5.3　静态随机存储器和动态随机存储器的根本区别是什么？它们各有何优、缺点？各适用于什么场合？

R5.5.4　执行读出操作以后，DRAM 存储单元中的数据是否会被破坏？

5.5.3　只读存储器（ROM）

在存储器的某些应用场合中，要求存储的是一些固定不变的数据（例如计算机里的字库）。正常工作状态下，这些数据只供读出使用，不需要随时进行修改。为了适应这种需要，又产生了另外一种类型的存储器——只读存储器（Read-Only Memory，简称 ROM）。

ROM 的特点在于：所存储的数据是固定的、预先写好的。正常工作时，这些数据只能读出，不能随时写入或修改。

由此我们就想到，按照这种要求，只要将只读存储器中每个存储单元的输出接到固定的高电平（当要求记入 **1** 时）或者低电平（当要求记入 **0** 时）就行了。这样就可以使存储单元的电路结构大为简化，不再需要使用锁存器或者触发器作为存储单元。

一、ROM 的结构和工作原理

ROM 的电路结构包含存储矩阵、地址译码器和输出缓冲器三个组成部分，如图 5.5.6 所示。

存储矩阵由许多存储单元排列而成。存储单元可以用二极管构成，也可以用双极型三极管或MOS管构成。每个单元能存放1位二值代码(**0**或**1**)。每一个或一组存储单元有一个对应的地址代码。通常ROM都采用多位数据并行输出的结构形式，每个输入地址同时选中一组存储单元。

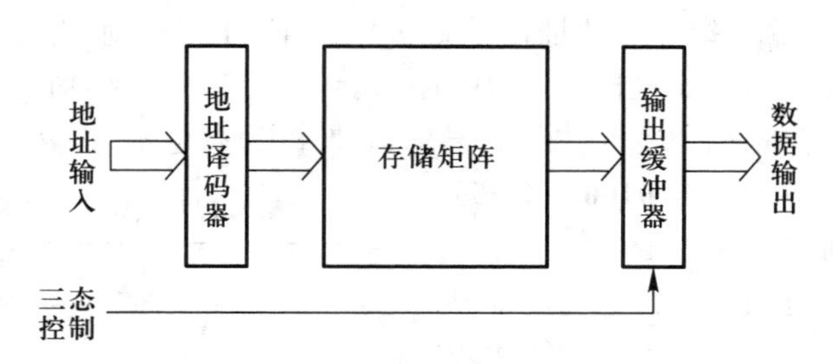

图5.5.6 ROM的电路结构框图

地址译码器的作用是将输入的地址代码译成相应的控制信号，利用这个控制信号从存储矩阵中将指定的单元选出，并把其中的数据送到输出缓冲器。

输出缓冲器的作用有两个，一是能提高存储器的带负载能力，二是实现对输出状态的三态控制，以便与系统的总线连接。

图5.5.7是具有2位地址输入码和4位数据输出的ROM电路，它的存储单元由二极管构成。它的地址译码器由4个二极管**与**门组成。2位地址代码A_1A_0能给出4个不同的地址。地址译码器将这4个地址代码分别译成$W_0 \sim W_3$ 4根线上的高电平信号。存储矩阵实际上是由4个二极

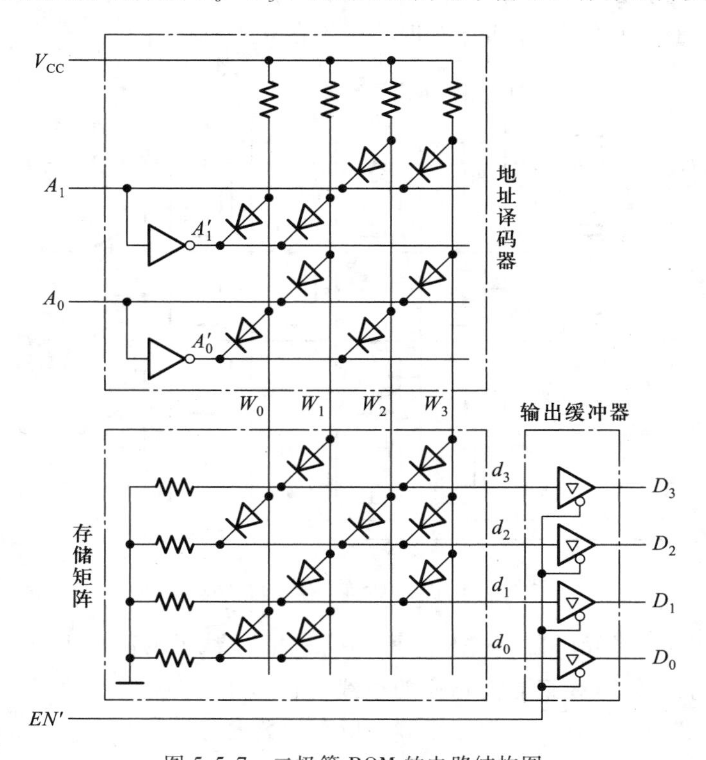

图5.5.7 二极管ROM的电路结构图

管或门组成的编码器,当 $W_0 \sim W_3$ 每根线上给出高电平信号时,都会在 $d_3 \sim d_0$ 4 根线上输出一个 4 位二值代码。通常将每个输出代码称为一个“字”,并将 $W_0 \sim W_3$ 称为字线,将 $d_0 \sim d_3$ 称为位线(或数据线),而 A_1、A_0 称为地址线。输出端的缓冲器用来提高带负载能力,并将输出的高、低电平变换为标准的逻辑电平。同时,通过给定 EN' 信号实现对输出的三态控制。

在读取数据时,只要输入指定的地址码并令 $EN'=\mathbf{0}$,则指定地址内各存储单元所存的数据便会出现在输出数据线上。例如,当 $A_1A_0=\mathbf{10}$ 时,$W_2=\mathbf{1}$,而其他字线均为低电平。由于只有 d_2 一根线与 W_2 间接有二极管,所以这个二极管导通后使 d_2 为高电平,而 d_0、d_1 和 d_3 为低电平。于是在数据输出端得到 $D_3D_2D_1D_0=\mathbf{0100}$。全部 4 个地址内的存储内容列于表 5.5.1 中。

表 5.5.1　图 5.5.7 ROM 中的数据表

地址		数据			
A_1	A_0	D_3	D_2	D_1	D_0
0	**0**	**0**	**1**	**0**	**1**
0	**1**	**1**	**0**	**1**	**1**
1	**0**	**0**	**1**	**0**	**0**
1	**1**	**1**	**1**	**1**	**0**

不难看出,字线和位线的每个交叉点都是一个存储单元。交点处接有二极管时相当于存 **1**,没有接二极管时相当于存 **0**。交叉点的数目也就是存储单元数。从图 5.5.7 中还可以看到,ROM 的电路结构很简单,所以集成度可以做得很高,而且一般都是批量生产,价格便宜。

采用 MOS 工艺制作 ROM 时,译码器、存储矩阵和输出缓冲器全用 MOS 管组成。图 5.5.8 给出了 MOS 管存储矩阵的原理图。在大规模集成电路中 MOS 管多做成对称结构,同时也为了画图的方便,一般都采用图中所用的简化画法。

图 5.5.8 中以 N 沟道增强型 MOS 管代替了图 5.5.7 中的二极管。字线与位线的交叉点上接有 MOS 管时相当于存 **1**,没有接 MOS 管时相当于存 **0**。

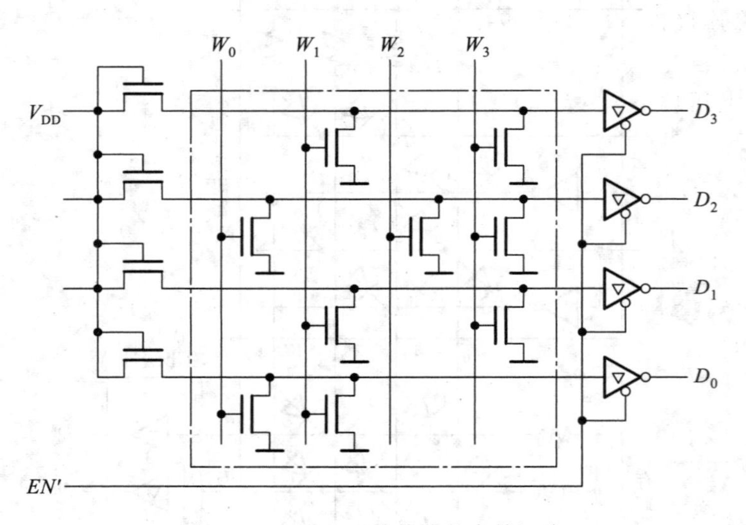

图 5.5.8　用 MOS 管构成的存储矩阵

当给定地址代码后,经译码器译成 $W_0 \sim W_3$ 中某一根字线上的高电平,使接在这根字线上的 MOS 管导通,并使与这些 MOS 管漏极相连的位线为低电平,经输出缓冲器反相后,在数据输出端得到高电平,输出为 **1**。图 5.5.8 存储矩阵中所存的数据与表 5.5.1 中的数据相同。

二、ROM 的分类

1. 掩模只读存储器(Mask ROM)

在采用掩模工艺制作 ROM 集成电路芯片时,其中存储的数据是由制作过程中使用的掩模板决定的。这种掩模板是按照用户的要求而专门设计的。因此,掩模 ROM 在出厂时内部存储的数据就已经"固化"在里边了。由于这种 ROM 的制作周期较长,而且制作版图的成本又比较高,所以多用于大批量、定型的电子产品中。

2. 可编程只读存储器(PROM)

在开发数字电路新产品的工作过程中,设计人员经常需要按照自己的设想迅速得到存有所需内容的 ROM。这时可以通过将所需内容自行写入 PROM 而得到要求的 ROM。对 PROM 的编程需要在编程器上完成。

PROM 的总体结构与掩模 ROM 一样,同样由存储矩阵、地址译码器和输出电路组成。不过在出厂时已经在存储矩阵的所有交叉点上全部制作了存储元件,即相当于在所有存储单元中都存入了 **1**。

图 5.5.9 是熔丝型 PROM 存储单元的原理图,它由一只三极管和串在发射极的快速熔断丝组成。三极管的 be 结相当于接在字线与位线之间的二极管。熔丝用很细的低熔点合金丝或多晶硅导线制成。在写入数据时只要设法将需要存入 **0** 的那些存储单元上的熔丝烧断就行了。因为这种熔丝在集成电路中所占的面积较大,所以后来又出现了所谓"反熔丝结构"的 PROM。反熔丝结构 PROM 中的可编程连接点上不是熔丝,而是一个绝缘连接件(通常用特殊的绝缘材料或两个反相串联的肖特基势垒二极管)。未编程时所有的连接件均不导通,而在连接件上施加编程电压以后,绝缘被永久性击穿,连接点的两根导线被接通。

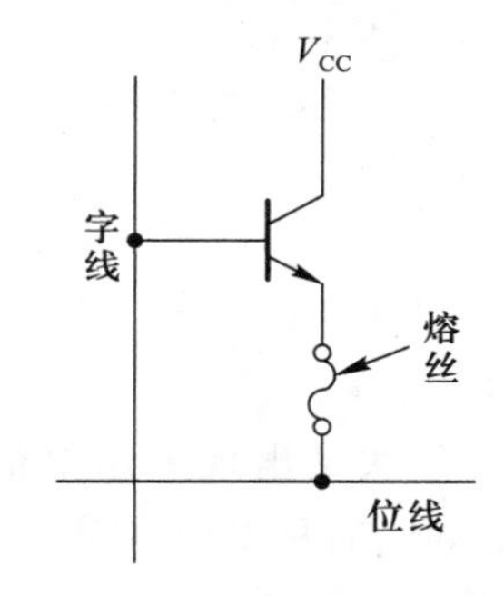

图 5.5.9 熔丝型 PROM 的存储单元

图 5.5.10 是一个 16×8 位 PROM 的结构原理图。使用编程器编程时,首先应输入地址代码,找出要写入 **0** 的单元地址。然后使 V_{CC} 和选中的字线提高到编程所要求的高电平,同时在编程单元的位线上加入编程脉冲(幅度约 20 V,持续时间约十几微秒)。这时写入放大器 A_W 的输出为低电平、低内阻状态,有较大的脉冲电流流过熔丝,将其熔断,使存储单元变成 **0** 状态。正常工作时读出放大器 A_R 输出的高电平不足以使 D_Z 导通,A_W 不工作。

可见,PROM 的内容一经写入以后,就不可能修改了,所以它只能写入一次。因此,PROM 仍不能满足研制过程中经常修改存储内容的需要。这就要求生产一种可以擦除重写的 ROM。

3. 用电信号擦除的可编程只读存储器——闪存(Flash Memory)

由于可擦除的可编程 ROM(EPROM)中存储的数据可以擦除重写,因而在需要经常修改 ROM 中内容的场合它便成为一种比较理想的器件。

最早研究成功并投入使用的 EPROM 是用紫外线照射进行擦除的,并被称之为 EPROM。因此,当初一提到 EPROM 就是指的这种用紫外线擦除的可编程 ROM(Ultra-Violet Erasable Programmable Read-Only Memory,简称 UVEPROM)。

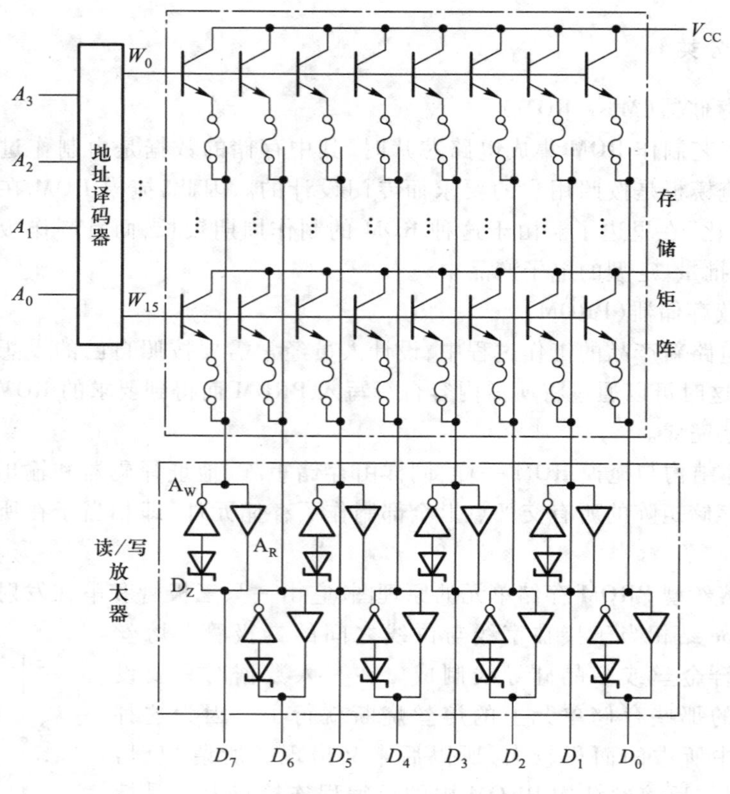

图 5.5.10　PROM 的结构原理图

不久又出现了用电信号擦除的可编程 ROM(Electrically Erasable Programmable Read-Only Memory,简称 E^2PROM)。后来又研制成功了新一代的用电信号擦除的可编程 ROM——快闪存储器(Flash Memory),即通常所说的“闪存”。

闪存的存储单元是一只浮栅 MOS 管(Floting-Gate MOSFET),图 5.5.11 是它的结构示意图。在浮栅 MOS 管中,除了控制栅 G_c 以外,还在控制栅和衬底之间又增加了一个浮置栅 G_f。

图 5.5.12 是闪存的存储单元在存储矩阵中的连接图。在读出状态下,若浮置栅 G_f 上充有负电荷,则当字线给出逻辑高电平信号时浮栅 MOS 管截止,位线上输出高电平;若浮置栅上没充有电荷,则当字线给出逻辑高电平信号时浮栅 MOS 管导通,位线上输出低电平。因此,浮

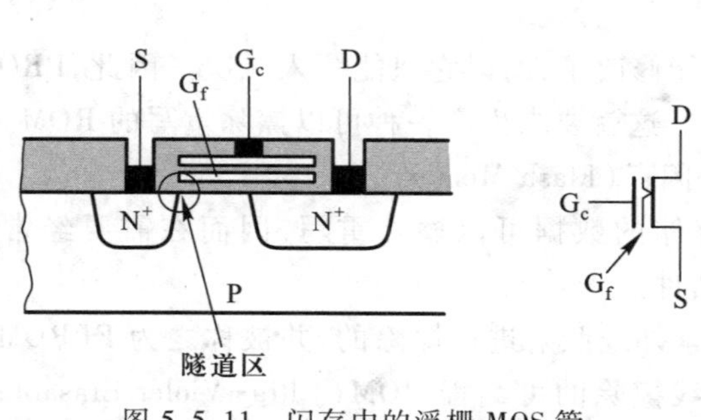

图 5.5.11　闪存中的浮栅 MOS 管

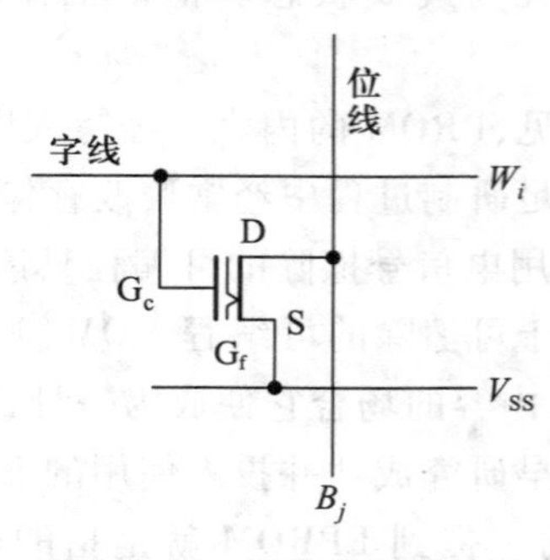

图 5.5.12　闪存的存储单元

置栅上充有负电荷时相当于存储单元存有"**1**",而浮置栅上没充有电荷时相当于存储单元存有"**0**"。

在写入状态下,浮置栅的充电是利用雪崩注入的方法实现的。执行写入操作时,浮栅 MOS 管的漏极经位线接至一个较高的正电压(一般为 6 V 左右),V_{SS}接 **0** 电平,同时在控制栅上加一个幅度 12 V 左右的正脉冲。这时漏极-源极间将发生雪崩击穿,一部分速度高的电子便穿过氧化层到达浮置栅,在浮置栅上形成充电电荷。浮置栅充电以后,浮栅 MOS 管的开启电压在 7 V 以上,字线给出的正常逻辑高电平不足以使它导通。

闪存的擦除操作是利用隧道效应进行的。浮置栅与源极之间有一个面积很小、氧化层极薄(厚度在 20 nm 以下)的交叠区,称为隧道区。当隧道区的电场强度大到一定程度时($>10^7$ V/cm),便在隧道区出现导电隧道,电子可以双向通过,形成电流。这种现象称为隧道效应。

执行擦除操作时,令控制栅处于 **0** 电平,同时在源极 V_{SS} 接入幅度为 12 V 左右、宽度约 100 ms 的正脉冲。由于浮置栅-源极之间的电容比控制栅-浮置栅之间的电容小得多,所以这个脉冲电压几乎全加到了隧道区上,使隧道区产生导电隧道,于是浮置栅上的电荷便经导电隧道释放。浮置栅放电以后,浮栅 MOS 管的开启电压在 2 V 以下。当字线给出的逻辑高电平(+5 V 或 +3.3 V)加到浮栅 MOS 管的控制栅时,它一定导通。

对于采用如图 5.5.8 所示的**或非**结构形式的闪存(亦称 NOR 闪存),其中所有的源极都是连在一起的,所以当在源极上加高电压进行擦除时,所有字线为零的那些字节中的存储单元将同时被擦除。利用这个特点,在对一个大容量闪存进行擦除时,就可以将它划分成几个区。每次将一个区内的全部存储单元一次同时擦除,从而大大提高了擦除速度。相比之下,编程写入的速度要慢得多。目前闪存的读出周期大约在几十至二百纳秒的范围,而写入一个字节的周期需要十到五十微秒的时间。由于随机存储器必须满足快速存/取的要求(SRAM 的存/取周期多在十几到几十纳秒),闪存不能满足要求,所以通常情况下闪存仍然只能作为只读存储器使用。

闪存的编程和擦除操作不需要使用编程器,写入和擦除的控制电路集成于存储器芯片中,工作时只需要 5 V 的低压电源,使用极其方便。

由于浮栅MOS管浮置栅下面的氧化层极薄,经过多次编程以后可能发生损坏,所以目前闪存的编程次数是有限的,一般在 10 000~100 000 次之间。随着制造工艺的改进,可编程的次数有望进一步增加。

自从 20 世纪 80 年代末期闪存问世以来,便以其高集成度、大容量、低成本和使用方便等优点而引起普遍关注。随着产品集成度的逐年提高和价格的逐年下降,闪存的应用领域得到了迅速扩展。闪存已经被广泛地应用在手机、数码相机、mp3、U 盘、平板电脑等各种便携式的电子产品中。目前容量达 128 G 位的 U 盘已经面市。而且,在不久的将来,闪存有可能成为较大容量磁性存储器(例如 PC 机中的硬磁盘)的替代产品。

复习思考题

R5.5.5 ROM 有哪些类型?它们各有什么特点,适于用在哪些场合?

R5.5.6 既然闪存能够擦除后重写,为什么还把它归类到只读存储器当中?

5.5.4　存储器容量的扩展

当使用一片 ROM 或 RAM 器件不能满足对存储容量的要求时，就需要将若干片 ROM 或 RAM 组合起来，形成一个容量更大的存储器。

一、位扩展方式

如果每一片 ROM 或 RAM 中的字数已经够用而每个字的位数不够用，则应采用位扩展的连接方式，将多片 ROM 或 RAM 组合成位数更多的存储器。

RAM 的位扩展连接方法如图 5.5.13 所示。在这个例子中，用 8 片 1024×1 位的 RAM 接成了一个 1024×8 位的 RAM。

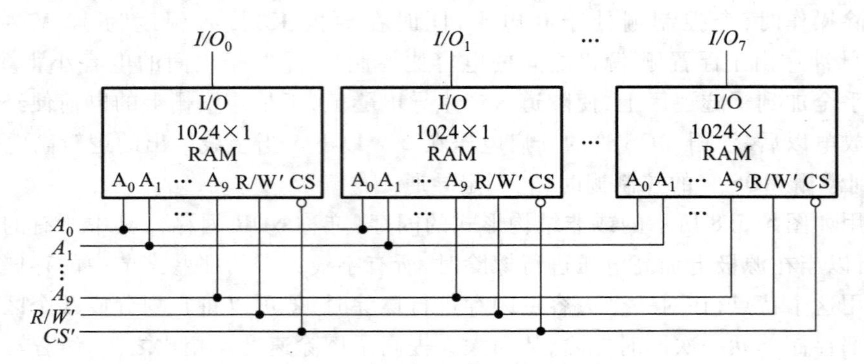

图 5.5.13　RAM 的位扩展接法

连接的方法十分简单，只需将 8 片的所有地址线、R/W'、CS' 分别并联起来就行了。每一片的 I/O 端作为整个 RAM 输入/输出数据端的一位。总的存储容量为每一片存储容量的 8 倍。

ROM 芯片上没有读/写控制端 R/W'，在进行位扩展时其余引出端的连接方法和 RAM 完全相同。

二、字扩展方式

如果每一片存储器的数据位数够用而字数不够用，则需要采用字扩展方式，将多片存储器（RAM 或 ROM）芯片接成一个字数更多的存储器。

图 5.5.14 是用字扩展方式将 4 片 256×8 位的 RAM 接成一个 1024×8 位 RAM 的例子。因为 4 片中共有 1024 个字，所以必须给它们编成 1024 个不同的地址。然而每片集成电路上的地址输入端只有 8 位（$A_0 \sim A_7$），给出的地址范围全都是 0~255，无法区分 4 片中同样的地址单元。

因此，必须增加两位地址代码 A_8、A_9，使地址代码增加到 10 位，才能得到 $2^{10}=1024$ 个地址。如果取第一片的 $A_9A_8=\mathbf{00}$，第二片的 $A_9A_8=\mathbf{01}$，第三片的 $A_9A_8=\mathbf{10}$，第四片的 $A_9A_8=\mathbf{11}$，那么 4 片的地址分配将如表 5.5.2 中所示。

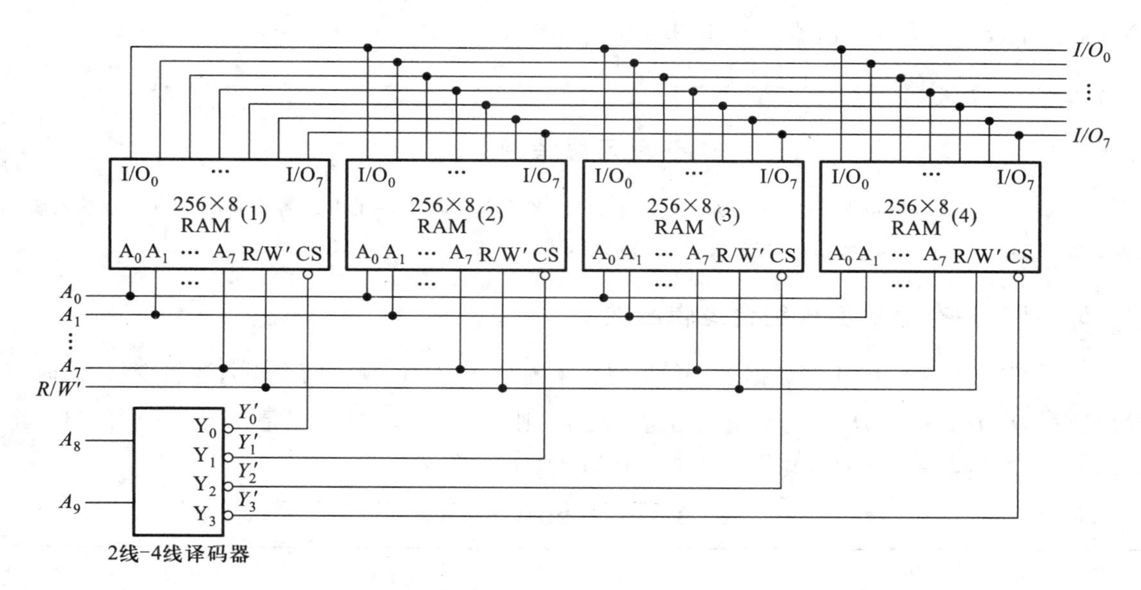

图 5.5.14 RAM 的字扩展接法

表 5.5.2 图 5.5.14 中各片 RAM 电路的地址分配

器件编号	A_9A_8	Y_0'	Y_1'	Y_2'	Y_3'	地址范围 A_9 A_8 A_7 A_6 A_5 A_4 A_3 A_2 A_1 A_0（等效十进制数）
RAM（1）	**0 0**	**0**	**1**	**1**	**1**	**00 00000000 ~ 00 11111111** （0） （255）
RAM（2）	**0 1**	**1**	**0**	**1**	**1**	**01 00000000 ~ 01 11111111** （256） （511）
RAM（3）	**1 0**	**1**	**1**	**0**	**1**	**10 00000000 ~ 10 11111111** （512） （767）
RAM（4）	**1 1**	**1**	**1**	**1**	**0**	**11 00000000 ~ 11 11111111** （768） （1023）

由表 5.5.2 可见，4 片 RAM 的低 8 位地址是相同的，所以接线时将它们分别并联起来就行了。由于每片 RAM 上只有 8 个地址输入端，所以 A_8、A_9 的输入端只好借用 CS'端。图中使用 2 线-4 线译码器将 A_9A_8 的 4 种编码 **00**、**01**、**10**、**11** 分别译成 Y_0'、Y_1'、Y_2'、Y_3' 4 个低电平输出信号，然后用它们分别去控制 4 片 RAM 的 CS'端。

此外，由于每一片 RAM 的数据端 $I/O_1 \sim I/O_8$ 都设置了由 CS'控制的三态输出缓冲器，而现在它们的 CS'任何时候只有一个处于低电平，故可将它们的数据端并联起来，作为整个 RAM 的 8 位数据输入/输出端。

上述字扩展接法也同样适用于 ROM 电路。

如果一片 RAM 或 ROM 的位数和字数都不够用，就需要同时采用位扩展和字扩展方法，用多片器件组成一个大的存储器系统，以满足对存储容量的要求。

复习思考题

R5.5.7　在图 5.5.14 的例子中，可否改用 A_1A_0 译出 $Y_0' \sim Y_3'$ 信号，而将 $A_2 \sim A_9$ 接到各片 RAM 的 $A_0 \sim A_7$ 输入端？

5.5.5　用存储器实现组合逻辑函数

表 5.5.3 是一个 ROM 的数据表。如果将输入地址 A_1 和 A_0 视为两个输入逻辑变量，同时将输出数据 D_0、D_1、D_2 和 D_3 视为一组输出逻辑变量，则 D_0、D_1、D_2 和 D_3 就是一组 A_0、A_1 的组合逻辑函数，表 5.5.3 也就是这一组多输出组合逻辑函数的真值表。

表 5.5.3　一个 ROM 的数据表

A_1	A_0	D_0	D_1	D_2	D_3	A_1	A_0	D_0	D_1	D_2	D_3
0	0	0	1	0	1	1	0	0	1	1	0
0	1	1	0	1	1	1	1	1	1	0	0

另外，由图 5.5.7 所示 ROM 的电路结构图上也可以看到，其中译码器的输出包含了输入变量全部的最小项，而每一位数据输出又都是若干个最小项之和，因而任何形式的组合逻辑函数均能通过向 ROM 中写入相应的数据来实现。

不难推想，用具有 n 位输入地址、m 位数据输出的 ROM 可以获得一组（最多为 m 个）任何形式的 n 变量组合逻辑函数，只要根据函数的形式向 ROM 中写入相应的数据即可。这个原理也适用于 RAM。

【例 5.5.1】　试用 ROM 设计一个八段字符显示的译码器，其真值表由表 5.5.4 给出。

表 5.5.4　例 5.5.1 的真值表

输入				输出								字形
D	C	B	A	a	b	c	d	e	f	g	h	
0	0	0	0	1	1	1	1	1	1	0	1	0.
0	0	0	1	0	1	1	0	0	0	0	1	1.
0	0	1	0	1	1	0	1	1	0	1	1	2.
0	0	1	1	1	1	1	1	0	0	1	1	3.

续表

输入				输出								字形
D	C	B	A	a	b	c	d	e	f	g	h	
0	**1**	**0**	**0**	**0**	**1**	**1**	**0**	**0**	**1**	**1**	**1**	4.
0	**1**	**0**	**1**	**1**	**0**	**1**	**1**	**0**	**1**	**1**	**1**	5.
0	**1**	**1**	**0**	**1**	**0**	**1**	**1**	**1**	**1**	**1**	**1**	6.
0	**1**	**1**	**1**	**1**	**1**	**1**	**0**	**0**	**0**	**0**	**1**	7.
1	**0**	**0**	**0**	**1**	**1**	**1**	**1**	**1**	**1**	**1**	**1**	8.
1	**0**	**0**	**1**	**1**	**1**	**1**	**1**	**0**	**1**	**1**	**1**	9.
1	**0**	**1**	**0**	**1**	**1**	**1**	**1**	**1**	**0**	**1**	**0**	a
1	**0**	**1**	**1**	**0**	**0**	**1**	**1**	**1**	**1**	**1**	**0**	b
1	**1**	**0**	**0**	**0**	**0**	**0**	**1**	**1**	**0**	**1**	**0**	c
1	**1**	**0**	**1**	**0**	**1**	**1**	**1**	**1**	**0**	**1**	**0**	d
1	**1**	**1**	**0**	**1**	**1**	**0**	**1**	**1**	**1**	**1**	**0**	e
1	**1**	**1**	**1**	**1**	**0**	**0**	**0**	**1**	**1**	**1**	**0**	F

解： 由给定的真值表可见，应取输入地址为 4 位、输出数据为 8 位的（16×8 位）ROM 来实现这个译码电路。以地址输入端 A_3、A_2、A_1、A_0 作为 BCD 代码的 D、C、B、A 4 位的输入端，以数据输出端 $D_0 \sim D_7$ 作为 $a \sim h$ 的输出端，如图 5.5.15 所示，就得到了所要求的译码器。

如果制成掩模 ROM，则可依照表 5.5.4 画出存储矩阵的连接电路，如图 5.5.15 中所示。图中以结点上接入二极管表示存入 **0**，未接入二极管表示存入 **1**。由表 5.5.4 可以看出，由于数据中 **0** 的数目比 **1** 的数目少得多，所以用接入二极管表示存入 **0** 比用接入二极管表示存入 **1** 要节省器件。

如果使用 EPROM 实现这个译码器，则只要将表 5.5.4 中左边的 *DCBA* 当作输入地址代码、右边的 *abcdefgh* 当作数据，依次对应地写入 EPROM 就行了。因此，也可以把 PROM 视为一种可编程逻辑器件。

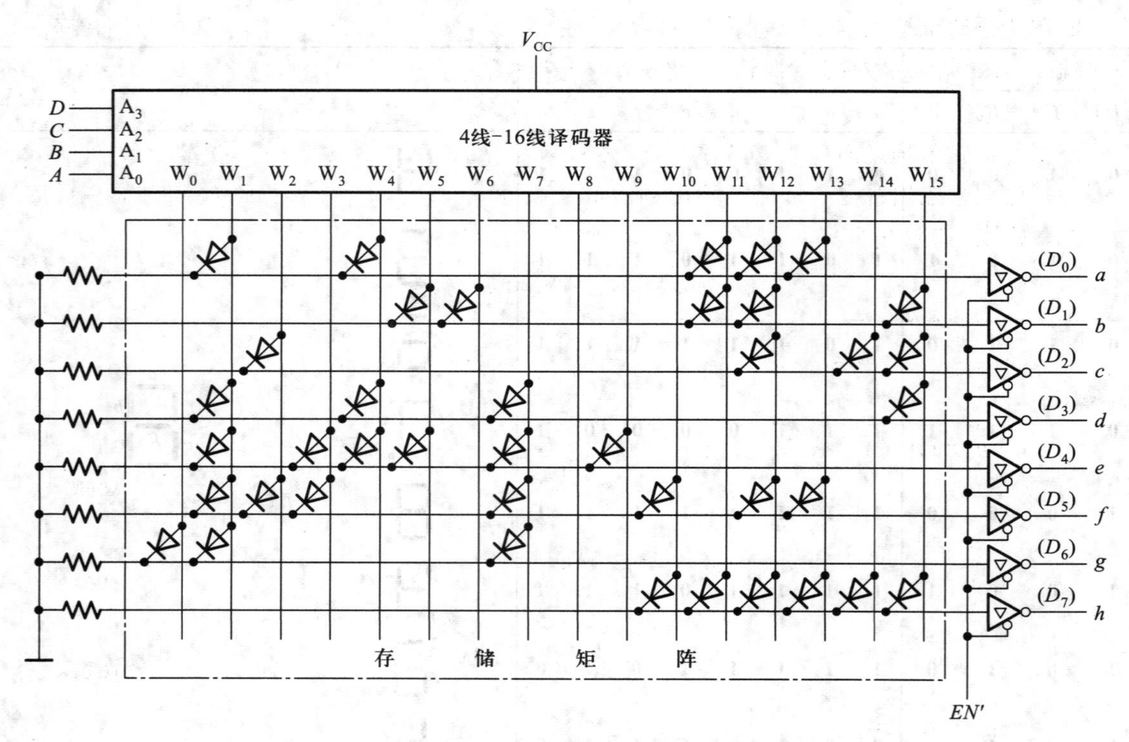

图 5.5.15　例 5.5.1 的电路

【例 5.5.2】　试用 ROM 产生如下的一组多输出逻辑函数。

$$\begin{cases} Y_1 = A'BC + A'B'C \\ Y_2 = AB'CD' + BCD' + A'BCD \\ Y_3 = ABCD' + A'BC'D' \\ Y_4 = A'B'CD' + ABCD \end{cases} \tag{5.5.2}$$

解：　将式(5.5.2)化为最小项之和的形式得到

$$\begin{cases} Y_1 = A'BCD' + A'BCD + A'B'CD' + A'B'CD \\ Y_2 = AB'CD' + A'BCD' + ABCD' + A'BCD \\ Y_3 = ABCD' + A'BC'D' \\ Y_4 = A'B'CD' + ABCD \end{cases} \tag{5.5.3}$$

或写成

$$\begin{cases} Y_1 = m_2 + m_3 + m_6 + m_7 \\ Y_2 = m_6 + m_7 + m_{10} + m_{14} \\ Y_3 = m_4 + m_{14} \\ Y_4 = m_2 + m_{15} \end{cases} \tag{5.5.4}$$

取有 4 位地址输入、4 位数据输出的 16×4 位 ROM，将 A、B、C、D 4 个输入变量分别接至地址输入端 A_3、A_2、A_1、A_0，按照逻辑函数的要求存入相应的数据，即可在数据输出端 D_3、D_2、D_1、D_0 得到 Y_1、Y_2、Y_3、Y_4。

因为每个输入地址对应一个 A、B、C、D 的最小项，并使地址译码器的一条输出线（字线）为 **1**，而每一位数据输出都是若干字线输出的逻辑**或**，故可按照式（5.5.4）列出 ROM 存储矩阵内应存入的数据表，如表 5.5.5 所示。

表 5.5.5 例 5.5.2 中 ROM 的数据表

函数 最小项	Y_1	Y_2	Y_3	Y_4	
$A'B'C'D'$ m_0	**0**	**0**	**0**	**0**	W_0 **0000**
$A'B'C'D$ m_1	**0**	**0**	**0**	**0**	W_1 **0001**
$A'B'CD'$ m_2	**1**	**0**	**0**	**1**	W_2 **0010**
$A'B'CD$ m_3	**1**	**0**	**0**	**0**	W_3 **0011**
$A'BC'D'$ m_4	**0**	**0**	**1**	**0**	W_4 **0100**
$A'BC'D$ m_5	**0**	**0**	**0**	**0**	W_5 **0101**
$A'BCD'$ m_6	**1**	**1**	**0**	**0**	W_6 **0110**
$A'BCD$ m_7	**1**	**1**	**0**	**0**	W_7 **0111**
$AB'C'D'$ m_8	**0**	**0**	**0**	**0**	W_8 **1000**
$AB'C'D$ m_9	**0**	**0**	**0**	**0**	W_9 **1001**
$AB'CD'$ m_{10}	**0**	**1**	**0**	**0**	W_{10} **1010**
$AB'CD$ m_{11}	**0**	**0**	**0**	**0**	W_{11} **1011**

续表

函数 最小项	Y_1	Y_2	Y_3	Y_4	
$ABC'D'$ m_{12}	**0**	**0**	**0**	**0**	W_{12} **1100**
$ABC'D$ m_{13}	**0**	**0**	**0**	**0**	W_{13} **1101**
$ABCD'$ m_{14}	**0**	**1**	**1**	**0**	W_{14} **1110**
$ABCD$ m_{15}	**0**	**0**	**0**	**1**	W_{15} **1111**
	D_3	D_2	D_1	D_0	地址 数据

如果使用 EPROM 实现上述一组逻辑函数，则只要按表 5.5.5 将所有的数据写入对应的地址单元即可。

在使用 PROM 或掩模 ROM 时，还可以根据表 5.5.5 画出存储矩阵的结点连接图，如图 5.5.16 所示。为了简化作图，在接入存储器件的矩阵交叉点上画一个圆点，以代替存储器件。图中以接入存储器件表示存 **1**，以不接存储器件表示存 **0**。

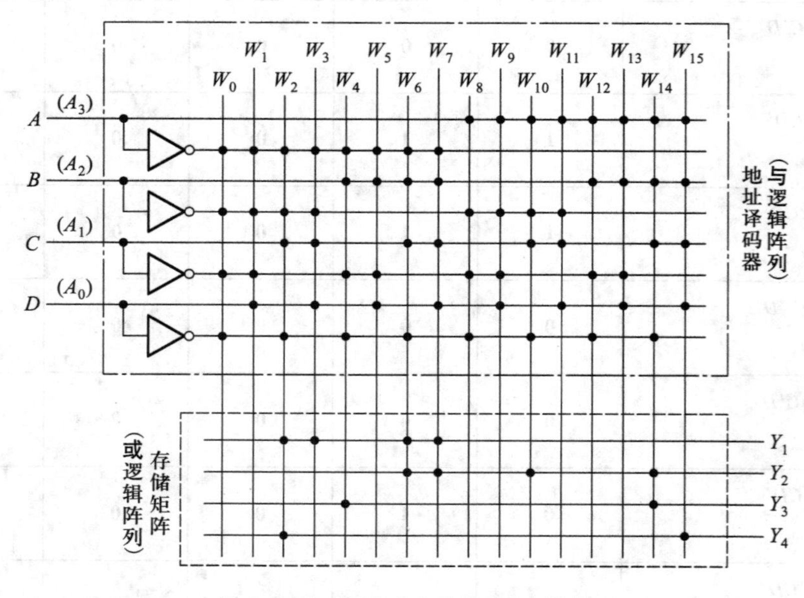

图 5.5.16 例 5.5.2 的 ROM 点阵图

复习思考题

R5.5.8　在用 ROM 产生一组多输出组合逻辑函数时，如果 ROM 的地址输入端数目大于输入逻辑变量数，ROM 的数据输出端数目大于函数输出端数，则应如何处理这些多余的地址输入端和数据输出端？

R5.5.9　在用 ROM 产生一组多输出逻辑函数时，如果输入逻辑变量的数目大于 ROM 地址输入端的数目，或者函数输出端的数目大于 ROM 数据输出端的数目，应当怎么办？

本章小结

存储电路的基本功能是存储数字系统工作时需要存储的各种数据和信息。通常将用于存储一组数据的存储电路叫做寄存器，而将用于存储大量数据的存储电路叫做存储器。

寄存器的电路结构比较简单，它实际上就是一组具有公共时钟信号输入端的触发器。由于每个触发器的输入端和输出端都被直接引出，所以便于和其他电路直接相连，快速进行数据交换。因此，在计算机和其他一些高速的数据处理系统中，经常会用到寄存器。

存储器的电路结构形式不同于寄存器。由于存储器中存储单元的数量非常大，而集成电路引出端的数目是很有限的，不可能将每个存储单元的输入端和输出端都引出，所以采用了寻址读/写的工作方式：只有被选中地址中的一个（或一组）存储单元才能与输入、输出电路接通，进行读/写操作，而输入、输出电路是公用的。

半导体存储器的种类虽然很多，但是它们的基本结构形式都由存储矩阵和读/写控制电路两部分组成。

首先，从读/写的功能上，可以将半导体存储器分为随机存储器和只读存储器两大类。随机存储器工作时，可以随时对其进行快速的读/写操作；而只读存储器在正常工作状态下，只能从中读出数据。虽然有些只读存储器（如 E^2PROM）中的数据可以擦除改写，但由于擦除改写的速度很慢，无法满足数字系统对数据进行快速读/写的要求，所以通常仍然用来存储一些固定的数据，作为只读存储器使用。

随机存储器根据采用的存储单元不同而分为静态随机存储器和动态随机存储器。目前使用的静态存储单元有锁存器和触发器两类。锁存器和触发器的根本区别在于，锁存器的置 **1** 和置 **0** 操作通过直接输入置 **1** 和置 **0** 信号即可完成，而触发器的置 **1** 和置 **0** 操作除了需要输入置 **1** 和置 **0** 信号以外，还必须有时钟信号达到时才能完成。因此锁存器的电路比较简单，功能也比较单一。由于锁存器不仅电路结构简单，而且所具备的功能可以满足存储器对存储单元的要求，所以在大容量的静态存储器中，都采用锁存器作为存储单元，而不采用电路结构相对复杂的触发器。然而，在寄存器当中，因为需要用时钟信号控制其中所有的存储单元同时动作，所以必须使用触发器。此外，在下一章中我们还将看到，在设计时序逻辑电路中的存储电路时，锁存器的逻辑功能已无法满足要求，因而也必须使用触发器。

迄今为止,触发器的电路结构形式已经有许多种。由于电路结构不同,各种触发器在逻辑功能和触发方式上也不一样。这里所说的"逻辑功能",是指稳态下触发器的次态和触发器的现态与输入之间的逻辑关系。而"触发方式"则表示触发器在动态翻转过程中的动作特点。虽然目前触发器的名目和分类方法繁多,然而只要掌握了每一种触发器的逻辑功能和触发方式这两个基本属性,就可以正确地选择和使用它们了。

在动态存储器中,目前几乎都采用只包含一个 MOS 电容和一只 MOS 管的单管存储单元。尽管动态存储单元的工作速度比较慢,而且由于需要刷新而增加了控制电路的复杂程度,但因为存储单元的电路结构非常简单,便于大规模集成,所以在大容量的存储器中,动态存储器中依然得到了广泛的应用。

在只读存储器中,由于每个存储单元所存储的数据都是固定的 **1** 或 **0**,所以每个存储单元被选中时,只需给出固定的高电平(要求存入 **1** 时)或低电平(要求存入 **0** 时)就行了。为此,只要根据要求存储的数据,决定在相应存储单元的位置上是否接入一个二极管或三极管,就可以得到想要存储的数据了。这就使得存储矩阵的电路大为简化,从而更有利于大规模集成。

鉴于只读存储器不仅可以用于存储数据,而且还可以通过写入相应的数据产生所需要的逻辑函数,所以在有些教材中,也把只读存储器视为一种可编程逻辑器件,把有关的内容纳入可编程逻辑器件的章节中。

习　题

[题 5.1]　画出图 P5.1 由**与非**门组成的 *SR* 锁存器输出端 Q、Q' 的电压波形,输入端 S'_D、R'_D 的电压波形如图中所示。

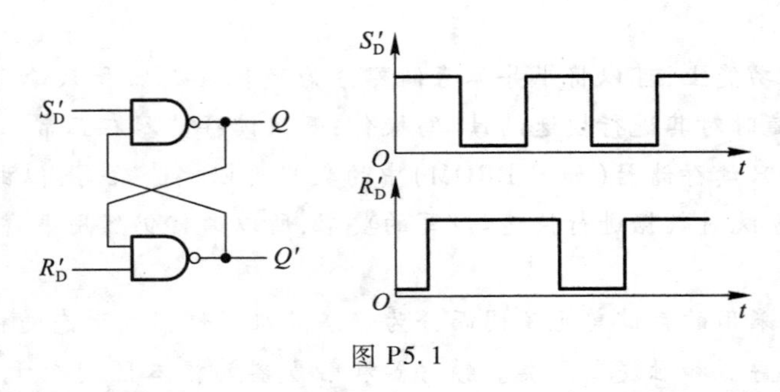

图 P5.1

[题 5.2]　画出图 P5.2 由**或非**门组成的 *SR* 锁存器输出端 Q、Q' 的电压波形,输入端 S_D、R_D 的电压波形如图中所示。

[题 5.3]　图 P5.3 所示为一个防抖动输出的开关电路。当拨动开关 S 时,由于开关触点接通瞬间发生振颤,S'_D 和 R'_D 的电压波形如图中所示,试画出 Q、Q' 端对应的电压波形。

[题 5.4]　在图 P5.4 所示电路中,若 *CLK*、*S*、*R* 的电压波形如图中所示,试画出 Q 和 Q' 端与之对应的电压波形。假定触发器的初始状态为 $Q=\mathbf{0}$。

[题 5.5]　在图 P5.5(a)所示的电平触发 *D* 触发器电路中,若 *CLK* 和 *D* 端的电压波形如图 P5.5(b)所示,试画出 Q 和 Q' 端对应的电压波形。假定触发器的初始状态为 $Q=\mathbf{0}$。

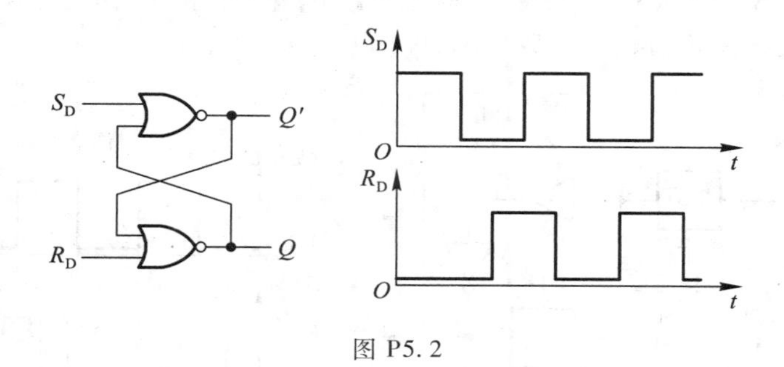

图 P5.2

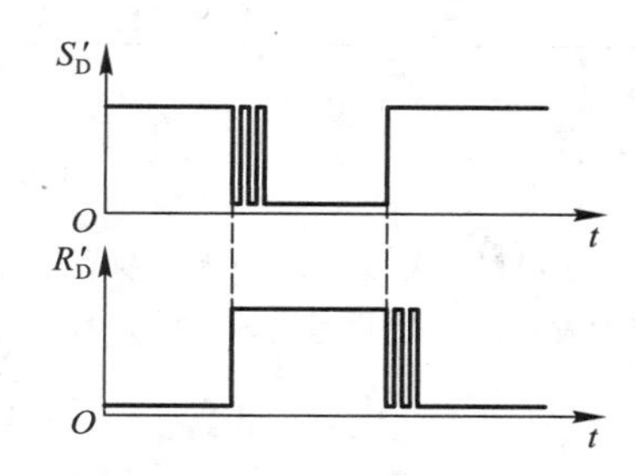

图 P5.3

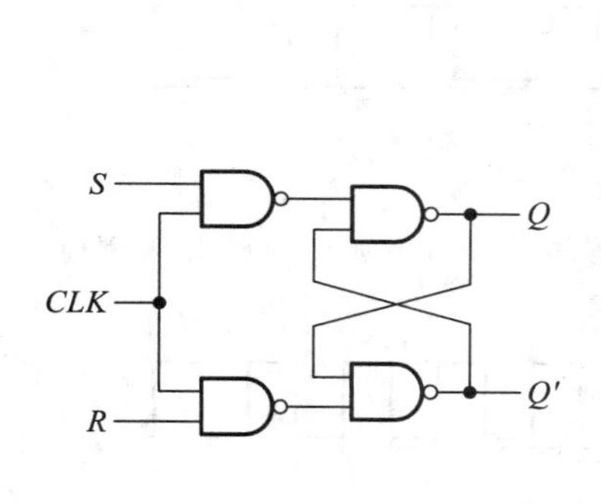

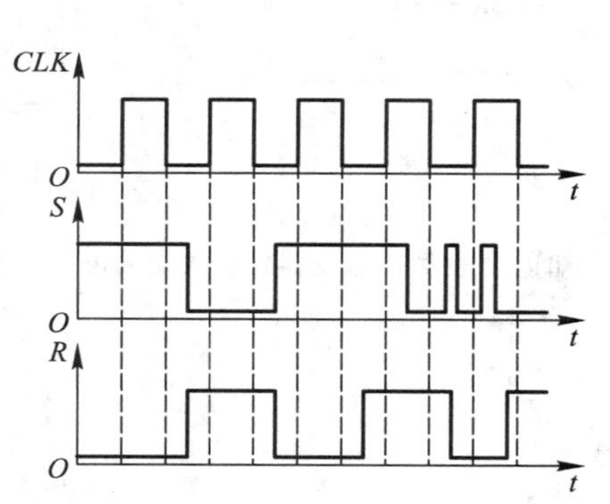

图 P5.4

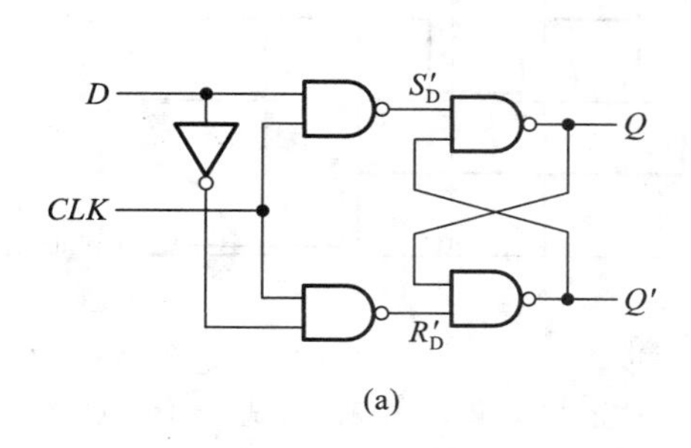

(a)

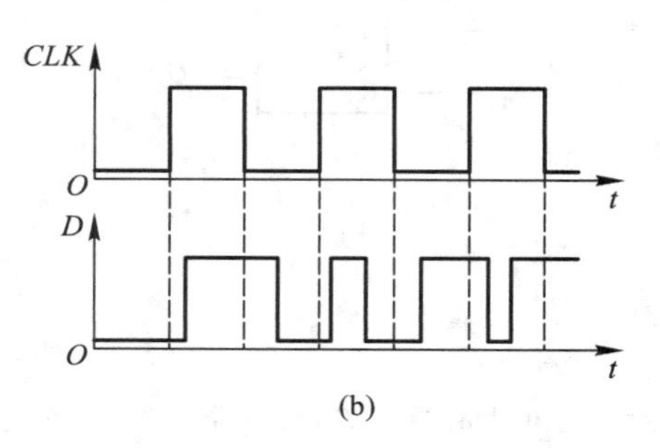

(b)

图 P5.5

［题 5.6］　在图 P5.6(a)所示的电平触发 D 触发器电路中，若 CLK 和 D 端的电压波形如图 P5.6(b)中所示，试画出 Q 端对应的电压波形。假定触发器的初始状态为 $Q=\mathbf{0}$。

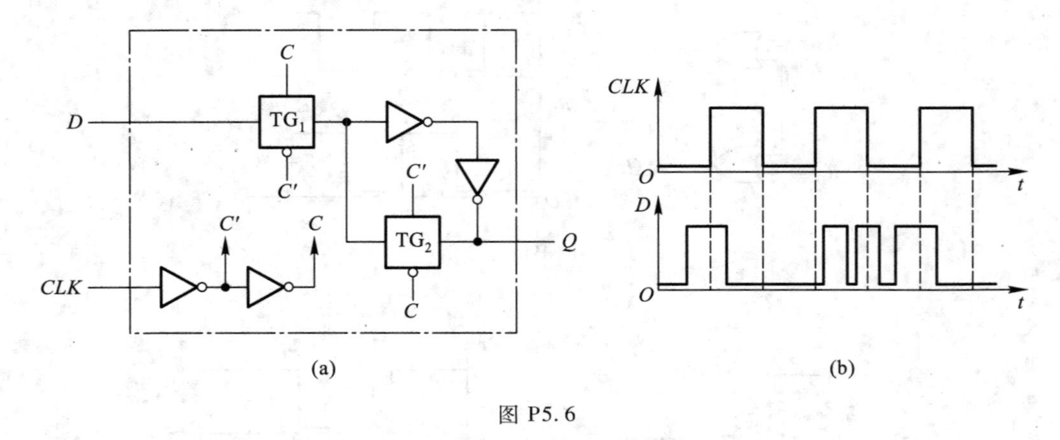

图 P5.6

［题 5.7］　已知边沿触发器输入端 D 和时钟信号 CLK 的电压波形如图 P5.7 中所示，试画出 Q 和 Q'端对应的电压波形。假定触发器的初始状态为 $Q=\mathbf{0}$。

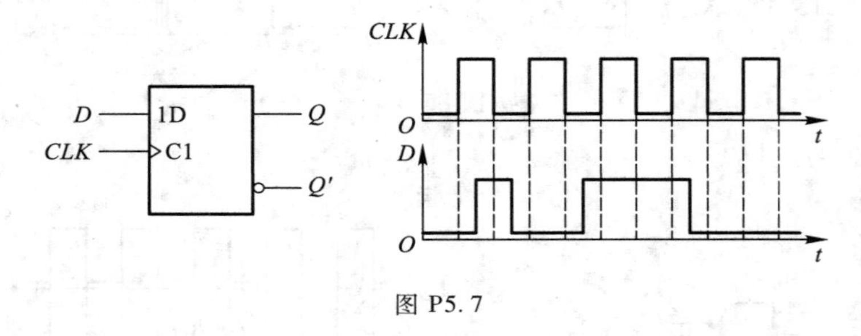

图 P5.7

［题 5.8］　已知边沿触发 D 触发器各输入端的电压波形如图 P5.8 中所示，试画出 Q、Q'端对应的电压波形。

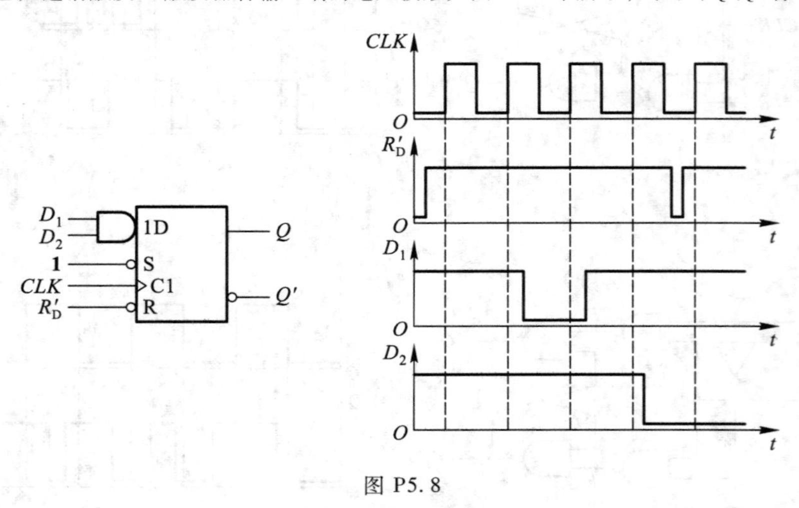

图 P5.8

［题 5.9］　已知边沿触发 JK 触发器各输入端的电压波形如图 P5.9 中所示，试画出 Q、Q'端对应的电压波形。

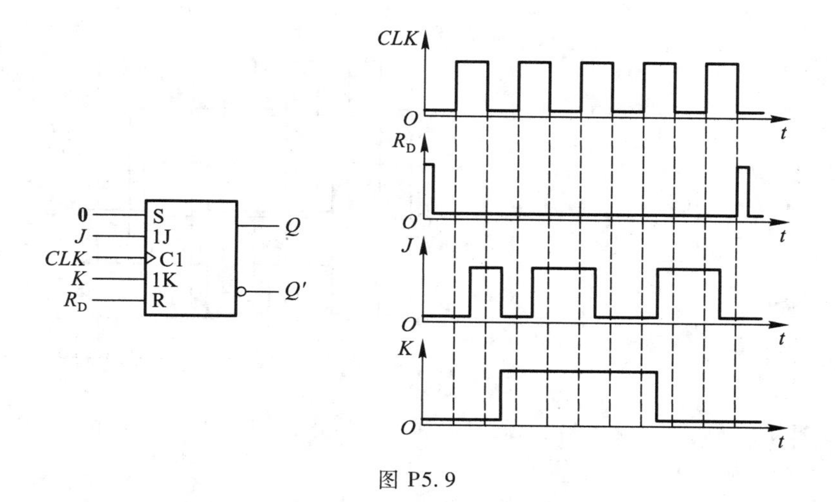

图 P5.9

［题 5.10］ 若脉冲触发 SR 触发器各输入端的电压波形如图 P5.10 中所给出，试画出 Q、Q' 端对应的电压波形。设触发器的初始状态为 $Q=\mathbf{0}$。

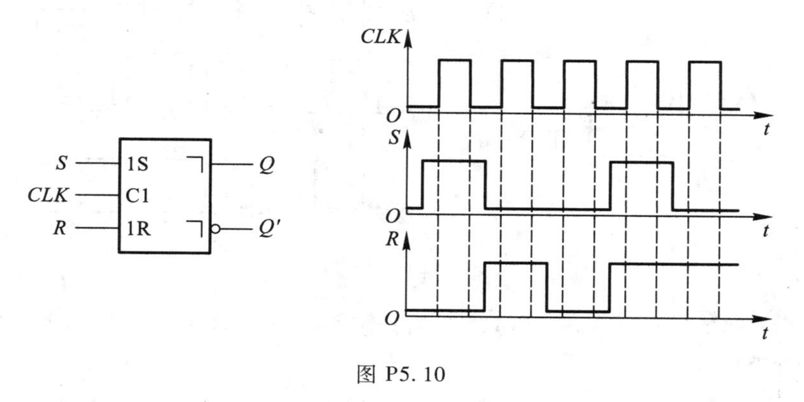

图 P5.10

［题 5.11］ 在脉冲触发 SR 触发器电路中，若 S、R、CLK 端的电压波形如图 P5.11 中所示，试画出 Q、Q' 端对应的电压波形。假定触发器的初始状态为 $Q=\mathbf{0}$。

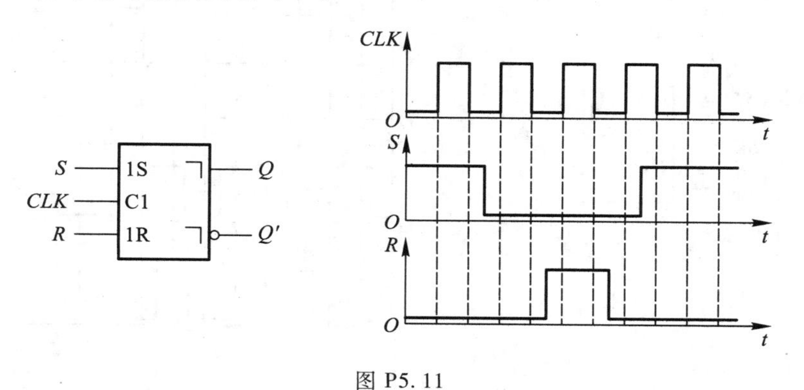

图 P5.11

［题 5.12］ 在脉冲触发 JK 触发器中，已知 J、K、CLK 端的电压波形如图 P5.12 中所示，试画出 Q、Q' 端对应的电压波形。设触发器的初始状态为 $Q=\mathbf{0}$。

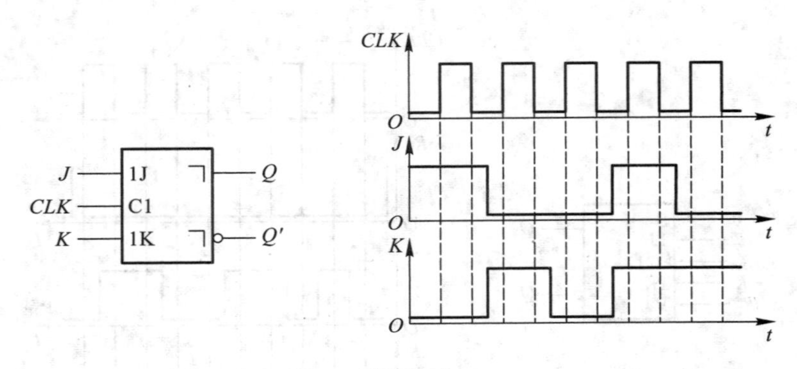

图 P5.12

［题 5.13］　已知脉冲触发 *JK* 触发器输入端 *J*、*K* 和 *CLK* 的电压波形如图 P5.13 中所示，试画出 Q、Q'端对应的电压波形。设触发器的初始状态为 $Q=\mathbf{0}$。

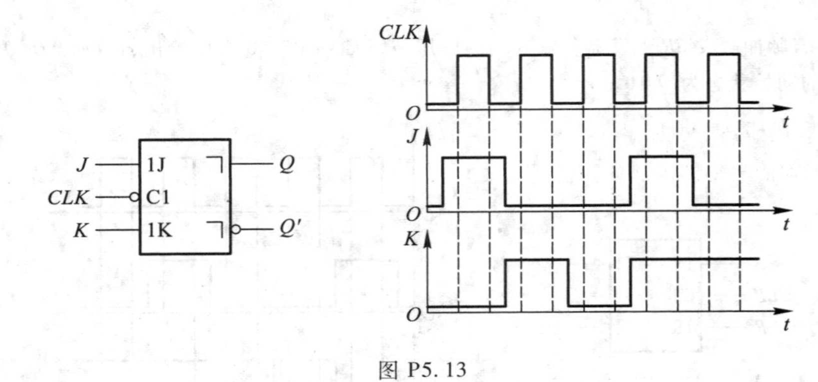

图 P5.13

［题 5.14］　若脉冲触发 *SR* 触发器的 *CLK*、*S*、*R*、R'_D各输入端的电压波形如图 P5.14 中所示，而 $S'_D=\mathbf{1}$，试画出 Q 和 Q'端的电压波形。

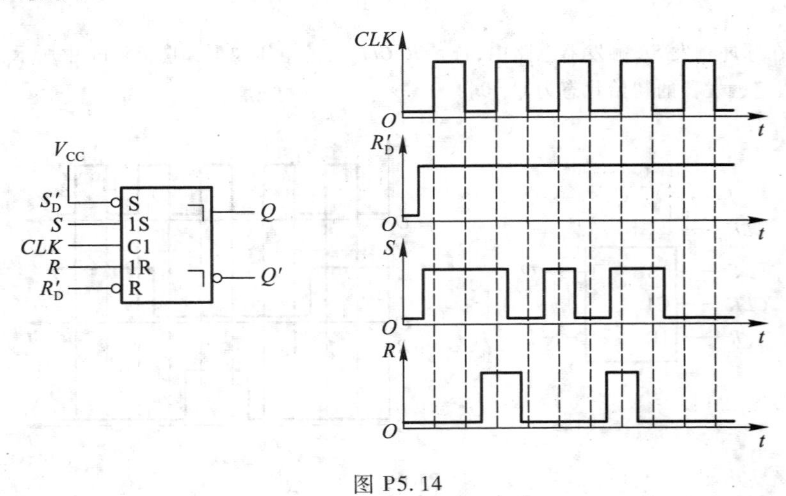

图 P5.14

［题 5.15］　若脉冲触发 *JK* 触发器 *CLK*、R'_D、S'_D、*J*、*K* 端的电压波形如图 P5.15 中所示，试画出 Q、Q'端对应的电压波形。

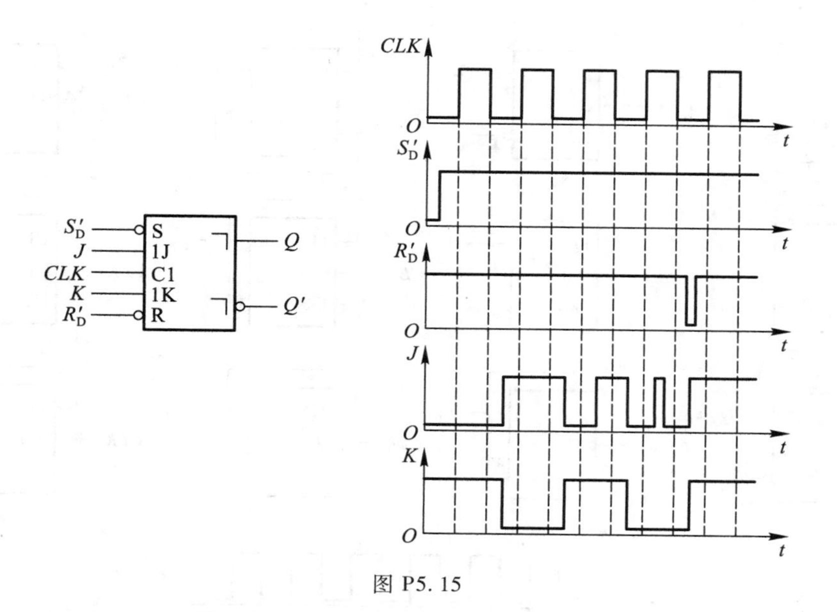

图 P5.15

［题 5.16］　在脉冲触发 T 触发器中，已知 T、CLK 端的电压波形如图 P5.16 中所示，试画出 Q、Q'端对应的电压波形。设触发器的起始状态为 $Q=\mathbf{0}$。

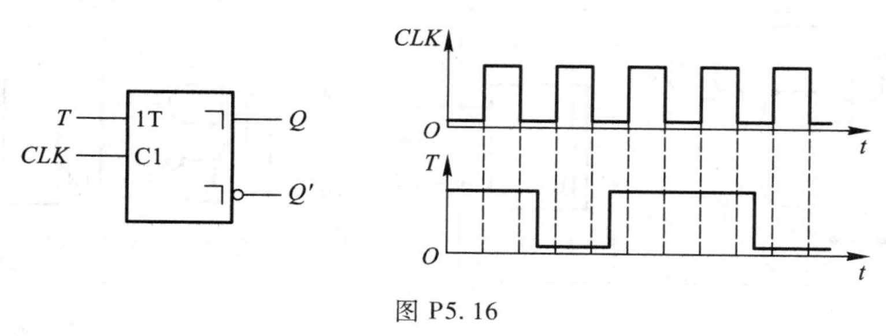

图 P5.16

［题 5.17］　在图 P5.17 所示的边沿触发 JK 触发器电路中，已知 CLK 和输入信号 T 的电压波形如图中所示，试画出触发器输出端 Q 和 Q'的电压波形。设触发器的起始状态为 $Q=\mathbf{0}$。

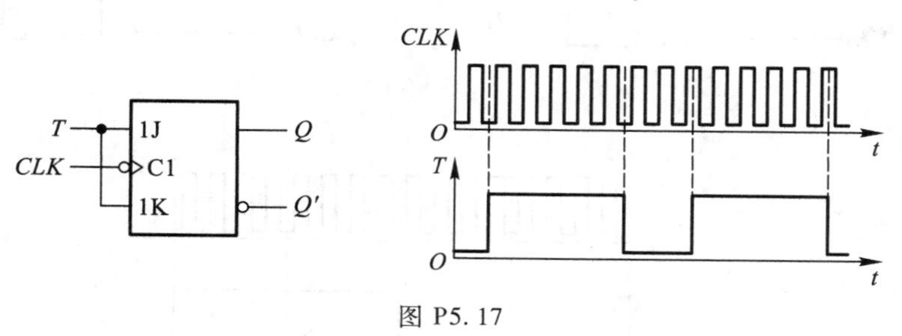

图 P5.17

［题 5.18］　设图 P5.18 中各触发器的初始状态皆为 $Q=\mathbf{0}$，试画出在 CLK 信号连续作用下各触发器输出端的电压波形。

［题 5.19］　试写出图 P5.19(a)中各电路的次态函数（即 Q_1^*、Q_2^*、Q_3^*、Q_4^* 与现态和输入变量之间的函数式），并画出在图 P5.19(b)所给定信号的作用下 Q_1、Q_2、Q_3、Q_4 的电压波形。假定各触发器的初始状态均为 $Q=\mathbf{0}$。

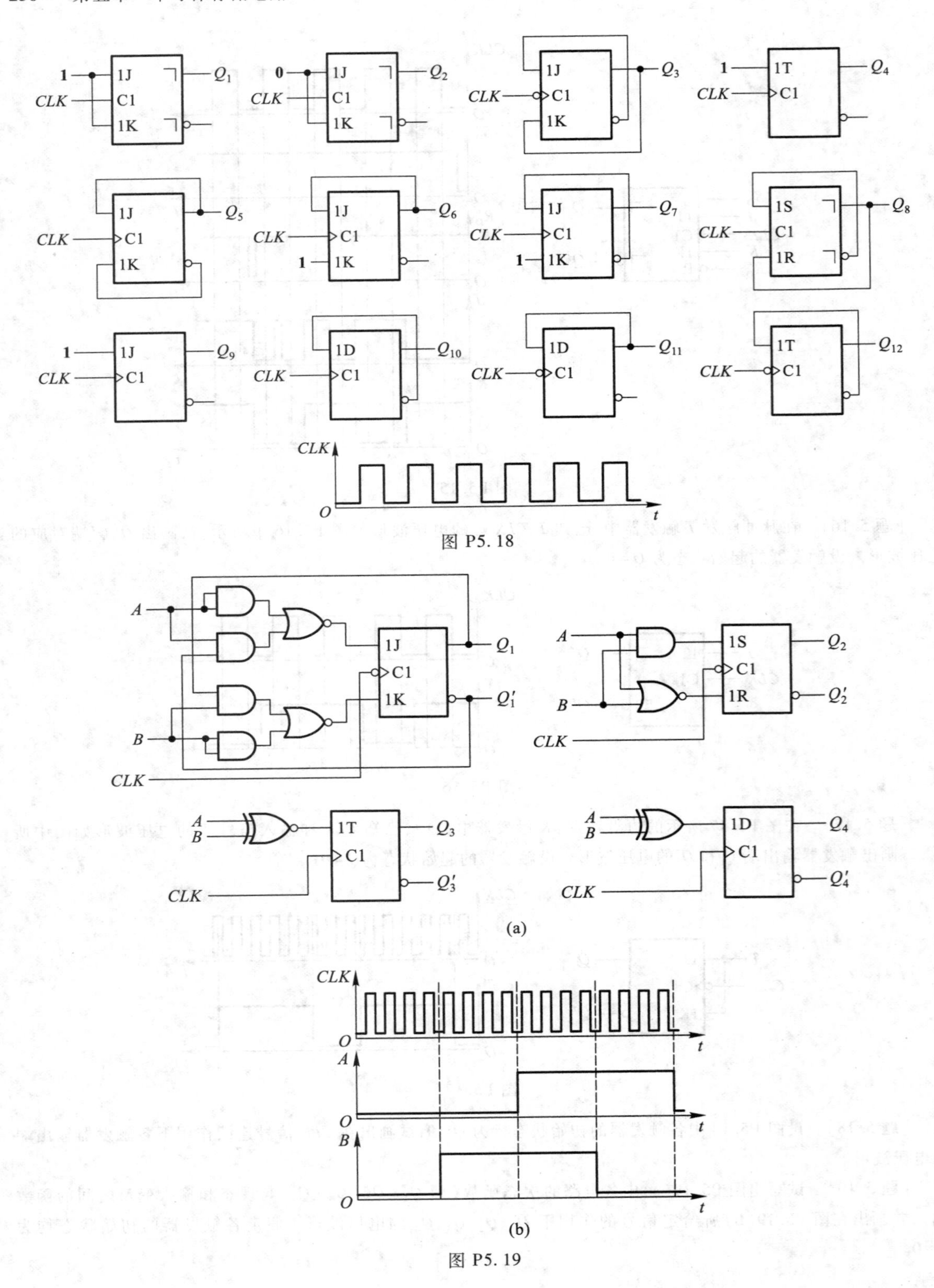
1
CLK
1J
C1
1K
Q1
0
1J
C1
1K
Q2
CLK
1J
C1
1K
Q3
1
CLK
1T
C1
Q4
CLK
1J
C1
1K
Q5
CLK
1
1J
C1
1K
Q6
CLK
1
1J
C1
1K
Q7
CLK
1S
C1
1R
Q8
1
CLK
1J
C1
Q9
CLK
1D
C1
Q10
CLK
1D
C1
Q11
CLK
1T
C1
Q12
CLK
O
t
A
B
CLK
1J
C1
1K
Q1
Q1'
A
B
CLK
1S
C1
1R
Q2
Q2'
A
B
CLK
1T
C1
Q3
Q3'
A
B
CLK
1D
C1
Q4
Q4'
(a)
CLK
O
t
A
O
t
B
O
t
(b)
图 P5.18

图 P5.19

［题 5.20］ 试画出图 P5.20 电路在图中所示 CLK、R'_D 信号作用下 Q_1、Q_2、Q_3 的输出电压波形，并说明 Q_1、Q_2、Q_3 输出信号的频率与 CLK 信号频率之间的关系。

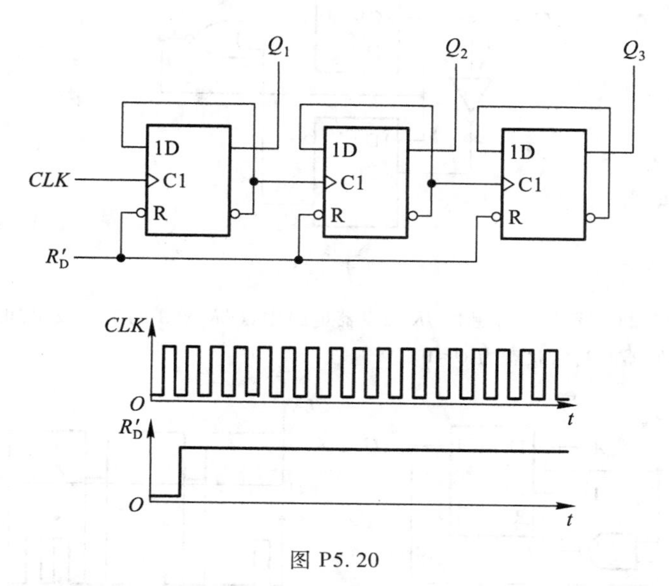

图 P5.20

［题 5.21］ 试画出图 P5.21 所示电路在一系列 CLK 信号作用下 Q_1、Q_2、Q_3 端输出电压的波形，并说明 Q_1、Q_2、Q_3 输出脉冲的频率与 CLK 信号频率之间的关系。触发器均为边沿触发方式，初始状态为 $Q=\mathbf{0}$。

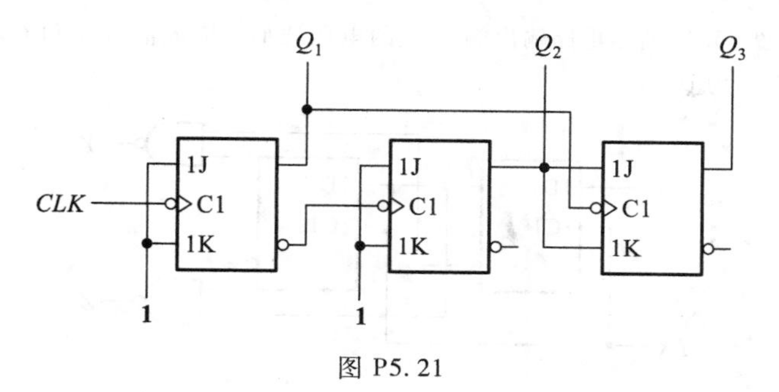

图 P5.21

［题 5.22］ 在图 P5.22 电路中已知输入信号 v_I 的电压波形如图所示，试画出与之对应的输出电压 v_O 的波形。触发器的初始状态为 $Q=\mathbf{0}$。（提示：应考虑触发器和**异或**门的传输延迟时间。）

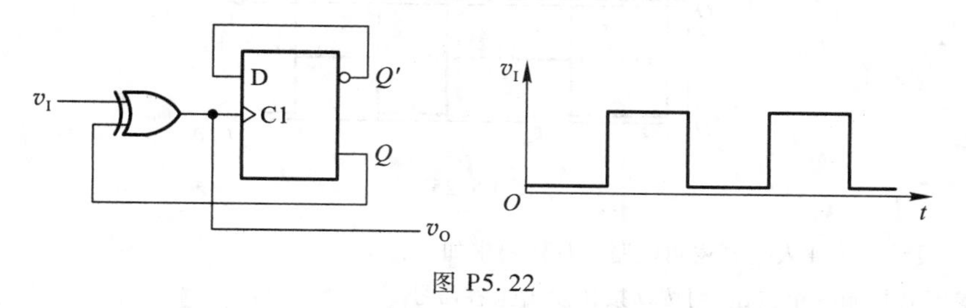

图 P5.22

［题 5.23］ 图 P5.23 所示是用边沿触发 D 触发器组成的脉冲分频电路。试画出在一系列 CLK 脉冲作用下输出端 Y 对应的电压波形。设触发器的初始状态均为 $Q=\mathbf{0}$。

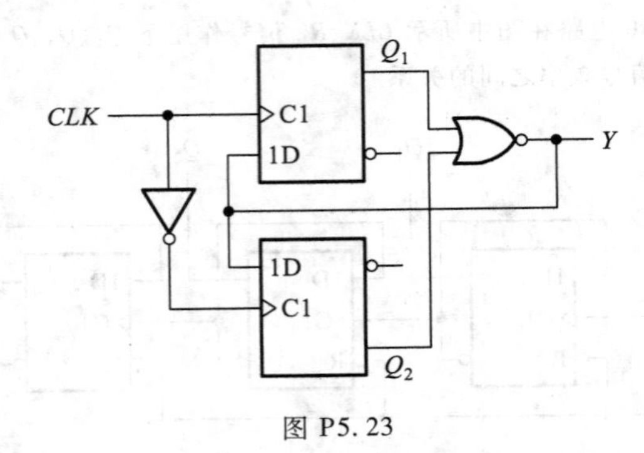

图 P5.23

［题 5.24］　在图 P5.24 所示的脉冲触发 *JK* 触发器电路中，*CLK* 和 *A* 的电压波形如图中所示，试画出 *Q* 端对应的电压波形。设触发器的初始状态为 $Q=\mathbf{0}$。

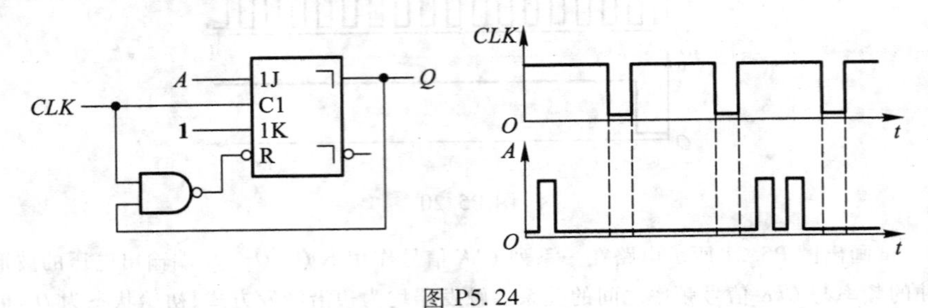

图 P5.24

［题 5.25］　试画出图 P5.25 所示电路输出端 *Y*、*Z* 的电压波形。输入信号 *A* 和 *CLK* 的电压波形如图中所示。设触发器的初始状态均为 $Q=\mathbf{0}$。

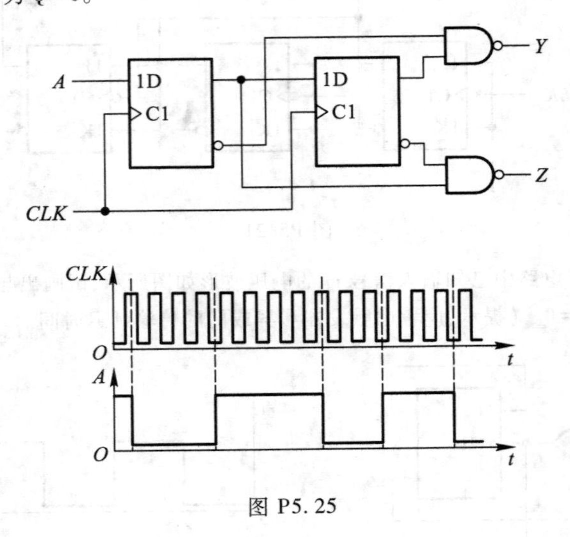

图 P5.25

［题 5.26］　设计一个 4 人抢答逻辑电路。具体要求如下：

(1) 每个参赛者控制一个按钮，用按动按钮发出抢答信号。

(2) 竞赛主持人另有一个按钮，用于将电路复位。

(3) 竞赛开始后，先按动按钮者将对应的一个发光二极管点亮，此后其他 3 人再按动按钮对电路不起作用。

［题 5.27］　若存储器的容量为 512 K×8 位，则地址代码应取几位？

［题 5.28］ 某台计算机的内存储器设置有 32 位的地址线，16 位并行数据输入/输出端，试计算它的最大存储量是多少？

［题 5.29］ 若采用地址分时输入的 DRAM 有 16 位地址输入、一位数据输入/输出，试计算它含有多少个存储单元。

［题 5.30］ 试用 2 片 1024×8 位的 ROM 组成 1024×16 位的存储器。

［题 5.31］ 试用 4 片 4 K×8 位的 RAM 接成 16 K×8 位的存储器。

［题 5.32］ 试用 4 片 2114（1024×4 位的 RAM）和 3 线-8 线译码器 74HC138（见图 4.4.7）组成 4096×4 位的 RAM。

［题 5.33］ 试用 16 片 2114（1024×4 位的 RAM）和 3 线-8 线译码器 74HC138（见图 4.4.7）接成一个 8 K×8 位的 RAM。

［题 5.34］ 已知 ROM 的数据表如表 P5.34 所示，若将地址输入 A_3、A_2、A_1、A_0 作为 4 个输入逻辑变量，将数据输出 D_3、D_2、D_1、D_0 作为函数输出，试写出输出与输入间的逻辑函数式，并化为最简**与或**形式。

表 P5.34

地址输入				数据输出			
A_3	A_2	A_1	A_0	D_3	D_2	D_1	D_0
0	0	0	0	0	0	0	1
0	0	0	1	0	0	1	0
0	0	1	0	0	0	1	0
0	0	1	1	0	1	0	0
0	1	0	0	0	0	1	0
0	1	0	1	0	1	0	0
0	1	1	0	0	1	0	0
0	1	1	1	1	0	0	0
1	0	0	0	0	0	1	0
1	0	0	1	0	1	0	0
1	0	1	0	0	1	0	0
1	0	1	1	1	0	0	0
1	1	0	0	0	1	0	0
1	1	0	1	1	0	0	0
1	1	1	0	1	0	0	0
1	1	1	1	0	0	0	1

［题 5.35］ 图 P5.35 是一个 16×4 位的 ROM，$A_3A_2A_1A_0$ 为地址输入，$D_3D_2D_1D_0$ 为数据输出。若将 D_3、D_2、D_1、D_0 视为 A_3、A_2、A_1、A_0 的逻辑函数，试写出 D_3、D_2、D_1、D_0 的逻辑函数式。

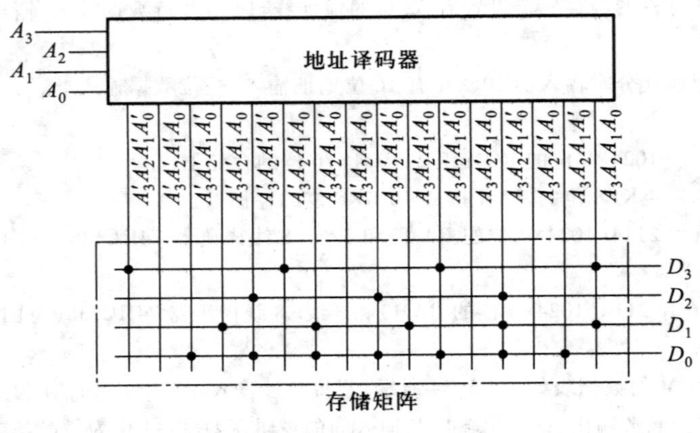

图 P5.35

［题 5.36］ 用 16×4 位的 ROM 设计一个将两个 2 位二进制数相乘的乘法器电路，列出 ROM 的数据表，画出存储矩阵的点阵图。

［题 5.37］ 用 ROM 产生下列一组逻辑函数，写出 ROM 中应存入的数据表。

$$\begin{cases} Y_3 = A'B'CD' + AB'CD \\ Y_2 = ABD' + A'CD + AB'C'D' \\ Y_1 = AB'CD' + BC'D \\ Y_0 = A'D' \end{cases}$$

［题 5.38］ 用 ROM 设计一个组合逻辑电路，用来产生下列一组逻辑函数。

$$\begin{cases} Y_1 = A'B'C'D' + A'BC'D + AB'CD' + ABCD \\ Y_2 = A'B'CD' + A'BCD + AB'C'D' + ABC'D \\ Y_3 = A'BD + B'CD' \\ Y_4 = BD + B'D' \end{cases}$$

列出 ROM 应有的数据表，画出存储矩阵的点阵图。

［题 5.39］ 用一片 256×8 位的 ROM 产生如下一组组合逻辑函数。

$$\begin{cases} Y_1 = AB + BC + CD + DA \\ Y_2 = A'B' + B'C' + C'D' + D'A' \\ Y_3 = ABC + BCD + ABD + ACD \\ Y_4 = A'B'C' + B'C'D' + A'B'D' + A'C'D' \\ Y_5 = ABCD \\ Y_6 = A'B'C'D' \end{cases}$$

列出 ROM 的数据表，画出电路的连接图，标明各输入变量与输出函数的接线端。

［题 5.40］ 用两片 1024×8 位的EPROM接成一个数码转换器，将 10 位二进制数转换成等值的 4 位二-十进制数。

（1）试画出电路接线图，标明输入和输出。

（2）当地址输入 $A_9A_8A_7A_6A_5A_4A_3A_2A_1A_0$ 分别为 **0000000000**、**1000000000**、**1111111111** 时，两片EPROM中对应地址中的数据各为何值？

第六章

时序逻辑电路

内容提要

本章系统讲授时序逻辑电路的工作原理和分析方法、设计方法。

首先,概要地讲述了时序逻辑电路在逻辑功能和电路结构上的特点,并详细介绍了分析时序逻辑电路的具体方法和步骤。然后分别介绍了移位寄存器、计数器、顺序脉冲发生器等各类常用时序逻辑电路的工作原理和使用方法。在讲述了时序逻辑电路的设计方法后,初步介绍如何用硬件描述语言描述时序电路。最后从物理概念上讨论了时序逻辑电路的动态特性和竞争-冒险现象。

6.1 概　　述

在第四章所讨论的组合逻辑电路中,任一时刻的输出信号仅取决于当时的输入信号。这也是组合逻辑电路在逻辑功能上的共同特点。本章要介绍另一种类型的逻辑电路,在这类逻辑电路中,任一时刻的输出信号不仅取决于当时的输入信号,而且还取决于电路原来的状态,或者说,还与以前的输入有关。具备这种逻辑功能特点的电路称为时序逻辑电路(sequential logic circuit,简称时序电路),以区别于组合逻辑电路。

为了进一步说明时序逻辑电路的特点,下面来分析一下图 6.1.1 给出的一个实例——串行加法器电路。

所谓串行加法,是指在将两个多位数相加时,采取从低位到高位逐位相加的方式完成相加运算。由于每一位(例如第 i 位)相加的结果不仅取决于本位的两个加数 a_i 和 b_i,还与低一位是否有进位有关,所以完整的串行加法器电路除了应该具有将两个加数和来自低位的进位相加的能力之外,还必须具备记忆功能,这样才能把本位相加后的进位结果保存下来,以备做高一位的加法时使用。因此,图 6.1.1 所示的串行加法器电路包含了两个组成部分,一部分是全加器 Σ,另一部分是由触发器构成的存储电路。前者执行 a_i、b_i 和 c_{i-1} 三个数的相加运算,后者负责记下每次相加后的进位结果。

通过这个简单的例子不难看出,时序电路在电路结构上有两个显著的特点。第一,时序电路通常包含组合电路和存储电路两个组成部分,而存储电路是必不可少的。第二,存储电路的输出状态必须反馈到组合电路的输入端,与输入信号一起,共同决定组合逻辑电路的输出。

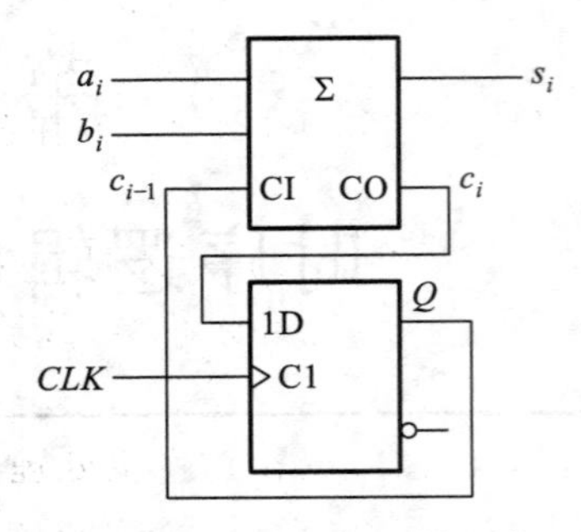

图 6.1.1　串行加法器电路

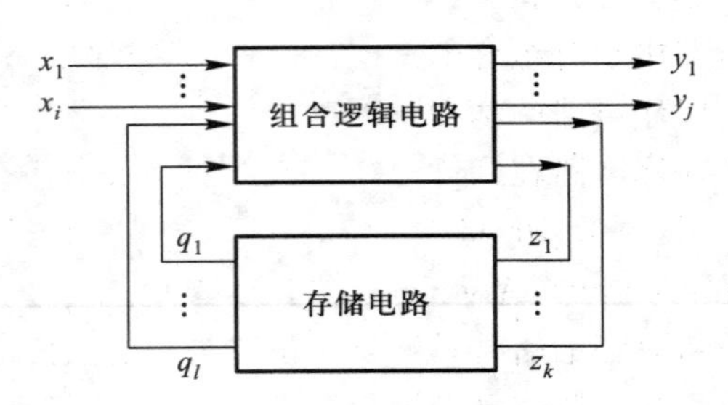

图 6.1.2　时序逻辑电路的结构框图

时序电路的框图可以画成图 6.1.2 所示的普遍形式。图中的 $X(x_1,x_2,\cdots,x_i)$ 代表输入信号,$Y(y_1,y_2,\cdots,y_j)$ 代表输出信号,$Z(z_1,z_2,\cdots,z_k)$ 代表存储电路的输入信号,$Q(q_1,q_2,\cdots,q_l)$ 代表存储电路的输出。这些信号之间的逻辑关系可以用三个方程组来描述

$$\begin{cases} y_1=f_1(x_1,x_2,\cdots,x_i,q_1,q_2,\cdots,q_l) \\ y_2=f_2(x_1,x_2,\cdots,x_i,q_1,q_2,\cdots,q_l) \\ \vdots \\ y_j=f_j(x_1,x_2,\cdots,x_i,q_1,q_2,\cdots,q_l) \end{cases} \tag{6.1.1}$$

$$\begin{cases} z_1=g_1(x_1,x_2,\cdots,x_i,q_1,q_2,\cdots,q_l) \\ z_2=g_2(x_1,x_2,\cdots,x_i,q_1,q_2,\cdots,q_l) \\ \vdots \\ z_k=g_k(x_1,x_2,\cdots,x_i,q_1,q_2,\cdots,q_l) \end{cases} \tag{6.1.2}$$

$$\begin{cases} q_1^*=h_1(z_1,z_2,\cdots,z_k,q_1,q_2,\cdots,q_l) \\ q_2^*=h_2(z_1,z_2,\cdots,z_k,q_1,q_2,\cdots,q_l) \\ \vdots \\ q_l^*=h_l(z_1,z_2,\cdots,z_k,q_1,q_2,\cdots,q_l) \end{cases} \tag{6.1.3}$$

式(6.1.1)称为输出方程,式(6.1.2)称为驱动方程(或激励方程),式(6.1.3)称为状态方程。$q_1,q_2,\cdots,q_l$ 表示存储电路中每个触发器的现态,$q_1^*,q_2^*,\cdots,q_l^*$ 表示存储电路中每个触发器的次态。如果将式(6.1.1)、(6.1.2)和(6.1.3)写成向量函数的形式,则得到

$$\boldsymbol{Y}=F[\boldsymbol{X},\boldsymbol{Q}]$$
$$\boldsymbol{Z}=G[\boldsymbol{X},\boldsymbol{Q}]$$
$$\boldsymbol{Q}^*=H[\boldsymbol{Z},\boldsymbol{Q}]$$

由于存储电路中触发器的动作特点不同,在时序电路中又有同步时序电路和异步时序电路之分。在同步时序电路中,所有触发器状态的变化都是在同一时钟信号操作下同时发生的。而在异步时序电路中,触发器状态的变化不是同时发生的。

此外,有时还根据输出信号的特点将时序电路划分为米利(Mealy)型和穆尔(Moore)型两种。在米利型电路中,输出信号不仅取决于存储电路的状态,而且还取决于输入变量;在穆尔型电路中,输出信号仅仅取决于存储电路的状态。可见,穆尔型电路只不过是米利型电路的一种特例而已。

以后还会看到，在有些具体的时序电路中，并不都具备图 6.1.2 所示的完整形式。例如，有的时序电路中没有组合电路部分，而有的时序电路又可能没有输入逻辑变量，但它们在逻辑功能上仍具有时序电路的基本特征。

鉴于时序电路在工作时是在电路的有限个状态间按一定的规律转换的，所以又将时序电路称为状态机（State Machine，简称 SM）、有限状态机（Finite State Machine，简称 FSM）或算法状态机（Algorithmic State Machine，简称 ASM）。

在分析时序电路时只要将状态变量和输入信号一样当作逻辑函数的输入变量处理，那么分析组合电路的一些运算方法仍然可以使用。不过，由于任意时刻状态变量的取值都和电路的历史情况有关，所以分析起来要比组合电路复杂一些。为便于描述存储电路的状态及其转换规律，还要引入一些新的表示方法和分析方法。

至于时序电路的设计方法，则更复杂一些，在讲过若干典型的时序电路之后对此再做详细介绍。

复习思考题

R6.1.1　组合逻辑电路和时序逻辑电路在逻辑功能与电路结构上有何区别？

R6.1.2　同步时序电路和异步时序电路有何不同？

6.2 时序逻辑电路的分析方法

6.2.1 同步时序逻辑电路的分析方法

分析一个时序电路，就是要找出给定时序电路的逻辑功能。具体地说，就是要求找出电路的状态和输出的状态在输入变量和时钟信号作用下的变化规律。

首先讨论同步时序电路的分析方法。由于同步时序电路中所有触发器都是在同一个时钟信号操作下工作的，所以分析方法比较简单。

在本章 6.1 节中已经讲过，时序电路的逻辑功能可以用输出方程、驱动方程和状态方程全面描述。因此，只要能写出给定逻辑电路的这三个方程，那么它的逻辑功能也就表示清楚了。根据这三个方程，就能够求得在任何给定输入变量状态和电路状态下电路的输出和次态。

分析同步时序电路时一般按如下步骤进行：

（1）从给定的逻辑图中写出每个触发器的驱动方程（亦即存储电路中每个触发器输入信号的逻辑函数式）。

（2）将得到的这些驱动方程代入相应触发器的特性方程，得出每个触发器的状态方程，从而得到由这些状态方程组成的整个时序电路的状态方程组。

（3）根据逻辑图写出电路的输出方程。

【例 6.2.1】 试分析图 6.2.1 所示时序逻辑电路的逻辑功能，写出它的驱动方程、状态方程和输出方程。FF_1、FF_2 和 FF_3 是三个主从结构的 TTL 触发器，下降沿动作，输入端悬空时和逻辑 **1** 状态等效。

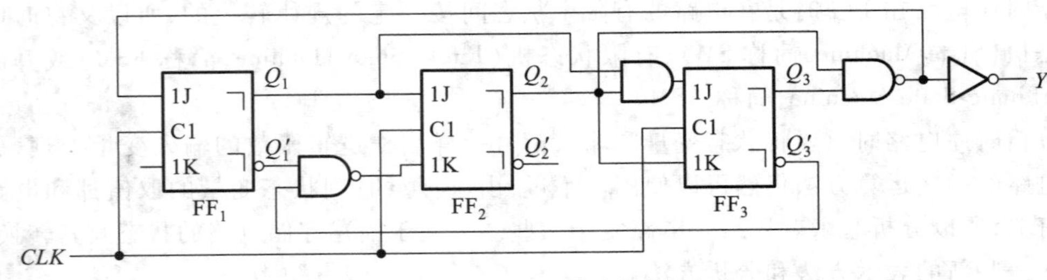

图 6.2.1　例 6.2.1 的时序逻辑电路

解： （1）从图 6.2.1 给定的逻辑图可写出电路的驱动方程为

$$\begin{cases} J_1=(Q_2\cdot Q_3)' & K_1=\mathbf{1} \\ J_2=Q_1 & K_2=(Q_1'\cdot Q_3')' \\ J_3=Q_1\cdot Q_2 & K_3=Q_2 \end{cases} \tag{6.2.1}$$

（2）将式(6.2.1)代入 JK 触发器的特性方程 $Q^*=JQ'+K'Q$ 中去，于是得到电路的状态方程

$$\begin{cases} Q_1^*=(Q_2\cdot Q_3)'Q_1' \\ Q_2^*=Q_1\cdot Q_2'+Q_1'\cdot Q_3'\cdot Q_2 \\ Q_3^*=Q_1\cdot Q_2\cdot Q_3'+Q_2'\cdot Q_3 \end{cases} \tag{6.2.2}$$

（3）根据逻辑图写出输出方程为

$$Y=Q_2\cdot Q_3 \tag{6.2.3}$$

6.2.2　时序逻辑电路的状态转换表、状态转换图、状态机流程图和时序图

从理论上讲，有了驱动方程、状态方程和输出方程以后，时序电路的逻辑功能就已经描述清楚了。然而通过例 6.2.1 可以发现，从这一组方程式中还不能获得电路逻辑功能的完整印象。这主要是由于电路每一时刻的状态都和电路的历史情况有关的缘故。由此可以想到，如果将电路在一系列时钟信号作用下状态转换的全部过程找出来，则电路的逻辑功能便可一目了然了。

用于描述时序电路状态转换全部过程的方法有状态转换表（也称状态转换真值表）、状态转换图、状态机流程图和时序图。由于这几种方法和方程组一样，都可以用来描述同一个时序电路的逻辑功能，所以它们之间可以互相转换。此外，还可以用硬件描述语言对时序电路的逻辑功能进行描述，这一部分内容将在后面的有关章节中介绍。

一、状态转换表

若将任何一组输入变量及电路初态的取值代入状态方程和输出方程，即可算出电路的次态和现态下的输出值；以得到的次态作为新的初态，和这时的输入变量取值一起再代入状态方程和输出方程进行计算，又得到一组新的次态和输出值。如此继续下去，将全部的计算结果列成真值表的形式，就得到了状态转换表。

【例 6.2.2】 试列出图 6.2.1 所示电路的状态转换表。

解： 由图 6.2.1 可见，这个电路没有输入逻辑变量。（需要注意的是，不要把 *CLK* 当作输入逻辑变量。时钟信号只是控制触发器状态转换的操作信号。）因此，电路的次态和输出只取决于电路的初态，它属于穆尔型时序电路。设电路的初态为 $Q_3Q_2Q_1=\mathbf{000}$，代入式（6.2.2）和式（6.2.3）后得到

$$\begin{cases}Q_3^*=\mathbf{0}\\Q_2^*=\mathbf{0}\\Q_1^*=\mathbf{1}\end{cases}$$

$$Y=\mathbf{0}$$

将这一结果作为新的初态，即 $Q_3Q_2Q_1=\mathbf{001}$，重新代入式（6.2.2）和式（6.2.3），又得到一组新的次态和输出值。如此继续下去即可发现，当$Q_3Q_2Q_1=\mathbf{110}$ 时，次态 $Q_3^*Q_2^*Q_1^*=\mathbf{000}$，返回了最初设定的初态。如果再继续算下去，电路的状态和输出将按照前面的变化顺序反复循环，因此已无需再做下去了。这样就得到了表 6.2.1 所示的状态转换表。

表 6.2.1 图 6.2.1 电路的状态转换表

Q_3	Q_2	Q_1	Q_3^*	Q_2^*	Q_1^*	Y
0	**0**	**0**	**0**	**0**	**1**	**0**
0	**0**	**1**	**0**	**1**	**0**	**0**
0	**1**	**0**	**0**	**1**	**1**	**0**
0	**1**	**1**	**1**	**0**	**0**	**0**
1	**0**	**0**	**1**	**0**	**1**	**0**
1	**0**	**1**	**1**	**1**	**0**	**0**
1	**1**	**0**	**0**	**0**	**0**	**1**
1	**1**	**1**	**0**	**0**	**0**	**1**

最后还要检查一下得到的状态转换表是否包含了电路所有可能出现的状态。结果发现，$Q_3Q_2Q_1$ 的状态组合共有 8 种，而根据上述计算过程列出的状态转换表中只有 7 种状态，缺少 $Q_3Q_2Q_1=\mathbf{111}$ 这个状态。将此状态代入式（6.2.2）和式（6.2.3）计算得到

$$\begin{cases}Q_3^*=\mathbf{0}\\Q_2^*=\mathbf{0}\\Q_1^*=\mathbf{0}\end{cases}$$

$$Y=\mathbf{1}$$

将这个计算结果补充到表中以后，才得到完整的状态转换表。

有时也将电路的状态转换表列成表 6.2.2 的形式。这种状态转换表给出了在一系列时钟信

号作用下电路状态转换的顺序,比较直观。

从表 6.2.2 上很容易看出,每经过 7 个时钟信号以后电路的状态循环变化一次,所以这个电路具有对时钟信号计数的功能。同时,因为每经过 7 个时钟脉冲作用以后输出端 Y 输出一个脉冲(由 **0** 变 **1**,再由 **1** 变 **0**),所以这是一个七进制计数器,Y 端的输出就是进位脉冲。

表 6.2.2　图 6.2.1 电路状态转换表的另一种形式

CLK 的顺序	Q_3	Q_2	Q_1	Y
0	0	0	0	0
1	0	0	1	0
2	0	1	0	0
3	0	1	1	0
4	1	0	0	0
5	1	0	1	0
6	1	1	0	1
7	0	0	0	0
0	1	1	1	1
1	0	0	0	0

二、状态转换图

为了以更加形象的方式直观地显示出时序电路的逻辑功能,有时还进一步将状态转换表的内容表示成状态转换图的形式。

图 6.2.2 是图 6.2.1 所示电路的状态转换图。在状态转换图中以圆圈表示电路的各个状态,以箭头表示状态转换的方向。同时,还在箭头旁注明了状态转换前的输入变量取值和输出值。通常将输入变量取值写在斜线以上,将输出值写在斜线以下。因为图 6.2.1 电路没有输入逻辑变量,所以斜线上方没有注字。

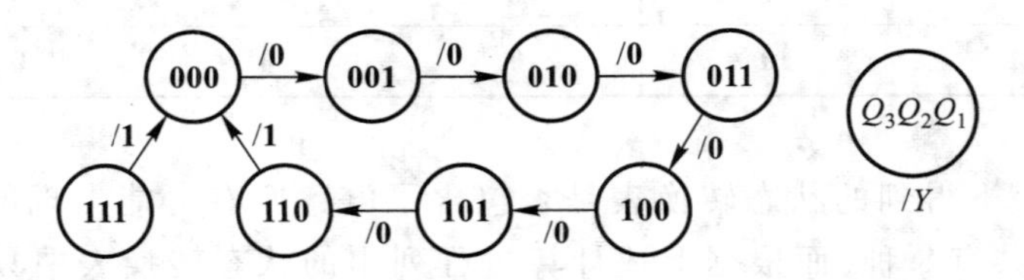

图 6.2.2　图 6.2.1 电路的状态转换图

【例 6.2.3】　分析图 6.2.3 所示时序逻辑电路的逻辑功能,写出电路的驱动方程、状态方程和输出方程,画出电路的状态转换图。

解:　首先从给定的电路图写出驱动方程

$$\begin{cases} D_1 = Q'_1 \\ D_2 = A \oplus Q_1 \oplus Q_2 \end{cases} \tag{6.2.4}$$

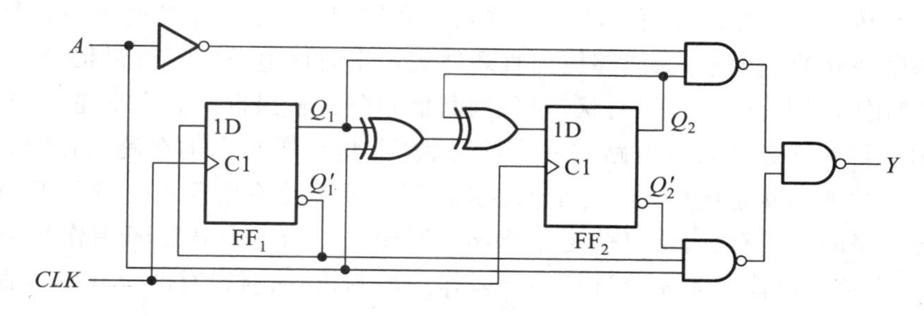

图 6.2.3　例 6.2.3 的时序逻辑电路

将式(6.2.4)代入 D 触发器的特性方程,得到电路的状态方程

$$\begin{cases} Q_1^* = D_1 = Q_1' \\ Q_2^* = D_2 = A \oplus Q_1 \oplus Q_2 \end{cases} \tag{6.2.5}$$

从图 6.2.3 所示的电路图写出输出方程为

$$\begin{aligned} Y &= ((A'Q_1Q_2)' \cdot (A\ Q_1'Q_2')')' \\ &= A'Q_1Q_2 + A\ Q_1'Q_2' \end{aligned} \tag{6.2.6}$$

为便于画出电路的状态转换图,可先列出电路的状态转换表,如表 6.2.3 所示。它以真值表的形式表示了电路的次态和输出($Q_2^*Q_1^*/Y$)与现态和输入变量(Q_2Q_1 和 A)之间的函数关系。表中的数值用式(6.2.5)和式(6.2.6)计算得到。

根据表 6.2.3 画出的电路状态转换图如图 6.2.4 所示。

表 6.2.3　图 6.2.3 电路的状态转换表

$Q_2^*Q_1^*/Y$ \ Q_2Q_1 \ A	00	01	11	10
0	01/0	10/0	00/1	11/0
1	11/1	00/0	10/0	01/0

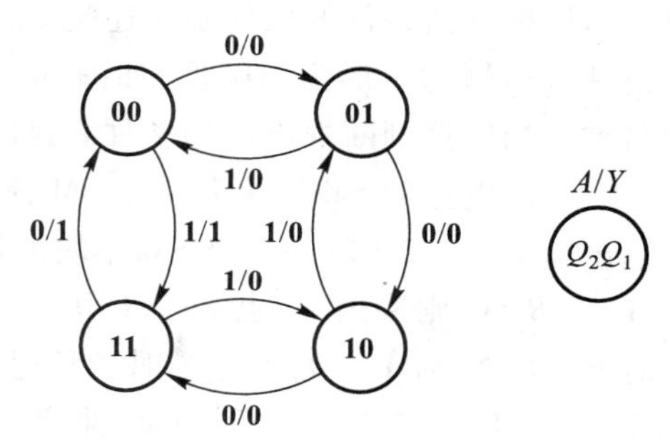

图 6.2.4　图 6.2.3 电路的状态转换图

由图 6.2.4 所示的状态转换图可以看出,图 6.2.3 所示电路可以作为可控计数器使用。当 A=**0** 时是一个加法计数器,在时钟信号连续作用下,Q_2Q_1 的数值从 **00** 到 **11** 递增。如果从 Q_2Q_1=**00** 状态开始加入时钟信号,则 Q_2Q_1 的数值可以表示输入的时钟脉冲数目。当 A=**1** 时是一个减法计数器,在连续加入时钟脉冲时,Q_2Q_1 的数值是从 **11** 到 **00** 递减的。

三、状态机流程图(SM 图)

时序电路(也称状态机)逻辑功能的另外一种描述形式称为状态机流程图(State Machine Flowchart,或 State Machine Chart),简称 SM 图。也有把它称为 ASM 图的。

SM 图采用类似于编写计算机程序时使用的程序流程图的形式,表示在一系列时钟脉冲作用下时序电路状态转换的流程以及每个状态下的输入和输出。因此,可以理解为它是状态转换图按时钟信号顺序展开的一种形式,能够更加直观地表示出时序电路的运行过程。

SM 图中使用的图形符号有三种:状态框、判断框和条件输出框。状态框是一个矩形框,如图 6.2.5(a)所示。每个状态框表示电路的一个状态,左上角注明状态的名称(也有将状态名称写在框内的),右上角注明状态编码,框内列出此状态下等于 **1** 的输出逻辑变量。因为写在状态框内的输出只与电路的状态有关,所以一定是 Moore 型输出。当这个状态机用作复杂系统的控制电路时,每个输出信号可能就是系统进行某种操作的控制指令,所以有时也在框内直接注明系统所应当执行的操作,代替输出信号。

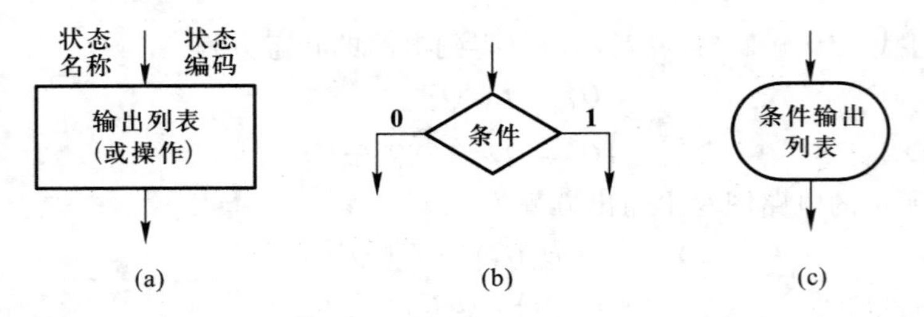

图 6.2.5　SM 图中使用的三种图形符号

(a) 状态框　(b) 判断框　(c) 条件输出框

判断框又称条件分支框,它的外形为菱形,如图 6.2.5(b)所示。判断框接在状态框的出口,决定着状态转换的去向。框内标注的是判断条件,它可以是一个逻辑变量、一个乘积项或者一个逻辑式。根据判断条件的取值是 **1** 还是 **0**,确定在时钟信号到达时电路状态的去向。

条件输出框的外形为扁圆形,如图 6.2.5(c)所示。它接在判断框的出口,框内标注输出变量的名称。当所接判断框出口的条件满足时,框内输出变量等于 **1**,否则等于 **0**。

一个时序电路的 SM 图由若干个 SM 模块组成。每个模块包含一个状态框、若干个判断框和条件输出框。图6.2.6就是一个 SM 模块的例子。当电路进入 S_1 状态后,输出 Y_1、Y_2 等于 **1**。若这时 $A=\mathbf{1}$、$B=\mathbf{0}$,则输出 Y_4 也等于 **1**,下一个时钟信号到达时,电路转向出口 2 所指向的次态。若这时 $A=B=\mathbf{1}$,则 $Y_4=\mathbf{0}$,下一个时钟信号到达时,电路转向出口 3 所指向的次态。若这时 $A=\mathbf{0}$,则 Y_3 等于 **1**,Y_4 等于 **0**,下一个时钟信号到达时,电路转向出口 1 所指向的次态。可见,一个 SM 模块所表示的内容相当于状态转换图中一个状态所表示的内容。

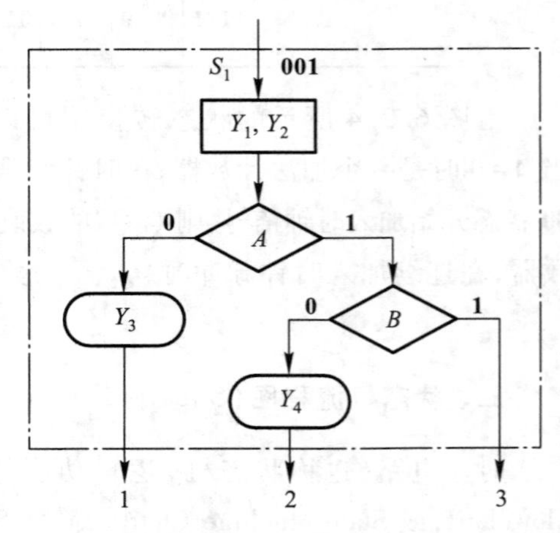

图 6.2.6　SM 模块举例

按照以上所讲的规则,就可以根据状态转换表或状态转换图画出对应的 SM 图来。例如,根据表 6.2.3 的状态转换表就可以画出图 6.2.3 所示计数器电路的 SM 图,如图 6.2.7 所示。

四、时序图

为便于用实验观察的方法检查时序电路的逻辑功能,还可以将状态转换表的内容画成时间波形的形式。

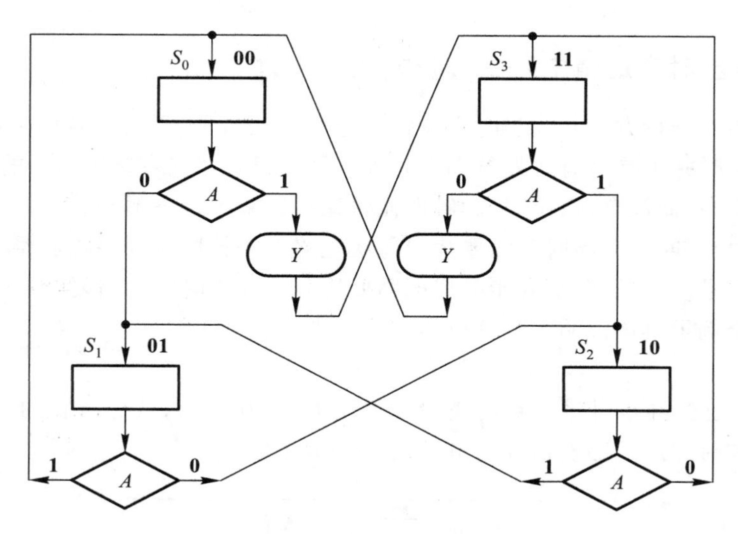

图 6.2.7 图 6.2.3 电路的 SM 图

在输入信号和时钟脉冲序列作用下，电路状态、输出状态随时间变化的波形图称为时序图。

图 6.2.8 和图 6.2.9 中画出了图 6.2.1 和图 6.2.3 所示电路的时序图。

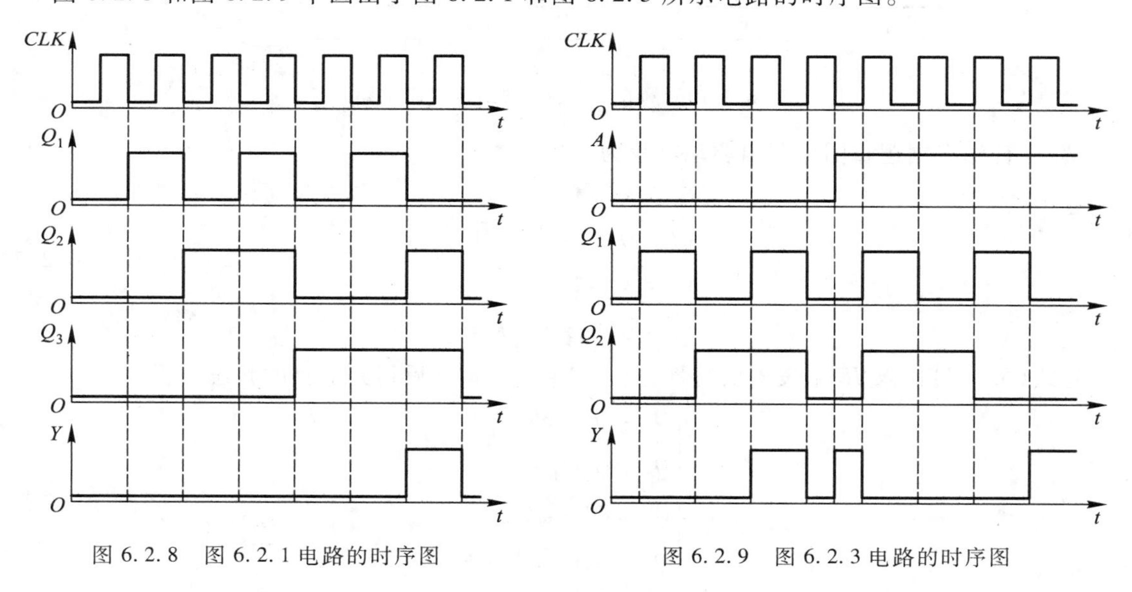

图 6.2.8 图 6.2.1 电路的时序图

图 6.2.9 图 6.2.3 电路的时序图

利用时序图检查时序电路逻辑功能的方法不仅用在实验测试中，也用于数字电路的计算机模拟当中。

复习思考题

R6.2.1 时序电路逻辑功能的描述方式有哪几种？你能将其中任何一种描述方式转换为其他各种描述方式吗？

*6.2.3　异步时序逻辑电路的分析方法

异步时序电路的分析方法和同步时序电路的分析方法有所不同。在异步时序电路中，每次电路状态发生转换时并不是所有触发器都有时钟信号。只有那些有时钟信号的触发器才需要用特性方程去计算次态，而没有时钟信号的触发器将保持原来的状态不变。

因此，在分析异步时序电路时还需要找出每次电路状态转换时哪些触发器有时钟信号，哪些触发器没有时钟信号。可见，分析异步时序电路要比分析同步时序电路复杂。

下面通过一个例子具体说明一下分析的方法和步骤。

【例 6.2.4】　已知异步时序电路的逻辑图如图 6.2.10 所示，试分析它的逻辑功能，画出电路的状态转换图和时序图。触发器和门电路均为 TTL 电路。

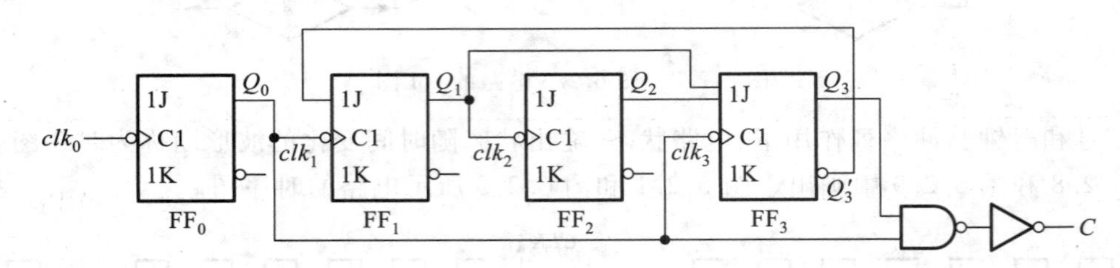

图 6.2.10　例 6.2.4 的异步时序逻辑电路

解：　首先根据逻辑图可写出驱动方程为

$$\begin{cases} J_0 = K_0 = \mathbf{1} \\ J_1 = Q_3', \qquad K_1 = \mathbf{1} \\ J_2 = K_2 = \mathbf{1} \\ J_3 = Q_1 Q_2, \qquad K_3 = \mathbf{1} \end{cases} \tag{6.2.7}$$

将式(6.2.7)代入 JK 触发器的特性方程 $Q^* = JQ' + K'Q$ 后得到电路的状态方程

$$\begin{cases} Q_0^* = Q_0' \cdot clk_0 \\ Q_1^* = Q_3' Q_1' \cdot clk_1 \\ Q_2^* = Q_2' \cdot clk_2 \\ Q_3^* = Q_1 Q_2 Q_3' \cdot clk_3 \end{cases} \tag{6.2.8}$$

式中以小写的 clk 表示时钟信号，它不是一个逻辑变量。对下降沿动作的触发器而言，$clk = \mathbf{1}$ 仅表示时钟输入端有下降沿到达；对上升沿动作的触发器而言，$clk = \mathbf{1}$ 表示时钟输入端有上升沿到达。$clk = \mathbf{0}$ 表示没有时钟信号到达，触发器保持原来的状态不变。

根据电路图写出输出方程为

$$C = Q_0 Q_3 \tag{6.2.9}$$

为了画电路的状态转换图，需列出电路的状态转换表。在计算触发器的次态时，首先应找出每次电路状态转换时各个触发器是否有 clk 信号。为此，可以从给定的 clk_0 连续作用下列出 Q_0 的对应值(如表 6.2.4 中所示)。根据 Q_0 每次从 **1** 变 **0** 的时刻产生 clk_1 和 clk_3，即可得到表

6.2.4 中 clk_1 和 clk_3 的对应值。而 Q_1 每次从 **1** 变 **0** 的时刻将产生 clk_2。以 $Q_3Q_2Q_1Q_0=\mathbf{0000}$ 为初态代入式(6.2.8)和式(6.2.9)依次计算下去,就得到了表 6.2.4 所示的状态转换表。

表 6.2.4 图 6.2.10 电路的状态转换表

clk_0 的顺序	触发器状态				时钟信号				输出
	Q_3	Q_2	Q_1	Q_0	clk_3	clk_2	clk_1	clk_0	C
0	**0**	**0**	**0**	**0**	**0**	**0**	**0**	**0**	**0**
1	**0**	**0**	**0**	**1**	**0**	**0**	**0**	**1**	**0**
2	**0**	**0**	**1**	**0**	**1**	**0**	**1**	**1**	**0**
3	**0**	**0**	**1**	**1**	**0**	**0**	**0**	**1**	**0**
4	**0**	**1**	**0**	**0**	**1**	**1**	**1**	**1**	**0**
5	**0**	**1**	**0**	**1**	**0**	**0**	**0**	**1**	**0**
6	**0**	**1**	**1**	**0**	**1**	**0**	**1**	**1**	**0**
7	**0**	**1**	**1**	**1**	**0**	**0**	**0**	**1**	**0**
8	**1**	**0**	**0**	**0**	**1**	**1**	**1**	**1**	**0**
9	**1**	**0**	**0**	**1**	**0**	**0**	**0**	**1**	**1**
10	**0**	**0**	**0**	**0**	**1**	**0**	**1**	**1**	**0**

由于图 6.2.10 所示电路中有 4 个触发器,它们的状态组合有 16 种,而表6.2.4中只包含了 10 种,因此需要分别求出其余 6 种状态下的输出和次态。将这些计算结果补充到表 6.2.4 中,才是完整的状态转换表。完整的电路状态转换图如图 6.2.11 所示。状态转换图表明,当电路处于表 6.2.4 中所列 10 种状态以外的任何一种状态时,都会在时钟信号作用下最终进入表 6.2.4 中的状态循环中去。具有这种特点的时序电路称为能够自行启动的时序电路。

从图 6.2.11 的状态转换图还可以看出,图 6.2.10 电路是一个异步十进制加法计数器电路。

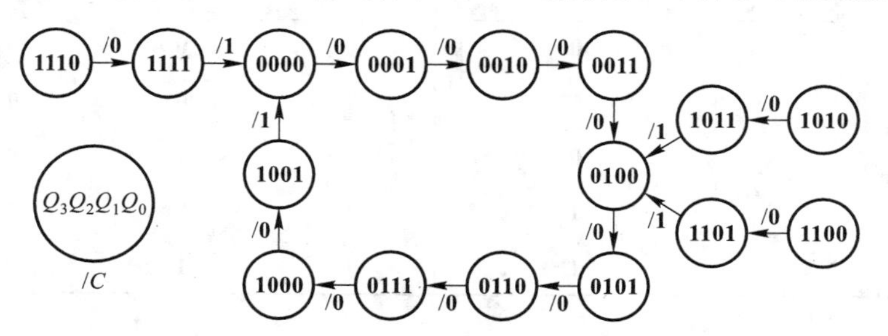

图 6.2.11 图 6.2.10 电路的状态转换图

6.3 若干常用的时序逻辑电路

6.3.1 移位寄存器

移位寄存器(Shift Register)除了具有存储代码的功能以外,还具有移位功能。所谓移位功能,是指寄存器里存储的代码能在移位脉冲的作用下依次左移或右移。因此,移位寄存器不但可以用来寄存代码,还可以用来实现数据的串行-并行转换、数值的运算以及数据处理等。

图 6.3.1 所示电路是由边沿触发方式的 D 触发器组成的 4 位移位寄存器，其中第一个触发器 FF_0 的输入端接收输入信号，其余的每个触发器输入端均与前边一个触发器的 Q 端相连。

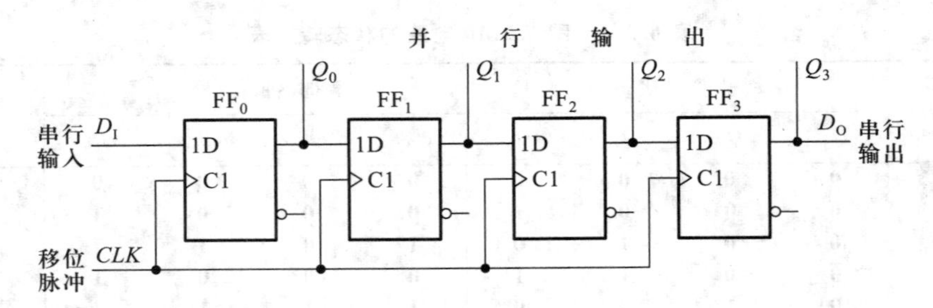

图 6.3.1　用 D 触发器构成的移位寄存器

因为从 CLK 上升沿到达开始到输出端新状态的建立需要经过一段传输延迟时间，所以当 CLK 的上升沿同时作用于所有的触发器时，它们输入端（D 端）的状态还没有改变。于是 FF_1 按 Q_0 原来的状态翻转，FF_2 按 Q_1 原来的状态翻转，FF_3 按 Q_2 原来的状态翻转。同时，加到寄存器输入端 D_I 的代码存入 FF_0。总的效果相当于移位寄存器里原有的代码依次右移了 1 位。

例如，在 4 个时钟周期内输入代码依次为 **1011**，而移位寄存器的初始状态为 $Q_0Q_1Q_2Q_3=$ **0000**，那么在移位脉冲（也就是触发器的时钟脉冲）的作用下，移位寄存器里代码的移动情况将如表 6.3.1 所示。图 6.3.2 给出了各触发器输出端在移位过程中的电压波形图。

表 6.3.1　移位寄存器中代码的移动状况

CLK 的顺序	输入 D_I	Q_0	Q_1	Q_2	Q_3
0	**0**	**0**	**0**	**0**	**0**
1	**1**	**1**	**0**	**0**	**0**
2	**0**	**0**	**1**	**0**	**0**
3	**1**	**1**	**0**	**1**	**0**
4	**1**	**1**	**1**	**0**	**1**

可以看到，经过 4 个 CLK 信号以后，串行输入的 4 位代码全部移入了移位寄存器中，同时在 4 个触发器的输出端得到了并行输出的代码。因此，利用移位寄存器可以实现代码的串行-并行转换。

如果首先将 4 位数据并行地置入移位寄存器的 4 个触发器中，然后连续加入 4 个移位脉冲，则移位寄存器里的 4 位代码将从串行输出端 D_O 依次送出，从而实现了数据的并行-串行转换。

图 6.3.3 是用 JK 触发器组成的 4 位移位寄存器，它和图 6.3.1 所示电路具有同样的逻辑功能。

为便于扩展逻辑功能和增加使用的灵活性，在定型生产的移位寄存器集成电路上有的又附加了左、右移控制、数据并行输入、保持、异步置零（复位）等功能。图 6.3.4 给出的 74HC194A 4 位双向移位寄存器就是一个典型的例子。

74HC194A 由 4 个触发器 FF_0、FF_1、FF_2、FF_3 和各自的输入控制电路组成。图中的 D_{IR} 为数据右移串行输入端，D_{IL} 为数据左移串行输入端，$D_0 \sim D_3$ 为数据并行输入端，$Q_0 \sim Q_3$ 为数据并行输出端。移位寄存器的工作状态由控制端 S_1 和 S_0 的状态指定。

现以第二位触发器 FF_1 为例，分析一下 S_1、S_0 为不同取值时移位寄存器的工作状态。由图可见，FF_1 的输入控制电路是由**与或非**门 G_1 和反相器 G_2 组成的具有互补输出的 4 选 1 数据选择器。它的互补输出作为 FF_1 的输入信号。

当 $S_1 = S_0 = \mathbf{0}$ 时，G_1 最右边的输入信号 Q_1 被选中，使触发器 FF_1 的输入为 $S = Q_1$、$R = Q_1'$，故 CLK 上升沿到达时 FF_1 被置成 $Q_1^* = Q_1$。因此，移位寄存器工作在保持状态。

当 $S_1 = S_0 = \mathbf{1}$ 时，G_1 左边第二个输入信号 D_1 被选中，使触发器 FF_1 的输入为 $S = D_1$、$R = D_1'$，故 CLK 上升沿到达时 FF_1 被置成 $Q_1^* = D_1$，移位寄存器处于数据并行输入状态。

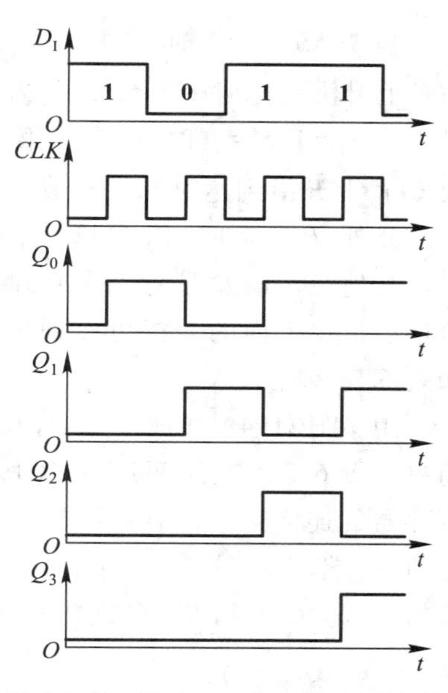

图 6.3.2 图 6.3.1 电路的电压波形

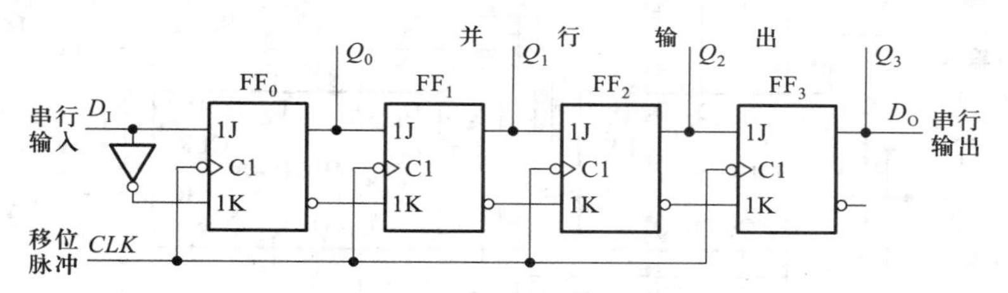

图 6.3.3 用 JK 触发器构成的移位寄存器

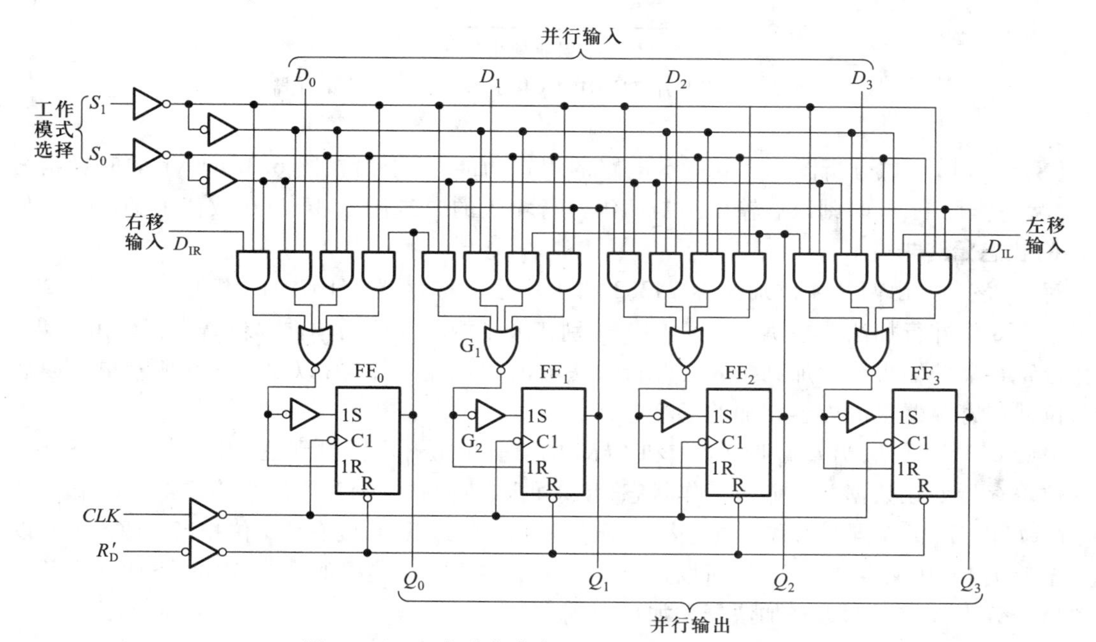

图 6.3.4 双向移位寄存器 74HC194A 的逻辑图

当 $S_1=\mathbf{0}$、$S_0=\mathbf{1}$ 时，G_1 最左边的输入信号 Q_0 被选中，使触发器 FF_1 的输入为 $S=Q_0$、$R=Q_0'$，故 CLK 上升沿到达时 FF_1 被置成 $Q_1^*=Q_0$，移位寄存器工作在右移状态。

当 $S_1=\mathbf{1}$、$S_0=\mathbf{0}$ 时，G_1 右边第二个输入信号 Q_2 被选中，使触发器 FF_1 的输入为 $S=Q_2$、$R=Q_2'$，故 CLK 上升沿到达时触发器被置成 $Q_1^*=Q_2$，这时移位寄存器工作在左移状态。

此外，$R_D'=\mathbf{0}$ 时 $FF_0\sim FF_3$ 将同时被置成 $Q=\mathbf{0}$，所以正常工作时应使 R_D' 处于高电平。

其他三个触发器的工作原理与 FF_1 基本相同，不再赘述。根据上面的分析可以列出 74HC194A 的功能表，如表 6.3.2 所示。

表 6.3.2　双向移位寄存器 74HC194A 的功能表

R_D'	S_1	S_0	工作状态
0	×	×	置零
1	**0**	**0**	保持
1	**0**	**1**	右移
1	**1**	**0**	左移
1	**1**	**1**	并行输入

用 74HC194A 接成多位双向移位寄存器的接法十分简单。图 6.3.5 是用两片 74HC194A 接成 8 位双向移位寄存器的连接图。这时只需将其中一片的 Q_3 接至另一片的 D_{IR} 端，而将另一片的 Q_0 接到这一片的 D_{IL}，同时把两片的 S_1、S_0、CLK 和 R'_D 分别并联就行了。

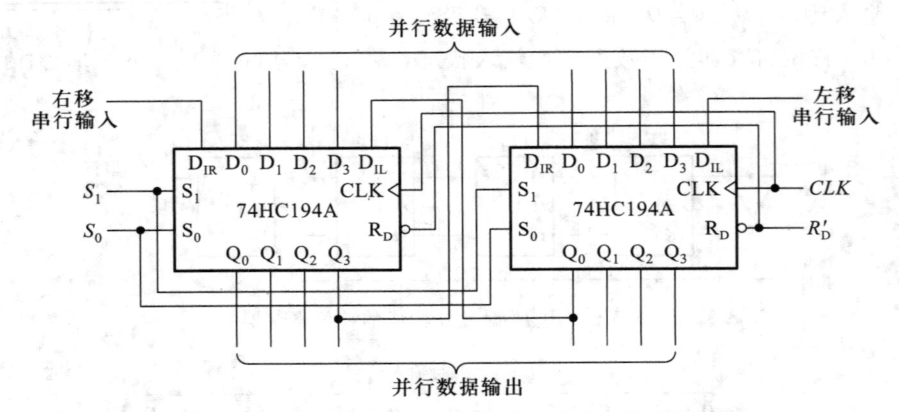

图 6.3.5　用两片 74HC194A 接成 8 位双向移位寄存器

【例 6.3.1】　试分析图 6.3.6 所示电路的逻辑功能，并指出在图 6.3.7 所示的时钟信号及 S_1、S_0 状态作用下，t_4 时刻以后输出 Y 与两组并行输入的二进制数 M、N 在数值上的关系。假定 M、N 的状态始终未变。

解：　该电路由两片 4 位加法器 74283 和 4 片移位寄存器 74HC194A 组成。两片 74283 接成了一个 8 位并行加法器，4 片 74HC194A 分别接成了两个 8 位的单向移位寄存器。由于两个 8 位移位寄存器的输出分别加到了 8 位并行加法器的两组输入端，所以图 6.3.6 所示电路是将两个 8 位移位寄存器里的内容相加的运算电路。

由图 6.3.7 可见，当 $t=t_1$ 时 CLK_1 和 CLK_2 的第一个上升沿同时到达，因为这时 $S_1=S_0=\mathbf{1}$，所以移位寄存器处在数据并行输入工作状态，M、N 的数值便被分别存入两个移位寄存器中。

$t_1=t_2$ 以后，M、N 同时右移 1 位。若 m_0、n_0 是 M、N 的最低位，则右移 1 位相当于两数各乘以 2。

至 $t=t_4$ 时 M 又右移了 2 位，所以这时上面一个移位寄存器里的数为 $M\times8$，下面一个移位寄存器里的数为 $N\times2$。两数经加法器相加后得到

$$Y=M\times8+N\times2$$

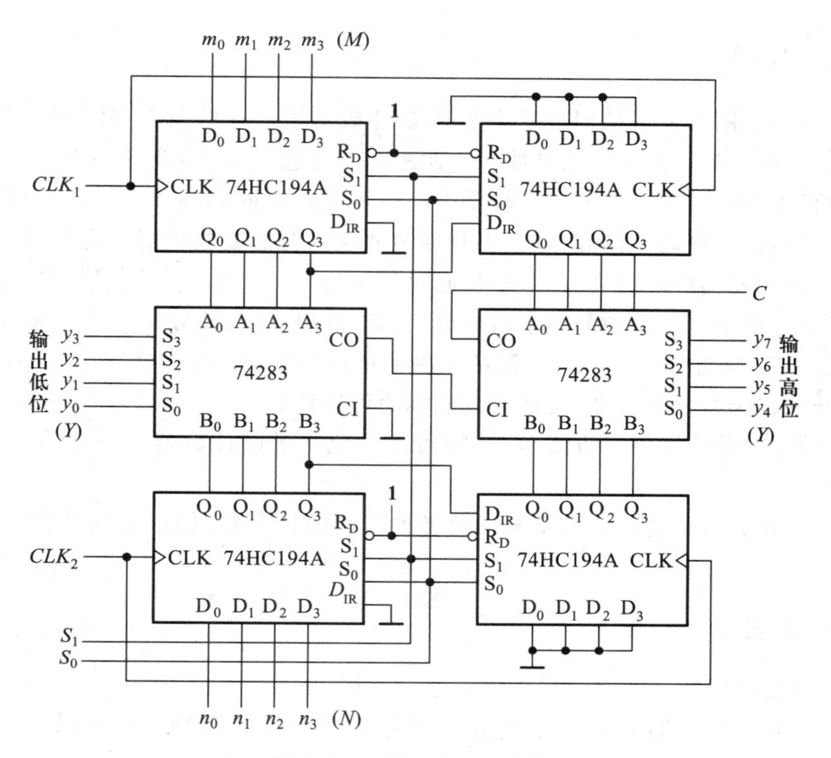

图 6.3.6　例 6.3.1 的电路

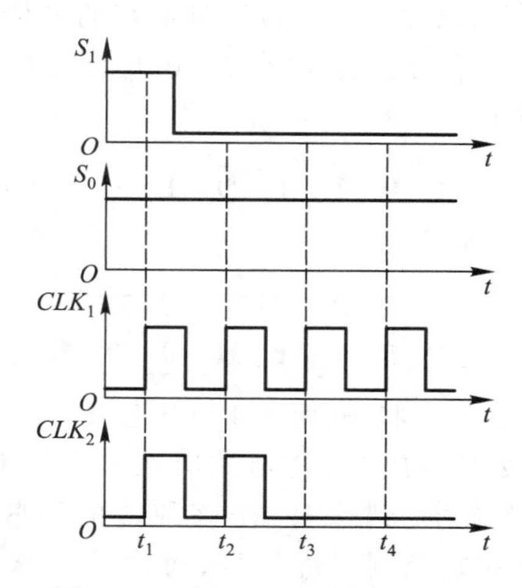

图 6.3.7　例 6.3.1 电路的波形图

复习思考题

R6.3.1　用电平触发的触发器、脉冲触发的触发器是否也能组成图 6.3.1 形式的移位寄存器？

R6.3.2　在图 6.3.6 所示的加法运算电路中，为了保证得出正确的运算结果，对 M 和 N 的数值应作何限制？

6.3.2　计数器

在数字系统中使用得最多的时序电路要算是计数器了。计数器不仅能用于对时钟脉冲计数,还可以用于分频、定时、产生节拍脉冲和脉冲序列以及进行数字运算等。

计数器的种类非常繁多。如果按计数器中的触发器是否同时翻转分类,可以将计数器分为同步式和异步式两种。在同步计数器中,当时钟脉冲输入时触发器的翻转是同时发生的。而在异步计数器中,触发器的翻转有先有后,不是同时发生的。

如果按计数过程中计数器中的数字增减分类,又可以将计数器分为加法计数器、减法计数器和可逆计数器(或称为加/减计数器)。随着计数脉冲的不断输入而作递增计数的称为加法计数器,作递减计数的称为减法计数器,可增可减的称为可逆计数器。

如果按计数器中数字的编码方式分类,还可以分成二进制计数器、二-十进制计数器、格雷码计数器等。

此外,有时也用计数器的计数容量来区分各种不同的计数器,如十进制计数器、六十进制计数器等。

一、同步计数器

1. 同步二进制计数器

目前生产的同步计数器芯片基本上分为二进制和十进制两种。首先讨论同步二进制计数器。

根据二进制加法运算规则可知,在一个多位二进制数的末位上加 **1** 时,若其中第 i 位(即任何一位)以下各位皆为 **1** 时,则第 i 位应改变状态(由 **0** 变成 **1**,由 **1** 变成 **0**)。而最低位的状态在每次加 **1** 时都要改变。例如

$$\begin{array}{r} 1\ 0\ 1\ 1\ \boxed{0\ 1\ 1} \\ +\qquad\qquad\quad 1 \\ \hline 1\ 0\ 1\ 1\ \boxed{1\ 0\ 0} \end{array}$$

按照上述原则,最低的 3 位数都改变了状态,而高 4 位状态未变。

同步计数器通常用 T 触发器构成,结构形式有两种。一种是控制输入端 T 的状态。当每次 CLK 信号(也就是计数脉冲)到达时,使该翻转的那些触发器输入控制端 $T_i=\mathbf{1}$,不该翻转的 $T_i=\mathbf{0}$。另一种形式是控制时钟信号,每次计数脉冲到达时,只能加到该翻转的那些触发器的 CLK 输入端上,而不能加给那些不该翻转的触发器。同时,将所有的触发器接成 $T=\mathbf{1}$ 的状态。这样,就可以用计数器电路的不同状态来记录输入的 CLK 脉冲数目。

由此可知,当通过 T 端的状态控制时,第 i 位触发器输入端的逻辑式应为

$$T_i = Q_{i-1} \cdot Q_{i-2} \cdot \cdots \cdot Q_1 \cdot Q_0 = \prod_{j=0}^{i-1} Q_j \quad (i = 1,2,\cdots,n-1) \tag{6.3.1}$$

只有最低位例外，按照计数规则，每次输入计数脉冲时它都要翻转，故 $T_0 = \mathbf{1}$。

图 6.3.8 所示电路就是按式(6.3.1)接成的 4 位二进制同步加法计数器。由图可见，各触发器的驱动方程为

$$\begin{cases} T_0 = \mathbf{1} \\ T_1 = Q_0 \\ T_2 = Q_0 Q_1 \\ T_3 = Q_0 Q_1 Q_2 \end{cases} \tag{6.3.2}$$

将上式代入 T 触发器的特性方程式得到电路的状态方程

$$\begin{cases} Q_0^* = Q_0' \\ Q_1^* = Q_0 Q_1' + Q_0' Q_1 \\ Q_2^* = Q_0 Q_1 Q_2' + (Q_0 Q_1)' Q_2 \\ Q_3^* = Q_0 Q_1 Q_2 Q_3' + (Q_0 Q_1 Q_2)' Q_3 \end{cases} \tag{6.3.3}$$

电路的输出方程为

$$C = Q_0 Q_1 Q_2 Q_3 \tag{6.3.4}$$

根据式(6.3.3)和式(6.3.4)求出电路的状态转换表，如表 6.3.3 所示。利用第 16 个计数脉冲到达时 C 端电位的下降沿可作为向高位计数器电路进位的输出信号。

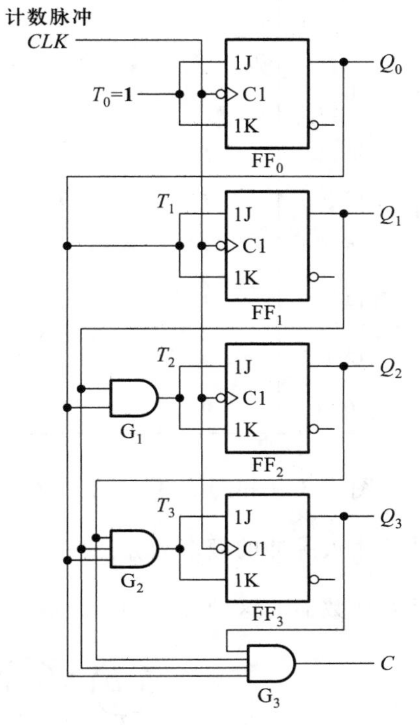

图 6.3.8 用 T 触发器构成的同步二进制加法计数器

表 6.3.3 图 6.3.8 电路的状态转换表

计数顺序	电路状态				等效十进制数	进位输出 C
	Q_3	Q_2	Q_1	Q_0		
0	**0**	**0**	**0**	**0**	0	**0**
1	**0**	**0**	**0**	**1**	1	**0**
2	**0**	**0**	**1**	**0**	2	**0**
3	**0**	**0**	**1**	**1**	3	**0**
4	**0**	**1**	**0**	**0**	4	**0**
5	**0**	**1**	**0**	**1**	5	**0**
6	**0**	**1**	**1**	**0**	6	**0**
7	**0**	**1**	**1**	**1**	7	**0**

续表

计数顺序	电路状态				等效十进制数	进位输出 C
	Q_3	Q_2	Q_1	Q_0		
8	**1**	**0**	**0**	**0**	8	**0**
9	**1**	**0**	**0**	**1**	9	**0**
10	**1**	**0**	**1**	**0**	10	**0**
11	**1**	**0**	**1**	**1**	11	**0**
12	**1**	**1**	**0**	**0**	12	**0**
13	**1**	**1**	**0**	**1**	13	**0**
14	**1**	**1**	**1**	**0**	14	**0**
15	**1**	**1**	**1**	**1**	15	**1**
16	**0**	**0**	**0**	**0**	0	**0**

图 6.3.9 和图 6.3.10 是图 6.3.8 所示电路的状态转换图和时序图。由时序图可以看出，若计数输入脉冲的频率为 f_0，则 Q_0、Q_1、Q_2 和 Q_3 端输出脉冲的频率将依次为 $\frac{1}{2}f_0$、$\frac{1}{4}f_0$、$\frac{1}{8}f_0$ 和 $\frac{1}{16}f_0$。针对计数器的这种分频功能，也将它称为分频器。

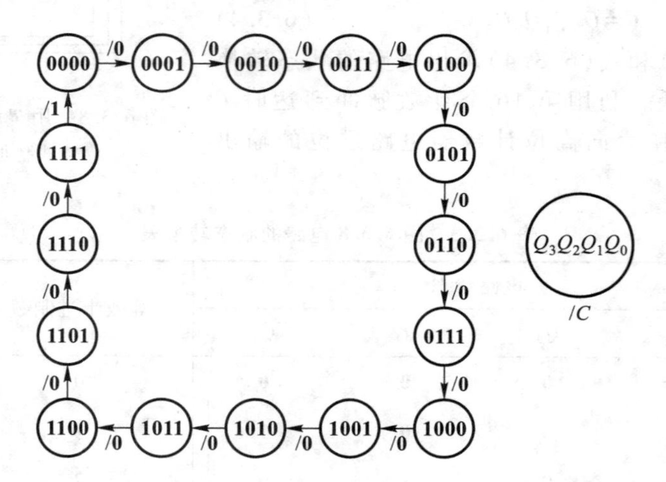

图 6.3.9　图 6.3.8 电路的状态转换图

此外，每输入 16 个计数脉冲计数器工作一个循环，并在输出端 Q_3 产生一个进位输出信号，所以又将这个电路称为十六进制计数器。计数器中能计到的最大数称为计数器的容量，它等于计数器所有各位全为 **1** 时的数值。n 位二进制计数器的容量等于 2^n-1。

在实际生产的计数器芯片中，往往还附加了一些控制电路，以增加电路的功能和使用的灵活性。图 6.3.11 为中规模集成的 4 位同步二进制计数器 74161 的逻辑图。这个电路除了具有

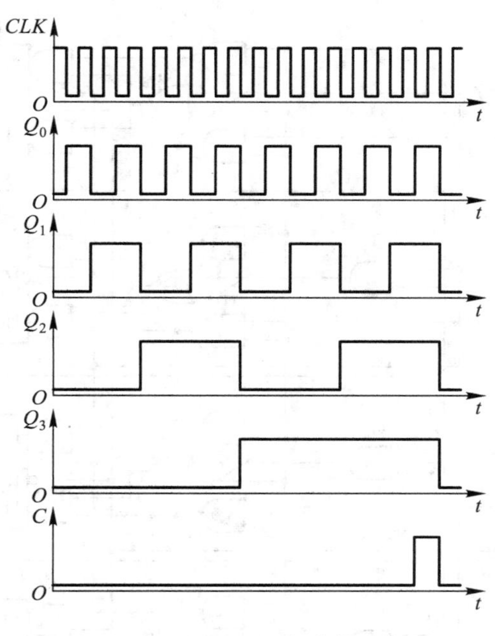

图 6.3.10 图 6.3.8 电路的时序图

二进制加法计数功能外，还具有预置数、保持和异步置零等附加功能。图中 LD' 为预置数控制端，$D_0 \sim D_3$ 为数据输入端，C 为进位输出端，R'_D 为异步置零（复位）端，EP 和 ET 为工作状态控制端。

表 6.3.4 是 74161 的功能表，它给出了当 EP 和 ET 为不同取值时电路的工作状态。

由图 6.3.11 可见，当 $R'_D = \mathbf{0}$ 时所有触发器将同时被置零，而且置零操作不受其他输入端状态的影响。

表 6.3.4 4 位同步二进制计数器 74161 的功能表

CLK	R'_D	LD'	EP	ET	工作状态
×	**0**	×	×	×	置零
↑	**1**	**0**	×	×	预置数
×	**1**	**1**	**0**	**1**	保持
×	**1**	**1**	×	**0**	保持（但 $C=\mathbf{0}$）
↑	**1**	**1**	**1**	**1**	计数

当 $R'_D = \mathbf{1}$、$LD' = \mathbf{0}$ 时，电路工作在同步预置数状态。这时门 $G_{16} \sim G_{19}$ 的输出始终是 **1**，所以 $FF_0 \sim FF_3$ 输入端 J、K 的状态由 $D_0 \sim D_3$ 的状态决定。例如，若 $D_0 = \mathbf{1}$，则 $J_0 = \mathbf{1}$、$K_0 = \mathbf{0}$，CLK 上升沿到达后 FF_0 被置 **1**。

当 $R'_D = LD' = \mathbf{1}$ 而 $EP = \mathbf{0}$、$ET = \mathbf{1}$ 时，由于这时门 $G_{16} \sim G_{19}$ 的输出均为 **0**，亦即 $FF_0 \sim FF_3$ 均处在 $J = K = \mathbf{0}$ 的状态，所以 CLK 信号到达时它们保持原来的状态不变。同时 C 的状态也得到保持。

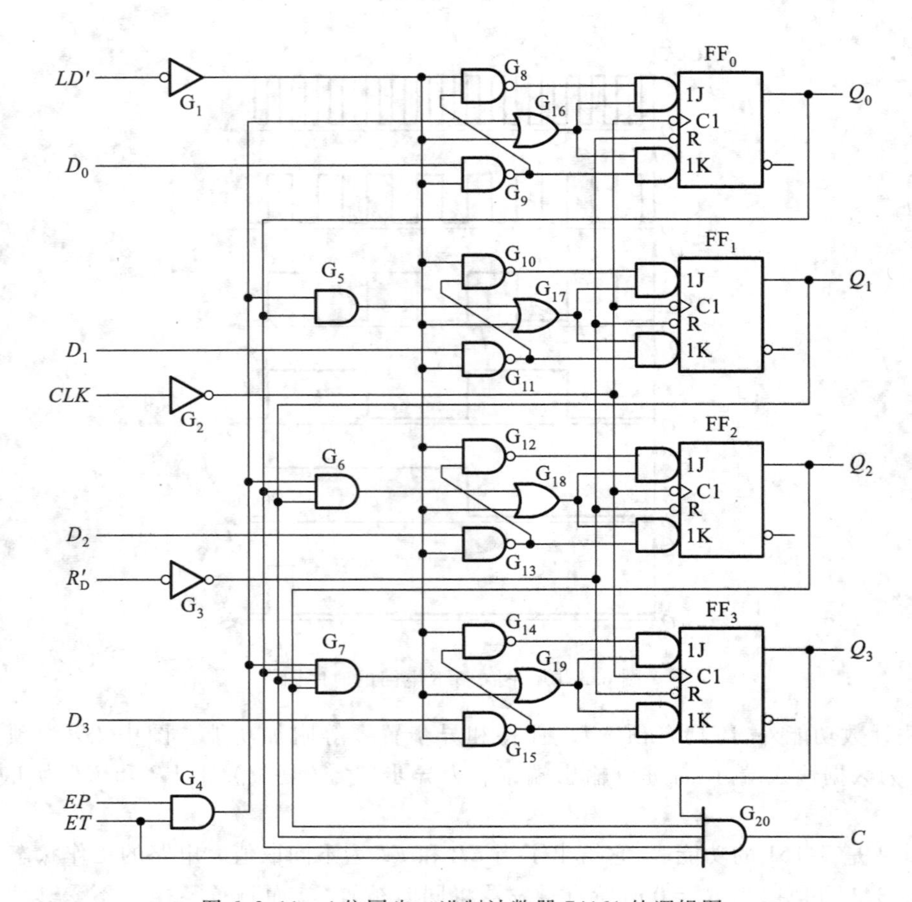

图 6.3.11　4 位同步二进制计数器 74161 的逻辑图

如果 $ET=\mathbf{0}$,则 EP 无论为何状态,计数器的状态也将保持不变,但这时进位输出 C 等于 $\mathbf{0}$。

当 $R'_D=LD'=EP=ET=\mathbf{1}$ 时,电路工作在计数状态,与图 6.3.8 所示电路的工作状态相同。从电路的 **0000** 状态开始连续输入 16 个计数脉冲时,电路将从 **1111** 状态返回 **0000** 状态,C 端从高电平跳变至低电平。可以利用 C 端输出的高电平或下降沿作为进位输出信号。

74LS161 在内部电路结构形式上与 74161 有些区别,但外部引线的配置、引脚排列以及功能表都和 74161 相同。74HC161 的逻辑功能和引脚排列与 74161 相同, 但 74HC161 内部的触发器采用了由传输门组成的结构,所以具体结构形式不完全相同。

此外,有些同步计数器(例如 74LS162、74LS163)是采用同步置零方式的,应注意与 74161 这种异步置零方式的区别。在同步置零的计数器电路中,R'_D 出现低电平后要等下一个 CLK 信号到达时才能将触发器置零。而在异步置零的计数器电路中,只要 R'_D 出现低电平,触发器立即被置零,不受 CLK 的控制。

图 6.3.12 给出了采用控制时钟信号方式构成的 4 位同步二进制计数器。由于每个触发的 T 输入端恒为 **1**,所以只要在每个触发器的时钟输入端加一个时钟脉冲 clk_i,这个触发器就要翻转一次。由图可见,对于除 FF_0 以外的每个触发器,只有在低位触发器全部为 **1** 时,计数脉冲 CLK 才能通过**与**门 $G_1 \sim G_3$ 送到这些触发器的输入端而使之翻转。每个触发器的时钟信号可表示为

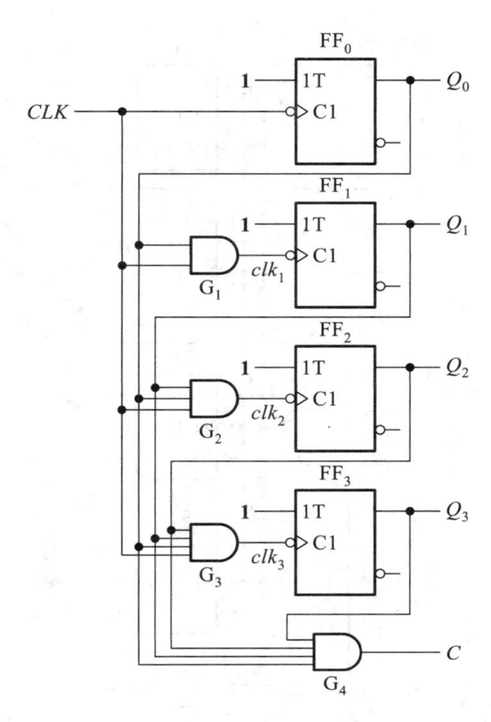

图 6.3.12　4 位同步二进制计数器的另一种结构形式

$$clk_i = CLK\prod_{j=0}^{i-1} Q_j \qquad (i = 1,2,\cdots,n-1) \tag{6.3.5}$$

式中的 clk_i 只表示一个完整的时钟脉冲,既不表示高电平也不表示低电平,CLK 即输入的计数脉冲。

根据二进制减法计数规则,在 n 位二进制减法计数器中,只有当第 i 位以下各位触发器同时为 **0** 时,再减 **1** 才能使第 i 位触发器翻转。因此,采用控制 T 端方式组成同步二进制减法计数器时,第 i 位触发器输入端 T_i 的逻辑式应为

$$T_i = Q'_{i-1}\cdot Q'_{i-2}\cdot\cdots\cdot Q'_1\cdot Q'_0 = \prod_{j=0}^{i-1} Q'_j \qquad (i = 1,2,\cdots,n-1) \tag{6.3.6}$$

同理,采用控制时钟方式组成同步二进制减法计数器时,各触发器的时钟信号可写成

$$clk_i = CLK\prod_{j=0}^{i-1} Q'_j \qquad (i = 1,2,\cdots,n-1) \tag{6.3.7}$$

图 6.3.13 所示电路是根据式(6.3.6)接成的同步二进制减法计数器电路,其中的 T 触发器是将 JK 触发器的 J 和 K 接在一起作为 T 输入端而得到的。

在有些应用场合要求计数器既能进行递增计数又能进行递减计数,这就需要做成加/减计数器(或称之为可逆计数器)。

将图 6.3.8 所示加法计数器和图 6.3.13 所示减法计数器的控制电路合并,再通过一根加/减控制线选择加法计数还是减法计数,就构成了加/减计数器。图 6.3.14 给出的 4 位同步二进制加/减计数器就是基于这种原理设计成的。由图可知,当电路处在计数状态时(这时应使 $S'=$ **0**、$LD'=$ **1**),各个触发器输入端的逻辑式为

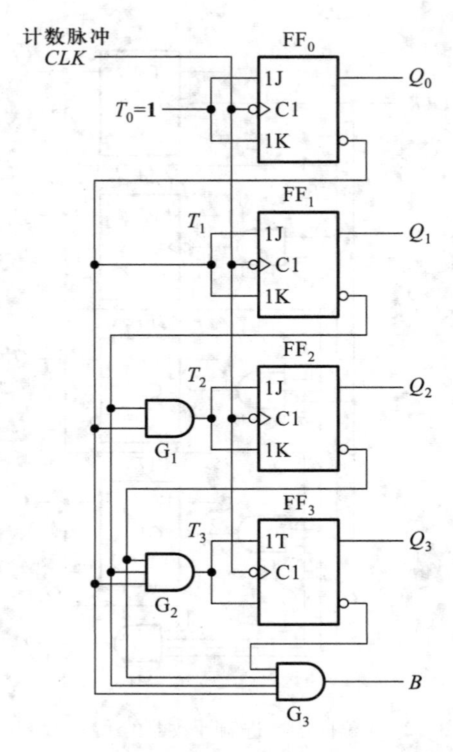

图 6.3.13　用 T 触发器接成的同步二进制减法计数器

$$\begin{cases} T_0=\mathbf{1} \\ T_1=(U'/D)'Q_0+(U'/D)Q_0' \\ T_2=(U'/D)'(Q_0Q_1)+(U'/D)(Q_0'Q_1') \\ T_3=(U'/D)'(Q_0Q_1Q_2)+(U'/D)(Q_0'Q_1'Q_2') \end{cases} \tag{6.3.8}$$

或写成

$$\begin{cases} T_i=(U'/D)'\prod_{j=0}^{i-1}Q_j+(U'/D)\prod_{j=0}^{i-1}Q_j' \qquad (i=1,2,\cdots,n-1) \\ T_0=\mathbf{1} \end{cases} \tag{6.3.9}$$

不难看出，当 $U'/D=\mathbf{0}$ 时上式与式(6.3.1)相同，计数器做加法计数；当 $U'/D=\mathbf{1}$ 时上式与式(6.3.6)相同，计数器做减法计数。

除了能做加/减计数外，74LS191 还有一些附加功能。图中的 LD' 为预置数控制端。当 $LD'=\mathbf{0}$ 时电路处于预置数状态，$D_0\sim D_3$ 的数据立刻被置入 $FF_0\sim FF_3$ 中，而不受时钟输入信号 CLK_1 的控制。因此，它的预置数是异步式的，与 74161 的同步式预置数不同。

S'是使能控制端，当 $S'=\mathbf{1}$ 时 $T_0\sim T_3$ 全部为 $\mathbf{0}$，故 $FF_0\sim FF_1$保持不变。C/B 是进位/借位信号输出端（也称最大/最小输出端）。当计数器做加法计数（$U'/D=\mathbf{0}$）且 $Q_3Q_2Q_1Q_0=\mathbf{1111}$ 时，$C/B=\mathbf{1}$，有进位输出；当计数器做减法计数（$U'/D=\mathbf{1}$）且 $Q_3Q_2Q_1Q_0=\mathbf{0000}$ 时，$C/B=\mathbf{1}$，有借位输出。CLK_0 是串行时钟输出端。当 $C/B=\mathbf{1}$ 的情况下，在下一个 CLK_1 上升沿到达前 CLK_0 端有一个负脉冲输出。

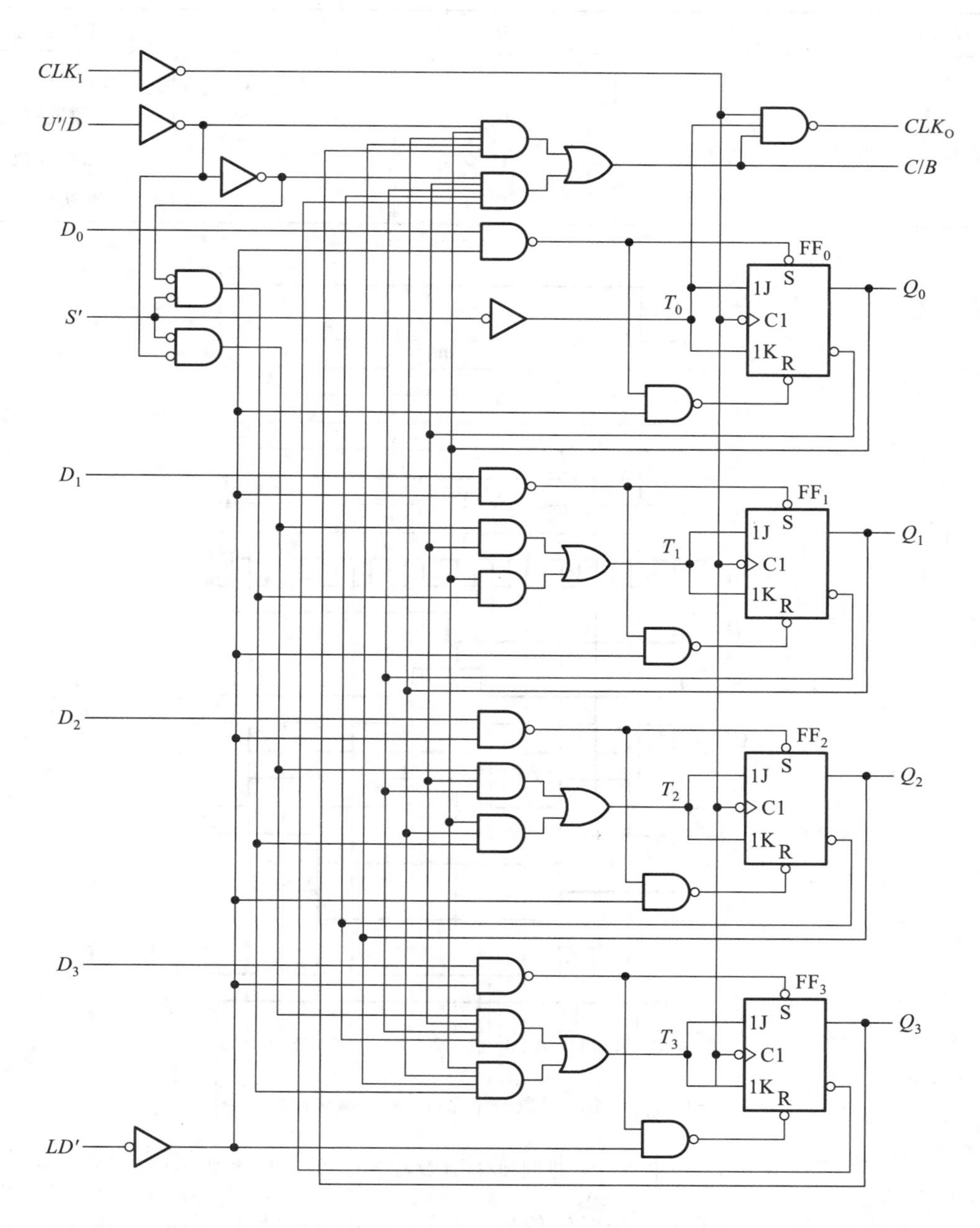

图 6.3.14 单时钟同步十六进制加/减计数器 74LS191 的逻辑图

74LS191(74HC191)的功能表如表 6.3.5 所示。图 6.3.15 是它的时序图。由时序图可以比较清楚地看到 CLK_O 和 CLK_I 的时间关系。

表 6.3.5　同步十六进制加/减计数器 74LS191 的功能表

CLK_I	S'	LD'	U'/D	工作状态
×	1	1	×	保持
×	×	0	×	预置数
↑	0	1	0	加法计数
↑	0	1	1	减法计数

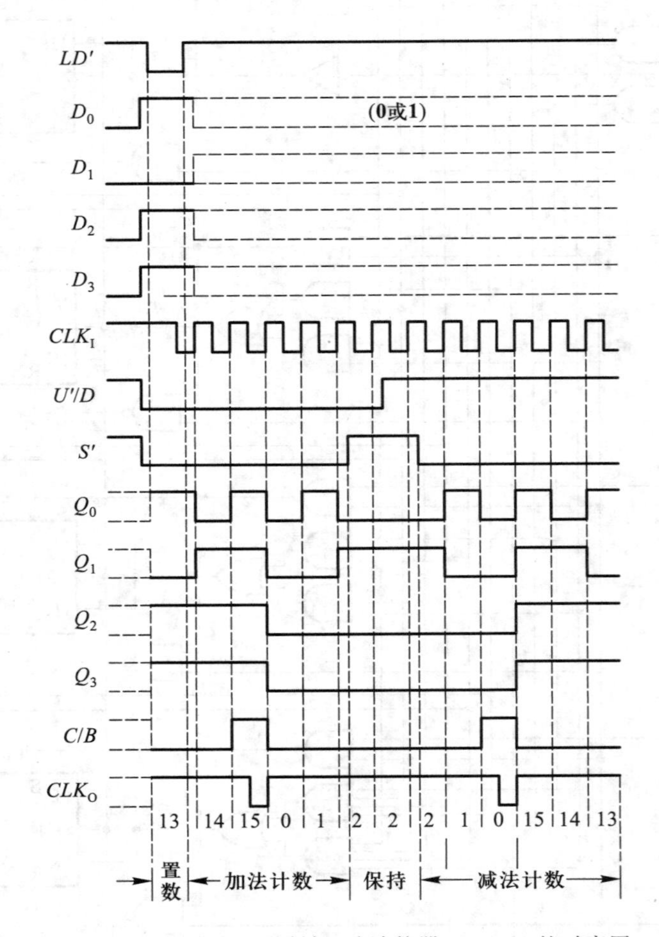

图 6.3.15　同步十六进制加/减计数器 74LS191 的时序图

由于图 6.3.14 所示电路只有一个时钟信号(也就是计数输入脉冲)输入端,电路的加、减由 U'/D 的电平决定,所以称这种电路结构为单时钟结构。

倘若加法计数脉冲和减法计数脉冲来自两个不同的脉冲源,则需要使用双时钟结构的加/减计数器计数。图 6.3.16 是双时钟加/减计数器 74LS193 的电路结构图。这个电路采用的是控制时钟信号的结构形式。CMOS 电路中的 74HC193 与 74LS193 的逻辑功能相同。

图 6.3.16 中的 4 个触发器 FF_0~FF_3 均工作在 $T=\mathbf{1}$ 状态,只要有时钟信号加到触发器上,它

就翻转。当 CLK_U 端有计数脉冲输入时，计数器做加法计数；当 CLK_D 端有计数脉冲输入时，计数器做减法计数。加到 CLK_U 和 CLK_D 上的计数脉冲在时间上应该错开。

74LS193 也具有异步置零和异步预置数功能。当 $R_D=\mathbf{1}$ 时，将使所有触发器置成 $Q=\mathbf{0}$ 的状态，而不受计数脉冲控制。当 $LD'=\mathbf{0}$（同时令 $R_D=\mathbf{0}$）时，将立即把 $D_0\sim D_3$ 的状态置入 $FF_0\sim FF_3$ 中，与时钟脉冲无关。

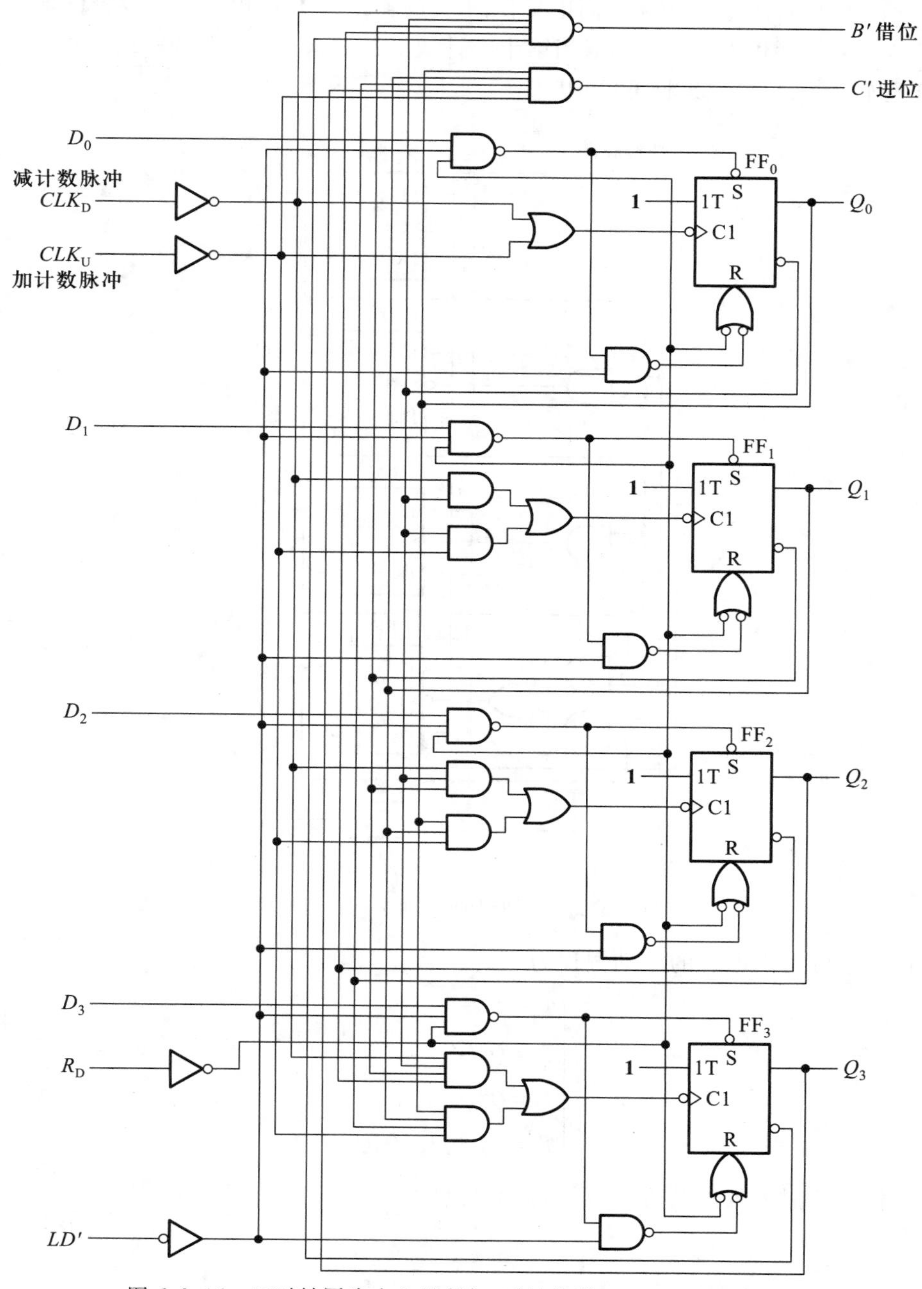

图 6.3.16 双时钟同步十六进制加/减计数器 74LS193 的逻辑图

2. 同步十进制计数器

图 6.3.17 所示电路是用 T 触发器组成的同步十进制加法计数器电路，它是在图 6.3.10 同步二进制加法计数器电路的基础上略加修改而成的。

由图 6.3.17 可知，如果从 **0000** 开始计数，则直到输入第九个计数脉冲为止，它的工作过程与图 6.3.10 的二进制计数器相同。计入第九个计数脉冲后电路进入 **1001** 状态，这时 Q_3' 的低电平使门 G_1 的输出为 **0**，而 Q_0 和 Q_3 的高电平使门 G_3 的输出为 **1**，所以 4 个触发器的输入控制端分别为 $T_0 = \mathbf{1}$、$T_1 = \mathbf{0}$、$T_2 = \mathbf{0}$、$T_3 = \mathbf{1}$。因此，当第十个计数脉冲输入后，FF_1 和 FF_2 维持 **0** 状态不变，FF_0 和 FF_3 从 **1** 翻转为 **0**，故电路返回 **0000** 状态。

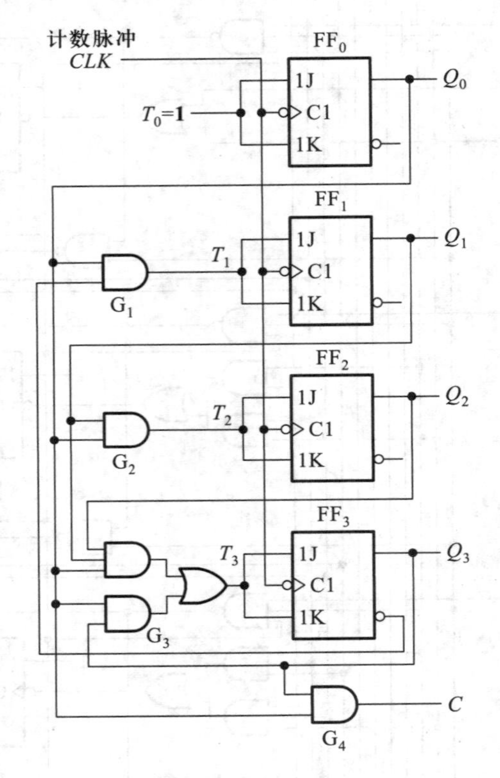

图 6.3.17　同步十进制加法计数器电路

从逻辑图上可写出电路的驱动方程为

$$\begin{cases} T_0 = \mathbf{1} \\ T_1 = Q_0 Q_3' \\ T_2 = Q_0 Q_1 \\ T_3 = Q_0 Q_1 Q_2 + Q_0 Q_3 \end{cases} \tag{6.3.10}$$

将上式代入 T 触发器的特性方程即得到电路的状态方程

$$\begin{cases} Q_0^* = Q_0' \\ Q_1^* = Q_0 Q_3' Q_1' + (Q_0 Q_3')' Q_1 \\ Q_2^* = Q_0 Q_1 Q_2' + (Q_0 Q_1)' Q_2 \\ Q_3^* = (Q_0 Q_1 Q_2 + Q_0 Q_3) Q_3' \\ \qquad + (Q_0 Q_1 Q_2 + Q_0 Q_3)' Q_3 \end{cases} \tag{6.3.11}$$

根据式(6.3.11)还可以进一步列出表6.3.6所示的电路状态转换表，并画出如图6.3.18所示的电路状态转换图。由状态转换图上可见，这个电路是能够自启动的。

表6.3.6 图6.3.17电路的状态转换表

计数顺序	电路状态				等效十进制数	输出 C
	Q_3	Q_2	Q_1	Q_0		
0	**0**	**0**	**0**	**0**	0	**0**
1	**0**	**0**	**0**	**1**	1	**0**
2	**0**	**0**	**1**	**0**	2	**0**
3	**0**	**0**	**1**	**1**	3	**0**
4	**0**	**1**	**0**	**0**	4	**0**
5	**0**	**1**	**0**	**1**	5	**0**
6	**0**	**1**	**1**	**0**	6	**0**
7	**0**	**1**	**1**	**1**	7	**0**
8	**1**	**0**	**0**	**0**	8	**0**
9	**1**	**0**	**0**	**1**	9	**1**
10	**0**	**0**	**0**	**0**	0	**0**
0	**1**	**0**	**1**	**0**	10	**0**
1	**1**	**0**	**1**	**1**	11	**1**
2	**0**	**1**	**1**	**0**	6	**0**
0	**1**	**1**	**0**	**0**	12	**0**
1	**1**	**1**	**0**	**1**	13	**1**
2	**0**	**1**	**0**	**0**	4	**0**
0	**1**	**1**	**1**	**0**	14	**0**
1	**1**	**1**	**1**	**1**	15	**1**
2	**0**	**0**	**1**	**0**	2	**0**

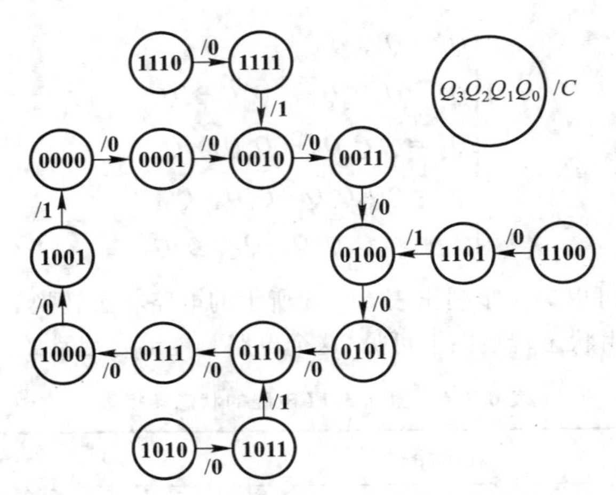

图 6.3.18　图 6.3.17 电路的状态转换图

图 6.3.19 是中规模集成的同步十进制加法计数器 74160 的逻辑图。它在图 6.3.17 所示电路的基础上又增加了同步预置数、异步置零和保持的功能。图中 LD'、R'_D、$D_0 \sim D_3$、EP 和 ET 等各输入端的功能和用法与图 6.3.11 电路中对应的输入端相同，不再赘述。74160 的功能表也与 74161 的功能表(表 6.3.4)相同。所不同的仅在于 74160 是十进制而 74161 是十六进制。

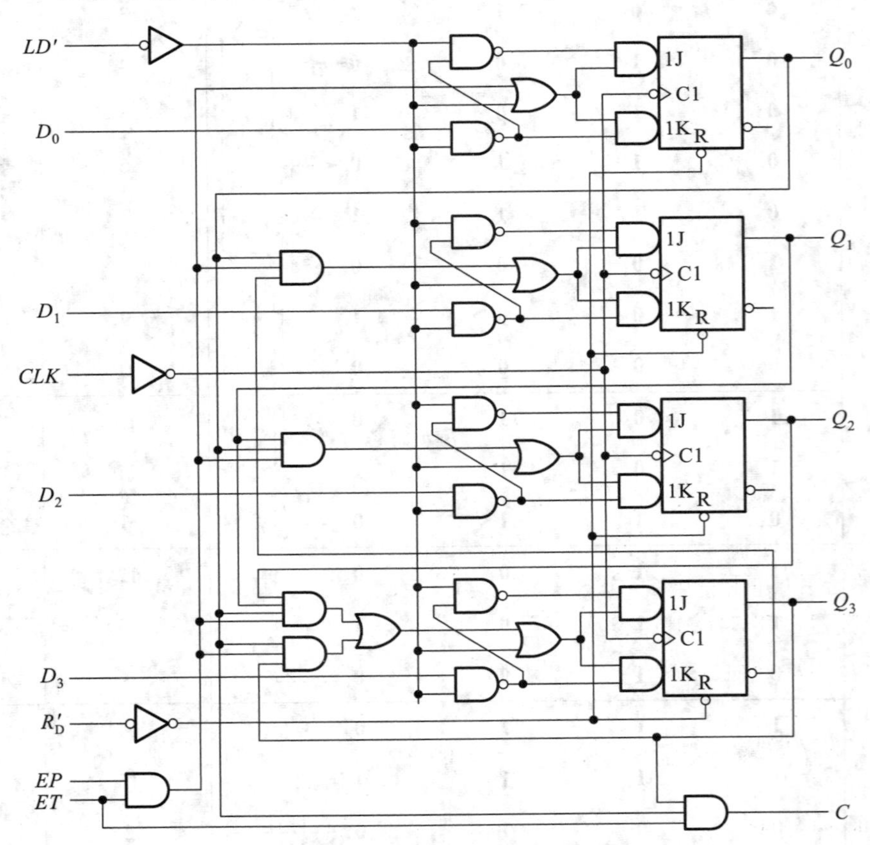

图 6.3.19　同步十进制加法计数器 74160 的逻辑图

图 6.3.20 是同步十进制减法计数器的逻辑图。它也是从同步二进制减法计数器电路的基础上演变而来的。为了实现从 $Q_3Q_2Q_1Q_0=\mathbf{0000}$ 状态减 **1** 后跳变成 **1001** 状态，在电路处于全 **0** 状态时用**与非**门 G_2 输出的低电平将**与**门 G_1 和 G_3 封锁，使 $T_1=T_2=\mathbf{0}$。于是当计数脉冲到达后 FF_0 和 FF_3 翻成 **1**，而 FF_1 和 FF_2 维持 **0** 不变。以后继续输入减法计数脉冲时，电路的工作情况就与图 6.3.13 所示的同步二进制减法计数器一样了。

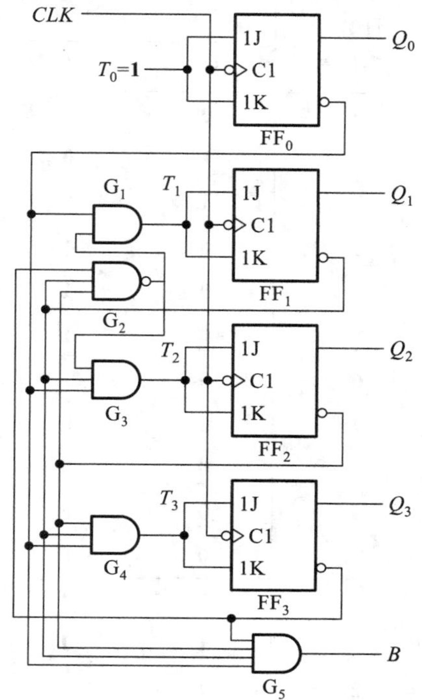

图 6.3.20 同步十进制减法计数器电路

由图 6.3.20 可直接写出电路的驱动方程

$$\begin{cases}T_0=\mathbf{1}\\T_1=Q_0'(Q_1'Q_2'Q_3')'\\T_2=Q_0'Q_1'(Q_1'Q_2'Q_3')'\\T_3=Q_0'Q_1'Q_2'\end{cases}\qquad(6.3.12)$$

将上式代入 T 触发器的特性方程得到电路的状态方程为

$$\begin{cases}Q_0^*=Q_0'\\Q_1^*=Q_0'(Q_1'Q_2'Q_3')'Q_1'\\\qquad+(Q_0'(Q_1'Q_2'Q_3')')'Q_1\\Q_2^*=Q_0'Q_1'(Q_1'Q_2'Q_3')'Q_2'\\\qquad+(Q_0'Q_1'(Q_1'Q_2'Q_3')')'Q_2\\Q_3^*=Q_0'Q_1'Q_2'Q_3'+(Q_0'Q_1'Q_2')'Q_3\end{cases}$$

经化简后得到

$$\begin{cases}Q_0^*=Q_0'\\Q_1^*=Q_0'(Q_2+Q_3)Q_1'+Q_0Q_1\\Q_2^*=(Q_0'Q_1'Q_3)Q_2'+(Q_0+Q_1)Q_2\\Q_3^*=(Q_0'Q_1'Q_2')Q_3'+(Q_0+Q_1+Q_2)Q_3\end{cases}\qquad(6.3.13)$$

根据式(6.3.13)即可列出表 6.3.7 所示的状态转换表，并可画出图 6.3.21 所示的状态转换图。

将图 6.3.17 所示同步十进制加法计数器的控制电路和图 6.3.20 所示同步十进制减法计数器的控制电路合并，并由一个加/减控制信号进行控制，就得到了图 6.3.22 所示的单时钟同步十进制加/减计数器电路 74LS190。

由图可知，当加/减控制信号 $U'/D=\mathbf{0}$ 时做加法计数；当 $U'/D=\mathbf{1}$ 时做减法计数。其他各输入端、输出端的功能及用法与同步十六进制加/减计数器 74LS191 完全类同。74LS190 的功能表也与 74LS191 的功能表（见表 6.3.5）相同。

同步十进制加/减计数器也有单时钟和双时钟两种结构形式，并各有定型的集成电路产品出售。属于单时钟类型的除 74LS190 以外还有 74LS168、CC4510 等，属于双时钟类型的有 74LS192、CC40192 等。

表 6.3.7 图 6.3.20 电路的状态转换表

计数顺序	电路状态 Q_3	Q_2	Q_1	Q_0	等效十进制数	借位 B
0	0	0	0	0	0	1
1	1	0	0	1	9	0
2	1	0	0	0	8	0
3	0	1	1	1	7	0
4	0	1	1	0	6	0
5	0	1	0	1	5	0
6	0	1	0	0	4	0
7	0	0	1	1	3	0
8	0	0	1	0	2	0
9	0	0	0	1	1	0
10	0	0	0	0	0	1
0	1	1	1	1	15	0
1	1	1	1	0	14	0
2	1	1	0	1	13	0
3	1	1	0	0	12	0
4	1	0	1	1	11	0
5	1	0	1	0	10	0
6	1	0	0	1	9	0

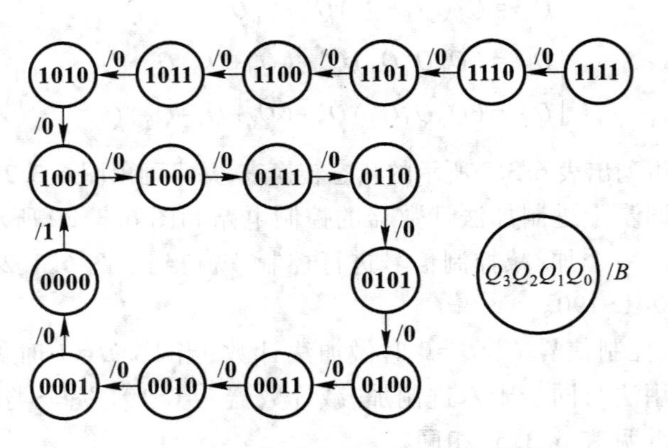

图 6.3.21 图 6.3.20 电路的状态转换图

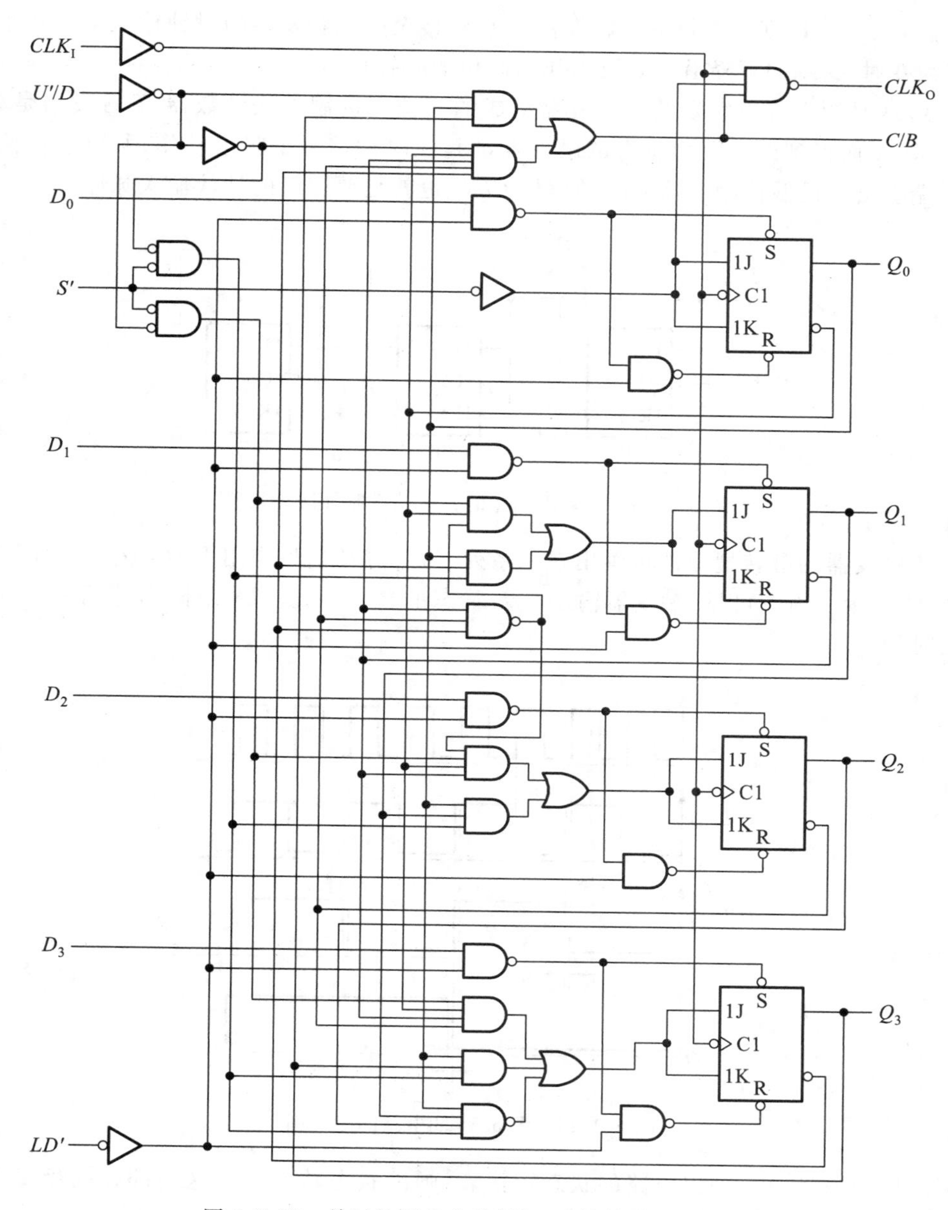

图 6.3.22 单时钟同步十进制加/减计数器 74LS190

二、异步计数器

1. 异步二进制计数器

异步计数器在做“加 **1**”计数时是采取从低位到高位逐位进位的方式工作的。因此,其中的各个触发器不是同步翻转的。

首先讨论二进制加法计数器的构成方法。按照二进制加法计数规则,每一位如果已经是 **1**,则再记入 **1** 时应变为 **0**,同时向高位发出进位信号,使高位翻转。若使用下降沿动作的 T 触发器

组成计数器并令 $T=\mathbf{1}$，则只要将低位触发器的 Q 端接至高位触发器的时钟输入端就行了。当低位由 **1** 变为 **0** 时，Q 端的下降沿正好可以作为高位的时钟信号。

图 6.3.23 是用下降沿触发的 T 触发器组成的 3 位二进制加法计数器，T 触发器是令 JK 触发器的 $J=K=\mathbf{1}$ 而得到的。因为所有的触发器都是在时钟信号下降沿动作，所以进位信号应从低位的 Q 端引出。最低位触发器的时钟信号 CLK_0 也就是要记录的计数输入脉冲。

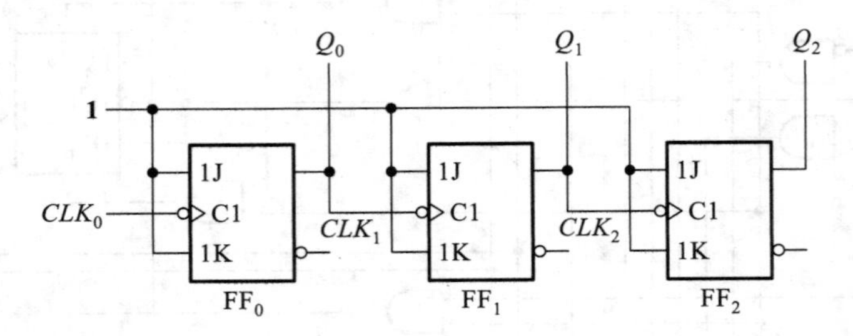

图 6.3.23　下降沿动作的异步二进制加法计数器

根据 T 触发器的翻转规律即可画出在一系列 CLK_0 脉冲信号作用下 Q_0、Q_1、Q_2 的电压波形，如图 6.3.24 所示。由图可见，触发器输出端新状态的建立要比 CLK 下降沿滞后一个触发器的传输延迟时间 t_{pd}。

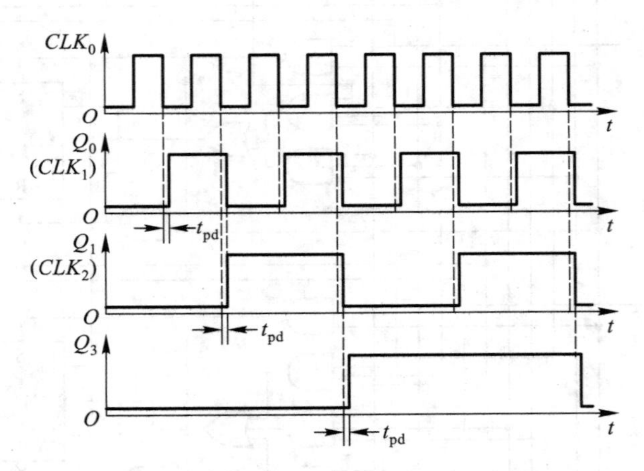

图 6.3.24　图 6.3.23 电路的时序图

从时序图出发还可以列出电路的状态转换表，画出状态转换图。这些都和同步二进制计数器相同，不再重复。

用上升沿触发的 T 触发器同样可以组成异步二进制加法计数器，但每一级触发器的进位脉冲应改由 Q'端输出。

如果将 T 触发器之间按二进制减法计数规则连接，就得到二进制减法计数器。按照二进制减法计数规则，若低位触发器已经为 **0**，则再输入一个减法计数脉冲后应翻成 **1**，同时向高位发出借位信号，使高位翻转。图 6.3.25 就是按上述规则接成的 3 位二进制减法计数器。图中仍采用下降沿动作的 JK 触发器接成 T 触发器使用，并令 $T=\mathbf{1}$。它的时序图如图 6.3.26 所示。

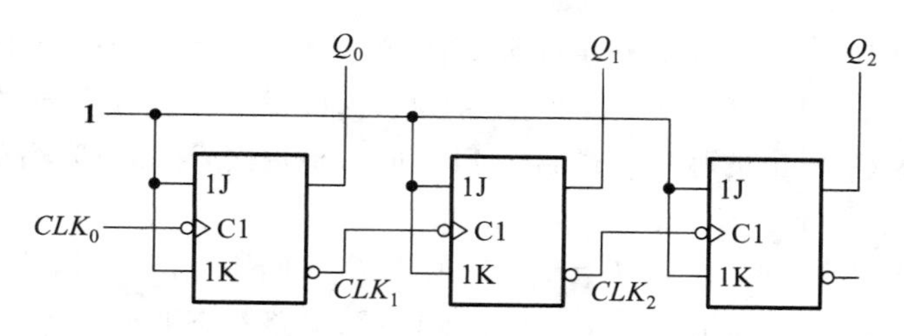

图 6.3.25 下降沿动作的异步二进制减法计数器

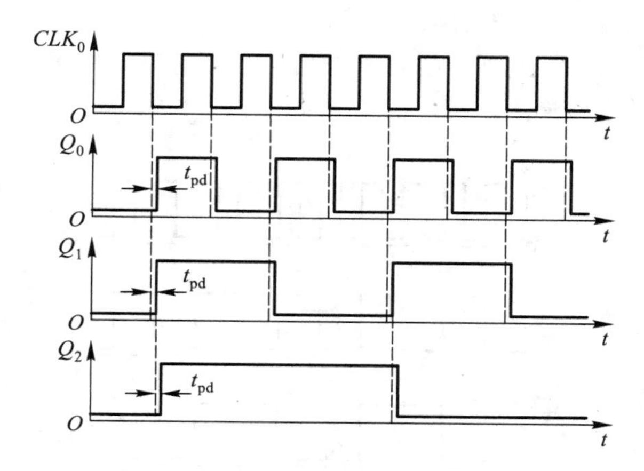

图 6.3.26 图 6.3.25 电路的时序图

将异步二进制减法计数器和异步二进制加法计数器做个比较即可发现，它们都是将低位触发器的一个输出端接到高位触发器的时钟输入端而组成的。在采用下降沿动作的 T 触发器时，加法计数器以 Q 端为输出端，减法计数器以 Q'端为输出端。而在采用上升沿动作的 T 触发器时，情况正好相反，加法计数器以 Q'端为输出端，减法计数器以 Q 端为输出端。

目前常见的异步二进制加法计数器产品有 4 位的（如 74LS293、74LS393、74HC393 等）、7 位的（如 CC4024 等）、12 位的（如 74HC4040 等）和 14 位的（如 74HC4020 等）几种类型。

2. 异步十进制计数器

异步十进制加法计数器是在 4 位异步二进制加法计数器的基础上加以修改而得到的。修改时要解决的问题是如何使 4 位二进制计数器在计数过程中跳过从 **1010** 到 **1111** 这 6 个状态。

图 6.3.27 所示电路是异步十进制加法计数器的典型电路。假定所用的触发器为 TTL 电路，J、K 端悬空时相当于接逻辑 **1** 电平。

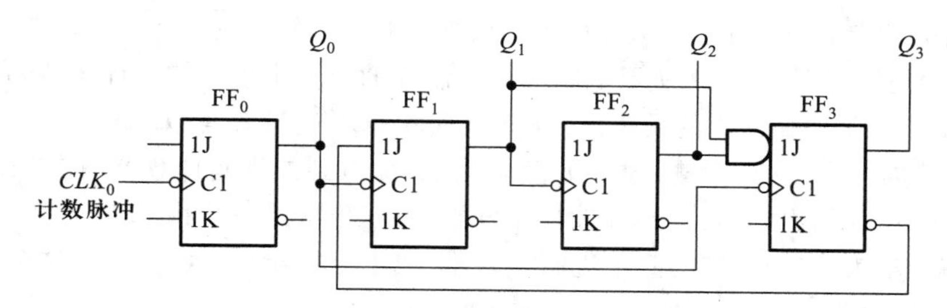

图 6.3.27 异步十进制加法计数器的典型电路

如果计数器从 $Q_3Q_2Q_1Q_0$ = **0000** 开始计数，由图可知在输入第八个计数脉冲以前 FF_0、FF_1 和 FF_2 的 J 和 K 始终为 **1**，即工作在 T 触发器的 T = **1** 状态，因而工作过程和异步二进制加法计数器相同。在此期间虽然 Q_0 输出的脉冲也送给了 FF_3，但由于每次 Q_0 的下降沿到达时 $J_3 = Q_1Q_2$ = **0**，所以 FF_3 一直保持 **0** 状态不变。

当第八个计数脉冲输入时，由于 $J_3 = K_3$ = **1**，所以 Q_0 的下降沿到达以后 FF_3 由 **0** 变为 **1**。同时，J_1 也随 Q_3' 变为 **0** 状态。第九个计数脉冲输入以后，电路状态变成 $Q_3Q_2Q_1Q_0$ = **1001**。第十个计数脉冲输入后，FF_0 翻成 **0**，同时 Q_0 的下降沿使 FF_3 置 **0**，于是电路从 **1001** 返回到 **0000**，跳过了 **1010**～**1111** 这 6 个状态，成为十进制计数器。

将上述过程用电压波形表示，即得图 6.3.28 所示的时序图。根据时序图又可列出电路的状态转换表，画出电路的状态转换图。

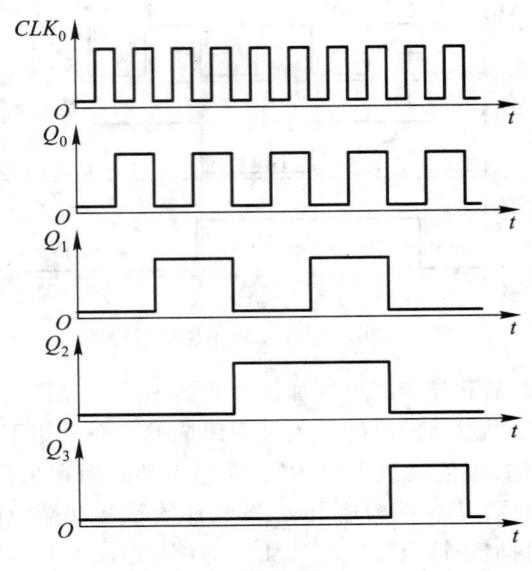

图 6.3.28　图 6.3.27 电路的时序图

通过这个例子可以看到，在分析一些比较简单的异步时序电路时，可以采取从物理概念出发直接画波形图的方法分析它的功能，而不一定要按前面介绍的异步时序电路的分析方法去写方程式。

在讨论异步时序电路的分析方法时曾以图 6.2.10 所示电路作为例子（见例 6.2.4），它与图 6.3.27 所示电路的差别仅在于多一个进位输出端 C。因此，图 6.2.10 所示电路的状态转换表和状态转换图就是异步十进制加法计数器的状态转换表和状态转换图。

74LS290 就是按照图 6.3.27 所示电路的原理制成的异步十进制加法计数器，它的逻辑图示于图 6.3.29 中。为了增加使用的灵活性，FF_1 和 FF_3 的 CLK 端没有与 Q_0 端连在一起，而从 CLK_1 端单独引出。若以 CLK_0 为计数输入端、Q_0 为输出端，即得到二进制计数器（或二分频器）；若以 CLK_1 为输入端、Q_3 为输出端，则得到五进制计数器（或五分频器）；若将 CLK_1 与 Q_0 相连，同时以 CLK_0 为输入端、Q_3 为输出端，则得到十进制计数器（或十分频器）。因此，又将这个电路称为二-五-十进制异步计数器。

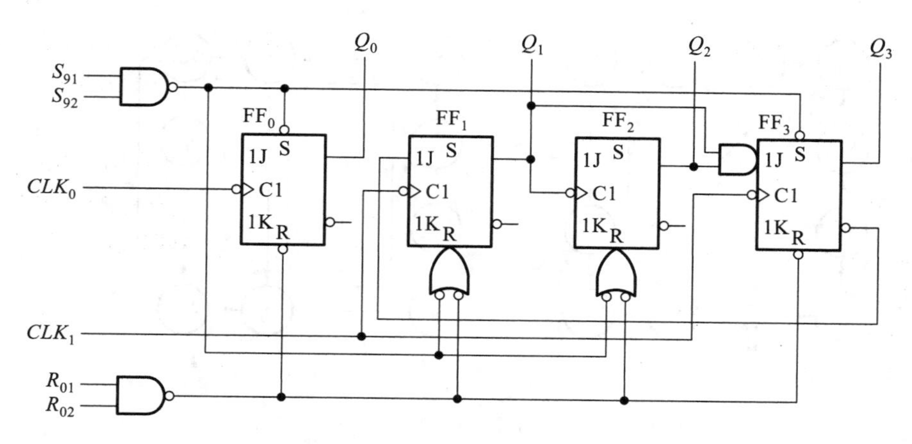

图 6.3.29 二-五-十进制异步计数器 74LS290

此外,在图 6.3.29 电路中还设置了两个置 0 输入端 R_{01}、R_{02} 和两个置 9 输入端 S_{91}、S_{92},以便于工作时根据需要将计数器预先置成 **0000** 或 **1001** 状态。

和同步计数器相比,异步计数器具有结构简单的优点。在用 T 触发器构成二进制计数器时,可以不附加任何其他电路。但异步计数器也存在两个明显的缺点。第一个缺点是工作频率比较低。因为异步计数器的各级触发器是以串行进位方式连接的,所以在最不利的情况下要经过所有各级触发器传输延迟时间之和以后,新状态才能稳定建立起来。第二个缺点是在电路状态译码时存在竞争-冒险现象。这两个缺点使异步计数器的应用受到了很大的限制。

三、任意进制计数器的构成方法

从降低成本的角度考虑,集成电路的定型产品必须有足够大的批量。因此,目前常见的计数器芯片在计数进制上只做成应用较广的几种类型,如十进制、十六进制、7 位二进制、12 位二进制、14 位二进制等。在需要其他任意一种进制的计数器时,只能用已有的计数器产品经过外电路的不同连接方式得到。

假定已有的是 N 进制计数器,而需要得到的是 M 进制计数器。这时有 $M<N$ 和 $M>N$ 两种可能的情况。下面分别讨论两种情况下构成任意一种进制计数器的方法。

1. $M<N$ 的情况

在 N 进制计数器的顺序计数过程中,若设法使之跳越 $N-M$ 个状态,就可以得到 M 进制计数器了。

实现跳跃的方法有置零法(或称复位法)和置数法(或称置位法)两种。

置零法适用于有置零输入端的计数器。对于有异步置零输入端的计数器,它的工作原理是这样的:设原有的计数器为 N 进制,当它从全 **0** 状态 S_0 开始计数并接收了 M 个计数脉冲以后,电路进入 S_M 状态。如果将 S_M 状态译码产生一个置零信号加到计数器的异步置零输入端,则计数器将立刻返回 S_0 状态,这样就可以跳过 $N-M$ 个状态而得到 M 进制计数器(或称为分频器)。图 6.3.30(a)为置零法原理示意图。

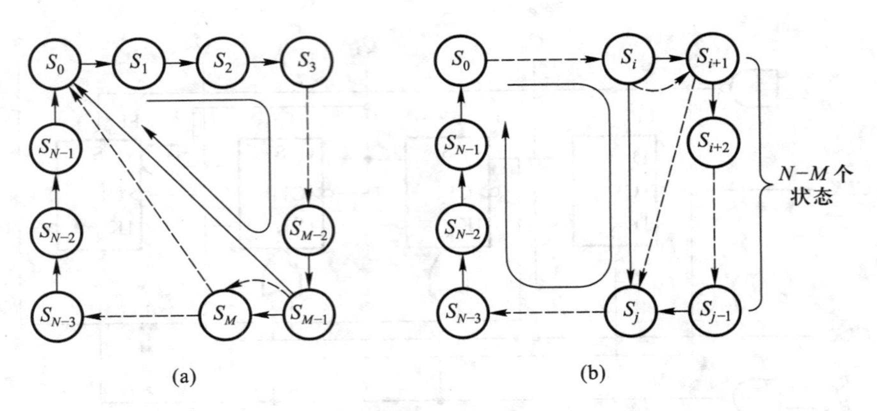

图 6.3.30　获得任意进制计数器的两种方法

（a）置零法　（b）置数法

由于电路一进入 S_M 状态后立即又被置成 S_0 状态，所以 S_M 状态仅在极短的瞬时出现，在稳定的状态循环中不包括 S_M 状态。

而对于有同步置零输入端的计数器，由于置零输入端变为有效电平后计数器并不会立刻被置零，必须等下一个时钟信号到达后，才能将计数器置零，因而应由 S_{M-1} 状态译出同步置零信号。而且，S_{M-1} 状态包含在稳定状态的循环当中。例如同步十进制计数器 74162、同步十六进制计数器 74163 就都是采用同步置零方式。

置位法与置零法不同，它是通过给计数器重复置入某个数值的方法跳越 $N-M$ 个状态，从而获得 M 进制计数器的，如图 6.3.30(b)所示。置数操作可以在电路的任何一个状态下进行。这种方法适用于有预置数功能的计数器电路。

对于同步式预置数的计数器（如 74160、74161），$LD'=\mathbf{0}$ 的信号应从 S_i 状态译出，待下一个 CLK 信号到来时，才将要置入的数据置入计数器中。稳定的状态循环中包含有 S_i 状态。而对于异步式预置数的计数器（如 74LS190、74LS191），只要 $LD'=\mathbf{0}$ 信号一出现，立即会将数据置入计数器中，而不受 CLK 信号的控制，因此 $LD'=\mathbf{0}$ 信号应从 S_{i+1} 状态译出。S_{i+1} 状态只在极短的瞬间出现，稳态的状态循环中不包含这个状态，如图 6.3.30(b)中虚线所示。

【例 6.3.2】　试利用同步十进制计数器 74160 接成同步六进制计数器。74160 的逻辑图见图 6.3.19，它的功能表与 74161 的功能表（见表 6.3.4）相同。

解：　因为 74160 兼有异步置零和同步预置数功能，所以置零法和置数法均可采用。

图 6.3.31 所示电路是采用异步置零法接成的六进制计数器。当计数器计成 $Q_3Q_2Q_1Q_0=\mathbf{0110}$（即 S_M）状态时，担任译码器的门 G 输出低电平信号给 R'_D 端，将计数器置零，回到 **0000** 状态。电路的状态转换图如图 6.3.32 所示。

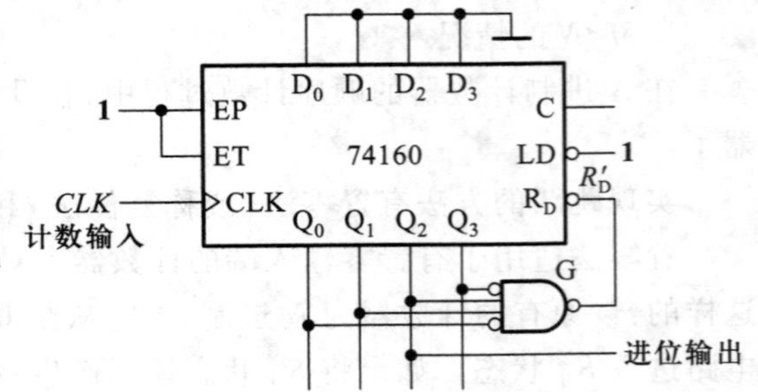

图 6.3.31　用置零法将 74160 接成六进制计数器

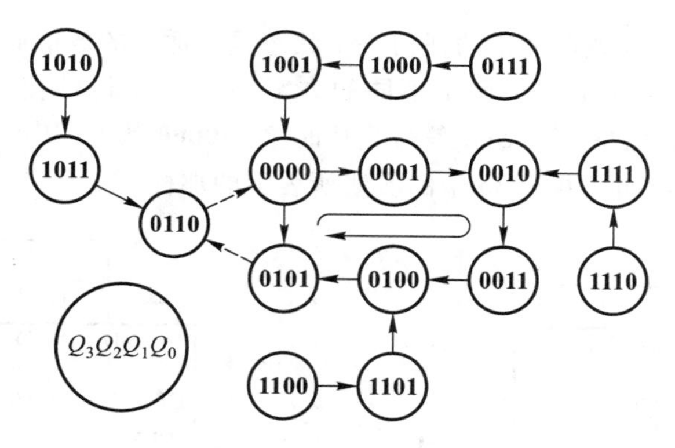

图 6.3.32 图 6.3.31 电路的状态转换图

由于置零信号随着计数器被置零而立即消失，所以置零信号持续时间极短，如果触发器的复位速度有快有慢，则可能动作慢的触发器还未来得及复位，置零信号已经消失，导致电路误动作。因此，这种接法的电路可靠性不高。

为了克服这个缺点，时常采用图 6.3.33 所示的改进电路。图中的**与非**门 G_1起译码器的作用，当电路进入 **0110** 状态时，它输出低电平信号。**与非**门 G_2和 G_3组成了 SR 锁存器，以它 Q'端输出的低电平作为计数器的置零信号。

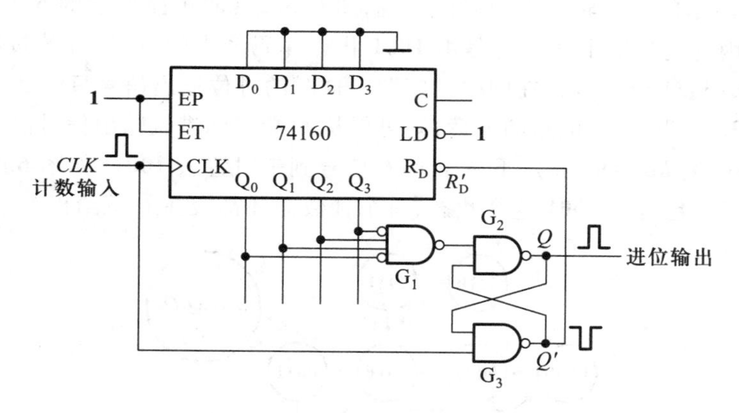

图 6.3.33 图 6.3.31 电路的改进

若计数器从 **0000** 状态开始计数，则第六个计数输入脉冲上升沿到达时计数器进入 **0110** 状态，G_1输出低电平，将 SR 锁存器置 **1**，Q'端的低电平立刻将计数器置零。这时虽然 G_1输出的低电平信号随之消失了，但 SR 锁存器的状态仍保持不变，因而计数器的置零信号得以维持。直到计数脉冲回到低电平以后，SR 锁存器被置零，Q'端的低电平信号才消失。可见，加到计数器 R'_D端的置零信号宽度与输入计数脉冲高电平持续时间相等。

同时，进位输出脉冲也可以从 SR 锁存器的 Q 端引出。这个脉冲的宽度与计数脉冲高电平宽度相等。

在有的计数器产品中，将 G_1、G_2、G_3组成的附加电路直接制作在计数器芯片上，这样在使用时就不用外接附加电路了。

采用置数法时可以从计数循环中的任何一个状态置入适当的数值而跳越 $N-M$ 个状态，得到 M 进制计数器。图 6.3.34 中给出了两个不同的方案，其中图(a)的接法是用 $Q_3Q_2Q_1Q_0$ = **0101** 状态译码产生 LD' = **0** 信号，下一个 CLK 信号到达时置入 **0000** 状态，从而跳过 **0110**～**1001** 这 4 个状态，得到六进制计数器，如图 6.3.35 中的实线所表示的那样。

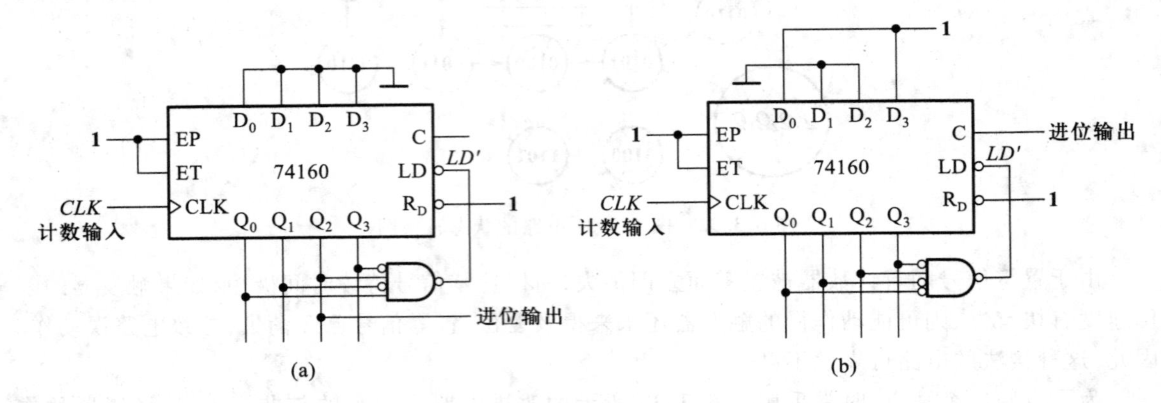

图 6.3.34　用置数法将 74160 接成六进制计数器
(a) 置入 **0000**　(b) 置入 **1001**

从图 6.3.35 所示的状态转换图中可以发现，图 6.3.34(a)电路所取的 6 个循环状态中没有 **1001** 这个状态。因为进位输出信号 C 是由 **1001** 状态译码产生的，所以计数过程中 C 端始终没有输出信号。图 6.3.31 电路也存在同样的问题。这时的进位输出信号只能从 Q_2 端引出。

若采用图 6.3.34(b)所示电路的方案，则可以从 C 端得到进位输出信号。在这种接法下，是用 **0100** 状态译码产生 LD' = **0** 信号，下一个 CLK 信号到来时置入 **1001**(如图 6.3.35 中的虚线所示)，因而循环状态中包含了 **1001** 这个状态，每个计数循环都会在 C 端给出一个进位脉冲。

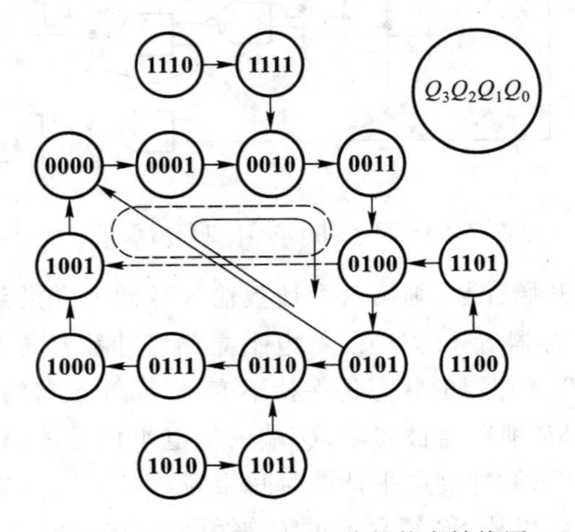

图 6.3.35　图 6.3.34 电路的状态转换图

由于 74160 的预置数是同步式的，即 LD' = **0** 以后，还要等下一个 CLK 信号到来时才置入数据，而这时 LD' = **0** 的信号已稳定地建立了，所以不存在异步置零法中因置零信号持续时间过短而可靠性不高的问题。

2. $M>N$ 的情况

这时必须用多片 N 进制计数器组合起来，才能构成 M 进制计数器。各片之间（或称为各级之间）的连接方式可分为串行进位方式、并行进位方式、整体置零方式和整体置数方式几种。下面仅以两级之间的连接为例说明这四种连接方式的原理。

若 M 可以分解为两个小于 N 的因数相乘，即 $M=N_1\times N_2$，则可采用串行进位方式或并行进位方式将一个 N_1 进制计数器和一个 N_2 进制计数器连接起来，构成 M 进制计数器。

在串行进位方式中，以低位片的进位输出信号作为高位片的时钟输入信号。在并行进位方式中，以低位片的进位输出信号作为高位片的工作状态控制信号（计数的使能信号），两片的 CLK 输入端同时接计数输入信号。

【例 6.3.3】 试用两片同步十进制计数器接成百进制计数器。

解： 本例中 $M=100$，$N_1=N_2=10$，将两片 74160 直接按并行进位方式或串行进位方式连接即得百进制计数器。

图 6.3.36 所示电路是并行进位方式的接法。以第（1）片的进位输出 C 作为第（2）片的 EP 和 ET 输入，每当第（1）片计成 9（**1001**）时 C 变为 **1**，下个 CLK 信号到达时第（2）片为计数工作状态，计入 **1**，而第（1）片计成 0（**0000**），它的 C 端回到低电平。第（1）片的 EP 和 ET 恒为 **1**，始终处于计数工作状态。

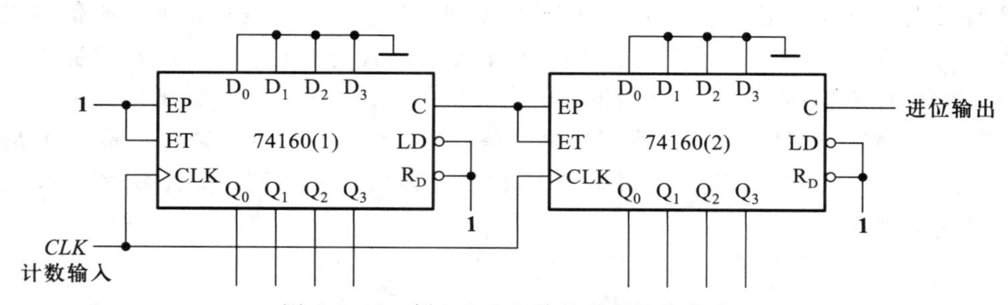

图 6.3.36 例 6.3.3 电路的并行进位方式

图 6.3.37 所示电路是串行进位方式的连接方法。两片 74160 的 EP 和 ET 恒为 **1**，都工作在计数状态。第（1）片每计到 9（**1001**）时 C 端输出变为高电平，经反相器后使第（2）片的 CLK 端为低电平。下一个计数输入脉冲到达后，第（1）片计成 0（**0000**）状态，C 端跳回低电平，经反相后使第（2）片的输入端产生一个正跳变，于是第（2）片计入 **1**。可见，在这种接法下两片 74160 不是同步工作的。

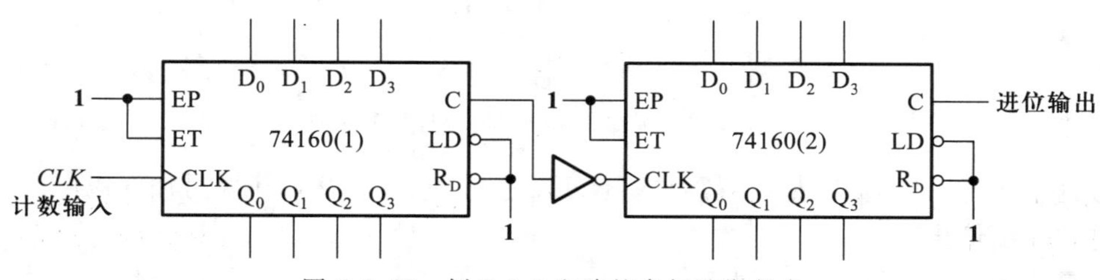

图 6.3.37 例 6.3.3 电路的串行进位方式

在 N_1、N_2 不等于 N 时，可以先将两个 N 进制计数器分别接成 N_1 进制计数器和 N_2 进制计数器，然后再以并行进位方式或串行进位方式将它们连接起来。

当 M 为大于 N 的素数时，不能分解成 N_1 和 N_2，上面讲的并行进位方式和串行进位方式就行不通了。这时必须采取整体置零方式或整体置数方式构成 M 进制计数器。

所谓整体置零方式，是首先将两片 N 进制计数器按最简单的方式接成一个大于 M 进制的计数器（例如 $N \cdot N$ 进制），然后在计数器计为 M 状态时译出异步置零信号 $R'_D=\mathbf{0}$，将两片 N 进制计数器同时置零。这种方式的基本原理和 $M<N$ 时的置零法是一样的。

而整体置数方式的原理与 $M<N$ 时的置数法类似。首先需将两片 N 进制计数器用最简单的连接方式接成一个大于 M 进制的计数器（例如 $N \cdot N$ 进制），然后在选定的某一状态下译出 $LD'=\mathbf{0}$ 信号，将两个 N 进制计数器同时置入适当的数据，跳过多余的状态，获得 M 进制计数器。采用这种接法要求已有的 N 进制计数器本身必须具有预置数功能。

当然，当 M 不是素数时整体置零法和整体置数法也可以使用。

【例 6.3.4】　试用两片同步十进制计数器 74160 接成二十九进制计数器。

解：　因为 $M=29$ 是一个素数，所以必须用整体置零法或整体置数法构成二十九进制计数器。

图 6.3.38 是整体置零方式的接法。首先将两片 74160 以并行进位方式连成一个百进制计数器。当计数器从全 **0** 状态开始计数，计入 29 个脉冲时，经门 G_1 译码产生低电平信号立刻将两片 74160 同时置零，于是便得到了二十九进制计数器。需要注意的是，计数过程中第（2）片 74160 不出现 **1001** 状态，因而它的 C 端不能给出进位信号。而且，门 G_1 输出的脉冲持续时间极短，也不宜作进位输出信号。如果要求输出进位信号持续时间为一个时钟信号周期，则应从电路的 28 状态译出。当电路计入 28 个脉冲后门 G_2 输出变为低电平，第 29 个计数脉冲到达后门 G_2 的输出跳变为高电平。

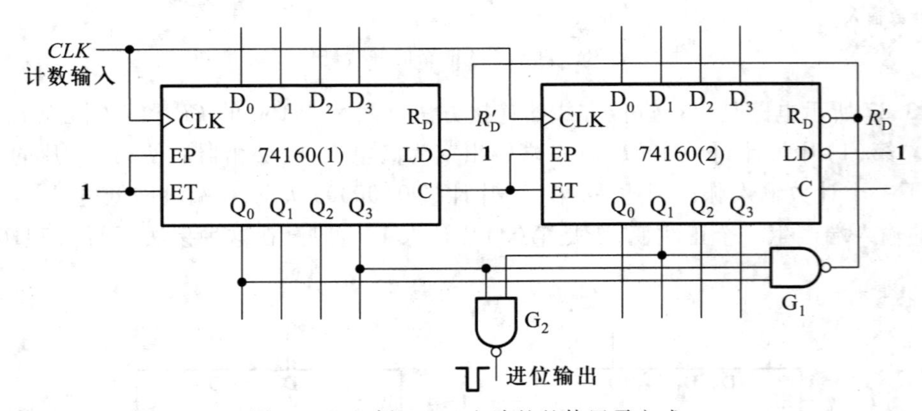

图 6.3.38　例 6.3.4 电路的整体置零方式

通过这个例子可以看到，整体置零法不仅可靠性较差，而且往往还要另加译码电路才能得到需要的进位输出信号。

采用整体置数方式可以避免置零法的缺点。图 6.3.39 所示电路是采用整体置数法接成的二十九进制计数器。首先仍需将两片 74160 接成百进制计数器。然后将电路的 28 状态译码产生 $LD'=\mathbf{0}$ 信号，同时加到两片 74160 上，在下一个计数脉冲（第 29 个输入脉冲）到达时，将 **0000** 同时置入两片 74160 中，从而得到二十九进制计数器。进位信号可以直接由门 G 的输出端引出。

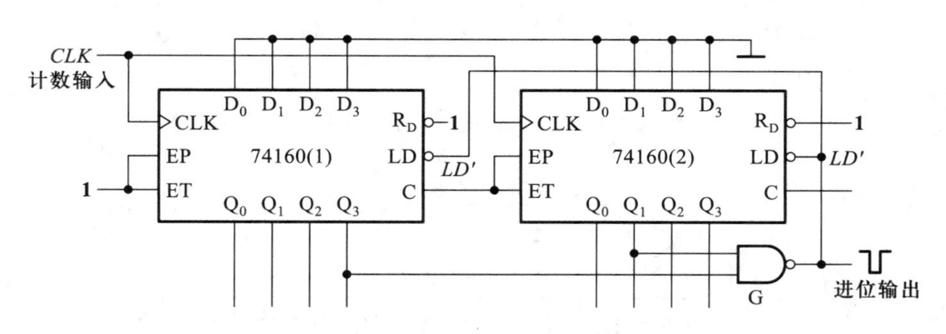

图 6.3.39 例 6.3.4 电路的整体置数方式

四、移位寄存器型计数器

1. 环形计数器

如果按图 6.3.40 所示的那样将移位寄存器首尾相接，即 $D_0=Q_3$，那么在连续不断地输入时钟信号时寄存器里的数据将循环右移。

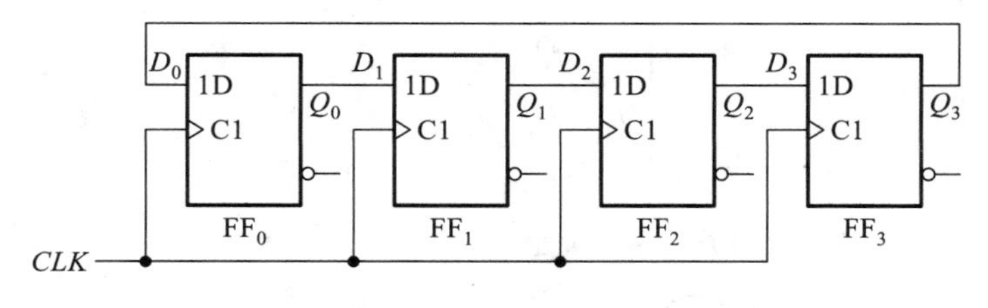

图 6.3.40 环形计数器电路

例如，电路的初始状态为 $Q_0Q_1Q_2Q_3=\mathbf{1000}$，则不断输入时钟信号时电路的状态将按 **1000→0100→0010→0001→1000** 的次序循环变化。因此，用电路的不同状态能够表示输入时钟信号的数目，也就是说，可以把这个电路作为时钟脉冲的计数器。

根据移位寄存器的工作特点，不必列出环形计数器的状态方程即可直接画出图 6.3.41 所示的状态转换图。如果取由 **1000**、**0100**、**0010** 和 **0001** 所组成的状态循环为所需要的有效循环，那么同时还存在着其他几种无效循环。而且，一旦脱离有效循环之后，电路将不会自动返回有效循环中去，所以图 6.3.40 所示的环形计数器是不能自启动的。为确保它能正常工作，必须首先通过串行输入端或并行输入端将电路置成有效循环中的某个状态，然后再开始计数。

考虑到使用的方便，在许多场合下需要计数器能自启动，亦即当电路进入任何无效状态后，都能在时钟信号作用下自动返回有效循环中去。通过在输出与输入之间接入适当的反馈逻辑电路，可以将不能自启动的电路修改为能够自启动的电路。图 6.3.42 所示电路是能自启动的 4 位环形计数器电路。

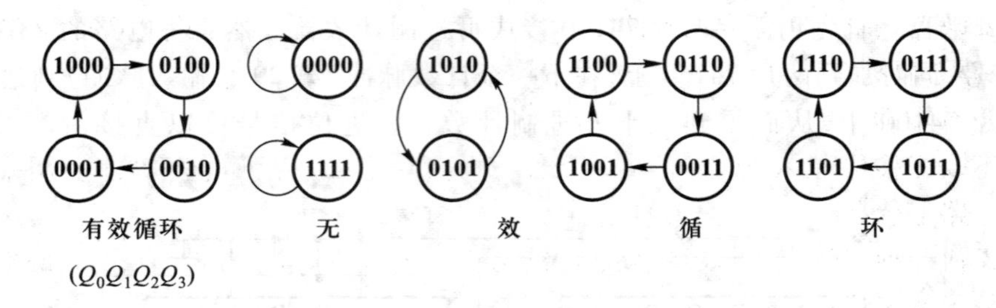

图 6.3.41　图 6.3.40 电路的状态转换图

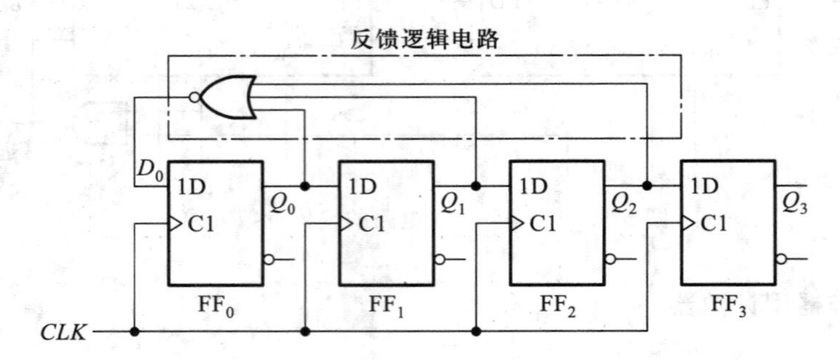

图 6.3.42　能自启动的环形计数器电路

根据图 6.3.42 所示的逻辑图得到它的状态方程为

$$\begin{cases} Q_0^* = (Q_0+Q_1+Q_2)' \\ Q_1^* = Q_0 \\ Q_2^* = Q_1 \\ Q_3^* = Q_2 \end{cases} \tag{6.3.14}$$

并可画出电路的状态转换图，如图 6.3.43 所示。

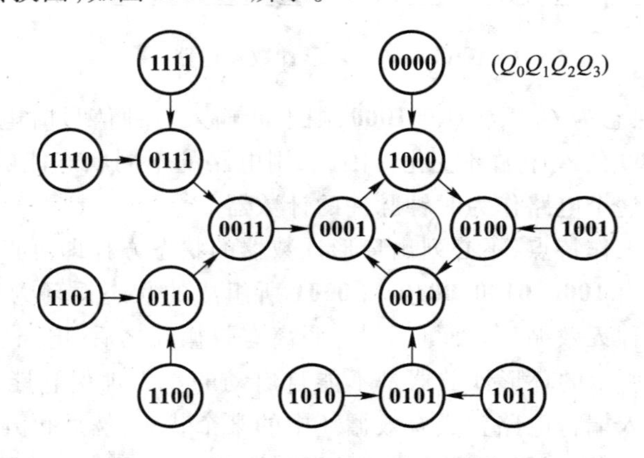

图 6.3.43　图 6.3.44 电路的状态转换图

环形计数器的突出优点是电路结构极其简单。而且，在有效循环的每个状态只包含一个 **1**（或 **0**）时，可以直接以各个触发器输出端的 **1** 状态表示电路的一个状态，不需要另外加译码电路。

它的主要缺点是没有充分利用电路的状态。用 n 位移位寄存器组成的环形计数器只用了 n 个状态，而电路总共有 2^n 个状态，这显然是一种浪费。

2. 扭环形计数器

为了在不改变移位寄存器内部结构的条件下提高环形计数器的电路状态利用率，只能在改变反馈逻辑电路上想办法。

事实上任何一种移位寄存器型计数器的结构均可表示为图 6.3.44 所示的一般形式，其中反馈逻辑电路的函数表达式可写成

$$D_0 = F(Q_0, Q_1, \cdots, Q_{n-1}) \tag{6.3.15}$$

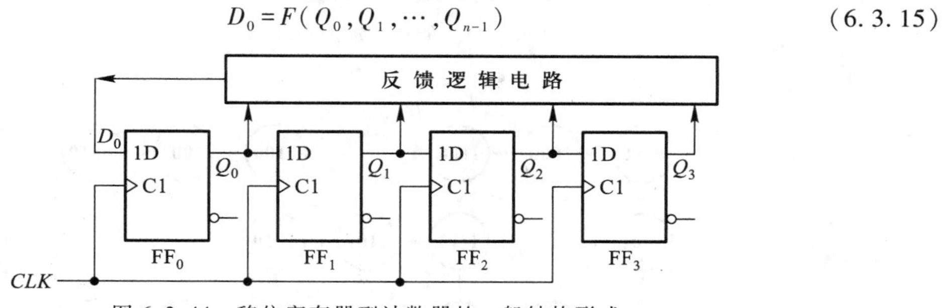

图 6.3.44 移位寄存器型计数器的一般结构形式

环形计数器是反馈逻辑函数中最简单的一种，即 $D_0 = Q_{n-1}$。若将反馈逻辑函数取为 $D_0 = Q'_{n-1}$，则得到的电路如图 6.3.45 所示。这个电路称为扭环形计数器（也称为约翰逊计数器）。如将它的状态转换图画出，则如图 6.3.46 所示。不难看出，它有两个状态循环，若取图中左边的一个为有效循环，则余下的一个就是无效循环了。显然，这个计数器不能自启动。

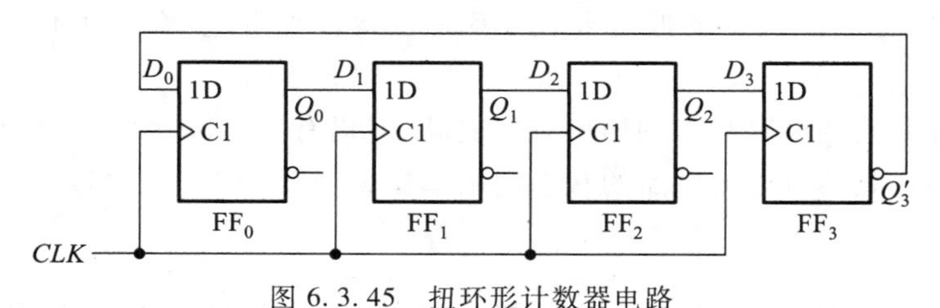

图 6.3.45 扭环形计数器电路

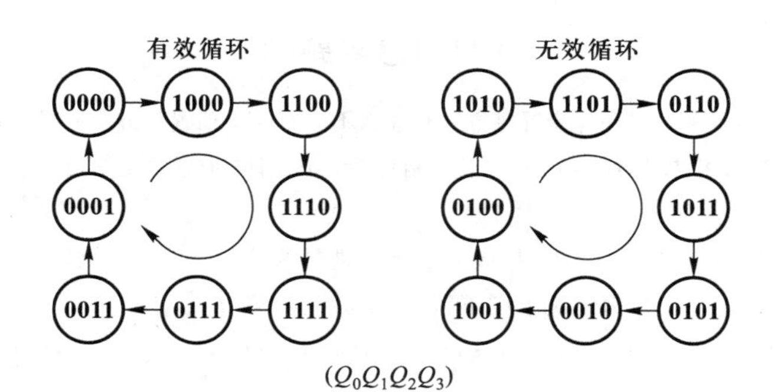

图 6.3.46 图 6.3.45 电路的状态转换图

为了实现自启动，可将图 6.3.45 所示电路的反馈逻辑函数稍加修改，令 $D_0 = Q_1Q'_2 + Q'_3$，于是就得到了图 6.3.47 所示的电路和图 6.3.48 所示的状态转换图。

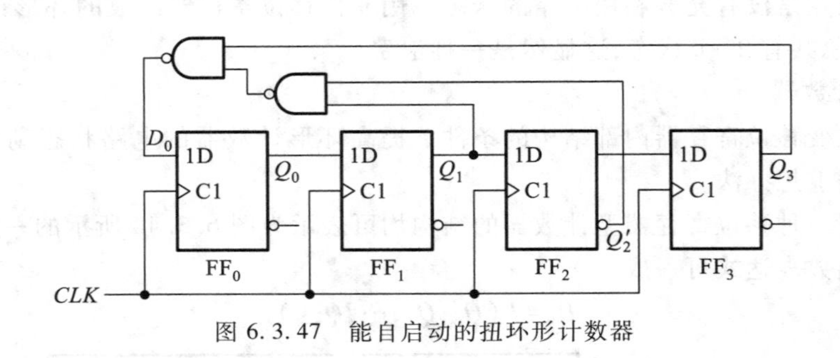

图 6.3.47　能自启动的扭环形计数器

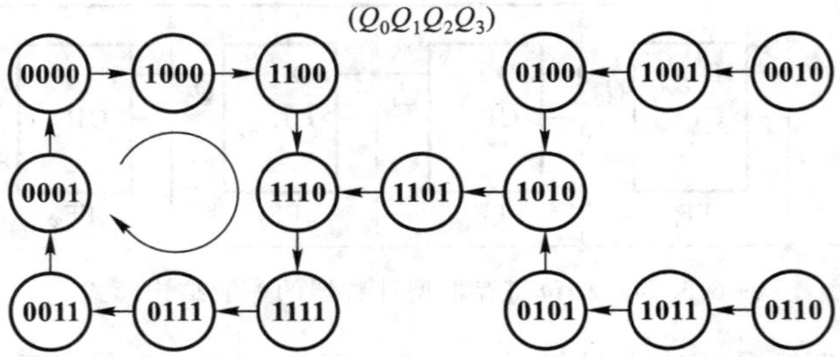

图 6.3.48　图 6.3.47 电路的状态转换图

不难看出，用 n 位移位寄存器构成的扭环形计数器可以得到含 $2n$ 个有效状态的循环，状态利用率较环形计数器提高了一倍。而且，如采用图 6.3.48 中的有效循环，由于电路在每次状态转换时只有一位触发器改变状态，因而在将电路状态译码时不会产生竞争-冒险现象。

虽然扭环形计数器的电路状态利用率有所提高，但仍有 2^n-2n 个状态没有利用。使用最大长度移位寄存器型计数器可以将电路的状态利用率提高到 2^n-1，有关内容可参阅本书第三版中的附录 5E。

复习思考题

R6.3.3　计数器的同步置零方式和异步置零方式有什么不同？同步预置数方式和异步预置数方式有何不同？

R6.3.4　若将图 6.3.31 中异步置零方式的十进制计数器改用同步置零方式的十进制计数器，电路应做何修改？

R6.3.5　在用十六进制计数器 74LS161 接成小于十六进制的计数器时，什么情况下可以用 74LS161 上原有的进位输出端产生进位输出信号，什么情况下则不行？

6.3.3　顺序脉冲发生器

在一些数字系统中，有时需要系统按照事先规定的顺序进行一系列的操作。这就要求系统的控制部分能给出一组在时间上有一定先后顺序的脉冲信号，再用这组脉冲形成所需要的各种控制信号。顺序脉冲发生器就是用来产生这样一组顺序脉冲的电路。

顺序脉冲发生器可以用移位寄存器构成。当环形计数器工作在每个状态中只有一个 **1** 的循环状态时，它就是一个顺序脉冲发生器。由图 6.3.49 可见，当 CLK 端不断输入系列脉冲时，Q_0～Q_3 端将依次输出正脉冲，并不断循环。

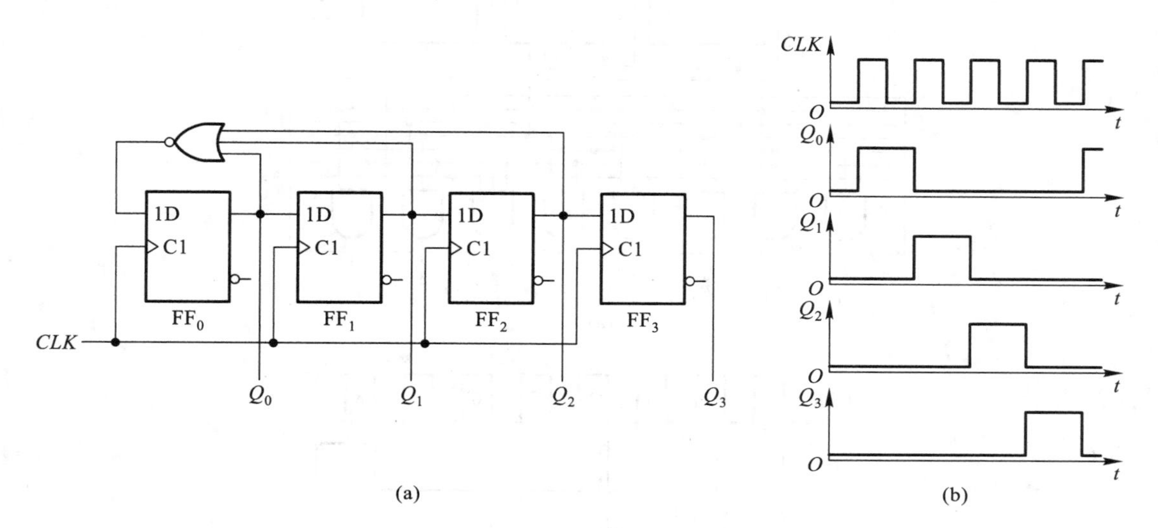

图 6.3.49 用环形计数器作顺序脉冲发生器
(a) 电路图 (b) 电压波形图

这种方案的优点是不必附加译码电路，结构比较简单。缺点是使用的触发器数目比较多，同时还必须采用能自启动的反馈逻辑电路。

在顺序脉冲数较多时，可以用计数器和译码器组合成顺序脉冲发生器。图 6.3.50(a) 所示电路是有 8 个顺序脉冲输出的顺序脉冲发生器的例子。图中的三个触发器 FF_0、FF_1 和 FF_2 组成 3 位二进制计数器，8 个**与**门组成 3 线－8 线译码器。只要在计数器的输入端 CLK 加入固定频率的脉冲，便可在 P_0～P_7 端依次得到输出脉冲信号，如图 6.3.50(b) 所示。

由于使用了异步计数器，在电路状态转换时三个触发器在翻转时有先有后，因此当两个以上触发器同时改变状态时将发生竞争－冒险现象，有可能在译码器的输出端出现尖峰脉冲，如图 6.3.50(b) 上所表示的那样。

例如，在计数器的状态 $Q_2Q_1Q_0$。由 **001** 变为 **010** 的过程中，因 FF_0 先翻转为 **0** 而 FF_1 后翻转为 **1**，因此在 FF_0 已经翻转而 FF_1 尚未翻转的瞬间计数器将出现 **000** 状态，使 P_0 端出现尖峰脉冲。其他类似的情况请读者自行分析。

为了消除输出端的尖峰脉冲，可以采用 4.9.3 节中介绍的几种方法。在使用中规模集成的译码器时，由于电路上大多数均设有控制输入端，可以作为选通脉冲的输入端使用，所以采用选通的方法极易实现。图 6.3.51(a) 所示电路是用 4 位同步二进制计数器 74LS161 和 3 线－8 线译码器 74LS138 构成的顺序脉冲发生器电路。图中以 74LS161 的低 3 位输出 Q_0、Q_1、Q_2 作为 74LS138 的 3 位输入信号。

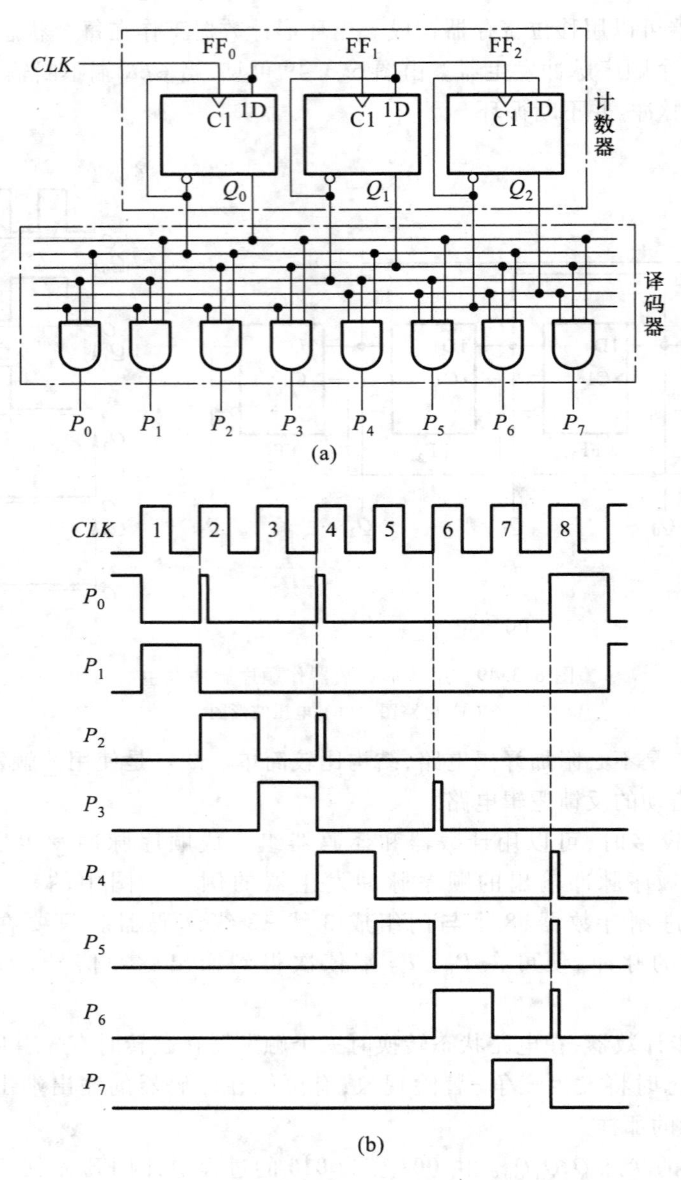

图 6.3.50　用计数器和译码器构成的顺序脉冲发生器
(a) 电路图　(b) 电压波形图

由 74LS161 的功能表(表 6.3.4)可知,为使电路工作在计数状态,R'_D、LD'、EP 和 ET 均应接高电平。由于它的低 3 位触发器是按八进制计数器连接的,所以在连续输入 CLK 信号的情况下,$Q_2Q_1Q_0$ 的状态将按 **000** 一直到 **111** 的顺序反复循环,并在译码器输出端依次输出 $P'_0 \sim P'_7$ 的顺序脉冲。

虽然 74LS161 中的触发器是在同一时钟信号操作下工作的,但由于各个触发器的传输延迟时间不可能完全相同,所以在将计数器的状态译码时仍然存在竞争-冒险现象。为消除竞争-

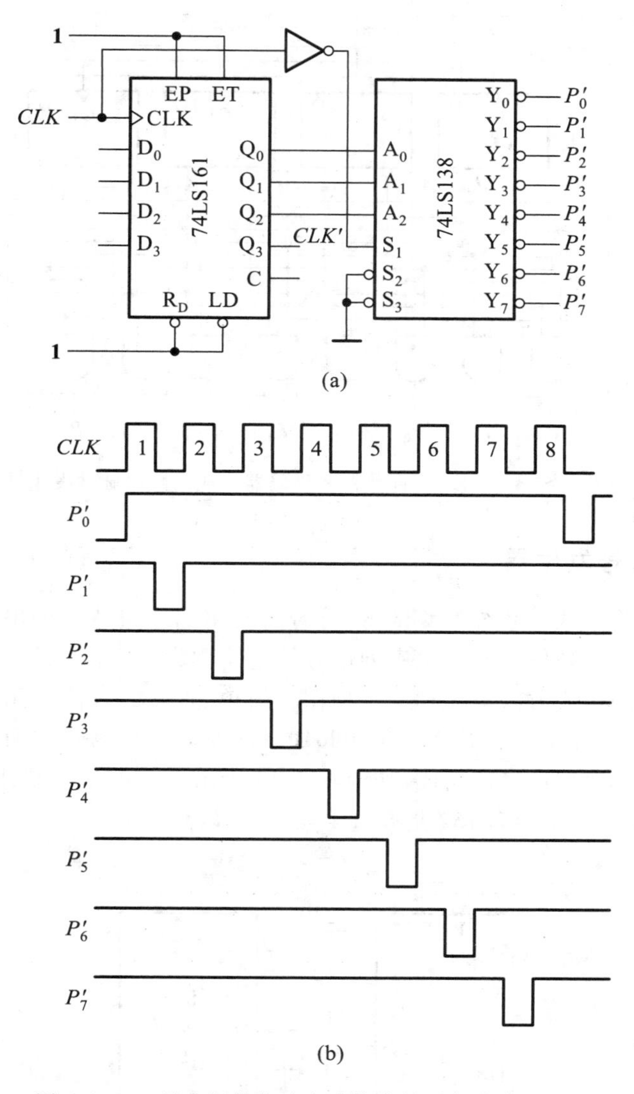

图 6.3.51 用中规模集成电路构成的顺序脉冲发生器
(a) 电路图 (b) 电压波形图

冒险现象，可以在 74LS138 的 S_1 端加入选通脉冲。选通脉冲的有效时间应与触发器的翻转时间错开。例如图中选取 CLK' 作为 74LS138 的选通脉冲，即得到图 6.3.51(b)所示的输出电压波形。

如果将图 6.3.51(a)电路中的计数器改成 4 位的扭环形计数器，并取图 6.3.46 所示的有效循环，组成如图 6.3.52 所示的顺序脉冲发生器电路，则可以从根本上消除竞争-冒险现象。因为扭环形计数器在计数循环过程中任何两个相邻状态之间仅有一个触发器状态不同，因而在状态转换过程中任何一个译码器的门电路都不会有两个输入端同时改变状态，亦即不存在竞争现象。

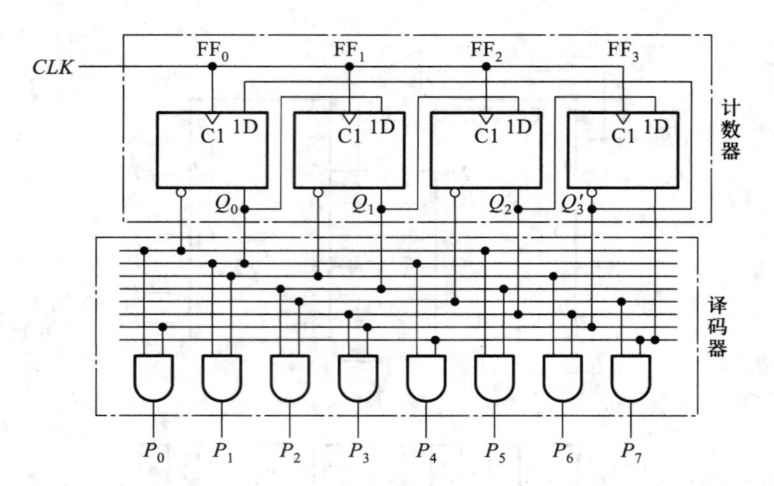

图 6.3.52　用扭环形计数器和译码器构成的顺序脉冲发生器

6.3.4　序列信号发生器

在数字信号的传输和数字系统的测试中，有时需要用到一组特定的串行数字信号。通常将这种串行数字信号称为序列信号。产生序列信号的电路称为序列信号发生器。

序列信号发生器的构成方法有多种。一种比较简单、直观的方法是用计数器和数据选择器组成。例如，需要产生一个 8 位的序列信号 **00010111**（时间顺序为自左而右），则可用一个八进制计数器和一个 8 选 1 数据选择器组成，如图 6.3.53 所示。其中八进制计数器取自 74LS161（4 位二进制计数器）的低 3 位。74LS152 是 8 选 1 数据选择器。

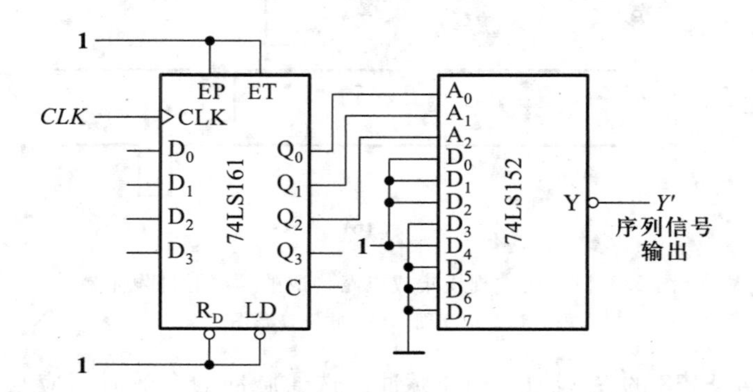

图 6.3.53　用计数器和数据选择器组成的序列信号发生器

当 CLK 信号连续不断地加到计数器上时，$Q_2Q_1Q_0$ 的状态（也就是加到 74LS152 上的地址输入代码 $A_2A_1A_0$）便按照表 6.3.8 中所示的顺序不断循环，$D_0'\sim D_7'$ 的状态就循环不断地依次出现在 Y'端。只要令 $D_0=D_1=D_2=D_4=\mathbf{1}$、$D_3=D_5=D_6=D_7=\mathbf{0}$，便可在 Y'端得到不断循环的序列信号 **00010111**。在需要修改序列信号时，只要修改加到 $D_0\sim D_7$ 的高、低电平即可实现，而不需对电路结构做任何更动。因此，使用这种电路既灵活又方便。

表 6.3.8 图 6.3.53 电路的状态转换表

CLK 顺序	Q_2 (A_2	Q_1 A_1	Q_0 A_0)	Y'
0	**0**	**0**	**0**	D'_0(**0**)
1	**0**	**0**	**1**	D'_1(**0**)
2	**0**	**1**	**0**	D'_2(**0**)
3	**0**	**1**	**1**	D'_3(**1**)
4	**1**	**0**	**0**	D'_4(**0**)
5	**1**	**0**	**1**	D'_5(**1**)
6	**1**	**1**	**0**	D'_6(**1**)
7	**1**	**1**	**1**	D'_7(**1**)
8	**0**	**0**	**0**	D'_0(**0**)

构成序列信号发生器的另一种常见方法是采用带反馈逻辑电路的移位寄存器。如果序列信号的位数为 m，移位寄存器的位数为 n，则应取 $2^n \geqslant m$。例如，若仍然要求产生 **00010111** 这样一组 8 位的序列信号，则可用 3 位的移位寄存器加上反馈逻辑电路构成所需的序列信号发生器，如图 6.3.54 所示。移位寄存器从 Q_2 端输出的串行输出信号就应当是所要求的序列信号。

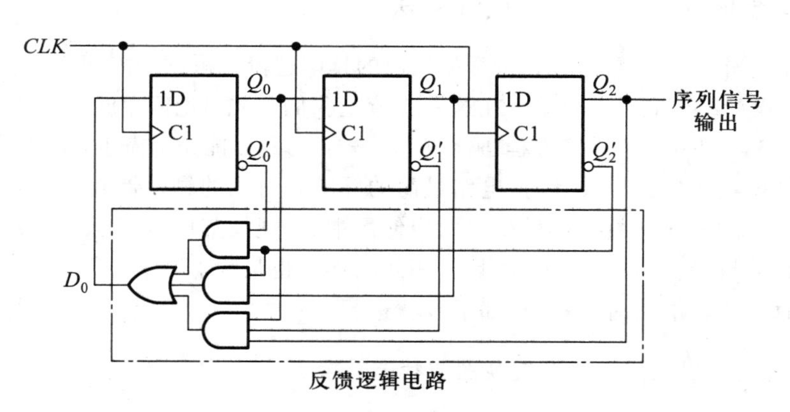

图 6.3.54 用移位寄存器构成的序列信号发生器

根据要求产生的序列信号，即可列出移位寄存器应具有的状态转换表，如表 6.3.9 所示。再从状态转换的要求出发，得到对移位寄存器输入端 D_0 取值的要求，如表 6.3.9 中所示。表中也同时给出了 D_0 与 Q_2、Q_1、Q_0 之间的函数关系。利用图 6.3.55 所示的卡诺图将 D_0 的函数式化简，得到

$$D_0 = Q_2 Q_1' Q_0 + Q_2' Q_1 + Q_2' Q_0' \tag{6.3.16}$$

图 6.3.54 中的反馈逻辑电路就是按式(6.3.16)接成的。

Q_2 \ Q_1Q_0	00	01	11	10
0	1	0	1	1
1	0	1	0	0

图 6.3.55 图 6.3.54 中 D_0 的卡诺图

表 6.3.9　图 6.3.54 电路的状态转换表

CLK 顺序	Q_2	Q_1	Q_0	D_0
0	0	0	0	1
1	0	0	1	0
2	0	1	0	1
3	1	0	1	1
4	0	1	1	1
5	1	1	1	0
6	1	1	0	0
7	1	0	0	0
8	0	0	0	1

6.4　时序逻辑电路的设计方法

6.4.1　同步时序逻辑电路的设计方法

在设计时序逻辑电路时，要求设计者根据给出的具体逻辑问题，求出实现这一逻辑功能的逻辑电路。所得到的设计结果应力求简单。在这一小节里我们首先讨论简单时序电路的设计。这里所说的简单时序电路，是指用一组状态方程、驱动方程和输出方程就能完全描述其逻辑功能的时序电路。

当选用小规模集成电路做设计时，电路最简的标准是所用的触发器和门电路的数目最少，而且触发器和门电路的输入端数目也最少。而当使用中、大规模集成电路时，电路最简的标准则是使用的集成电路数目最少，种类最少，而且互相间的连线也最少。

设计同步时序逻辑电路时，一般按如下步骤进行：

一、逻辑抽象，得出电路的状态转换图或状态转换表

就是将要求实现的时序逻辑功能表示为时序逻辑函数，可以用状态转换表的形式，也可以用状态转换图或状态机流程图的形式。这就需要：

(1) 分析给定的逻辑问题，确定输入变量、输出变量以及电路的状态数。通常都是取原因(或条件)作为输入逻辑变量，取结果作输出逻辑变量。

(2) 定义输入、输出逻辑状态和每个电路状态的含意，并将电路状态顺序编号。

(3) 按照题意列出电路的状态转换表或画出电路的状态转换图。

这样，就把给定的逻辑问题抽象为一个时序逻辑函数了。

二、状态化简

若两个电路状态在相同的输入下有相同的输出，并且转换到同样一个次态去，则称这两个状

态为等价状态。显然,等价状态是重复的,可以合并为一个。电路的状态数越少,设计出来的电路就越简单。

状态化简的目的就在于将等价状态合并,以求得最简的状态转换图。

三、状态分配

状态分配又称状态编码。

时序逻辑电路的状态是用触发器状态的不同组合来表示的。首先,需要确定触发器的数目 n。因为 n 个触发器共有 2^n 种状态组合,所以为获得时序电路所需的 M 个状态,必须取

$$2^{n-1}<M\leqslant 2^n \tag{6.4.1}$$

其次,要给每个电路状态规定对应的触发器状态组合。每组触发器的状态组合都是一组二值代码,因而又将这项工作称为状态编码。在 $M<2^n$ 的情况下,从 2^n 个状态中取 M 个状态的组合可以有多种不同的方案,而每个方案中 M 个状态的排列顺序又有许多种。如果编码方案选择得当,设计结果可以很简单。反之,编码方案选得不好,设计出来的电路就会复杂得多,这里面有一定的技巧。

此外,为便于记忆和识别,一般选用的状态编码和它们的排列顺序都遵循一定的规律。

四、选定触发器的类型,求出电路的状态方程、驱动方程和输出方程

因为不同逻辑功能的触发器驱动方式不同,所以用不同类型触发器设计出的电路也不一样。为此,在设计具体的电路前必须选定触发器的类型。选择触发器类型时应考虑到器件的供应情况,并应力求减少系统中使用的触发器种类。

根据状态转换图(或状态转换表)和选定的状态编码、触发器的类型,就可以写出电路的状态方程、驱动方程和输出方程了。

五、根据得到的方程式画出逻辑图

六、检查设计的电路能否自启动

如果电路不能自启动,则需采取措施加以解决。一种解决办法是在电路开始工作时通过预置数将电路的状态置成有效状态循环中的某一种。另一种解决方法是通过修改逻辑设计加以解决。具体的作法将在下一小节中介绍。

至此,逻辑设计工作已经完成。图 6.4.1 用方框图表示了上述设计工作的大致过程。不难看出,这一过程和分析时序电路的过程正好是相反的。

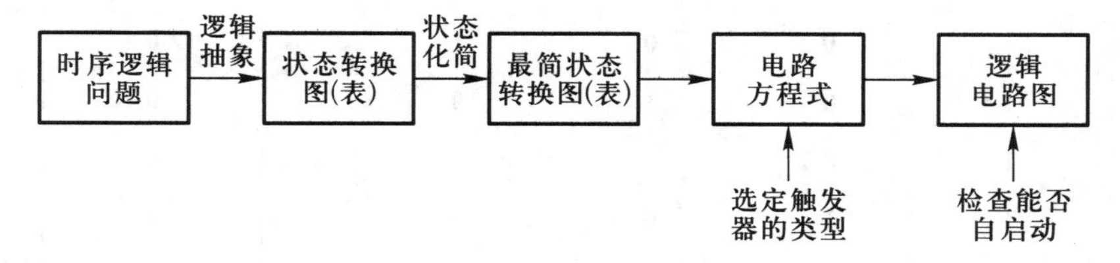

图 6.4.1 同步时序逻辑电路的设计过程

下面通过三个不同类型的具体例子进一步深入说明上述设计方法。

【例 6.4.1】　试设计一个带有进位输出端的十三进制计数器。

解：　首先进行逻辑抽象。

因为计数器的工作特点是在时钟信号操作下自动地依次从一个状态转为下一个状态，所以它没有输入逻辑变量，只有进位输出信号。因此，计数器是属于穆尔型的一种简单时序电路。

取进位信号为输出逻辑变量 C，同时规定有进位输出时 $C=\mathbf{1}$，无进位输出时 $C=\mathbf{0}$。

十三进制计数器应该有十三个有效状态，若分别用 S_0、S_1、…、S_{12} 表示，则按题意可以画出如图 6.4.2 所示的电路状态转换图。

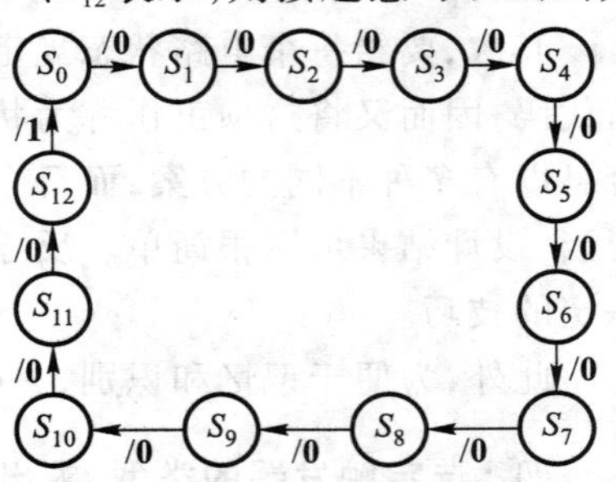

图 6.4.2　例 6.4.1 的状态转换图

因为十三进制计数器必须用 13 个不同的状态表示已经输入的脉冲数，所以状态转换图已不能再化简。

根据式(6.4.1)知，现要求 $M=13$，故应取触发器位数 $n=4$，因为

$$2^3<13<2^4$$

假如对状态分配无特殊要求，可以取自然二进制数的 **0000～1100** 作为 S_0～S_{12} 的编码，于是得到了表 6.4.1 中的状态编码。

表 6.4.1　例 6.4.1 电路的状态转换表

状态变化顺序	状态编码				进位输出 C	等效十进制数
	Q_3	Q_2	Q_1	Q_0		
S_0	**0**	**0**	**0**	**0**	**0**	0
S_1	**0**	**0**	**0**	**1**	**0**	1
S_2	**0**	**0**	**1**	**0**	**0**	2
S_3	**0**	**0**	**1**	**1**	**0**	3
S_4	**0**	**1**	**0**	**0**	**0**	4
S_5	**0**	**1**	**0**	**1**	**0**	5
S_6	**0**	**1**	**1**	**0**	**0**	6
S_7	**0**	**1**	**1**	**1**	**0**	7
S_8	**1**	**0**	**0**	**0**	**0**	8
S_9	**1**	**0**	**0**	**1**	**0**	9
S_{10}	**1**	**0**	**1**	**0**	**0**	10
S_{11}	**1**	**0**	**1**	**1**	**0**	11
S_{12}	**1**	**1**	**0**	**0**	**1**	12
S_0	**0**	**0**	**0**	**0**	**0**	0

由于电路的次态 $Q_3^* Q_2^* Q_1^* Q_0^*$ 和进位输出 C 唯一地取决于电路现态 $Q_3Q_2Q_1Q_0$ 的取值，故可根据表 6.4.1 画出表示次态逻辑函数和进位输出函数的卡诺图，如图 6.4.3 所示。因为计数器正常工作时不会出现 **1101**、**1110** 和 **1111** 三个状态，所以可将 $Q_3Q_2Q_1'Q_0$、$Q_3Q_2Q_1Q_0'$ 和 $Q_3Q_2Q_1Q_0$ 三个最小项作约束项处理，在卡诺图中用×表示。

为清晰起见，可将图 6.4.3 所示的卡诺图分解为图 6.4.4 所示的五个卡诺图，分别表示 Q_3^*、Q_2^*、Q_1^*、Q_0^* 和 C 这五个逻辑函数。从这些卡诺图得到电路的状态方程为

$$\begin{cases} Q_3^* = Q_3Q_2' + Q_2Q_1Q_0 \\ Q_2^* = Q_3'Q_2Q_1' + Q_3'Q_2Q_0' + Q_2'Q_1Q_0 \\ Q_1^* = Q_1'Q_0 + Q_1Q_0' \\ Q_0^* = Q_3'Q_0' + Q_2'Q_0' \end{cases} \tag{6.4.2}$$

Q_3Q_2 \ Q_1Q_0	00	01	11	10
00	0001/0	0010/0	0100/0	0011/0
01	0101/0	0110/0	1000/0	0111/0
11	0000/1	××××/×	××××/×	××××/×
10	1001/0	1010/0	1100/0	1011/0

图 6.4.3　例 6.4.1 电路次态/输出（$Q_3^* Q_2^* Q_1^* Q_0^* / C$）的卡诺图

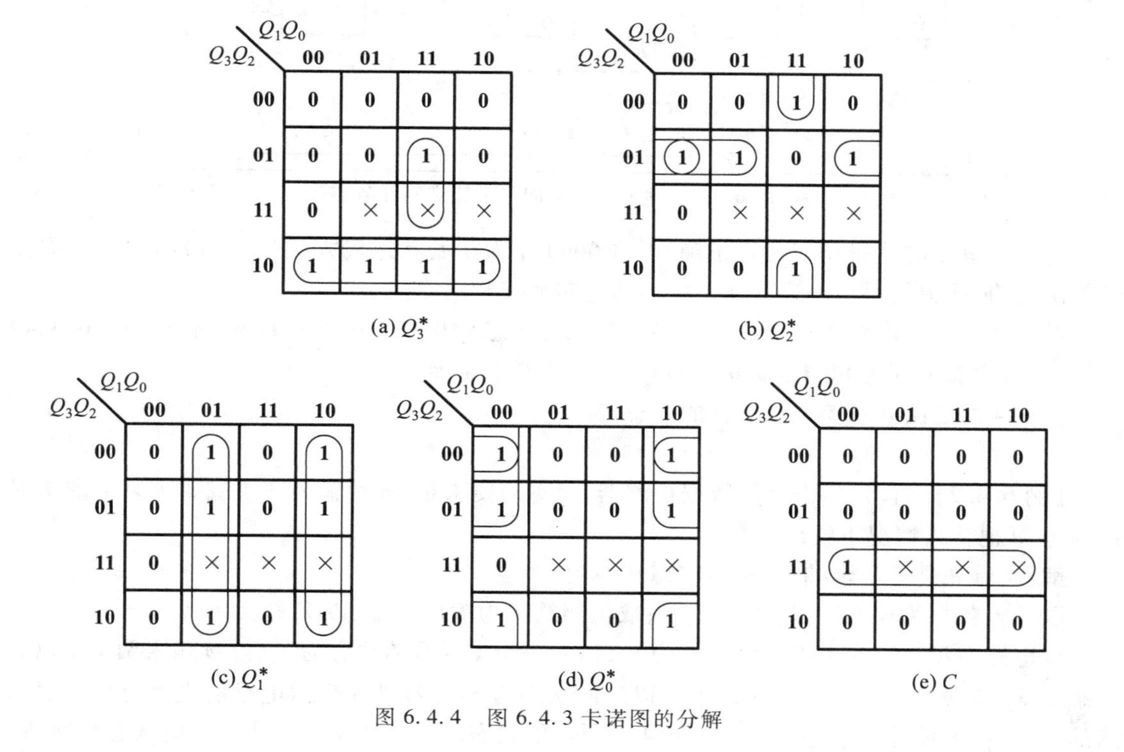

图 6.4.4　图 6.4.3 卡诺图的分解

输出方程为

$$C=Q_3Q_2 \tag{6.4.3}$$

如果选用 JK 触发器组成这个电路,则应将式(6.4.2)的状态方程变换成 JK 触发器特性方程的标准形式,即 $Q^*=JQ'+K'Q$,然后就可以找出驱动方程了。为此,将式(6.4.2)改写为

$$\begin{cases} Q_3^*=Q_3Q_2'+Q_2Q_1Q_0(Q_3+Q_3')=(Q_2Q_1Q_0)Q_3'+Q_2'Q_3 \\ Q_2^*=(Q_0Q_1)Q_2'+(Q_3'(Q_1Q_0)')'Q_2 \\ Q_1^*=Q_0Q_1'+Q_0'Q_1 \\ Q_0^*=(Q_3'+Q_2')Q_0'+\mathbf{1}'\cdot Q_0=(Q_3Q_2)'Q_0'+\mathbf{1}'Q_0 \end{cases} \tag{6.4.4}$$

在变换 Q_3^* 的逻辑式时,删去了约束项 $Q_3Q_2Q_1Q_0$。将式(6.4.4)中的各逻辑式与 JK 触发器的特性方程对照,则各个触发器的驱动方程应为

$$\begin{cases} J_3=Q_2Q_1Q_0, & K_3=Q_2 \\ J_2=Q_1Q_0, & K_2=(Q_3'(Q_1Q_0)')' \\ J_1=Q_0, & K_1=Q_0 \\ J_0=(Q_3Q_2)', & K_0=\mathbf{1} \end{cases} \tag{6.4.5}$$

根据式(6.4.3)和式(6.4.5)画得计数器的逻辑图如图 6.4.5 所示。

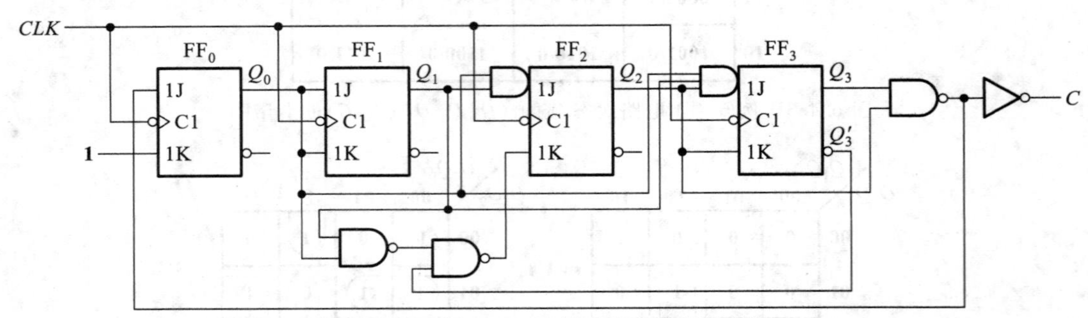

图 6.4.5　例 6.4.1 的同步十三进制计数器

为验证电路的逻辑功能是否正确,可将 **0000** 作为初始状态代入式(6.4.4)的状态方程依次计算次态值,所得结果应与表 6.4.1 中的状态转换表相同。

最后还应检查电路能否自启动。将 3 个无效状态 **1101**、**1110** 和 **1111** 分别代入式(6.4.4)中计算,所得次态分别为 **0010**、**0010** 和 **0000**,故电路能自启动。

图 6.4.6 是图 6.4.5 电路完整的状态转换图。

【例 6.4.2】　设计一个串行数据检测器,对它的要求是:连续输入 3 个或 3 个以上的 **1** 时输出为 **1**,其他输入情况下输出为 **0**。

解:　首先进行逻辑抽象,画出状态转换图。

取输入数据为输入变量,用 X 表示;取检测结果为输出变量,以 Y 表示。

设电路在没有输入 **1** 以前的状态为 S_0,输入一个 **1** 以后的状态为 S_1,连续输入两个 **1** 以后的状态为 S_2,连续输入 3 个或 3 个以上 **1** 以后的状态为 S_3。若以 S 表示电路的现态,以 S^* 表示电路的次态,依据设计要求即可得到表 6.4.2 所示的状态转换表和图 6.4.7 所示的状态转换图。

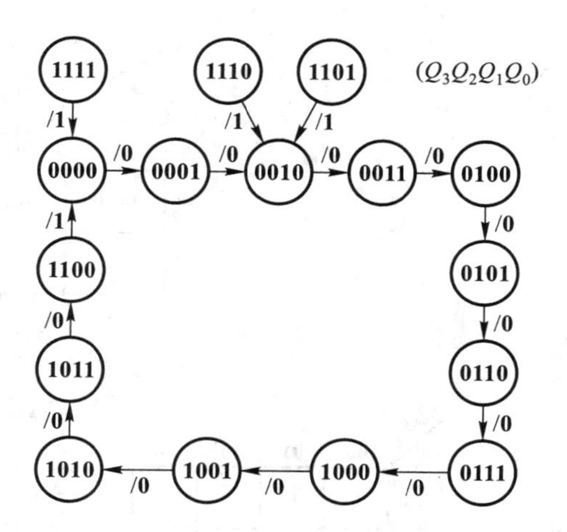

图 6.4.6 图 6.4.5 电路的状态转换图

表 6.4.2 例 6.4.2 的状态转换表

X \ S^*/Y \ S	S_0	S_1	S_2	S_3
0	S_0/**0**	S_0/**0**	S_0/**0**	S_0/**0**
1	S_1/**0**	S_2/**0**	S_3/**1**	S_3/**1**

然后进行状态化简。比较一下 S_2 和 S_3 这两个状态便可发现，它们在同样的输入下有同样的输出，而且转换后得到同样的次态。因此 S_2 和 S_3 是等价状态，可以合并为一个。

从物理概念上也不难理解，当电路处于 S_2 状态时表明已经连续输入了两个 **1**。如果在电路转换到 S_2 状态的同时输入也改换为下一位输入数据（当输入数据来自移位寄存器的串行输出，而且移位寄存器和数据检测器由同一时钟信号操作时，就工作在这种情况），那么只要下个输入为 **1**，就表明连续输入 3 个 **1** 了，因而无需再设置一个电路状态。于是就得到了图 6.4.8 所示化简后的状态转换图。

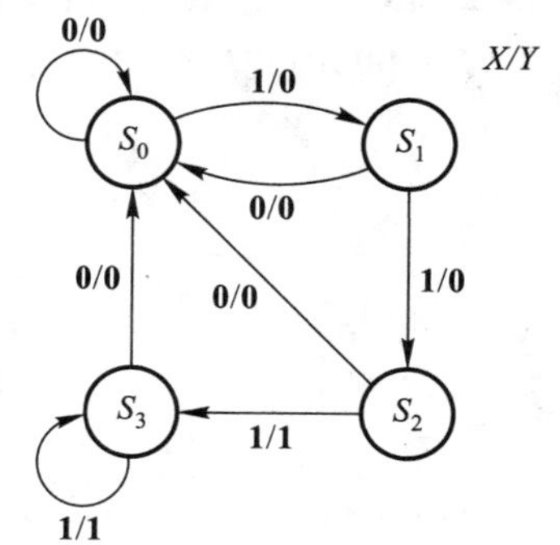

图 6.4.7 例 6.4.2 的状态转换图

在电路状态 $M=3$ 的情况下，根据式(6.4.1)可知，应取触发器的位数 $n=2$。

如果取触发器状态 Q_1Q_0 的 **00**、**01** 和 **10** 分别代表 S_0、S_1 和 S_2，并选定 JK 触发器组成这个检测电路，则可从状态转换图画出电路次态和输出的卡诺图，如图 6.4.9 所示。

将图 6.4.9 所示的卡诺图分解为图 6.4.10 中分别表示 Q_1^*、Q_0^* 和 Y 的 3 个卡诺图，经化简后得到电路的状态方程为

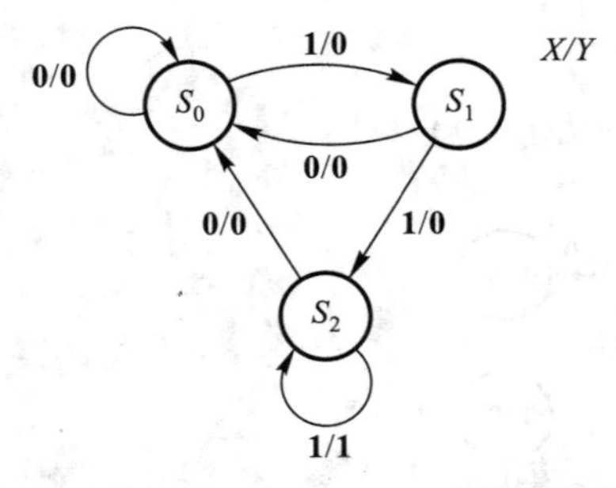

图 6.4.8　化简后的例 6.4.2 的状态转换图

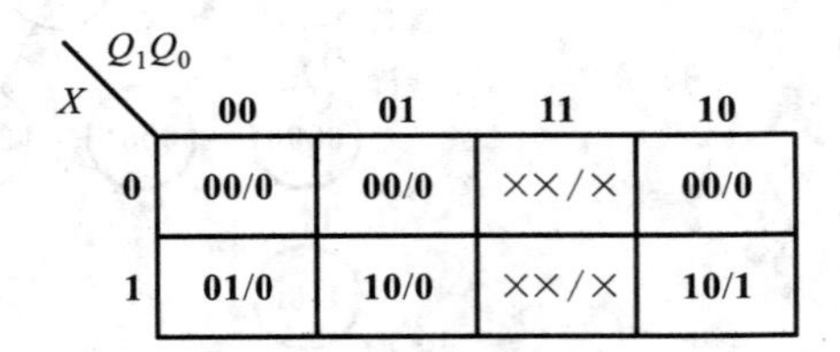

X \ Q_1Q_0	00	01	11	10
0	00/0	00/0	××/×	00/0
1	01/0	10/0	××/×	10/1

图 6.4.9　例 6.4.2 电路次态/输出($Q_1^*Q_0^*/Y$)的卡诺图

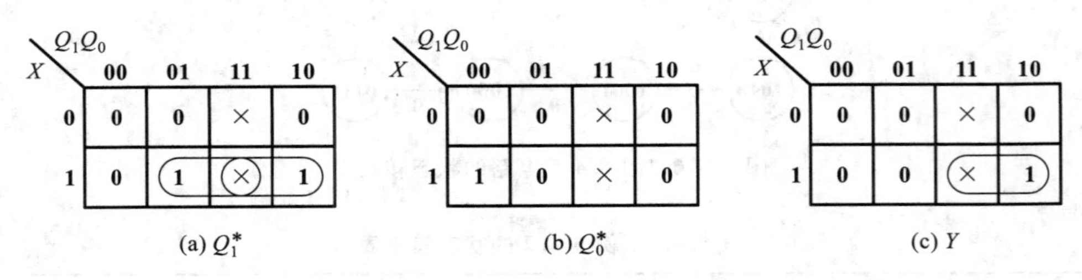

X \ Q_1Q_0	00	01	11	10
0	0	0	×	0
1	0	1	×	1

(a) Q_1^*

X \ Q_1Q_0	00	01	11	10
0	0	0	×	0
1	1	0	×	0

(b) Q_0^*

X \ Q_1Q_0	00	01	11	10
0	0	0	×	0
1	0	0	×	1

(c) Y

图 6.4.10　图 6.4.9 卡诺图的分解

$$\begin{cases} Q_1^* = XQ_1 + XQ_0 = XQ_1 + XQ_0(Q_1 + Q_1') \\ \quad\;\; = (XQ_0)Q_1' + XQ_1 \\ Q_0^* = XQ_1'Q_0' = (XQ_1')Q_0' + \mathbf{1}'Q_0 \end{cases} \tag{6.4.6}$$

由上式得驱动方程

$$\begin{cases} J_1 = XQ_0, \quad K_1 = X' \\ J_0 = XQ_1', \quad K_0 = \mathbf{1} \end{cases} \tag{6.4.7}$$

由图 6.4.10(c)得输出方程

$$Y = XQ_1 \tag{6.4.8}$$

根据式(6.4.6)、(6.4.7)、(6.4.8)所画出的逻辑图和电路状态转换图如图 6.4.11 和图 6.4.12 所示。状态转换图表明，当电路进入无效状态 **11** 后，若 $X=\mathbf{1}$ 则次态转入 **10**；若 $X=\mathbf{0}$ 则次态转入 **00**，因此这个电路是能够自启动的。

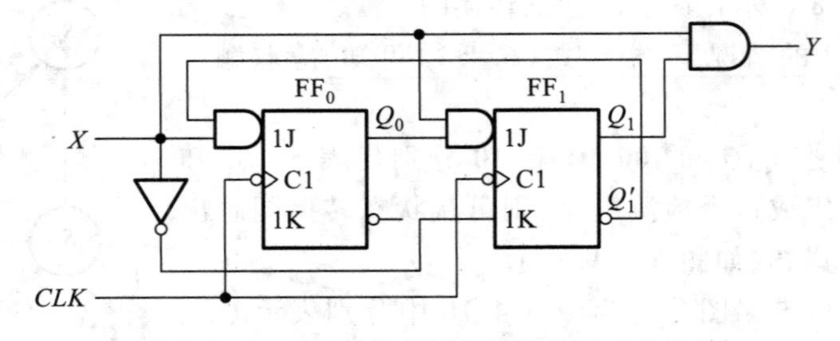

图 6.4.11　用 JK 触发器设计的例 6.4.2 电路

本例中若改用 D 触发器，则应将式(6.4.6)的状态方程与 D 触发器的特性方程 $Q^*=D$ 对照，找出 D 端对应的逻辑式来，此即 D 触发器的驱动方程。于是得到

$$\begin{cases} D_1 = XQ_1 + XQ_0 = X(Q_1'Q_0')' \\ D_0 = XQ_1'Q_0' \end{cases} \tag{6.4.9}$$

而输出方程不受影响。

根据式(6.4.9)和式(6.4.8)得到的逻辑图如图 6.4.13 所示。它的状态转换图与图 6.4.12 相同。

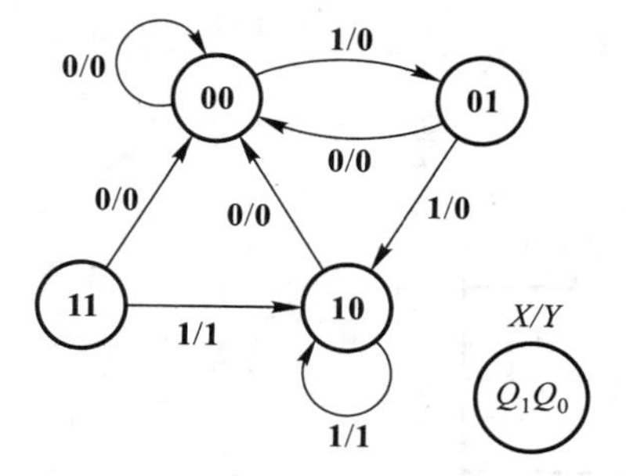

图 6.4.12 图 6.4.11 电路的状态转换图

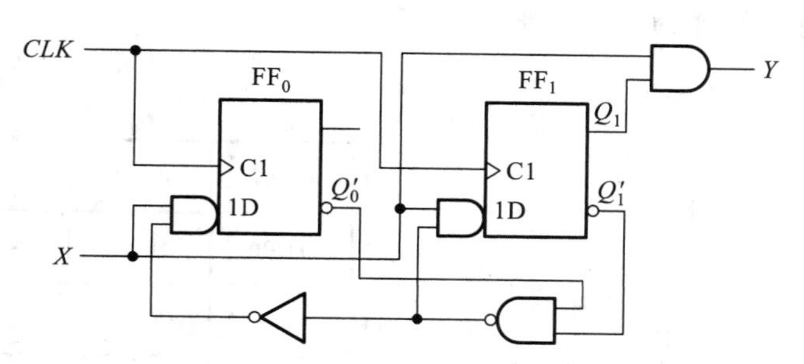

图 6.4.13 用 D 触发器设计的例 6.4.2 电路

【例 6.4.3】 设计一个自动售饮料机的逻辑电路。它的投币口每次只能投入一枚五角或一元的硬币。投入一元五角钱硬币后机器自动给出一杯饮料；投入两元(两枚一元)硬币后，在给出饮料的同时找回一枚五角的硬币。

解： 取投币信号为输入逻辑变量，投入一枚一元硬币时用 $A=\mathbf{1}$ 表示，未投入时 $A=\mathbf{0}$。投入一枚五角硬币用 $B=\mathbf{1}$ 表示，未投入时 $B=\mathbf{0}$。给出饮料和找钱为两个输出变量，分别以 Y、Z 表示。给出饮料时 $Y=\mathbf{1}$，不给时 $Y=\mathbf{0}$；找回一枚五角硬币时 $Z=\mathbf{1}$，不找时 $Z=\mathbf{0}$。

假定通过传感器产生的投币信号($A=\mathbf{1}$ 或 $B=\mathbf{1}$)在电路转入新状态的同时也随之消失，否则将被误认作又一次投币信号。

设未投币前电路的初始状态为 S_0，投入五角硬币以后为 S_1，投入一元硬币(包括投入一枚一元硬币和投入两枚五角硬币的情况)以后为 S_2。再投入一枚五角硬币后电路返回 S_0，同时输出为 $Y=\mathbf{1}$、$Z=\mathbf{0}$；如果投入的是一枚一元硬币，则电路也应返回 S_0，同时输出为 $Y=\mathbf{1}$、$Z=\mathbf{1}$。因此，电路的状态数 $M=3$ 已足够。依据题意可列出如表 6.4.3 所示的状态转换表，并画出如图 6.4.14 所示的状态转换图。

表 6.4.3 例 6.4.3 的状态转换表

S \ S^*/YZ \ AB	**00**	**01**	**11**	**10**
S_0	S_0/**00**	S_1/**00**	×/××	S_2/**00**
S_1	S_1/**00**	S_2/**00**	×/××	S_0/**10**
S_2	S_2/**00**	S_0/**10**	×/××	S_0/**11**

因为正常工作中不会出现 $AB=\mathbf{11}$ 的情况，所以与之对应的 S^*、Y、Z 均作约束项处理。

取触发器的位数 $n=2$，则 $2^1<3(M)<2^2$，故符合要求。今以触发器状态 Q_1Q_0 的 **00**、**01**、**10** 分别代表 S_0、S_1、S_2，则从状态转换图或状态转换表即可画出表示电路次态/输出（$Q_1^*Q_0^*/YZ$）的卡诺图，如图 6.4.15 所示。因为正常工作时不出现 $Q_1Q_0=\mathbf{11}$ 的状态，所以与之对应的最小项也作约束项处理。

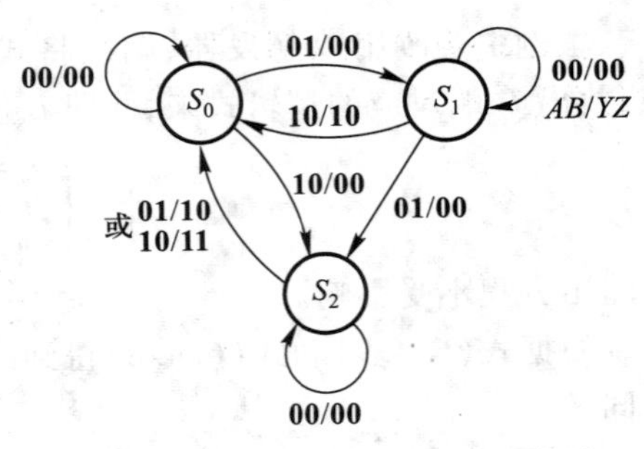

图 6.4.14　例 6.4.3 的状态转换图

Q_1Q_0 \ AB	00	01	11	10
00	00/00	01/00	××/××	10/00
01	01/00	10/00	××/××	00/10
11	××/××	××/××	××/××	××/××
10	10/00	00/10	××/××	00/11

图 6.4.15　例 6.4.3 电路次态/输出（$Q_1^*Q_0^*/YZ$）的卡诺图

将图 6.4.15 中的卡诺图分解，分别画出表示 Q_1^*、Q_0^*、Y 和 Z 的卡诺图，如图 6.4.16 所示。

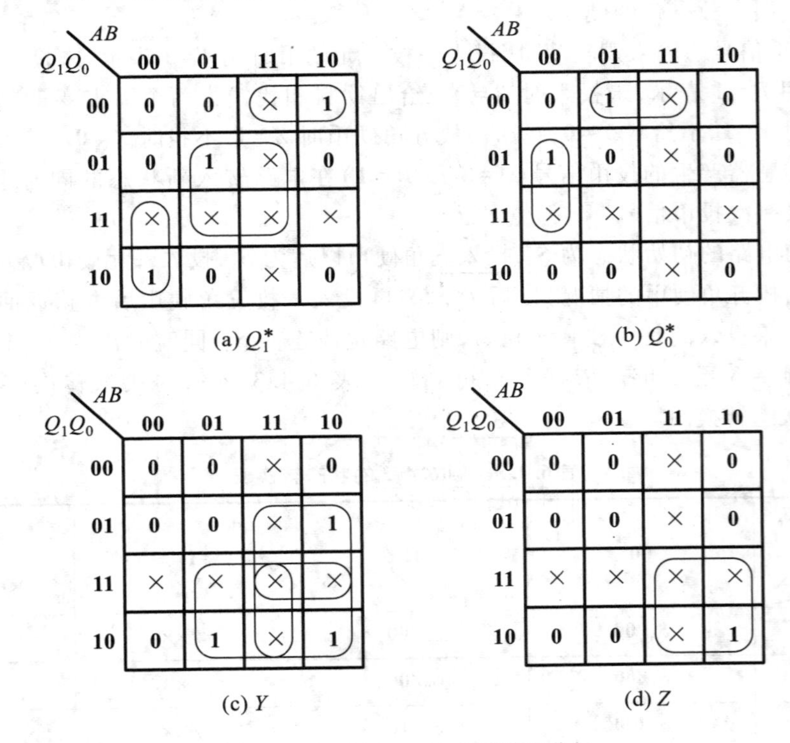

Q_1Q_0 \ AB	00	01	11	10
00	0	0	×	1
01	0	1	×	0
11	×	×	×	×
10	1	0	×	0

(a) Q_1^*

Q_1Q_0 \ AB	00	01	11	10
00	0	1	×	0
01	1	0	×	0
11	×	×	×	×
10	0	0	×	0

(b) Q_0^*

Q_1Q_0 \ AB	00	01	11	10
00	0	0	×	0
01	0	0	×	1
11	×	×	×	×
10	0	1	×	1

(c) Y

Q_1Q_0 \ AB	00	01	11	10
00	0	0	×	0
01	0	0	×	0
11	×	×	×	×
10	0	0	×	1

(d) Z

图 6.4.16　图 6.4.15 卡诺图的分解

假定选用 D 触发器,则从图 6.4.16 所示的卡诺图可写出电路的状态方程、驱动方程和输出方程分别为

$$\begin{cases} Q_1^* = Q_1A'B' + Q_1'Q_0'A + Q_0B \\ Q_0^* = Q_1'Q_0'B + Q_0A'B' \end{cases} \tag{6.4.10}$$

$$\begin{cases} D_1 = Q_1A'B' + Q_1'Q_0'A + Q_0B \\ D_0 = Q_1'Q_0'B + Q_0A'B' \end{cases} \tag{6.4.11}$$

$$\begin{cases} Y = Q_1B + Q_1A + Q_0A \\ Z = Q_1A \end{cases} \tag{6.4.12}$$

根据式(6.4.11)和式(6.4.12)画出的逻辑图如图 6.4.17 所示。它的状态转换图如图 6.4.18 所示。当电路进入无效状态 **11** 以后,在无输入信号的情况下(即 $AB=$ **00**)不能自行返回有效循环,所以不能自启动。当 $AB=$ **01** 或 $AB=$ **10** 时电路在时钟信号作用下虽然能返回有效循环中去,但收费结果是错误的。因此,在开始工作时应在异步置零端 R_D' 上加入低电平信号将电路置为 **00** 状态。

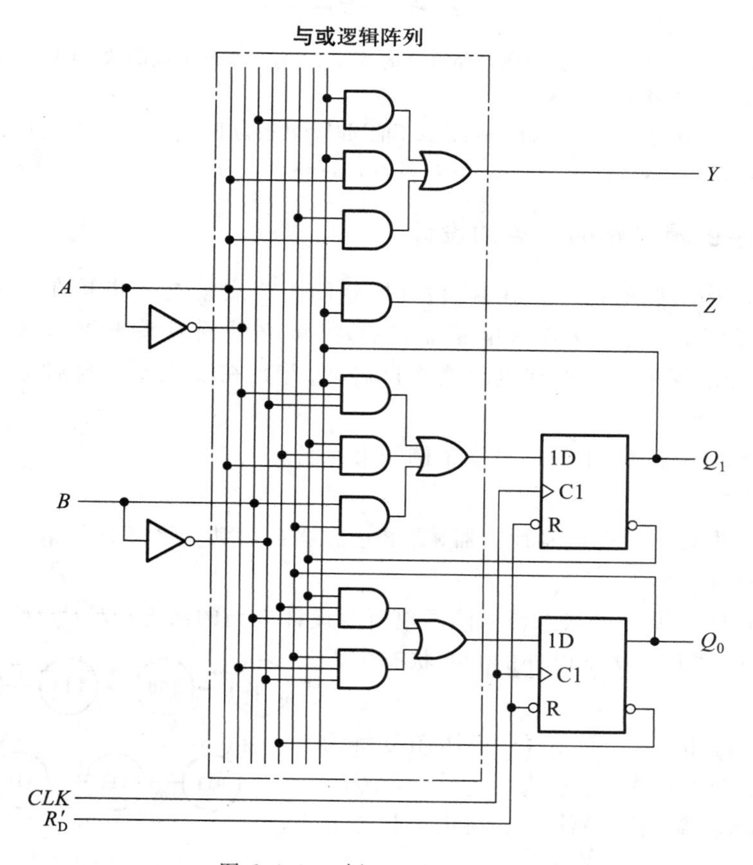

图 6.4.17 例 6.4.3 的逻辑图

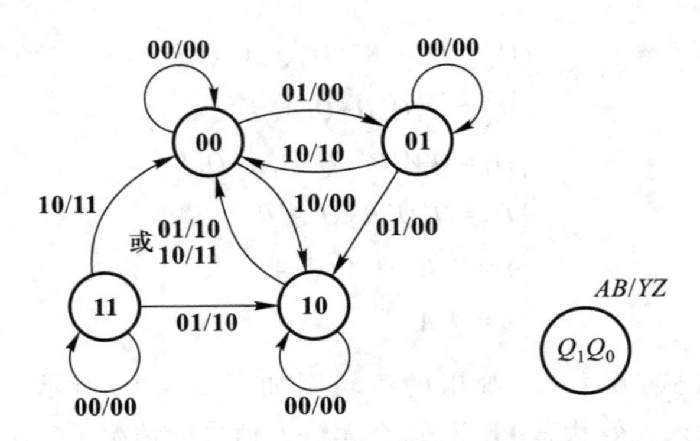

图 6.4.18　图 6.4.17 电路的状态转换图

复习思考题

R6.4.1　在例 6.4.2 取两位触发器组成存储电路的情况下,有多少种可能的状态编码方案?

R6.4.2　什么是时序电路的等价状态?

R6.4.3　在例 6.4.2 中,若电路转入新状态后输入不能同时也转换为下一个输入状态,这时可能发生什么问题?

6.4.2　时序逻辑电路的自启动设计

在前面介绍时序电路的设计步骤时,检查电路能否自启动这一步是在最后进行的。如果发现电路不能自启动,而设计又要求电路能自启动,就必须回过头来重新修改设计了。那么能否在前面的设计过程中就注意到电路能否自启动,并且在发现不能自启动时采取措施加以解决呢?

事实上这是可以做到的,下面通过一个例子来说明。

【例 6.4.4】　设计一个七进制计数器,要求它能够自启动。已知该计数器的状态转换图及状态编码如图 6.4.19 所示。

解:　由图 6.4.19 所示的状态转换图画出所要设计电路的次态($Q_1^*Q_2^*Q_3^*$)的卡诺图,如图 6.4.20 所示。图中这七个状态以外的 **000** 状态为无效状态。

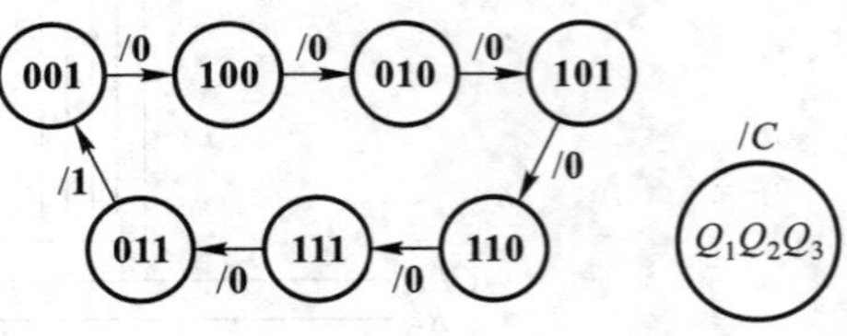

图 6.4.19　例 6.4.4 的状态转换图

为清楚起见,将图 6.4.20 所示的卡诺图分解为图 6.4.21 中的三个卡诺图,分别表示 Q_1^*、Q_2^*、Q_3^*。如果单纯地从追求化简结果最简单出发化简状态方程,则可得到

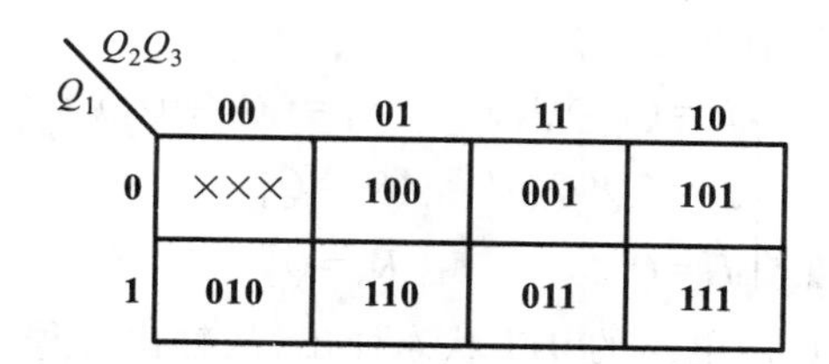

Q_2Q_3
Q_1
00
01
11
10
0
×××
100
001
101
1
010
110
011
111

图 6.4.20　例 6.4.4 电路次态（$Q_1^*Q_2^*Q_3^*$）的卡诺图

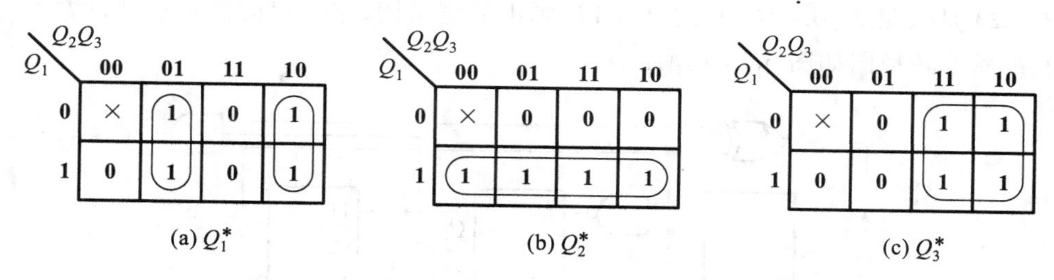

图 6.4.21　图 6.4.20 卡诺图的分解

$$\begin{cases} Q_1^* = Q_2 \oplus Q_3 \\ Q_2^* = Q_1 \\ Q_3^* = Q_2 \end{cases} \tag{6.4.13}$$

在以上合并 **1** 的过程中，如果把表示任意项的×包括在圈内，则等于把×取作 **1** 了；如果把×画在圈外，则等于把×取为 **0**。这无形中已经为无效状态指定了次态。如果这个指定的次态属于有效循环中的状态，那么电路是能自启动的。反之，如果它也是无效状态，则电路将不能自启动。在后一种情况下，就需要修改状态方程的化简方式，将无效状态的次态改为某个有效状态。

由图 6.4.21 可见，化简时将所有的×全都划在圈外了，也就是化简时把它们全取作 **0** 了。这也就意味着把图 6.4.20 中 **000** 状态的次态仍旧定成了 **000**。这样，电路一旦进入 **000** 状态以后，就不可能在时钟信号作用下脱离这个无效状态而进入有效循环，所以电路不能自启动。

为使电路能够自启动，应将图 6.4.20 中的×××取为一个有效状态，例如取为 **010**。这时 Q_2^* 的卡诺图被修改为图 6.4.22 所示的形式，化简后得到

$$Q_2^* = Q_1 + Q_2'Q_3'$$

故式（6.4.13）的状态方程修改为

$$\begin{cases} Q_1^* = Q_2 \oplus Q_3 \\ Q_2^* = Q_1 + Q_2'Q_3' \\ Q_3^* = Q_2 \end{cases} \tag{6.4.14}$$

Q_1 \ Q_2Q_3	00	01	11	10
0	×	0	0	0
1	1	1	1	1

图 6.4.22　修改后的 Q_2^* 卡诺图

若选用 *JK* 触发器组成这个电路，则应将上式化成 *JK* 触发器特性方程的标准形式，于是得到

$$\begin{cases} Q_1^* = (Q_2 \oplus Q_3)(Q_1 + Q_1') = (Q_2 \oplus Q_3)Q_1' + (Q_2 \oplus Q_3)Q_1 \\ Q_2^* = Q_1(Q_2 + Q_2') + Q'_2Q_3' = (Q_1 + Q_3')Q_2' + Q_1Q_2 \\ Q_3^* = Q_2(Q_3 + Q_3') = Q_2Q_3' + Q_2Q_3 \end{cases} \tag{6.4.15}$$

由上式可知各触发器的驱动方程应为

$$\begin{cases} J_1 = Q_2 \oplus Q_3, & K_1 = (Q_2 \oplus Q_3)' \\ J_2 = (Q_1' Q_3)', & K_2 = Q_1' \\ J_3 = Q_2, & K_3 = Q_2' \end{cases} \tag{6.4.16}$$

计数器的输出进位信号 C 由电路的 **011** 状态译出，故输出方程为

$$C = Q_1' Q_2 Q_3 \tag{6.4.17}$$

图 6.4.23 是依照式(6.4.16)和式(6.4.17)画出的逻辑图，它一定能够自启动，已无需再进行检验。它的状态转换图如图 6.4.24 所示。

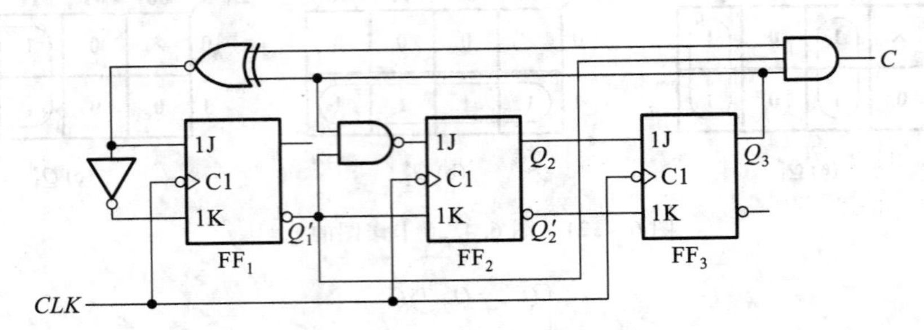

图 6.4.23　例 6.4.4 的逻辑图

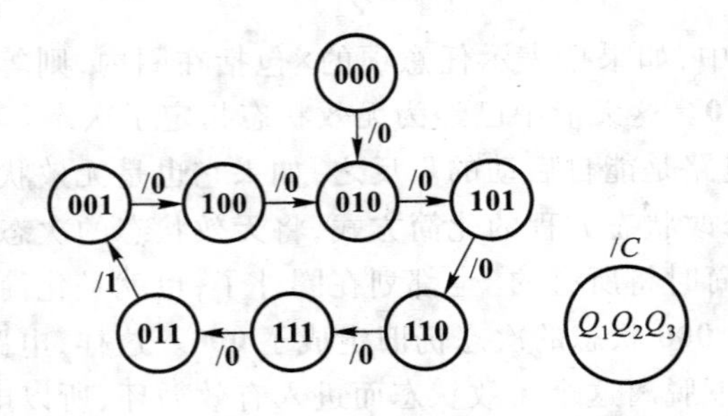

图 6.4.24　图 6.4.23 电路的状态转换图

如果化简状态方程时把 **000** 状态的次态指定为 **010** 以外 6 个有效状态中的任何一个，所得到的电路也应能自启动。究竟取哪个有效状态为 **000** 的次态为宜，应视得到的状态方程是否最简单而定。

在无效状态不止一个的情况下，为保证电路能够自启动，必须使每个无效状态都能直接地或间接地(即经过其他的无效状态以后)转为某一有效状态。

【例 6.4.5】　设计一个能自启动的 3 位环形计数器。要求它的有效循环状态为 **100→010→001→100**。

解： 根据题目要求的状态循环，可以得到电路的状态转换图和电路次态的卡诺图，如图 6.4.25 所示。

如果只考虑使状态方程最简单，则可将图 6.4.25(b)所示的卡诺图分解，求得 Q_1^*、Q_2^*、Q_3^* 的最简单形式为

(a)

Q_1 \ Q_2Q_3	00	01	11	10
0	×××	100	×××	001
1	010	×××	×××	×××

(b)

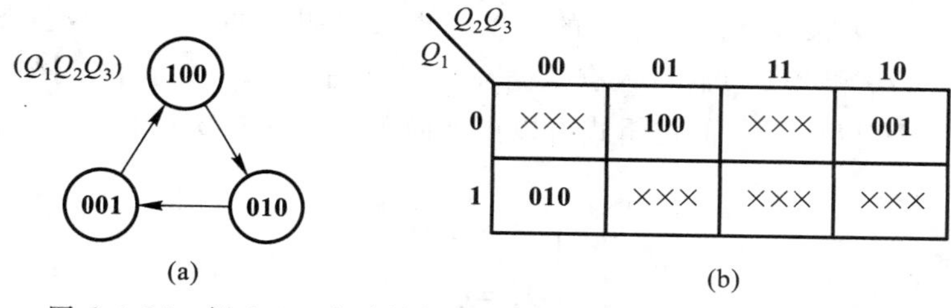

图 6.4.25　例 6.4.5 电路的状态转换图和次态（$Q_1^* Q_2^* Q_3^*$）卡诺图

（a）状态转换图　（b）次态卡诺图

$$\begin{cases} Q_1^* = Q_3 \\ Q_2^* = Q_1 \\ Q_3^* = Q_2 \end{cases} \tag{6.4.18}$$

将 $Q_1Q_2Q_3$ 的五个无效状态 **000**、**011**、**101**、**110**、**111** 分别代入式(6.4.18)求出次态，即得图 6.4.26 中用实线连结的状态转换图。显然，这样设计出来的电路是不能自启动的。

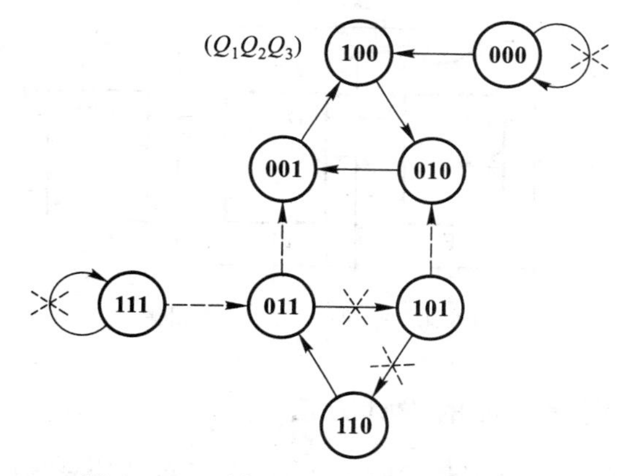

图 6.4.26　例 6.4.5 电路的状态转换图

由于在化简状态方程的同时，也随之规定了每个无效状态的次态，所以这时电路次态的卡诺图已成为图 6.4.27 的形式。

下面讨论如何修改状态方程，以实现自启动。

为了保持移位寄存器内部结构不变，只允许修改第一位触发器的输入。因此，只能通过修改每个无效状态中 Q_1 的次态，使它们的次态进入有效循环。

如果按图 6.4.26 中的虚线连接方式修改状态转换图，则电路将能够自启动。也就是说，电路次态的卡诺图应修改为图 6.4.28 所示的形式。

Q_1 \ Q_2Q_3	00	01	11	10
0	000	100	101	001
1	010	110	111	011

图 6.4.27　由式(6.4.18)得到的次态卡诺图

Q_1 \ Q_2Q_3	00	01	11	10
0	1 0 0	1 0 0	0 0 1	0 0 1
1	0 1 0	0 1 0	0 1 1	0 1 1

图 6.4.28　例 6.4.5 电路的修改后的卡诺图

由图 6.4.26 可见，如果仅从能自启动的角度考虑，**101** 状态的次态本不必修改，它可以经过另外两个无效状态 **110** 和 **011** 以后进入有效循环。但从图 6.4.28 所示的卡诺图上不难发现，将 **101** 的次态修改为 **010** 以后，Q_1^* 的逻辑式可以更加简单。根据图 6.4.28 所示卡诺图求得修改后的状态方程为

$$\begin{cases} Q_1^* = Q_1'Q_2' \\ Q_2^* = Q_1 \\ Q_3^* = Q_2 \end{cases} \tag{6.4.19}$$

若选用 D 触发器组成这个计数器，则驱动方程为

$$\begin{cases} D_1 = Q_1^* = Q_1'Q_2' = (Q_1 + Q_2)' \\ D_2 = Q_2^* = Q_1 \\ D_3 = Q_3^* = Q_2 \end{cases} \tag{6.4.20}$$

图 6.4.29 是按照式(6.4.20)画出的逻辑图，这个电路一定能自启动。

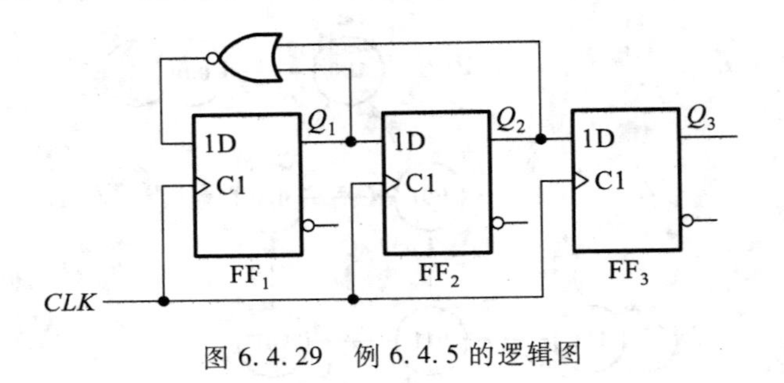

图 6.4.29　例 6.4.5 的逻辑图

*6.4.3　异步时序逻辑电路的设计方法

由于异步时序电路中的触发器不是同时动作的，因而在设计异步时序电路时除了需要完成设计同步时序电路所应做的各项工作以外，还要为每个触发器选定合适的时钟信号。这就是设计异步时序电路时所遇到的特殊问题。

设计步骤大体上仍可按 6.4.1 节中所讲的同步时序电路的设计步骤进行，只是在选定触发器类型之后，还要为每个触发器选定时钟信号。下面通过一个例子具体说明一下设计过程。

【例 6.4.6】　试设计一个 8421 编码的异步十进制减法计数器，并要求所设计的电路能自启动。

解：　根据 8421 码十进制减法计数规则很容易列出电路的状态转换表，如表 6.4.4 所示。而且它的状态编码已经由题目的要求规定了。由表 6.4.4 又可画出如图 6.4.30 所示的状态转换图。

十进制计数器必须有 10 个有效状态，若依次为 S_0、S_9、S_8、…、S_1，则它们的状态编码应符合表 6.4.4 的规定。而且，这 10 个状态都是必不可少的，不需要进行状态化简。

表 6.4.4 十进制减法计数器的状态转换表

计数顺序	电路状态 Q_3	Q_2	Q_1	Q_0	等效十进制数	输出 B
0	**0**	**0**	**0**	**0**	0	**1**
1	**1**	**0**	**0**	**1**	9	**0**
2	**1**	**0**	**0**	**0**	8	**0**
3	**0**	**1**	**1**	**1**	7	**0**
4	**0**	**1**	**1**	**0**	6	**0**
5	**0**	**1**	**0**	**1**	5	**0**
6	**0**	**1**	**0**	**0**	4	**0**
7	**0**	**0**	**1**	**1**	3	**0**
8	**0**	**0**	**1**	**0**	2	**0**
9	**0**	**0**	**0**	**1**	1	**0**
10	**0**	**0**	**0**	**0**	0	**1**

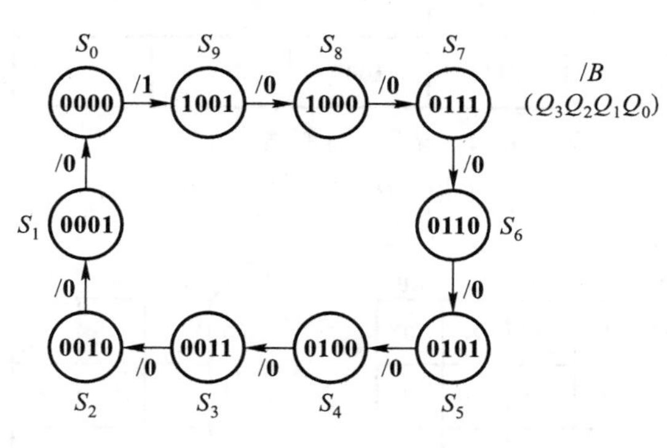

图 6.4.30 例 6.4.6 电路的状态转换图

下面的工作就需要选定触发器的类型和各个触发器的时钟信号了。假如选用 *JK* 触发器组成这个电路。为便于选取各个触发器的时钟信号,可以由状态转换图画出电路的时序图,如图 6.4.31 所示。

为触发器挑选时钟信号的原则是:第一,触发器的状态应该翻转时必须有时钟信号发生;第二,触发器的状态不应翻转时“多余的”时钟信号越少越好,这将有利于触发器状态方程和驱动方程的化简。如果选用下降沿触发的边沿触发器,则根据上述原则,选定 FF_0 的时钟信号 clk_0 为计数输入脉冲,FF_1 的时钟信号 clk_1 取自 Q'_0,FF_2 的时钟信号 clk_2 取自 Q'_1,FF_3 的时钟信号 clk_3 取自 Q'_0。

为了求电路的状态方程,需要做出电路次态的卡诺图,如图 6.4.32 所示。然后再将它分解为图 6.4.33 中的 4 个分别表示 Q_3^*、Q_2^*、Q_1^* 和 Q_0^* 的卡诺图。在这 4 个卡诺图中,把没有时钟信号的次态也作为任意项处理,以利于状态方程的化简。例如,在图 6.4.33(a)所示 Q_3^* 的卡诺图

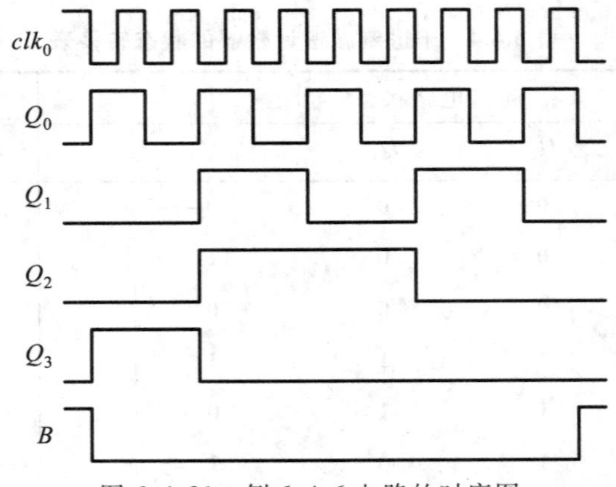

图 6.4.31　例 6.4.6 电路的时序图

Q_3Q_2 \ Q_1Q_0	00	01	11	10
00	1001	0000	0010	0001
01	0011	0100	0110	0101
11	××××	××××	××××	××××
10	0111	1000	××××	××××

图 6.4.32　异步十进制减法计数器次态
（$Q_3^*Q_2^*Q_1^*Q_0^*$）的卡诺图

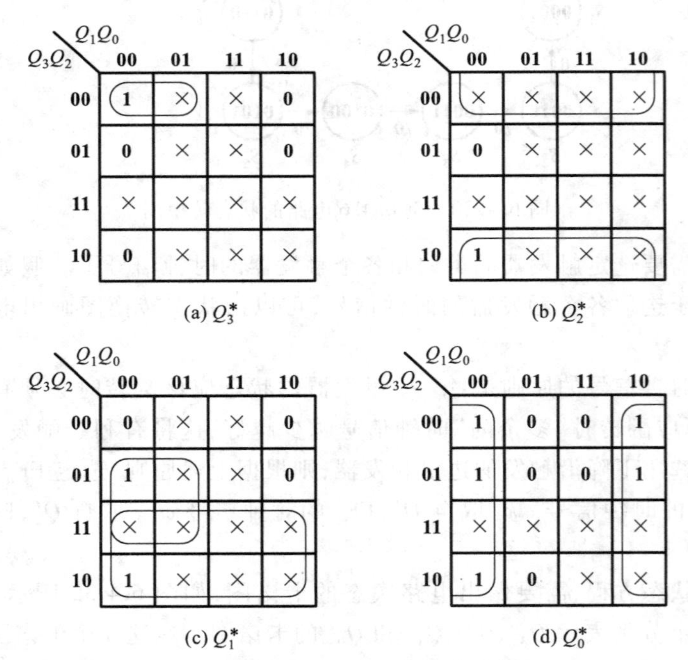

(a) Q_3^*　(b) Q_2^*　(c) Q_1^*　(d) Q_0^*

图 6.4.33　图 6.4.32 卡诺图的分解

中，当现态为 **1001**、**0111**、**0101**、**0011**、**0001** 时，电路向次态转换过程中 clk_3 没有下降沿产生，因而 Q_3^* 的状态方程无效，可以任意设定它的次态。另外，由于正常工作时不会出现 $Q_3Q_2Q_1Q_0=\mathbf{1010}\sim\mathbf{1111}$ 这 6 个状态，所以也把它们作为卡诺图中的任意项处理。

由图 6.4.33 所示的卡诺图得到电路的状态方程为

$$\begin{cases} Q_3^* = Q_3'Q_2'Q_1' \cdot clk_3 \\ Q_2^* = Q_2' \cdot clk_2 \\ Q_1^* = (Q_3+Q_2Q_1') \cdot clk_1 \\ Q_0^* = Q_0' \cdot clk_0 \end{cases} \tag{6.4.21}$$

式中用小写的 clk_0、clk_1、clk_2、clk_3 强调说明，只有当这些时钟信号到达时，状态方程才是有效的，否则触发器将保持原来的状态不变。clk_0、clk_1、clk_2、clk_3 在这里只代表 4 个脉冲信号，而不是 4 个逻辑变量。

将式(6.4.21)化为 JK 触发器特性方程的标准形式得到

$$\begin{cases} Q_3^* = [(Q_2'Q_1')Q_3'+\mathbf{1}' \cdot Q_3] \cdot clk_3 \\ Q_2^* = [\mathbf{1} \cdot Q_2'+\mathbf{1}' \cdot Q_2] \cdot clk_2 \\ Q_1^* = [Q_3(Q_1+Q_1')+Q_2Q_1'] \cdot clk_1 \\ \quad = [(Q_3+Q_2)Q_1'+Q_3Q_1] \cdot clk_1 = [(Q_3'Q_2')'Q_1'+\mathbf{1}' \cdot Q_1] \cdot clk_1 \\ Q_0^* = [\mathbf{1} \cdot Q_0'+\mathbf{1}' \cdot Q_0] \cdot clk_0 \end{cases} \tag{6.4.22}$$

因为电路正常工作时不会出现 $Q_3Q_1=\mathbf{1}$ 的情况，所在 Q_1^* 的方程式中删去了这一项。

从式(6.4.22)得到每个触发器应有的驱动方程为

$$\begin{cases} J_3 = Q_2'Q_1', \quad K_3 = \mathbf{1} \\ J_2 = K_2 = \mathbf{1} \\ J_1 = (Q_3'Q_2')', K_1 = \mathbf{1} \\ J_0 = K_0 = \mathbf{1} \end{cases} \tag{6.4.23}$$

根据状态转换表画出的输出 B 的卡诺图如图 6.4.34 所示。由图得到

$$B = Q_3'Q_2'Q_1'Q_0' \tag{6.4.24}$$

按照式(6.4.23)和式(6.4.24)画出的逻辑图如图 6.4.35 所示。

最后需要检查一下设计的电路能否自启动。将 **1010**～**1111** 这 6 个无效状态分别代入状态方程求其次态，结果表明电路是可以自启动的。完整的电路状态转换图如图 6.4.36 所示。

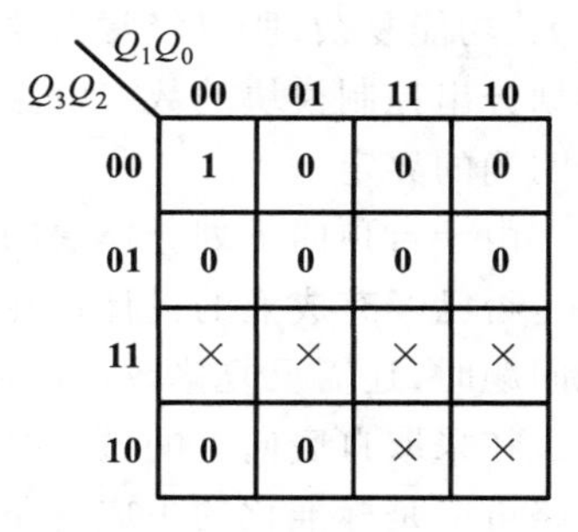

Q_3Q_2 \ Q_1Q_0	00	01	11	10
00	1	0	0	0
01	0	0	0	0
11	×	×	×	×
10	0	0	×	×

图 6.4.34 例 6.4.6 电路输出的卡诺图

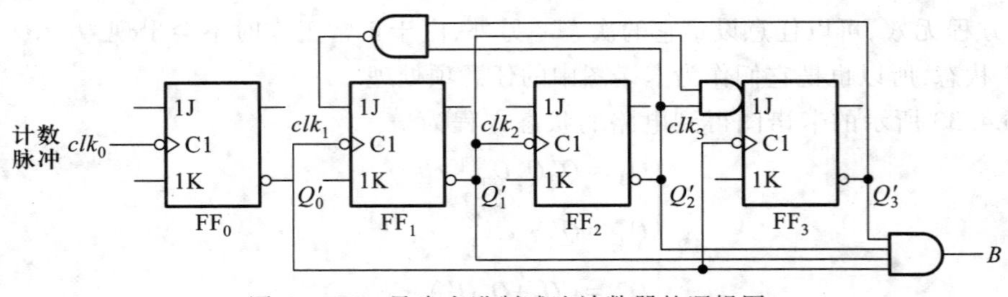

图 6.4.35　异步十进制减法计数器的逻辑图

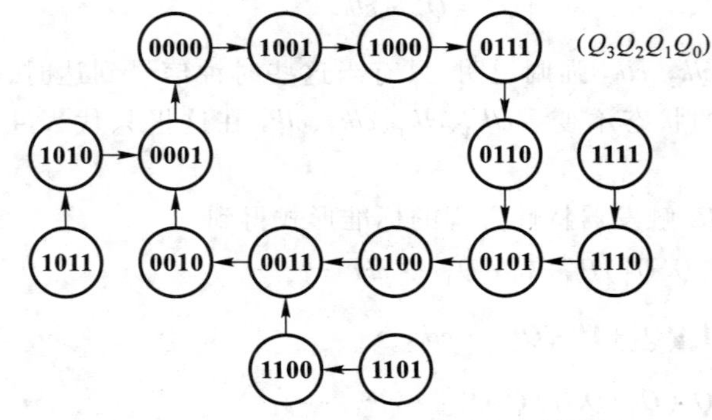

图 6.4.36　图 6.4.35 电路的状态转换图

*6.4.4　复杂时序逻辑电路的设计

在一些复杂的时序电路中，往往会包含为数众多的输入变量、输出变量、电路状态，而且存在多种状态循环和需要完成各种逻辑运算。这时已难于用一组状态方程、驱动方程和输出方程描述整个电路的逻辑功能了，因此简单地套用前面讲过的设计方法显然已经行不通了。

在这种情况下，通常采用层次化结构设计方法，或者称为模块化设计方法。层次化结构设计方法有“自顶向下”(Top-down)和“自底向上”(Bottom-up)两种做法。采用自顶向下的做法时，首先需要将所设计电路的功能逐级划分为更简单的功能模块，直到这些模块都能用简单的逻辑电路实现为止。这些简单的逻辑电路都可以用我们前面讲过的设计方法来设计。由于电路规模较大、功能复杂，所以经常需要有一个控制模块去协调各模块之间的操作。有人又将这类能明显地划分出控制模块的数字电路称为数字系统。其实究竟电路复杂到什么程度才叫做系统并无十分明确的界定。

由于自顶向下划分模块的过程中完全是从获得最佳电路性能出发的，并未考虑这些模块电路是否已经有成熟的设计存在了，所以必须从头设计每个模块电路，然后进行仿真和测试。在发现问题时，还需反复修改。即便如此，在做成硬件电路以后，也不能保证绝对不出现问题。

在采取自底向上的做法时，首先要考虑有哪些已有的、成熟的模块电路可以利用。这些模块电路可能是标准化的集成电路器件，也可能是经过验证的计算机软件。将电路划分为功能模块时，最后要划分到能利用这些已有的模块电路来实现为止。直接采用这些模块电路能大大减少设计的工作量。然而有时由于需要迁就已有的模块电路，这就会使电路的某些性能受到一些影响。另外，也不可能任何一种功能模块都有现成的成熟设计，因此多数情况下都采用自顶向下和自底向上相结合的方法，以求达到既能满足设计要求，又能提高设计速度、降低设计成本的目标。

【例 6.4.7】 设计一个自动售火柴机的逻辑电路。每次可投入一枚 1 分、2 分或 5 分的硬币，累计投入超过 8 分以后，输出一小盒火柴，同时找回多于 8 分的钱。

解： 首先仍然需要进行逻辑抽象，把要求实现的逻辑功能抽象为一个逻辑函数问题。取投币信号为输入变量，以 I_1、I_2、I_3 分别表示投入 1 分、2 分、5 分硬币的信号，同时以 Y 表示输出火柴的信号，以 Z_1、Z_2、Z_3 分别表示找回 1 分、2 分、4 分钱的信号。

考虑到各种可能的投币情况，电路可能出现多种状态和许多种可能的状态循环，因此宜于采用层次化结构设计的方法进行设计。根据电路应实现的逻辑功能，可以将它划分为图 6.4.37 所示的模块电路。首先将表示整个电路功能的顶级模块划分为下一级的运算电路、输出电路、输入电路和控制电路四个模块。运算电路又可以划分为加法器和寄存器两个模块电路。

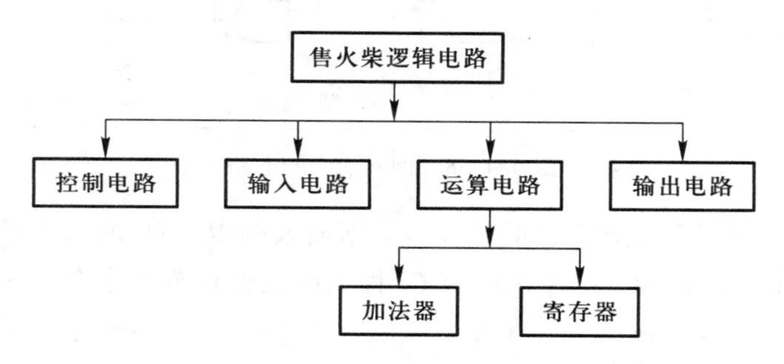

图 6.4.37 例 6.4.7 电路的模块划分

运算电路的功能是对每一次的输入做累加运算，所以它就是一个累加器。每当有投币信号到达时，将输入的钱数与寄存器中原有的钱数相加，并且将结果送回寄存器。当寄存器中的数大于、等于 8 时，输出电路给出输出火柴和找钱信号。输入电路中的整形电路用投币动作产生一定宽度的输入脉冲信号 I_1、I_2 和 I_3，并将它们转换为加法器输入的二进制数。控制电路产生累加器的操作信号 CLK 和寄存器的异步置 **0** 信号。

如果采用标准化的集成电路设计各个模块，就可以得到图 6.4.38 所示的逻辑图了。图中的 4 位超前进位加法器 74LS283 和 4 位寄存器 74LS175 组成了运算电路，门电路 G_1 ~ G_4 和阻容电路 C_1、R_1 组成控制电路，门电路 G_5 ~ G_7 组成输出电路，整形电路 L_1 ~ L_3 和门电路 G_8 组成输入电路。

接通电源电压以后，R_1C_1 电路输出的瞬时高电平经过 G_1 反相后将寄存器置 **0**，电路处于准备状态。每当出现投币输入信号，I_1、I_2 或 I_3 等于 **1** 时，便有 **001**、**010** 或 **101** 加到加法器的输入端 B_2、B_1、B_0 上。与此同时，G_2 输出的低电平信号将经 G_3 反相后产生的 CLK 上升沿将加法器的输出存入寄存器中，完成一次累加操作。

当寄存器中的数大于、等于 8 时，寄存器的 Q_3 变为 **1**，使输出 Y = **1**，给出输出火柴的信号，同时在 Z_3、Z_2、Z_1 给出找钱信号。I_1、I_2 或 I_3 回到 **0** 以后，G_4 输出高电平，经过 G_1 反相后将寄存器置 **0**。电路回到起始的准备状态。

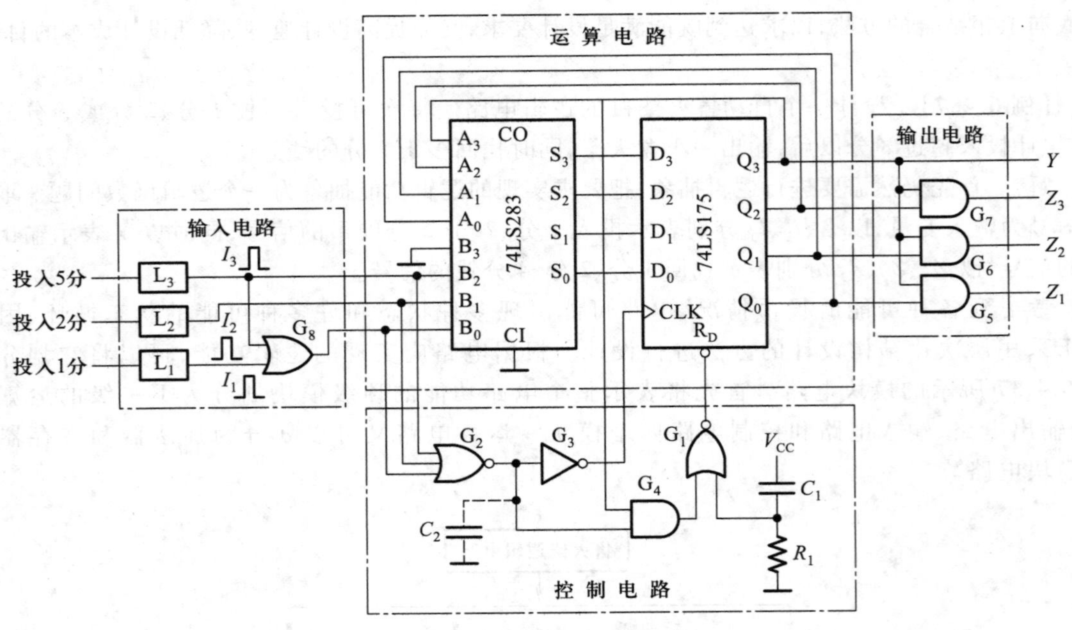

图 6.4.38　例 6.4.7 的电路

为了确保 CLK 上升沿到达寄存器时寄存器数据输入端 $D_0 \sim D_3$ 的状态已经稳定地建立起来了,还可以在门 G_2 的输出端加入一个由电容 C_2 构成的延迟环节。这个电容的数值通常只需数十至数百皮法。

复习思考题

R6.4.4　"自顶向下"和"自底向上"的设计方法有什么区别?

6.5　用可编程逻辑器件实现同步时序逻辑电路

6.5.1　可以实现时序逻辑电路的可编程逻辑器件

在第 4 章的 4.6 节中介绍了可编程逻辑器件 PLA 的基本结构。如图 4.6.2 所示,PLA 提供了实现组合逻辑电路所需要的或运算和与运算资源。用户借助编程工具和软件再对其进行配置,可以生成所需要的组合逻辑电路。但这样结构的 PLA 电路中不包含触发器,因此只能用于实现组合逻辑电路,也称为组合逻辑型 PLA。如果用它设计时序逻辑电路,则必须另外增加含有触发器的芯片。为便于设计时序逻辑电路,在有些 PLA 芯片内部增加了由若干触发器组成的寄存器。这种含有内部寄存器的 PLA 称为时序逻辑型 PLA,也称为可编程逻辑时序器 PLS(系 Programmable Logic Sequencer 的缩写),如图 6.5.1 所示。其中所有触发器的输入端均由**与-或**逻辑阵列的输出控制，同时触发器的状态 $Q_1 \sim Q_4$ 又反馈到**与-或**逻辑阵列上，这样就可以很方便地构成时序逻辑电路了。因为这个电路中有 4 个触发器的状态 $Q_1 \sim Q_4$ 反馈到**与-或**逻辑阵列上，所以用这个 PLA 可以设计成状态数不大于 16 的时序逻辑电路。Q_5、Q_6 只作为组合逻辑电路（**与-或**阵列）的输出端（经寄存器输出）。

此外，在图 6.5.1 所示的 PLA 电路中还设置了 PR/OE' 控制端。当可编程接地端接通时 $M = \mathbf{0}$，门 G_8 输出高电平，使输出端的三态缓冲器处于工作状态，这时 PR/OE' 作为内部寄存器的异步置零输入端使用。只要令 $PR/OE' = \mathbf{1}$，门 G_7 便立刻输出高电平，将所有的触发器置零。当可编程接地端断开时（即熔丝熔断以后），门 G_7 的输出始终为低电平，不会给出置零信号，PR/OE' 作为输出缓冲器的状态控制端使用。$PR/OE' = \mathbf{0}$ 时 G_8 输出高电平，输出缓冲器 $G_1 \sim G_6$ 为工作态；$PR/OE' = \mathbf{1}$ 时 G_8 输出低电平，$G_1 \sim G_6$ 为高阻态（或称禁止态）。

这是可编程逻辑器件发展初期的器件，虽然今天已经很少用了，但其他类型的可编程逻辑器件基本原理都源于 PLA，它们都是从 PLA 发展、演化而来的。此外，PLA 作为一种电路结构形式，仍然可以用于集成电路内部的结构设计当中。其他类型的可编程逻辑器件参见附录一。

6.5.2 用硬件描述语言 Verilog HDL 描述时序逻辑电路

借助 EDA 工具，可以将图 6.5.1 的 PLA 设计成状态数不大于 16 的时序逻辑电路，设计实现的步骤参见 4.8 节。硬件描述语言是借助 EDA 工具进行电子电路设计实现的一种描述方式。4.7 节中用组合逻辑电路作为实例，介绍了用硬件描述语言 Verilog HDL 描述电子电路的样例。下面就针对时序逻辑电路实例，用硬件描述语言 Verilog HDL 进行描述。

一、对触发器的描述

首先对触发器进行描述。触发器是时序电路不同于组合电路的电路结构，例 6.5.1 对第五章中介绍的两种常用触发器进行描述。

【例 6.5.1】 第五章中已经学习了各种触发器，试用 Verilog HDL 对两种常用的触发器进行描述。

（1）具有同步清零端 reset 的正边沿触发的 D 触发器 dff_sync_reset

```
    module dff_sync_reset(data,clk,reset,q);       //触发器的外部封装
    input data,clk,reset;                           //触发器输入信号——数据 data,
                                                    //触发时钟信号 clk,同步清零信号 reset
    output q;                                       //触发器的输出信号 q
    reg q;                                          //定义 q 的数据类型
always@ (posedge clk)                               //开始描述功能,触发信号 clk 正边沿到达时
                                                    //完成下面的功能
```

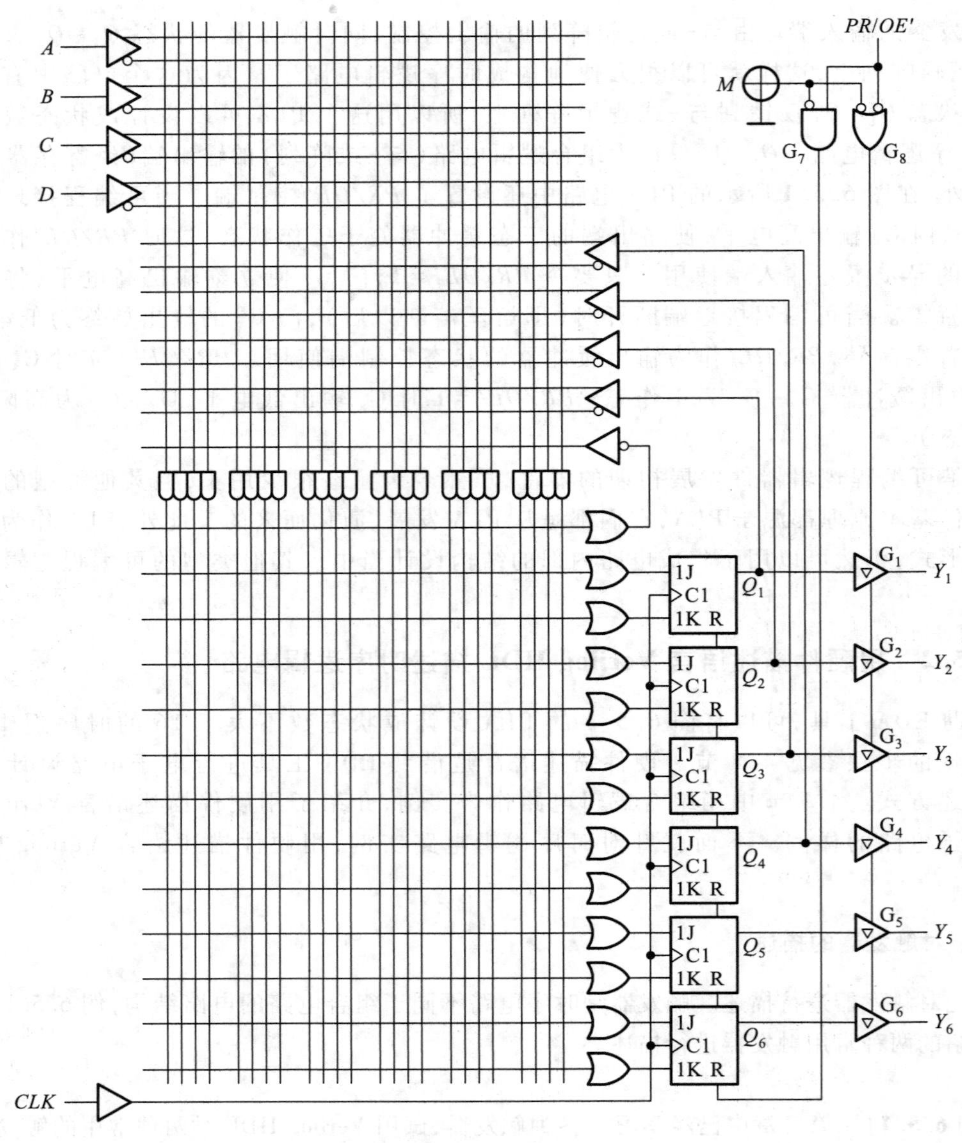

图 6.5.1　时序逻辑型 PLA

```
    if( ~reset) begin                           //首先判断同步清零信号 reset 是否为 0
    q<=1'b0;                                    //如果为 0,q 置 0
    end else begin                              //若 reset 不为 0,执行下面
    q<=data;                                    //在触发信号触发后
                                                //且不清零时,将数据输入 data 写入 q
    end
    endmodule
```

(2) 具有异步清零端的上升沿触发的 T 触发器

```
    module tff_aync_reset(t,clk,reset,q);       //触发器的外部封装
```

```
input t,clk,reset;                          //触发器输入信号——数据 t
                                            //触发时钟信号 clk,异步清零信号 reset
output q;                                   //触发器的输出信号 q
reg q;                                      //定义 q 的数据类型
always@ (posedge clk or negedge reset)      //开始描述功能,触发信号 clk 正边沿到达时
                                            //或 reset 信号负边沿到达后
                                            //完成下面的功能
if( ~reset) begin                           //首先判断 reset 是否为 0
q<=1'b0;                                    //如果 reset=0,则将 q 置 0
end else if(t) begin                        //否则实现 T 触发器的功能
q<=!q;                                      //T=1,则 q* =q'
end
endmodule
```

二、对时序逻辑电路的描述

6.1 节中的图 6.1.2 给出了时序逻辑电路的普遍结构形式。可以用三组方程来描述这样的结构,它们是驱动方程 $Z=G[X,Q]$,输出方程 $Y=F[X,Q]$和状态方程 $Q^{*}=H[Z,Q]$。其中驱动方程和输出方程描述的是组合逻辑电路,状态方程则是对时序逻辑电路中触发器次态和现态之间转换关系的描述。4.7 节中介绍了组合逻辑电路的硬件语言描述,但对状态间转换的描述没有涉及。

状态间的转换是时序电路的核心,也是时序电路和组合电路最大的不同。6.2 节中介绍了状态转换图,它是时序电路的一种通用模型。当同步时序电路的触发信号到达时,电路依照状态转换图工作。在 Verilog HDL 中可以通过对三组方程的描述来实现对状态转换图的描述,从而完成对时序逻辑电路的描述。

时钟信号是同步时序电路工作的核心信号,但三组方程和状态转换图中都没有直接对其进行描述。在用 Verilog HDL 描述同步时序电路,这个信号需要在描述中说明。如前面对触发器描述的实例中所示,时钟信号属于输入信号,并作为整个电路功能模块的启动核心。如例 6.5.1 中的正边沿触发的 D 触发器,模块中功描述以 always@ (posedge clk)开头,表示只有当 clk 信号上升沿触发后,才执行下面模块语句中描述的功能。

Verilog HDL 可以有多种方式描述同步时序电路,最常见的方式是:分两个模块进行描述,一个是驱动方程和输出方程的组合模块;一个是以 always@ (触发时钟边沿)开头的状态转换模块。

【例 6.5.2】 用 Verilog HDL 完成【例 6.4.1】。设计一个带有进位输出端的十三进制计数器。

解: 首先进行逻辑抽象,这部分与 6.4 节中的一样。计数器的工作特点是在时钟信号触发下自动地依次从一个状态转为下一个状态,没有输入逻辑变量,只有进位输出信号。该类计数器属于穆尔型时序电路。

十三进制计数器应该有十三个有效状态,用 q 表示,采用二进制编码,q 取 4 位,用 13 个不同的取值表示状态。取进位信号为输出逻辑变量 C,同时规定在状态至 q(**1100**)时有进位输出,$C=\mathbf{1}$,无进位输出时 $C=\mathbf{0}$。

```
module counterl3(clk,q,c);                //计数器的外部封装
input clk;                                //将计数脉冲定义为输入信号
output reg[3:0]q;                         //定义输出的数据类型,表示状态需要的状态编
                                            码的位数

output reg c;                             //定义进位输出的数据类型
//下面是时序逻辑部分
always@(posedge clk)                      //正边沿触发
        if(q==12)                         //判断计数器是否计满
        q<=0;                             //若计满,回到初态
    else
        q<=q+1;                           //否则,每次触发脉冲到,状态数加 1
  end                                     //状态转换部分的描述结束
//下面是组合逻辑部分
always@(q)begin                           //当计数器的状态 q 发生变化时
if(q==12)                                 //判断计数器是否计满到状态 1100
     c<=1;                                //如果已经计满,将进位信号 c 置 1
   else                                   //否则 c 为 0
     c<=0;
   end                                    //组合部分的描述结束
endmodule
```

【例 6.5.3】 用 Verilog HDL 完成【例 6.4.3】。设计一个自动售饮料机的逻辑电路。它的投币口每次只能投入一枚五角或一元的硬币。投入一元五角钱硬币后机器自动给出一杯饮料;投入两元(两枚一元)硬币后,在给出饮料的同时找回一枚五角的硬币。

解: 首先进行逻辑抽象,这部分与 6.4 节中的一样。取投币信号为输入逻辑变量,投入一枚一元硬币时用 $A=\mathbf{1}$ 表示,未投入时 $A=\mathbf{0}$。投入一枚五角硬币用 $B=\mathbf{1}$ 表示,未投入时 $B=\mathbf{0}$。给出饮料和找钱为两个输出变量,分别以 Y、Z 表示。给出饮料时 $Y=\mathbf{1}$,不给时 $Y=\mathbf{0}$;找回一枚五角硬币时 $Z=\mathbf{1}$,不找时 $Z=\mathbf{0}$。采用米利型进行设计实现。

假定通过传感器产生的投币信号($A=\mathbf{1}$ 或 $B=\mathbf{1}$)在电路转入新状态的同时也随之消失,否则将被误认作又一次投币信号。

设未投币前电路的初始状态为 S_0,投入五角硬币以后为 S_1,投入一元硬币(包括投入一枚一元硬币和投入两枚五角硬币的情况)以后为 S_2。再投入一枚五角硬币后电路返回 S_0,同时输出为 $Y=\mathbf{1}$、$Z=\mathbf{0}$;如果投入的是一枚一元硬币,则电路也应返回 S_0,同时输出为 $Y=\mathbf{1}$、$Z=\mathbf{1}$。因此,电路的状态数 $M=3$ 已足够,画出如图 6.5.2 所示的状态转换图。

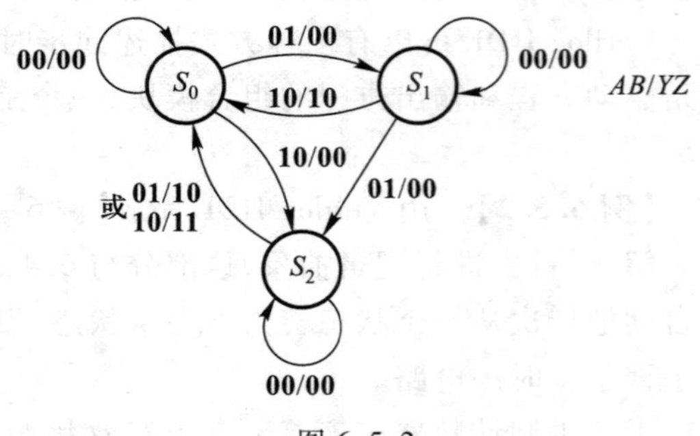

图 6.5.2

```
//售货机模块
module VendingMachine(
    input A,B,clk,reset,
    output wire Y,Z);                                //模块封装,标明输入和输出信号

//描述时用到的中间变量
    reg   [1:0]state;                                //电路的状态有 3 个,至少需要 2 位 2 进制
    wire        [1:0]in;                             //将输入信号合并为两位的输入变量 in
    reg         [1:0]out;                            //将输出信号合并为两位的输出变量 out
    assign in = {A,B};
    assign Y = out[1];
    assign Z = out[0];

//根据设计,对输入变量的取值,以及状态进行编码
    parameter S0 = 2'b00,S1 = 2'b01,S2 = 2'b10;
    parameter NONE = 2'b00,GOODS = 2'b10,ALL = 2'b11;
    parameter COIN_00 = 2'b00,COIN_05 = 2'b01,COIN_10 = 2'b10;

//同步状态转换模块
  always@ (posedge clk or posedge reset)begin
                    //当 clk 正边沿到达或 reset 出现下降沿时,进行下面功能
    if(reset)       //若 reset = 1,也就是出现异步复位信号时,售货机回到初始状态
      state<= S0;
    //若没有异步复位
    //则开始根据电路目前的状态和输入跳转下一个状态
      else if(state == S0)                       //若电路目前的状态是 S0
      begin
      if(in == COIN_00)                          state<= S0;//若输入为没有,则保持 S0
      else if(in == COIN_05)                     state<= S1;//若输入 5 毛,则跳转到 S1
      else if(in == COIN_10)                     state<= S2;//若输入 1 元,则跳转到 S2
      else                                       state<= S0;//若出现没有定义的输入,则回到初态 S0
      end
    else if(state == S1)                         //若电路目前的状态是 S1
      begin
      if(in == COIN_00)                          state<= S1;//若输入为没有,则保持 S1
      else if(in == COIN_05)                     state<= S2;若输入 5 毛,则跳转到 S2
      else if(in == COIN_10)                     state<= S0;若输入 1 元,则跳转到 S0
      else                                       state<= S0;若出现没有定义的输入,则回到初态 S0
    end
  else if(state == S2)
    begin
    if(in == COIN_00)                            state<= S2;若输入为没有,则保持 S2
```

```
    else if(in==COIN_05)                    state<=S0;若输入 5 毛,则跳转到 S0
    else if(in==COIN_10)                    state<=S0;若输入 1 元,则跳转到 S0
    else                                    state<=S0;若出现没有定义的输入,则回到初态 S0
    end
end

//输出模块,此例为 Mealy 型设计
always@ (state or in)                       //当状态或输入值发生变化时,确定输出
 begin
 if(state==S0)   out=NONE;                  //若现状态为 S0,输出不给饮料,不找钱
  else if(state==S1)                        //若现状态为 S1
   begin                                    //则要随时根据输入确定输出
   if(in==COIN_00 || in==COIN_05)   out=NONE;
                                            //没有或投入 5 毛,不给饮料也不找钱
    else if(in==COIN_10)                    out=GOODS;
                                            //投入 1 元,给饮料
    else                                    out=NONE;
     end
 else if(state==S2)                         //若现状态为 S2
  begin                                     //则要随时根据输入确定输出
  if(in==COIN_00)        out=NONE;          //没有投入,不给饮料也不找钱
   else if(in==COIN_05)   out=GOODS;        //投入 5 毛,给饮料
   else if(in==COIN_10)   out=ALL;          //投入 1 元,给饮料且找钱
   else                   out=NONE;
   end
 end
endmodule
```

6.6 时序逻辑电路中的竞争-冒险现象

因为时序逻辑电路通常都包含组合逻辑电路和存储电路两个组成部分,所以它的竞争-冒险现象也包含两个方面。

一方面是其中的组合逻辑电路部分可能发生的竞争-冒险现象。产生这种现象的原因已在 4.4.1 节中讲过。这种由于竞争而产生的尖峰脉冲并不影响组合逻辑电路的稳态输出,但如果它被存储电路中的触发器接收,就可能引起触发器的误翻转,造成整个时序电路的误动作,这种现象必须绝对避免。消除组合逻辑电路中竞争-冒险现象的方法已在 4.4.3 节中做了介绍,这里不再重复。

另一方面是存储电路(或者说是触发器)工作过程中发生的竞争-冒险现象,这也是时序电路所特有的一个问题。

在讨论触发器的动态特性时曾经指出,为了保证触发器可靠地翻转,输入信号和时钟信号在时间配合上应满足一定的要求。然而当输入信号和时钟信号同时改变,而且途经不同路径到达同一触发器时,便产生了竞争。竞争的结果有可能导致触发器误动作,这种现象称为存储电路(或触发器)的竞争-冒险现象。

例如,在图 6.6.1 给出的八进制异步计数器电路中,就存在着这种存储电路的竞争-冒险现象。

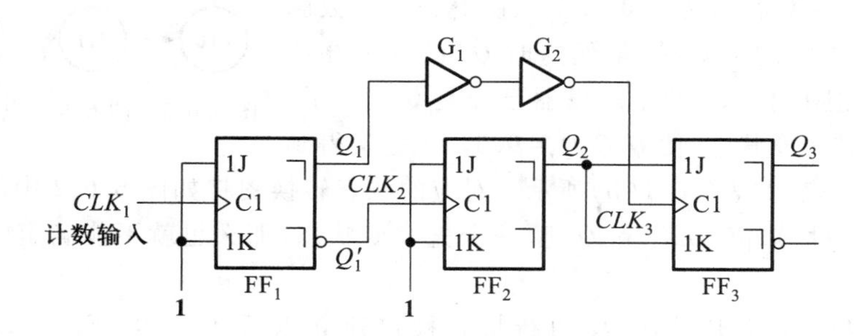

图 6.6.1 说明时序电路竞争-冒险现象的例子

计数器由 3 个主从 *JK* 触发器 FF_1、FF_2、FF_3 和两个反相器 G_1、G_2 组成。其中 FF_1 工作在 $J_1=K_1=\mathbf{1}$ 的状态,每次 CLK_1 的下降沿到达时它都要翻转。FF_2 同样也工作在 $J_2=K_2=\mathbf{1}$ 的状态,所以每次 Q'_1 由高电平跳变为低电平时都要翻转。FF_3 的情况要复杂一些。由于 CLK_3 取自 Q_1(经过两级反相器延迟),而$J_3=K_3=Q_2$,FF_2 的时钟信号又取自 Q'_1,因而当 FF_1 由 **0** 变成 **1** 时 FF_3 的输入信号和时钟电平同时改变,导致了竞争-冒险现象的发生。

如果 Q_1 从 **0** 变成 **1** 时 Q_2 的变化首先完成,CLK_3 的上升沿随后才到,那么在 $CLK_3=\mathbf{1}$ 的全部时间里 J_3 和 K_3 的状态将始终不变,就可以根据 CLK_3 下降沿到达时 Q_2 的状态决定 FF_3 是否该翻转。由此即可得到表 6.6.1(a)的状态转换表和图 6.6.2 中以实线表示的状态转换图。显然这是一个八进制计数器。

表 6.6.1 图 6.6.1 电路的状态转换表

(a)

计数顺序	电路状态 Q_1	Q_2	Q_3
0	**0**	**0**	**0** ←
1	**1**	**1**	**0**
2	**0**	**1**	**1**
3	**1**	**0**	**1**
4	**0**	**0**	**1**
5	**1**	**1**	**1**
6	**0**	**1**	**0**
7	**1**	**0**	**0**
8	**0**	**0**	**0** ┘

(b)

计数顺序	电路状态 Q_1	Q_2	Q_3
0	**0**	**0**	**0** ←
1	**1**	**1**	**0**
2	**0**	**1**	**1**
3	**1**	**0**	**1**
4	**0**	**0**	**0** ┘

反之，如果 Q_1 从 **0** 变成 **1** 时 CLK_3 的上升沿首先到达 FF_3，而 Q_2 的变化在后，则 CLK_3 = **1** 的期间里 J_3 和 K_3 的状态可能发生变化，这就不能简单地凭 CLK_3 下降沿到达时 Q_2 的状态来决定 Q_3 的次态了。例如，在 $Q_1Q_2Q_3$ 从 **011** 变成 **101** 时，FF_1 从 **0** 变为 **1**。由于 CLK_3 首先从低电平变成了高电平而 Q_2 原来的 **1** 状态尚未改变，所以在很短的时间里出现了 J_3、K_3、CLK_3 同时为高电平的状态，使 FF_3 的主触发器翻转成 **0** 状态。在下一个计数脉冲到达后，产生 CLK_3 的下降沿，虽然这时 Q_2 已变为 **0** 状态，使 $J_3 = K_3 =$ **0**，但由于 FF_3 的主触发器已经是 **0** 状态了，从触发器仍要翻转为 **0** 状态，使 $Q_1Q_2Q_3$ = **000**。于是又得到另外一个状态转换表，如表6.6.1(b)所示。对应的状态转换图将如图 6.6.2 中的虚线所示。倘若在设计时无法确切知道 CLK_3 和 Q_2 哪一个先改变状态，那么也就不能确定电路状态转换的规律。

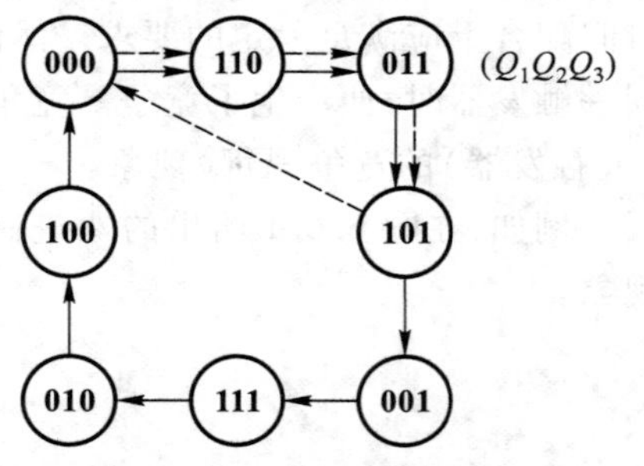

图 6.6.2　图 6.6.1 电路的状态转换图

为了确保 CLK_3 的上升沿在 Q_2 的新状态稳定建立以后才到达 FF_3，可以在 Q_1 到 CLK_3 的传输通道上增加延迟环节。图 6.6.1 中的两个反相器 G_1 和 G_2 就是作延迟环节用的。只要 G_1 和 G_2 的传输延迟时间足够长，一定能使 Q_2 的变化先于 CLK_3 的变化，保证电路按八进制计数循环正常工作。

在同步时序电路中，由于所有的触发器都在同一时钟操作下动作，而在此之前每个触发器的输入信号均已处于稳定状态，因而可以认为不存在竞争现象。因此，一般认为存储电路的竞争-冒险现象仅发生在异步时序电路中。

在有些规模较大的同步时序电路中，由于每个门的带负载能力有限，所以经常是先用一个时钟信号同时驱动几个门电路，然后再由这几个门电路分别去驱动若干个触发器。由于每个门的传输延迟时间不同，严格地讲系统已不是真正的同步时序电路了，故仍有可能发生存储电路的竞争-冒险现象。

图 6.6.3(a)中的移位寄存器就是这样的一个例子。由于触发器的数目较多，所以采用分段供给时钟信号的方式。触发器 $FF_1 \sim FF_{12}$ 的时钟信号 CLK_1 由门 G_1 供给，$FF_{13} \sim FF_{24}$ 的时钟信号 CLK_2 由门 G_2 供给。如果 G_1 和 G_2 的传输延迟时间不同，则 CLK_1 和 CLK_2 之间将产生时间差，发生时钟偏移现象。

时钟信号偏移有可能造成移位寄存器的误动作。譬如说，G_1 的传输延迟时间 t_{pd1} 比 G_2 的传输延迟时间 t_{pd2} 小得多，如图 6.6.3(b)所示，则当 CLK' 输入一个负跳变时 CLK_1 的上升沿将先于 CLK_2 的上升沿到达，使 FF_{12} 先于 FF_{13} 动作。如果两个门的传输延迟时间之差大于 FF_{12} 的传输延迟时间，那么 CLK_2 的上升沿到 FF_{13} 时 FF_{12} 已经翻转为新状态了。这时 FF_{13} 接收的是 FF_{12} 的新状态，而把 FF_{12} 原来的状态丢失了，移位的结果是错误的。

相反，如果 CLK_2 领先于 CLK_1 到达，就不会发生错移位的现象。

为了提高电路的工作可靠性，防止错移位现象发生，应挑选延迟时间长的反相器作 G_1，延迟时间短的作 G_2。但这种做法显然是不方便的。实际上可以利用增加 FF_{12} 的 Q 端到 FF_{13} 的 D 端之间的传输延迟时间来解决。具体的做法可以在 FF_{12} 的 Q' 端与 FF_{13} 的 D 端之间串进一级反相器(如图 6.6.4(a)所示)，也可以在 FF_{12} 的 Q 端与地之间接入一个很小的电容(如图 6.6.4(b)所示)。

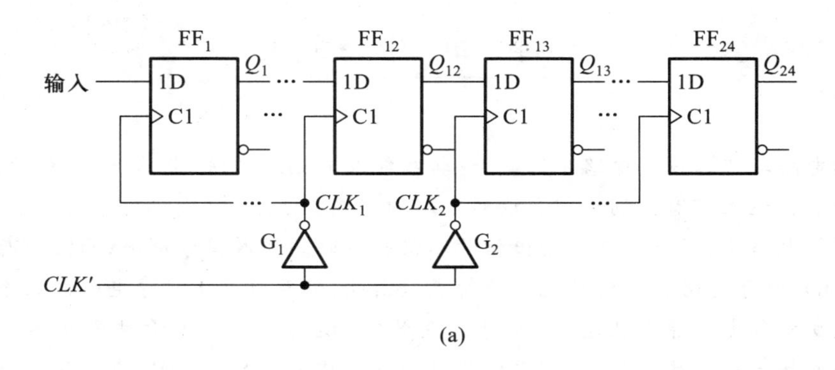

(a)

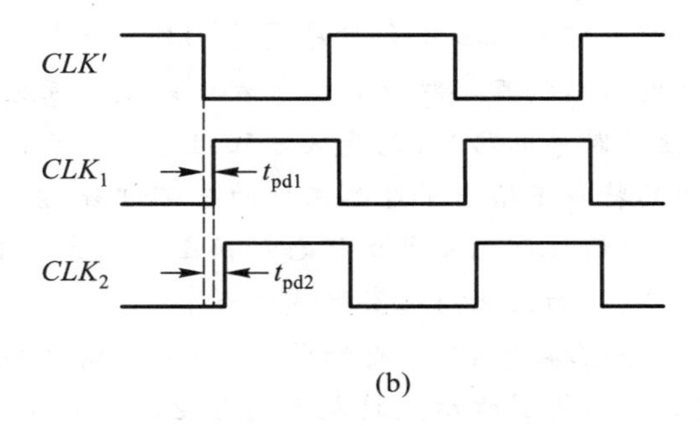

(b)

图 6.6.3 移位寄存器中的时钟偏移现象

(a) 电路图 (b) 时钟信号波形

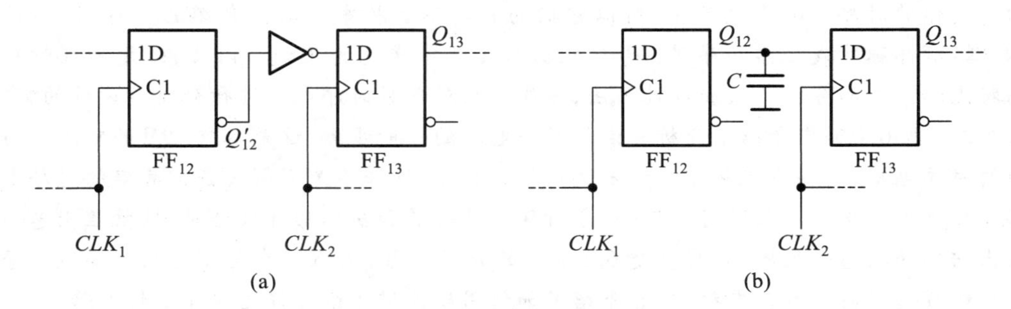

(a) (b)

图 6.6.4 防止移位寄存器错移的方法

(a) 接入反相器作延迟环节 (b) 接入延迟电容

本章小结

时序逻辑电路与组合逻辑电路不同，在逻辑功能及其描述方法、电路结构、分析方法、设计方法以及硬件语言描述上都有区别于组合逻辑电路的明显特点。

在时序逻辑电路中，任一时刻的输出信号不仅和当时的输入信号有关，而且还与电路原来的状态有关，这就是时序电路在逻辑功能上的特点。因此，任意时刻下时序电路的状态和输出均可以表示为输入变量和电路原来状态（亦称状态变量）的逻辑函数。由于时序电路工作时始终是在有限个状态间按一定规律转换的，所以也将时序电路称为状态机（SM）或算法状态机（ASM）。

通常用于描述时序电路逻辑功能的方法有方程组（由状态方程、驱动方程和输出方程组成）、状态转换表、状态转换图、状态机流程图和时序图等几种。它们各具特色，在不同场合各有应用。其中方程组是和具体电路结构直接对应的一种表达方式。在分析时序电路时，一般首先是从电路图写出方程组；在设计时序电路时，也是从方程组才能最后画出逻辑图。状态转换表、状态转换图和状态机流程图的特点是给出了电路工作的全部过程，能使电路的逻辑功能一目了然，这也正是在得到了方程组以后往往还要画出状态转换图或列出状态转换表的原因。时序图的表示方法便于进行波形观察，因而最宜用在实验调试当中。

为了记忆电路的状态，时序电路必须包含存储电路，同时存储电路又和输入逻辑变量一起，决定输出的状态（如图 6.1.2 的结构图所示），这就是时序电路在电路结构上的特点。不过在实际的时序电路中并不是每一个都具备这样完整的结构形式。例如，有的可以没有输入逻辑变量（例如计数器），有的输出仅仅取决于电路的状态而不与输入信号直接相联系（例如穆尔型电路），有的甚至没有组合电路部分（例如环形计数器），等等。然而只要是时序电路，那么它必须包含存储电路，而且输出必须与电路状态相关。

由于具体的时序电路千变万化，所以它们的种类不胜枚举。本章介绍的寄存器、移位寄存器、计数器、顺序脉冲发生器和序列信号发生器只是其中常见的几种。因此，必须掌握时序电路的共同特点和一般的分析方法和设计方法，才能适应对各种时序电路进行分析或设计的需要。

在 6.2 节和 6.4 节中介绍了分析和设计时序电路的一般步骤，这是本章学习的重点。对于任何复杂的时序电路，这些步骤和方法都是适用的。当然，这并不是说解决任何简单的时序电路问题都必须机械地按这些步骤进行。例如，分析环形计数器和扭环形计数器时，从物理概念出发很容易画出它们的状态转换图，无需重复 6.2 节中的分析步骤。6. 5 节介绍了可用于实现时序逻辑电路的可编程逻辑器件的基本结构，并介绍了如何用硬件描述语言描述时序逻辑电路。

由于时序电路通常包含组合电路和存储电路两部分，所以时序电路中的竞争-冒险现象也有两个方面。一方面组合电路因竞争-冒险而产生的尖峰脉冲如果被存储电路接收，引起触发器翻转，则电路将发生误动作。另一方面存储电路本身也存在竞争-冒险问题。存储电路中竞争-冒险现象的实质是由于触发器的输入信号和时钟信号同时改变而在时间上配合不当，从而可能导致触发器误动作。因为这种现象一般只发生在异步时序电路中，所以在设计较大的时序系统时多数都采用同步时序电路。

习　题

［题 6.1］ 分析图 P6.1 时序电路的逻辑功能，写出电路的驱动方程、状态方程和输出方程，画出电路的状态转换图和时序图。

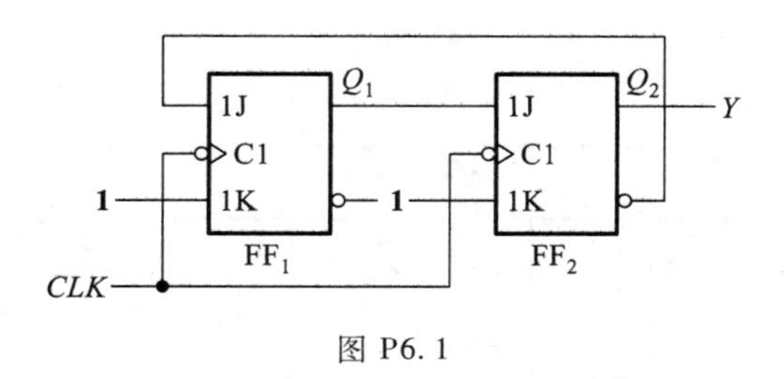

图 P6.1

［题 6.2］ 分析图 P6.2 时序电路的逻辑功能，写出电路的驱动方程、状态方程和输出方程，画出电路的状态转换图，并说明该电路能否自启动。

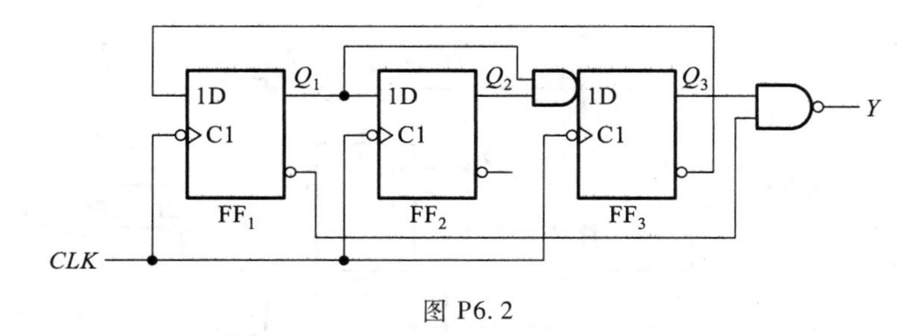

图 P6.2

［题 6.3］ 分析图 P6.3 时序电路的逻辑功能，写出电路的驱动方程、状态方程和输出方程，画出电路的状态转换图，说明电路能否自启动。

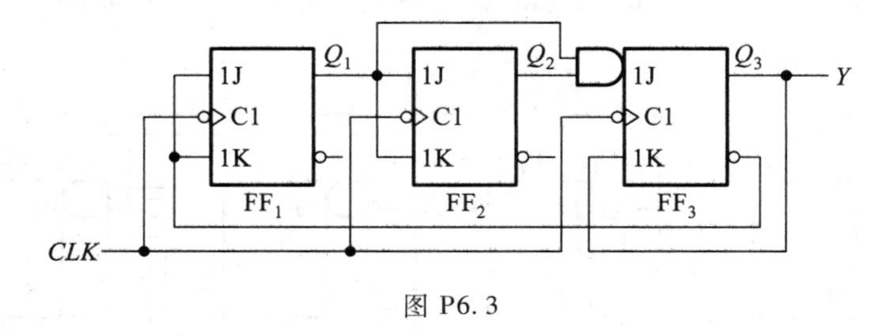

图 P6.3

［题 6.4］ 试分析图 P6.4 时序电路的逻辑功能，写出电路的驱动方程、状态方程和输出方程，画出电路的状态转换图，检查电路能否自启动。

［题 6.5］ 试分析图 P6.5 时序电路的逻辑功能，写出电路的驱动方程、状态方程和输出方程，画出电路的状态转换图。A 为输入逻辑变量。

［题 6.6］ 分析图 P6.6 给出的时序电路，画出电路的状态转换图，检查电路能否自启动，说明电路实现的功能。A 为输入变量。

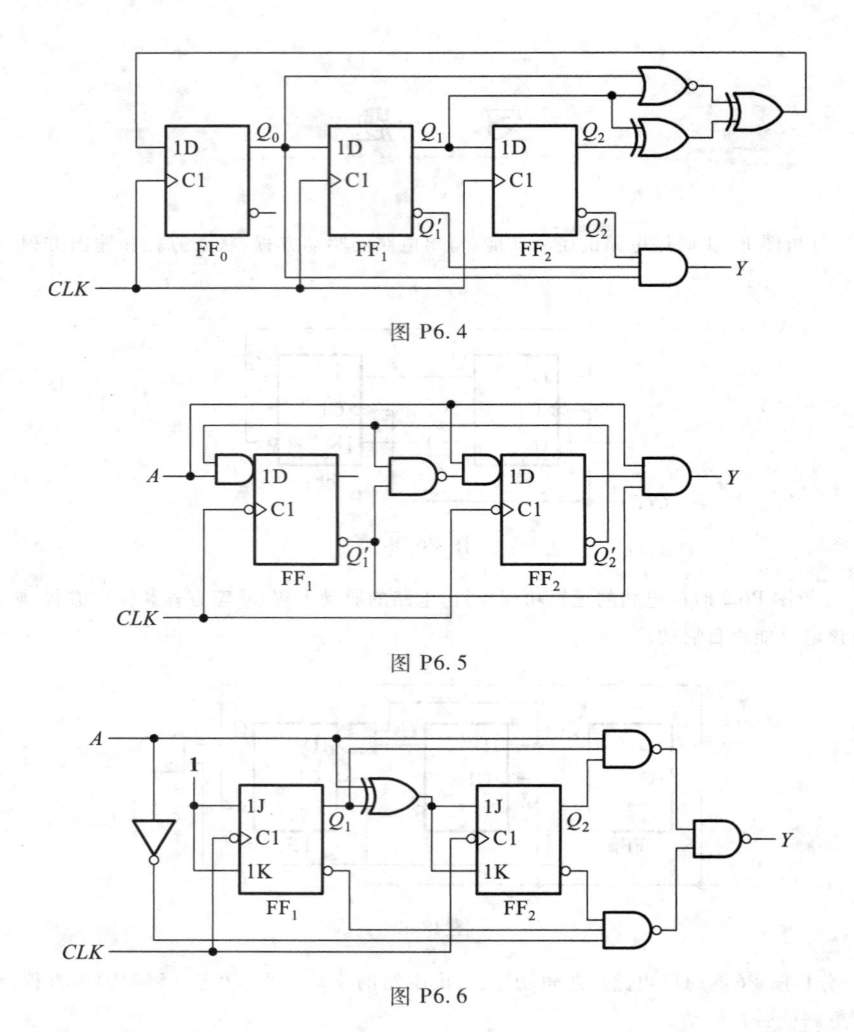

图 P6.4

图 P6.5

图 P6.6

[题 6.7]　分析图 P6.7 的时序逻辑电路，写出电路的驱动方程、状态方程和输出方程，画出电路的状态转换图，说明电路能否自启动。

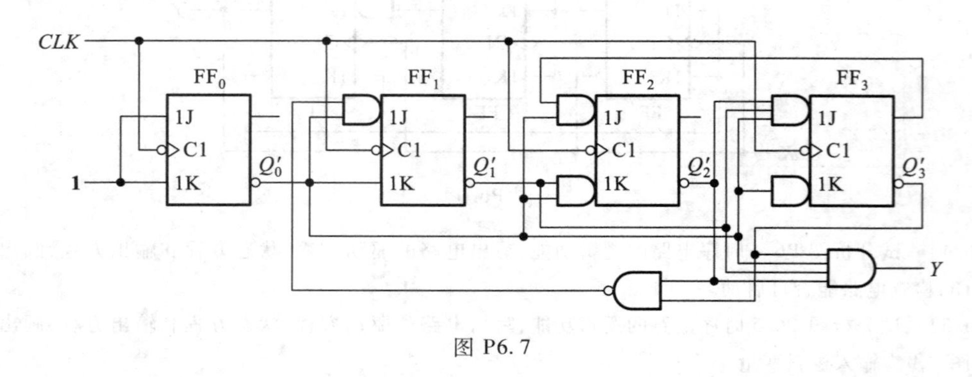

图 P6.7

[题 6.8]　分析图 P6.8 电路，写出电路的驱动方程、状态方程和输出方程，画出电路的状态转换图。图中的 X、Y 分别表示输入逻辑变量和输出逻辑变量。

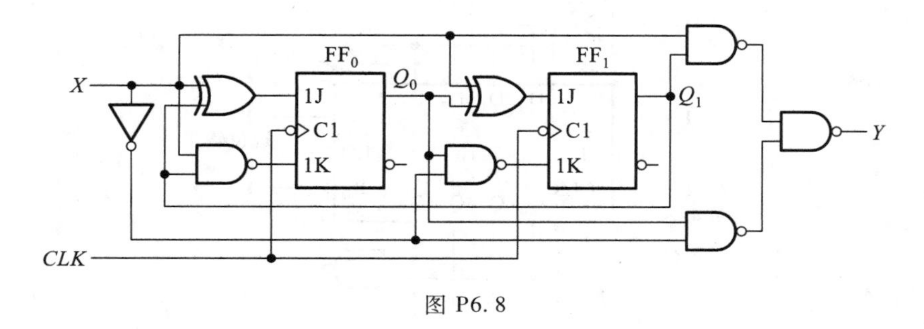

图 P6.8

［题 6.9］ 试画出用 4 片 74LS194A 组成 16 位双向移位寄存器的逻辑图。74LS194A 的功能表见表 6.3.2。

［题 6.10］ 在图 P6.10 电路中，若两个移位寄存器中的原始数据分别为 $A_3A_2A_1A_0$ = **1001**，$B_3B_2B_1B_0$ = **0011**，*CI* 的初始值为 **0**，试问经过 4 个 *CLK* 信号作用以后两个寄存器中的数据如何？这个电路完成什么功能？

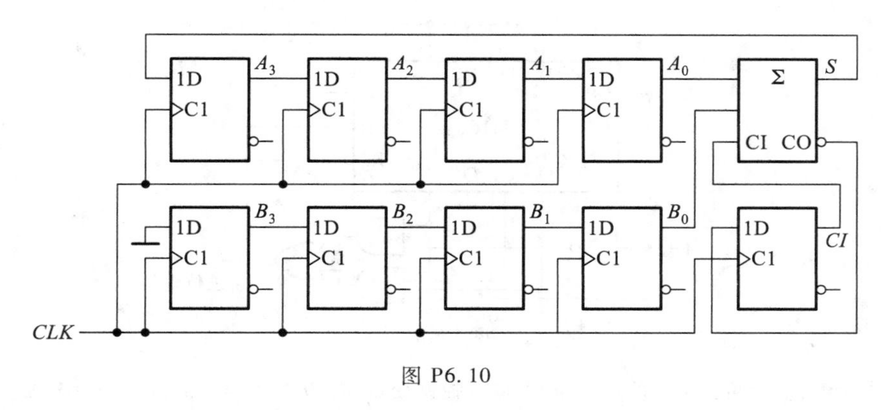

图 P6.10

［题 6.11］ 分析图 P6.11 的计数器电路，说明这是多少进制的计数器。十进制计数器 74160 的功能表与表 6.3.4 相同。

［题 6.12］ 分析图 P6.12 的计数器电路，画出电路的状态转换图，说明这是多少进制的计数器。十六进制计数器 74LS161 的功能表如表 6.3.4 所示。

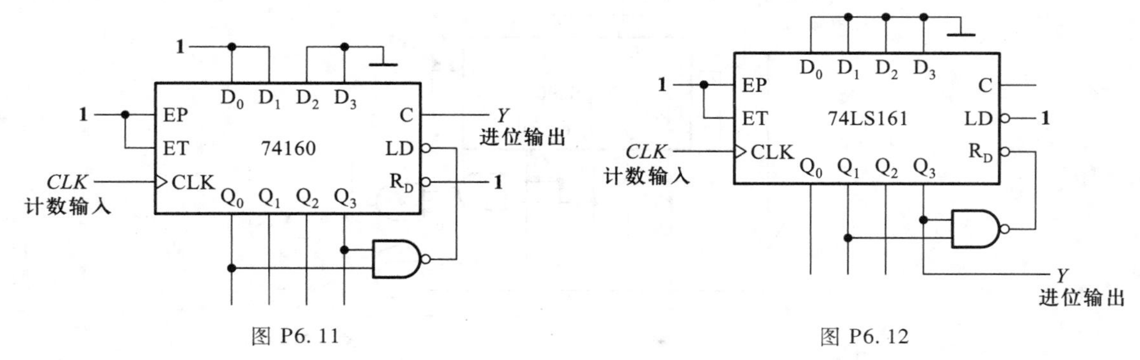

图 P6.11　　图 P6.12

［题 6.13］ 试分析图 P6.13 的计数器在 *M* = **1** 和 *M* = **0** 时各为几进制。74160 的功能表与表 6.3.4 相同。

［题 6.14］ 试用 4 位同步二进制计数器 74LS161 接成十二进制计数器，标出输入、输出端。可以附加必要的门电路。74LS161 的功能表见表 6.3.4。

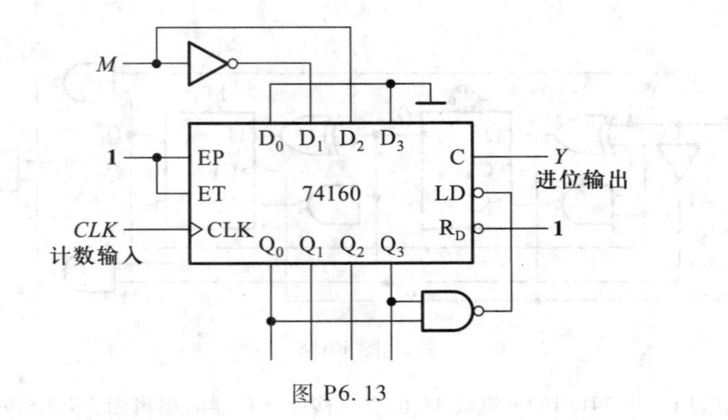

图 P6.13

［题 6.15］　图 P6.15 电路是可变进制计数器。试分析当控制变量 A 为 **1** 和 **0** 时电路各为几进制计数器。74LS161 的功能表见表 6.3.4。

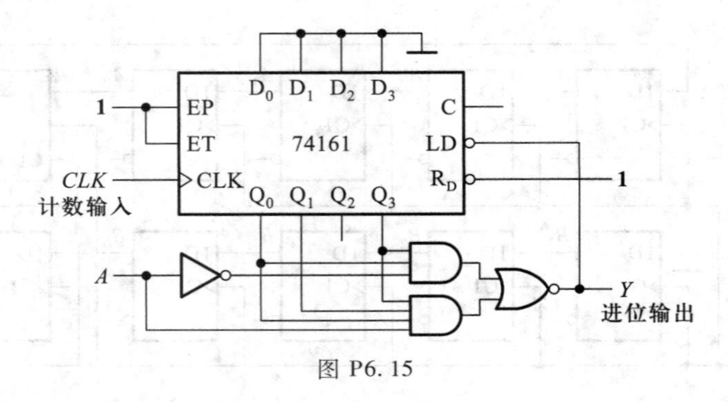

图 P6.15

［题 6.16］　设计一个可控进制的计数器，当输入控制变量 $M = \mathbf{0}$ 时工作在五进制，$M = \mathbf{1}$ 时工作在十五进制。请标出计数输入端和进位输出端。

［题 6.17］　分析图 P6.17 给出的计数器电路，画出电路的状态转换图，说明这是几进制计数器。74LS290 的电路见图 6.3.29。

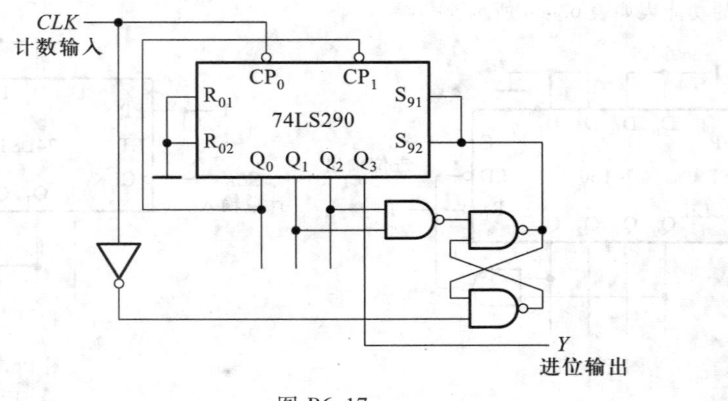

图 P6.17

［题 6.18］　试分析图 P6.18 计数器电路的分频比（即 Y 与 CLK 的频率之比）。74LS161 的功能表见表 6.3.4。

［题 6.19］　图 P6.19 电路是由两片同步十进制计数器 74160 组成的计数器，试分析这是多少进制的计数器，两片之间是几进制。74160 的功能表与表 6.3.4 相同。

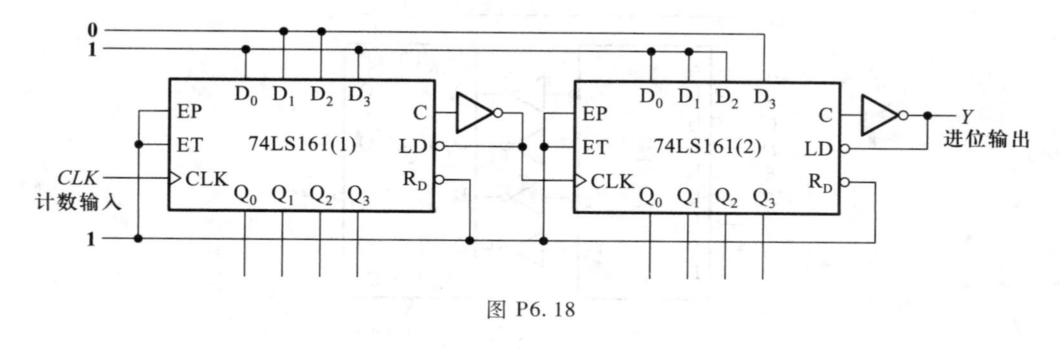

图 P6. 18

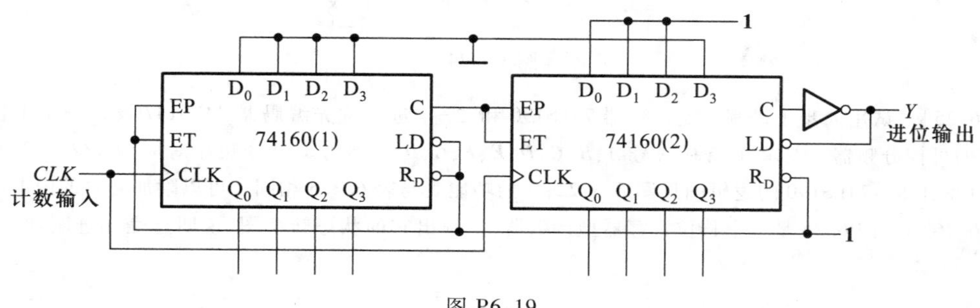

图 P6. 19

［题 6.20］　分析图 P6.20 给出的电路，说明这是多少进制的计数器，两片之间是多少进制。74LS161 的功能表见表 6. 3. 4。

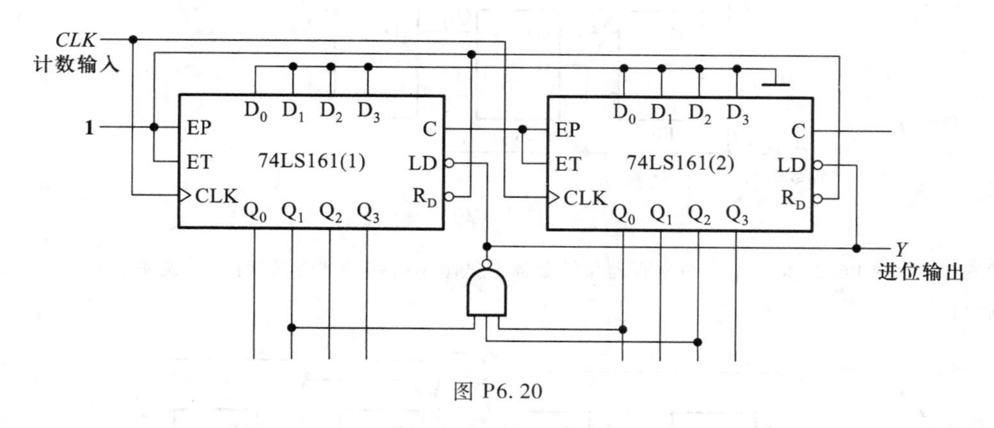

图 P6. 20

［题 6.21］　画出用两片同步十进制计数器 74160 接成同步三十一进制计数器的接线图。可以附加必要的门电路。74160 的逻辑图和功能表见图 6. 3. 19 和表 6. 3. 4。

［题 6. 22］　用同步十进制计数器芯片 74160 设计一个三百六十五进制的计数器。要求各位间为十进制关系。允许附加必要的门电路。74160 的功能表与表 6. 3. 4 相同。

［题 6. 23］　设计一个数字钟电路，要求能用七段数码管显示从 0 时 0 分 0 秒到 23 时 59 分 59 秒之间的任一时刻。

［题 6. 24］　图 P6. 24 所示电路是用二-十进制优先编码器 74LS147 和同步十进制计数器 74160 组成的可控分频器，试说明当输入控制信号 A、B、C、D、E、F、G、H、I 分别为低电平时由 Y 端输出的脉冲频率各为多少。已知 CLK 端输入脉冲的频率为 10 kHz。74LS147 的功能表如表 4. 3. 3 所示，74160 的功能表见表 6. 3. 4。

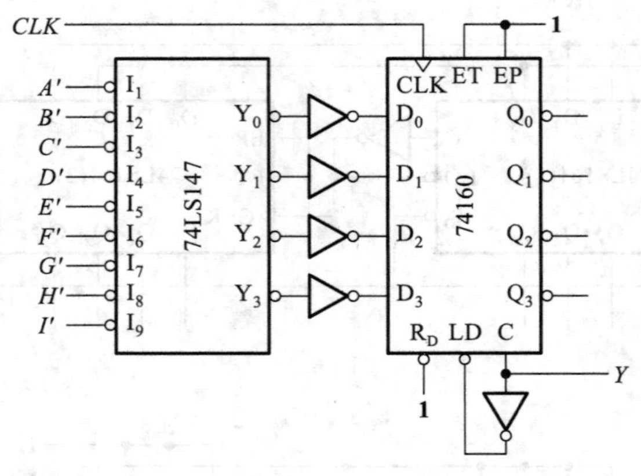

图 P6.24

［题 6.25］　试用同步十进制可逆计数器 74LS190 和二-十进制优先编码器 74LS147 设计一个工作在减法计数状态的可控分频器。要求在控制信号 A、B、C、D、E、F、G、H 分别为 **1** 时分频比对应为 1/2、1/3、1/4、1/5、1/6、1/7、1/8、1/9。74LS190 的逻辑图见图 6.3.22，它的功能表与表 6.3.5 相同。可以附加必要的门电路。

［题 6.26］　图 P6.26 是一个移位寄存器型计数器，试画出它的状态转换图，说明这是几进制计数器，能否自启动。

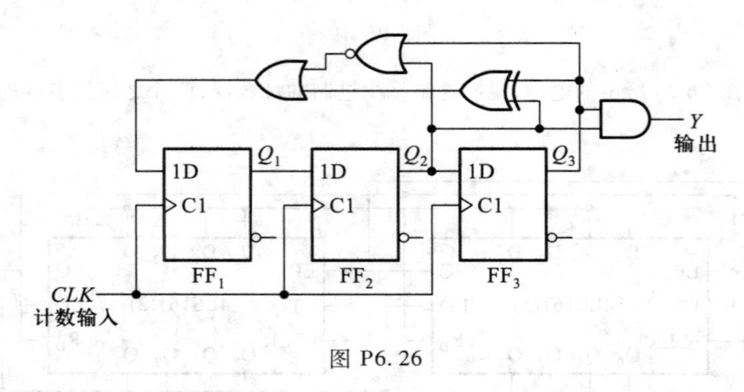

图 P6.26

［题 6.27］　图 P6.27 是一个移位寄存器型计数器。试画出电路的状态转换图，并说明这是几进制计数器，能否自启动。

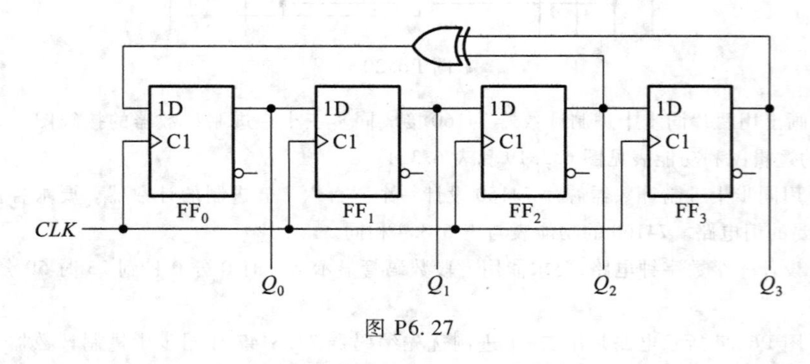

图 P6.27

［题 6.28］　试利用同步十六进制计数器 74LS161 和 4 线-16 线译码器 74LS154 设计节拍脉冲发生器，要求从 12 个输出端顺序、循环地输出等宽的负脉冲。74LS154 的逻辑框图及说明见［题 4.11］。74LS161 的功能表见

表 6.3.4。

［题 6.29］ 设计一个序列信号发生器电路，使之在一系列 *CLK* 信号作用下能周期性地输出“**0010110111**”的序列信号。

［题 6.30］ 设计一个灯光控制逻辑电路。要求红、绿、黄三种颜色的灯在时钟信号作用下按表 P6.30 规定的顺序转换状态。表中的 **1** 表示“亮”，**0** 表示“灭”。要求电路能自启动，并尽可能采用中规模集成电路芯片。

表 P6.30

CLK 顺序	红	黄	绿
0	**0**	**0**	**0** ←
1	**1**	**0**	**0**
2	**0**	**1**	**0**
3	**0**	**0**	**1**
4	**1**	**1**	**1**
5	**0**	**0**	**1**
6	**0**	**1**	**0**
7	**1**	**0**	**0**
8	**0**	**0**	**0**

［题 6.31］ 试用 *JK* 触发器和门电路设计一个同步七进制计数器。

［题 6.32］ 用 *JK* 触发器和门电路设计一个 4 位格雷码计数器，它的状态转换表应如表 P6.32 所示。

表 P6.32

计数顺序	电路状态				进位输出 C
	Q_3	Q_2	Q_1	Q_0	
0	**0**	**0**	**0**	**0**	**0**
1	**0**	**0**	**0**	**1**	**0**
2	**0**	**0**	**1**	**1**	**0**
3	**0**	**0**	**1**	**0**	**0**
4	**0**	**1**	**1**	**0**	**0**
5	**0**	**1**	**1**	**1**	**0**
6	**0**	**1**	**0**	**1**	**0**
7	**0**	**1**	**0**	**0**	**0**
8	**1**	**1**	**0**	**0**	**0**
9	**1**	**1**	**0**	**1**	**0**
10	**1**	**1**	**1**	**1**	**0**
11	**1**	**1**	**1**	**0**	**0**
12	**1**	**0**	**1**	**0**	**0**
13	**1**	**0**	**1**	**1**	**0**
14	**1**	**0**	**0**	**1**	**0**
15	**1**	**0**	**0**	**0**	**1**
16	**0**	**0**	**0**	**0**	**0**

[题 6.33]　用 D 触发器和门电路设计一个十一进制计数器,并检查设计的电路能否自启动。

[题 6.34]　设计一个控制步进电动机三相六状态工作的逻辑电路。如果用 **1** 表示电机绕组导通,**0** 表示电机绕组截止,则 3 个绕组 ABC 的状态转换图应如图 P6.34 所示。M 为输入控制变量,当 $M=\mathbf{1}$ 时为正转,$M=\mathbf{0}$ 时为反转。并用 Verilog HDL 语言对设计进行描述。

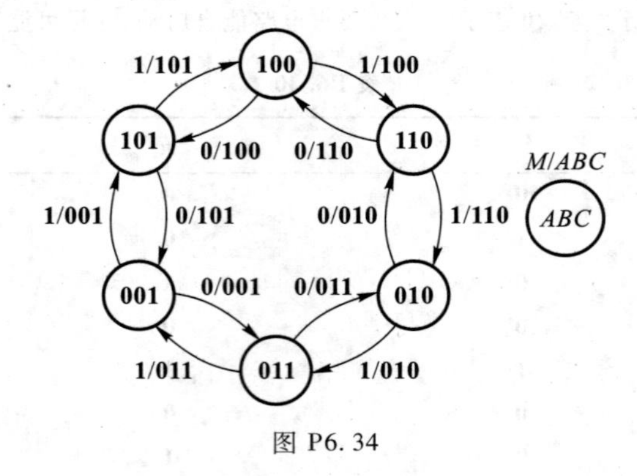

图 P6.34

[题 6.35]　设计一个串行数据检测电路。当连续出现四个和四个以上的 **1** 时,检测输出信号为 **1**,其余情况下的输出信号为 **0**。并用 Verilog HDL 语言对设计进行描述。

第七章

脉冲波形的产生和整形电路

内容提要

本章仅限于介绍矩形脉冲波形的产生和整形电路。在脉冲整形电路中,介绍最常见的两种整形电路——施密特触发电路和单稳态电路。在脉冲波形产生电路中,将介绍能自行产生矩形脉冲波形的各种多谐振荡电路,其中包括对称式和非对称式多谐振荡电路、环形振荡电路以及用施密特触发电路构成的多谐振荡电路等。

在本章的最后,还将介绍广为应用的555定时器和用它构成施密特触发电路、单稳态电路和多谐振荡电路的方法。

7.1 概　　述

获取矩形脉冲波形的途径不外乎两种:一种是利用各种形式的多谐振荡电路直接产生所需要的矩形脉冲,另一种则是通过各种整形电路将已有的周期性变化波形变换为符合要求的矩形脉冲。当然,在采用整形的方法获取矩形脉冲时,是以能够找到频率和幅度都符合要求的一种已有电压信号为前提的。

在同步时序电路中,作为时钟信号的矩形脉冲控制和协调着整个系统的工作。因此,时钟脉冲的特性直接关系到系统能否正常地工作。为了定量描述矩形脉冲的特性,通常给出图7.1.1中所标注的几个主要参数。这些参数是:

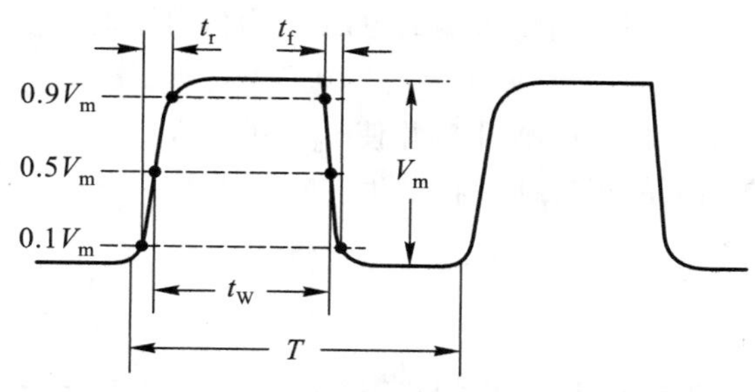

图7.1.1　描述矩形脉冲特性的主要参数

脉冲周期 T——周期性重复的脉冲序列中,两个相邻脉冲之间的时间间隔。有时也使用频率 $f=\frac{1}{T}$ 表示单位时间内脉冲重复的次数。

脉冲幅度 V_m——脉冲电压的最大变化幅度。

脉冲宽度 t_W——从脉冲前沿到达0.5 V_m起，到脉冲后沿到达0.5 V_m为止的一段时间。

上升时间 t_r——脉冲上升沿从 0.1 V_m 上升到 0.9 V_m 所需要的时间。

下降时间 t_f——脉冲下降沿从 0.9 V_m 下降到 0.1 V_m 所需要的时间。

占空比 q——脉冲宽度与脉冲周期的比值，亦即 $q=t_W/T$。

此外，在将脉冲整形或产生电路用于具体的数字系统时，有时还可能有一些特殊的要求，例如脉冲周期和幅度的稳定性等。这时还需要增加一些相应的性能参数来说明。

7.2　施密特触发电路

施密特触发电路(Schmitt Trigger)是脉冲波形变换中经常使用的一种电路，有时也简称为施密特电路。它在性能上有两个重要的特点：

第一，输入信号从低电平上升的过程中电路状态转换时对应的输入电平，与输入信号从高电平下降过程中对应的输入转换电平不同。

第二，在电路状态转换时，通过电路内部的正反馈过程使输出电压波形的边沿变得很陡。

利用这两个特点不仅能将边沿变化缓慢的信号波形整形为边沿陡峭的矩形波，而且可以将叠加在矩形脉冲高、低电平上的噪声有效地清除。

下面我们将会看到，施密特触发电路和第五章中所讲过的触发器(Flip-Flop)是性质完全不同的两种电路。施密特触发电路输出端的逻辑状态随输入端的逻辑状态而改变，所以它不具有存储功能。而且它们的英文名称原本也截然不同，由于最初将 Schmitt Trigger 译成中文时用了“施密特触发器”这个名称，并且一直沿用下来了，所以很容易令初学者误认为施密特触发器和通常所说的触发器是同一类电路。为避免产生误解，本书中不再使用“施密特触发器”这个名称。今后除了第五章中的触发器以外，在其他电路中也不再使用“×××触发器”这类的名称。

7.2.1　施密特触发电路的结构和工作原理

施密特电路是通过公共发射极电阻耦合的两级正反馈放大器，如图 7.2.1 所示。假定三极管发射结的导通压降为 0.7 V，那么当输入端的电压 v_I 为低电平时($v_I\approx 0$)必有

$$v_I - v_E = v_{BE1} < 0.7\ \text{V}$$

则 T_1 将截止而 T_2 饱和导通。若 v_I 逐渐升高并使 $v_{BE1}>0.7$ V 时，T_1 进入导通状态，并有如下的正反馈过程发生

$$v_I\uparrow \longrightarrow i_{C1}\uparrow \longrightarrow v_{C1}\downarrow \longrightarrow i_{C2}\downarrow \longrightarrow v_E\downarrow \longrightarrow v_{BE1}\uparrow \longrightarrow i_{C1}\uparrow$$

从而使电路迅速转为 T_1 饱和导通、T_2 截止的状态。

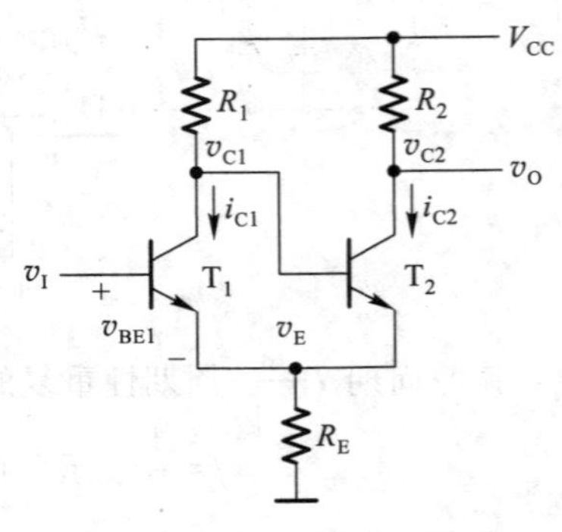

图 7.2.1　施密特触发电路

若 v_I 从高电平逐渐下降，并且降到 v_{BE1} 只有 0.7 V 左右时，i_{C1} 开始减小，于是又引发了另一个正反馈过程

$$v_I\downarrow \longrightarrow i_{C1}\downarrow \longrightarrow v_{C1}\uparrow \longrightarrow i_{C2}\uparrow \longrightarrow v_E\uparrow \longrightarrow v_{BE1}\downarrow \longrightarrow i_{C1}\downarrow$$

使电路迅速返回 T_1 截止、T_2 饱和导通的状态。

可见,无论 T_2 由导通变为截止还是由截止变为导通,都伴随有正反馈过程发生,使输出端电压 v_O的上升沿和下降沿都很陡。

同时,由于 $R_1>R_2$,所以 T_1 饱和导通时的 v_E 值必然低于 T_2 饱和导通时的 v_E 值。因此,T_1 由截止变为导通时的输入电压必然高于 T_1 由导通变为截止时的输入电压,于是就得到了图 7.2.2 的电压传输特性。通常用 V_{T+}和 V_{T-}分别表示 v_I 上升时 T_1 由截止变为导通时的输入电压和 v_I 下降时 T_1 由导通变为截止时的输入电压,并将 V_{T+}称为正向阈值电压,将 V_{T-}称为负向阈值电压,将 $|V_{T+}-V_{T-}|=\Delta V_T$ 称为回差电压。同时,也将图 7.2.2 这种类型的电压传输特性称为施密特触发特性。

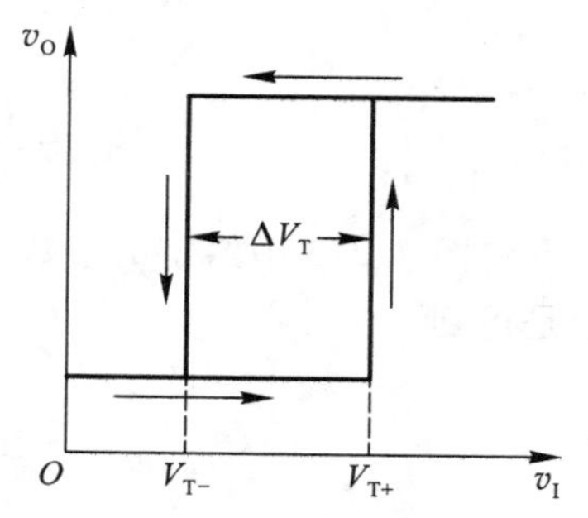

图 7.2.2 图 7.2.1 电路的电压传输特性

此外,从图 7.2.1 的施密特触发电路中可以看出,T_2 饱和导通时输出端 v_O 的低电平近似地等于 $V_{CC}R_E/(R_2+R_E)$,不是接近于 0 的逻辑低电平。因此,在将图 7.2.1 的施密特触发电路用于逻辑电路时,还需要在电路的输出端附加电平变换电路,将输出的低电平变换为标准的逻辑低电平。

施密特触发电路的应用相当广泛,不仅有单独作成的集成电路产品,而且也经常被用作某些集成电路的输入接口电路。

图 7.2.3 是 TTL 电路集成施密特触发电路 7413 的电路图①。因为在电路的输入部分附加了**与**的逻辑功能,同时在输出端附加了反相器,所以也将这个电路称为施密特触发的**与非**门。在集成电路手册中将它归入**与非**门一类中。

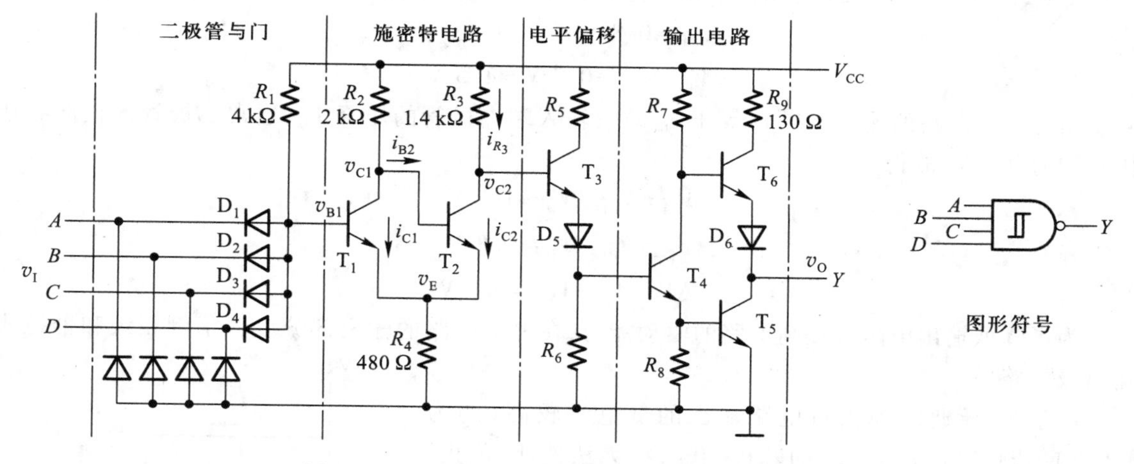

图 7.2.3 带**与非**功能的 TTL 集成施密特触发电路

这个电路包含二极管**与**门、施密特电路、电平偏移电路和输出电路 4 个部分,其中的核心部分是由 T_1、T_2、R_2、R_3 和 R_4 组成的施密特电路。

由图 7.2.3 可以写出 T_1 截止、T_2 饱和导通时电路的方程为

① 严格地讲这是一个 DTL 电路,即输入端为二极管结构而输出端是三极管结构。

$$\begin{cases} R_2 i_{B2} + V_{BE(sat)2} + R_4 (i_{B2} + i_{C2}) = V_{CC} \\ R_3 i_{R3} + V_{CE(sat)2} + R_4 (i_{B2} + i_{C2}) = V_{CC} \end{cases} \tag{7.2.1}$$

其中 $V_{BE(sat)2}$、$V_{CE(sat)2}$分别表示 T_2 饱和导通时 b-e 间和 c-e 间的压降。假定 $i_{R3} \approx i_{C2}$，则可从式(7.2.1)求出

$$i_{C2} = \frac{R_4(V_{CC} - V_{BE(sat)2}) - (R_2 + R_4)(V_{CC} - V_{CE(sat)2})}{R_4^2 - (R_2 + R_4)(R_3 + R_4)} \tag{7.2.2}$$

$$i_{B2} = \frac{R_4(V_{CC} - V_{CE(sat)2}) - (R_2 + R_4)(V_{CC} - V_{BE(sat)2})}{R_4^2 - (R_2 + R_4)(R_3 + R_4)} \tag{7.2.3}$$

将图 7.2.3 中给定的参数代入式(7.2.2)和式(7.2.3)，并取 $V_{BE(sat)} = 0.8\ V$，$V_{CE(sat)} = 0.2\ V$，于是得到

$$i_{C2} \approx 2.2\ mA$$

$$i_{B2} \approx 1.3\ mA$$

$$v_{E2} = R_4(i_{B2} + i_{C2}) \approx 1.7\ V$$

$$V_{B1+} = v_{E2} + 0.7\ V \approx 2.4\ V$$

另一方面，当 v_{B1} 从高电平下降至仅比 R_4 上的压降高 0.7 V 以后，T_1 开始脱离饱和，v_{CE1}开始上升。至 v_{CE1} 大于 0.7 V 以后，T_2 开始导通并引起正反馈过程，因此转换时 R_4 上的压降为

$$v_{E1} = (V_{CC} - v_{CE1}) \frac{R_4}{R_2 + R_4} \tag{7.2.4}$$

将 $v_{CE1} = 0.7\ V$、$R_2 = 2\ k\Omega$、$R_4 = 0.48\ k\Omega$ 代入上式计算后得到

$$v_{E1} \approx 0.8\ V$$

$$V_{B1-} = v_{E1} + 0.7\ V \approx 1.5\ V$$

因为整个电路的输入电压 v_I 等于 v_{B1} 减去输入端二极管的压降 V_D，通常二极管的正向导通压降约为 0.7 V，故得

$$V_{T+} = V_{B1+} - V_D \approx 1.7\ V$$

$$V_{T-} = V_{B1-} - V_D \approx 0.8\ V$$

$$\Delta V_T = V_{T+} - V_{T-} \approx 0.9\ V$$

为了降低输出电阻以提高电路的驱动能力，在整个电路的输出部分设置了倒相级和推拉式输出级电路。

由于 T_2 导通时施密特电路输出的低电平较高(约为 1.9 V)，若直接将 v_{C2} 与 T_4 的基极相连，将无法使 T_4 截止，所以必须在 v_{C2} 与 T_4 的基极之间串进电平偏移电路。这样就使得 $v_{C2} \approx 1.9$ V时电平偏移电路的输出仅为 0.5 V 左右，保证 T_4 能可靠地截止。

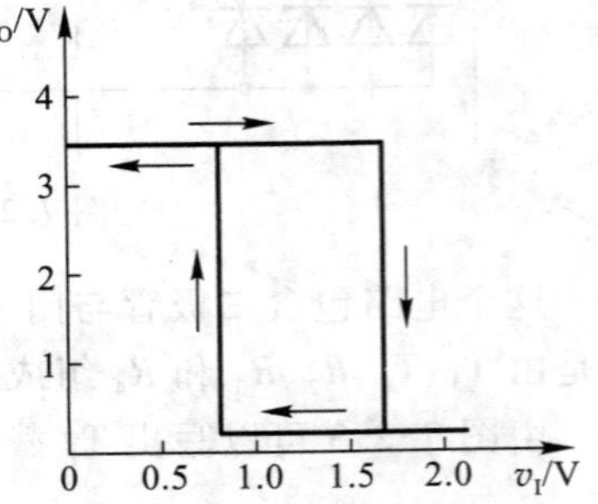

图 7.2.4　集成施密特触发电路 7413 的电压传输特性

图 7.2.4 为集成施密特触发电路 7413 的电压传输特性。对每个具体的器件而言，它的 V_{T+}、V_{T-}都是固定的，不能调节。

7.2.2 用门电路组成的施密特触发电路

施密特触发电路的名称本来源自于图 7.2.1 的电路，后来人们也将凡是具有施密特触发特性的电路都叫做施密特触发电路，而不局限于图 7.2.1 的电路结构形式。

图 7.2.5 是利用反相器和电阻接成的施密特触发电路。图中将两级反相器串接起来，同时经过分压电阻将输出端的电压反馈到输入端，就形成了一个具有施密特触发特性的电路。

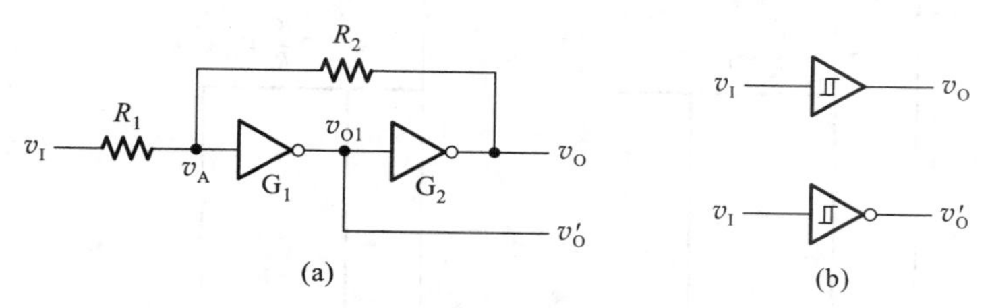

图 7.2.5 用 CMOS 反相器构成的施密特触发电路
（a）电路图 （b）图形符号

假定反相器 G_1 和 G_2 是 CMOS 电路，它们的阈值电压为 $V_{TH} \approx \frac{1}{2}V_{DD}$，且$R_1<R_2$。

当 $v_I=0$ 时，因 G_1、G_2 接成了正反馈电路，所以 $v_O=V_{OL}\approx 0$。这时 G_1 的输入 $v_A\approx 0$。

当 v_I 从 0 逐渐升高并达到 $v_A=V_{TH}$时，由于 G_1 进入了电压传输特性的转折区（放大区），所以 v_A 的增加将引发如下的正反馈过程

$$v_A\uparrow \longrightarrow v_{O1}\downarrow \longrightarrow v_O\uparrow$$

于是电路的状态迅速地转换为 $v_O=V_{OH}\approx V_{DD}$。由此便可以求出 v_I 上升过程中电路状态发生转换时对应的输入电平 V_{T+}。因为这时有

$$v_A=V_{TH}\approx \frac{R_2}{R_1+R_2}V_{T+}$$

所以

$$V_{T+}=\frac{R_1+R_2}{R_2}V_{TH}=\left(1+\frac{R_1}{R_2}\right)V_{TH} \tag{7.2.5}$$

当 v_I 从高电平 V_{DD}逐渐下降并达到 $v_A=V_{TH}$时，v_A 的下降会引发又一个正反馈过程

$$v_A\downarrow \longrightarrow v_{O1}\uparrow \longrightarrow v_O\downarrow$$

使电路的状态迅速转换为 $v_O=V_{OL}\approx 0$。由此又可以求出 v_I 下降过程中电路状态发生转换时对应的输入电平 V_{T-}。由于这时有

$$v_A=V_{TH}\approx V_{DD}-(V_{DD}-V_{T-})\frac{R_2}{R_1+R_2}$$

所以

$$V_{T-}=\frac{R_1+R_2}{R_2}V_{TH}-\frac{R_1}{R_2}V_{DD}$$

将 $V_{DD}=2V_{TH}$代入上式后得到

$$V_{T-}=\left(1-\frac{R_1}{R_2}\right)V_{TH} \tag{7.2.6}$$

根据式(7.2.5)和式(7.2.6)得到图7.2.5电路的回差电压

$$\begin{aligned}\Delta V_{T} &= V_{T+} - V_{T-}\\ &= 2(R_1/R_2)V_{TH}\end{aligned} \tag{7.2.7}$$

根据式(7.2.5)和式(7.2.6)画出的电压传输特性如图7.2.6(a)所示。因为v_O和v_I的高、低电平是同相的,所以也将这种形式的电压传输特性称为同相输出的施密特触发特性。

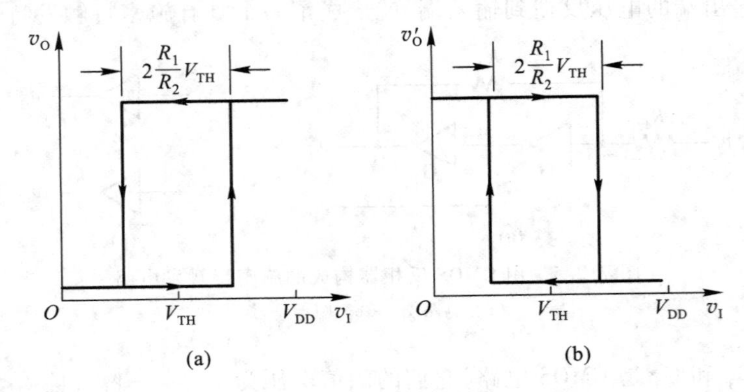

图7.2.6　图7.2.5电路的电压传输特性

(a) 同相输出　(b) 反相输出

如果以图7.2.5(a)中的v_O'作为输出端,则得到的电压传输特性将如图7.2.6(b)所示。由于v_O'与v_I的高、低电平是反相的,所以将这种形式的电压传输特性称为反相输出的施密特触发特性。

通过改变R_1和R_2的比值可以调节V_{T+}、V_{T-}和回差电压的大小。但R_1必须小于R_2,否则电路将进入自锁状态,不能正常工作。

【例7.2.1】　在图7.2.5(a)电路中,如果要求$V_{T+}=7.5\ V$,$\Delta V_T=5\ V$,试求R_1、R_2和V_{DD}的值。

解:　由式(7.2.5)和(7.2.7)得到

$$\begin{cases} V_{T+} = \left(1+\dfrac{R_1}{R_2}\right)V_{TH} = 7.5\ \text{V} \\ \Delta V_T = 2\dfrac{R_1}{R_2}V_{TH} = 5\ \text{V} \end{cases}$$

从以上两式解出$\dfrac{R_1}{R_2}=0.5$,$V_{TH}=5\ \text{V}$。

因此应取$V_{DD}=10\ \text{V}$。

为保证反相器G_2输出高电平时的负载电流不超过最大允许值$|I_{OH(max)}|$,应使

$$\frac{V_{OH}-V_{TH}}{R_2} < |I_{OH(max)}| \tag{7.2.8}$$

如果G_1、G_2选用CC4069六反相器中的两个反相器,则由手册中查得当$V_{DD}=10\ \text{V}$时$|I_{OH(max)}|=1.3\ \text{mA}$。将$|I_{OH(max)}|$及$V_{OH}$($V_{OH}\approx V_{DD}$)、$V_{TH}$值代入式(7.2.8)求得

$$R_2 > \frac{10-5}{1.3} = 3.85\ \text{k}\Omega$$

故可取 $R_2 = 22\ \text{k}\Omega, R_1 = \frac{1}{2}R_2 = 11\ \text{k}\Omega$。

7.2.3 施密特触发电路的应用

一、用于波形变换

利用施密特触发电路状态转换过程中的正反馈作用，可以将边沿变化缓慢的周期性信号变换为边沿很陡的矩形脉冲信号。

在图 7.2.7 的例子中，输入信号是由直流分量和正弦分量叠加而成的，只要输入信号的幅度大于 V_{T+}，即可在施密特触发电路的输出端得到同频率的矩形脉冲信号。

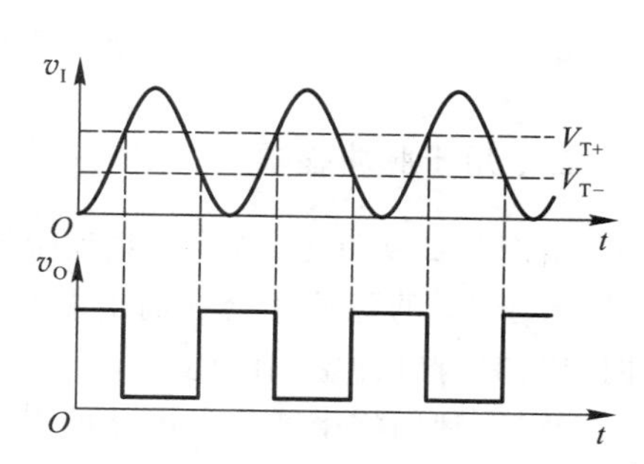

图 7.2.7 用施密特触发电路实现波形变换

二、用于脉冲整形

在数字系统中，矩形脉冲经传输后往往发生波形畸变，图 7.2.8 中给出了几种常见的情况。

当传输线上电容较大时，波形的上升沿和下降沿将明显变坏，如图 7.2.8(a)所示。当传输线较长，而且接收端的阻抗与传输线的阻抗不匹配时，在波形的上升沿和下降沿将产生振荡现象，如图 7.2.8(b)所示。当其他脉冲信号通过导线间的分布电容或公共电源线叠加到矩形脉冲信号上时，信号上将出现附加的噪声，如图 7.2.8(c)所示。

无论出现上述的哪一种情况，都可以通过用施密特触发电路整形而获得比较理想的矩形脉冲波形。由图 7.2.8 可见，只要施密特触发电路的 V_{T+} 和 V_{T-} 设置得合适，均能收到满意的整形效果。

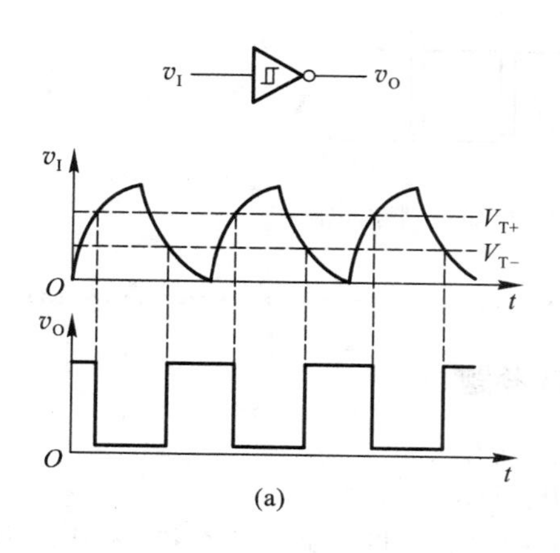

(a)

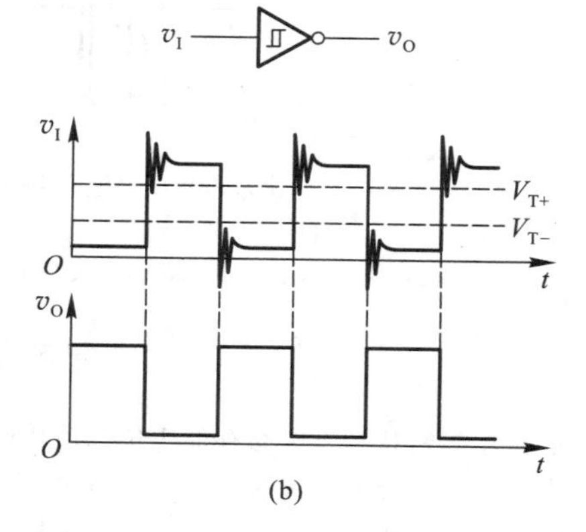

(b)

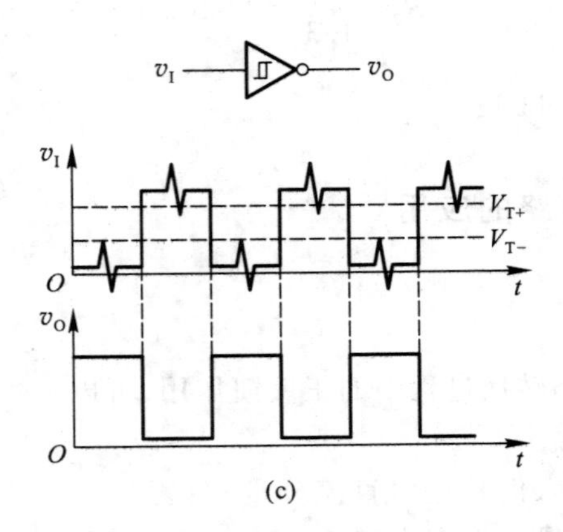

图 7.2.8　用施密特触发电路对脉冲整形

三、用于脉冲鉴幅

由图 7.2.9 可见,若将一系列幅度各异的脉冲信号加到施密特触发电路的输入端,只有那些幅度大于 V_{T+} 的脉冲才会在输出端产生输出信号。因此,施密特触发电路能将幅度大于 V_{T+} 的脉冲选出,具有脉冲鉴幅的能力。

此外,利用施密特触发电路的滞回特性还能构成多谐振荡电路,具体内容将在本章 7.4 节中介绍。

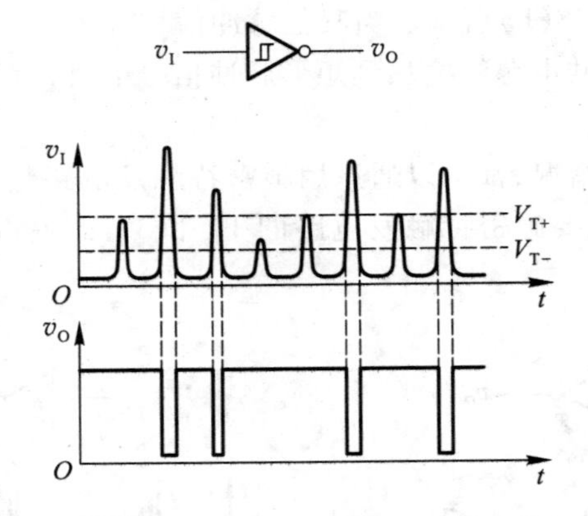

图 7.2.9　用施密特触发电路鉴别脉冲幅度

复习思考题

R7.2.1　能否用施密特触发电路存储 1 位二值代码？为什么？

R7.2.2　在图 7.2.5 所示的施密特触发电路中,为什么要求 $R_1<R_2$？

R7.2.3　反相输出的施密特触发电路的电压传输特性和普通反相器的电压传输特性有什么不同？

7.3 单稳态电路

单稳态电路(Monostable Multivibrator,又称 One-shot)[①]的工作特性具有如下的显著特点:

第一,它有稳态和暂稳态两个不同的工作状态;

第二,在外界触发脉冲作用下,能从稳态翻转到暂稳态,在暂稳态维持一段时间以后,再自动返回稳态;

第三,暂稳态维持时间的长短取决于电路本身的参数,与触发脉冲的宽度和幅度无关。

由于具备这些特点,单稳态电路被广泛应用于脉冲整形、延时(产生滞后于触发脉冲的输出脉冲)以及定时(产生固定时间宽度的脉冲信号)等。

7.3.1 用门电路组成的单稳态电路

单稳态电路的暂稳态通常都是靠 RC 电路的充、放电过程来维持的。根据 RC 电路的不同接法(即接成微分电路形式或积分电路形式),又将单稳态电路分为微分型和积分型两种。

一、微分型单稳态电路

图 7.3.1 是用 CMOS 门电路和 RC 微分电路构成的微分型单稳态电路。

对于 CMOS 门电路,可以近似地认为 $V_{OH}\approx V_{DD}$、$V_{OL}\approx 0$,而且通常 $V_{TH}\approx \frac{1}{2}V_{DD}$。在稳态下 $v_I=0$、$v_{I2}=V_{DD}$,故 $v_O=0$、$v_{O1}=V_{DD}$,电容 C 上没有电压。

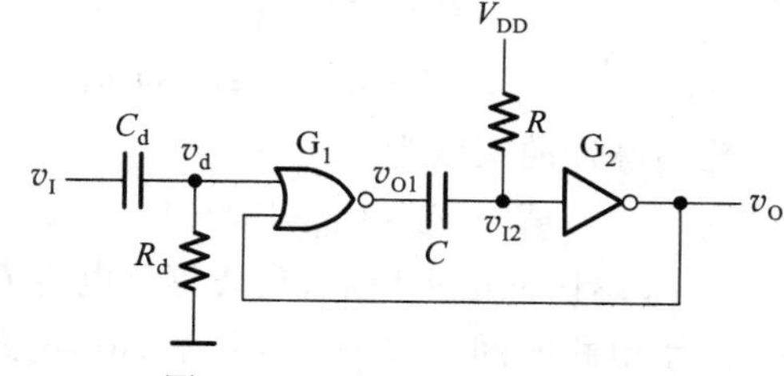

图 7.3.1 微分型单稳态电路

当触发脉冲 v_I 加到输入端时,在 R_d 和 C_d 组成的微分电路输出端得到很窄的正、负脉冲 v_d。当 v_d 上升到 V_{TH}以后,将引发如下的正反馈过程

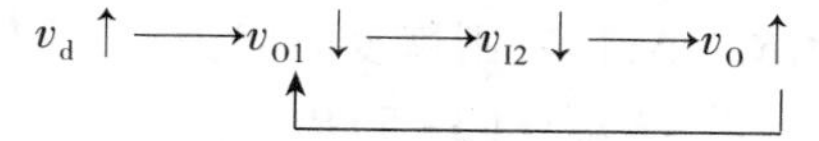

$$v_d\uparrow \longrightarrow v_{O1}\downarrow \longrightarrow v_{I2}\downarrow \longrightarrow v_O\uparrow$$

使 v_{O1}迅速跳变为低电平。由于电容上的电压不可能发生突跳,所以 v_{I2}也同时跳变至低电平,并使 v_O 跳变为高电平,电路进入暂稳态。这时即使 v_d 回到低电平,v_O 的高电平仍将维持。

与此同时,电容 C 开始充电。随着充电过程的进行 v_{I2}逐渐升高,当升至$v_{I2}=V_{TH}$时,又引发另外一个正反馈过程

$$v_{I2}\uparrow \longrightarrow v_O\downarrow \longrightarrow v_{O1}\uparrow$$

如果这时触发脉冲已消失(v_d 已回到低电平),则 v_{O1}、v_{I2}迅速跳变为高电平,并使输出返回 $v_O=0$ 的状态。同时,电容 C 通过电阻 R 和门 G_2 的输入保护电路向 V_{DD}放电,直至电容上的电压

① 目前多数图书资料上将单稳电路叫做单稳态触发器或单稳态多谐振荡器。

为 0,电路恢复到稳定状态。

根据以上的分析,即可画出电路中各点的电压波形,如图 7.3.2 所示。

为了定量地描述单稳态电路的性能,经常使用输出脉冲宽度 t_W、输出脉冲幅度 V_m、恢复时间 t_{re}、分辨时间 t_d 等几个参数。

由图 7.3.2 可见,输出脉冲宽度 t_W 等于从电容 C 开始充电到 v_{I2} 上升至 V_{TH} 的这段时间。电容 C 充电的等效电路如图 7.3.3 所示。图中的 R_{ON} 是或非门 G_1 输出低电平时的输出电阻。在 $R_{ON} \ll R$ 的情况下,等效电路可以简化为简单的 RC 串联电路。

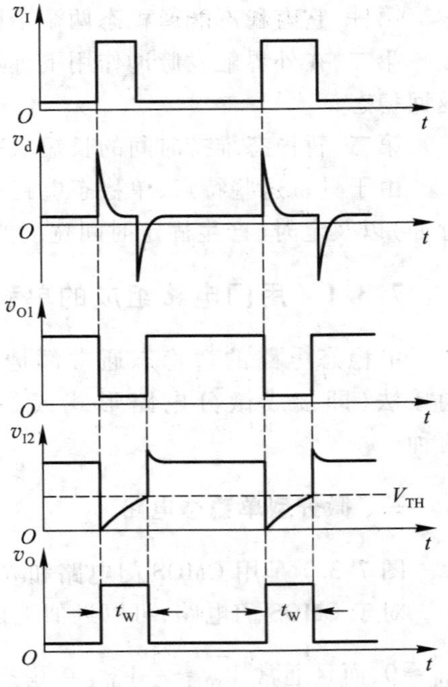

图 7.3.2　图 7.3.1 电路的电压波形图

根据对 RC 电路过渡过程的分析可知,在电容充、放电过程中,电容上的电压 v_C 从充、放电开始到变化至某一数值 V_{TH} 所经过的时间可以用下式计算

$$t = RC\ln\frac{v_C(\infty) - v_C(0)}{v_C(\infty) - V_{TH}} \tag{7.3.1}$$

其中 $v_C(0)$ 是电容电压的起始值,$v_C(\infty)$ 是电容电压充、放电的终了值。

由图 7.3.2 的波形图可见,图 7.3.1 电路中电容电压从 0 充至 V_{TH} 的时间即 t_W。将 $v_C(0) = 0$、$v_C(\infty) = V_{DD}$ 代入式(7.3.1)得到

$$\begin{aligned} t_W &= RC\ln\frac{V_{DD} - 0}{V_{DD} - V_{TH}} \\ &= RC\ln 2 = 0.69\ RC \end{aligned} \tag{7.3.2}$$

输出脉冲的幅度为

$$V_m = V_{OH} - V_{OL} \approx V_{DD} \tag{7.3.3}$$

在 v_O 返回低电平以后,还要等到电容 C 放电完毕电路才恢复为起始的稳态。一般认为经过 3~5 倍于电路时间常数的时间以后,RC 电路已基本达到稳态。图 7.3.1 电路中电容 C 放电的等效电路如图 7.3.4 所示。图中的 D_1 是反相器 G_2 输入保护电路中的二极管。如果 D_1 的正向导通电阻比 R 和门 G_1 的输出电阻 R_{ON} 小得多,则恢复时间为

$$t_{re} \approx (3\sim5)R_{ON}C \tag{7.3.4}$$

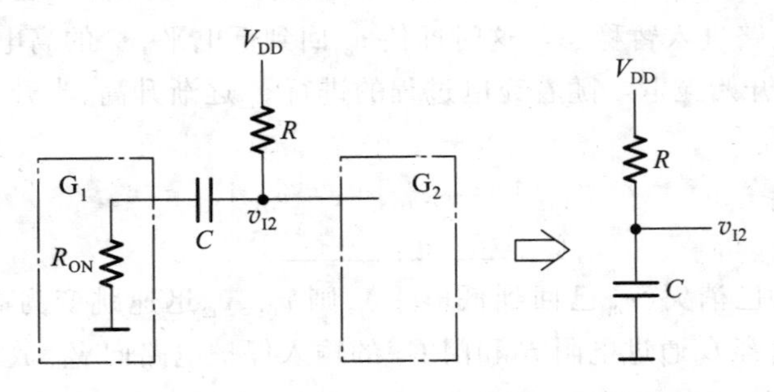

图 7.3.3　图 7.3.1 电路中电容 C 充电的等效电路

分辨时间 t_d 是指在保证电路能正常工作的前提下,允许两个相邻触发脉冲之间的最小时间间隔,故有

$$t_d = t_W + t_{re} \tag{7.3.5}$$

微分型单稳态电路可以用窄脉冲触发。在 v_d 的脉冲宽度大于输出脉冲宽度的情况下,电路仍能工作,但是输出脉冲的下降沿较差。因为在 v_O 返回低电平的过程中 v_d 输入的高电平还存在,所以电路内部不能形成正反馈。

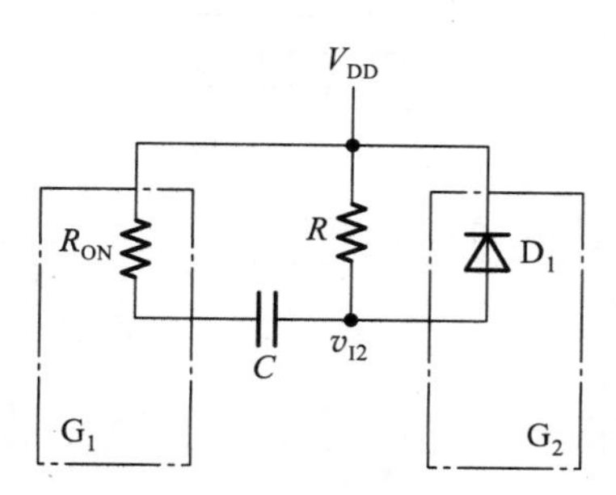

图 7.3.4 图 7.3.1 电路中电容 C 放电的等效电路

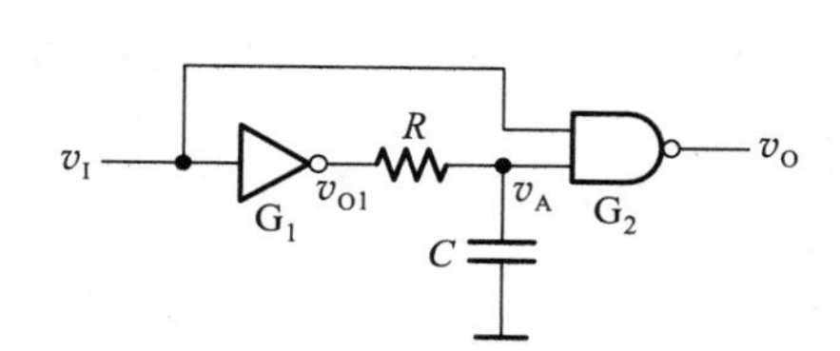

图 7.3.5 积分型单稳态电路

二、积分型单稳态电路

图 7.3.5 是用 TTL 与非门和反相器以及 RC 积分电路组成的积分型单稳态电路。为了保证 v_{O1}为低电平时 v_A 在 V_{TH}以下,R 的阻值不能取得很大。这个电路用正脉冲触发。

稳态下由于 $v_I=0$,所以 $v_O=V_{OH}$,$v_A=v_{O1}=V_{OH}$。

当输入正脉冲以后,v_{O1}跳变为低电平。但由于电容 C 上的电压不能突变,所以在一段时间里 v_A 仍在 V_{TH}以上。因此,在这段时间里 G_2 的两个输入端电压同时高于 V_{TH},使 $v_O=V_{OL}$,电路进入暂稳态。同时,电容 C 开始放电。

然而这种暂稳态不能长久地维持下去,随着电容 C 的放电 v_A 不断降低,至 $v_A=V_{TH}$后,v_O 回到高电平。待 v_I 返回低电平以后,v_{O1}又重新变成高电平 V_{OH},并向电容 C 充电。经过恢复时间 t_{re}(从 v_I 回到低电平的时刻算起)以后,v_A 恢复为高电平,电路达到稳态。电路中各点电压的波形如图 7.3.6 所示。

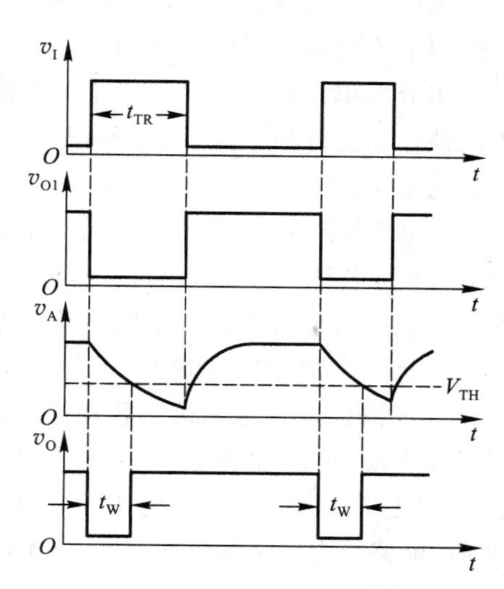

图 7.3.6 图 7.3.5 电路的电压波形图

由图 7.3.6 可知,输出脉冲的宽度等于从电容 C 开始放电的一刻到 v_A 下降至 V_{TH}的时间。为了计算 t_W,需要画出电容 C 放电的等效电路,如图 7.3.7(a)所示。鉴于 v_A 高于 V_{TH}期间 G_2 的输入电流非常小,可以忽略不计,因而电容 C 放电的等效电路可以简化为$(R+R_O)$与 C 串联。这里的 R_O 是 G_1 输出为低电平时的输出电阻。

将图 7.3.7(b)曲线给出的 $v_C(0)=V_{OH}$、$v_C(\infty)=V_{OL}$ 代入式(7.3.1)即可得到

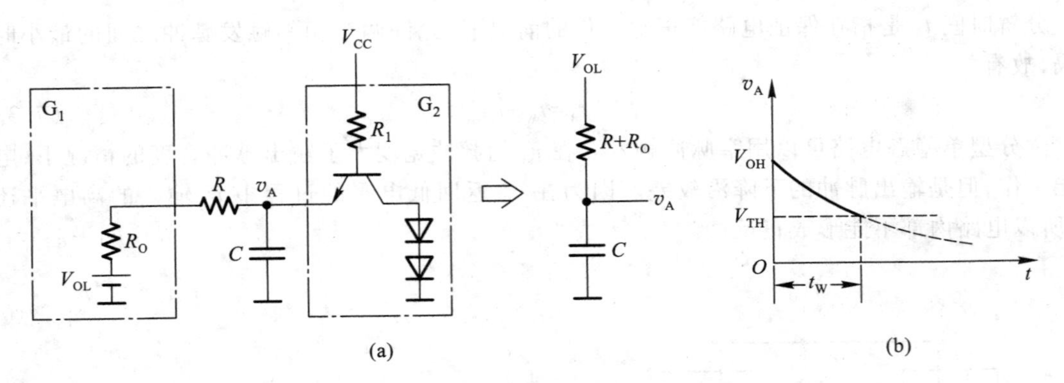

图 7.3.7　图 7.3.5 电路中电容 C 的放电回路和 v_A 的波形

(a) 放电回路　(b) v_A 的波形

$$t_W=(R+R_O)C\ln\frac{V_{OL}-V_{OH}}{V_{OL}-V_{TH}} \tag{7.3.6}$$

输出脉冲的幅度为

$$V_m=V_{OH}-V_{OL} \tag{7.3.7}$$

恢复时间等于 v_{O1} 跳变为高电平后电容 C 充电至 V_{OH} 所经过的时间。若取充电时间常数的 3~5 倍时间为恢复时间，则得

$$t_{re}\approx(3\sim5)(R+R'_O)C \tag{7.3.8}$$

其中 R'_O 是 G_1 输出高电平时的输出电阻。这里为简化计算而没有计入 G_2 输入电路对电容充电过程的影响，所以算出的恢复时间是偏于安全的。

这个电路的分辨时间应为触发脉冲的宽度 t_{TR} 和恢复时间之和，即

$$t_d=t_{TR}+t_{re} \tag{7.3.9}$$

与微分型单稳态电路相比，积分型单稳态电路具有抗干扰能力较强的优点。因为数字电路中的噪声多为尖峰脉冲的形式(即幅度较大而宽度极窄的脉冲)，而积分型单稳态电路在这种噪声作用下不会输出足够宽度的脉冲。

积分型单稳态电路的缺点是输出波形的边沿比较差，这是由于电路的状态转换过程中没有正反馈作用的缘故。此外，这种积分型单稳态电路必须在触发脉冲的宽度大于输出脉冲宽度时方能正常工作。

如果想使图 7.3.5 所示的积分型单稳态电路在窄脉冲的触发下能够正常工作，可以采用图 7.3.8 所示的改进电路。不难看出，这个电路是在图 7.3.5 电路的基础上增加了与非门 G_3 和输出至 G_3 的反馈连线而形成的。该电路用负脉冲触发。

当负触发脉冲加到输入端时，使 v_{O3} 变为高电平、v_O 变为低电平，电路进入暂稳态。由于 v_O 反馈到了输入端，所以虽然这时负触发脉冲很快消失了，在暂稳态期间 v_{O3} 的高电平也将继续维持。直到 RC 电路放电到 $v_A=V_{TH}$ 以后，v_O 才返回高电平，电路回到稳态。

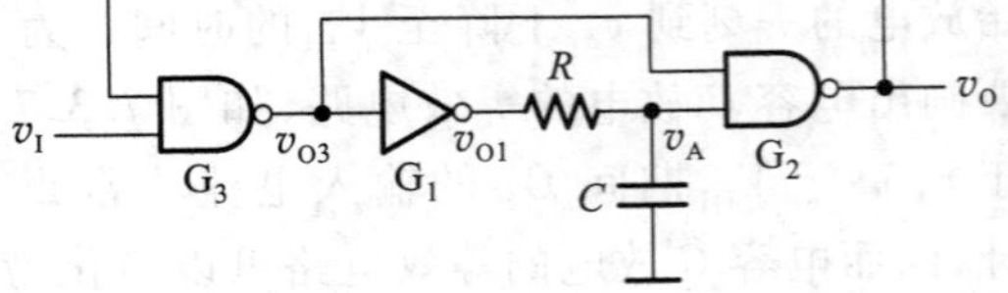

图 7.3.8　窄脉冲可以触发的积分型单稳态电路

7.3.2 集成单稳态电路

鉴于单稳态电路的应用十分普遍，在 TTL 电路和 CMOS 电路的产品中，都生产了单片集成的单稳态电路器件。

使用这些器件时只需要很少的外接元件和连线，而且由于器件内部电路一般还附加了上升沿与下降沿触发的控制和置零等功能，使用极为方便。此外，由于将元、器件集成于同一芯片上，并且在电路上采取了温漂补偿措施，所以电路的温度稳定性比较好。

图 7.3.9 是 TTL 集成单稳态电路 74121 简化的原理性逻辑图。它是在普通微分型单稳态电路的基础上附加以输入控制电路和输出缓冲电路而形成的。

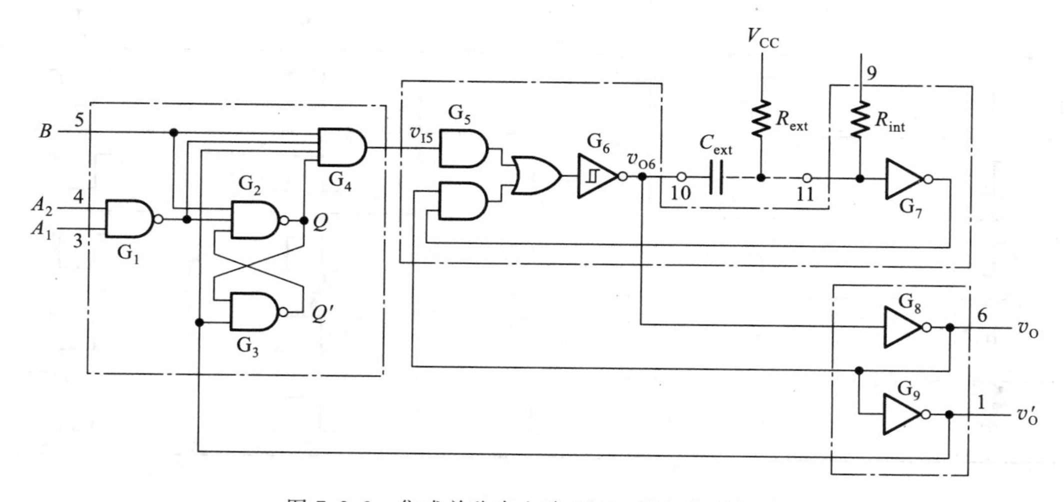

图 7.3.9 集成单稳态电路 74121 简化的逻辑图

门 G_5、G_6、G_7 和外接电阻 R_{ext}、外接电容 C_{ext} 组成微分型单稳态电路。如果把 G_5 和 G_6 合在一起视为一个具有施密特触发特性的**或非**门，则这个电路与图 7.3.1 所讨论过的微分型单稳态电路基本相同。它用门 G_4 给出的正脉冲触发，输出脉冲的宽度由 R_{ext} 和 C_{ext} 的大小决定。

门 G_1 ~ G_4 组成的输入控制电路用于实现上升沿触发或下降沿触发的控制。需要用上升沿触发时，触发脉冲由 B 端输入，同时 A_1 或 A_2 当中至少要有一个接至低电平。当触发脉冲的上升沿到达时，因为门 G_4 的其他三个输入端均处于高电平，所以 v_{I5} 也随之跳变为高电平，并触发单稳态电路使之进入暂稳态，输出端跳变为 $v_O = \mathbf{1}$、$v'_O = \mathbf{0}$。与此同时，v'_O 的低电平立即将门 G_2 和 G_3 组成的锁存器置零，使 v_{I5} 返回低电平。可见，v_{I5} 的高电平持续时间极短，与触发脉冲的宽度无关。这就可以保证在触发脉冲宽度大于输出脉冲宽度时输出脉冲的下降沿仍然很陡。因此，74121 具有边沿触发的性质。

在需要用下降沿触发时，触发脉冲则应由 A_1 或 A_2 输入（另一个应接高电平），同时将 B 端接高电平。触发后电路的工作过程和上升沿触发时相同。

表 7.3.1 是 74121 的功能表，图 7.3.10 是 74121 在触发脉冲作用下的波形图。

表 7.3.1 集成单稳态电路 74121 的功能表

输入			输出	
A_1	A_2	B	v_O	v'_O
0	×	1	0	1
×	0	1	0	1
×	×	0	0	1
1	1	×	0	1
1	↓	1	⊓	⊔
↓	1	1	⊓	⊔
↓	↓	1	⊓	⊔
0	×	↑	⊓	⊔
×	0	↑	⊓	⊔

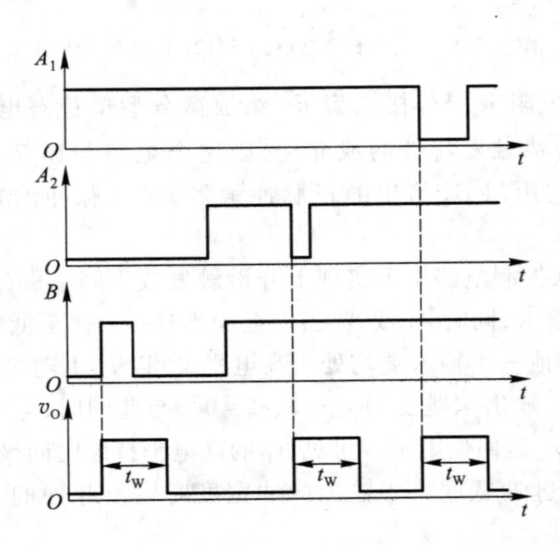

图 7.3.10 集成单稳态电路 74121 的工作波形图

输出缓冲电路由反相器 G_8 和 G_9 组成，用于提高电路的带负载能力。

根据门 G_6 输出端的电路结构和门 G_7 输入端的电路结构可以求出计算输出脉冲宽度的公式

$$t_W \approx R_{ext} C_{ext} \ln 2 = 0.69 R_{ext} C_{ext} \tag{7.3.10}$$

通常 R_{ext} 的取值在 2 ~ 30 kΩ 之间，C_{ext} 的取值在 10 pF ~ 10 μF 之间，得到的 t_W 范围可达 20 ns ~ 200 ms。

另外，还可以使用 74121 内部设置的电阻 R_{int} 取代外接电阻 R_{ext}，以简化外部接线。不过因 R_{int} 的阻值不太大（约为 2 kΩ），所以在希望得到较宽的输出脉冲时，仍需使用外接电阻。图 7.3.11 示出了使用外接电阻和内部电阻时电路的连接方法。

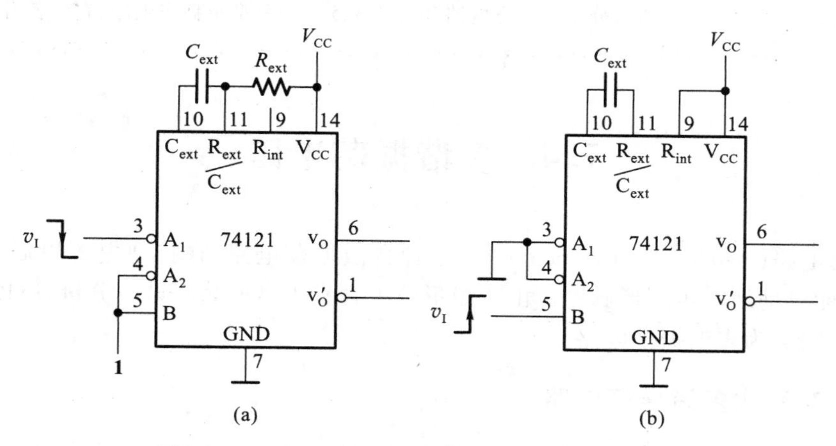

图 7.3.11　集成单稳态电路 74121 的外部连接方法

（a）使用外接电阻 R_{ext}（下降沿触发）（b）使用内部电阻 R_{int}（上升沿触发）

目前使用的集成单稳态电路有不可重复触发型和可重复触发型两种。不可重复触发的单稳态电路一旦被触发进入暂稳态以后，再加入触发脉冲不会影响电路的工作过程，必须在暂稳态结束以后，它才能接受下一个触发脉冲而转入暂稳态，如图 7.3.12(a)所示。而可重复触发的单稳态电路就不同了，在电路被触发而进入暂稳态以后，如果再次加入触发脉冲，电路将重新被触发，使输出脉冲再继续维持一个 t_W 宽度，如图 7.3.12(b)所示。

74121、74221、74LS221 都是不可重复触发的单稳态电路。属于可重复触发的单稳态电路有 74122、74LS122、74123、74LS123 等。

有些集成单稳态电路上还设置有复位端（例如 74221、74122、74123 等）。通过在复位端加入低电平信号能立即终止暂稳态过程，使输出端返回低电平。

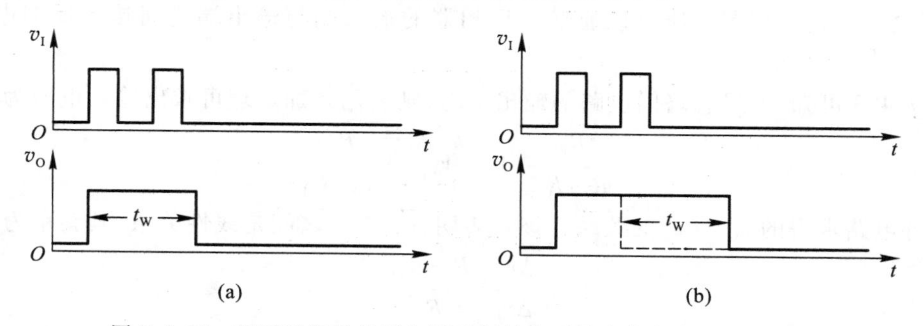

图 7.3.12　不可重复触发型与可重复触发型单稳态电路的工作波形

（a）不可重复触发型　（b）可重复触发型

复习思考题

R7.3.1　单稳态电路输出脉冲的宽度（即暂稳态持续时间）由哪些因素决定？与触发脉冲的宽度和幅度有无关系？

R7.3.2　比较一下图 7.3.1 的微分型单稳态电路和图 7.3.5 的积分型单稳态电路，它们各有何优、缺点？

7.4　多谐振荡电路

多谐振荡电路（Astable Multivibrator）①是一种自激振荡电路，在接通电源以后，不需要外加触发信号，便能自动地产生矩形脉冲。由于矩形波中含有丰富的高次谐波分量，所以习惯上又将矩形波振荡电路称为多谐振荡电路。

7.4.1　对称式多谐振荡电路

图 7.4.1 所示电路是对称式多谐振荡电路的典型结构，它是由两个反相器 G_1、G_2 经耦合电容 C_1、C_2 连接起来的正反馈振荡回路。

为了产生自激振荡，电路不能有稳定状态。也就是说，在静态下（电路没有振荡时）它的状态必须是不稳定的。由图 7.4.2 所示反相器的电压传输特性上可以看出，如果能设法使 G_1、G_2 工作在电压传输特性的转折区或线性区，则它们将工作在放大状态，即电压放大倍数 $A_v=\dfrac{|\Delta v_O|}{|\Delta v_I|}>1$。这时只要 G_1 或 G_2 的输入电压有极微小的扰动，就会被正反馈回路放大而引起振荡，因此图 7.4.1 电路的静态将是不稳定的。

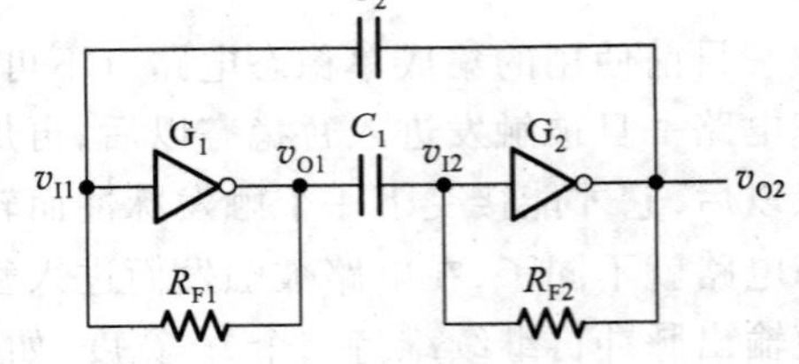

图 7.4.1　对称式多谐振荡电路

为了使反相器静态时工作在放大状态，必须给它们设置适当的偏置电压，它的数值应介于高、低电平之间。这个偏置电压可以通过在反相器的输入端与输出端之间接入反馈电阻 R_F 来得到。

由图 7.4.3 可知，如果忽略门电路的输出电阻，则利用叠加定理可求出输入电压为

$$v_I=\frac{R_{F1}}{R_1+R_{F1}}(V_{CC}-V_{BE})+\frac{R_1}{R_1+R_{F1}}v_O \tag{7.4.1}$$

这就是从外电路求得的 v_O 与 v_I 的关系。该式表明，v_O 与 v_I 之间是线性关系，其斜率为

$$\frac{\Delta v_O}{\Delta v_I}=\frac{R_1+R_{F1}}{R_1}$$

而且 $v_O=0$ 时与横轴相交处的 v_I 值为

① 又称多谐振荡器或无稳态多谐振荡器。

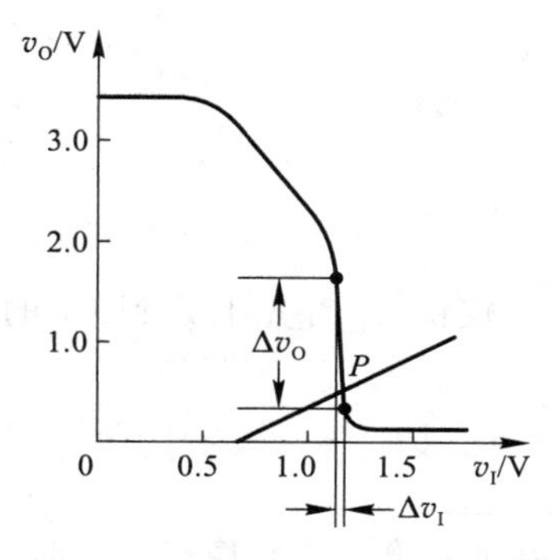

图 7.4.2 TTL 反相器(7404)的电压传输特性

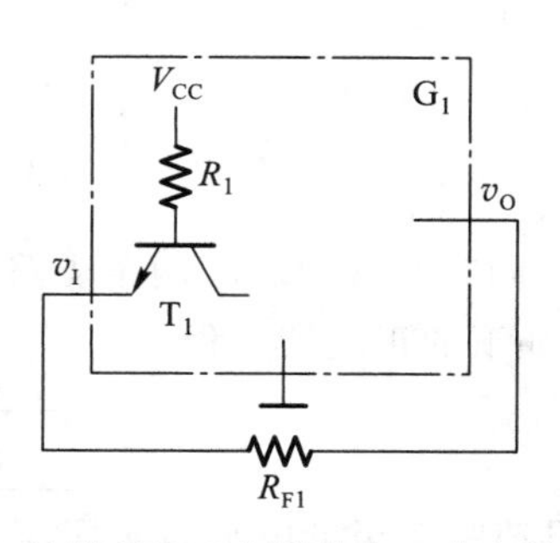

图 7.4.3 计算 TTL 反相器静态工作点的等效电路

$$v_I=\frac{R_{F1}}{R_1+R_{F1}}(V_{CC}-V_{BE})$$

这条直线与电压传输特性的交点就是反相器的静态工作点。只要恰当地选取 R_{F1} 值,定能使静态工作点 P 位于电压传输特性的转折区,如图 7.4.2 所示。计算结果表明,对于 74 系列的门电路而言,R_{F1} 的阻值应取在 0.5~1.9 kΩ 之间。

下面具体分析一下图 7.4.1 所示电路接通电源后的工作情况。

假定由于某种原因(例如电源波动或外界干扰)使 v_{I1} 有微小的正跳变,则必然会引起如下的正反馈过程

$$v_{I1}\uparrow \longrightarrow v_{O1}\downarrow \longrightarrow v_{I2}\downarrow \longrightarrow v_{O2}\uparrow$$

使 v_{O1} 迅速跳变为低电平、v_{O2} 迅速跳变为高电平,电路进入第一个暂稳态。同时电容 C_1 开始充电而 C_2 开始放电。图 7.4.4 中画出了 C_1 充电和 C_2 放电的等效电路。图(a)中的 R_{E1} 和 V_{E1} 是根据戴维宁定理求得的等效电阻和等效电压源,它们分别为

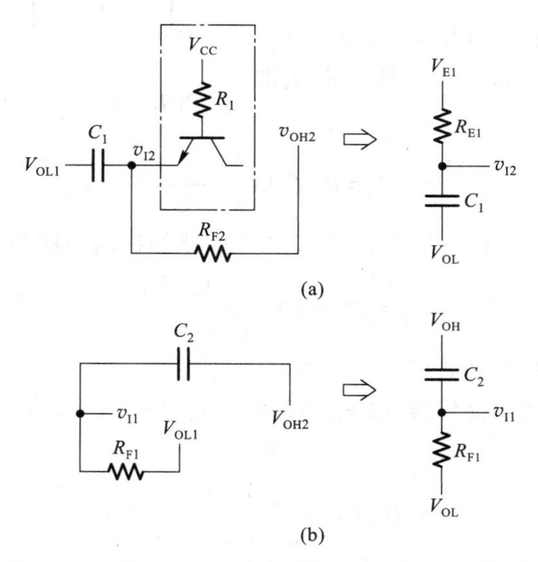

图 7.4.4 图 7.4.1 电路中电容的充、放电等效电路

(a) C_1 充电的等效电路 (b) C_2 放电的等效电路

$$R_{E1}=\frac{R_1R_{F2}}{R_1+R_{F2}} \tag{7.4.2}$$

$$V_{E1}=V_{OH}+\frac{R_{F2}}{R_1+R_{F2}}(V_{CC}-V_{OH}-V_{BE}) \tag{7.4.3}$$

因为 C_1 同时经 R_1 和 R_{F2} 两条支路充电，所以充电速度较快，v_{I2} 首先上升到 G_2 的阈值电压 V_{TH}，并引起如下的正反馈过程

$$v_{I2}\uparrow \longrightarrow v_{O2}\downarrow \longrightarrow v_{I1}\downarrow \longrightarrow v_{O1}\uparrow$$

从而使 v_{O2} 迅速跳变至低电平而 v_{O1} 迅速跳变至高电平，电路进入第二个暂稳态。同时，C_2 开始充电而 C_1 开始放电。由于电路的对称性，这一过程和上面所述 C_1 充电、C_2 放电的过程完全对应，当 v_{I1} 上升到 V_{TH} 时电路又将迅速地返回 v_{O1} 为低电平而 v_{O2} 为高电平的第一个暂稳态。因此，电路便不停地在两个暂稳态之间往复振荡，在输出端产生矩形输出脉冲。电路中各点电压的波形如图 7.4.5 所示。

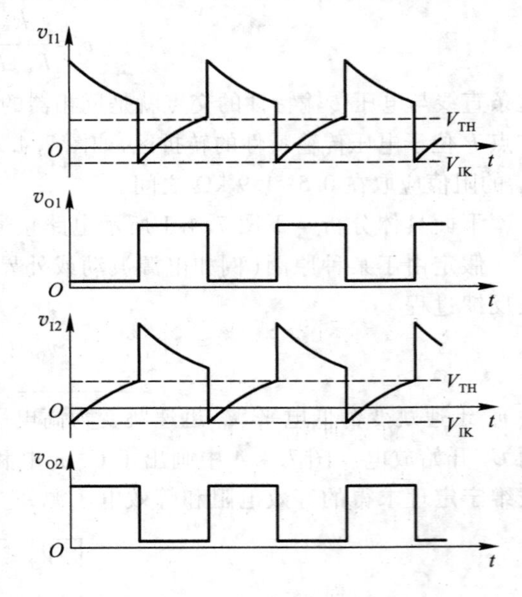

图 7.4.5　图 7.4.1 电路中各点电压的波形

从上面的分析可以看到，第一个暂稳态的持续时间 T_1 等于 v_{I2} 从 C_1 开始充电到上升至 V_{TH} 的时间。由于电路的对称性，总的振荡周期必然等于 T_1 的两倍。只要找出 C_1 充电的起始值、终了值和转换值，就可以代入式(7.3.1)求出 T_1 值了。

考虑到 TTL 门电路输入端反向钳位二极管的影响，在 v_{I2} 产生负跳变时只能下跳至输入端负的钳位电压 V_{IK}，所以 C_1 充电的起始值为 $v_{I2}(0)=V_{IK}$。假定 $V_{OL}\approx 0$，则 C_1 上的电压 v_{C_1} 也就是 v_{I2}。于是得到 $v_{C_1}(0)=V_{IK}$，$v_{C_1}(\infty)=V_{E1}$，转换电压即 V_{TH}，故得到

$$T_1=R_{E1}C_1\ln\frac{V_{E1}-V_{IK}}{V_{E1}-V_{TH}} \tag{7.4.4}$$

在 $R_{F1}=R_{F2}=R_F$、$C_1=C_2=C$ 的条件下，图 7.4.1 电路的振荡周期为

$$T=2T_1=2R_EC\ln\frac{V_E-V_{IK}}{V_E-V_{TH}} \tag{7.4.5}$$

式中的 R_E 和 V_E 由式(7.4.2)和式(7.4.3)给出。

如果 G_1、G_2 为 74LS 系列反相器，取 $V_{OH}=3.4$ V、$V_{IK}=-1$ V、$V_{TH}=1.1$ V，在 $R_F\ll R_1$ 的情况下式(7.4.5)可近似地简化为

$$T\approx 2R_FC\ln\frac{V_{OH}-V_{IK}}{V_{OH}-V_{TH}}\approx 1.3\ R_FC \tag{7.4.6}$$

以供近似估算振荡周期时使用。

【例 7.4.1】 在图 7.4.1 所示的对称式多谐振荡电路中，已知 $R_{F1}=R_{F2}=1\ k\Omega$，$C_1=C_2=0.1\ \mu F$。G_1 和 G_2 为 74LS04 中的两个反相器，它们的 $V_{OH}=3.4\ V$，$V_{IK}=-1\ V$，$V_{TH}=1.1\ V$，$R_1=20\ k\Omega$。取 $V_{CC}=5\ V$。试计算电路的振荡频率。

解： 由式(7.4.2)和式(7.4.3)求出 R_E、V_E 值分别为

$$R_E=\frac{R_1R_F}{R_1+R_F}=0.95\ k\Omega$$

$$V_E=V_{OH}+\frac{R_F}{R_1+R_F}(V_{CC}-V_{OH}-V_{BE})=3.44\ V$$

将 $R_E=0.95\ k\Omega$、$V_E=3.44\ V$、$C=0.1\ \mu F$、$V_{IK}=-1\ V$、$V_{TH}=1.1\ V$ 代入式(7.4.5)得到

$$\begin{aligned}T&=2R_EC\ln\frac{V_E-V_{IK}}{V_E-V_{TH}}\\&=\left(2\times0.95\times10^{-4}\ln\frac{3.44+1}{3.44-1.1}\right)s\\&=1.22\times10^{-4}s\end{aligned}$$

故振荡频率为

$$f=\frac{1}{T}=8.2\ kHz$$

7.4.2 非对称式多谐振荡电路

如果仔细研究一下图 7.4.1 所示的对称式多谐振荡电路就不难发现，这个电路还能进一步简化。因为静态时 G_1 工作在电压传输特性的转折区，所以只要把它的输出电压直接接到 G_2 的输入端，G_2 即可得到一个介于高、低电平之间的静态偏置电压，从而使 G_2 的静态工作点也处于电压传输特性的转折区上。因此，可以把 C_1 和 R_{F2} 去掉。只要在反馈环路中保留电容 C_2，电路就仍然没有稳定状态，而只能在两个暂稳态之间往复振荡。这样就得到了图 7.4.6 所示的非对称式多谐振荡电路。

现以使用 CMOS 反相器组成的非对称式多谐振荡电路为例，说明一下它的工作原理。

首先必须保证静态时 G_1 和 G_2 工作在电压传输特性的转折区，以获得较大的电压放大倍数。由图 7.4.6 可见，因为在 G_1 的输入端与输出端之间跨接了电阻 R_F，而 CMOS 门电路的输入电流在正常的输入高、低电平范围内几乎等于零，所以 R_F 上没有压降，G_1 必然工作在 $v_{O1}=v_{I1}$ 的状态。因此，表示 $v_{O1}=v_{I1}$ 的直线与电压传输特性的交点就是 G_1 的静态工作点，如图 7.4.7 所示。通常 $V_{TH}=\frac{1}{2}V_{DD}$，这时静态工作点 P 刚好处在电压传输特性转折区的中点，即 $v_{O1}=v_{I1}=\frac{1}{2}V_{DD}$ 的地方。因为 $v_{O1}=v_{I2}$，所以这时 G_2 的静态工作点也在电压传输特性的中点。由于流过 R_F 的静态电流基本等于零，所以对 R_F 阻值的选择没有严格的限制。

然而这种静态是不稳定的。假定由于某种原因使 v_{I1} 有极微小的正跳变发生，则必将引起如下的正反馈过程

$$v_{I1}\uparrow\longrightarrow v_{I2}\downarrow\longrightarrow v_{O2}\uparrow$$

（$v_{O2}\uparrow$ 反馈回 $v_{I1}\uparrow$）

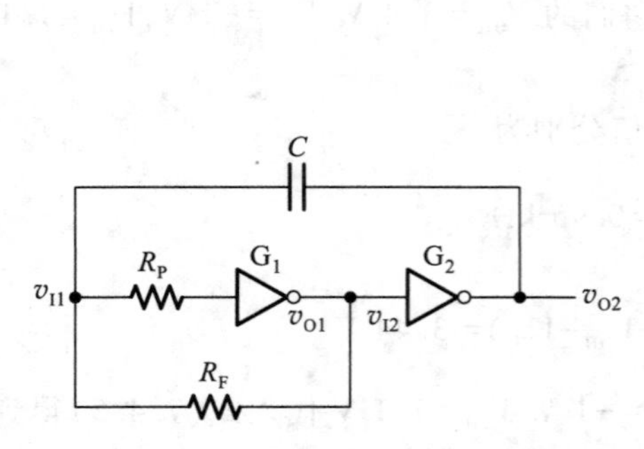

图 7.4.6　非对称式多谐振荡电路

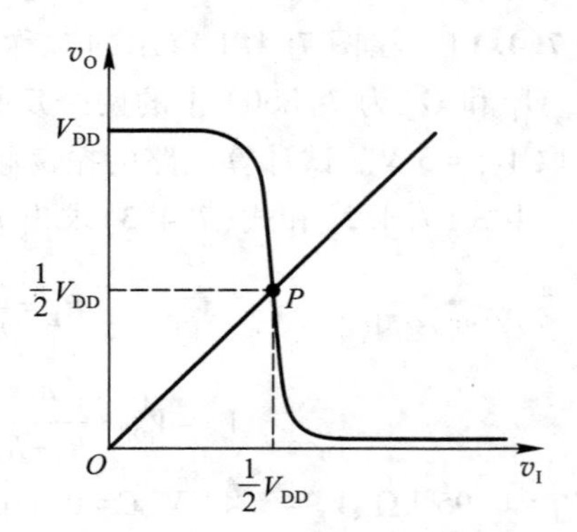

图 7.4.7　图 7.4.6 电路中 CMOS 反相器静态工作点的确定

使 v_{O1} 迅速跳变为低电平而 v_{O2} 迅速跳变为高电平，电路进入第一个暂稳态。同时，电容 C 开始放电，放电的等效电路如图 7.4.8(a)所示。其中的 $R_{ON(N)}$ 和 $R_{ON(P)}$ 分别表示 N 沟道 MOS 管和 P 沟道 MOS 管的导通内阻。

随着电容 C 的放电 v_{I1} 逐渐下降，当降到 $v_{I1}=V_{TH}$ 时，又有另一个正反馈过程发生，即

$$v_{I1}\downarrow \longrightarrow v_{I2}\uparrow \longrightarrow v_{O2}\downarrow$$

使 v_{O1} 迅速跳变为高电平而 v_{O2} 迅速跳变为低电平，电路进入第二个暂稳态。同时电容 C 开始充电，充电的等效电路如图 7.4.8(b)所示。

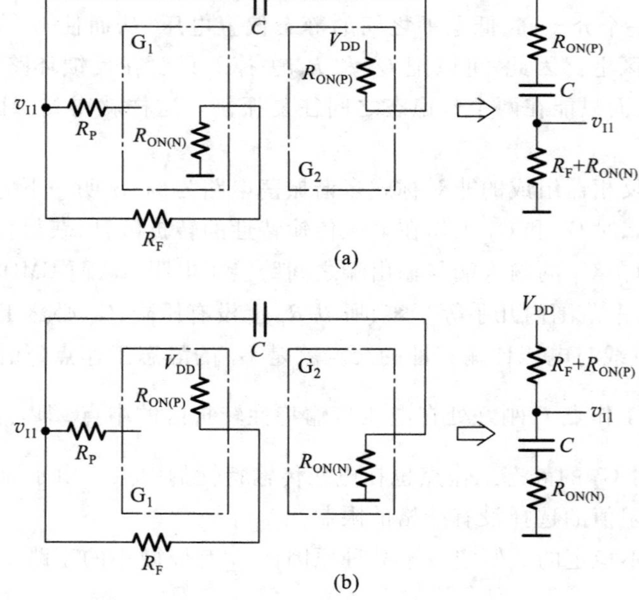

图 7.4.8　图 7.4.6 电路中电容的充、放电等效电路
(a) 放电的等效电路　(b) 充电的等效电路

这个暂稳态同样也不能持久，随着电容 C 的充电，v_{I1}不断升高，当升至 $v_{I1}=V_{TH}$时电路又重新转换为第一个暂稳态。因此，电路便不停地在两个暂稳态之间振荡。图 7.4.9 中画出了电路中各点的电压波形。

假若 G_1 输入端串接的保护电阻 R_P 足够大，则 v_{I1}高于 $V_{DD}+V_{DF}$或低于$-V_{DF}$时 G_1 的输入电流可以忽略不计。在 R_F 远大于 $R_{ON(N)}$ 和 $R_{ON(P)}$ 的条件下，根据式(7.3.1)可以近似地求得图 7.4.8(b)中电容 C 的充电时间 T_1 为

$$\begin{aligned}T_1 &\approx R_F C\ln\frac{V_{DD}-(V_{TH}-V_{DD})}{V_{DD}-V_{TH}}\\&=R_F C\ln 3\end{aligned}\tag{7.4.7}$$

同时，根据电路分析理论可知，在 RC 电路充、放电过程中电阻两端的电压从过渡过程开始到变为某一数值 V_{TH}所经过的时间可用下式计算

$$t=RC\ln\frac{v_R(\infty)-v_R(0)}{v_R(\infty)-V_{TH}}\tag{7.4.8}$$

其中 $v_R(\infty)$、$v_R(0)$分别为电阻两端电压的终了值和起始值。

由图 7.4.8(a)及图 7.4.9 可见，v_{I1}从 $V_{TH}+V_{DD}$下降至 V_{TH}的时间也就是电容 C 的放电时间 T_2。由式(7.4.8)得到

$$\begin{aligned}T_2 &\approx R_F C\ln\frac{0-(V_{TH}+V_{DD})}{0-V_{TH}}\\&=R_F C\ln 3\end{aligned}\tag{7.4.9}$$

故图 7.4.6 电路的振荡周期为

$$T=T_1+T_2\approx 2\,R_F C\ln 3=2.2\,R_F C\tag{7.4.10}$$

用 TTL 反相器同样也能组成如图 7.4.6 所示的非对称型多谐振荡电路。但需注意的是，在输入电压低于 V_{TH}时反相器的输入电流不能忽略不计，所以电容充、放电时的等效电路略显复杂一些，而且输出电压波形的占空比不等于 50%。

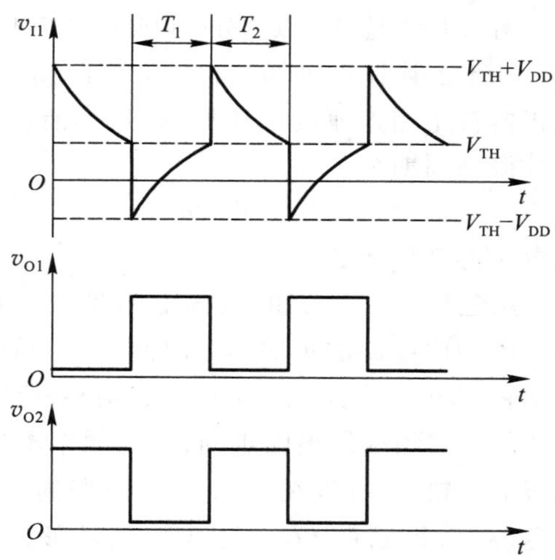

图 7.4.9 图 7.4.6 电路的工作波形图

【例 7.4.2】 在图 7.4.6 所示的非对称式多谐振荡电路中，已知 G_1、G_2 为 CMOS 反相器 CC4007，输出电阻小于 200 Ω。若取 $V_{DD}=10$ V，$R_P=30$ kΩ，$R_F=4.3$ kΩ，$C=0.01$ μF，试求电路的振荡频率。

解： 由于反相器输出电阻 $R_{ON(N)}$、$R_{ON(P)}$ 远小于 R_F，且 R_P 又较大，所以可用式(7.4.10)计算电路的振荡周期，得到

$$\begin{aligned}T &\approx 2.2R_F C=(2.2\times 4.3\times 10^3\times 10^{-8})\text{ s}\\&=9.46\times 10^{-5}\text{ s}\end{aligned}$$

故电路的振荡周期为

$$f=\frac{1}{T}\approx 10.6\text{ kHz}$$

7.4.3　环形振荡电路

利用闭合回路中的正反馈作用可以产生自激振荡，利用闭合回路中的延迟负反馈作用同样也能产生自激振荡，只要负反馈信号足够强。

环形振荡电路就是利用延迟负反馈产生振荡的。它是利用门电路的传输延迟时间将奇数个反相器首尾相接而构成的。

图 7.4.10 所示电路是一个最简单的环形振荡电路，它由三个反相器首尾相连而组成。不难看出，这个电路是没有稳定状态的。因为在静态(假定没有振荡时)下任何一个反相器的输入和输出都不可能稳定在高电平或低电平，而只能处于高、低电平之间，所以处于放大状态。

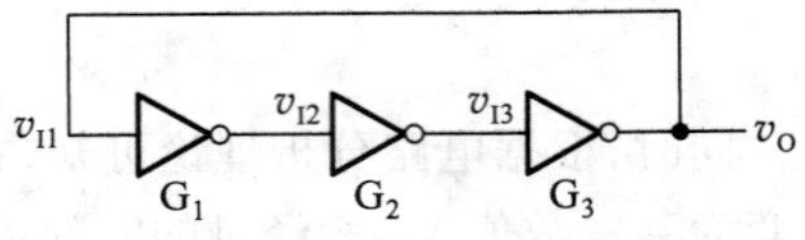

图 7.4.10　最简单的环形振荡电路

假定由于某种原因 v_{I1} 产生了微小的正跳变，则经过 G_1 的传输延迟时间 t_{pd} 之后 v_{I2} 产生一个幅度更大的负跳变，再经过 G_2 的传输延迟时间 t_{pd} 使 v_{I3} 得到更大的正跳变。然后又经过 G_3 的传输延迟时间 t_{pd} 在输出端 v_O 产生一个更大的负跳变，并反馈到 G_1 的输入端。因此，经过 $3t_{pd}$ 的时间以后，v_{I1} 又自动跳变为低电平。可以推想，再经过 $3t_{pd}$ 以后 v_{I1} 又将跳变为高电平。如此周而复始，就产生了自激振荡。

图 7.4.11 是根据以上分析得到的图 7.4.10 电路的工作波形图。由图可见，振荡周期为 $T=6t_{pd}$。

基于上述原理可知，将任何大于、等于 3 的奇数个反相器首尾相连地接成环形电路，都能产生自激振荡，而且振荡周期为

$$T=2nt_{pd} \tag{7.4.11}$$

其中 n 为串联反相器的个数。

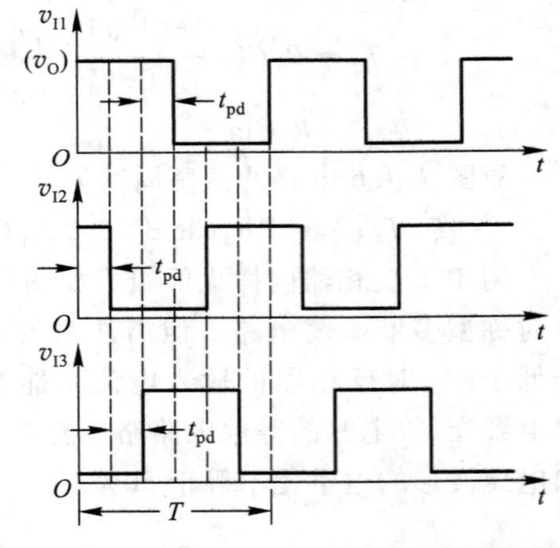

图 7.4.11　图 7.4.10 电路的工作波形图

用这种方法构成的振荡电路虽然很简单，但不实用。因为门电路的传输延迟时间极短，TTL 电路只有几十纳秒，CMOS 电路也不过一二百纳秒，所以想获得稍低一些的振荡频率是很困难的，而且频率不易调节。为了克服上述缺点，可以在图 7.4.11 电路的基础上附加 RC 延迟环节，组成带 RC 延迟电路的环形振荡电路，如图 7.4.12(a)所示。然而由于 RC 电路每次充、放电的持续时间很短，还不能有效地增加信号从 G_2 的输出端到 G_3 输入端的传输延迟时间，所以图 7.4.12(a)不是一个实用电路。

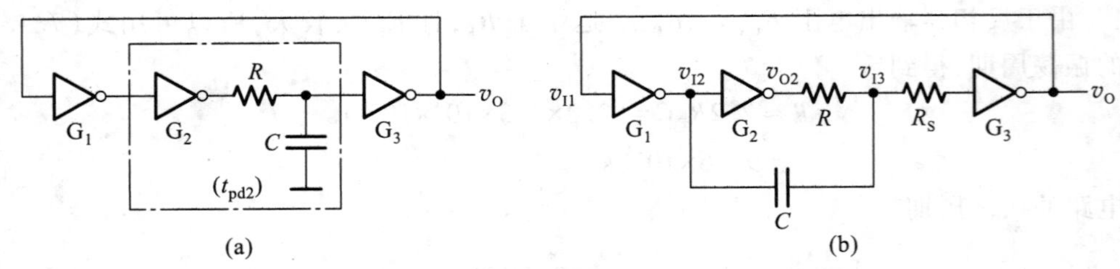

图 7.4.12　带 RC 延迟电路的环形振荡电路

(a) 原理性电路　(b) 实用的改进电路

为了进一步加大 RC 电路的充、放电时间，在实用的环形振荡电路中将电容 C 的接地端改接到 G_1 的输出端上，如图 7.4.12(b)所示。例如当 v_{I2} 处发生负跳变时，经过电容 C 使 v_{I3} 首先跳变到一个负电平，然后再从这个负电平开始对电容 C 充电，这就加长了 v_{I3} 从开始充电到上升为 V_{TH} 的时间，等于加大了 v_{I2} 到 v_{I3} 的传输延迟时间。

通常 RC 电路产生的延迟时间远远大于门电路本身的传输延迟时间，所以在计算振荡周期时可以只考虑 RC 电路的作用而将门电路固有的传输延迟时间忽略不计。

另外，为防止 v_{I3} 发生负突跳时流过反相器 G_3 输入端钳位二极管的电流过大，还在 G_3 输入端串接了保护电阻 R_S。电路中各点的电压波形如图 7.4.13 所示。

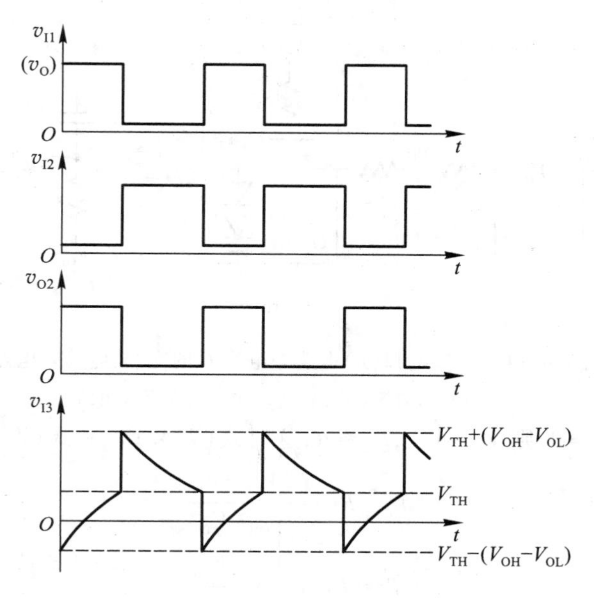

图 7.4.13 图 7.4.12(b)电路的工作波形

图 7.4.14 中画出了电容 C 充、放电的等效电路。图中忽略了反相器的输出电阻。利用式(7.3.1)和式(7.4.8)求得电容 C 的充电时间 T_1 和放电时间 T_2 各为

$$T_1 = R_E C\ln\frac{V_E-[V_{TH}-(V_{OH}-V_{OL})]}{V_E-V_{TH}} \tag{7.4.12}$$

$$T_2 = RC\ln\frac{V_{TH}+(V_{OH}-V_{OL})-V_{OL}}{V_{TH}-V_{OL}}$$

$$= RC\ln\frac{V_{OH}+V_{TH}-2V_{OL}}{V_{TH}-V_{OL}} \tag{7.4.13}$$

其中

$$V_E = V_{OH}+(V_{CC}-V_{BE}-V_{OH})\frac{R}{R_1+R_1+R_S} \tag{7.4.14}$$

$$R_E = \frac{R(R_1+R_S)}{R+R_1+R_S} \tag{7.4.15}$$

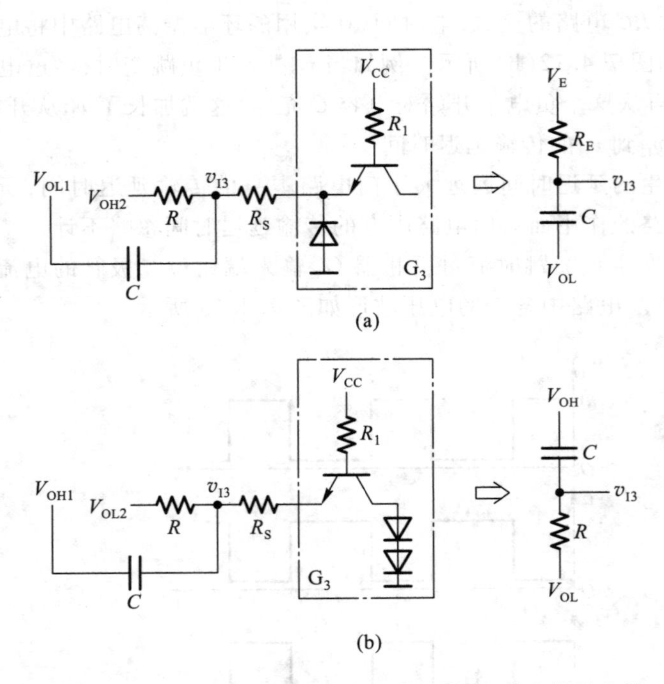

图 7.4.14　图 7.4.12(b)电路中电容 C 的充、放电等效电路

(a) 充电时的等效电路　(b) 放电时的等效电路

若 $R_1+R_S \gg R, V_{OL}\approx 0$,则 $V_E \approx V_{OH}, R_E \approx R$,这时式(7.4.12)和式(7.4.13)可简化为

$$T_1 \approx RC\ln\frac{2V_{OH}-V_{TH}}{V_{OH}-V_{TH}} \tag{7.4.16}$$

$$T_2 \approx RC\ln\frac{V_{OH}+V_{TH}}{V_{TH}} \tag{7.4.17}$$

故图 7.4.12(b)电路的振荡周期近似等于

$$T=T_1+T_2 \approx RC\ln\left(\frac{2V_{OH}-V_{TH}}{V_{OH}-V_{TH}}\cdot\frac{V_{OH}+V_{TH}}{V_{TH}}\right) \tag{7.4.18}$$

假定 $V_{OH}=3\ \text{V}$、$V_{TH}=1.4\ \text{V}$,代入上式后得到

$$T \approx 2.2\ RC \tag{7.4.19}$$

式(7.4.19)可用于近似估算振荡周期。但使用时应注意它的假定条件是否满足,否则计算结果会有较大的误差。

7.4.4　用施密特触发电路构成的多谐振荡电路

前面已经讲过,施密特触发电路,最突出的特点是它的电压传输特性有一个滞回区。由此我们想到,倘若能使它的输入电压在 V_{T+} 与 V_{T-} 之间不停地往复变化,那么在输出端就可以得到矩形脉冲波了。

实现上述设想的方法很简单,只要将施密特触发电路的反相输出端经 RC 积分电路接回输入端即可,如图 7.4.15 所示。

当接通电源以后，因为电容上的初始电压为零，所以输出为高电平，并开始经电阻 R 向电容 C 充电。当充到输入电压为 $v_I = V_{T+}$ 时，输出跳变为低电平，电容 C 又经过电阻 R 开始放电。

当放电至 $v_I = V_{T-}$ 时，输出电位又跳变成高电平，电容 C 重新开始充电。如此周而复始，电路便不停地振荡。v_I 和 v_O 的电压波形如图 7.4.16 所示。

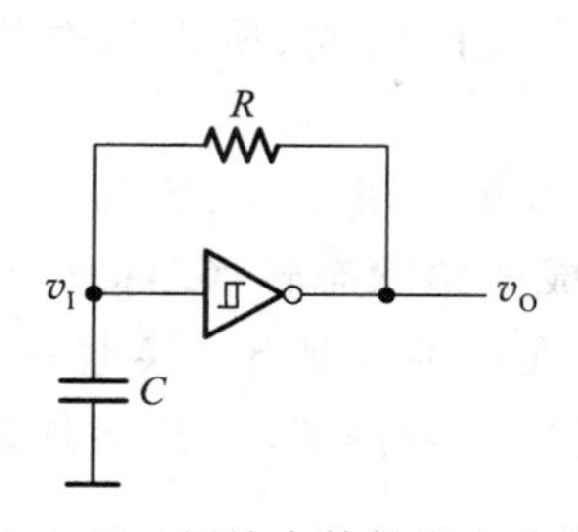

图 7.4.15 用施密特触发电路构成的多谐振荡电路

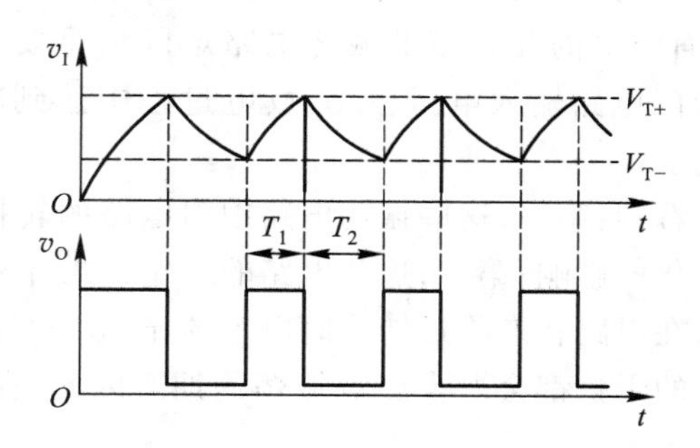

图 7.4.16 图 7.4.15 电路的电压波形图

若使用的是 CMOS 施密特触发电路，而且 $V_{OH} \approx V_{DD}$，$V_{OL} \approx 0$，则依据图 7.4.16 的电压波形得到计算振荡周期的公式为

$$T = T_1 + T_2 = RC\ln\frac{V_{DD} - V_{T-}}{V_{DD} - V_{T+}} + RC\ln\frac{V_{T+}}{V_{T-}}$$

$$= RC\ln\left(\frac{V_{DD} - V_{T-}}{V_{DD} - V_{T+}} \cdot \frac{V_{T+}}{V_{T-}}\right) \tag{7.4.20}$$

通过调节 R 和 C 的大小，即可改变振荡周期。此外，在这个电路的基础上稍加修改就能实现对输出脉冲占空比的调节，电路的接法如图 7.4.17 所示。在这个电路中，因为电容的充电和放电分别经过两个电阻 R_2 和 R_1，所以只要改变 R_2 和 R_1 的比值，就能改变占空比。

如果使用 TTL 施密特触发电路构成多谐振荡电路，在计算振荡周期时应考虑到施密特触发电路的输入电路对电容充、放电的影响，因此得到的计算公式要比式(7.4.20)稍微复杂一些。

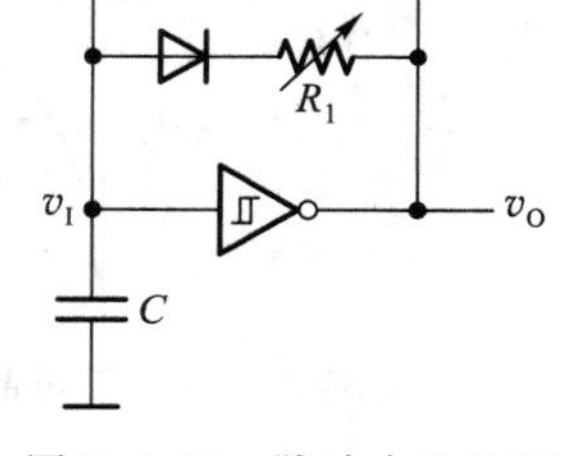

图 7.4.17 脉冲占空比可调的多谐振荡电路

【例 7.4.3】 已知图 7.4.15 电路中的施密特触发电路为 CMOS 电路 CC40106，$V_{DD} = 10$ V，$R = 10$ kΩ，$C = 0.01$ μF，试求该电路的振荡周期。

解： 由 CC40106 的电压传输特性上查到 $V_{T+} = 6.3$ V，$V_{T-} = 2.7$ V。将 V_{T+}、V_{T-} 及给定的 V_{DD}、R、C 数值代入式(7.4.20)后得到

$$T = RC\ln\left(\frac{V_{DD} - V_{T-}}{V_{DD} - V_{T+}} \cdot \frac{V_{T+}}{V_{T-}}\right)$$

$$= \left[10^4 \times 10^{-8} \times \ln\left(\frac{7.3}{3.7} \times \frac{6.3}{2.7}\right)\right] \text{s} = 0.153 \text{ ms}$$

7.4.5　石英晶体多谐振荡电路

在许多应用场合下都对多谐振荡电路的振荡频率稳定性有严格的要求。例如,在将多谐振荡电路作为数字钟的脉冲源使用时,它的频率稳定性直接影响着计时的准确性。在这种情况下,前面所讲的几种多谐振荡电路难以满足要求,因为在这些多谐振荡电路中振荡频率主要取决于门电路输入电压在充、放电过程中达到转换电平所需要的时间,所以频率稳定性不可能很高。

不难看到:第一,这些振荡电路中门电路的转换电平 V_{TH} 本身就不够稳定,容易受电源电压和温度变化的影响;第二,这些电路的工作方式容易受干扰,造成电路状态转换时间的提前或滞后;第三,在电路状态临近转换时电容的充、放电已经比较缓慢,在这种情况下转换电平微小的变化或轻微的干扰都会严重影响振荡周期。因此,在对频率稳定性有较高要求时,必须采取稳频措施。

目前普遍采用的一种稳频方法是在多谐振荡电路中接入石英晶体,组成石英晶体多谐振荡电路。图 7.4.18 给出了石英晶体的符号和电抗的频率特性。将石英晶体与对称式多谐振荡电路中的耦合电容串联起来,就组成了如图 7.4.19 所示的石英晶体多谐振荡电路。

由石英晶体的电抗频率特性可知,当外加电压的频率为 f_0 时它的阻抗最小,所以把它接入多谐振荡电路的正反馈环路中以后,频率为 f_0 的电压信号最容易通过它,并在电路中形成正反馈,而其他频率信号经过石英晶体时被衰减。因此,电路的振荡频率也必然是 f_0。

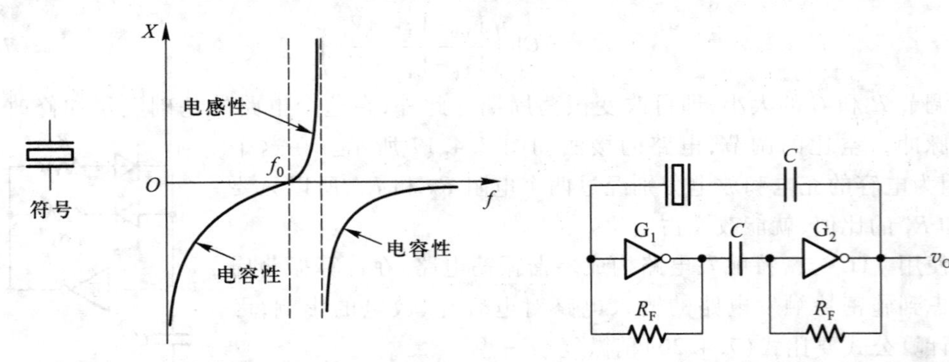

图 7.4.18　石英晶体的电抗频率特性和符号　　图 7.4.19　石英晶体多谐振荡电路

由此可见,石英晶体多谐振荡电路的振荡频率取决于石英晶体的固有谐振频率 f_0,而与外接电阻、电容无关。石英晶体的谐振频率由石英晶体的结晶方向和外形尺寸所决定,具有极高的频率稳定性。它的频率稳定度($\Delta f_0/f_0$)可达 $10^{-10}\sim10^{-11}$,足以满足大多数数字系统对频率稳定度的要求。具有各种谐振频率的石英晶体已被制成标准化和系列化的产品出售。

在图 7.4.19 所示电路中,若取 TTL 电路 7404 用作 G_1 和 G_2 两个反相器,$R_F = 1\ \text{k}\Omega$,$C = 0.05\ \mu\text{F}$,则其工作频率可达几十兆赫。

在非对称式多谐振荡电路中,也可以接入石英晶体构成非对称式石英晶体多谐振荡电路,以达到稳定频率的目的。电路的振荡频率同样也等于石英晶体的谐振频率,与外接电阻和电容的参数无关。

复习思考题

R7.4.1 在什么条件下电路中的正反馈会使电路产生振荡？在什么条件下电路中的负反馈会使电路产生振荡？

R7.4.2 这一节所介绍的振荡电路当中哪几种是利用正反馈作用产生振荡的？哪几种是利用延迟负反馈产生振荡的？

R7.4.3 为什么石英晶体能稳定振荡电路的振荡频率？

R7.4.4 你能总结出画充、放电等效电路时处理TTL和CMOS门电路输入端等效电路的原则吗？

7.5 555定时器及其应用

7.5.1 555定时器的电路结构与功能

555定时器是一种多用途的数字-模拟混合集成电路，利用它能极方便地构成施密特触发电路、单稳态电路和多谐振荡电路。由于使用灵活、方便，所以555定时器在波形的产生与变换、测量与控制、家用电器、电子玩具等许多领域中都得到了应用。

正因为如此，自从Signetics公司于1972年推出这种产品以后，国际上各主要的电子器件公司也都相继地生产了各自的555定时器产品。尽管产品型号繁多，但所有产品型号最后的3位数码都是555。而且，它们的功能和外部引脚的排列完全相同。为了提高集成度，随后又生产了双定时器产品556。

图7.5.1是双极型555定时器的电路结构图。它由比较器C_1和C_2、SR锁存器和集电极开路的放电三极管T_D三部分组成。

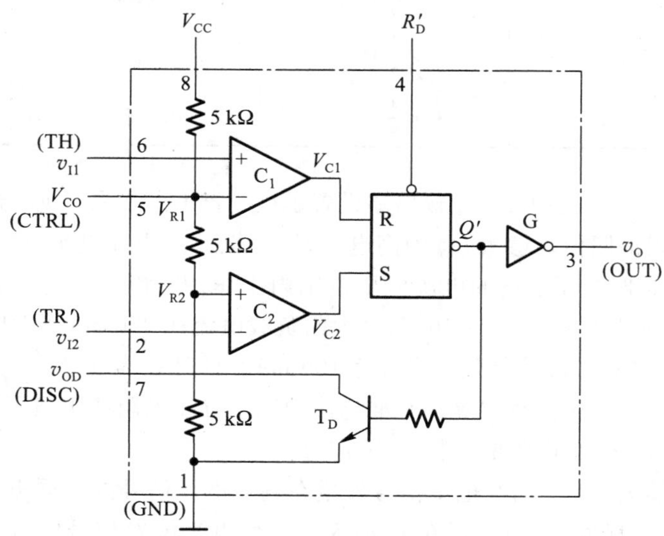

图7.5.1 555定时器的电路结构图

v_{I1}是比较器 C_1 的输入端(也称阈值端,用 TH 标注),v_{I2}是比较器 C_2 的输入端(也称触发端,用 TR′标注)。C_1 和 C_2 的参考电压(电压比较的基准)V_{R1}和 V_{R2}由 V_{CC}经三个 5 kΩ 电阻分压给出。在控制电压输入端 V_{CO}悬空时,$V_{R1}=\frac{2}{3}V_{CC}$,$V_{R2}=\frac{1}{3}V_{CC}$。如果 V_{CO}外接固定电压,则 $V_{R1}=V_{CO}$,$V_{R2}=\frac{1}{2}V_{CO}$。

R'_D 是置零输入端。只要在 R'_D端加上低电平,输出端 v_O 便立即被置成低电平,不受其他输入端状态的影响。正常工作时必须使 R'_D 处于高电平。图中的数码 1~8 为器件引脚的编号。

由图 7.5.1 可知,当 $v_{I1}>V_{R1}$、$v_{I2}>V_{R2}$时,比较器 C_1 的输出 $V_{C1}=\mathbf{1}$、比较器 C_2 的输出 $V_{C2}=\mathbf{0}$,SR 锁存器被置 **0**,T_D 导通,同时 v_O 为低电平。

当 $v_{I1}<V_{R1}$、$v_{I2}>V_{R2}$时,$V_{C1}=\mathbf{0}$、$V_{C2}=\mathbf{0}$,锁存器的状态保持不变,因而 T_D 和输出的状态也维持不变。

当 $v_{I1}<V_{R1}$、$v_{I2}<V_{R2}$时,$V_{C1}=\mathbf{0}$、$V_{C2}=\mathbf{1}$,故锁存器被置 **1**,v_O 为高电平,同时 T_D 截止。

当 $v_{I1}>V_{R1}$、$v_{I2}<V_{R2}$时,$V_{C1}=\mathbf{1}$、$V_{C2}=\mathbf{1}$,由或非门接成的锁存器处于 $Q=Q'=\mathbf{0}$ 的状态,v_O 处于高电平,同时 T_D 截止。

这样我们就得到了表 7.5.1 所示的 555 定时器的功能表。

表 7.5.1　555 定时器的功能表

输　入			输　出	
R'_D	v_{I1}(TH)	v_{I2}(TR′)	v_O	T_D 状态
0	×	×	低	导通
1	$>\frac{2}{3}V_{CC}$	$>\frac{1}{3}V_{CC}$	低	导通
1	$<\frac{2}{3}V_{CC}$	$>\frac{1}{3}V_{CC}$	不变	不变
1	$<\frac{2}{3}V_{CC}$	$<\frac{1}{3}V_{CC}$	高	截止
1	$>\frac{2}{3}V_{CC}$	$<\frac{1}{3}V_{CC}$	高	截止

为了提高电路的带负载能力,还在输出端设置了缓冲器 G。如果将 v_{OD}端经过电阻接到电源上,那么只要这个电阻的阻值足够大,v_O 为高电平时 v_{OD}也一定为高电平,v_O为低电平时 v_{OD}也一定为低电平。555 定时器能在很宽的电源电压范围内工作,并可承受较大的负载电流。双极型 555 定时器的电源电压范围多为 4.5~16 V,最大的负载电流达 200 mA。CMOS 型 555 定时器的电源电压范围多为 2~18 V,最大负载电流可达 100 mA。此外还需注意一点,就是在一些 CMOS 型 555 定时器电路中,为电压比较器提供基准电压的三个分压电阻的阻值不是 5 kΩ。例如 TI 公司生产的 LMC555 中,这三个电阻的阻值为 100 kΩ。

可以设想,如果使 v_{C1}和 v_{C2}的高电平信号发生在输入电压信号的不同电平,那么输出与输入之间的关系将为施密特触发特性;如果在 v_{I2}加入一个低电平触发信号以后,经过一定的时间能在 v_{C1}输入端自动产生一个高电平信号,就可以得到单稳态电路;如果能使 v_{C1}和 v_{C2}的高电平信号交替地反复出现，就可以得到多谐振荡电路。

下面将具体说明如何实现以上这些设想。

7.5.2　用 555 定时器接成的施密特触发电路

将 555 定时器的 v_{I1} 和 v_{I2} 两个输入端连在一起作为信号输入端，如图 7.5.2 所示，即可得到施密特触发电路。

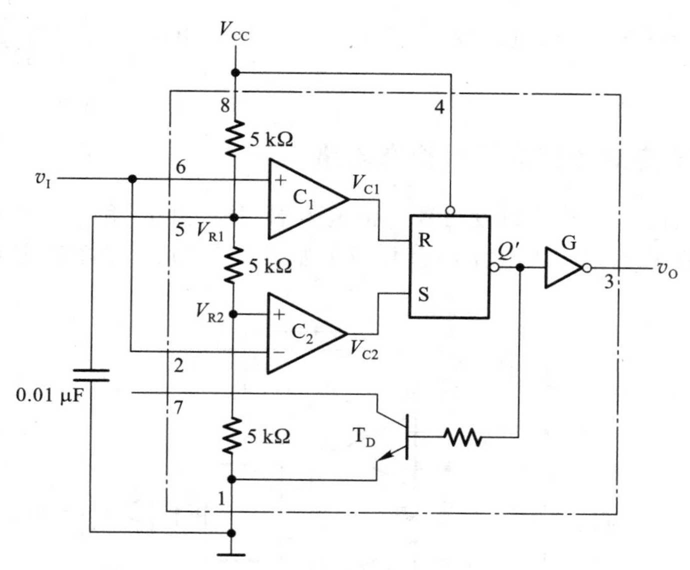

图 7.5.2　用 555 定时器接成的施密特触发电路

由于比较器 C_1 和 C_2 的参考电压不同，因而 *SR* 锁存器的置 **0** 信号（$V_{C1}=\mathbf{1}$）和置 **1** 信号（$V_{C2}=\mathbf{1}$）必然发生在输入信号 v_I 的不同电平。因此，输出电压 v_O 由高电平变为低电平和由低电平变为高电平所对应的 v_I 值也不相同，这样就形成了施密特触发特性。

为提高比较器参考电压 V_{R1} 和 V_{R2} 的稳定性，通常在 V_{CO} 端接有 0.01 μF 左右的滤波电容。

首先我们来分析 v_I 从 0 逐渐升高的过程：

当 $v_I<\frac{1}{3}V_{CC}$ 时，$V_{C1}=\mathbf{0}$、$V_{C2}=\mathbf{1}$，$Q=\mathbf{1}$，故 $v_O=V_{OH}$；

当 $\frac{1}{3}V_{CC}<v_I<\frac{2}{3}V_{CC}$ 时，$V_{C1}=V_{C2}=\mathbf{0}$，故 $v_O=V_{OH}$ 保持不变；

当 $v_I>\frac{2}{3}V_{CC}$ 以后，$V_{C1}=\mathbf{1}$、$V_{C2}=\mathbf{0}$，$Q=\mathbf{0}$，故 $v_O=V_{OL}$。因此，$V_{T+}=\frac{2}{3}V_{CC}$。

其次，再看 v_I 从高于 $\frac{2}{3}V_{CC}$ 开始下降的过程：

当 $\frac{1}{3}V_{CC}<v_I<\frac{2}{3}V_{CC}$ 时，$V_{C1}=V_{C2}=\mathbf{0}$，故 $v_O=V_{OL}$ 不变；

当 $v_I<\frac{1}{3}V_{CC}$ 以后，$V_{C1}=\mathbf{0}$、$V_{C2}=\mathbf{1}$，$Q=\mathbf{1}$，故 $v_O=V_{OH}$。因此，$V_{T-}=\frac{1}{3}V_{CC}$。

由此得到电路的回差电压为

$$\Delta V_{\mathrm{T}}=V_{\mathrm{T+}}-V_{\mathrm{T-}}=\frac{1}{3}V_{\mathrm{CC}}$$

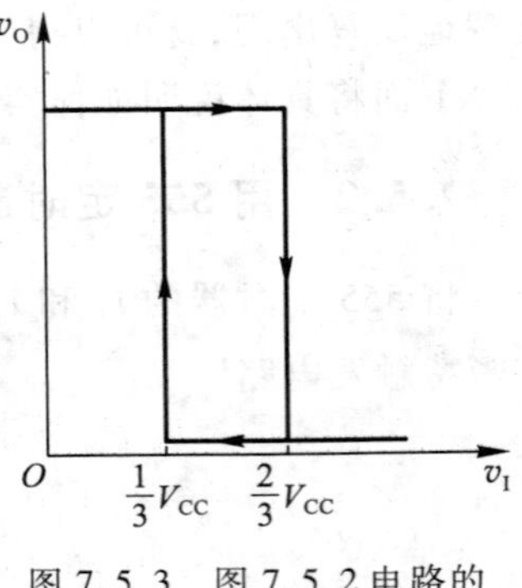

图 7.5.3　图 7.5.2 电路的电压传输特性

图 7.5.3 是图 7.5.2 电路的电压传输特性，它是一个典型的反相输出施密特触发特性。

如果参考电压由外接的电压 V_{CO} 供给，则不难看出这时 $V_{\mathrm{T+}}=V_{\mathrm{CO}}$，$V_{\mathrm{T-}}=\frac{1}{2}V_{\mathrm{CO}}$，$\Delta V_{\mathrm{T}}=\frac{1}{2}V_{\mathrm{CO}}$。通过改变 V_{CO} 值可以调节回差电压的大小。

7.5.3　用 555 定时器接成的单稳态电路

若以 555 定时器的 v_{I2} 端作为触发信号 v_{I} 的输入端，并将由 $\mathrm{T_D}$ 和 R 组成的反相器输出电压 v_{OD} 接至 v_{I1} 端，同时在 v_{I1} 对地接入电容 C，就构成了如图 7.5.4 所示的单稳态电路。

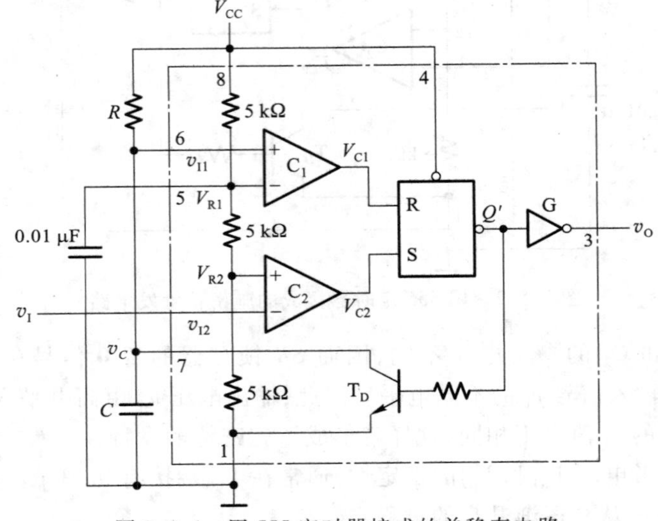

图 7.5.4　用 555 定时器接成的单稳态电路

如果没有触发信号时 v_{I} 处于高电平，那么这个电路一定处于 $Q=\mathbf{0}$，$v_{\mathrm{O}}=\mathbf{0}$ 的状态。假定接通电源后锁存器停在 $Q=\mathbf{0}$ 的状态，则 $\mathrm{T_D}$ 导通 $v_C\approx 0$。故 $V_{\mathrm{C1}}=V_{\mathrm{C2}}=\mathbf{0}$，$Q=\mathbf{0}$ 及 $v_{\mathrm{O}}=\mathbf{0}$ 的状态将稳定地维持不变。

如果接通电源后锁存器停在 $Q=\mathbf{1}$ 的状态了，这时 $\mathrm{T_D}$ 一定截止，V_{CC} 便经 R 向 C 充电。当充到 $v_C=\frac{2}{3}V_{\mathrm{CC}}$ 时，V_{C1} 变为 $\mathbf{1}$，于是将锁存器置 $\mathbf{0}$。同时，$\mathrm{T_D}$ 导通，电容 C 经 $\mathrm{T_D}$ 迅速放电，使 $v_C\approx 0$。此后由于 $V_{\mathrm{C1}}=V_{\mathrm{C2}}=\mathbf{0}$，锁存器保持 $\mathbf{0}$ 状态不变，输出也相应地稳定在 $v_{\mathrm{O}}=\mathbf{0}$ 的状态。

因此，通电后电路便自动地停在 $v_{\mathrm{O}}=\mathbf{0}$ 的稳态。

当触发脉冲的下降沿到达，使 v_{I2} 跳变到 $\frac{1}{3}V_{\mathrm{CC}}$ 以下时，使 $V_{\mathrm{C2}}=\mathbf{1}$（此时 $V_{\mathrm{C1}}=\mathbf{0}$），锁存器被置 $\mathbf{1}$，v_{O} 跳变为高电平，电路进入暂稳态。与此同时 $\mathrm{T_D}$ 截止，V_{CC} 经 R 开始向电容 C 充电。

当充至 $v_C=\frac{2}{3}V_{CC}$时，V_{C1}变成 **1**。如果此时输入端的触发脉冲已消失，v_I 回到了高电平，则锁存器将被置 **0**，于是输出返回 $v_O=\mathbf{0}$ 的状态。同时 T_D 又变为导通状态，电容 C 经 T_D 迅速放电，直至 $v_C\approx 0$，电路恢复到稳态。图 7.5.5 画出了在触发信号作用下 v_C 和 v_O 相应的波形。

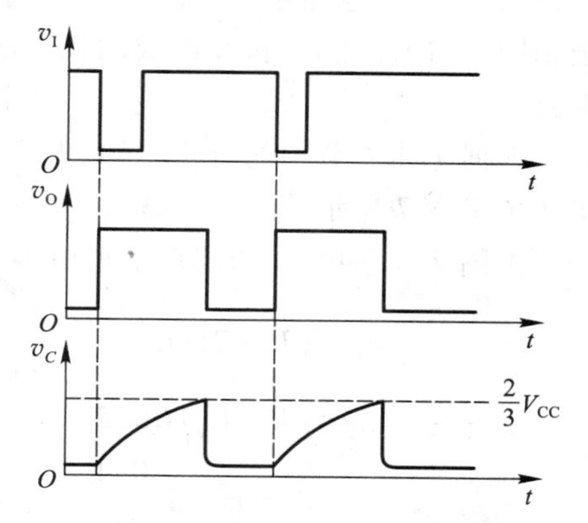

图 7.5.5　图 7.5.4 电路的电压波形图

输出脉冲的宽度 t_W 等于暂稳态的持续时间，而暂稳态的持续时间取决于外接电阻 R 和电容 C 的大小。由图 7.5.5 可知，t_W 等于电容电压在充电过程中从 0 上升到 $\frac{2}{3}V_{CC}$所需要的时间，因此得到

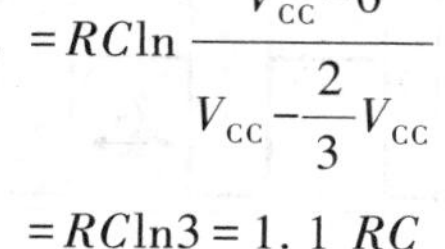

$$t_W=RC\ln\frac{V_{CC}-0}{V_{CC}-\frac{2}{3}V_{CC}}$$

$$=RC\ln 3=1.1\ RC \tag{7.5.1}$$

通常 R 的取值在几百欧姆到几兆欧姆之间，电容的取值范围为几百皮法到几百微法，t_W 的范围为几微秒到几分钟。但必须注意，随着 t_W 的宽度增加它的精度和稳定度也将下降。

7.5.4　用 555 定时器接成的多谐振荡电路

既然用 555 定时器能很方便地接成施密特触发电路，那么我们就可以先把它接成施密特触发电路，然后利用前面 7.4.4 节讲过的方法，在施密特触发电路的基础上改接成多谐振荡电路。

在 7.4.4 节中曾经讲到，只要把施密特触发电路的反相输出端经 RC 积分电路接回到它的输入端，就构成了多谐振荡电路。因此，只要将 555 定时器的 v_{I1} 和 v_{I2} 连在一起接成施密特触发电路，然后再将 v_O 经 RC 积分电路接回输入端就得到了多谐振荡电路。如图 7.5.6 所示。

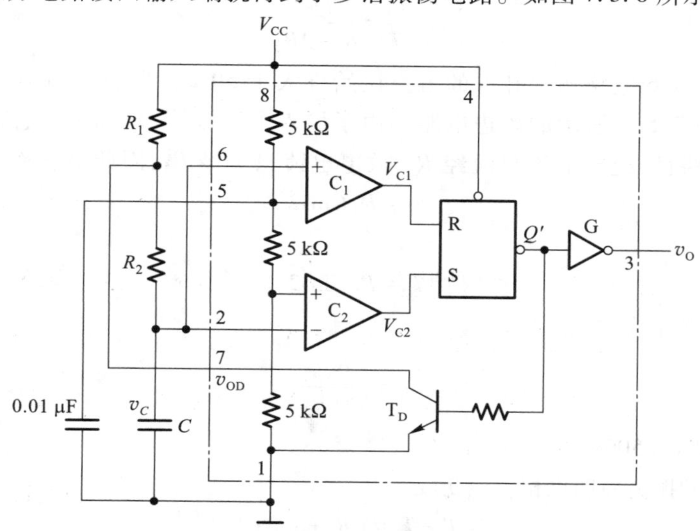

图 7.5.6　用 555 定时器接成的多谐振荡电路

为了减轻门 G 的负载，在电容 C 的容量较大时不宜直接由 G 提供电容的充、放电电流。为此，在图 7.5.6 电路中将 T_D 与 R_1 接成了一个反相器，它的输出 v_{OD} 与 v_O 在高、低电平状态上完全相同。将 v_{OD} 经 R_2 和 C 组成的积分电路接到施密特触发电路的输入端同样也能构成多谐振荡电路。

根据 7.4.4 节中的分析得知，电容上的电压 v_C 将在 V_{T+} 与 V_{T-} 之间往复振荡，v_C 和 v_O 的波形将如图 7.5.7 所示。

由图 7.5.7 中 v_C 的波形求得电容 C 的充电时间 T_1 和放电时间 T_2 各为

$$T_1 = (R_1+R_2)C\ln\frac{V_{CC}-V_{T-}}{V_{CC}-V_{T+}} = (R_1+R_2)C\ln 2 \tag{7.5.2}$$

$$T_2 = R_2C\ln\frac{0-V_{T+}}{0-V_{T-}} = R_2C\ln 2 \tag{7.5.3}$$

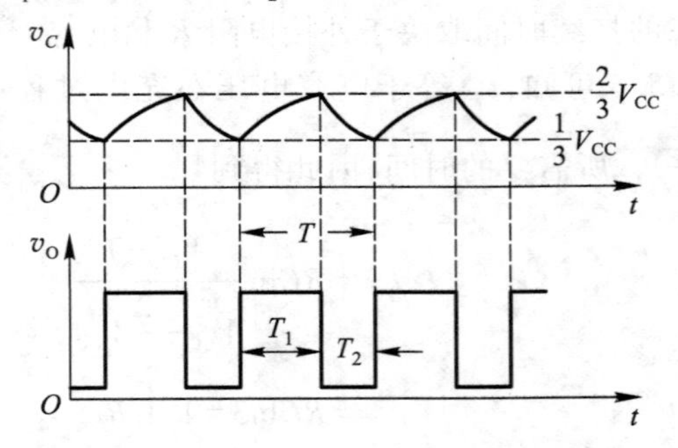

图 7.5.7　图 7.5.6 电路的电压波形图

故电路的振荡周期为

$$T = T_1+T_2 = (R_1+2R_2)C\ln 2 \tag{7.5.4}$$

振荡频率为

$$f=\frac{1}{T}=\frac{1}{(R_1+2R_2)C\ln 2} \tag{7.5.5}$$

通过改变 R 和 C 的参数即可改变振荡频率。用双极型 555 组成的多谐振荡电路最高振荡频率约 500 kHz，用 CMOS 型 555 组成的多谐振荡电路最高振荡频率也只有3 MHz。因此用 555 定时器接成的振荡电路在频率范围方面有较大的局限性，高频的多谐振荡电路仍然需要使用高速门电路接成。

由式(7.5.2)和式(7.5.4)求出输出脉冲的占空比为

$$q=\frac{T_1}{T}=\frac{R_1+R_2}{R_1+2R_2} \tag{7.5.6}$$

上式说明，图 7.5.6 电路输出脉冲的占空比始终大于 50%。为了得到小于或等于 50%的占空比，可以采用如图 7.5.8 所示的改进电路。由于接入了二极管 D_1 和 D_2，电容的充电电流和放电电流流经不同的路径，充电电流只流经 R_1，放电电流只流经 R_2，因此电容 C 的充电时间变为

$$T_1 = R_1C\ln 2$$

而放电时间为

$$T_2 = R_2C\ln 2$$

故得输出脉冲的占空比为

$$q=\frac{R_1}{R_1+R_2} \tag{7.5.7}$$

若取 $R_1=R_2$，则 $q=50\%$。

图 10.5.8 电路的振荡周期也相应地变成

$$T=T_1+T_2=(R_1+R_2)C\ln 2 \tag{7.5.8}$$

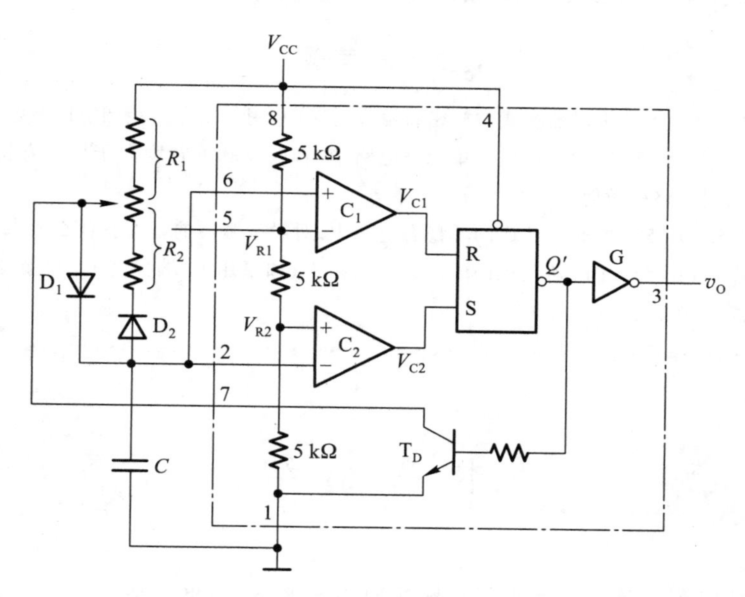

图 7.5.8　用 555 定时器组成的占空比可调多谐振荡电路

【**例 7.5.1**】　试用 NE555 定时器设计一个多谐振荡电路，要求振荡周期为1 s，输出脉冲幅度大于 3 V 而小于 5 V，输出脉冲的占空比 $q=\dfrac{2}{3}$。

解：　由 NE555 的特性参数可知，当电源电压取为 5 V 时，在 100 mA 的输出电流下输出高电平的典型值为 3.3 V，所以取 $V_{CC}=5$ V 可以满足对输出脉冲幅度的要求。若采用图 7.5.6 电路，则据式(7.5.6)可知

$$q=\frac{R_1+R_2}{R_1+2R_2}=\frac{2}{3}$$

故得到 $R_1=R_2$。

又由式(7.5.4)知

$$T=(R_1+2R_2)C\ln 2=1$$

若取 $C=10\ \mu$F，则代入上式得到

$$3R_1C\ln 2=1$$

$$R_1=\frac{1}{3C\ln 2}\ \Omega$$

$$=\frac{1}{3\times 10^{-5}\times 0.69}\ \Omega=48\ \text{k}\Omega$$

因 $R_1=R_2$，所以取两只 47 kΩ 的电阻与一个 2 kΩ 的电位器串联，即得到图 7.5.9 所示的设计结果。

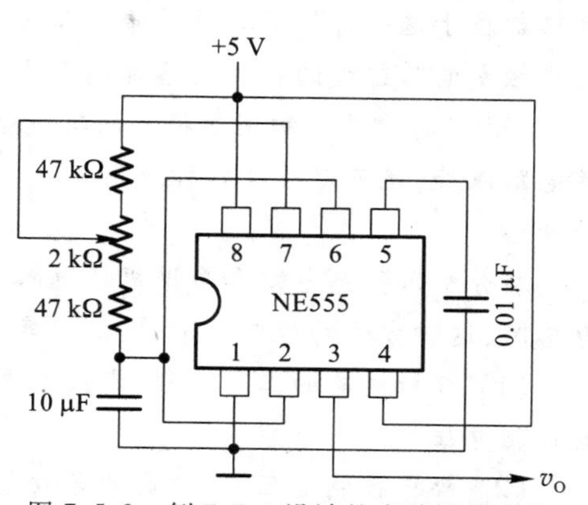

图 7.5.9　例 7.5.1 设计的多谐振荡电路

复习思考题

R7.5.1　在图 7.5.2 用 555 定时器接成的施密特触发电路中,用什么方法能调节回差电压的大小?

R7.5.2　在图 7.5.4 用 555 定时器接成的单稳态电路中,若触发脉冲宽度大于单稳态持续时间,电路能否正常工作?如果不能,则电路应做何修改?

R7.5.3　在图 7.5.4 用 555 定时器接成的单稳态电路中,对触发脉冲的幅度有什么要求?

R7.5.4　在图 7.5.6 用 555 定时器接成的多谐振荡电路中,如果用 v_O 端代替 v_{OD} 端接到 R_2C 电路输入端,去掉 R_1,电路能否正常工作?

本章小结

在这一章里我们介绍了用于产生矩形脉冲的各种电路,其中一类是脉冲整形电路,它们虽然不能自动产生脉冲信号,但能将其他形状的周期性信号变换为所要求的矩形脉冲信号,达到整形的目的。

施密特触发电路和单稳态电路是最常用的两种整形电路。因为施密特触发电路输出的高、低电平随输入信号的电平改变,所以输出脉冲的宽度是由输入信号决定的。由于它的滞回特性和输出电平转换过程中正反馈的作用,所以输出电压波形的边沿得到明显的改善。单稳态电路输出信号的宽度则完全由电路参数决定,与输入信号无关。输入信号只起触发作用。因此,单稳态电路可以用于产生固定宽度的脉冲信号。

另一类是自激的脉冲振荡电路,它们不需要外加输入信号,只要接通供电电源,就自动产生矩形脉冲信号。本章介绍的多谐振荡电路从工作原理上可以分为两种类型:一种是利用闭合回路的正反馈产生振荡的。对称式多谐振荡电路、非对称式多谐振荡电路以及石英晶体多谐振荡电路都属于这一种。第二种是靠闭合回路的延迟负反馈作用产生振荡的。环形振荡电路和用施密特触发电路组成的振荡电路都属于这一种。

555 定时器是一种用途很广的集成电路,除了能组成施密特触发电路、单稳态电路和多谐振荡电路以外,还可以接成各种应用电路。读者可参阅有关书籍并且根据需要自行设计出所需要的电路。

在分析单稳态电路和多谐振荡电路时,我们采用的是波形分析法。在分析一些简单的脉冲电路时,这种方法物理概念清楚,简单实用。现将这种分析方法的步骤归纳如下:

(1) 分析电路的工作过程,定性地画出电路中各点电压的波形,找出决定电路状态发生转换的控制电压。

(2) 画出控制电压充、放电的等效电路,并将得到的电路化简。

(3) 确定每个控制电压充、放电的起始值、终了值和转换值。

(4) 计算充、放电时间,求出所需的计算结果。

可以看出，这种分析方法的关键在于能否通过对电路工作过程的分析正确地画出电路各点的电压波形。为此，必须正确理解电路的工作原理。

在分析用常见的器件组成的典型脉冲电路时，也可以借助于计算机辅助分析的手段。在一些实用的计算机辅助分析软件（例如 Multisim）中已编制了这些器件的数学模型和电路的分析程序。但无论是建立器件的数学模型还是开发分析程序，都是以充分了解电路的工作原理为基础的。

此外，还可以用集成运算放大器构成多谐振荡电路，这部分内容将在模拟电子技术基础课程中讨论。

习　题

［题 7.1］　若反相输出的施密特触发电路输入信号波形如图 P7.1 所示，试画出输出信号的波形。施密特触发电路的转换电平 V_{T+}、V_{T-} 已在输入信号波形图上标出。

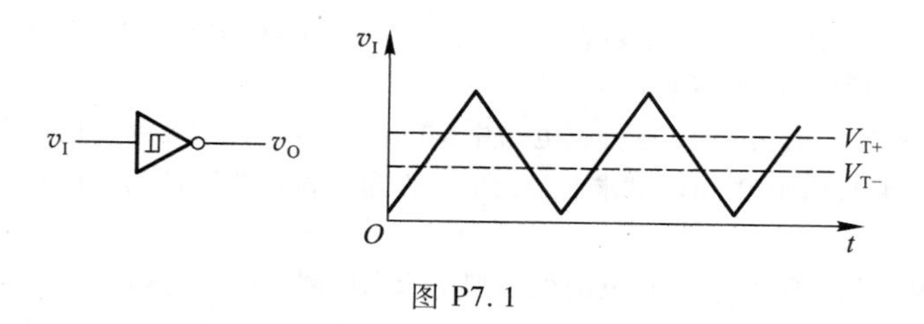

图 P7.1

［题 7.2］　在图 7.2.5(a)所示的用 CMOS 反相器组成的施密特触发电路中，若 $R_1 = 50\ \text{k}\Omega$，$R_2 = 100\ \text{k}\Omega$，$V_{DD} = 5\ \text{V}$，$V_{TH} = \frac{1}{2}V_{DD}$，试求电路的输入转换电平 V_{T+}、V_{T-} 以及回差电压 ΔV_T。

［题 7.3］　在图 P7.3(a)所示的施密特触发电路中，已知 $R_1 = 10\ \text{k}\Omega$，$R_2 = 30\ \text{k}\Omega$。G_1 和 G_2 为 CMOS 反相器，$V_{DD} = 15\ \text{V}$。

（1）试计算电路的正向阈值电压 V_{T+}、负向阈值电压 V_{T-} 和回差电压 ΔV_T。

（2）若将图 P7.3(b)给出的电压信号加到图 P7.3(a)电路的输入端，试画出输出电压的波形。

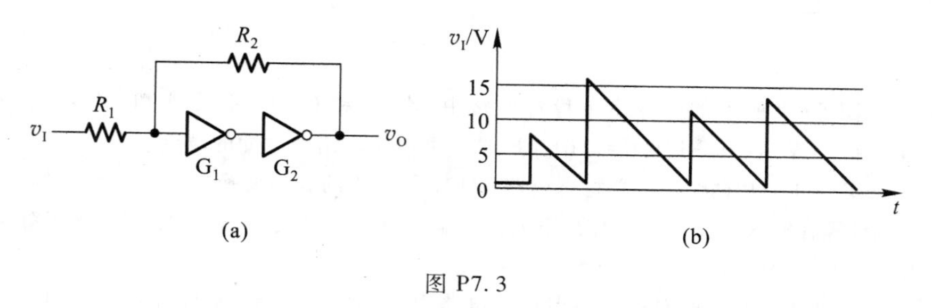

图 P7.3

［题 7.4］　图 P7.4 是用 CMOS 反相器接成的压控施密特触发电路，试分析它的转换电平 V_{T+}、V_{T-} 以及回差电压 ΔV_T 与控制电压 V_{CO} 的关系。

［题 7.5］　在图 7.2.5(a)的施密特触发电路中，已知电源电压 $V_{DD}=5\ V$。若要求回差电压 $\Delta V_T=2\ V$，试为 R_1 和 R_2 选定合适的电阻阻值，并说明 R_1 和 R_2 取值的允许范围。反相器高电平输出电流的最大允许值为 4 mA，这时输出的高电平为 4.85 V。

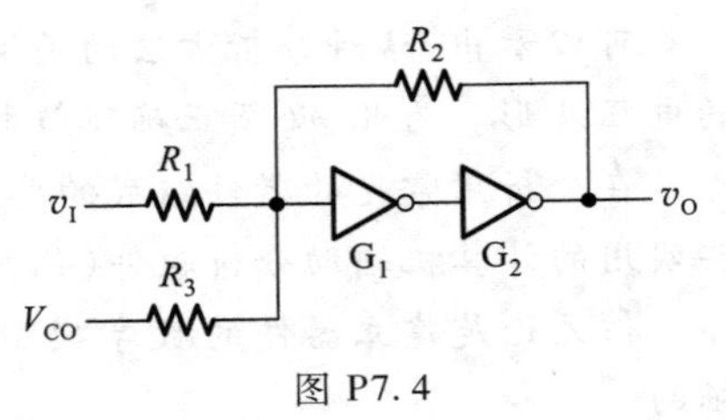

图 P7.4

［题 7.6］　在图 P7.6 所示的整形电路中，输入电压 v_I 的波形如图中所示，假定它的低电平持续时间比 R、C 电路的时间常数大得多。

(1) 试画出输出电压 v_O 的波形。

(2) 能否用图 P7.6 中的电路作单稳态电路使用？试说明理由。

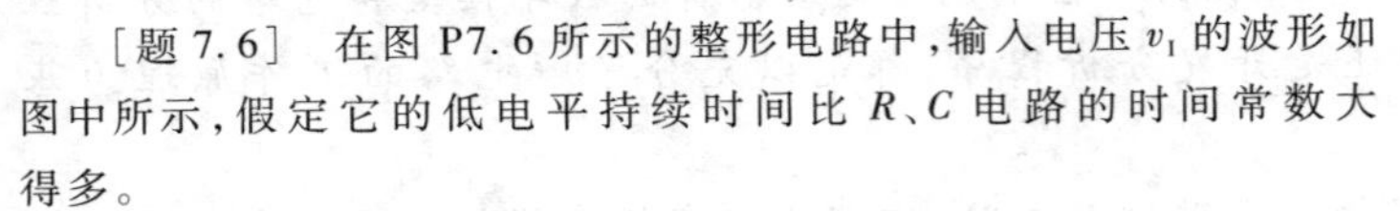

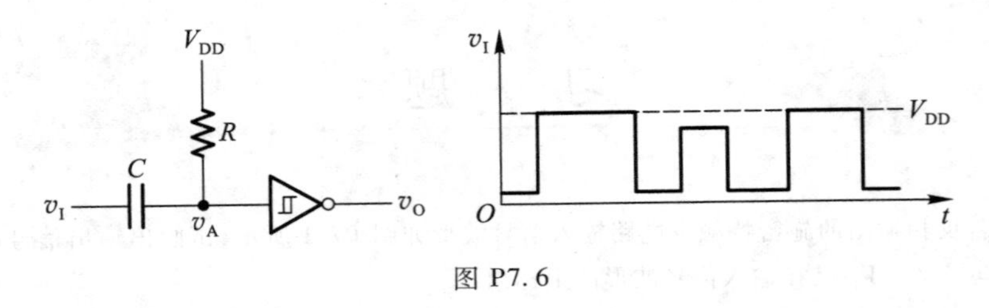

图 P7.6

［题 7.7］　在图 7.3.1 给出的微分型单稳态电路中，已知 $R=51\ k\Omega$，$C=0.01\ \mu F$，电源电压 $V_{DD}=10\ V$，试求在触发信号作用下输出脉冲的宽度和幅度。

［题 7.8］　在图 7.3.5 所示的积分型单稳态电路中，若 G_1 和 G_2 为 74LS 系列门电路，它们的 $V_{OH}=3.4\ V$，$V_{OL}\approx 0$，$V_{TH}=1.1\ V$，$R=1\ k\Omega$，$C=0.01\ \mu F$，试求在触发信号作用下输出负脉冲的宽度。设触发脉冲的宽度大于输出脉冲的宽度。

［题 7.9］　图 P7.9 是用 TTL 门电路接成的微分型单稳态电路，其中 R_d 阻值足够大，保证稳态时 v_A 为高电平。R 的阻值很小，保证稳态时 v_{I2} 为低电平。试分析该电路在给定触发信号 v_I 作用下的工作过程，画出 v_A、v_{O1}、v_{I2} 和 v_O 的电压波形。C_d 的电容量很小，它与 R_d 组成微分电路。

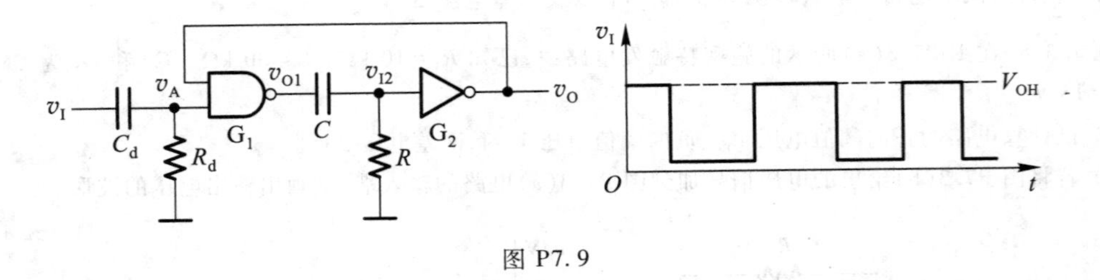

图 P7.9

［题 7.10］　在图 P7.9 所示的微分型单稳态电路中，若 G_1 和 G_2 为 74 系列 TTL 门电路，它们的 $V_{OH}=3.2\ V$，$V_{OL}\approx 0$，$V_{TH}=1.3\ V$，$R=0.3\ k\Omega$，$C=0.01\ \mu F$，试计算电路输出负脉冲的宽度。

［题 7.11］　图 P7.11 是用两个集成单稳态电路 74121 所组成的脉冲变换电路，外接电阻和外接电容的参数如图中所示。试计算在输入触发信号 v_I 作用下 v_{O1}、v_{O2} 输出脉冲的宽度，并画出与 v_I 波形相对应的 v_{O1}、v_{O2} 的电压波形。v_I 的波形如图中所示。

［题 7.12］　在图 7.4.1 所示的对称式多谐振荡电路中，若 $R_{F1}=R_{F2}=1\ k\Omega$，$C_1=C_2=0.1\ \mu F$，G_1 和 G_2 为 74LS04(六反相器)中的两个反相器，G_1 和 G_2 的 $V_{OH}=3.4\ V$，$V_{TH}=1.1\ V$，$V_{IK}=-1.5\ V$，$R_1=20\ k\Omega$，求电路的振荡频率。

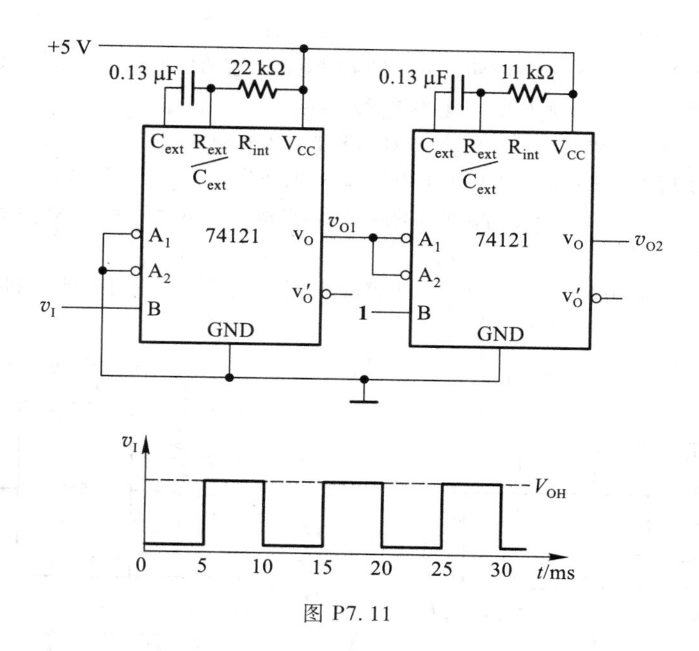

图 P7. 11

［题 7. 13］ 图 P7. 13 是用 CMOS 反相器组成的对称式多谐振荡电路，若 $R_{F1}=R_{F2}=10\ \text{k}\Omega$，$C_1=C_2=0.01\ \mu\text{F}$，$R_{P1}=R_{P2}=33\ \text{k}\Omega$，试求电路的振荡频率，并画出 v_{I1}、v_{O1}、v_{I2}、v_{O2} 各点的电压波形。

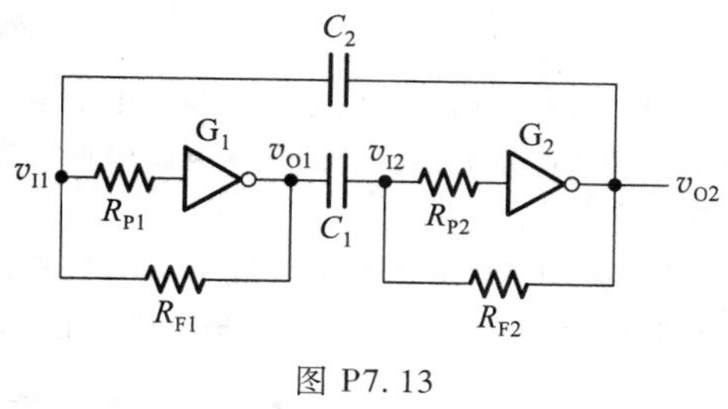

图 P7. 13

［题 7. 14］ 在图 7. 4. 6 所示的非对称式多谐振荡电路中，若 G_1、G_2 为 CMOS 反相器，$R_F=9.1\ \text{k}\Omega$，$C=0.001\ \mu\text{F}$，$R_P=100\ \text{k}\Omega$，$V_{DD}=5\ \text{V}$，$V_{TH}=2.5\ \text{V}$，试计算电路的振荡频率。

［题 7. 15］ 如果将图 7. 4. 6 所示非对称式多谐振荡电路中的 G_1 和 G_2 改用 TTL 反相器，并将 R_P 短路，试画出电容 C 充、放电时的等效电路，并求出计算电路振荡频率的公式。

［题 7. 16］ 图 P7. 16 是由五个同样的**与非**门接成的环形振荡电路。今测得输出信号的重复频率为 10 MHz，试求每个门的平均传输延迟时间。假定所有**与非**门的传输延迟时间相同，而且 $t_{PHL}=t_{PLH}=t_{pd}$。

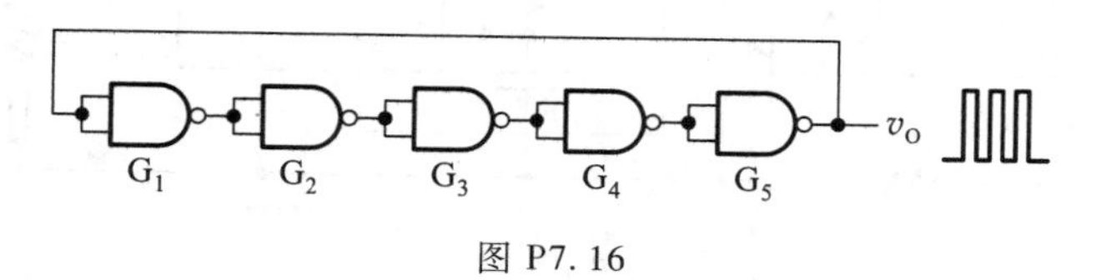

图 P7. 16

［题 7. 17］ 在图 7. 4. 12(b)所示的环形振荡电路中，若给定 $R=200\ \Omega$，$R_S=100\ \Omega$，$C=0.01\ \mu\text{F}$，G_1、G_2 和 G_3 为 74 系列 TTL 门电路（$V_{OH}=3\ \text{V}$，$V_{OL}\approx 0$，$V_{TH}=1.3\ \text{V}$），试计算电路的振荡频率。

［题 7. 18］ 在图 7. 4. 17 电路中，已知 CMOS 集成施密特触发电路的电源电压 $V_{DD}=15\ \text{V}$，$V_{T+}=9\ \text{V}$，$V_{T-}=4\ \text{V}$，试问：

（1）为了得到占空比为 $q=50\%$ 的输出脉冲，R_1 与 R_2 的比值应取多少？

（2）若给定 $R_1=3\ \text{k}\Omega$，$R_2=8.2\ \text{k}\Omega$，$C=0.05\ \mu\text{F}$，电路的振荡频率为多少？输出脉冲的占空比又是多少？

［题 7. 19］ 在图 7. 5. 2 所示用 555 定时器接成的施密特触发电路中，试求：

（1）当 $V_{CC}=12\ \text{V}$，而且没有外接控制电压时，V_{T+}、V_{T-} 及 ΔV_T 值。

（2）当 $V_{CC}=9$ V、外接控制电压 $V_{CO}=5$ V 时，V_{T+}、V_{T-}、ΔV_T 各为多少。

［题 7.20］　图 P7.20 是用 555 定时器组成的开机延时电路。若给定 $C=25$ μF，$R=91$ kΩ，$V_{CC}=12$ V，试计算常闭开关 S 断开以后经过多长的延迟时间 v_O 才跳变为高电平。

［题 7.21］　试用 555 定时器设计一个单稳态电路，要求输出脉冲宽度在 1～10 s 的范围内可手动调节。给定 555 定时器的电源为 15 V。触发信号来自 TTL 电路，高低电平分别为 3.4 V 和 0.1 V。

［题 7.22］　在图 7.5.6 所示用 555 定时器组成的多谐振荡电路中，若 $R_1=R_2=5.1$ kΩ，$C=0.01$ μF，$V_{CC}=12$ V，试计算电路的振荡频率。

［题 7.23］　图 P7.23 是用 555 定时器构成的压控振荡电路，试求输入控制电压 v_I 和振荡频率之间的关系式。当 v_I 升高时频率是升高还是降低？

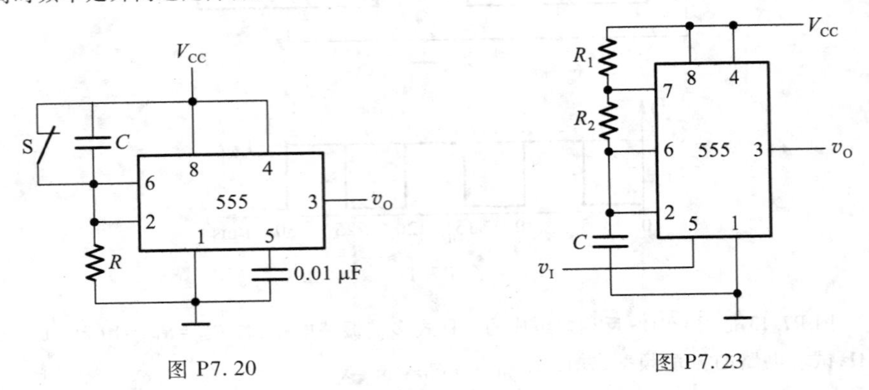

图 P7.20　　　　图 P7.23

［题 7.24］　图 P7.24 是一个简易电子琴电路，当琴键 S_1～S_n 均未按下时，三极管 T 接近饱和导通，v_E 约为 0 V，使 555 定时器组成的振荡电路停振。当按下不同琴键时，因 R_1～R_n 的阻值不等，扬声器发出不同的声音。

若 $R_B=20$ kΩ，$R_1=10$ kΩ，$R_E=2$ kΩ，三极管的电流放大系数 $\beta=150$，$V_{CC}=12$ V，定时器外接电阻、电容参数如图所示，试计算按下琴键 S_1 时扬声器发出声音的频率。

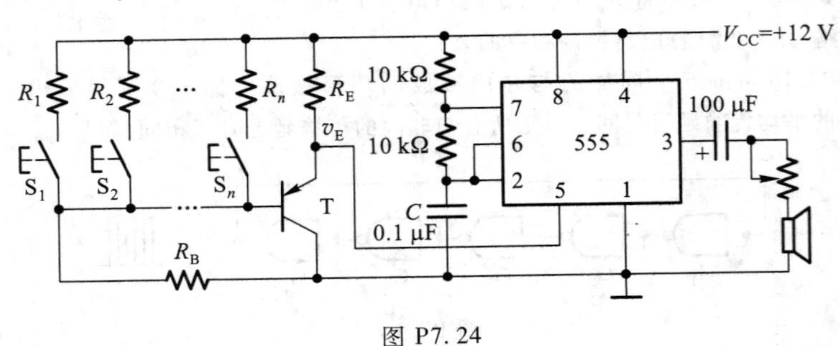

图 P7.24

［题 7.25］　图 P7.25 是用两个 555 定时器接成的延迟报警器。当开关 S 断开后，经过一定的延迟时间后扬声器开始发出声音。如果在延迟时间内 S 重新闭合，扬声器不会发出声音。在图中给定的参数下，试求延迟时间的具体数值和扬声器发出声音的频率。图中的 G_1 是 CMOS 反相器，输出的高、低电平分别为 $V_{OH}\approx12$ V，$V_{OL}\approx0$ V。

［题 7.26］　图 P7.26 是救护车扬声器发音电路。在图中给出的电路参数下，试计算扬声器发出声音的高、低音频率以及高、低音的持续时间。当 $V_{CC}=12$ V 时，555 定时器输出的高、低电平分别为 11 V 和 0.2 V，输出电阻小于 100 Ω。

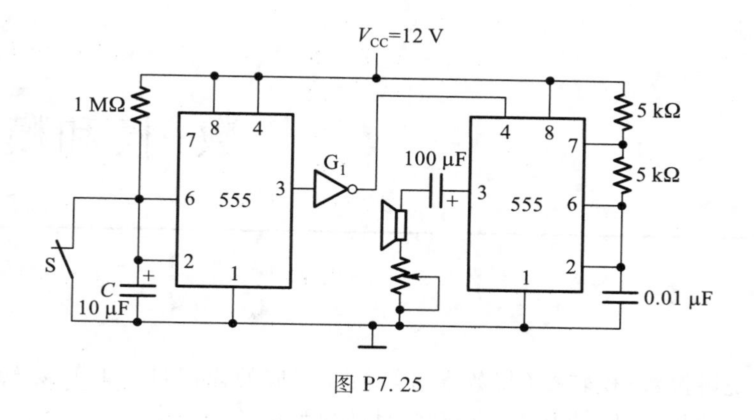

图 P7.25

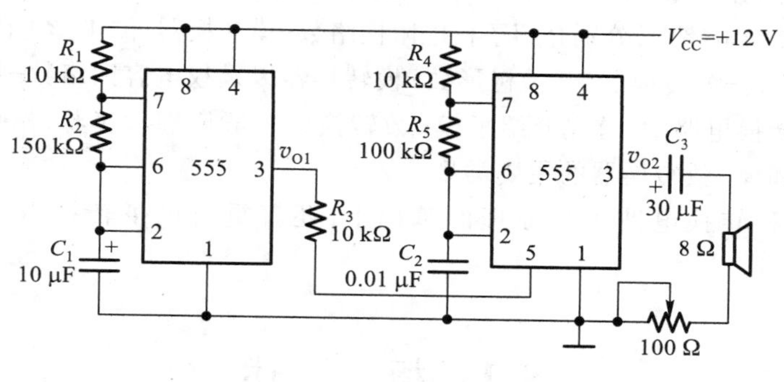

图 P7.26

［题 7.27］ 图 P7.27(a)是用 555 定时器接成的脉冲宽度调制电路，其中 $R=18\ \text{k}\Omega$，$C=0.01\ \mu\text{F}$。若 $V_{DD}=5$ V，触发输入信号 v_I 和调制输入信号 V_M 的电压波形如图 P7.27(b)中所示，试画出与之对应的输出电压波形，并计算 V_M 为 2 V、3 V、4 V 时输出脉冲的宽度。

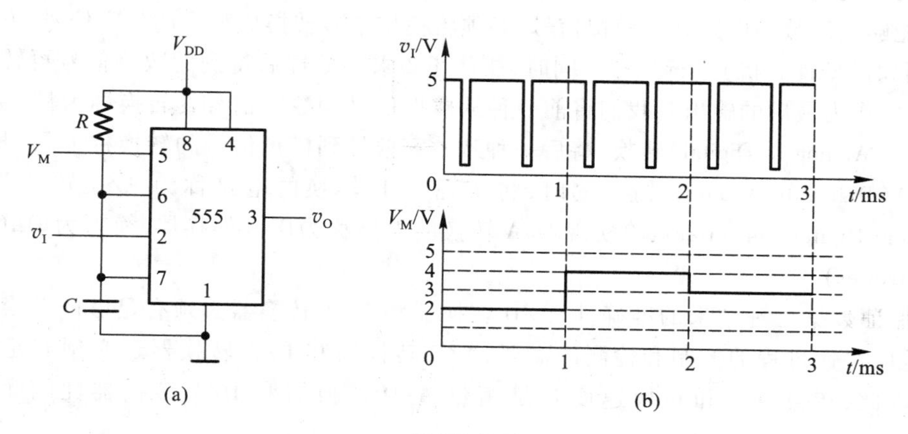

图 P7.27

第八章

数-模和模-数转换

内容提要

本章系统讲授数-模转换(将数字量转换成相应的模拟量)和模-数转换(将模拟量转换成相应的数字量)的基本原理和常见的典型电路。

在数-模转换电路中,分别介绍了权电阻网络数-模转换器、倒T形电阻网络数-模转换器、权电流型数-模转换器、开关树形数-模转换器以及权电容网络数-模转换器。

在模-数转换电路中,首先介绍了模-数转换的一般原理和步骤,然后分别讲述取样-保持电路和模-数转换器的主要类型。

在讲述各种转换电路工作原理的基础上,还着重讨论了转换精度与转换速度问题。

8.1 概　　述

由于数字电子技术的迅速发展,尤其是计算机在信息处理、自动控制、自动检测以及许多其他领域中的广泛应用,用数字电路处理模拟信号的情况也更加普遍了。

为了能够使用数字电路处理模拟信号,必须将模拟信号转换成相应的数字信号,方能送入数字系统(例如微型计算机)进行处理。同时,往往还要求将处理后得到的数字信号再转换成相应的模拟信号,作为最后的输出。我们将前一种从模拟信号到数字信号的转换称为模-数转换,或简称为A/D(Analog to Digital)转换,将后一种从数字信号到模拟信号的转换称为数-模转换,或简称为D/A(Digital to Analog)转换。同时,将实现A/D转换的电路称为A/D转换器,简写为ADC(Analog-Digital Converter);将实现D/A转换的电路称为D/A转换器,简写为DAC(Digital-Analog Converter)。

为了保证数据处理结果的准确性,A/D转换器和D/A转换器必须有足够的转换精度。同时,为了适应快速过程的控制和检测的需要,A/D转换器和D/A转换器还必须有足够快的转换速度。因此,转换精度和转换速度乃是衡量A/D转换器和D/A转换器性能优劣的主要标志。

目前使用的D/A转换器电路结构形式虽然有多种,但是从基本原理上可以归为两类。一类属于电流求和型,另一类属于分压器型。在电流求和型D/A转换器电路中,需要产生一组支路电流,令它们数量之间的比例与二进制数中每一位的权重成正比。当有数字量输入时,将与其中那些取值为“**1**”位对应的支路电流相加,就得到了一个与输入数字量成正比的输出电流信号。

如果令这个电流流过一个电阻，就可以将它转换为电压输出信号。下面将要讲到的权电阻型 D/A 转换器、权电流型 D/A 转换器以及倒 T 型电阻网络 D/A 转换器都属于这一类。

在分压器型 D/A 转换器中，用输入数字量每一位去控制分压器中的一个或一组开关，使接至输出端的电压恰好与输入的数字量成正比。本章中介绍的开关树形 D/A 转换器中，使用的是电阻分压器；而在权电容网络 D/A 转换器中，采用的是电容分压器。

A/D 转换器的类型也有多种，可以分为直接 A/D 转换器和间接 A/D 转换器两大类。在直接 A/D 转换器中，输入的模拟电压信号直接被转换成相应的数字信号，并联比较型 A/D 转换器和逐次逼近型 A/D 转换器都属于这一类。而在间接 A/D 转换器中，输入的模拟信号首先被转换成某种中间变量（例如时间、频率等），然后再将这个中间变量转换为输出的数字信号。后面将要介绍的双积分型 A/D 转换器就是先将输入的模拟量转换成一个与之成正比的时间宽度信号，然后再将这个时间宽度信号转换为与之成正比的数字信号的。因此，也把这种 A/D 转换器称之为 $V-T$ 变换型 A/D 转换器。另外一种间接型 A/D 转换器叫做 $V-F$ 变换型。在 $V-F$ 变换型的 A/D 转换器中，首先将输入的模拟电压信号转换成一个频率与它成正比的脉冲信号，然后再将这个脉冲信号转换为输出的数字信号。在 $\Sigma-\Delta$ 型 A/D 转换器中，输出是由 **0**、**1** 组成的串行数据流，数据流中 **1** 所占的比例与输入的模拟信号成正比。因此，它也是一种间接 A/D 转换器。

此外，在 D/A 转换器数字量的输入方式上，又有并行输入和串行输入两种类型。相对应地在 A/D 转换器数字量的输出方式上也有并行输出和串行输出两种类型。

考虑到 D/A 转换器的工作原理比 A/D 转换器的工作原理简单，而且在有些 A/D 转换器中需要用 D/A 转换器作为内部的反馈电路，所以在下一节中首先讨论 D/A 转换器。

8.2 D/A 转换器的电路结构和工作原理

8.2.1 权电阻网络 D/A 转换器

在第一章中我们已经讲过，一个多位二进制数中每一位的 **1** 所代表的数值大小称为这一位的权。如果一个 n 位二进制数用 $D_n=d_{n-1}d_{n-2}\cdots d_1d_0$ 表示，则从最高位（Most Significant Bit，简写为 MSB）到最低位（Least Significant Bit，简写为 LSB）的权将依次为 2^{n-1}、2^{n-2}、…、2^1、2^0。

图 8.2.1 是 4 位权电阻网络 D/A 转换器的原理图，它由权电阻网络、4 个模拟开关和 1 个求和放大器组成。

S_3、S_2、S_1 和 S_0 是 4 个电子开关，它们的状态分别受输入代码 d_3、d_2、d_1 和 d_0 的取值控制，代码为 **1** 时开关接到参考电压 V_{REF}上，代码为 **0** 时开关接地。故 $d_i=\mathbf{1}$ 时有支路电流 I_i 流向求和放大器，$d_i=\mathbf{0}$ 时支路电流为零。

求和放大器是一个接成负反馈的运算放大器。为了简化分析计算，可以把运算放大器近似地看成是理想放大器——即它的开环放大倍数为无穷大，输入电流为零（输入电阻为无穷大），输出电阻为零。当同相输入端 V_+的电位高于反相输入端 V_-的电位时，输出端对地的电压 v_O 为正；当 V_-高于 V_+时，v_O 为负。

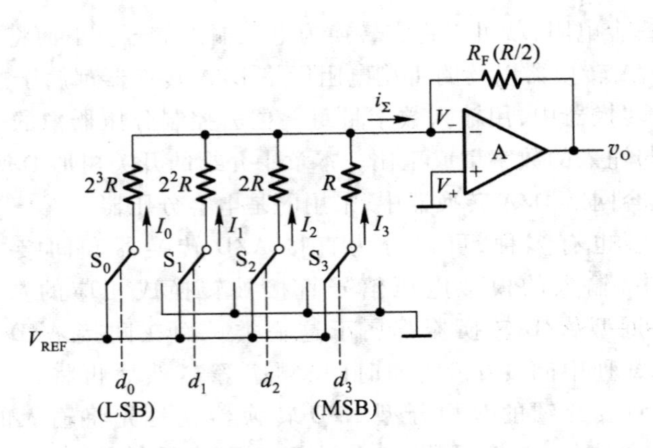

图 8.2.1　权电阻网络 D/A 转换器

当参考电压经电阻网络加到 V_-时，只要 V_-稍高于 V_+，便在 v_O 产生很负的输出电压。v_O 经 R_F 反馈到 V_-端使 V_-降低，其结果必然使 $V_-\approx V_+=0$。

在认为运算放大器输入电流为零的条件下可以得到

$$\begin{aligned} v_O &= -R_F i_\Sigma \\ &= -R_F(I_3+I_2+I_1+I_0) \end{aligned} \tag{8.2.1}$$

由于 $V_-\approx 0$，因而各支路电流分别为

$$I_3=\frac{V_{REF}}{R}d_3 \qquad \left(d_3=\mathbf{1}\text{ 时 } I_3=\frac{V_{REF}}{R},d_3=\mathbf{0}\text{ 时 } I_3=0\right)$$

$$I_2=\frac{V_{REF}}{2R}d_2$$

$$I_1=\frac{V_{REF}}{2^2R}d_1$$

$$I_0=\frac{V_{REF}}{2^3R}d_0$$

将它们代入式(8.2.1)并取 $R_F=R/2$，则得到

$$v_O=-\frac{V_{REF}}{2^4}(d_3 2^3+d_2 2^2+d_1 2^1+d_0 2^0) \tag{8.2.2}$$

对于 n 位的权电阻网络 D/A 转换器，当反馈电阻取为 $R/2$ 时，输出电压的计算公式可写成

$$\begin{aligned} v_O &= -\frac{V_{REF}}{2^n}(d_{n-1}2^{n-1}+d_{n-2}2^{n-2}+\cdots+d_1 2^1+d_0 2^0) \\ &= -\frac{V_{REF}}{2^n}D_n \end{aligned} \tag{8.2.3}$$

上式表明，输出的模拟电压正比于输入的数字量 D_n，从而实现了从数字量到模拟量的转换。当 $D_n=0$ 时 $v_O=0$，当 $D_n=\mathbf{11\cdots11}$ 时 $v_O=-\frac{2^n-1}{2^n}V_{REF}$，故 v_O 的最大变化范围是 $0\sim-\frac{2^n-1}{2^n}V_{REF}$。

从式(8.2.3)中还可以看到，在 V_{REF}为正电压时输出电压 v_O 始终为负值。要想得到正的输

出电压,可以将 V_{REF} 取为负值。

这个电路的优点是结构比较简单,所用的电阻元件数很少。它的缺点是各个电阻的阻值相差较大,尤其在输入信号的位数较多时,这个问题就更加突出。例如当输入信号增加到 8 位时,如果取权电阻网络中最小的电阻为 $R=10\ \text{k}\Omega$,那么最大的电阻阻值将达到 $2^7R=1.28\ \text{M}\Omega$,两者相差 128 倍之多。要想在极为宽广的阻值范围内保证每个电阻都有很高的精度是十分困难的,尤其对制作集成电路更加不利。

为了克服这个缺点,在输入数字量的位数较多时可以采用图 8.2.2 所示的双级权电阻网络。在双级权电阻网络中,每一级仍然只有 4 个电阻,它们之间的阻值之比还是 1 : 2 : 4 : 8。可以证明,只要取两级间的串联电阻 $R_S=8R$,即可得到

$$v_O=-\frac{V_{REF}}{2^8}(d_72^7+d_62^6+d_52^5+\cdots+d_12^1+d_02^0)$$

$$=-\frac{V_{REF}}{2^8}D_n$$

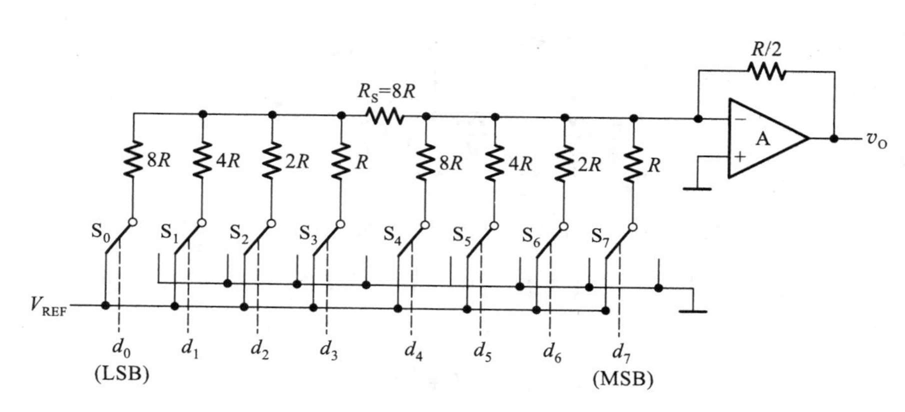

图 8.2.2 双级权电阻网络 D/A 转换器

可见,所得结果与式(8.2.3)相同。由于电阻的最大值与最小值相差仍为 8 倍,所以图 8.2.2仍不失为一种可取的方案。

8.2.2 倒 T 形电阻网络 D/A 转换器

为了克服权电阻网络 D/A 转换器中电阻阻值相差太大的缺点,又研制出了如图 8.2.3 所示的倒 T 形电阻网络 D/A 转换器。由图可见,电阻网络中只有 R、$2R$ 两种阻值的电阻,这就给集成电路的设计和制作带来了很大的方便。

由图 8.2.3 可知,因为求和放大器反相输入端 V_- 的电位始终接近于零,所以无论开关 S_3、S_2、S_1、S_0 合到哪一边,都相当于接到了“地”电位上,流过每个支路的电流也始终不变。在计算倒 T 形电阻网络中各支路的电流时,可以将电阻网络等效地画成图 8.2.4 所示的形式。(但应注意,V_- 并没有接地,只是电位与“地”相等,因此这时又将 V_- 端称为“虚地”点。)不难看出,从 AA、BB、CC、DD 每个端口向左看过去的等效电阻都是 R,因此从参考电源流入倒 T 形电阻网络的总电流为 $I=V_{REF}/R$,而每个支路的电流依次为 $I/2$、$I/4$、$I/8$ 和 $I/16$。

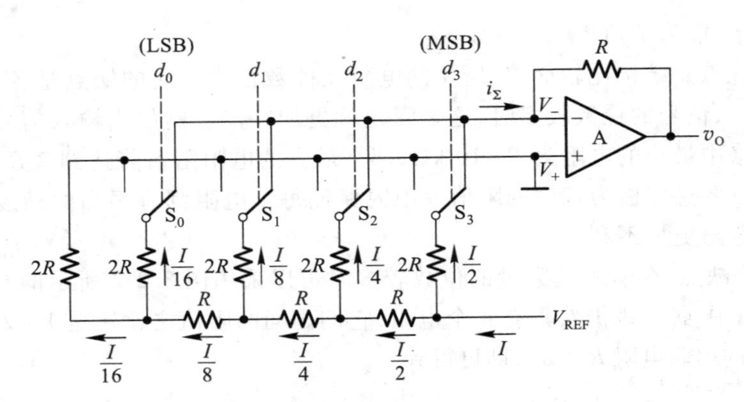

图 8.2.3 倒 T 形电阻网络 D/A 转换器

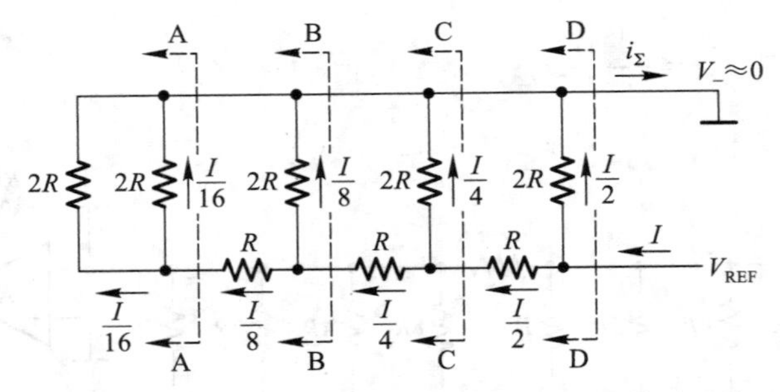

图 8.2.4 计算倒 T 形电阻网络支路电流的等效电路

如果令 $d_i=\mathbf{0}$ 时开关 S_i 接地(接放大器的 V_+),而 $d_i=\mathbf{1}$ 的 S_i 接至放大器的输入端 V_-,则由图 8.2.3 可知

$$i_\Sigma=\frac{I}{2}d_3+\frac{I}{4}d_2+\frac{I}{8}d_1+\frac{I}{16}d_0$$

在求和放大器的反馈电阻阻值等于 R 的条件下,输出电压为

$$\begin{aligned} v_O &= -Ri_\Sigma \\ &= -\frac{V_{REF}}{2^4}(d_3 2^3+d_2 2^2+d_1 2^1+d_0 2^0) \end{aligned} \tag{8.2.4}$$

对于 n 位输入的倒 T 形电阻网络 D/A 转换器,在求和放大器的反馈电阻阻值为 R 的条件下,输出模拟电压的计算公式为

$$\begin{aligned} v_O &= -\frac{V_{REF}}{2^n}(d_{n-1}2^{n-1}+d_{n-2}2^{n-2}+\cdots+d_1 2^1+d_0 2^0) \\ &= -\frac{V_{REF}}{2^n}D_n \end{aligned} \tag{8.2.5}$$

上式说明输出的模拟电压与输入的数字量成正比。而且式(8.2.5)和权电阻网络 D/A 转换器输出电压的计算公式(8.2.3)具有相同的形式。

图 8.2.5 是采用倒 T 形电阻网络的单片集成 D/A 转换器 AD7520 的电路原理图。它的输入为 10 位二进制数,采用 CMOS 电路构成的模拟开关。

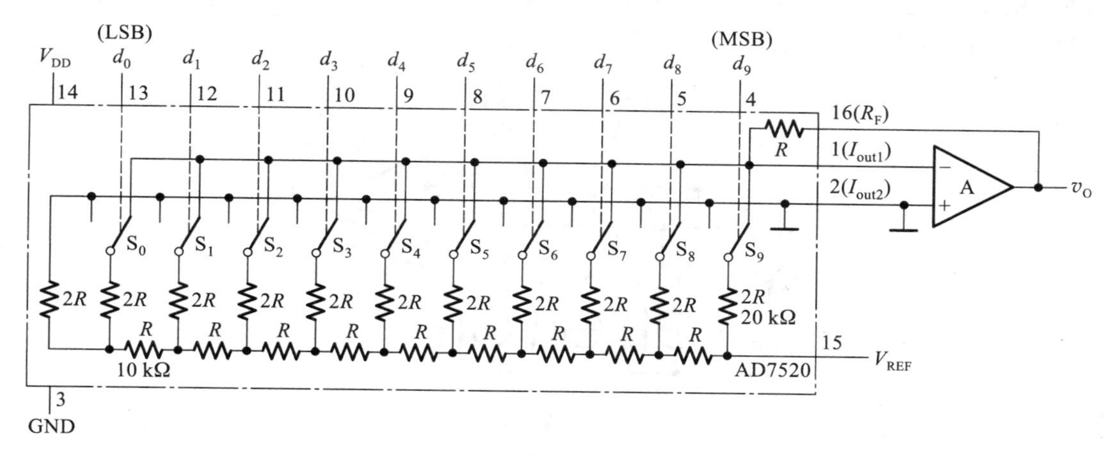

图 8.2.5 AD7520 的电路原理图

图 8.2.6 是 CMOS 模拟开关的电路原理图。为了降低开关的导通内阻,开关电路的电源电压设计在 15 V 左右。

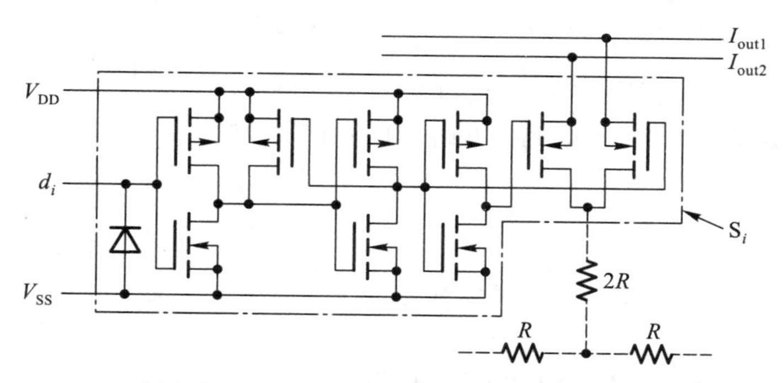

图 8.2.6 AD7520 中的 CMOS 模拟开关电路

使用 AD7520 时需要外加运算放大器。运算放大器的反馈电阻可以使用 AD7520 内设的反馈电阻 R(如图 8.2.5 所示),也可以另选反馈电阻接到 I_{out1} 与 v_O 之间。外接的参考电压 V_{REF} 必须保证有足够的稳定度,才能确保应有的转换精度。AD7520 是一种早期生产的产品,在后来生产的许多 D/A 转换器产品中,都把运算放大器和参考电压源集成于 A/D 转换器芯片内部,以方便使用。

8.2.3 权电流型 D/A 转换器

在前面分析权电阻网络 D/A 转换器和倒 T 形电阻网络 D/A 转换器的过程中,都把模拟开关当作理想开关处理,没有考虑它们的导通电阻和导通压降。而实际上这些开关总有一定的导通电阻和导通压降,而且每个开关的情况又不完全相同。它们的存在无疑将引起转换误差,影响转换精度。

解决这个问题的一种方法就是采用图 8.2.7 所示的权电流型 D/A 转换器。在权电流型 D/A 转换器中,有一组恒流源。每个恒流源电流的大小依次为前一个的 1/2,和输入二进制数对应位的“权”成正比。由于采用了恒流源,每个支路电流的大小不再受开关内阻和压降的影响,从而降低了对开关电路的要求。

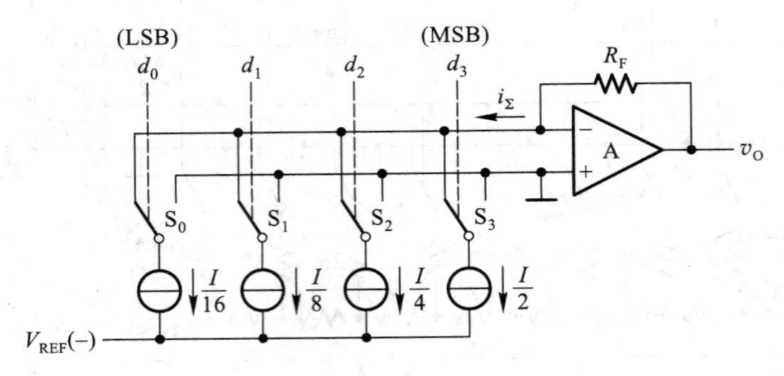

图 8.2.7　权电流型 D/A 转换器

恒流源电路经常使用图 8.2.8 所示的电路结构形式。只要在电路工作时保证 V_B 和 V_{EE}稳定不变,则三极管的集电极电流即可保持恒定,不受开关内阻的影响。电流的大小近似为

$$I_i \approx \frac{V_B - V_{EE} - V_{BE}}{R_{Ei}} \tag{8.2.6}$$

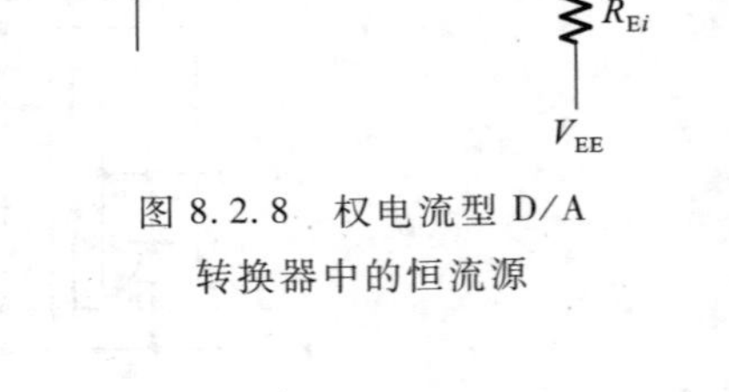

图 8.2.8　权电流型 D/A 转换器中的恒流源

当输入数字量的某位代码为 **1** 时,对应的开关将恒流源接至运算放大器的输入端;当输入代码为 **0** 时,对应的开关接地,故输出电压为

$$\begin{aligned} v_O &= i_\Sigma R_F \\ &= R_F\left(\frac{I}{2}d_3 + \frac{I}{2^2}d_2 + \frac{I}{2^3}d_1 + \frac{I}{2^4}d_0\right) \\ &= \frac{R_F I}{2^4}(d_3 2^3 + d_2 2^2 + d_1 2^1 + d_0 2^0) \end{aligned} \tag{8.2.7}$$

可见,v_O 正比于输入的数字量。

在相同的 V_B 和 V_{EE}取值下,为了得到一组依次为 1/2 递减的电流源就需要用到一组不同阻值的电阻。为减少电阻阻值的种类,在实用的权电流型 D/A 转换器中经常利用倒 T 形电阻网络的分流作用产生所需的一组恒流源,如图8.2.9所示。

由图 8.2.9 可见,T_3、T_2、T_1、T_0 和 T_C 的基极是接在一起的,只要这些三极管的发射结压降 V_{BE}相等,则它们的发射极处于相同的电位。在计算各支路的电流时,可以认为所有 $2R$ 电阻的上端都接到了同一个电位上,因而电路的工作状态与图 8.2.4 中的倒 T 形电阻网络的工作状态一样。这时流过每个 $2R$ 电阻的电流自左而右依次减少 1/2。为保证所有三极管的发射结压降相等,在发射极电流较大的三极管中按比例地加大了发射结的面积,在图中用增加发射极的数目来表示。图中的恒流源 I_{B0}用来给 T_R、T_C、T_0~T_3 提供必要的基极偏置电流。

运算放大器 A_1、三极管 T_R 和电阻 R_R、R 组成了基准电流发生电路。基准电流 I_{REF}由外加的基准电压 V_{REF}和电阻 R_R 决定。由于 T_3 和 T_R 具有相同的 V_{BE}而发射极回路电阻相差一倍,所以它们的发射极电流也必然相差一倍,故有

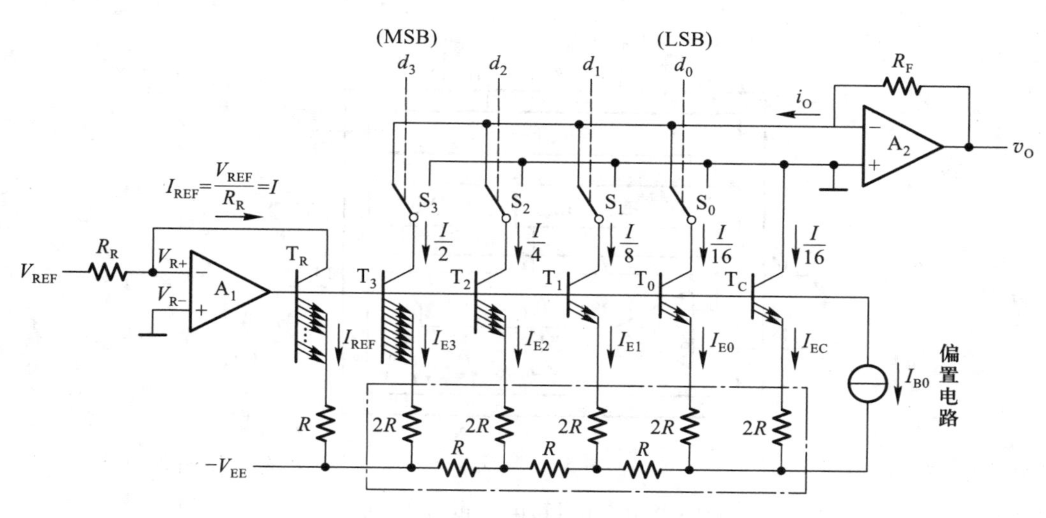

图 8.2.9 利用倒 T 形电阻网络的权电流型 D/A 转换器

$$I_{REF}=2I_{E3}=\frac{V_{REF}}{R_R}=I \tag{8.2.8}$$

将式(8.2.8)代入式(8.2.7)中得到

$$v_O=\frac{R_F V_{REF}}{2^4 R_R}(d_3 2^3+d_2 2^2+d_1 2^1+d_0 2^0) \tag{8.2.9}$$

对于输入为 n 位二进制数码的这种电路结构的 D/A 转换器,输出电压的计算公式可写成

$$\begin{aligned} v_O &=\frac{R_F V_{REF}}{2^n R_R}(d_{n-1}2^{n-1}+d_{n-2}2^{n-2}+\cdots+d_1 2^1+d_0 2^0) \\ &=\frac{R_F V_{REF}}{2^n R_R}D_n \end{aligned} \tag{8.2.10}$$

采用这种权电流型 D/A 转换电路生产的单片集成 D/A 转换器有 DAC0806、DAC0807、DAC0808 等。这些器件都采用双极型工艺制作,工作速度较高。

图 8.2.10 是 DAC0808 的电路结构框图,图中 $d_0\sim d_7$ 是 8 位数字量的输入端,I_O 是求和电流的输出端。V_{R+} 和 V_{R-} 接基准电流发生电路中运算放大器的反相输入端和同相输入端。COMP 供外接补偿电容之用。V_{CC} 和 V_{EE} 为正、负电源输入端。

用 DAC0808 这类器件构成 D/A 转换器时需要外接运算放大器和产生基准电流用的 R_R,如图 8.2.11 所示。在 $V_{REF}=10$ V、$R_R=5$ kΩ、$R_F=5$ kΩ 的情况下,根据式(8.2.10)可知输出电压为

$$v_O=\frac{R_F}{2^8 R_R}V_{REF}D_n=\frac{10}{2^8}D_n \tag{8.2.11}$$

当输入的数字量在全 **0** 和全 **1** 之间变化时,输出模拟电压的变化范围为0~9.96 V。

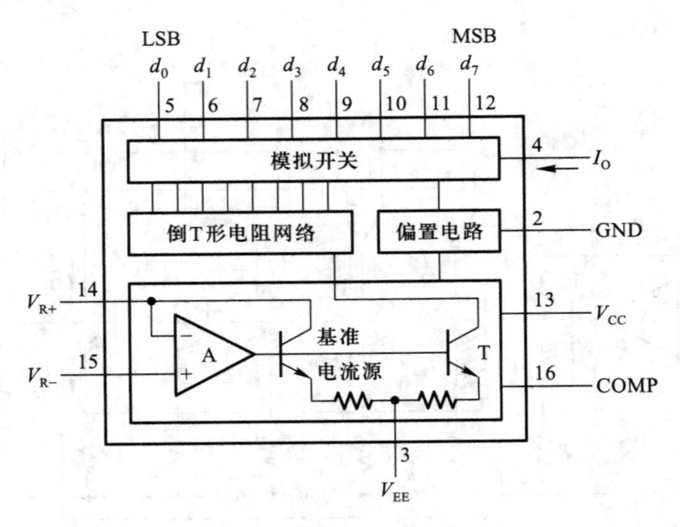

图 8.2.10　DAC0808 的电路结构框图

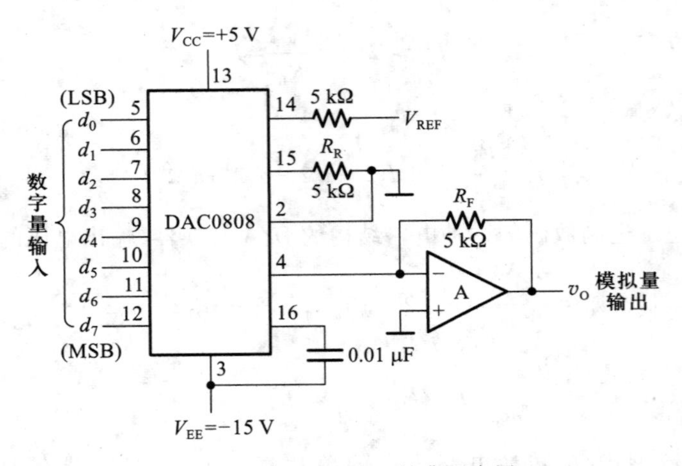

图 8.2.11　DAC0808 的典型应用

*8.2.4　开关树型 D/A 转换器

开关树型 D/A 转换器电路由电阻分压器和接成树状的开关网络组成。图 8.2.12 是输入为 3 位二进制数码的开关树型 D/A 转换器电路结构图。

图中这些开关的状态分别受 3 位输入代码状态的控制。当 $d_2 = \mathbf{1}$ 时 S_{21} 接通而 S_{20} 断开；当 $d_2 = \mathbf{0}$ 时 S_{20} 接通而 S_{21} 断开。同理，S_{11} 和 S_{10} 两组开关的状态由 d_1 的状态控制，S_{01} 和 S_{00} 两组开关由 d_0 的状态控制。由图可知

$$
\begin{aligned}
v_O &= \frac{V_{REF}}{2}d_2 + \frac{V_{REF}}{2^2}d_1 + \frac{V_{REF}}{2^3}d_0 \\
&= \frac{V_{REF}}{2^3}(d_2 2^2 + d_1 2^1 + d_0 2^0)
\end{aligned}
\tag{8.2.12}
$$

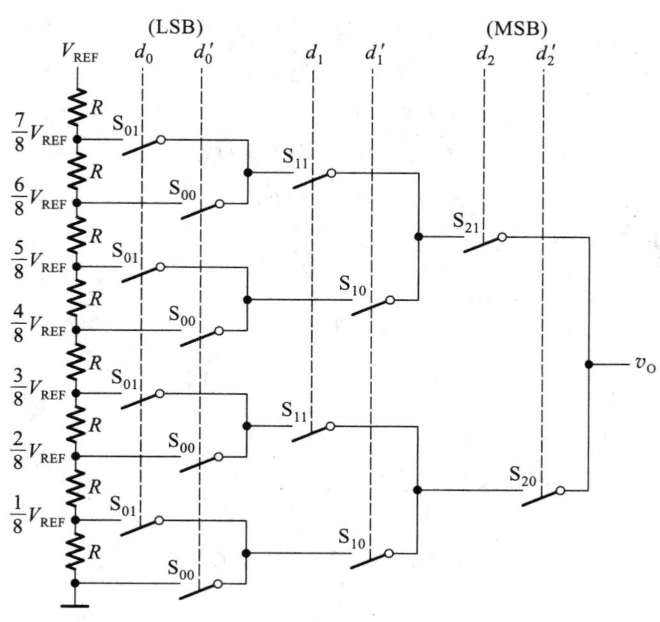

图 8.2.12 开关树型 D/A 转换器

对于输入为 n 位二进制数的 D/A 转换器则有

$$v_O = \frac{V_{REF}}{2^n}(d_{n-1}2^{n-1} + d_{n-2}2^{n-2} + \cdots + d_1 2^1 + d_0 2^0) \tag{8.2.13}$$

这种电路的特点是所用电阻种类单一，而且在输出端基本不取电流的情况下，对开关的导通内阻要求不高。这些特点对于制作集成电路都是有利的。它的缺点是所用的开关太多。

*8.2.5 权电容网络 D/A 转换器

权电容网络 D/A 转换器也是一种并行输入的 D/A 转换器，它是利用电容分压的原理工作的。图 8.2.13 是 4 位权电容网络 D/A 转换器电路的原理图，其中 C_0(及 C'_0)、C_1、C_2、C_3 的电容量依次按 2 的乘方倍数递增。开关 S_0、S_1、S_2 和 S_3 的状态分别由输入数字信号 d_0、d_1、d_2 和 d_3 控制。当 d_i = **1** 时 S_i 接到参考电压 V_{REF} 一边；而当 d_i = **0** 时 S_i 接地。

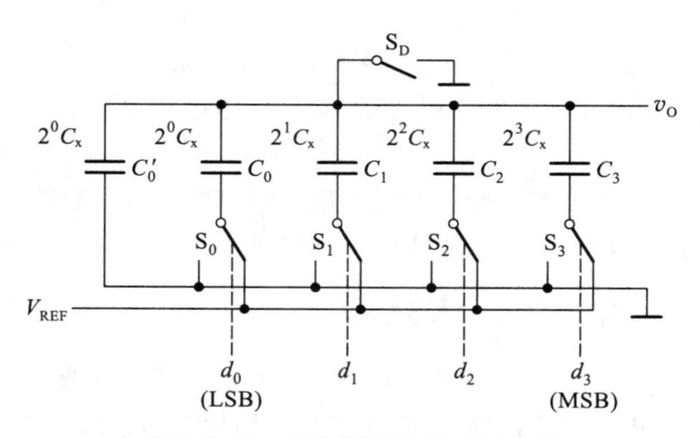

图 8.2.13 权电容网络 D/A 转换器

转换开始前先令所有的开关（$S_0 \sim S_3$、S_D）接地，使全部电容器充分放电。然后断开 S_D，将输入信号并行地加到输入端 $d_0 \sim d_3$。假定输入信号为 $d_3d_2d_1d_0 = \mathbf{1\ 000}$，则 S_3 将 C_3 接至 V_{REF} 一边，而 S_2、S_1、S_0 将 C_2、C_1、C_0 接地，等效电路可以画成图 8.2.14 所示的形式。这时 C_3 与（$C_2+C_1+C_0+C'_0$）构成了一个电容分压器，输出电压为

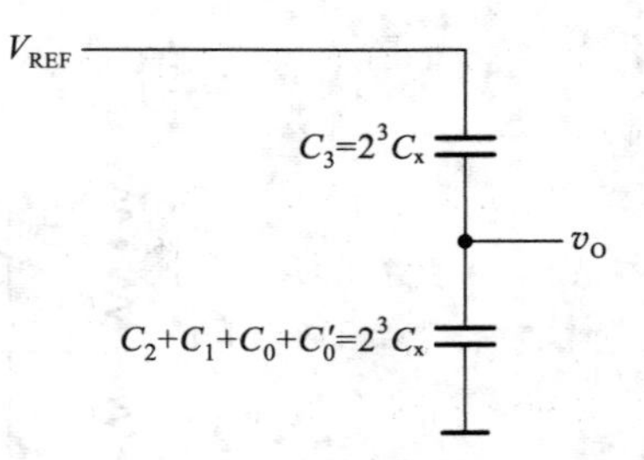

图 8.2.14　输入为 **1000** 时图 8.2.13 电路的等效电路

$$v_O = \frac{d_3C_3}{C_3+C_2+C_1+C_0+C'_0}V_{REF} = \frac{d_3C_3}{C_t}V_{REF} \tag{8.2.14}$$

式中的 C_t 表示全部电容器电容量的总和。

根据同样的道理，可以得到输入数字信号为任何状态时输出模拟电压的一般表达式

$$\begin{aligned} v_O &= \frac{d_3C_3+d_2C_2+d_1C_1+d_0C_0}{C_t}V_{REF} \\ &= \frac{C_x(d_32^3+d_22^2+d_12^1+d_02^0)}{2^4C_x}V_{REF} \\ &= \frac{V_{REF}}{2^4}(d_32^3+d_22^2+d_12^1+d_02^0) \end{aligned} \tag{8.2.15}$$

上式表明，输出的模拟电压与输入的数字量成正比。

通过上面的分析还可以看到权电容网络D/A转换器的几个重要特点：

第一，输出电压的精度只与各个电容器电容量的比例有关，而与它们电容量的绝对值无关。

第二，输出电压 v_O 的稳态值不受开关内阻及参考电压源内阻的影响，因而降低了对开关电路及参考电压源的要求。

第三，稳态下权电容网络不消耗功率。

在 MOS 集成电路中电容器不仅容易制作，而且可以通过精确控制电容器的尺寸严格地保持各电容器之间电容量的比例关系。因此，在采用 MOS 工艺制造 D/A 转换器时，权电容网络D/A 转换器也是一种常用的方案。

权电容网络 D/A 转换器的主要缺点是在输入数字量位数较多时各个电容器的电容量相差很大，这不仅会占用很大的硅片面积影响集成度，而且由于电容充、放电时间的增加也降低了电路的转换速度。

这种转换器的精度主要受电容量比例的误差以及电容器漏电的影响。为了减小负载电路对权电容网络的影响，在输出端 v_O 处应设置高输入阻抗的隔离放大器。

8.2.6　具有双极性输出的 D/A 转换器

因为在二进制算术运算中通常都将带符号的数值表示为补码的形式，所以希望 D/A 转换器能够将以补码形式输入的正、负数分别转换成正、负极性的模拟电压。

现以输入为 3 位二进制补码的情况为例，说明转换的原理。3 位二进制补码可以表示从+3

到-4 之间的任何整数,它们与十进制数的对应关系以及希望得到的输出模拟电压如表 8.2.1 所示。

在图 8.2.15 所示的 D/A 转换电路中,如果没有接入反相器 G 和偏移电阻 R_B,它就是一个普通的 3 位倒 T 形电阻网络 D/A 转换器。在这种情况下,如果将输入的 3 位代码看作无符号的 3 位二进制数(即绝对值),并且取 $V_{REF}=-8$ V,则输入代码为 **111** 时输出电压 $v_O=7$ V,而输入代码为 **000** 时输出电压 $v_O=0$ V,如表 8.2.2 中间一列所示。将表 8.2.1 与表 8.2.2 对照一下便可发现,如果将表 8.2.2 中间一列的输出电压偏移-4 V,则偏移后的输出电压恰好同表 8.2.1 所要求得到的输出电压相符。

表 8.2.1　输入为 3 位二进制补码时要求 D/A 转换器的输出

补码输入			对应的十进制数	要求的输出电压
d_2	d_1	d_0		
0	**1**	**1**	+3	+3 V
0	**1**	**0**	+2	+2 V
0	**0**	**1**	+1	+1 V
0	**0**	**0**	0	0
1	**1**	**1**	-1	-1 V
1	**1**	**0**	-2	-2 V
1	**0**	**1**	-3	-3 V
1	**0**	**0**	-4	-4 V

表 8.2.2　具有偏移的 D/A 转换器的输出

绝对值输入			无偏移时的输出	偏移-4 V 后的输出
d_2	d_1	d_0		
1	**1**	**1**	+7 V	+3 V
1	**1**	**0**	+6 V	+2 V
1	**0**	**1**	+5 V	+1 V
1	**0**	**0**	+4 V	0
0	**1**	**1**	+3 V	-1 V
0	**1**	**0**	+2 V	-2 V
0	**0**	**1**	+1 V	-3 V
0	**0**	**0**	0	-4 V

然而,前面讲过的 D/A 转换器电路输出电压都是单极性的,得不到正、负极性的输出电压。为此,在图 8.2.15 的 D/A 转换电路中增设了由 R_B 和 V_B 组成的偏移电路。为了使输入代码为 **100** 时的输出电压等于零,只要使 I_B 与此时的 i_Σ 大小相等即可。故应取

$$\frac{|V_B|}{R_B}=\frac{I}{2}=\frac{|V_{REF}|}{2R} \tag{8.2.16}$$

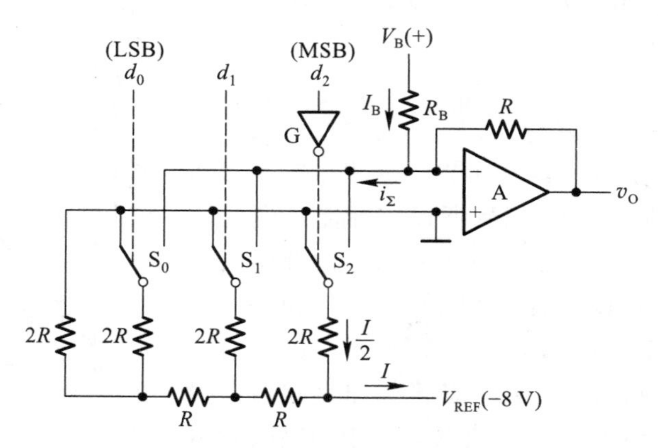

图 8.2.15　具有双极性输出电压的 D/A 转换器

图中所标示的 i_Σ、I_B 和 I 的方向都是电流的实际方向。

再将表 8.2.1 和表 8.2.2 最左边一列代码对照一下还可以发现，只要把表 8.2.1 中补码的符号位求反，再加到偏移后的 D/A 转换器上，就可以得到表 8.2.1 所需要的输入与输出的关系了。为此，在图 8.2.15 中是将符号位经反相器 G 反相后才加到 D/A 转换电路上去的。

通过上面的例子不难总结出构成双极性输出 D/A 转换器的一般方法：只要在求和放大器的输入端接入一个偏移电流，使输入最高位为 **1** 而其他各位输入为 **0** 时的输出 $v_O=0$，同时将输入的符号位反相后接到一般的 D/A 转换器的输入，就得到了双极性输出的 D/A 转换器。

复习思考题

R8.2.1　D/A 转换器的电路结构有哪些类型？它们各有何优、缺点？

R8.2.2　在图 8.2.3 所示的倒 T 形电阻网络 D/A 转换器中，用哪些方法可以调节输出电压 v_O 的最大幅度？

R8.2.3　如果将图 8.2.3 电路改成具有双极性输出的 D/A 转换器，电路应如何连接？

8.3　D/A 转换器的转换精度与转换速度

8.3.1　D/A 转换器的转换精度

在 D/A 转换器中通常用分辨率和转换误差来描述转换精度。

分辨率用输入二进制数码的位数给出。在分辨率为 n 位的 D/A 转换器中，从输出模拟电压的大小应能区分出输入代码从 **00…00** 到 **11…11** 全部 2^n 个不同的状态，给出 2^n 个不同等级的输出电压。因此，分辨率表示 D/A 转换器在理论上可以达到的精度。

另外，也可以用 D/A 转换器能够分辨出来的最小电压（此时输入的数字代码只有最低有效位为 **1**，其余各位都是 **0**）与最大输出电压（此时输入数字代码所有各位全是 **1**）之比给出分辨率。例如，10 位 D/A 转换器的分辨率可以表示为

$$\frac{1}{2^{10}-1}=\frac{1}{1\ 023}\approx 0.001$$

然而，由于 D/A 转换器的各个环节在参数和性能上和理论值之间不可避免地存在着差异，所以实际能达到的转换精度要由转换误差来决定。由各种因素引起的转换误差是一个综合性指标。转换误差表示实际的 D/A 转换特性和理想转换特性之间的最大偏差，如图8.3.1所示。图中的虚线表示理想的 D/A 转换特性，它是连结坐标原点和满量程输出（输入为全 **1** 时）理论值的一条直线。图中的实线表示

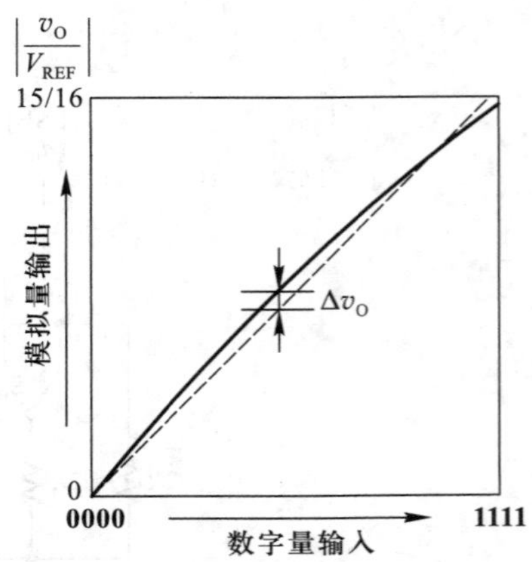

图 8.3.1　D/A 转换器的转换特性曲线

实际可能的 D/A 转换特性。转换误差一般用最低有效位的倍数表示。例如，给出转换误差为 1/2LSB，就表示输出模拟电压与理论值之间的绝对误差小于、等于当输入为 **00…01** 时的输出电压的一半。

此外，有时也用输出电压满刻度 FSR（系 Full Scale Range 的缩写）的百分数表示输出电压误差绝对值的大小。

造成 D/A 转换器转换误差的原因主要有参考电压 V_{REF} 的波动、运算放大器的零点漂移、模拟开关的导通内阻和导通压降、电阻网络中电阻阻值的偏差以及三极管特性的不一致等。

由不同因素所导致的转换误差各有不同的特点。现以图8.2.3 所示的倒 T 形电阻网络 D/A 转换器为例，分别讨论这些因素引起转换误差的情况。

根据式（8.2.4）可知，如果 V_{REF} 偏离标准值 ΔV_{REF}，则输出将产生误差电压

$$\Delta v_{O1}=-\frac{1}{2^4}(d_3 2^3+d_2 2^2+d_1 2^1+d_0 2^0)\Delta V_{REF} \tag{8.3.1}$$

这个结果说明，由 V_{REF} 的变化所引起的误差和输入数字量的大小是成正比的。因此，将由 ΔV_{REF} 引起的转换误差称为比例系数误差。图 8.3.2 中以虚线表示出了当 ΔV_{REF} 一定时 v_O 值偏离理论值的情况。

当输出电压的误差系由运算放大器的零点漂移所造成时，误差电压 Δv_{O2} 的大小与输入数字量的数值无关，输出电压的转换特性曲线将发生平移（移上或移下），如图 8.3.3 中的虚线所示。我们将这种性质的误差称为漂移误差或平移误差。

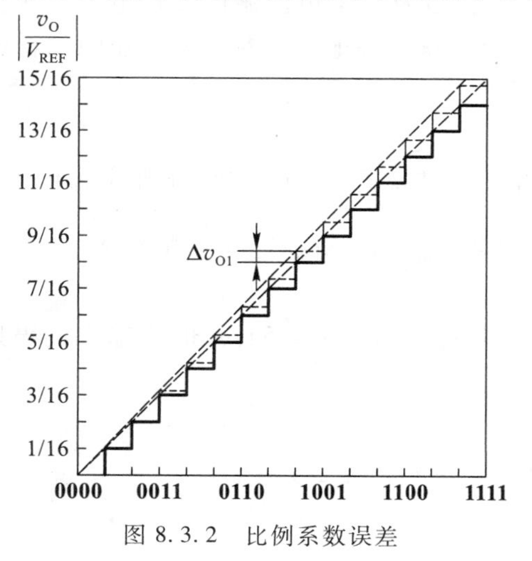

图 8.3.2 比例系数误差

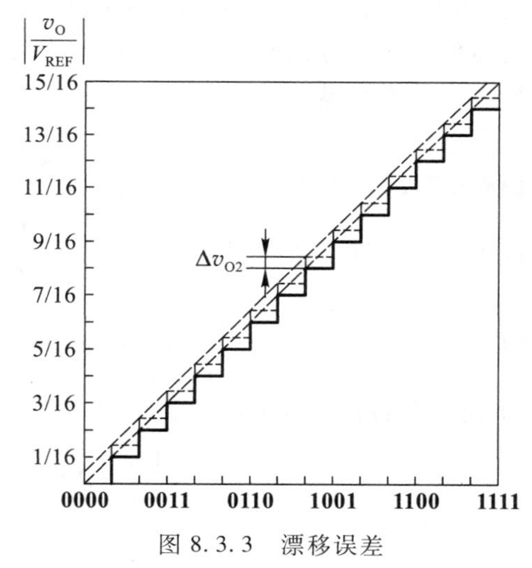

图 8.3.3 漂移误差

由于模拟开关的导通内阻和导通压降都不可能真正等于零，因而它们的存在也必将在输出产生误差电压 Δv_{O3}。需要指出的是，每个开关的导通压降未必相等，而且开关在接地时和接 V_{REF} 时的压降也不一定相同，因此 Δv_{O3} 既非常数也不与输入数字量成正比。这种性质的误差称为非线性误差。由图 8.3.4 可见，这种误差没有一定的变化规律。

产生非线性误差的另一个原因是倒 T 形电阻网络中电阻阻值的偏差。由于每个支路电阻的误差不一定相同，而且不同位置上的电阻的偏差对输出电压的影响也不一样，所以在输出端产生的误差电压 Δv_{O4} 与输入数字量之间也不是线性关系。

由图 8.3.4 中还可以看到，非线性误差的存在有可能导致 D/A 转换特性在局部出现非单调性（即输入数字量不断增加的过程中 v_O 发生局部减小的现象）。这种非单调性的转换特性有时会引起系统工作不稳定，应力求避免。在选用 D/A 转换器器件时应注意，如果某一产品的说明指出它是一个具有 9 位单调性的 10 位 D/A 转换器，那么它只保证在最高 9 位被运用时转换特性是单调的。

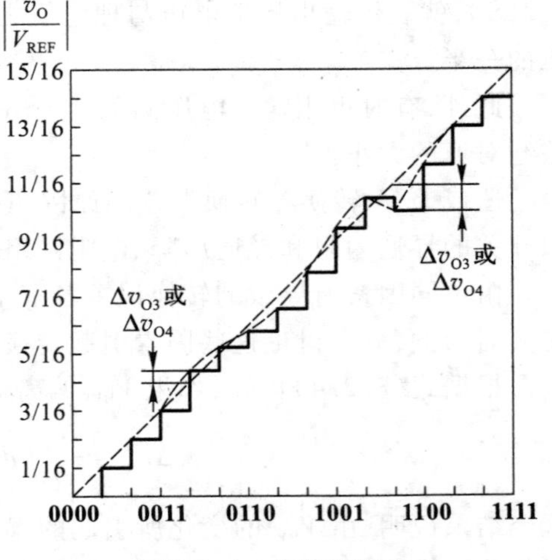

图 8.3.4　非线性误差

因为这几种误差电压之间不存在固定的函数关系，所以最坏的情况下输出总的误差电压等于它们的绝对值相加，即

$$|\Delta v_O| = |\Delta v_{O1}| + |\Delta v_{O2}| + |\Delta v_{O3}| + |\Delta v_{O4}| \tag{8.3.2}$$

以上的分析还说明，为了获得高精度的 D/A 转换器，单纯依靠选用高分辨率的 D/A 转换器器件是不够的，还必须有高稳定度的参考电压源 V_{REF} 和低漂移的运算放大器与之配合使用，才可能获得较高的转换精度。

目前常见的集成 D/A 转换器器件有两大类，一类器件的内部只包含电阻网络（或恒流源电路）和模拟开关，而另一类器件内部还包含了运算放大器以及参考电压源的发生电路。在使用前一类器件时必须外接参考电压和运算放大器，这时应注意合理地确定对参考电压源的稳定度和运算放大器零点漂移的要求。

【例 8.3.1】　在图 8.2.5 所示的倒 T 形电阻网络 D/A 转换器中，外接参考电压 $V_{REF}=-10$ V。为保证 V_{REF} 偏离标准值所引起的误差小于 $\frac{1}{2}$LSB，试计算 V_{REF} 的相对稳定度应取多少。

解：　首先计算对应于 $\frac{1}{2}$LSB 输入的输出电压是多少。由式（8.2.5）可知，当输入代码只有 LSB = **1** 而其余各位均为 **0** 时的输出电压为

$$\begin{aligned} v_O &= -\frac{V_{REF}}{2^n}(d_{n-1}2^{n-1}+d_{n-2}2^{n-2}+\cdots+d_1 2^1+d_0 2^0) \\ &= -\frac{V_{REF}}{2^n} \end{aligned}$$

故与 $\frac{1}{2}$LSB 相对应的输出电压绝对值为

$$\frac{1}{2}\times\frac{|V_{REF}|}{2^n}=\frac{|V_{REF}|}{2^{n+1}}$$

其次再来计算由于 V_{REF} 变化 ΔV_{REF} 所引起的输出变化 Δv_O。由式（8.2.5）可知，在 n 位输入的 D/A 转换器中，由 ΔV_{REF} 引起的输出电压变化应为

$$\Delta v_{\mathrm{O}}=-\frac{\Delta V_{\mathrm{REF}}}{2^{n}}(d_{n-1}2^{n-1}+d_{n-2}2^{n-1}+\cdots+d_{1}2^{1}+d_{0}2^{0})$$

而且在输入数字量最大时(所有各位全为 **1**)Δv_{O} 最大。这时的输出电压变化量的绝对值为

$$|\Delta v_{\mathrm{O}}|=\frac{2^{n}-1}{2^{n}}|\Delta V_{\mathrm{REF}}|=\frac{2^{10}-1}{2^{10}}|\Delta V_{\mathrm{REF}}|$$

根据题目要求,Δv_{O} 必须小于、等于$\frac{1}{2}$LSB 对应的输出电压,于是得到

$$|\Delta v_{\mathrm{O}}|\leqslant\frac{|V_{\mathrm{REF}}|}{2^{11}}$$

$$\frac{2^{10}-1}{2^{10}}|\Delta V_{\mathrm{REF}}|\leqslant\frac{|V_{\mathrm{REF}}|}{2^{11}}$$

故得到参考电压 V_{REF}的相对稳定度为

$$\frac{|\Delta V_{\mathrm{REF}}|}{|V_{\mathrm{REF}}|}\leqslant\frac{1}{2^{11}}\times\frac{2^{10}}{2^{10}-1}\approx\frac{1}{2^{11}}=0.05\%$$

而允许参考电压的变化量仅为

$$|\Delta V_{\mathrm{REF}}|\leqslant\frac{|V_{\mathrm{REF}}|}{2^{11}}\times\frac{2^{10}}{2^{10}-1}\approx 5\ \mathrm{mV}$$

以上所讨论的转换误差都是在输入、输出已经处于稳定状态下得出的,所以属于静态误差。此外,在动态过程中(即输入的数码发生突变时)还有附加的动态转换误差发生。假定在输入数码突变时有多个模拟开关需要改变开关状态,则由于它们的动作速度不同,在转换过程中就会在输出端产生瞬时的尖峰脉冲电压,形成很大的动态转换误差。

为彻底消除动态误差的影响,可以在 D/A 转换器的输出端附加取样-保持电路(详见第 8.5 节),并将取样时间选在过渡过程结束之后。因为这时输出电压的尖峰脉冲已经消失,所以取样结果可以完全不受动态转换误差的影响。

由于 D/A 转换器中的运算放大器和参考电压源的工作特性都受工作环境温度的影响,因而环境温度的变化也直接影响到 D/A 转换器的转换精度。通常 D/A 转换器产品说明中给出的转换精度都是在一定的环境温度下得到的。如果超出这个温度范围,转换精度将得不到保证。

复习思考题

R8.3.1 D/A 转换器的转换精度是怎样表述的?

R8.3.2 若 D/A 转换器输入数字量的有效位数为 12 位,参考电压 V_{REF}为 12 V,理论上输出电压的误差最大值是多少?

R8.3.3 影响 D/A 转换器转换精度的因素有哪些?

8.3.2　D/A 转换器的转换速度

从第 8.2 节中可以看到，无论哪一种电路结构的 D/A 转换器，其中都包含有许多由半导体三极管组成的开关元件。这些开关元件开、关状态的转换都需要一定的时间。同时，即使不是电容分压式 D/A 转换器，电路中也不可避免地存在着寄生电容。当电路发生高、低电平转换时，这些电容的充、放电也需要一定的时间才能完成。此外，输出端的运算放大器本身也存在着一个建立时间。这就是说，当运算放大器输入端电压发生跳变时，必须经过一段时间输出端的电压才能稳定地建立起来。所有这些因素，都限制了 D/A 转换器的转换速度。

通常用建立时间 t_{set} 来定量描述 D/A 转换器的转换速度。建立时间 t_{set} 是这样定义的：从输入的数字量发生突变开始，直到输出电压进入与稳态值相差 $\pm\frac{1}{2}$LSB 范围以内的这段时间，称为建立时间 t_{set}，如图 8.3.5所示。因为输入数字量的变化越大建立时间越长，所以一般产品说明中给出的都是输入从全 **0** 跳变为全 **1**（或从全 **1** 跳变为全 **0**）时的建立时间。目前在不包含运算放大器的单片集成 D/A 转换器中，建立时间最短的可达到0.1 μs以内。在包含运算放大器的集成 D/A 转换器中，建立时间最短的也可达1.5 μs以内。

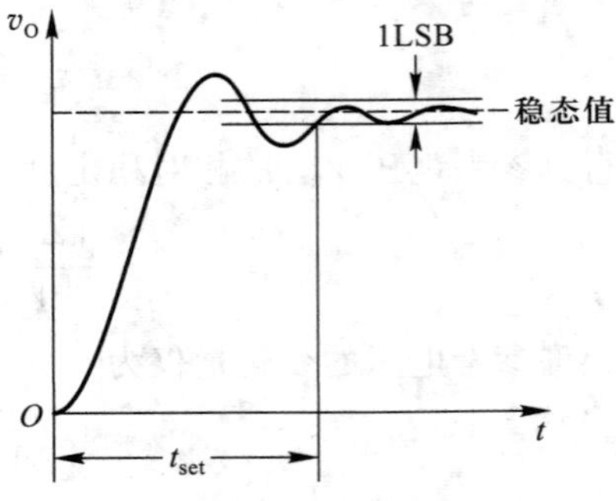

图 8.3.5　D/A 转换器的建立时间

在外加运算放大器组成完整的 D/A 转换器时，如果采用普通的运算放大器，则运算放大器的建立时间将成为 D/A 转换器建立时间 t_{set} 的主要成分。因此，为了获得较快的转换速度，应该选用转换速率（即输出电压的变化速度）较快的运算放大器，以缩短运算放大器的建立时间。

复习思考题

R8.3.4　D/A 转换器的建立时间是怎样定义的？

8.4　A/D 转换的基本原理

在 A/D 转换器中，因为输入的模拟信号在时间上是连续的而输出的数字信号是离散的，所以转换只能在一系列选定的瞬间对输入的模拟信号取样，然后再将这些取样值转换成输出的数字量。

因此，A/D 转换的过程是首先对输入的模拟电压信号取样，取样结束后进入保持时间，在这段时间内将取样的电压量化为数字量，并按一定的编码形式给出转换结果。然后，再开始下一次取样。

一、取样定理

由图 8.4.1 可见，为了能正确无误地用取样信号 v_S 表示模拟信号 v_I，取样信号必须有足够高的频率。可以证明，为了保证能从取样信号将原来的被取样信号恢复，必须满足

$$f_s \geqslant 2f_{i(max)} \tag{8.4.1}$$

式中 f_s 为取样频率，$f_{i(max)}$ 为输入模拟信号 v_I 的最高频率分量的频率。式(8.4.1)就是所谓的取样定理。

在满足式(8.4.1)的条件下，可以用低通滤波器将 v_s 还原为 v_I。这个低通滤波器的电压传输系数在低于 $f_{i(max)}$ 的范围内应保持不变，而在 $f_s - f_{i(max)}$ 以前应迅速下降为 0，如图 8.4.2 所示。

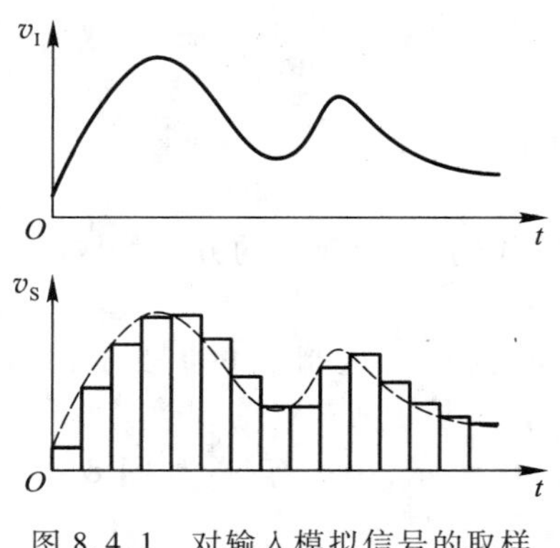

图 8.4.1 对输入模拟信号的取样

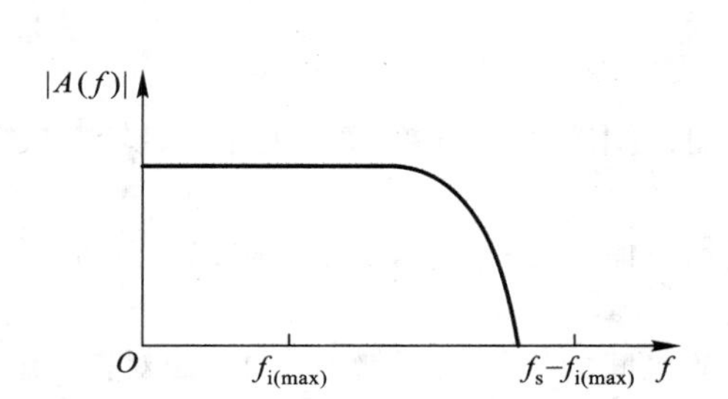

图 8.4.2 还原取样信号所用滤波器的频率特性

因此，A/D 转换器工作时的取样频率必须高于式(8.4.1)所规定的频率。取样频率提高以后留给每次进行转换的时间也相应地缩短了，这就要求转换电路必须具备更快的工作速度。因此，不能无限制地提高取样频率，通常取$f_s = (3\sim5) \cdot f_{i(max)}$已满足要求。

由于转换是在取样结束后的保持时间内完成的，所以转换结果所对应的模拟电压是每次取样结束时的 v_I 值。

二、量化和编码

正如我们在第一章所指出，数字信号不仅在时间上是离散的，而且数值大小的变化也是不连续的。这就是说，任何一个数字量的大小只能是某个规定的最小数量单位的整数倍。在进行A/D转换时，必须将取样电压表示为这个最小单位的整数倍。这个转化过程称为量化，所取的最小数量单位称为量化单位，用 Δ 表示。显然，数字信号最低有效位(LSB)的 **1** 所代表的数量大小就等于 Δ。

将量化的结果用代码(可以是二进制，也可以是其他进制)表示出来，称为编码。这些代码就是 A/D 转换的输出结果。

既然模拟电压是连续的，那么它就不一定能被 Δ 整除，因而量化过程不可避免地会引入误差。这种误差称为量化误差。将模拟电压信号划分为不同的量化等级时通常有图 8.4.3 所示的两种方法，它们的量化误差相差较大。

输入信号	二进制代码	代表的模拟电压
1 V		
	111	7Δ=7/8(V)
7/8 V		
	110	6Δ=6/8(V)
6/8 V		
	101	5Δ=5/8(V)
5/8 V		
	100	4Δ=4/8(V)
4/8 V		
	011	3Δ=3/8(V)
3/8 V		
	010	2Δ=2/8(V)
2/8 V		
	001	1Δ=1/8(V)
1/8 V		
	000	0Δ=0 (V)
0		

(a)

输入信号	二进制代码	代表的模拟电压
1 V		
	111	7Δ=14/15(V)
13/15 V		
	110	6Δ=12/15(V)
11/15 V		
	101	5Δ=10/15(V)
9/15 V		
	100	4Δ=8/15 (V)
7/15 V		
	011	3Δ=6/15 (V)
5/15 V		
	010	2Δ=4/15 (V)
3/15 V		
	001	1Δ=2/15 (V)
1/15 V		
	000	0Δ=0 (V)
0		

(b)

图 8.4.3　划分量化电平的两种方法

例如,要求将 0~1 V 的模拟电压信号转换成 3 位二进制代码,则最简单的方法是取 $\Delta=\frac{1}{8}$ V,并规定凡数值在 $0\sim\frac{1}{8}$ V 之间的模拟电压都当作 $0\cdot\Delta$ 对待,用二进制数 **000** 表示;凡数值在 $\frac{1}{8}\sim\frac{2}{8}$ V 之间的模拟电压都当作 $\mathbf{1}\cdot\Delta$ 对待,用二进制数 **001** 表示,……等等,如图 8.4.3(a)所示。不难看出,这种量化方法可能带来的最大量化误差可达 Δ,即$\frac{1}{8}$ V。

为了减小量化误差,通常采用图 8.4.3(b)所示的改进方法划分量化电平。在这种划分量化电平的方法中,取量化电平 $\Delta=\frac{2}{15}$ V,并将输出代码 **000** 对应的模拟电压范围规定为 $0\sim\frac{1}{15}$ V,即 $0\sim\frac{1}{2}\Delta$,这样可以将最大量化误差减小到$\frac{1}{2}\Delta$,即$\frac{1}{15}$ V。这个道理不难理解,因为现在将每个输出二进制代码所表示的模拟电压值规定为它所对应的模拟电压范围的中间值,所以最大量化误差自然不会超过$\frac{1}{2}\Delta$。

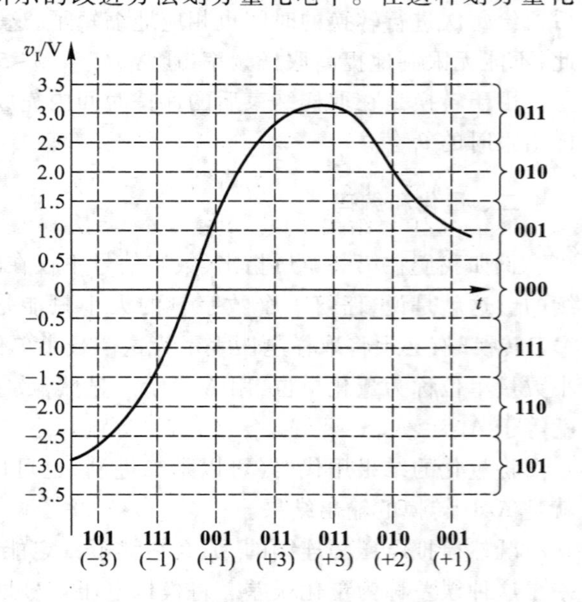

图 8.4.4　对双极性模拟电压的量化和编码

当输入的模拟电压在正、负范围内变化时,一般要求采用二进制补码的形式编码,如图 8.4.4所示。在这个例子中取 Δ = 1 V,输出为 3 位二进制补码,最高位为符号位。

复习思考题

R8.4.1 什么是量化误差？有哪些可以减小量化误差的办法？

8.5 取样-保持电路

取样-保持电路的基本形式如图 8.5.1 所示。图中 T 为 N 沟道增强型 MOS 管，作模拟开关使用。当取样控制信号 v_L 为高电平时 T 导通，输入信号 v_I 经电阻 R_I 和 T 向电容 C_H 充电。若取 $R_I=R_F$，并忽略运算放大器的输入电流，则充电结束后 $v_O=v_C=-v_I$。这里 v_C 为电容 C_H 上的电压。

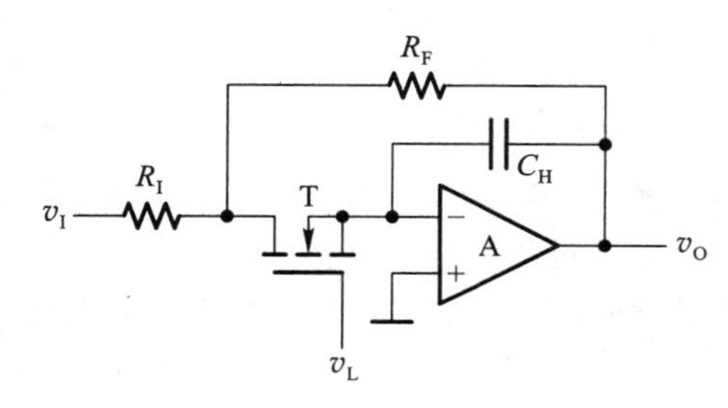

图 8.5.1 取样-保持电路的基本形式

当 v_L 返回低电平以后，MOS 管 T 截止。由于 C_H 上的电压在一段时间内基本保持不变，所以 v_O 也保持不变，取样结果被保存下来。C_H 的漏电越小，运算放大器的输入阻抗越高，v_O 保持的时间也越长。

然而图 8.5.1 电路是很不完善的。由于取样过程中需要输入电压经 R_I 和 T 向电容 C_H 充电，这就限制了取样速度。同时，又不能指望通过减小 R_I 的办法提高取样速度，因为这样做必将降低电路的输入阻抗。因此，降低 R_I 的阻值不是一个好办法。

解决这个矛盾的一种可行方法是在电路的输入端增加一级隔离放大器。图 8.5.2 中给出的单片集成取样-保持电路 LF398 就是这样的一种改进电路。

在图 8.5.2(a)所示的电路结构图中，A_1、A_2 是两个运算放大器，S 是模拟开关，L 是控制 S 状态的逻辑单元。v_L 和 V_{REF} 是逻辑单元的两个输入电压信号，当 $v_L>V_{REF}+V_{TH}$ 时 S 接通，而当 $v_L<V_{REF}+V_{TH}$ 时 S 断开。V_{TH} 称为阈值电压，约为 1.4 V。通常使用情况下，将 V_{REF} 接 0 电平。

图 8.5.2(b)给出了 LF398 的典型接法。由于图中取 $V_{REF}=0$，而且设 v_L 为 TTL 逻辑电平，则 $v_L=\mathbf{1}$ 时 S 接通，$v_L=\mathbf{0}$ 时 S 断开。

当 $v_L=\mathbf{1}$ 时电路处于取样工作状态，这时 S 闭合，A_1 和 A_2 均工作在单位增益的电压跟随器状态，所以有 $v_O=v_{O1}=v_I$。如果在 R_2 的引出端与地之间接入电容 C_H，那么电容电压的稳态值也是 v_I。

取样结束时 v_L 回到低电平，电路进入保持状态。这时 S 断开，C_H 上的电压基本保持不变，因而输出电压 v_O 也得以维持原来的数值。

在图 8.5.2(a)电路中还有一个由二极管 D_1、D_2 组成的保护电路。在没有 D_1 和 D_2 的情况下，如果在 S 再次接通以前 v_I 变化了，则 v_{O1} 的变化可能很大，以至于使 A_1 的输出进入饱和状态并使开关电路承受过高的电压。接入 D_1 和 D_2 以后，当 v_{O1} 比 v_O 所保持的电压高出一个二极管的压降时，D_1 将导通，v_{O1} 被钳位于 v_I+V_{D1}。这里的 V_{D1} 表示二极管 D_1 的正向导通压降。当 v_{O1} 比

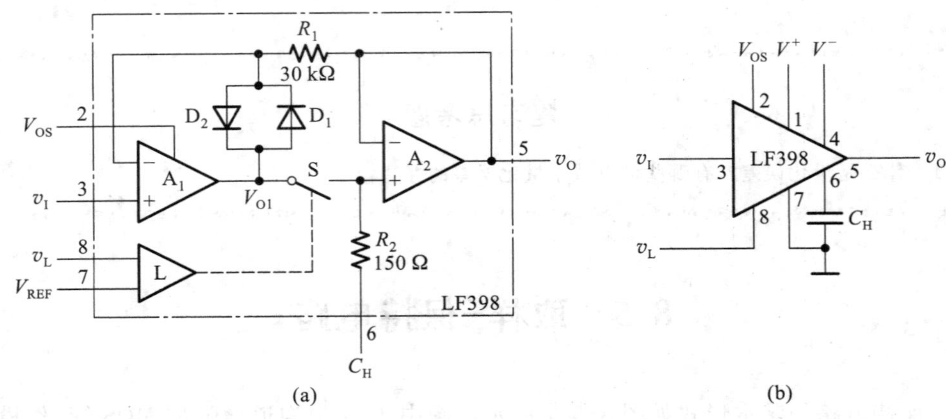

图 8.5.2　集成取样-保持电路 LF398

(a) 电路结构　(b) 典型接法

v_O 低一个二极管的压降时，D_2 导通，将 v_{O1} 钳位于 $v_I - V_{D2}$。V_{D2} 为 D_2 的正向导通压降。在 S 接通的情况下，因为 $v_{O1} \approx v_O$，所以 D_1 和 D_2 都不导通，保护电路不起作用。

取样过程中电容 C_H 上的电压达到稳态值所需要的时间（称为获取时间）和保持阶段输出电压的下降率 $\Delta v_O / \Delta T$ 是衡量取样-保持电路性能的两个最重要的指标。在 LF398 中，采用了双极型与 MOS 型混合工艺。为了提高电路工作速度并降低输入失调电压，输入端运算放大器的输入级采用双极型三极管电路。而在输出端的运算放大器中，输入级使用了场效应三极管，这就有效地提高了放大器的输入阻抗，减小了保持时间内 C_H 上电荷的损失，使输出电压的下降率达到 10^{-3}(mV/s) 以下（当外接电容 C_H 为 0.01μF 的低漏电电容器时）。

输出电压下降率与外接电容 C_H 电容量的大小和漏电情况有关。C_H 的电容量越大、漏电越小，输出电压下降率越低。然而加大 C_H 的电容量会使获取时间变长，所以在选择 C_H 的电容量大小时应兼顾输出电压下降率和获取时间两方面的要求。

逻辑输入端（v_L）和参考输入端（V_{REF}）都具有较高的输入电阻，可以直接用 TTL 电路或 CMOS 电路驱动。通过失调调整输入端 V_{OS} 可以调整输出电压的零点，使 $v_I = 0$ 时 $v_O = 0$。V_{OS} 的数值可以用电位器的动端调节，电位器的一个定端接电源 V^+，另一个定端通过电阻接地。

8.6　A/D 转换器的电路结构和工作原理

8.6.1　并联比较型 A/D 转换器

并联比较型 A/D 转换器又称为闪速 A/D 转换器（Flash ADC）。它属于直接 A/D 转换器，能将输入的模拟电压直接转换为输出的数字量而不需要经过中间变量。

图 8.6.1 为并联比较型 A/D 转换器电路结构图，它由电压比较器、寄存器和代码转换电路三部分组成。输入为 0 ~ V_{REF} 间的模拟电压，输出为 3 位二进制数码 $d_2 d_1 d_0$。这里略去了取样-保持电路，假定输入的模拟电压 v_I 已经是取样-保持电路的输出电压了。

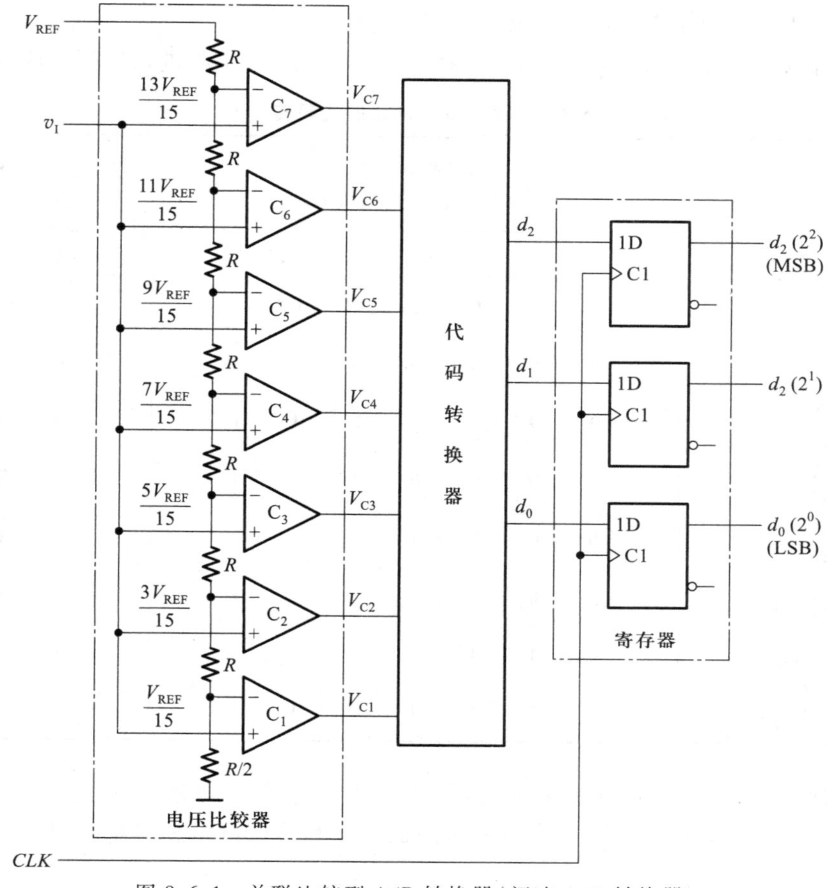

图 8.6.1 并联比较型 A/D 转换器(闪速 A/D 转换器)

电压比较器中量化电平的划分采用图 8.4.3(b)所示的方式,用电阻链将参考电压 V_{REF} 分压,得到从$\frac{1}{15}V_{REF}$到$\frac{13}{15}V_{REF}$之间 7 个比较电平,量化单位为 $\Delta=\frac{2}{15}V_{REF}$。然后,将这 7 个比较电平分别接到 7 个电压比较器 $C_1 \sim C_7$ 的输入端,作为比较基准。同时,将输入的模拟电压同时加到每个比较器的另一个输入端上,与这 7 个比较基准进行比较。

若 $v_I<\frac{1}{15}V_{REF}$,则所有比较器的输出全是低电平。

若$\frac{1}{15}V_{REF}\leqslant v_I<\frac{3}{15}V_{REF}$,则只有 C_1 的输出 V_{C1} 为高电平,其余比较器的输出均为低电平。

依此类推,便可列出 v_I 为不同电压时比较器输出的状态,如表 8.6.1 所示。不过比较器输出的这一组 7 位的二值代码,还不是所要求的二进制数,因此必须进行代码转换。

代码转换器是一个多输出组合逻辑电路,根据表 8.6.1 可以写出代码转换电路输出与输入间的逻辑函数式

$$\begin{cases} d_2=Q_4 \\ d_1=Q_6+Q_4'Q_2 \\ d_0=Q_7+Q_6'Q_5+Q_4'Q_3+Q_2'Q_1 \end{cases} \tag{8.6.1}$$

按照式(8.6.1)即可得到相应的代码转换电路。

输出寄存器所用时钟 CLK 的上升沿应选择在取样-保持信号 v_I 进入保持阶段以后。

表 8.6.1　图 8.6.1 电路的代码转换表

输入模拟电压 v_I	比较器输出的状态（代码转换器输入）							数字量输出（代码转换器输出）		
	V_{C7}	V_{C6}	V_{C5}	V_{C4}	V_{C3}	V_{C2}	V_{C1}	d_2	d_1	d_0
$\left(0\sim\frac{1}{15}\right)V_{REF}$	0	0	0	0	0	0	0	0	0	0
$\left(\frac{1}{15}\sim\frac{3}{15}\right)V_{REF}$	0	0	0	0	0	0	1	0	0	1
$\left(\frac{3}{15}\sim\frac{5}{15}\right)V_{REF}$	0	0	0	0	0	1	1	0	1	0
$\left(\frac{5}{15}\sim\frac{7}{15}\right)V_{REF}$	0	0	0	0	1	1	1	0	1	1
$\left(\frac{7}{15}\sim\frac{9}{15}\right)V_{REF}$	0	0	0	1	1	1	1	1	0	0
$\left(\frac{9}{15}\sim\frac{11}{15}\right)V_{REF}$	0	0	1	1	1	1	1	1	0	1
$\left(\frac{11}{15}\sim\frac{13}{15}\right)V_{REF}$	0	1	1	1	1	1	1	1	1	0
$\left(\frac{13}{15}\sim 1\right)V_{REF}$	1	1	1	1	1	1	1	1	1	1

并联比较型 A/D 转换器的转换精度主要取决于量化电平的划分，分得越细(亦即 Δ 取得越小)，精度越高。此外，转换精度还受参考电压的稳定度和分压电阻相对精度以及电压比较器灵敏度的影响。

这种电路结构 A/D 转换器的突出特点是转换速度快。当模拟信号加到电路的输入端以后，只需经过电压比较器、代码转换器和触发器的传输延迟时间即可完成一次转换。因此，并联比较型 A/D 转换器是目前使用的各种 A/D 转换器中转换速度最快的一种。例如具有 8 位数字输出的并联比较型 A/D 转换器 ADC08100 的转换时间仅为 10 ns。它的电路内部还包含有取样-保持电路，取样速率最高可达 100 MSPS(每秒取样 10^8 次)。

并联比较型 A/D 转换器的主要缺点是必需使用比较多的电压比较器和规模较大的代码转换电路。从图 8.6.1 电路不难得知，在输出为 n 位二进制代码的转换器电路中，要用 2^n-1 个电压比较器和相应的代码转换电路。如果输出为 10 位二进制代码，则需要用 $2^{10}-1=1\ 023$ 个电压比较器和一个规模相当庞大的代码转换电路。可见随着输出数字代码位数的增加，电路的规模将急剧膨胀。由于这个原因，目前常见的并联比较型 A/D 转换器产品输出多在 8 位以下。

为了在增加输出位数的同时不使电路的规模过度膨胀，在某些 A/D 转换器产品中采用了“半闪速”电路结构，组成半闪速型 A/D 转换器(Half-Flash ADC)。图 8.6.2 是一个 8 位输出的半闪速型 A/D 转换器的结构框图。它由两个 4 位输出的并联比较型 A/D 转换器和一个 4 位输入的 D/A 转换器组成。其中 ADC1 将输入的模拟电压转换成输出数字量的高 4 位，ADC2 再将 ADC1 量化过程中产生的残余电压转换为输出数字量的低 4 位。

ADC1 量化过程产生的剩余电压 v_D 由输入电压 v_I 和 D/A 转换器的输出 v_O 相减得到。由

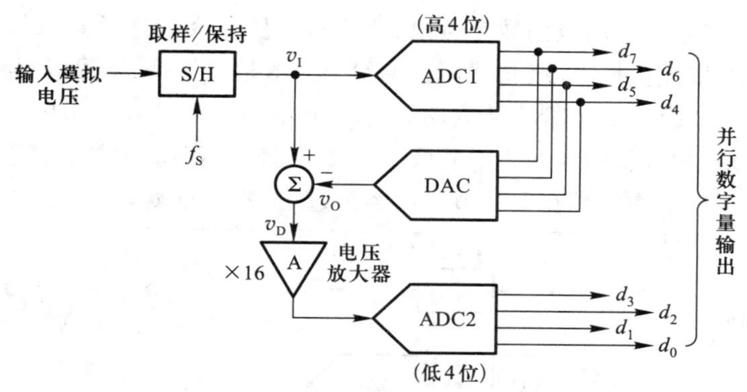

图 8.6.2　半闪速型 A/D 转换器

于 ADC2 的量化单位是 ADC1 量化单位的 1/16,所以 ADC2 中电压比较器所用的参考电压也应当取为 ADC1 中参考电压 V_{REF}的 1/16。但如果将 ADC2 的参考电压仍取为 V_{REF},同时将残余电压 v_D 经放大器 A 放大 16 倍,则比较器的输出结果应当相同。这样做的结果不仅可以避免 ADC2 工作在微弱输入信号的状态,而且对 ADC1 和 ADC2 两个电路的要求也将完全相同。

在图 8.6.2 的半闪速型 A/D 转换器电路中,ADC1 和 ADC2 中各需要使用 $2^4-1=15$ 个电压比较器,加起来也不过 30 个。如果采用纯粹的并联比较型结构,则需要用 $2^8-1=255$ 个电压比较器。可见,采用半闪速型电路结构可以大大压缩电路的规模。

由于半闪速型 A/D 转换器中的 ADC1、DAC 和 ADC2 在时间上是串行工作的,所以转换时间显然要大于纯粹的并联比较型 A/D 转换器。即便如此,半闪速型 A/D 转换器的转换速度仍然是比较高的。例如采用半闪速型电路结构的 ADC0820 转换时间仅为 1.5 μs。

*8.6.2　流水线型 A/D 转换器

流水线型 A/D 转换器(Pipelined ADC)是一种多级串联形式的 A/D 转换器。图 8.6.3 是一个由 3 级转换电路组成的 10 位流水线型 A/D 转换器电路结构图。

流水线型 A/D 转换器的设计思想与半闪速型 A/D 转换器相似。首先,用第一级对输入的

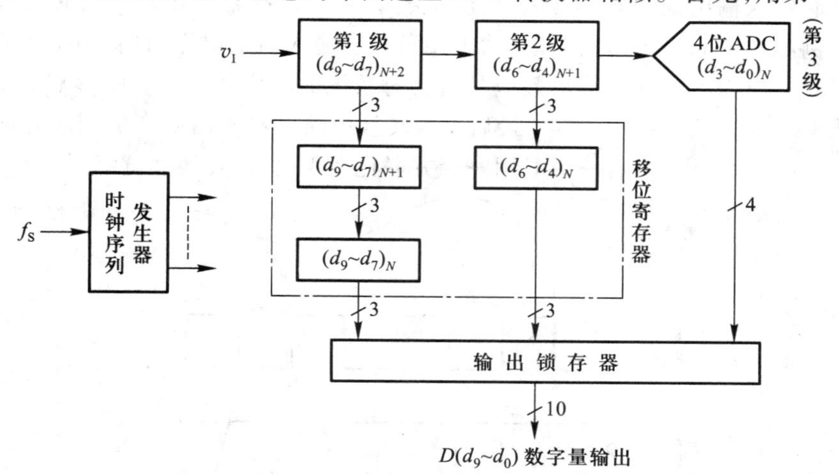

图 8.6.3　流水线型 A/D 转换器电路结构示意图

模拟电压进行转换，产生一组高位的数字输出，然后将残压放大后送给第二级进行转换，产生随后的一组数字输出。依此类推，逐级将残压传递给下一级进行转换，就可以得到最终的结果了。

图 8.6.4 是第 1、2 级转换电路的结构图。将这个电路与图 8.6.2 半闪速型 A/D 转换器电路对比一下不难发现，如果将图 8.6.2 中的低位 A/D 转换器 ADC2 去掉，得到的就是图 8.6.4 中的电路。这部分电路的工作原理在上一节中已经讲过了，不再重复。

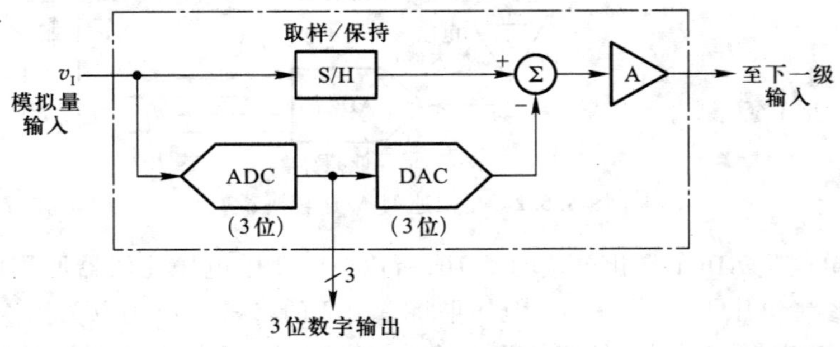

图 8.6.4　图 8.6.3 中第 1、2 级转换电路的结构

通过增加串联转换电路的级数，即可提高流水线型 A/D 转换器的转换精度。然而随着串联级数的增加，各级转换时间加起来的总转换时间也随之加长。为了解决这个矛盾，在第一级转换完成并将残压放大送给下一级以后，令第一级立刻接收下一次的输入取样信号，并和下一级同时进行转换。依此类推，每次的取样电压便以逐级传递残压的方式被逐级转换为输出的数字量。这就是所谓的“流水线”工作方式。这样一来，第一级仍然可以保持并联比较型 A/D 转换器所具有的高速度和高取样速率，从而提高了这个电路的转换速度。目前流水线型 A/D 转换器已成为高速度、高分辨 A/D 转换器的主流产品。例如 12 位输出的高速 A/D 转换器 ADC12L066 采用流水线结构，最高取样速率可达 80 MSPS（每秒 80×10^6 次）。

然而必须注意，每一时刻各级是同时在对不同时间的取样信号进行转换。一次取样输入信号的完整转换结果，是从高位到低位按时间先后逐段提出的。为了得到完整的并行数字量输出，需要将前面各级的转换结果用移位寄存器暂存起来，直到最后一级完成转换以后，再将所有各级的转换结果一起置入输出锁存器中。因此，流水线型 A/D 转换器给出输出的时间要滞后于取样信号的输入。例如在图 8.6.3 的例子中，输出要滞后于输入两个取样周期，如图 8.6.5 所示。为此，在具体应用中，应当考虑这种滞后效应是否会对系统的工作带来不利的影响。

在流水线型 A/D 转换器的电路中，最后一级转换电路已经不需要产生残压并向下一级传递了，所以在图 8.6.3 电路中，最后一级只用一个并联比较型 A/D 转换器就够了。

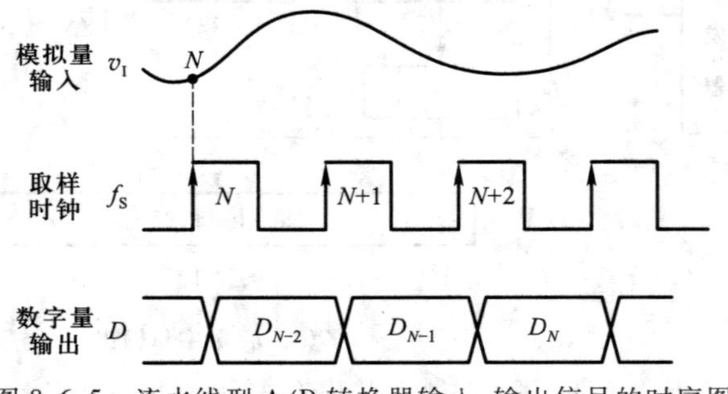

图 8.6.5　流水线型 A/D 转换器输入、输出信号的时序图

8.6.3　逐次逼近型 A/D 转换器

逐次逼近型 A/D 转换器(Successive Approximation ADC)采用的是一种反馈比较型电路结构。它的构思是这样的:取一个数字量加到 D/A 转换器上,于是得到一个对应的输出模拟电压。将这个模拟电压和输入的模拟电压信号相比较。如果两者不相等,则调整所取的数字量,直到两个模拟电压相等为止,最后所取的这个数字量就是所求的转换结果。

逐次逼近型 A/D 转换器的工作原理可以用图 8.6.6 所示的框图来说明。这种转换器的电路包含比较器 C、D/A 转换器、寄存器、时钟脉冲源和控制逻辑等 5 个组成部分。

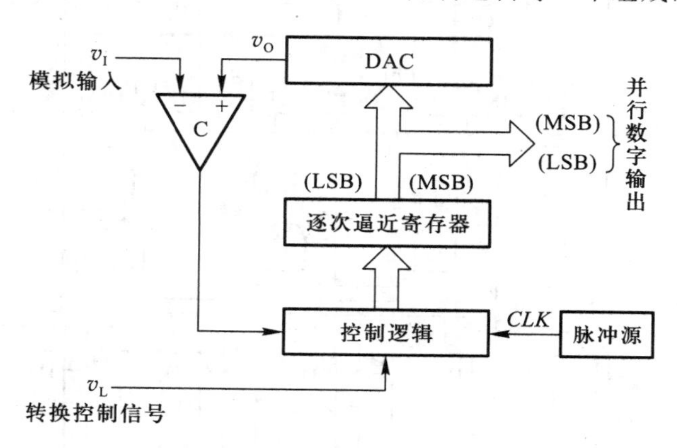

图 8.6.6　逐次逼近型 A/D 转换器的电路结构框图

转换开始前先将寄存器清零,所以加给 D/A 转换器的数字量也是全 **0**。转换控制信号 v_L 变为高电平时开始转换,时钟信号首先将寄存器的最高位置成 **1**,使寄存器的输出为 **100…00**。这个数字量被 D/A 转换器转换成相应的模拟电压 v_O,并送到比较器与输入信号 v_I 进行比较。如果 $v_O > v_I$,说明数字过大了,则这个 **1** 应去掉;如果 $v_O < v_I$,说明数字还不够大,这个 **1** 应予保留。然后,再按同样的方法将次高位置 **1**,并比较 v_O 与 v_I 的大小以确定这一位的 **1** 是否应当保留。这样逐位比较下去,直到最低位比较完为止。这时寄存器里所存的数码就是所求的输出数字量。

上述的比较过程正如同用天平去称量一个未知重量的物体时所进行的操作一样,而所使用的砝码一个比一个重量少一半。

下面再结合图 8.6.7 的逻辑电路具体说明一下逐次比较的过程。这是一个输出为 3 位二进制数码的逐次逼近型 A/D 转换器。图中的 C 为电压比较器,当 $v_I \geq v_O$ 时比较器的输出 $v_B = \mathbf{0}$;当 $v_I < v_O$ 时 $v_B = \mathbf{1}$。FF_A、FF_B、FF_C 三个触发器组成了 3 位数码寄存器,触发器 $FF_1 \sim FF_5$ 和门电路 $G_1 \sim G_9$ 组成控制逻辑电路。

转换开始前先将 FF_A、FF_B、FF_C 置零,同时将 $FF_1 \sim FF_5$ 组成的环形移位寄存器置成 $Q_1Q_2Q_3Q_4Q_5 = \mathbf{10000}$ 状态。

转换控制信号 v_L 变成高电平以后,转换开始。第一个 *CLK* 脉冲到达后,FF_A 被置 **1** 而 FF_B、FF_C 被置 **0**。这时寄存器的状态 $Q_AQ_BQ_C = \mathbf{100}$ 加到 D/A 转换器的输入端上,并在 D/A 转换器的输出端得到相应的模拟电压 v_O。v_O 和 v_I 在比较器中比较,其结果不外乎两种:若 $v_I \geq v_O$,则 $v_B = \mathbf{0}$;若 $v_I < v_O$,则 $v_B = \mathbf{1}$。同时,移位寄存器右移一位,使 $Q_1Q_2Q_3Q_4Q_5 = \mathbf{01000}$。

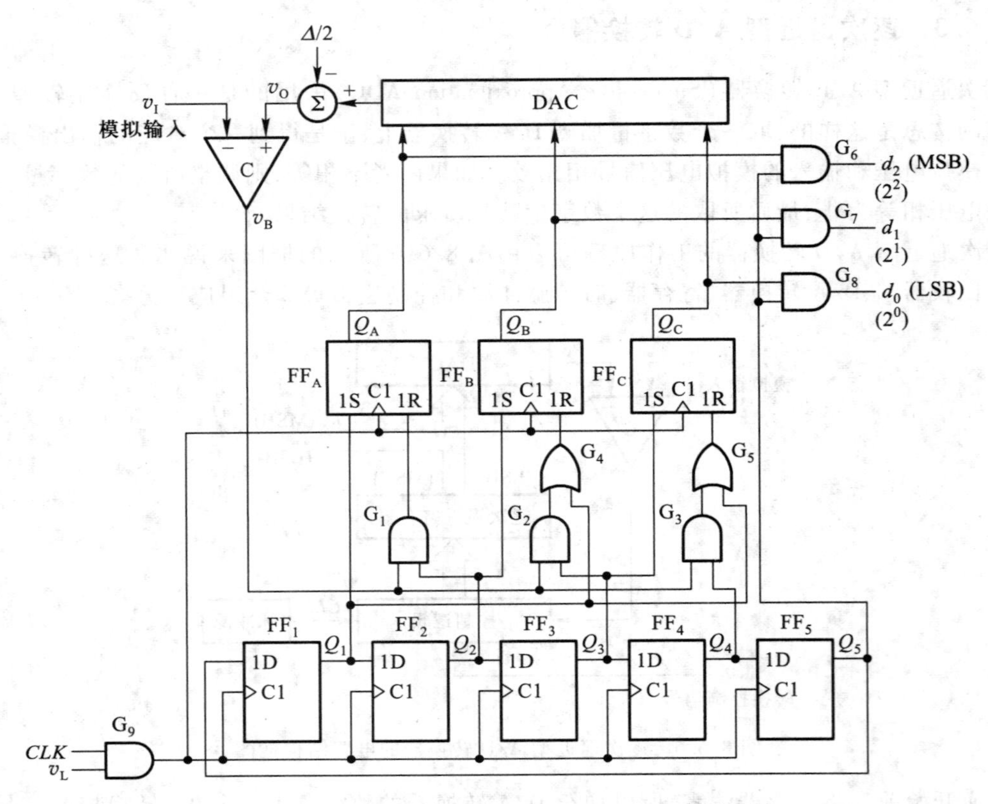

图 8.6.7　3 位逐次逼近型 A/D 转换器的电路原理图

第二个 CLK 脉冲到达时 FF_B 被置成 **1**。若原来的 $v_B = \mathbf{1}$，则 FF_A 被置 **0**；若原来的 $v_B = \mathbf{0}$，则 FF_A 的 **1** 状态保留。同时移位寄存器右移一位，变为 **00100** 状态。

第三个 CLK 脉冲到达时 FF_C 被置 **1**。若原来的 $v_B = \mathbf{1}$，则 FF_B 被置 **0**；若原来的 $v_B = \mathbf{0}$，则 FF_B 的 **1** 状态保留。同时移位寄存器右移一位，变成 **00010** 状态。

第四个 CLK 脉冲到达时，同样根据这时 v_B 的状态决定 FF_C 的 **1** 是否应当保留。这时 FF_A、FF_B、FF_C 的状态就是所要的转换结果。同时，移位寄存器右移一位，变为 **00001** 状态。由于 $Q_5 = \mathbf{1}$，于是 FF_A、FF_B、FF_C 的状态便通过门 G_6、G_7、G_8 送到了输出端。

第五个 CLK 脉冲到达后，移位寄存器右移一位，使得 $Q_1Q_2Q_3Q_4Q_5 = \mathbf{10000}$，返回初始状态。同时，由于 $Q_5 = \mathbf{0}$，门 G_6、G_7、G_8 被封锁，转换输出信号随之消失。

为了减小量化误差，令 D/A 转换器的输出产生 $-\Delta/2$ 的偏移量。这里的 Δ 表示 D/A 转换器最低有效位输入 **1** 所产生的输出模拟电压大小，它也就是模拟电压的量化单位。由图 8.4.3(b) 可知，为使量化误差不大于 $\Delta/2$，在划分量化电平等级时应使第一个量化电平为 $\Delta/2$，而不是 Δ。现在与 v_I 比较的量化电平每次由 D/A 转换器的输出给出，所以应将 D/A 转换器输出的所有比较电平同时向负的方向偏移 $\Delta/2$。

从这个例子可以看出，3 位输出的 A/D 转换器完成一次转换需要 5 个时钟信号周期的时间。如果是 n 位输出的 A/D 转换器，则完成一次转换所需的时间将为 $n+2$ 个时钟信号周期的时间。因此，它的转换速度比并联比较型 A/D 转换器低。例如，一个输出为 10 位的逐次逼近型 A/D

转换器完成一次转换需要 12 个时钟周期的时间。然而，在输出位数较多时，逐次逼近型 A/D 转换器的电路规模要比并联比较型小得多。因此，除了对转换速度要求特别高的场合，逐次逼近型 A/D 转换器是集成 A/D 转换器产品中用得最多的一种电路。

目前逐次逼近型 A/D 转换器产品的输出多为 8 至 12 位，转换时间多在几至几十微秒的范围内。个别高速产品的转换时间甚至能缩短至 1 μs 以内。例如，12 位逐次逼近型 A/D 转换器 AD7472 的最高取样速率可达 1.75 MSPS，完成一次转换的时间不到 1 μs。

8.6.4 双积分型 A/D 转换器

双积分型 A/D 转换器是一种间接 A/D 转换器，它首先将输入的模拟电压信号转换成与之成正比的时间宽度信号，然后在这个时间宽度里对固定频率的时钟脉冲计数，计数的结果就是正比于输入模拟电压的数字信号。因此，也将这种 A/D 转换器称为电压-时间变换型（简称 $V-T$ 变换型）A/D 转换器。

图 8.6.8 是双积分型 A/D 转换器的原理性框图，它包含积分器、比较器、计数器、控制逻辑和时钟信号源几个组成部分。图 8.6.9 是这个电路的电压波形图。

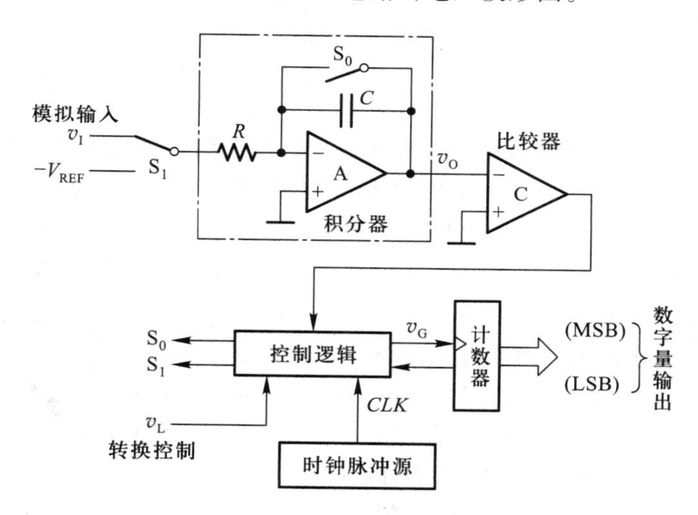

图 8.6.8 双积分型 A/D 转换器的结构框图

下面讨论它的工作过程和这种 A/D 转换器的特点。

转换开始前（转换控制信号 $v_L = \mathbf{0}$）先将计数器清零，并接通开关 S_0，使积分电容 C 完全放电。

$v_L = 1$ 时开始转换。转换操作分两步进行：

第一步，令开关 S_1 合到输入信号电压 v_I 一侧，积分器对 v_I 进行固定时间 T_1 的积分。积分结束时积分器的输出电压为

$$v_O = \frac{1}{C}\int_0^{T_1} -\frac{v_I}{R}\mathrm{d}t = -\frac{T_1}{RC}v_I \tag{8.6.2}$$

上式说明，在 T_1 固定的条件下积分器的输出电压 v_O 与输入电压 v_I 成正比。

第二步，令开关 S_1 转接至参考电压（或称为基准电压）$-V_{REF}$ 一侧，积分器向相反方向积分。

如果积分器的输出电压上升到零时所经过的积分时间为 T_2，则可得

$$v_O=\frac{1}{C}\int_0^{T_2}\frac{V_{REF}}{R}\mathrm{d}t-\frac{T_1}{RC}v_I=0$$

$$\frac{T_2}{RC}V_{REF}=\frac{T_1}{RC}v_I$$

故得到

$$T_2=\frac{T_1}{V_{REF}}v_I \tag{8.6.3}$$

可见，反向积分到 $v_O=0$ 的这段时间 T_2 与输入信号 v_I 成正比。令计数器在 T_2 这段时间里对固定频率为 f_c（$f_c=\frac{1}{T_c}$）的时钟脉冲 CLK 计数，则计数结果也一定与 v_I 成正比，即

$$D=\frac{T_2}{T_c}=\frac{T_1}{T_cV_{REF}}v_I \tag{8.6.4}$$

上式中的 D 为表示计数结果的数字量。

若取 T_1 为 T_c 的整数倍，即 $T_1=NT_c$，则上式可化成

$$D=\frac{N}{V_{REF}}v_I \tag{8.6.5}$$

从图 8.6.9 所示的电压波形图上可以直观地看到这个结论的正确性。当 v_I 取为两个不同的数值 V_{I1} 和 V_{I2} 时，反向积分时间 T_2 和 T_2' 也不相同，而且时间的长短与 v_I 的大小成正比。由于 CLK 是固定频率的脉冲，所以在 T_2 和 T_2' 期间送给计数器的计数脉冲数目也必然与 v_I 成正比。

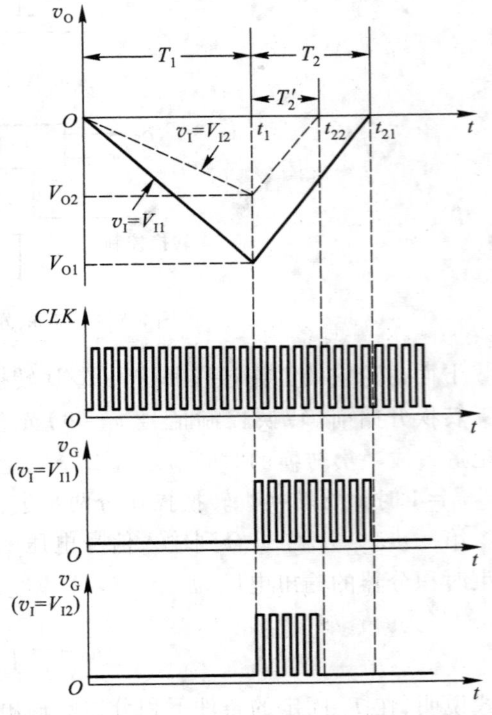

图 8.6.9　双积分型 A/D 转换器的电压波形图

为了实现对上述双积分过程的控制，可以用图 8.6.10 所示的逻辑电路来完成。由图可见，控制逻辑电路由一个 n 位计数器、附加触发器 FF_A、模拟开关 S_0 和 S_1 的驱动电路 L_0 和 L_1、控制门 G 所组成。

转换开始前，由于转换控制信号 $v_L=\mathbf{0}$，因而计数器和附加触发器均被置 **0**，同时开关 S_0 闭合，使积分电容 C 充分放电。

当 $v_L=\mathbf{1}$ 以后，转换开始，S_0 断开、S_1 接到输入信号 v_I 一侧，积分器开始对 v_I 积分。因为积分过程中积分器的输出为负电压，所以比较器输出为高电平，将门 G 打开，计数器对 v_G 端的脉冲计数。

当计数器计满 2^n 个脉冲以后，自动返回全 **0** 状态，同时给 FF_A 一个进位信号，使 FF_A 置 **1**。于是 S_1 转接到 $-V_{REF}$ 一侧，开始进行反向积分。待积分器的输出回到 0 以后，比较器的输出变为低电平，将门 G 封锁，至此转换结束。这时计数器中所存的数字就是转换结果。

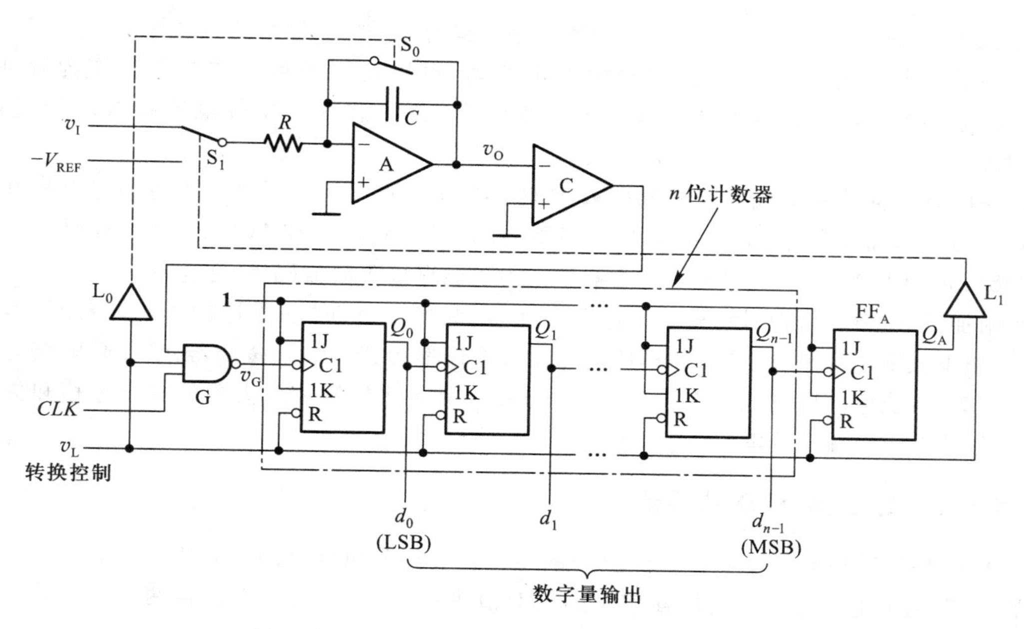

图 8.6.10 双积分型 A/D 转换器的控制逻辑电路

因为 $T_1=2^nT_c$，即 $N=2^n$，故代入式(8.6.5)以后得出

$$D=\frac{2^n}{V_{REF}}v_I \tag{8.6.6}$$

双积分型 A/D 转换器最突出的优点是工作性能比较稳定。由于转换过程中先后进行了两次积分，而且由式(8.6.3)可知，只要在这两次积分期间 R、C 的参数相同，则转换结果与 R、C 的参数无关。因此，R、C 参数的缓慢变化不影响电路的转换精度，而且也不要求 R、C 的数值十分精确。此外，式(8.6.5)还说明，在取 $T_1=NT_c$ 的情况下转换结果与时钟信号周期无关。只要每次转换过程中 T_c 不变，那么时钟周期在长时间里发生缓慢的变化也不会带来转换误差。因此，我们完全可能用精度比较低的元、器件制成精度很高的双积分型 A/D 转换器。

双积分型 A/D 转换器的另一个优点是抗干扰能力比较强。因为转换器的输入端使用了积分器，所以对平均值为零的各种噪声有很强的抑制能力。在积分时间等于交流电网电压周期的整数倍时，能有效地抑制来自电网的工频干扰。

双积分型 A/D 转换器的主要缺点是工作速度低。如果采用图 8.6.10 所给出的控制方案，那么每完成一次转换的时间应取在 $2T_1$ 以上，即不应小于 $2^{n+1}T_c$。如果再加上转换前的准备时间（积分电容放电及计数器复位所需要的时间）和输出转换结果的时间，则完成一次转换所需的时间还要长一些。双积分型 A/D 转换器的转换速度一般都在每秒几十次以内。

尽管如此，由于它的优点十分突出，所以在对转换速度要求不高的场合（例如数字式电压表等）双积分型 A/D 转换器用得非常广泛。

双积分型 A/D 转换器的转换精度受计数器的位数、比较器的灵敏度、运算放大器和比较器的零点漂移、积分电容的漏电、时钟频率的瞬时波动等多种因素的影响。因此，为了提高转换精度仅靠增加计数器的位数是远不够的。特别是运算放大器和比较器的零点漂移对精度影响甚大，必须采取措施予以消除。为此，在实用的电路中都增加了零点漂移的自动补偿电路。

为防止时钟信号频率在转换过程中发生波动，可以使用石英晶体振荡器作为脉冲源。同时，还应选择漏电非常小的电容器作为积分电容，并注意减小积分电容接线端通过底板的漏电流。

现在已有多种单片集成的双积分型 A/D 转换器定型产品。只需外接少量的电阻和电容元件，用这些芯片就能很方便地接成 A/D 转换器，并且可以直接驱动 LCD 或 LED 数码管。例如 MAX138/139、ICL7126/7127 都属于这类器件。为了能直接驱动数码管，在这些集成电路的输出部分都附加了数据锁存器和译码、驱动电路。而且，为便于驱动二-十进制译码器，计数器都采用二-十进制接法。此外，在芯片的模拟信号输入端还都设置了输入缓冲器，以提高电路的输入阻抗。同时，集成电路内部还设有自动调零电路，以消除比较器和放大器的零点漂移和失调电压，保证输入为零时输出为零。

*8.6.5　Σ-Δ 型 A/D 转换器

Σ-Δ 型 A/D 转换器（Sigma-Delta ADC）的工作原理与前面讲过的并联比较型和逐次逼近型 A/D 转换器不同，它不是直接将取样信号的绝对值进行量化和编码，而是将两次相邻取样值之差（或称之为“增量”）进行量化和编码。

Σ-Δ 型 A/D 转换器的电路结构非常简单，它由线性电压积分器、1 位输出的量化器、1 位输入的 D/A 转换器和一个求和电路组成，如图 8.6.11 所示。量化器输出的数字信号 V_O 经 D/A 转换器被转换为模拟信号 v_F 并反馈到输入端的求和电路，与输入信号 v_I 相减得到差值 v_D。积分器对 v_D 作线性积分，积分输出电压 v_{INT} 送给输出端的量化器，量化器将 v_{INT} 量化为 1 位的数字量输出。由于采用了 1 位输出的量化器，所以在连续工作的状态下，输出信号 V_O 是由 **0** 和 **1** 组成的数据流。因为 Σ-Δ 型 A/D 转换器的工作原理源于增量调制的概念，所以也有人把这个电路称之为 Σ-Δ 调制器。

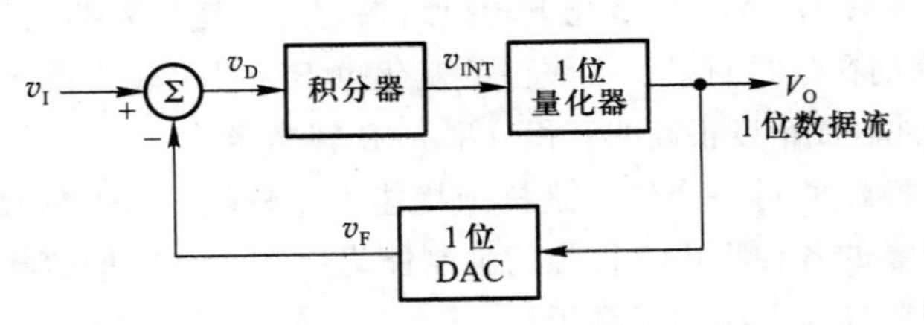

图 8.6.11　Σ-Δ 型 A/D 转换器的方块图

下面再以图 8.6.12 的 Σ-Δ 型 A/D 转换器电路为例，简单说明一下它的转换工作过程。由图可见，1 位量化器由电压比较器 COMP 和触发器 FF 组成。当积分器的输出 $v_{INT}>0$ 时，比较器的输出为 **1**，时钟信号到达后触发器被置 **1**，$V_O=\mathbf{1}$；当积分器的输出 $v_{INT}\leqslant 0$ 时，比较器的输出为 **0**，时钟信号到达后触发器被置 **0**，$V_O=\mathbf{0}$。

图 8.6.13 给出了图 8.6.12 电路在不同的模拟输入电压时，电路中各点电压的波形。当输入信号 $v_I=\mathbf{0}$ 时，v_D 将在 $+V_{REF}$ 和 $-V_{REF}$ 之间转换。假定起始状态积分器的输出 $v_{INT}=\mathbf{0}$，同时触发器的输出状态也为 **0**，则 $v_F=-V_{REF}$，积分器的输入 $v_D=+V_{REF}$。由于积分器为同相输出的线性积分器，所以积分器的输出 v_{INT} 随时间线性上升，上升速率与 v_D 的数值成正比。待时钟信号 CLK

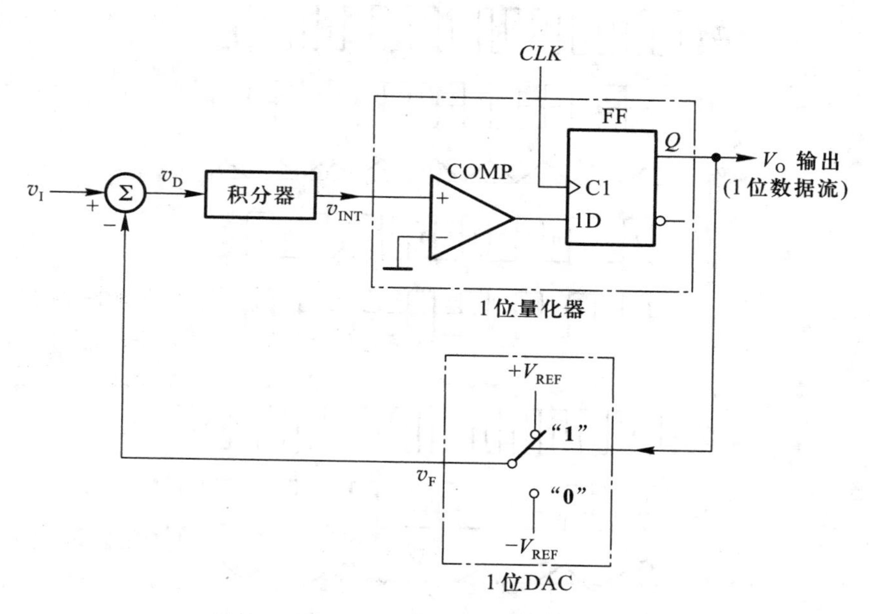

图 8.6.12 Σ-Δ 型 A/D 转换器的电路结构

到达后，触发器被置 **1**，电路的状态变为 $V_O = \mathbf{1}$，$v_F = +V_{REF}$，$v_D = -V_{REF}$，v_{INT}随时间线性下降，下降速率的绝对值与 v_D 的绝对值成正比。下一个时钟信号到达后，若 $v_{INT} \leqslant 0$，则触发器被置 **0**；若 $v_{INT} > 0$，则触发器被置 **1**。因为积分器正向积分和反向积分的速率相同，所以当下一个时钟信号到达时 v_{INT}又回到 0，触发器随之被置 **0**，电路又回到前面假定的起始状态。于是在时钟信号的连续作用下，触发器反复被置 **1** 和置 **0**，在转换器的输出端 V_O 给出 **0**、**1** 相间的串行数据流。输出数据流中 **1** 所占的比例为 1/2，如图 8.6.13(a)所示。

图 8.6.13(b)、(c)中分别给出了 $v_I = +V_{REF}/4$ 和 $v_I = -V_{REF}/4$ 时电路中各点电压的波形。由于 V_O 为 **0** 和 **1** 时积分器输入电压 v_D 的数值不同，因而积分器的输出电压 v_{INT}在作正向积分时的上升速率与作反向积分时的下降速率也不相等。这就导致了 v_{INT}上升到比较器的比较电平（本例中为 0）以上所经过的时间和下降到比较电平以下所经过的时间不等。其结果就使得输出数据流中 **1** 和 **0** 各占的比例不同。由图可见，$v_I = +V_{REF}/4$ 时，输出数据流中 **1** 所占比例为 5/8；而 $v_I = -V_{REF}/4$时，输出数据流中 **1** 所占比例为 3/8。当 v_I 为最大值$+V_{REF}$时，输出数据流中将全部为 **1**；当 v_I 为最小值$-V_{REF}$时，输出数据流中将全部为 0。

这个例子说明，在 Σ-Δ 型 A/D 转换器中，是以串行输出数据流中 1 所占的比例来表示输入模拟量大小的。因此，Σ-Δ 型 A/D 转换器也属于间接 A/D 转换器。但需要注意一点，这就是当输入的模拟信号为 0 时，输出数据流中 **1** 所占的比例并不是 0，而是 1/2。输出数据流中的 **1** 所占比例大于 1/2 时，表示输入的模拟信号为正；输出数据流中的 **1** 所占比例小于 1/2 时，表示输入的模拟信号为负。

图 8.6.14 给出了将串行输出数据流转换为并行输出数字量的方法。首先用一个 n 位计数器在规定的计数周期内记录串行输出数据流中的 **1**，然后在计数周期结束时将计数器中的数值存入锁存器中，在锁存器的输出端就得到了 n 位的并行输出数据。

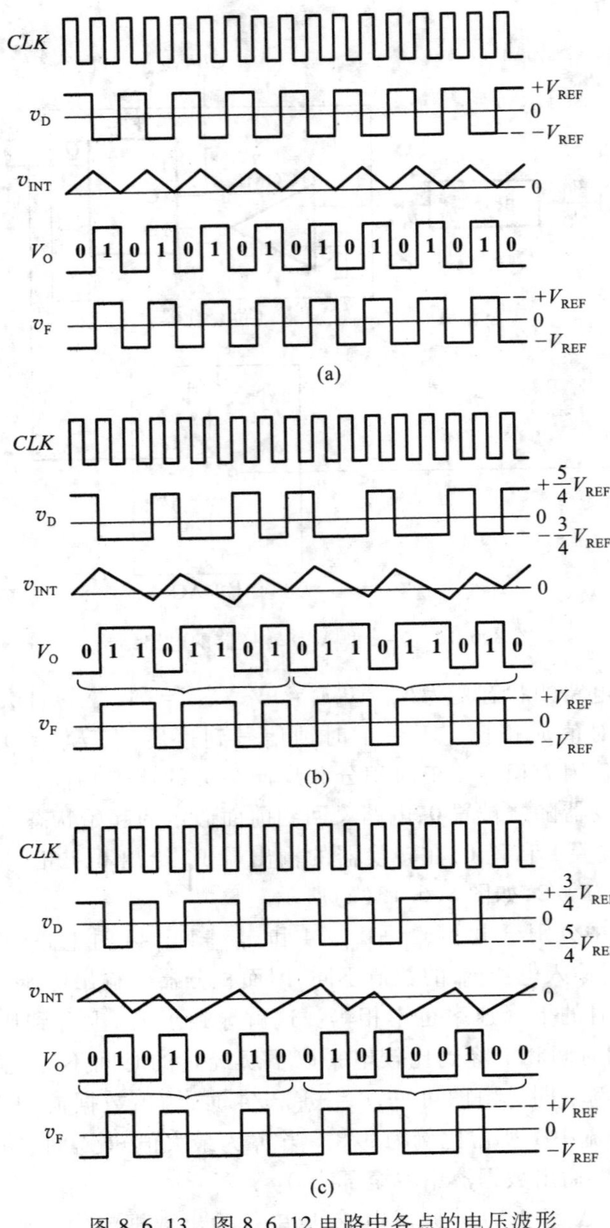

图 8.6.13　图 8.6.12 电路中各点的电压波形

(a) $v_I=0$　(b) $v_I=+V_{REF}/4$　(c) $v_I=-V_{REF}/4$

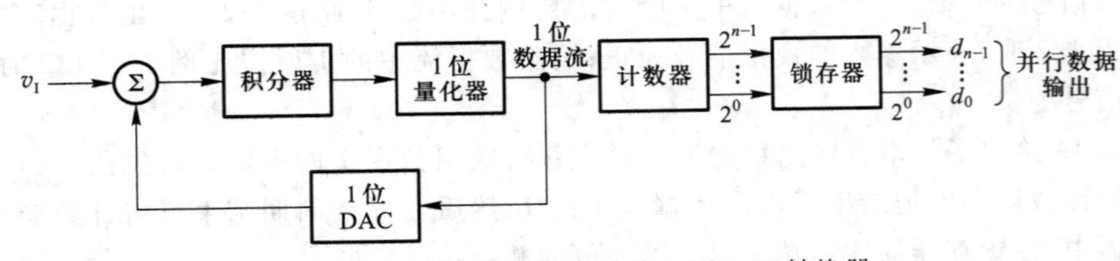

图 8.6.14　并行数据输出的 Σ-Δ 型 A/D 转换器

为了提高电路的分辨率和减小量化噪声，在实际使用的 Σ-Δ 型 A/D 转换器产品中都采用了多级 Σ-Δ 调制器结构和过取样技术（即使用远高于取样定理所规定的最低取样频率）以及数字滤波技术。这样就可以用简单的电路结构获得高分辨率的转换结果了。目前 Σ-Δ 型 A/D 转换器的分辨率最高已可达到 24 位。

只要将 Σ-Δ 型 A/D 转换器输出的 1 位数据流进行平均值滤波，就可以将收到的 1 位数据流转换为对应的模拟信号。因此，Σ-Δ 型 A/D 转换器在音频信号远距离传输中得到了广泛的应用。

8.6.6 *V-F* 变换型 A/D 转换器

电压-频率变换型 A/D 转换器（简称 *V-F* 变换型 A/D 转换器）也是一种间接 A/D 转换器。在 *V-F* 变换型 A/D 转换器中，首先将输入的模拟电压信号转换成与之成比例的频率信号，然后在一个固定的时间间隔里对得到的频率信号计数，所得到的计数结果就是正比于输入模拟电压的数字量。

V-F 变换型 A/D 转换器的电路结构框图可以画成图 8.6.15 所示的形式，它由 *V-F* 变换器（也称为压控振荡器 Voltage Controlled Oscillator，简称 VCO）、计数器及其时钟信号控制闸门、寄存器、单稳态电路等几部分组成。

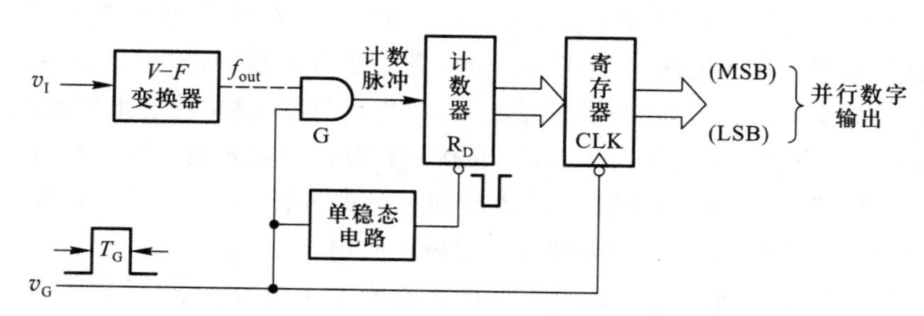

图 8.6.15 *V-F* 变换型 A/D 转换器的电路结构框图

转换过程通过闸门信号 v_G 控制。当 v_G 变成高电平后转换开始，*V-F* 变换器的输出脉冲通过闸门 G 给计数器计数。由于 v_G 是固定宽度 T_G 的脉冲信号，而 *V-F* 变换器的输出脉冲的频率 f_{out} 与输入的模拟电压成正比，所以每个 T_G 周期期间计数器所记录的脉冲数目也与输入的模拟电压成正比。

为了避免在转换过程中输出的数字跳动，通常在电路的输出端设有输出寄存器。每当转换结束时，用 v_G 的下降沿将计数器的状态置入寄存器中。同时，用 v_G 的下降沿触发单稳态电路，用单稳态电路的输出脉冲将计数器置零。

因为 *V-F* 变换器的输出信号是一种调频信号，而这种调频信号不仅易于传输和检出，还有很强的抗干扰能力，所以 *V-F* 变换型 A/D 转换器非常适于在遥测、遥控系统中应用。在需要远距离传送模拟信号并完成 A/D 转换的情况下，一般是将 *V-F* 变换器设置在信号发送端，而将计数器及其时钟闸门、寄存器等设置在接收端。

V-F 变换型 A/D 转换器的转换精度首先取决于 *V-F* 变换器的精度。其次，转换精度还受计数器计数容量的影响，计数器容量越大转换误差越小。

V-F 变换器的电路结构有多种形式，目前在单片集成的精密 V-F 变换器当中多采用电荷平衡式电路结构。电荷平衡式 V-F 变换器的电路结构又有积分器型和定时器型两种常见的形式。

图 8.6.16 是积分器型电荷平衡式 V-F 变换器的电路结构框图，它由积分器、电压比较器、单稳态电路、恒流源及其控制开关几部分组成。

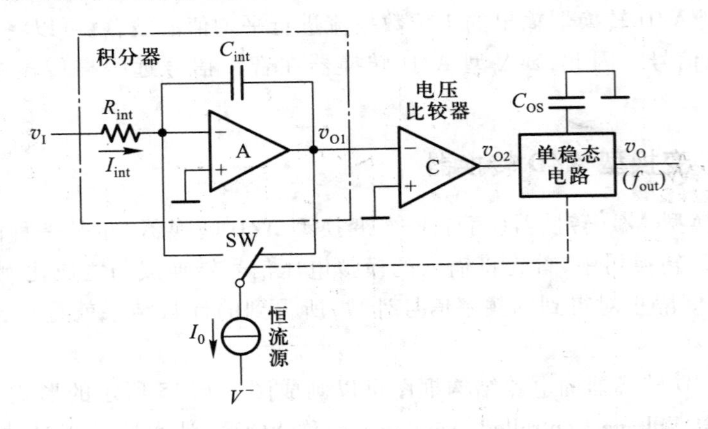

图 8.6.16 积分器型电荷平衡式 V-F 变换器的电路结构框图

当单稳态电路处于稳态时，输出电压 $v_O=0$，开关 SW 合到右边，将恒流源 I_0 接到积分放大器的输出端，积分放大器对输入电压 v_I 做正向积分。随着积分过程的进行，积分器的输出电压 v_{O1} 逐渐降低。当 v_{O1} 降至 0 时，电压比较器的输出 v_{O2} 产生负跳变，将单稳态电路触发，使之进入暂稳态，v_O 变成高电平，并使 SW 合到左边，将 I_0 转接到积分器的输入端。因为 I_0 大于 v_I 产生的输入电流 I_{int}，所以积分器开始做反向积分。随着反向积分的进行，v_{O1} 逐渐上升。单稳态电路返回稳态后，v_O 回到 0，SW 又接到右边，积分器又开始做正向积分。

在一个正、反向积分周期期间 v_I 保持不变的情况下，积分电容 C_{int} 在反向积分期间增加的电荷量和正向积分期间减少的电荷量必然相等。若以 t_{int} 表示正向积分的时间，同时又知道反向积分时间等于单稳态电路的暂稳态持续时间，也就是单稳态输出脉冲的宽度 t_W，这样就可以写出

$$I_{int}t_{int}=(I_0-I_{int})t_W$$

以 $I_{int}=v_I/R_{int}$ 代入上式并整理后得到

$$I_0t_W=v_I(t_W+t_{int})/R_{int}$$

这里的 (t_W+t_{int}) 就是单稳态电路输出脉冲的周期，于是我们就得到了输出脉冲 v_O 的频率 f_{out} 与输入电压 v_I 之间的关系式

$$f_{out}=(1/I_0t_WR_{int})v_I \tag{8.6.7}$$

上式说明，单稳态电路输出脉冲的频率与输入的模拟电压成正比。

根据上述原理制成的单片集成 V-F 变换器具有很高的精度，输出脉冲的频率与输入模拟电压之间有良好的线性关系，转换误差可减小至±0.01%以内。

图 8.6.17 中的 AD650 就是一个积分器型电荷平衡式 V-F 变换器的实例。为了提高电路的带负载能力，在单稳态电路的输出端又增加了一个集电极开路输出的三极管。电路的其他部分与图 8.6.16 的原理性电路相同。失调电压调整端和失调电流调整端用于调整积分放大器的零点，以便于在输入为零时将输出准确地调整成零（可参看模拟电子技术教材的有关内容）。积分

器的电阻、电容 R_{int}、C_{int} 和单稳态电路的定时电容 C_{OS} 需要外接。它的恒流源为 $I_0=1$ mA,单稳态电路输出脉冲的宽度可近似地用下式计算

$$t_W=C_{OS}(6.8\times10^3)+3\times10^{-7}/\text{s} \tag{8.6.8}$$

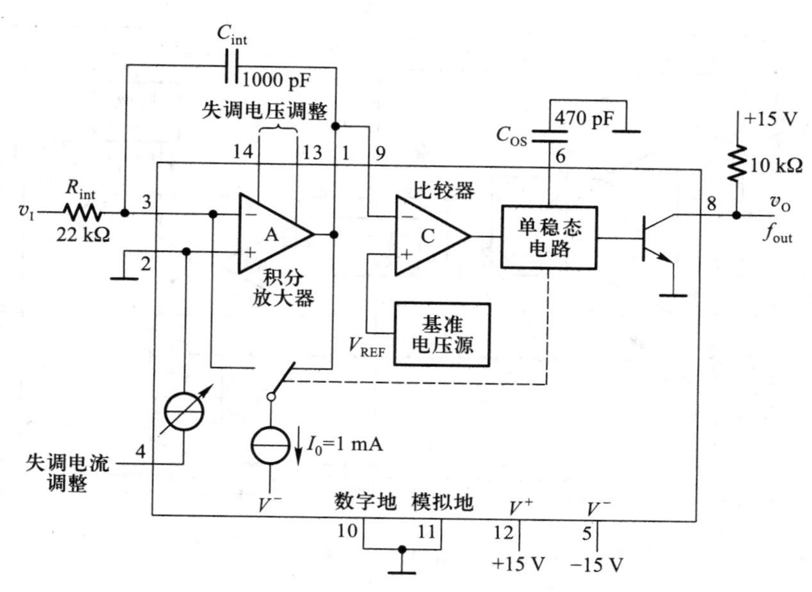

图 8.6.17 AD650 的电路结构框图

【例 8.6.1】 在图 8.6.17 所示用 AD650 接成的 $V-F$ 变换器电路中,给定 $R_{int}=22$ kΩ,$C_{int}=$ 1 000 pF,单稳态电路的定时电容 $C_{OS}=470$ pF,$V^+=+15$ V,$V^-=-15$ V。试计算输入电压从 0 变到 10 V 时输出脉冲频率的变化范围。

解: 首先用式(8.6.8)计算单稳态电路输出脉冲的宽度,得到

$$\begin{aligned}t_W&=C_{OS}(6.8\times10^3)+3\times10^{-7}\\&=470\times10^{-12}\times6.8\times10^3+3\times10^{-7}\\&=3.5\ \mu\text{s}\end{aligned}$$

再利用式(8.6.7)即可求得输出脉冲的频率为

$$\begin{aligned}f_{out}&=(1/I_0t_WR_{int})v_I\\&=[1/(1\times10^{-3}\times3.5\times10^{-6}\times22\times10^3)]v_I\\&=13\ v_I(\text{kHz})\end{aligned}$$

因此,当 v_I 从 0 变到 10 V 时,f_{out} 将从 0 变到 130 kHz。

除了 AD 公司生产的 AD650、AD651 以外,由 Burr-Brown 公司生产的 VFC110、121、320 等也属于这一类产品。

另外一种电路结构类型的电荷平衡式 $V-F$ 变换器称为定时器型电荷平衡式 $V-F$ 变换器。下面以 LM331 为例介绍定时器型 $V-F$ 变换器的基本原理。图 8.6.18 是 LM331 的电路结构简化框图。电路由两部分组成,一部分是用锁存器、电压比较器(C_1、C_2)和放电管 T_3 构成的定时电路,另一部分是用基准电压源、电压跟随器 A 和镜像电流源构成的电流源及开关控制电路。

如果按照图 8.6.18 接上外围的电阻、电容元件，就可以构成精度相当高的压控振荡器。下面具体分析一下它的工作过程。

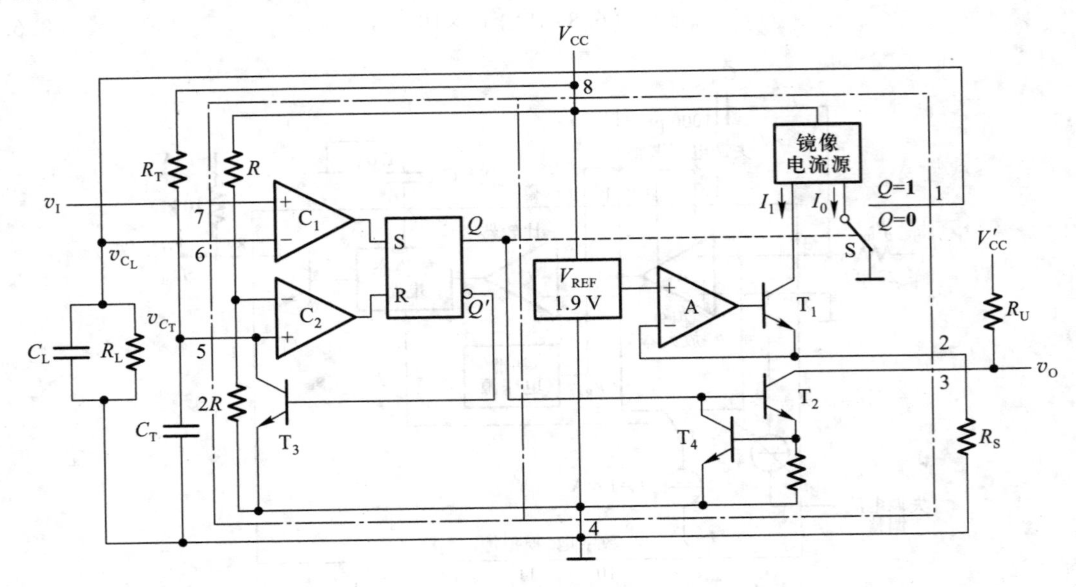

图 8.6.18　LM331 的电路结构框图

刚接通电源时 C_L、C_T 两个电容上没有电压，若输入控制电压 v_I 为大于零的某个数值，则比较器 C_1 的输出为 **1** 而比较器 C_2 的输出为 **0**，锁存器被置成 $Q=\mathbf{1}$ 状态。Q 端的高电平使 T_2 导通，$v_O=\mathbf{0}$。同时镜像电流源输出端开关 S 接到引脚 1 一边，电流 I_0 向 C_L 开始充电。而 Q'端的低电平使 T_3 截止，所以 C_T 也同时开始充电。

当 C_T 上的电压 v_{C_T}上升到$\frac{2}{3}V_{CC}$时，则锁存器被置成 $Q=\mathbf{0}$，T_2 截止，$v_O=\mathbf{1}$。同时开关 S 转接到地，C_L 开始向 R_L 放电。而 Q'变为高电平后使 T_3 导通，C_T 通过 T_3 迅速放电至 $v_{C_T}\approx 0$，并使比较器 C_2 的输出为 **0**。

当 C_L 放电到 $v_{C_L}\leqslant v_I$ 时，比较器 C_1 输出为 **1**，重新将锁存器置成 $Q=\mathbf{1}$，于是 v_O 又跳变成低电平，C_L 和 C_T 开始充电，重复上面的过程。如此反复，便在 v_O 端得到矩形输出脉冲。

在电路处于振荡状态下，当 C_L、R_L 的数值足够大时，v_{C_L}必然在 v_I 值附近做微小的波动，可以认为 $v_{C_L}\approx v_I$。而且在每个振荡周期中 C_L 的充电电荷与放电电荷必须相等（假定在此期间 v_I 数值未变）。据此就可以计算振荡频率了。

首先计算 C_L 的充电时间 T_1。它等于 $Q=\mathbf{1}$ 的持续时间，也就是电容 C_T 上的电压从 0 充电到$\frac{2}{3}V_{CC}$的时间，故得

$$\begin{aligned} T_1 &= R_T C_T \ln \frac{V_{CC}-0}{V_{CC}-\frac{2}{3}V_{CC}} \\ &= R_T C_T \ln 3 = 1.1 R_T C_T \end{aligned} \tag{8.6.9}$$

C_L 在充电期间获得的电荷为

$$Q_1=(I_0-I_{R_L})T_1$$
$$=\left(I_0-\frac{v_I}{R_L}\right)T_1$$

式中的 I_{R_L} 为流过电阻 R_L 上的电流。

若振荡周期为 T、放电时间为 T_2，则 $T_2=T-T_1$。又知 C_L 的放电电流为 $I_{R_L}=\frac{v_I}{R_L}$，因而放电期间 C_L 释放的电荷为

$$Q_2=I_{R_L}T_2$$
$$=\frac{v_I}{R_L}(T-T_1)$$

根据 Q_1 与 Q_2 相等，即得到

$$\left(I_0-\frac{v_I}{R_L}\right)T_1=\frac{v_I}{R_L}(T-T_1)$$
$$T=\frac{I_0R_LT_1}{v_I}$$

故电路的振荡频率为

$$f=\frac{1}{T}=\frac{v_I}{I_0R_LT_1}$$

将 $I_0=\frac{V_{REF}}{R_S}$、$T_1=1.1R_TC_T$ 代入上式而且知道 $V_{REF}=1.9$ V，故得到

$$f=\frac{R_S}{2.09R_TC_TR_L}v_I(\text{Hz}) \tag{8.6.10}$$

可见，f 与 v_I 成正比关系。我们将它们之间的比例系数称为电压-频率变换系数（或 $V-F$ 变换系数）K_V，即

$$K_V=\frac{R_S}{2.09R_TC_TR_L} \tag{8.6.11}$$

LM331 在输入电压的正常变化范围内输出信号频率和输入电压之间保持良好的线性关系，转换误差可减小到 0.01%。输出信号频率的变化范围约为 0~100 kHz。

$V-F$ 变换型 A/D 转换器的主要缺点是转换速度比较低。因为每次转换都需要在 T_G 时间内令计数器计数，而计数脉冲的频率一般不可能很高、计数器的容量又要求足够大，所以计数时间 T_G 势必较长，转换速度必然比较慢。

【例 8.6.2】 在图 8.6.18 所示的电路中，已知 $R_T=10$ kΩ，$C_T=0.01$ μF，$R_L=47$ kΩ，$R_S=10$ kΩ，$V_{CC}=15$ V，$V'_{CC}=5$ V。试计算当输入控制电压在 0~5 V 范围内变化时输出脉冲频率的变化范围。

解： 由式(8.6.11)求出电压/频率变换系数为

$$K_V = \frac{R_S}{2.09R_T C_T R_L}$$
$$= \frac{10\times10^3}{2.09\times10\times10^3\times0.01\times10^{-6}\times47\times10^3}\text{Hz/V}$$
$$= 1.02\times10^3\ \text{Hz/V}$$

故 v_I 在 0~5V 范围变化时输出脉冲频率的变化范围为 0~5.1 kHz。

【例 8.6.3】 在图 8.6.15 所示的 $V-F$ 变换型 A/D 转换器电路中，若计数器和寄存器均为十位二进制，$V-F$ 变换器与图 8.6.17 中的电路相同，要求输入模拟电压为 0~5 V 时输出显示 $0\sim2^{10}-1$（10 位二进制数的最大值），试计算闸门控制信号 T_C 应有的宽度以及完成一次转换所需要的时间。

解： 例 8.6.1 中已经求得图 8.6.17 所示 $V-F$ 变换器的输出频率为

$$f_{out} = 13\ v_I\ \text{kHz}，所以\ v_I = 0\sim5\ \text{V}\ 时\ f_{out} = 0\sim13\times5\ \text{kHz} = 0\sim65\ \text{kHz}。$$

若 $f_{out}=65$ kHz 时要求计数器计满（$2^{10}-1$）个脉冲，则 T_G的宽度应当等于（$2^{10}-1$）个计数脉冲周期之和，即

$$T_G = (2^{10}-1)(1/f_{out})$$
$$= (2^{10}-1)/(65\times10^3)$$
$$= 15.7\ \text{ms}$$

考虑到计数器置零还需要一定时间，所以完成一次转换的时间略大于15.7 ms。

复习思考题

R8.6.1　A/D 转换器的电路结构有哪些类型？它们各有何优缺点？

8.7　A/D 转换器的转换精度与转换速度

8.7.1　A/D 转换器的转换精度

在单片集成的 A/D 转换器中也采用分辨率（又称分解度）和转换误差来描述转换精度。

分辨率以输出二进制数或十进制数的位数表示，它说明 A/D 转换器对输入信号的分辨能力。从理论上讲，n 位二进制数字输出的 A/D 转换器应能区分输入模拟电压的 2^n 个不同等级大小，能区分输入电压的最小差异为$\frac{1}{2^n}$FSR（满量程输入的 $1/2^n$），所以分辨率所表示的是 A/D 转换器在理论上能达到的精度。例如 A/D 转换器的输出为 10 位二进制数，最大输入信号为 5 V，

那么这个转换器的输出应能区分出输入信号的最小差异为 $5V/2^{10}=4.88$ mV。

转换误差通常以输出误差最大值的形式给出，它表示实际输出的数字量和理论上应有的输出数字量之间的差别，一般多以最低有效位的倍数给出。例如给出转换误差 $<\pm\frac{1}{2}$ LSB，这就表明实际输出的数字量和理论上应得到的输出数字量之间的误差小于最低有效位的半个字。

有时也用满量程输出的百分数给出转换误差。例如 A/D 转换器的输出为十进制的 $3\frac{1}{2}$ 位（即所谓三位半），转换误差为±0.005%FSR，则满量程输出为 1999，最大输出误差小于最低位的 **1**。

通常单片集成 A/D 转换器的转换误差已经综合地反映了电路内部各个元、器件及单元电路偏差对转换精度的影响，所以无需再分别讨论这些因素各自对转换精度的影响了。

还应指出，手册上给出的转换精度都是在一定的电源电压和环境温度下得到的数据。如果这些条件改变了，将引起附加的转换误差。例如10位二进制输出的 A/D 转换器 AD571 在室温（+25℃）和标准电源电压（$V^+=+5$ V、$V^-=-15$ V）下转换误差 $\leqslant\pm\frac{1}{2}$ LSB，而当环境温度从 0℃ 变到 70℃ 时，可能产生±1LSB的附加误差。如果正电源电压在+4.5～+5.5 V 范围内变化，或者负电源电压在−16～−13.5 V 范围内变化时，最大的转换误差可达±2LSB。因此，为获得较高的转换精度，必须保证供电电源有很好的稳定度，并限制环境温度的变化。对于那些需要外加参考电压的 A/D 转换器，尤其需要保证参考电压应有的稳定度。

8.7.2 A/D 转换器的转换速度

通常用转换时间或转换速率来描述 A/D 转换器的转换速度。转换时间是指完成一次转换所需要的时间，而转换速率则表示单位时间里能够完成转换的次数（写为 xxxSPS），所以两者互为倒数。A/D 转换器的转换速度主要取决于转换电路的类型。由于不同类型电路结构 A/D 转换器的工作原理不同，所以转换速度也相差甚为悬殊。

并联比较型 A/D 转换器的转换速度最快，通常在几十到几百纳秒的范围内。有些高速的并联比较型 A/D 转换器，转换时间甚至小于 10 ns。例如并联比较型 8 位高速 A/D 转换器 ADC08200，其最高转换速率达到 200 MSPS。这种类型器件的价格比较昂贵，因而主要用于对转换速度要求特别高的场合（例如快速反应的实时控制系统）。

以并联比较型 A/D 转换器为基本模块组成的流水线型 A/D 转换器，虽然转换速度稍逊于单纯的并联比较型 A/D 转换器，但在高分辨率的 A/D 转换器中仍然是转换速度最快的一种。这类器件的最小转换时间仍然可以达到 1 μs 以内。以流水线结构的 12 位高速 A/D 转换器 ADC12L066 为例，它的转换时间仅为 16 ns。

逐次逼近型 A/D 转换器的转换速度次之，转换时间为微秒级，通常在几到几十微秒的范围内。也有一些转换速度较高的逐次逼近型 A/D 转换器，转换时间不超过 1 μs。例如 12 位 A/D 转换器 AD7472，它的最高转换速率可达 1.5 MSPS。由于逐次逼近型 A/D 转换器在转换精度和转换速度都可以满足大多数应用场合的需要，而价格远又低于并联比较型高速A/D转换器，所以逐次逼近型 A/D 转换器是应用最为广泛的一种。

双积分型 A/D 转换器、Σ-Δ 型 A/D 转换器和 *V-F* 变换型 A/D 转换器的转换速度要低得多,转换时间为毫秒级,通常在几到几十毫秒的范围内。虽然这几种类型器件的转换速度比较低,但它们都具有抗干扰能力强、价格低廉的优点,所以在一些低速的应用系统中(例如测试仪表、数码显示、音频信号处理等)仍然得到了广泛的应用。

复习思考题

R8.7.1　A/D 转换器的转换速度主要取决于哪些因素?

R8.7.2　在要求 A/D 转换器的转换时间小于 1 μs、小于 100 μs 和小于 0.1 s 的三种情况下,各应选择哪种类型的 A/D 转换器?

本章小结

由于微处理器和微型计算机在各种检测、控制和信号处理系统中的广泛应用,也促进了 A/D、D/A转换技术的迅速发展。而且,随着计算机计算精度和计算速度的不断提高,对 A/D、D/A转换器的转换精度和转换速度也提出了更高的要求。正是这种要求有力地推动了 A/D、D/A 转换技术的不断进步。事实上在许多使用计算机的检测、控制或信号处理系统中,系统所能达到的精度和速度最终是由 A/D、D/A 转换器的转换精度和转换速度所决定的。因此,转换精度和转换速度是 A/D、D/A 转换器最重要的两个指标,也是我们讨论的重点。

A/D、D/A 转换器的种类十分繁杂,不可能逐一列举。因此,首先应着重理解和掌握 A/D、D/A转换的基本思想、共同性的问题以及对它们进行归纳和分类的原则。

在 D/A 转换器中我们分别介绍了权电阻网络型、权电流型、倒 T 形电阻网络型、权电容网络型以及开关树型的 D/A 转换器。这几种电路在集成 D/A 转换器产品中都有应用。目前在双极型的 D/A 转换器产品中权电流型电路用得比较多;在 CMOS 集成 D/A 转换器中则以倒 T 形电阻网络和开关树型电路较为常见。

本章中把 A/D 转换器归纳为直接 A/D 转换器和间接 A/D 转换器两大类。在直接 A/D 转换器中讲了并联比较型和逐次逼近型两种电路。并联比较型 A/D 转换器是目前所有 A/D 转换器中转换速度最快的一种,故又有闪速(Flash)A/D 转换器之称。由于所用的电路规模庞大,所以并联比较型电路只用在超高速的 A/D 转换器当中。而逐次逼近型 A/D 转换器虽然速度不及并联比较型快,但较之其他类型电路的转换速度又快得多,同时电路规模比并联比较型电路小得多,因此逐次逼近型电路在集成 A/D 转换器产品中用得最多。

在间接 A/D 转换器中,分别介绍了双积分型(属 *V-T* 变换型)、Σ-Δ 型和 *V-F* 变换型三种电路。虽然双积分型 A/D 转换器的转换速度很低,但由于它的电路结构简单,性能稳定可靠,抗干扰能力较强,所以在各种低速系统(例如数字式万用电表)中得到了广泛的应用。*V-F* 变换型也是一种低速的 A/D 转换器,由于调频信号具有很强的抗干扰能力,所以 *V-F* 变换型 A/D 转换器多用在遥测、遥控系统中，而 Σ-Δ 型 A/D 转换器则在音频信号传输中得到了广泛的应用。

为了得到较高的转换精度，除了选用分辨率较高的 A/D、D/A 转换器以外，还必须保证参考电源和供电电源有足够的稳定度，并减小环境温度的变化。否则，即使选用了高分辨率的芯片，也难于得到应有的转换精度。

习　题

［题 8.1］　在图 8.2.1 所示的权电阻网络 D/A 转换器中，若取 $V_{REF}=5$ V，试求当输入数字量为 $d_3d_2d_1d_0=$ **0101** 时输出电压的大小。

［题 8.2］　在图 8.2.3 给出的倒 T 形电阻网络 D/A 转换器中，已知 $V_{REF}=-8$ V，试计算当 d_3、d_2、d_1、d_0 每一位输入代码分别为 **1** 时在输出端所产生的模拟电压值。

［题 8.3］　在图 8.2.5 所示的 D/A 转换电路中，给定 $V_{REF}=5$ V，试计算

（1）输入数字量的 $d_9 \sim d_0$ 每一位为 **1** 时在输出端产生的电压值。

（2）输入为全 **1**、全 **0** 和 **1000000000** 时对应的输出电压值。

［题 8.4］　在图 8.2.5 由 AD7520 所组成的 D/A 转换器中，已知 $V_{REF}=-10$ V，试计算当输入数字量从全 **0** 变到全 **1** 时输出电压的变化范围。如果想把输出电压的变化范围缩小一半，可以采取哪些方法？

［题 8.5］　图 P8.5 所示电路是用 AD7520 和同步十六进制计数器 74LS161 组成的波形发生器电路。已知 AD7520 的 $V_{REF}=-10$ V，试画出输出电压 v_O 的波形，并标出波形图上各点电压的幅度。AD7520 的电路结构见图 8.2.5，74LS161 的功能表与表 6.3.4 相同。

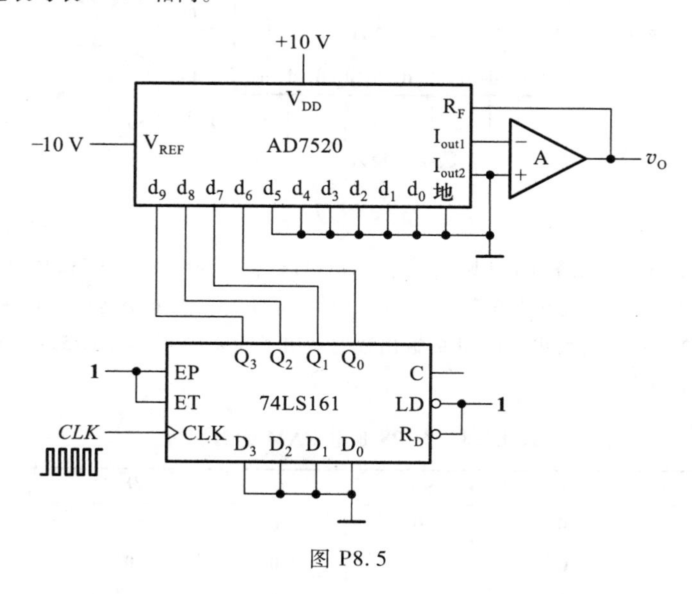

图 P8.5

［题 8.6］　图 P8.6 所示电路是用 AD7520 组成的双极性输出 D/A 转换器。AD7520 的电路结构见图 8.2.5，其倒 T 形电阻网络中的电阻 $R=10$ kΩ。为了得到±5 V 的最大输出模拟电压，在选定 $R_B=20$ kΩ 的条件下，V_{REF}、V_B 应各取何值？

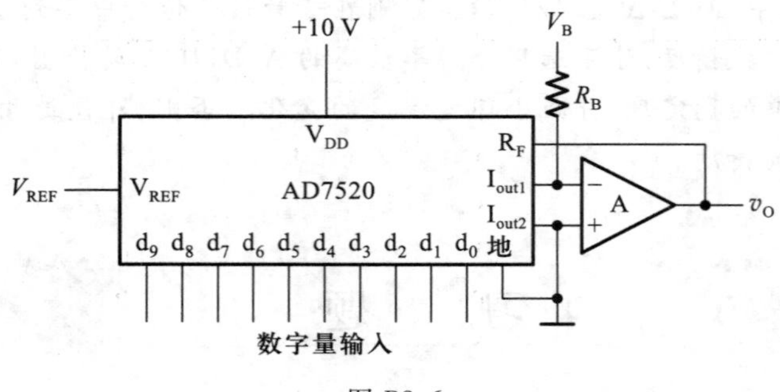

图 P8.6

［题 8.7］　在图 P8.7 给出的 D/A 转换器中，试求：

（1）1LSB 产生的输出电压增量是多少？

（2）输入为 $d_9 \sim d_0 = \mathbf{1000000000}$ 时的输出电压是多少？

（3）若输入以二进制补码给出，则最大的正数和绝对值最大的负数各为多少？它们对应的输出电压各为多少？

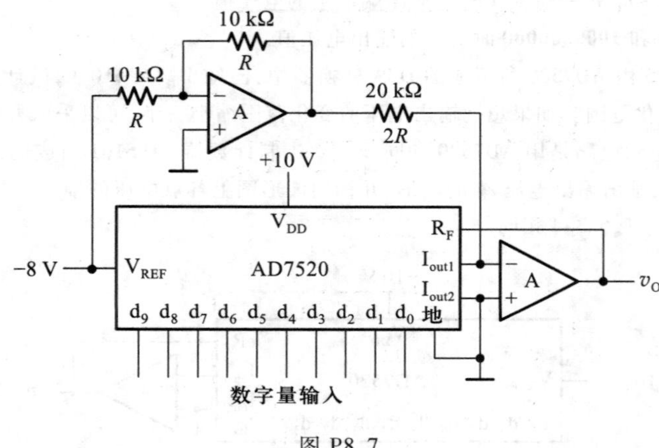

图 P8.7

［题 8.8］　试分析图 P8.8 电路的工作原理，画出输出电压 v_O 的波形图。AD7520 的电路图见图 8.2.5。同步十进制计数器 74HC160 的功能表同表 6.3.4。表 P8.8 给出了 RAM 的 16 个地址单元中所存的数据。高 6 位地址 $A_9 \sim A_4$ 始终为 **0**，在表中没有列出。RAM 的输出数据只用了低 4 位，作为 AD7520 的输入。因 RAM 的高 4 位数据没有使用，故表中也未列出。

表 P8.8　图 P8.8 中 RAM 的数据表

A_3	A_2	A_1	A_0	D_3	D_2	D_1	D_0
0	**0**	**0**	**0**	**0**	**0**	**0**	**0**
0	**0**	**0**	**1**	**0**	**0**	**0**	**1**
0	**0**	**1**	**0**	**0**	**0**	**1**	**1**
0	**0**	**1**	**1**	**0**	**1**	**1**	**1**
0	**1**	**0**	**0**	**1**	**1**	**1**	**1**
0	**1**	**0**	**1**	**1**	**1**	**1**	**1**

续表

A_3	A_2	A_1	A_0	D_3	D_2	D_1	D_0
0	1	1	0	0	1	1	1
0	1	1	1	0	0	1	1
1	0	0	0	0	0	0	1
1	0	0	1	0	0	0	0
1	0	1	0	0	0	0	1
1	0	1	1	0	0	1	1
1	1	0	0	0	1	0	1
1	1	0	1	0	1	1	1
1	1	1	0	1	0	0	1
1	1	1	1	1	0	1	1

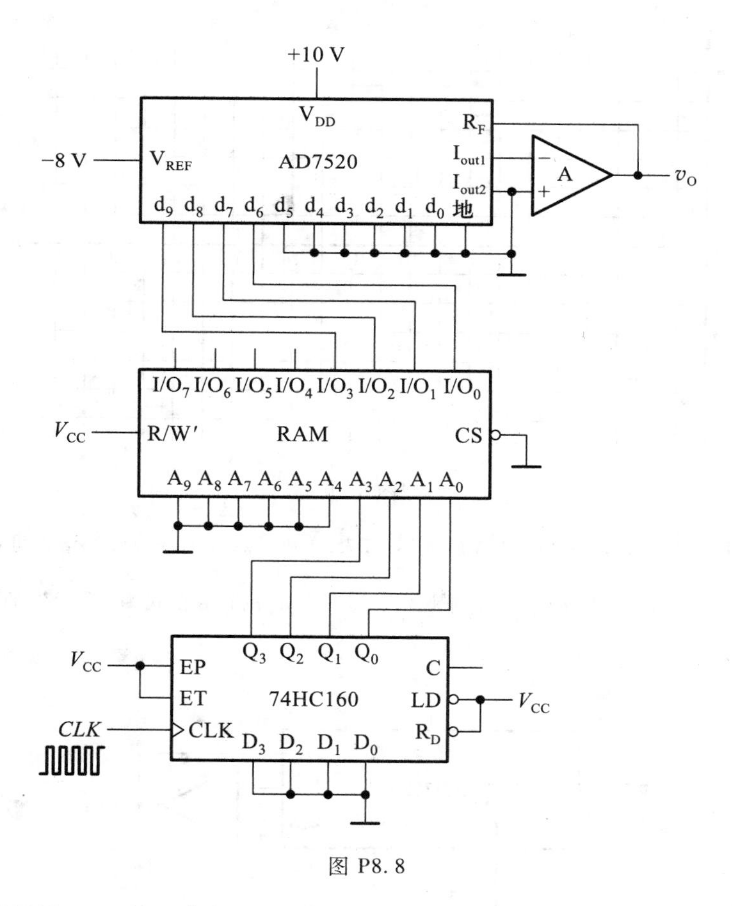

图 P8.8

[题 8.9] 如果用图 P8.8 的电路产生图 P8.9 的输出电压波形，应如何修改 RAM 中的数据？请列出修改以后的 RAM 数据表，并计算时钟信号 CLK 应有的频率。

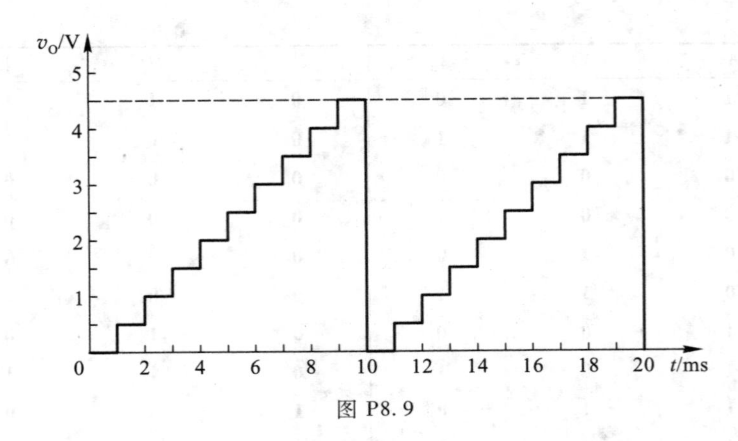

图 P8.9

[题 8.10]　设计一个波形发生器电路，要求产生图 P8.10 所给定的电压波形。

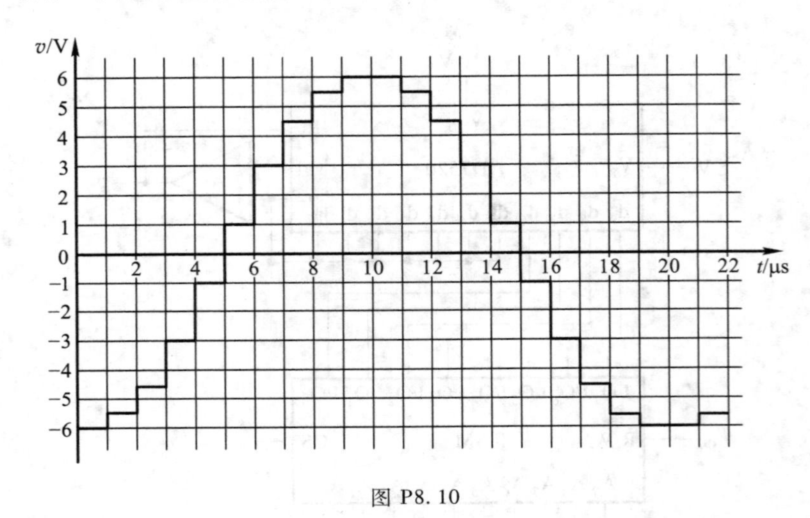

图 P8.10

[题 8.11]　图 P8.11 所示电路是用 D/A 转换器 AD7520 和运算放大器构成的增益可编程放大器，它的电压放大倍数 $A_v=\frac{v_O}{v_I}$ 由输入的数字量 $D(d_9\sim d_0)$ 来设定。试写出 A_v 的计算公式，并说明 A_v 的取值范围。

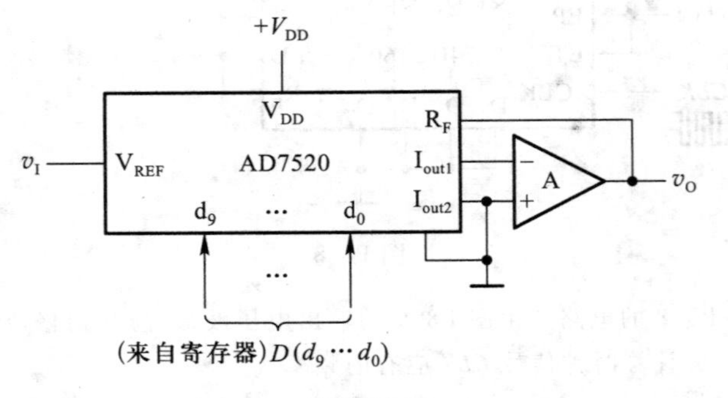

图 P8.11

［题 8.12］ 图 P8.12 电路是用 D/A 转换器 AD7520 和运算放大器组成的增益可编程放大器，它的电压放大倍数 $A_v=\frac{v_O}{v_I}$ 由输入的数字量 $D(d_9\sim d_0)$ 来设定。试写出 A_v 的计算公式，并说明 A_v 取值的范围是多少.

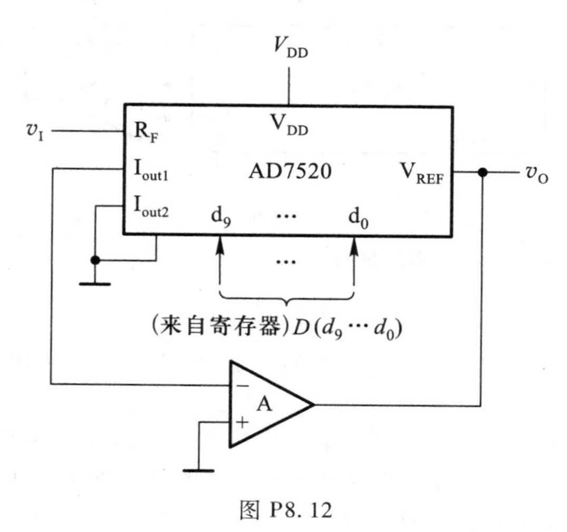

图 P8.12

［题 8.13］ 在图 P8.13 所示的 D/A 转换器中，已知输入为 8 位二进制数码，接在 AD7520 的高 8 位输入端上，$V_{REF}=10$ V。为保证 V_{REF} 偏离标准值所引起的误差 $\leqslant\frac{1}{2}$LSB（现在的 LSB 应为 d_2），允许 V_{REF} 的最大变化 ΔV_{REF} 是多少？V_{REF} 的相对稳定度 $\left(\frac{\Delta V_{REF}}{V_{REF}}\right)$ 应为多少？AD7520 的电路见图 8.2.5。

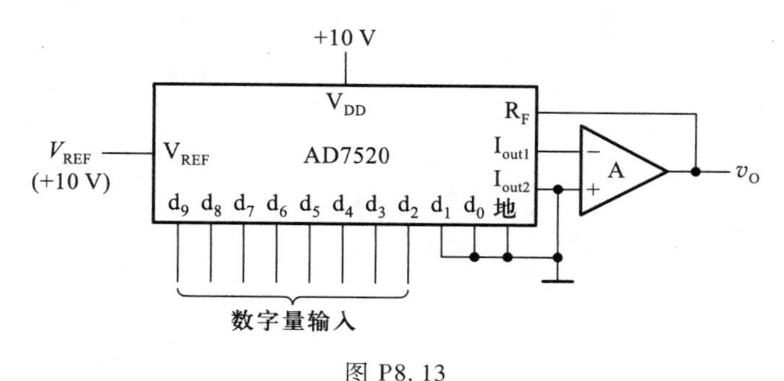

图 P8.13

［题 8.14］ 图 8.14 是利用 D/A 转换器 AD7520 和运算放大器 A_1 以及外接电阻 R_a 组成的增益可控电压放大器。试分别计算在 R_a 为 20 kΩ、50 kΩ 和 100 kΩ 的情况下，输入数字量 $d_9\sim d_0$ 为全 **0**、全 **1** 和 **100 000 000** 时该电路的电压放大倍数。

［题 8.15］ 若将图 8.6.1 并联比较型 A/D 转换器输出数字量增加至 8 位，并采用图 8.4.3(b)所示的量化电平划分方法，试问最大的量化误差是多少？在保证 V_{REF} 变化时引起的误差 $\leqslant\frac{1}{2}$LSB 的条件下，V_{REF} 的相对稳定度 $\left(\frac{\Delta V_{REF}}{V_{REF}}\right)$ 应为多少？

［题 8.16］ 如果将图 8.6.7 所示逐次渐近型 A/D 转换器的输出扩展到 10 位，取时钟信号频率为 1 MHz，试计算完成一次转换操作所需要的时间。

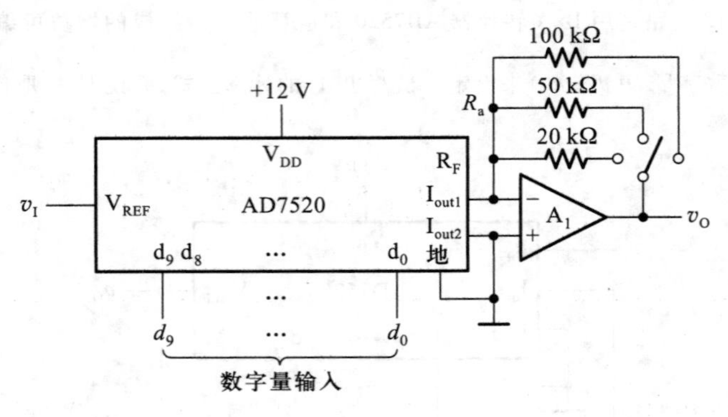

图 P8.14

［题 8.17］　在图 8.6.10 所示的双积分型 A/D 转换器中，若计数器为 10 位二进制，时钟信号频率为 1 MHz，试计算转换器的最大转换时间是多少？

［题 8.18］　在图 8.6.10 所示的双积分型 A/D 转换器中，若将计数器改为 4 位十进制计数器（计数器共有 5 位，低 4 位为十进制，最高位为二进制，计数器的计数容量为 19 999），并要求 A/D 转换器的转换速率不低于每秒 25 次，试计算计数器的时钟信号频率应当取为多少？

［题 8.19］　在图 8.6.17 所示的 A/D 转换器电路中，若要求单稳态电路输出脉冲的宽度为 $t_W = 2.5\ \mu s$，输入电压为 0～5 V 时，输出脉冲的频率为 0～200 kHz，电路参数应做何修改？

［题 8.20］　在图 8.6.15 所示的 $V-F$ 变换型 A/D 转换器电路中，如果要求将输入0～5 V的模拟电压转换为 3 位十进制数字量输出，输入为 5 V 时输出应显示 500。闸门脉冲 v_G 的宽度为 5 ms。试求 $V-F$ 变换器输出频率与输入模拟电压之间的转换比例系数。

附录一

可编程逻辑器件(PLD)分类

可编程逻辑器件(PLD的最大特点是它的逻辑功能可以由使用者通过编程来设定。自20世纪70年代以来,PLD的研制和应用得到了迅速的发展,相继开发出了多种类型和型号的产品。随着PLD的集成度和复杂程度的不断提高,使用PLD不仅可以设计各种比较简单的组合逻辑电路和时序逻辑电路,还可以设计各种复杂的数字逻辑系统。

PLD的编程工作不仅工作量巨大,而且越来越复杂,已不可能用手工设计的方法完成,必须使用计算机辅助设计手段方可完成编程工作。为此,在开发PLD电路的同时,生产厂商和软件公司也携手开发出了多款相应的编程设计软件。

目前常见的PLD大体上可以分为SPLD(simple PLD,也称“简单PLD”或“低密度PLD”)、CPLD(complex PLD,也称“复杂PLD”或“高密度PLD”)和现场可编程门阵列(field-programmable gate array,简称FPGA)三大类。FPGA也是一种可编程逻辑器件,但由于在电路结构上与早期已经广为应用的PLD不同,所以采用FPGA这个名称,以示区别。

SPLD中又可分为PLA、PAL、GAL几种类型。下面就简单介绍一下各种类型PLD在电路结构和工作原理上的主要特点。

一、PLD中的可编程连接元件

目前各种PLD中采用的可编程连接元件主要为熔丝型、反熔丝型和叠栅隧道MOS管型三种,如图F1.1所示。在熔丝型的PLD中,可编程连接元件在未编程时处于导通状态,编程过程中用瞬态的大电流将熔丝熔断,使之变成断路状态,如图F1.1(a)所示。而在反熔丝型的PLD中,可编程连接元件在未编程时处于断路状态,编程过程中用瞬态的高电压将其中的绝缘物质击穿,使之变成导通状态,如图F1.1(b)所示。熔丝型和反熔丝型PLD一旦被编程以后,不可能再修改,所以都属于一次性可编程器件。

对叠栅隧道MOS管型编程连接元件进行编程的原理则不同。由图F1.1(c)可见,在浮置栅上没有充电电荷时,叠栅隧道MOS管处于工作状态,横线上输入信号A的逻辑状态被反相以后接至纵线上,连接元件处于“接通”状态;若浮置栅上充有负电荷,则叠栅隧道MOS管将始终处于截止状态,将横线和纵线之间的连接断开,连接元件处于“断路”状态。我们可以通过编程操作多次使浮置栅充电或放电,对已编程的内容进行修改。因此,它属于可多次编程的器件。

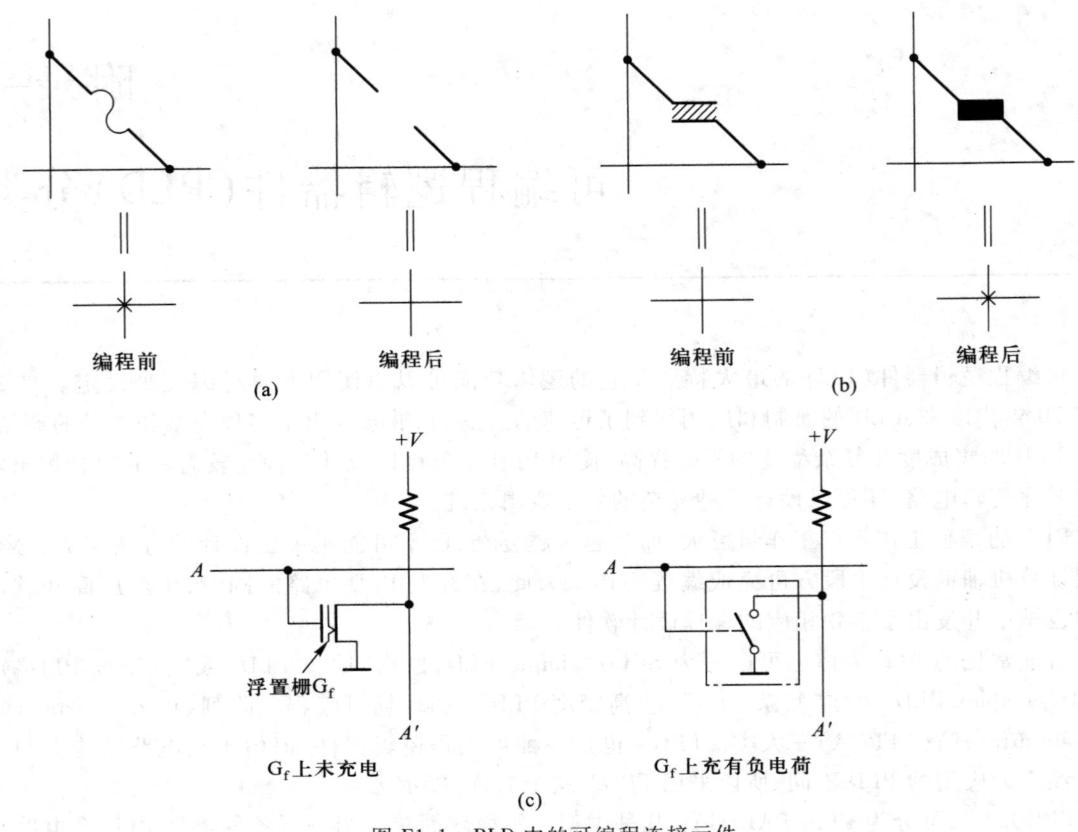

图 F1.1　PLD 中的可编程连接元件

(a) 熔丝型　(b) 反熔丝型　(c) 叠栅隧道 MOS 管型

二、PLD 的几种基本类型

1. PLA

PLA 是“可编程逻辑阵列”(Programmable Logic Array)的缩写。

在 PLD 的发展历程中,首先得到应用的是 PLA。在第二章逻辑代数基础中我们已经讲过,任何一个逻辑函数的表达式都可以变换为**与或**形式,因而都可以用一级**与**逻辑电路和一级**或**逻辑电路来实现。PLA 就是根据这个基本原理设计而成的。

PLA 电路的基本结构可以用图 F1.2 电路来说明。这是一个熔丝型的 PLA 电路,它由一个可编程的**与**逻辑阵列、一个可编程的**或**逻辑阵列和一个输出电路组成。通过对**与**逻辑阵列编程产生所需要的乘积项,再通过对**或**逻辑阵列编程将这些乘积项相加,就得到了所需要的逻辑函数。这个电路的**与**逻辑阵列有 4 个变量输入端,**或**逻辑阵列有 4 个逻辑函数输出端,可以用来实现 4 个各种不同形式的 4 变量逻辑函数。

图 F1.2(a)中的电路是编程以前的情况,这时**与**逻辑阵列和**或**逻辑阵列的所有交叉点上的熔丝都是接通的(图中用×表示)。图 F1.2(b)则是编程以后电路的状态。编程操作过程中,根据需要实现的逻辑函数,将不需要导通的熔丝熔断,只保留需要导通的那些熔丝。由图可知,这个 PLA 实现的一组逻辑函数为

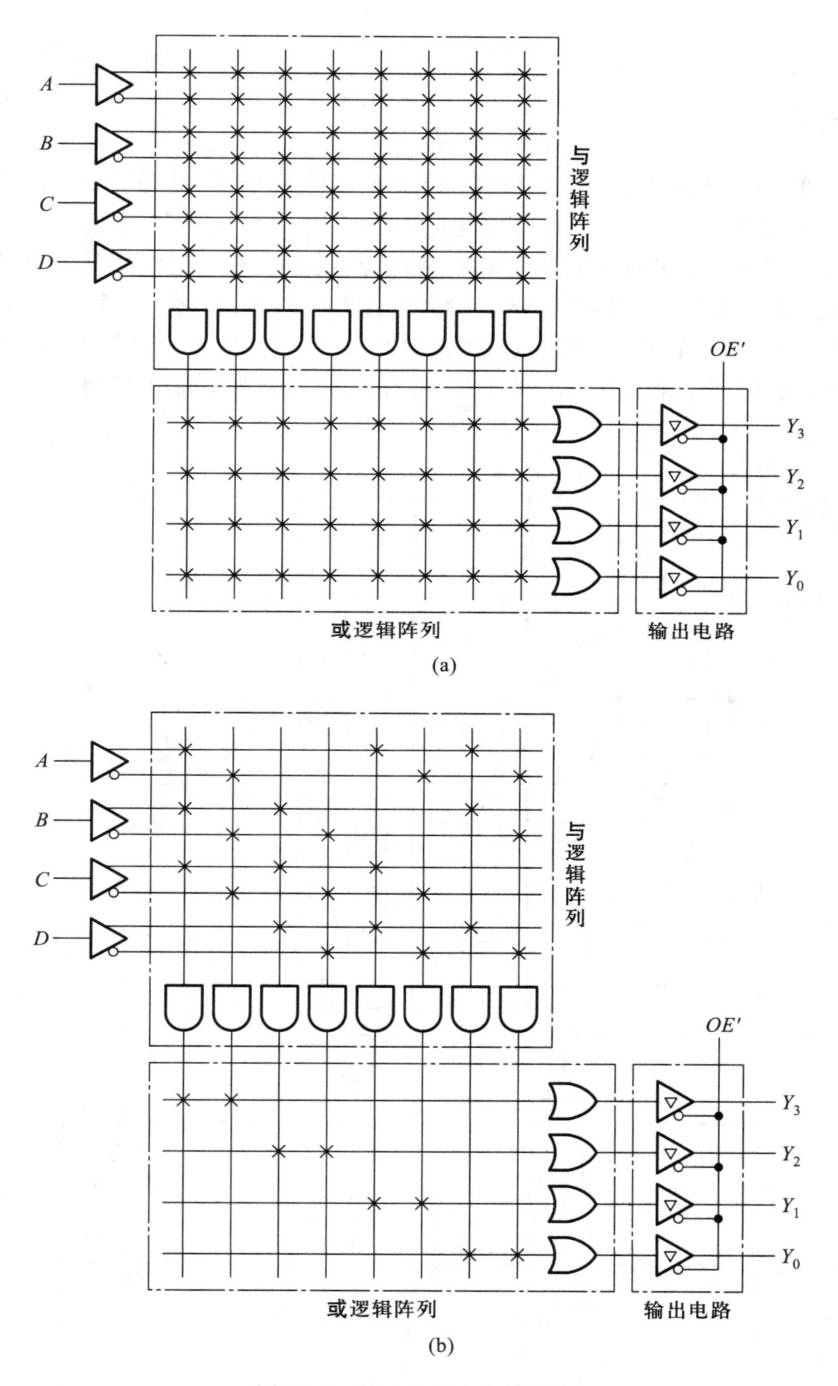

图 F1.2　PLA 的基本电路结构
(a) 编程前　(b) 编程后

$$\begin{cases} Y_3 = ABC + A'B'C' \\ Y_2 = BCD + B'C'D' \\ Y_1 = ACD + A'C'D' \\ Y_0 = ABD + A'B'D' \end{cases} \tag{F1.1}$$

在图 F1.3 的 PLA 电路中，采用了叠栅隧道 MOS 管作为可编程连接元件。由图 F1.3(a)可见，在阵列的每个交叉点上都接有一个叠栅隧道 MOS 管。编程过程中，根据要求实现的逻辑函数，在应当处于断路状态交叉点上的那些 MOS 管的浮置栅上，充以足够的负电荷，使之断路；同时令需要“接通”的交叉点上的那些 MOS 管的浮置栅充分放电，使之“接通”。在图 F1.3(b)的例子中，只有 $T_1 \sim T_6$ 这六个 MOS 管的浮置栅没有充上负电荷，处于“接通”状态，于是在**与**门的两个输出端就分别得到了乘积项 AB 和 $A'B'$，并在**或**逻辑阵列的输出端得到了逻辑函数 $Y=AB+A'B'$。

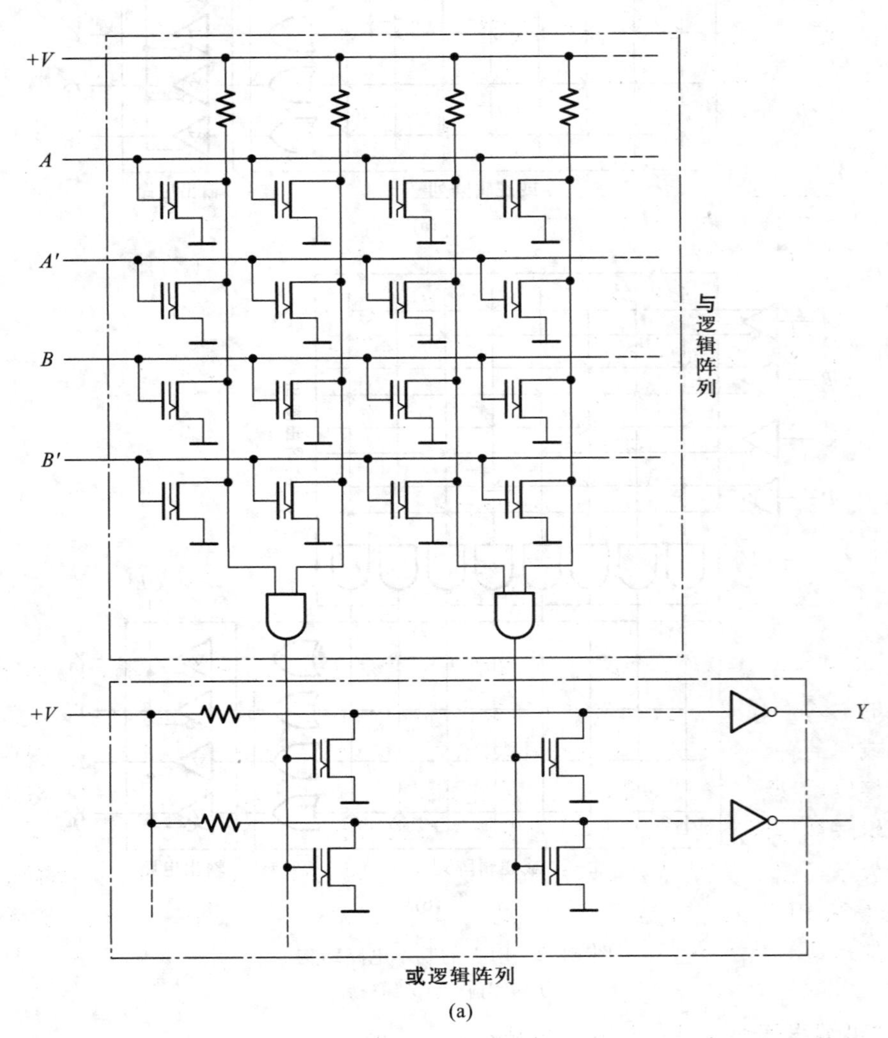

(a)

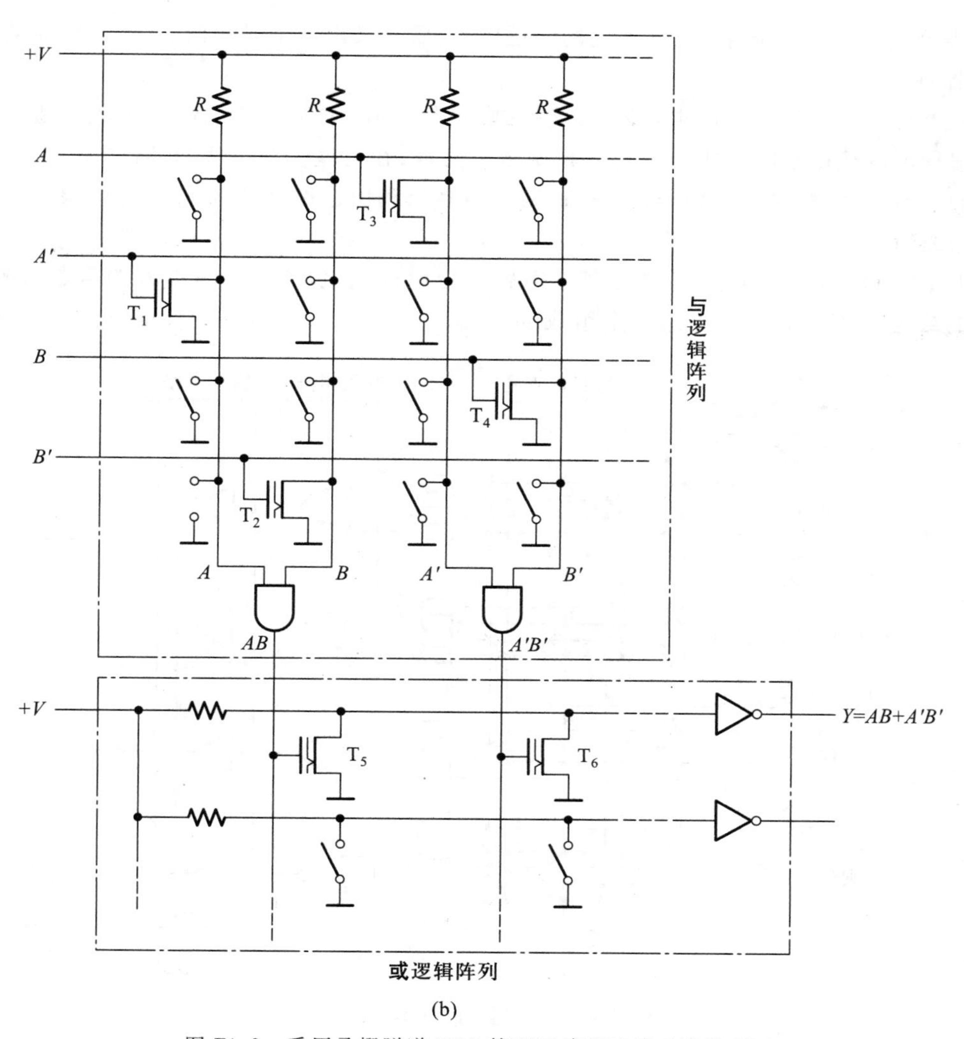

(b)

图 F1.3　采用叠栅隧道 MOS 管型可编程连接元件的 PLA

(a) 编程前　(b) 编程后

对 PLA 的进一步分析不难发现,既然**与**逻辑阵列产生的最小项是可编程的,那么就可以将**或**逻辑阵列的输入作成固定连接的,而不需要再对**或**逻辑阵列编程了。因为只要通过对接至**或**逻辑阵列中**或**门的各个输入端的乘积项编程,就可以生成所需要的逻辑函数了。将**或**逻辑阵列作成固定连接以后,既压缩了电路规模,又简化了编程工作。于是就产生了一种"**与**逻辑阵列可编程而**或**逻辑阵列是固定的"PLD,这就是下面要介绍的 PAL 电路。

虽然今天已经很少用 PLA 了,但是我们下面要讲的 PAL、GAL 等 PLD 的基本原理都源于 PLA,它们都是从 PLA 发展、演化而来的。此外,PLA 作为一种电路结构形式,仍然可以用于集成电路内部的结构设计当中。

2. **PAL**

PAL 是"可编程阵列逻辑"(Programmable Array Logic)的缩写。

PAL 是 20 世纪 70 年代末期由 MMI 公司率先推出的一种可编程逻辑器件,它采用双极型工艺制作,熔丝编程方式。随着 MOS 工艺的广泛应用,后来又出现了以叠栅 MOS 管作为编程器件的 PAL 器件。

PAL 器件由可编程的**与**逻辑阵列、固定的**或**逻辑阵列和输出电路三部分组成。通过对**与**逻辑阵列编程可以获得不同形式的组合逻辑函数。另外,在有些型号的 PAL 器件中,输出电路中设置有触发器和从触发器输出到**与**逻辑阵列的反馈线,利用这种 PAL 器件还可以很方便地构成各种时序逻辑电路。

图 F1.4 所示电路是 PAL 器件的基本电路结构形式,它包含一个可编程的**与**逻辑阵列、一个固定的**或**逻辑阵列和输出电路三个组成部分。

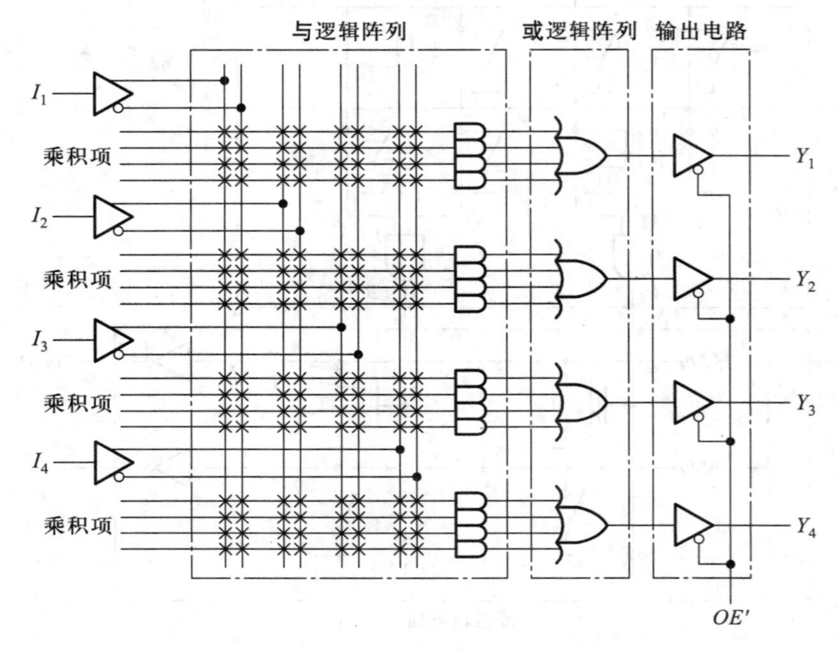

图 F1.4　PAL 器件的基本电路结构

由图 F1.4 可见,在尚未编程之前,**与**逻辑阵列的所有交叉点上均有熔丝接通。编程时将有用的熔丝保留,将无用的熔丝熔断,即得到所需的电路。图 F1.5 是经过编程后的一个 PAL 器件的结构图,它所产生的逻辑函数为

$$\begin{cases} Y_1 = I_1 I_2 I_3 + I_2 I_3 I_4 + I_1 I_3 I_4 + I_1 I_2 I_4 \\ Y_2 = I_1' I_2' + I_2' I_3' + I_3' I_4' + I_4' I_1' \\ Y_3 = I_1 I_2' + I_1' I_2 \\ Y_4 = I_1 I_2 + I_1' I_2' \end{cases} \tag{F1.2}$$

目前常见的 PAL 器件中,输入变量最多的可达 20 个,**与**逻辑阵列乘积项最多的有 80 个,**或**逻辑阵列输出端最多的有 10 个,每个**或**门输入端最多的达 16 个。为了扩展电路的功能并增加使用的灵活性,在许多型号的 PAL 器件中还采用了多种形式的输出电路。

图 F1.6 中给出了不同型号的 PAL 电路中常见的几种输出电路结构。其中图(a)的输出电路结构称为专用输出结构。这种电路结构只能作为具有三态输出的缓冲器使用。

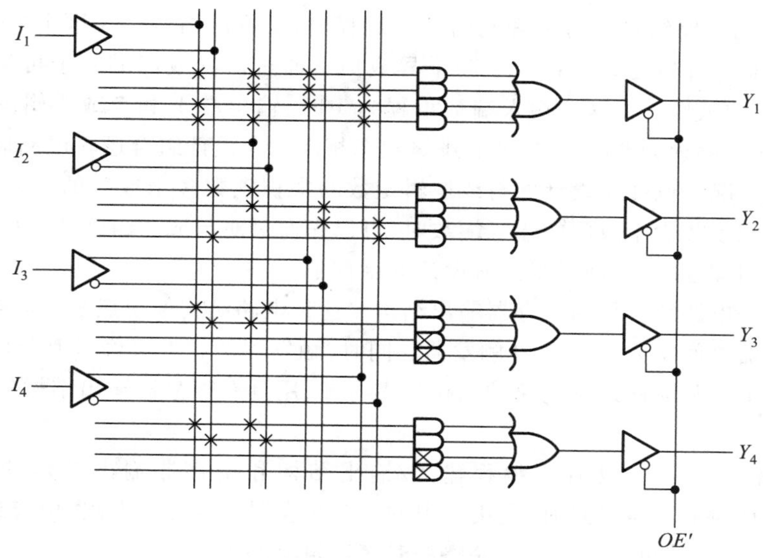

图 F1.5　编程后的 PAL 电路

图 F1.6(b)的电路结构称为可编程输入/输出结构。当来自**与**逻辑阵列的可编程乘积项 P 被编程为 **1** 时,三态缓冲器处于工作状态,这时 I/O 作为输出端使用;而当可编程乘积项 P 被编程为 **0** 时,三态缓冲器为禁止态,这时 I/O 可以作为输入端使用。这样就可以根据需要把器件上的这类引脚编程为输入端或者输出端,使引脚资源得到更加充分的利用。

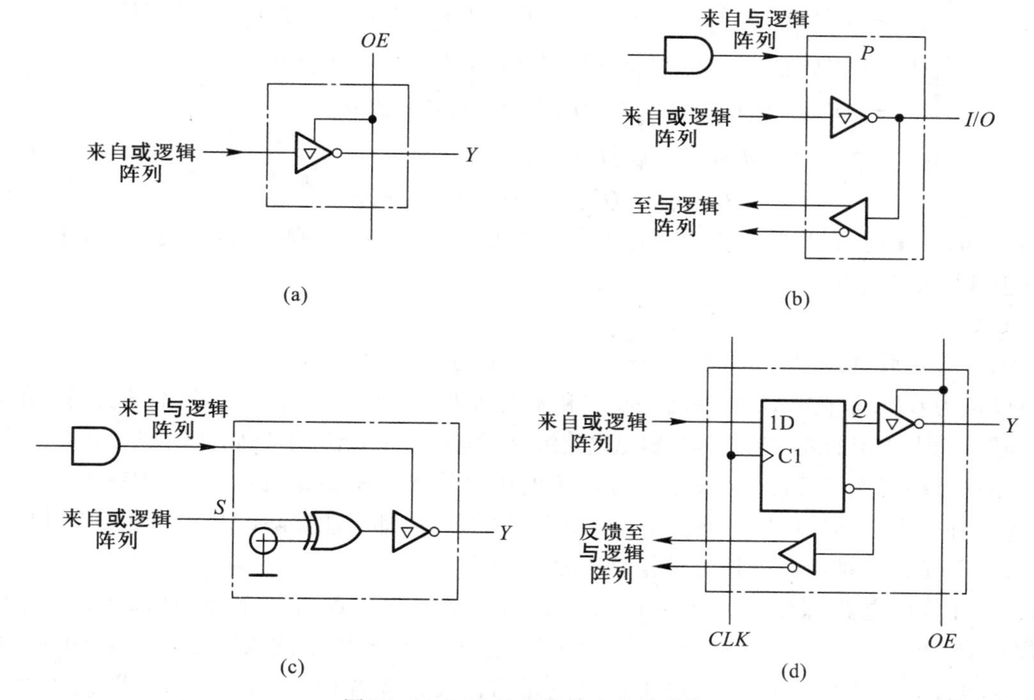

图 F1.6　PAL 的几种输出电路结构

(a) 专用输出结构　(b) 可编程输入/输出结构　(c) 带**异或**门的可编程输入/输出结构　(d) 寄存器输出结构

图 F1.6(c) 的电路结构称为带**异或**门的可编程输入/输出结构。在这个电路中,**与或**逻辑阵列的输出和三态缓冲器之间又接入了一个**异或**门。通过对**异或**门的一个可编程输入端的编程,可以控制输出的极性。当这个输入端被编程为 **1** 时,输出端 Y 和**与或**逻辑阵列的输出 S 同相;当这个输入端被编程为 **0** 时,Y 与 S 的逻辑状态相反。在设计组合逻辑电路时经常会遇到需要将函数求反的情况。例如所设计的**与或**逻辑函数的乘积项数多于**或**门的输入端个数,而它的反函数包含的乘积项数少于**或**门的输入端数时,可以先通过对**与或**逻辑阵列编程产生反函数,然后再利用对**异或**门编程求反,即可得到所设计的函数了。

图 F1.6(d)的电路结构称为寄存器输出结构。这种电路结构的特点是在**与或**逻辑阵列的输出端和三态缓冲器之间接入了一个 D 触发器。同时,触发器的状态又经过互补输出的缓冲器反馈到**与**逻辑阵列上。从时序逻辑电路的结构特点可知,用具有寄存器输出结构的 PAL 可以设计时序逻辑电路。

图 F1.7 就是一个同时具有可编程输入/输出结构和寄存器输出结构的 PAL 实例——PAL16R4。在设计时序逻辑电路时,利用其中的 4 个触发器组成存储电路,用**与或**逻辑阵列产生需要的组合逻辑函数,就可以构成一个完整的时序逻辑电路了。

图 F1.7 中的 PAL16R4 展示的是一种编程后的情况。图中的 PAL16R4 被编程为 4 位二进制可控计数器。当控制信号 M_1M_0 = **11** 时电路作加法计数;当 M_1M_0 = **10** 时为预置数状态(时钟信号到达时将输入数据 d_3、d_2、d_1、d_0 并行置入 4 个触发器中);当 M_1M_0 = **01** 时为保持状态(时钟信号到达时所有的触发器保持状态不变);当 M_1M_0 = **00** 时为复位状态(时钟信号到达时所有的触发器被置 **1**)C_0 为进位输出信号。由图可写出电路的状态方程和输出方程分别为

$$\begin{cases} Q_3^* = (Q_3'Q_2'Q_1'Q_0'+Q_3Q_2+Q_3Q_1+Q_3Q_0)M_1M_0+d_3M_1M_0'+Q_3M_1'M_0+M_1'M_0' \\ Q_2^* = (Q_2'Q_1'Q_0'+Q_2Q_1+Q_2Q_0)M_1M_0+d_2M_1M_0'+Q_2M_1'M_0+M_1'M_0' \\ Q_1^* = (Q_1'Q_0'+Q_1Q_0)M_1M_0+d_1M_1M_0'+Q_1M_1'M_0+M_1'M_0' \\ Q_0^* = Q_0'M_1M_0+d_0M_1M_0'+Q_0M_1'M_0+M_1'M_0' \end{cases} \tag{F1.3}$$

$$C_0 = Q_3'Q_2'Q_1'Q_0' = (Q_3+Q_2+Q_1+Q_0)' \tag{F1.4}$$

当 M_1M_0 = **11** 时,根据状态方程和输出方程即可得到表 F1.1 的状态转换表。可见这是一个 4 位二进制加法计数器。

3. GAL

GAL 是通用阵列逻辑(Generic Array Logic)的缩写。

可以认为 GAL 是在 PAL 的基础上改进和发展而来的一种 SPLD。它的基本结构仍然由可编程的**与**逻辑阵列、固定的**或**逻辑阵列和输出电路组成。但是它在 PAL 的基础上作了两个重要的改进。

首先在可编程连接元件上,采用了可以用电压信号擦除重新编程的叠栅 MOS 管。在此之前,PLA 器件基本上都采用熔丝或反熔丝工艺制作的,所以都不能擦除改写。因此,在 PLD 发展过程中,GAL 是最早推出的一种可重复编程的 SPLD。

其次,在输出电路部分改用了逻辑功能更加丰富的输出逻辑宏单元(Output Logic Macro Cell,简称 OLMC)。同时,为了便于逻辑关系的表述,把**与或**阵列中的**或**门也划入了 OLMC 的框图之中。通过对 OLMC 的编程,可以将输出电路结构设置成各种不同的工作模式,这也就在名称中使用“通用”字样的含义。

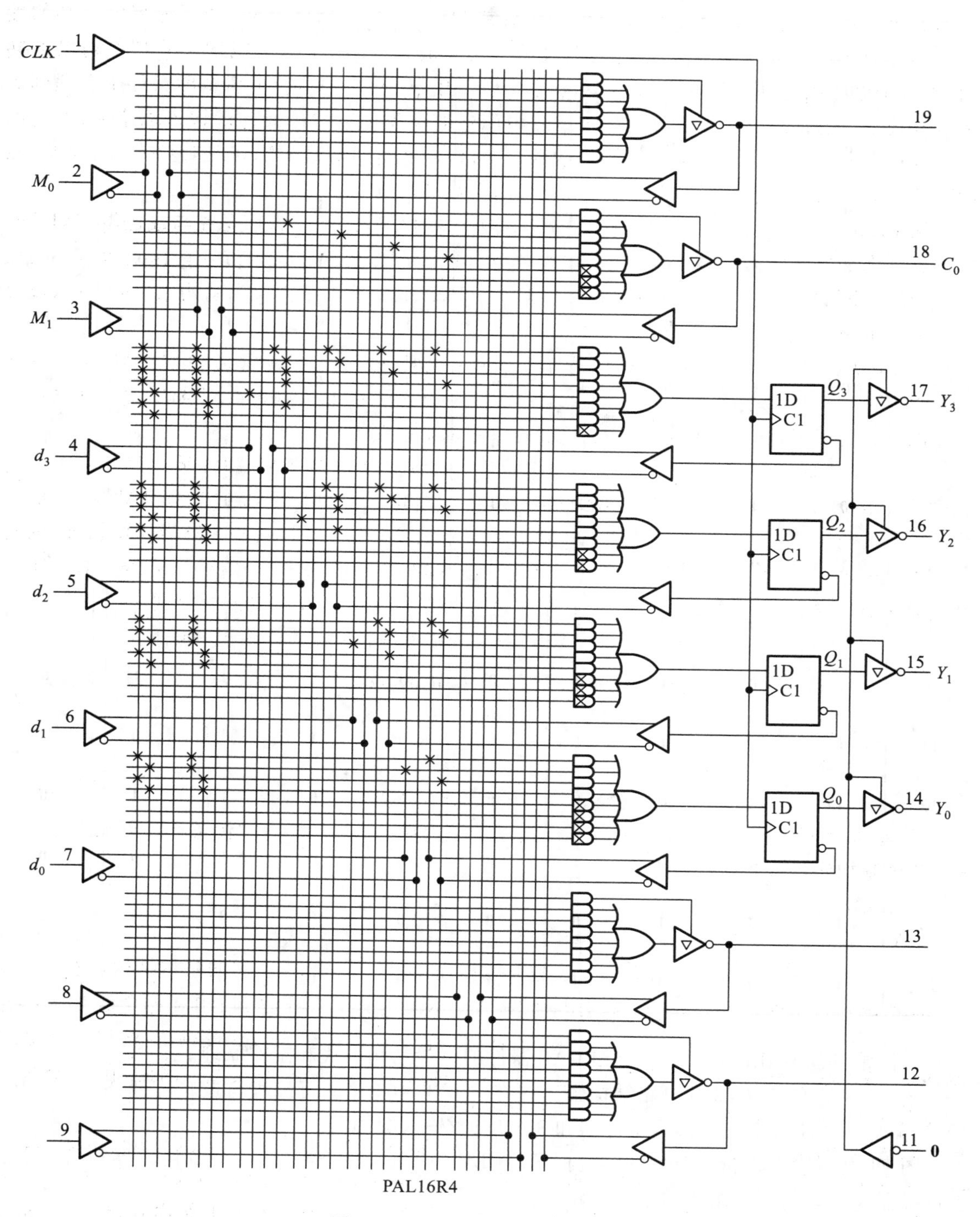

图 F1.7　PAL16R4 的电路结构图

表 F1.1　图 F1.7(PAL16R4)的状态转换表

CLK	Y_3	Y_2	Y_1	Y_0	C_0	Q_3	Q_2	Q_1	Q_0	C_0
0	0	0	0	0	0	1	1	1	1	0
1	0	0	0	1	0	1	1	1	0	0
2	0	0	1	0	0	1	1	0	1	0
3	0	0	1	1	0	1	1	0	0	0
4	0	1	0	0	0	1	0	1	1	0
5	0	1	0	1	0	1	0	1	0	0
6	0	1	1	0	0	1	0	0	1	0
7	0	1	1	1	0	1	0	0	0	0
8	1	0	0	0	0	0	1	1	1	0
9	1	0	0	1	0	0	1	1	0	0
10	1	0	1	0	0	0	1	0	1	0
11	1	0	1	1	0	0	1	0	0	0
12	1	1	0	0	0	0	0	1	1	0
13	1	1	0	1	0	0	0	1	0	0
14	1	1	1	0	0	0	0	0	1	0
15	1	1	1	1	1	0	0	0	0	1

现以常见的 GAL16V8 为例,介绍 GAL 器件的一般结构形式和工作原理。

图 F1.8 是 GAL16V8 的电路结构图。它有一个 32×64 位的可编程**与**逻辑阵列,8 个 OLMC,10 个输入缓冲器、8 个三态输出缓冲器和 8 个反馈/输入缓冲器。

图 F1.9 是输出逻辑宏单元的结构框图。OLMC 中包含一个**或**门、一个 D 触发器和由 4 个数据选择器及一些门电路组成的控制电路。

图中的 $AC0$、$AC1(n)$、$XOR(n)$都是结构控制字中的一位数据,通过对结构控制字编程,便可设定 OLMC 的工作模式。

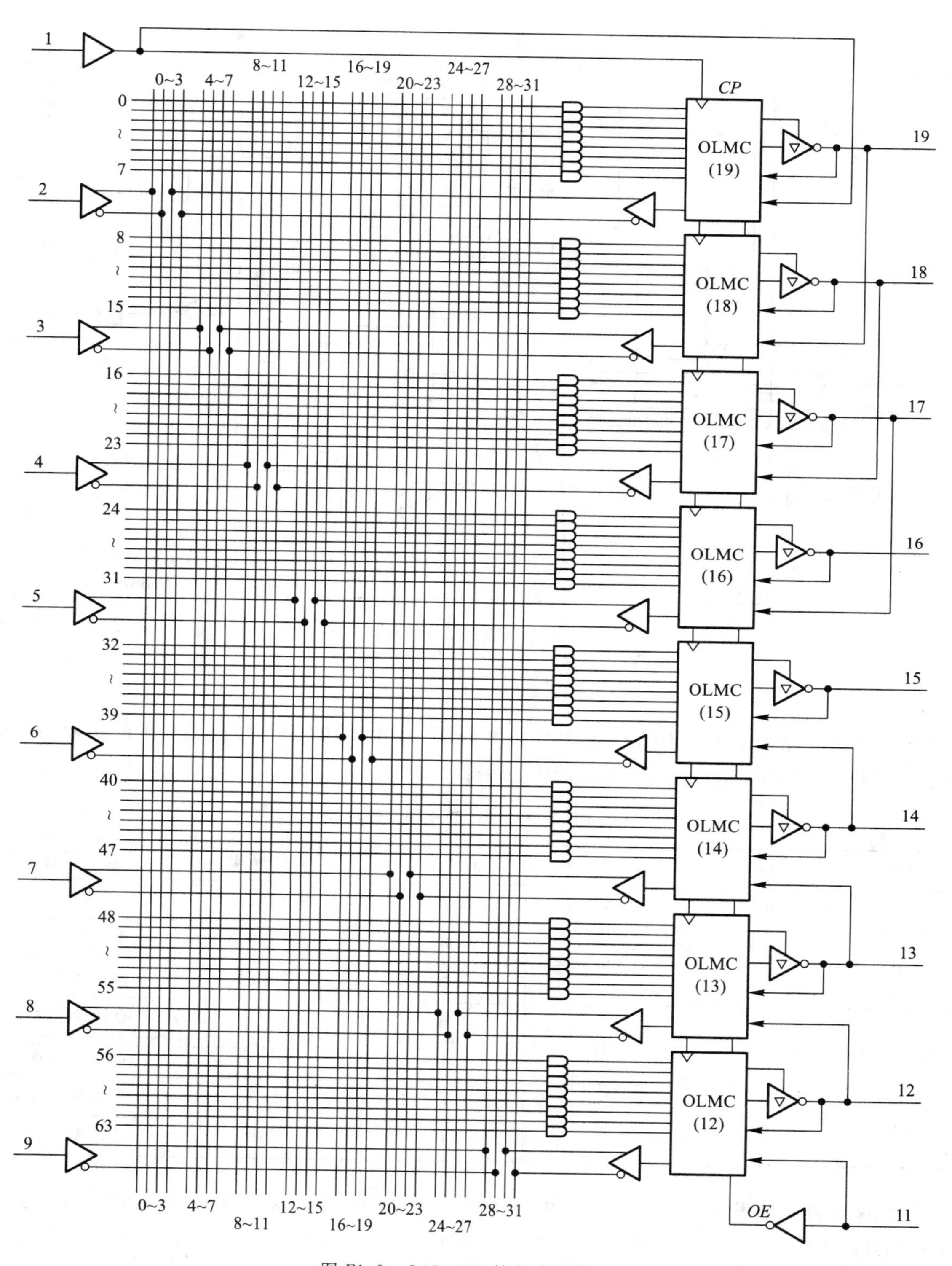

图 F1.8 GAL16V8 的电路结构图

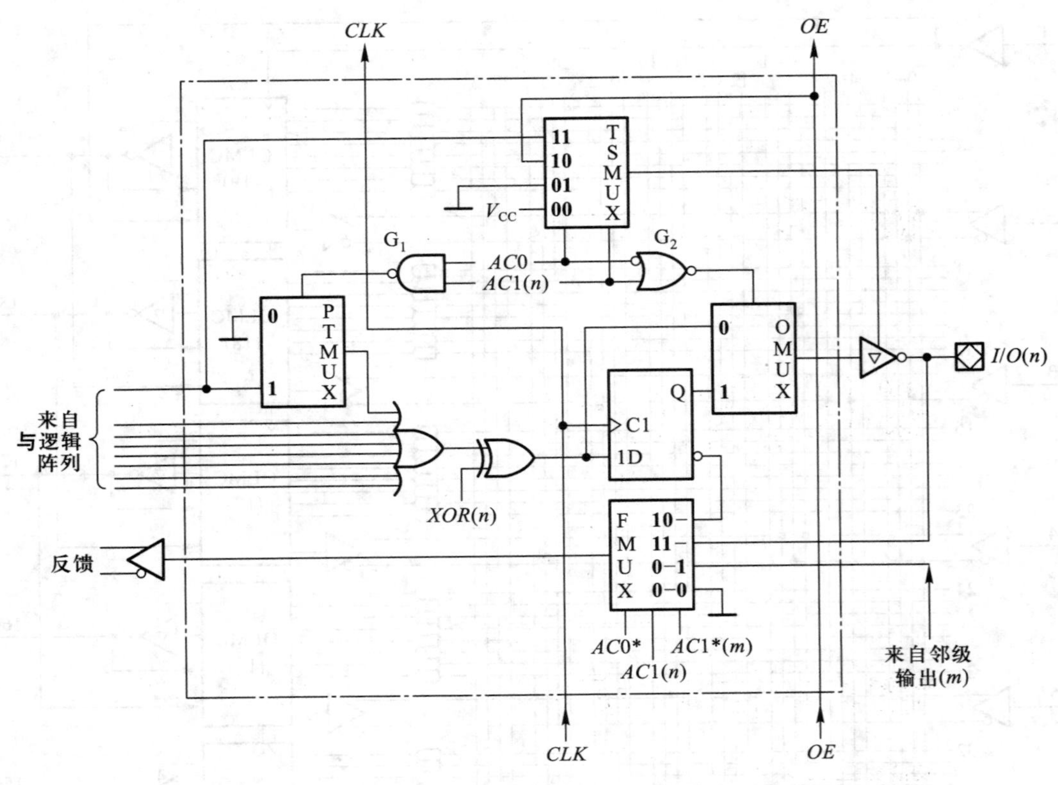

图 F1.9　OLMC 的结构框图

表 F1.2 中给出了每个 OLMC 在 *SYN*、*AC*0、*AC*1(*n*)和 *XOR*(*n*)为不同取值下的 4 种工作模式。*AC*1(*n*)和 *XOR*(*n*)中的 *n* 表示 OLMC 的编号。

表 F1.2　OLMC 的 4 种工作模式

SYN	*AC*0	*AC*1(*n*)	*XOR*(*n*)	工作模式	输出极性
1	0	1	/	专用输入	/
1	0	0	0	专用组合输出	低电平有效
			1		高电平有效
×	1	1	0	反馈组合输出	低电平有效
			1		高电平有效
0	1	0	0	寄存器输出	低电平有效
			1		高电平有效

在这 4 种工作模式下，OLMC 的电路结构可以分别简化成图 F1.10 中的(a)、(b)、(c)、(d)4 种型式。可以看到，OLMC 的这 4 种电路结构模式涵盖了 PAL 的主要输出电路结构型式。

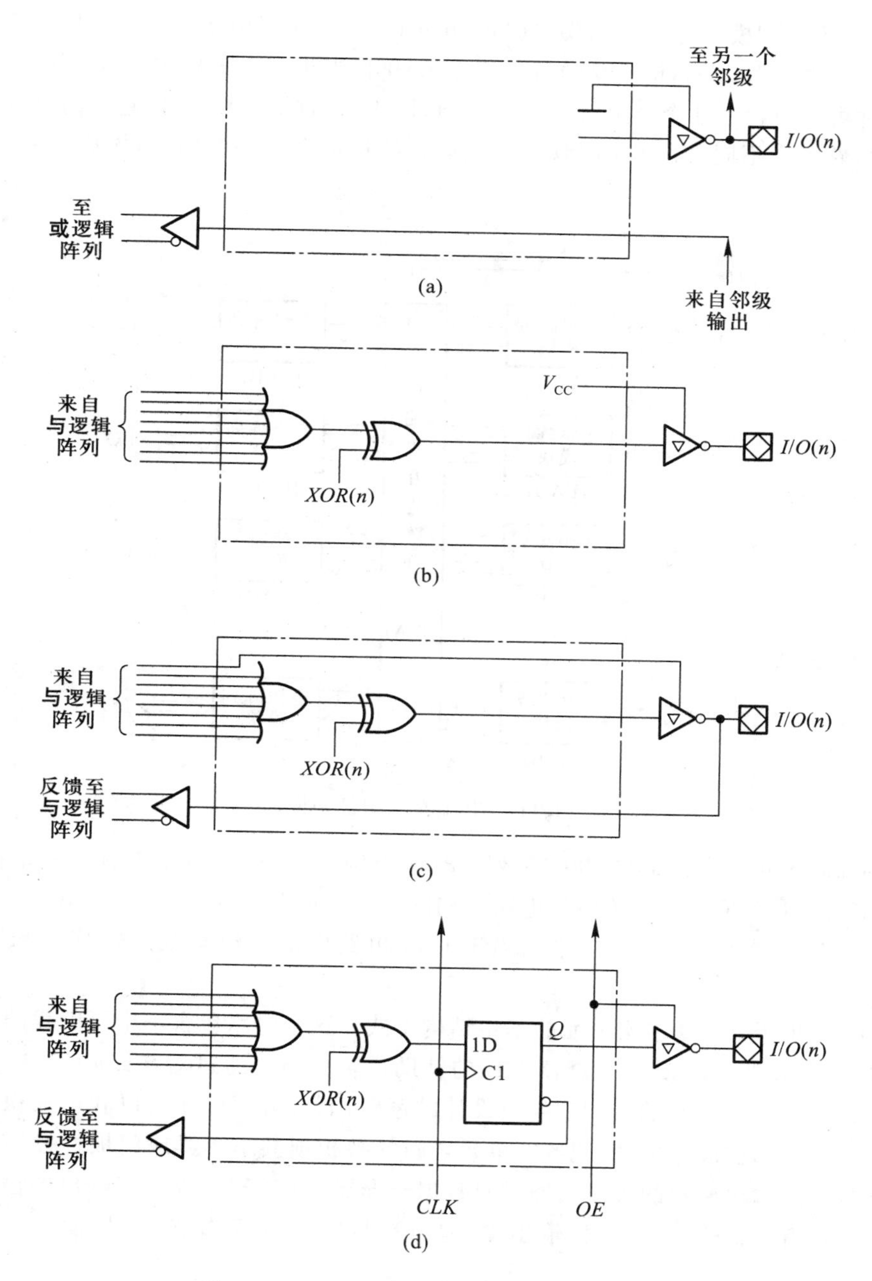

图 F1.10　OLMC4 种工作模式下的简化电路

(a) 专用输入模式　(b) 专用组合输出模式　(c) 反馈组合输出模式　(d) 寄存器输出模式

4. **CPLD**

CPLD 是复杂可编程逻辑器件(Complex Programmable Logic Device)的英文缩写。图 F1.11 给出了 CPLD 电路结构的一般型式,它由若干逻辑阵列模块(Logic Array Block,简称 LAB)和可编程互联阵列(Programmable Interconnect Array,简称 PIA)组成。在有些生产厂商的 CPLD 产品说明中,也把逻辑阵列模块称为功能模块(Function Block)、通用模块(Generic Block);把可编程互联阵列称为开关矩阵(Switch Matrix)等。每个LAB相当于一个PAL或GAL电路。不同型号的CPLD器件可以包含十几个至上百个LAB。通过PIA将这些LAB连接起来,就可以构成规模更大的逻辑电路了。不同公司的CPLD产品在电路结构上会有些差别,但构成的基本思路是相同的。

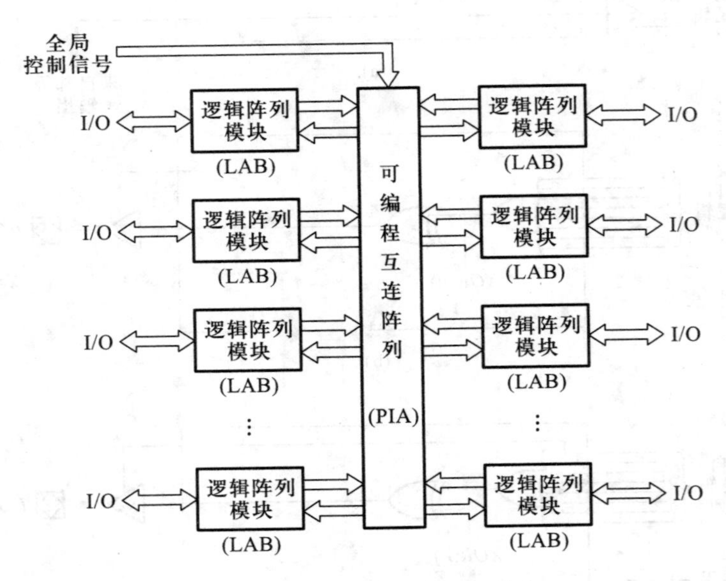

图 F1.11　CPLD的一般结构模式

现以Altera公司生产的MAX7000系列CPLD为例,简要说明一下CPLD的结构和工作原理。图F1.12是MAX7000系列CPLD电路结构的示意性框图。其中的每个LAB又由若干宏单元(Macrocell)组成。每个宏单元电路相当于GAL电路中的一组**与或**逻辑阵列和输出逻辑宏单元。

图F1.13给出了CPLD中宏单元的基本结构型式。这个电路包含一个可编程的**与或**逻辑阵列和由**异或**门、触发器、3个数据选择器组成的辅助逻辑电路。通过对**与或**阵列中的"乘积项选择矩阵"编程,即可选取所需的乘积项生成设计的逻辑函数。而且,还可以利用乘积项选择矩阵的乘积项扩展输入和扩展输出,实现各宏单元之间的乘积项共享。**异或**门极性控制端的乘积项用于控制**与或**阵列输出函数的极性。通过对数据选择器M1编程可以决定输出的性质为组合逻辑函数输出还是寄存器输出。同时,输出端又反馈到可编程互联矩阵上,以便于设计时序逻辑电路。

输出端的I/O控制单元可以根据需要将相应的引脚设置成输入、输出或双向工作模式。I/O控制单元中的三态输出缓冲器可以设置为固定的"使能"或"禁止"工作状态,也可以设置为受"全局输出使能"信号控制,还可以设置为由另外的输入信号或内部宏单元产生的信号控制。

MAX7000系列CPLD采用了在系统可编程技术,其中的EPM7256S型号产品包含有256个宏单元。比较新的MAX Ⅱ系列CPLD产品具有更高的集成度,其中的EPM2210中集成了相当于1 700宏单元的电路。

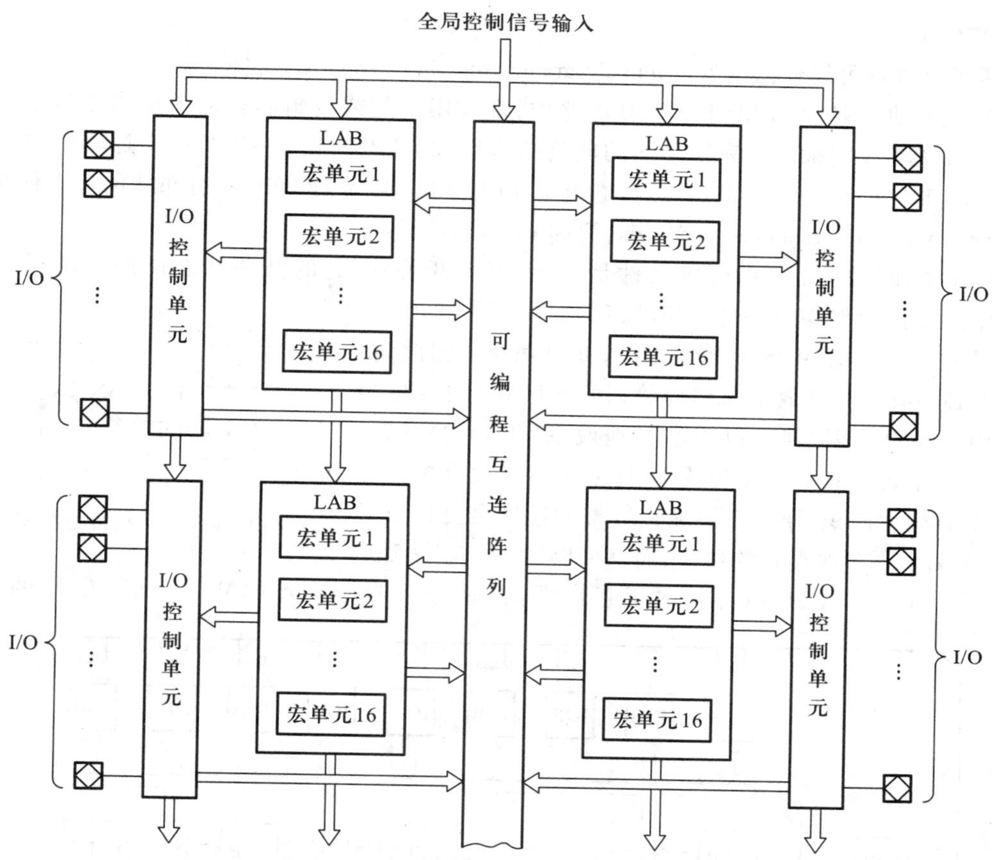

图 F1.12　MAX7000S 系列 CPLD 的电路结构框图

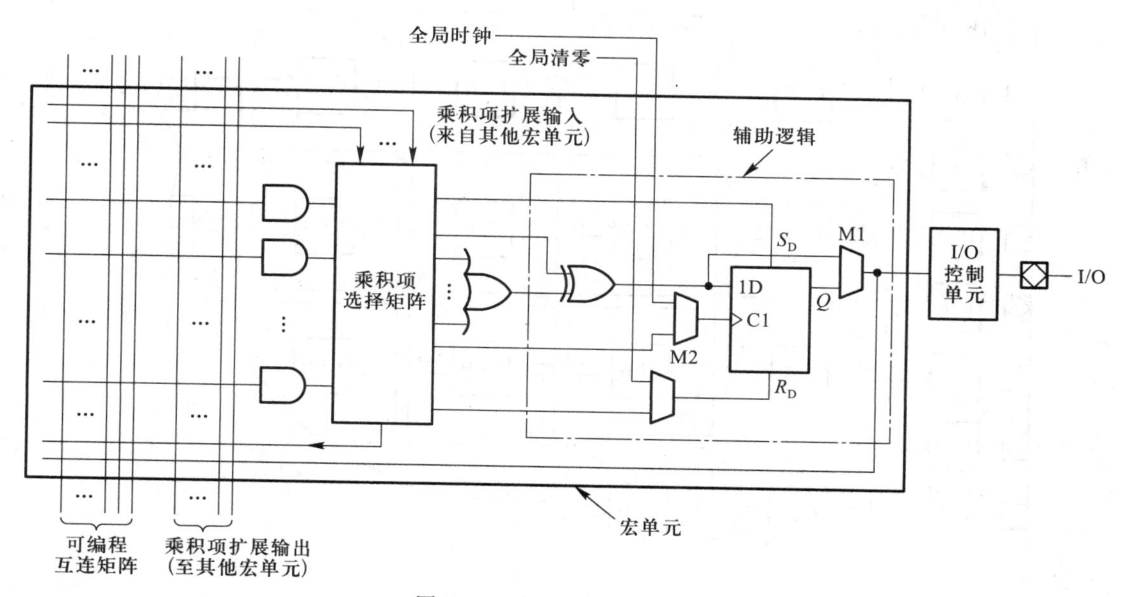

图 F1.13　CPLD 中的宏单元

5. **FPGA**

FPGA 是现场可编程门阵列(Field Programmable Gate Array)的简称。

在前面所讲的各种 SPLD 和 CPLD 电路中,都采用了**与或**逻辑阵列加上输出逻辑单元的结构形式。而 FPGA 则采用了完全不同的电路结构形式。FPGA 由许多“可组态逻辑模块”(Configurable Logic Block,简称 CLB)、输入/输出单元(I/O Block,简称 IOB)和分布式的可编程互联矩阵(Programmable Interconnection Matrix,简称 PIM)组成。

FPGA 中使用的可编程连接元件是一个 MOS 开关管,它的开关状态由静态随机存储器 SRAM 中的一位存储单元中的数据控制,如图 F1.14 所示。存储单元中存入 **1** 时 MOS 管导通,存入 **0** 时截止。因此,在 FPGA 中必须有一个存放全部编程数据的 SRAM。只要更换 SRAM 中的编程数据,就可以很容易地改变 FPGA 的设置。采用这种基于 SRAM 的可编程技术,比采用熔丝或反熔丝工艺更加节省硅片面积,而且更换编程数据的速度也更快。可见,FPGA 属于可多次编程的器件,而且可以“在系统”编程。

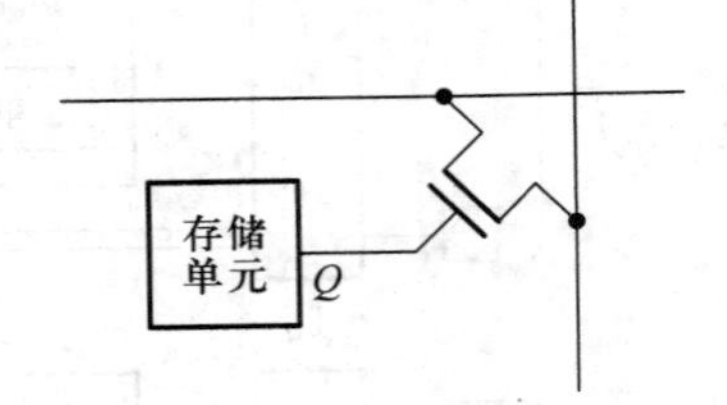

图 F1.14 FPGA 中的可编程连接元件

图 F1.15 是表示 FPGA 结构的示意性框图(图中没有画出 SRAM)。因为 CLB 的排列

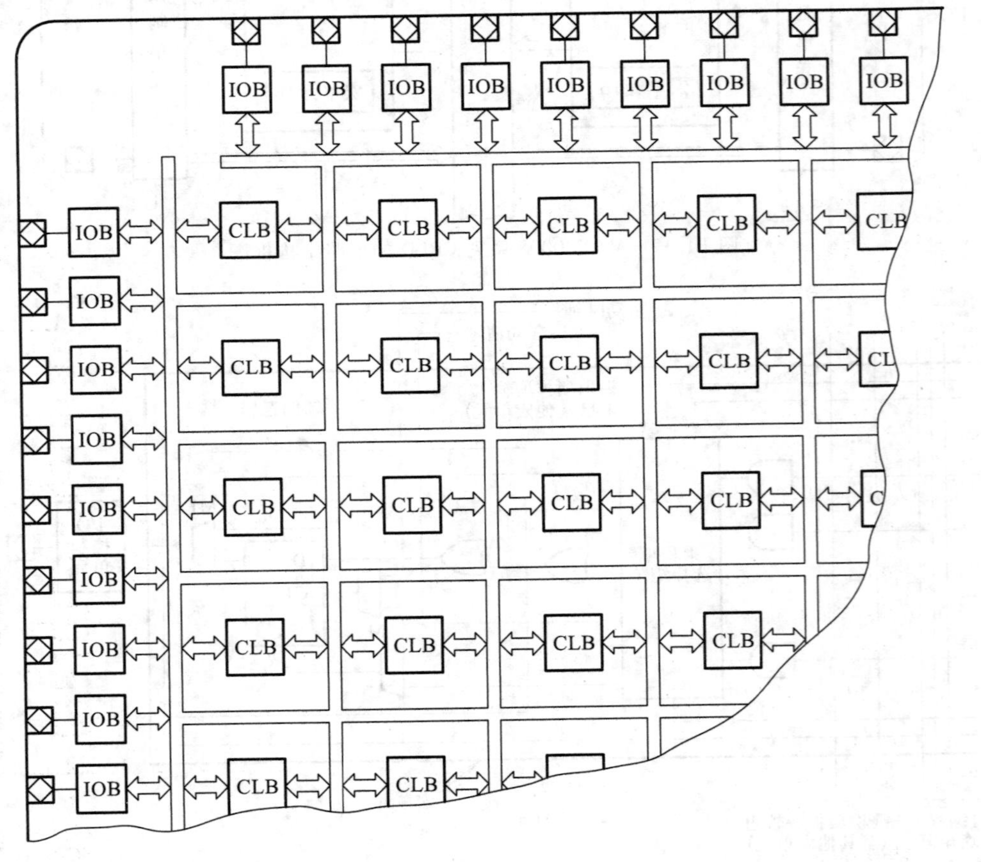

图 F1.15

形式和门阵列型集成电路(Gate Array)内部单元的排列形式相似,所以沿用了门阵列这个名称。CLB的结构比较简单,不像CPLD中的逻辑阵列模块(LAB)那样复杂,但数量很大,可以远高于CPLD。高密度的FPGA中,可以包含数以万计的CLB,所以FPGA的集成度可以远高于CPLD。通过对CLB和PIM的编程,即可将众多的CLB连接成所需要的数字系统。

每个CLB中有若干个逻辑单元,如图F1.16所示。这些逻辑单元不仅可以互相连接,而且可以通过PIM和其他CLB连接。每个逻辑单元由查表逻辑和辅助逻辑两部分组成。

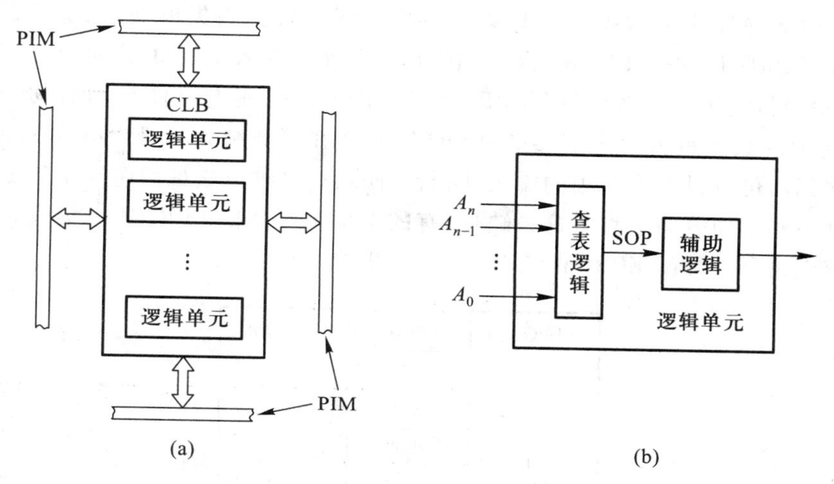

图F1.16　FPGA中的CLB和逻辑单元
(a) CLB　(b) 逻辑单元

查表逻辑实质上是用译码器和输出端的**线或**连接形成的。为便于说明,图F1.17中以仅有3个输入变量的译码器说明一下用查表逻辑产生组成逻辑函数的原理。图中译码器的输出端给出了3变量的全部最小项,每个最小项与**线或**输出的连接由SRAM的一位数据控制,存储单元为**1**状态时接通,存储单元为**0**状态时断开。只要有选择地在8个存储单元中存入相应的数据,就可以在查表逻辑电路的输出端得到所需要的组合逻辑函数。查表电路输出的函数是以最小项之和形式给出的,即属于"积之和"(SOP)形式。

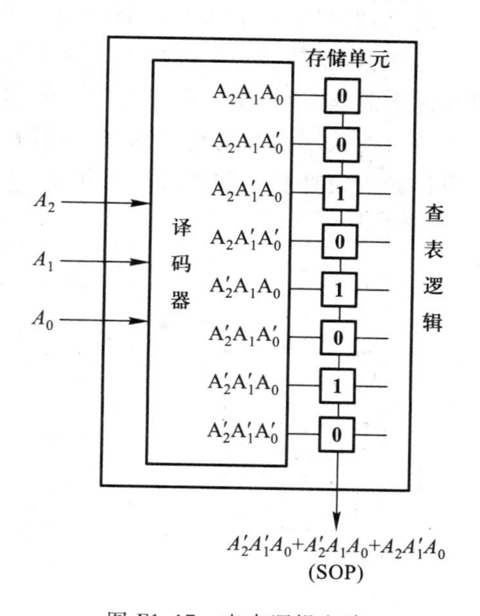

图F1.17　查表逻辑电路

FPGA逻辑单元中的辅助逻辑电路与CPLD宏单元中的辅助电路类似(参见图F1.13),通常都包含有一个或两个触发器和几个数据选择器。通过对辅助逻辑电路的编程,可以将逻辑单元的输出设置为组合逻辑输出或者是时序逻辑输出。

FPGA的这种CLB阵列结构形式克服了SPLD和CPLD固定的**与或**逻辑阵列结构的局限性,因而在组成一些复杂的、特殊的数字系统时显得更加灵活。同时,FPGA的大多数I/O端都可以设置成可编程的双向传输缓冲器,这就使得引脚的利用更加充分,信号位置的安排也能够更加合理。

但 FPGA 也存在一些缺点。首先,它的信号传输时间不是确定的。因为在构成复杂的数字系统时一般都需要将若干个 CLB 组合起来才能实现。而由于每个信号的传输途径不同,所以到达输出端的传输延迟时间也就不可能相等。这不仅会给设计工作带来麻烦,而且也限制了器件的工作速度。而在 CPLD 中不存在这方面的问题。

其次,由于 FPGA 中用于存储编程数据的 SRAM 属于“易失性”存储器,所以每当关闭电源或将系统清零时 SRAM 中的数据便随即丢失。为了解决数据丢失的问题,通常需要附加一个“非易失性”的 EPROM,如图 F1.18 所示。在将编程数据存入 SRAM 的同时还必须存入这个 EPROM 中。每当接通电源或者系统清零以后,FPGA 中的控制电路便自动启动一个“装载”程序,将 FPROM 中的数据重新写入 FPGA 的 SRAM 中。在装载结束后,FPGA 的地址信号输出端和数据输入端仍然可以设置为通用的输入/输出端使用。这种方法虽然解决了数据丢失问题,但也给使用带来一些不便。为了克服这一缺点,有的 FPGA 产品把 EPROM 也集成到 FPGA 中,这样在使用时就无需另外加配 EPROM 了。

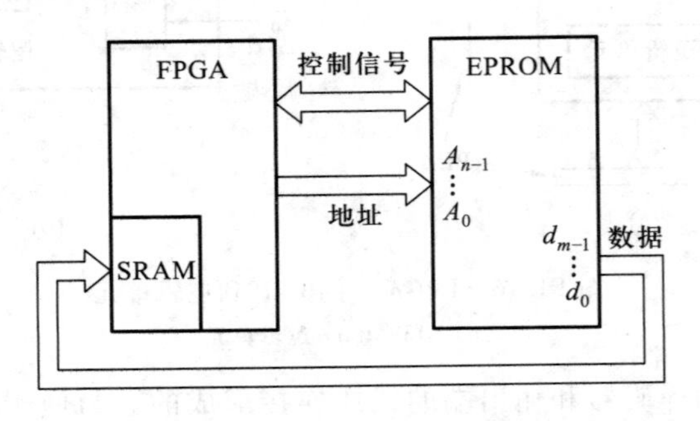

图 F1.18　FPGA 编程数据的装载

此外,有些生产 FPGA 产品的公司还向用户提供一些可选购的“IP”(Intellectual Property)核。这些 IP 核是已经经过验证和使用的一些典型电路,例如常用的微处理器、数字信号处理器以及标准的输入/输出接口电路等。公司根据用户的要求,事先将需要的 IP 核嵌入 FPGA 内部,用作设计的数字系统的组成部分。利用 IP 核进行设计不仅可以减少使用的可编程单元数目,而且可以减少设计验证和修改的工作量,从而提高设计工作的效率。

附录二

《电气简图用图形符号——二进制逻辑单元》(GB/T 4728.12—2005)简介

一、符号的构成

《电气简图用图形符号——二进制逻辑单元》(GB/T 4728.12—2005)是由国家标准化管理委员会颁布的绘制二进制逻辑单元电路的图形符号标准,用于编制工业产品的技术文件。

该项标准规定,所有二进制逻辑单元的图形符号皆由方框(或方框的组合)和标注其上的各种限定性符号组成。对方框的长宽比没有限制。限定性符号在方框上的标注位置应符合图 F2.1 中的规定。图中的××表示总限定符号,* 表示与输入、输出有关的限定符号。标注在方框外的字母和其他字符不是逻辑单元符号的组成部分,仅用于对输入端或输出端的补充说明。

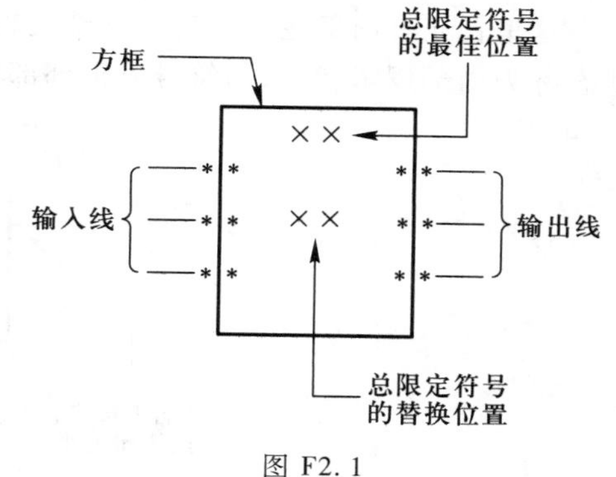

图 F2.1

为了节省图形所占的篇幅,除了图 F2.1 所示的方框外,还可以使用公共控制框和公共输出单元框。图 F2.2(a)中给出了公共控制框的画法。在图 F2.2(b)所示的例子中,当 a 端不加任何限定符号时,该图表示输入信号 a 同时加到每个受控的阵列单元上。(每个阵列单元的逻辑功能应加注限定符号予以说明。)

图 F2.3(a)是公共输出单元框的两种画法。在图 F2.3(b)所示的例子中,表示 b、c 和 a 同时加到了公共输出单元框上。(公共输出单元的逻辑功能应另加注限定符号加以说明。)

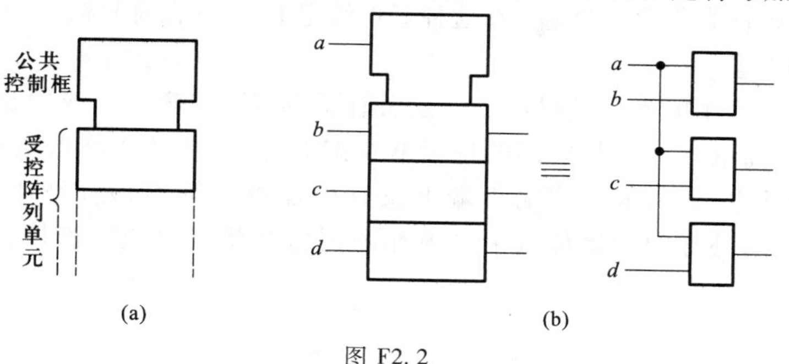

图 F2.2

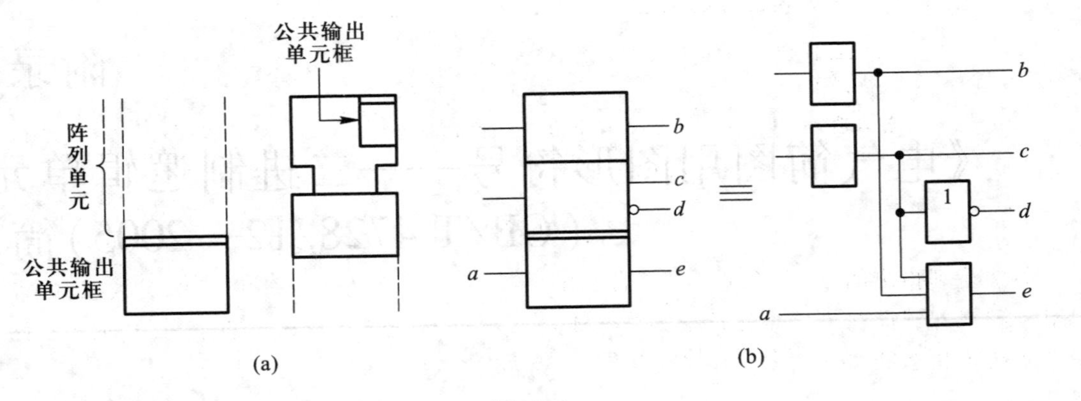

图 F2.3

二、逻辑约定

因为在二进制逻辑电路中是以高、低电平表示两个不同的逻辑状态的,所以需要规定高电平(H)、低电平(L)和逻辑状态 **1**、**0** 之间的对应关系,这就是所谓逻辑约定。

这里首先有内部逻辑状态和外部逻辑状态之分。凡是符号方框内部输入端和输出端的逻辑状态称为内部逻辑状态,而符号方框外部输入端和输出端的逻辑状态统称为外部逻辑状态,如图 F2.4 所示。

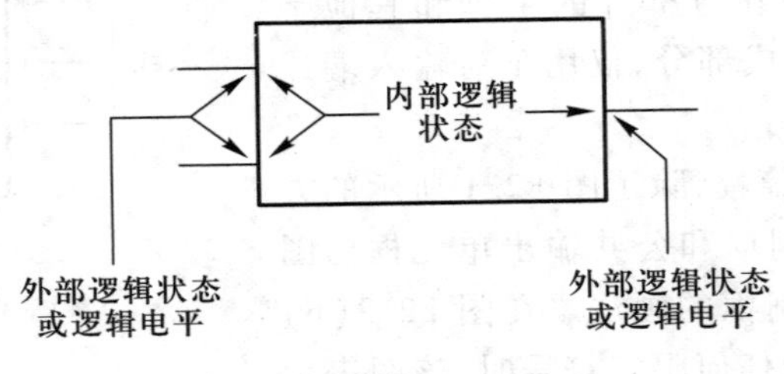

图 F2.4

根据这一标准的规定,可以采用以下两种体系进行逻辑约定。

一种是正逻辑或负逻辑约定,若将输入和输出的高电平定义为逻辑 **1** 状态,将低电平定义为逻辑 **0** 状态,称为正逻辑约定。反之,若将输入和输出的高电平定义为逻辑 **0** 状态,将低电平定义为逻辑 **1** 状态,则称为负逻辑约定。在这种逻辑约定下,允许在符号框外的输入端和输出端上使用逻辑非(○)符号。

另一种体系是极性指示符逻辑约定。这种体系规定,当输入端或输出端上有极性指示符时,外部的逻辑高电平(H)与内部的逻辑 **0** 状态对应,外部的逻辑低电平(L)与内部的逻辑 **1** 状态对应。反之,若输入端或输出端上没有极性指示符,则外部的逻辑高电平与内部的逻辑 **1** 状态对应,外部的逻辑低电平与内部的逻辑 **0** 状态对应。极性指示符的画法如图 F2.5 所示。

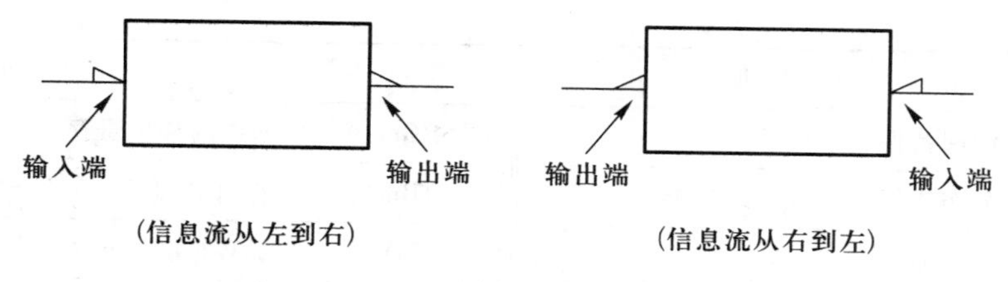

图 F2.5

需要特别指出的是,无论采用哪一种约定体系,在符号框内只存在内部逻辑状态,不存在逻辑电平的概念。而在采用极性指示符约定体系中,方框外只存在外部逻辑电平(H 或 L),而不存在外部逻辑状态的概念。在同一张逻辑图中,不能同时采用两种逻辑约定方法。

三、各种限定性符号

由于所有逻辑单元符号的外形都是方框或方框的组合,所以图形本身已失去了表示逻辑功能的能力,这就必须加注各种限定性符号来说明逻辑功能。限定性符号的名目繁多,现分类简单介绍如下。

1. 总限定符号

总限定符号用来表示逻辑单元总的逻辑功能。这里所说的逻辑功能是指符号框内部输入与输出之间的逻辑关系。表 F2.1 中列出了若干常用的总限定符号及其表示的逻辑功能。

表 F2.1 常用的总限定符号

符号	说明	符号	说明
&	与	MUX	多路选择
≥1	或	DX	多路分配
=1	异或	X/Y	编码、代码转换
=	逻辑恒等(所有输入状态相同时,输出才为 **1** 状态)	I=**0**	触发器的初始状态为 **0**
≥m	逻辑门槛(只有输入 **1** 的数目≥*m* 时,输出才为 **1** 状态)	I=**1**	触发器的初始状态为 **1**
=m	等于 *m*(只有输入 **1** 的数目等于 *m* 时,输出才为 **1** 状态)	1⎍	不可重复触发的单稳态电路
>n/2	多数(只有多数输入为 **1** 时,输出才为 **1** 状态)	⎍	可重复触发的单稳态电路
2k	偶数(输入 **1** 的数目为偶数时,输出为 **1** 状态)	G ⎍⎍	非稳态电路
2k+1	奇数(输入 **1** 的数目为奇数时,输出为 **1** 状态)	!G ⎍⎍	同步启动的非稳态电路
1	缓冲(输出无专门放大)	G! ⎍⎍	完成最后一个脉冲后停止的非稳态电路
▷	缓冲放大/驱动	!G! ⎍⎍	同步启动、完成最后一个脉冲后停止的非稳态电路

续表

符号	说明	符号	说明
*	滞回特性	SRGm	*m*位的移位寄存
*◇	分布连接、点功能、线功能	CTRm	循环长度为 2^m 的计数
Σ	加法运算	CTRDIVm	循环长度为 *m* 的计数
P-Q	减法运算	ROM * *	只读存储
Π	乘法运算	PROM * *	可编程只读存储
COMP	数值比较	RAM * *	随机存储
ALU	算术逻辑单元	TTL/MOS	由 TTL 到 MOS 的电平转换
CPG	先行(超前)进位	ECL/TTL	由 ECL 到 TTL 的电平转换

* 用说明单元逻辑功能的总限定符号代替。

* * 用存储器的“字数×位数”代替。

2. 与输入、输出有关的限定符号

这一类限定符号用来描述某个输入端或输出端的具体功能和特点。常用的符号和它们的功能见表 F2.2。

表 F2.2 与输入、输出有关的限定符号

符号	说明	符号	说明
	逻辑非,示在输入端	<	数值比较器的“小于”输入
	动态输入(内部 **1** 状态与外部从 **0** 到 **1** 的转换过程对应,其他时间内部逻辑状态为 **0**)	=	数值比较器的“等于”输入
	带逻辑非的动态输入(内部 **1** 状态与外部从 **1** 到 **0** 的转换过程对应,其余时间内部逻辑状态为 **0**)	CI	运算单元的进位输入
	带极性指示符的动态输入(内部 **1** 状态与外部电平从 H 到 L 的转换过程对应,其余时间内部逻辑状态为 **0**)	BI	运算单元的借位输入
	具有滞回特性的输入/双向门槛输入		逻辑非,示在输出端
EN	使能输入		延迟输出
R	存储单元的 *R* 输入		开路输出(例如开集电极,开发射极,开漏极,开源极)

续表

符号	说明	符号	说明
S	存储单元的 S 输入	◇̲	H 型开路输出(输出高电平时为低输出内阻)
J	存储单元的 J 输入	◇̄	L 型开路输出(输出低电平时为低输出内阻)
K	存储单元的 K 输入	◈̲	无源下拉输出(与 H 型开路输出相似,但不需要附加外部元件或电路)
D	存储单元的 D 输入	◈̄	无源上拉输出(与 L 型开路输出相似,但不需要附加外部元件或电路)
T	存储单元的 T 输入	▽	三态输出
E	扩展输入	E	扩展输出
→m	移位输入,从左到右或从顶到底	* > *	数值比较器的"大于"输出(* 号由相比较的两个操作数代替)
←m	移位输入,从右到左或从底到顶	* < *	数值比较器的"小于"输出(* 号的含意同上)
+m	正计数输入(每次本输入内部为 **1** 状态,单元的计数按 m 为单位增加一次)	* = *	数值比较器的"等于"输出(* 号的含意同上)
−m	逆计数输入(每次本输入内部为 **1** 状态,单元的计数按 m 为单位减少一次)	CO	运算单元的进位输出
>	数值比较器的"大于"输入	BO	运算单元的借位输出

3. 内部连接符号

为了缩小图形所占的幅面,可以将相邻单元的方框邻接画出,如图 F2.6 所示。

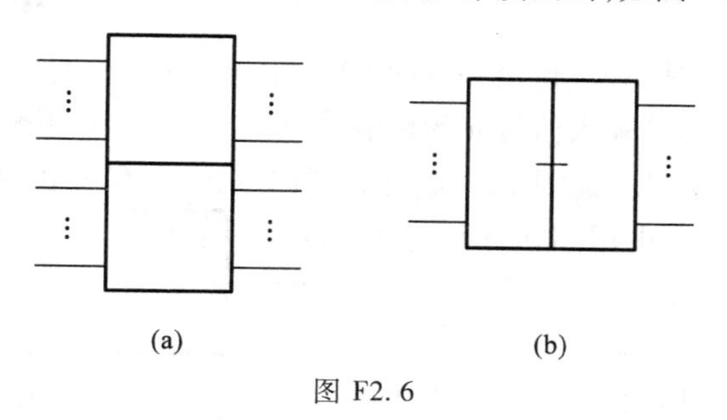

图 F2.6

当各邻接单元方框之间的公共线是沿着信息流的方向时，这些单元之间没有逻辑连接，如图F2.6(a)所示。如果两个邻接方框的公共线垂直于信息流方向，则它们之间至少有一种逻辑连接，图F2.6(b)就属于这种情况。表F2.3示出了内部连接的几种常见情况。

表F2.3　内部连接符号

符号	说　　明	符号	说　　明
	内部连接(右边单元输入端的内部逻辑状态与左边单元输出的内部逻辑状态相对应)	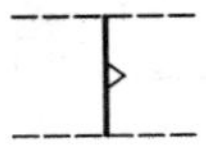	具有动态特性的内部连接
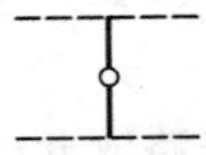	具有逻辑非的内部连接(右边单元输入端的内部逻辑状态与左边单元输出的内部逻辑状态的补状态相对应)	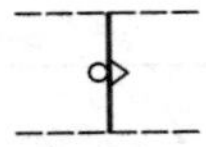	具有逻辑非和动态特性的内部连接

4. 非逻辑连接和信息流指示符号

当逻辑图中出现非逻辑信号(例如A/D转换电路中输入的模拟信号)时，用信号线上的“×”表示其性质不是逻辑信号。

此外，还规定信息流的方向原则上是从左到右、从上到下。如果不符合这个规定或信息流方向不明显时，应在信号线上标出指示信息流方向的箭头，如表F2.4中所示。

表F2.4　非逻辑连接和信息流指示符号

符　　号	说　　明
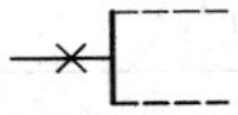	非逻辑连接，示出在左边
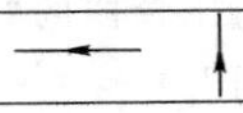	单向信息流
	双向信息流

四、关联标注法

如果单纯地使用上面介绍的各种限定符号，有时还不能充分说明逻辑单元的各输入之间、各输出之间以及各输入与各输出之间的关系。为了解决这个问题，规定了关联标注法。

关联标注法中采用了“影响的”和“受影响的”两个术语，用以表示信号之间“影响”和“受影响”的关系。

为了便于理解关联标注法，首先讨论一下图F2.7中的例子。这是一个有附加控制端的T触发器。输入信号b是否有效，受到输入信号a的影响。只有$a = 1$时b端输入的脉冲上升沿才能使触发器翻转，而$a = 0$时b端的输入不起作用。因此，a和b是两个有关联的输入，a是“影响输入”，b是“受影响输入”。在图F2.7中用加在标识符T前面的1表示受EN1的影响。

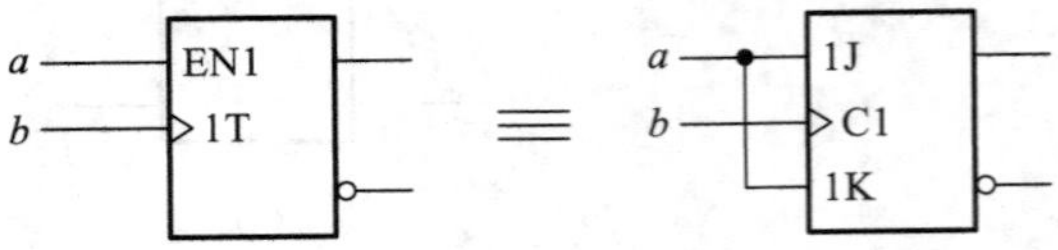

图F2.7

1. 关联标注法的规则

(1) 用一个表示关联性质的字母和后跟的

标识序号来标记“影响输入(或输出)”。

(2) 用与“影响输入(或输出)”相同的标识序号来标记“受影响的输入(或输出)”。

如果“受影响输入(或输出)”另有其他标记,则应在这个标记前面加上“影响输入(或输出)”的标识序号。

(3) 若一个输入或输出受两个以上“影响输入(或输出)”的影响时,则这些“影响输入(或输出)”的标记序号均应出现在“受影响输入(或输出)”的标记之前,并以逗号隔开。

(4) 如果是用“影响输入(或输出)”内部逻辑状态的补状态去影响“受影响输入(或输出)”时,应在“受影响输入(或输出)”的标识序号上加一个横线。

2. 关联类型

与关联、**或**关联和**非**关联用来注明输入和输出、输入之间、输出之间的逻辑关系。

互连关联用来表明一个输入或输出把其逻辑状态强加到另一个或多个输入和/或输出上。

控制关联用来标识时序单元的定时输入或时钟输入,以及表明受它控制的输入。

置位关联和复位关联用来规定当 *R* 输入和 *S* 输入处在它们的内部 **1** 状态时,*SR* 双稳态单元的内部逻辑状态。

使能关联用来标识使能输入及表明由它控制的输入和/或输出(例如哪些输出呈现高阻状态)。

方式关联用来标识选择单元操作方式的输入,及表明取决于该方式的输入和/或输出。

地址关联用来标识存储器的地址输入。

表 F2.5 中列出了各种关联使用的字母以及关联性质。

表 F2.5 关 联 类 型

关联类型	字母	“影响输入”对“受影响输入/输出”的影响	
		“影响输入”为 **1** 状态时	“影响输入”为 **0** 状态时
地址	A	允许动作(已选地址)	禁止动作(未选地址)
控制	C	允许动作	禁止动作
使能	EN	允许动作	禁止“受影响输入”动作 置开路和三态输出在外部为高阻抗状态 置其他输出在 **0** 状态
与	G	允许动作	置 **0** 状态
方式	M	允许动作(已选方式)	禁止动作(未选方式)
非	N	求补状态	不起作用
复位	R	“受影响输出”恢复到 $S=\mathbf{0}$、$R=\mathbf{1}$时的状态	不起作用
置位	S	“受影响输出”恢复到 $S=\mathbf{1}$、$R=\mathbf{0}$时的状态	不起作用
或	V	置 **1** 状态	允许动作
互连	Z	置 **1** 状态	置 **0** 状态

五、常用器件符号例示

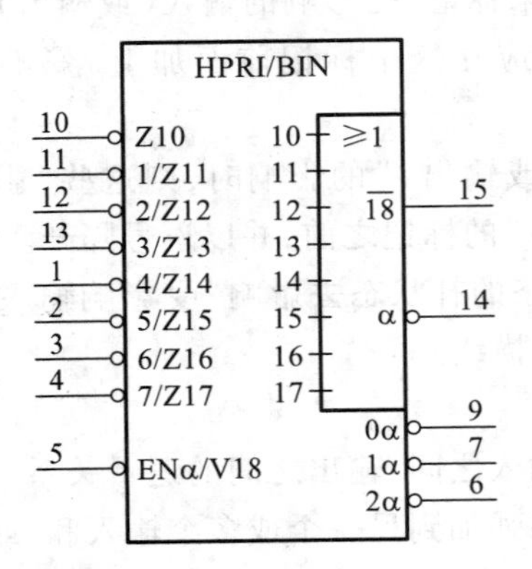

图 F2.8　8线-3线优先编码器(74LS148)

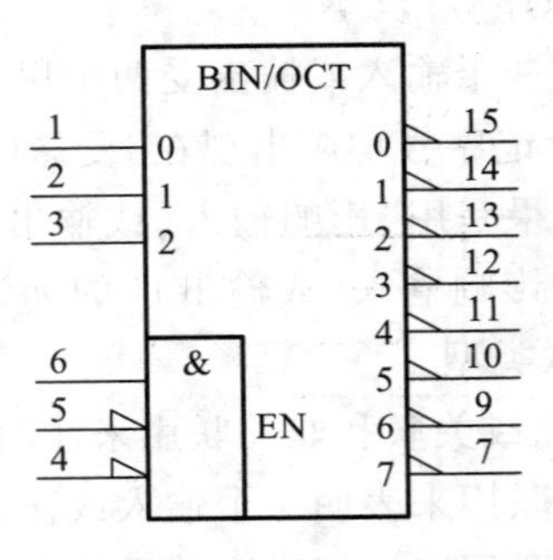

图 F2.9　3线-8线译码器(74LS138)

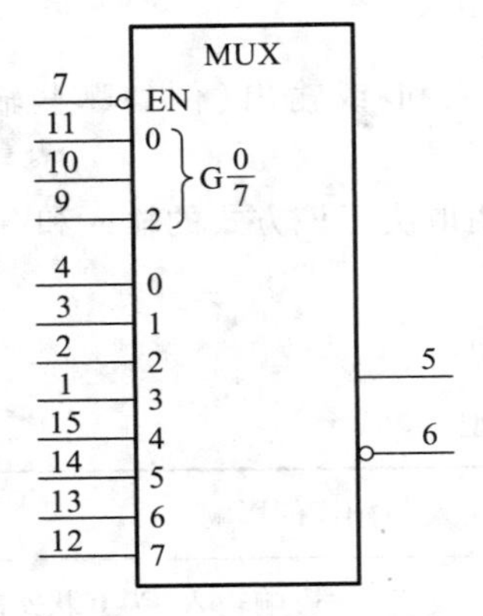

图 F2.10　8选1数据选择器(74LS151)

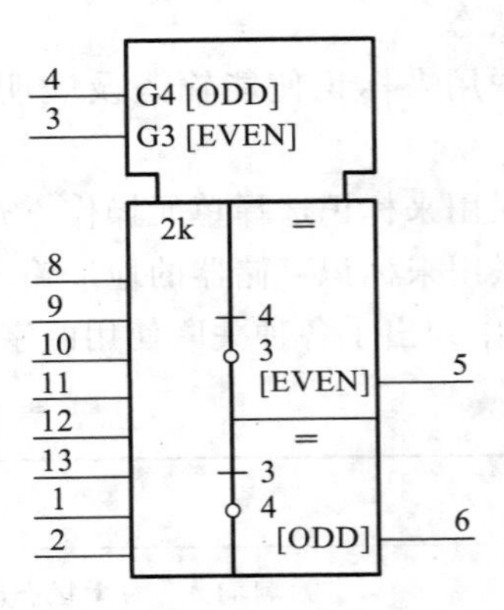

图 F2.11　8位奇偶校验器/产生器(74180)

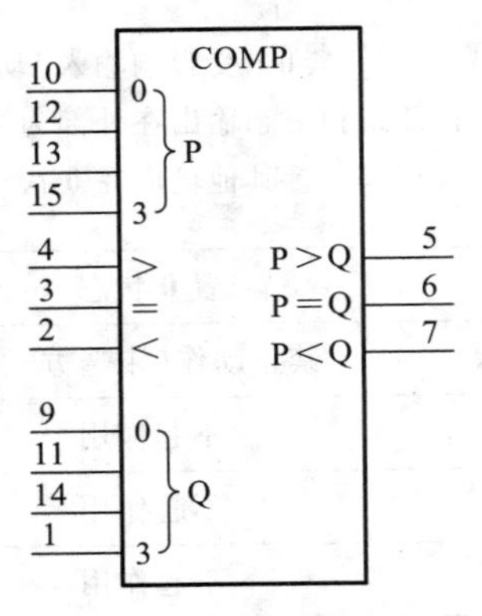

图 F2.12　4位数值比较器(74LS85)

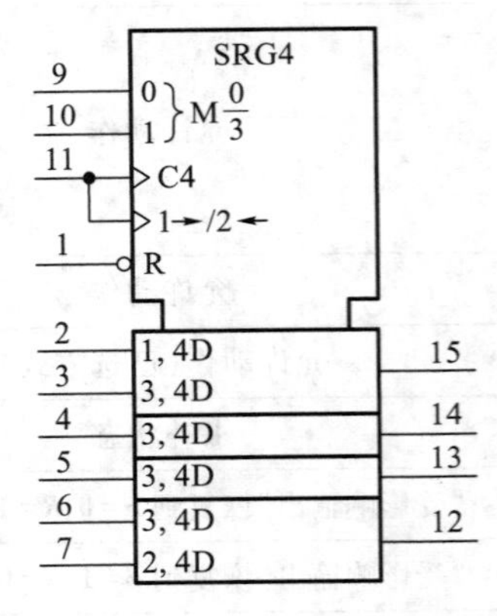

图 F2.13　4位双向移位寄存器(74LS194)

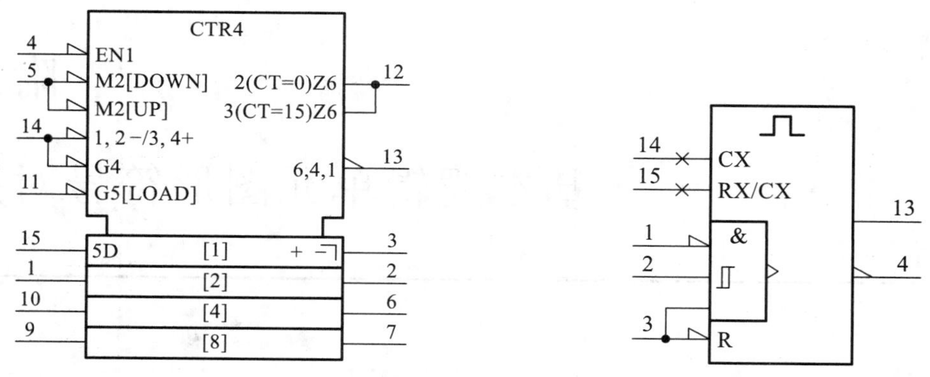

图 F2.14 4位同步二进制加/减计数器(74LS191)　　图 F2.15 可重复触发的单稳态触发器(74LS123)

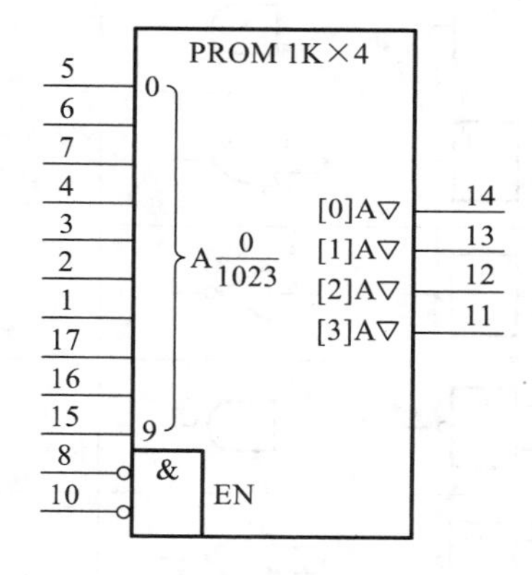

图 F2.16 1K×4 PROM(INTEL3625)

附录三

基本逻辑单元图形符号对照表

基本逻辑单元图形符号对照表

名称	国标符号	IEEE/ANSI 符号	其他常见符号
与门	&	&	
或门	≥1	≥1	
非门	1	1	
与非门	&	&	
或非门	≥1	≥1	
与或非门	& ≥1	& ≥1	
异或门	=1	=1	
同或门（异或非门）	=	=	
OC/OD 与非门	&	&	
三态输出的非门	1 EN	1 EN	

续表

名称	国标符号	IEEE/ANSI 符号	其他常见符号
带施密特触发特性的与非门	& ⎍	& ⎍；⎍	
CMOS 传输门	TG	TG	
全加器	Σ CI CO	Σ CI CO	
SR 锁存器	S R	S R	S Q R $\overline{Q}$；S Q R Q
电平触发的 SR 触发器	1S C1 1R	1S C1 1R	S Q CLK R $\overline{Q}$；S Q CLK R Q
带异步置位、复位端的上升沿触发 D 触发器	S 1D C1 R	S 1D C1 R	1D S Q CLK R $\overline{Q}$；D S Q CLK R Q
带异步置位、复位端的正脉冲触发 JK 触发器	S 1J C1 1K R	S 1J C1 1K R	1J S Q CLK 1K R $\overline{Q}$；J S Q CLK K R Q
下降沿触发的 T 触发器	1T C1	1T C1	T Q CLK $\overline{Q}$；T Q CLK Q
负脉冲触发的 SR 触发器	1S C1 1R	1S C1 1R	S Q CLK R $\overline{Q}$；S Q CLK R Q

部分习题答案

第　一　章

[题 1.1]　用二进制代码最少需要 10 位，用八进制代码最少用 4 位，用十六进制代码最少用 3 位。

[题 1.2]　(1) 13；　(3) 151。

[题 1.3]　(1) 0.5625；　(3) 0.703125。

[题 1.4]　(1) 5.375；　(3) 15.9375。

[题 1.6]　(1) $(\mathbf{10001100})_2$；　(3) $(\mathbf{10001111.11111111})_2$。

[题 1.7]　(1) $(\mathbf{10001})_2$，$(\mathbf{11})_{16}$；　(3) $(\mathbf{1001111})_2$，$(\mathbf{4F})_{16}$。

[题 1.8]　(1) $(\mathbf{0.10000100})_2$，$(0.84)_{16}$；　(3) $(\mathbf{0.00001001})_2$，$(0.09)_{16}$。

[题 1.10]　(1) 原码、反码和补码均为 **01011**；

(3) 原码为 **11101**，反码为 **10010**，补码为 **10011**。

[题 1.11]　(1) 反码和补码均为 **011011**；

(3) 反码为 **100100**，补码为 **100101**。

[题 1.13]　(1) 和为正数，和的补码为 **01110011**；

(4) 和为负数，和的补码为 **10111010**，绝对值为 **1000110**。

[题 1.14]　(2) 补码取 5 位有效数字和 1 位符号位

001101+001011=011000；

(4) 补码取 4 位有效数字和 1 位符号位

01101+10101=00010。

第　二　章

[题 2.3]　$Y_1=A'B'C'+A'B'C+AB'C'+AB'C+ABC$

$Y_2=A'B'C'D+A'B'CD'+A'BC'D'+A'BCD+AB'C'D'+AB'CD+ABC'D+ABCD'$

[题 2.6]　$Y_1=((AB')'(A'B)')'=A\oplus B$

$Y_2=((A\oplus B)+(BC')')'=ABC'$

[题 2.8]　Y 的真值表如表 A2.8 所示，Y 的逻辑式为

$$Y=ABC'+AB'C+A'BC$$

[题 2.10]　(1) $Y=A'BC+AB'C+ABC+A'B'C$

(3) $Y=AB'C'D'+AB'C'D+AB'CD'+AB'CD+ABC'D'+ABC'D+ABCD'+ABCD+A'BC'D'+A'BC'D+A'BCD'+A'BCD+A'B'CD$

表 A2.8

C	B	A	Y
0	0	0	0
0	0	1	0
0	1	0	0
0	1	1	1
1	0	0	0
1	0	1	1
1	1	0	1
1	1	1	0

[题 2.11]　(1) $Y=(A+B+C')(A+B+C)(A'+B'+C')$

(4) $Y=(A'+B'+C+D')(A'+B'+C+D)(A'+B+C+D')(A'+B+C+D)(A+B'+C+D)(A+B+C+D)$

[题 2.12]　(1) D'；　(3) $AB'+BC$；　(5) **1**；　(7) C。

[题 2.13]　(1) $Y=A+B$；　(3) $Y=\mathbf{1}$；　(5) $Y=\mathbf{0}$；　(7) $Y=A+CD$；　(9) $Y=BC'+AD'+A'D$。

[题 2.15]　(1) $Y_1=C$；　(3) $A'B+A'C+BC$

[题 2.16]　(1) $Y=A+D'$；　(3) $Y=\mathbf{1}$；　(5) $Y=B'+C+D$；

(7) $Y=AD'+B'C'+B'D'+A'C'D$。

[题 2.17]　(1) $Y=A'+B'+C'+D$；　(3) $Y=AB+D'+A'C'$。

[题 2.20]　(1) $Y_1=A'+B'C'+BC$；　(3) $Y_3=B+A'D+AC$。

[题 2.21]　(1) $Y_1=B'+C'$；　(3) $Y_3=A'+B'D'$。

[题 2.23]　(1) $Y=AB'D+A'B'C+CD$；　(3) $Y=AB'+A'C+AD+C'D'$。

[题 2.26]　(1) $Y=((AB)'(BC)'(AC)')'$　逻辑图见图 A2.26(a)。

(3) $Y=((A'B')'(A'C')'(B'C')'(ABC)')'$　逻辑图见图 A2.26(b)。

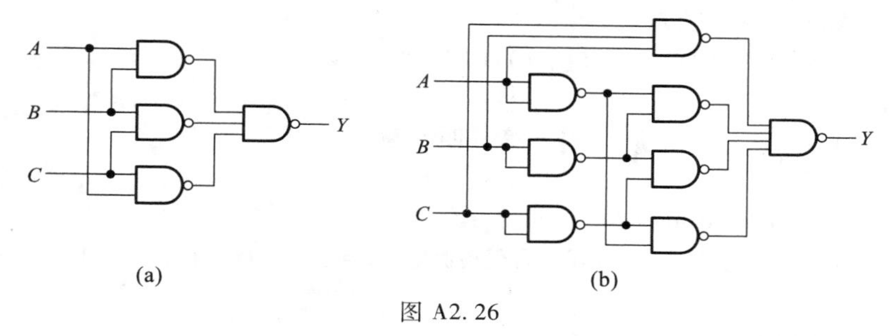

图 A2.26

[题 2.27]　(2) $Y=((A+C)'+(B'+C)'+(A'+B+C')')'$　逻辑图见图 A2.27(a)。

(4) $Y=((C+D)')'$　逻辑图见图 A2.27(b)。

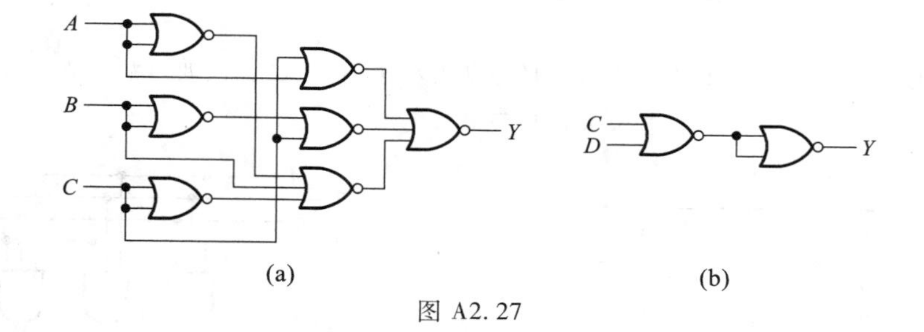

图 A2.27

第　三　章

[题 3.3]　**与非**门、**或非**门、**异或**门都可以接成反相器使用。输入端的接法如图 A3.3 所示。

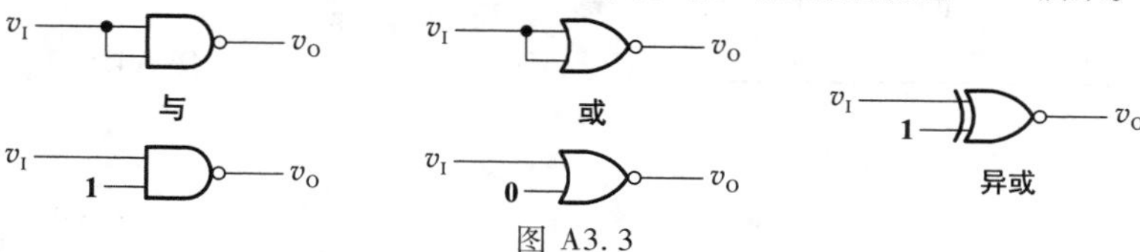

图 A3.3

［题 3.5］　静态功耗 $P_S = 0.01$ mW，动态功耗 $P_D = 1.1$ mW，总功耗 $P_{TOT} = 1.11$ mW，电源平均电流 $\overline{I}_{DD} = 0.22$ mA。

［题 3.7］　(a) $Y=(A+B+C)'$；(c) $Y=(AB+CD)'(INH)'$。

［题 3.9］　$0.9\ \text{k}\Omega \leqslant R_L \leqslant 31.6\ \text{k}\Omega$。

［题 3.11］　Y_1 为低电平；Y_4 为低电平；Y_5 为低电平。

［题 3.12］　Y_1 为高电平；Y_3 为低电平。

［题 3.13］　若**与非**门输入端多发射极三极管每个发射结导通时的压降均以 0.7 V 计算，则得到

(1) $v_{I2} \approx 1.4$ V；(2) $v_{I2} \approx 0.2$ V；(3) $v_{I2} \approx 1.4$ V；(4) $v_{I2} \approx 0$ V；(5) $v_{I2} \approx 1.4$ V。

［题 3.16］　门 G_M 能驱动 5 个同样的**与非**门。

［题 3.18］　R_1 的最大允许值为 9.8 kΩ，R_2 的最大允许值为 0.2 kΩ

［题 3.20］　$0.68\ \text{k}\Omega \leqslant R_L \leqslant 4.29\ \text{k}\Omega$。

［题 3.22］　$1.1\ \text{k}\Omega \leqslant R_1 \leqslant 4.5\ \text{k}\Omega$。

［题 3.24］　$0.59\ \text{k}\Omega \leqslant R_L \leqslant 18.5\ \text{k}\Omega$。

［题 3.26］　CMOS **或非**门输出为低电平时三极管可以截止。但 CMOS **或非**门输出为高电平时三极管不能饱和导通，因此电路参数的选择不合理。

［题 3.27］　(1)、(4)不行；(2)、(3)、(5)、(6)可以。

第　四　章

［题 4.1］　$Y=ABC'+AB'C+A'BC+A'B'C'$

真值表如表 A4.1 所示。这是一个三变量的奇偶检测电路，当输入变量中有偶数个 **1** 和全为 **0** 时输出为 **1**，否则输出为 **0**。

［题 4.3］　$Y_1=ABC+AB'C'+A'BC'+A'B'C$

$Y_2=AB+BC+AC$

这是一个全加器电路。(真值表略去。)

［题 4.5］　见图 A4.5。

［题 4.9］　见图 A4.9。图中以 A_1'、A_2'、A_3'、A_4' 分别表示按下一、二、三、四号病室按钮给出的低电平信号，以 Z_1、Z_2、Z_3、Z_4 表示一、二、三、四号灯亮的信号。

表 A4.1

A	B	C	Y
0	**0**	**0**	**1**
0	**0**	**1**	**0**
0	**1**	**0**	**0**
0	**1**	**1**	**1**
1	**0**	**0**	**0**
1	**0**	**1**	**1**
1	**1**	**0**	**1**
1	**1**	**1**	**0**

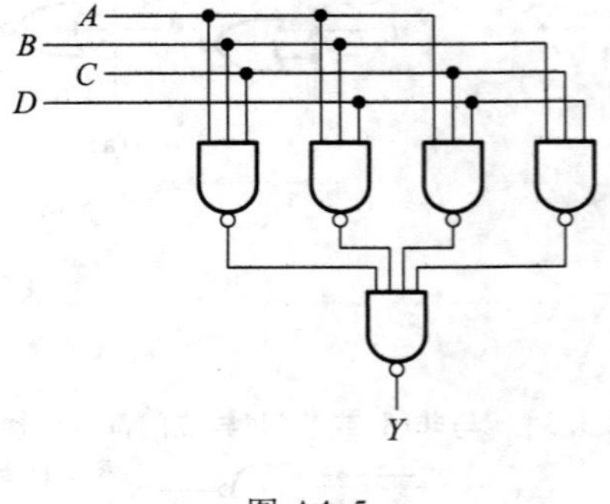

图 A4.5

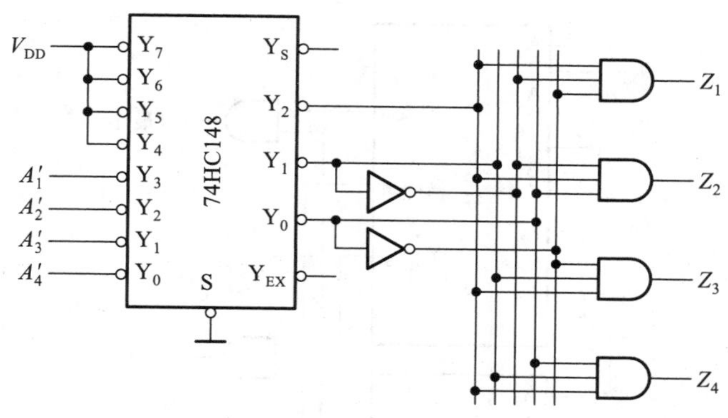

图 A4.9

［题 4.12］ 见图 A4.12。

［题 4.16］ $Z=DC'B'A'+DC'B'A+DCB'A'+DCB'A+D'CBA'+C'BA'$。

［题 4.18］ 见图 A4.18。

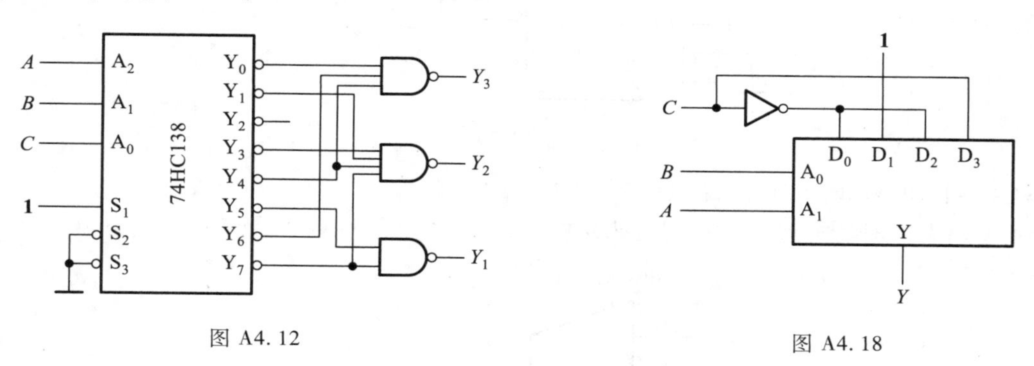

图 A4.12　　　　图 A4.18

［题 4.23］ 见图 A4.23。

［题 4.25］ 见图 A4.25。$M=\mathbf{0}$ 时执行 $a_3a_2a_1a_0+b_3b_2b_1b_0$；$M=\mathbf{1}$ 时执行 $a_3a_2a_1a_0-b_3b_2b_1b_0$。输出的和为补码形式，$S_F$ 为输出和 $S_3S_2S_1S_0$ 的符号位。

［题 4.29］ 见图 A4.29。

［题 4.31］ 只有加入余 3 循环码时输出端不会产生尖峰脉冲。（理由从略。）

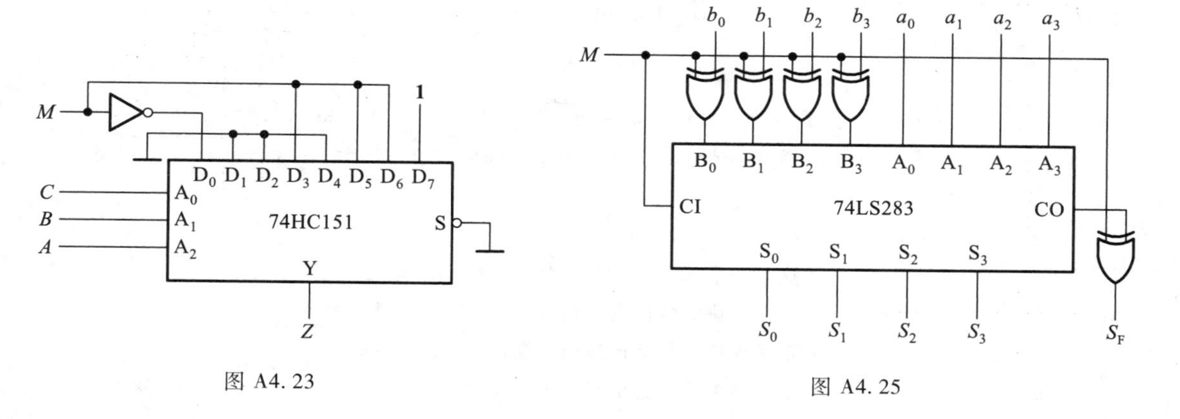

图 A4.23　　　　图 A4.25

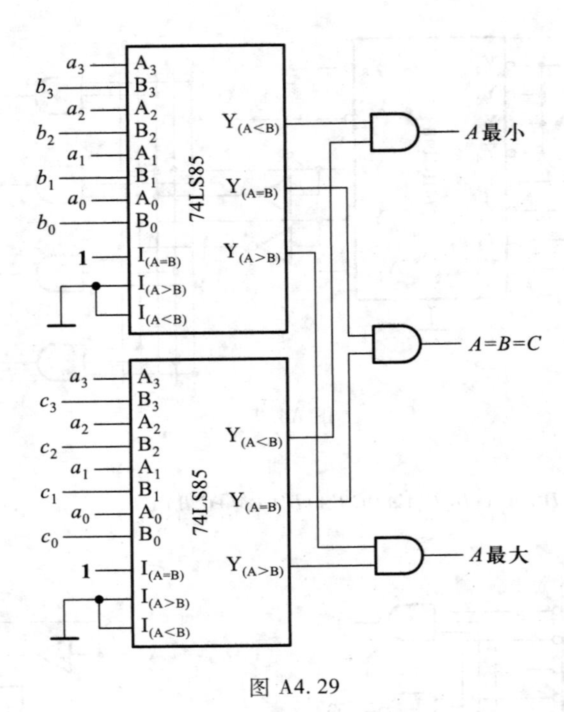

图 A4.29

【题 4.34】 用 Verilog HDL 语言描述一个 4 选 1 数据选择器。

解： 4 选 1 数据选择器的功能如图 A4.34 所示。

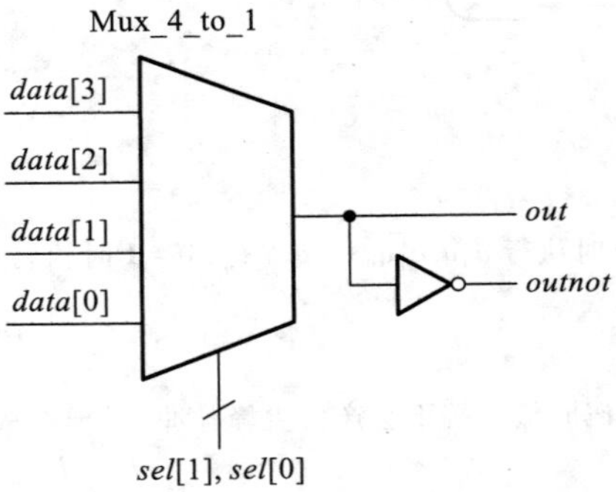

图 A4.34

```
out=(sel[1])'(sel[0])'·data[0]+(sel[1])'(sel[0])·data[1]+
    (sel[1])(sel[0])'·data[2]+(sel[1])(sel[0])·data[3]

module mux_4_to_1(data,out,outnot,sel);
                      //这是一个 4 选 1 数据选择器,名为 mux_4_to_1
input[3:0]data;       //定义模块的数据输入端口为 date[0]~date[3]
input[1:0]sel;        //定义模块的数据选择输入端口 sel[1],sel[0]
output out,outnot;    //定义该模块的输出端口为 out 和 outnot
reg out;
```

```
  always@ (data or sel)
  begin
    case(sel)            //分支控制语句开始
        2'b00:out=data[0];
              //如果 sel[1]sel[0]=00,将 data[0]赋值给 out
        2'b01:out=data[1];
              //如果 sel[1]sel[0]=01,将 data[1]赋值给 out
        2'b10:out=data[2];
              //如果 sel[1]sel[0]=10,将 data[2]赋值给 out
        2'b11:out=data[3];
              //如果 sel[1]sel[0]=11,将 data[3]赋值给 out
    endcase                  //分支控制语句结束
    end
  assign outnot=~out;        //将 out 取反后赋值给 outnot
  endmodule                  //模块描述结束
```

[题 4.36] 对应的逻辑电路图如图 A4.36 所示。

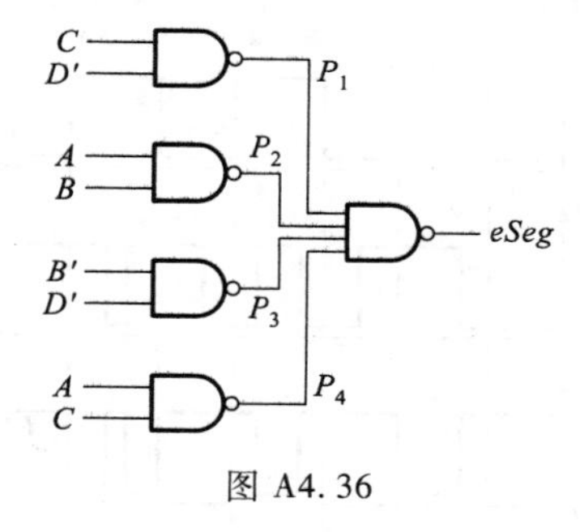

图 A4.36

第 五 章

[题 5.2] 见图 A5.2。

[题 5.3] 见图 A5.3。

[题 5.5] 见图 A5.5。

[题 5.8] 见图 A5.8。

[题 5.10] 见图 A5.10。

[题 5.12] 见图 A5.12。

[题 5.14] 见图 A5.14。

[题 5.16] 见图 A5.16。

[题 5.20] 见图 A5.20。

[题 5.22] 见图 A5.22。

[题 5.24] 见图 A5.24。

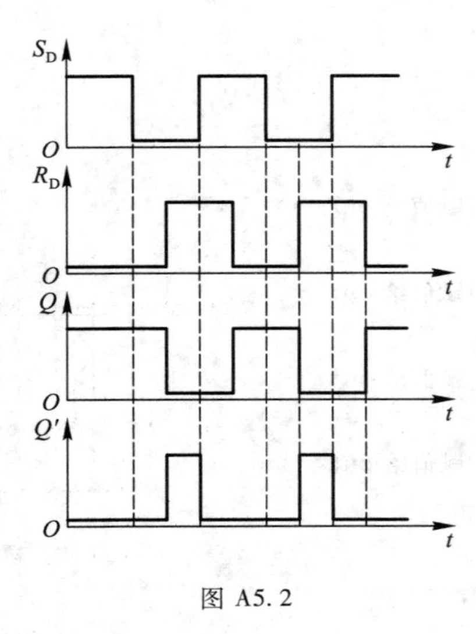

图 A5.2

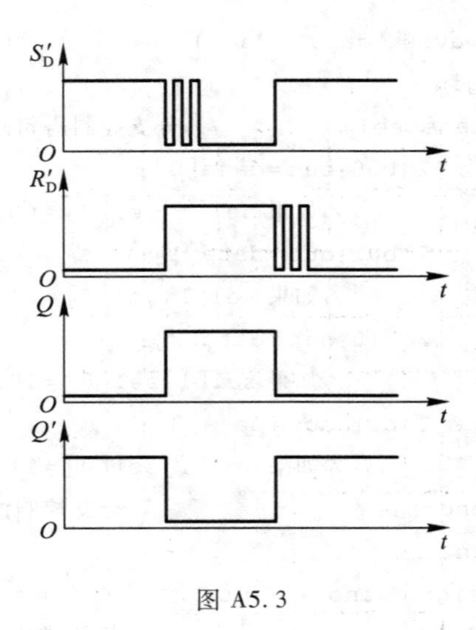

图 A5.3

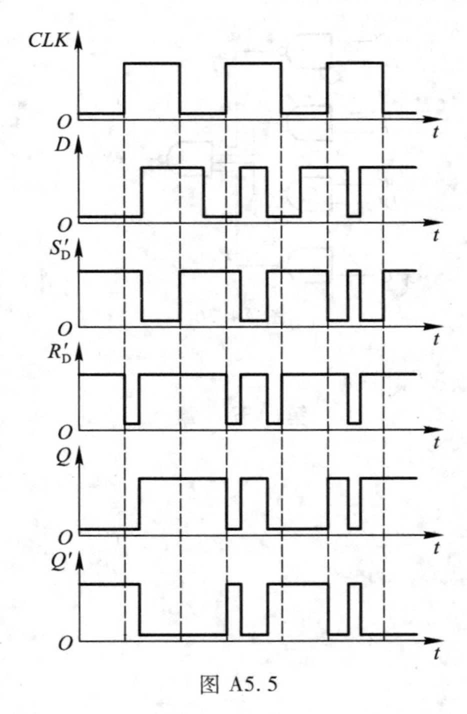

图 A5.5

[题 5.28]　最大存储量等于 $2^{32}\times16=6.87\times10^{10}$(位)。

[题 5.31]　见图 A5.31。

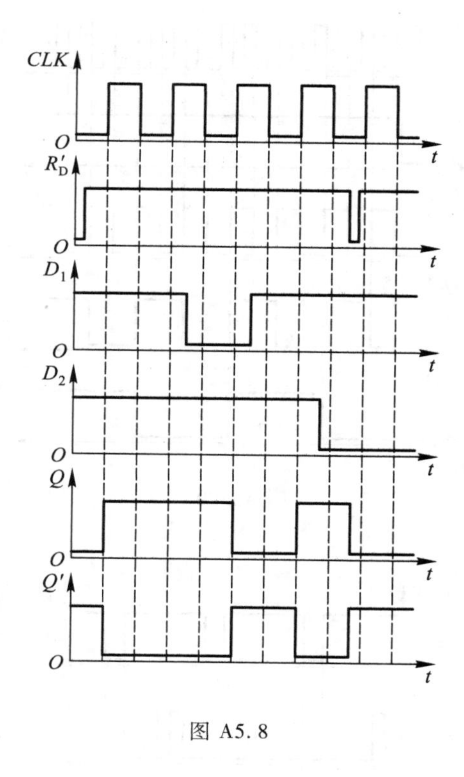

图 A5.8

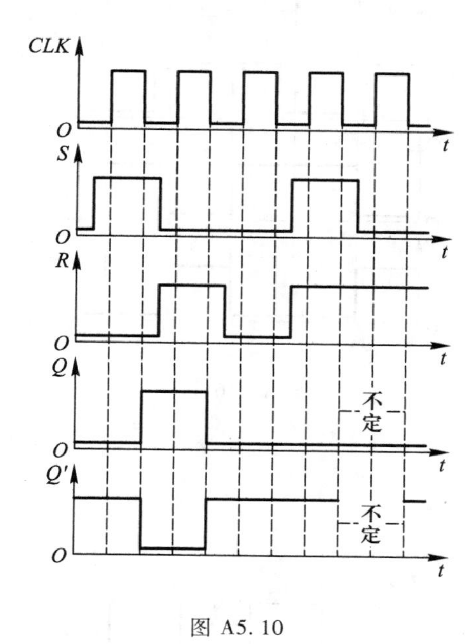

图 A5.10

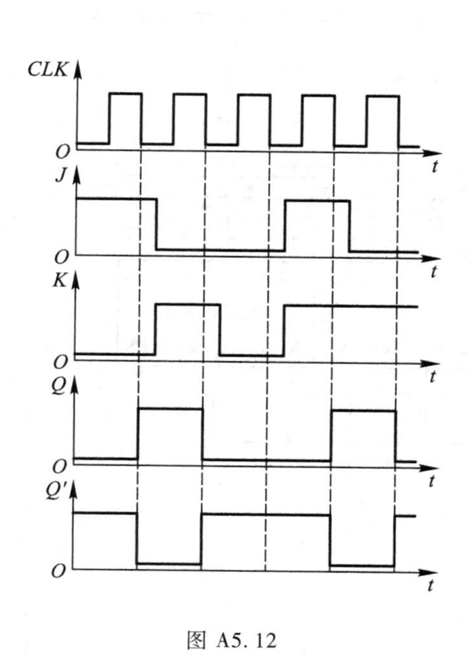

图 A5.12

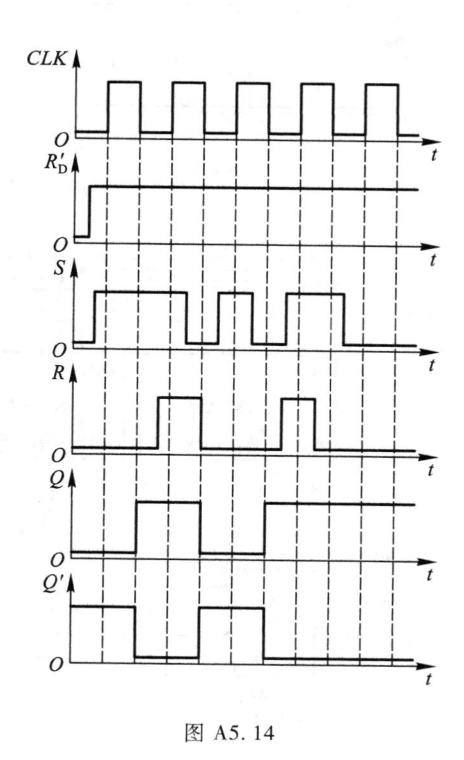

图 A5.14

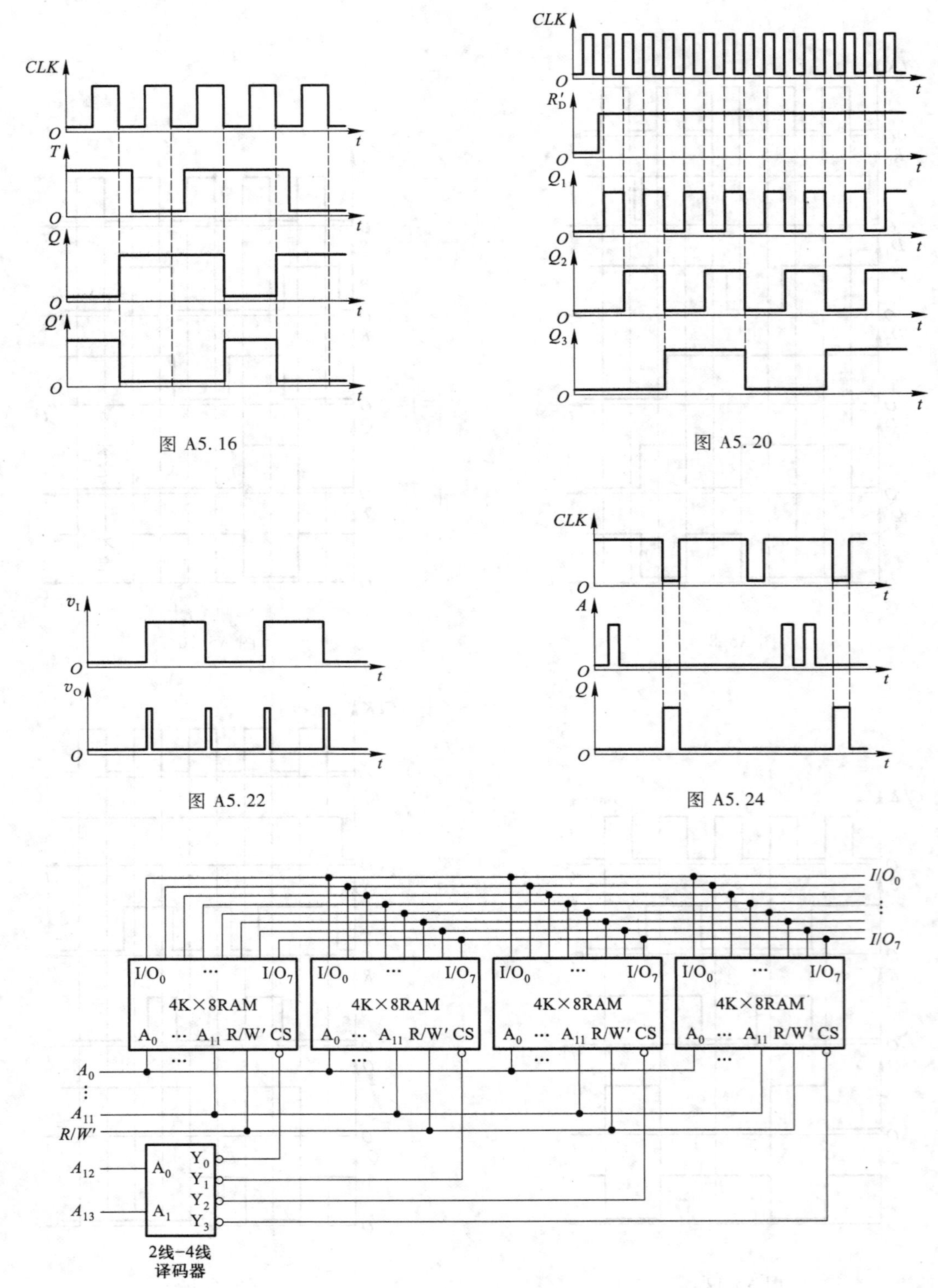

CLK
T
Q
Q'
O
t
图 A5.16
CLK
R'_D
Q_1
Q_2
Q_3
图 A5.20
v_I
v_O
图 A5.22
CLK
A
Q
图 A5.24
I/O0
I/O7
4K×8RAM
A0
A11
R/W'
CS
A12
A13
Y0
Y1
Y2
Y3
2线-4线
译码器

图 A5.31

［题 5.34］ $D_3 = A'_3A_2A_1A_0 + A_3A'_2A_1A_0 + A_3A_2A'_1A_0 + A_3A_2A_1A'_0$

$D_2 = A'_3A'_2A_1A_0 + A'_3A_2A'_1A_0 + A'_3A_2A_1A'_0 + A_3A'_2A'_1A_0 + A_3A'_2A_1A'_0 + A_3A_2A'_1A'_0$

$D_1 = A'_3A'_2A'_1A_0 + A'_3A'_2A_1A'_0 + A'_3A_2A'_1A'_0 + A_3A'_2A'_1A'_0$

$D_0 = A'_3A'_2A'_1A'_0 + A_3A_2A_1A_0$

［题 5.38］ 见图 A5.38。

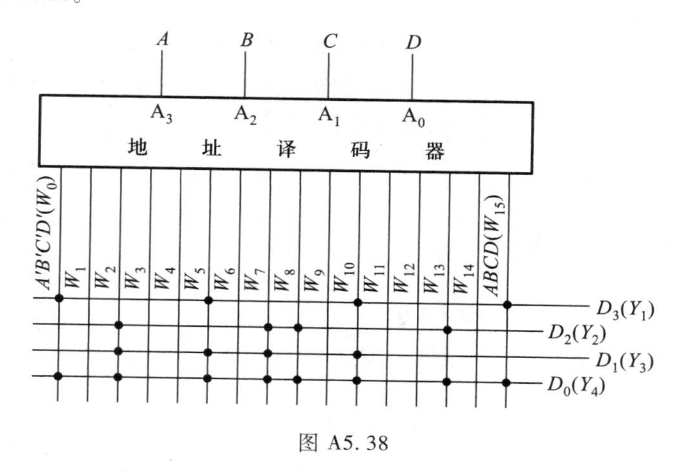

图 A5.38

第 六 章

［题 6.1］ 驱动方程为

$$\begin{cases} J_1 = Q'_2 & K_1 = \mathbf{1} \\ J_2 = Q_1 & K_2 = \mathbf{1} \end{cases}$$

状态方程为

$$\begin{cases} Q_1^* = Q'_1Q'_2 \\ Q_2^* = Q_1Q'_2 \end{cases}$$

输出方程为

$$Y = Q_2$$

状态转换图和时序图如图 A6.1 所示。

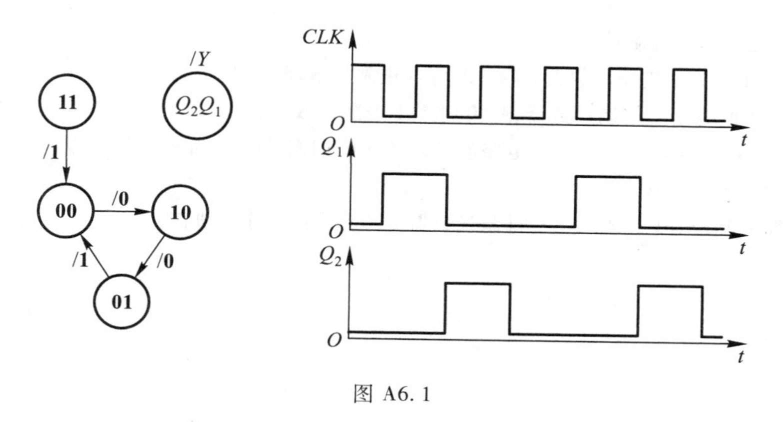

图 A6.1

［题 6.3］ 驱动方程为

$$\begin{cases} J_1=K_1=Q_3' \\ J_2=K_2=Q_1 \\ J_3=Q_1Q_2;K_3=Q_3 \end{cases}$$

状态方程为

$$\begin{cases} Q_1^*=Q_3'Q_1'+Q_3Q_1=Q_3\odot Q_1 \\ Q_2^*=Q_1Q_2'+Q_1'Q_2=Q_2\oplus Q_1 \\ Q_3^*=Q_3'Q_2Q_1 \end{cases}$$

输出方程为

$$Y=Q_3$$

状态转换图见图 A6.3。电路能自启动。

［题 6.5］ 驱动方程为

$$\begin{cases} D_1=A\ Q_2' \\ D_2=A(Q_1'Q_2')'=A(Q_1+Q_2) \end{cases}$$

状态方程为

$$\begin{cases} Q_1^*=A\ Q_2' \\ Q_2^*=A(Q_1+Q_2) \end{cases}$$

输出方程为

$$Y=AQ_2\ Q_1'$$

状态转换图见图 A6.5。

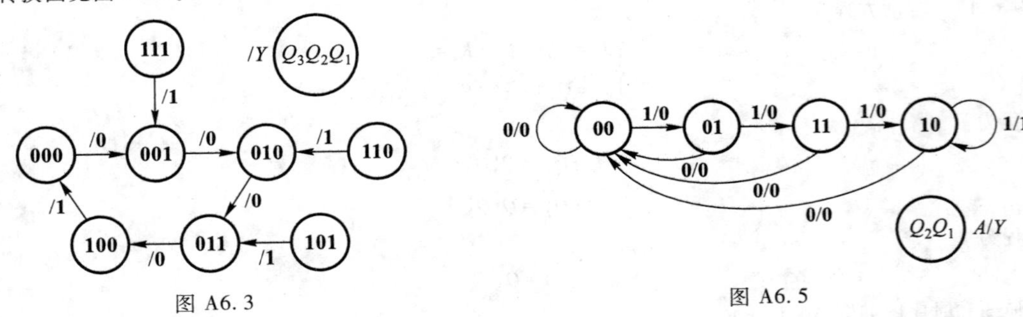

图 A6.3　　　　图 A6.5

［题 6.11］ 这是一个七进制计数器。

［题 6.13］ $M=\mathbf{1}$ 时为六进制计数器，$M=\mathbf{0}$ 时为八进制计数器。

［题 6.15］ $A=\mathbf{1}$ 时为十二进制计数器，$A=\mathbf{0}$ 时为十进制计数器。

［题 6.17］ 这是一个七进制计数器。电路的状态转换图如图 A6.17 所示。其中 $Q_3Q_2Q_1Q_0$ 的 **0110**、**0111**、**1110**、**1111** 这 4 个状态为过渡状态。

［题 6.20］ 两片 74LS161 组成八十三进制计数器。两片之间是十六进制。

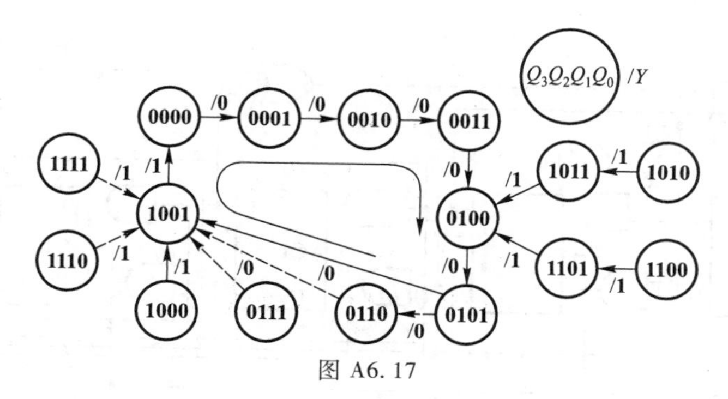

图 A6.17

［题 6.24］　见表 A6.24。

表 A6.24

接低电平的输入端	A	B	C	D	E	F	G	H	I
f_y/f_{CP}	1/9	1/8	1/7	1/6	1/5	1/4	1/3	1/2	0
f_y/kHz	1.11	1.25	1.43	1.67	2	2.5	3.33	5	0

［题 6.27］　电路的状态转换图见图 A6.27。这是一个十五进制计数器，不能自启动。

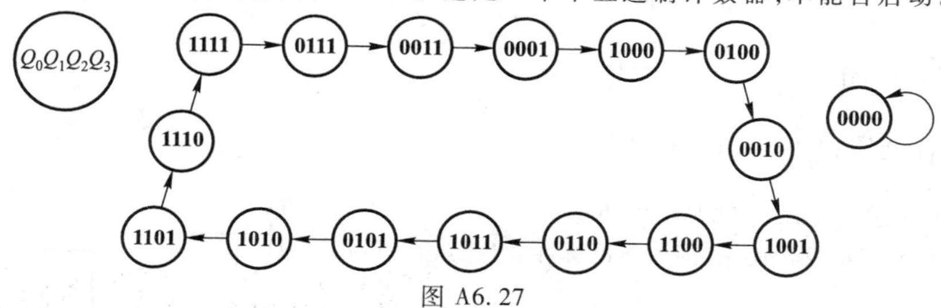

图 A6.27

［题 6.29］　电路可用十进制计数器(74160)和 8 选 1 数据选择器(74LS251)组成。见图 A6.29 及表 A6.29。

［题 6.32］　见图 A6.32。

表 A6.29

CLK 顺序	Q_3	Q_2	Q_1	Q_0	Z
0	0	0	0	0	0
1	0	0	0	1	0
2	0	0	1	0	1
3	0	0	1	1	0
4	0	1	0	0	1
5	0	1	0	1	1
6	0	1	1	0	0
7	0	1	1	1	1
8	1	0	0	0	1
9	1	0	0	1	1

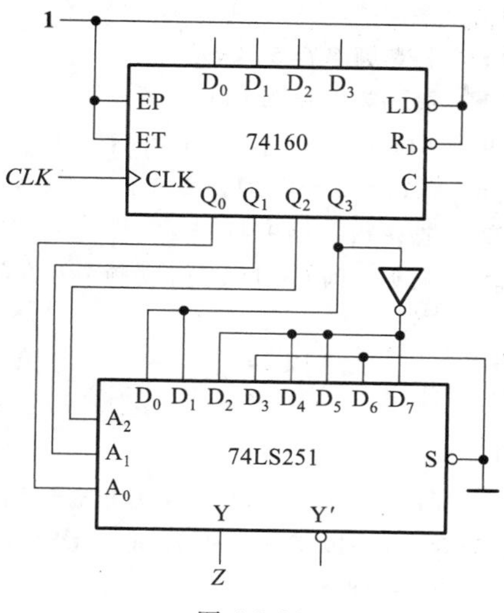

图 A6.29

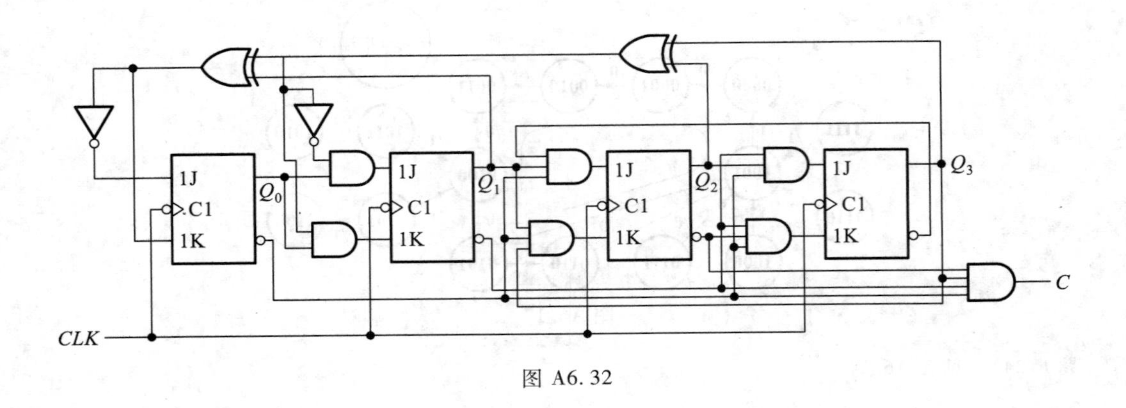

图 A6.32

第　七　章

［题 7.2］　$V_{T+}=3.75\ \mathrm{V}$；$V_{T-}=1.25\ \mathrm{V}$；$\Delta V_T=2.5\ \mathrm{V}$。

［题 7.4］
$$V_{T+}=V_{TH}\left(1+\frac{R_1}{R_3}+\frac{R_1}{R_2}\right)-\frac{R_1}{R_3}V_{CO}$$
$$V_{T-}=V_{TH}\left(1+\frac{R_1}{R_3}-\frac{R_1}{R_2}\right)-\frac{R_1}{R_3}V_{CO}$$
$$\Delta V_T=\frac{R_1}{R_2}V_{CO}$$　（与 V_{CO} 无关）

［题 7.6］　（1）输出电压 v_O 波形见图 A7.6。

（2）不能作单稳态触发器使用，因为输出脉冲宽度与输入脉冲幅度有关。

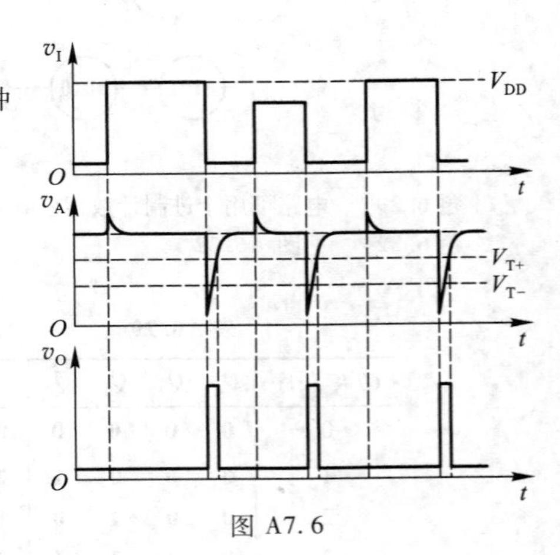

图 A7.6

［题 7.8］　输出脉冲宽度 $t_W=11.3\ \mu s$。

［题 7.10］　输出脉冲宽度 $t_W=2.7\ \mu s$。

［题 7.12］　振荡频率 $f=7.04$ kHz。

［题 7.14］　振荡频率 $f=50$ kHz。

［题 7.17］　振荡频率 $f=227$ kHz。

［题 7.19］　（1）$V_{T+}=8\ \mathrm{V}$，$V_{T-}=4\ \mathrm{V}$，$\Delta V_T=4\ \mathrm{V}$。

（2）$V_{T+}=5\ \mathrm{V}$，$V_{T-}=2.5\ \mathrm{V}$，$\Delta V_T=2.5\ \mathrm{V}$。

［题 7.22］　振荡频率 $f=9.47$ kHz。

［题 7.25］　延迟时间 $t_D=11$ s。振荡频率 $f=9.66$ kHz。

第　八　章

［题 8.1］　$v_O=-1.5625\ \mathrm{V}$。

［题 8.3］　（1）$d_9 \sim d_0$ 每一位的 **1** 在输出端产生的电压依次为 −2.5 V，−1.25 V，−0.625 V，−0.313 V，−0.156 V，−78.13 mV，−39.06 mV，−19.53 mV，−9.77 mV，−4.88 mV。

［题 8.5］　见图 A8.5。

［题 8.8］　见图 A8.8。

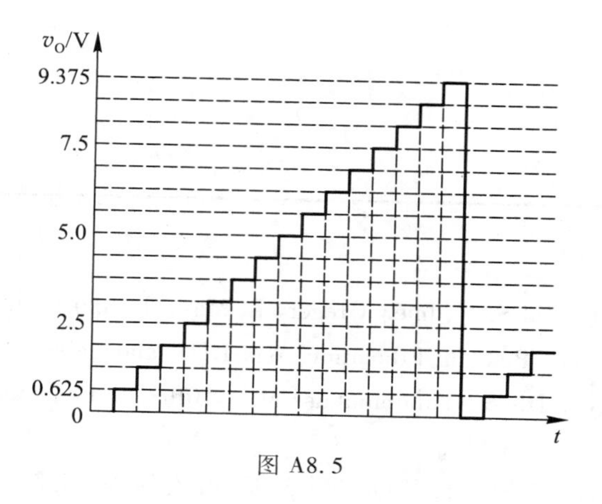

图 A8.5

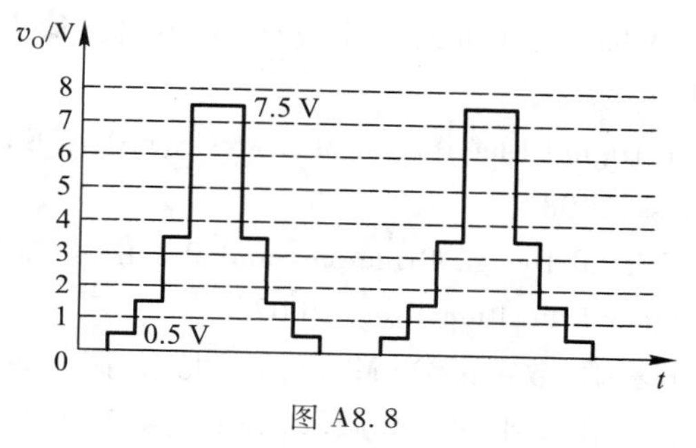

图 A8.8

［题 8.11］　$A_v=-D_n/2^{10}$。A_v 的取值范围为 $0\sim-\frac{2^{10}-1}{2^{10}}$。

［题 8.13］　$|\Delta V_{REF}/V_{REF}|\approx 1/2^9=2‰$。

［题 8.15］　$|\Delta V_{REF}/V_{REF}|\leqslant 0.2\%$。

［题 8.20］　20 kHz/V。

参考文献

[1] Ronaid J. Tocci, Neal S. Widmer, Gregory L. Moss. Digital Systems Principles and Applications[M]. 11th ed. Pearson Education Asia LTD. and Science Press LTD, 2012.

[2] Thomas L. Floyd. Digital Fandmentals[M]. 10th ed. Pearson Education Asia LTD. and Science Press LTD, 2011.

[3] Alan B. Marcovitz.逻辑设计基础[M].3 版. 殷宏玺等译.北京:清华大学出版社,2010.

[4] M. Morris Mano. Michacl D. Ciletti.数字设计[M].4 版. 徐志军. 尹廷辉等译.北京:电子工业出版社,2010.

[5] R. P. Jain. Modern Digital Electronics[M]. McGraw-Hill Education(Asia) Co. abd Tsinghua University Press,2008.

[6] John F. Wakerly. Digital Design Principles and Practices[M]. 4th ed. Pearson Education Asia LTD. and Higher Education Press,2007.

[7] 康华光. 电子技术基础:数字部分[M]. 6 版. 北京:高等教育出版社,2014.

[8] 张克农. 数字电子技术基础[M]. 2 版. 北京: 高等教育出版社,2010.

[9] 陈文楷. 数字电子技术基础[M]. 北京: 机械工业出版社,2010.

[10] 王小海,祁才军,阮秉涛.集成电子技术基础教程[M]. 2 版. 下册. 北京: 高等教育出版社,2010.

[11] 张志刚. 常用 A/D、D/A 器件手册[M]. 北京:电子工业出版社,2008.

[12] 侯建军. 数字电子技术基础[M]. 2 版. 北京:高等教育出版社,2007.

[13] Donald Thomas, Philip Moorby. The Verilog® Hardware Description Language[M].5th ed. Springer Press, 2008.

[14] James M. Lee, Verilog® Quickstart: A Practical Guide to Simulation and Synthesis in Verilog[M]. 3rd ed. Springer Press, 2005.

名词索引

二　画

三　画

四　画

五　画

六 画

七 画

八 画

九 画

十 画

十 一 画

十 二 画

十 三 画

十 四 画

十 五 画

十 六 画